"十三五"国家重点图书出版规划项目

《中国兽医诊疗图鉴》丛书

丛书主编　李金祥　陈焕春　沈建忠

# 犬病图鉴

林德贵　主编

中国农业科学技术出版社

**图书在版编目(CIP)数据**

犬病图鉴 / 林德贵主编 . -- 北京 : 中国农业科学技术出版社 , 2023.12

(中国兽医诊疗图鉴 / 李金祥 , 陈焕春 , 沈建忠主编)

ISBN 978-7-5116-6594-2

Ⅰ . ①犬… Ⅱ . ①林… Ⅲ . ①犬病 – 诊疗 – 图解 Ⅳ . ① S858.292-64

中国国家版本馆 CIP 数据核字 (2023) 第 250123 号

**责任编辑** 闫庆健

**责任校对** 王 彦

**责任印制** 姜义伟 王思文

**出 版 者** 中国农业科学技术出版社

北京市中关村南大街 12 号 邮编：100081

**电 话** (010)82106632(编辑室) (010)82106624(发行部)

(010)82109703(读者服务部)

**传 真** (010)82106632

**网 址** http://www.castp.cn

**经 销 者** 各地新华书店

**印 刷 者** 北京科信印刷有限公司

**开 本** 210mm × 297mm 1/16

**印 张** 34.75

**字 数** 951 千字

**版 次** 2023 年 12 月第 1 版 2023 年 12 月第 1 次印刷

**定 价** 520.00 元

# 《中国兽医诊疗图鉴》丛书

## 编委会

# 《犬病图鉴》
# 编委会

主　　编　林德贵

副 主 编　金艺鹏　王鹿敏　刘　钢　范宏刚　姚海峰

参编人员　（按姓氏拼音排序）

陈　瑜　陈宏武　丛恒飞　董君艳　董　轶　杜宏超
范　开　方开慧　冯国峰　高进东　郭庆勇　韩春杨
贺常亮　黄　迪　黄　奇　黄　山　贾　坤　寇玉红
李　慧　李　晶　李守军　李先波　林珈好　林贤康
刘　戈　刘　欣　刘　玥　刘萌萌　刘玉秀　麻武仁
潘庆山　庞海东　彭广能　邱恩宜　邱志钊　施　尧
施文琴　施振声　石达友　石　昊　史万玉　宋　军
孙春艳　孙伟东　唐　娜　田克恭　汪登如　王　立
王华南　王佳妮　王姜维　王京阳　吴晓静　项　夫
肖　啸　胥辉豪　徐晓林　徐有明　许　超　杨　蕾
姚　华　叶　楠　于咏兰　余　昶　袁占奎　张　迪
张　润　张欣珂　张志红　郑栋强　钟　雪　钟友刚
周　彬　周天红　周振雷　朱要宏

# 序

目前，我国养殖业正由千家万户的分散粗放型经营向高科技、规模化、现代化、商品化生产转变，生产水平获得了空前的提高，出现了许多优质、高产的生产企业。畜禽集约化养殖规模大、密度高，这就为动物疫病的发生和流行创造了有利条件。因此，降低动物疫病的发病率和死亡率，使一些普遍发生、危害性大的疫病得到有效控制，是保证养殖业持续稳步发展、再上新台阶的重要保证。

“十二五”时期，我国兽医卫生事业取得了良好的成绩，但动物疫病防控形势并不乐观。重大动物疫病在部分地区呈点状散发态势，一些人兽共患病仍呈地方性流行特点。为贯彻落实《全国兽医卫生事业发展规划（2016—2020年）》，做好“十三五”时期兽医卫生工作，更好地保障养殖业生产安全、动物产品质量安全、公共卫生安全和生态安全，提高全国兽医工作者业务水平，编撰《中国兽医诊疗图鉴》丛书恰逢其时。

“权”“新”“全”“易”是该套丛书的主要特色。

“权”即权威性，该套丛书由我国兽医界教学、科研和技术推广领域最具代表性的作者团队编写。作者团队业界知名度高，专业知识精深，行业地位权威，工作经历丰富，工作业绩突出。同时，邀请了7位兽医界的院士作为出版顾问，从专业知识的准确角度保驾护航。

“新”即新颖性，该套丛书从内容和形式上做了大量创新，其中类症鉴别是兽医行业图书首见，填补市场空白，既能增加兽医疾病诊断准确率，又能降低疾病鉴别难度；书中采用富媒体形式，不仅图文并茂，同时制作了常见疾病、重要知识与技术的视频和动漫，与文字和图片形成良好的互补。让读者通过扫码看视频的方式，轻而易举地理解技术重点和难点，同时增强了可读性和趣味性。

“全”即全面性，该套丛书涵盖了猪、牛、羊、鸡、鸭、鹅、犬、猫、兔等我国主要畜种及各畜种主要疾病内容，疾病诊疗专业知识介绍全面、系统。

“易”即通俗易懂，该套丛书图文并茂，并采用融合出版形式，制作了大量视频和动漫，能大大降低读者对内容理解与掌握的难度。

该套丛书汇集了一大批国内一流专家团队，经过5年时间，针对时弊，厚积薄发，采集相关彩色图片20 000多张，其中包括较为重要的市面未见的图片，且针对个别拍摄实在有困难的和未拍摄到的典型症状图片，制作了视频和动漫2 500分钟。其内容深度和富媒体出版模式已超越国内外现有兽医类出版物水准，代表了我国兽医行业高端水平，具有专著水准和实用读物效果。

《中国兽医诊疗图鉴》丛书的出版，有利于提高动物疫病防控水平，降低公共卫生安全风险，保障人民群众生命财产安全；也有利于兽医科学知识的积累与传播，留存高质量文献资料，推动兽医学科科技创新。相信该套丛书必将为推动畜牧产业健康发展、提高我国养殖业的国际竞争力提供有力支撑。

值此丛书出版之际，郑重推荐给广大读者！

中国工程院院士
军事科学院军事医学研究院　研究员
夏咸柱

2018年12月

# 前言

随着我国经济的高速发展，养犬已经成为我国人民精神文明建设的重要一环。在21世纪的前20年期间，我国宠物医疗水平从“一穷二白”到目前一线城市基本和发达国家持平，经历了前所未有的高速发展期。我国宠物疾病在前期以传染病为主，随着疫苗和科学养宠的普及及推广，已逐渐由传染病过渡到老年病和专科疾病，同时对宠物医生的临床诊疗水平提出了更高的要求。对此，我国宠物行业适应社会需求，宠物医疗逐渐从全科走向专科化，标志着我国宠物医疗发展的又一深化改革。因此，配备一本简单、明确、清楚的犬病诊疗的专科参考书，对我国宠物医疗行业的发展具有重要意义。为此，本人组织了中国畜牧兽医学会小动物医学分会内多位高校临床兽医教师和一线的临床兽医编写了本书。

本书共分19章，分别为犬皮肤病、外科感染、麻醉与镇痛、头部疾病、眼科疾病、胃肠疾病、产科疾病、内分泌疾病、泌尿与生殖系统疾病、心脏病、肝胆疾病、骨科疾病、软组织手术、神经系统疾病、寄生虫疾病、传染病、中兽医技术、急诊及住院护理、疫苗免疫。每类疾病系统阐述了发病原因、发病特点、临床症状与病理变化、诊断和防治等内容。本书以图为主，并附有视频资料，面向广大临床宠物医疗工作者，力求做到理论和临床实践相结合，通俗易懂兼具形象生动，为宠物临床疾病诊疗工作提供一本专科、全面、系统的工具书。

本书编写过程中，我们多次以线上或线下的形式组织召开了编委会，80余位编者积极参与，研究确定编写大纲、目录、体例和模板，并对书稿进行校对和修订，以求以较高的质量和形式呈现最新、最实用的犬病诊疗技术。

本书文字编写分工如下：

第一章：刘欣编写第一、二、三、四节，王佳妮编写第五、六、七、八节；林德贵、刘钢、施尧审校。

第二章：石昊编写第一节，唐娜、刘钢编写第二、三节；林德贵、丁宇丽审校。

第三章：叶楠编写第一节，刘戈编写第二节，王京阳编写第三节；叶楠审校。

第四章：张迪编写第一节，金艺鹏、周彬编写第二节，张欣珂编写第三节，金艺鹏编写第四节，郑栋强编写第五节；金艺鹏审校。

第五章：刘玥编写第一、二、十三节，李晶编写第三、四节，金艺鹏编写第五、六节，胥辉豪编写第七、八节，王立编写第九、十一节，董轶编写第十、十二节；金艺鹏审校。

第六章：王鹿敏编写第一、二、三节，施文琴编写第四、五、六节，黄迪编写第七、八节；肖啸、刘钢审校。

第七章：贾坤编写第一、二、三、四节，朱要宏编写第五、六节，钟友刚编写第七、八节；李守军审校。

第八章：王鹿敏编写第一节，韩春杨编写第二节，彭广能、李先波编写第三节，王姜维编写第四节，彭广能、邱志钊编写第五节；彭广能审校。

第九章：范宏刚编写第一至七节，冯国峰编写第八、九节，寇玉红编写第十、十一节；范宏刚审校。

第十章：黄奇编写第一、二节，张志红、刘萌萌编写第三、四、五节；张志红审校。

第十一章：董君艳、庞海东、张润编写第一节，董君艳编写第二节，王鹿敏、杨蕾编写第三节；董君艳审校。

第十二章：徐晓林编写第一节，宋军编写第二节，许超编写第三节，陈瑜编写第四节，陈宏武编写第五节，潘庆山编写第六节；潘庆山审校。

第十三章：袁占奎、徐晓林、李慧编写第一至十一节，袁占奎、丛恒飞、李慧编写第十二至二十二节；袁占奎审校。

第十四章：姚海峰、徐有明、林贤康编写第一至十二节；姚海峰审校。

第十五章：周天红编写第一至七节，方开慧编写第八至十一节；肖啸、刘钢、汪登如、于咏兰审校。

第十六章：高进东编写第一、九节，项夫编写第七节，杜宏超、刘玉秀编写第二节，方开慧编写第三、八节，孙春艳编写第四、十节，王华南编写第五、六节；田克恭审校。

第十七章：范开编写第一节，范开、贺常亮编写第二节，范开、贺常亮、林珈好、麻武仁、石达友、余昶编写第三节，范开、林珈好、庞海东编写第四节，范开、麻武仁编写第五节；范开审校。

第十八章：郭庆勇、杜宏超、张润、黄山编写第一、二节；施振声审校。

第十九章：黄奇、周振雷编写第一节，周振雷编写第二节，钟雪、周振雷编写第三节；周振雷审校。

全书统稿和审校：林德贵、刘钢。

特别感谢各位供图者，每幅图片的供图者均已标注。

尽管编者在本书编写过程中花费了大量的时间和精力，力求达到最佳的编撰效果，但由于工作量巨大且时间仓促，难免有错误及疏漏之处，欢迎广大读者批评指正。

林德贵

2022年11月

# 目 录

## 第七章　犬产科疾病



## 第八章　犬内分泌疾病



## 第九章　犬泌尿与生殖系统疾病



## 第十章　犬心脏病



## 第十一章　犬肝胆疾病



## 第十二章　犬骨科疾病

## 第十三章　犬软组织手术



## 第十四章　犬神经系统疾病



## 第十五章　犬寄生虫疾病

## 第十六章　犬传染病



## 第十七章　犬中兽医技术



## 第十八章　犬急诊和住院护理



## 第十九章　犬疫苗免疫

# 第一章

# 犬皮肤病

# 第一节　浅表细菌性脓皮病

## 一、病因

犬浅表细菌性脓皮病的主要病原体为假中间型葡萄球菌。虽然犬能携带、定植和感染金黄色葡萄球菌或凝固酶变种施氏葡萄球菌，但并不常见。感染通常继发于某些潜在病因，过敏是最常见的潜在病因。少数病例找不到潜在病因，推测与犬皮肤屏障缺陷有关。

## 二、发病特点

犬浅表细菌性脓皮病是犬最常见的皮肤病之一。细菌感染发生在毛囊及其邻近表皮。

## 三、临床症状与病理变化

常见临床症状为皮肤发红、丘疹、脓疱和结痂。慢性病变为不同程度的脱毛、色素过度沉着和苔藓化。短毛犬可见特征性的“虫蛀”状脱毛斑，或局部被毛逆立。表皮环和靶形病变是犬浅表细菌性脓皮病的典型表现（图 1-1-1 至图 1-1-9）。

## 四、诊断

通过细胞学寻找假中间型葡萄球菌是非常实用的诊断方法。采样应选择病犬新鲜的原发病变，比如丘疹和脓疱；其次是结痂下的发红皮肤，对病变进行按压涂片，随后热固定载玻片，并用 diffqiuk 染色液染色。显微镜下如发现炎性细胞，并发现炎性细胞内吞噬的球菌时，即可确诊该病。未发现炎性细胞，仅发现球菌，也能够提示感染，但是确诊需要结合病史和临床症状，以及细菌培养和菌种鉴定。

## 五、治疗和管理

通常需要外部抗菌药和全身性抗生素联合治疗。鼓励单纯的外部抗菌治疗，尤其针对局部病变，或较轻的病变。这样可以减少全身性抗生素的使用，从而减少耐药菌的出现，保护动物及人类的健康。

外部治疗制剂包括：香波、洗剂、喷剂和护发素，确认其中不含抗细菌成分以外的其他成分，以及含有防腐剂和抗菌剂的摩丝、凝胶、乳膏、软膏和湿巾等。常用的抗菌成分包括：氯己定（2%~4%）、夫西地酸、莫匹罗星、过氧苯甲酰等。由于这些制剂的抗菌成分浓度很高，可以达到很好的杀菌效果。使用频率>1次/日，接触时间10min以上。外部抗菌治疗应该在治愈后至少维持7d。长期外部治疗的犬，可以将被毛剪短，以便抗菌药物与皮肤充分接触。

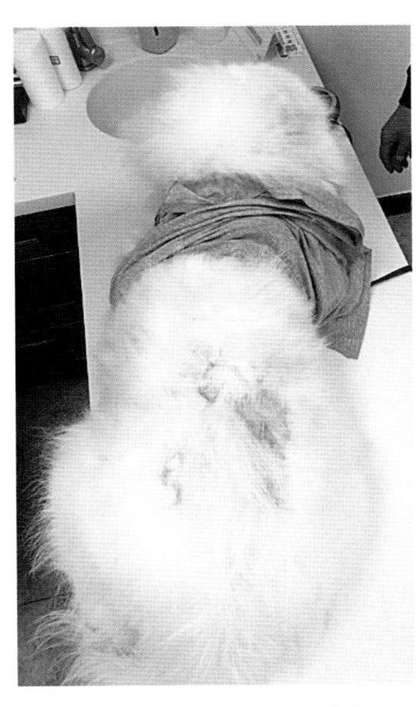

图 1-1-1　浅表细菌性脓皮病的萨摩耶犬躯干脱毛、皮肤发红和产生皮屑（刘欣 供图）

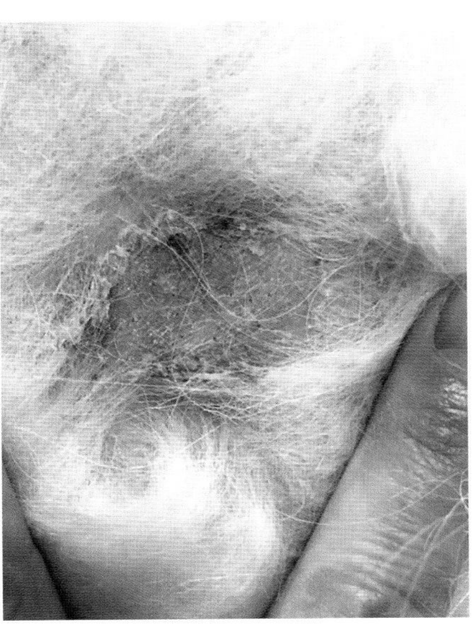

图 1-1-2　图 1-1-1 所示犬，近观可见表皮环（刘欣 供图）

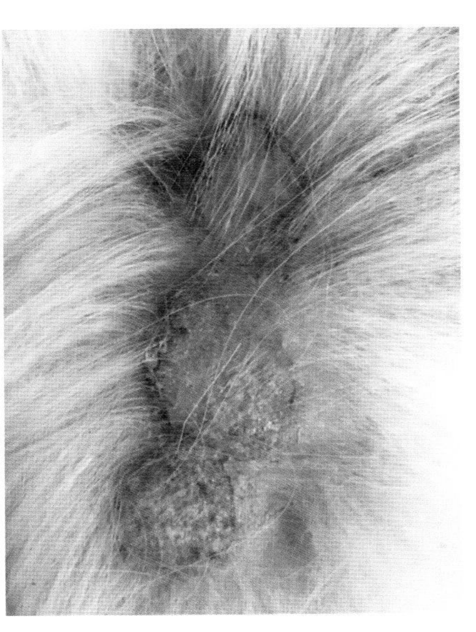

图 1-1-3　图 1-1-1 所示犬，多个表皮环相连（刘欣 供图）

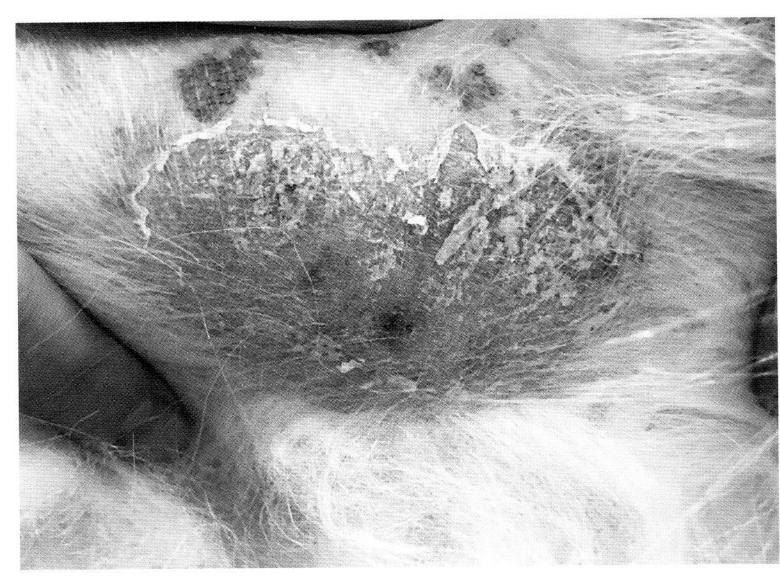

图 1-1-4　图 1-1-1 所示犬，多个表皮环融合形成大表皮环（刘欣 供图）

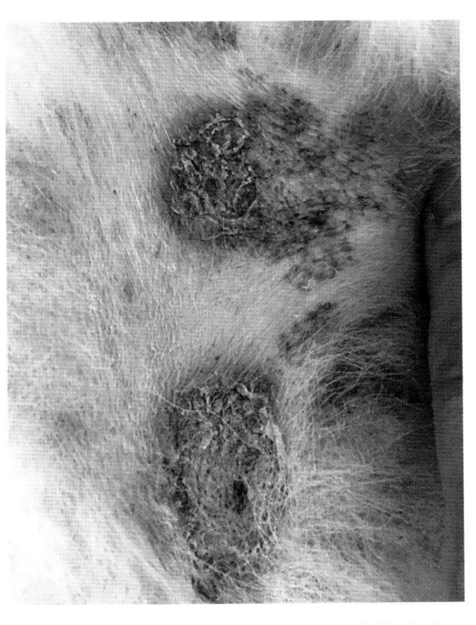

图 1-1-5　浅表细菌性脓皮病患犬的表皮环覆盖结痂，边缘明显发红（刘欣 供图）

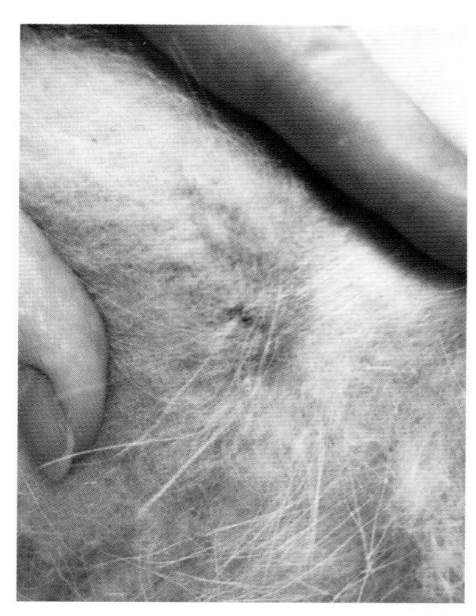

图 1-1-6　浅表细菌性脓皮病患犬形成脓疱（刘欣　供图）

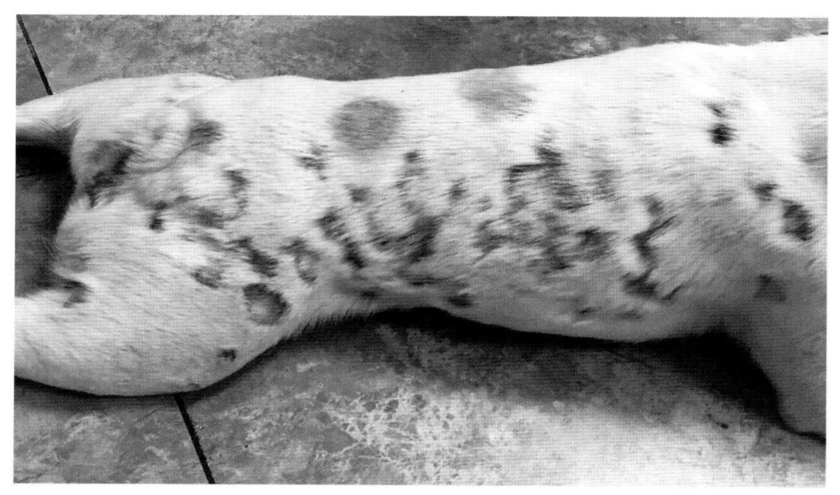

图 1-1-7　斗牛犬虫蛀状脱毛，是浅表细菌性脓皮病的典型症状（刘欣　供图）

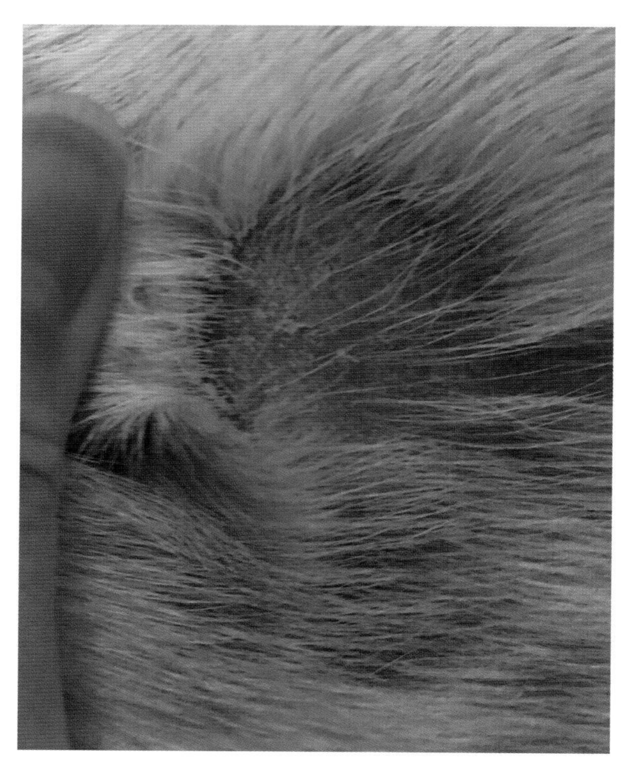

图 1-1-8　与图 1-1-6 为同一只犬，近观可见脱毛斑（刘欣　供图）

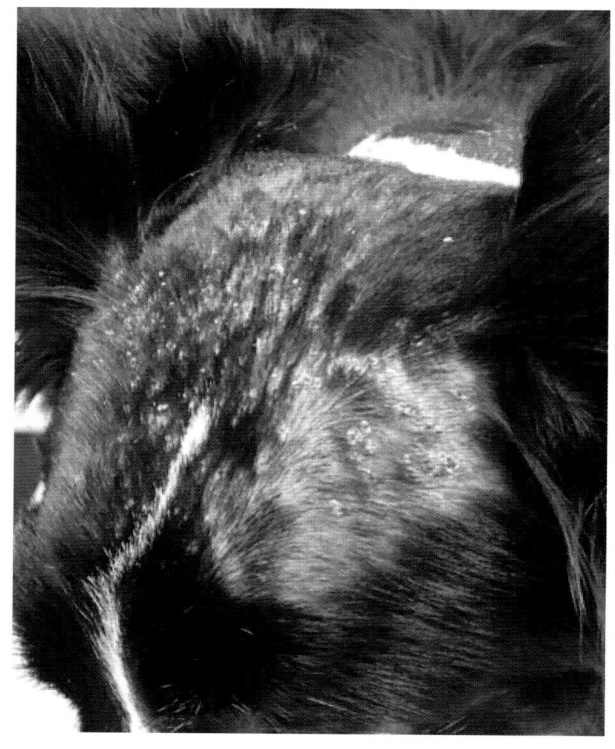

图 1-1-9　边境牧羊犬的浅表细菌性脓皮病，可见全身结痂性丘疹（刘欣　供图）

全身抗菌治疗的药物选择基于以下几方面考虑：药物可用性、安全性、价格、当地耐药葡萄球菌的流行情况以及患宠特殊因素（并发症或药物管控，之前的药物反应等）。头孢氨苄、头孢维星、阿莫西林克拉维酸钾、克林霉素、头孢羟氨苄、磺胺甲氧苄氨嘧啶、磺胺二甲氧嘧啶等可以作为经验性给药的首选抗生素。当经验性给药无效时，需要做药敏试验和菌种鉴定。

全身抗生素治疗需要持续3周以上的时间，临床痊愈后仍需要追加用药1~2周。

为了避免复发，需要同时寻找并治疗潜在病因。如果潜在病因难以控制，需要长期使用外部抗菌药治疗、控制皮肤细菌感染。

# 第二节　特应性皮炎

## 一、病因

犬特应性皮炎是由多因素引发的复杂的炎性综合征，临床疾病的发生是遗传因素和空气过敏源共同作用产生了免疫反应。皮肤的屏障功能、免疫反应和微生物组等因素的改变相互加重，一旦达到炎症反应的阈值，临床症状就变得明显。

## 二、发病特点

犬特应性皮炎是犬最常见的皮肤病之一。室内生活为主的患犬通常在1~3岁首次发作，主要表现为皮肤和耳道的炎症及瘙痒。有时会继发细菌性脓皮病和马拉色菌皮炎或外耳炎。

## 三、临床症状与病理变化

初期症状为皮肤发红和瘙痒（犬出现舔、咬、抓、蹭等行为），根据过敏源不同呈现季节性或非季节性发病。常见皮肤原发病变包括荨麻、皮肤发红等，瘙痒导致的自我损伤常引起继发性皮肤病变，包括抓痕、糜烂、皮肤发红、脱毛、色素过度沉着和苔藓化。舔舐前爪是患犬典型表现。少见症状包括：多汗症、结膜炎和鼻炎。

表皮的角质细胞驱使后续的一系列免疫反应，以T淋巴细胞为主导的免疫反应转而损伤皮肤屏障。皮肤的炎性细胞和角质细胞生成了多种细胞因子，造成炎症和瘙痒。皮肤微生物组在炎性过程中发生多样性下降，致病菌增加，因此，特应性皮炎患犬经常随后发生细菌性脓皮病（图1-2-1至图1-2-6）。

## 四、诊断

根据病史、临床症状和排除其他瘙痒性疾病而得出诊断结论。季节性发病和舔舐前爪是患犬最独特和最典型的症状。跳蚤、疥螨等瘙痒性外寄生虫病需要首先排除，因外寄生虫容易漏检，可以进行治疗性诊断。需要进行细胞学显微镜检查，寻找细菌、马拉色菌和癣菌等微生物，排除微生物感染。对于患犬非季节性发病的过敏症，还要进行食物排除和激发试验，确诊或排除食物过敏。

## 五、治疗和管理

患犬过敏症只能管理，目前尚无法治愈。常用抗过敏的药物包括：爱波克、泼尼松（龙）、赛妥敏、微乳环孢素等。过敏源特异性免疫治疗（脱敏治疗）是唯一可能治愈该病的非药物疗法。

外部治疗包括皮乐美喷剂、抗菌香波和抗过敏香波。

日常保持使用体外寄生虫的预防药物。若发现继发细菌感染，则随时进行抗菌治疗。

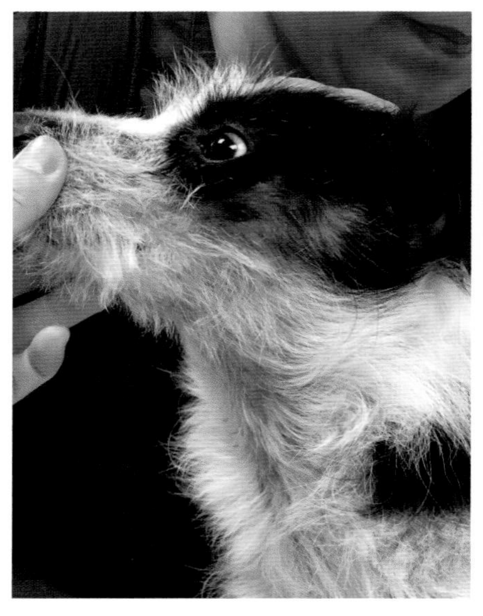

图 1-2-1 特应性皮炎犬因抓挠颈部和面部，出现抓痕、脱毛和皮肤发红（刘欣 供图）

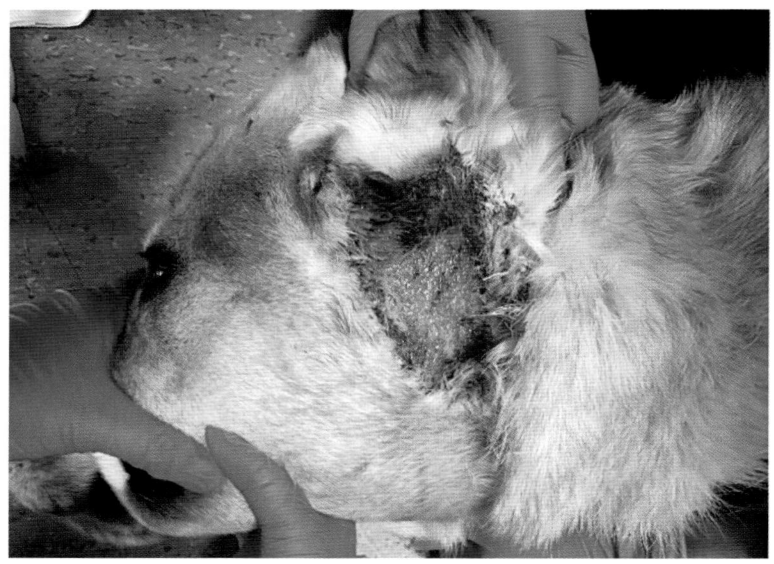

图 1-2-2 特应性皮炎犬因抓挠面部，出现脓性创伤性皮炎（刘欣 供图）

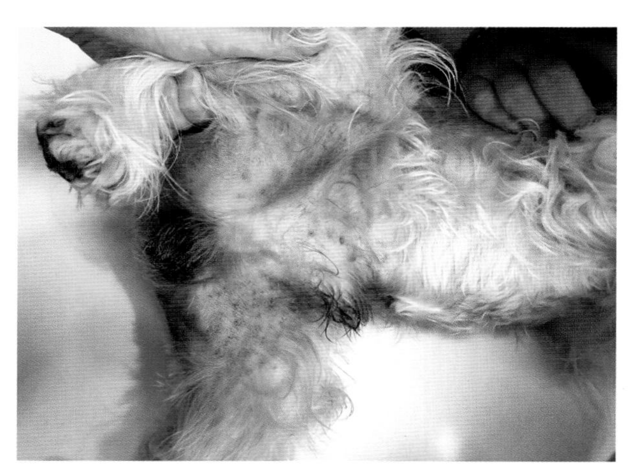

图 1-2-3 特应性皮炎犬因舔舐下腹部和大腿内侧，出现脱毛、皮肤发红和唾液浸染棕红色毛发（刘欣 供图）

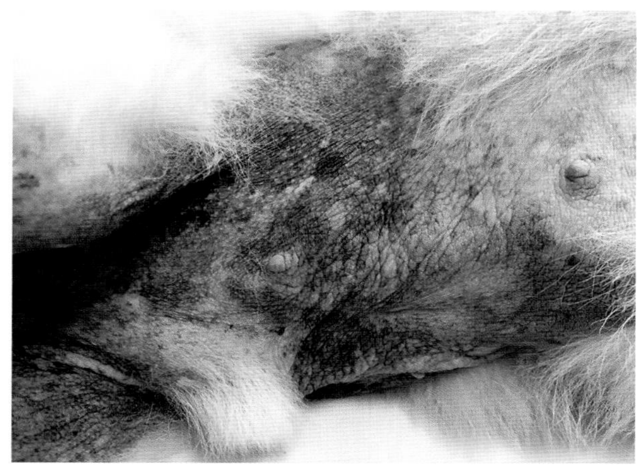

图 1-2-4 特应性皮炎犬因长期舔舐下腹部和大腿内侧，出现皮肤发红、色素沉着和苔藓化（刘欣 供图）

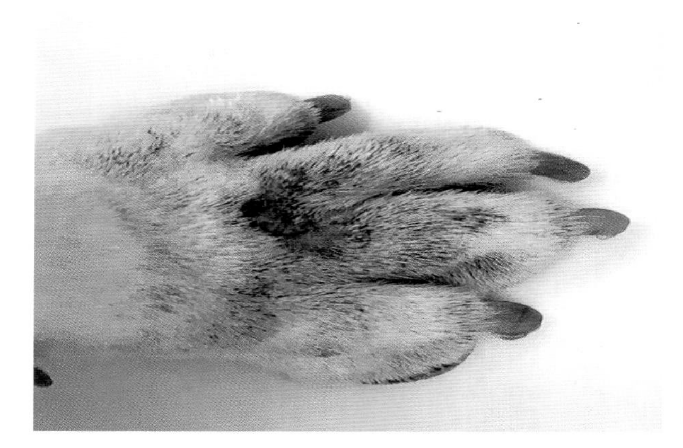

图 1-2-5 特应性皮炎犬因长期舔舐爪部，出现脱毛、色素沉着和苔藓化（刘欣 供图）

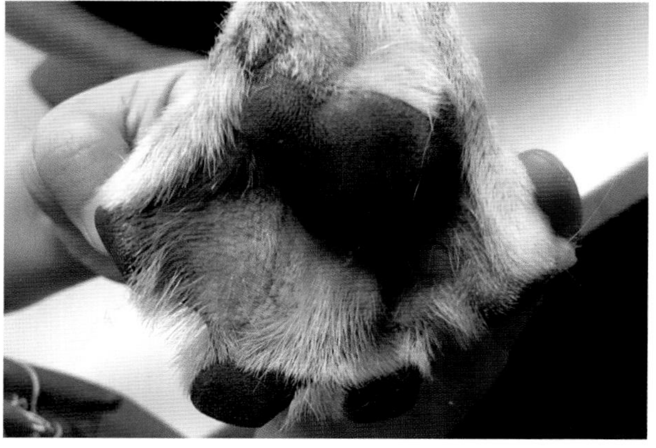

图 1-2-6 特应性皮炎犬因舔舐爪部，出现脱毛和皮肤发红（刘欣 供图）

# 第三节　皮脂腺炎

## 一、病因

犬皮脂腺炎是一种破坏皮脂腺的自身免疫性皮肤病。该病的特征是毛囊角化病和皮脂腺发生肉芽肿性炎症。

## 二、发病特点

幼犬不常见，主要发生于青壮年犬和中年犬。常发病品种包括秋田犬、萨摩耶犬和贵宾犬。

## 三、临床症状与病理变化

临床特征包括对称性、局部或弥漫性脱毛。毛囊管型（被毛被角质和皮屑紧紧黏附）是典型特征。有明显体臭。常发病部位包括躯干、头部、耳廓和尾部。耳廓有细小且黏附的鳞屑，耳道内可触摸到干结痂（图 1-3-1 至图 1-3-8）。

发病时显示由单个核细胞（主要是淋巴细胞）介导，针对皮脂腺的自身免疫反应。发病早期有可能存在角化异常或脂质代谢异常，导致毒性中间代谢物蓄积和皮脂腺破坏。

## 四、诊断

对患犬进行皮肤活检，并进行组织病理学检查方可确诊。病理学检查常见结果：皮脂腺水平（毛囊峡部）的结节性肉芽肿或脓肉芽肿炎症反应；角化过度和毛囊管型形成，发病晚期可见皮脂腺完全缺失；毛囊周围肉芽肿和纤维化。

图 1-3-1　皮脂腺炎秋田犬尾尖脱毛，伴有皮屑和毛囊管型（刘欣 供图）

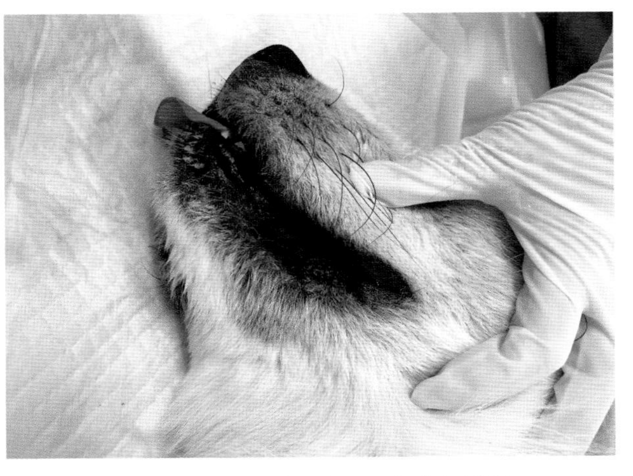

图 1-3-2　皮脂腺炎秋田犬唇周皮肤出现发红、皮屑和毛囊管型（刘欣 供图）

图 1-3-3　皮脂腺炎秋田犬耳廓出现皮屑和毛囊管型
（刘欣　供图）

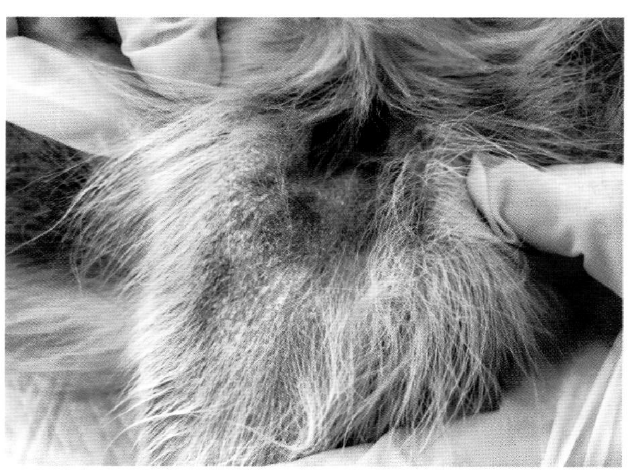
图 1-3-4　图 1-3-3 所示犬，
耳廓凹面出现皮屑和皮肤干燥（刘欣　供图）

图 1-3-5　皮脂腺炎秋田犬头部毛量明显减少
（刘欣　供图）

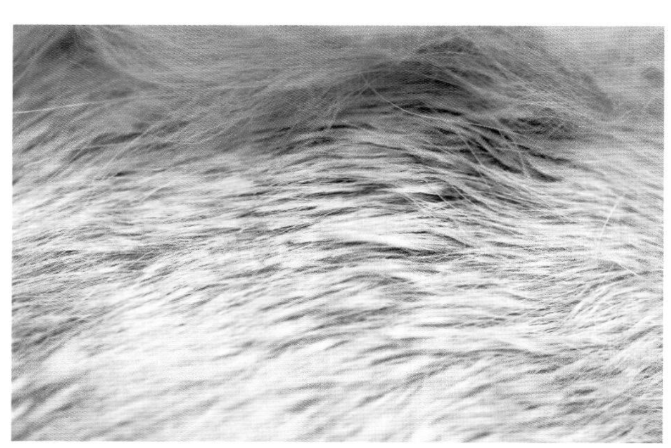
图 1-3-6　皮脂腺炎秋田犬躯干背侧出现大量毛囊管型
（刘欣　供图）

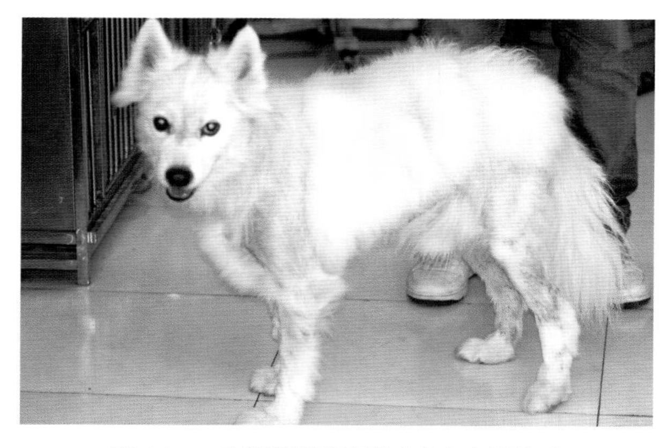
图 1-3-7　皮脂腺炎萨摩耶犬全身大量脱毛
（刘欣　供图）

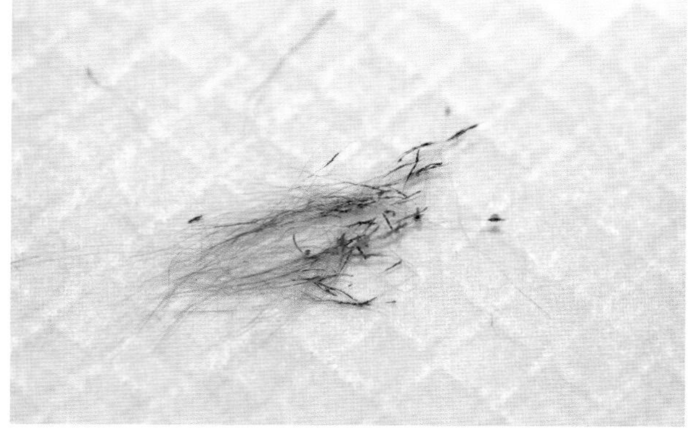
图 1-3-8　皮脂腺炎患犬拔毛可见毛囊管型
（刘欣　供图）

## 五、治疗和管理

该病较难治愈，即使治疗，临床症状也可能时好时坏。

病情缓解可能取决于诊断时疾病的严重程度，发病早期诊断和开始治疗可防止皮脂腺完全缺失。

外部治疗方案：①抗菌和/或抗皮脂溢香波，每周洗澡一至两次；随后使用丙二醇喷雾剂（丙二醇与水按1:1配比）患部喷雾。②沐浴油稀释后浸泡全身1h左右，随后简单冲洗。

全身治疗方案：①环孢素5mg/kg PO BID[①]，通常是最佳治疗选择，可能引起胃肠反应。②多西环素10mg/kg PO q24h[②]；米诺环素5mg/kg PO BID；常与烟酰胺联用：小于10kg的犬，烟酰胺250mg PO；大于10kg的犬，烟酰胺500mg PO。

对于出现明显角化异常症状的患犬，建议补充必需脂肪酸。

# 第四节　多形红斑

## 一、病因

犬多形红斑属于免疫介导性疾病，皮肤和黏膜发生急性重度炎症。诱发因素包括疫苗反应、药物和病毒，偶见食物和肿瘤因素，还有些病例无法找到病因。

## 二、发病特点

犬不常见，文献报道无明显的品种倾向性，但笔者发现贵宾犬较为多见。

## 三、临床症状与病理变化

犬常见的临床症状为环状红斑，病变轻度隆起，边缘呈匍行性。也可见结痂斑块，进而发展成溃疡。犬常见发病部位为腹部、皮肤黏膜结合处、嘴周和耳廓。组织病理学表现为表皮全层可见伴淋巴细胞卫星现象的单个细胞凋亡，以及少细胞性界面性皮炎（图1-4-1至图1-4-6）。

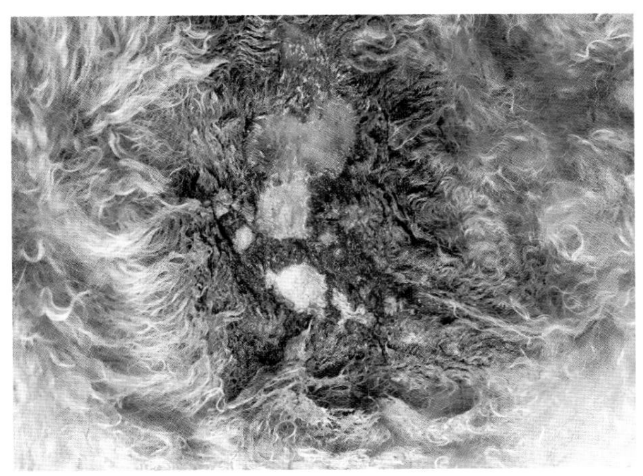

图 1-4-1　多形红斑犬体侧多环形结痂（刘欣 供图）

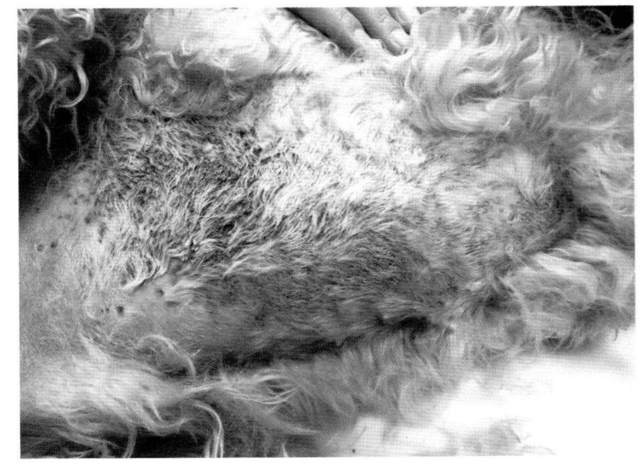

图 1-4-2　图 1-4-1 所示犬，腹侧大面积结痂（刘欣 供图）

①PO表示口服给药；BID表示1天2次；
②q24h表示每24小时给药1次，全书同。

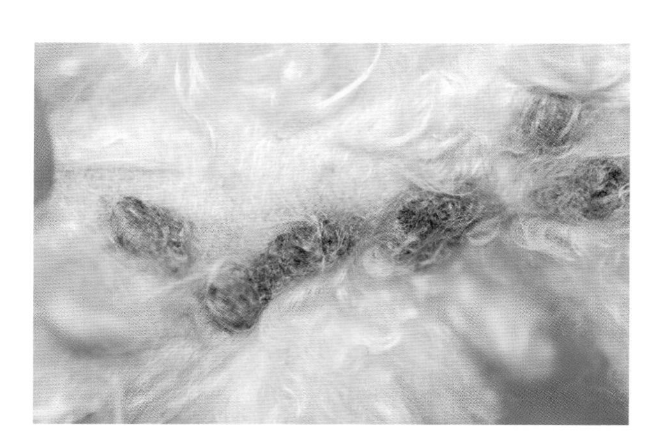

图 1-4-3 白色贵宾犬腋窝结痂（刘欣 供图）

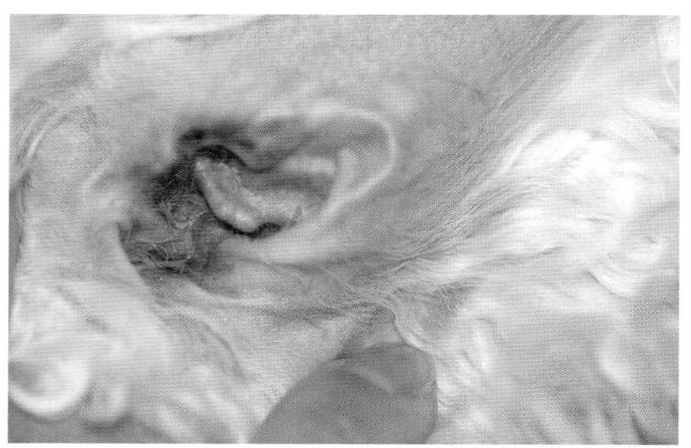

图 1-4-4 图 1-4-3 所示犬，
耳道开口发红和耳垢堆积（刘欣 供图）

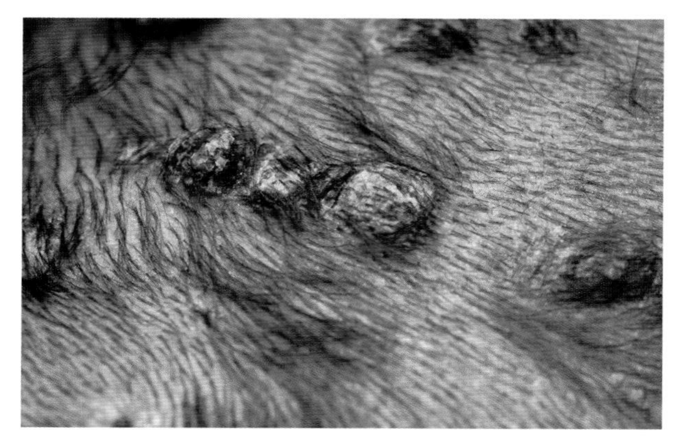

图 1-4-5 棕色贵宾犬腋窝的厚结痂（刘欣 供图）

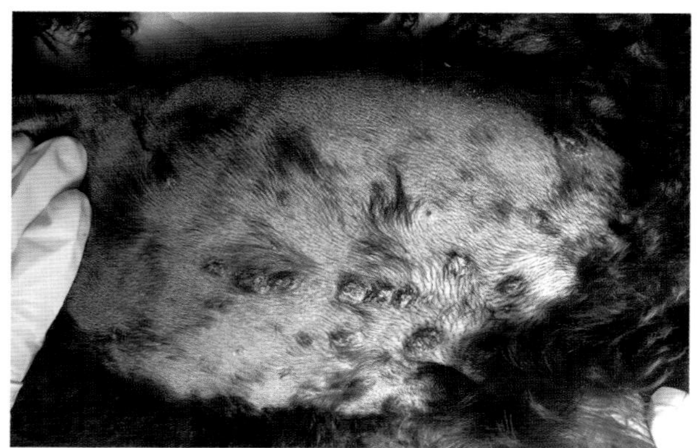

图 1-4-6 图 1-4-5 所示犬，腹部更广泛分布的厚结痂
（刘欣 供图）

## 四、诊断

对患犬皮肤进行活检采样，随后进行组织病理学诊断。

## 五、治疗和管理

使用免疫抑制剂，如环孢素和奥拉替尼（免疫抑制剂量）。可联合外部治疗，涂抹他克莫司软膏。

# 第五节 甲状腺功能减退

此疾病由于犬甲状腺的结构和功能发生异常而引起甲状腺激素产生减少，从而引起甲状腺机能障碍。

## 一、病因

原发性甲状腺功能减退占所有病例的90%，常见于淋巴细胞性甲状腺炎和原发性甲状腺萎缩。淋巴细胞性甲状腺炎被认为是一种自身免疫性疾病，其发病机制与体液和细胞介导的自身免疫有关。原发性甲状腺萎缩病因不清。

继发性甲状腺功能减退是垂体不能分泌促甲状腺激素（TSH）导致的，此类型病例占比不到所有犬甲状腺功能减退症病例的10%。巨雪纳瑞犬和拳师犬家族中有该病先天性的表现形式。

## 二、发病特点

原发性甲状腺功能减退症可影响任何犬种。这种疾病发病率较高的犬品种包括金毛猎犬、杜宾猎犬、拉布拉多猎犬、中国沙皮犬、松狮犬、大丹犬、爱尔兰狼犬、拳师犬、英国斗牛犬、腊肠犬、阿富汗猎犬、纽芬兰犬、阿拉斯加犬、杜宾犬、布列塔尼西班牙猎犬、贵宾犬、德国短毛猎犬、金毛猎犬、迷你雪纳瑞犬、万能梗犬、可卡犬、爱尔兰雪达犬和喜乐蒂牧羊犬。大丹犬、杜宾犬有家族性原发性甲状腺功能减退症倾向。

该病无性别倾向，但去势的公犬和绝育的母犬可能比未去势和未绝育的犬有更高的风险。

任何年龄的犬都可能发生，但6~10岁的犬患病风险更大。大型犬的甲状腺功能减退症发病时间相对更早（2~3岁）。

## 三、临床症状与病理变化

因甲状腺激素对身体的广泛影响，故其临床表现多种多样，涉及多个器官系统。犬可以表现为皮肤正常的全身性疾病，或皮肤病同时伴随全身性疾病症状，或只有皮肤病症状（图1-5-1至图1-5-7）。犬可能表现出嗜睡、精神沉郁、肥胖、体温偏低或嗜热症等症状。

犬甲状腺功能减退典型的皮肤症状有：

（1）易磨损部位的脱毛，包括鼻梁、压力点、腹部、会阴、整条尾巴（鼠尾征））和躯干。甲状腺功能减退症的脱毛与其他内分泌系统疾病不同，不一定表现为保留头部和四肢毛发的典型双侧对称脱毛。随着时间的推移，脱毛逐渐涉及整个躯干对称分布。脱毛可以是多灶性、对称或不对称的。

（2）毛发暗淡、干燥、易断，修剪后不能再生。最初，被毛失去正常的光泽，变得暗淡、干燥和易断。脱落的毛发比正常情况下生长得更慢，也可能表现出不被替换。最开始可能会发生粗毛的脱落，而显得细小的底毛更加明显，表现出“幼犬被毛”的状态。

（3）厚、肿胀、无凹陷的皮肤（黏液水肿），摸起来温度低。因为甲状腺激素有助于调节真皮黏多糖的产生，甲状腺功能减退的犬会在真皮中积累透明质酸。黏液蛋白的积累可引起黏液水肿，导致皮肤较厚、肿胀，触摸温度低，偶尔出现黏液结节或囊疱。黏液水肿的变化通常在面部最明显。前额皮肤、眼睑和嘴唇下垂，产生一个悲伤的面部表情。

（4）色素沉着。不是甲状腺功能减退的特异性症状，但反映了它的慢性过程。

（5）皮脂溢。甲状腺功能减退导致异常角化，出现干燥、油腻或脂溢性皮炎。脂溢性改变可以是局灶性、多灶性或全身性的。在某些情况下，它们可能局限于毛囊上皮，表现为粉刺。脂溢性变

图 1-5-1　黏液水肿导致患犬的面部“悲伤状”（王佳妮　供图）

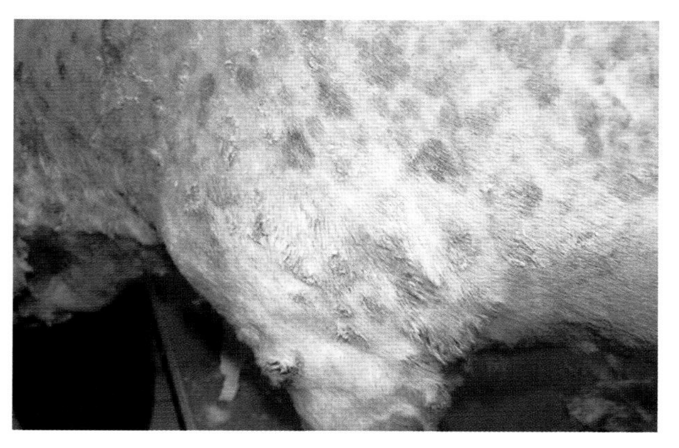

图 1-5-2　患犬继发的细菌性脓皮症（王佳妮　供图）

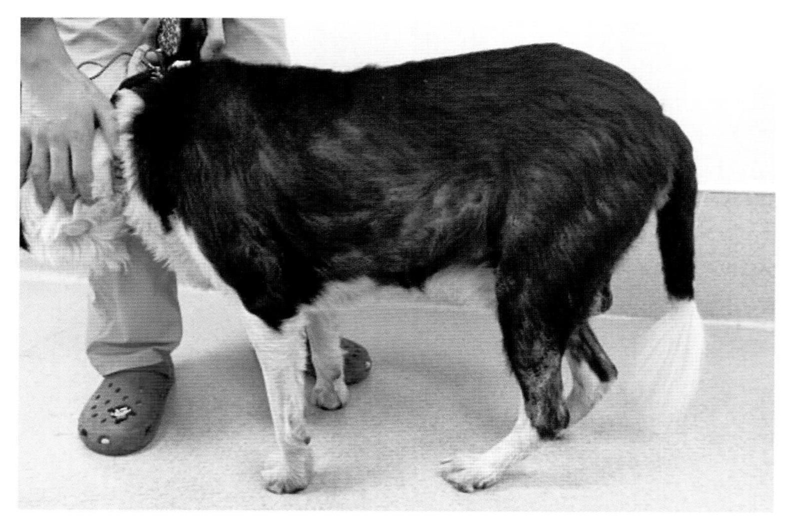

图 1-5-3　患犬毛发广泛性脱落、干燥（王佳妮　供图）

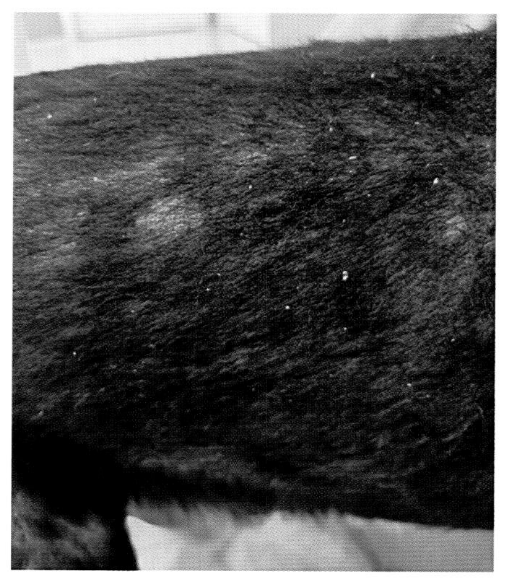

图 1-5-4　患犬皮脂溢、毛发失去光泽（王佳妮　供图）

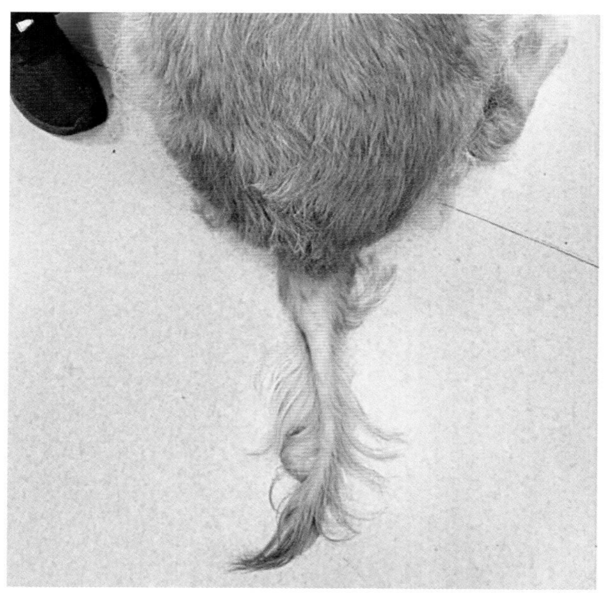

图 1-5-5　患犬尾部脱毛，呈现“鼠尾征”（王佳妮　供图）

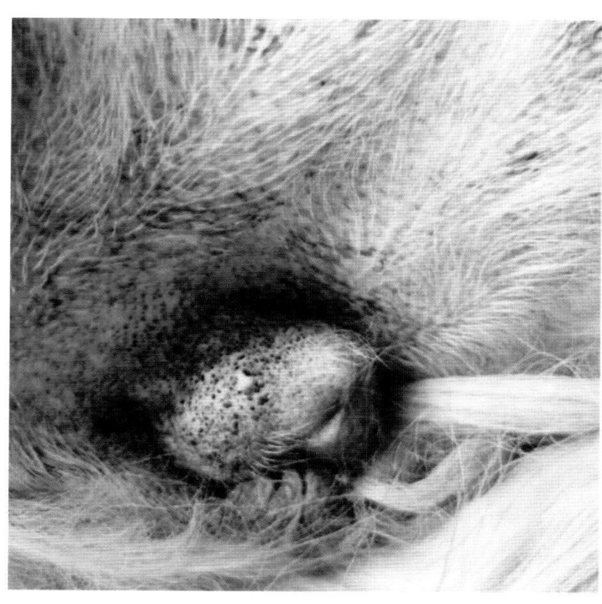

图 1-5-6　患犬外阴部出现黑头粉刺（王佳妮　供图）

化使动物易发生继发性葡萄球菌或马拉色菌感染，从而加重脂溢性症状。

（6）皮肤易感性。细菌性脓皮病易感性增加的致病机制可能与皮肤屏障的改变有关，免疫反应性低下，或两者情况兼有。

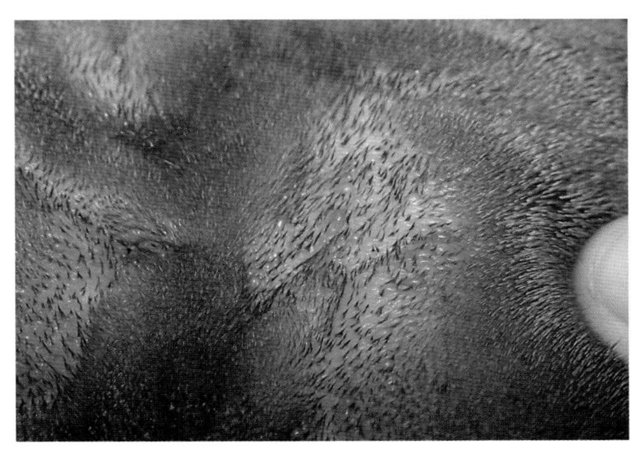

图 1-5-7　患犬黏液性囊疱（王佳妮 供图）

## 四、诊断

犬甲状腺功能减退症明确诊断需要甲状腺活检，但是这种检测不符合临床运用实际。临床医生诊断更依赖于病史、体格检查、血检、血清生化检测、尿液分析、皮肤活检和甲状腺功能测试。但是这些检查都不能诊断是原发性甲状腺功能减退的特异性，而且都有一定的误差。由于没有任何一项检查是诊断性的，因此，根据患犬的病史和体检结果来评估所有检查结果是非常重要的。

据统计，75%的患犬出现脂血症；有的患犬可发生轻度正细胞正色素性非再生性贫血（红细胞压积28%~35%）；有的患犬乳酸脱氢酶、天门冬氨酸氨基转移酶、丙氨酸氨基转移酶、碱性磷酸酶轻度或中度升高，肌酸激酶偶见升高。皮肤活检可以发现许多与内分泌病相一致的非诊断性改变（角化过度、黑色素过度沉着、毛囊角化、毛囊扩张、毛囊萎缩、外毛根鞘过度角化和皮脂腺萎缩）。约50%的甲状腺功能低下犬皮肤活检结果显示不同程度的炎症，反映了患犬常发生继发性皮脂溢病和细菌性脓皮病。

对于甲状腺的检查，可测定血清总甲状腺素（TT4）、游离甲状腺素（fT4）和促甲状腺素（TSH）的含量。如TT4低、fT4低而TSH升高则高度提示患犬甲状腺功能减退，但是可能存在假阴性或假阳性的结果。

## 五、防治

治疗甲状腺功能减退的首选药物是左旋甲状腺素片。推荐剂量为0.02mg/kg，每日1~2次；最大剂量为每日2次，每次0.8mg，终生使用。如患犬口服用药后出现焦虑、喘、多饮、多尿、多食、腹泻、心动过速、怕热等症状时剂量需做适当降低调整。治疗后精神异常的患犬在2~4周恢复。皮肤康复反应会比较慢，至少需要3个月时间才能完全康复。

甲状腺功能减退治疗失败的原因包括：其他并发的内分泌疾病未被查明，治疗不到位（如疗程不够、剂量不够、给药频率错误、药物利用率低以及主人不配合）。因此，需要做用药后的监测。TT4水平在口服药后4~6h出现高峰，因此，监测TT4值应在此时进行，且监测值应在正常值上限或轻微超过正常值。因此，用药后的值高于参考范围，在没有出现甲状腺毒症时，不应减少剂量；如果监测值远低于正常值，应增加每次剂量或每日给药2次。

# 第六节　肾上腺皮质机能亢进

犬肾上腺皮质机能亢进（库欣病、库欣综合征）是犬的一种常见疾病。该病与过量的内源性或外源性糖皮质激素有关。

## 一、病因

分为垂体依赖性、肾上腺皮质依赖性和医源性三种类型。其中，垂体依赖性和肾上腺皮质依赖性为自发性肾上腺皮质机能亢进。垂体依赖性是由于垂体促肾上腺皮质激素分泌过多导致双侧肾上腺皮质增生而发生，80%~85%的自发性肾上腺皮质机能亢进犬的病因为垂体依赖性。促肾上腺皮质激素的过度分泌来自于垂体肿瘤，肿瘤向背侧扩张至下丘脑和丘脑时可引起神经症状。肾上腺皮质依赖性占自发性犬肾上腺皮质机能亢进的15%~20%，主要发生于肾上腺皮质肿瘤，肿瘤产生过量皮质醇导致促肾上腺皮质释放激素（CRH）。其中，肾上腺皮质肿瘤可转移至肝、肺、肾和淋巴结。医源性肾上腺皮质机能亢进是由于过度使用糖皮质激素而导致的，长期使用可产生肾上腺皮质抑制，引起肾上腺皮质萎缩。

## 二、发病特点

该病多发于中老年犬，也可发生于年轻犬。无明显性别倾向，但有研究表明，雌性更多见。拳师犬、德国牧羊犬、拉布拉多犬、贵宾犬、腊肠犬和各种梗类犬为多发品种。医源性肾上腺皮质机能亢进与年龄、性别和品种无关，它最常发生在有慢性瘙痒症的犬，因为患犬有可能接受长期系统性皮质类固醇治疗。其典型特征是多食、多尿、多饮、双侧对称脱毛、皮肤变薄和骨骼肌萎缩。

## 三、临床症状与病理变化

多饮、多尿通常为该病的最初症状。伴随着多饮、多尿，有50%的患犬会出现多食。

患犬在早期毛发失去光泽，毛发生长速度减慢，随着疾病的发展，患犬毛发开始脱落，并且呈现对称性。脱毛主要涉及躯干部，而头部和肢体远端毛发一般不受影响。在某些情况下，毛发颜色的变化也可发生于疾病之初。被毛完全脱落的皮肤变薄易起皱褶且容易出现色素沉着、淤斑或淤点、皮脂溢、黑头粉刺、粟粒疹、细菌性脓皮症、皮肤钙质沉着、条纹、伤口愈合不良等。患犬可继发皮肤真菌病和蠕形螨病。

患病动物还可出现肌肉萎缩、无力和运动不耐受、腹围增大（肝肿大和腹壁肌肉无力导致）、阴蒂增大（肾上腺雄激素分泌过多）、睾丸萎缩、呼吸急促、行为改变（攻击主人、抑郁或自残）、神经症状、糖尿病、角膜病变、尿路感染、肾小球肾炎、肾盂肾炎、尿石症、急性胰腺炎和肺栓塞（图1-6-1至图1-6-6）。

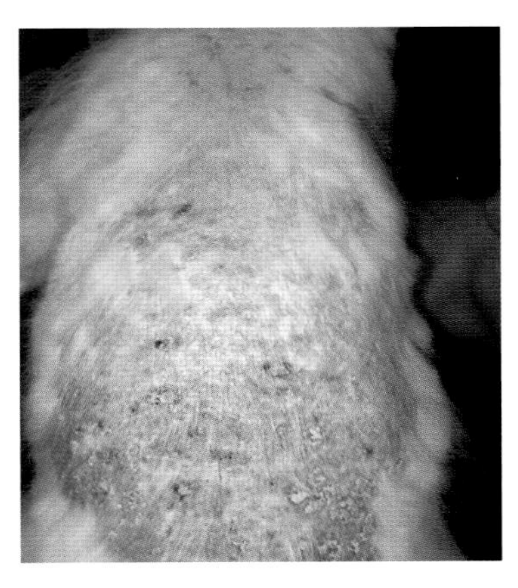

图 1-6-1　患犬皮肤出现钙化灶、条纹、躯干脱毛（王佳妮 供图）

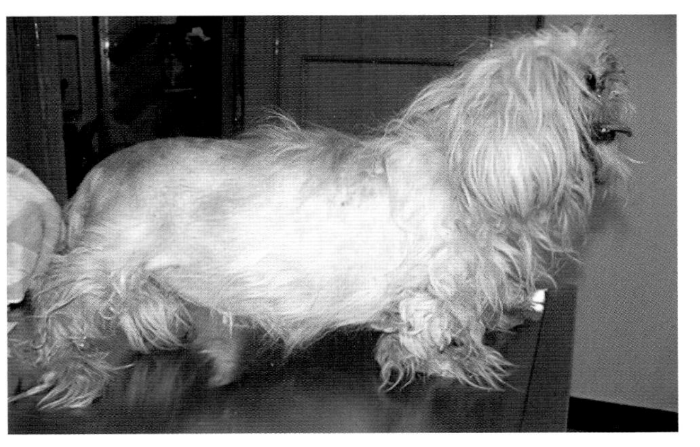

图 1-6-2　患犬毛发呈现躯干部脱毛，头及肢体远端未累及；腹围增大（王佳妮 供图）

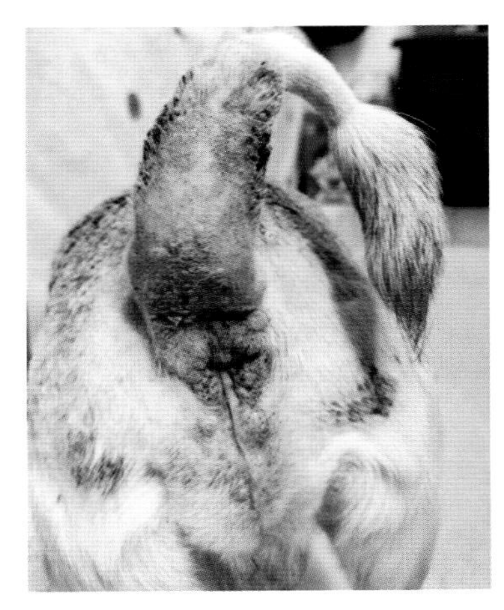

图 1-6-3　患犬出现黑头粉刺、钙化灶（王佳妮 供图）

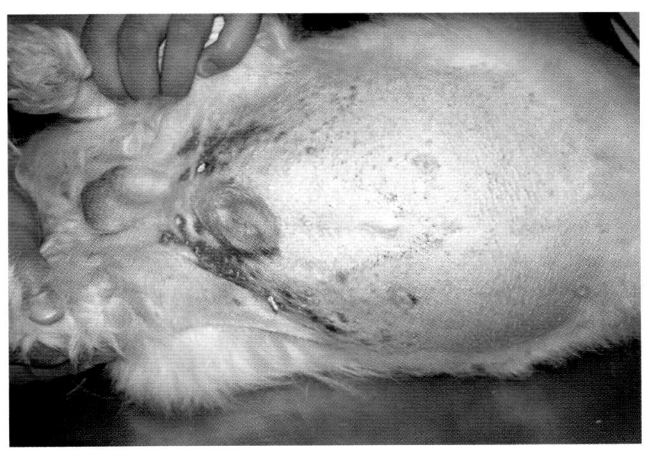

图 1-6-4　患犬出现腹围增大、皮肤变薄、皮下血管清晰可见、钙化灶（王佳妮 供图）

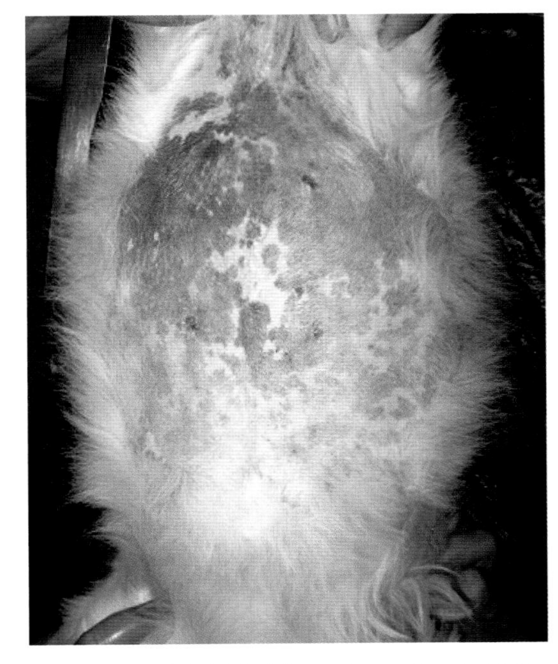

图 1-6-5　患犬出现腹围增大、皮肤变薄、色素沉着（王佳妮 供图）

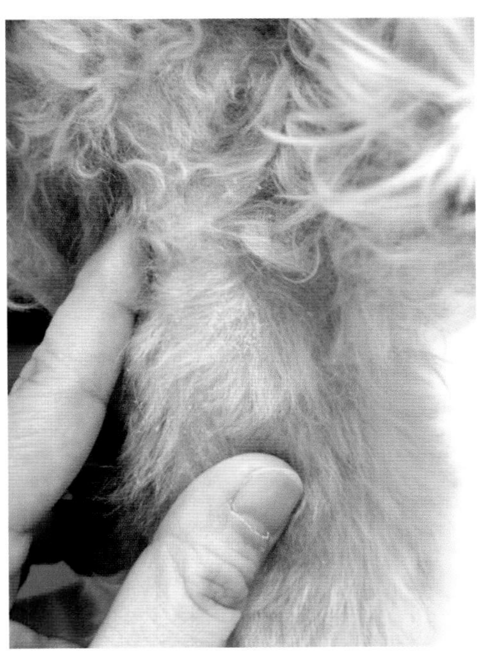

图 1-6-6　患犬出现皮肤细菌感染，可见表皮环，皮肤毛发干燥（王佳妮 供图）

## 四、诊断

除特征性的临床症状外，需要进行CBC（血常规检查，全书同）、生化、尿液和影像检查。确诊需要进行肾上腺功能测试。

常见的临床病理学异常包括嗜中性粒细胞白细胞增多，淋巴细胞减少，嗜酸性粒细胞减少，红细胞轻度增多，碱性磷酸酶升高（80%~95%的患犬），丙氨酸氨基转移酶、天门冬氨酸氨基转移酶、血糖升高，胆固醇和甘油三酯水平升高，尿素氮降低，低磷血症（33%的自发性患犬），低渗尿或等渗尿，尿路感染（50%患犬），尿蛋白/肌酐值升高。

影像X射线检查可见肝肿大，骨质疏松症和骨软化症，软组织的营养不良矿化，肾上腺肿瘤。

CT和MRI检查提高了对肾上腺肿瘤以及垂体区域的定位和诊断。

腹部超声可用于检查肾上腺的大小和形态。

皮肤活检可能显示许多与内分泌病相关的非诊断性改变（过度角化、表皮萎缩、表皮黑色素沉着、毛囊角化、毛囊扩张、毛囊萎缩、毛囊休止、过度的毛囊角化、皮脂腺萎缩等）。组织病理学表现包括营养不良矿化（胶原纤维、表皮基底膜区和毛囊）、真皮薄和立毛肌缺失。组织病理学检查结果与继发性脓皮病和异物肉芽肿（伴营养不良矿化）相一致。皮肤静脉扩张的组织病理学特征从明显的皮肤浅层毛细血管扩张和充血（黄斑期）到正常表现的皮肤浅层血管小叶增生，可被表皮环包裹（丘疹期）。

肾上腺功能测试第一阶段的目的是确认或排除疾病，用于筛选犬肾上腺皮质机能亢进的常用试验包括ACTH（促肾上腺皮质激素，全书同）刺激试验、低剂量（0.01mg/kg）地塞米松抑制（LDDS）试验和尿皮质醇与肌酐比值。确诊后，第二阶段的目的是区分垂体依赖性与肾上腺瘤变引起的犬肾上腺皮质机能亢进。鉴别以上两种病因的常用试验包括低剂量地塞米松抑制试验、高剂量（0.1mg/kg）地塞米松抑制试验、超声检查和测试内源性ACTH浓度。

ACTH刺激试验对于诊断肾上腺皮质机能亢进的准确性约为80%，低剂量地塞米松抑制试验的准确性约为85%。在一组患非肾上腺皮质机能亢进犬和患肾上腺皮质机能亢进犬的对照研究中，尿皮质醇和肌酐比值的特异性仅占20%。

## 五、防治

曲洛司坦是3-β-羟基类固醇脱氢酶的抑制剂，通过抑制皮质类固醇生成用于治疗犬肾上腺皮质机能亢进。体重不足5kg的犬每日摄入30mg，体重在5~20kg的犬每日摄入60mg，体重超过20kg的犬每日摄入120mg。许多犬在30d后需要更高剂量的维持。每日给药两次似乎比每日给药一次控制效果更好。

O, P'-DDD（米托坦，氯苯二氯乙烷）是一种氯化烃衍生物，可导致肾上腺皮质束状带和网状带选择性坏死和萎缩，而肾小球带（盐皮质激素产生带）相对耐受。起始剂量为40~50mg/（kg·d），持续7~10d，剂量应分成两次，每12h一次，随食物口服。如监测结果良好，建议维持剂量为25mg/（kg·d）。如出现嗜睡、食欲减退、呕吐等副反应，应停止给药，改用泼尼松或泼尼松龙治疗。

司来吉兰是一种选择性不可逆单胺氧化酶-B（MAO-B）抑制剂。只适用于轻度至中度疾病的犬。对于病情严重的患犬，应采用其他治疗方法。该药物以1mg/kg的剂量每日服用，持续

30～60d。如果没有效果，剂量应增加到2mg/kg。

维甲酸是维生素A的一种生物活性代谢物。维甲酸可降低促皮质激素的合成。推荐剂量2mg/（kg·d）。

酮康唑是一种抗真菌咪唑药物，能抑制犬的肾上腺皮质类固醇生成。建议每12h给药5mg/kg，连用7d，观察犬是否有任何特殊反应发生。如果没有，剂量增加到每12h 10mg/kg，持续14d。反应由促肾上腺皮质激素刺激试验决定，如果测试显示刺激后皮质醇水平高于参考范围，应增加剂量至15mg/kg，每12h一次，持续14d。

手术治疗可采用双侧肾上腺切除术或垂体切除术。疗效与手术切除的情况有很大关系，术后需进行密切监测。

放射治疗是垂体依赖性的选择，但是治疗费用昂贵且反应时间慢。

医源性犬肾上腺皮质机能亢进治疗需要逐渐减量使用外源性糖皮质激素。

皮肤钙化部位可使用二甲亚砜凝胶局部治疗，每天1次。

未经治疗的病患一般预后不良，可能由于败血症、糖尿病、心力衰竭、胰腺炎、肾盂肾炎和血栓等疾病死亡。经治疗的患犬的平均存活年龄为2年，较年轻的患犬存活时间相对更长。

# 第七节　无菌性结节性脂膜炎

无菌性结节性脂膜炎是一种皮下脂肪的特发性炎性疾病，与其他已知的特定疾病或引起脂膜炎的病原体无关，但可能和其他疾病有关。

## 一、病因

有研究表明此疾病可能与胰腺炎和胰腺肿瘤有关，也可能和用药治疗一些慢性疾病或手术有关。

## 二、发病特点

此疾病无明显的年龄、品种和性别倾向，发病部位可为单病灶或多病灶，可分布在身体的任何部位。

## 三、临床症状与病理变化

病变可发生在真皮层内，范围从数毫米至数厘米大小不等。结节表现为坚硬的或有波动感的，可能边界清晰的或不清晰的，触摸疼痛或不疼痛的。皮肤颜色可能呈现肤色、红斑或红蓝色。病变一般为囊状，进一步发生破溃，发展成为瘘管，从内排出油状、土黄色带血腥味的渗出物。病变恢复后常留下疤痕（图1-7-1至图1-7-7）。

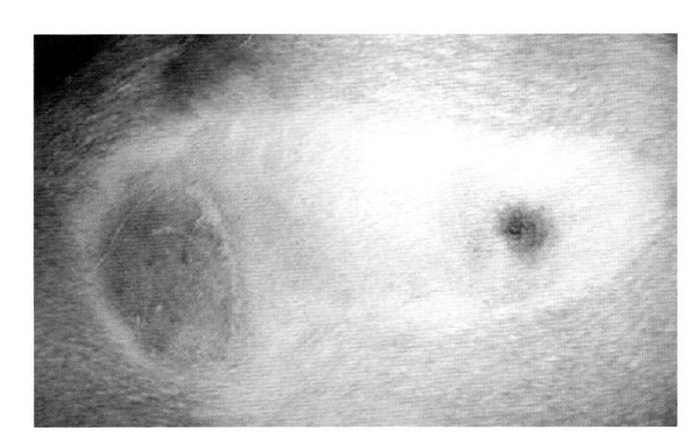

图 1-7-1　患犬病灶大小不等，皮肤颜色呈现红斑、红蓝色，可见一处结节破溃（王佳妮 供图）

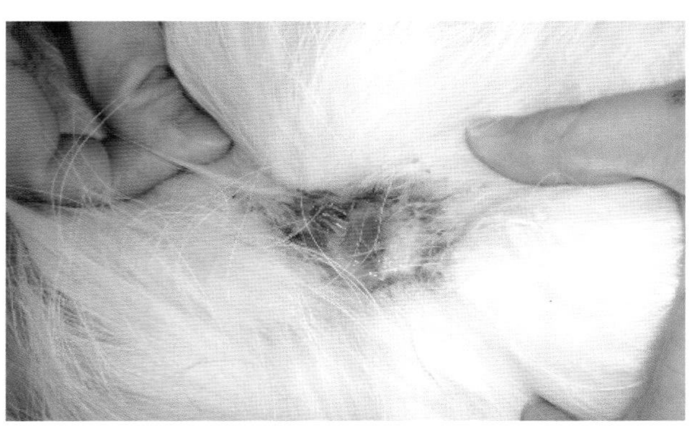

图 1-7-2　患犬病灶出现溃疡，流出土黄色渗出物（王佳妮 供图）

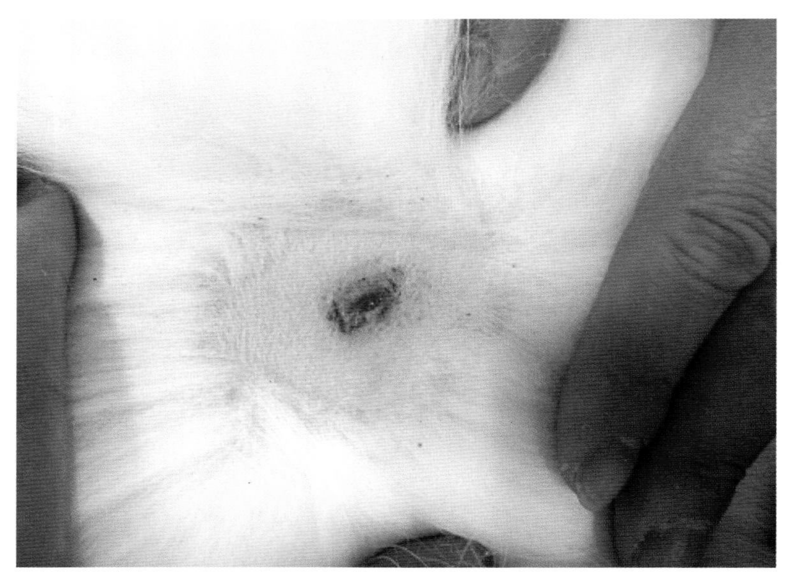

图 1-7-3　患犬病灶破溃形成瘘管（王佳妮供图）

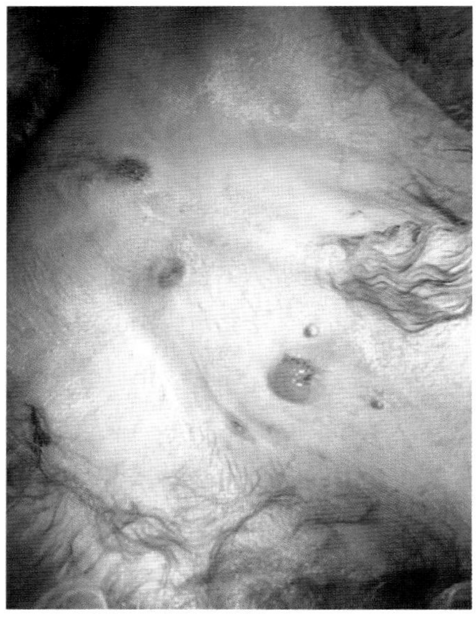

图 1-7-4　患犬破溃的病灶。病灶可出现在全身各处，此处为腹部病灶（王佳妮 供图）

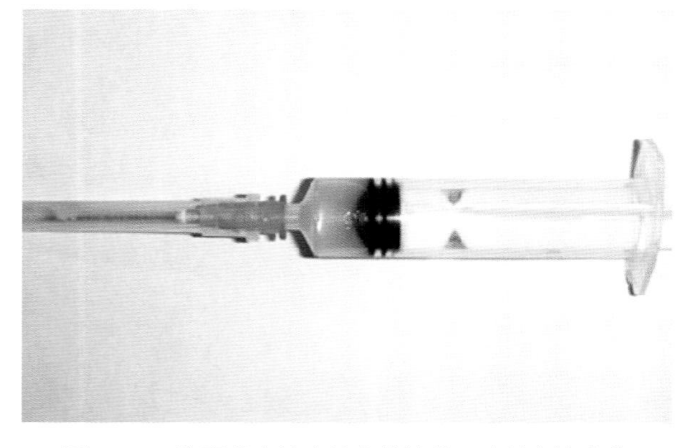

图 1-7-5　从患犬病灶中抽出的油状、土黄色渗出物（王佳妮 供图）

图 1-7-6　可触摸到患犬的皮下结节（王佳妮 供图）

患犬可能出现发热、食欲不振、精神沉郁、嗜睡等症状。

## 四、诊断

该病只能由活检进行确诊。活检病理可见化脓性、脓性肉芽肿性、肉芽肿性、嗜酸性、坏死性或纤维隔膜形成性和/或弥散性脂膜炎。特殊染色未见传染性病原体。细胞学检查表现为化脓性、脓性肉芽肿性、肉芽肿性，以及可见脂质或脂肪细胞、泡沫状巨噬细胞，无微生物，偶可见梭形细胞，因此，可能误诊为肿瘤。

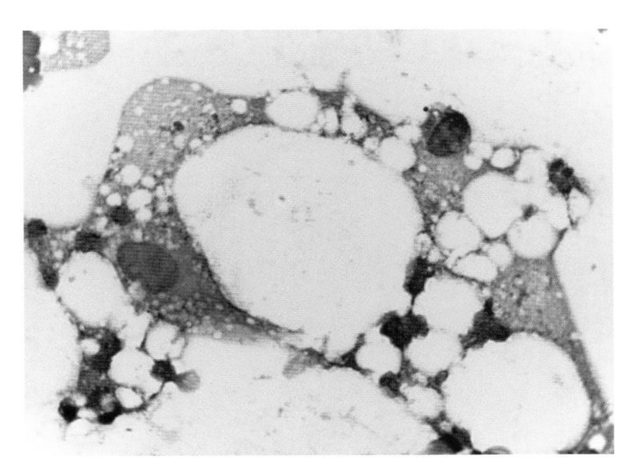

图 1-7-7　患犬细胞学检查可见空泡化的脂质区域和泡沫状巨噬细胞（王佳妮 供图）

## 五、防治

单个病灶可进行手术切除。多病灶病例可采用口服糖皮质激素治疗。泼尼松龙或泼尼松均可使用。患犬每日1次，每次2mg/kg。直到病变出现好转（一般2~3个月），然后逐渐减量直至停止治疗。复发病例需要使用药物治疗更长时间，也可能需要联合环孢素等其他免疫抑制剂治疗。

此病一般预后良好。

# 第八节　幼犬蜂窝织炎

幼犬蜂窝织炎也称为幼犬腺疫、幼犬脓皮症、幼犬无菌性肉芽肿性皮炎和淋巴结炎，是一种发生于幼犬的特发性皮肤病。

## 一、病因

该病的病因及发病机理不明。

## 二、发病特点

该病通常发生于3周龄至4月龄的幼犬。许多品种都可发生，金毛猎犬、腊肠犬、英国斗牛犬、拉布拉多犬、比格犬、波音达犬更高发。发病无性别倾向。

## 三、临床症状与病理变化

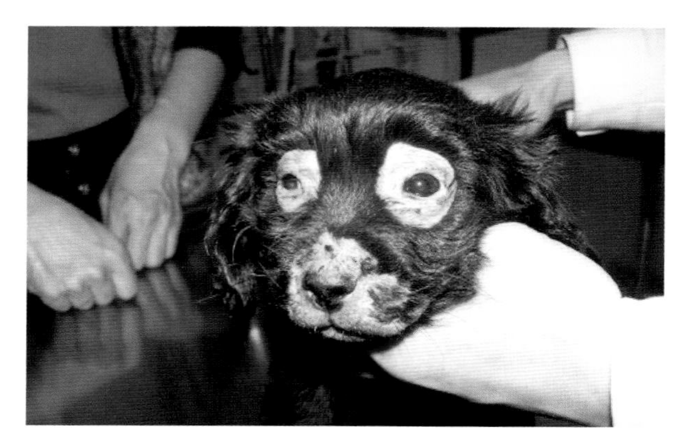

图 1-8-1　患犬眼周及吻部、唇周出现水肿、脓性分泌物和结痂、脱毛（王佳妮 供图）

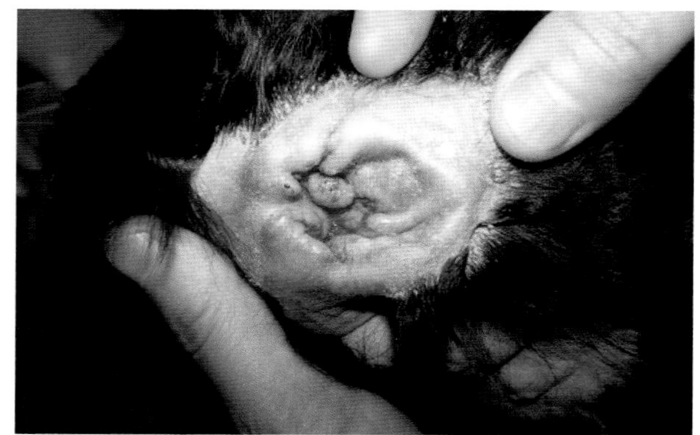

图 1-8-2　患犬耳廓出现水肿、脓性分泌物（王佳妮 供图）

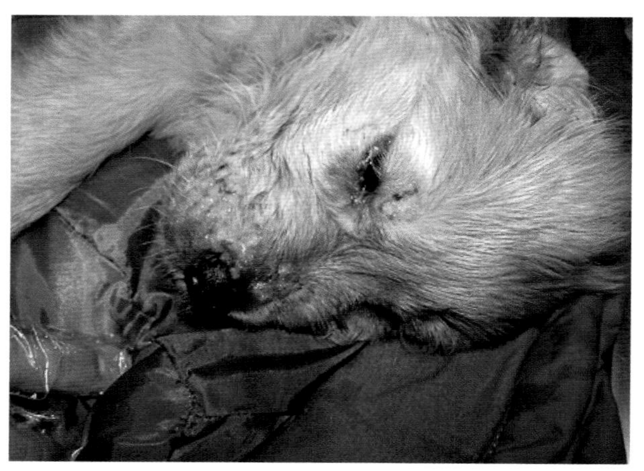

图 1-8-3　患犬眼周、吻部及鼻梁出现肿胀、脓疱和脓性分泌物、脱毛。犬精神沉郁（王佳妮 供图）

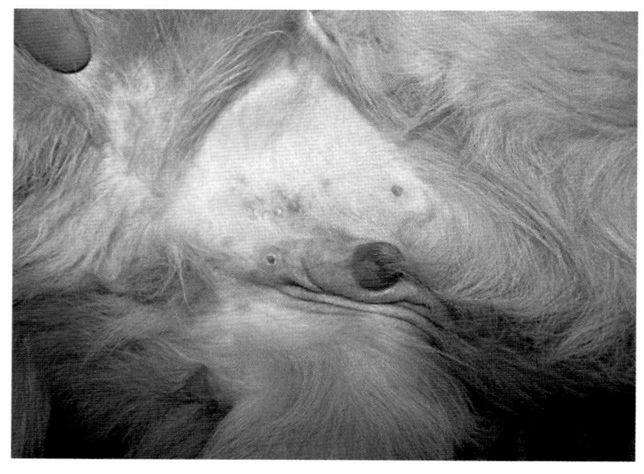

图 1-8-4　患犬包皮出现病变（王佳妮 供图）

图 1-8-5　患犬吻部及唇部出现明显的水肿（王佳妮 供图）

图 1-8-6　患犬肿大的淋巴结（王佳妮 供图）

图 1-8-7　从患犬淋巴结穿刺放出的脓汁（王佳妮　供图）

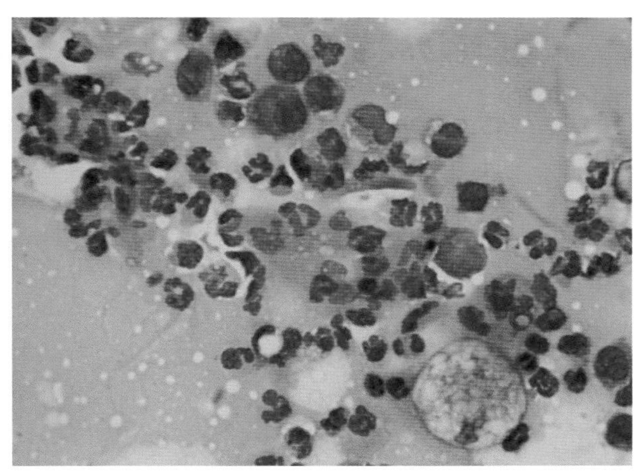

图 1-8-8　患犬细胞学检查可见化脓性肉芽肿性炎症，未见微生物（王佳妮　供图）

患犬在眼睑、吻部和唇部出现水肿、小囊疱、脓疱、脓性分泌物，干燥后形成结痂。也可出现破溃、瘘管和脱毛。病变还可出现在鼻梁、耳廓、外阴、包皮和肛门等处。常见患犬局部或体表多处淋巴结肿大，甚至形成淋巴结脓肿。严重患犬可出现发热、精神沉郁以及食欲减退（图1-8-1至图1-8-8）。

## 四、诊断

常根据临床特征和病史，同时排查其他类型疾病进行诊断。患犬皮肤及渗出物细胞学检查可见化脓性、化脓性肉芽肿性炎症，感染处可见细菌。淋巴结穿刺细胞学检查可见化脓性、化脓性肉芽肿性和肉芽肿性炎症，不可见微生物感染。皮肤组织病理早期可见多处分散的或融合的肉芽肿和含有集群的上皮样细胞及巨噬细胞。皮脂腺和大汗腺可能受波及出现坏死。后期严重的病变中，化脓性改变主要发生在破溃毛囊及其周围的真皮浅层处，也有的发生在脂膜下面。

## 五、防治

治疗主要使用糖皮质激素。可口服泼尼松或泼尼松龙，每日1次，每次2mg/kg，直至病变消失后再逐渐减量至停药。如出现继发感染，需同时使用抗生素治疗。

此疾病易造成疤痕。患犬不予及时治疗有可能出现死亡。治愈后罕见复发。

# 第二章

# 犬外科感染

# 第一节 疖、痈、脓肿

感染是兽医外科领域中常见的疾病，局部感染常在感染早期出现。病原菌入侵机体后，由于机体的防卫作用，病原菌被限制于局部以防蔓延扩散，如致病菌引起的疖、痈和脓肿等。疖是由葡萄球菌性毛囊炎演变而来的一种急性、发热、有压痛的结节或脓肿。痈是较深的感染，由几个相邻的毛囊内的脓肿组成。脓肿是局部脓液的聚积，表现为急性或慢性局部炎症，并伴有组织破坏。

## 一、疖

疖（Furuncle）又称疖子、疖肿，指单个毛囊及其周围组织的急性细菌性化脓性炎症，常由葡萄球菌引起。疖多为单发，若同时散发或连续发生在动物全身各部位的疖称为疖病。短毛犬发病率高。

疖多为感染金黄色葡萄球菌或白色葡萄球菌所致，偶见由表皮葡萄球菌或其他致病菌引起。犬以中间型葡萄球菌为主。皮肤擦伤、糜烂等均有利于细菌侵入及繁殖。皮脂溢出过多也容易发生疖子。疖病多发生于炎热的夏季。高温、潮湿、多汗利于病原菌侵入皮肤。汗腺排泄障碍、维生素缺乏、动物对病原菌的抵抗力下降均能导致疖的发生，常继发为疖病（图2-1-1）。

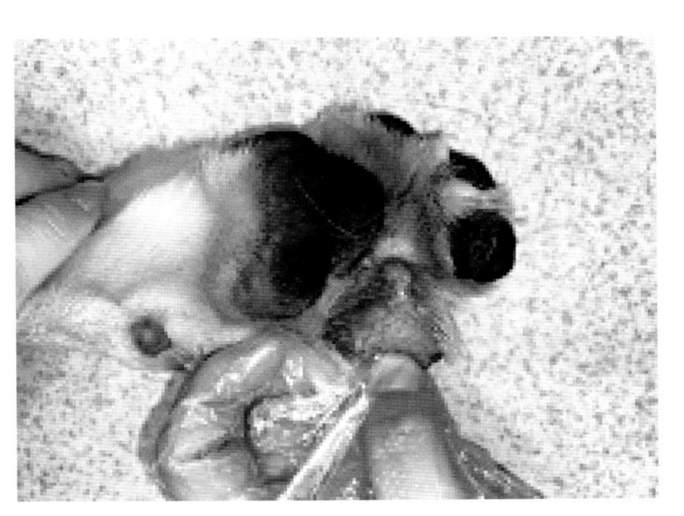

图 2-1-1 疖病（唐玉洁 供图）

患犬发病初期表现为红、肿、热、痛的小结节，以后逐渐肿大，数天后中央变软，顶部出现黄白色脓头，破裂流出脓液后炎症逐渐消退而愈合。有时，坚实的红色结节不化脓也不溃破，可自然吸收。单个疖常无全身症状，但发生疖病时，动物常出现体温升高、食欲减退等症状。

一般根据患犬的临床症状诊断，必要时进行脓液直接涂片、细菌培养及药物敏感试验等。如患犬有发热等全身反应，需做血常规等检查。

多数疖可自行破溃并愈合，一般不需要治疗。如需治疗，主要分为切开引流和抗生素疗法。将病灶部位消毒切开，取出脓后用氯已定清洗创腔。如果患犬出现全身症状，可使用 β-内酰胺类药物、复方磺胺甲基异恶唑（SMZ-TMP）等抗生素治疗，也可使用活命饮、普济消毒饮、防风通圣散或三黄丸等中药治疗。

疖常复发，可通过使用含有葡萄糖酸氯己定异丙醇或2%~3%氯二甲酚的皂液浸泡患犬，并口服1~2个月的抗生素来预防。

## 二、痈

痈（Carbuncle）是指致病菌所引起患犬的多个相邻的毛囊、皮脂腺或汗腺的急性化脓性感染，或由多个疖融合而成。感染常从一个毛囊底部开始，因皮肤厚而沿皮下脂肪层蔓延，侵入附近的毛囊群。痈是疖和疖病的扩大，病灶可蔓延到深筋膜。主要致病菌是葡萄球菌和链球菌。

临床症状为体表出现隆起的紫红色浸润区，界限不清，在中心有多个脓栓，破溃后呈蜂窝状。后期出现病灶中心坏死、溶解、塌陷，犹如“火山口”，其内含有脓液和大量坏死组织。痈易向四周和深部发展，常伴有淋巴管炎、淋巴结炎和静脉炎，严重者可引起全身化脓性感染，血液白细胞总数增高。

痈的诊断和治疗与疖相似。可根据临床检查、血常规、组织细菌涂片、药敏试验等结果确诊。患犬可外用消炎喷剂或软膏配合口服或注射致病菌敏感的抗生素，同时日常护理使用抗菌香波。较小的痈在早期经上述处理后，坏死组织脱落，伤口可逐渐愈合。大部分痈因病变范围较大，引流不畅，中央部坏死组织多。针对全身症状重的患犬，感染不易控制而需进行切开引流术。切开一般用“十”字形切口。切口应超出炎症范围少许，深达筋膜，尽量剪除坏死组织。填塞纱条，术后24h更换敷料。

## 三、脓肿

脓肿（Abscess）是细菌感染之后，炎症被限制于局部，局部的炎症组织在细菌的作用下发生坏死、溶解，形成脓腔，腔内的渗出物、坏死组织、脓细胞和细菌构成脓液。

脓肿周围的组织可以表现为充血、水肿和白细胞浸润，最终形成肉芽组织，构成脓肿的腔壁。形成脓肿的细菌有金黄色葡萄球菌、大肠杆菌、链球菌、铜绿假单胞菌、厌氧菌等。致病菌可通过皮肤、黏膜损伤入侵，也可以从化脓灶经血液循环、淋巴循环转移。常出现脓肿的部位包括表皮、肝脏、肺脏以及脑。

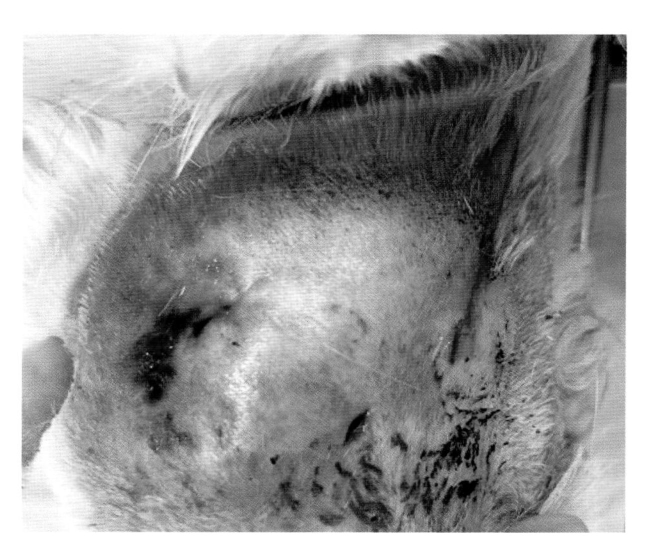

图 2-1-2　皮肤脓肿（郝逸冰 供图）

根据患犬的临床症状和脓液穿刺结果可进行诊断，注意与结节、挫伤、血肿、淋巴外渗、疝、肿瘤、囊肿、气肿等进行鉴别诊断。针对深部的脓肿，需要结合超声波、CT、MRI等设备进行辅助诊断。

脓肿的治疗原则为初期促进炎症吸收和消散，后期进行彻底排脓。依据脓肿的部位不同，常采取不同的处理方法。如果患犬的脓肿位置表浅，体积较小，可以通过外用软膏和抗生素疗法消炎，促进脓肿自行吸收消退；如果脓肿位置浅、体积较大且完全液化，需要进行局部麻醉下脓肿切开引流处理。通过积极的抗感染治疗，大部分浅表的脓肿可以取得较好的疗效。针对腹腔的脓肿，如肝、肾脓肿，单纯的保守治疗效果欠佳，需进行超声引导下脓肿穿刺引流。将脓液引流出体外后，可有效控制体内的感染，避免脓肿的炎性症状进行性加重而引起严重的并发症。

# 第二节　外伤感染

外伤感染是指皮肤完整性被破坏，微生物侵入，在其中破坏、增殖、繁衍，致使伤口愈合困难，出现炎症反应，如红肿、硬结、血肿、积液等。犬在日常行为中发生外伤的概率很高，外伤的感染管理对保证犬的健康具有重要意义。

## 一、外伤类型

### （一）按照清洁程度分类

（1）清洁创。清洁伤口是指在无菌条件下产生的伤口，如手术切口。开放性外伤一般不存在清洁创。

（2）污染创。污染创和感染创之间的主要差异是细菌数量。每克组织中存在 $1 \times 10^5$ 个以上细菌便足以引起感染。

（3）感染创。污染程度大、血液供应不佳和伤口处理不及时等都可能使感染加重，应针对每个病例单独进行评估。

### （二）按照致伤原因分类

外伤造成的伤口可以按照致伤原因分为擦伤、刺伤、砍伤、裂伤、挫伤、烧伤、冻伤、蜂蜇伤、咬伤等（图2-2-1、图2-2-2）。

## 二、风险因素

细菌进入伤口并增殖，伤口即可能发生感染。细菌可能来自周围的皮肤、外部环境或造成伤口的物体。

### （一）外伤等伤口的因素

就外伤而言，正确清洁和保护伤口以降低感染风险非常重要。而伤口的以下特性可能造成伤口感染的风险升高：伤口大、深或边缘呈锯齿状；污垢或异物进入伤口；咬伤伤口；被含脏污、金属锈或细菌的物体损伤。

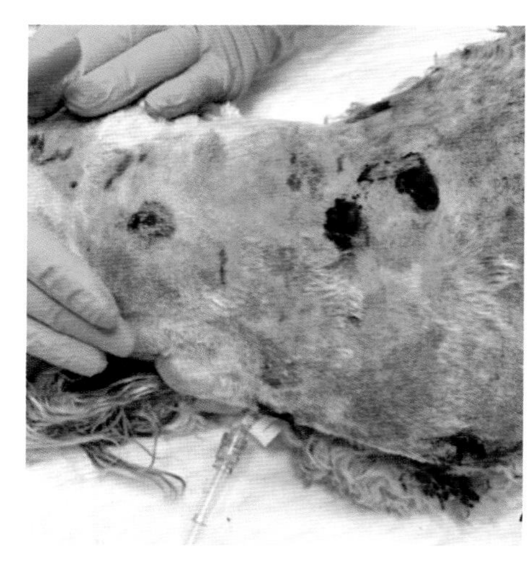

图 2-2-1　咬伤伤口外观（石昊　供图）

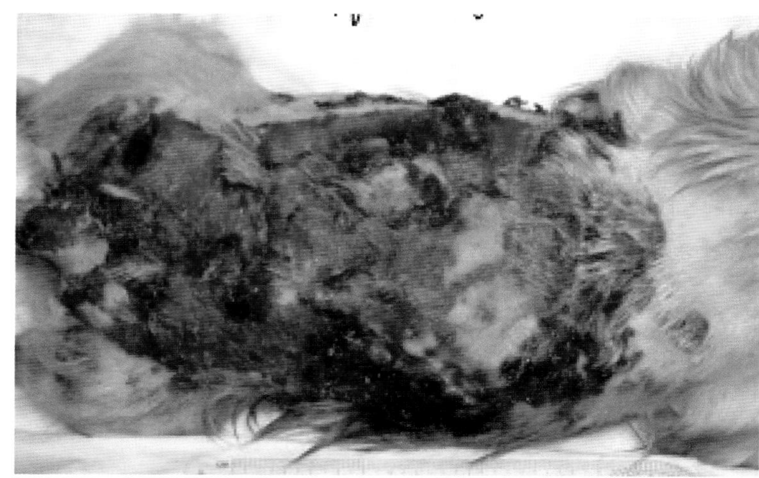

图 2-2-2　烧伤伤口外观（石昊　供图）

**（二）犬个体的因素**

犬个体的某些健康状况和环境因素也会增加感染的风险，包括：糖尿病；免疫功能下降，服用免疫抑制剂（糖皮质激素、环孢菌素）的犬；行动不便的犬；年龄较大的犬更容易发生伤口感染；缺乏营养和维生素的犬。

## 三、诊断

局部外伤发生感染后，可能发展为深部脓肿（图2-2-3），甚至发展为全身性的菌血症、败血症等。依据外伤累及范围不同，伤口感染可能出现不同的症状表现。

**（一）症状**

当发现患犬出现发热，伤口周围皮肤出现红、肿、热、痛表现，伤口破溃，流出血或脓液（图2-2-4），散发出恶臭，怀疑形成脓肿等情况时，应排查是否发生伤口感染。

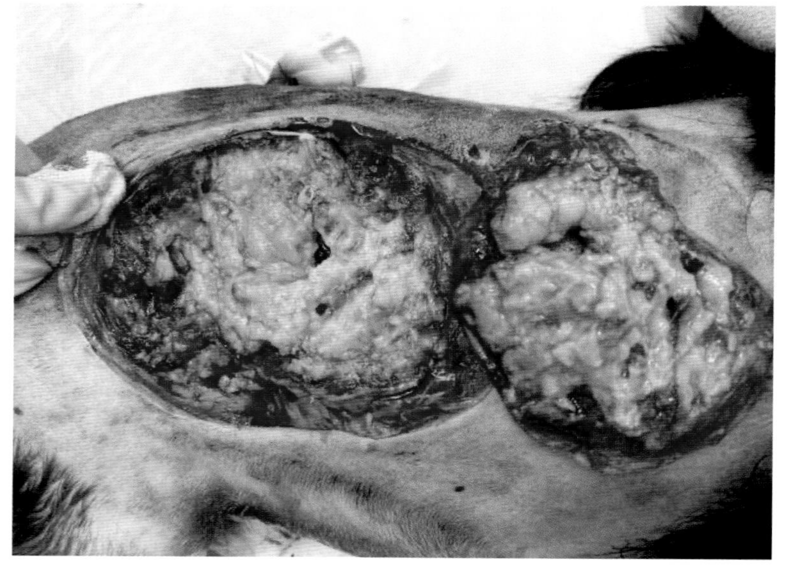

图 2-2-3　陈旧咬伤致深部脓肿
（吕迪　供图）

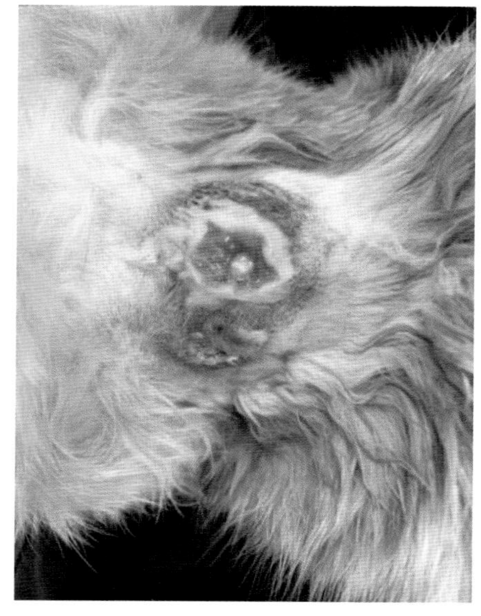

图 2-2-4　肉芽组织形成中发生感染
（吕迪　供图）

### （二）诊断

进行血液检查，从血常规判断。如白细胞计数出现升高或显著下降，中性粒细胞出现核左移等；选择影像学手段检查深部组织是否感染、存在脓肿或伤口内是否有异物；对从伤口采集的液体或组织样本进行细菌培养及药敏试验。

## 四、治疗

治疗一般取决于外伤的严重程度、位置以及累及部位，也取决于犬的健康状况和受伤时长。有些感染的伤口可能需要手术清创，以促进愈合并防止感染扩散（图2-2-5）。如果存在难以取出的异物，则需要进行手术移除。对于较为严重感染的伤口应考虑放置引流装置，便于伤口渗出物有效排出。

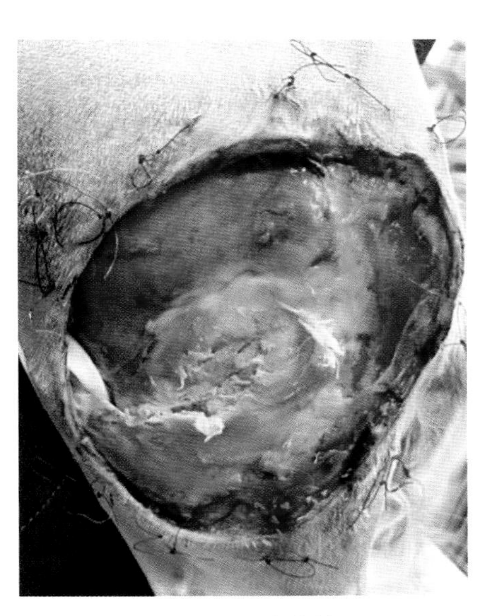

图2-2-5　外伤手术清创后暴露中央坏死感染区（马裔寒　供图）

在抗生素治疗前或伤口冲洗后，用拭子对伤口的深层组织采样后培养，检测细菌对药物的敏感性，便于后续的抗生素药物的选择。

外伤感染的主要治疗手段是抗生素治疗。一般在等待细菌培养和药敏结果时，可以给予广谱抗生素如第一代头孢菌素进行治疗，在获得准确的药敏试验结果后，再改用针对性的抗生素进行治疗。动物必须完成全程的抗生素治疗才能痊愈并防止细菌产生抗药性。

## 五、预防

对于新鲜外伤伤口，应先用大量生理盐水清洗并清除伤口内的异物。对于较深的伤口，务必及时进行切开、引流，预防感染。创面涂抹少量的抗生素软膏可以有效地防止感染。最后用绷带、纱布或其他敷料覆盖伤口，并定期更换敷料。

# 第三节　术部感染

依所涉手术清洁类型及操作不同，在患犬术后0~30d内发生的感染为术部感染（Surgical Site Infection）。术部感染的可能病因包括术前已存在的感染、手术创口感染、手术相关操作导致的感染和手术植入物导致的感染。另外，所有缝合后再次（人为或被动）开放的手术创口均应视为存在感染。

## 一、风险因素

手术病例发生感染的风险除受动物个体因素影响外，手术过程还存在一些特有的风险因素，包括：手术类型——非清洁手术及涉及植入物的手术；手术时长；麻醉时长，尤其是麻醉下无操作的时长；术部备皮及消毒不足或过度操作，造成毛发过长或导致细小伤口和局部炎症；缝合方式——使用皮钉等方式可能增加感染风险；特定术式未使用围手术期抗生素进行感染预防。

## 二、诊断

### （一）症状

术后，手术切口应清洁无肿胀，轻触切口四周，无局部疼痛或敏感（图2-3-1）。在愈合过程中，术部可能会发生轻微的局部炎症反应，应注意与术部感染相区别。依切口深度和所涉结构不同，术部感染可分为浅层、深层、体腔/脏器感染。术部感染的主要症状为局部发红、肿胀、发热及疼痛（图2-3-2），同时伴随组织破溃及脓液渗出（图2-3-3），较深层的感染或手术操作所涉其他区域的感染可能导致患犬发生发热、局部脓肿、局部疼痛，甚至菌血症、脓毒血症等全身性疾病。

### （二）诊断

术部感染的诊断主要依靠采取脓液、穿刺活检等方式取得样本，进行病原微生物培养从而确诊。如怀疑发生脓肿，深部、体腔或全身性感染，可借助B超、X射线、CT等影像手段以及血常规等实验室检查手段进行诊断。

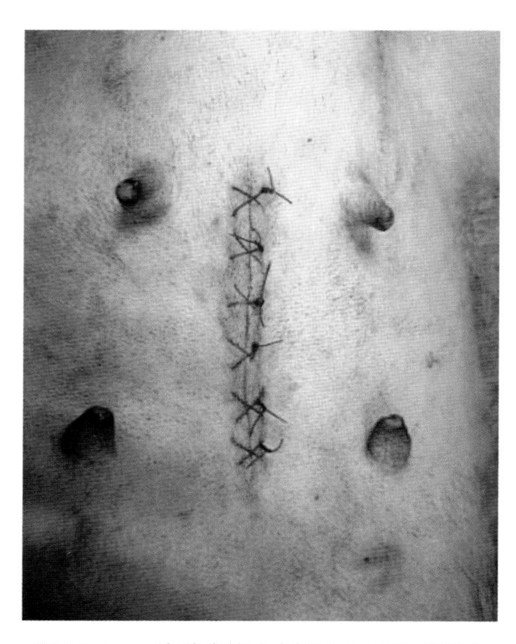

图 2-3-1　正常缝合的手术切口（石昊 供图）

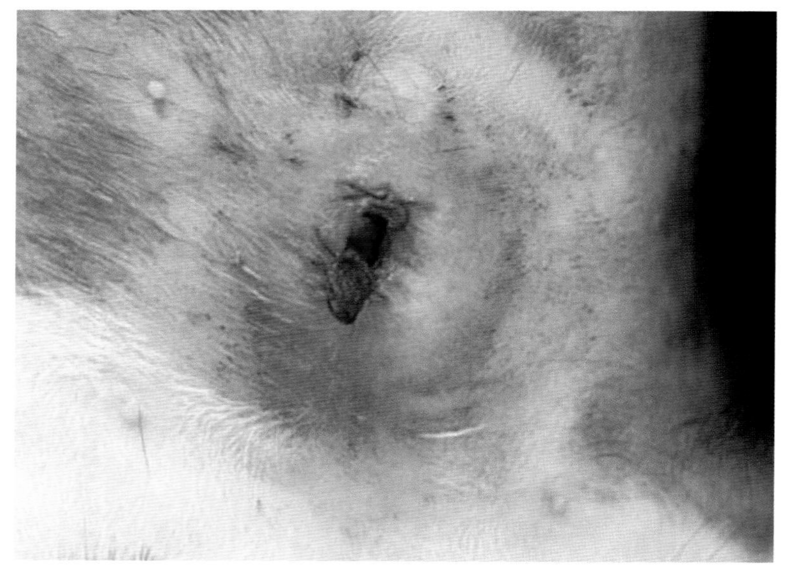

图 2-3-2　术后自损致手术切口污损感染（郝逸冰 供图）

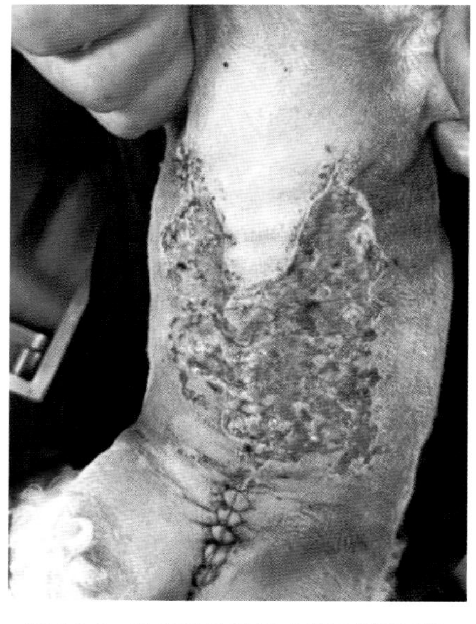

图 2-3-3　乳腺肿瘤致手术创口坏死感染（马裔寒 供图）

## 三、治疗

术部感染较为常见的病原为：金黄色葡萄球菌、中间葡萄球菌、肠球菌、假单胞菌及肠杆菌科等机会致病菌，其主要治疗手段是抗生素治疗。应根据病原微生物培养和药敏试验结果选择恰当的抗生素。对于破溃或发生损伤的组织，必要时可采取手术清创及切开引流等伤口管理方式以促进愈合。

## 四、预防

预防是术部感染管理的重中之重，应结合风险因素采取相应的预防手段。

### （一）围手术期预防性抗生素

根据术式及术部条件，应在术前预防性地给予所有清洁-污染、污染、感染手术病例，以及所有手术时间超过90min的手术病例抗生素，并于术中每90min重复给药一次。

### （二）术后抗生素

绝大多数手术不需要在术后预防性地使用抗生素，但胫骨平台水平截骨术（TPLO）等骨科手术术后建议连续5d给予抗生素治疗。另外，对于一些感染风险较大的手术，如关节腔内或心血管手术，可以在术后24h预防性地给予抗生素，以降低潜在感染发生的风险。

# 第三章

## 犬麻醉与镇痛

# 第一节　麻醉前准备

麻醉前准备包括：麻醉设备、药品以及患犬的准备，其中患犬的准备主要为体况的评估与纠正，本节不做详细讲解。本节主要介绍麻醉设备以及常见的麻醉药品。

## 一、麻醉设备

### （一）麻醉机

麻醉机由四个不同的系统组成，包括：供气系统（压缩气体从氧气源到达挥发罐）、麻醉挥发罐（气化吸入麻醉剂，并将其与氧气混合）、呼吸回路（气体 ± 吸入麻醉剂通过呼吸回路到达患犬，并排出 $CO_2$）、清除系统（处理过多的麻醉废气）（图3-1-1、图3-1-2）。

### （二）呼吸机

当患犬出现严重通气不良、严重换气障碍、神经肌肉麻痹、呼吸停止或将要停止、颅内压升高、窒息和心脑肺复苏（CPCR）或引进开胸术以及术后需要呼吸支持时，通常会进行机械通气，除人工正压通气外，使用呼吸机是常见的机械通气方法（图3-1-3至图3-1-8）。

### （三）监护设备

麻醉监护需要麻醉医生（师）使用监护设备完成，监护设备具有客观性、完整性、连续性，并能够自动报警的优点，可定量评估呼吸和心血管功能，监测患犬对药物/治疗的反应，指导麻醉机和呼吸机的使用。以下为常见的基础监护设备（图3-1-9至图3-1-15）。

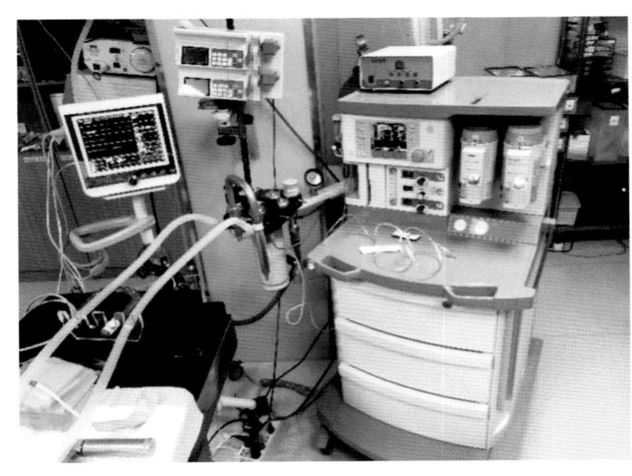

图3-1-1　呼吸麻醉平台（王京阳 供图）

图3-1-2　简易麻醉机（王京阳 供图）

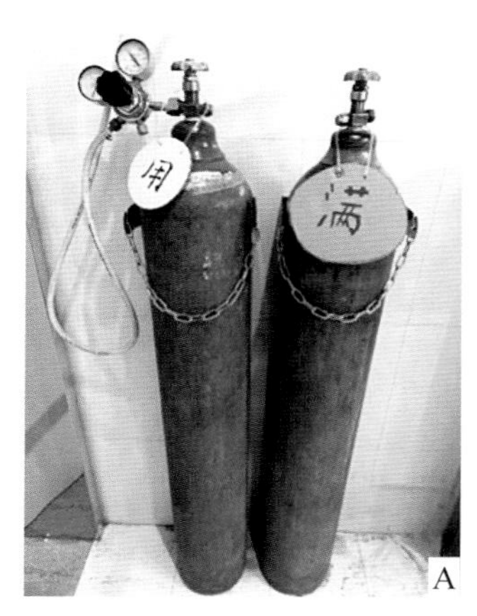

图 3-1-3　氧气瓶 + 压力阀

A 氧气室内标记在使用（“用”）和备用的氧气瓶（“满”）；B 使用气瓶固定架固定氧气瓶，防止倾倒；C 氧气压力阀（氧气瓶内的气源压力示数为 13 MPa）和减压阀（减压阀减压后示数为 0.4 MPa）（苏丽雪 供图）

图 3-1-4　安全阀（APL）

A 单独的安全阀，在安全阀后额外放置截止阀，便于正压通气；B 带数值刻度的安全阀，可通过旋转至相应刻度调整 APL 压力（王京阳 供图）

图 3-1-5　气道压力表（王京阳 供图）

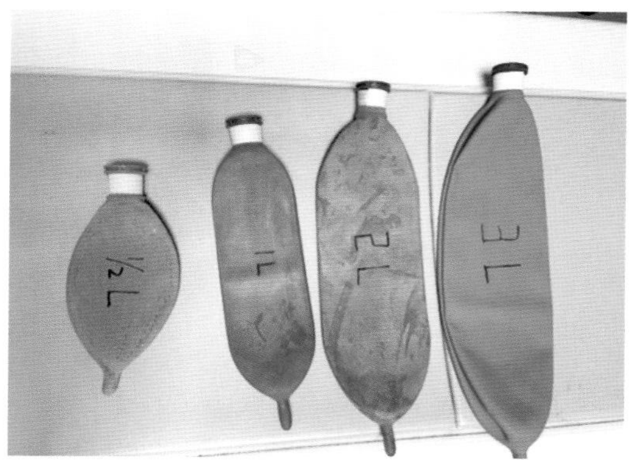


图 3-1-6　呼吸气囊，其中 0.5 L、1 L、2 L 气囊因暴露在紫外灯下发生老化（苏丽雪 供图）

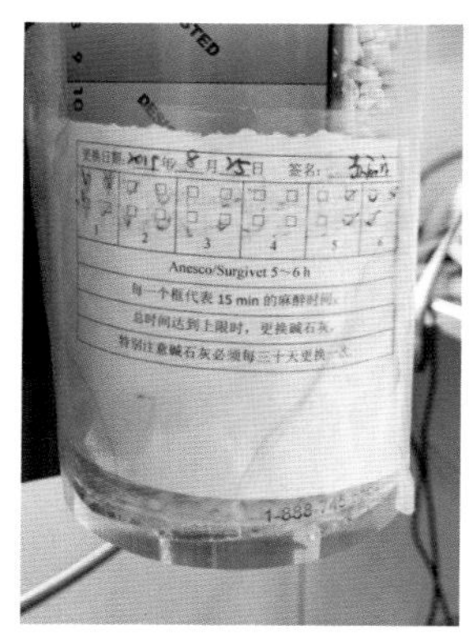

图 3-1-7　碱石灰吸收罐（王京阳 供图）

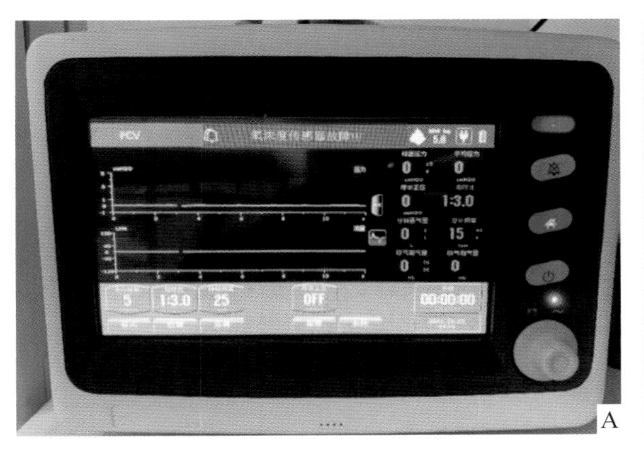


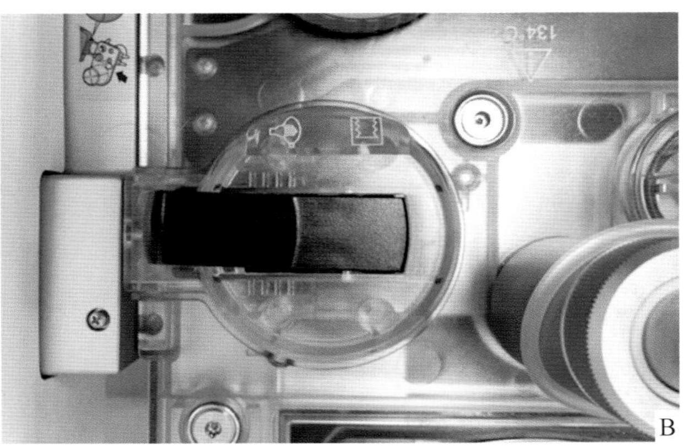


图 3-1-8 A 为动物专用呼吸机，可调节不同气道压力、潮气量、吸呼比、呼吸频率以及通气模式；B 为麻醉工作站在使用呼吸机时，扳动转换键由气囊转换至呼吸机模块即可进行机械通气（王京阳 供图）

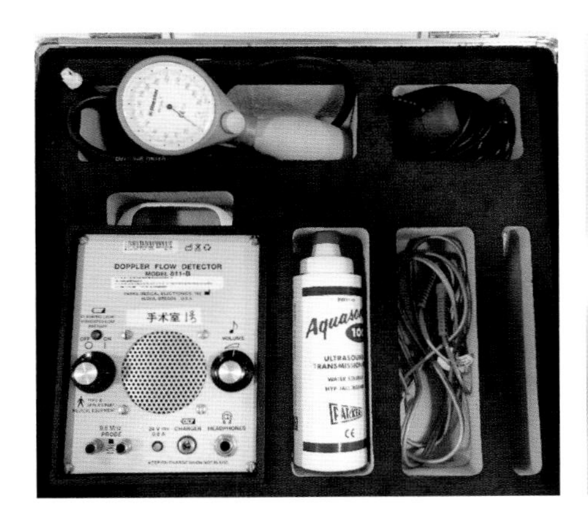


图 3-1-9 多普勒血压计（展宇飞 供图）

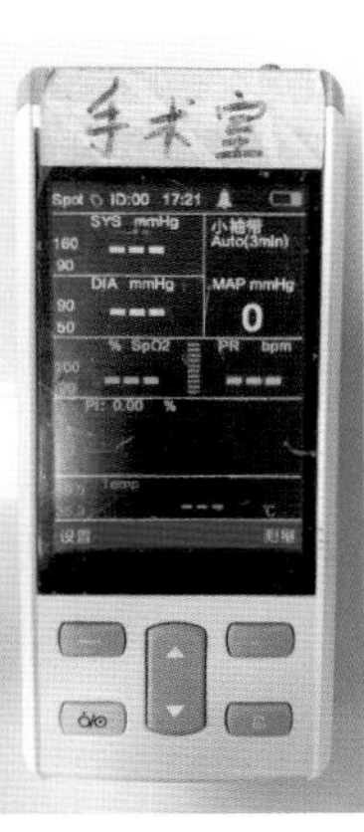


图 3-1-10 简易示波法血压计（刘戈 供图）

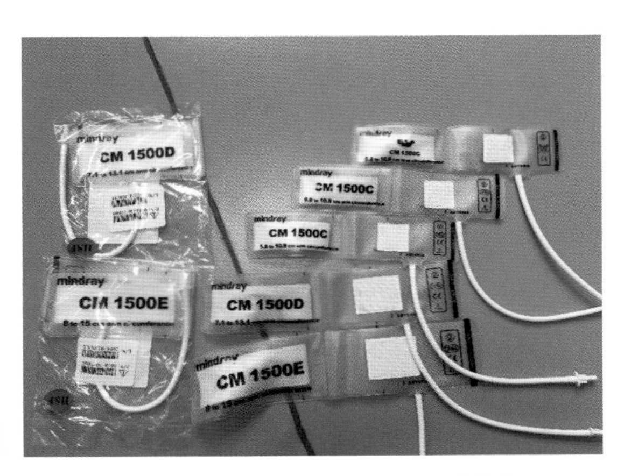


图 3-1-11 不同大小型号的血压计袖套（刘戈 供图）

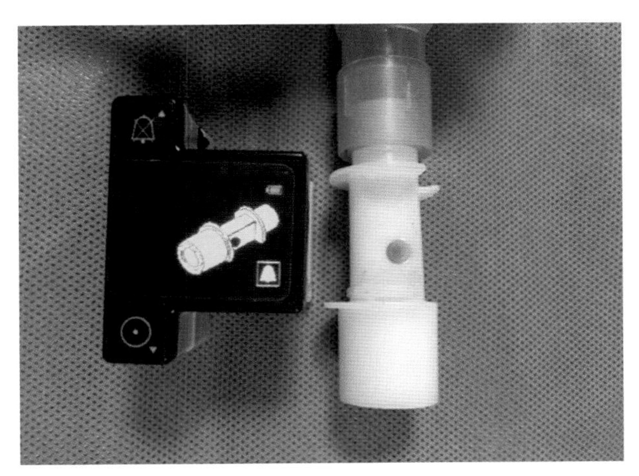

图 3-1-12 呼吸末 $CO_2$ 探测仪（直流管路和探测仪）（刘戈 供图）

图 3-1-13 呼吸末 $CO_2$ 探测仪，左侧为直流成年犬管路适配器，右侧为直流婴儿犬管路适配器（刘戈 供图）

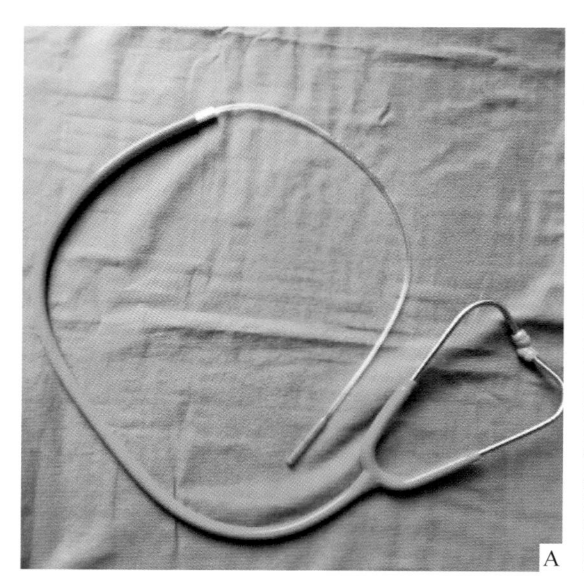


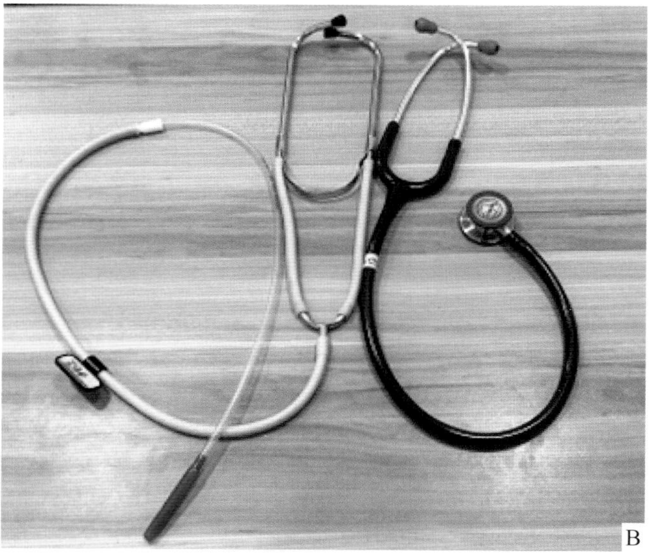


图 3-1-14　A 为食道听诊器；B 为食道听诊器（左）和普通听诊器（右）对比（刘戈 供图）

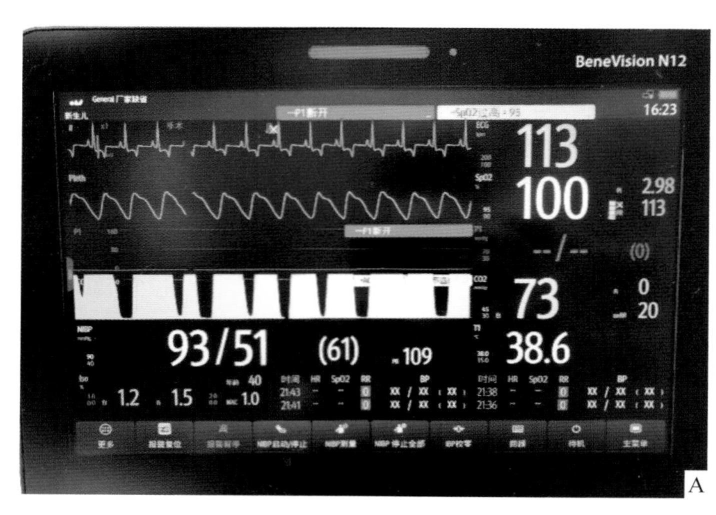


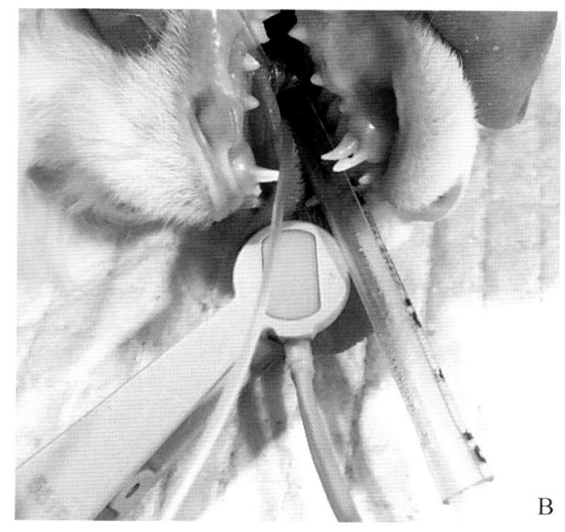


图 3-1-15　A 为监护仪中的心电图波形和血氧饱和度监护；B 为脉搏血氧仪常规夹持舌头位置（刘戈 供图）

### （四）气管插管相关设备

气管插管的使用可保持动物在全身麻醉时气道开放，减少机械死腔，允许吸入麻醉剂和氧气的精确给予，防止胃内容物、血液及其他物质误吸入肺，可以对呼吸系统紧急情况快速作出反应，允许麻醉医生（师）精确监测和控制动物的呼吸状态，故对大多数或者全部麻醉动物都进行气管插管。根据动物的体形、不同的手术操作，犬常用的气管插管包括：无套囊的墨菲孔管、加强型墨菲孔管、低压高容量小套囊式的墨菲孔管等（图 3-1-16 至图 3-1-18）。

### （五）其他

此外，还应根据动物状态及手术需求准备恒温箱、输液泵、注射泵、三通阀、延长管、恒温毯等设备（图 3-1-19 至图 3-1-22）。

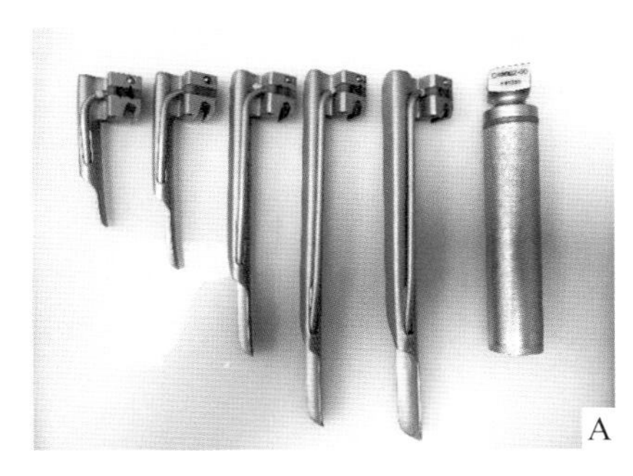
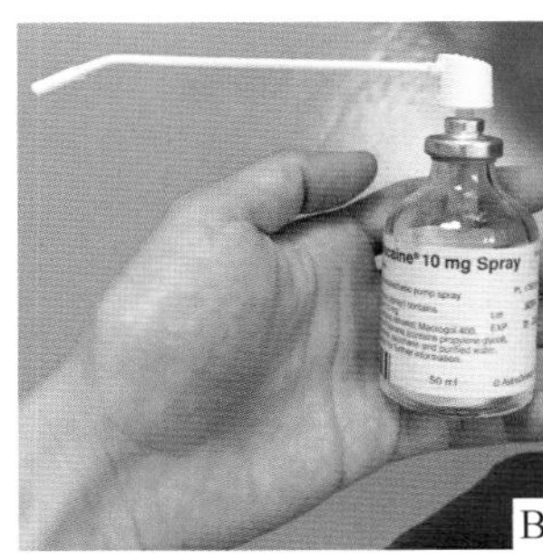

图 3-1-16　A 为犬、猫用的不同型号的喉镜；B 为插管前使用的利多卡因喷剂（刘戈 供图）

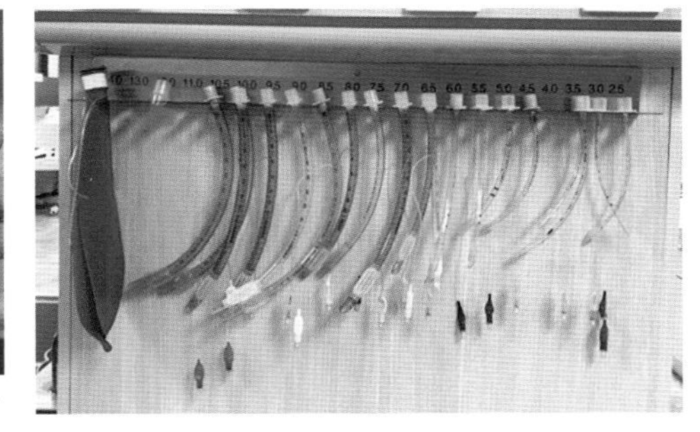

图 3-1-17　气管插管存放支架（苏丽雪 供图）

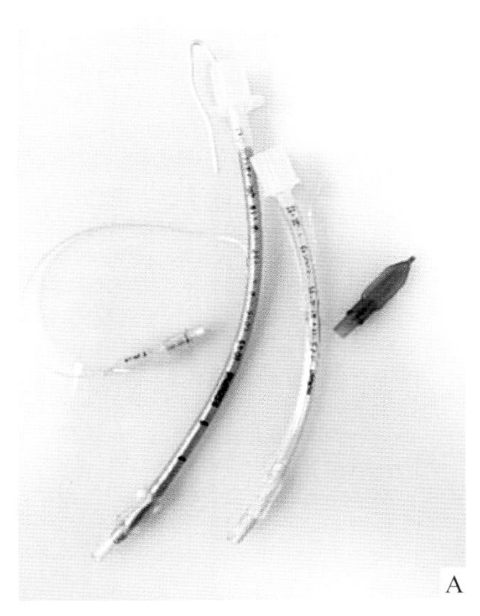
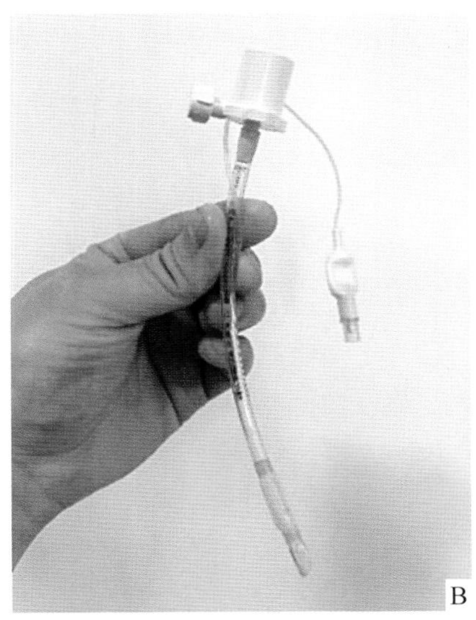
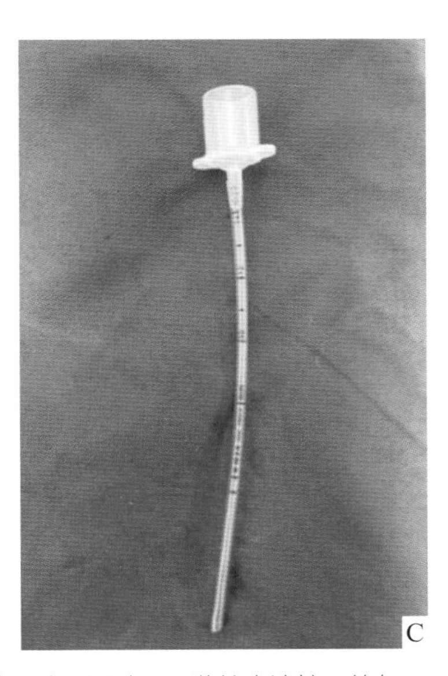

图 3-1-18　A 为加强型气管插管附导丝和普通低压高容量小套囊式墨菲孔插管；B 为配有呼吸末 $CO_2$ 监护旁流接口的气管插管；C 为无套囊墨菲孔管（王京阳 供图）

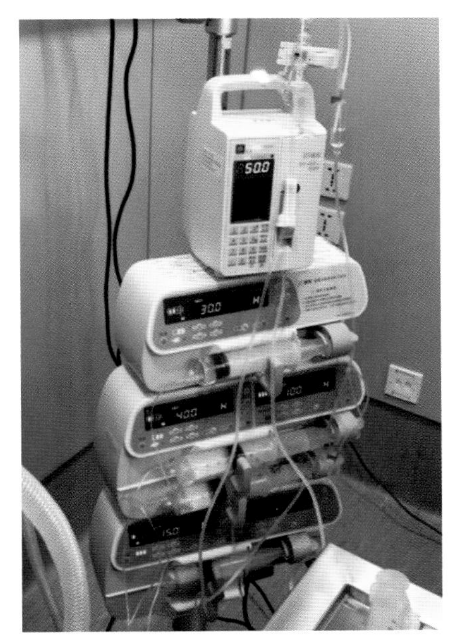

图 3-1-19　注射泵和输液泵用于满足手术中的补液和 CRI 药物需求（王京阳 供图）

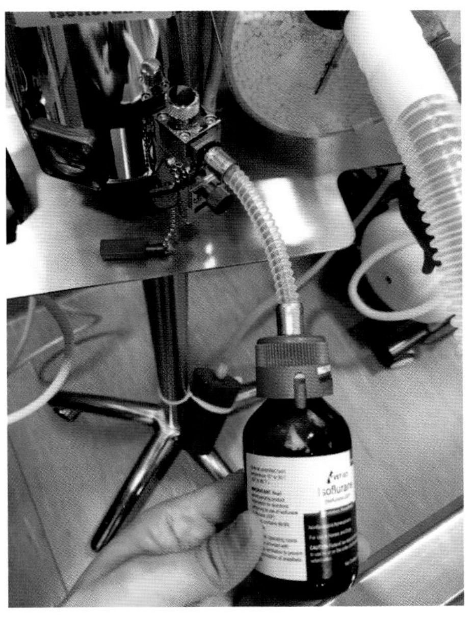

图 3-1-20　往挥发罐中添加异氟烷的专用加药管路，可以避免药物泄漏，确保医护人员安全（王京阳 供图）

图 3-1-21 恒温水浴箱（王京阳 供图）

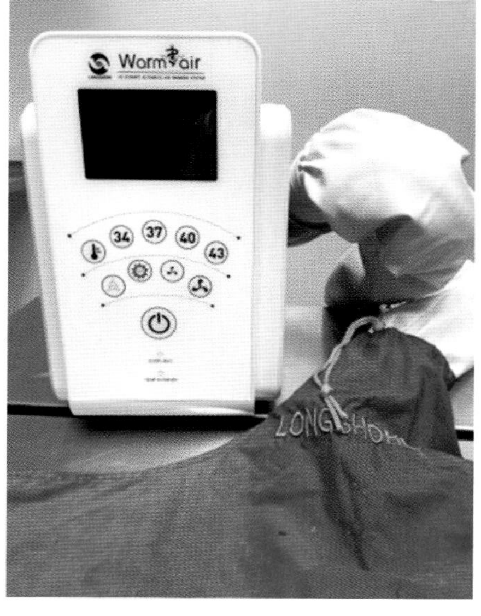


图 3-1-22 恒温毯（王京阳 供图）

## 二、麻醉药品

常见麻醉药品包括：镇静剂、镇痛剂、诱导麻醉剂、吸入麻醉剂、拮抗剂、急救药品以及肌松药物等。需根据动物体况及手术操作选择并配置相应的药品（图3-1-23至图3-1-28）。

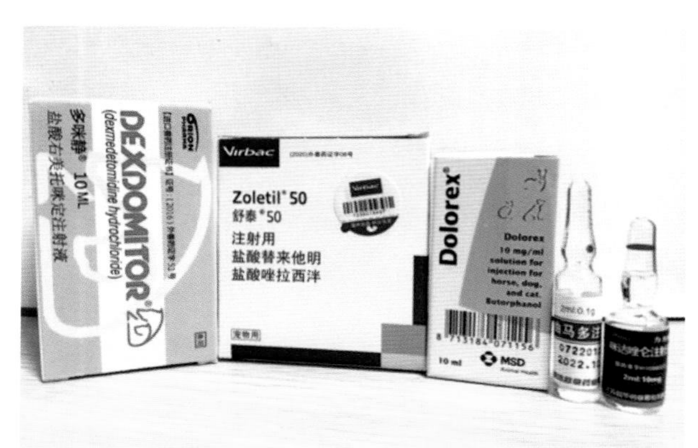


图 3-1-23 常见麻醉前用药（苏丽雪 供图）

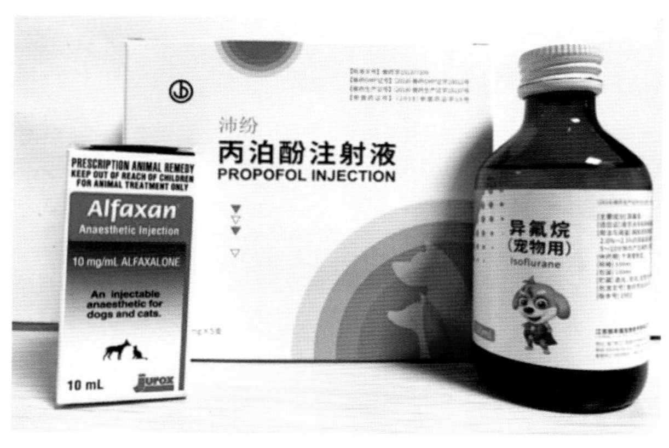


图 3-1-24 常见诱导麻醉剂和吸入麻醉剂（苏丽雪 供图）

图 3-1-25 常见急救药（苏丽雪 供图）

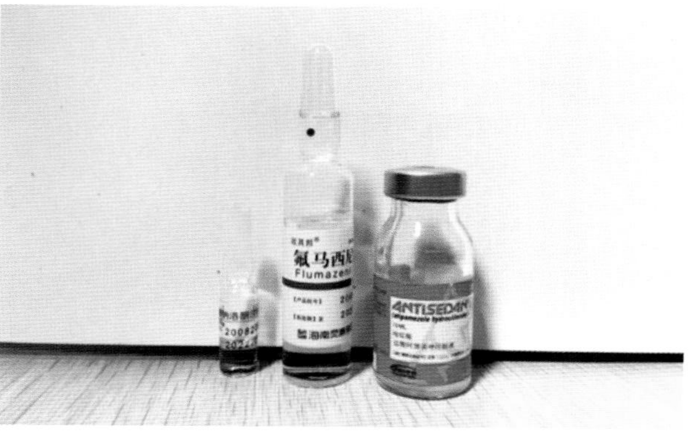


图 3-1-26 常见拮抗剂（苏丽雪 供图）

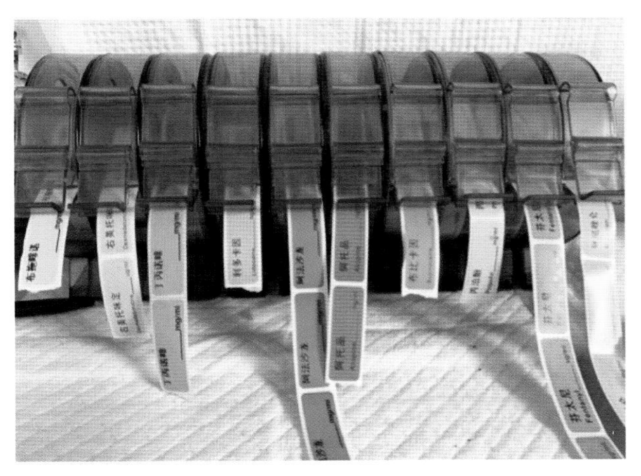

图 3-1-27　药物标签贴；手术室所有含药品的注射器都应注明药物（苏丽雪　供图）

图 3-1-28　高浓度药物稀释后备用（苏丽雪　供图）

# 第二节　麻醉过程

## 一、吸入麻醉

吸入麻醉流程包括诱导麻醉、术部准备、人员准备、维持麻醉、手术过程以及苏醒期监护，其中，麻醉监护应贯穿在每个环节。

### （一）诱导麻醉（图 3-2-1 至图 3-2-7）

### （二）麻醉监护

1. 麻醉深度

麻醉深度的监护主要由麻醉医生（师）完成，识别动物所处于的麻醉分期和平台期。包括各种生理反射（喉反射、吞咽发射、踏板反射、眼睑反射、角膜反射和瞳孔对光反射等）以及其他指标

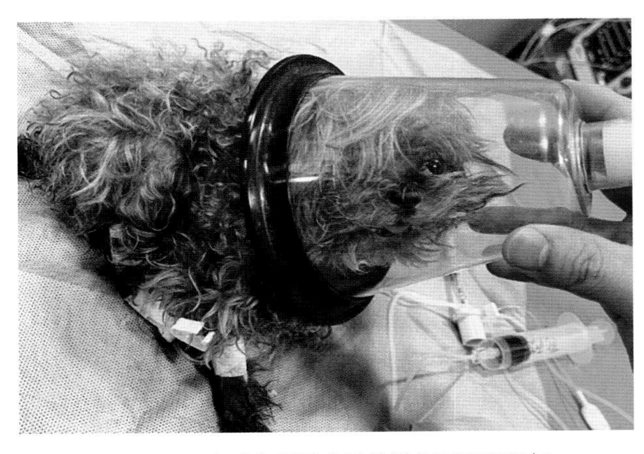

图 3-2-1　患犬在诱导麻醉前进行面罩预吸氧（王京阳　供图）

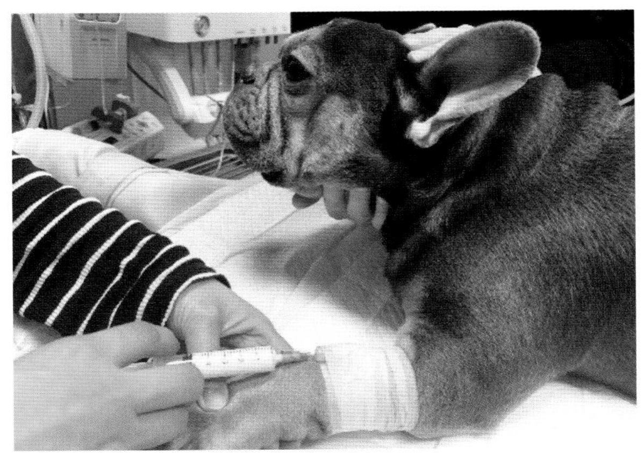

图 3-2-2　注射生理盐水确认静脉通路良好后，依次给予麻醉前药品和诱导麻醉剂（刘戈　供图）

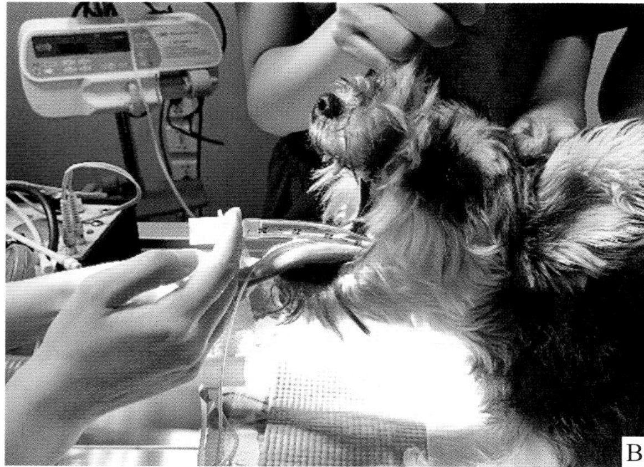

图 3-2-3　A 为无喉镜情况下借助无影灯进行插管；B 为无喉镜插管时的插管者和保定者位置图，趴卧位保定，双前肢向前伸展，开口绳置于上颌犬齿后提拉头颈向前伸展（王京阳 供图）

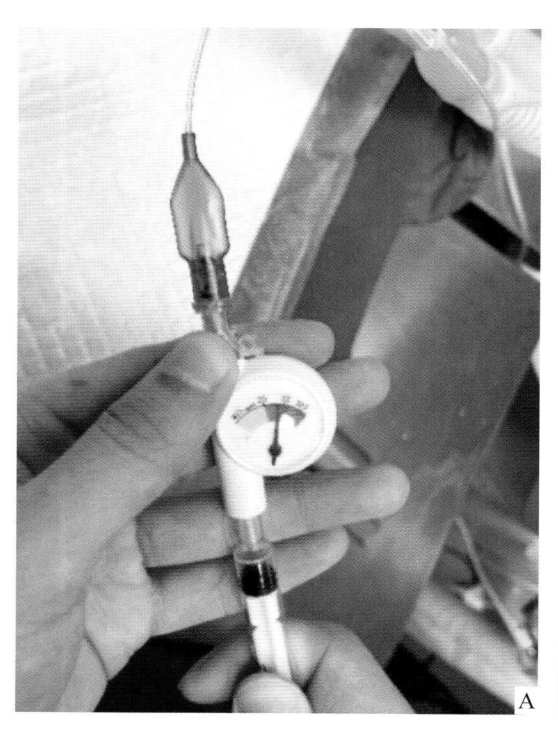
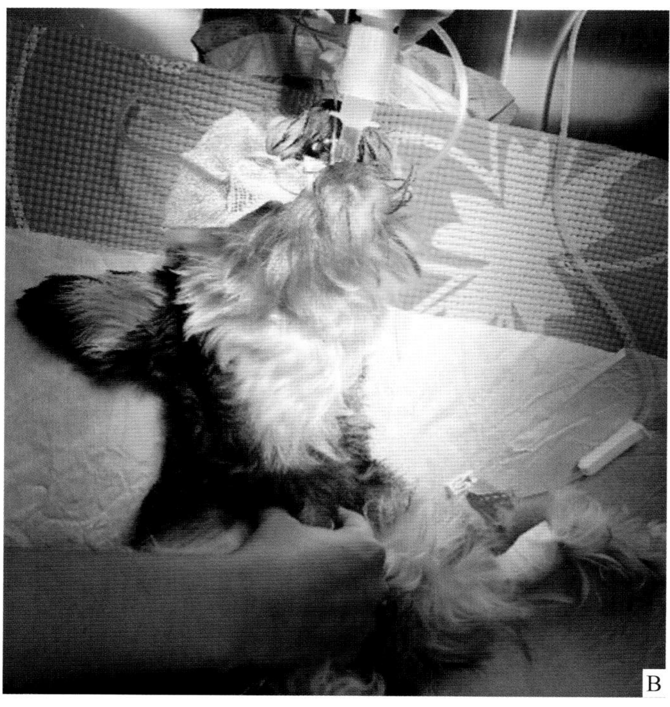

图 3-2-4　A 为气管插管套囊压力计，根据动物情况使套囊压力一般维持在 18~20cm$H_2O$（1mm$H_2O$=9.8Pa，全书同），不能超过 30cm$H_2O$；
B 为充盈套囊后连接呼吸回路（王京阳 供图）

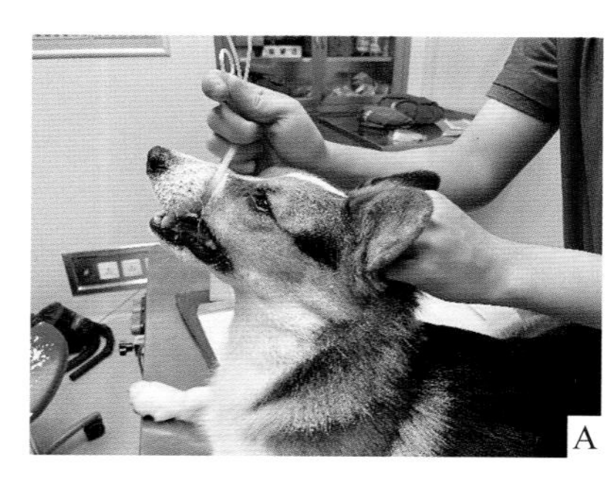
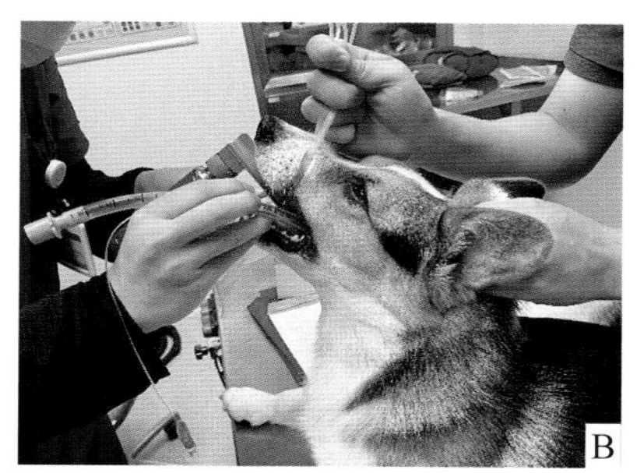

图 3-2-5　A 和 B 为借助喉镜进行气管插管过程（王京阳 供图）

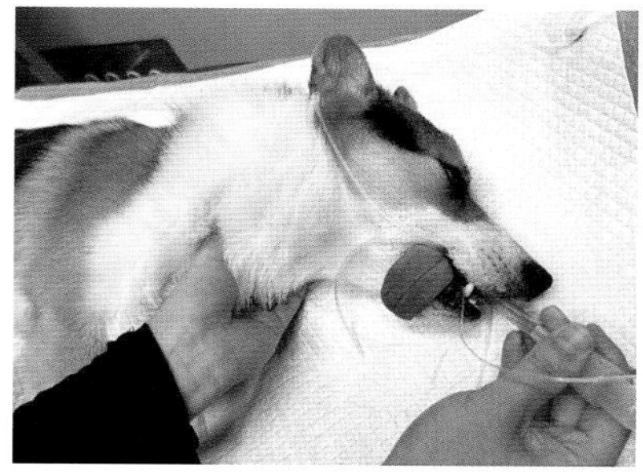

图 3-2-6　插管后动物侧躺，触诊插管位置是否位于胸腔入口处，以及大小是否合适，然后固定插管（王京阳 供图）

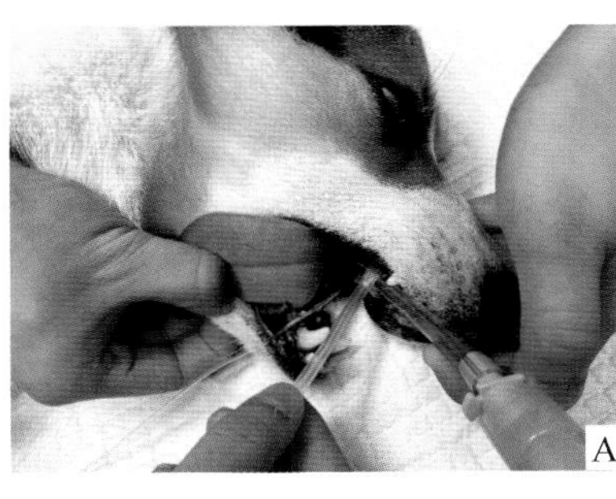


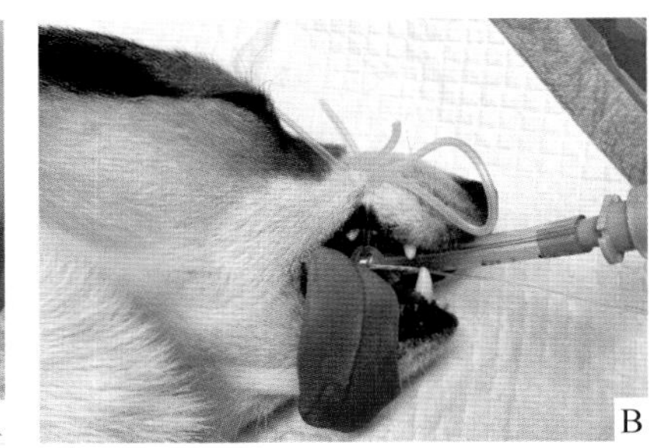


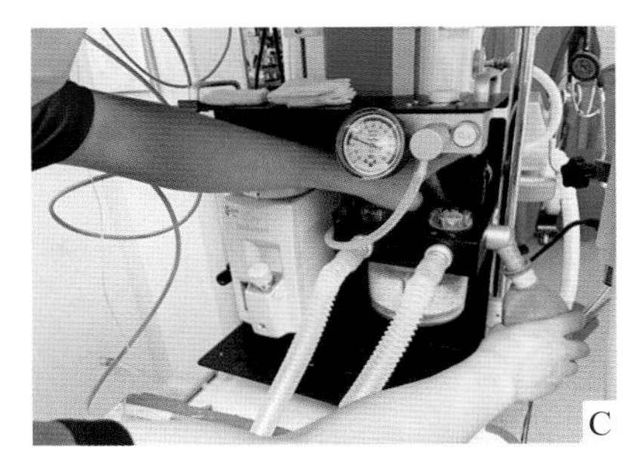


图 3-2-7　患犬进行诱导麻醉后呼吸抑制，A 可见明显舌头发绀；B 为正压通气后舌头恢复粉色；C 为该犬进行正压通气（王京阳 供图）

（自主运动、肌张力、眼球位置、瞳孔大小、对手术刺激的反应等）是最有助于判断麻醉深度是否合适的方法。此外，生命体征、呼气末吸入麻醉剂浓度以及脑电图等都可辅助监测麻醉深度。

动物理想的麻醉深度为：无运动、没有意识和疼痛、对手术操作没有记忆，对呼吸和心血管的抑制不能造成生命威胁（图 3-2-8）。

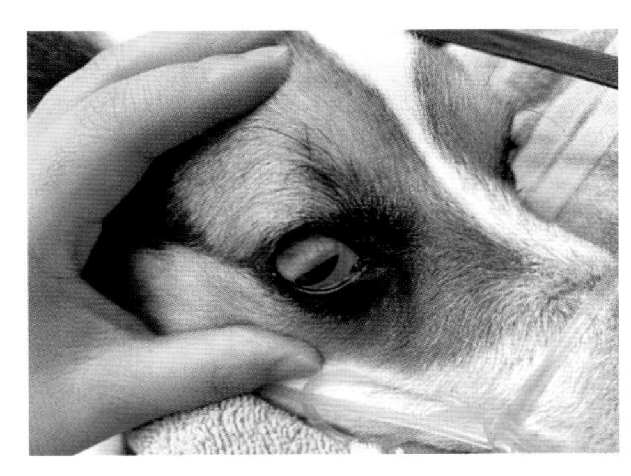

图 3-2-8　随着麻醉加深，患犬眼球逐渐转向腹侧，第三眼睑开始遮盖（王京阳 供图）

2. 循环系统监护

在麻醉期间须持续监护患犬心率和节律，同时总体评估外周组织灌注（脉搏质量、黏膜颜色和CRT），以上是强制性要求。同时为了动物麻醉安全，还应监测动脉血压和ECG（图 3-2-9 至图 3-2-13）。

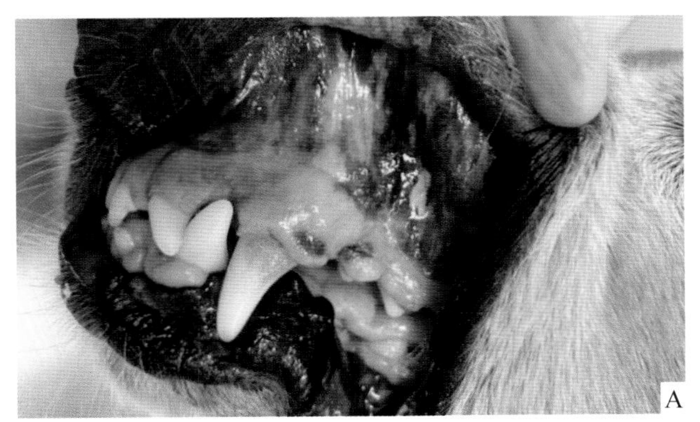


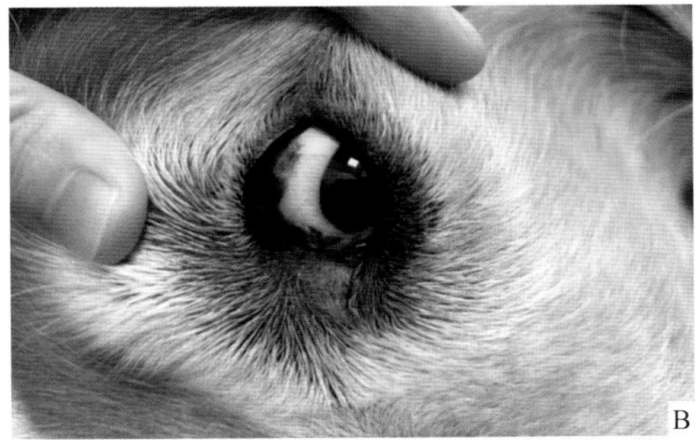


图 3-2-9　存在肝脏疾病的黄疸患犬，A 为口腔黏膜黄染；B 可见巩膜黄染（王京阳 供图）

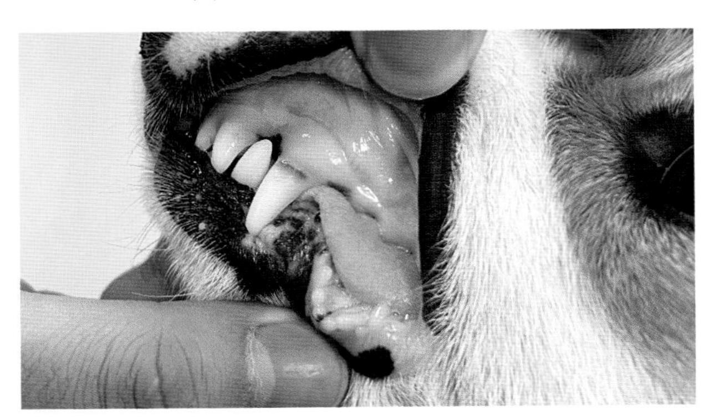

图 3-2-10　贫血患犬的口腔黏膜颜色苍白（王京阳 供图）

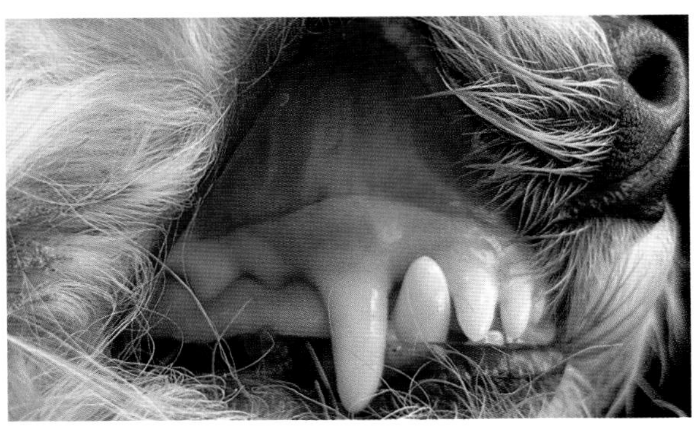

图 3-2-11　常规绝育的健康年轻犬，口腔黏膜颜色粉红且湿润（王京阳 供图）

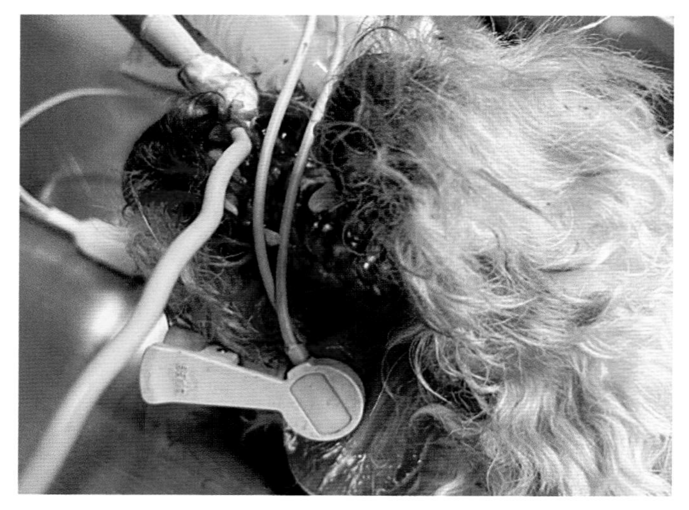

图 3-2-12　拔牙患犬进行血氧饱和度监测（王京阳 供图）

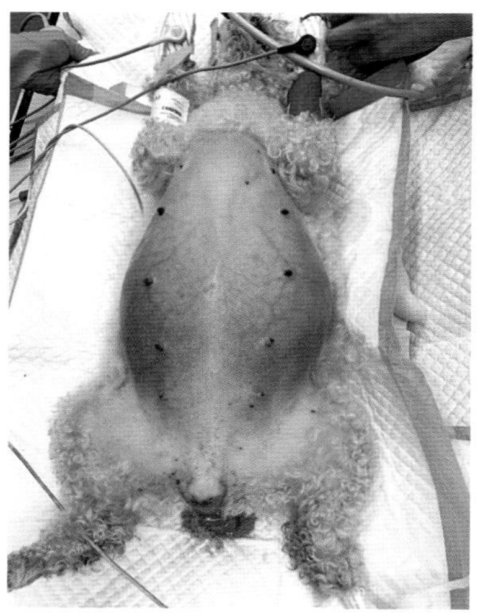

图 3-2-13　对麻醉后正在备皮的动物进行心电监护（刘戈 供图）

3. 呼吸系统监护（图 3-2-14、图 3-2-15）

4. 麻醉监护仪及麻醉记录表（图 3-2-16 至图 3-2-18）

图 3-2-14　便携式直流式呼气末 $CO_2$ 探测仪（刘戈 供图）

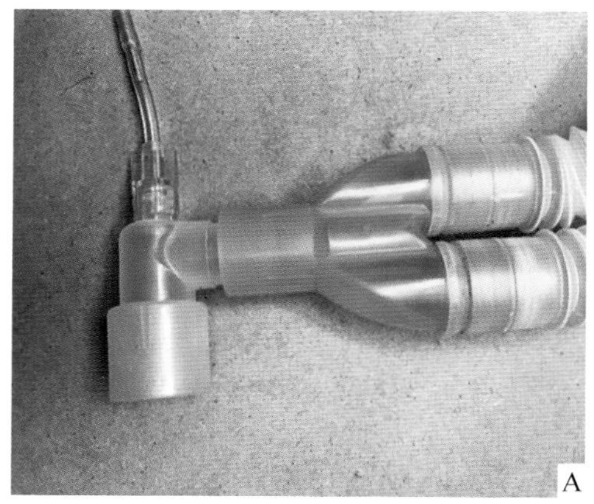


B

图 3-2-15　旁流式呼气末 $CO_2$ 探头：采样管（A）、气体分析装置（B）（苏丽雪 供图）

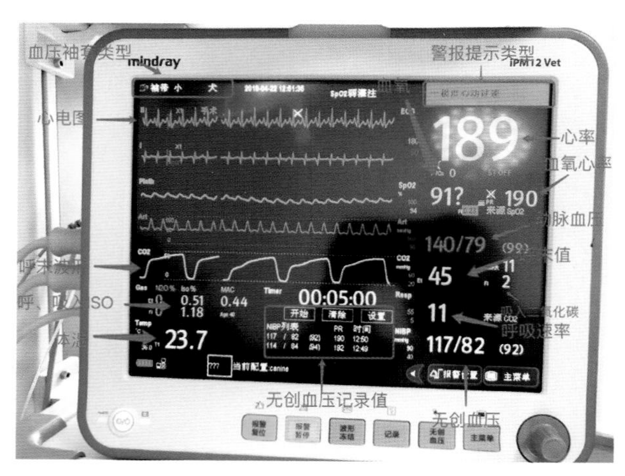


图 3-2-16　麻醉中常用综合型麻醉监护仪（马振兴 供图）

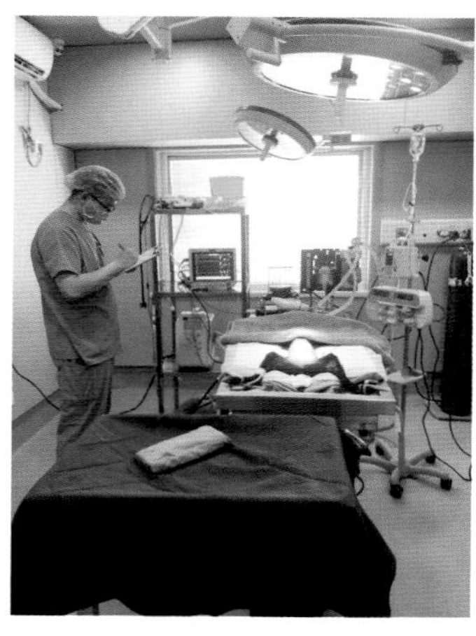

图 3-2-17　患犬在吸入麻醉中的监护场景（王京阳 供图）

# 麻醉记录表

| 日期: | 手术: | 病历号/主人姓名: |
|---|---|---|
| 麻前诊断: | 主治: | 物种/品种/动物名称: |
| 术者: 麻醉师: | 麻醉主管: | 年龄/性别/LOC |
| 开始时间: 结束时间: | 总时长: | |

| 体重 | MMC | CRT | T | RR | HR/P | 节律 | PCV | BUN/CREA | TP | 凝血 | ET size |
|---|---|---|---|---|---|---|---|---|---|---|---|
| kg | | | | | | | | | | | mm |

| 麻前用药 | | | | | 诱导用药 | | | | |
|---|---|---|---|---|---|---|---|---|---|
| 药物 | 剂量 mg/kg | mL | 给药途径 | 时间 | 药物 | 剂量 mg/kg | mL | 给药途径 | 时间 |
| | | | | | | | | | |
| | | | | | | | | | |
| | | | | | | | | | |
| | | | | | | | | | |

| 时间: | 00 | : | 30 | : | 00 | : | 30 | : | 00 | : | 30 | : | 00 | : | 30 | : | |
|---|---|---|---|---|---|---|---|---|---|---|---|---|---|---|---|---|---|
| 液体类型: mL/h | | | | | | | | | | | | | | | | | |
| | | | | | | | | | | | | | | | | | |
| | | | | | | | | | | | | | | | | | |

**体况分级：**

Ⅰ□ Ⅱ□ Ⅲ □ Ⅳ □ Ⅴ □

**维持麻醉剂：**

异氟烷 □ 七氟烷 □

**呼吸回路：**

Universal F P □ A □

JACKSON RESS □

**气囊：**

1/4L□ 1/2L□ 1L□ 2L□ 3L□ 5L□

**体位：**

V-D□ D-V□ L-R□ R-L□

**关键点：** 血压

△ 多普勒

∨ 收缩压

－ 平均压

∧ 舒张压

· 心率

× 呼吸

**各操作时间：**

步骤 1:

步骤 2:

步骤 3:

结束操作:

恢复时间:

拔管时间:

站立时间:

**苏醒质量：**

极好□

好□

一般□

差□

（图表纵轴刻度：7% 6% 5% 4% 3% 2% 1% 0%；200 180 160 140 120 100 80 60 50 40 30 20 10 8 6 4 2 0）

| | | |
|---|---|---|
| SpO₂ % | | |
| EtCO₂ mmHg | | |
| BT ℃ | | |
| 呼吸机 | 呼吸频率 RR（bpm） | |
| | 吸呼比 | |
| | 气道压力 AP（$cmH_2O$） | |

补充:

并发症：插管困难□ 心肺骤停□ 呼吸抑制/停止□ 出血过多□ 休克□ 低血氧□ 心律失常□ 安乐死□ 拔管延长（>30 min）□低体温（<36.6℃）□ 低血压□ 高血压□ 通气不足□ 通气过度□ 无□ 其他□

术后镇痛：药物= 剂量= 给药途径=

图 3-2-18 麻醉记录表（叶楠 供图）

## 二、常见并发症处理

### （一）插管困难

插管困难的处理包括：吸氧保证氧合，增加麻醉深度，使用局部麻醉剂（喉部脱敏），更换经验丰富的插管人员；结构异常的可考虑使用喉镜、导丝辅助插管，甚至切开气管。

### （二）呼吸抑制／停止

麻醉动物常见的呼吸抑制／停止的原因包括：快速静脉诱导、麻醉剂相对／绝对过量、反射性呼吸暂停、脑干损伤、心脏骤停、设备故障（APL阀、呼吸机）等。解决方法包括：立即进行气管内插管，并正压通气（IPPV）；与此同时，评估其他体征（预防心脏骤停）；排查设备故障并纠正其他并发症；评估是否麻醉过深；给予多沙普仑等呼吸兴奋剂刺激呼吸（图3-2-19）。

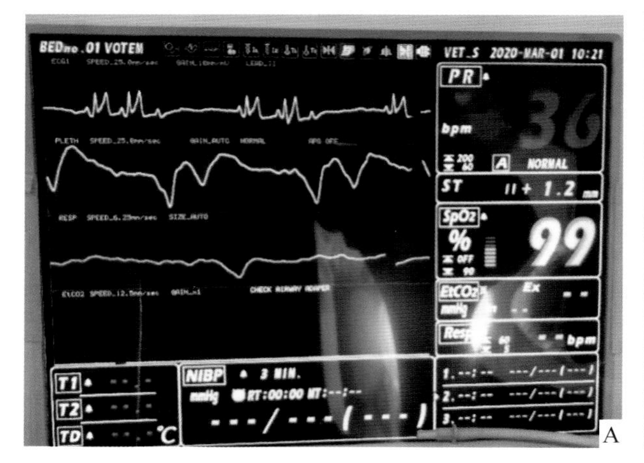


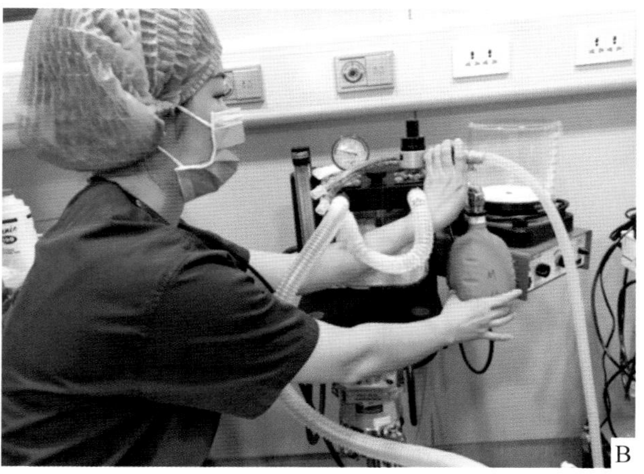


图 3-2-19　A 为一只使用右美托咪定患犬术中出现房室传导阻滞和呼吸暂停；B 为进行人工正压通气操作示范（王京阳 供图）

### （三）出血过多

若动物因为出血等原因术前贫血（PCV＜20%），非紧急手术时应尽可能在术前输血，避免术中输血增加不良反应风险（除非血红蛋白很低）。

对于出血风险高的动物，术前配血，并准备好血源备用。术中对于＜10%血容量的丢失，需补充3~4倍体积晶体液维持容量；出血过多则需要给予胶体液（羟乙基淀粉）和输血治疗；可给予苯海拉明1~4mg/kg sc、地塞米松（0.1mg/kg iv）以及低剂量肾上腺素（0.01mg/kg iv）纠正输血不良反应。

### （四）低血氧（含胸腔穿刺、胸导管留置）

多种原因可导致动物出现低血氧，即氧气从肺脏到血液扩散不足，不干预可能会导致组织缺氧（图3-2-20、图3-2-21）。低血氧直接和麻醉死亡相关，需立即处理！

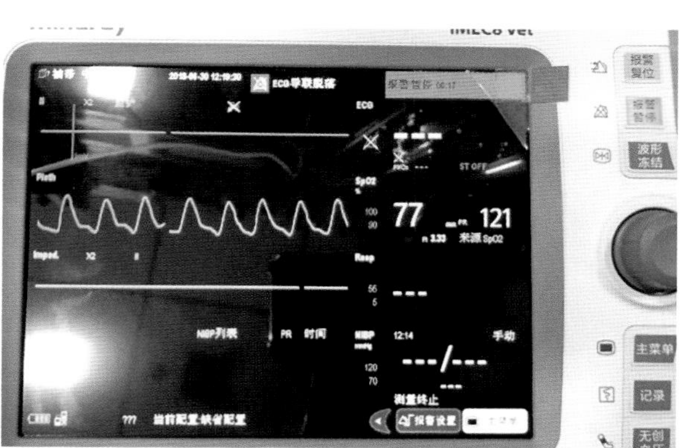

图 3-2-20　患有肺大泡的犬在镇静状态下吸氧时出现低氧血症（刘戈 供图）

### （五）心律失常（图3-2-22至图3-2-30）

麻醉期间犬的正常节律为窦性节律，异常的节律包括缓慢型节律失常和快速型节律失常，大多数的心律失常不能保证足够的心输出量，需在

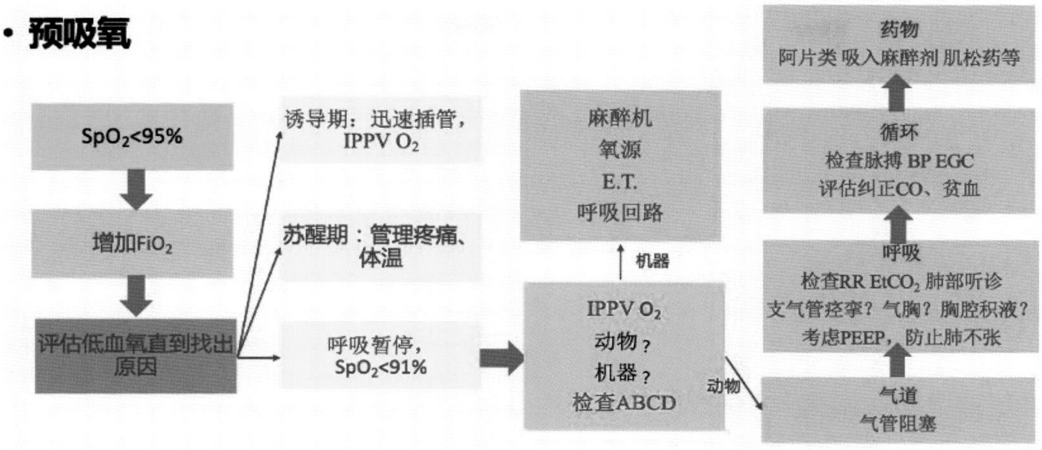

- **预吸氧**

SpO₂<95%

增加FiO₂

评估低血氧直到找出原因

诱导期：迅速插管，IPPV O₂

苏醒期：管理疼痛、体温

呼吸暂停，SpO₂<91%

IPPV O₂
动物？
机器？
检查ABCD

机器

麻醉机
氧源
E.T.
呼吸回路

动物

气道
气管阻塞

呼吸
检查RR EtCO₂ 肺部听诊
支气管痉挛？气胸？胸腔积液？
考虑PEEP，防止肺不张

循环
检查脉搏 BP EGC
评估纠正CO、贫血

药物
阿片类 吸入麻醉剂 肌松药等

图 3-2-21　预吸氧和低血氧流程（苏丽雪　供图）

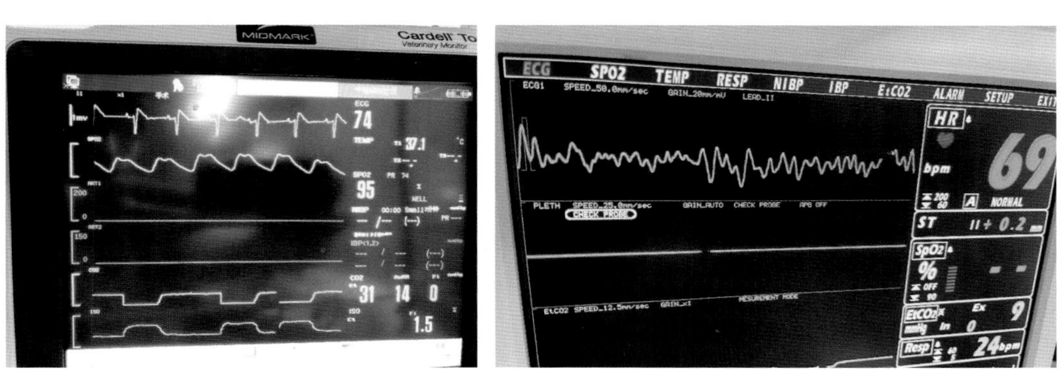

图 3-2-22　患犬在术中出现右束支传导阻滞（RBBB）（王京阳　供图）

图 3-2-23　患犬在术中出现心室纤颤（VF），需立刻进行除颤和心肺复苏（王京阳　供图）

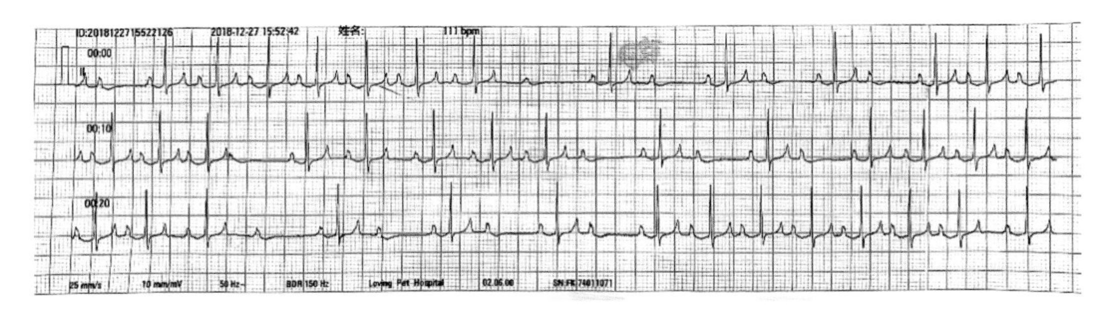

图 3-2-24　患犬在使用右美托咪定后出现房室传导阻滞（A-V BLOCK），需检测动脉血压并根据后续变化趋势决定是否需要进行干预（王京阳　供图）

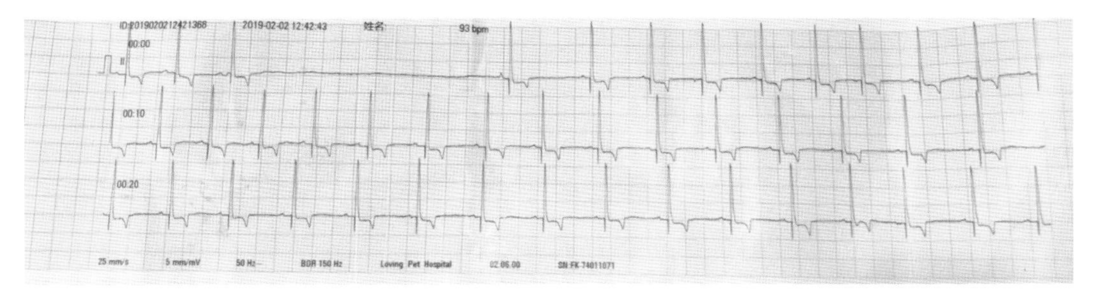

图 3-2-25　患犬在术前心电图检查中出现窦性停搏（王京阳　供图）

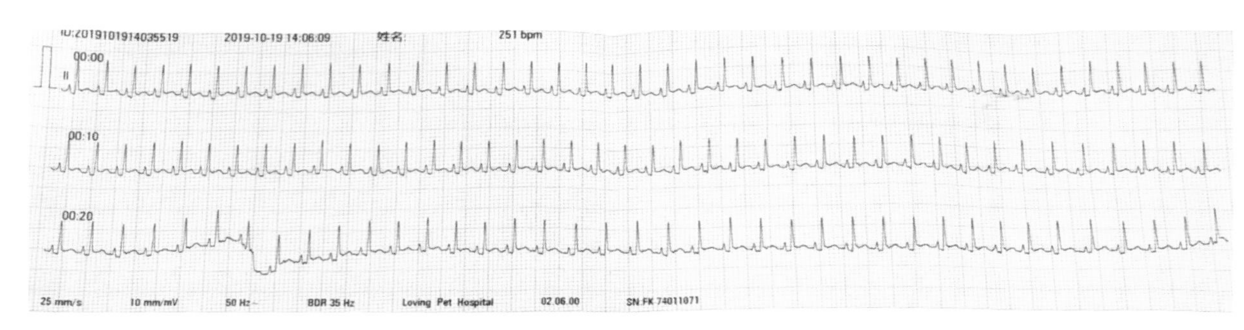


图 3-2-26　患犬在术后出现窦性心动过速（王京阳 供图）

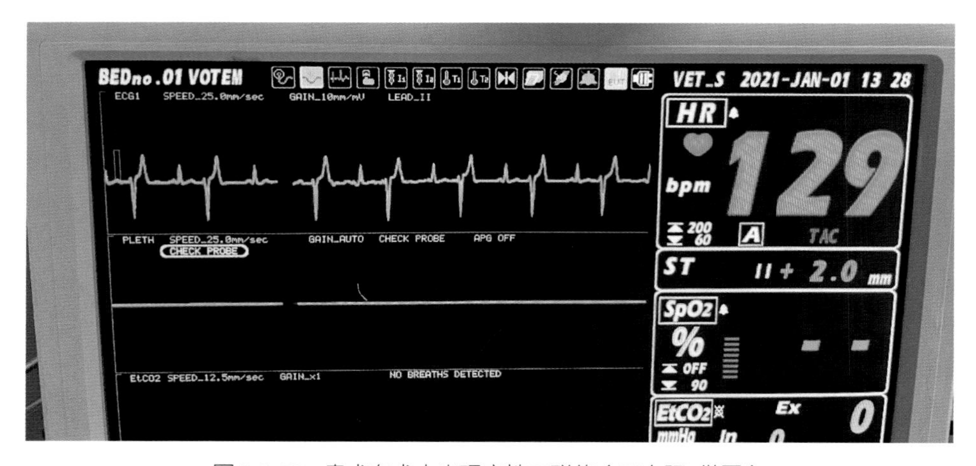


图 3-2-27　患犬在术中出现室性二联律（王京阳 供图）

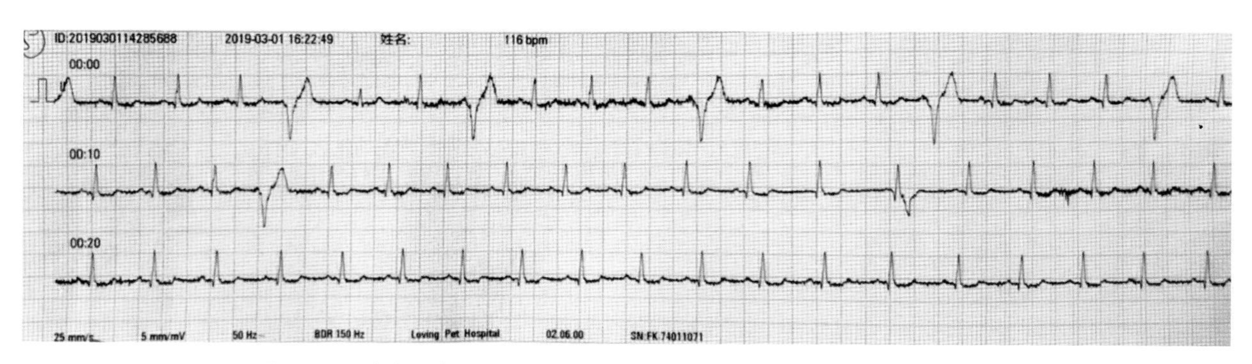


图 3-2-28　患犬在术前心电图检查中发现室性早搏（VPC）（王京阳 供图）

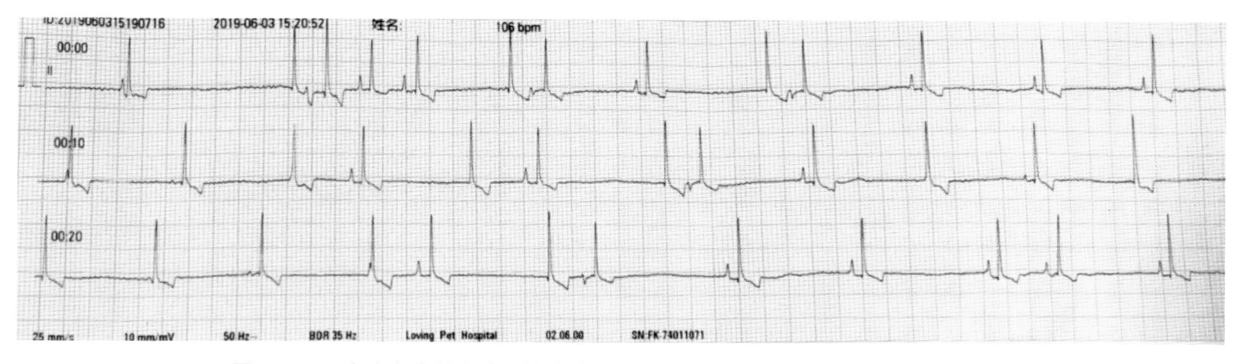


图 3-2-29　患犬在术前心电图检查中发现室上性早搏（SVPC）（王京阳 供图）

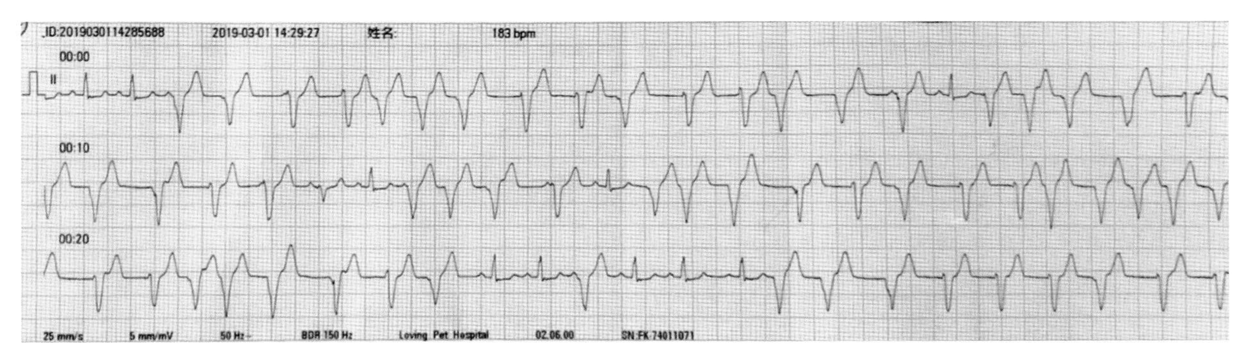


图 3-2-30 患犬术前心电图检查中发现室性心动过速（VT）（王京阳 供图）

监测后决定是否干预纠正。

### （六）低体温

低体温在全身麻醉下常见，低体温会影响药物代谢、延长麻醉苏醒时间、使动物免疫和心血管功能受抑制。在全身麻醉的前3h内体温下降速度很快，故应在麻醉时做好保温，而使用循环的水毯或气毯是最有效的保温/升温方式（图3-2-31、图3-2-32）。

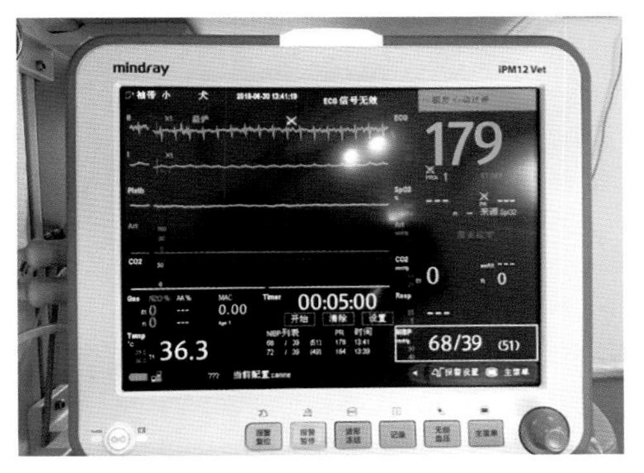


图 3-2-31 休克的子宫蓄脓败血症患犬诱导后完成备皮时出现低体温（刘戈 供图）

| 保温措施 | 举例 |
| --- | --- |
| 被动外部保温 | 干燥毛毯，减少暴露于寒冷表面 |
| 主动外部保温 | 气毯、热水袋、循环温水毯、吹干、电热毯 |
| 主动内部保温 | 空气加温、静脉液体温热、温水灌洗 |

图 3-2-32 低体温时可采取的保温措施（苏丽雪 供图）

### （七）低血压

血压的降低是动物生命体征不稳定的第一个迹象，尽早发现并积极纠正，可避免动物状态进一步变差。若已知动物低血压原因，则根据动物情况做相应的处理（图3-2-33、图3-2-34）。

### （八）高血压

麻醉期间高血压的发生率通常比较低，除药物影响外（如右美托咪定），常见为交感神经刺激的结果，包括疼痛、苏醒、刺激肾上腺、轻中度低血氧/高碳酸血症以及某些既存病（如心脏病、甲亢、库欣病或肾病）等（图3-2-35）。

首先应识别并纠正可能的原因，然后适当调整麻醉深度，配合多模式镇痛；若为疾病因素导致，则采用相应的麻醉方案针对性解决。

### （九）通气不足

当动物$CO_2$的产生>通气，则为通气不足，即高碳酸血症。监测$EtCO_2$/$PaCO_2$（>45mmHg为异常）。常见的原因包括吸入氧浓度不足、通气-灌注异常、肺实质病变、心输出量过低、代谢旺盛以及动脉氧含量变低（图3-2-36）。

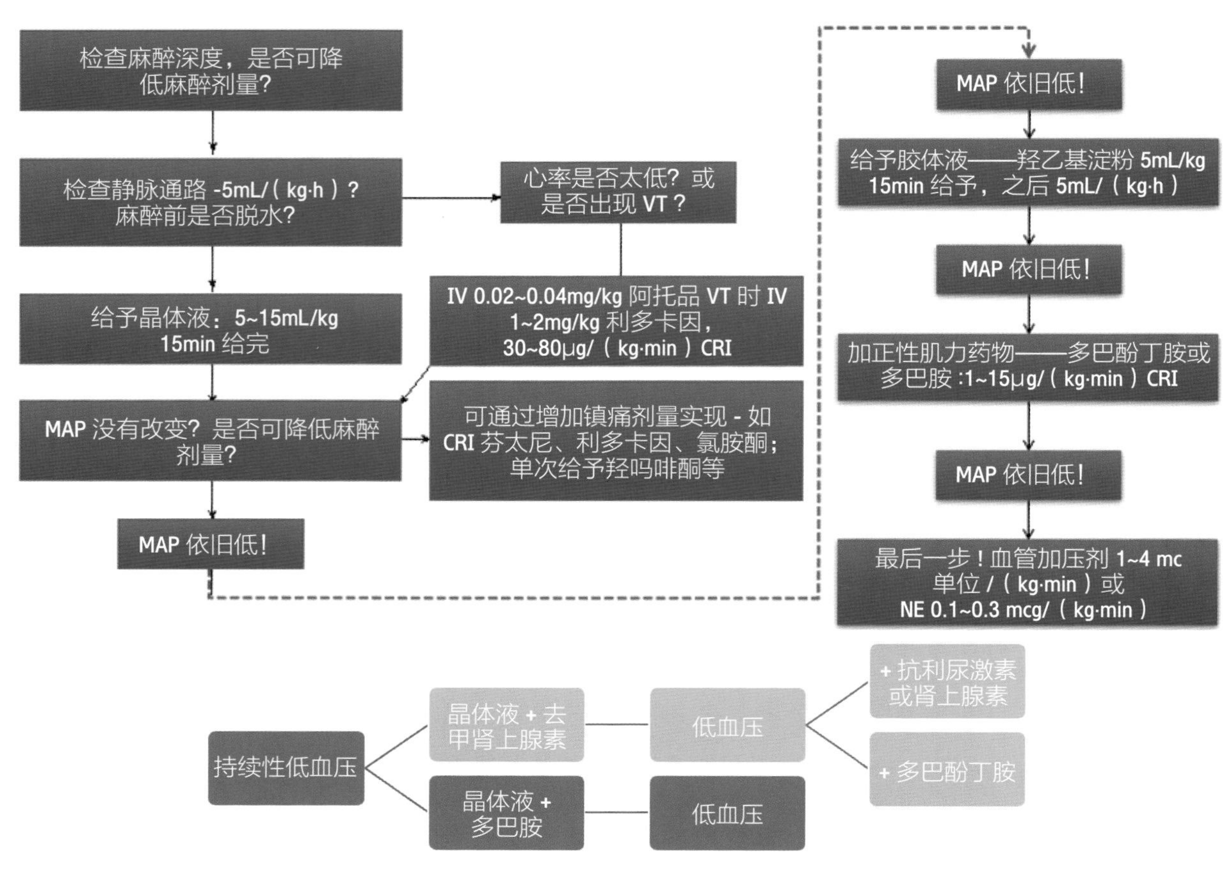


图 3-2-33　患犬麻醉中低血压处理流程（叶楠　供图）

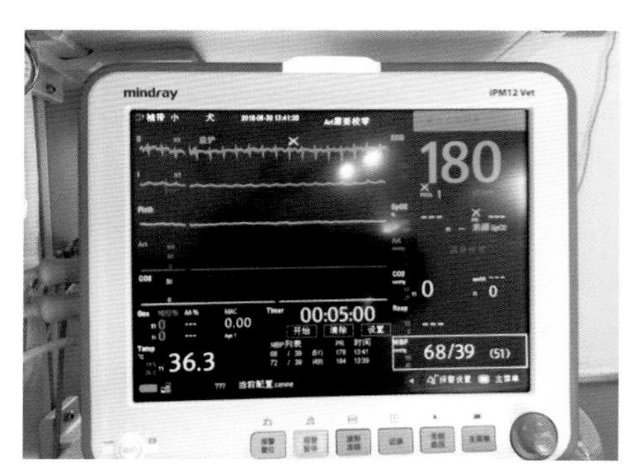


图 3-2-34　休克的子宫蓄脓败血症患犬诱导后出现低血压（败血性休克 + 麻醉药物导致）（刘戈　供图）

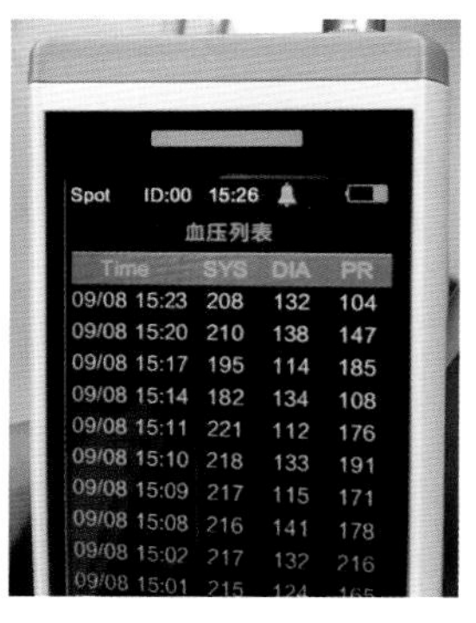


图 3-2-35　患犬术前检查时发现重度高血压，术前筛查发现存在库欣氏综合征（刘戈　供图）

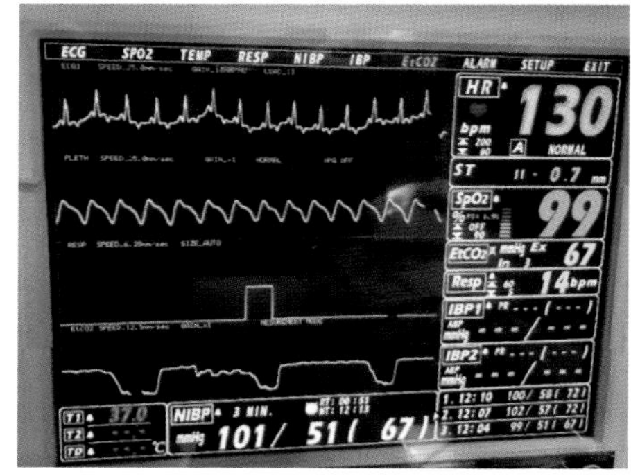


图 3-2-36　绝育的混种犬经丙泊酚诱导后出现通气不足，需要进行人工正压通气进行干预（王京阳　供图）

处理：非插管动物经鼻通过面罩吸氧；呼吸暂停/严重通气不足：E.T.、IPPV；肥胖、腹压上升、头低尾高动物辅助IPPV；改善灌注（降低麻醉深度、液体支持、拟交感神经支持）；镇痛：胸部创伤、腹部疾病；苏醒期使用拮抗剂解除CNS抑制；治疗原发病。

### （十）通气过度

当动物 $CO_2$ 的产生＜通气，则为通气过度，即低碳酸血症。监测 $EtCO_2/PaCO_2$（<35mmHg 为异常）。常见的原因包括过度通气；创伤、疼痛、有害刺激；低血氧代偿性刺激化学感受器；插管异

常、机器异常、探头异常；严重心血管抑制；严重低体温；酸碱失衡；肺栓塞。在麻醉状态下，由于各种麻醉药物对呼吸的抑制作用，相比于高碳酸血症，低碳酸血症会更少见（除非动物处于浅麻醉平台期时呼吸急促）。

处理：若为医源性过度通气则调整通气；排查纠正低血氧；纠正酸碱失衡；排查设备、E.T.、呼吸回路异常；提高麻醉深度，管理疼痛；管理体温。

**（十一）心肺复苏 CPR（图 3-2-37、图 3-2-38）**

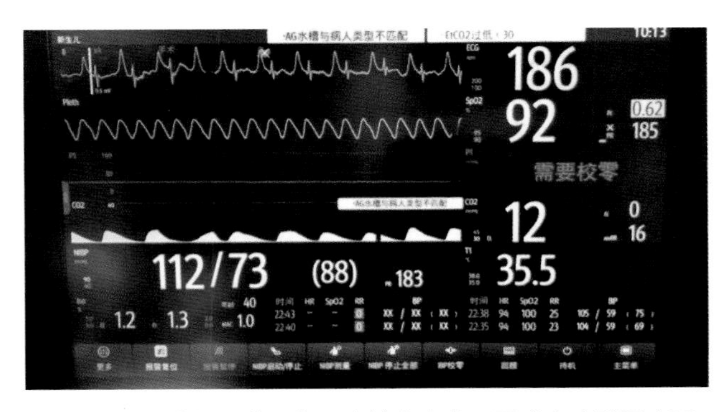


图 3-2-37　进行肠道异物取出的贵宾犬，因术中麻醉深度不足加上疼痛刺激导致的通气过度，应及时加强镇痛和增加麻醉深度（刘戈　供图）

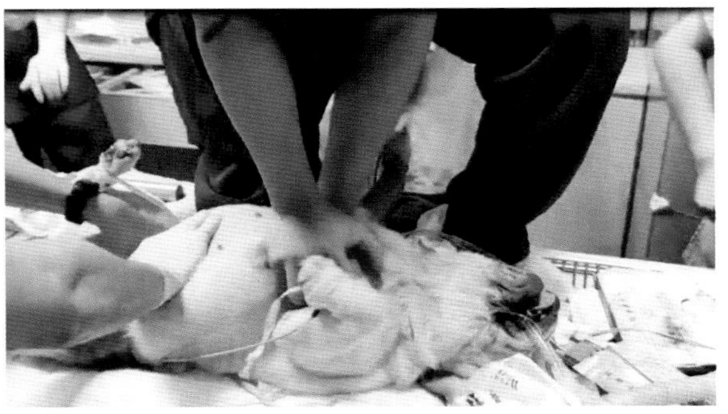

图 3-2-38　一只上呼吸道梗阻导致非心源性肺水肿的法国斗牛犬出现心肺骤停，医生进行胸外按压（林司龙　供图）

## 第三节　疼痛管理

围手术期常见的疼痛管理方式包括：局部麻醉/镇痛、皮下/肌肉/静脉注射/CRI、使用 NSAIDs、理疗等。麻醉不仅要让动物在无意识、无痛觉的状态下接受手术，还要让他们从麻醉、手术、疼痛中尽快恢复，其中包括精神状态、食欲、运动能力等的恢复。

### 一、局部麻醉技术

局部麻醉技术可提供围手术期镇痛和肌松效果，减少其他麻醉药品用量，是唯一一种有机会实现完全镇痛的技术。美国动物医院协会建议：所有手术操作都应尽可能使用局部麻醉技术。我们将局部麻醉技术分为浸润麻醉、头部麻醉、四肢局部麻醉以及躯干局部麻醉，其中浸润麻醉和头部麻醉应用非常广泛，且不需要借助其他仪器设备，通常只需注射器和局部麻醉剂即可；四肢局部麻醉通常借助神经刺激器和超声引导成功率更高（图 3-3-1、图 3-3-2）。

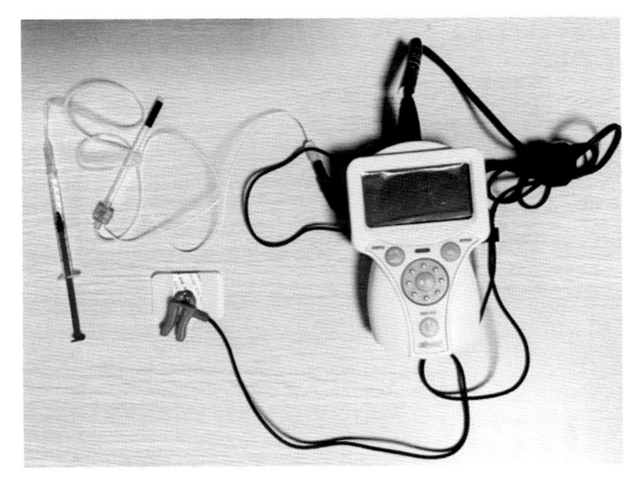

图 3-3-1　神经刺激器（苏丽雪　供图）

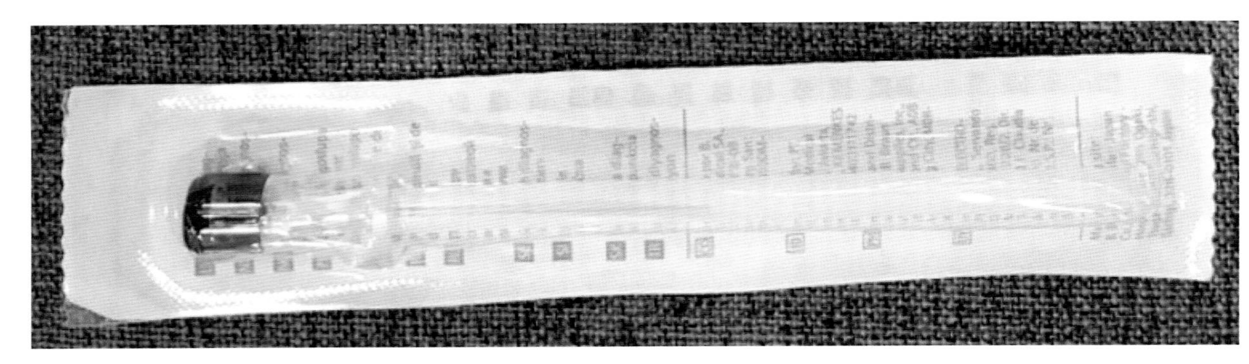

图 3-3-2　脊髓穿刺针（苏丽雪　供图）

## （一）浸润麻醉（图 3-3-3 至图 3-3-5）

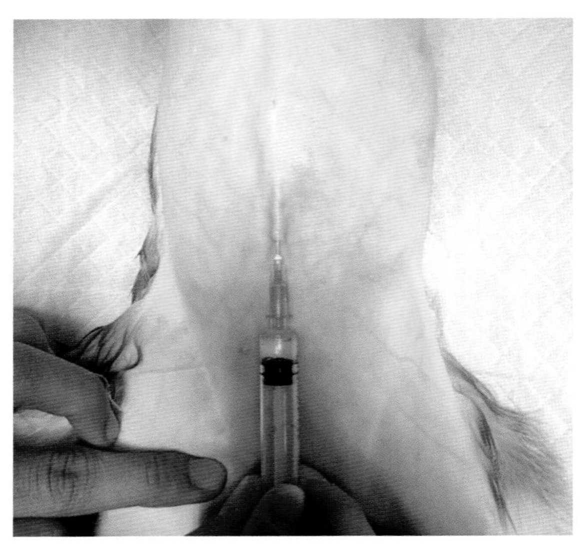

图 3-3-3　皮肤剃毛消毒后进行切口线型阻滞
a. 确定预切口位置，皮肤消毒，入针；b. 回抽没有血；c. 给药至出现可见的小水泡，退针继续给药，即完成阻滞（王京阳　供图）

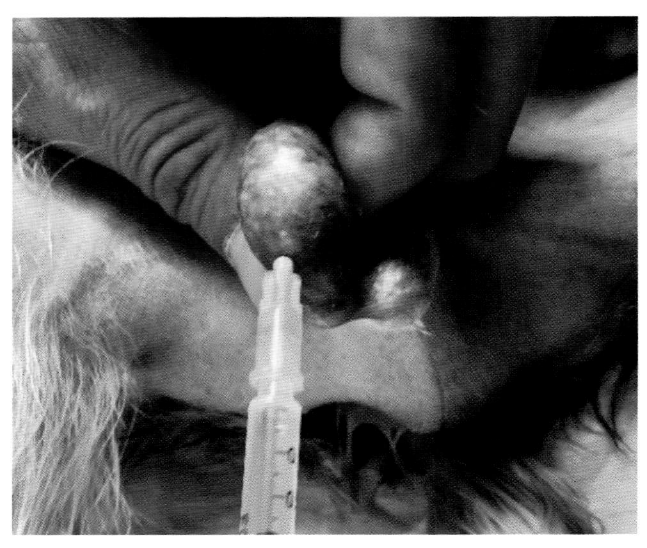

图 3-3-4　睾丸阻滞
a. 睾丸消毒后，抓持固定睾丸；b. 注射器沿睾丸长轴自睾丸后极入针，针尖刺入到睾丸中央（1/2 或头侧 1/3）；c. 回抽注射器没有血后，注射，并感到睾丸压力（肿胀）；另外公犬去势的切口处需要再做一次切口线性阻滞（王京阳　供图）

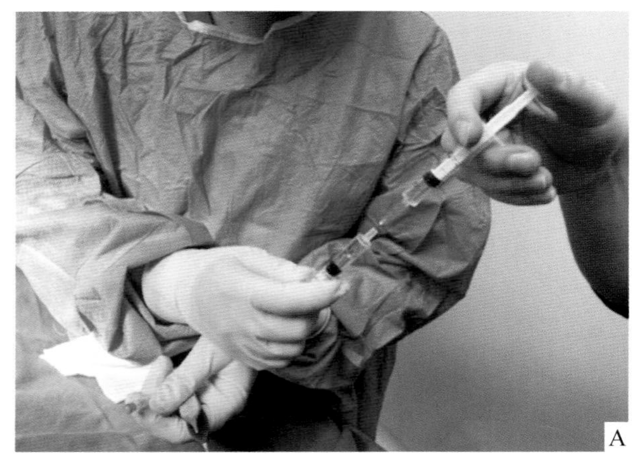

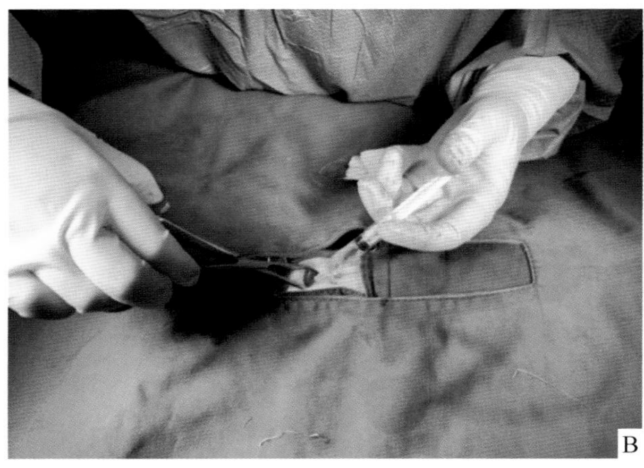

图 3-3-5　术中无菌传递局部麻醉剂（A）；局部麻醉剂腹腔浸润（B）（苏丽雪　供图）

## （二）躯干麻醉（图 3-3-6、图 3-3-7）

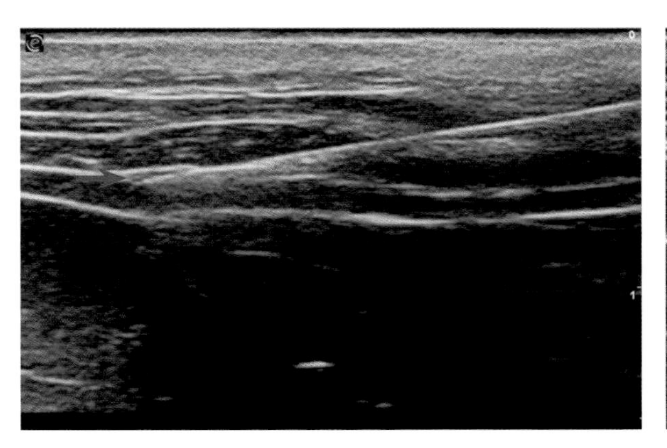

图 3-3-6　线阵超声探头下可见腹横肌水平阻滞位点（箭头所示）（刘戈　供图）

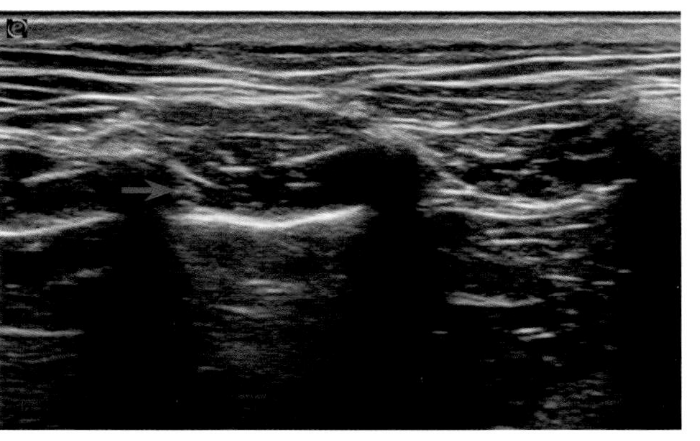

图 3-3-7　线阵超声探头下可见肋间神经阻滞位点（箭头所示）（刘戈　供图）

## （三）前肢麻醉（图 3-3-8、图 3-3-9）

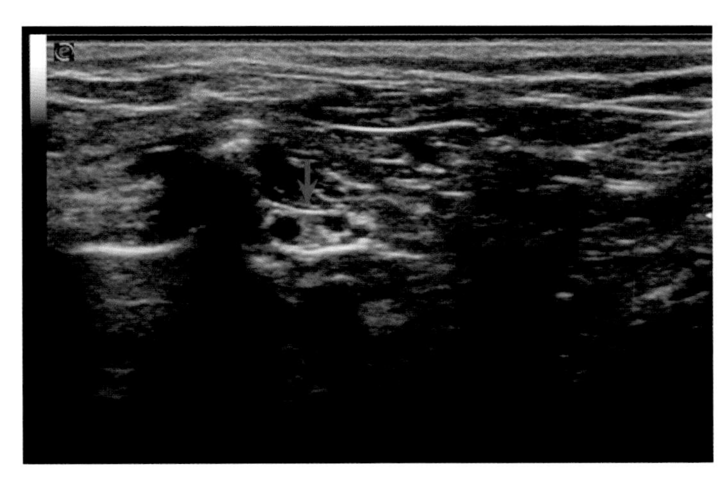

图 3-3-8　线阵超声探头下可见腋下臂神经丛阻滞位点（刘戈　供图）

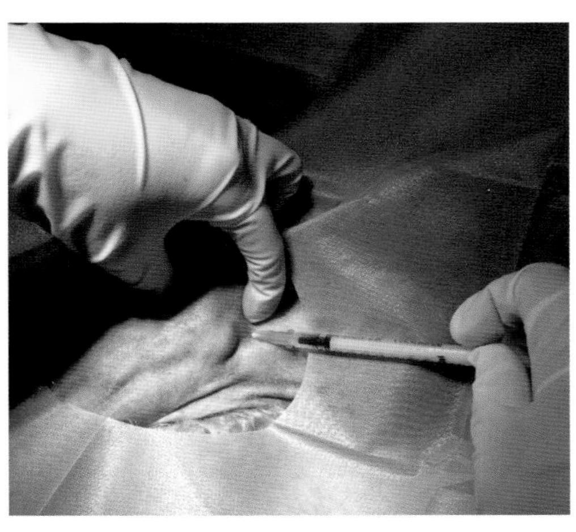

图 3-3-9　腋下臂神经丛盲打阻滞位点（王京阳　供图）

## （四）后肢麻醉（图 3-3-10、图 3-3-11）

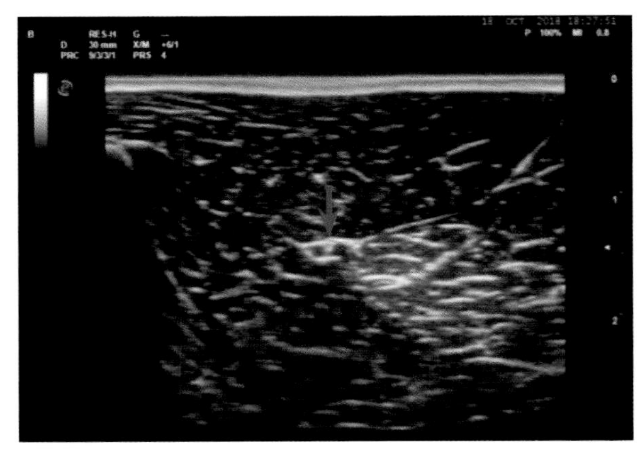

图 3-3-10　线阵超声探头下可见坐骨神经阻滞位点（郭魏彬　供图）

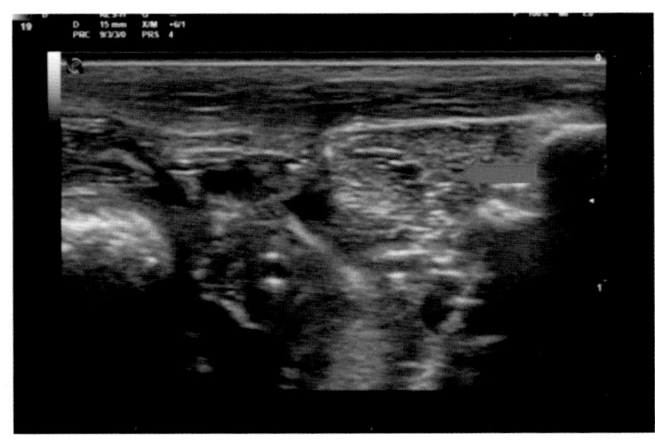

图 3-3-11　线阵超声探头下可见股神经阻滞位点（箭头为股神经）（郭魏彬　供图）

## 二、CRI 镇痛技术（图 3-3-12、图 3-3-13）

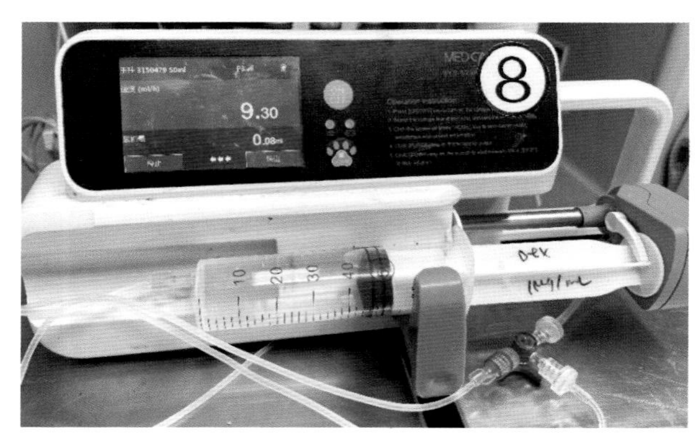

图 3-3-12　术中应用右美托咪定 CRI 镇痛的技术进行疼痛管理（苏丽雪　供图）

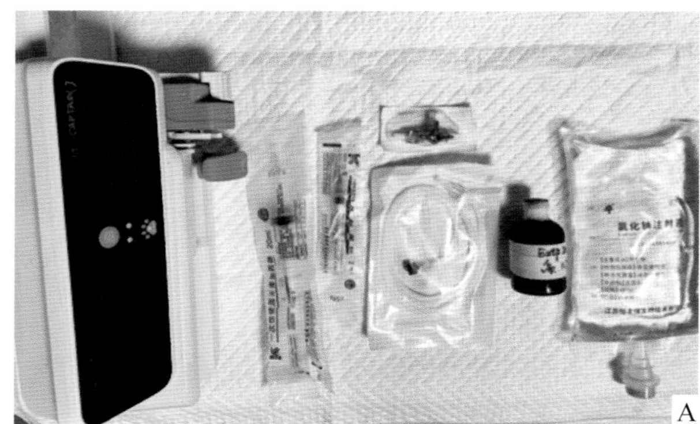

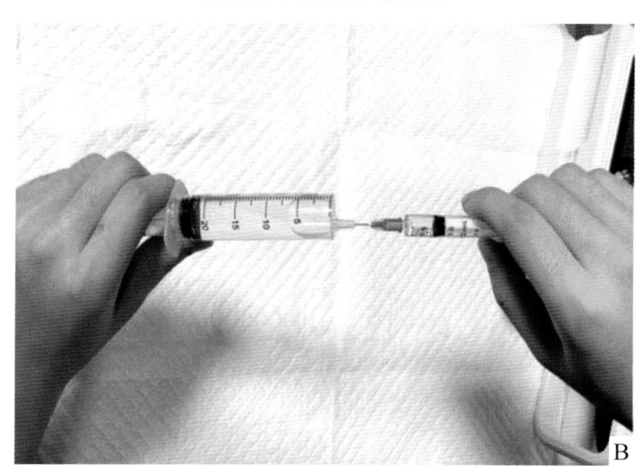

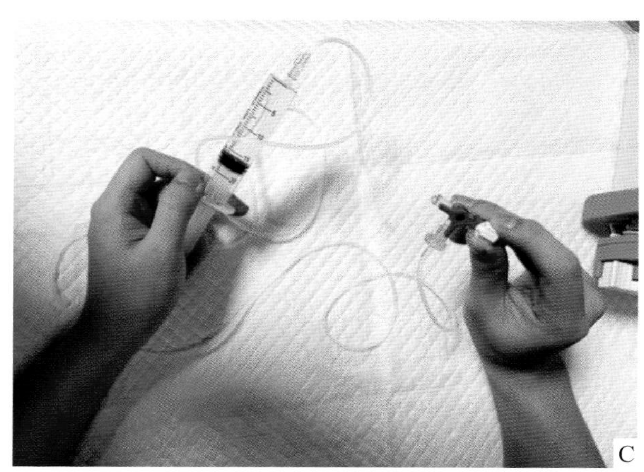

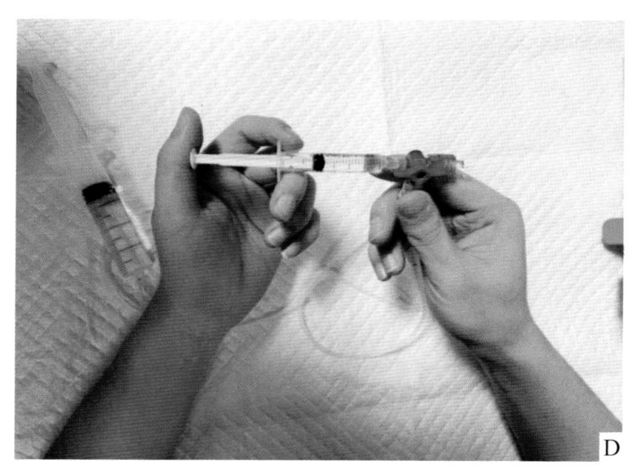

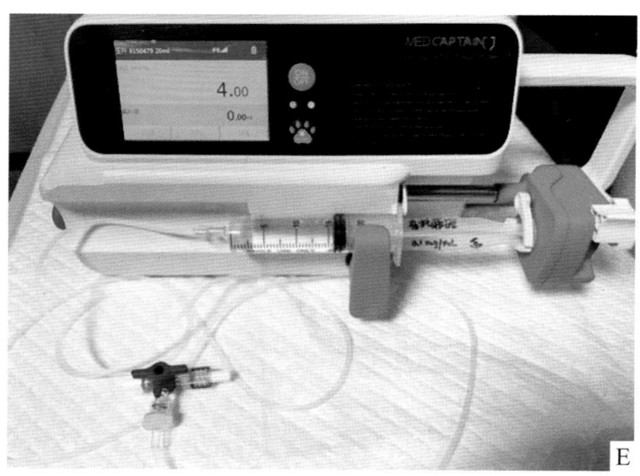

图 3-3-13　配置 CRI 镇痛药物方法，以布托菲诺为例的步骤

A. 物品准备：注射泵、注射器、延长管、三通阀、药品、生理盐水；B. 根据计算量稀释药品；C. 连接延长管和三通阀，并排出空气；D. 使用生理盐水冲掉三通阀内药品；E. 在注射器上注明药物名称、浓度、配制人，安置在注射泵上，注射泵归零，调节给药速度，备用（苏丽雪　供图）

# 第四章

## 犬头部疾病

# 第一节　耳血肿

耳血肿（Aural Hematoma）是指当犬耳毛细血管破裂，耳廓软骨和皮肤发生分离时，耳廓上形成的皮下充血性肿物（图4-1-1）。血肿可能累及单侧或双侧耳廓。犬猫均可发生，但猫的发病率较低。耳血肿是犬最常见的血肿类型。疾病发展的早期阶段，血肿处触诊温热并有波动性，皮肤可能伴有红斑。随着疾病发展，耳廓肿胀增厚或呈海绵状，触诊疼痛明显（图4-1-2）。在耳血肿形成的早期，会析出一种富含血清的纤维素性液体。在正常的愈合过程中，液体被吸收，发生纤维化；纤维化组织的收缩会导致耳廓畸形。

## 一、病因

最常见的耳血肿是由于犬感到耳部不适反复抓挠及摇头形成，且持续的抓挠与摇头会使血肿恶化。尤其是一些耳朵较大或垂耳的犬种（图4-1-3），剧烈摇头更容易出现耳血肿。引起犬摇头的常见原因包括以下几点：外伤：抓伤、咬伤、刮伤等；过敏性皮肤病；耳部感染：中耳炎；寄生虫：耳螨、蜱虫等；耳道内异物；此外，免疫功能紊乱及凝血功能障碍的犬更容易出现耳血肿。

图4-1-1　犬耳廓上形成皮下充血性肿物（张迪　供图）

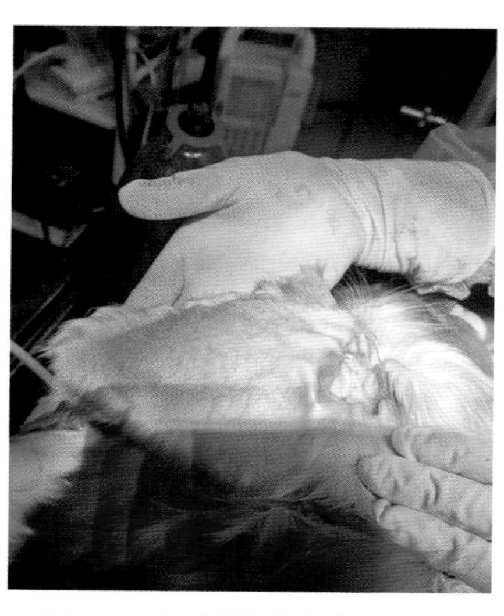

图4-1-2　耳廓肿胀增厚或呈海绵状（张迪　供图）

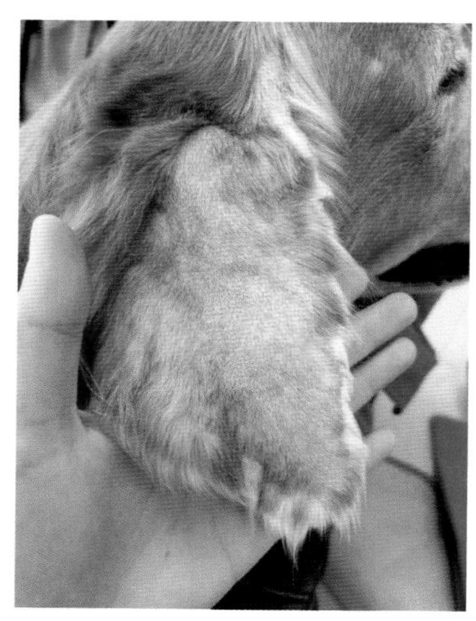

图4-1-3　金毛寻回犬的耳血肿（张迪　供图）

## 二、诊断

根据耳廓外观及感染或外伤病史，一般不难诊断。血肿部位肿胀、泛红，触感温热。若伴有感染，耳道内可能有脓性或恶臭分泌物。

值得注意的是，耳血肿并不是一种病因诊断，它是耳部外伤或瘙痒的并发症，为保证血肿治疗成功及防止复发，有必要对潜在的病因进行诊断和治疗。建议进行以下检查来寻找病因：细针抽吸或细胞学检查、耳镜检查、过敏测试、耳拭子检查、内分泌检查。

## 三、治疗

耳血肿治疗的目的是清除血肿、防止复发以及保留耳部自然外观。为了达到根治的目的，在针对血肿本身治疗之前，必须首先了解造成耳血肿的根本原因。例如，耳部感染造成的血肿，如果只解决血肿而不进行抗感染治疗，很可能会复发。

### （一）抽吸式引流

抽吸式引流是早期血肿或小血肿的理想治疗方式。具有创伤小、保留耳部自然外观及无须麻醉等优点。通常在局部镇痛的情况下，用注射器和针头引流血肿（图4-1-4），并在死腔内灌注类固醇，以减轻炎症。此外，也有报道，单独使用类固醇注射或单独口服类固醇可用于治疗耳血肿。然而，大多数血肿会在几天之后再次出现，所以，抽吸治疗可能需要在其后的1~3周内持续进行。

注意无菌操作，采用一次性无菌蝶翼针，以减少污染和脓肿的形成。

使用蝶翼针（19号或21号）对于引流、冲洗和随后灌注类固醇是非常有效的（图4-1-5），以减少对皮肤表面的重复穿刺。这种方法也有助于减少患犬因反复穿刺耳部皮肤而产生的不适感。

### （二）手术治疗

手术是对复发性或顽固性耳血肿最常见的治疗选择。所有的手术方法都是在镇静剂或全身麻醉的情况下进行的。对耳廓进行常规无菌准备。开始手术前将棉球或纱布放在耳道内，防止液体进入耳道。在切开血肿后，通过按摩和无菌盐水冲洗的方式清除血肿的内容物，特别是纤维蛋白凝块。

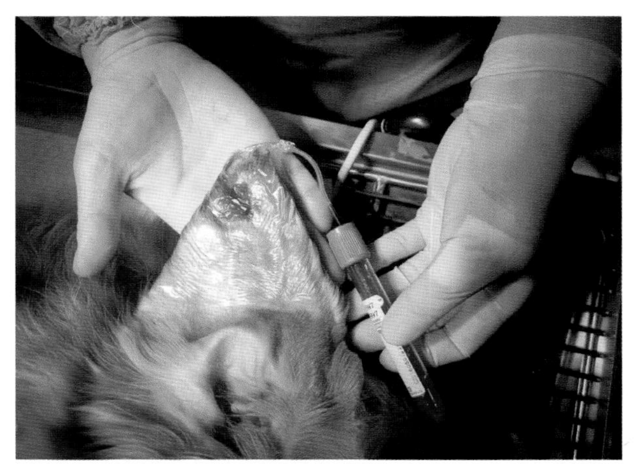

图4-1-4　用注射器和针头引流血肿（张迪 供图）

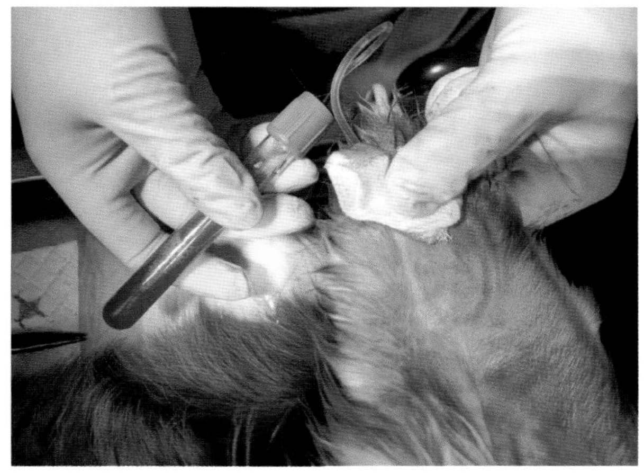

图4-1-5　使用蝶翼针（19号或21号）引流、冲洗和随后灌注类固醇（张迪 供图）

手术使用“S”形或线性切口。通过血肿上方的耳廓凹面进行切口（图4-1-6）；在血肿的整个区域内，平行于耳廓的长轴进行多条交错的全层或部分间断褥式缝合（图4-1-7）；另一种方法是在血肿的内表面进行连续的皮内缝合。

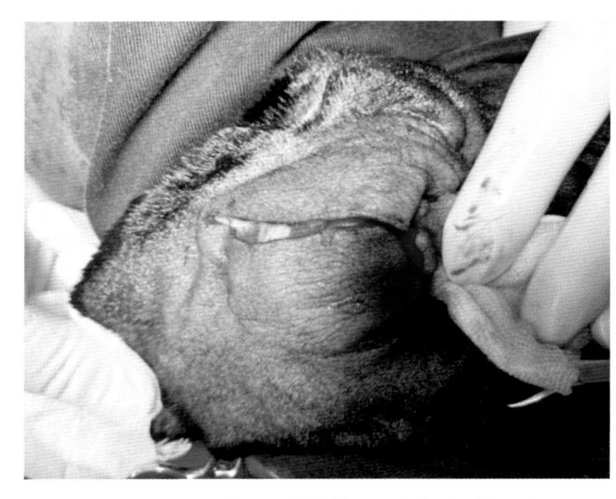

图 4-1-6　耳廓凹面线性切口（张迪　供图）

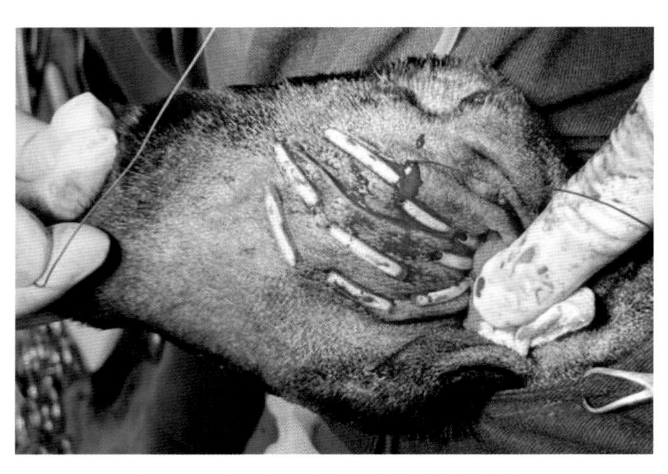

图 4-1-7　全层间断褥式缝合（张迪　供图）

开窗术。使用4mm或6mm的皮肤活检针在血肿的整个表面上做多个开口，沿着每个开口的皮肤边缘进行简单间断缝合。据报道，使用$CO_2$激光在血肿表面开出1~2mm大小的开口，以促进大部分的引流，也能达到同样的效果（图4-1-8）。

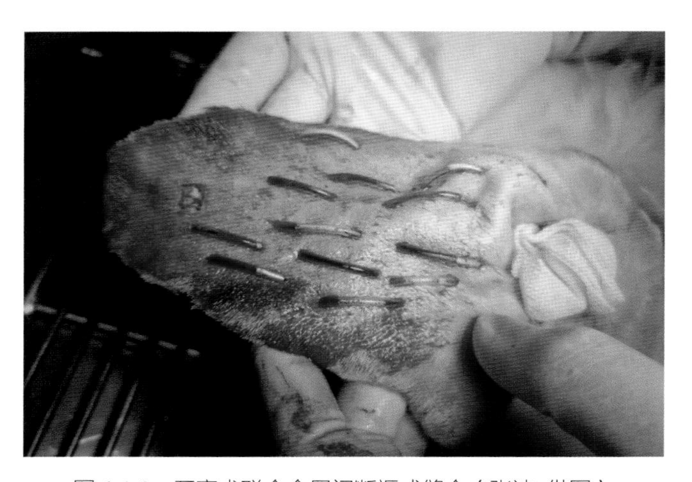

图 4-1-8　开窗术联合全层间断褥式缝合（张迪　供图）

术后管理。术后应采用绷带保护耳部免受感染或抓挠影响，建议使用伊丽莎白圈（图4-1-9）。根据需要，术后可能采用抗生素或激素治疗。一般术后1~2周复诊。若出现绷带或缝线脱落，随时复诊。

**（三）随访观察**

只要潜在的病因得到治疗，耳血肿不需要治疗就会消失，但其结果很可能是耳廓和耳道产生严重的畸形。

**（四）预后及管理**

只要解决了潜在性病因，大部分耳血肿在经过护理及适当的治疗后会预后良好。部分严重的耳血肿，即使得到适当有效的护理，仍有可能因瘢痕形成而造成耳廓畸形。

如果耳血肿的根本原因没有被找到并解决或长期未治疗，耳廓可能形成畸形，严重者呈菜花耳（图4-1-10）。

## 四、预防

预防耳部感染和耳螨有助于预防耳血肿的形成。一旦发生耳部感染或螨虫，应及时治疗以避免

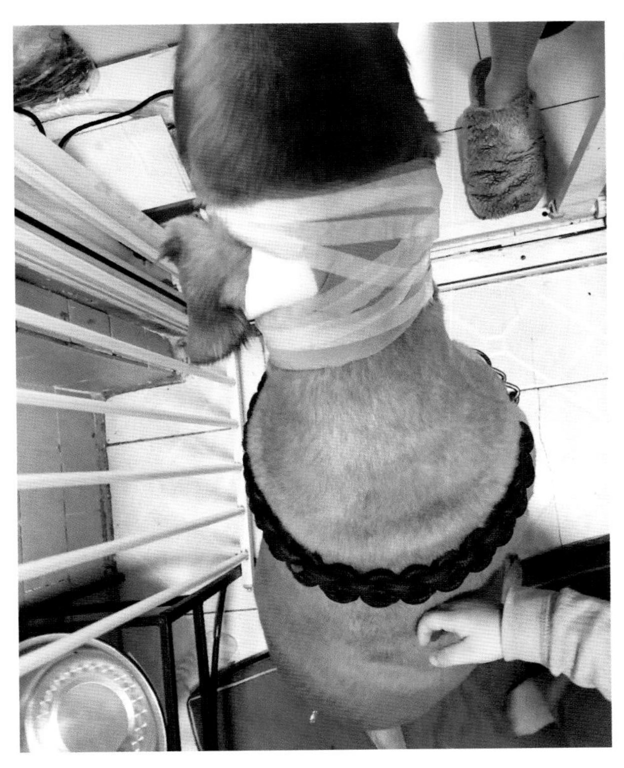

图 4-1-9　伊丽莎白圈（张迪　供图）

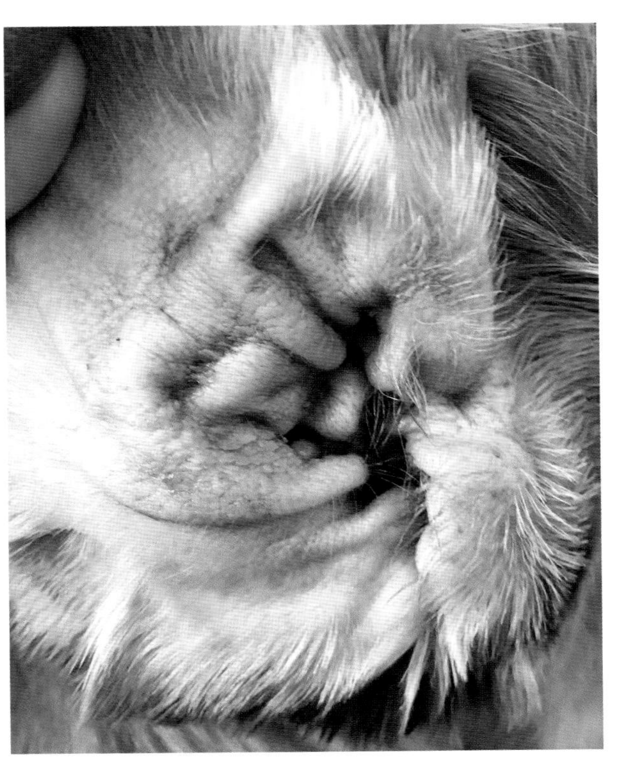

图 4-1-10　“菜花耳”（张迪　供图）

血肿的形成。

# 第二节　鼻腔肿瘤

犬鼻腔是鼻背侧和后方的一个充满空气的大空间，鼻旁窦是与鼻腔相连的充满空气的空间。该区域最常见的肿瘤类型是癌和肉瘤，两者都是局部侵袭性的。

## 一、病因

有人推测，生活在市区的犬，因为城市环境条件不佳，从而吸入污染物的概率更大，所以鼻腔肿瘤的发病率也更高。其他的诱发因素包括吸烟、电离辐射、慢性炎症刺激等。

## 二、发病特点

鼻腔肿瘤与鼻旁窦肿瘤发病率约占犬所有肿瘤疾病的1%。其中大型犬和中型犬更易发生，犬平均发病年龄为10岁，雄犬比雌犬的发病率更高。

## 三、临床症状与病理变化

图 4-2-1 患鼻腔肿瘤的犬出现面部畸形与皮下肿块（张欣珂 供图）

很多鼻腔疾病存在共同的特征，当遇到老年犬出现间歇性和渐进性鼻衄或脓性分泌物时，则应高度怀疑鼻腔肿瘤。当鼻腔肿瘤发展到一定阶段时，犬除表现出鼻衄、血性或脓性分泌物外，还会出现面部畸形（肿瘤对于骨的侵蚀）、皮下肿块等（图4-2-1），患犬此时可能表现出不愿张口、打喷嚏、呼吸困难或打鼾、眼球突出等。当肿瘤生长部位靠近鼻腔尾侧时，由于肿瘤对颅骨的侵蚀以及肿块效应，患犬可能会表现出神经症状，如癫痫、突发性失明、行为异常、轻度瘫痪、原地转圈、行动迟缓等。值得注意的是，即使患犬未出现神经症状也不代表肿瘤并未影响到神经系统。

鼻腔肿瘤中癌占到总数的2/3，主要发生于鼻黏膜，其中包括腺癌、鳞状细胞癌和未分化癌。其余1/3主要以肉瘤为主，主要发生于鼻内的软骨、骨或结缔组织，即纤维肉瘤、软骨肉瘤、骨肉瘤以及未分化肉瘤等。癌和肉瘤都是以局部侵袭性为临床特征，转移率在患犬就诊时一般很低，但在患犬因为原发病而濒临死亡时，转移的概率可达40%~50%。一般常见的转移病灶包括淋巴结和肺，不常见的转移部位包括骨、肾脏、肝脏、皮肤以及大脑。

## 四、诊断

虽然在影像诊断和组织学诊断的基础上可以高度怀疑鼻腔肿瘤，但最终的鼻腔肿瘤需要通过组织病理学进行确诊。在进行活检之前，需要对动物的凝血功能进行评估，因为活检过程中可能会有大量的出血。

常规的X射线片在对鼻腔肿瘤的诊断中会起到一定的作用，当发现一些特定征象时对肿瘤的指向性非常高。其中包括鼻腔内存在软组织密度阴影、单侧鼻腔内鼻甲骨细节消失、鼻腔周围的骨骼发生溶解、单侧额窦内出现液体或软组织密度阴影等。但是需要注意的是，单独使用X射线检查无法对鼻腔肿瘤进行确诊。标准的鼻腔X射线检查应该在动物处于全身麻醉的状态下进行，需要拍摄侧位、背腹位、张口斜位。

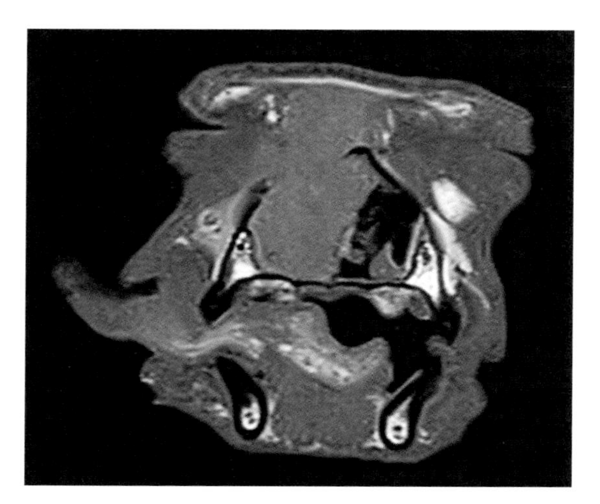
图 4-2-2 鼻腔肿瘤 MRI 检查，可见右侧鼻道内存在异常阴影（张欣珂 供图）

CT扫描可以提供其解剖结构的具体细节，可以对肿瘤在鼻腔中的位置和侵袭范围作出精确的判断。尽管MRI在对软组织的显影上比CT精确度高，但是在对鼻腔肿瘤的显影中，二者没有显著差异（图4-2-2）。常见的影像特征包括：骨溶解、蝶窦受损、鼻咽结构破坏、上颌骨侧方肥大、出现云雾状密度不均的阴影等。需要注意的是，仅仅发现鼻腔内存在团块时，不能将其诊断为鼻腔肿瘤，因为自发性鼻炎以及真菌感染也可能出现类似的特征。

一旦确诊鼻腔肿瘤后，需要对患犬的肺脏进行影像学评估以判断是否存在肿瘤细胞转移，同时需要对区域淋巴结进行穿刺检查。

## 五、防治

如果鼻腔肿瘤体积较小，且没有侵犯周围组织，手术切除是很好的治疗选择（图 4-2-3 至图 4-2-10），但很少有犬在诊断时符合手术切除的标准。患鼻腔肿瘤的犬表现出相对晚期的肿瘤通常位于靠近大脑和眼睛的部位，且肿瘤引发的骨侵袭通常发生在肿瘤发展的早期阶段，因此根治性手术

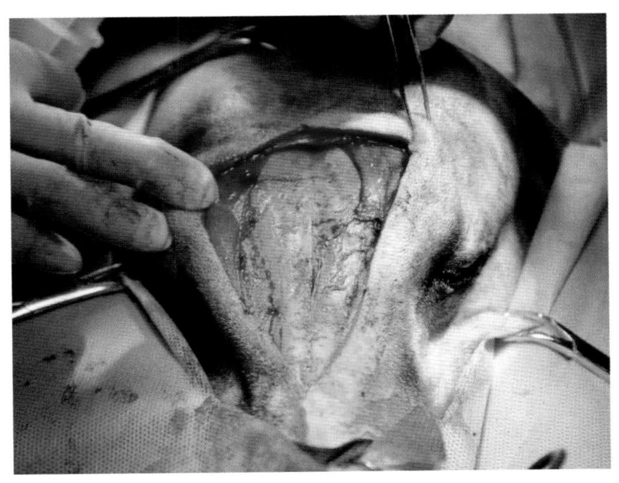

图 4-2-3　手术切开皮肤，剥离皮下组织，显露鼻骨（金艺鹏　供图）

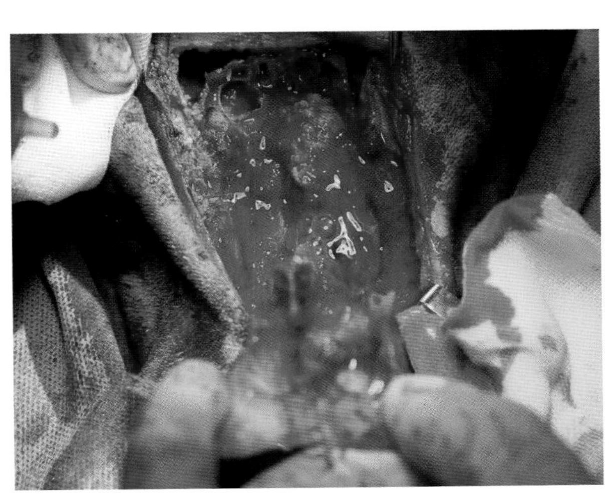

图 4-2-4　打开鼻骨，可见位于鼻道内的肿瘤团块（金艺鹏　供图）

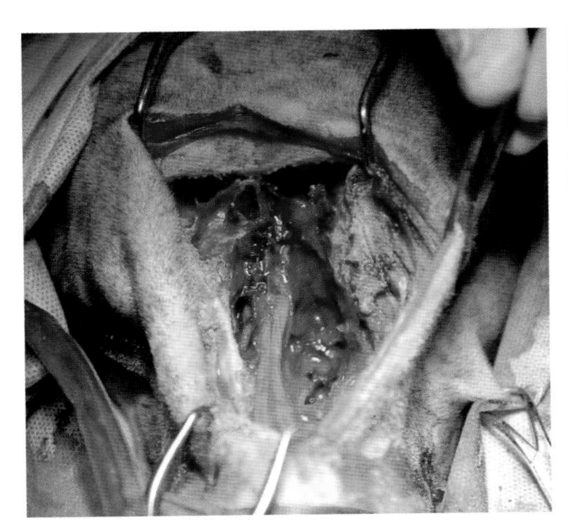

图 4-2-5　肿瘤组织取出后外观（金艺鹏　供图）

图 4-2-6　选择与去除的鼻骨相近的替代材料作为支撑（金艺鹏　供图）

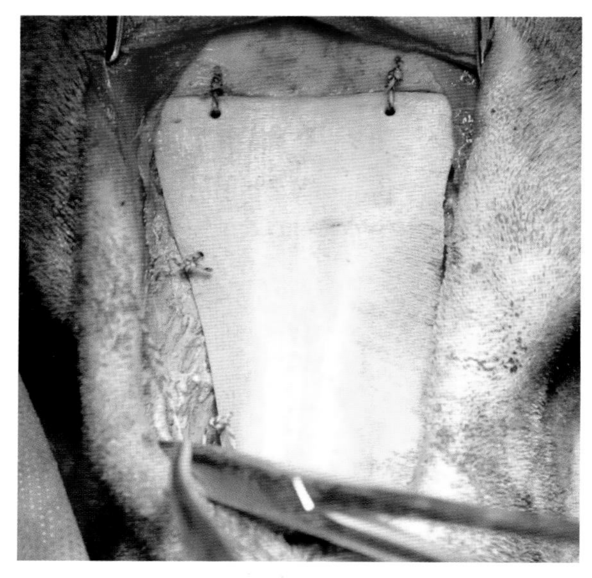

图 4-2-7　替代材料的植入与固定（金艺鹏　供图）

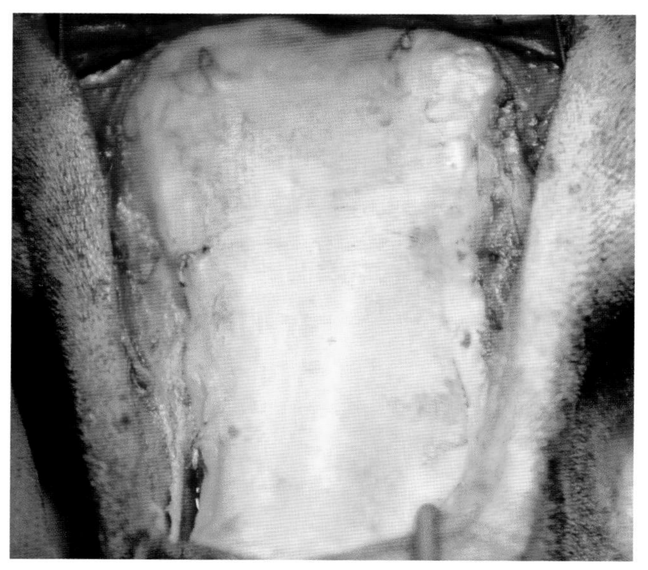

图 4-2-8　骨边缘密封（金艺鹏　供图）

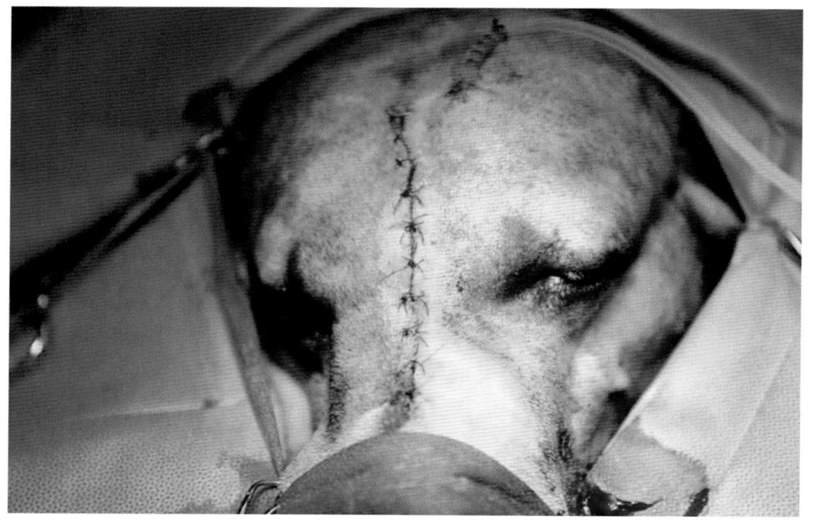

图 4-2-9　皮肤进行结节缝合（金艺鹏　供图）

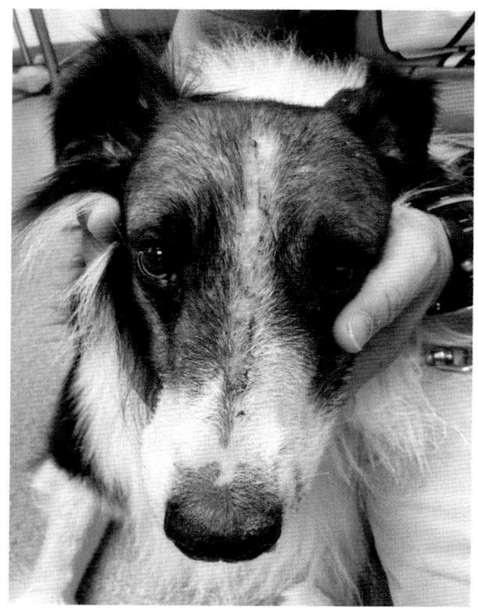

图 4-2-10　伤口愈合拆线后外观（金艺鹏　供图）

通常是不可实现的。大量研究表明，手术切除大的和/或浸润性肿瘤并不能为患病犬提供任何实质性好处。

单独的化疗，犬的反应率约30%。但有研究表明，化疗联合放疗可改善治疗效果，延长患犬生存时间。

目前，针对受影响区域的放射治疗是犬鼻腔肿瘤的首选治疗方法，并已被证明可以改善生存时间。多数患鼻腔肿瘤的犬对放射治疗较敏感，放射治疗可以将整个鼻腔与骨一起进行治疗，可以在一定程度提高患犬生存时间。当肿瘤靠近或侵犯重要结构，如眼睛或大脑时，可以采用立体定向放射治疗（SRT），以最大程度地减少对肿瘤周围组织的副作用。放射治疗带来的副作用包括皮毛颜色改变、脱皮、溃疡等。通常溃疡及皮肤烧灼样病变是暂时的，可以通过抗生素和抗炎药控制。如果肿瘤靠近眼睛，泪液分泌可能会受影响，从而导致干眼症。

# 第三节　鼻腔真菌病

犬鼻曲霉病（Rhinomycosis of Canine）是指犬鼻腔和/或额窦感染真菌后黏膜上形成真菌斑块，导致鼻腔出血、溃疡及面部疼痛。犬通常较易感染曲霉属和青霉属真菌。

## 一、病因

犬鼻腔真菌病的主要病原是烟曲霉和青霉。

烟曲霉和青霉均为条件致病菌。致病的必需条件包括鼻腔局部上皮有炎症、外伤或病理损害，犬患有全身消耗性疾病，应用皮质激素或免疫抑制剂，机体抵抗力降低，细菌与真菌拮抗共生失调等。

## 二、发病特点

鼻腔真菌病多发于长鼻犬，如金毛犬、拉布拉多犬和德国牧羊犬等。发病不具有性别倾向性，多发于青壮年犬，偶尔会有幼犬和老年犬发病。免疫抑制犬易发病。发病初期通常为单侧鼻腔感染，鼻中隔被破坏后发展为双侧鼻腔感染，额窦是最常见的感染部位。在疾病晚期，由于炎症反应可能会出现眼眶和面部畸形。鼻腔症状可能持续数周、数月甚至数年。

图 4-3-1　鼻腔真菌病患犬外观表现（张欣珂　供图）

## 三、临床症状与病理变化

犬鼻曲霉病的症状包括打喷嚏、鼻腔有黏脓性分泌物、血性分泌物，严重时鼻大量出血。临床检查时可见患犬鼻腔溃疡，鼻部色素沉着减退，角化过度，触诊鼻部患犬疼痛（图4-3-1）。病情严重时伴发全身症状，包括发热、呼吸不畅、食欲不振、精神萎靡，有时并发癫痫。

鼻曲霉菌通常不会侵入黏膜上皮以下的部位，而是引起局部黏膜严重的炎症反应，导致鼻甲骨局部破坏。

## 四、诊断

犬鼻腔真菌病最突出的临床特点是绝大部分病例有后吸血脓涕，与鼻咽癌的临床症状类似。因此，除常规做前后鼻镜检查排除鼻咽癌、鼻腔鼻窦肿瘤外，鼻窦影像学检查、鼻内窥镜检查和真菌学检查是重要的诊断手段。临床上通常结合不同的诊断方法，从而提高诊断的准确性。

X射线检查和CT检查是常用的影像学诊断，患犬表现为鼻腔密度降低。病变常起始于鼻腔吻侧，鼻甲和鼻腔黏膜坏死脱落。如果感染蔓延到额窦，表现为颗粒状和花斑状阴影，正常的气体影像被液体或软组织影像所取代。

内窥镜检查犬鼻腔观察到筛状软骨严重破坏时提示真菌感染。用鼻镜观察时，可以看到由于鼻甲骨被破坏而造成的多孔区域，还可见到干燥的团块状菌丝体和曲霉菌体。

真菌学诊断是通过采集患犬鼻分泌物进行直接镜检、真菌培养，从而进行诊断。用棉签拭子插入鼻腔取样，涂抹于干净的载玻片上，在显微镜下用低倍镜观察可以发现菌丝。烟曲霉在鼻腔内多呈团块状，散在的菌丝较少，可以染色后镜下观察。乳酸棉酚蓝是真菌镜检的标准浮载剂，能使真菌着色呈蓝色。所有真菌都是革兰氏阳性菌，可被染成蓝黑色。曲霉的鉴定主要依赖形态学特征，烟曲霉适高温，培养温度可在37℃或45℃，培养时间7~14d，用平皿点植，一点或三点，肉眼及低倍镜下观察是否有菌落。烟曲霉菌落快速生长，质地呈绒毛状或絮状，表面呈深绿色、烟绿色，背面呈苍白色或淡黄色。

尽管影像学诊断技术不断发展，但确诊鼻曲霉病的标准仍然是通过内窥镜直观地看到真菌斑块或通过细胞学和组织病理学检查观察到真菌。

## 五、防治

### （一）手术治疗

犬鼻腔真菌病的首选治疗方法是手术治疗，目的是尽量清除曲霉团块，保护原发病灶。该病极易复发，原因是鼻腔结构复杂，手术无法彻底清除病灶内真菌，因此，术后需要局部和全身应用抗真菌药物，尽可能消灭残余真菌，防止复发。手术可能会造成机体局部损伤、抵抗力下降。

进行犬鼻腔及副鼻窦背侧切开术时需要全身麻醉。患犬仰卧保定，抬高头部和颈部。将前额部及鼻上部区域剪毛，用氯己定冲洗，覆盖创巾。术区附近的眼睛使用红霉素眼膏进行保护。从头骨两侧的颊骨突起连线中点到眼眶的眼角中间做背侧正中皮肤切开（图4-3-2）。牵引皮瓣，向两侧翻

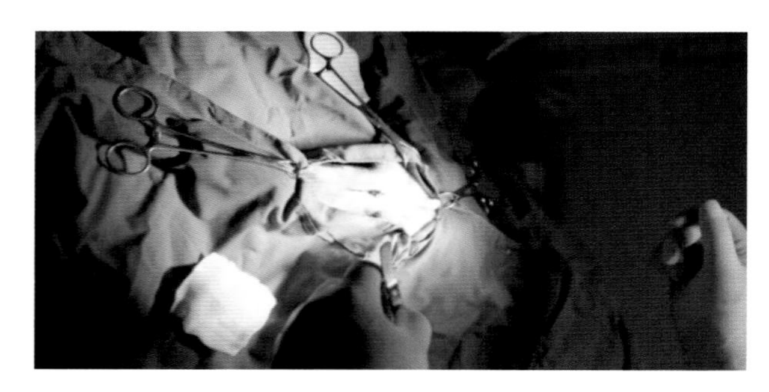

图 4-3-2　鼻背部正中皮肤切开（张欣珂　供图）

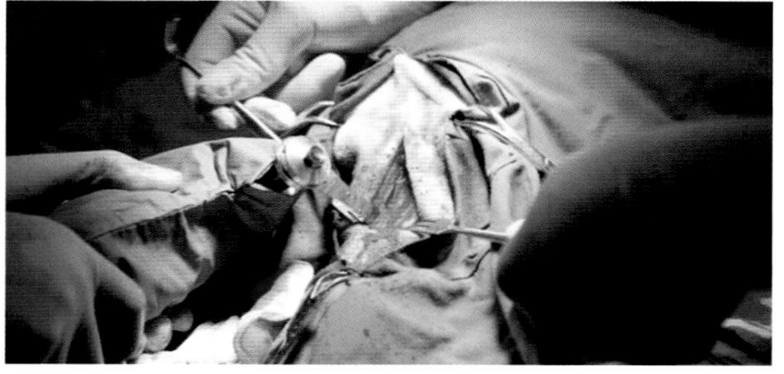

图 4-3-3　用摆锯切开鼻甲骨（张欣珂　供图）

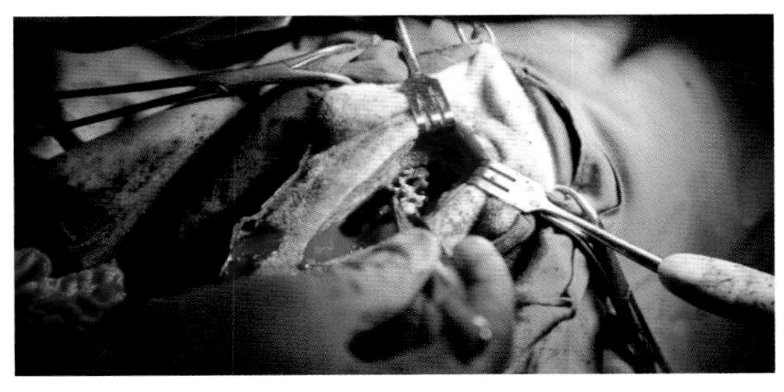
图 4-3-4 摘除霉菌团块（张欣珂 供图）

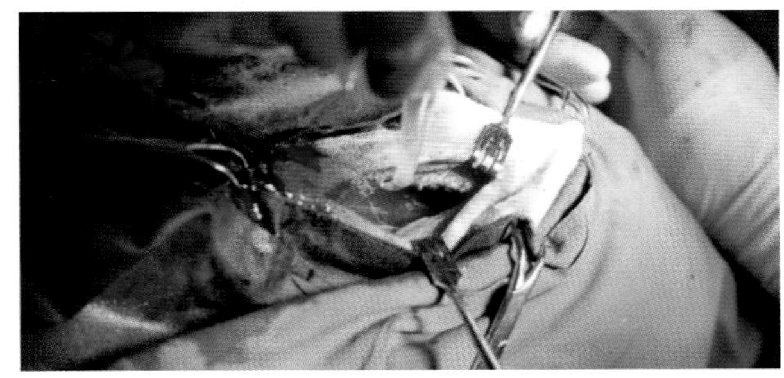
图 4-3-5 用无菌生理盐水冲洗鼻腔（张欣珂 供图）

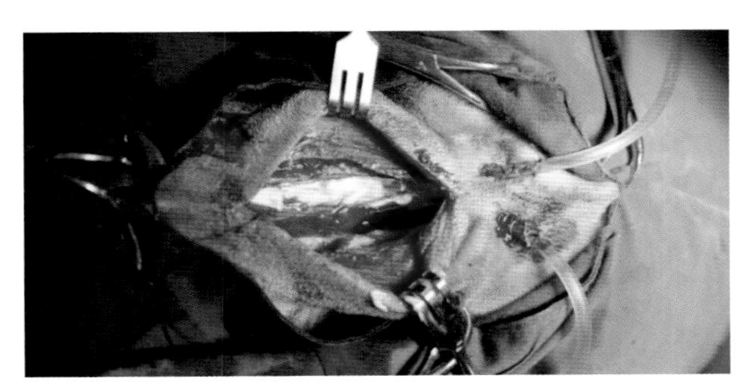
图 4-3-6 放置引流管（张欣珂 供图）

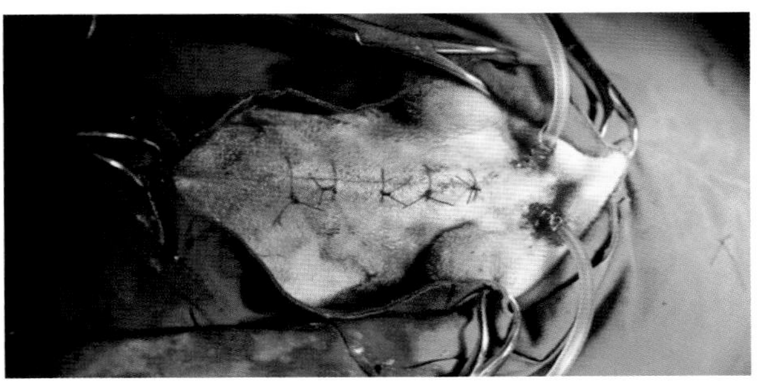
图 4-3-7 缝合完成（张欣珂 供图）

开皮肤，用开创器固定。用骨膜剥离器剥离骨膜，向两侧翻开。然后，在骨正中横向插入摆锯或骨刀进行单向或双向切开，再进行两侧横向切开，断离三边做成骨瓣（图4-3-3）。暴露出病变部位后，将额窦、鼻腔、副鼻窦内的曲霉团块彻底取出，随后用大量无菌生理盐水冲洗鼻腔（图4-3-4、图4-3-5）。清理结束后，用1%克霉唑软膏局部填塞。于先前创口尾侧的皮肤切口处用电打孔器钻两个孔，再用穿孔器贯通骨桥，以便引流管的前端通过鼻孔引出（图4-3-6）。使用中国结固定引流管（图4-3-7）。用不锈钢丝固定骨片。使用2-0或3-0可吸收缝线单纯结节缝合骨膜、皮下组织和皮肤。在缝合好的创口上放置纱布后用弹力网固定（图4-3-8）。

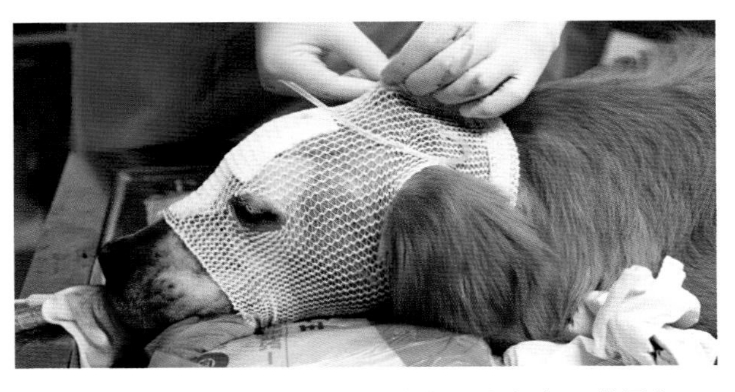
图 4-3-8 用网状弹性绷带固定伤口（张欣珂 供图）

术后需保持患犬安静，避免鼻腔出血，持续两周用克霉唑冲洗治疗。术后3~4d撤去引流管，10~14d拆线。注意每天护理，防止发生皮下蜂窝织炎。

**（二）全身治疗**

手术治疗后立即开始全身给予抗真菌药物治疗，用于全身治疗的药物有酮康唑、伊曲康唑、伏立康唑。可以进行真菌耐药性试验，针对性选用最敏感的药物进行治疗。常用的抗真菌药治疗效果

不理想时可选用泊沙康唑、沃利康唑。同时给予复方甘草酸苷、肝复肽等保护肝脏的药物。

**（三）局部治疗**

克霉唑软膏常用于鼻腔术后局部填塞，防止复发。向鼻腔和额窦内分别注入1%和2%的恩康唑对犬鼻腔曲霉病有一定效果。通过内窥镜放置导管向鼻腔内注入药物前应对鼻腔进行彻底清创，减少灌洗药量可以达到更好的治疗效果。

# 第四节　口腔肿瘤

在犬所有类型肿瘤中，口腔肿瘤约占比6%，且在犬口腔肿瘤及肿瘤样病变中，恶性肿瘤约占32%、良性肿瘤约占29%。常见的口腔肿瘤包括：恶性黑色素瘤、鳞状上皮细胞癌、纤维肉瘤、骨肉瘤、外周牙源性纤维瘤、病毒性丝状乳头状瘤、棘皮瘤性成釉细胞瘤等。通常患犬口腔会出现不愈合的溃疡性病变、口腔出血、疼痛等。与其他部位的肿瘤相似，口腔肿瘤的诊断需要活检确诊，可以选择手术、化疗、放疗等方法进行治疗。

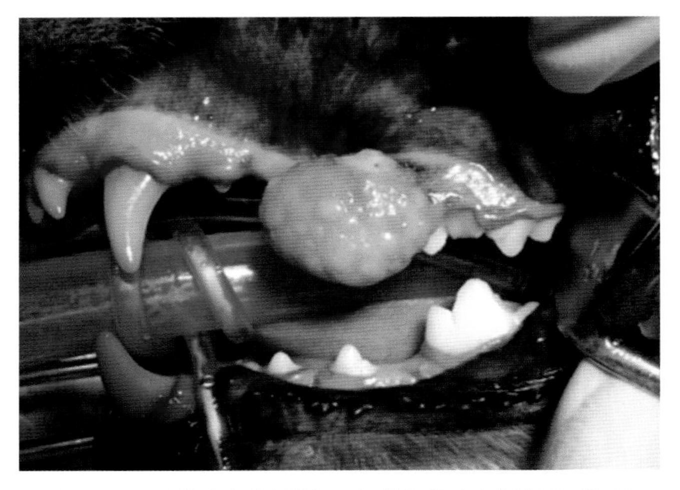

图 4-4-1　7 岁柴犬左上颌外周牙源性纤维瘤（郑栋强　供图）

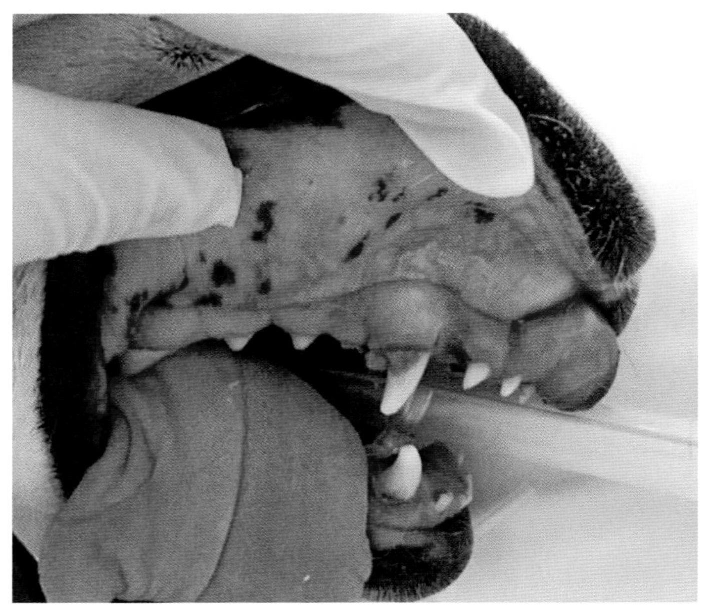

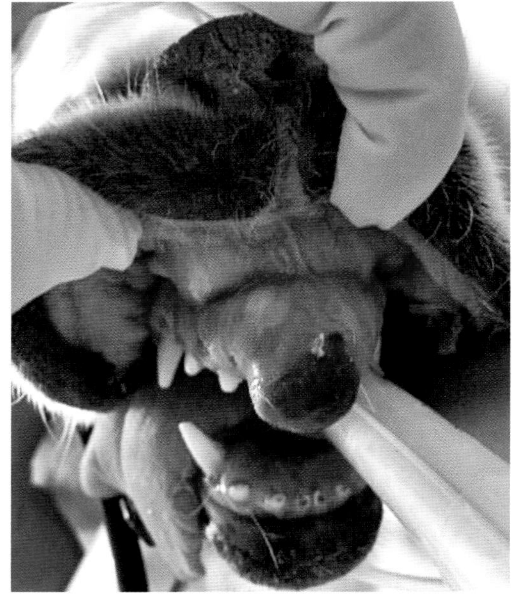

图 4-4-2　13 岁拉布拉多犬上颌切齿吻侧棘皮瘤性成釉细胞瘤（郑栋强　供图）

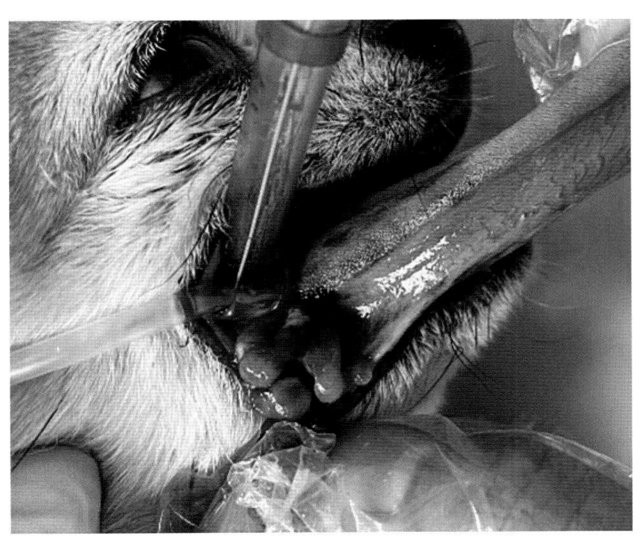
图 4-4-3　13 岁 MIX 犬舌根处恶性黑色素瘤（郑栋强 供图）

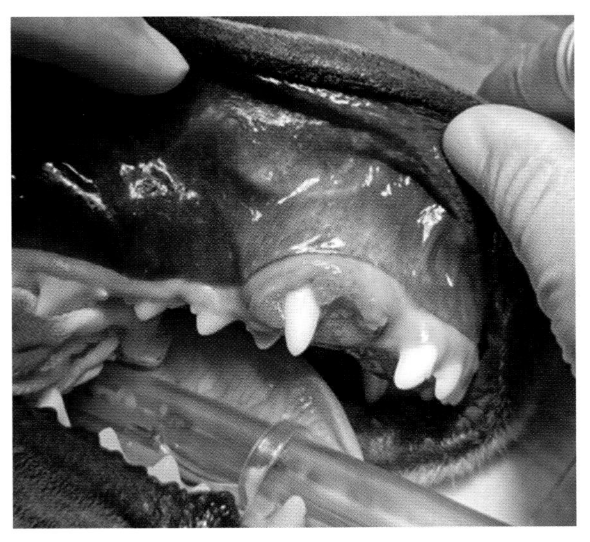
图 4-4-4　6 月龄金毛犬鳞状上皮细胞癌（郑栋强 供图）

## 一、病因和发病特点

犬口腔肿瘤可分为良性肿瘤和恶性肿瘤，良性肿瘤发病率从高到低分别是外周牙源性纤维瘤（图4-4-1）、病毒性丝状乳头状瘤、棘皮瘤性成釉细胞瘤（图4-4-2）等；恶性肿瘤发病率从高到低分别是黑色素瘤（图4-4-3）、鳞状上皮细胞癌（图4-4-4）、纤维肉瘤（图4-4-5）、骨肉瘤等。恶性黑色素瘤无性别倾向性，常发生于老年小型犬，如苏格兰梗犬、

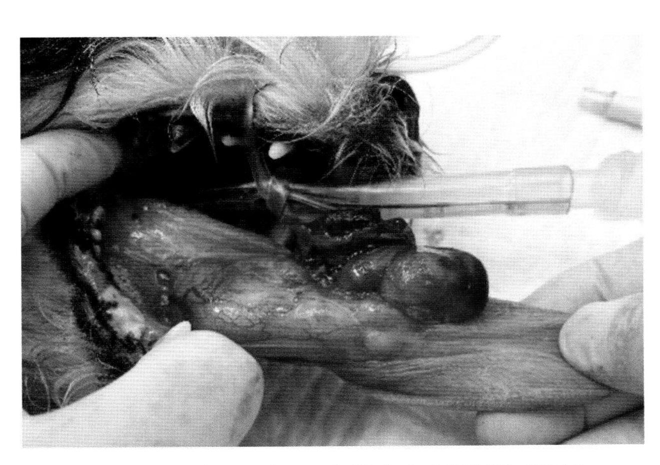
图 4-4-5　9 岁 MIX 犬舌下纤维肉瘤（郑栋强 供图）

图 4-4-6　下颌黑色素瘤导致犬下颌切齿和犬齿移位（郑栋强 供图）

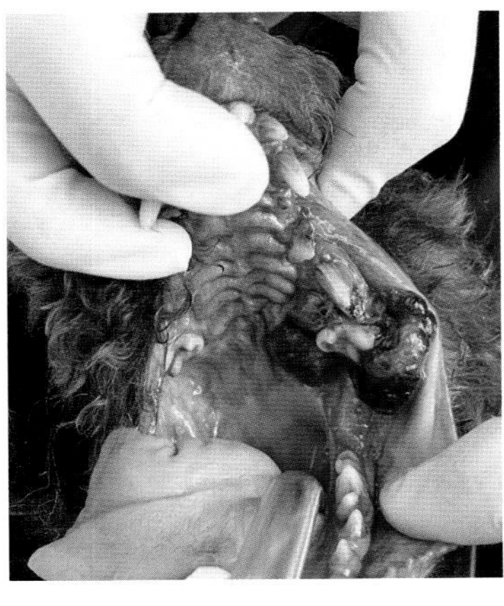
图 4-4-7　左上颌有色素沉着的黑色素瘤（郑栋强 供图）

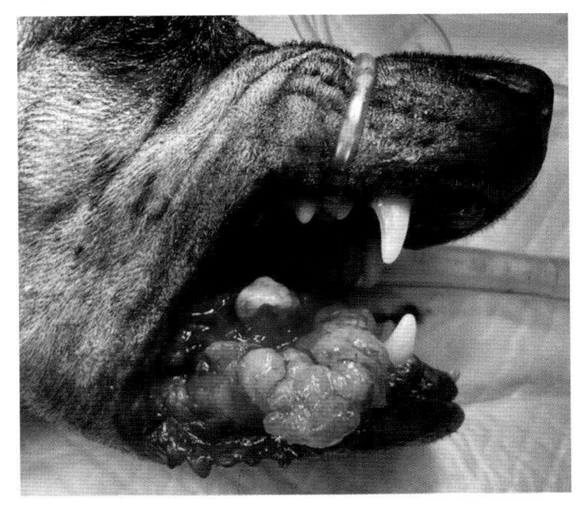
图 4-4-8　右下颌无色素黑色素瘤（郑栋强 供图）

可卡犬和迷你贵宾犬。鳞状上皮细胞癌高发于老年大型犬，纤维肉瘤则常出现于中老年的大型犬，多见于金毛犬与拉布拉多犬。

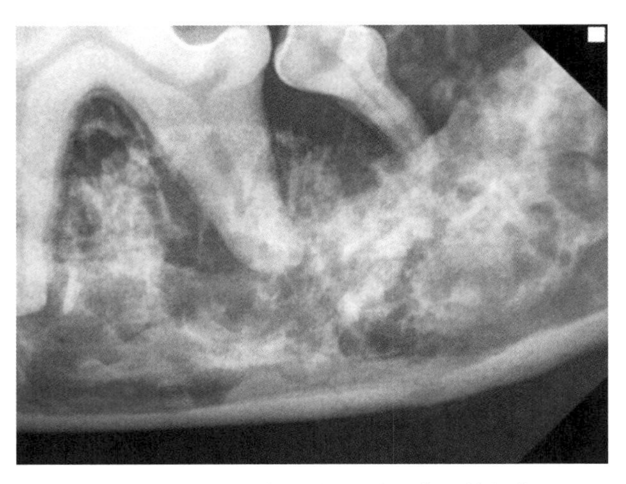

图 4-4-9　牙科 X 射线片可见左下颌骨被侵袭（郑栋强　供图）

## 二、临床症状与病理变化

犬口腔肿瘤的临床症状存在一定的隐蔽性，因肿物大小、位置而异，可能表现为局部软组织不规则肿胀、不愈合的口腔溃疡病灶、口腔出血、显著流涎、口臭、吞咽困难、口腔疼痛、牙齿移位等（图4-4-6）。黑色素瘤常存在色素沉着，但也可能没有黑色素（图4-4-7、图4-4-8）。鳞状上皮细胞癌常呈平坦状且存在溃疡灶。

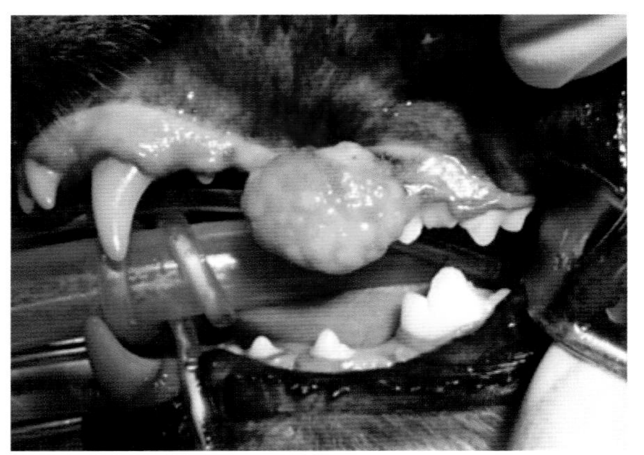
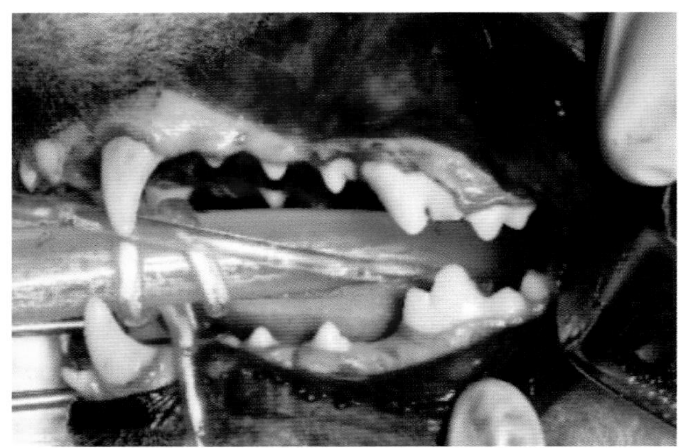

图 4-4-10　不移除骨骼的局部切除（郑栋强　供图）

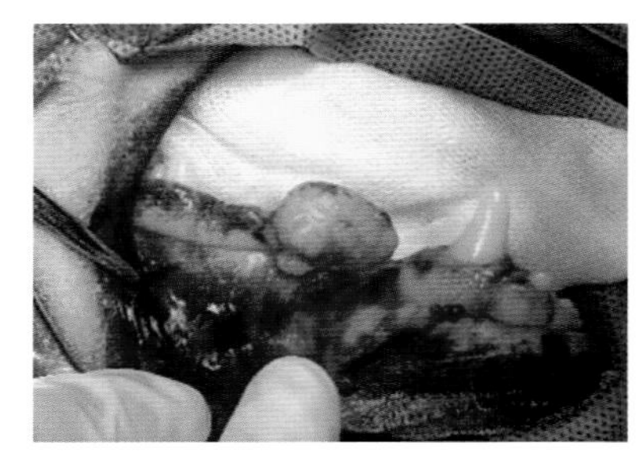
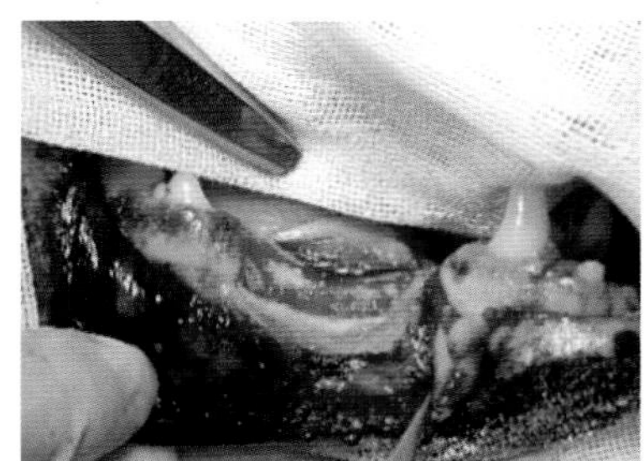
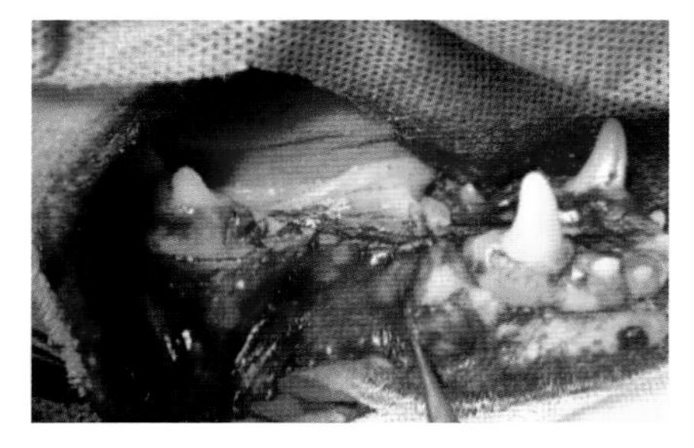

图 4-4-11　移除骨骼的部分切除（郑栋强　供图）

## 三、诊断

通过视诊、触诊确认肿物大小、位置、外观、肿物周围组织以及周围淋巴结，通过包括腹腔超声、造影、牙科X射线片（图4-4-9）、CT在内的影像学确认是否出现肺部转移、淋巴结转移局部组织受侵袭程度等。用细针抽吸有利于进行准确的淋巴结评估。活组织检查可以确定肿物性质。

## 四、防治

### （一）局部切除

对于纤维瘤样齿龈瘤和骨化齿龈瘤这类肿物在不移除骨骼的前提下，局部切除通常能提供良好的长期控制（图4-4-10），或者也可以切除肿瘤周围的部分骨骼（图4-4-11）。

### （二）下颌/上颌切除术

对于部分具有局部侵犯性、常侵犯下方骨骼的肿瘤（如棘皮瘤性成釉细胞瘤）以及恶性肿瘤而言，必须进行下颌切除术（图4-4-12）或上颌切除术（图4-4-13、图4-4-14）方能治愈。根据肿瘤性质不同选择不同的切除范围，手术类型包括：前侧上/下颌切除术、中段上/下颌切除术、后侧上/下颌切除术以及单侧上/下颌切除术。

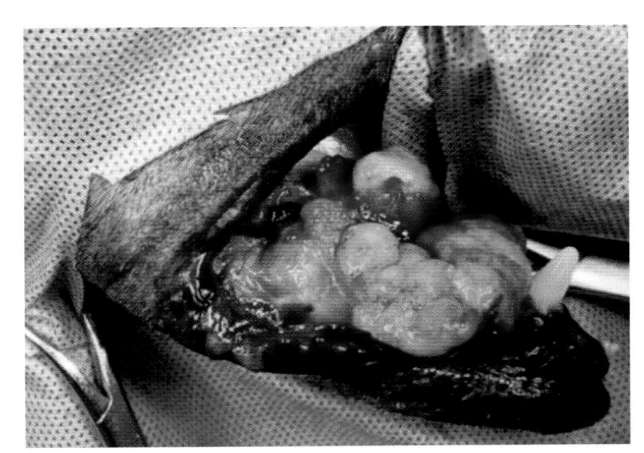
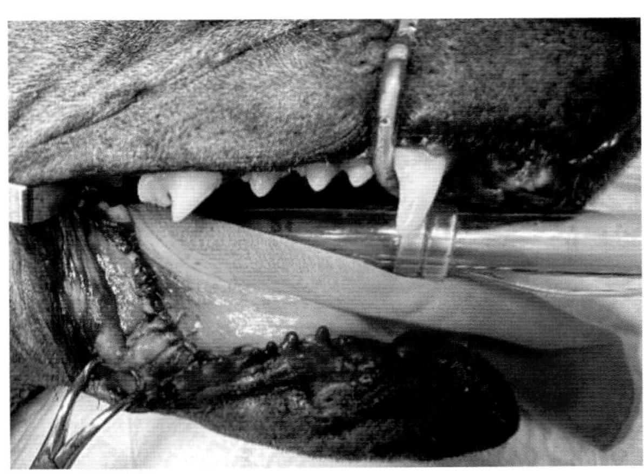

图 4-4-12　下颌部分切除（郑栋强　供图）

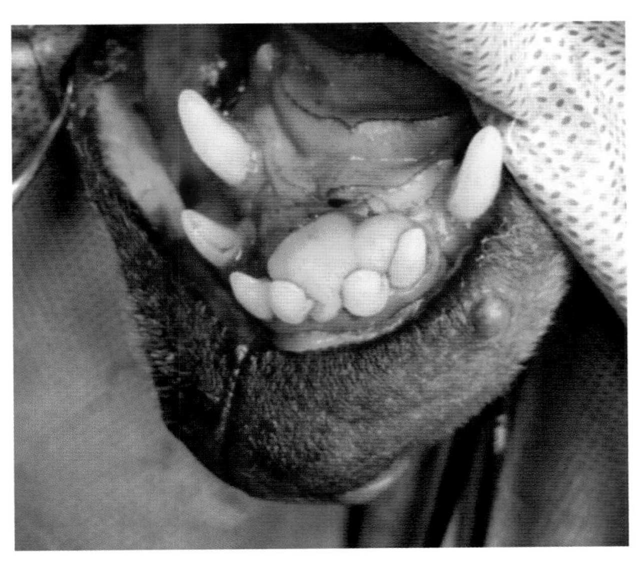
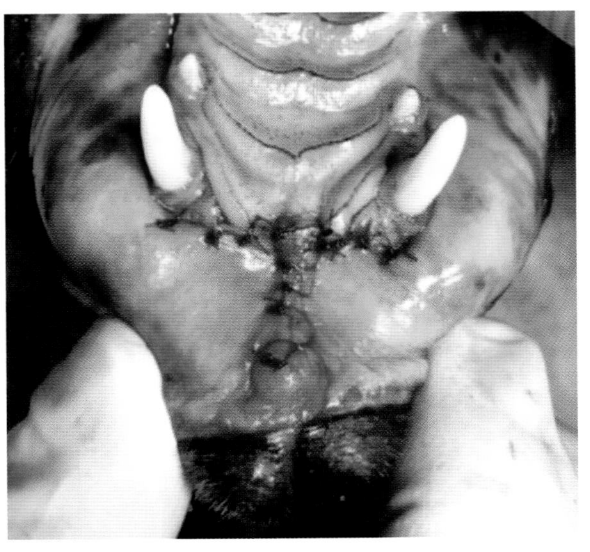

图 4-4-13　吻侧上颌部分切除（郑栋强　供图）

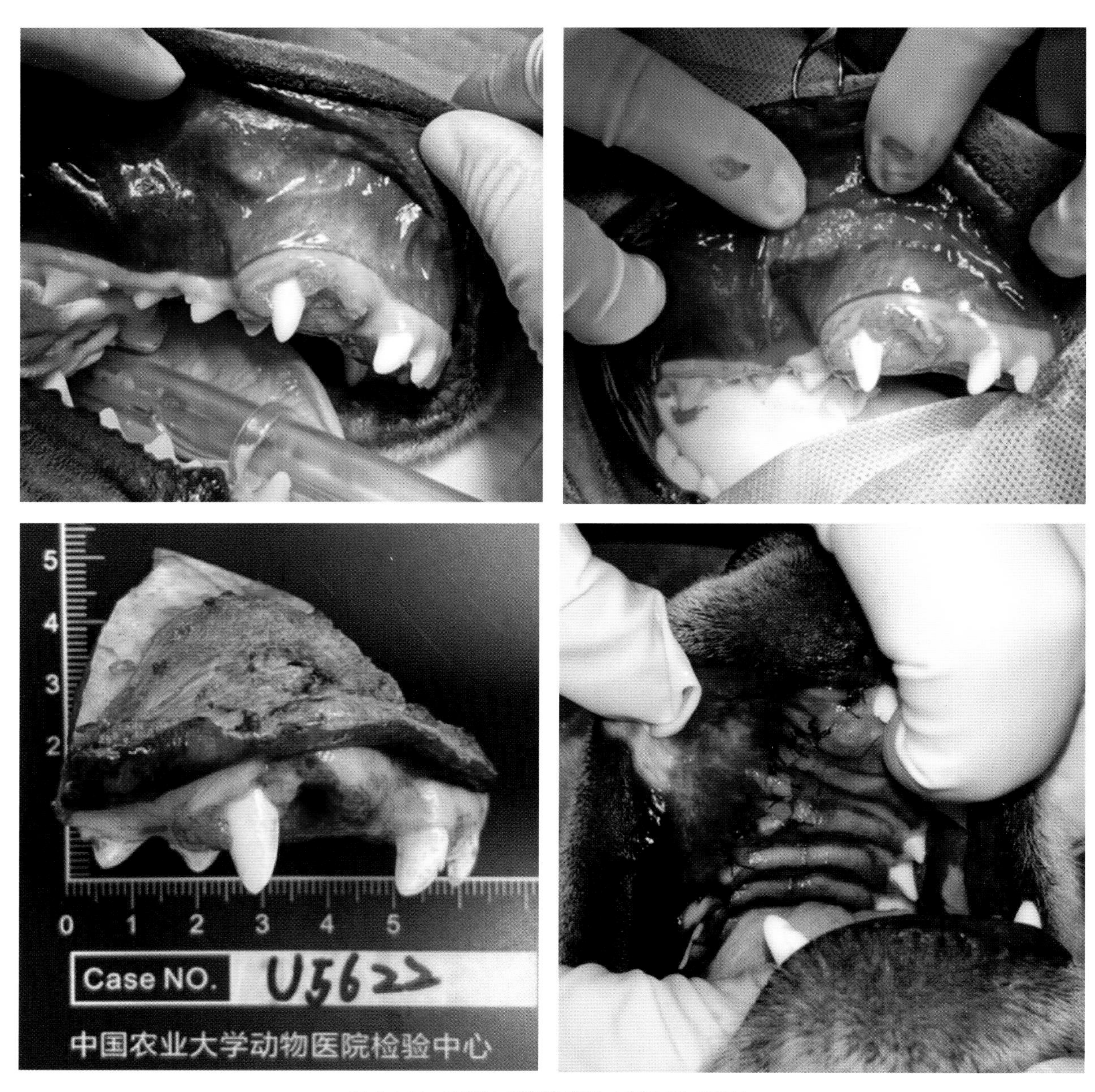


图 4-4-14　右侧上颌部分切除（郑栋强 供图）

### （三）其他治疗方法

犬口腔肿瘤的全身性治疗方法包括：化学疗法、靶向治疗、免疫疗法以及放射疗法。在进行全身化疗控制肿瘤细胞的同时，药物还会无区别地杀伤正常细胞，造成患犬机体损伤。而靶向治疗针对特定基因突变的肿瘤，特异性较强，不会损伤机体正常细胞，新型的免疫疗法则可以使机体自身免疫细胞发现并杀伤癌细胞。

犬口腔肿瘤的局部治疗方法包括放疗、热疗。放疗是通过大量的辐射所产生的能量来破坏细胞的染色体，使肿瘤细胞停止生长，从而消灭可快速分裂和生长的癌细胞。热疗是利用物理能量加热全身或局部，使肿瘤组织温度上升至有效的治疗温度，并持续一段时间，从而在不损伤自身正常组织的前提下使肿瘤细胞凋亡。



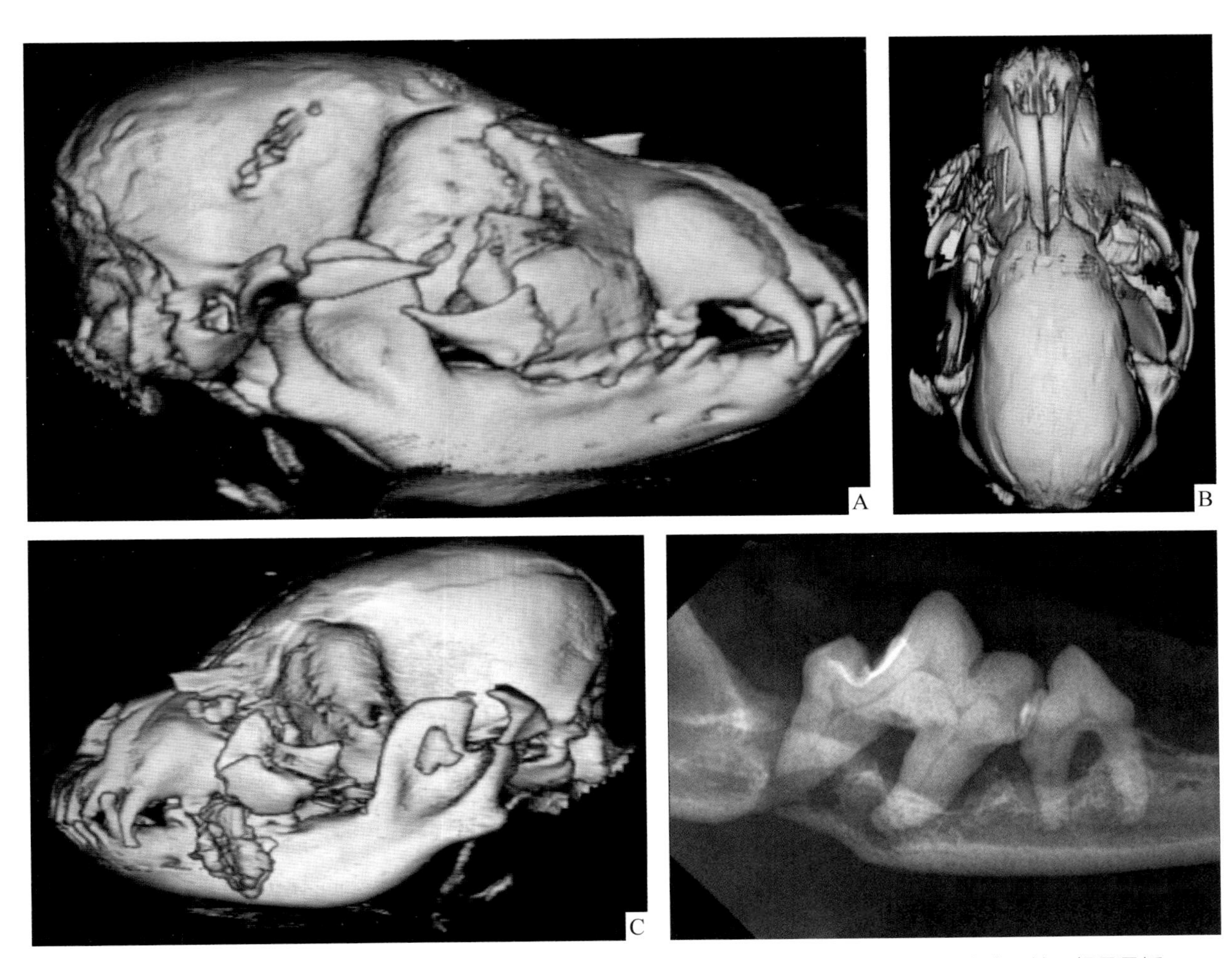

图 4-5-1　车祸导致的犬颌骨骨折（郑栋强 供图）

图 4-5-2　牙周炎导致的犬病理性下颌骨骨折（郑栋强 供图）

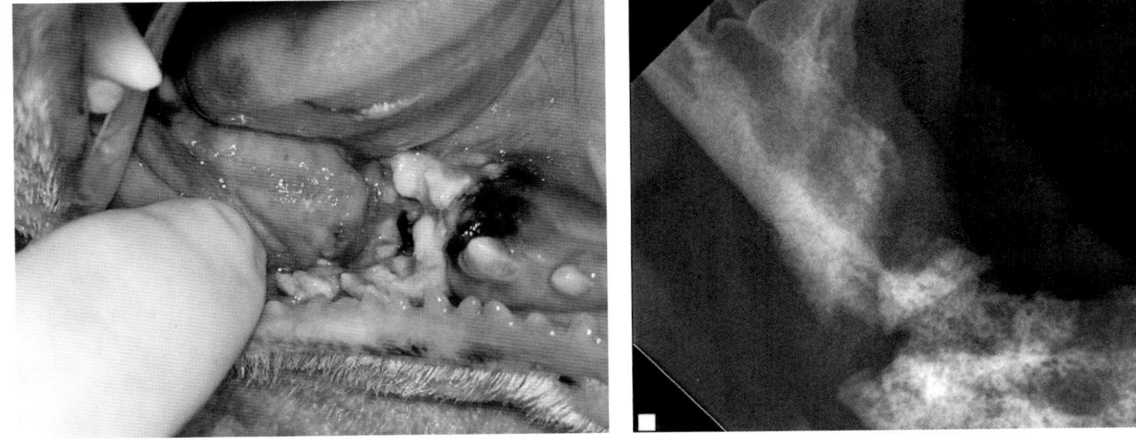

图 4-5-3　肿瘤导致的犬病理性下颌骨骨折（郑栋强 供图）

# 第五节　颌骨骨折

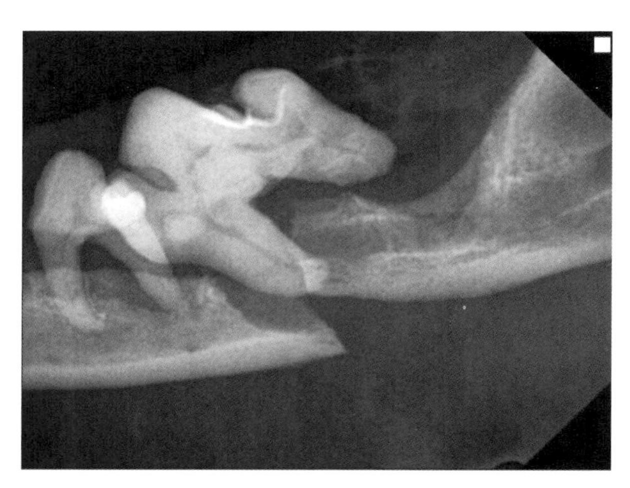
图 4-5-4　拔牙导致的犬医源性下颌骨骨折（郑栋强　供图）

图 4-5-5　犬双侧下颌骨骨折后出现口腔出血及下颌悬垂（郑栋强　供图）

颌骨骨折是小动物临床的常见疾病，在犬的颌面部骨折中90%为下颌骨骨折。颌骨骨折病因包括：外伤性骨折、病理性骨折、医源性骨折等。其临床症状表现为肿胀、骨折块移位、牙齿咬合不正、唾液带血等。当下颌骨骨折导致患犬出现咬合不正和骨折处不稳定时，需要进行修复。治疗方法分为非侵入性和侵入性。

## 一、病因

大多数颌骨骨折是由车祸或犬之间打斗引起的（图4-5-1）。病理性骨折可能发生于易出现牙周炎（图4-5-2）、牙齿占据下颌骨比例较大的小型犬以及下颌部位出现肿瘤（图4-5-3）的犬中。牙周炎等疾病可能会导致严重的骨质丢失，从而导致严重的病理性骨折，这种自发性骨折常发于下颌前臼齿区域，且通常双侧出现。医源性骨折则发生于拔牙过程中的粗暴操作（图4-5-4）。

## 二、临床症状与病理变化

犬上颌骨骨折后其稳定性仍然较好，较难从外观进行诊断，鼻骨骨折或上颌骨骨折可能表现为鼻部肿胀、流鼻血、呼吸不畅、鼻部背侧或偏侧移位。下颌骨骨折的患犬可能出现咬合不正、下颌悬垂等（图4-5-5）。

## 三、诊断

可以通过视诊和/或触诊来诊断犬颌骨骨折。由于鼻部骨折产生的骨碎片通常较稳定，很难诊断犬该部位的骨折。通过触摸面部判断骨骼对称性以及是否存在疼痛情况有助于发现犬颌面部骨

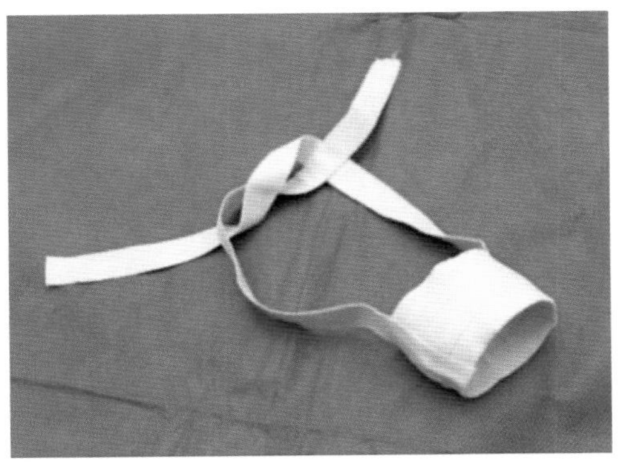
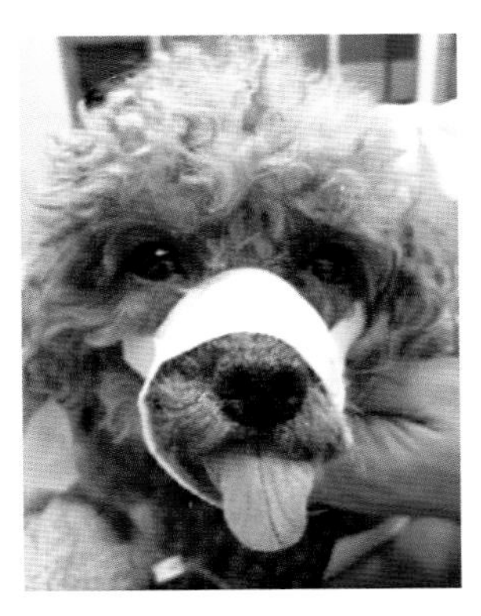
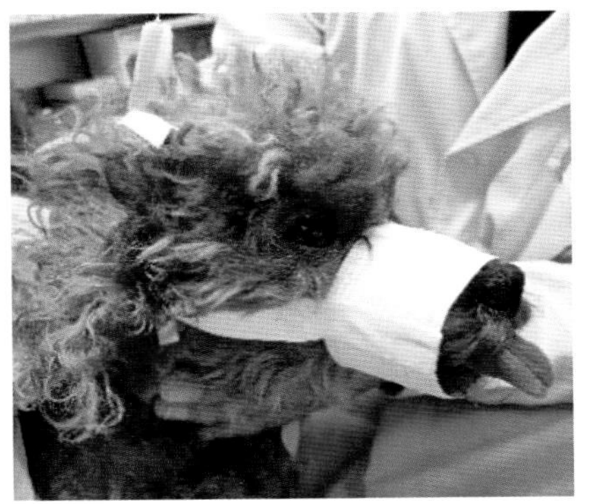

图 4-5-6　口套固定（郑栋强 供图）

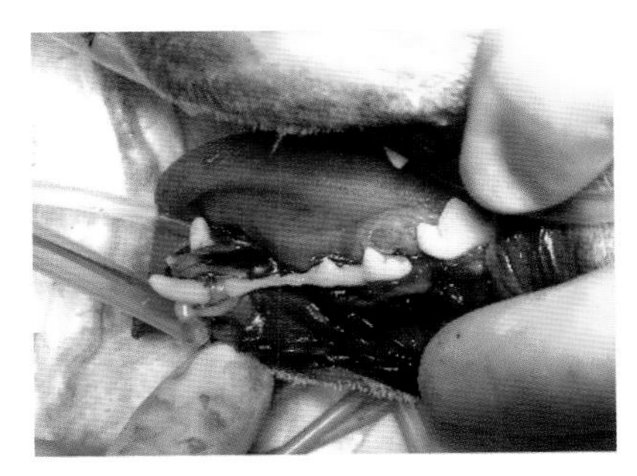
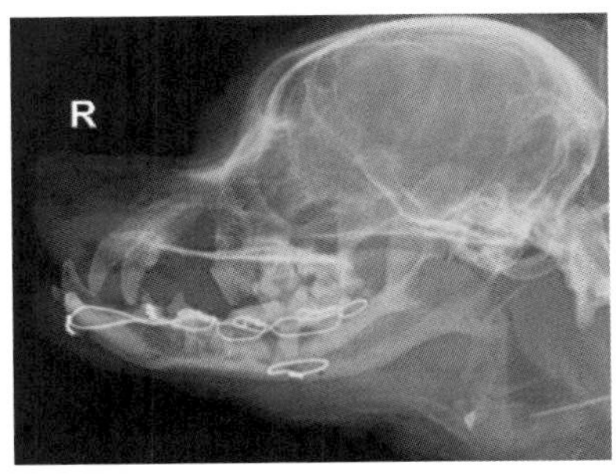

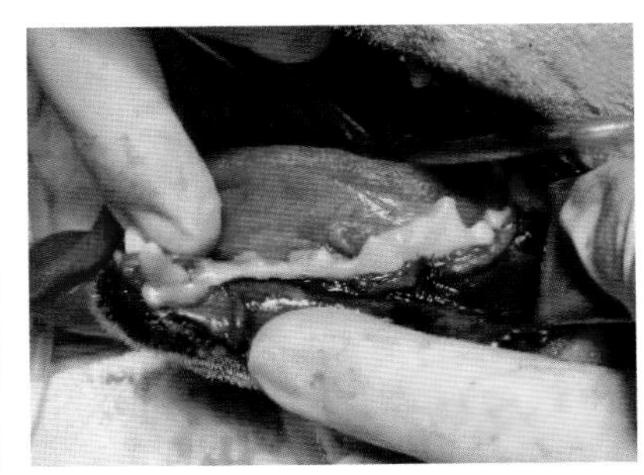

图 4-5-7　齿间钢丝固定结合树脂夹板固定（郑栋强 供图）

折。在犬配合情况下，轻柔打开口腔后，沿下颌骨颊侧缘触诊或观察是否出现齿列不连续、牙龈撕脱或骨不连续。对于犬上颌骨骨折以及颌骨尾侧骨折的性质和程度的评估，最好在全身麻醉状态下通过轻柔触诊和影像学诊断进行。影像学诊断方法包括标准X射线片、牙科X射线片以及CT检查。

## 四、防治

治疗下颌骨骨折的主要目的是恢复犬正常的咬合，以便尽早恢复功能。对于犬下颌骨骨折固定则需要考虑：保持牙相关结构功能、恢复正常牙齿咬合、恢复血管神经结构、固定过程中最小化血管神经损伤。

颌骨骨折的常见治疗方法分为非侵入性和侵入性。

非侵入性包括颌间固定、齿间钢丝固定、丙烯酸树脂夹板固定。颌间固定可以使用如口套这类

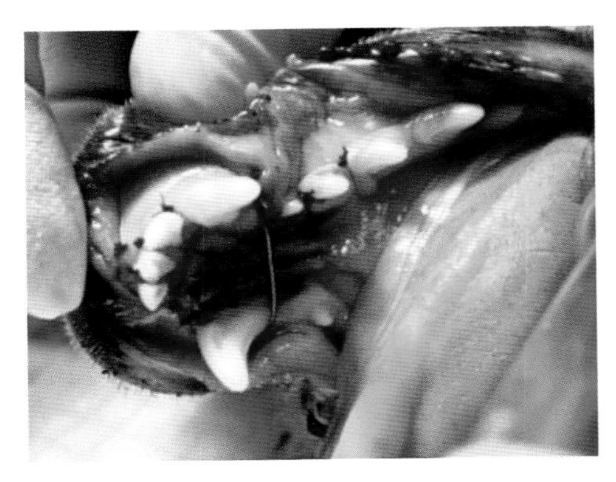
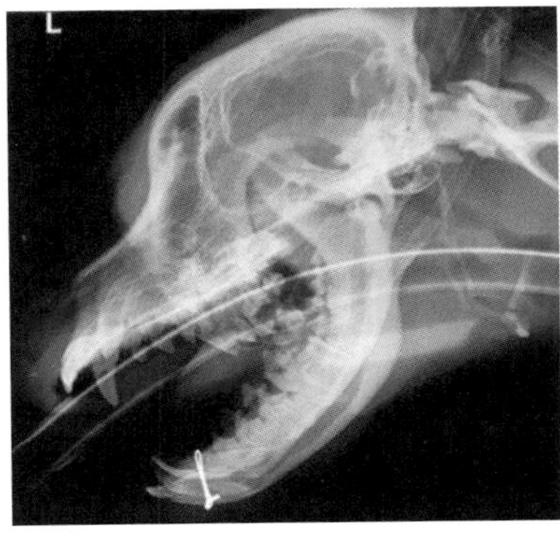

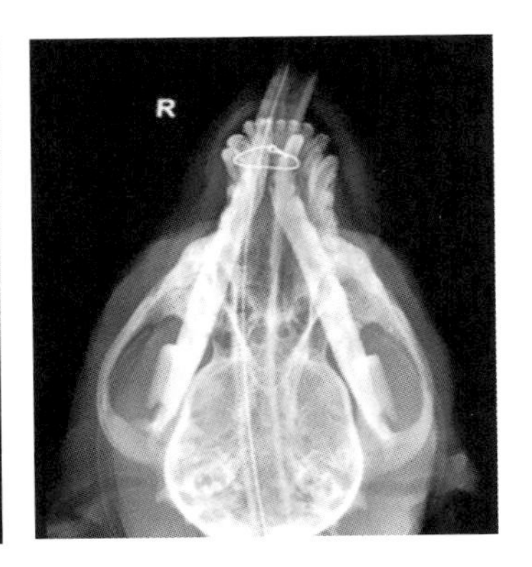


图 4-5-8　环扎钢丝进行下颌联合固定（郑栋强 供图）

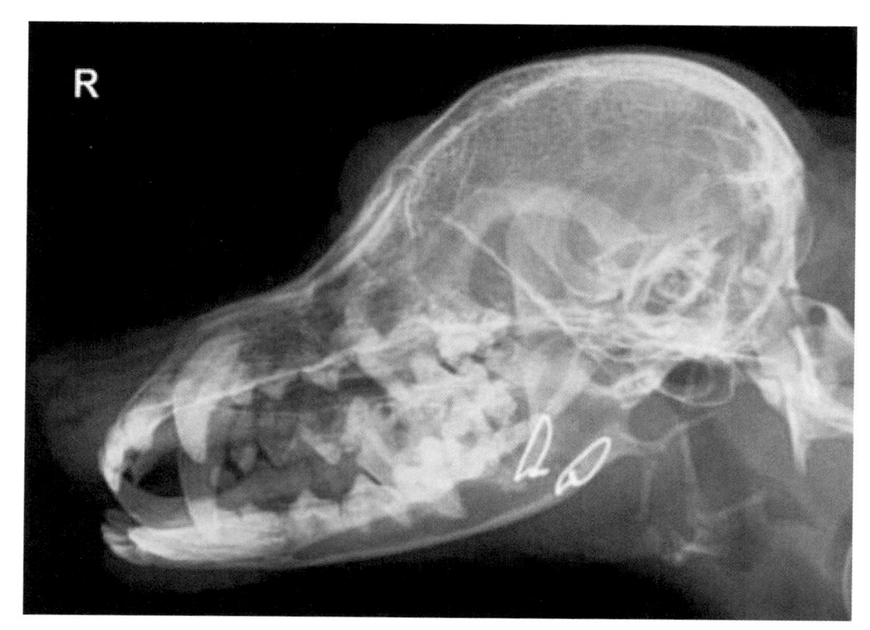


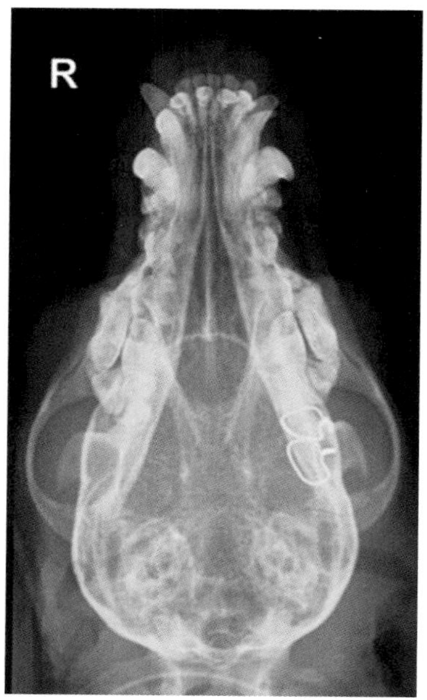


图 4-5-9 骨内钢丝进行下颌骨体骨折内固定（郑栋强 供图）

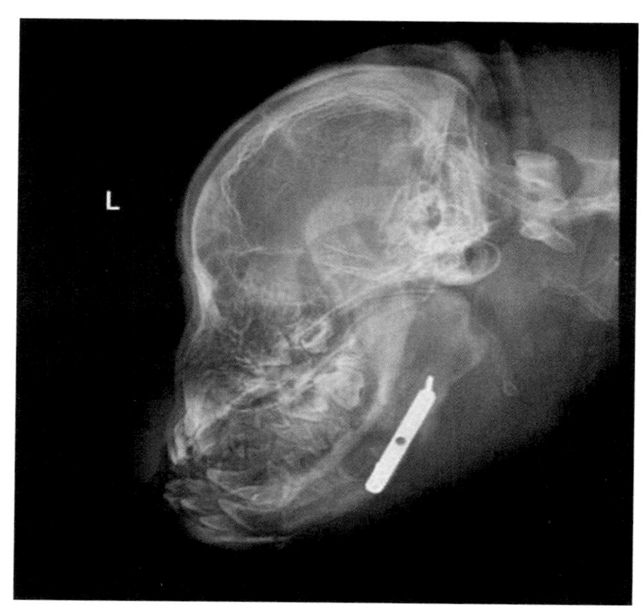


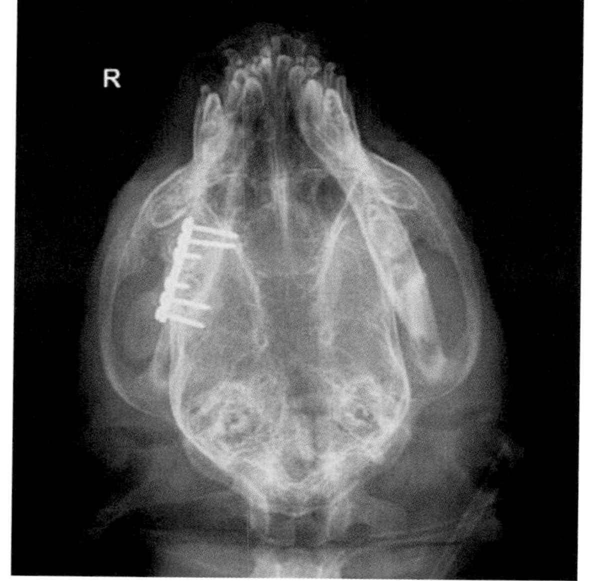


图 4-5-10 骨板进行下颌骨骨折内固定（郑栋强 供图）

半刚性和可移除性固定（图4-5-6），也可以进行刚性固定，如使用树脂固定上颌和下颌犬齿。齿间钢丝固定一般和丙烯酸树脂夹板固定结合使用（图4-5-7）。

侵入性方法包括使用矫形钢丝、骨板、外部骨骼固定器等进行固定。矫形钢丝通过将骨折处两端的骨骼以类似缝线缝合的方式复位，包括环扎钢丝（图4-5-8）和骨内钢丝（图4-5-9）技术。该方法适用于骨折处骨骼较容易回到适当的解剖位置，如下颌联合分离、下颌骨体骨折、下颌支骨骨折的固定。迷你骨板是犬上颌支撑骨中的理想固定材料，可将骨板弯折成复合骨骼面的形状从而提供适当的固定和支持力量。在下颌骨骨折中，通常会将骨板沿齿槽骨边缘放置（图4-5-10），使用

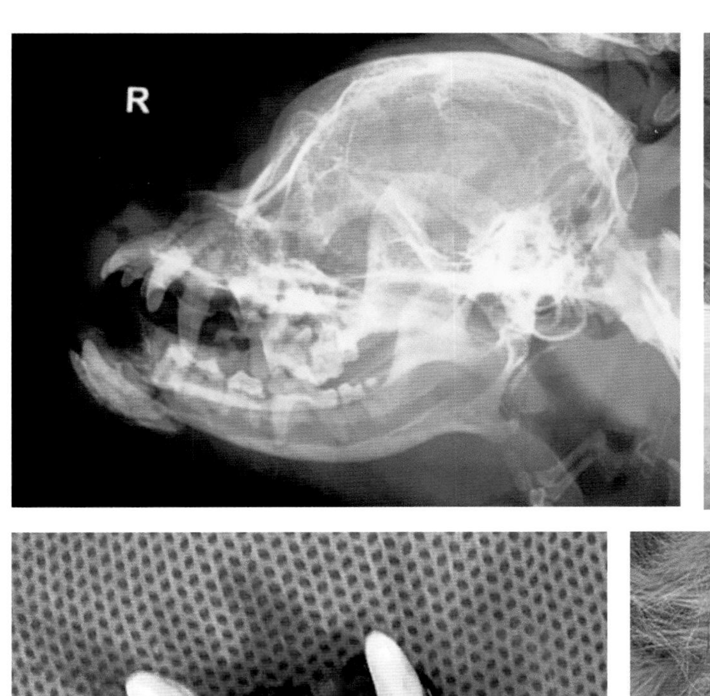


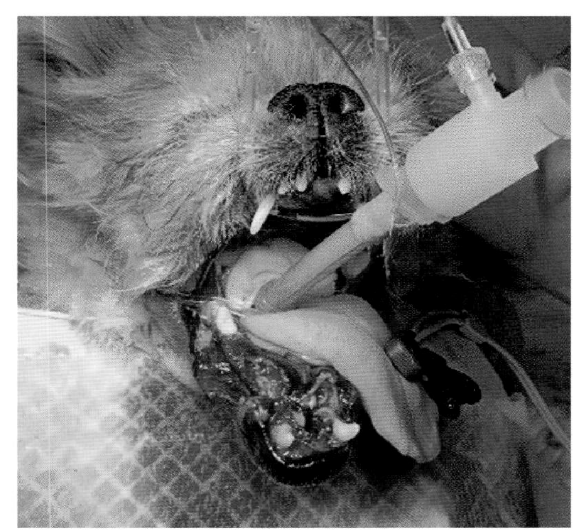

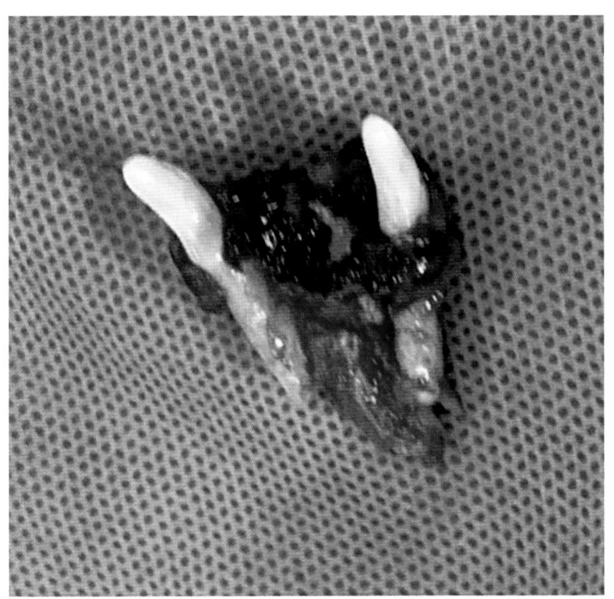

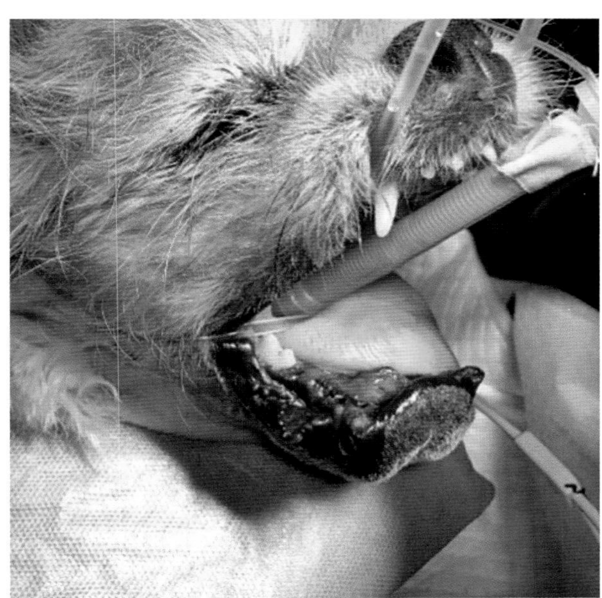

图 4-5-11　吻侧下颌骨骨折进行部分颌骨切除术（郑栋强 供图）

双骨板可以提供较好的固定效果，对于存在骨缺损或牙齿缺失的骨折可以考虑在间隙中填塞自体松质骨。对于包括颧骨骨折在内的上颌骨骨折，迷你骨板也可有效复位和固定。外部骨骼固定器适用于严重创伤引起的复杂性骨折、骨骼缺损的骨折、有严重软组织损伤或感染的骨折。由于颌面部骨骼存在厚薄差异较大的情况，不适合使用外部骨骼固定器。该方法通过将钢针横穿过下颌骨，然后使用连接固定器进行固定。

对于某些严重牙周炎造成的病理性下颌骨骨折的患犬或者骨折较靠近吻侧时，可能需要选择吻侧下颌骨切除术（图4-5-11）。

# 第五章

## 犬眼科疾病

# 第一节 眼睑内翻、眼睑撕裂

## 一、眼睑内翻

犬眼睑内翻（Entropion）是指眼睑边缘向内卷曲，病因通常可分为结构性、痉挛性、瘢痕性等。眼睑内翻通常会引起角膜炎、结膜炎，但不同病因、不同类型的眼睑内翻所需要的治疗方案可能不同。

### （一）病因

眼睑内翻的病因通常可分为结构性、痉挛性和瘢痕性。结构性眼睑内翻是指眼睑结构先天性异常，常见于幼犬、青年犬；痉挛性眼睑内翻是由于患犬眼部疼痛引起眼轮匝肌显著收缩，进而形成眼睑内翻；瘢痕性眼睑内翻是先前损伤或手术形成的瘢痕导致眼睑位置异常。眼睑内翻也可能继发于眼球位置或眼球大小的改变。

### （二）发病特点

结构性眼睑内翻通常双眼发病，具有一定的品种倾向性，不同品种眼睑内翻的好发部位不同。如沙皮犬、松狮犬常见上、下眼睑内翻（图 5-1-1）；短头品种常见内眦、下眼睑鼻侧眼睑内翻；宽头品种常见下眼睑颞侧眼睑内翻。结构性眼睑内翻常发生于幼犬或青年犬，但也可见于刚出生的犬或中老年犬。对于幼犬，随着其生长发育，头面部软组织和骨骼还会发生变化，因此，眼睑内翻的程度及范围也可能变化。

图 5-1-1 沙皮犬双眼上下眼睑内翻，严重眼睑痉挛（刘玥 供图）

痉挛性眼睑内翻常伴随角膜溃疡、角膜炎、结膜炎、葡萄膜炎等疼痛性眼病，因此，没有品种、年龄的倾向性。瘢痕性眼睑内翻通常有明确的外伤史或手术病史。当眼球显著内陷、眼球明显变小时，也可见眼睑内翻（图 5-1-2）。

### （三）临床症状与病理变化

眼睑内翻的特征性变化是眼睑向内卷曲，但这一表现可能非常轻微，甚至仅仅是暂时性内翻，

在临床检查过程中若患犬因兴奋、恐惧而睁大眼睑，可能更不明显。眼睑内翻的临床症状通常包括：泪溢、黏液性分泌物，结膜潮红，眼睑痉挛，眼睑皮肤脱毛、浸软，角膜溃疡、新生血管（图 5-1-3）。

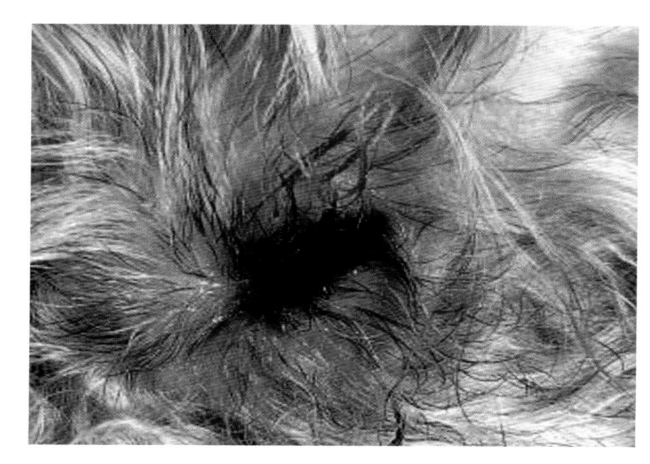

图 5-1-2　继发于眼球痨的眼睑内翻（刘玥 供图）

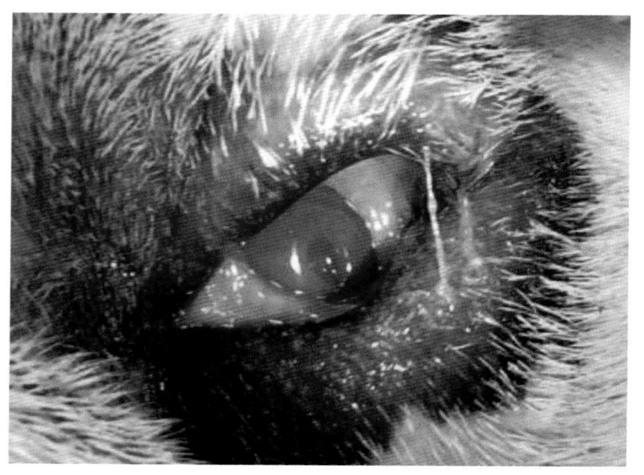

图 5-1-3　患犬泪溢、黏液性分泌物，结膜潮红，眼睑痉挛，眼睑皮肤脱毛、浸软，角膜溃疡、新生血管（刘玥 供图）

**（四）诊断**

眼睑内翻的诊断较为简单，通过观察眼睑边缘是否向内卷曲即可判断。但诊断时务必确定眼睑内翻的原因，才能有针对性地制订合适的治疗方案。通过病史调查及临床检查，通常可区分瘢痕性眼睑内翻、眼球内陷及眼球变小导致的眼睑内翻。而对于结构性眼睑内翻和痉挛性眼睑内翻的鉴别诊断，通常需要进行完整的眼科检查。通过泪液测试、眼压测量、裂隙灯检查、荧光素染色等，可以评估是否存在引起疼痛的眼病。通过使用丙美卡因等眼表局麻药，也有助于分辨是结构性眼睑内翻引起的眼部疼痛，还是眼部疼痛原发引起的痉挛性眼睑内翻。使用局麻后，若眼睑位置自行恢复，即为痉挛性眼睑内翻；反之则为结构性。需要注意，强制保定和镇静麻醉很可能影响这一评估。

**（五）防治**

不同类型的眼睑内翻需要不同的治疗方案。结构性眼睑内翻通常需要手术治疗，但由于患犬可能年幼，面部构型仍随时间发生变化，因此，可能需要先进行暂时性眼睑内翻矫正术，等待患犬成年，面部构型不再变化时，再考虑进行切除性矫正术。痉挛性眼睑内翻需要解决原发性眼部疼痛，同时进行暂时性眼睑内翻矫正术也可减缓毛发对角膜的刺激，减缓疼痛。瘢痕性眼睑内翻和眼球位置、大小改变继发的内翻，通常需要进行切除性手术矫正。

1. 暂时性眼睑内翻矫正术

暂时性眼睑内翻矫正术通常适用于痉挛性眼睑内翻或幼犬的结构性眼睑内翻。这些原因造成的眼睑内翻程度通常会随时间变化，因此，可先暂时使用缝线或皮钉固定，等待疼痛原因解除或犬发育成熟，再评估是否需要切除以及切除的范围和程度。进行暂时性眼睑内翻矫正术时，犬通常也需要麻醉或深度镇静。清理患犬眼周分泌物，但不一定需要剃毛。使用缝线固定眼睑时，可根据犬体形选择 2-0 或 3-0 不可吸收缝线。做几个垂直褥式缝合，第一个进针点在距眼睑边缘 1~2mm 处，第二针距第一针患犬 2~3mm。注意不要穿透眼睑的结膜面。收紧缝线，眼睑边缘即被牵拉翻转出来。线结可以远离眼睑，避免刺激角膜。也可以使用皮钉固定眼睑，打钉前先使用镊子牵拉显露眼睑边缘，确定位置形成皮褶（图5-1-4）。

2. Hotz-Celsus术式

这一方法适用于大部分简单、品种相关或结构性的眼睑内翻。眼睑内翻后会形成倒睫，引起眼部疼痛、眼轮匝肌痉挛，加重眼睑内翻的程度，但手术切除范围应只包括结构性异常的范围，不包括因疼痛加重的范围。在给予全身性镇静药、麻醉药之前，先给予眼表局麻药，消除倒睫引起的疼痛。在轻微保定的情况下，评估患犬眼睑结构性内翻的范围及程度，确定切除范围，之后将患犬全身麻醉，眼部进行常规外科手术准备。使用眼睑垫板置于结膜囊内作为支撑，在切开时保护眼表（图5-1-5）。第一道切口平行于眼睑缘，距离眼睑缘1~2mm，太远可能牵拉力不足，而太近不便于缝合。第一道切口的长度比眼睑内翻的范围略长1mm（图5-1-6），第二道切口应与第一道切口构成一个新月形，最宽处应为眼睑内翻程度最大处，而宽度即为眼睑内翻的程度（图5-1-7）。去除新月形切口内的皮肤，尽量避免损伤眼轮匝肌，因为这会导致出血增加，增加术后水肿和感染风险（图5-1-8）。通常使用4-0可吸收缝线结节缝合对合切口（图5-1-9），由于结膜肿胀，术后通常会短时间表现为眼睑外翻。

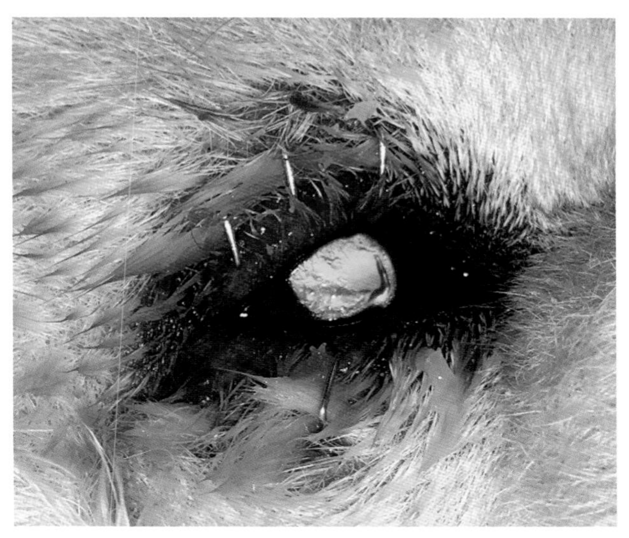

图5-1-4　皮钉暂时固定眼睑（刘玥 供图）

患犬术后需要严格佩戴脖圈2周，通常10~14d拆线。根据角膜炎情况决定眼部局部用药。术后可给予全身性非甾体类抗炎药7~10d。

3. 楔形切除术

若是由于眼睑过长而引起结构性眼睑内翻，可通过全层楔形切除术缩短眼睑长度进行矫正。眼睑过长通常伴随眼睑的一处“凹痕”畸形，楔形切除可去除该位置，注意避免累及内眦鼻泪管区域。手术需要在犬全身麻醉下进行，眼部进行常规外科手术准备。确定切除位置及范围后，使用眼睑垫板置于结膜囊内作为支撑。楔形切除全层眼睑，务必保证眼睑边缘的切口平整，以便在缝合后最大程度地减少眼睑变形。眼睑的血液供应较为丰富，可以使用三角棉清理血液及血凝块，但通常不

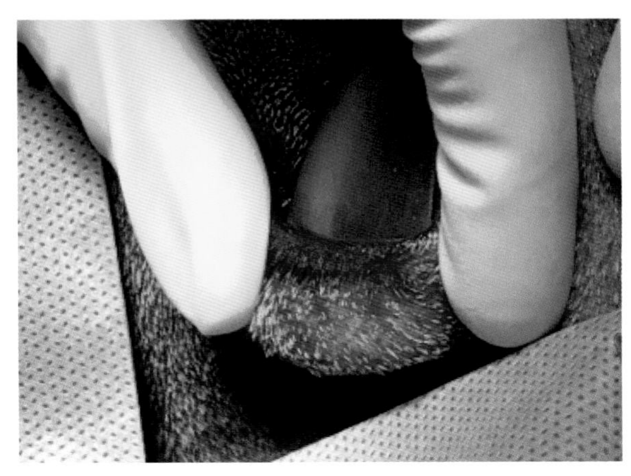

图5-1-5　使用眼睑垫板作为支撑（刘玥 供图）

图5-1-6　第一道切口（刘玥 供图）

图 5-1-7　第二道切口（刘玥　供图）

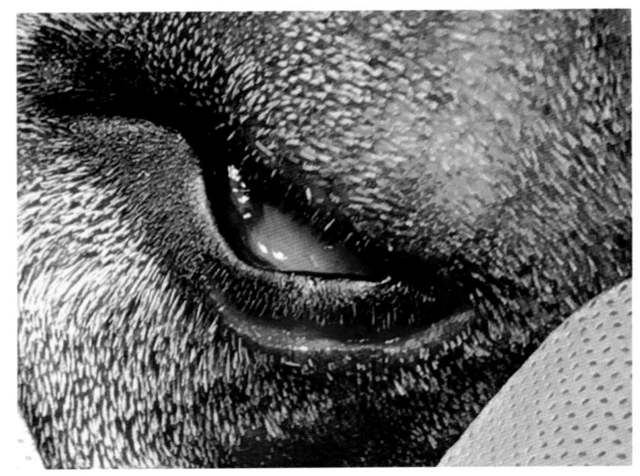

图 5-1-8　去除新月形皮肤（刘玥　供图）

会有大血管出血，因此，缝合即可有效止血。通常使用标准双侧眼睑缝合技术，使用4-0或5-0可吸收缝线做一个水平褥式缝合，不可穿孔眼睑结膜、眼睑皮肤，线结最好远离眼睑边缘。然后，使用4-0或5-0缝线做一个“8”字缝合对合眼睑边缘，注意眼睑边缘的进出针位置与睑板腺开口同水平，剩余皮肤可结节缝合对合（图5-1-10），术后注意事项同Hotz-Celsus术式。

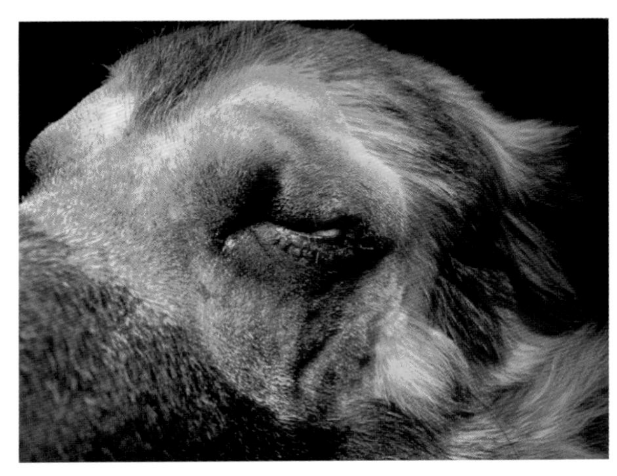

图 5-1-9　缝合完成后（刘玥　供图）

4.其他手术方法

除了以上两种切除性手术外，还有多种改良的手术方法，如Hotz-Celsus配合外侧楔形切除术、外侧箭头法配合外眦韧带切除术、内眦成形术、上眼睑内翻Stade方法。这些改良方法对技术要求较高，建议读者根据病例类型及自身技术水平合理选择，如有必要，建议转诊至眼科专科医生。

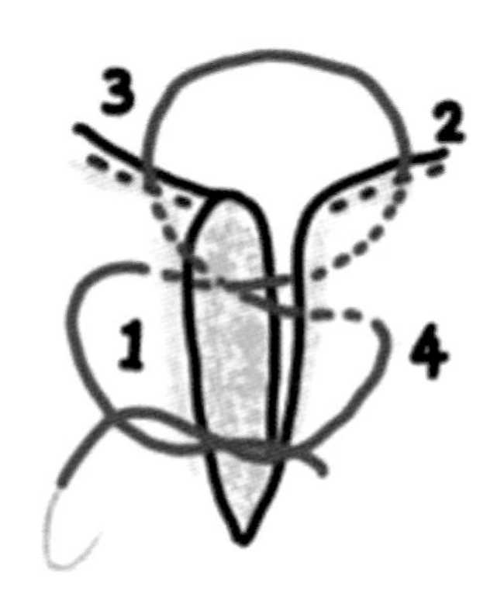



图 5-1-10　缝合示意（刘玥　供图）

## 二、犬眼睑撕裂

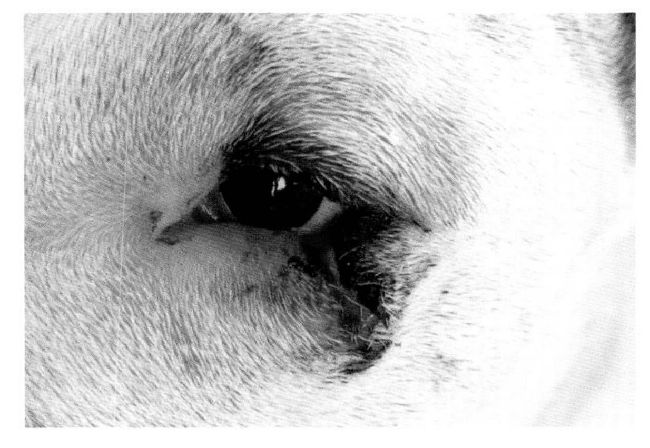
图 5-1-11　牛头梗左下眼睑撕裂（刘玥 供图）

犬眼睑撕裂通常由外伤导致，建议尽早清创、修补，以达到尽快愈合。

### （一）病因

眼睑撕裂（图 5-1-11）通常是由于外伤导致的，最常见的是猫抓伤。

### （二）发病特点

由于眼睑撕裂通常与外伤有关，因此，对于眼睑撕裂的病例也需要注意检查其他眼部结构是否出现损伤。若撕裂发生于内眦区域，注意检查是否累及泪点；如果有必要，也可以置入导管使用生理盐水冲洗，以评估其通畅性及完整性。

### （三）临床症状与病理变化

眼睑的血供非常丰富，正确修补后通常会快速愈合。若未能及时清创、缝合，眼睑可能畸形愈合，甚至形成倒睫，需要手术矫正。当然，丰富的血供也会导致眼睑易发生严重的肿胀，即便较轻的损伤也可能导致变形。

### （四）诊断

眼睑撕裂的诊断较容易，通过视诊即可确定，结合病史调查，通常可确定其病因。视诊时务必对相邻的眼部结构进行检查，如结膜、角膜、巩膜、前房、晶状体等。

### （五）防治

若患犬体况稳定，可在麻醉后先进行清创。做眼部常规外科手术准备，清理坏死的眼睑组织，注意尽量轻柔操作，避免眼睑进一步肿胀（图 5-1-12）。若缺损的眼睑边缘不足眼睑长度的 1/3，可直接按照楔形切除后的闭合方式进行标准双层缝合（图 5-1-13）。若缺损的眼睑边缘过长，则需要皮瓣等其他重建技术。这些手术对技术要求较高，建议读者根据病例类型及自身技术水平合理选择，如有必要，建议转诊至眼科专科医生。术后可使用局部及全身抗生素，避免创口感染，还可以使用全身非甾体类抗炎药进行止疼，务必给患犬佩戴脖圈，防止其自我损伤。

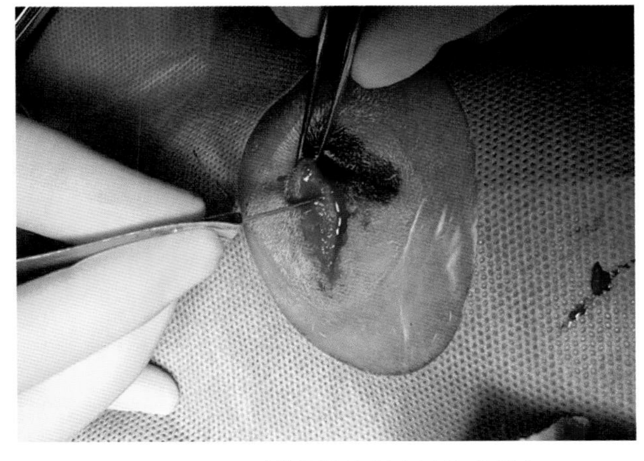
图 5-1-12　眼睑撕裂伤清创（刘玥 供图）

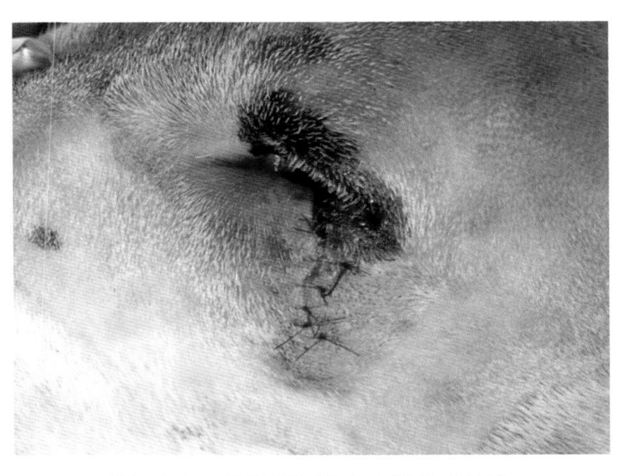
图 5-1-13　标准双层缝合（刘玥 供图）

# 第二节 睑板腺囊肿、睑板腺炎

## 一、睑板腺囊肿

犬睑板腺囊肿（Chalazion）是由于睑板腺导管阻塞、其分泌物浓缩而导致的非肿瘤性增大。

### （一）病因

睑板腺囊肿的病因是其导管阻塞和分泌物浓缩。

### （二）发病特点

睑板腺囊肿是一种非感染性疾病，而睑板腺炎是由于细菌感染，因此，睑板腺炎通常更疼痛，炎症反应更剧烈。

### （三）临床症状与病理变化

睑板腺囊肿通常不引起疼痛，睑结膜面呈黄白色（图5-2-1）。但若腺体破裂，脂质分泌物泄漏至眼睑基质会引起脂质肉芽肿，导致炎症。

### （四）诊断

睑板腺囊肿和睑板腺炎的鉴别诊断通常是通过病史及症状。

### （五）防治

对于睑板腺囊肿，不建议手动挤压腺体，因为这可能导致腺体分泌物进入周围组织并引起炎症，推荐的治疗是手术切开引流。如果患犬配合度较好，可能在轻度镇静配合局部麻醉的情况下完成操作。可使用Desmarres睑板腺囊肿钳钳夹患部并外翻显露结膜面（图5-2-2），在肿胀上方做一个小切口（图5-2-3），去除腺体内容物（图5-2-4）。结膜可自行愈合，不需要缝合。如果角膜没有溃疡，术后可使用含有激素和抗生素的眼膏。

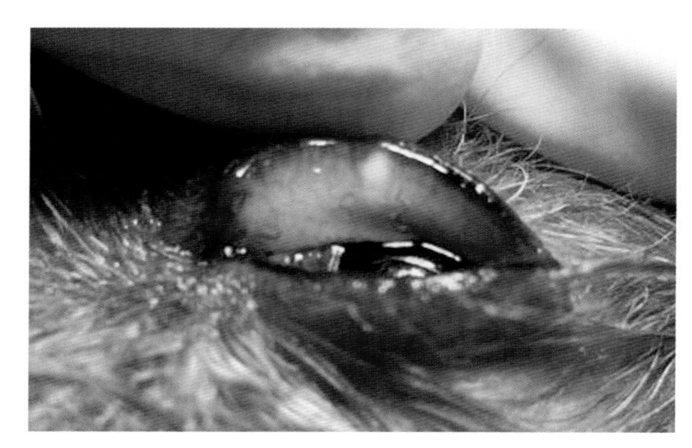

图 5-2-1 睑板腺囊肿结膜面可见黄色肿胀
（刘玥 供图）

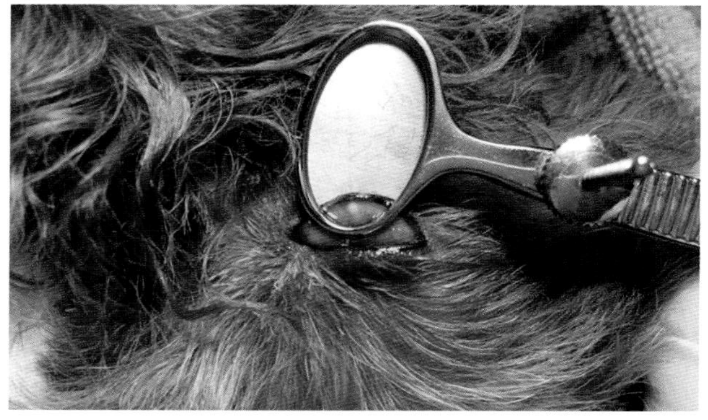

图 5-2-2 Desmarres 睑板腺囊肿钳钳夹患部并外翻显露结膜面（刘玥 供图）

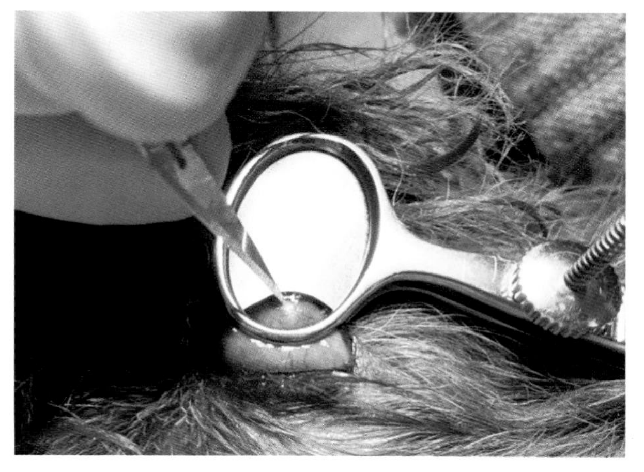

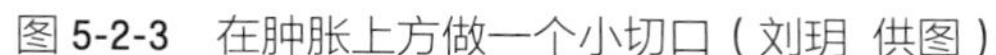

图 5-2-3　在肿胀上方做一个小切口（刘玥　供图）

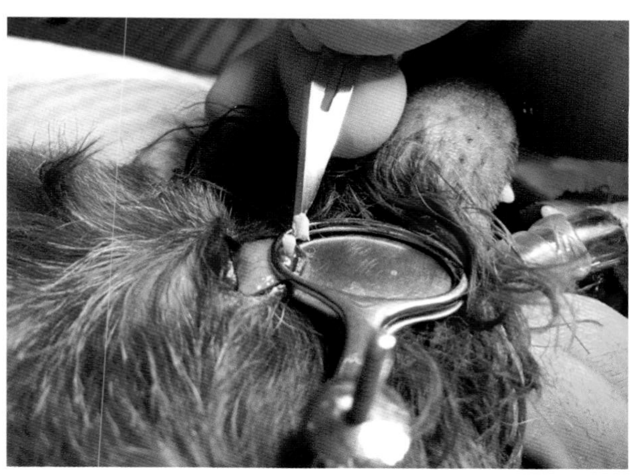

图 5-2-4　去除腺体内容物（刘玥　供图）

## 二、睑板腺炎

犬睑板腺炎（Meibomian Adenitis）又称麦粒肿（Hordeolum），是睑板腺的化脓性细菌性感染。

### （一）病因

睑板腺炎通常是由于葡萄球菌属感染，继而引起腺体及周围组织扩张。

### （二）发病特点

睑板腺囊肿常见单个腺体受累及，而睑板腺炎可能涉及多个腺体，甚至整个眼睑。

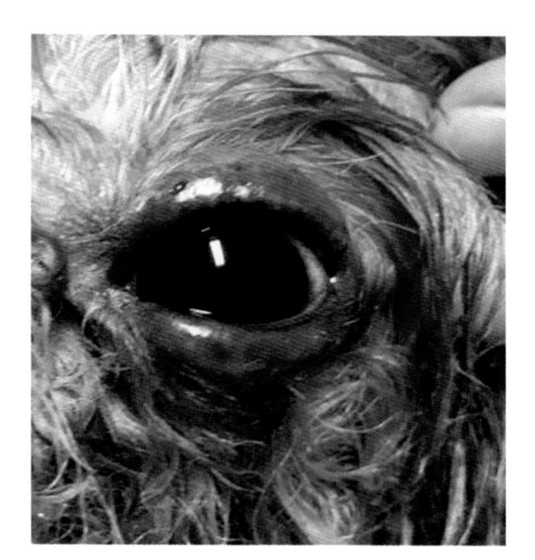

图 5-2-5　睑板腺炎累及左眼上下眼睑（刘玥　供图）

### （三）临床症状与病理变化

睑板腺炎的临床症状包括眼睑红肿、瘙痒、疼痛、结膜红肿、出现黏液性或黏脓性眼部分泌物（图 5-2-5）。由于睑板腺分泌的泪膜的脂质层对于泪液功能十分重要，因此，严重的睑板腺炎也可能引起干燥性角膜结膜炎，甚至继发角膜溃疡。

### （四）诊断

对于不同程度的睑板腺炎，还可能需要参考其他实验室检查。对于早期、轻度的睑板腺炎，可考虑进行分泌物的细菌培养与药敏试验，而对于中度的炎症，则强烈建议进行细菌学检查。皮肤、结膜、睑板腺分泌物的细胞学检查也有助于快速评估。而对于严重、慢性或复发性睑板腺炎，则需要额外考虑活组织检查。

### （五）防治

睑板腺炎的治疗取决于病程的严重程度及时间。轻度、早期的睑板腺炎可给予含有抗生素和激素的眼药，同时使用系统性抗生素，如多西环素、头孢菌素、阿莫西林克拉维酸钾等。如果患犬配合可以使用热敷。治疗需持续 3~4 周。而对于中度炎症，可以先按照轻度炎症治疗，在得到细菌培养及药敏试验结果后，视情况调整药物选择。如果没有发现真菌或寄生虫，可以在系统性抗生素治疗第三周时，增加系统性泼尼松龙抗炎治疗（0.5mg/kg，每日 1 次，口服，持续 1 周）。治疗需持续 6~8 周。对于严重、慢性或复发性睑板腺炎，治疗方案与中度炎症相同，但持续时间需要更长，也需要考虑与皮肤科医生会诊。

# 第三节 第三眼睑腺脱出

犬第三眼睑腺脱出是指第三眼睑腺外翻脱出至表面，又称为“樱桃眼”（图5-3-1）。通常短头品种犬高发，偶见发生于猫。一般需要手术治疗，进行第三眼睑腺包埋术，不建议将脱出的第三眼睑腺切除，术后需要局部使用抗炎眼药和抗生素眼药控制结膜炎和感染。

图5-3-1 1岁英国斗牛犬右眼第三眼睑腺脱出（李晶 供图）

## 一、病因

通常是由于淋巴增生或固定第三眼睑附着于眶骨膜的韧带松弛造成的，导致第三眼睑腺外翻的同时还能保持与第三眼睑软骨的附着。

## 二、发病特点

临床症状很典型，第三眼睑腺突出表现为红色的淋巴团块，而第三眼睑睑缘松散位于后方。脱出的第三眼睑腺通常充血、发炎，单眼或双眼发病，发病动物通常小于2岁（图5-3-2）。如果得不到及时治疗，会继发慢性结膜炎且眼分泌物增加。

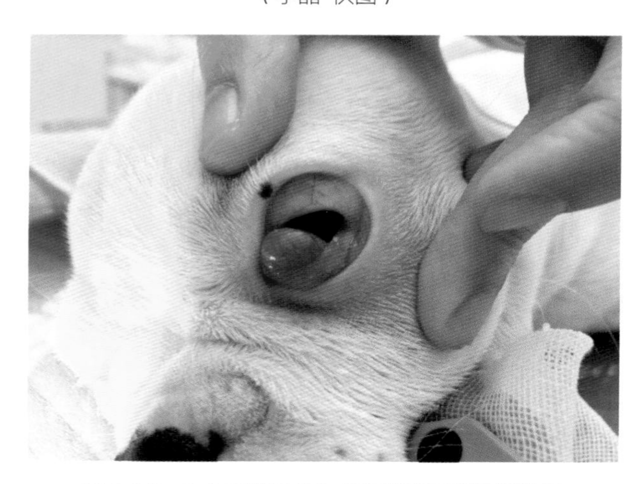

图5-3-2 8个月法国斗牛犬左眼第三眼睑腺脱出（李晶 供图）

## 三、临床症状与病理变化

第三眼睑腺淋巴样增生很明显，表现为在第三眼睑腺的球结膜侧突出的滤泡（图5-3-3），尤其是暴露在环境抗原中的年轻犬。这一症状在手术治疗后可能持续存在，通常需要长期使用局部类固醇药物进行治疗。而韧带松弛作为结构的异常，通常出现在具有遗传倾向的犬身上，尤其是短头品种。而第三眼睑腺脱出可能会造成第三眼睑T型软骨的垂直软骨不可逆的弯折，从而加重或造成第三眼睑腺永久性脱出。

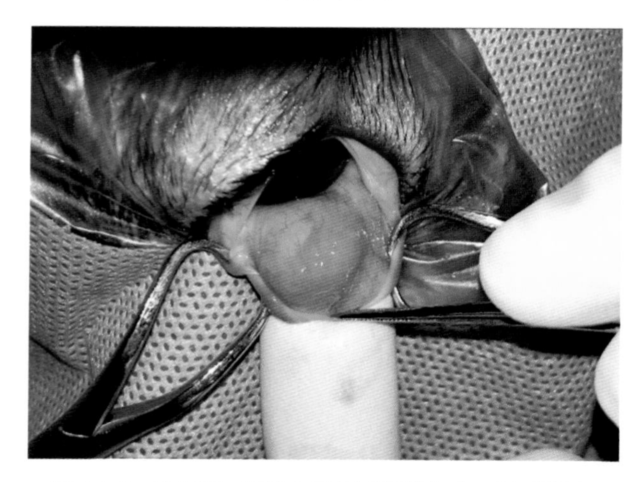

图5-3-3 脱出第三眼睑腺淋巴滤泡增生（李晶 供图）

## 四、诊断

由于症状典型，临床眼科检查即可诊断，当出现第三眼睑腺脱出时，还需要检查是否继发结膜炎、干眼症、角膜溃疡等。手术治疗前，还需要确定是否伴发T型软骨外翻。

## 五、防治

鉴于第三眼睑腺对泪膜产生和分布的重要作用，无论是第三眼睑本身还是第三眼睑腺体，都不应该单纯因为第三眼睑腺脱出而切除。应该尽早手术将第三眼睑复位，保留第三眼睑腺的泪液分泌功能，防止第三眼睑腺的暴露和结膜的遮盖，防止干燥、炎症、继发感染和影响美观。研究发现，干燥性角膜结膜炎的易感品种，进行第三眼睑切除或第三眼睑腺切除术后的数天至数月可能会出现干眼症的并发症。

在第三眼睑腺脱出的早期阶段，有时腺体可能会自行恢复至正常位置，但通常会复发，因此，还是建议手术治疗。如果脱出腺体严重发炎或结膜表面继发感染，建议术前几天使用局部抗生素-类固醇眼药进行抗炎抗感染治疗，之后再手术整复脱出的第三眼睑腺。

矫正术可以分为“锚定”术和“造袋”术，最初锚定术将第三眼睑腺缝合到眼球的腹侧，但是由于这种方法需要将腺体缝合至巩膜，操作难度大，很容易缝合不确实，导致复发率高，而且手术可能还会造成巩膜穿孔。因此，现在已经不推荐这种方法。之后有人提出了不同方案的锚定技术，其中，将第三眼睑腺缝合至腹侧眶骨膜是比较推荐的方案。由于大多数锚定技术会降低第三眼睑的活动性，有人尝试将第三眼睑腺与第三眼睑软骨锚定缝合至一起。

由于锚定缝合术对第三眼睑活动性的限制，因此，眼科医生更常用造袋术整复第三眼睑腺，该方案更符合第三眼睑腺的生理结构。在造袋技术中，Morgan的方法非常实用（图5-3-4）。在第三眼睑球结膜侧、脱出的第三眼睑腺的背腹两侧，分别做一个切口，确保两条切口首尾两端不相连（图5-3-5）。使用5-0至7-0可吸收缝线于第三眼睑睑结膜侧打结固定，穿透第三眼睑至球结膜侧，简单连续缝合闭合两条切口的外侧缘，形成一个“囊袋”将脱垂的第三眼睑腺包埋进去（图5-3-6）。确保缝合的囊袋两端各留一个出口，保证泪液的流出。包埋第三眼睑腺后，缝线穿透第三眼睑至睑结

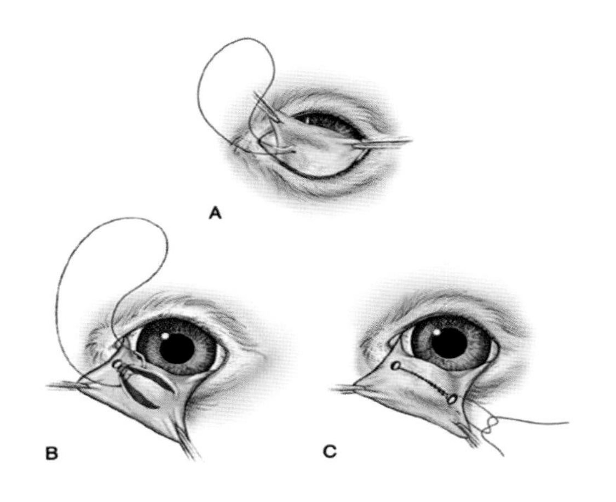

图 5-3-4　Morgan 改良法囊袋包埋术（李晶　供图）

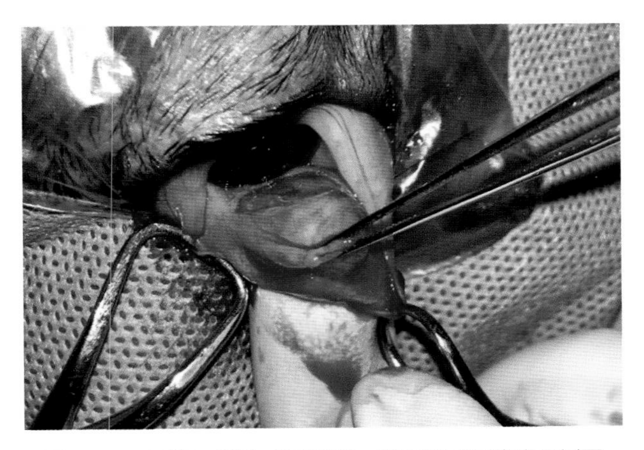
图 5-3-5　于第三眼睑球结膜侧、脱出第三眼睑腺两侧平行切开结膜（李晶　供图）

膜侧打结缝合（图5-3-7）。术后治疗包括局部抗生素-类固醇眼药、佩戴伊丽莎白脖圈，口服非甾体类抗炎药进行镇痛管理。

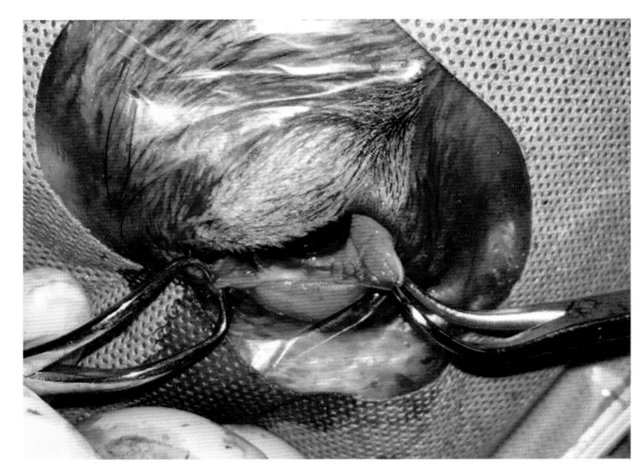
图5-3-6　6-0 Vicryl 缝线穿透第三眼睑至球结膜侧，简单连续缝合闭合，形成囊袋包埋第三眼睑腺（李晶　供图）

图5-3-7　缝线穿透第三眼睑，于第三眼睑睑结膜侧打结，术后第三眼睑肿胀（李晶　供图）

# 第四节　结膜炎、干燥性角膜结膜炎

## 一、结膜炎

犬结膜是一种黏膜组织，位于眼睑内侧，起始于眼睑睑缘，向眼眶深处延伸形成结膜囊，且反转方向覆盖眼球至角膜缘，因此结膜又分为睑结膜、结膜囊和球结膜。结膜内具有丰富的淋巴组织和血液供应，在泪液分泌、眼部的免疫保护、眼球运动和角膜愈合中发挥重要作用。结膜炎的出现通常是角膜疾病、眼内疾病、全身系统性疾病的继发表现，因此，对犬结膜炎的治疗关键是诊断，全面检查诊断结膜炎的病因，针对病因进行治疗，结膜炎才会痊愈。

### （一）病因

犬结膜炎的分类根据病因可以分为感染性结膜炎、非感染性结膜炎以及泪液缺乏造成的结膜炎，其中感染性结膜炎包括：细菌性结膜炎、病毒性结膜炎、真菌性结膜炎、立克次体性结膜炎、寄生虫性结膜炎（图5-4-1）；非感染性结膜炎包括：过敏性结膜炎、滤泡性结膜炎、环境刺激和接触性超敏反应造成的结膜炎（图5-4-2）；泪液缺乏造成的结膜炎又称为干燥性角膜结膜炎。

### （二）发病特点

由于结膜与眼球、眼睑皮肤的紧密联系，导致结膜炎可能是眼内疾病、全身性疾病的表现，因此，无法根据结膜炎的症状区分结膜炎的病因。由于结膜具有丰富的血液供应和淋巴组织，导致结膜病变反应迅速，分为急性结膜炎和慢性结膜炎。

### （三）临床症状与病理变化

结膜炎的常见临床症状包括：结膜充血、分泌物增加、结膜水肿以及形成滤泡等。结膜水肿、充血、眼睑痉挛以及细胞渗出是急性结膜炎的典型症状。结膜间质的松散排列结构，导致受刺激的结膜迅速发生严重水肿。而结膜内丰富的血液供应和淋巴组织，促使结膜可以出现急性充血和细胞渗出反应。而慢性结膜炎的临床表现为结膜上皮细胞角化，可能出现杯状细胞的代偿性增殖。

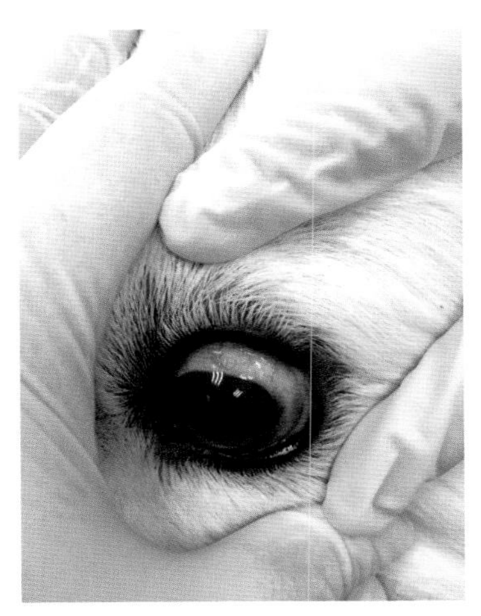

图 5-4-1　7 岁萨摩犬左眼眼线虫感染继发结膜炎（李晶　供图）

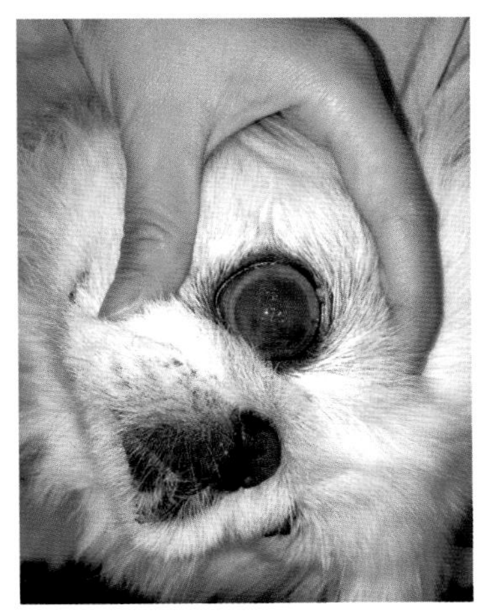

图 5-4-2　10 岁京巴犬右眼暴露性角膜结膜炎（李晶　供图）

### （四）诊断

由于结膜炎病因的复杂性，因此，在诊断犬结膜炎病例时，需要进行详细的眼科检查，至少包括泪液测试、对比双眼瞳孔大小、评估房水闪辉、测量眼压、检查眼球回缩情况并且进行荧光素染色。视情况还需要进行全身检查，排查系统性疾病。

针对犬结膜炎病例的结膜检查项目包括：细菌培养、结膜刮片和结膜活检。其中，细菌培养不是诊断犬结膜炎病因的常规操作，因为犬通常不会因为细菌感染造成结膜炎，反而会因为结膜炎继发细菌的增殖。而衣原体、支原体的感染，需要特殊的培养方法进行诊断。通常只有在使用抗生素治疗结膜炎的感染无效时，考虑更换抗生素眼药才会进行细菌培养，而此时需要注意的是，对结膜炎病因的误诊，可能是造成结膜炎抗感染治疗失败的原因。结膜刮片细胞学检查和结膜活检，通常都不需要全身麻醉，通过局部麻醉进行结膜采样，对于诊断结膜炎的病因非常有帮助，尤其是在诊断感染性结膜炎和结膜肿瘤病变方面。

### （五）防治

再次强调，犬结膜炎的治疗原则是解决病因。例如，眼睑结构异常造成的结膜炎需要进行整形纠正（图 5-4-3），如果有异物则需要取出异物刺激，如果是因为缺少泪液造成结膜炎则需要补充给予人工泪液等。诊断犬结膜炎的病因，并进行针对性治疗，才能达到治疗及预防犬结膜炎的目的。

除此之外，还有一些针对犬结膜炎的支持治疗方案，包括：抗生素、类固醇、洗眼液。其中抗生素眼药是最常用的治疗犬结膜炎的用药，需要注意的是，使用抗生素的目的是治疗原发性细菌性结膜炎（这种情况很少见）或抑制结膜菌群的过度增殖。在结膜炎病因尚未得到解决时，使用抗生素眼药可能会暂时性改善结膜炎症状，但病情会反复，因此，在使用抗生素眼药之前，建议明确病因。

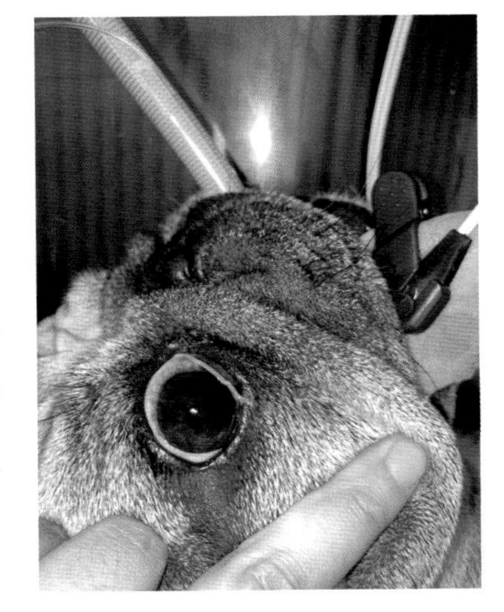

图 5-4-3　4 岁巴哥犬内眦倒睫继发结膜炎（李晶　供图）

类固醇也是治疗结膜炎的常规用药，通常与抗生素配合使用。类固醇的用药原则是，只能用于非感染性结膜炎，且使用前需要解决原发病因。类固醇药物的最主要用途是治疗由免疫介导性疾病引

起的过敏性结膜炎。在没有明确诊断犬结膜炎病因时，不能将类固醇药物作为治疗结膜炎的常规用药。

清除眼部积聚的分泌物，可以有效预防眼睑炎、眼周皮炎和眼睑或结膜粘连，改善犬舒适度并且提高眼药的渗透性。因此，使用洗眼液冲洗清洁眼部和眼睑表面，对于结膜炎的治疗帮助很大，尤其是在结膜炎发病早期阶段。洗眼液不能替代针对结膜炎病因的特异性治疗，只能作为配合治疗的方案。此外，配合热敷眼睑和眼周皮肤，可以增强眼周血液循环、软化分泌物并缓解不适。如果是瘙痒病例，不建议进行热敷，因其会加重瘙痒。

综上所述，犬结膜炎的治疗原则是解决病因。由于结膜炎可能是眼内疾病、全身疾病的眼部表现，因此，对于犬结膜炎病例需要进行详细的眼科检查，视情况进行全身检查。治疗病因的同时，对结膜炎进行支持治疗，改善犬的舒适度，最终达到治疗和预防结膜炎的目的。

## 二、干燥性角膜结膜炎

干燥性角膜结膜炎（Keratoconjunctivitis Sicca，KCS），又称干眼症，是指由于泪液的质或量的缺陷造成的角膜和结膜的炎症。泪膜的主要结构分为三层，由外至内分别是脂质层、水溶液层和黏蛋白层，其中脂质层成分由睑板腺分泌，泪腺和第三眼睑腺分泌水溶液部分，结膜的杯状细胞分泌黏蛋白。当泪膜中的水溶液分泌减少，会引起泪液量的降低，造成干燥性角膜结膜炎；当泪膜中脂质层或黏蛋白的量减少或性质改变，会降低泪液的质量，同样导致干燥性角膜结膜炎。因此，所有会导致泪腺、第三眼睑腺、睑板腺、结膜杯状细胞出现病变的原因，都可能诱发干燥性角膜结膜炎。针对不同的病因选择合适的治疗方案，治疗期间，需要同时进行人工泪液的补充。

### （一）病因

犬干燥性角膜结膜炎是由泪液的质或量的缺陷导致角膜和结膜的干燥，因此，根据泪液成分的改变，可以分为泪液量分泌不足造成的干眼症，以及泪液质量下降造成的干眼症。

泪液量分泌不足是指泪液中水溶液减少，其病因可以分为先天性和获得性。犬先天性的干燥性角膜结膜炎是指泪腺分泌系统的发育异常，具有品种倾向性，迷你雪纳瑞犬、约克夏犬、巴哥犬、吉娃娃犬和贝灵顿梗犬高发，雌性犬高发。犬获得性干燥性角膜结膜炎通常是因为眼部或全身性异常引起。眼部异常导致获得性干眼症的病因包括自体免疫性疾病、药物作用、放射治疗、眼眶或眶上创伤、眼部手术以及肿瘤疾病。全身性病因导致的获得性干眼症包括神经源性疾病、代谢性疾病、感染性疾病和全身性药物作用。因此，对犬干燥性角膜结膜炎病例进行诊断时，可能需要进行全面的眼科检查、体格检查，视情况进行血液学及其他项目的检查。

泪液质量的降低引起的犬干燥性角膜结膜炎，通常继发于泪膜中的脂质或黏蛋白成分的减少，这样的病例在兽医临床诊断中可能出现漏诊的情况。泪液中脂质减少的病因包括慢性眼睑炎和睑板腺炎、化学灼伤、严重的眼睑瘢痕直接造成睑板腺的分泌功能或排出通道的异常。泪液中黏蛋白减少是因为结膜杯状细胞密度下降，感染或免疫介导性疾病导致的慢性结膜炎是常见病因。

### （二）发病特点

犬干燥性角膜结膜炎根据病程不同，可以分为急性发病和慢性发病，其中，急性发病病例的临床症状通常比较剧烈，患犬会有强烈的不适感，可能会继发严重的结膜炎和角膜溃疡。如果是慢性病例，通常临床表现会渐进性加重，从轻度的结膜炎发展至角膜色素沉着，最终造成视力的丧失。

### （三）临床症状和病理变化

犬干燥性角膜结膜炎的临床症状差异性很大，根据病程时间以及干燥程度不同临床症状各异。非常急性、严重的干眼症病例，眼部可能出现急性疼痛伴有轴向的角膜溃疡，化脓性炎症可能加重角膜溃疡甚至出现角膜穿孔。大部分的干眼症病例通常是渐进性发展，临床症状逐渐加重，病程可能发展数周。

犬干燥性角膜结膜炎病例早期阶段，患眼最初表现为红肿、炎症，伴有间歇性的黏液分泌物或脓性分泌物。由于干眼症的早期临床症状不具有特异性，可能会被误诊为刺激性结膜炎或原发性细菌性结膜炎。随着干眼症病程的发展，会表现出眼表无光泽、结膜极度充血，并且出现持续性的黏脓性眼分泌物（图5-4-4）。如果干眼症没有及时得到诊断和治疗，会发展为渐进性角膜炎症状，出现角膜新生血管和色素沉着（图5-4-5），严重病例可能出现角膜溃疡。如果眼分泌物在睑缘和眼周皮肤聚积，随着时间发展，会出现睑缘炎和眼周皮炎，患犬不适度增加，导致持续性眼睑痉挛。

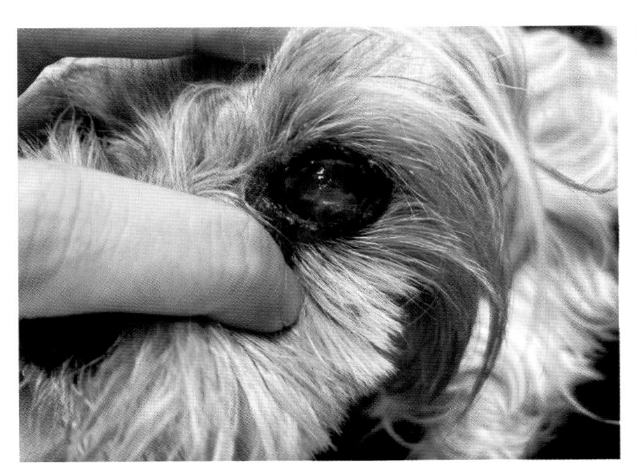

图 5-4-4　一只 6 岁雌性猎狐梗犬，左眼重度干眼症，可见脓性分泌物（李晶 供图）

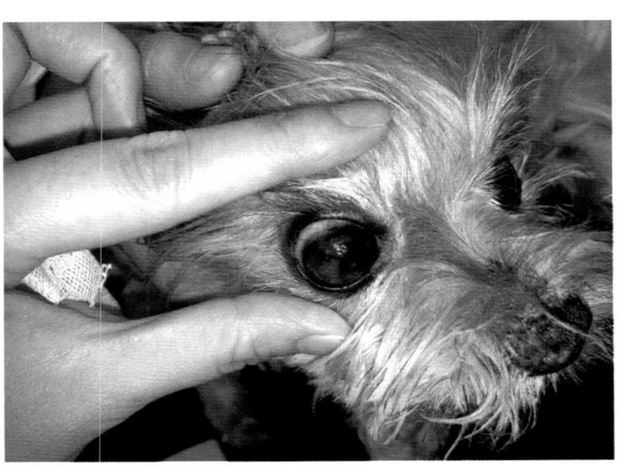

图 5-4-5　同一只患犬右眼清理分泌物后，可见角膜大量色素沉着（李晶 供图）

犬急性干眼症病例，角膜最初的组织病理变化包括：角膜上皮变性伴有空泡化且上皮增厚，早期没有炎性细胞的浸润或新生血管，随着病程的发展，上皮渐进性丢失，可能出现化脓性角膜炎和角膜基质层的溃疡，从而引起显著的纤维血管反应。慢性干眼症病例，角膜的组织病理变化包括：角膜上皮增生和角质化，黑色素颗粒遍布角膜上皮层和前基质层，角膜上皮不平滑，角膜前基质层严重新生血管，浆细胞和淋巴细胞广泛性浸润。

急性睑板腺炎犬通常睑缘肿胀，可见睑板腺轻微“点状”开口，受影响的睑板腺开口可能被干燥或褪色的睑板腺分泌物阻塞。慢性睑板腺炎可能导致腺体破裂，分泌的油脂会释放到腺体周围组织内，形成脂质肉芽肿和霰粒肿，从而摩擦刺激眼睛，进一步导致泪膜的异常。某些慢性睑板腺炎病例，可能会伴有浅表角膜炎，角膜病变表现为轻度的局部或广泛性角膜水肿，形成小点样的粗糙上皮以及浅表的新生血管。出现以上现象的原因包括泪液中脂质成分的减少以及睑缘粗糙对角膜的直接摩擦刺激。

犬泪液中黏蛋白成分的缺失可能造成慢性角膜结膜炎、角膜溃疡，如果泪液量充足可能不会有明显的眼部分泌物，某些病例结膜可能增厚和缺乏弹性。结膜杯状细胞的缺失会造成泪膜不稳定、

泪膜破裂时间缩短、眼表缺乏光泽、角膜干燥。

### （四）诊断

由泪液量减少引起的犬干燥性角膜结膜炎病例的诊断相对简单，其中最常见的诊断方法是泪液量测试STT-1，如果犬泪液量少于15mm/min，同时具有相应的临床症状，就可以诊断为干眼症。

建议使用裂隙灯仔细检查睑缘和结膜，检查是否存在眼睑炎、睑板腺炎或慢性结膜炎。如果怀疑黏蛋白缺乏，需要进行泪液量测试STT-1检查和泪膜破裂试验TFBUT，如果泪膜破裂试验时间小于20s，同时具有相应的临床症状，就会诊断为黏蛋白缺乏导致的干眼症。此外，可以进行结膜活检，对结膜杯状细胞数量进行统计。

如果怀疑为脂质缺乏导致的干眼症，除了进行STT-1检测，还需要进行睑板腺检测，如果没有睑板腺测量仪，可以轻轻挤压睑板腺，对睑板腺分泌物进行宏观评估。脂质缺乏造成干眼症的病例，其睑板腺分泌物增厚、不透明、呈干酪样变化。

### （五）治疗

犬干燥性角膜结膜炎的治疗方案主要是通过药物治疗，根据患犬的潜在病因、病变严重程度以及主人的医从性制订专门的用药方案。治疗用药通常包括：泪液刺激剂、泪液替代产品、局部或口服抗生素、黏蛋白溶解剂以及抗炎药物。

泪液刺激剂的作用是刺激泪液分泌，包括两类产品：胆碱能药物和免疫调节剂。毛果芸香碱眼药是常用的胆碱能刺激剂，适用于泪腺仍具有分泌功能的干眼症病例，通过作用支配泪腺的副交感神经达到刺激泪液的作用，可以滴眼或口服给药。常用的免疫调节剂包括环孢素A眼药和他克莫司眼药，均为T-细胞激活抑制剂，通常患眼建议每12h给药一次，持续数周治疗，根据泪液量的变化调整用药频率。免疫调节眼药在刺激泪腺分泌泪液的同时，还具有抗炎的作用，会减少脓性分泌物、角膜新生血管和色素沉着，因此可以明显改善临床症状。

泪液替代产品即人工泪液，目前市面上的人工泪液种类很多，组成成分主要是替代泪液中三种成分（分别是水溶液、黏蛋白、脂质）。常见的有效成分包括：甲基纤维素、聚乙烯醇、葡聚糖、聚乙烯吡咯烷酮、透明质酸钠、硫酸软骨素、油脂等。对于犬干燥性角膜结膜炎病例的人工泪液选择，主要根据泪液中缺乏的成分、费用、临床医生的喜好、患犬的接受度以及依从性进行。

干眼症病例如果没充分清洁眼表分泌物，可能继发细菌性感染，通常使用广谱抗生素眼药，如三联眼膏或眼药水。最初使用阶段可以每天3~4次，随着症状改善可以逐渐减少用药频率至停药。如果使用抗生素眼药期间，持续存在脓性分泌物，建议进行真菌培养、细菌培养和药敏试验。如果眼表的黏性分泌物比较多，可以使用黏蛋白溶解剂即抗胶原酶成分的药物，如乙酰半胱氨酸进行辅助治疗。

此外，如果患犬存在睑板腺炎或结膜炎，导致泪液中的油脂或黏蛋白分泌不足造成干眼症，建议在治疗干眼症期间，针对性治疗眼睑炎或结膜炎。

以上是关于犬干燥性角膜结膜炎的保守治疗方案，手术治疗方案包括：腮腺管移植术、部分眼睑闭合术即内眦或外眦成形术。腮腺管移植术是用唾液替代泪液，进行泪液补充，手术难度大且术后并发症多；内眦或外眦成形术通过缩小睑裂，减少角膜结膜的暴露，减少泪液的挥发，手术相对容易，但作用有限。

# 第五节　鼻泪管阻塞 / 毛发引流

犬泪液引流系统疾病通常是指各种原因导致的鼻泪管引流失败和眼周毛发引流。

## 一、病因

犬鼻泪管引流失败的常见病因包括：先天性泪点闭锁、小泪点、泪点泪管移位、泪管鼻泪管闭锁、泪囊炎、肿瘤等。犬眼周毛发引流的常见病因是内眦、泪阜倒睫，其中泪囊炎多与感染、异物相关。

## 二、发病特点

根据疾病的性质，发病时间可能不同。先天性疾病通常在犬幼龄时即出现临床症状，如先天性泪点闭锁、小泪点、泪点泪管移位、泪管鼻泪管闭锁、眼周毛发引流；而泪囊炎多发于成年犬，肿瘤性疾病多发于老年犬。

## 三、临床症状与病理变化

此类疾病的典型症状为泪溢，可能伴发或不伴发局部炎症反应。先天性疾病通常无明显疼痛表现。而泪囊炎可能出现局部疼痛、结膜潮红、黏脓性眼分泌物等症状。

## 四、诊断

根据发病特点、临床症状可对以上病因进行鉴别诊断。常用的诊断方法为：解剖学检查和功能性检查。解剖学检查包括直接使用裂隙灯检查泪点、眼睑形态，还包括影像学检查如X射线造影、MRI、CT；功能性检查包括Jones试验即荧光素通过试验和鼻泪管冲洗。

先天性泪点闭锁、小泪点的病例可在裂隙灯检查时发现泪点位置异常，最常见泪点位置覆盖一层结膜组织，也可见泪点狭小（图5-5-1）。泪点泪管移位通常与内眦下眼睑内翻有关（图5-5-2），若冲洗鼻泪管通畅，且外观症状相符即可确诊。怀疑泪管鼻泪管闭锁时，需要进行鼻泪管冲洗评估其通畅性，也可进行X射线片或CT造影检查评估阻塞位置。当通过临床症状怀疑泪囊炎时，可触诊内眦下方泪囊位置，

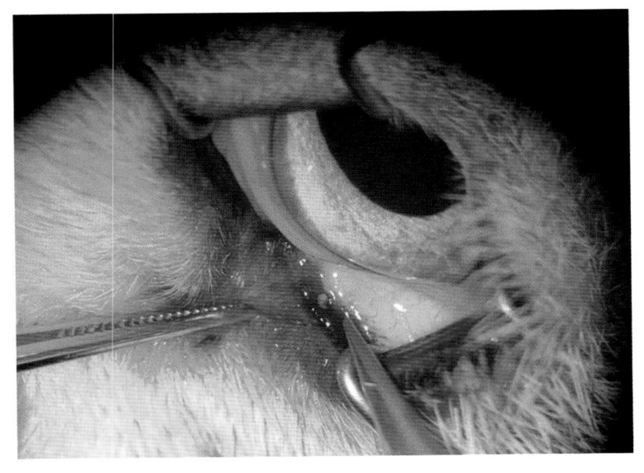

图 5-5-1　下泪点狭小（金艺鹏 供图）

评估动物是否敏感、疼痛。冲洗鼻泪管可能阻力较大，可能冲洗出大量脓性分泌物，通过影像学检查也有助于评估泪囊的形态。当怀疑鼻泪管系统肿瘤时，通常需进行高级影像学检查，初步评估病变性质、位置、形态等，确诊则需要组织学检查，如细胞学、组织病理学检查。眼周毛发引流可通过裂隙灯检查内眦是否存在倒睫毛发（图5-5-3）。

图 5-5-2　内眦下眼睑内翻（金艺鹏 供图）

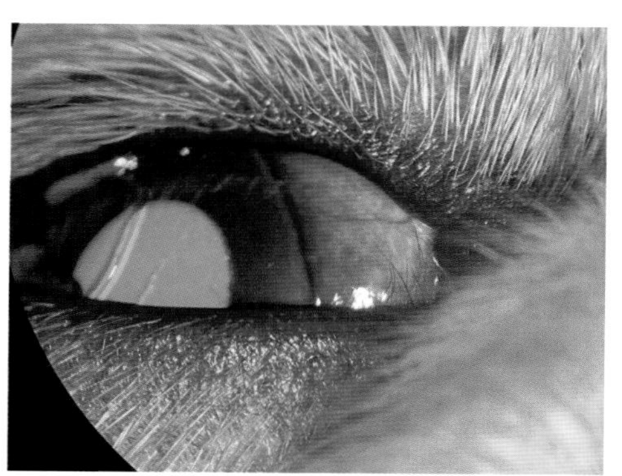

图 5-5-3　内眦毛发引流（金艺鹏 供图）

## 五、防治

先天性泪点闭锁通常仅有一层结膜覆盖泪点位置，因此，可经另一泪点冲洗鼻泪管，此时闭锁泪管处的结膜会凸起，确认该位置，剪开结膜即可治疗，通常不需要留置导管。对于小泪点，在显微镜下切开扩大泪点即可（图5-5-4），同样不需要留置导管。

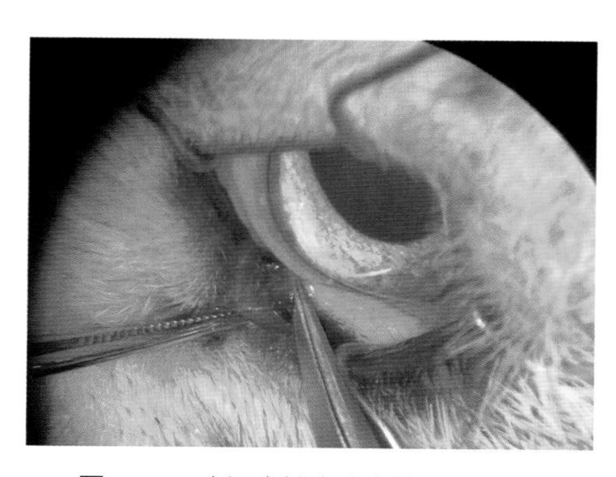

图 5-5-4　小泪点扩大（金艺鹏 供图）

泪点泪管移位的治疗通常仅需要进行内眦下眼睑内翻矫正术，读者可参考“眼睑内翻”章节，但手术过程中需特别注意泪管位置，避免医源性损伤。泪管泪点闭锁的治疗方案依据病情程度决定，若症状较轻，则建议犬主人积极做好犬眼周清洁，控制继发感染；若症状严重，则需考虑进行结膜鼻腔/口腔吻合术，术后需留置支架至愈合。对于轻度泪囊炎的病例或与异物相关的病例，可通过冲洗配合局部抗生素、激素眼药进行治疗。如果保守治疗10d未见改善，则需要在麻醉后经鼻泪管留置导管。若无法重建鼻泪管系统，则需要进行泪囊切开术。术后也建议使用局部和系统性非甾体类抗炎药及抗生素。眼周毛发引流的治疗也可根据严重程度决定，若症状较轻，积极清洁眼周，防止继发感染即可；若症状严重甚至引起角膜刺激，则应考虑采取冷冻治疗等方式破坏毛囊。

# 第六节　单纯性角膜溃疡

犬角膜溃疡是指眼角膜上皮层缺损，基质层暴露，是最常见的角膜炎性疾病。单纯性角膜溃疡是指浅层（不累及基质层）、愈合时间不超过7d的简单溃疡。通常经过合理的治疗可以无新生血管方式痊愈。

## 一、病因

单纯性角膜溃疡的原因包括两大类：一类为角膜保护不足，包括泪膜缺损和眼睑功能不良。泪膜缺损的原因包括干燥性角膜结膜炎、泪膜质量不足、睑板腺炎等；眼睑功能不良的原因包括兔眼症、三叉神经/面神经麻痹、眼睑外翻等。另一类为角膜上皮损伤过度，包括内源性或外源性。内源性病因包括眼睑内翻、倒睫、双行睫、异位睫、眼睑肿瘤、睑缘炎等；外源性病因包括创伤、异物等。

## 二、发病特点

由于单纯性角膜溃疡的疼痛非常明显，因此，发病表现一般迅速出现，但通常症状仅局限于眼部，主人不一定能及时发现。除了眼部病因，也需注意是否有打架、洗澡以及外伤史等情况。

## 三、临床症状与病理变化

单纯性角膜溃疡常见的临床症状包括眼睑痉挛、羞明、流泪等眼部疼痛表现；也可见角膜水肿（图5-6-1），继而呈蓝白色外观。通常会继发结膜炎，表现为结膜潮红、肿胀。单纯性角膜溃疡通常不累及基质层，因此角膜新生血管不常见，但若长时间未治疗导致病程恶化，则可能出现更多症状，读者可参见其他复杂角膜溃疡章节。由于三叉神经轴突反射，可能还会出现反射性葡萄膜炎，表现为虹膜充血、瞳孔缩小、房水闪辉等。

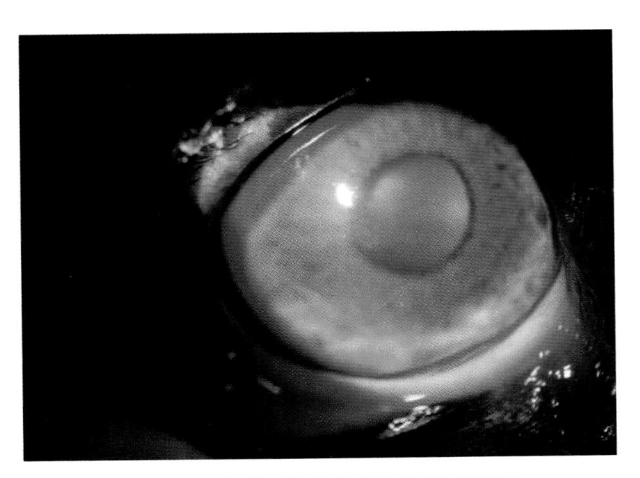

图5-6-1　角膜局部水肿（金艺鹏 供图）

## 四、诊断

单纯性角膜溃疡的诊断十分简单，通过荧光素着色即可确诊（图5-6-2）。而进行病因诊断，确认溃疡类型较为复杂，但只有这样才能制订合理的治疗方案。在进行泪液测试、神经眼科学检查、裂隙灯检查后，通常可以发现角膜溃疡的原因。评估角膜溃疡的类型可根据溃疡深度及持续时间，溃疡深度可通过裂隙灯检查评估。若溃疡不累及基质层，7d内愈合，即为单纯性溃疡；若溃疡累及基质层，则为深层溃疡；若上皮附着不良，则为惰性角膜溃疡。读者可参阅角膜溃疡的相关章节。

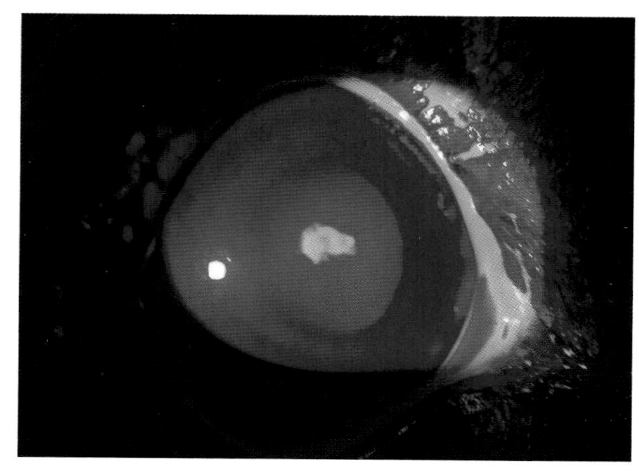
图5-6-2　角膜局部荧光素着色（金艺鹏　供图）

## 五、防治

犬单纯性角膜溃疡的预防主要为积极治疗其他相关眼病，避免继发角膜溃疡。对于所有角膜溃疡，都应给予局部抗生素眼药，通常可选用三联眼药（新霉素、多黏菌素B、杆菌肽）、庆大霉素、妥布霉素等。由于单纯性角膜溃疡通常疼痛明显，所以，使用滴眼液对于犬主人可能较为容易，使用频率一般3~4次/日即可。对于反射性葡萄膜炎，通常需要使用局部阿托品眼膏，以解除睫状肌痉挛，减少疼痛。根据症状决定使用频率，通常不需要十分频繁。由于阿托品味苦，经鼻泪管进入口腔可能导致犬大量流涎，因此，选用眼膏制剂更佳。也应注意，阿托品可能减少泪液，因此，对于干燥性角膜结膜炎的病例，应谨慎使用。对于角膜溃疡，尤其是感染性角膜溃疡，应严格避免使用局部激素，并慎用局部非甾体类抗炎药。若伴发葡萄膜炎，应考虑使用全身抗炎药。

通常用药治疗方案为：眼药水1滴/次，眼膏5mm/次；用药顺序为清洗、眼药水、混悬液、凝胶、眼膏；用眼药水后间隔至少5min，用眼膏后间隔至少30min。眼药瓶口不应接触眼表，不应使用手指上药。用药治疗期间应严格佩戴伊丽莎白圈，防止犬自损，通常1周左右复查。

# 第七节　惰性角膜溃疡

犬惰性角膜溃疡为自发性慢性角膜上皮缺损，又称为拳师犬溃疡、复发性上皮糜烂、顽固性上皮糜烂等，表现为难以愈合的浅表无痛性溃疡。各犬种均可发生，多见于中老年犬。

## 一、病因

惰性角膜溃疡的确切发病机理尚未完全阐明，目前推测主要与角膜上皮发育不良、上皮细胞与基质层黏附异常或下方角膜基质改变有关。

## 二、发病特点

惰性角膜溃疡常见于中年犬，单眼或双眼受累，表现为难以愈合（常常持续数周甚至数月）的浅表无痛性溃疡，其主要特征为疏松游离的坏死上皮唇瓣结构位于溃疡上方或边缘（图5-7-1）。

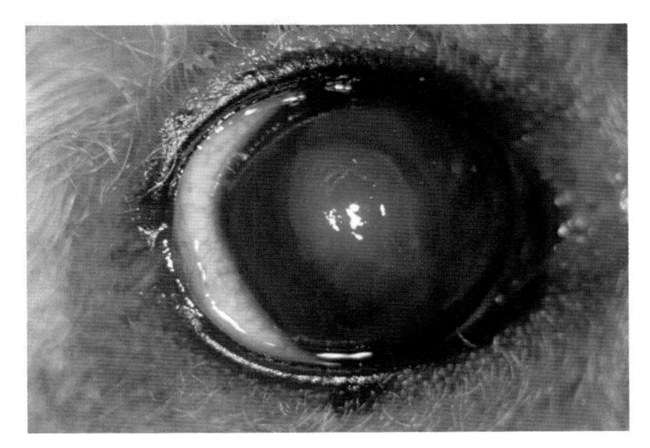

图 5-7-1　7 岁泰迪犬右眼视轴区惰性角膜溃疡，可见周围上皮疏松（胥辉豪 供图）

## 三、临床症状与病理变化

惰性角膜溃疡是浅表性的（只涉及上皮细胞的不稳定），通常发生于视轴区，偶尔也见偏中心病变。肉眼可见角膜糜烂、轻度水肿，一般未见角膜感染等迹象。可见角膜不同程度的血管化（外周性病变时更常见）（图5-7-2）。患眼初期可能出现不同程度眼睑痉挛，但往往随着病程而缓解。该病受累角膜无法自我愈合，通过常规药物治疗也几乎无法痊愈。

## 四、诊断

通过调查病史（是否为经久不愈的溃疡）并结合临床症状及患犬年龄可进行初步判断。肉眼可见明显的疏松上皮组织（图5-7-3），通过荧光素染色可观察到具有特征性的“光晕”状着色（图5-7-4）。由于溃疡周围存在疏松游离的上皮唇，给予表面麻醉剂后，使用无菌干燥棉签对溃疡区域清创时，可轻易将大面积的上皮剥离（图5-7-5）。此外，对于顽固性溃疡还应鉴别诊断，排除毛发异常、眼睑形态异常、异物、感染、泪膜异常、神经性角膜炎、大疱性角膜病变等所导致的角膜病变。

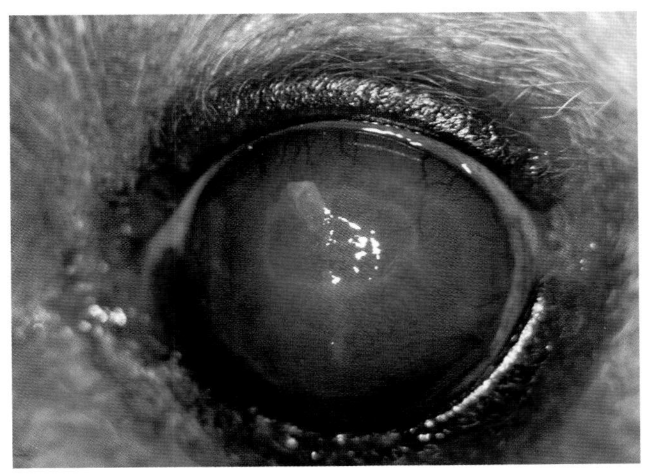

图 5-7-2　9 岁泰迪犬左眼惰性角膜溃疡，角膜新生血管明显（胥辉豪 供图）

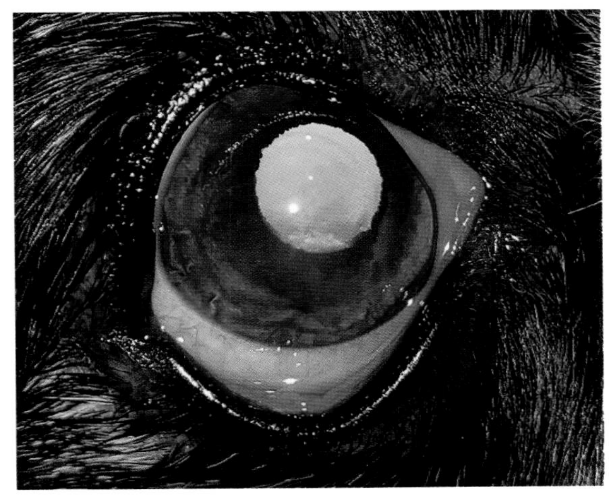

图 5-7-3　12 岁杂交犬右眼角膜惰性溃疡，可见明显的角膜上皮疏松（胥辉豪 供图）

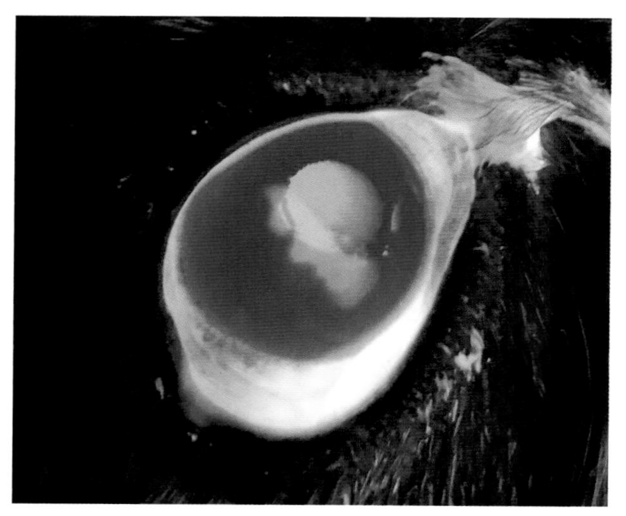

图 5-7-4　犬患眼荧光素染色后，明显可见染料从溃疡处向四周扩散（胥辉豪 供图）

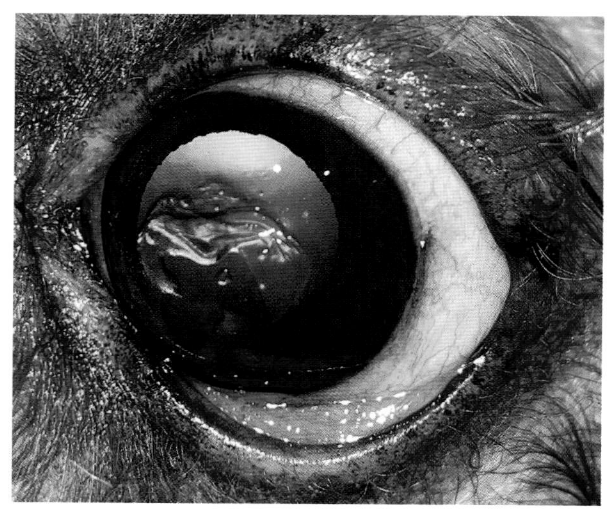

图 5-7-5　使用棉签可轻易将疏松的上皮剥离（胥辉豪 供图）

## 五、防治

### （一）预防措施

由于该疾病为自发性，与外界因素无直接联系，当发现犬角膜出现浅表性糜烂且经久不愈时，应前往专科医院就诊。

### （二）治疗

犬惰性角膜溃疡对于单纯药物治疗不敏感，最常用且有效的治疗方法是上皮清创术，该方法也可与药物或其他手术治疗联合使用。在给予表面麻醉剂后，可使用无菌干燥的棉签进行上皮清创，从糜烂中心位置开始，辐射状向外周推行。疏松的上皮很容易被棉签刮蹭掉，而健康角膜上皮则不会。始终保持干燥棉签反复清创，直到将疏松上皮彻底清除。此外，还可以使用金刚砂车针对角膜进行清创。操作流程类似于棉签清创，但须持续打磨数分钟，以确保疏松上皮完全被清除（图 5-7-6）。这两类清创手术均只针对角膜上皮，不会造成上皮基底膜以外的缺损。传统的手术方法还包括格状角膜切开术与点状角膜切开术。这两种方法需要患犬高度配合，往往需要镇静或麻醉。使用止血钳夹持一根25号针头的针尖，仅暴露前部尖端，或将针尖弯曲角度以此来控制切割角膜深度。充分暴露角膜后，使用针头在受累角膜区域进行前基质层穿刺，各穿刺点之间间隔为0.5～1.0mm，并将穿刺范围延伸至周围正常角膜0.5～1.0mm范围；而格状切开是利用针头在疏松区域进行“井”字形格状切割，深度同样达到前基质层并延伸到正常角膜1.0mm范围处。由于后两种方式操作相对繁琐且对角膜造成一定创伤，目前逐渐被清创术所取代。大多数病例经过一次彻底清创后基本可以愈合，如果未能实现愈合，可每间隔7～14d

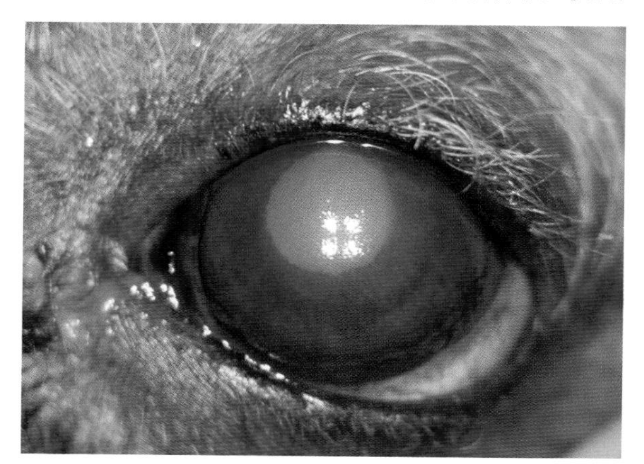

图 5-7-6　使用金刚砂车针对惰性溃疡进行打磨后，疏松上皮被完全清除（胥辉豪 供图）

重复进行清创。

对于较为严重的病例，可在术后配合使用角膜接触镜或第三眼睑遮盖，为角膜提供机械性保护，进一步提升治愈率。

术后需要联合药物局部治疗，局部给予生长因子或自体血清，每日6~8次；润滑剂，每日4~6次；抗生素滴眼液，每日4~6次。此外，使用四环素类眼膏辅助治疗，每日3次，能够缩短角膜愈合时间。惰性角膜溃疡患犬治疗期间应一直佩戴脖圈，以降低清创后由于眼部不适而动物自损所造成的角膜损伤和继发感染的风险。

术后每7d复诊一次，即使溃疡没有完全愈合，通常应该也应有明显改善。若角膜上皮仍然存在疏松或无明显爬行迹象，则需要重新进行清创术。若多次手术后溃疡依然存在，则必须更改治疗方案。对于顽固性病例，可能需要浅表角膜切除术或结膜瓣遮盖术来进行治疗。

# 第八节 角膜穿孔

犬角膜穿孔是指各种原因导致全层角膜物理结构的完整性遭受破坏，眼内环境直接与外界相通。角膜穿孔是眼科急诊，发生后迅速对眼内以及外周角膜组织造成巨大威胁，应当在出现角膜穿孔后尽快对眼球进行全面评估，绝大多数情况下须通过手术治疗来挽救眼球或视力。

## 一、病因

造成犬角膜穿孔的病因较多，包括生物性因素（细菌、病毒导致的继发性角膜穿孔）、化学性刺激（化学试剂溅入眼表导致）、机械性损伤（抓伤、咬伤直接导致角膜穿孔）以及浅表性角膜溃疡或急、慢性角膜疾病发展而来，临床上机械性损伤（图5-8-1）以及继发于角膜疾病（图5-8-2）

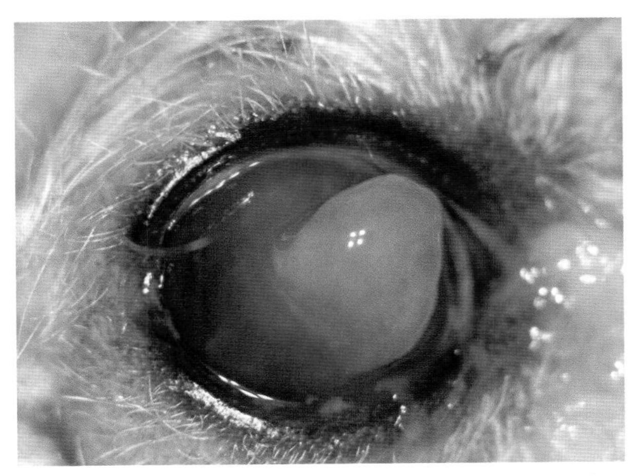

图5-8-1 外伤导致角膜穿孔，可见纤维渗出突出于眼表（胥辉豪 供图）

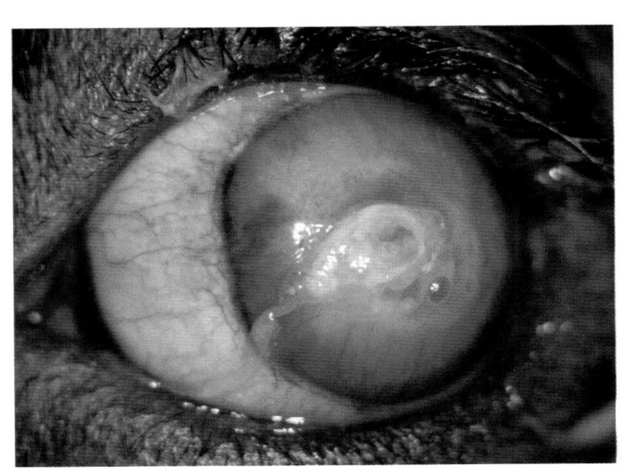

图5-8-2 牛犬继发性角膜穿孔，可见纤维素渗出、角膜弥散性水肿、角膜新生血管与色素化、结膜充血（胥辉豪 供图）

导致的角膜穿孔较为常见。总体而言，角膜穿孔无明显品种特异性。

## 二、发病特点

角膜穿孔属于眼科急症，须具有明显的病史。如机械性创伤造成的角膜穿孔以及继发性角膜穿孔往往通过犬主人均能获得明确的既往史。当犬发生角膜穿孔后，犬主人直观肉眼可见犬流泪突然增多（实际为房水外漏），剧烈疼痛导致的眼睑闭合、尖叫甚至眼部渗血等表现。上述突然发生的眼部表现具有典型性和代表性，大体可与其他角膜疾病加以区分。

## 三、临床症状与病理变化

犬角膜穿孔的临床症状明显，剧烈疼痛感导致患眼高度眼睑痉挛，穿孔初期房水外流，视力下降。开张眼睑后可见：结膜充血/水肿、巩膜外层充血、穿孔处角膜明显缺损（随着时间推移，可形成房水与纤维渗出凝结而成的栓塞）、角膜出现不同程度的新生血管、外周角膜水肿、若穿孔面积较大或病程较长，往往可出现虹膜嵌顿与粘连、前房闪辉或有明显渗出、前房积血或积脓、瞳孔形态不规则（图5-8-3）；在严重病例中，还会出现外周角膜软化、不同程度的晶状体脱位或前囊膜撕裂、继发性白内障、玻璃体出血、视网膜脱落等情况（图5-8-4）。此外，角膜穿孔以后，眼球完整性遭受不同程度的破坏，整个眼球处于开放或半开放状态，极易导致眼内感染。

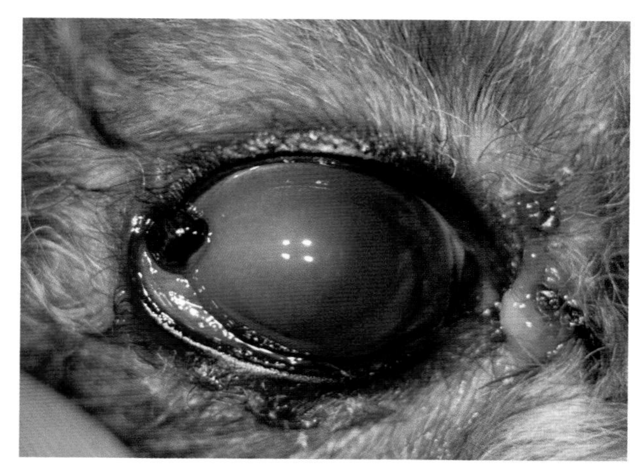

图5-8-3　泰迪犬外伤导致右眼角膜穿孔，可见角巩膜缘处出现虹膜嵌顿、外周角膜水肿、瞳孔形状不规则（胥辉豪 供图）

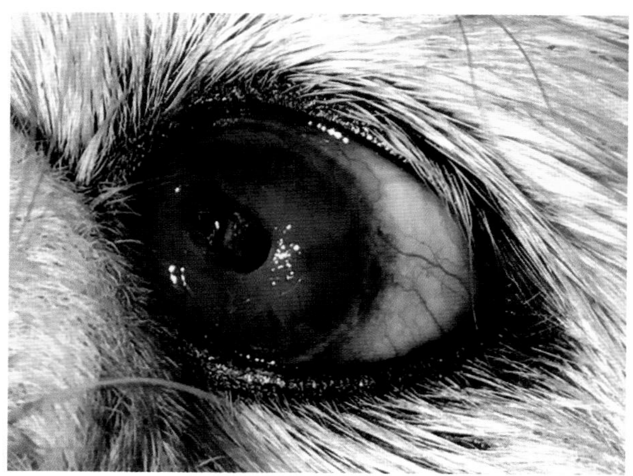

图5-8-4　16岁京巴犬继发性角膜穿孔，导致晶状体从穿孔处脱出眼外（胥辉豪 供图）

## 四、诊断

犬角膜穿孔的初步诊断相对容易。通过调查病史以及具有代表性的临床症状可作出诊断。但对于细节的把握则需要开展进一步的各种眼科检查，这些检查对于选择治疗方案以及判定预后至关重要。尽管犬患眼剧烈疼痛，可在给予表面麻醉剂的基础上，在力量可控的范围内，最大程度暴露角膜，在裂隙灯显微镜下仔细评估角膜与眼内情况。其他检查还包括泪液量检测、荧光素染色、测量眼压以及通过裂隙灯显微镜仔细评估角膜凸出部分的状态、前房深度、虹膜形态等；Seidel试验阳性在个别病例中可加以应用来确定角膜穿孔；在条件允许的情况下，可小心使用眼部B超评估眼内情况。角膜穿孔对眼球与视力威胁巨大，预后很大程度上取决于穿孔的时间、角膜与眼内组织受损程度；瞳孔对光反射以及炫目反射可提供积极信号，对于新鲜穿孔或眼球组织结构尚未造成不可挽救受损时，应全力挽救角膜与眼球。

## 五、防治

### （一）预防措施

因为角膜穿孔无明显品种特异性，应尽可能地减少机械性创伤造成的角膜穿孔。建立良好的养宠物习惯。进行去势或绝育，以减少因发情打斗造成的角膜穿孔。当角膜存在疾病时，应尽早进行治疗并密切检测，从而及时发现角膜穿孔。

### （二）治疗

一旦确诊为角膜穿孔，应立即给犬佩戴脖圈并进行安抚，避免造成进一步损伤。为尽快恢复角膜形态，稳定眼内情况，原则上角膜穿孔须尽快通过手术进行治疗。对于继发性角膜穿孔的情况，在手术前采集眼表样本进行细胞学检查以及药敏试验，以评估眼部情况并指导用药。常见的手术治疗方法包括：带蒂结膜瓣遮盖术、第三眼睑遮盖术以及其他生物材料（羊膜、猪小肠黏膜下层、脱细胞支架等）修补术。无论采用何种术式，其首要治疗目的均为保住眼球、恢复角膜形态，长期视力预后以及眼内其他组织功能则取决于受损程度。

角膜修补手术都应在手术显微镜下开展。在进行修补术前，首先使用无菌生理盐水清洁眼表，去除污物、毛发与血凝块等，但不要轻易刺激与移除穿孔处覆盖物。使用开睑器充分暴露角膜并进一步在显微镜下评估损伤细节。当出现虹膜嵌顿时，首先评估脱垂虹膜状态，如果长时间暴露且已出现坏死，应该将不健康的虹膜组织彻底剪除；若虹膜组织仍然保持活力，在充分清洁后还纳进入眼内，并将之前粘连的虹膜组织游离，使用黏弹剂维持前房。当外伤导致角膜全层撕裂伤时，根据伤口新鲜程度，可选择9-0或10-0可吸收缝合线对合创口（图5-8-5）。

当使用带蒂结膜瓣遮盖术修补角膜时，首先对创缘周围的角膜组织进行清创，评估所需结膜组织的长度与大小，随即在穿孔部位附近选取球结膜制作大小合适的结膜瓣，结膜瓣的制备环节应该注意皮瓣的厚度、长度、角膜以及Tenon’s囊的分离等要点。将制作好的结膜瓣向穿孔处牵引，确定其能完全覆盖创口并且无较大张力，随后使用9-0或10-0可吸收缝合线将结膜瓣结节缝合到健康角膜上（图5-8-6）。当皮瓣成功遮盖8周后，酌情将其根部剪断，游离缝合部分的结膜组织。带蒂结膜瓣遮盖术的优点在于操作相对简单、取材方便、可有效修补角膜且成本较低、无明显免疫排斥反应；同时，结膜瓣具有丰富的血管和淋巴管，可利用血液中的各种活性因子以及全身给药时的抗生素直接传递到修补处，加速角膜愈合。其不足之处是术后瘢痕化以及色素化较严重，修补处角膜可能存在轻微隆起。

羊膜、猪小肠黏膜下层等生物材料也广泛用于角膜穿孔的修补手术中。使用生物材料进行角膜修补时，首先测量角膜植床大小，随后使用眼科剪将生物材料修剪到与之匹配的尺寸，使用9-0或10-0可吸收缝合线将其缝合到创缘处（图5-8-7）。由于此类生物材料自身厚度与张力有限，单独使用时可能出现植片脱落的并发症，因此，针对角膜穿孔病例使用时可考虑配合结膜瓣遮盖术联合应用，进一步增强修补效果。

此外，脱细胞支架材料是近年来用于眼表移植的新型生物组织工程材料。该类材料主要通过猪角膜脱细胞制成，具备良好的物理特性以及低抗原性，并且植片厚度与受体角膜保持高度一致。植片移植前需精确测量病灶大小，并使用环钻以及眼科剪修剪植床；随后使用直径大于切割受体角膜0.25mm的环钻制作植片；使用黏弹剂维持前房以及角膜张力。使用9-0或10-0可吸收缝合线对称结节缝合植片到植床中，确保创缘整齐对合，最后吸除黏弹剂，使用平衡盐液或无菌空气重建前房（图5-8-8）。该类材料可提供类似天然角膜的各种特性，能提供理想的角膜曲率，预后理想。

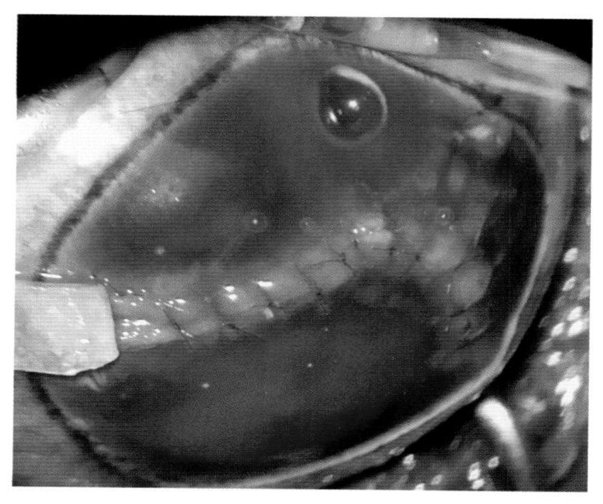

图 5-8-5　1岁英国斗牛犬左眼角膜全层撕裂伤后进行角膜缝合（胥辉豪　供图）

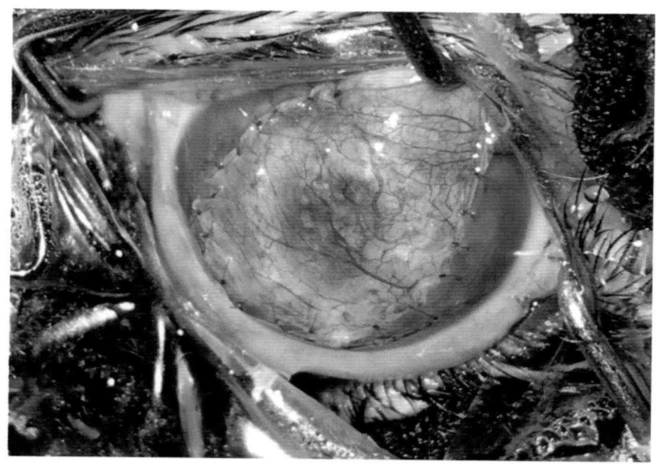

图 5-8-6　7岁本地犬左眼大面积穿孔后进行带蒂结膜瓣遮盖术修补（胥辉豪　供图）

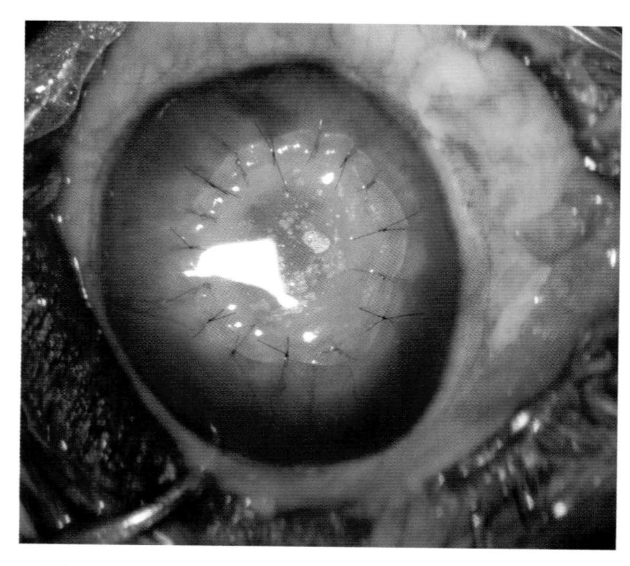

图 5-8-7　2岁法国斗牛犬左眼角膜穿孔后使用猪小肠黏膜下层材料进行修补（胥辉豪　供图）

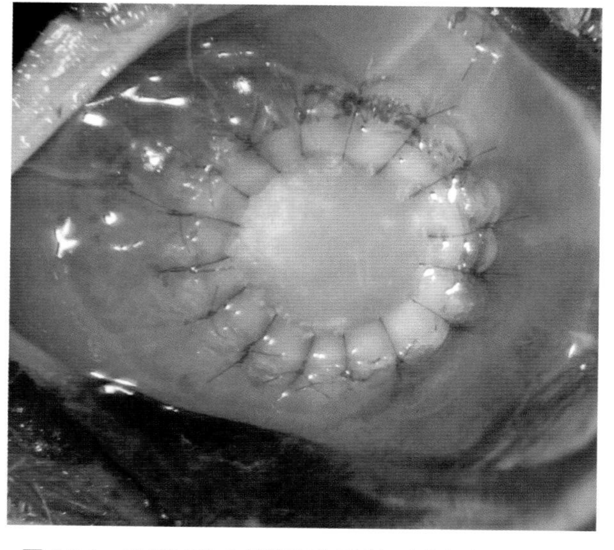

图 5-8-8　15岁博美犬角膜穿孔后进行生物组织工程角膜移植术（胥辉豪　供图）

第三眼睑遮盖术的适应症原则上不包括角膜穿孔，因其本质并无实质性修补功能，但可作为辅助术式联合各种修补材料加强治疗效果。待眼表修补结束后，使用5-0或6-0可吸收缝线褥式缝合第三眼睑与背侧球结膜或上眼睑，最后再配合暂时性睑缘缝合术保护眼表。为防止睑缘撕裂，可在上、下睑缘放置大小合适的无菌塑料软管作为减张支架，术后7~10d拆除缝线。采用第三眼睑遮盖术时，可以对修补处提供机械性保护与润滑作用，防止角膜过分暴露，减少眼表摩擦。但其弊端是术后无法观察角膜情况，局部药物难以达到眼表。

术后药物治疗包括：局部给予阿托品眼凝胶，每日1次；抗生素滴眼液每日4~8次；润滑剂每日4~6次；生长因子滴眼液或自体血清每日6~8次；当角膜上皮化完成后，可局部给予类固醇或免疫抑制剂，每日2~3次；全身用药主要以抗生素、止血药以及消炎药为主。患犬治疗期间应始终佩戴尺寸合适的脖圈，每日定期清洁眼表与眼周。角膜穿孔对整个眼球影响巨大，若修补手术预后良好则能够保留眼球，但通常会出现角膜瘢痕化、色素化、瞳孔形状不规则等后遗症；若全力修补后仍然出现继发性青光眼、全眼炎、眼球痨等并发症，那么可能需要进行眼球摘除术。

# 第九节　青光眼

犬眼房液绝大多数由睫状体无色素上皮细胞形成，通过瞳孔进入眼前房。进入眼前房的房水有将近85%~90%通过小梁网进入施莱姆氏管，再经外集液管到巩膜静脉丛而进入房水静脉，其余10%~15%房水通过葡萄膜巩膜排出。眼内房水的生成与排出保持着动态平衡，从而保证眼内压的稳定性。一旦房水动力学平衡失调引起眼内压升高，或由于视神经耐受压降低，使得视神经轴浆流动减慢或中断，并最终造成视网膜神经节细胞死亡，从而导致动物失明。

## 一、病因

犬青光眼可分为先天性、原发性和继发性。犬先天性青光眼较少发病，往往是由房水排出路径发育异常所致，多发于3~6月龄，病程发展迅速，短时间内便可形成牛眼。原发性青光眼在很多犬品种内均可发病，被认为具有遗传倾向，如比格、可卡、贵妇、腊肠等，且具有双眼发病趋势。原发性青光眼根据房角开张程度，又分为原发性开角型青光眼和原发性闭角型青光眼。继发性青光眼往往继发于其他眼内疾病，如白内障、晶状体脱位、前房积血、眼内肿瘤、葡萄膜炎。

## 二、临床症状

急性青光眼是疼痛性疾病，眼部疼痛可造成眼睑痉挛、溢泪、第三眼睑突出、巩膜充血、角膜水肿。患眼缺少瞳孔光反射、炫目反射，往往呈现失明状态（图5-9-1）。慢性青光眼最突出的特征是眼球体积的增加（图5-9-2）。

## 三、诊断

对于青光眼的诊断常用以下三种方法：眼压计检查（Tonometry）、房角镜检查（Gonioscopy）和检眼镜检查（Ophthalmoscopy）。犬正常眼压为10~25mmHg，房角镜用于检查前房角的开张情

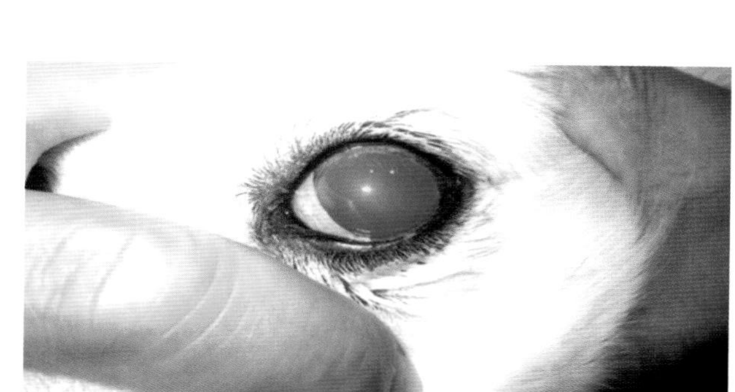

图 5-9-1 急性青光眼（王立 供图）

图 5-9-2 慢性青光眼（王立 供图）

况。通过间接检眼镜可以检查视网膜和视神经的受损情况。

## 四、治疗

目前青光眼的治疗手段主要可分为药物或手术治疗。犬青光眼的药物或手术治疗的目的主要是降低眼内压力。青光眼是犬眼科疾病中，治疗的效果最具有挑战性的。越早治疗，效果越好（图5-9-3、图5-9-4）；越晚治疗，视力恢复的可能性就越差，甚至无法保住眼球。

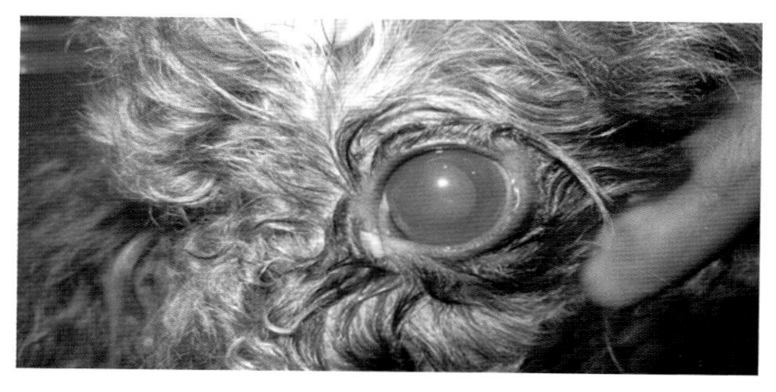
图 5-9-3 犬青光眼药物治疗前（王立 供图）

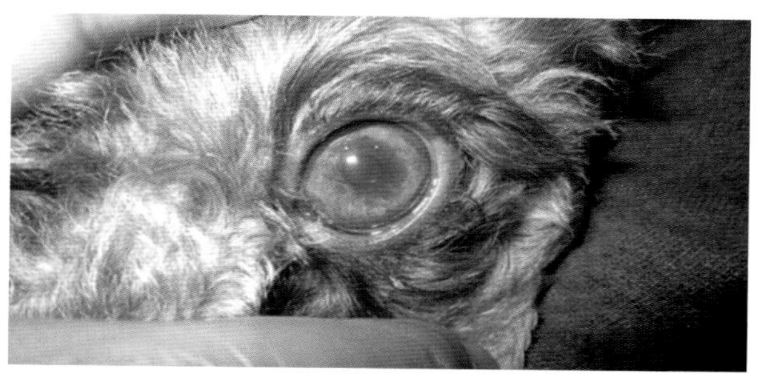
图 5-9-4 犬青光眼药物治疗后（王立 供图）

### （一）治疗犬青光眼的常用药物

（1）渗透压性利尿剂。20%甘露醇：1~1.5g/kg IV；q6h；20~30min，50%甘油：1~2g/kg PO；q8h。

（2）碳酸酐酶抑制剂。碳酸酐酶抑制剂（Carbonic Anhydrase Inhibitor，CAI）为一类有效的降眼压药物，由于其全身给药有明显的全身副作用而受到限制，不能成为治疗青光眼的基础药物。最近几年来，局部滴眼用的CAI研究获得成功，消除了CAI的全身副作用，目前可获得的CAI制剂有：盐酸多佐胺（Dorzolamide；商品名：Trusopt）、布林佐胺（Brinzolamide；商品名：派立明）以及噻吗洛尔和多佐胺的复方制剂（商品名：Cosopt）。CAI降眼压的作用机制是直接抑制睫状体上皮部位碳酸酐酶同工酶的活性，使房水生成减少，而降低眼压；与β肾上腺素受体阻滞药合用，能进一步产生有临床意义的降压效果。

（3）β肾上腺素受体阻滞剂。β肾上腺素受体阻滞剂最早在内科领域应用于治疗心血管疾病，但后来发现亦可通过抑制房水生成从而降低眼压来治疗青光眼。目前常用的该类药物眼液有：噻吗洛尔（Timolol）、倍他洛尔（Betaxolol）、左布诺洛尔（Levobunolol）。其中噻吗洛尔、左布诺洛尔和卡替洛尔是非选择性β肾上腺素受体阻滞药，倍他洛尔是唯一眼用选择β肾上腺素受体阻滞药。

（4）肾上腺素α受体激动剂。传统的肾上腺素α受体激动剂，如阿可乐定、肾上腺素、地匹福林等，它们可同时兴奋α和β受体。近年来α2受体激动药溴莫尼定（Brimonidine）是具有高度选择性的α2肾上腺素受体激动药，它对α2受体有极高的亲和力，而对α1受体的影响很轻微。溴莫尼定的降眼压机制是抑制房水的生成和增加葡萄膜巩膜外流。

（5）前列腺素之衍生物。前列腺素（Prostaglanddin, PG）作为局部激素在各器官中发挥不同的作用，且具有较好的降眼压效果，局部滴用基本无全身副作用。代表药物为：拉坦前列素（Latanoprost），它的降眼压机制在于通过使睫状肌松弛、肌束间隙加大及改变睫状肌细胞外基质来增加葡萄膜外流，使Ⅰ型和Ⅲ型胶原减少，并使Ⅰ型、Ⅲ型和Ⅳ型基质金属蛋白酶增加，降低房水流出阻力，而不影响房水生成。

（6）副交感神经刺激剂。毛果芸香碱属于选择性直接作用于M胆碱受体。对眼和腺体的作用最为明显。引起缩瞳，眼压下降，并有调节痉挛等作用，通过激动瞳孔括约肌的M胆碱受体，使瞳孔括约肌收缩。缩瞳引起前房角间隙扩大，房水易回流，使眼压下降。

#### （二）治疗犬青光眼的手术方法

分为减少眼房液生成（睫状体冷冻术、玻璃体注射、透巩膜睫状体激光凝术、眼内睫状体激光凝术）和增加眼房液排出（虹膜嵌顿术、引流阀植入术）两类。

减少房水生成性手术主要属于睫状体的破坏性手术（如激光治疗术、睫状体冷冻术、玻璃体注射）容易引起视力下降及眼球萎缩，激光或冷冻破坏性的手术，是以牺牲眼内正常组织为代价，来达到降眼压的目的，属于“侵入性手术”方法，本质上并不符合青光眼的治疗原则。

增加房水排出性手术，过去所采用常规滤过术（如虹膜嵌顿术、小梁切除术）成功率低，这主要是由于这些方法只能短期内缓解眼压，并且术后一定时期内，手术区域的纤维化以及眼内无法控制的炎症会明显降低降眼压的作用。目前临床上较为常用的植入物有Optimed、Ahmed、Krupin及Bawrveldt等。其中Ahmed引流阀是一体性带瓣膜阀门，前端有25cm引流管，引流阀基部附带一宽大（总表面积为184mm$^2$）的硅胶引流盘，引流管起着将房水从前房或后房引流到引流盘的作用。引流盘前部附加房水控制室，其活瓣在前房压力超过8~12mmHg时开放。因此，当眼压高于规定数值时，植入物内的阀门自动打开，将眼房液引入结膜下；而眼压低于规定数值时，植入物内的阀门自动关闭，从而保证了犬恒定的正常眼压。整个手术过程不会对眼球产生任何破坏性的影响，属于“非侵入性手术”方法（图5-9-5至图5-9-8）。

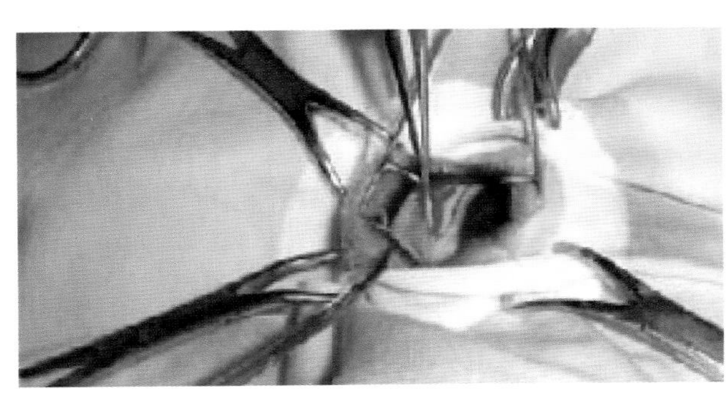

图5-9-5　切开球结膜和Tenons囊，充分暴露巩膜和眼外肌（王立 供图）

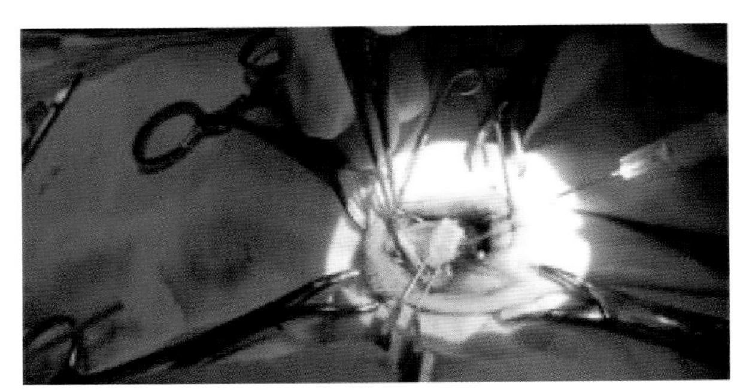

图5-9-6　将Ahmed引流阀放置于巩膜表面（王立 供图）

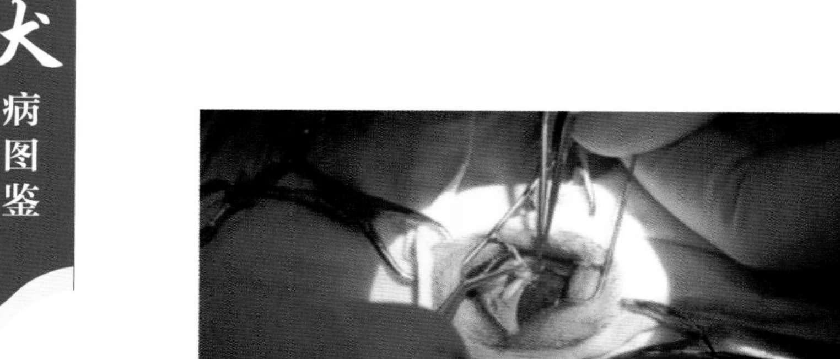

图 5-9-7　将引流管放置于前房内（王立　供图）

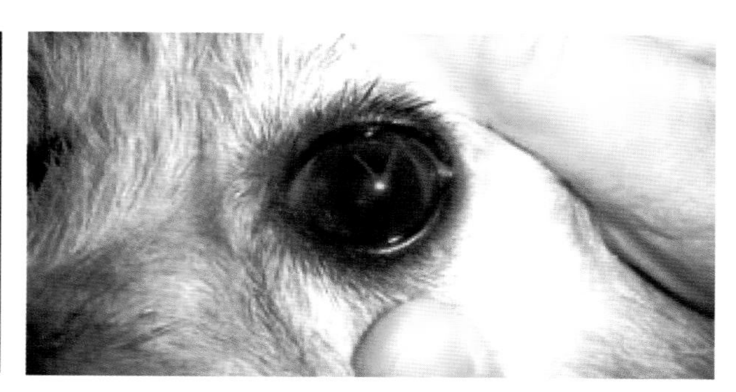

图 5-9-8　术后效果（王立　供图）

# 第十节　白内障、晶状体脱位

## 一、白内障

犬白内障（Cataract）是由于各种原因引起的晶状体代谢紊乱，导致晶状体蛋白质变性而发生混浊的晶状体疾病。白内障是小动物眼科的常见疾病，对视力可造成影响。白内障通常需要进行手术治疗，药物治疗效果不佳。

### （一）病因

导致白内障发生的原因很多，通常可由于遗传性、内分泌性、先天性、获得性继发、营养代谢障碍、辐射、中毒、年龄等原因导致白内障的发生在许多纯种犬中，遗传可能是白内障的最常见原因。高发白内障的犬类品种包括迷你贵宾犬、美国可卡犬、德国牧羊犬、金毛猎犬、拉布拉多巡回猎犬、迷你雪纳瑞犬、斗牛犬等（图 5-10-1）。

先天性白内障始于胚胎时期，出生时就存在。先天性白内障的原因可能是遗传性的，或是由于子宫内感染或中毒的结果，以及继发于其他眼部发育异常，如永存性瞳孔膜（PPM）（图 5-10-2）、

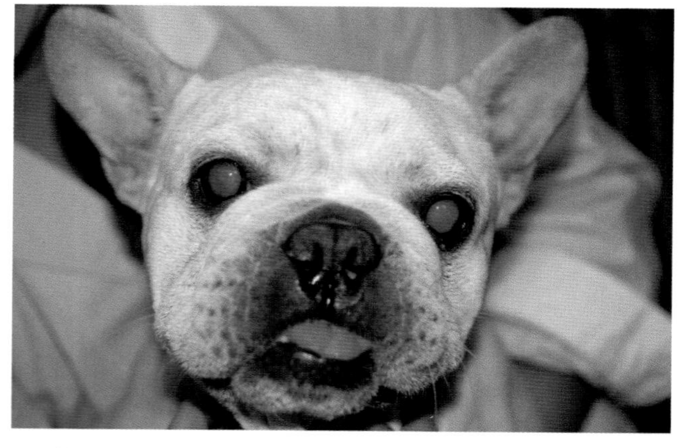

图 5-10-1　1 岁的斗牛犬患有双眼白内障（董佚　供图）

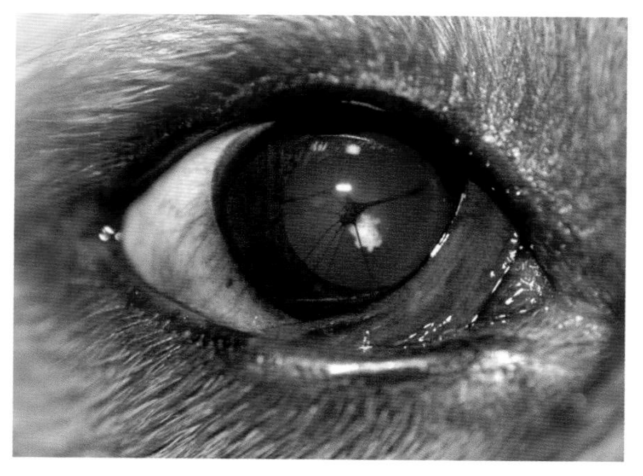

图 5-10-2　1 岁的金毛猎犬患有永存性瞳孔膜（PPM）并存在白内障（董佚　供图）

永存晶状体血管膜增生症/永存原始玻璃体增生症（PHTVL/PHPV）、小眼球症（图5-10-3）等。

糖尿病性白内障在犬类通常的眼部症状是双眼白内障（图5-10-4），发病速度快，可能在几天到几周即可发展到成熟白内障阶段。对于在短时间内就出现成熟白内障的犬都应怀疑是否患有糖尿病并对其进行糖尿病筛查。糖尿病性白内障可能会导致晶状体急剧肿胀，并可能会导致晶状体囊袋破裂而继发晶体导致的葡萄膜炎（LIU）。另外膨胀性白内障还可能将虹膜向前推动导致前房变浅，虹膜角膜角变窄而导致犬易患青光眼，因此，建议在继发并发症之前尽早进行治疗干预。

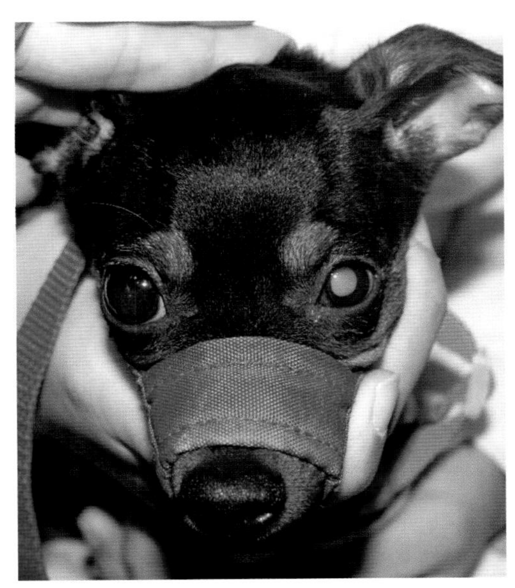

图5-10-3　6个月龄的雌性迷你杜宾犬患有白内障，并伴有小眼球症（董佚　供图）

图5-10-4　7岁的雌性贵宾犬患有双眼白内障，此动物在5个月前诊断为糖尿病，就诊前2周发现双眼白内障（董佚　供图）

获得性继发性白内障的最常见原因是前葡萄膜炎。原因是晶状体完全依赖房水来满足其代谢需要，而房水的任何改变都可能会对晶状体的代谢和透明性产生严重影响。老年性白内障是晶状体衰老过程的一部分，在动物和人类都会发生。老年性白内障通常先形成密集的核硬化，随后混浊逐渐发展到累及整个晶状体而导致成熟的白内障。但是老年性的白内障进展极其缓慢，通常白内障要完全成熟可能需要数年的时间。

### （二）发病特点

不同原因导致的白内障的发病特点不同。遗传性白内障的犬发病年龄通常在青年时就会发生，且晶状体最初的不透明位置多位于皮质或囊袋附近。糖尿病性的白内障通常双眼发生，成熟速度较快（几天到几周），有时还会伴发有晶状体的急剧肿胀或LIU的发生。先天性白内障出生后即可发现，并可能会与其他眼部发育异常相关，而老年性的白内障通常发生在老年犬且发展缓慢。

### （三）分类

对于白内障，常用的分类方案包括：与病因相关的方案；白内障发病年龄；白内障早期在晶状体内的位置；白内障的外观（如尖状、辐条状、楔形、向日葵状、星状、点状、粉状），以及白内障的发展阶段（初期、未成熟期、成熟期和过成熟期）。

### （四）临床症状

不同原因、不同发展阶段的白内障表现可能会有所不同。白内障引起光的反射、折射或散射，这取决于它们的具体结构。在直接聚焦照明下，大多数白内障会阻碍光线，使其呈现更白的外观表

现（从白色到蓝白色）。不同时期的白内障对视觉功能产生的影响也不尽相同。由白内障引起的视力缺陷的程度取决于晶状体混浊的程度和严重程度。小液泡或早期白内障对视觉的影响很小，当晶状体没有完全不透明（未成熟）时，视力会降低。但通常动物依然可以有一定的视力，直到两只眼睛都受到成熟的白内障影响，动物就会失明。

初期白内障的临床表现为部分的晶状体改变，一般累及范围在晶状体体积的11%~15%（图5-10-5）。它们最常累及晶状体皮质区、囊膜下区或"Y"形缝合区。视病因而定。未成熟期白内障存在一些密度较低的白内障区域和正常的晶状体纤维，可见部分脉络毯光反射（图5-10-6）。成熟期白内障时整个晶状体变性，完全阻挡了脉络毯光反射，部分病例可见"Y"字缝合线以及晶状体膨大（图5-10-7）。过成熟期白内障降解酶可能从退化和破裂的晶状体纤维中释放出来，并导致晶状体区域（最常见的是皮层区域）的进一步蛋白水解。这些溶解的晶状体蛋白和水分可能会穿过完整的晶状体囊，导致晶状体缩小，形成晶状体前囊表面不规则或褶皱的特征性改变，以及晶状体液化等表现（图5-10-8、图5-10-9）。

**（五）诊断**

在散瞳下，在暗室中使用生物显微镜（裂隙灯）进行晶状体的完整检查和评估。通过检查和评

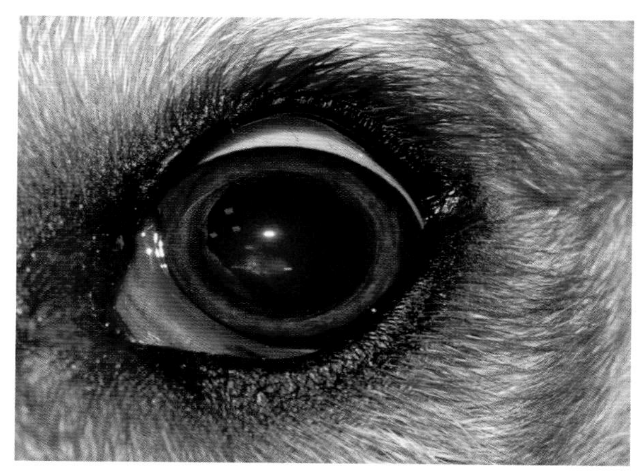

图 5-10-5　2 岁的雄性金毛猎犬患有早期白内障，检查可见晶状体皮质部分变性（董佚 供图）

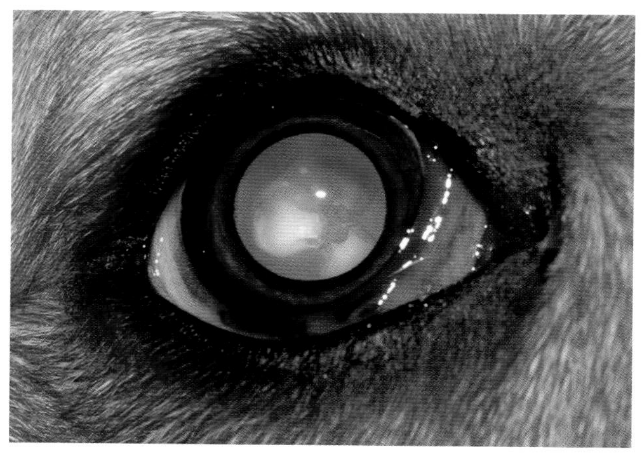

图 5-10-6　2 岁的雄性金毛猎犬患有未成熟期白内障，检查可见晶状体存在一些密度较低的白内障区域，可见部分脉络毯光反射（董佚 供图）

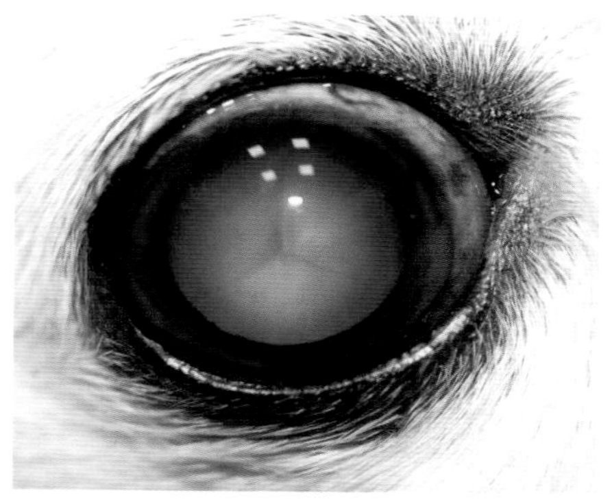

图 5-10-7　4 岁的雄性吉娃娃犬患有成熟期白内障，晶状体膨大（董佚 供图）

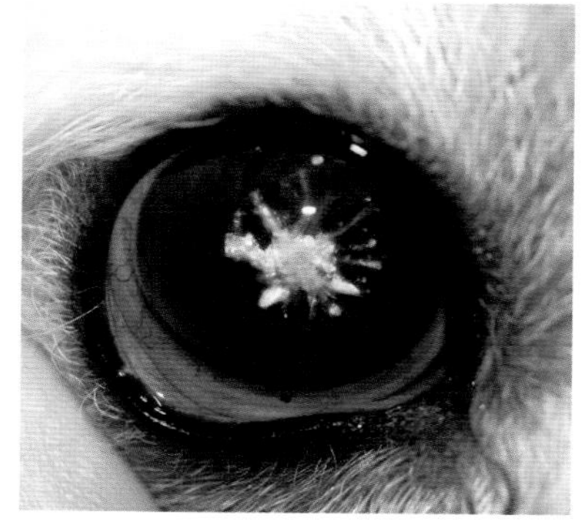

图 5-10-8　11 岁雌性比熊犬过成熟期白内障，可见囊袋皱缩（董佚 供图）

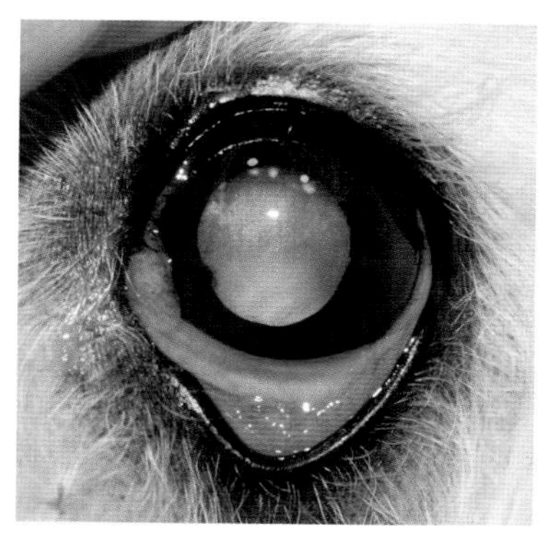

图 5-10-9　11 岁雌性比熊犬过成熟期白内障，可见晶状体部分液化（董佚 供图）

估晶状体光束不连续的相邻区域，可以在解剖学上定位晶状体不透明区域。用裂隙灯显微镜检查正常晶状体及白内障的常用方法有弥散光线照射法、直接焦点照射法。

1. 弥散光照射法

应用弥散光照射法可以看到晶状体各处病变的大体情况，正常的晶状体可以看到晶状体的前囊和后囊，晶状体皮质，晶状体核，“Y”字缝合线等。前后囊表面的混浊及较明显混浊应使用此法进行检查。

2. 直接焦点照射法

调整裂隙宽度为窄光，平行照射晶状体，浑浊的晶状体会阻挡光线的摄入。光学切面检查晶状体的浑浊，可以准确地定位晶状体浑浊发生的位置，显示浑浊的形态，判断白内障发展阶段。

除此以外，根据白内障发展的不同阶段，部分情况可使用眼底镜对眼底进行检查。

### （六）治疗

1. 药物治疗

在患有早期核性白内障的眼睛时，当晶状体浑浊位于视轴上时，可通过使用散瞳剂（如每2~3d使用1%阿托品）来改善视力，但该治疗不应作为长期治疗或作为手术替代方法使用。此外该方法也可用于处于过成熟期白内障且未计划进行手术的早期白内障。如果存在晶体导致的葡萄膜炎（LIU），同时治疗LIU是必不可少的。

由于氧化在白内障的发病机理中起着重要的作用，因此，已经有研究提出抗氧化剂可以阻止和逆转白内障的发展。各种硒和维生素的全身和局部用药、抗坏血酸等都已被研究作为“抗白内障药物”，但这些试剂均缺少临床支持和实验数据以证明其决定性作用。只有醛糖还原酶抑制剂（ARI）经历了广泛的动物研究，显示在犬和人身上具有潜在疗效。

2. 手术治疗

（1）手术病例选择。并非所有患有白内障的犬都适合进行手术，建议在进行白内障手术前，必须满足以下条件：

①患眼视力影响明显，但不建议等到白内障达到成熟阶段再进行手术，因为LIU的伴发会影响手术的预后（图5-10-10）。未成熟白内障手术的成功率要高于成熟白内障手术，因为在这一阶段，LIU较少且手术在技术上也更容易。

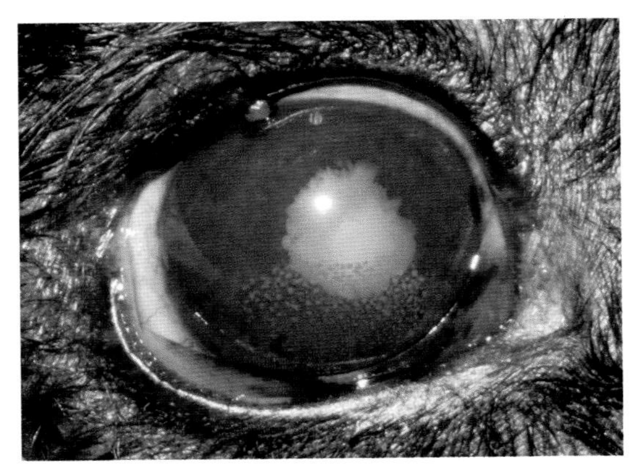

图5-10-10　6岁雌性雪纳瑞犬患有白内障，并继发LIU。检查可见瞳孔成熟期白内障，并且白内障中度膨胀导致虹膜轻度膨隆，瞳孔后粘连以及角膜后沉积物（董佚 供图）

②视网膜必须健康且功能正常。当白内障尚未完全成熟，视网膜细节仍可见时，应尽早对眼底进行检查。否则，在白内障成熟期视网膜不可见时就只能借助视网膜电图（ERG）对视网膜进行评估了，主要目的是在术前排查视网膜变性的问题。

③无论术前LIU严重程度，都尽量在术前通过局部或全身皮质类固醇或NSAID对其进行控制。术前控制好葡萄膜炎可显著减少短期和长期并发症的发生。

④不应存在其他眼部病理过程或将其未控制良好的现象。如角膜炎、葡萄膜炎或青光眼。

⑤患犬应保持良好的全身健康状况，并经过检查确保其适合麻醉条件。

⑥由于术前和术后均需要局部和全身给药，因此，患宠用药的配合度至关重要。凡是不能检查和服药的、过于兴奋或具有强烈攻击性的犬不合适进行手术。如果犬主人不能术后回家按时用药，最好在术前先让犬主人回家尝试用药的可能性。

⑦犬主人必须准备承受术前和术后治疗以及复诊时再次检查所需要的费用和精力。眼压的监测以及频繁的复查对于长期视力的维护特别重要，也可以避免葡萄膜炎的长期治疗。

（2）手术治疗。一旦控制了存在的葡萄膜炎，评估了视网膜功能并完成了其他检查，就可以安排患犬进行手术。原则上，有四种白内障摘除的手术方法：分离和抽吸、晶状体囊内摘除、晶状体囊外摘除和晶状体超声乳化术。但是前两种技术是为特殊情况保留的，而第三种技术已被超声乳化术取代，超声乳化术是目前的最新技术。

分离和抽吸包括打开角膜和晶状体前囊，并使用冲洗和抽吸从囊内去除内容物。这种方法仅限于白内障非常柔软的幼小犬和眼睛很小的犬，无法使用常规的眼科仪器。囊内摘除术是指在不打开或撕裂晶状体囊膜的情况下取出整个晶状体。该方法仅限于在晶状体悬韧带断裂后去除脱位的晶状体。因为在手术过程中没有打开囊袋，所以没有晶状体蛋白的泄漏，并且术后炎症最小。但是，由于通常将玻璃体与前房分隔开的晶状体已被移除，因此，此类患病犬容易发生玻璃体的前移（并可能发生继发性视网膜脱离或青光眼）。因此，一些外科医生将该手术与预防性玻璃体手术（玻璃体切除）相结合。也有人将通过缝线固定的IOL植入睫状沟中，以防止玻璃体运动并改善术后视力。晶状体囊外摘除术中，在角膜缘上切开一个宽（180°）的切口，并手动提取晶状体前囊、晶状体核和皮质，然后进行严格冲洗，以去除残留的晶状体颗粒。目前该方法已被超声乳化法所取代。

白内障超声乳化术是目前最新的技术。术者使用穿刺刀将角膜缘起开，在晶状体前囊袋进行环形撕囊，然后使用超声乳化手柄插入囊袋中，用高频超声波粉碎晶状体。同时，使用同一探头通过自动冲洗和抽吸连续清除晶状体碎片，使用注吸手柄对晶状体皮质进行注吸（图5-10-11）。超声乳化的优点是，角膜缘切开术比晶状体囊外摘除术小（2.5~3.5mm），并且由于采用了自动冲洗系统，因此，可以更彻底地去除晶状体核及皮质。与囊外摘除术相比，其结果是更快的手术速度和愈合速度，以及术后中等程度的炎症。因此，术后并发症更少，患病犬不适也更少。

（3）术后视力和人工晶状体植入。白内障摘除手术后，患病犬患有严重的远视可以通过植入人工晶状体（IOL）来纠正这种视力障碍（图5-10-12），这可以帮助患病犬实现术后的远视（聚焦视力）。犬IOL的屈光度应约为41D，术后视觉性能得到了显著改善。

**（七）并发症和预后**

术后主要的手术并发症是LIU。由于晶状体蛋白的免疫原性，白内障手术（包括打开晶状体囊）不可避免地导致葡萄膜炎，用散瞳药以及局部和全身性抗炎药的各种组合来积极治疗炎症。一些外科医生可能会增加预防性青光眼的治疗，因为术后可能会出现眼压升高（通常是暂时的但致盲的）。在术后即刻必须进行频繁的复查以监测眼内压和LIU，术后1~2d关键时期可能会出现眼内压峰值。尽管由于LIU的隐匿性和继发性青光眼的风险，偶尔进行复查（每6~12个月一次）是必要的。另一个常见的术后并发症是后囊混浊（PCO）的形成（图5-10-13）。这种浑浊的起源是手术后留在“囊袋”中的晶状体上皮细胞。细胞增殖并迁移到后晶状体囊中，在那里它们经历纤维化，导致后囊增厚和浑浊；其他可能的术后并发症包括视网膜脱离、眼内出血、感染、角膜溃疡和缝合失败一般不常见。

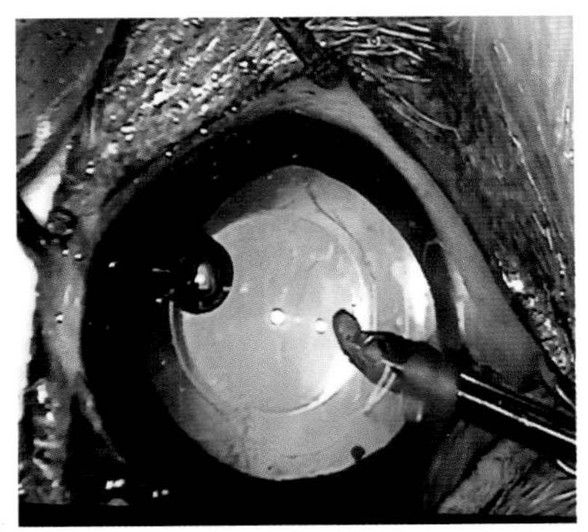

图 5-10-11　白内障手术中使用 IA 注吸残余的皮质和黏弹剂（董佚　供图）

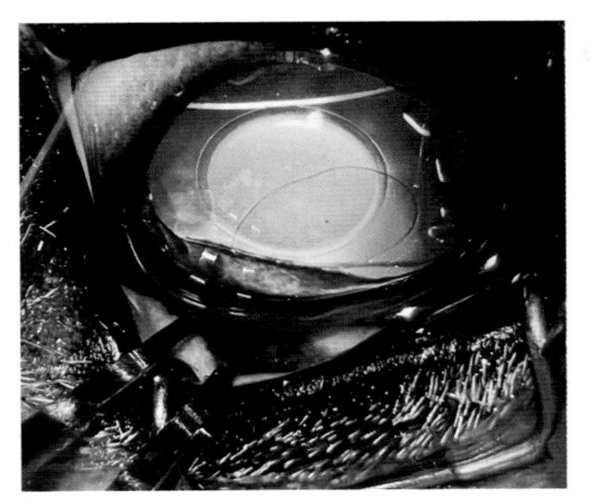

图 5-10-12　植入人工晶体纠正远视（董佚　供图）

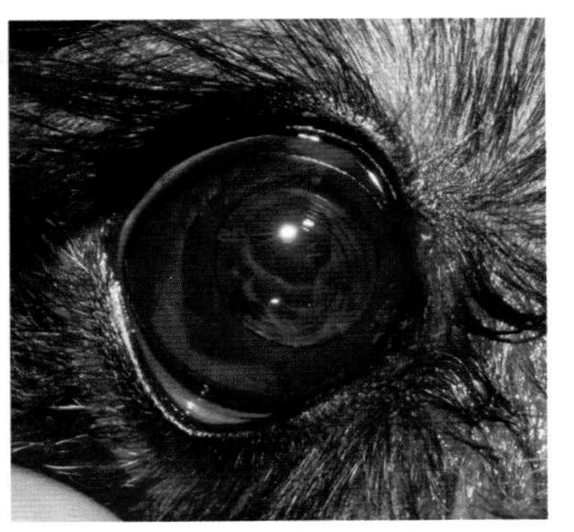

图 5-10-13　7 岁雌性雪纳瑞犬白内障术后 1 年发生 PCO（董佚　供图）

随着外科手术技术和仪器的改进，以及对术后并发症的更好地了解和治疗，白内障手术的术后即时效果非常好，超过95%的患犬恢复了视力。犬主人满意率很高。然而，随着时间的流逝，一些犬可能会失去一只或两只眼睛的视力。原因是葡萄膜炎的隐匿性，继发性并发症以及犬主人未能坚持长期治疗和定期复诊。

## 二、晶状体脱位

晶状体从玻璃体窝内正常位置的脱离被称为半脱位（部分脱位）（图5-10-14）或脱位（全脱位）（图5-10-15、图5-10-16），这与睫状小带的异常发育、退行性老化、破裂、撕裂等因素引起的病理改变有关。相关的临床表现因严重程度和原因而不同，严重时可对视力造成威胁，晶状体脱位的预后可能谨慎。

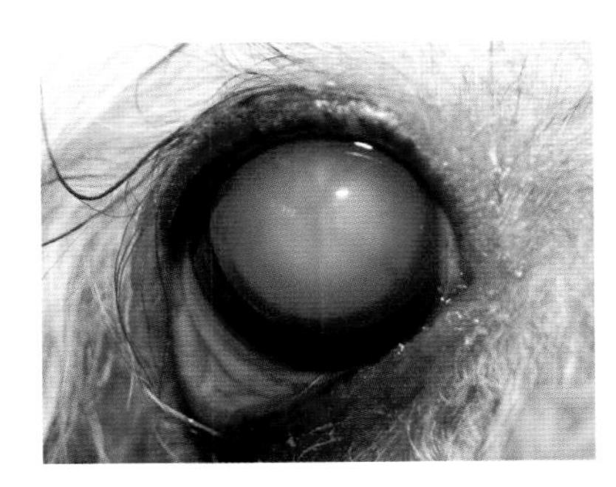

图 5-10-14　12 岁雌性贵宾犬发生晶状体半脱位，晶状体发生成熟期白内障（董佚　供图）

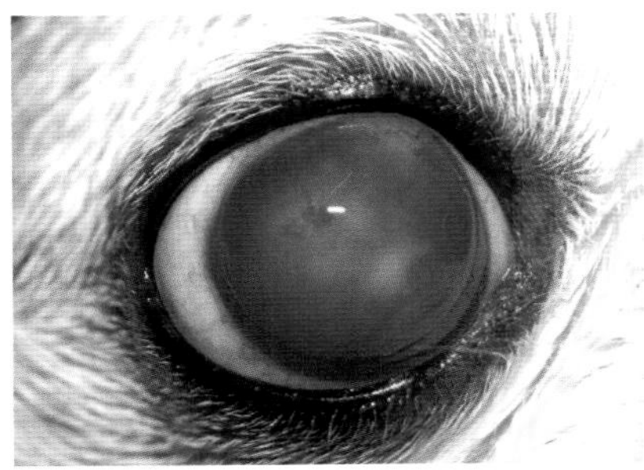

图 5-10-15　7 岁雄性吉娃娃犬发生晶状体前脱位（董佚　供图）

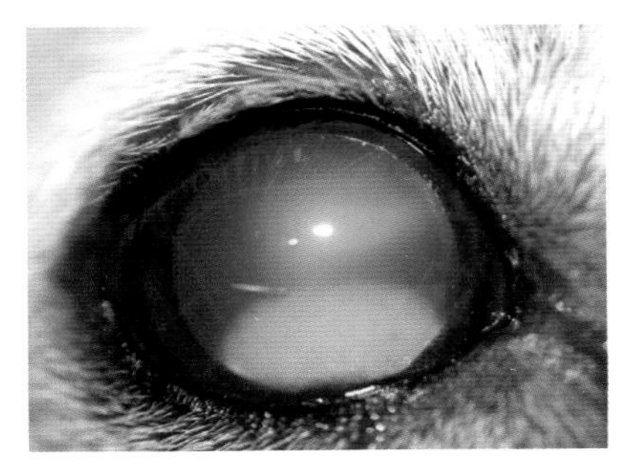

图 5-10-16　晶状体后脱位，可见晶状体发生成熟期白内障，并继发青光眼，导致牛眼的发生（董佚　供图）

### （一）病因

晶状体脱位最常见的原因有先天性、原发性、继发性和创伤性。

先天性晶状体脱位在临床中很少见，如果成年犬发生晶状体脱位且没有其他眼疾或外伤史，则通常归为原发性。原发性晶状体脱位（PLL）在梗类犬中最为常见，并具有遗传倾向，如杰克罗素梗、刚毛猎狐梗和迷你雪纳瑞等。PLL的最常见表现为双侧发病，但不一定是同时发生，且最

常发病年龄为3~6岁。PLL的发病机制与晶状体悬韧带的遗传缺陷有关，这使得悬韧带更容易发生断裂。

青光眼和白内障是临床中常见的继发性晶状体脱位的发病原因。当慢性青光眼（牛眼）导致眼球增大时，悬韧带可能会伸展并最终断裂，而导致晶状体脱位。此外，晶状体脱位也可能会导致青光眼的发生，因此当两种疾病同时存在时，有时难以确认是哪种原因导致的结果。当晶状体发生白内障后而导致晶状体的膨胀，悬韧带可能会由于过度拉伸而最终断裂，而过成熟白内障也会导致悬韧带的不稳定而出现晶状体脱位。葡萄膜炎导致的晶状体脱位在临床中并不常见，但房水的改变以及后房中炎性介质的存在可能会影响悬韧带的稳定性并导致晶状体脱位。

对眼眶区域的猛烈撞击也会导致创伤性晶状体脱位的发生。此外，其他严重的眼部损伤如巩膜破裂、视网膜脱离以及眶骨或颅骨骨折也会导致晶状体脱位。因此，在诊断创伤性晶状体脱位时需进行全面的眼科检查和全身检查，包括必要的影像学检查。

### （二）临床症状与诊断

当悬韧带开始断裂，导致晶状体半脱位时，稳定的晶状体变得可移动。晶状体运动增加会导致玻璃体前囊与玻璃体分离，最终导致受损的玻璃体发生液化，出现脱水收缩。因此，通过瞳孔漂浮到前房的液化玻璃体纤维是悬韧带破裂和潜在的脱位早期迹象。前房深度和虹膜位置的变化是晶状体脱位的另一个标志。

此外，快速的眼球运动会导致脱位的晶状体在玻璃样窝内来回摆动。这种振动会引起虹膜颤动或振动。因此，虹膜震颤是即将发生晶状体脱位的另一个征兆。

在裂隙灯生物显微镜下可以观察到前房深度的改变或不对称。正常犬晶状体赤道和睫状小带在瞳孔扩张到最大时在生物显微镜下是不可见的或仅是边缘可见的。由于晶状体半脱位，晶状体边缘可能可见，表现为非晶状体新月形，这是一个广泛扩张的瞳孔区域，没有晶状体覆盖。由于重力作用，大多数晶状体半脱位发生在腹侧，无晶状体的月牙一般在背侧。

晶状体全脱位与晶状体位置的明显改变有关，如果晶状体仍在后房，会导致虹膜向前移位，或全脱位进入前房，虹膜被迫向后移位（图5-10-17）。这两种情况均会导致前房深度明显变化。

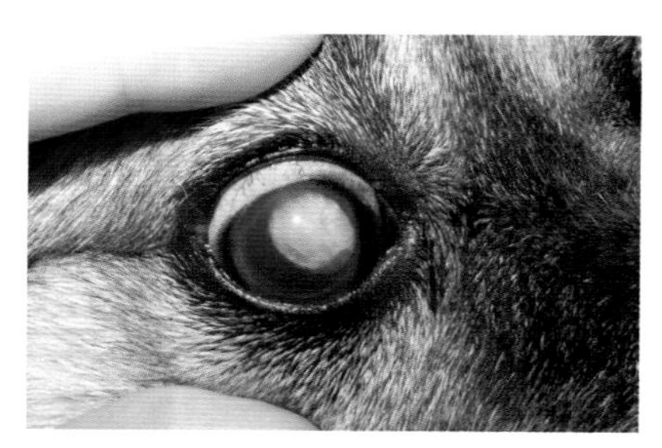
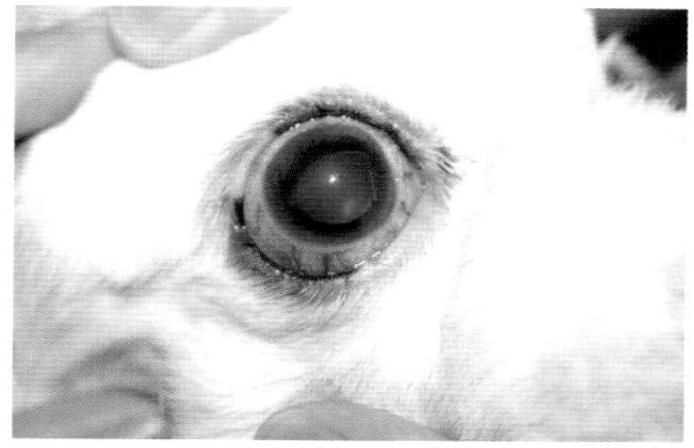
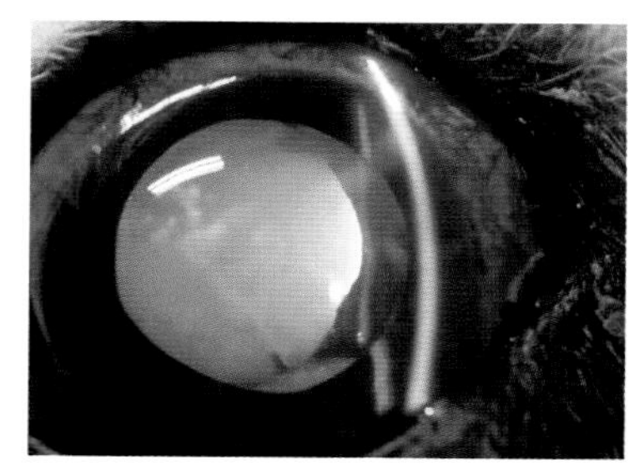

图 5-10-17　晶状体脱位（董佚　供图）

### （三）治疗

晶状体前脱位被认为是眼科急症，其发生会由于晶状体与角膜内皮撞击，继发相关的葡萄膜炎与青光眼而导致患犬剧烈疼痛。因此，在临床中需要紧急处理和治疗。对于前脱位的晶状体，最常推荐的治疗方法是通过囊内摘除晶状体，晶状体囊内摘除术后最常见的并发症是青光眼，玻璃体位移以及视网膜脱离。因此，许多医生会同时进行玻璃体切除术，从而降低了玻璃体向前运动的风险。也可以进行悬吊晶体的植入从而防止玻璃体向前运动并改善术后视力。前脱位的晶状体有时还可通过对眼球的指压、头部位置的改变或施加高渗药物以减少玻璃体体积来引导晶状体成功地进入后房而进行治疗。手术后需要永久性地使用缩瞳药物以增加晶状体保留在眼后部的可能性。

如果不进行手术治疗，半脱位和后脱位的晶状体可以通过长期局部治疗来保守处理（如碘化磷胆碱、拉坦前列素或地美溴铵）。这种方法的基本原理是将晶状体保持在后房或玻璃体中，防止晶状体向前移动。如果晶状体前移，瞳孔闭锁型青光眼或角膜水肿等并发症更为常见。

在具有单侧晶状体脱位的犬中，应非常仔细地检查未受影响的眼睛。应进行裂隙灯生物显微镜检查以诊断晶状体不稳定的早期征兆。应对犬主进行教育，指导犬主有关未患眼晶状体脱位和青光眼的临床体征。必要时可考虑适当的预防性瞳孔缩小治疗。

#### （四）并发症与预后

晶状体脱位的病理生理变化除了随病因而改变外，还受移位方向的影响。从几种可能的机制来看，半脱位或前脱位常常导致继发性青光眼。晶状体和玻璃体表面的前移位可能会阻塞房水从后房流过瞳孔，导致房水流向晶状体或玻璃体（瞳孔闭锁型青光眼）。在前房和虹膜角常可见大量脱出的玻璃体，这在理论上可能机械性阻塞房水的流出。前房的前脱位可能导致晶状体囊与角膜内皮的物理接触，引起暂时性或永久性的角膜水肿。继发性葡萄膜炎常伴有晶状体脱位，尤其是前脱位，可能是由于晶状体或玻璃体与前葡萄膜结构的异常物理接触，或眼内环境其他未明确的改变所致。

与前脱位相比，晶状体完全后脱位到玻璃体内是无害的，青光眼、葡萄膜炎或角膜水肿的并发症也较少发生。牵引性视网膜脱离可能发生于玻璃体的改变或晶状体囊与视网膜表面的直接接触。此外，由于完全脱位的晶状体常常在眼球的前后两段之间自由移动，因此手术摘除后脱位的晶状体有时仍是必要的。当晶状体脱位引发青光眼、视网膜脱离等疾病并导致患犬视力障碍时，预后谨慎至不良。

## 第十一节　葡萄膜炎

葡萄膜炎是小动物常见的眼病，也是导致其失明的重要疾病之一。葡萄膜炎通常是指葡萄膜组织的炎性反应。葡萄膜分为：前葡萄膜和后葡萄膜。前葡萄膜炎包括虹膜炎、睫状体炎或虹膜睫状体炎。后葡萄膜炎指的是脉络膜炎。而犬葡萄膜炎在临床上最常见的表现形式是前葡萄膜炎。

### 一、葡萄膜的局部解剖

葡萄膜（Uvea）是眼球壁的重要组成部分。葡萄膜组织中有许多色素，曾被称为色素膜（Tunica Pigmentosa）。具有丰富的血管，所以也叫血管膜（Tunica Vasculosa）。丰富的血管及大量色素使其呈现棕黑色外观，状若紫色葡萄，故称葡萄膜。葡萄膜包括虹膜、睫状体和脉络膜。虹膜（Iris）是葡萄膜的最前部，位于晶状体前面，为一圆盘形膜，中央有圆孔，称为瞳孔（Pupil）。

睫状体（Ciliary Body）是葡萄膜的中间部分，前接虹膜根部，后端以锯齿缘为界移行于脉络膜。外侧与巩膜毗邻，内侧环绕晶状体赤道部，面向后房及玻璃体。睫状体分为两部，即睫状冠（Corona Ciliaris）和平坦部（Pars Plana），前者又称绉部（Pars Plicata）。

脉络膜（Choroid）是位于视网膜和巩膜之间的葡萄膜，主要由血管组成，供应视网膜外层的营养。脉络膜的血管分为3层，外层与巩膜相邻，血管管径最大，称为大血管层；内层与视网膜相邻，血管最细，称为毛细血管层；中间为中大血管层。脉络膜毛细血管（Choriocapillaris）是脉络膜的最内层。

## 二、临床症状

前葡萄膜炎通常造成眼部疼痛、房水闪辉、瞳孔缩小、角膜水肿、结膜充血。房水闪辉是急性前葡萄膜炎特异性临床症状，通常是由房水中出现大量蛋白质和细胞成分所致。慢性前葡萄膜炎往往会产生过多的炎性介质，损伤角膜内皮正常的生理功能，从而导致角膜水肿。产生的炎症碎屑有可能导致后粘连或阻塞眼房液的排出，造成继发性青光眼（图5-11-1至图5-11-3）。

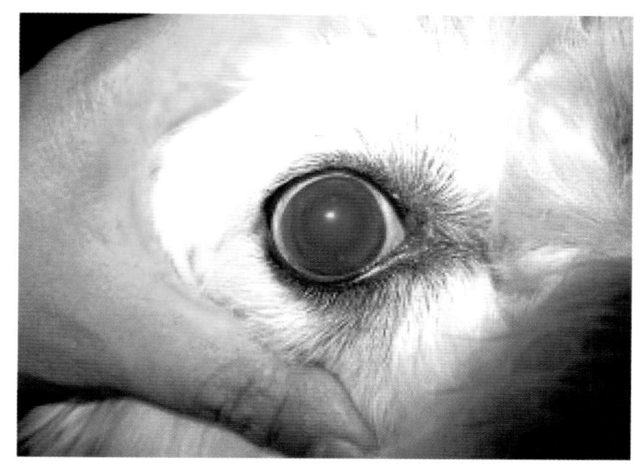

图 5-11-1　葡萄膜炎导致房水浑浊、角膜水肿、球结膜充血（王立 供图）

## 三、前葡萄膜炎的病因

前葡萄膜炎可以分为感染性或非感染性。非感染性病因是前葡萄膜炎最常见的临床表现形式。造成非感染性前葡萄膜炎的病因通常包括：晶状体诱发性葡萄膜炎、创伤、特发性前葡萄膜炎、眼内肿瘤、角膜溃疡、葡萄膜皮肤病综合征。而造成感染性前葡萄膜炎的病因通常包括：立克次氏体病和细菌、真菌、病毒、寄生虫感染。

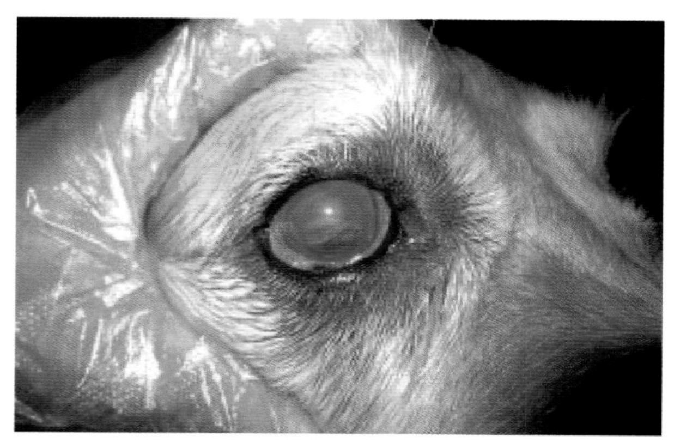

图 5-11-2　葡萄膜炎导致前房积脓、角膜水肿、球结膜充血（王立 供图）

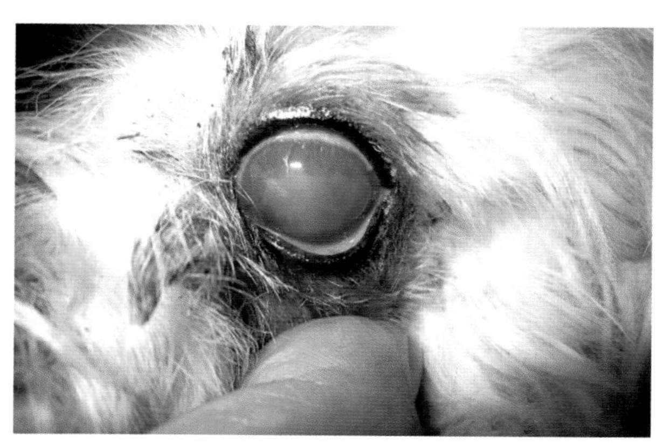

图 5-11-3　葡萄膜炎继发性青光眼（王立 供图）

## 四、前葡萄膜炎的治疗

前葡萄膜炎治疗的首要任务是确定并清除原发病因，维持瞳孔正常的生理功能，预防或治疗继发性青光眼。特异性治疗主要为清除原发病因，如角膜异物、角膜溃疡、晶状体脱位等。非特异性治疗主要为通过各种药物降低眼内炎症，散开瞳孔，避免产生后粘连（图5-11-4至图5-11-7）。

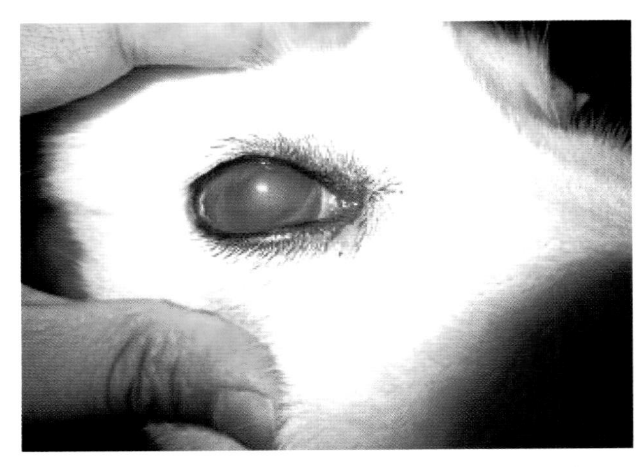

图 5-11-4　7 岁银狐犬右眼前葡萄膜炎治疗前（王立 供图）

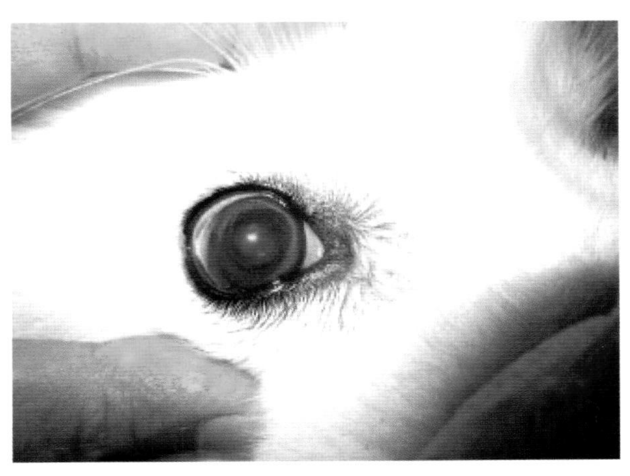

图 5-11-5　7 岁银狐犬右眼前葡萄膜炎治疗后（王立 供图）

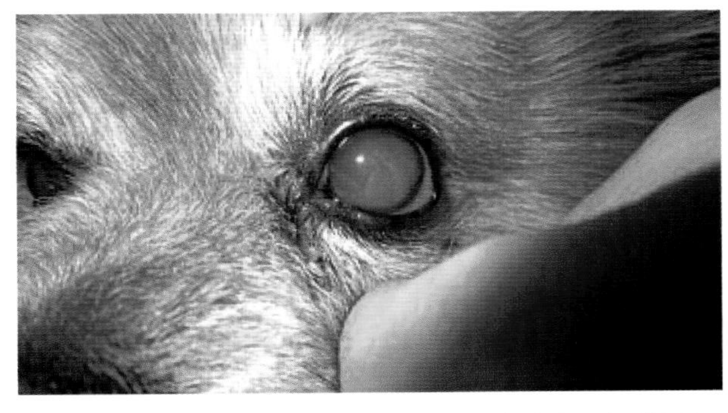

图 5-11-6　13 岁博美犬左眼前葡萄膜炎治疗前（王立 供图）

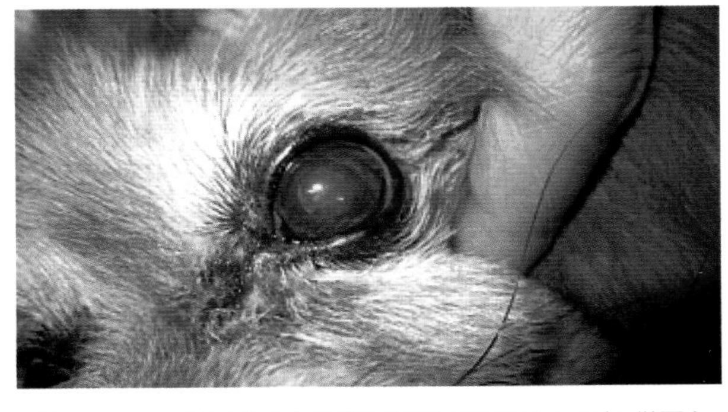

图 5-11-7　13 岁博美犬左眼前葡萄膜炎治疗后（王立 供图）

无论何种病因导致的前葡萄膜炎，抗炎药物的使用是治疗前葡萄膜炎的重要手段，如果眼内炎症无法得到控制，将导致更为严重的并发症。一般通过局部结合全身用药控制前葡萄膜炎。

类固醇是控制眼内炎症最常见用药，但对于角膜溃疡，应禁忌局部使用。通常使用1%醋酸泼尼松龙眼药水，使用频率依赖于前葡萄膜炎的严重程度。全身使用类固醇类药物适用于局部禁忌用药的情况下，通常使用泼尼松，并采取逐步减量的方式，以达到病情长期稳定的作用。

局部可选用的非类固醇类药物包括：舒洛芬、双氯芬酸钠、氟比洛芬、酮咯酸氨丁三醇。舒洛芬与氟比洛芬抗炎功效相似。氟比洛芬可以很好被眼内组织吸收，并且很少产生全身吸收，可与类固醇类药物联合用药。全身使用的非类固醇类药物包括：阿司匹林、吡罗昔康、酮洛芬、美洛西康、卡洛芬、依托度酸、地拉考昔，但这些药物有可能影响胃肠道或肝脏功能。另外有文献记载，依托度酸可导致犬发生干眼病。

使用睫状肌麻痹剂可缓解睫状体和虹膜肌肉痉挛，而散瞳药可减少后粘连的产生。一般在临床上通常使用硫酸阿托品。阿托品属于副交感神经阻断药，可有效阻断节后胆碱能受体反应，从而造成瞳孔散大、睫状肌麻痹、泪液量下降。多数前葡萄膜炎造成的眼部疼痛，通常是由于虹膜或睫状肌炎症、痉挛所致。另外，阿托品可稳定血液-房水屏障，但对于眼压升高的患眼应禁忌使用。

### 五、前葡萄膜炎的并发症及预后

前葡萄膜炎通常可产生许多并发症，因此，应采取积极果断的治疗方法。因为，严重的前葡萄膜炎可造成后粘连、继发性青光眼、白内障、角膜内皮失代偿，甚至最终可造成眼球痨。预后主要取决于前葡萄膜炎的严重程度、病程长短以及就诊时间。在炎症初期进行治疗，往往会取得理想的效果，而对于严重的葡萄膜炎或反复性葡萄膜炎，则预后不良。

## 第十二节　视网膜变性、视神经炎

### 一、视网膜变性

视网膜变性是由于遗传、中毒、退化、营养缺乏、辐射等原因导致的视网膜视锥视杆细胞的功能丧失，导致视网膜功能逐渐丧失以致犬视力障碍的一类疾病。

#### （一）病因

遗传性原发性光感受器疾病导致的视网膜变性与多种类型的视锥视杆细胞发育不良有关，如视杆细胞发育不良（rc），视锥视杆发育不良1型（rcd1）、视锥视杆营养不良1型（crd1）、进行性视锥视杆变性（prcd）、光感受器发育不良PRA1型等。由于遗传导致的视网膜变性在犬幼年时期就可看到眼底视网膜的变化，部分受感染犬幼龄期就可表现为夜盲，并随着年龄的增长，有些可导致犬全盲。常见的品种包括但不限于爱尔兰猎犬、爱尔兰赛特犬、威尔士柯基犬、挪威猎鹿犬、迷你雪纳瑞犬、斗牛犬、短毛腊肠犬、长毛腊肠犬、微型和玩具贵宾犬、英国可卡犬、秋田犬等。

获得性视网膜变性可继发于系统疾病的视网膜病变，如脉络膜或视网膜的传染病（如犬瘟热、真菌病、FIP）和心血管疾病（如全身性高血压、贫血）。而急性获得性视网膜变性（SARD）是突然发作的视网膜变性。视锥和视杆细胞均受到影响。典型的临床表现是急性的失明。尽管SARD被定义为获得性疾病，但深入的研究未能成功确定主要病因。多年来，最普遍接受的理论是SARD是内分泌失调的结果。该病最常见于成年犬，尤其是肥胖的雌性犬，冬季可能更常见。然而，近来已经提出了SARD的其他原因，包括自身免疫炎症（由于产生抗视网膜自身抗体而引起）和中毒。不幸的是，由于尚未找到主要病因，因此，目前尚无可证明的安全和经过临床证明的SARD的治疗方法，最重要的是此病导致的失明是不可逆的。

其他原因造成的视网膜病变：诸如营养缺乏症、储存疾病、药物毒性或植物中毒等原因均可导致视网膜发生变性从而导致视觉功能障碍。

### （二）分类

视网膜变性可根据病因、变性区域等有不同分类。

根据病因可分为：遗传性视网膜变性、获得性视网膜变性、营养缺乏性视网膜变性、中毒性视网膜变性等。

根据变性区域可分为：中央视网膜变性、多灶性视网膜变性、周边型视网膜变性等。

### （三）发病特点

视网膜变性因病因、变性区域不同而临床特点不同。大多数遗传性视网膜变性早期最常见的临床症状是在昏暗的光线和黑暗中视力下降（如夜盲），随时间发展，逐渐表现为全盲。而急性获得性视网膜变性表现为急性失明，并且失明是不可逆的。

### （四）临床症状与病理变化

遗传性视网膜变性早期疾病最常见的临床症状是在昏暗的光线和黑暗中视力下降，因为在遗传性视网膜变性中最常也是最先受影响的是视杆细胞。在某些情况下，如果视锥系统受损，犬主人或检查人员可能会观察到昼视受损（昼盲），并将其作为最初的临床症状。在眼科检查中，随着视网膜萎缩、变薄，常可见到脉络毯反射率的改变（高反射率增加）。视网膜血管进行性萎缩至消失，通常动脉先于静脉受累，小血管早于大血管受累。随着病情的进展，视盘常呈苍白色，边界不清（图5-12-1）。这是由于视网膜退行性过程中视网膜循环的丧失，以及视盘的神经组织的特异性退行性改变，从而导致视神经脱髓鞘。有些病例还可发生继发性白内障，但通常发生在疾病的晚期。

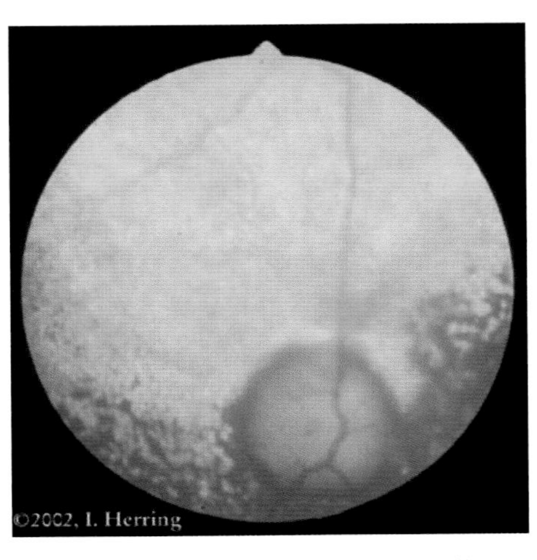


图5-12-1　视盘苍白，边缘逐渐模糊（董佚 供图）

急性获得性视网膜变性（SARD）最初眼底看起来正常，尽管在接下来的几个月中可能会出现眼底镜进行性视网膜变性的迹象。由于患有球后视神经炎的犬也可能表现出类似的急性失明迹象，瞳孔散大和无反应以及眼底正常，因此，ERG在区分这两种疾病时特别有用。该信号在视神经炎中正常，但在SARD中消失。形态学上，病变从视网膜感光细胞层开始。外核层光感受器细胞，包括视杆和视锥迅速凋亡。感光细胞因凋亡而死亡，随后视网膜其他层缓慢变性，最终导致终末期视网膜变性的出现。视网膜的不同区域受到的影响是相同的，这与前面描述的许多遗传性视网膜退行性变性不同。然而，通过眼底镜观察视网膜终末期变性与其他病因（如PRA）的渐进性视网膜变性相似（图5-12-2）。

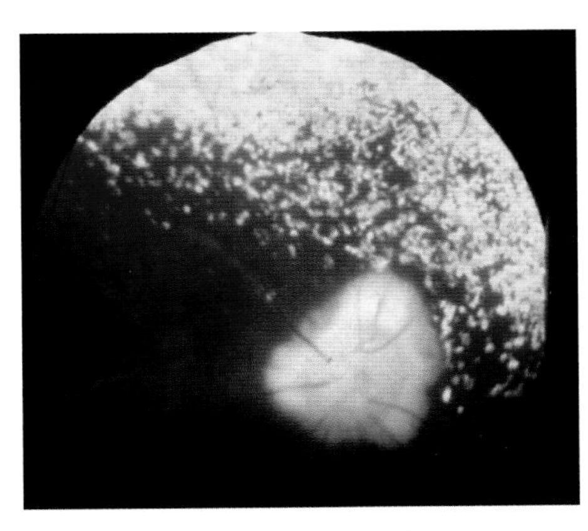

图5-12-2　渐进性视网膜变性血管变细、变少、毯部过度光反射（董佚 供图）

视网膜中毒导致的视网膜变性通常是对称性的。临床症状通常与服用毒性药物的剂量和时间有关。不同的中毒所导致的视网膜变性所表现的症状不同，如羟基吡啶酮可引起视网膜毯层坏死、水肿和视网膜脱离等症状；氯喹在非毯层眼底观察到散在分布的灰白色斑点；伊维菌素可导致急性失明、视盘肿胀，少量视乳头周围小出血点，以及多灶性视网膜条索状变性、视网膜水肿等

（图 5-12-3）；恩诺沙星对猫的急性视网膜变性可表现为散瞳，瞳孔光反射减弱或消失；脉络毯高反射率和血管减少的眼底镜表现。

辐射导致的视网膜血管出现退行性血管病变并伴有多灶性视网膜出血和轻度弥漫性视网膜变性，首先影响视网膜外层然后向内发展。随着时间发展可发现视网膜变性，神经节细胞肿胀消失，随后出现视神经轴突变性。甚至出现了毯层视网膜和脉络膜萎缩。因此，犬眼的结构是非常敏感的，以至于即使相对较低的辐射剂量也会造成严重的长期损害。

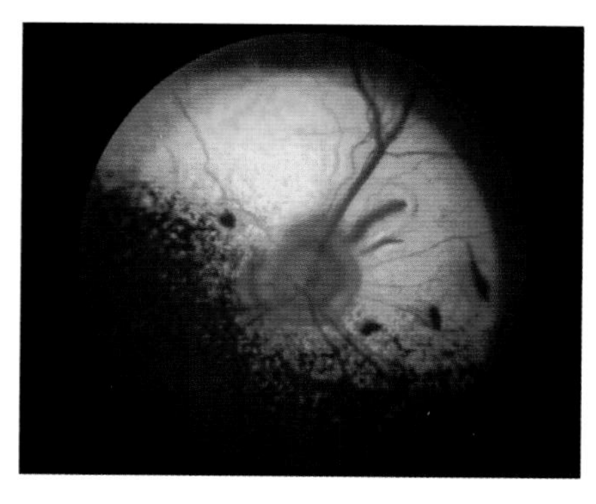

图 5-12-3 1 岁金毛猎犬伊维菌素中毒导致失明，眼底镜下可见视网膜条索状变性区域，视乳头肿胀（董佚 供图）

而牛磺酸的缺乏可能导致进行性视网膜变性以及扩张型心肌病。最初的病变是一个短的呈圆形的绒毡状高反射区，该区域暂时位于中央区域的椎间盘上方，略高于椎间盘。由于其位置，该综合征被称为犬中央视网膜变性（FCRD）。病变逐渐发展为椭球形，从颞底眼底穿过视盘顶部一直延伸到鼻底区域。

维生素 A 缺乏症会导致视杆功能受损。这种损害在行为上表现为夜视。如果缺乏是慢性的，则可能发生进行性视网膜变性和完全失明。眼底镜下还可发现乳头水肿、视网膜血管曲折。视网膜脱离、视网膜下出血和视神经缺血也可能发生。

### （五）诊断

通过眼底镜观察视网膜血管、视乳头、视网膜脉络膜毯区与非毯区的变化来初步判断视网膜形态学是否正常。根据不同的视网膜形态学表现可初步怀疑视网膜变性原因及进程。

功能评估可以通过电生理测试来完成，例如视网膜电图（ERG）或 VEP（或两者同时使用）。遗传性视网膜变性早期的 ERG 变化包括 b 波振幅在红光、蓝光和白光刺激下轻微降低，而 b 波静止期时间保持正常。闪烁的光刺激在不同的频率很容易区分视杆和视锥的反应和显示不对等的功能缺陷。ERG 在区分 SARD 和视神经炎这两种疾病时也特别有用。该信号在视神经炎中正常，但在 SARD 中消失。

### （六）防治

尽管没有针对遗传性视网膜病的治疗方法，但可以采取措施降低其发病率。应当让养宠犬的主人知道该疾病具有遗传性，应鼓励主人对受感染犬进行绝育手术。防止疾病传播的另一个重要因素是遗传性眼部疾病的筛查程序、并尝试通过基因治疗、视网膜移植、干细胞治疗、神经保护性治疗，营养补充甚至视网膜假体进行实验研究。

营养缺乏导致的视网膜变性可通过补充缺乏的营养物质进行预防和治疗。有研究表明补充维生素 A、维生素 E、锌等物质对视网膜变性有帮助作用。

## 二、视神经炎

视神经炎是视神经的炎症。可能是单侧的，但通常是双侧的。它可能会影响整个神经或部分神经。如果不及时加以治疗和控制，经常会导致视神经萎缩，视力不可逆丧失。

### （一）病因

视神经炎可由于以下原因导致，包括：

（1）影响其他神经组织的传染病（如犬瘟热、隐球菌病、猪霍乱、弓形虫病、猫传染性腹膜炎）。

（2）炎症性疾病，最常见的是GME或脑膜炎。

（3）创伤。尤其是在眼球脱出之后发生。

（4）眼眶疾病（如眼眶蜂窝织炎和眼眶脓肿）。

（5）可能是原发性视神经肿瘤的肿瘤性疾病（如脑膜瘤）或继发性累及的眼眶肿瘤。

（6）外源毒素，即各种药物。

（7）维生素A缺乏会导致骨骼异常生长，从而使视神经管收缩。

（8）特发性。许多病例尤其是犬，发生原因不明，而大多数病例被归类为特发性原因。

### （二）发病特点

视神经炎的临床表现包括受影响的眼睛急性视力丧失，可能是单侧的，但通常是双侧发生。

### （三）鉴别诊断

视神经炎由于多表现为急性失明，通常需要与青光眼、SARD、视网膜脱离等疾病进行鉴别诊断。

青光眼通常还存在其他临床表现，如眼内压升高、巩膜充血、角膜水肿、瞳孔散大、视盘凹陷等表现。

视网膜脱离通常在晶状体后部可见，或可以通过超声检查显示。

SARD与局限于视神经远端的视神经炎患者相似，SARD患者表现为急性失明，瞳孔散大，瞳孔光反射消失，眼底镜下视网膜形态正常。可使用ERG来区分两种疾病，因为在SARD中ERG反应消失，而在视神经炎中正常。

### （四）临床症状与诊断

视神经炎的临床表现包括受影响的眼睛急性视力丧失。瞳孔散大且反应迟钝。视盘肿胀并凸起，其边缘模糊（图5-12-4）。有些病例可见视盘上或视盘周围有出血。视盘周围的视网膜还可能会出现水肿或脱落。随着时间发展，可能会发生乳头状视网膜脉络膜变性，邻近玻璃体的渗出和浑浊。在MRI检测中可发现视神经过度增厚。在球后神经炎中，由于神经的远端部分受到影响，在视盘和其他眼底结构可能看起来很正常，但MRI检查中可发现视神经信号异常。因此，可通过眼底镜观察视神经乳头的外观表现以及MRI中视神经信号来进行综合判断。

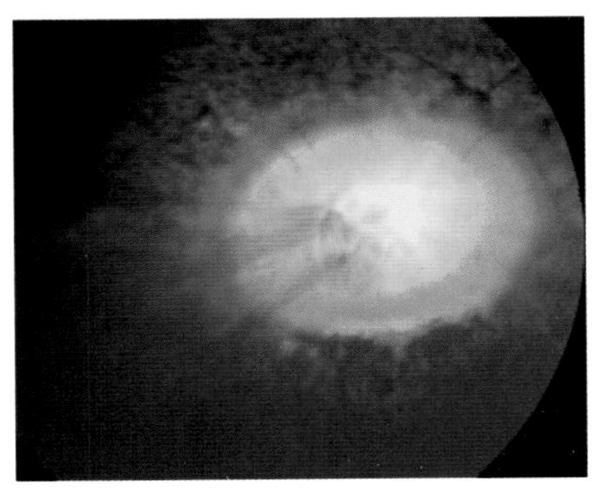

图5-12-4　视盘肿胀，视盘边缘模糊（董佚 供图）

中枢神经系统疾病可能同时出现，具体取决于视神经炎的发生原因。如果不加以治疗或控制，经常会导致视神经萎缩，视盘变浅、变灰和血管萎缩。

### （五）治疗和预后

应该对患犬进行全面的眼科、神经系统和身体检查，以查明主要原因，并采取适当的治疗措施。大剂量全身性类固醇可对症治疗症状（除非患者全身性疾病禁忌）。潜在的传染性或肿瘤性疾病应通过适当的特异性治疗来解决。对于特发性视神经炎或疑似GME的患者，最初恢复视力后，对全身性、免疫抑制剂量的皮质类固醇激素的反应可能会有较好的结果。然而，由于常见的活动性炎症复发并且视神经萎缩经常发生在视神经炎的初次或反复发作之后，因此，需要长期维持视力。

泼尼松龙的口服剂量应为2mg/kg/d（每12h一次），持续10~14d，并以每2周一次的间隔逐渐减半，直到达到较低的每日维持剂量为止。应在整个治疗期间对患病犬进行监测，以确保获得并保持改善的迹象，例如视神经乳头肿胀的消退和/或视力和PLR的恢复。与GME有关的视神经炎患犬的预后不良，因为最终会出现其他中枢神经系统疾病表现。但是，可以通过全身性、免疫抑制剂量的皮质类固醇和/或其他全身性免疫抑制药物来缓解疾病（如环孢素或阿糖胞苷）。

# 第十三节　眼球脱出

眼球脱出（Proptosis）是眼球突然向前方移位，同时眼睑陷入眼球赤道部之后。眼球脱出是眼科急诊，对视力造成威胁，需要迅速评估眼部状态并立即进行药物及手术治疗。眼球脱出的预后可能谨慎，治疗通常包括眼球复位或眼球摘除。

## 一、病因

眼球脱出通常是由于创伤所导致，如咬伤、挤压、车祸等。但对于短头颅品种的犬而言，由于其解剖特点具有较浅的眼眶和较凸出的眼球，即便较轻的外界作用力，也可能导致其发生眼球脱出。而对于长头品种，则需要较强的作用力才能导致眼球脱出。

## 二、发病特点

眼球脱出是眼科急诊，通常具有明确的创伤史。因此，犬主往往较容易及时发现患犬的眼部异常以及发病时间。

眼球脱出必须与眼球突出（Exophthalmos）相鉴别，眼球突出时眼睑处于生理性位置，而眼球脱出时眼睑内陷刺激球结膜，并且通常伴随眼球明显且剧烈的其他临床症状。

## 三、临床症状与病理变化

眼球脱出的临床表现十分明显。临床可见眼球向前或向斜方突出，暴露于睑裂和眼眶之外，同时眼睑陷入眼球赤道部之后（图5-13-1）。由于眼睑的异常位置，加上结膜高度水肿，因此，眼球很难自行复位。

图5-13-1　眼球向前脱出，暴露于睑裂和眼眶之外，同时眼睑陷入眼球赤道部之后（刘玥 供图）

常见的临床表现还包括眼外肌撕裂、眼周组织肿胀瘀血、暴露性角膜炎、葡萄膜炎、眼内出血等。眼球脱出通常伴随一条或多条眼外肌撕裂，其中内直肌是最短的一条眼外肌，通常最先发生撕裂。如若创伤严重，可能发生多条眼外肌撕裂，甚至仅剩眼球退缩肌保留。由于创伤性病因，眼周组织包括眼睑、结膜等可能发生挫伤，表现为肿胀、充血、瘀血（图5-13-2）甚至坏死，暴力还可导致眼眶骨折，以及眼内结构破坏。由于眼睑无法正常闭合、角膜脱敏会继发干燥性角膜炎和神经源性角膜炎，很快发生角膜溃疡。创伤和角膜溃疡均可继发反射性葡萄膜炎。其他常见的临床症状还包括瞳孔缩小（图5-13-3）、眼压升高、眼内出血、晶状体脱位、视网膜脱落等。

图5-13-2　球结膜严重瘀血（刘玥 供图）

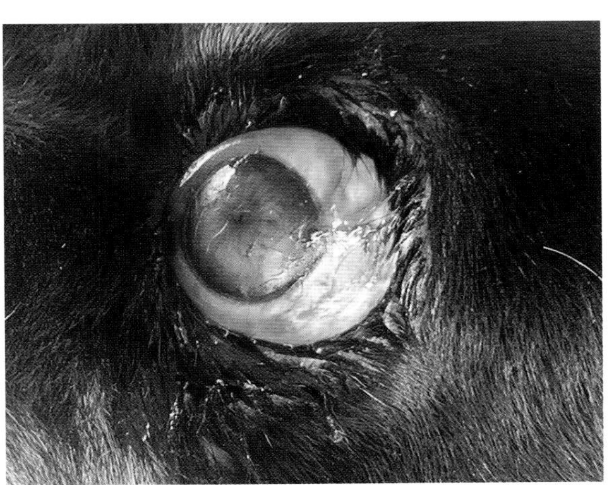

图5-13-3　瞳孔缩小，呈针尖样（刘玥 供图）

## 四、诊断

眼球脱出的诊断相对容易，通过调查病史以及临床表现即可确定。尽管犬可能十分疼痛、应激，抗拒检查，但仍需进行眼科检查评估眼压、房水闪辉、角膜染色甚至眼内结构等情况。需要注意，尽管瞳孔的大小与最终视力转归无直接关系，但也应进行神经眼科检查。此外，也应根据创伤情况，检查眼周组织的损伤情况以及是否发生眼眶骨折。同时，也应对患犬整体情况进行评估，以发现其他系统性损伤并给予支持治疗。

## 五、防治

### （一）预防措施

尽管导致眼球脱出的病因较多，但鉴于绝大多数由外伤所致，因此，应当养成良好的养犬习惯，例如，外出时牵好牵引绳，防止犬只打斗或被车辆撞击等。

### （二）治疗

一旦发生眼球脱出，应即刻频繁给予生理盐水、抗生素眼膏等进行眼表保湿，以防止角膜干燥、损伤。

眼球脱出的治疗通常包括眼球复位或眼球摘除。选择何种治疗方式根据临床表现、预后以及与犬主人沟通后决定。若情况允许，建议先尝试挽救性手术保留眼球而非直接摘除。但视力的预后通常谨慎或不良，这取决于眼部及眼周组织的损伤程度。曾有报道约20%的脱出眼球可恢复视力。因此，挽救性手术通常是出于美观的目的，但必须确保患犬不会在术后长期感到不适。

若在初诊时检查患眼具有直接和间接瞳孔对光反射，具有一定视力，则长期预后较好。在仅轻度至中度眼球脱出、仅有1条眼外肌撕裂、没有或仅有轻度的眼内出血情况时，挽救性手术的预后通常较好。

如果超过2条眼外肌撕裂，眼前节的血供和神经支配可能受损，建议进行眼球摘除（图5-13-4）。此外，应评估是否发生巩膜破裂，该情况可能伴有眼内出血、眼球变形、眼内结构严重破坏，也建议眼球摘除。

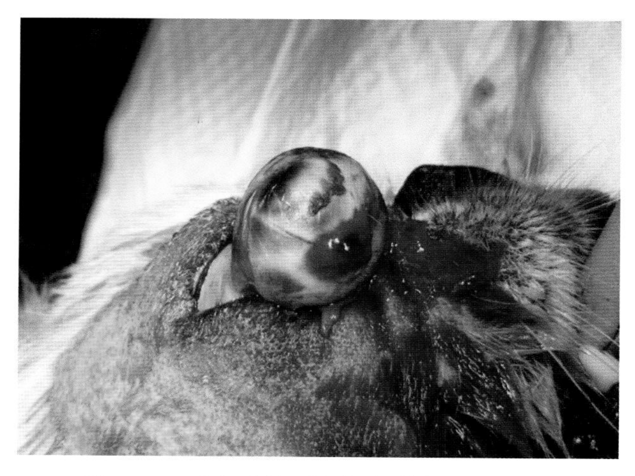

图 5-13-4　多条眼外肌断裂，视神经已断裂暴露（刘玥 供图）

如果发生眼内出血，尤其同时还伴有超过1条眼外肌撕裂，则预后谨慎。可先进行眼球复位，但若转归不可接受，仍需二次手术眼球摘除。

眼球复位需要在全身麻醉下尽快进行。先使用生理盐水和稀释的聚维酮碘溶液反复冲洗眼表。使用镊子牵拉出眼睑边缘（图5-13-5）。按水平褥式缝合方式留置牵引缝线便于整复（图5-13-6），可根据动物体形使用4-0至2-0单丝不可吸收缝线。缝线进出眼睑边缘时务必从睑板腺开口水平位置进入，避免缝线暴露于睑结膜面刺激角膜。外侧皮肤处可使用输液管作为支架减轻压力。在眼表涂布抗生素眼膏等作为润滑，然后使用刀柄等器械轻压眼球，同时牵拉缝线上提眼睑，使眼球进入眼眶（图5-13-7）。配合外眦切开术扩大眼裂可能有利于操作，而眼眶出血和组织肿胀可能阻碍眼球复位。复位后收紧缝线并打结，完成2~3个水平褥式缝合暂时闭合眼睑（图5-13-8）。内眦保留一个开口，以便局部用药。手术完成后，可以马上冷敷以减少肿胀，直到犬苏醒。根据眼眶的肿胀和眼球突出的程度，缝线应保留至少1~3周，再考虑逐步拆线。有些动物可能保持眼睑部分缝合长达数月。

术后可给予患犬全身性类固醇或非甾体类抗炎药以减轻炎症并控制疼痛。如果创伤导致继发

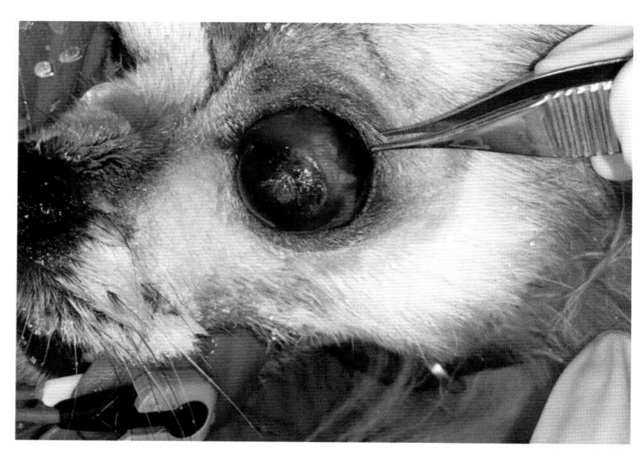

图 5-13-5　使用镊子牵拉出眼睑边缘（刘玥 供图）

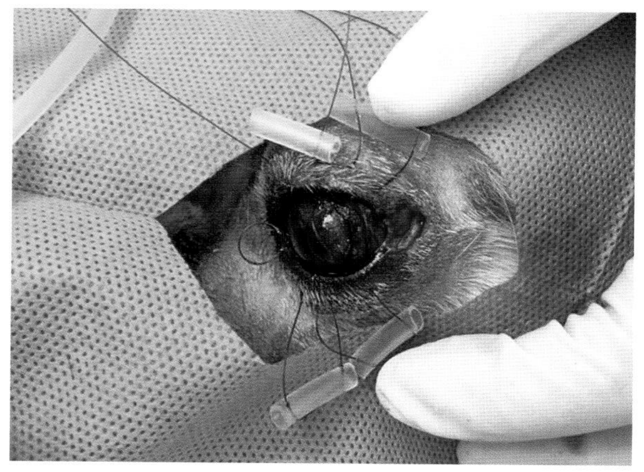

图 5-13-6　留置牵引缝线便于整复，配合外眦切开术可能扩大眼睑有利于操作（刘玥 供图）

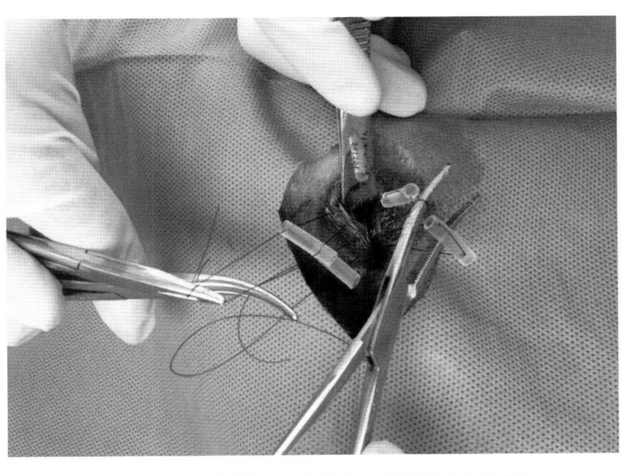

图 5-13-7　轻压眼球，同时牵拉缝线上提眼睑，使眼球进入眼眶（刘玥 供图）

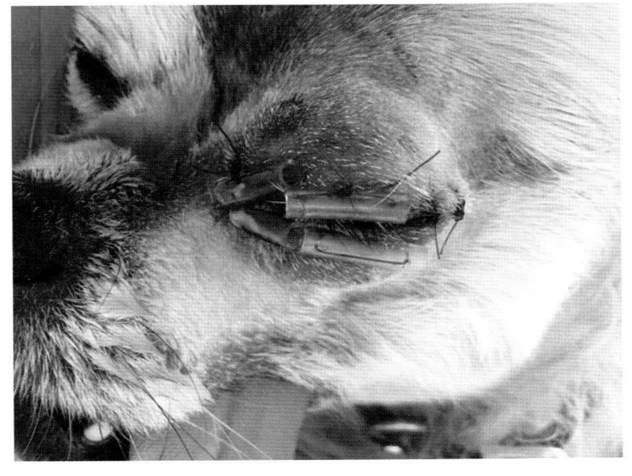

图 5-13-8　完成 2~3 个水平褥式缝合暂时闭合眼睑（刘玥 供图）

感染，可给予1~2周全身性抗生素。眼部局部可使用抗生素眼膏，每6h一次；阿托品眼凝胶，每12h一次（若存在干燥性角膜结膜炎，避免使用阿托品眼膏）。

长期后遗症包括失明、斜视、轻度眼球突出、兔眼症、角膜感觉缺失、干燥性角膜结膜炎、暴露性角膜炎、青光眼、眼球痨等，其中外斜视是最常见的后遗症（图5-13-9）。

图 5-13-9　外斜视（刘玥 供图）

# 第六章

## 犬胃肠疾病

# 第一节　蛋白丢失性肠病

犬蛋白丢失性肠病是一类从肠道丢失蛋白的综合征，可由多种疾病引起，且以血浆白蛋白减少症为特征。如果犬发生了慢性小肠性腹泻，除了感染、食物不良反应、炎性肠病、肿瘤病和慢性胰腺炎等外，蛋白丢失性肠病也是其主要的鉴别诊断之一。该病可发生于任何年龄的犬只，约克夏梗、软毛麦色梗多发。

## 一、病因

炎症、肿瘤、出血或淋巴液渗漏都可以导致蛋白不同程度的丢失，其中以炎性肠病、肠道淋巴瘤最为常见。

## 二、发病特点

该病常呈慢性渐进性经过，并发消化吸收障碍，长期可导致虚弱和恶病质。

## 三、临床症状

病犬常可见厌食、呕吐、腹泻和黑便等消化道症状，若不加控制，还可出现因低白蛋白血症而引起的胸水、腹水和/或全身水肿，以及消瘦、体重下降和恶病质。

## 四、临床检查

### （一）粪便寄生虫检查

采集新鲜粪便进行常规粪便检查以及进行粪便标准浮集法检查。

### （二）血液学检查

血液学检查通常是非特异性的。全血细胞计数可能出现贫血和白细胞升高。血液生化检查可见血浆白蛋白减少症、胆固醇减少症，也可能因为显著炎症而继发ALT、AST和ALKP升高。

### （三）影像学检查

腹部超声检查中可见肠壁局部或弥散性增厚、回声变化和分层不清晰、黏膜内中等或强回声线垂直排列、黏膜轮廓缺损、肠系膜淋巴结肿大，以及肠道蠕动性下降等一系列影像学变化（图6-1-1）。

### （四）活组织检查

活组织检查是确诊蛋白丢失性肠病的方法。一般通过内窥镜采样，必要时也可行手术切开或切除采样（图6-1-2、图6-1-3）。

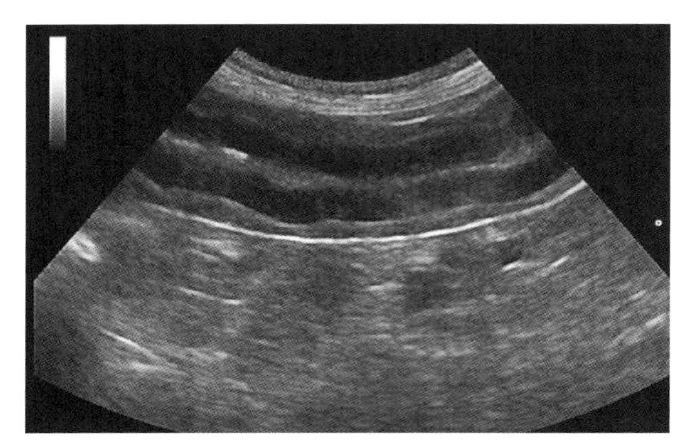

图 6-1-1　黏膜下层增厚和黏膜层内散在高回声亮点（王佳尧 供图）

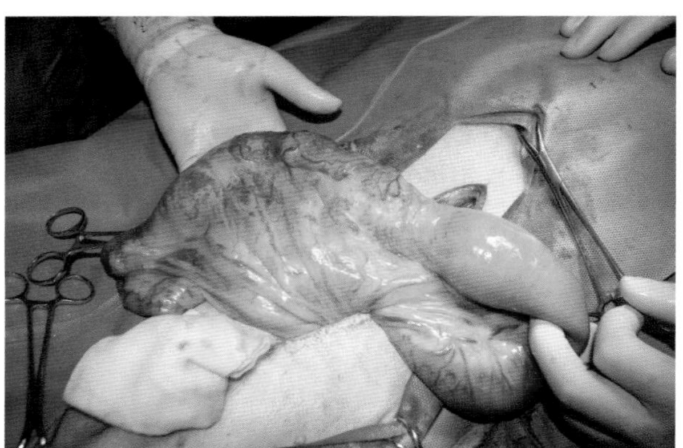

图 6-1-2　肠道肿瘤浆膜上的多发性出血点（刘敏 供图）

## 五、诊断

根据病史（如慢性小肠性腹泻等）、相关症状（如胸腔积液、腹腔积液和/或全身水肿等）和体格检查，进行鉴别诊断，选择合适的临床病理学检查和影像学检查，并进行肠道活检，最终予以诊断。

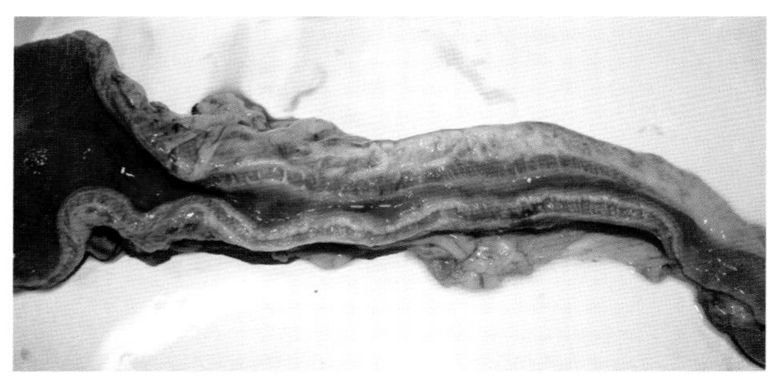

图 6-1-3　肠道肿瘤中增厚的肠壁（刘敏 供图）

## 六、治疗

### （一）对因治疗

可选用含有左旋咪唑、阿苯达唑和伊维菌素等的单方或复方制剂驱除肠道寄生虫；应针对引发蛋白丢失性肠病的具体疾病进行治疗。

### （二）对症治疗

促进食欲，止吐、止泻、止血、补血，静脉输注白蛋白制剂，抑制肠道炎症。

### （三）营养支持疗法

犬患病期间饲喂低脂食物为宜。

# 第二节 肠套叠

犬肠套叠是因为相邻肠段蠕动不协调而导致相互套叠的一种肠道阻塞性疾病。多种病因可引起该病，最常见于急性肠炎。肠道全段都可发病，其中回肠结肠套叠高发。该病通常是一种急腹症，若不及时救治，可因肠道缺血坏死、穿孔而引发一系列严重后果。

## 一、病因

所有影响肠道蠕动的致病因素都可能导致肠套叠，比如急性肠炎、肠道阻塞、肠道肿瘤和肠道手术等。

## 二、发病特点

起病急，症状进展迅速，对症治疗无效。套叠的肠道若发生缺血坏死，可引发肠道穿孔、破裂，也可引发腹膜炎和败血症，甚至导致死亡。

## 三、临床症状

病犬的临床症状逐日加重，可见精神沉郁、厌食、呕吐、腹泻、里急后重、血便，以及排粪减少至停止。腹部触诊抵抗、腹壁紧张，可能触及条索状的套叠物。

## 四、临床检查

### （一）体格检查

腹部触诊可能触及套叠的肠管。

### （二）粪便寄生虫检查

采集新鲜粪便进行常规粪便检查、浮集法和沉淀法可能检出消化道寄生虫成虫及其虫卵。

### （三）血液学检查

血液学检查通常是非特异性的。全血细胞计数可能出现白细胞升高、核左移。生化检查可能未见明显异常，也可能因为显著炎症而继发ALT、AST和ALKP升高。

### （四）影像学检查

（1）DR检查。钡剂灌肠造影可见套叠肠道的充盈缺损。

（2）B超检查。B超展现肠道横断面同心圆征象，伴随肠壁水肿、肠系膜淋巴结肿大（图6-2-1）。有时可能发现少量腹膜腔积液。

### （五）活组织检查

对套叠的肠道进行全层活检有助于排除肠道肿瘤。

## 五、诊断

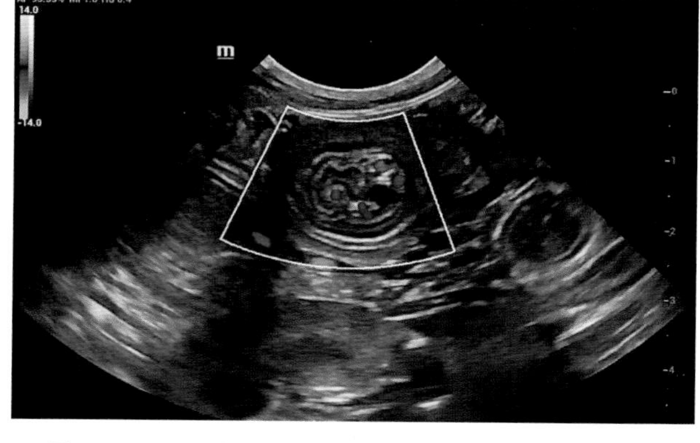
图 6-2-1 呈同心圆样的肠套叠横断面（王佳尧 供图）

根据病史（如肠道手术史等）、相关症状（如呕吐、血便等）和体格检查（如腹部触诊发现条索状物等）进行鉴别诊断，选择适当的临床病理学检查和影像学检查，最终予以诊断。

## 六、治疗

### （一）对因治疗

排除肠套叠的病因。应立即进行开腹探查术，发现肠套叠并予以整复，若肠道出现坏死需进行肠道切除吻合术（图6-2-2至图6-2-4）。

### （二）对症治疗

镇痛、止血，输液维持水、酸碱度和电解质平衡。

### （三）营养支持疗法

犬患病期间饲喂易消化的食物为宜。

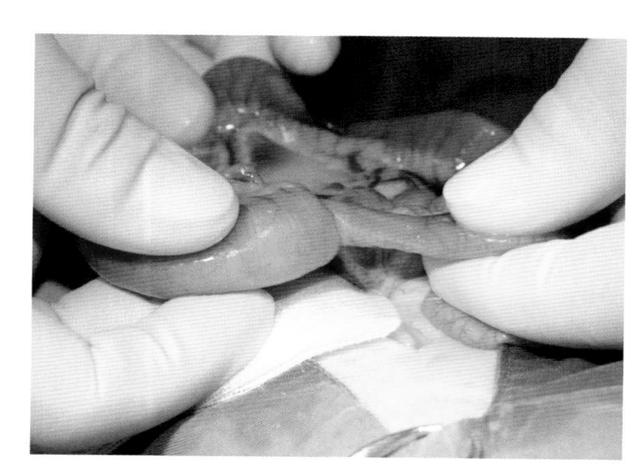
图 6-2-2 空肠套叠（刘敏 供图）

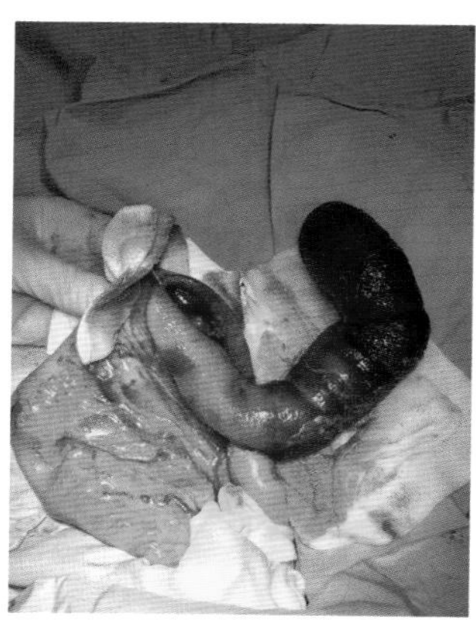
图 6-2-3 肠道坏死（刘敏 供图）

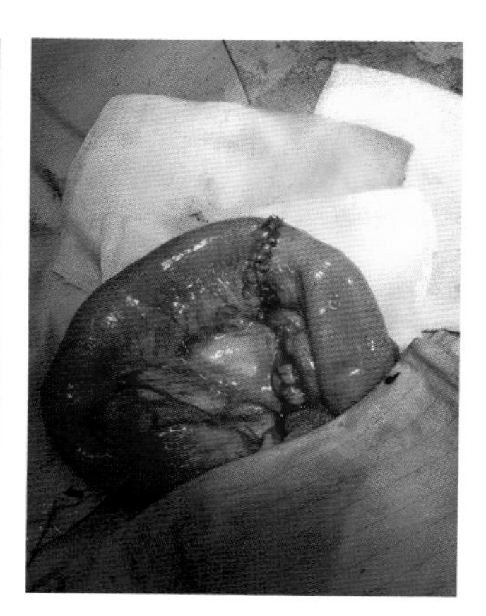
图 6-2-4 肠道切除吻合术（刘敏 供图）

# 第三节 胰腺炎

犬胰腺炎是由于胰蛋白酶被提前激活而致胰腺自身消化的炎性疾病。它可由多种病因引起。该病根据病程可分为急性和慢性两种类型，而犬的急性胰腺炎比慢性胰腺炎常见。急性胰腺炎根据病变表现不同又分为水肿性和出血性。青壮年犬只多发，也可以发生在幼龄犬和老年犬。

## 一、病因

导致胰蛋白酶在胰腺内被激活的诱因包括病毒感染（如犬细小病毒病、寄生虫如弓形虫病等）、饲喂高脂食物、高血脂症、胰腺灌注不良、甲状腺机能减退、肾上腺皮质机能亢进、高血钙症、腹部外伤以及药物/毒物（如左旋门冬酰胺酶）等。迷你雪纳瑞犬多发高血脂症，因此，有较高的胰腺炎发病率。

## 二、发病特点

急性胰腺炎起病急，症状进展迅速，可继发肝坏死、肺水肿、肾小管变性、心肌病、低血压和弥散性血管内凝血。若发生急性出血性坏死性胰腺炎，死亡风险会显著增加。

## 三、临床症状

病犬出现精神沉郁、食欲下降、发热、呕吐、腹泻和腹痛等症状。呕吐通常是频繁而剧烈的，常发生于饮食后，可能出现呕血。腹泻常伴有血便。腹痛明显，常可观察到病犬祈祷式俯卧，以及腹部触诊抗拒、腹壁紧张。

## 四、临床检查

### （一）血液学检查

全血细胞计数可见白细胞数量增多，可能伴有核左移。血涂片检查可能出现中毒性嗜中性粒细胞。生化检查中淀粉酶和脂肪酶浓度常见增加，血糖水平可能暂时升高，可因胰腺肿大压迫总胆管而导致总胆红素升高，也可由于继发肝脏损失而导致ALT、AST和ALKP升高。犬胰腺特异性脂肪酶升高。

### （二）影像学检查

B超展现胰腺肿大、弥散性低回声、边界不清和/或不平滑，周围软组织回声增强以及相邻十二指肠壁层增厚等征象（图6-3-1）。

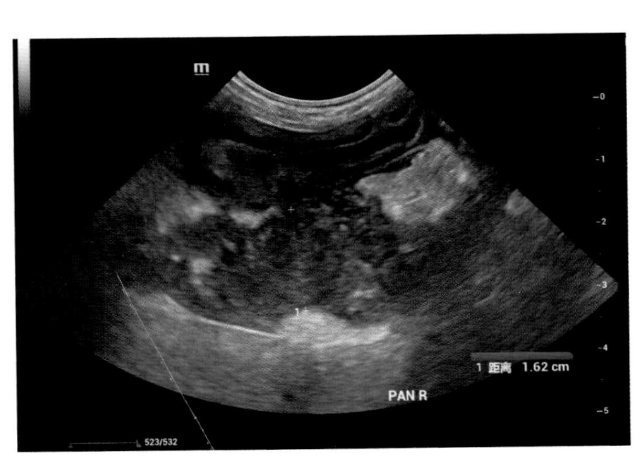

图 6-3-1　胰腺肿大和回声降低（王佳尧 供图）

## 五、诊断

根据病史（如高脂食品等）、相关症状（如呕吐、腹泻和腹痛等）和体格检查，进行鉴别诊断，选择适当的临床病理学检查和影像学检查，最终予以诊断。

## 六、治疗

### （一）对因治疗

排除可能的诱因，比如停止饲喂高脂食物。疾病初期禁食、禁水1~5d以抑制胰腺分泌消化酶。输注血浆可提供胰蛋白酶抑制剂，也是可以尝试的疗法之一。维持胰腺血流灌注是治疗胰腺炎的重要基石，这样可为胰腺供氧、供能且带走有害物质和代谢产物。应根据血气分析的结果配制并输入合适的替代液和维持液。

### （二）对症治疗

退热、止吐、镇痛、保肝、恢复电解质和酸碱平衡，预防或治疗继发感染。

### （三）营养支持疗法

犬患病期间以饲喂低脂食物为宜。

# 第四节 巨食道

犬巨食道是一种以弥漫性扩张和蠕动减少为特征的食管疾病。它分为先天性和后天性。先天性巨食道较为罕见。后天性巨食道通常是特发性的或继发于其他疾病。

## 一、病因

先天性巨食道一般与迷走神经传入功能障碍有关，但具体的发病机理尚不清楚。后天性巨食道可继发于重症肌无力、自主神经功能障碍、多发性肌炎、多发性神经根神经炎、肾上腺皮质功能减退、甲状腺功能减退、食道阻塞、食道裂孔疝、食道癌等，重症肌无力是继发巨食道的最常见的原因，但多数犬的巨食道病因尚不清楚，多被认为是特发性的。

## 二、发病特点

先天性巨食道有一定的品种倾向，爱尔兰长毛猎犬、德国牧羊犬、拉布拉多猎犬、大丹犬、沙皮犬、金毛猎犬、罗威纳犬、吉娃娃、腊肠犬和迷你雪纳瑞等易患该病。

## 三、临床症状与病理变化

巨食道的常见临床症状是反流、体重减轻、咳嗽和口臭。食道扩张可因残留的食物发酵而发生食道炎，当出现炎症或食道扩张时，犬会表现为头颈伸长或僵直，嘴角流出大量唾液。当发生异物性肺炎时，犬会出现呼吸紧迫、湿咳、听诊啰音。后天继发的巨食道还表现为原发病相关症状。

## 四、诊断

了解病史，具有反流病史的成年犬均应怀疑是否具有该疾病。大多数巨食道病例可以通过X射线片来诊断，X射线片表现为食管显著膨大（图6-4-1），内含气泡和液体。通过钡餐造影可进行确诊，通过钡餐造影还能判断食道蠕动的类型、频率、强度以及功能变化。然而，诊断该病根本原因需要全面的病史和额外的诊断，比如血常规检查、血液生化检查以及尿液分析等。巨食道需要与食道异物、狭窄、憩室、食道炎、食道肿瘤和食道周围肿胀等疾病进行鉴别诊断。

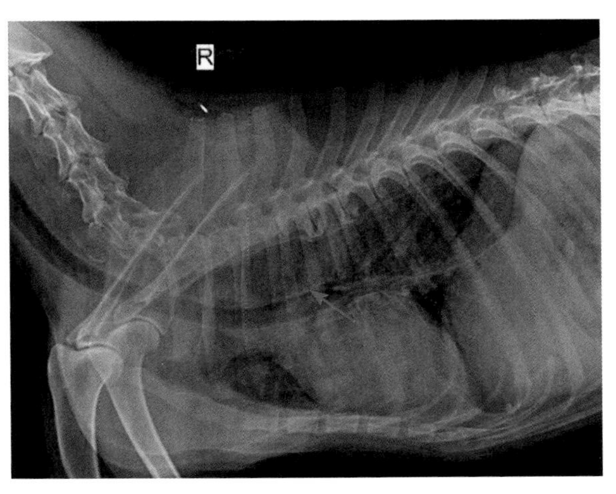


图 6-4-1　13 岁雄性哈士奇犬胸腔侧照（施文琴　供图）
注：图中红色箭头指示可见气管背侧膨大的食管

## 五、防治

巨食道的治疗、管理和预后因发病根本原因而异。继发性巨食道可能会随着潜在疾病的成功治疗而痊愈，特发性巨食道通常难以治疗，预后较差。吸入性肺炎通常是犬巨食道常见的死亡原因之一。

继发性巨食道在进行治疗时主要措施是消除病因，并对症治疗。针对性地减少食道中固形物和液体滞留的治疗将是防止反流和发生危及生命的并发症的理想选择。对症治疗主要是少量多次喂食，喂食后抬高头部或抬高食碗喂食，由此可利用重力作用使食物通过食道到达胃部的硬度或颗粒形态得到适当调整，将食物制成适合犬吞咽或可以刺激食道蠕动的形态，一般固体颗粒更为适合。对于不能经口喂食的犬需要进行静脉输液或通过胃造口术放置插管进行饲喂，确保充足的营养供应。同时配合抗菌消炎以及纠正水和电解质平衡，应用抗胆碱药或钙拮抗剂以刺激食道蠕动和消除食道下段括约肌的紧张性。有研究表明，使用液体西地那非也可以使食道括约肌张力显著降低，放松食道括约肌张力可以让食物更快、更稳定地进入胃部，并且可以减少反流的次数，缓解患病犬临床症状，提高生活质量。

# 第五节　胃肠异物

## 一、食道异物

食道异物是指可能不同程度阻塞食道的物体，可致食道黏膜损伤，严重时引起食道穿孔。

### （一）病因

幼犬或成年犬可吞食各种异物，最常见的食道异物为骨头，偶尔可见尖锐的金属物（针或鱼钩）、玩具、球、毛球、线性异物等。通常是由于异物太大或尖锐部卡入食道黏膜内而不能通过食道所致。

### （二）发病特点

任何品种的犬均可见食道异物，可发生于各个年龄阶段，多见于3岁以内的犬，并且没有明显性别倾向。犬的食道异物最常见于小型犬，特别是小型梗犬（约克夏和西高地白梗），多为骨头。食道异物最常见于胸腔入口处、心基部或横膈区域，因为这些区域的食道外结构限制了食道的扩张。

### （三）临床症状与病理变化

犬可在吞食异物后的数小时到数月内表现临床症状。急性症状通常表现为坐立不安、口腔或颈部疼痛、吞咽困难、反流等，其他症状可见恶心、流涎、干呕、精神沉郁、食欲下降、体重减轻、脱水、发热或呼吸困难等。

食道异物会给犬食道局部造成巨大压力而发生压迫性坏死；尖锐异物通常会损伤食道黏膜，导致食道出血或发生炎症，严重时引起食道穿孔，食道内容物或分泌物的漏出通常会使周围组织感染；发生食道炎时，会影响食道的运动性而使食物蓄积，进而导致食道扩张或发生反流，长期的扩张会影响神经、肌肉的功能，致使食道蠕动缓慢；当食道异物穿透食道壁刺破心基部大血管时可引起严重失血，进而发生失血性休克。

### （四）诊断

食道异物的诊断通常包括病史调查、体格检查、影像学检查、内窥镜检查。病史调查通常包括饲喂过骨头、翻过垃圾或有流浪史。体格检查犬经常表现为食欲下降、吞咽困难、呕吐或反流，偶尔可触摸到颈部食道异物。影像学检查通常借助X射线进行诊断（图6-5-1），良好的拍摄条件可以诊断出大部分的食道异物，还能同时检查是否发生纵膈炎、纵膈积气、气胸、胸腔积液、气管压迫或吸入性肺炎等。偶尔应该用无菌性有机含碘造影剂进行X射线造影，以便观察是否发生食道穿孔。内窥镜检查可用于辨认和移除异物、评估食道损伤程度。

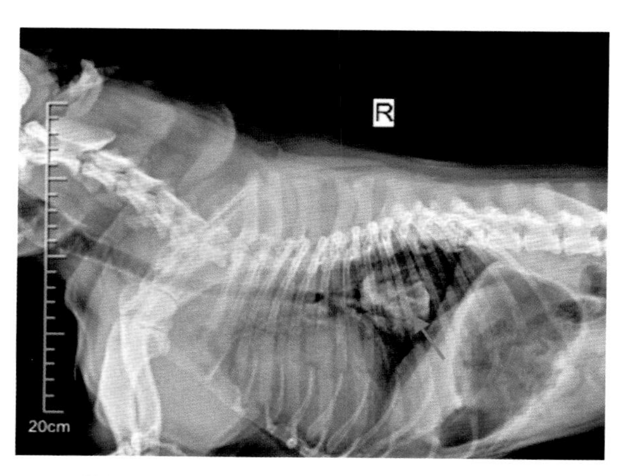


图6-5-1　2岁法国斗牛犬胸腔X射线侧位片（施文琴　供图）

注：箭头指示横膈前可见高密度团块，该犬有饲喂骨头史

### （五）防治

食道异物需要尽早取出，否则可能因为压迫造成食道黏膜损伤或坏死，严重时可发生穿孔。

内窥镜夹取是取出食道异物的首选方法，小的异物可通过软式光纤内窥镜或借助异物钳、圈套钳等取出。患病犬麻醉后进行内窥镜夹取异物，患病犬侧卧位，将内窥镜送入食道并观察异物位置以及周围食道损伤情况，避免将异物推入或造成进一步损伤。看到异物时，清除周围液体或碎片，选用合适的内镜钳夹住异物并使其与食道分离，小心取出并评估食道损伤程度（图6-5-2至图6-5-4）。若为尖锐物体或大的食道异物，可将其推入胃内，再通过胃切开术进行取出，防止对食道造成

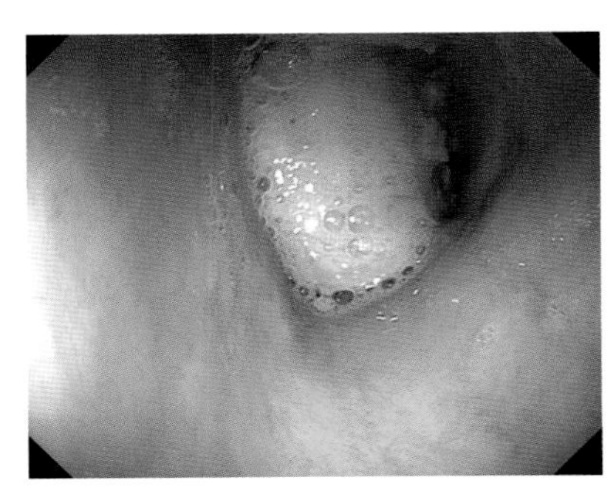

图 6-5-2　2 岁法国斗牛犬内窥镜检查（施文琴　供图）
注：内窥镜检查可见食道黏膜，内可见骨头

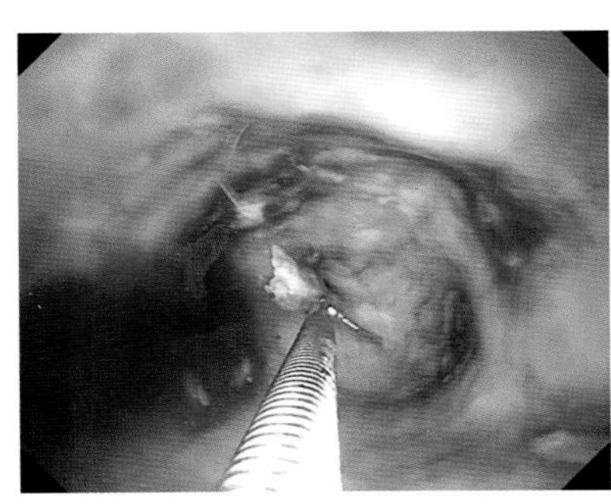

图 6-5-3　2 岁法国斗牛犬内镜夹取食道异物（施文琴　供图）
注：经术前检查和内窥镜评估，该病例使用圈套器进行骨头夹取，并成功取出

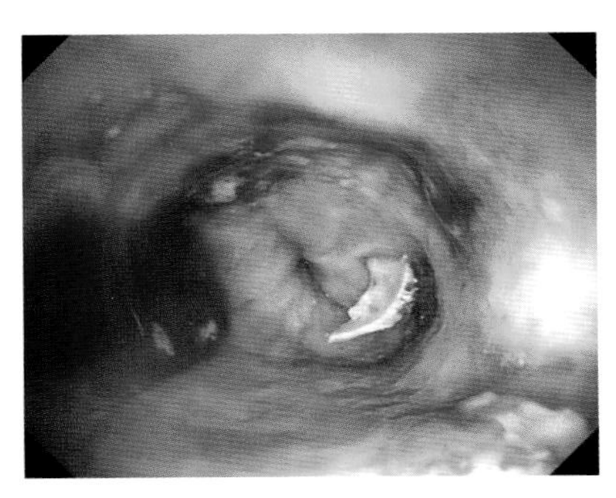

图 6-5-4　2 岁法国斗牛犬食道损伤情况（施文琴　供图）
注：取出骨头后可见食道黏膜充血水肿，与骨头的长时间压迫相关，可见骨头碎片

更严重的损伤。当异物边缘较为平滑时可用球囊导管充气辅助取出食道异物，将球囊导管插入异物远端，向球囊内充气，将食道扩张到略大于正常大小以上，而后慢慢将异物和导管一起拉出。非手术方法取出食道异物后需要再次拍摄X射线，以确定是否存在穿孔（气胸或纵膈积气）。

有些内窥镜难以取出的异物可通过推入胃中，实施胃切开术进行移除。对于无法移除食道、有穿孔风险、出现食道坏死的情况时可实施食道切开术或部分食道切除术移除食道内异物，尽可能地将坏死组织清除干净，食道缝合好后需要通过阻塞食道腔、添注生理盐水、挤压等观察缝线间是否有泄漏以判断食道是否闭合完整，而后用网膜或肌肉帮助食道切开或切除处血管化来帮助切口愈合。

食道异物移除后，根据食道损伤情况，需要至少禁食24h，损伤严重时需要禁食48h甚至更长时间，在犬可以经口进食前需要进行静脉输液以维持基本能量需求，或通过放置胃管进行喂食。食道损伤不严重时，可在术后24h后给水，没有呕吐或反流时可进食打碎的流质食物，5~7d后逐渐恢复正常饮食。对于有食道炎的患病动物可给予硫糖铝悬浮液或应用质子泵抑制剂（奥美拉唑、泮托拉唑等），对于严重的炎症或感染还需应用抗生素（氨苄西林、阿莫西林或克林霉素等）来进行控制。

异物取出的并发症通常包括：食道炎、撕裂、坏死、泄漏、感染、血胸、脓胸、纵膈炎以及食道狭窄等。大多数的食道异物取出后预后良好，对于尽早取出的小的异物通常有更好的预后，对于异物较大、尖锐、停留时间久、有严重并发症的小型犬或老年犬预后可能较差。

## 二、胃内异物

胃内异物是指胃内长期滞留难以消化的异物（石头、塑料、骨头、线等），损伤胃黏膜，影响胃功能，严重时可致胃穿孔，继发腹膜炎。

### （一）病因

很多犬由于好动贪玩，可吞食各种异物，如石头、玩具、破布、针、线团等。另外，当犬患有可引起异食癖的某些疾病时（寄生虫病、维生素缺乏、矿物质缺乏、胰腺疾病等），常易发生胃内异物。

### （二）发病特点

胃内异物最常见于中型或大型犬种的幼犬，并且雄性犬多于雌性犬。胃内异物的类型与年龄、

区域或品种没有显著相关性。当幼犬急性或持续性呕吐时应怀疑此病。

### （三）临床症状与病理变化

胃内异物的犬，根据异物的不同临床症状会有较大的差异。有的胃内异物可能不表现临床症状或表现为间歇性的呕吐，有些犬可继续进食且精神良好。有的会表现为明显的临床症状，常见临床症状包括呕吐、腹痛、厌食、不排便和腹泻、腹胀等，呕吐是上消化道梗阻最典型的临床症状，这与胃流出受阻、胃扩张和黏膜刺激相关。当食入的异物较大时，可引起胃炎；当异物为尖锐物时，可能损伤胃黏膜，导致水肿或出血，进而可能发生呕吐物带血或黑便，严重时可能导致胃穿孔，或继发腹膜炎；当胃内异物为线性异物时，通常会缠绕在舌下或幽门部，也会引起肠道皱缩，异物可在胃内和肠内同时存在，所以需要谨慎对待。

### （四）诊断

根据病史、临床症状、影像学检查和实验室检查可以对该疾病进行诊断。体格检查通常没有明显的异常，可能会有脱水，偶尔可以触诊到异物，如若存在线性异物则可能触诊到皱缩的肠管或观察到线性异物。患犬通常会有可能吞食异物的行为或频繁梳理毛发。X线照射对高密度异物的诊断较为精准，比如金属类，但通常很多异物是可以透过X射线的，比如毛球、塑料制品或布艺制品。超声检查在胃内异物的检查中意义不大。内窥镜检查可以更好地诊断胃内异物，还能很好地评估胃内组织损伤程度。实验室检查结果通常与异物的形态、胃内存留的时间相关，实验室指标可正常或表现为脱水，严重时可能导致酸碱和电解质失衡（低氯血症、低钾血症、代谢性酸或碱中毒等）。

### （五）防治

当需要取出胃异物时，可以通过催吐、内窥镜检查或手术方法来去除异物。当异物为袜子、软塑料等软材料时，可使用阿扑吗啡、右美托嘧啶或过氧化氢来诱导呕吐以排出，但此方法不适用于尖锐物体。上消化道内窥镜检查是一种微创治疗，成功率很高，内窥镜检查除了可以有效诊断胃内异物外，还是去除胃内异物的首选方法（图6-5-5、图6-5-6），可用于催吐无法排除的软质

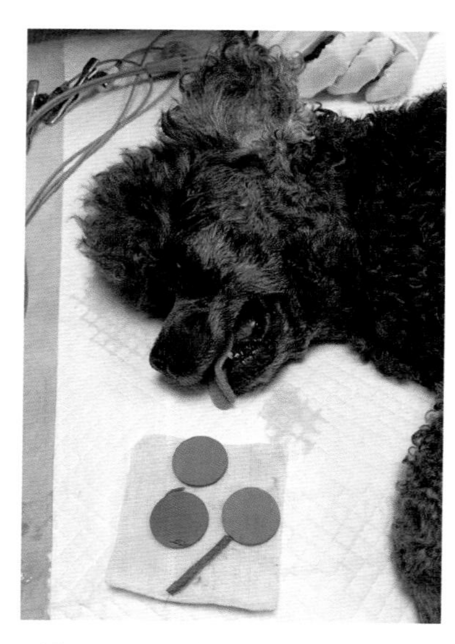

图 6-5-5　黑贵宾犬，11 岁，内窥镜异物夹取术（施文琴 供图）
注：内窥镜夹出三片塑料片（直径约 2 cm）和一小片竹片

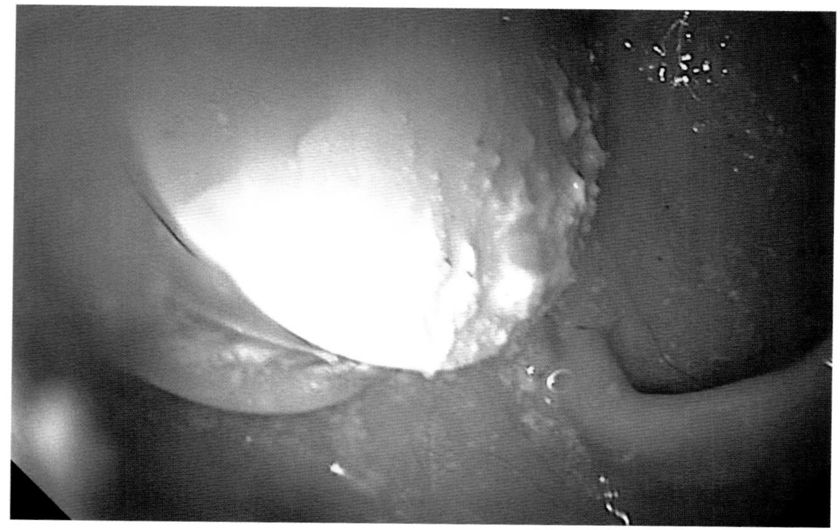

图 6-5-6　贵宾犬，11 岁，内窥镜异物夹取术（施文琴 供图）
注：内窥镜可见胃内重叠的三块塑料片

材料异物的夹取，偶尔适用于一些小的尖锐物的取出，但需要经过全面评估夹取过程中是否会造成严重的胃或食道损伤。

如果怀疑穿孔或异物无法通过内窥镜去除时，则通常需要进行手术干预，通常采取胃切开术进行取出，在胃大弯与胃小弯之间血管较少的位置进行切开，不能过于靠近幽门，否则闭合切口时容易造成幽门梗阻，取出异物后进行闭合，并确保检查整个胃肠道是否存在其他异物，在闭合腹腔前需要更换器械和手套。胃切开术后应注意监测动物的体液情况，术后48~72h禁食水，通过静脉输液的方式来维持犬的基础能量需求和电解质酸碱平衡，当犬喝水不吐后，可以少量饲喂清淡饮食并在5~7d后恢复正常饮食。

对患有胃内异物的病患可以根据临床症状和检查结果应用止吐药、消化道黏膜保护剂或质子泵抑制剂，以有效缓解临床症状并促进损伤修复。

## 三、肠道异物

犬肠道异物是食入完全或部分阻塞肠道的物体，可致肠道黏膜损伤，严重时引起肠道坏死或穿孔。

### （一）病因

由于犬肠道的管腔较口、咽和胃的开口小，所以，通过食道和胃的异物可卡在管腔内，常见的异物包括骨头、金属物（针或鱼钩）、玩具、球、毛球、玉米芯、胡桃、杧果核、线性异物（丝带、长筒袜、绳子、鱼线）等。

### （二）发病特点

英国斗牛犬、史宾格犬、斯塔福德郡斗牛犬、边境牧羊犬和杰克罗素梗犬的发病比例较高，犬的肠道异物有较高的比例发生在空肠，但胃肠道的所有部位均可发生异物阻塞。好动的年轻犬更易发生肠内异物，目前尚未发现发病有明显的性别倾向。

### （三）临床症状与病理变化

犬的临床症状依异物梗阻的位置、是否完全梗阻、梗阻持续的时间以及周围肠道黏膜的损伤情况而定。常见的临床症状包括呕吐、厌食、腹泻、腹痛，当发生近端完全阻塞时，犬常常会表现出急性剧烈呕吐，胃分泌液丢失，进而发生脱水或代谢性碱中毒，严重时可能发生低血容量性休克，若不及时治疗，可能在数天内死亡；当发生远端不完全阻塞时，犬会表现为间歇性呕吐，偶尔可见少量进食，排便的次数减少或不排便，也可见腹泻，犬亦会表现为消瘦；当异物为尖锐物体、线性异物或阻塞时间较长时，肠道黏膜会出血、水肿或坏死，有时可见粪便带血，严重时可发生穿孔导致的腹膜炎。

### （四）诊断

肠道异物的诊断通常包括病史调查、临床症状观察、影像学检查以及实验室检查。

患肠道异物的犬通常为好动的年轻犬，多伴有喜欢乱吃东西的习惯。犬通常表现为精神沉郁、急性或慢性呕吐、脱水、腹痛、腹泻或便血。X射线检查常常可以看到由于阻塞导致气体、液体或食物堆积而出现的肠管扩张（图6-5-7）；有时可见阻塞的异物，尤其是不透射线的异物更易辨识；线性异物通常会使肠道皱缩在一起，腔内可见逗号形小气泡。超声检查可用于X射线难以识别的异物，异物周围可能存在气体或液体积聚（图6-5-8），同时可以评估肠道的蠕动情况。实验室检查血

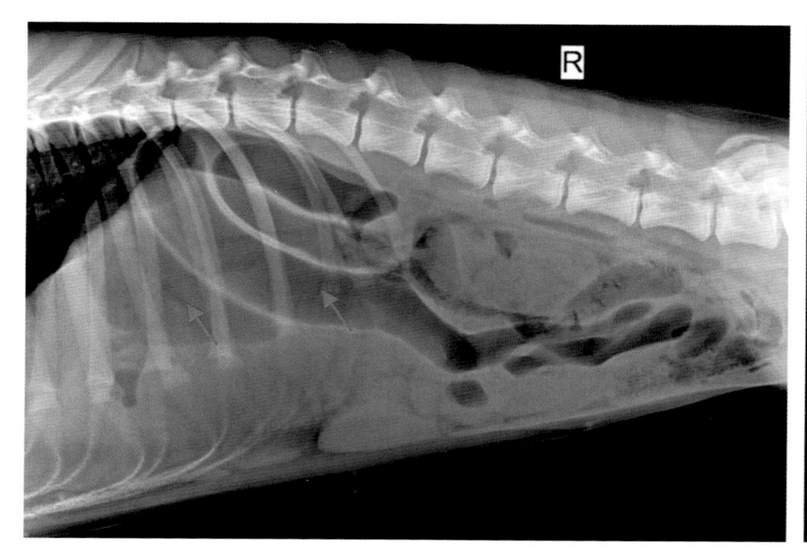


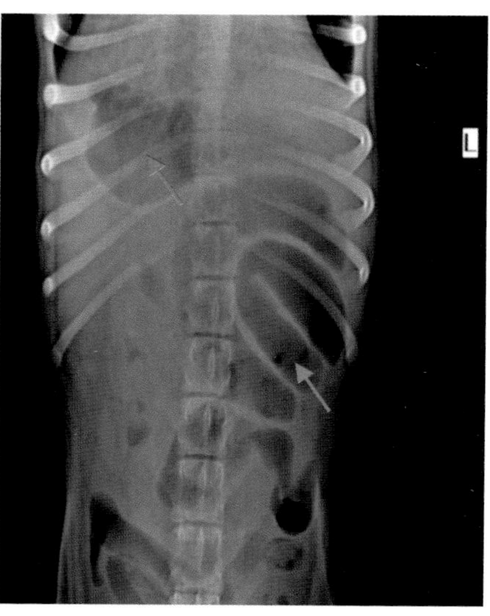


图 6-5-7　6 个月雌性杜宾犬腹部 X 射线侧照和腹背位照（施文琴　供图）
注：图中红色箭头所示可见胃肠积气、肠管扩张，该犬入院前 3d 有频繁呕吐

常规和血液生化，通常可见动物体液、电解质和酸碱平衡紊乱，脱水动物的红细胞压积和总蛋白通常会较高，发生炎症的动物常表现为中性粒细胞增多或出现核左移现象，呕吐频繁的犬通常会发生低氯血症、低钾血症、代谢性碱中毒，腹泻频繁的犬可能出现低白蛋白血症或代谢性酸中毒。内窥镜检查也可用于肠道异物的检查，除了可以确定异物，评估肠黏膜损伤情况，还可以实施异物夹取术，但由于内窥镜进入肠道的长度有限，因此，很少用于诊断肠道异物。

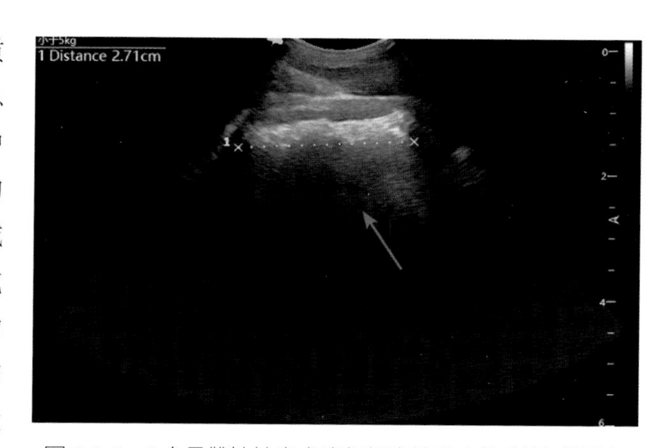


图 6-5-8　6 个月雌性杜宾犬腹部超声检查（施文琴　供图）
注：图中红色箭头所示可见肠道内高回声，该犬入院前 3d 有频繁呕吐

肠道异物的鉴别诊断通常包括：肠套叠、肠道狭窄、脓肿、肿瘤、肠道扭转以及生理性梗阻。

### （五）防治

肠道异物如果较小，可以通过粪便排出时不需要进行治疗。如果很难排出时则需要内窥镜或手术取出。内窥镜夹取肠道异物的前提是可以看到异物并且异物可以通过幽门且取出过程不会对消化道造成严重损伤，否则尽早安排手术取出。经手术取出肠道异物时需要在术前较短的时间内重新拍摄 X 射线片以判断异物的位置是否发生变化。经腹中线进行腹壁切开，显露肠管并找到梗阻的部位（图 6-5-9），用无菌纱布将异常部位与其他部位分离开，评估梗阻处肠

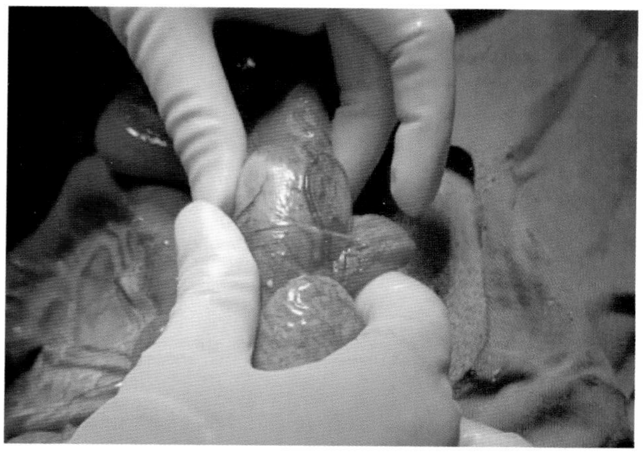

图 6-5-9　6 个月雌性杜宾犬肠道异物（施文琴　供图）
注：图中剖腹手术可触摸到肠道异物，此处肠管未见明显瘀血

道是否发生坏死或泄漏，这与异物取出后该段肠管能否存留相关。手术过程中需要经常用温生理盐水浸湿暴露的肠管，以保持其湿润和蠕动性。若为线性异物时，需要在胃和肠道多处进行切口，分段横断取出异物。肠道异物手术需要全面探查整个肠管，确保没有其他部位存在异物梗阻（图6-5-10、图6-5-11）。

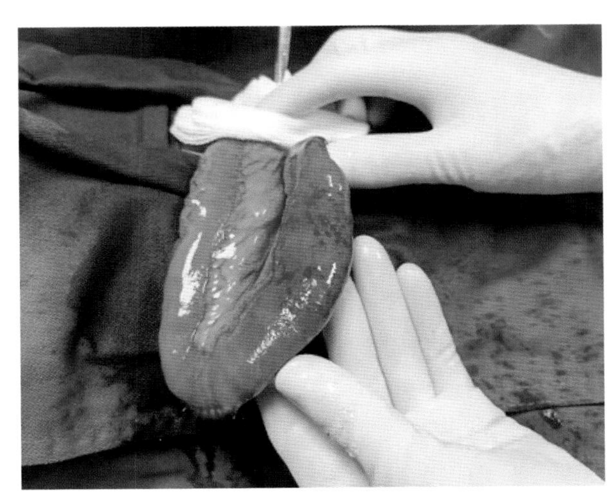

图 6-5-10　6 个月雌性杜宾犬肠道异物（施文琴　供图）
注：与图 6-5-9 为同一只动物，肠道内多处异物阻塞，此处肠管眼观可见轻度瘀血

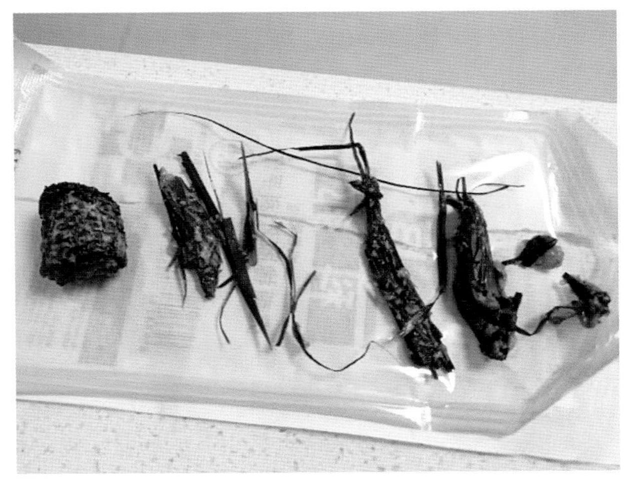

图 6-5-11　6 个月雌性杜宾犬肠道异物取出（施文琴　供图）
注：图中为上述犬只手术取出的肠道异物，玉米芯、草根、树叶

移除异物后需要继续纠正动物的体液、电解质和酸碱平衡，对症治疗以及应用抗生素治疗或预防继发感染。如果未发生呕吐，则可在术后12h给予少量水，而后在24h后给予少量软质食物，通常在48~72h给予喂食。尽早诊断和手术可以有效降低并发症的发生，比如肠道坏死、穿孔、泄漏、腹膜炎、休克等。异物的位置以及是否完全梗阻与预后关系不大，影响预后的关键因素主要为梗阻持续的时间、切口的多少、肠管损伤情况以及污染风险的高低。诊断和手术时间越早，肠管损伤程度越小，污染风险越低的犬常常预后良好。

# 第六节　脱肛

脱肛是指直肠黏膜自肛门脱出或外翻。

## 一、病因

脱肛多继发于里急后重或强力努责，包括胃肠道寄生虫、慢性腹泻、便秘、盲肠炎、结肠炎、直肠炎、结肠肿瘤、肛门肿瘤、直肠异物或肿瘤、膀胱炎、前列腺疾病、尿石症、难产或可继发于会阴疝修补后或尿生殖道手术术后。其他易发因素包括：肛门括约肌松弛、营养不良、长期疾病所

致的消瘦等。

## 二、发病特点

该疾病可发生于各个年龄段的犬，通常幼犬有较高的发生率，发病没有明显的性别和品种倾向。幼犬脱肛的发生多与寄生虫或肠炎有关，中老年犬的脱肛多与肿瘤或会阴疝有关。

## 三、临床症状与病理变化

脱肛时脱出的黏膜通常为椭圆形或蘑菇状，淡红色或暗红，脱出的长度可为几毫米到数厘米不等。脱肛为全层脱出时呈现为香肠状，向下方脱垂，肠壁受肛门括约肌的嵌夹通常会瘀血，表现为颜色暗红或紫红，严重时会发生溃疡或出血性坏死（图6-6-1）。

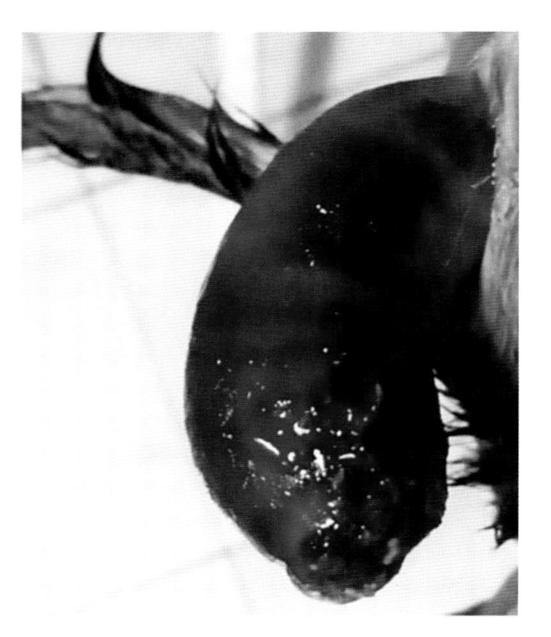

图 6-6-1　7 个月杂种犬直肠全层脱出
（施文琴　供图）
注：该犬有体内寄生虫感染病史，香肠状直肠脱出，可见黏膜充血水肿、颜色暗红

## 四、诊断

根据犬的临床病史，如寄生虫、便秘、腹泻、肠炎、前列腺炎、尿道感染、创伤或手术史；体格检查肛门直肠黏膜脱出情况；影像学检查有助于确定脱出的原因；实验室检查没有明显的特异性。

鉴别诊断：脱肛需要与肠套叠进行鉴别，可用涂有润滑剂的手指、温度计或探针沿脱出的直肠与肛门间插入，若无法插入则为脱肛（脱出的组织与肛门黏膜皮肤连接处汇合在一起）；反之则为肠套叠。

## 五、防治

脱肛的治疗和预后取决于患病犬的发病原因、脱垂的程度和组织损伤情况。

### （一）整复与固定

急性的脱肛且脱出的肠管水肿不严重时，可轻易通过人工还纳的方法进行整复。用温生理盐水冲洗、按摩，涂抹润滑剂，而后用手指将脱出的直肠黏膜逐渐送入肛门，并环绕肛门做荷包缝合将肛门缩小，荷包缝合的松紧程度需要充分拉紧防止黏膜脱出，同时又能允许软便通过略微狭窄的肛门。在荷包缝合时可在缝合时插入针筒避免过度紧缩。引起脱肛的病因得到治疗和消除后，患病犬对人工整复固定反应良好。

### （二）手术固定或切除

对于直肠组织受损严重或无法还纳的脱肛需要进行直肠截除术。当人工整复固定或者直肠手术切除仍然反复出现脱肛时，需要进行结肠固定术。

直肠截除术：对犬实施全身麻醉或硬膜外腔麻醉，俯卧于手术台上，将后躯垫高、尾部固定于背上。会阴部剃毛消毒后，冲洗外翻的直肠组织并润滑。在直肠腔中放置无菌管作为探子进行引导，在探子头侧12点、5点、8点钟方向全层穿过脱出物做牵引线。在牵引线后分段切除脱出的直肠，并间断缝合解剖对齐的横断边缘。拆除牵引线，轻轻将吻合的部分送回盆腔或肛管。若怀疑术后可能出现里急后重，在肛门周围做荷包缝合。

结肠固定术：对犬实施全身麻醉或硬膜外腔麻醉，仰卧于手术台上。腹部剃毛消毒后显露并探查腹腔，定位结肠并与周围组织器官进行分离，向头侧牵拉整复直肠脱出。为了将结肠固定到腹壁上，沿结肠的对肠系膜侧纵向切开3~5cm浆膜肌层切口，在腹白线外侧2~3cm处的左侧腹壁上相应位置经腹膜和下层肌肉切开，将浆膜肌层切口边缘与腹壁切口边缘进行对合。冲洗术部，用大网膜将其包裹，逐层灌腹。

### （三）术后护理

术后护理的关键为消除脱肛的原发因素以及监测手术处是否发生泄漏。术后应注意饮食，以低纤维食物为主，应用软便剂使粪便软化。荷包缝合需要在人工整复固定后3~5d或术后1~2d拆除。

### （四）预后

偶见的不完全脱肛可以自行恢复。不进行人工整复固定或手术的复发性慢性脱肛，预后不良。对于经手术治疗的已消除导致脱肛的原发病因的动物，预后良好。

# 第七节　胃扭转

胃扭转是指犬胃部被空气扩张后使整个胃发生定位不当（如胃发生移位、旋转）引起的一种胃肠道的急症。这是一个能够引起机体出现多种病理效应的外科疾病。此病最多见于大型的深胸犬。

## 一、病因

具体病因尚不明确，但有研究表明容易诱发的高风险因素包括：

年龄：年龄越大风险越高；

品种：大型深胸犬易感。易感品种包括：大丹犬、圣伯纳德犬、魏玛猎犬、哥顿塞特犬、巨型贵宾犬、爱尔兰猎狼犬、爱尔兰塞特犬、俄国狼犬、秋田犬、斗牛獒、万能梗、杜宾犬、古代牧羊犬、阿拉斯加犬、拳狮犬、罗威拿犬等；

性格：狂躁、紧张、焦虑；

体重：体重过轻；

性别：雄性；

饮食习惯：常食高脂肪、油脂的小颗粒食物；食盆位置过高；每天只喂一顿、快速进食、饭后运动。

## 二、病生理过程

目前尚未确定该病的生理过程：究竟胃是先发生了膨胀还是先发生了旋转。据推测可能是胃先发生了旋转，从而抑制了正常的胃肠活动方式，随后发生胃膨胀。膨胀原因推测可能是细菌发酵碳水化合物产生的酸性碳酸氢盐反应。膨胀的胃会综合影响心血管、呼吸、肾脏和胃肠生理的功能。首先，胃膨胀会影响静脉血回流到心脏，心输出量和动脉的压力都会受到影响。门静脉受到压力会引起胃肠的水肿和充血，减少向胃肠道供氧。在缺血的情况下，胰腺会产生心肌抑制因子和自由基，从而引起心肌缺血，降低心肌的收缩力，诱发心律失常从而进一步损害心脏功能。其次，心脏血液输出量减少导致外周灌注减少，从而引起肾脏的血液灌注不良，肾脏的功能就会下降。最后，胃内的压力增加会让胃的肌层和浆膜的灌注受损，胃壁会缺血和坏死，胃黏膜的坏死会导致胃内细菌和内毒素血症。循环恢复之后，这些内毒素被释放，厌氧代谢之后乳酸也被释放则会引起身体出血、多器官衰竭。

## 三、临床症状

呕吐、流口水；腹部逐渐严重胀大、呼吸急促；唾液过多、浓、稠；休克。以上可能是单一或多种组合出现，不能单凭这些症状诊断胃扭转，需要进行检查鉴别。

## 四、诊断

大部分时候通过X射线（建议拍摄含右侧位）可以得到初步的诊断（图6-7-1、图6-7-2），少部分不典型或者早期的病例可以通过CT断层扫描快速诊断，同时有利于评估其他器官的情况（是否存在器官坏死、血栓等），典型X射线可以看到双气泡图像（蓝精灵图像），两个气泡分别是由幽门和底部空气积聚形成。

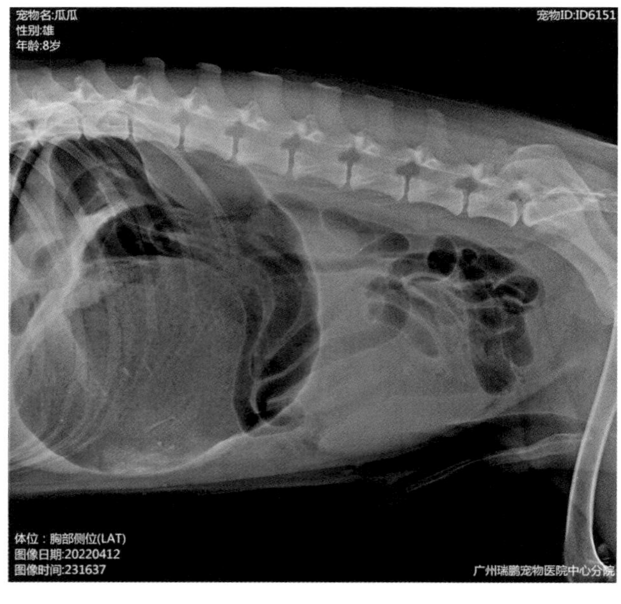


图6-7-1　X射线犬胃扭转病例腹部右侧位
（广州瑞鹏宠物医院中心分院　供图）

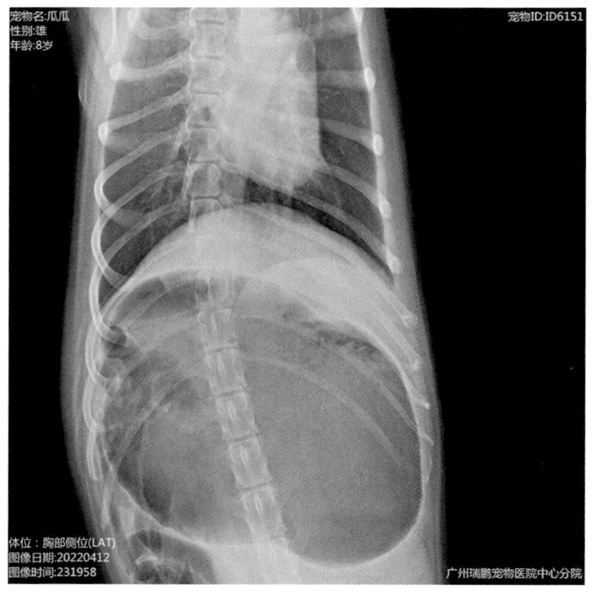


图6-7-2　X射线犬胃扭转腹部正位
（广州瑞鹏宠物医院中心分院　供图）

## 五、治疗

一旦确诊，需要稳定体况和纠正循环衰竭，进行胃减压，然后快速进行手术治疗。术前检查包括血常规、血气、血液生化，评估是否有氮质血症、肝脏损伤、低血钾、乳酸增加等情况。随后尽快手术并将坏死组织切除，术中需同时评估脾脏和其他器官，部分犬需要同时进行脾脏切除。

对于坏死的组织器官进行切除后需要施行胃固定术，手术的方式常用的有以下几种。

### （一）肌瓣（切开）胃固定术

操作要点：需要在胃窦的浆膜肌层上做一个切口。然后在右侧腹外侧腹壁做一个切口，切开腹膜和腹直肌或腹横肌的内侧筋膜。使用2-0可吸收或不可吸收缝线，用简单连续缝合法缝合切口边缘。确定胃的肌层能够接触到腹壁肌肉。先缝合头侧缘，然后缝合尾侧缘（图6-7-3）。

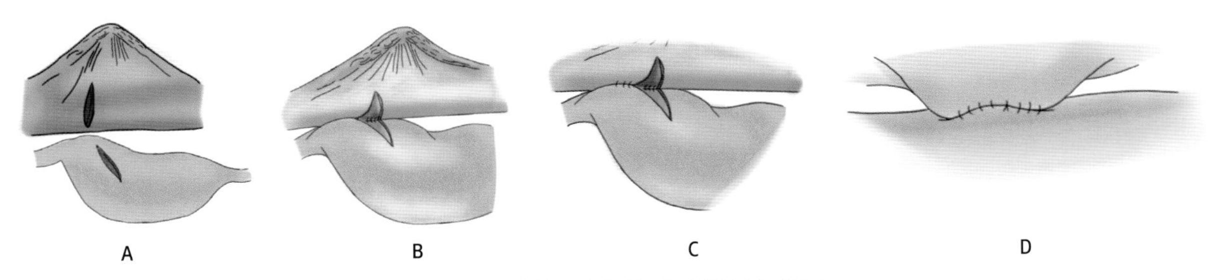


图 6-7-3　肌瓣切开胃固定术（蒙杰铭　供图）

（A）在胃大弯和胃小弯中央纵向切开幽门窦的浆膜肌层。平行其纤维切开腹横肌；（B）简单连续缝合腹横肌前部的背侧 1/2 和浆膜肌层；（C）简单连续缝合腹横肌后部的背侧 1/2 和浆膜肌层；（D）闭合胃固定术的前腹侧之后是后腹侧部分的胃固定术后外观

### （二）带 – 环胃固定术

从胃窦上分离提起浆膜肌层瓣。在腹外侧腹壁上切开腹膜和腹壁肌肉做两条横向切口。切口应相距2.5~4cm，长3~5cm。用钳子在腹壁肌肉下做一个通道。在胃窦瓣的边缘留置牵引线，并用它将胃瓣由头侧至尾侧从肌瓣下方穿过。用2-0可吸收或不可吸收缝线或皮钉，以简单连续缝合法将胃瓣缝到原来的胃边缘上。可能需要在体壁和胃之间放置其他缝线以减轻胃固定时的张力（图6-7-4）。

如果有内窥镜或者腹腔镜条件的医院可以进行内窥镜辅助胃固定术、腹腔镜缝合胃固定术以及体内缝合腹腔镜胃固定术。

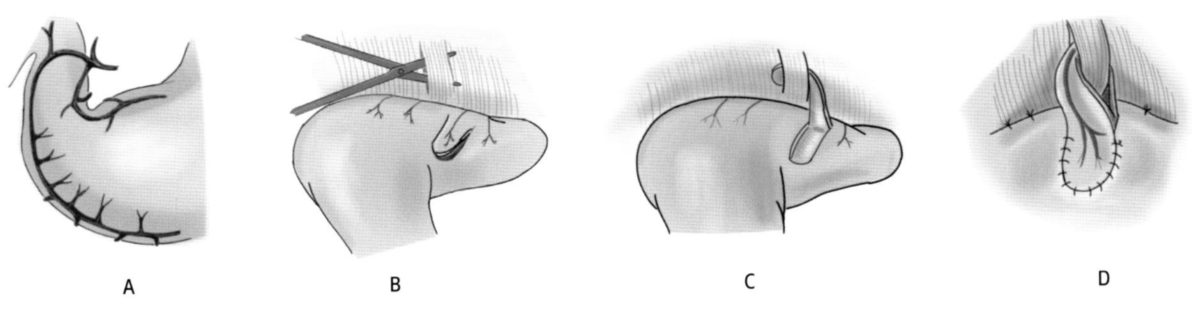


图 6-7-4　带 - 环胃固定术（蒙杰铭　供图）

（A）在胃窦上提起浆膜肌层瓣；（B）在腹壁腹外侧做两条横向切口，并用止血钳在腹壁肌肉下做一个通道；在肌瓣下方由头侧至尾侧穿过胃瓣；（C 和 D）将肌瓣缝到原来的胃边缘上

### （三）术后护理和评估

术后应密切监测电解质、体液和酸碱平衡。许多患犬术后常并发低血钾症，需要及时补钾。术

后12~24h可以提供少量的水和软的低脂食物，同时密切观察是否发生呕吐。如果发生呕吐则需要考虑使用中枢性的止吐剂。此外，可能会激发到胃溃疡，需要同时进行治疗。治疗可以选用质子泵抑制剂，如奥美拉唑、泮托拉唑等来减少胃酸。在犬可以恢复到正常饮水之前需要静脉补液维持水合，同时要监测是否发生低白蛋白血症和贫血。

此外，胃扭转的患犬很容易发生室性心律失常，通常开始于手术后12~36h。治疗心律失常包括需要维持正常的水合及纠正离子平衡。心律失常的犬需要使用抗心律失常的药物，如利多卡因，对使用利多卡因或者普鲁卡因无效的犬可以尝试使用索他洛尔。

## 六、并发症

导致死亡风险增加的因素包括：胃部组织坏死；继发的脾脏坏死；心律失常、低血压和心源性休克；血清乳酸增加，酸中毒；弥散性血管内凝血；在病症出现太长时间才接受治疗。

如果失活或者坏死组织没有彻底清除可能会引起败血症和腹膜炎。对于胃扭转的犬约1/5会出现DIC，出现DIC患犬死亡率极高。心律失常的发生率占到45%，因此，对于犬心律失常的管理也显得非常重要。

## 七、预后

据一些刊物统计，犬胃扭转的总体死亡率为10%~90%，不手术干预死亡率100%，手术干预死亡率10%~55%。如果胃发生坏死或穿孔，或手术不及时，则预后不良。术前测量血浆乳酸是胃坏死和胃扭转的犬预后良好的指证。血浆乳酸浓度低于7.4mmol/L表明没有出现胃的坏死，因此证明预后稍好。该病胃坏死的犬死亡率约为没有发生胃坏死的犬的10倍。胃扭转的复发率低于10%。

# 第八节　出血性胃肠炎

## 一、病因

犬出血性胃肠炎没有明确病因，其病因分为原发性和继发性。胃肠道受机械刺激、食物中毒、胃肠道功能紊乱、各种原因造成的剧烈呕吐都可引起出血性胃肠炎。食入骨头、过冷或过热的食物后也可出现症状；过敏反应时会出现一系列和出血性胃肠炎相类似的临床症状和病理学症状；某些微生物（如炭疽、沙门氏菌、钩端螺旋体、犬瘟热病毒、犬细小病毒等）也可引起犬出血性胃肠炎。有报道称，在出血性胃肠炎和相似临床症状犬身上分离出了大量的产气荚膜梭菌，说明出血性胃肠炎可能是由梭菌的内毒素引起的。此外法华林中毒、肠扭转和肠套叠或者一些与凝血异常相关的疾病也可能引起出血性胃肠炎。

上述原因使胃肠功能减弱和失调，影响消化和吸收，尤其使肠道对水的吸收作用下降甚至丧失，水分过多聚积在肠道，达到一定程度便形成腹泻。同时胃肠道内的食物异常分解引起胃肠道炎症，炎症损伤胃肠道毛细血管壁，特别是肠道后段血管壁的通透性增大，肠道毛细血管中的红细胞漏出血管外，肠道后段血液来不及消化，因而患病犬粪便呈红色。

## 二、发病特点

出血性胃肠炎是一种急性胃肠炎综合征，以突然发病，急性死亡，或呕吐、腹痛、腹泻及排胶冻样黏液性粪便为特征，发病率高，大小型犬均可发病，多发于秋、冬季节。

## 三、临床症状与病理变化

临床症状以突然呕吐和严重血样腹泻为特征。腹泻前2~3h，突然呕吐，呕吐物中常混有血液，排恶臭果酱样或胶冻样便。犬精神沉郁，嗜睡（图6-8-1），毛细血管充盈时间延长，发热，腹痛，烦躁不安。

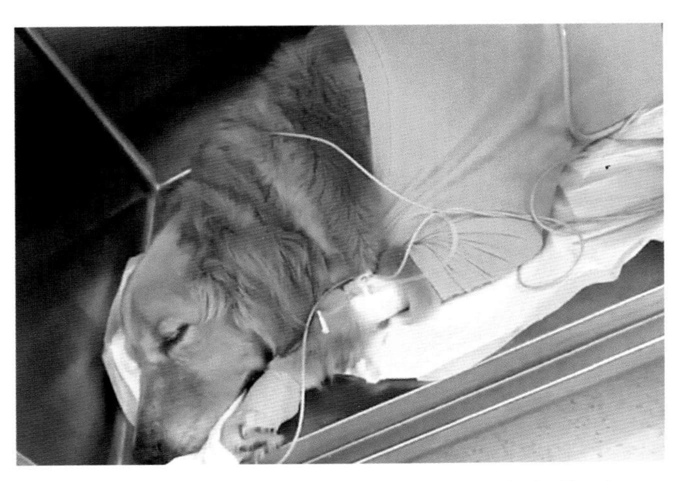

图6-8-1 出血性胃肠炎引起低血溶性休克（黄迪 供图）

在早期，患犬突然上吐下泻，吐出物呈糊状或原样食物；粪便呈黄色或淡绿色、稠糊状或稀薄状，排便次数逐渐多，同时排泄量逐渐增大。

患病犬发展至中期会排出胶冻样黏液和血便（图6-8-2），呈粉红色至棕红色，粪便比以前更稀，且有腥臭味。可能会呕吐不止，甚至进食完即刻呕吐，有时呕吐物呈淡红色；患犬精神差，喜卧，爱喝水。

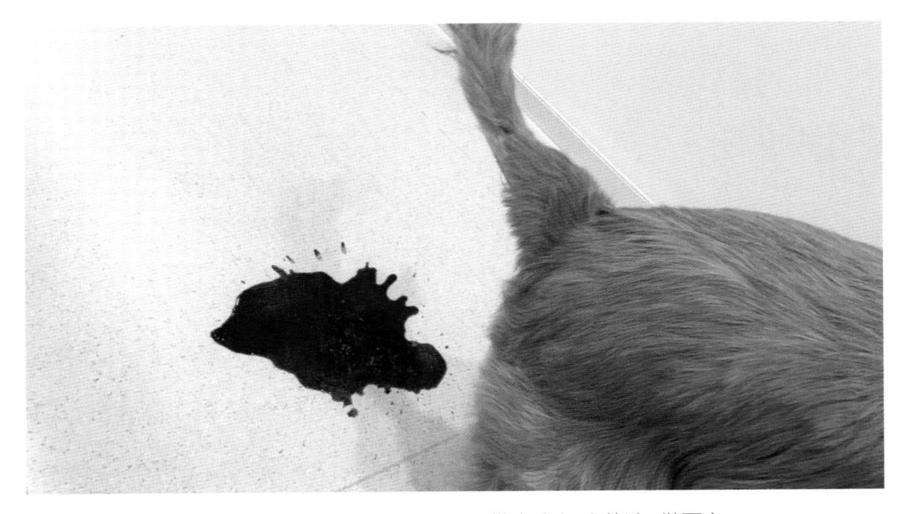

图6-8-2 出血性胃肠炎犬排出带血粪便（黄迪 供图）

当出血性胃肠炎发展至后期，患病犬精神极差，倦怠，反应迟钝，眼球凹陷，背毛粗乱，皮肤弹性差，口干，鼻镜干燥且鼻镜上有一层白色覆盖物；四肢末梢冰冷，四肢无力，多卧地不起，昏睡，呈脱水症状；胃肠蠕动音减弱，心律加快，呼吸加快，有时可闻到患犬呼出气味呈酸臭味，吐泻物呈鲜红色，可视黏膜苍白；尿黄，有时少或无。

出血性胃肠炎的病理变化表现为胃肠道黏膜有卡他性或脓性渗出物，胃肠道有过多的黏液和血液，肠黏膜出血，有的肠壁增厚、发硬甚至坏死。眼观，胃肠黏膜呈深红色弥漫性、斑块性或点状出血，胃黏膜表面或内容物可见游离的血液；内容物和黏膜附着的血液随时间变化呈黑棕色黏稠物；肠黏膜表面覆盖大量红褐色血液，血管破坏严重时可见暗红色血凝块，严重时整个浆膜表面呈红色。

镜检可见胃黏膜固有层，黏膜下血管扩张、充血，红细胞局灶性或弥漫分布于黏膜内；肠黏膜上皮和腺上皮变性、坏死和脱落；黏膜固有层和黏膜下层血管明显扩张、充血、出血和渗出。

## 四、诊断

根据病史和症状（呕吐、腹泻、便血）便可初步作出诊断。检查血液常规和生化，急性病例可能先出现脱水，PCV、白细胞数量、白蛋白、球蛋白、肌酐、尿素氮和钠可能会升高。最常发生的是出现PCV的升高并伴随血清总蛋白正常或偏低。PCV增加，与正常或降低的血清总蛋白降低的原因是血浆蛋白流失造成的。可能是肠道细胞间连接有漏洞，使蛋白质、电解质和液体流失，但空间还不足以大到使红细胞渗漏，因此，蛋白质、电解质和液体的流失超过细胞性的流失。但是伴随病情发展也可能会发生贫血和低白蛋白血症。

必要时需要更多实验室检验和影像学检查来辅助查找胃肠出血的原因，例如，粪便常规检查、胶体金或PCR检查判定是否存在细菌、病毒感染。X射线、超声甚至CT断层扫描可以鉴别诊断是否存在肠套叠、肠梗阻、肠扭转等疾病。同时凝血功能的检查和血液寄生虫的PCR检查可以帮助我们去排查一些比较罕见的凝血功能障碍或血液原虫感染引起的出血性胃肠炎。

## 五、治疗

整体的治疗以支持疗法为主，静脉给予晶体液扩容，纠正脱水，同时应该监测血液气体调节离子和酸碱平衡。如果血浆蛋白非常低则需要使用胶体溶液或白蛋白来维持血管胶体渗透压。

### （一）高效止吐剂的使用

含有血清素受体的拮抗剂和神经激肽拮抗剂可以避免不必要的呕吐。

（1）血清受体拮抗剂——昂丹司琼。由于化学结构与血清素（Serotonin）相似，因此，可与Serotonin竞争而选择性地阻断胃肠道5HT3受体，使迷走神经不活化而无法传递信息到呕吐中枢。

（2）神经激肽拮抗剂——马罗匹坦（Maropitant）防止substance P与NK1结合。

### （二）抑酸剂和胃肠黏膜保护剂的使用

包括D2受体拮抗剂与硫糖铝（Sucralfate）、H2受体拮抗剂、质子泵抑制剂（Proton Pump Inhibitor，PPI：奥美拉唑）。H2受体拮抗剂这一类药物跟质子泵抑制剂有相同的效用，但是机理不同。质子泵抑制剂全世界公认非常有效。这类药物大多是苯并咪唑衍生物，但未来咪唑吡啶

（Imidazopyridine）衍生物可能会成为主流药物。高剂量且长时间服用质子泵抑制剂可能会使骨折的风险上升。在临床上使用5HT3、NK1或其他低效的止吐剂可以加强止吐效果，不仅效果好，副作用少也可以避免肠道出血。

### （三）中药治疗

以清热解毒、凉血止呕、健脾宽胃、固肠止泻为治则。

中草药方剂：黄连5g、双花5g、甘草8g、枳子8g、陈皮8g、木通8g、白头翁10g、白术10g、白芍10g、陈曲10g，加水1 000mL，煮沸开20min，然后文火煮10min，候温冷凉分次灌服。体重5kg以下，服100mL/次；体重5~15kg，服150mL/次；体重15kg以上，服200mL/次。2次/d，连服3d。

# 第七章

## 犬产科疾病

# 第一节　难产

犬难产是指由于各种原因而使分娩的第一阶段（宫颈开张期），尤其是第二阶段（胎儿排出期）明显延长，如不进行人工助产，则母犬难于或不能排出胎儿的产科疾病。

## 一、病因

难产的发病原因可以分为普通病因和直接病因两大类。普通病因是指通过影响母体或胎儿而使正常的分娩过程受阻的各种因素。直接病因则是指直接影响分娩过程的因素。

### （一）普通病因

引起难产的普通病因主要包括遗传因素、环境因素、内分泌因素、饲养管理因素、传染性因素及外伤因素等。

### （二）直接病因

难产的直接原因可以分为母体性和胎儿性两个方面，据此也可将难产分为母体性难产和胎儿性难产（图7-1-1），母体性难产又包括产力性难产和产道性难产。

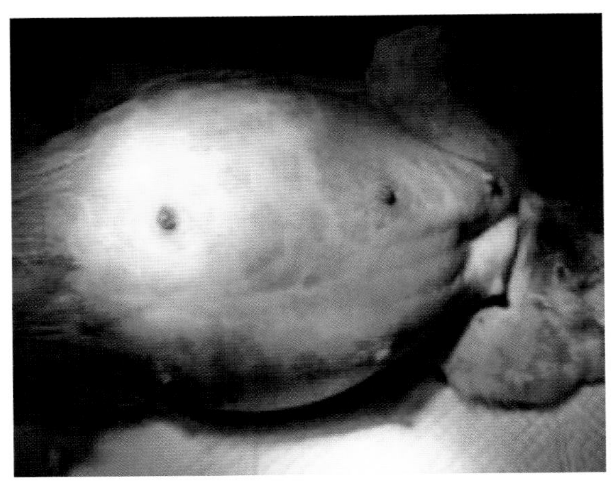

图7-1-1　胎儿过大无法自然生产（李守军 供图）

## 二、发病特点

犬从交配之日起超过72d未分娩，母犬腹部明显强烈收缩30min以上仍不生产；母犬腹部剧痛，没有犬出生；胎衣破裂，羊水流出，母犬非常虚弱，没有力量生产，这些都可能引起犬难产。

## 三、临床症状与病理变化

犬预产期已到，出现分娩征兆，阵缩开始2h无胎儿产出；或产出1个胎儿后，仍有阵缩努责现象，而后经1h未见其他胎儿产出，或经3~4h而无继续分娩迹象；从产道中流出黑绿色分泌物，恶臭，但未见胎儿排出。

## 四、诊断

为判断难产的类型，除仔细观察阵缩、努责等分娩现象外，还必须进行产道检查。检查产道是否充分松弛开张，有无其他异常，必要时用X射线检查胎儿的大小、死活、胎向、胎位、胎势是否正常（图7-1-2）。注意检查时应严格消毒。若是阴道分泌物呈绿色、黑色，往往表明已发生胎衣分离和胎儿死亡。一般母犬阵缩开始后6~8h尚无胎儿产出时，最外侧的胎儿多已死亡。阵缩开始后48h无胎儿产出时，胎儿多已死亡，再经过24h之后则变成气肿胎儿。

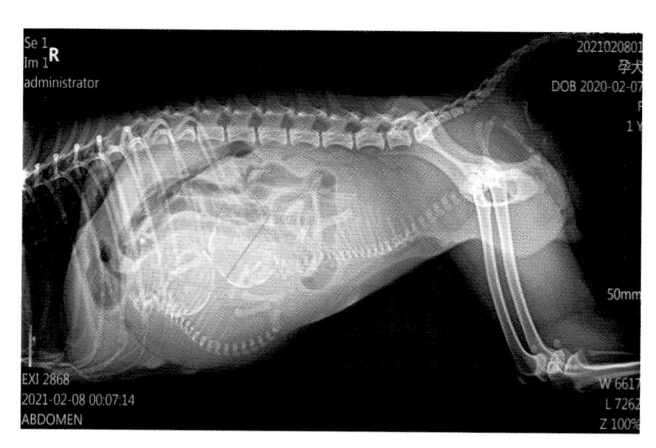


图 7-1-2　侧位 X 射线片（李守军 供图）

## 五、防治

### （一）合理使用催产素助产

正确使用催产素能起到加快产程、减少剖宫产及降低胎儿死亡率的作用。如使用过早子宫颈口未开张，在催产素的作用下子宫产生强烈收缩，易造成子宫破裂；使用过晚，胎衣破裂，羊水已流出，产道不润滑，反而加重难产程度。如使用催产素后胎儿仍不能产出，则应采取其他措施。

### （二）人工辅助助产

将犬仰卧或俯卧式保定，用消毒液清洗犬会阴部，向产道注入润滑剂，术者手指深入阴道内探摸检查产道及胎位，如确定可进行人工助产，即用手摸到胎儿的头、腿，用手指慢慢理顺缓慢向外拉，将胎儿取出。若为死胎，采取以上方法仍不能取出，则进行胎儿肢解。注意在整个助产过程中不要损伤母犬产道。

### （三）手术剖宫产

当难产发生助产无效时，可果断采取剖宫助产，详见第二节。

### （四）提前预防难产的发生，可遵从以下原则

（1）确保适龄配种，不要过早交配。而且，配种最好在第三次发情时进行，此时母犬发育成熟，配种既有利于健康，又有利于胎儿发育。

（2）怀孕母犬适度运动，增强怀孕母犬体力。

（3）合理调配母犬营养，避免胎儿过大或过小。母犬营养太好，腹中胎儿过大，会导致难产。而营养不足，则会导致胎儿发育不良。由此，注意调控母犬营养，食欲较差的母犬，适量增喂高蛋白饲料。而食欲较好的母犬，则要控制食量。

# 第二节　剖宫产

犬剖宫产术又称剖宫产，是经腹切开子宫取出胎儿的手术，是产科领域中的重要手术。

## 一、病因

主要是由于头盆不称、骨产道或软产道异常、胎儿或胎位异常、剖宫产史、胎儿窘迫等情况导致，如短期内不能经阴道分娩，应立即行剖宫产术。

## 二、发病特点

分娩过程缓慢或者延长，甚至停止，严重的可能危及母犬和仔犬生命。

## 三、临床症状与病理变化

阴道分娩时，产程进展不顺利，胎儿不能顺利娩出。

### （一）孕犬全身衰竭症状

孕犬常出现烦躁、疲乏、进食减少等全身症状，严重时可出现脱水、排尿困难、血尿、肠胀气、酸碱和电解质紊乱等表现。部分孕犬可因子宫下段被过度拉伸而出现疼痛、血尿的表现，严重时可造成子宫破裂。

### （二）胎儿表现

胎头未入盆或下降停滞；胎位异常；胎头水肿或血肿；胎儿颅骨缝重叠过度。

## 四、诊断

### （一）产科检查

腹部检查：通过腹部触诊，检查孕犬的子宫大小和胎儿的情况，可以帮助明确胎儿是否入盆。

骨盆测量：测量孕犬骨盆各径线之间的距离，判断骨盆入口平面、出口平面和中骨盆是否存在狭窄。

产力检查：通过腹部叩诊或宫缩检测仪评估宫缩的频率、有效强度和持续时间，判断孕犬产力是否正常。

### （二）B 超检查

可以帮助观察胎儿的大小和胎头的位置，也可判断是否存在胎儿发育畸形、多胞胎或羊水过多等情况（图 7-2-1）。

## 五、防治

首先应消除孕犬紧张情绪，多进食，适当地休息和睡眠，保持充沛的精力，排空膀胱。根据造成难产的原因，可以采用加强宫缩、镇静、手法或器械助产，必要时采取剖宫产（图7-2-2、图7-2-3）。

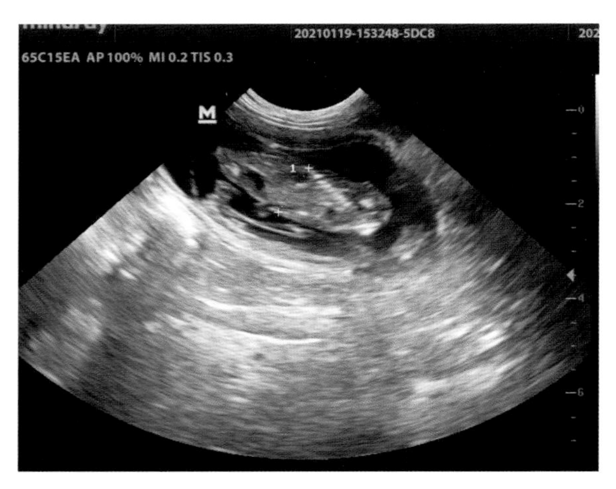


图 7-2-1　B 超检查胎囊形成（李守军 供图）

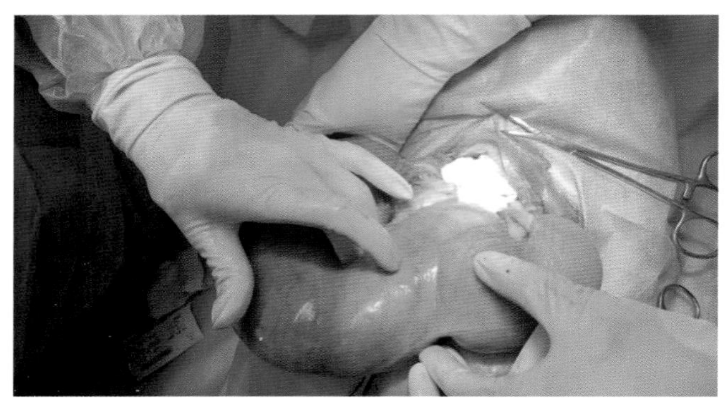

图 7-2-2　剖宫产取出子宫（李守军 供图）

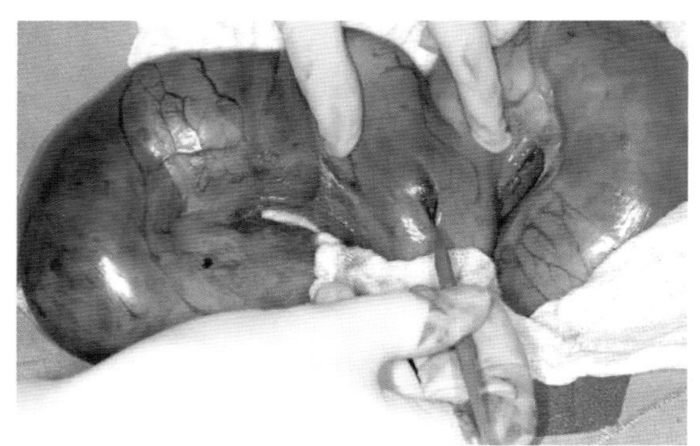

图 7-2-3　剖宫产（李守军 供图）

# 第三节　阴道脱出

阴道脱出是指阴道底壁、侧壁和上壁一部分组织肌肉松弛扩张，连带子宫和子宫颈向后移，使松弛的阴道壁形成折襞嵌堵于阴门之内（又称阴道内翻）或突出于阴门之外（又称阴道外翻），可以是部分阴道脱出，也可以是全部阴道脱出。

## 一、病因

引起阴道脱出的原因：一是阴道壁及其固定的组织松弛，如年老体弱、饲养不良、运动不足等常引起全身组织紧张性降低；妊娠末期，因胎盘分泌较多雌激素，使骨盆内固定阴道的组织、阴道及外阴松弛。二是阴道壁受到外力持续的向外推压，如胎儿过大、胎水过多、双胎妊娠等。

## 二、发病特点

虽然很少见，但阴道脱出在家养的大型犬上很常见。青年犬（2岁或更小）的阴道脱出最常发生于3期发情中的第1期中。根据脱出程度及损伤情况，病畜有不同程度的努责。犬发病时，所见的全部是部分阴道壁脱出，且发生在非妊娠期，脱出的阴道呈粉红色的囊状物或瘤状物（图7-3-1、图7-3-2）。

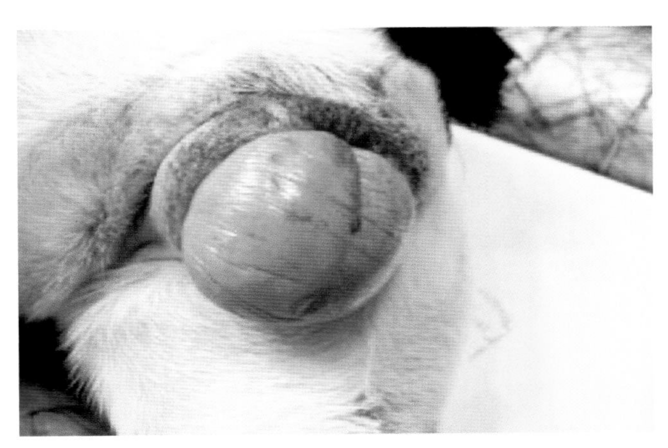

图7-3-1　脱出的阴道呈粉红色的囊状物
（余勋信，林立中，2019）

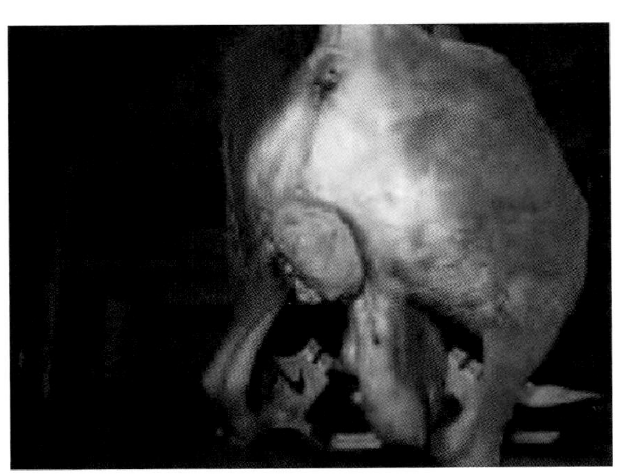

图7-3-2　瘤状物（郭剑英等，2012）

## 三、临床症状与病理变化

根据脱出的程度不同，阴道脱出分为部分脱出和完全脱出。部分脱出主要发生在产前或是习惯性脱出。病初仅在患犬卧地时，可见阴道壁形成一粉红色的瘤物夹在阴门内或露出于阴门外，起立后脱出部分自行缩回。以后如病因未除，则脱出的阴道壁逐渐增大，以致患犬起立后，脱出的部分也不能缩回，黏膜变得红肿干燥，或经过较长时间才能缩回。完全脱出，发生在产前的，一般由部分脱出发展而来，可见阴门突出一囊状物，表面光滑，粉红色，在脱出的阴道末端可以看到子宫颈管外口及黏液塞。因脱出的阴道压迫尿道口，排尿也受到阻碍。有时，膀胱或胎儿的前置部分常进入脱出的阴道囊内，触诊时可以摸到。在产后发生的，脱出的阴道壁较厚，体积一般较产前的小，在其末端上有时看到肥厚的子宫颈膣部的横皱襞。阴道脱出若不能缩回，时间一长，脱出的部分因瘀血而变为紫红色，甚至发生水肿。严重水肿时可使黏膜与肌层分离，表面干裂，流出血水。在受到摩擦、损伤及粪尿、泥土、草料等污染时，常使脱出的阴道黏膜发生破裂、发炎、坏死及糜烂，表面污秽不洁，甚至继发全身感染而死亡。

## 四、诊断

### （一）体格检查

体格检查时可看到有团块突出于外阴之间或者出现会阴部的膨胀。急性脱出和无突起性脱出的特点是黏膜表面有光泽、水肿、淡红色。慢性脱出物看似强韧（如干的和无光泽的）、有皱襞，有时可出现溃疡或皲裂。仔细检查团块以确定其来源、团块基部的大小、阴道和尿道开口的位置、组

织的损坏程度。如果没有突出的话，触诊阴道部以鉴别来源于腹侧阴道壁的肿块。阴道区域而非靠近尿道口前端的部分摸起来正常。

### （二）X 射线检查

除了疑似为肿瘤或者内脏疝时，否则没有必要进行X射线检查。

### （三）实验室检查

阴道细胞学检查可证实雌激素的刺激（如无角化阴道上皮细胞的红细胞计数）。阴道刮片的细胞学检查可帮助鉴别肿瘤与脱出。

## 五、防治

对部分脱出且站立后能自行缩回的病例，重点是消除病因，防止脱出部分继续增大、受到损伤及感染。可将患犬拴于前低后高的厩舍内，并将尾巴拴于一侧，以免尾根刺激脱出的阴道黏膜引发努责。同时加强饲养管理，适当进行运动，减少卧地时间，给予易消化的食物。对脱出时间较长，站立后不能自行缩回或完全脱出的病例，必须立即整复，并加以固定，以防再脱。整复后，为防止再脱出，需进行固定，其方法有如下几种：

### （一）阴门缝合法（图 7-3-3）

图 7-3-3　阴门缝合法（余勋信，林立中，2019）

### （二）内固定法

对顽固性（反复复发的）阴道脱出的病例可选用此法。方法是：选择腹白线作切口，术部除毛、消毒，自近耻骨前缘处切开腹壁，暴露子宫并由此向前牵引阴道，用缝线将两侧阴道壁分别与对应的盆腔壁软组织缝合固定。如遇子宫蓄脓时，则顺便摘除子宫，然后闭合手术切口。

### （三）其他方法

脱出的阴道整复后，向阴门两侧深部组织内注射95%酒精，刺激组织发炎肿胀甚至粘连，有防止阴道再脱出的作用，剂量视具体病例而定。

# 第四节　子宫蓄脓

子宫蓄脓是子宫内存在化脓性物质的蓄积，是与囊状的子宫内膜增生有关的威胁生命的疾病。

## 一、病因

过多孕酮的影响或者孕酮过度的应答会使淋巴细胞和浆细胞的渗出，液体在子宫腺体和子宫腔中聚集。孕酮会抑制子宫肌肉的收缩能力从而妨碍子宫的正常排泄作用。这种异常的子宫环境使得细菌增殖和发生子宫蓄脓。与此同时，雌激素可增加子宫孕酮受体的数量。通常在发情后4~8周、错误配种或给予外源性雌激素或者孕酮之后，易发生子宫蓄脓。

## 二、发病特点

对犬来讲，该病没有发病的品种差异。子宫蓄脓一般发生于较老的（6~11岁，平均9岁）未去势雌性动物；然而，在给予外源性雌激素和孕酮激素的幼龄动物上也会发生该病。未经产的母犬与初产和多产的母犬相比，患子宫蓄脓的危险性会有中等程度的增大。

## 三、临床症状与病理变化

患开放性子宫蓄脓会有脓性、有时出血的阴道分泌物存在，以及明显的腹部膨胀、发热、部分或完全厌食、嗜睡、多尿、多饮、呕吐、腹泻和（或）体重下降等症状。患有闭合性子宫蓄脓的犬一般会出现呕吐和腹泻。子宫腺体组织变成囊状、水肿、变薄，同时有淋巴细胞和浆细胞的渗出。液体在子宫腺体和子宫腔中聚集，子宫体肿大、质脆，同时伴随子宫内膜囊状增生（图7-4-1）。

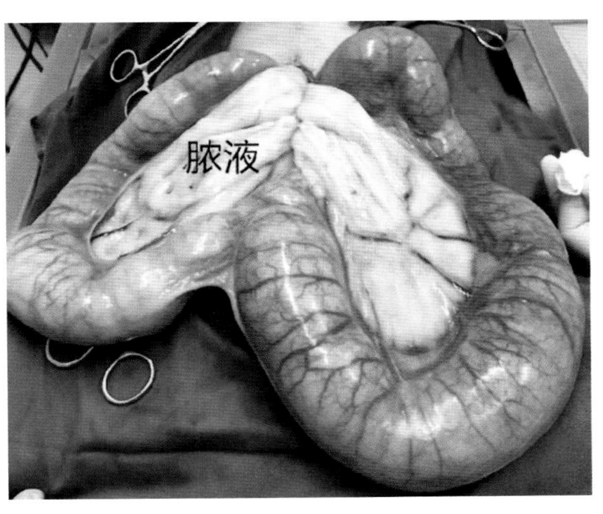

图7-4-1　子宫蓄脓（李守军 供图）

## 四、诊断

### （一）体格检查

如果子宫颈开放，则会出现脓性、带血的阴道分泌物。触诊腹部可发现子宫增大，患病犬经常会出现脱水，患内毒血症或者败血症的犬可能会出现休克、体温降低或处于濒死状态。

### （二）X射线和B超诊断

用腹部X射线检查和B超检查时会发现子宫内充满液体。增大的子宫位于腹部后端，可能会引起肠向前或向后方移位。排卵后41~43d时，子宫蓄脓的X射线片才有可能得到证实（图7-4-2、

图7-4-3）。一般认为，子宫可看成是线状的或者卷曲的、带有低回声到无回声的腔和具有薄的、可发生回波的壁的管状结构。

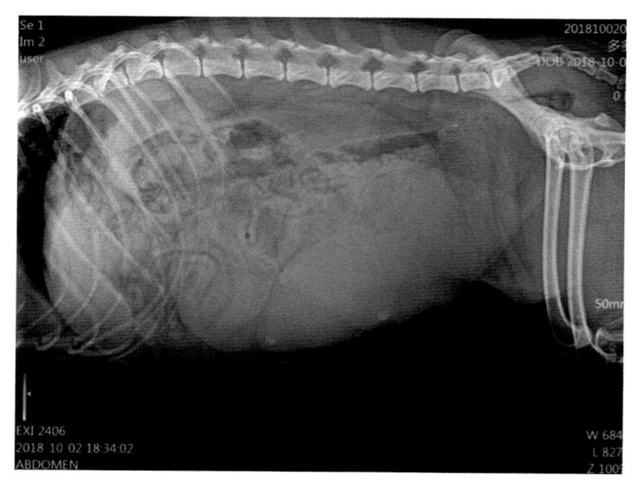

图7-4-2　腹部侧位X射线片（李守军　供图）

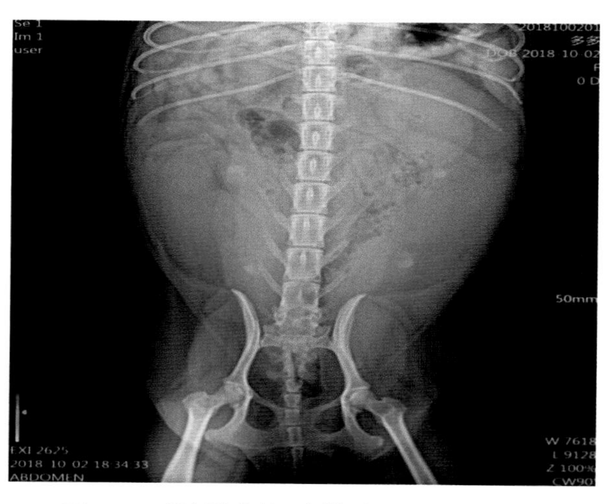

图7-4-3　腹部腹背位X射线片（李守军　供图）

**（三）血常规检查**

最常见的血相异常表现是伴有核左移的中性粒细胞增多、单核细胞增多和血液白细胞毒性迹象。患闭合性子宫蓄脓时血液白细胞数目一般会升高。

## 五、防治

手术治疗（图7-4-4）：除了一些必要的情况，一般不要推迟手术治疗的时间。该病的发病率和死亡率与并发的代谢异常和器官机能障碍状况有关。移除黄体、灌洗和抽吸每个子宫角，通过子宫颈放置留置管来用稀释抗菌剂每天进行灌洗。或行卵巢、子宫全切术。

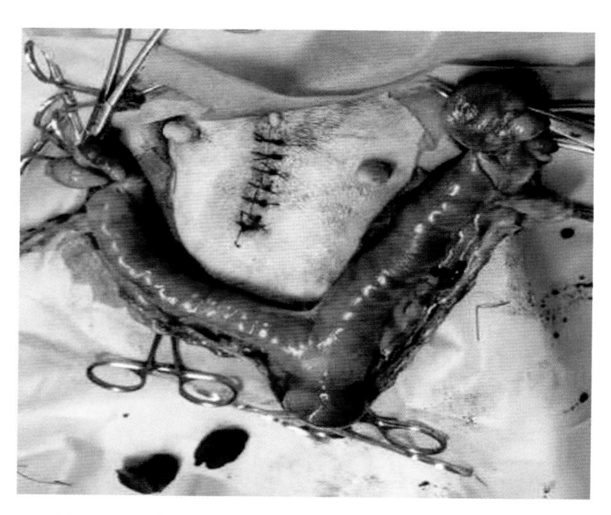

图7-4-4　摘除肿大、易脆的子宫（李守军　供图）

预防：在犬成年后尽早对其进行绝育。小型犬6月龄以后，大型犬1岁以后。

# 第五节　卵巢囊肿

犬卵巢囊肿（Ovarian Cysts）是卵巢上有卵泡状结构，卵泡未能排卵，同时卵巢上无正常黄体结构的一种病理状态。犬卵巢囊肿多见于5~6岁及以上的母犬，是引起犬发情异常和不育的常见原因。

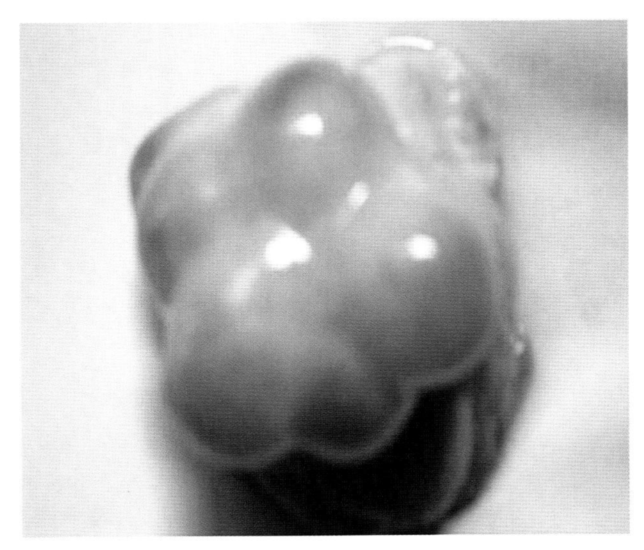
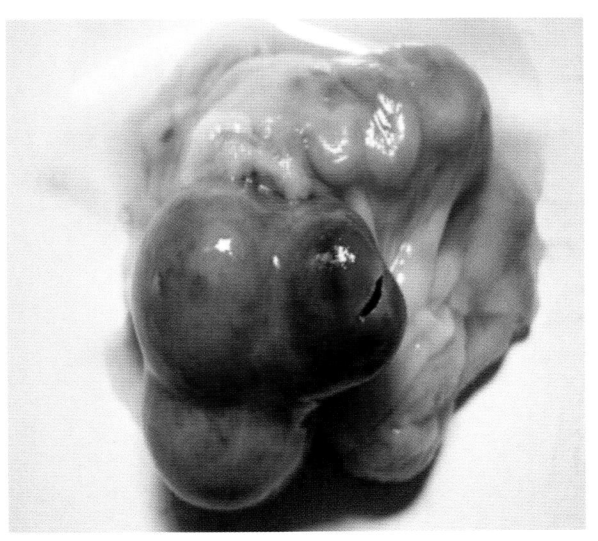

图 7-5-1　犬卵巢囊肿，两侧性，多个卵泡囊肿，有的囊肿壁有黄体化区（李守军 供图）

卵巢囊肿可分为两种情况（图 7-5-1）：

卵泡囊肿（Follicular Cysts）：卵泡上皮变性，卵泡壁结缔组织增生变厚，不排卵，卵细胞死亡，卵泡液未被吸收或者增多而形成。

黄体囊肿（Luteal Cysts）：由未排卵的卵泡壁上皮黄体化而引起，故又称黄体化囊肿。

## 一、病因

引起卵巢功能异常导致无排卵的因素有：

### （一）卵巢性无排卵

卵巢功能异常，不能对促性腺激素发生反应并合成性激素，造成卵巢性激素水平低落，不发生周期性变化而导致无排卵。

### （二）下丘脑无排卵

包括不能产生足量的促性腺激素释放激素，从而影响垂体释放卵泡生长和排卵所必需的促黄体素。

### （三）垂体性无排卵

垂体肿瘤。

## 二、临床症状

卵巢囊肿可发展为单一囊肿或多个囊肿，可以发生在单侧卵巢或双侧卵巢上。

卵泡囊肿由于与雌激素分泌有关，所以临床症状明显。而卵巢上皮囊肿与雌激素分泌无关，因此临床症状不明显，大多是通过腹腔超声检查或绝育手术时发现的。卵泡囊肿患犬常见躯干背部对称性脱毛、皮肤增厚、皮肤色素沉着，患犬无规律频繁发情或持续发情，甚至出现慕雄狂症状（持续而强烈地表现发情行为），性欲亢进、外阴红肿，有时有血样分泌物，常爬跨其他犬、玩具等；但也有些卵泡囊肿的患犬并不表现慕雄狂症状。

卵巢黄体囊肿患犬表现乏情，表现为乏情的犬长时间不出现发情征象。有些情况下，黄体囊肿不能产生足够的孕酮，因此，血清孕酮浓度降低，患犬并不表现乏情。

## 三、诊断

卵巢囊肿的诊断首先要了解母犬的繁殖史及其病史，同时进行临床检查，并结合腹部X射线片和腹部超声检查，以及实验室检查的结果。

### （一）临床检查

患犬往往精神警觉，无明显不适，体温、脉搏和呼吸频率正常。大多数卵巢囊肿无法通过腹部触诊发现，仅有体积较大的卵巢囊肿可通过腹部触诊到团块。

### （二）实验室检查

卵泡囊肿可以导致母犬血清雌激素水平升高，因此，雌激素水平测定有助于卵泡囊肿的诊断。黄体囊肿的患犬血清孕酮水平升高，但有些情况下，黄体囊肿不能产生足够的孕酮，因此，血清孕酮浓度降低。

### （三）影像学检查

腹部超声检查是诊断卵巢囊肿的重要检查手段（图7-5-2）。卵泡囊肿的超声影像表现为圆形无回声结构，囊壁薄且光滑。黄体囊肿壁较厚。

腹部X射线片不如超声检查效果好，但可以辅助超声检查来检测囊肿的位置和大小。针对体积巨大的卵巢囊肿，X射线片可能有帮助。X射线片显示巨大的卵巢囊肿是位于中央腹部、肾脏尾部的软密度组织。当卵巢囊肿足够大，也可导致肠转运延迟，X射线片显示结肠充满粪便。

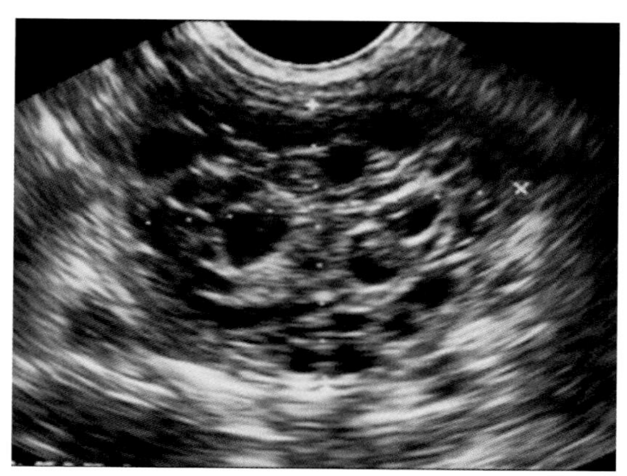

图7-5-2　犬卵巢囊肿的超声检查特征
（李守军　供图）

## 四、防治

针对非繁殖种用的母犬，卵巢子宫切除术是首选的治疗方法。卵巢切除后应进行病理学检查，进一步确诊是卵巢囊肿还是卵巢肿瘤。卵巢囊肿的治疗大多数是通过直接引起黄体化而使犬恢复发情周期。但在临床实践中，对卵巢囊肿的治疗效果进行评价很困难。

针对繁殖种用的母犬，可以通过肌内注射促性腺激素释放激素（GnRH，一次量，50~100g，间隔48h，连用3次）治疗，或肌内注射人绒毛膜促性腺激素（hCG，每千克体重22IU，间隔24~48h）。在采用GnRH或hCG治疗后9d可配合肌内注射前列腺素（PGF2α，一次量，每千克体重0.2mg）治疗，可缩短从治疗到下次发情的间隔时间。

# 第六节　假孕

犬假孕（Pseudopregnancy）是未孕犬出现怀孕的征象，腹部膨大、乳房增长并可能泌乳，甚至表现分娩行为的现象称为假孕。假孕的发生率可能受年龄、品种、胎次和环境因素的影响，有研究表明阿富汗猎犬、比格犬、腊肠犬等的发病率高达75%。

## 一、病因

犬由于其物种的特殊性，胎盘缺少相应的分泌功能，不生成胎盘类固醇。因此，黄体（CL）是犬产生孕酮（P4）的唯一来源。无论犬妊娠与否，从发情开始到发情后第60d左右，都会经历相似的孕酮先升高再下降的过程。当孕酮水平较高时，孕酮刺激乳腺产生乳腺生长激素（GH），乳腺生长激素可促进乳腺组织增生和分化。当孕酮浓度降低时，催乳素（PRL）水平升高。催乳素可刺激乳腺发育，促进泌乳。因此，在催乳素和乳腺生长激素的协同作用下，母犬出现乳腺增大、泌乳等临床表现。未妊娠犬催乳素水平低于妊娠犬，因此，强度相对较小，但仍能够表现出类似妊娠犬的上述行为。

引起犬假孕的因素有：

（1）血清孕酮浓度下降，而催乳素浓度增高。

（2）垂体PRL的释放增加。

（3）多巴胺不足。

（4）组织对PRL的感受性较高。

（5）外源性的PRL、孕酮、LH。

（6）切除卵巢，导致PRL增高，出现假孕征候。

（7）生殖系统疾病。当母犬的黄体发生病变时，也会导致孕酮分泌异常。

（8）其他疾病。促甲状腺激素释放激素（TRH）的过度释放可以增加催乳素的分泌，从而导致泌乳。因此，母犬甲状腺功能减退，也可能导致持续性的异常泌乳。垂体瘤也可以引起垂体大量分泌催乳素，导致母犬乳腺增大，异常泌乳。

## 二、临床症状

不同犬之间假孕临床表现差异较大。即使是同一只犬，上一个发情周期与下一个发情周期之间可能也有所差异。常见临床症状见表7-6-1。

## 三、诊断

假孕的诊断可基于母犬体格检查出现乳腺增大和泌乳等临床表现（图7-6-1），结合病史和影像学检查结果，判断是否有胎儿存在。母犬妊娠检查可在配种后第25d进行超声检查或第45d进行X

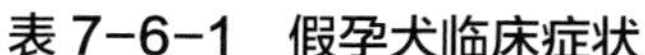
**表 7-6-1　假孕犬临床症状**

| 诊断项目 | 常见临床表现 |
|---|---|
| 行为改变 | 坐立不安、厌食、沉郁、攻击行为、舔舐乳腺 |
| 妊娠期行为 | 筑巢行为、“照顾”玩具、收养其他幼犬（图 7-6-2） |
| 产后行为 | 体重增加、乳腺增大、泌乳、偶尔腹部收缩 |
| 其他 | 呕吐、腹泻、多尿、多饮、多食 |

射线检查，以确定是否妊娠。

妊娠犬和非妊娠犬的血清孕酮水平在统计学上无显著差异，且存在显著的个体差异。虽然孕酮水平在妊娠期间更高，但还应考虑到妊娠犬的血浆容量增加。因此，妊娠犬和假孕犬血清孕酮水平相似，从而不能通过血清孕酮水平区别妊娠犬和假孕犬。

松弛素（Relaxin）在妊娠20~25d可在血液中检测到，在分娩前23周达到峰值。松弛素仅在妊娠期间可检测到，因此，该激素有潜力成为确定妊娠状态的诊断标志物。

图 7-6-1　假孕犬乳腺发育（李守军 供图）

## 四、防治

假孕具有自限性且大多症状较轻，症状通常在一到三周内消失，因此，往往不需要治疗。可使用伊丽莎白圈或给母犬穿上衣服，以阻止母犬舔舐乳房，避免进一步刺激泌乳和乳腺感染。局部热敷和按摩挤压乳腺不仅不会减少泌乳，反而会增加刺激从而增加泌乳量。

但如果母犬处于假孕状况超过4周，并表现出明显的临床症状，伴发有乳腺炎或表现有严重的行为改变（如具有攻击性），则需要接受治疗。通过性激素和催乳素抑制剂治疗可减轻或阻止假孕犬泌乳。性激素曾被广泛应用于治疗母犬假孕，但由于停止使用性激素治疗后易复发，且可能存在广泛且严重的副作用，因此，不建议使用性腺激素孕酮、雌激素或睾酮进行假孕治疗。

最常用的催乳素抑制剂是溴隐亭、甲麦角林和卡麦角林等多巴胺激动剂，可抑制催乳素分泌。其中卡麦角林（口服，每千克体重5μg，1日1次）因其副作用小，作用时间长，是目前兽医临床治疗母犬假孕的首选药。

非种用繁殖犬，建议在假孕结束后的第三到第四个月施行卵巢、子宫切除术。

# 第七节　前列腺增生

前列腺增生是犬最为常见的前列腺疾病，未去势公犬随着年龄增长，由于二氢睾酮对前列腺实质的作用，引起前列腺增生。

## 一、病因

雄激素刺激是引起前列腺增生的原因，二氢睾酮是造成该疾病发生的特异性原因。二氢睾酮引起前列腺对称性、偏心性前列腺增生，最后可形成囊肿。

## 二、发病特点

前列腺疾病常见于大于5岁的未去势公犬中。

## 三、临床症状与病理变化

前列腺增生可能没有症状，如果有症状，可表现为尿道滴血、血精和血尿，按压前列腺无痛感。增生的前列腺可能压迫结肠引起里急后重。

## 四、诊断

在X射线检查中可以确认前列腺增大。超声检查显示特征性征象，可见前列腺呈弥散性、基本对称结构。前列腺内可见多个弥散性低回声或无回声的小囊结构（图7-7-1、图7-7-2），确诊需要细胞学检查和活组织检查。

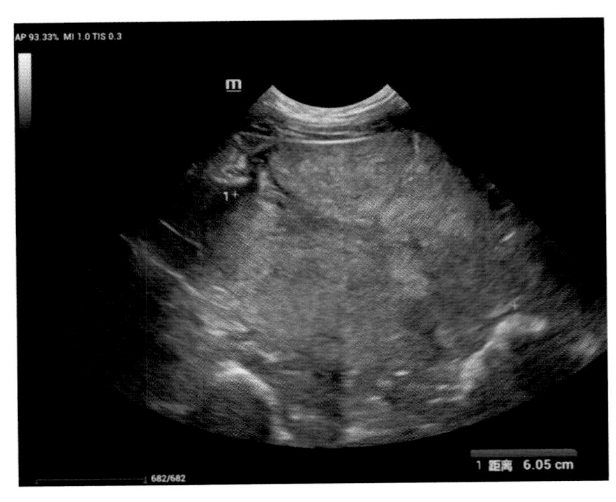


图 7-7-1　一只 7 岁公犬增生的前列腺，短轴约 6.05cm（李守军　供图）

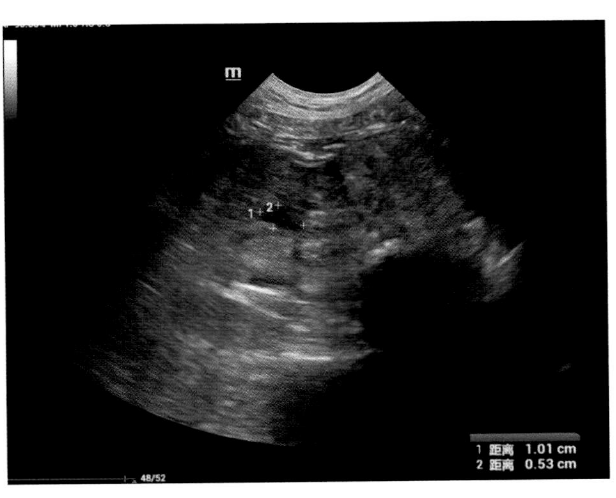


图 7-7-2　一只 13 岁公犬前列腺囊性增生，可见前列腺内有数个大小不一的囊性结构（李守军　供图）

## 五、防治

对于前列腺增生，去势是有效的治疗手段，去势手术后，前列腺萎缩。如果患犬需要留作种用，需要低温保存其精液；如果出现了排便困难等症状，可以使用抗雄激素药物治疗。如果发生排尿困难、前列腺疼痛或精液质量恶化时，需要进一步检查以诊断是否有其他疾病。可用的抗雄激素药物有5α-还原酶抑制剂非那雄胺。给药后睾酮转化为二氢睾酮的过程受到抑制，从而引起前列腺体积缩小，前列腺囊肿也同时缩小。雌激素或孕激素也可以用于对抗雄激素，但这两种激素对睾酮和精子生成有副作用，有潜在骨髓抑制、乳腺肿瘤等副作用。

# 第八节　隐睾

隐睾是公犬的一种常见的先天缺陷，临床表现为青春期时阴囊单侧或双侧隐睾，而正常犬的睾丸在6~16周龄时进入阴囊。

## 一、病因

隐睾症是公犬一种常见先天性生殖缺陷。睾丸经腹腔从肾脏尾极进入腹股沟内，并从悬吊韧带尾侧诱导睾丸引带发育和生长。在胎儿时期，睾丸经腹腔的迁移不受雄激素的影响，而腹股沟阴囊下降受睾酮的调节。睾酮可引起头侧韧带退化，在睾丸腹股沟移动过程中，缩短引带，外翻提睾肌。另一个可能导致隐睾的原因可能由腹股沟管的大小和睾丸大小不匹配引起。

## 二、发病特点

隐睾是一种先天性疾病，可能与常染色体上的基因有关。该疾病在各个品种的犬中广泛存在。

## 三、临床症状与病理变化

单侧隐睾不会造成不育，如果是双侧隐睾，腹腔或皮下温度会阻止精子生成，因此会出现不育。处在腹腔内的睾丸有肿瘤化的风险。

## 四、诊断

通过触诊即可发现阴囊内是否有睾丸。隐睾超声定位可以确定病患是单侧还是双侧隐睾，有助于制订手术方案。在超声检查时（图7-8-1），从肾脏尾极到腹股沟之间的区域都需要全面检查，睾丸的征象为椭圆形均质产回声结构，伴有轻度强回声边缘，代表壁层和脏层指甲的被膜。阴囊内附睾回声强度明显低于睾丸实质。隐睾睾丸中隔的解剖结构，呈强回声斜线，有正常的睾丸实质回声。

## 五、防治

隐睾犬建议实施双侧睾丸切除术，避免腹腔内睾丸肿瘤化的风险。隐睾具有遗传性，发病犬不应该作种犬，避免繁育出隐睾后代。

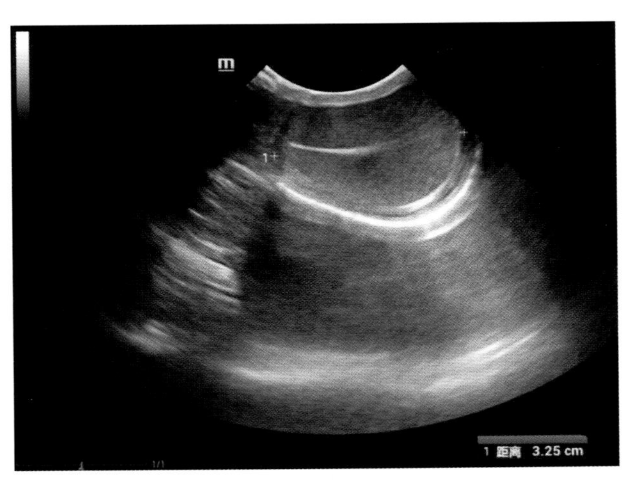


图 7-8-1　一只 3 岁公犬位于腹部皮下的睾丸的超声成像图，结构和正常睾丸相似（李守军 供图）

# 第八章

# 犬内分泌疾病

# 第一节　下丘脑和垂体疾病

## 一、中枢性尿崩症

犬中枢性尿崩症（Central Diabetes Insipidus）是一种罕见的因抗利尿激素分泌不足而引起犬多尿的内分泌疾病。它是因为下丘脑和/或垂体的异常导致的，多数是特发性疾病。该病常见于7~14岁的中老年犬。

### （一）病因

抗利尿激素是下丘脑合成的，经垂体贮存和分泌的用以调节尿液浓缩功能的激素。而中枢性尿崩症正是因为抗利尿激素分泌不足而产生了低渗尿。该病经常找不到确定的原因，是为特发性，除此之外还有先天性、头部外伤、垂体的原发性和转移性肿瘤、头部手术，以及下丘脑和垂体畸形等原因。

### （二）发病特点

中枢性尿崩症根据病因的不同，可以呈现急性或慢性经过。比如在垂体肿瘤中，犬多饮、多尿的症状是逐渐加重的；而在头部外伤或脑膜炎中，犬多饮、多尿的症状是突发的。

### （三）临床症状

病犬出现烦渴，饮水量明显增加；尿量显著增加，超过每天50ml/kg，从而导致排尿次数增多，甚至随地小便，尿色变浅或透明。排尿的增加可能导致轻度脱水。因为该病病变位于下丘脑和/或垂体，所以，还可能并发神经症状，比如呆滞、共济失调、转圈、失明和抽搐等。

### （四）临床检查

依据病史、体格检查、临床病理学检查以及影像学检查来排除原发或继发的脑部或肾脏疾病，以及引起渗透性利尿的疾病，最终通过改良禁水试验和治疗性诊断得以确诊。

1. 血液学检查

红细胞计数、红细胞压积和血红蛋白含量可能因为脱水而升高。

2. 生化检查

TP、ALB、BUN和CREA可能因为脱水而升高。

3. 尿液分析

尿比重显著下降至1.001~1.012。

4. 尿液细菌培养

可能呈阳性。因为尿比重显著下降，可继发尿路感染。

5. 改良禁水试验

当排除了导致多饮、多尿的其他可能疾病，且高度怀疑尿崩症时，可考虑进行改良禁水试验来确诊尿崩症。该试验分为两步，第一步禁水，来测试垂体释放抗利尿激素的能力，以及肾小管对抗利尿激素浓度升高的反应，二者任何一个的异常，均会导致尿液浓缩失败；第二步给予抗利尿激素，若有反应则为中枢性尿崩症，若无反应则为肾性尿崩症（图8-1-1）。

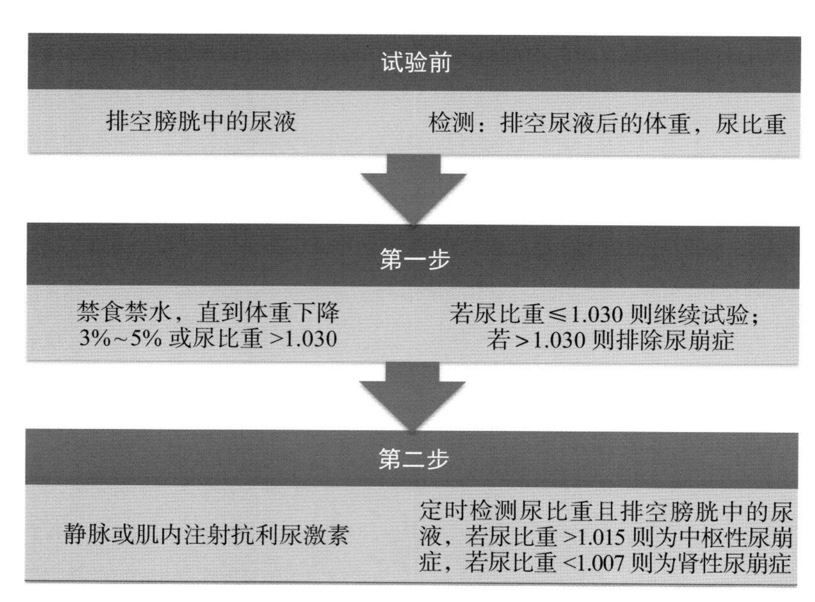


图 8-1-1　改良禁水试验示意（王鹿敏 供图）

### （五）治疗

对因治疗：确定并治疗病因，比如病因为肿瘤、外伤等要治疗肿瘤和外伤。

对症治疗：纠正水、离子和酸碱失衡。是否给予抗利尿激素取决于犬主是否希望改善多饮、多尿的症状；而不使用抗利尿激素，并不会明显影响犬的寿命。

醋酸去氨加压素滴鼻液（100μg/mL）1~4滴/次，滴结膜囊，每天1~2次。

醋酸去氨加压素注射液，2~5μg/次，皮下注射，每天1~2次。

醋酸去氨加压素片0.1mg/次，口服，每天1~2次。

## 二、垂体性侏儒症

犬垂体性侏儒症（Pituitary Dwarfism）是一种先天性的因生长激素缺乏而引起的罕见的内分泌疾病。因为生长激素缺乏，导致幼犬全身器官和组织发育不良，因而出现身材短小的外观，是为侏儒症。德国牧羊犬、小鹿犬、博美犬和魏玛犬等为易感品种。

### （一）病因

这是一种先天性疾病。德国牧羊犬被证实是经由常染色体隐性遗传的。垂体是合成和分泌生长激素的器官，而当垂体发生了病变，最常见于颅咽管囊性扩张而导致压迫或者垂体发育不良时，就会使生长激素的分泌水平下降，幼犬出现垂体性侏儒症。

### （二）发病特点

出生至2月龄的病犬并不显著矮小，但至3~4月龄时已经可以明显观察到生长发育迟缓的迹象，到成年时体重仅为健康犬的一半。因为器官组织生长发育障碍，导致免疫功能和再生功能低下，所以，病犬的寿命显著缩短，一般为3~5岁。

### （三）临床症状

幼犬四肢向外摊开，呈“大”字形，这样既无法站立也无法行走。经过一段时间，它的骨关节会因为承重而发生不可逆的变形。该病会导致毛发、牙齿、骨骼和生殖器官等发育迟缓甚至停止。全身呈现渐进性对称性脱毛，而皮肤失去了毛发的保护，也会出现色素沉着或继发的脓皮病。病犬较之同品种或同窝的犬来说，体形明显地短小。虽然身材矮小，但是其行为与正常犬只并无两样。部分病犬可能并发甲状腺机能减退。

#### （四）临床检查

根据既往病史和典型的症状，高度怀疑该病，并通过一系列临床病理学和影像学检查（包括全血细胞计数、生化全项、尿液分析、粪便检查、cPL、T4、ACTH刺激试验、X线片、腹部超声以及心脏超声等）排除其他类症，最终确诊为垂体性侏儒症。

（1）血液学检查一般无殊。可能会出现轻度贫血。

（2）生化检查一般无殊。可能会出现轻度低血磷、低白蛋白以及氮质血症。

（3）尿液分析一般无殊。

（4）甲状腺检查。若并发呆小症，则可发现T4低，TSH偏低。

（5）血浆IGF-1浓度下降。

（6）生长激素刺激试验。以GHRH、可乐定或甲苯噻嗪作为刺激剂，在刺激前和刺激之后约20min时采血，测定生长激素水平。正常犬刺激后的生长激素水平比刺激前升高2~4倍，而垂体性侏儒症患犬则几乎不变。

（7）影像学检查。脑部CT/MRI检查可能发现垂体囊肿并发垂体发育不良。

#### （五）治疗

治疗原则：长期用药改善症状，定期监测生长激素、IGF-1和血糖水平以调整剂量，避免出现不良反应如糖尿病等；治疗继发疾病，比如甲状腺机能减退。

猪源生长激素：初始剂量0.1~0.3 IU/kg，皮下注射，每周3次，连用4~6周。

醋酸甲基孕酮：初始剂量2.5~5mg/kg，皮下注射，每3周1次。

预防：病犬禁止作为种用，禁止进行繁殖。

## 第二节　甲状旁腺疾病

### 一、甲状旁腺机能亢进

#### （一）病因

甲状旁腺功能亢进（Hyperparathyroidism）是血清离子钙浓度降低引起的正常生理反应（肾性、营养性或肾上腺继发性甲状旁腺功能亢进），或者是异常自主功能性甲状旁腺主细胞合成和分泌过多甲状旁腺激素（PTH）所致的病理反应，即原发性甲状旁腺功能亢进（PHP）。其致病机理是过量分泌的甲状旁腺素作用于肾小管细胞，促进磷酸盐的排泄和钙的潴留。继发性甲状旁腺机能亢进是营养性或肾性低钙或高磷血症所引起的甲状旁腺激素分泌过多，多发生于青年犬。

### （二）临床特征

PHP临床症状表现为食欲不振，呕吐，心动过缓，便秘，肌肉迟缓无力，腹痛，吞咽障碍，精神沉郁乃至昏迷或癫痫发作。也可能出现多饮、多尿、肾性钙质沉着、肾结石和胃溃疡。

继发性甲状旁腺机能亢进病初，犬喜卧，不愿走动，步态强拘，一肢或数肢跛行。后期，骨骼肿胀，变形显著。成年犬还有肾功能不全和尿毒症等一系列症状。

### （三）诊断

当犬发生持续性高血钙且血磷浓度正常或降低时，应怀疑PHP。血清钙浓度一般为12mg/dL，但可超过16mg/dL，血清离子钙浓度通常1.4~1.8mmol/L，但可能超过2.0mmol/L。对病犬进行体格检查，从咽到胸口沿气管两侧进行颈下触诊，有时能摸到肿大的甲状腺。PHP患病犬颈部超声检查可见一个或多个甲状旁腺肿大，正常犬的甲状旁腺超声检查时最大宽度≤3mm，异常甲状旁腺的最大宽度范围为3~23mm（中位值为6mm）。X射线检查可以发现骨的脱钙化、肾石病或肾钙质沉着（或者三者都有）。病症较为严重的病犬表现为心脏增大，心搏增快，心律不齐、有杂音。检测基础血清PTH浓度可确诊PHP。目前，犬PTH参考范围为5~5.8pmol/L。

借由X射线影像检查，在营养性继发性甲状旁腺机能亢进症可见骨皮质重吸收，骨发生弓形畸形，长骨多处发生折叠性骨折；在肾性继发性甲状旁腺机能亢进症病例中可见到全身骨骼脱盐。此外，还可结合血钙浓度升高、血磷浓度下降和碱性磷酸酶活性升高作出诊断。

### （四）治疗

PHP的根本性治疗措施是手术切除异常的甲状旁腺组织。如果4个甲状旁腺均肿大，应保留一个前甲状旁腺的一半。术后12~96h可发生一过性的低钙血症。残留的甲状旁腺恢复正常分泌机能需7~20d。为使血清钙维持在1.87~2.25mmol/L，应口服维生素D和葡萄糖酸钙。对血清钙低于1.87mmol/L而无临床症状的病犬，每天口服葡萄糖酸钙，剂量为50~70mg/kg。对伴有肌肉强直和癫痫发作的病犬，应以1mg/kg剂量10%葡萄糖酸钙静脉注射。

营养性继发性甲状旁腺机能亢进症的治疗原则是通过校正饲料盐类不平衡来降低甲状旁腺素的分泌，对有严重骨病的年幼犬，应补饲葡萄糖酸钙、乳酸盐和碳酸钙；继发性肾性甲状旁腺机能亢进症的治疗原则是恢复肾功能，给予高能量、低蛋白质饲料。

## 二、甲状旁腺机能减退

### （一）病因

甲状旁腺功能减退症（Hypoparathyroidism）是甲状旁腺激素不分泌或分泌不足以及靶器官对甲状旁腺激素反应性减低的疾病。常见发病原因包括甲状旁腺发育不全，淋巴细胞性甲状旁腺炎，非机能性甲状旁腺肿瘤；甲状旁腺器质性病变；犬瘟热、镁缺乏症；长期应用钙剂或维生素D，甲状旁腺放疗、手术切除等引起的甲状旁腺破坏或萎缩；自体免疫性疾病等。

### （二）临床特征

常发于2~8岁小型犬，母犬居多。临床症状表现为低钙血症和高磷血症导致的肌肉痉挛和抽搐。病程初期病犬各肌肉群出现间歇性抖动，上唇卷缩，运动失调，后续发展成为痉挛性发作，面部和前腿肌肉痉挛性收缩，全身强直。

（三）诊断

犬出现持续性低钙血症和高磷血症且肾功能正常时，需要怀疑原发性甲状旁腺功能减退。血钙水平逐渐下降至4~6mg/dL，同时血磷升高。血清钙浓度通常小于7mg/dL，血清离子钙浓度通常小于0.8mmol/L，血清磷浓度通常大于6mg/dL。双位免疫放射分析法分析血清PTH浓度有助于确诊原发性甲状旁腺功能减退，犬低血钙时血清PTH浓度下降或无法检测，强烈提示原发性甲状旁腺功能减退。

（四）治疗

急性低钙血症，可静脉注射10%葡萄糖酸钙，0.5~1.0mg/kg，每天1~2次，重复用药应注意调整注射速度，并监测血清或尿液钙含量。症状缓解后采用口服钙剂和维生素D。慢性低钙血症，口服碳酸钙或葡萄糖酸钙及维生素D。当血清钙浓度稳定后，建议每3~4个月复查一次。

# 第三节　甲状腺疾病甲状腺机能减退症

犬甲状腺疾病包括甲状腺机能减退和甲状腺机能亢进。犬的甲状腺疾病常见甲状腺机能减退症。

甲状腺机能减退（Hypothyroidism）是由于甲状腺素（T4）和三碘甲状腺原氨酸（T3）缺乏，导致相关器官、系统出现临床症状的内分泌疾病。该病可能是宠物医学上过度诊断的疾病之一，很大程度上可能是因为许多医疗不规范直接导致甲状腺素有效生物浓度降低。其发展是渐进性的，临床症状多样，如皮肤病、肥胖、精神沉郁、食欲减退、运动不耐受或畏寒等症状。但这些症状不一定在某一患犬上都呈现。

## 一、病因

（一）原发性甲状腺机能减退

是由甲状腺疾病所致。见于甲状腺实质丧失、肿瘤、感染、淋巴细胞性甲状腺炎、碘的缺乏或过多等。

（二）继发性甲状腺机能减退

由垂体促甲状腺激素细胞发育不良（引起垂体性侏儒症的垂体发育不良），或损伤促甲状腺激素分泌的垂体促甲状腺细胞功能异常，以及甲状腺激素合成和分泌“继发性”缺乏所致。

（三）先天性甲状腺机能减退

罕见。已报道犬先天性原发性甲状腺机能减退的病因包括甲状腺发育不全、内分泌机能缺陷（如碘有机化缺陷）等。

## 二、临床症状

（1）发病时间长，病情发展缓慢。

（2）常见全身症状。精神迟钝、呆滞、肥胖、怕冷、不愿运动，喜欢趴着或睡觉、体温低、昏迷等（图8-3-1）。

图8-3-1 患犬肥胖、喜睡，不愿活动（图片来源于网络 https://www.sohu.com/a/346999594_828440）

（3）便秘和腹泻反复或交替发生。

（4）不孕或假孕。发情周期缩短，发情期出血时间延长，出血量过多，有的母犬持续一月不净；有的母犬还有乳汁分泌；性欲降低，不愿交配。

（5）先天性甲状腺功能减退者。出牙迟缓，或出现巨舌、侏儒症等。

（6）皮肤症状。皮肤和毛发干枯，轻度抓痒；常从尾根处开始脱毛，逐渐扩散至背部两侧被毛脱落；被毛无光泽、变脆、稀疏，易于拔掉；被毛生长非常缓慢，在剃毛、剪毛的地方不易长出或仅长出丝丝绒毛（图8-3-2）。表皮过度角质化、干性或油性皮质炎，黑色素沉积；常并发脓皮症、皮脂漏（图8-3-3），久治不愈；有的会出现慢性呕吐、拉稀、神经症状等。

## 三、病理变化

（1）免疫系统。中性粒细胞和淋巴细胞的功能受损，异常的全身免疫反应导致脓皮病的发生。

（2）心血管。心脏缩力减弱致心率缓慢、脉搏弱，心动过缓，心律不齐。

（3）神经与肌肉。肌肉松弛（脊髓反应减弱），肌张力减弱；或肌肉僵硬，单侧前肢跛行，步

图8-3-2 患犬毛发干枯、无光泽，常从尾根部开始脱毛，面部脱毛区仅长出绒毛（李先波 供图）

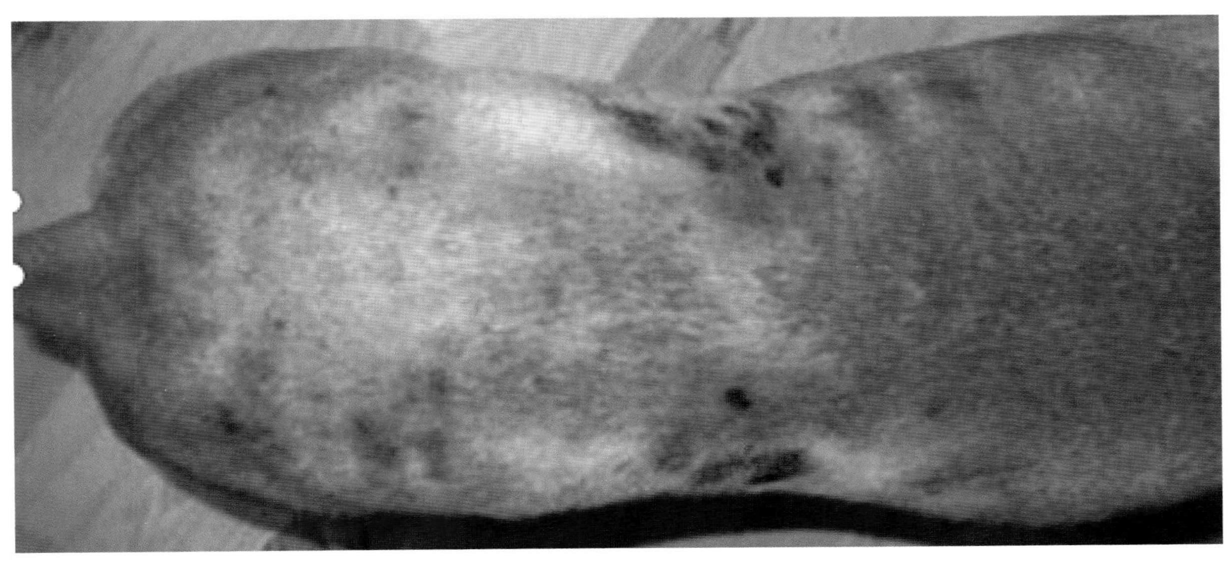

图 8-3-3　犬背部皮肤表皮过度角质化，黑色素沉积，油性皮脂炎（林德贵 供图）

态不稳或四肢拖拽行走；面神经和前庭神经麻痹（少见）。

（4）中枢神经系统。脑血管动脉粥样硬化、缺氧、梗死，共济失调、偏瘫、歪头、眼球震颤或转圈等。补充甲状腺激素，可缓解或解除这些神经症状。

（5）单侧或双侧角膜因脂肪沉积而混浊（图 8-3-4），或出现干性角膜炎。

图 8-3-4　犬双眼角膜脂肪沉积、混浊（林德贵 供图）

## 四、诊断

### （一）实验室检查

血常规：20%~32% 的病例表现为轻度到中度贫血。

血清生化指标：高胆固醇血症（40%~60% 的病例）、肌酸激酶（CK）升高（15%~45% 的病例）、碱性磷酸酶升高（轻度）、有的低钠血症、低血糖、低皮质醇血症。

尿常规：一般未见异常。

### （二）甲状腺功能检查

血清甲状腺激素浓度：T4 浓度：1.5~3μg/dL；T3 浓度：0.6~1.4ng/mL。

### （三）犬的血清促甲状腺激素（TSH）

随着 T3、T4 分泌的减少，负反馈作用下降，使 TSH（参考值 0~0.5ng/mL）分泌增加。

严重甲状腺机能减退病例的血清 TSH 显著升高。20%~40% 甲状腺机能减退患犬的血清中 TSH 水平可能正常。早期或轻度甲状腺机能减退，虽然血清 TSH 升高，但血清 T3、T4 水平可能正常。

具有典型临床症状的患犬血清 T3、T4 低于正常水平，可诊断为甲状腺机能减退。

血清 TSH 测定，对鉴别是原发性甲状腺机能减退，还是继发性或三级甲状腺机能减退很有用处，如图 8-3-5 所示是某病例的化验单，可以判定为原发性甲状腺机能减退。

| 检测项目 The test item | 甲功四项 Four items of hyperthyroidism | 送检样本 Sample | 血清 | 样本质量 Sample quality | 正常 |
|---|---|---|---|---|---|

| 检测项目 Text items | 结果 Results | 参考值 Reference/Cut off | 结论 conclusion |
|---|---|---|---|
| TSH | 14.43 | 3.2～10.9 mU/L | ↑ |
| T4 | 21.99 | 13～52 nmol/L | – |
| FT4 | 8.78 | 11～45 pmol/L | ↓ |
| TGAA | 0.676 | 2.315 | 抗体阴性 |

图 8-3-5　某病例的检测项目（林德贵 供图）

### （四）甲状腺激素治疗试验

对甲状腺机能减退的患犬给予一定量甲状腺素后，或与皮质类固醇、抗生素合用，或局部用药，症状得到缓解或好转；但停药后症状复发，可以确诊为甲状腺机能减退。应重新治疗。如果停药后症状不复发，应该寻找其他诊断方法。

## 五、治疗

口服补甲康或阿克舒（阿莫西林200mg、克拉维酸钾50mg）；外用伤复康软膏（酮康唑10mg、丙酸氯倍他索0.5mg），或激光疗法；其他对症治疗。

# 第四节　胰腺内分泌疾病犬糖尿病

## 一、病因

犬的糖尿病（Diabetes in Dogs）均属于胰岛素依赖型糖尿病（IDDM），特征是低胰岛素血症；处方食物或口服降糖药治疗无效，需要给予外源性胰岛素控制血糖。遗传倾向、感染、胰岛素拮抗性疾病和药物、肥胖、免疫介导性胰岛炎和胰腺炎已公认为是引发IDDM的病因。最终的结果是β细胞功能丢失，低胰岛素血症和葡萄糖进入细胞障碍，以及肝脏糖异生增加和糖原分解。其引发的高血糖和糖尿会引起多饮、多尿、多食和体重下降。为弥补血糖利用不足而生成酮体时，会引起糖尿病酮症酸中毒。IDDM患犬β细胞功能的丧失是不可逆的，须终生使用胰岛素控制血糖。

## 二、临床症状

多数犬发生糖尿病的年龄为4~14岁，高发阶段为7~9岁。幼发型糖尿病指小于1岁的犬患有糖尿病，临床上不常见。雌性犬发病率是雄性犬的两倍。对糖尿病发病与某些家族的关系和荷兰毛狮犬血统分析的研究表明，犬糖尿病存在遗传倾向。标准和迷你雪纳瑞犬、卷毛比雄犬、迷你和玩具贵宾犬、萨摩耶犬、拉萨犬等具有糖尿病易发倾向，而德国牧羊犬、柯利犬、喜乐蒂牧羊犬、金毛猎犬、可卡犬、澳大利亚牧羊犬、拉布拉多猎犬、波士顿梗和罗特威尔犬这些品种的发病率低于平均水平。

糖尿病犬的病史均包括以下典型的症状，即多饮、多尿、多食和体重下降。只有高血糖引起糖尿时，才会出现多饮、多尿。有时，一些犬主人会因白内障引起的突然失明而去医院就诊。糖尿病典型的症状可能会被犬主人忽视或认为是无关的。如果犬主人未注意到无并发症糖尿病的典型症状，且未发生白内障引起的视力异常，患犬可能会出现渐进性酮血症和代谢性酸中毒的全身性症状。

## 三、体格检查

体格检查结果取决于是否存在糖尿病酮症酸中毒及其严重程度、糖尿病诊断前的持续时间和其他并发症的性质。许多糖尿病犬出现肥胖，但身体其他状况很好。长期未治疗的糖尿病患犬可能存在体重下降，除非存在并发症（如胰腺外分泌功能不全），否则很少出现消瘦情况。患犬存在被毛稀疏、干燥、易断、无光泽，且可因过度角化而出现鳞屑。糖尿病引起的脂肪肝可能会引起肝肿大。患犬晶状体内形成白内障也是一个常见的症状。

## 四、诊断

要诊断糖尿病，犬应表现出相应的临床症状（如多饮、多尿、多食和体重下降），且存在持续禁食性高血糖和糖尿。用简易的血糖仪测定血糖浓度和尿试纸测定尿糖可快速初步怀疑糖尿病。

一旦诊断为糖尿病，必须对犬进行详细的体检以检出引起碳水化合物不耐受的潜在病因（如肾上腺皮质机能亢进），或碳水化合物不耐受所致的疾病（如细菌性膀胱炎），或应对治疗方案进行调整的疾病（如胰腺炎）。实验室检查至少应包括全血细胞计数、生化、尿液分析和尿液细菌培养。如果患犬为雌性，无论其发情周期如何，都要检测血清孕酮浓度。如果情况允许，还应做腹部超声波检查是否存在胰腺炎、肾上腺肿大和子宫内膜炎，以及影响肝脏和尿道的异常（如肾盂肾炎或膀胱炎的变化）。通常不需要测定基础血清胰岛素浓度或进行胰岛素反应性试验。根据病史、体格检查或酮症酸中毒的情况选择其他检查。

## 五、治疗

治疗的主要目的是消除继发于高血糖和糖尿的临床症状。持续的临床症状和慢性并发症的发生都直接与高血糖程度和持续时间有关。限制血糖的波动和维持接近正常的血糖浓度有利于减少临床症状的严重程度，防止控制较差的糖尿病并发症的出现。对于糖尿病患犬，治疗包括给予适当的胰岛素、食物和运动，以及防止或控制并发的炎症性、感染性、肿瘤性和激素性疾病。

### （一）胰岛素治疗

中长效胰岛素是控制糖尿病犬血糖的首选。可使用重组人源性胰岛素，以避免引起胰岛素抗体产生而导致胰岛素治疗无效。初始治疗时胰岛素的剂量比较小且采用2次/d的给药方式，血糖的控制通常比较容易，且不易发生低血糖和苏木杰现象。血糖难以控制犬接受从每天注射一次大剂量胰岛素转换为每天两次时，血糖的调节更难且更易发生低血糖和苏木杰现象（表8-4-1、表8-4-2）。

**表 8-4-1　用于犬的人重组胰岛素制剂的特性**

| 胰岛素类型 | 使用途径 | 起效时间 | 最大作用时间（h） | | 持效时间（h） | |
|---|---|---|---|---|---|---|
| | | | 犬 | 猫 | 犬 | 猫 |
| 常规胰岛素 | IV | 立即 | 0.5~2 | 0.5~2 | 1~4 | 1~4 |
| | IM | 10~30min | 1~4 | 1~4 | 3~8 | 3~8 |
| | SC | 10~30min | 1~5 | 1~5 | 4~10 | 4~10 |
| NPH（低精蛋白） | SC | 0.5~2h | 2~10 | 2~8 | 6~18 | 4~12 |
| 长效胰岛素 | SC | 0.5~2h | 2~10 | 2~10 | 8~20 | 6~18 |

**表 8-4-2　犬糖尿病的并发症**

| 常见 | 不常见 |
|---|---|
| 医源性低血糖 | 外周神经病 |
| 持续多尿、多饮、体重下降 | 肾小球肾病、肾小球硬化症 |
| 白内障 | 视网膜病变 |
| 细菌感染，特别是下泌尿道感染 | 胰腺外分泌功能不全 |
| 胰腺炎 | 胃轻瘫 |
| 酮症酸中毒 | 糖尿病性腹泻 |
| 肝脂质沉积综合征 | 糖尿病性皮肤病（如表皮坏死性皮炎） |

### （二）日粮治疗

调整日粮或饲喂方式是为了纠正和防止肥胖、维持每餐定时定量饲喂和有助于减轻餐后高血糖。日粮中纤维含量增加有利于控制肥胖和提高糖尿病动物的血糖控制。

犬对高纤维食物继发症易感性、体重和体况、存在需食物调整的并发症（如胰腺炎、肾功能衰竭）最终决定着选择饲喂何种纤维。不可溶纤维含量增加时最常见临床并发症包括排便次数增加、便秘和顽固性便秘，饲喂1~2周后出现低血糖和拒绝采食。采集可溶性纤维的并发症包括软便或水便、肠胃气胀，饲喂1~2周后出现低血糖和拒绝采食。

对于消瘦或瘦弱的糖尿病犬，不能饲喂含高纤维的食物。因为高纤维食物的能量低，会进一步导致体重下降。对于消瘦需要增加体重的糖尿病犬，血糖主要通过胰岛素和高能量低纤维食物来控制。一旦体重正常，逐渐替换成高纤维食物。

### （三）胰岛素治疗的并发症

低血糖是胰岛素治疗常见的并发症。每天注射两次时胰岛素作用重叠过大、长期食欲减退后以及突然增加胰岛素剂量易引起低血糖。在这些情况下，在致糖尿病激素（即胰高血糖素、儿茶酚胺、可的松、生长激素）能代偿和逆转低血糖前，会出现严重的低血糖。对于许多糖尿病犬，主人对低血糖症状不敏感，常在做血糖曲线或测血清果糖胺浓度时才发现存在低血糖。如果出现低血糖症状，只有再次出现高血糖和糖尿时才能继续使用胰岛素治疗。随后胰岛素剂量的调整通常是暂时的。一般开始时须将胰岛素剂量减少25%~50%，然后根据临床表现和血糖监测结果调整。

## 六、糖尿病监测控制技术

胰岛素治疗的基本目的是消除糖尿病的临床症状并避免常见并发症的出现。犬常见的并发症包括白内障引起的失明、体重下降、低血糖、复发酮症和继发糖尿病并发的感染、炎症、肿瘤或激素性疾病的血糖控制不良。

因此，对于糖尿病犬，无须把血糖浓度控制在接近正常范围内。如果大部分时间把犬血糖浓度保持在100~250mg/dL，多数主人会很满意，大多犬会很健康且无临床症状。

### （一）病史和体格检查

评价血糖控制情况时，最重要的参数是主人对临床症状严重程度的印象、患犬的整体健康状况、体格检查结果和体重的稳定情况。如果主人对治疗结果满意，体格检查表明血糖控制良好，体重稳定，说明糖尿病犬控制良好。如果主人讲述存在相应的临床症状（即多饮、多尿、嗜睡、低血糖症状），体格检查发现血糖控制不良相关的情况（如消瘦或被毛粗乱、虚弱）、体重下降、早晨血糖浓度超过300mg/dl，说明可能存在血糖控制不良，应做其他检查（即血糖曲线、血清果糖胺浓度、检查并发症）。

### （二）血清果糖胺浓度

果糖胺是血液中的一种糖基化蛋白，它可用于监测血糖的控制。果糖胺是葡萄糖与蛋白结合的产物，这种结合是不可逆、非酶促性、非胰岛素依赖性的。血清糖基化蛋白的浓度直接与血糖浓度相关。之前2~3周的血糖浓度越高，血清果糖胺浓度越高；反之亦然。血清果糖胺浓度不受血糖急性升高的影响，如激动、兴奋引起的高血糖。在每3~6个月常规检查血糖控制程度时，可测定血清果糖胺浓度。它可澄清兴奋或应激对血糖浓度的影响，澄清病史、体格检查结果和血糖曲线浓度的不一致情况，评价胰岛素的疗效。

### （三）尿糖的监测

有时对于反复出现酮症或低血糖的犬，监测尿液是否存在酮尿或尿糖持续为阴性是十分有用的。应告知主人除非反复出现低血糖或尿糖测定持续为阴性，不要根据每天早上糖尿病犬的尿糖测定结果调节胰岛素剂量。大多数糖尿病犬出现的并发症都是主人受早上尿糖浓度的误导引起的。推荐在周末时，检查早上以及一天中多个尿液样品。血糖控制良好的糖尿病犬，24h内大多数时间尿糖都是阴性的。全天持续出现糖尿表明需要去医院或在家测定血糖浓度。

### （四）血糖曲线

当病史、体格检查结果、体重变化和血清果糖胺浓度都清楚后，如果确实需要调整胰岛素剂量，可绘制血糖曲线以对胰岛素剂量进行调整，但由于兴奋、应激或攻击性引起血糖浓度不可靠的除外。血糖曲线的评价在糖尿病犬开始进行剂量调整时是必须的；即使患犬在家表现良好，血糖曲线也可用于评价血糖的控制；当再次出现高血糖或低血糖时，必须用血糖曲线重建血糖控制。

## 七、预后

### （一）糖尿病的慢性并发症

糖尿病或治疗的并发症（如白内障、胰岛素引起的低血糖）在糖尿病犬中常见。犬最常见的并发症是白内障引起的失明和前葡萄膜炎，慢性胰腺炎，下泌尿道、呼吸道和皮肤反复感染，低血糖

和酮症酸中毒。

（二）预后

取决于存在的并发疾病及其可逆性、胰岛素控制糖尿病的容易程度和主人的意愿。糖尿病犬从诊断开始的平均寿命约为3年。存活时间呈偏态分布，因为确诊时犬通常为8~12岁，由于并发致命的或无法控制的疾病（如酮症酸中毒、急性胰腺炎或肾功能衰竭），确诊后前6个月的死亡率较高。度过前6个月的糖尿病犬存活时间通常很容易超过5年。

# 第五节 肾上腺疾病犬肾上腺皮质功能亢进

犬肾上腺皮质功能亢进（Hyperfunction Adrenal Cortex）可分为垂体依赖性（80%~85%）、肾上腺皮质依赖性（10%~20%）和医源性，即体内产生或医源性导致体内存在过量可的松引起的一系列病理变化和临床症状的一种疾病。

## 一、病因

垂体依赖性肾上腺皮质功能亢进（PDH）是垂体肿瘤所致，垂体肿瘤引起ACTH过度分泌，进而引起肾上腺皮质过量分泌可的松。肾上腺皮质依赖性为肾上腺皮质肿瘤所致，通常良性和恶性肿瘤各占50%，肿瘤较大（>4cm）或存在局部肿瘤浸润（如肾脏、后腔静脉等）或肝、肺转移时，肿瘤恶性的可能性大。医源性肾上腺皮质机能亢进指过量使用糖皮质激素治疗过敏性或免疫介导性疾病所致，虽然出现肾上腺皮质功能亢进的临床症状，但ACTH刺激试验结果却符合自发性肾上腺皮质功能减退。

## 二、临床特征

患犬常出现多饮、多尿、多食、腹部膨大和内分泌脱毛的表现（图8-5-1、图8-5-2）。

## 三、诊断

肾上腺皮质功能亢进的诊断需要结合病征、临床症状、超声结果、ACTH刺激试验或低剂量地塞米松抑制试验综合评估。超声、ACTH刺激试验和低剂量地塞米松抑制试验均存在一定的假阳性和假阴性，不可单独用于诊断肾上腺皮质机能亢进。

## 四、治疗

肾上腺皮质功能亢进的治疗主要分为内科治疗和外科治疗。内科治疗通常是用曲洛司坦

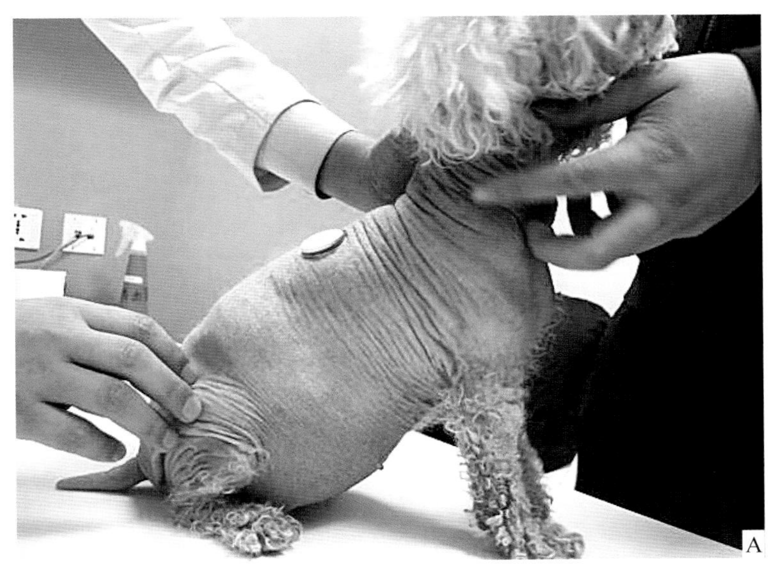
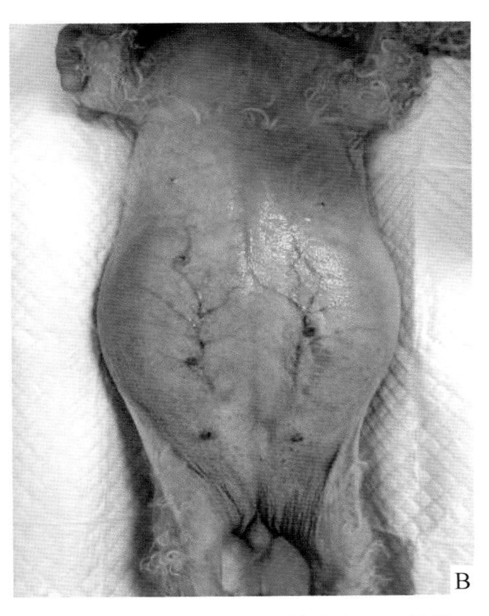

图 8-5-1　（A）和（B）绝育贵宾犬（雌性，12 岁）存在腹部膨大、躯干严重脱毛，腹部皮肤变薄，血管清晰，因继发糖尿病，背上安装了雅培瞬感血糖仪贴片（邱志钊 供图）

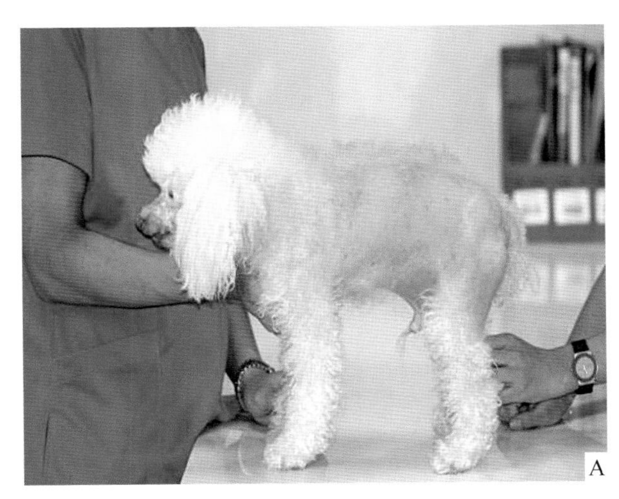
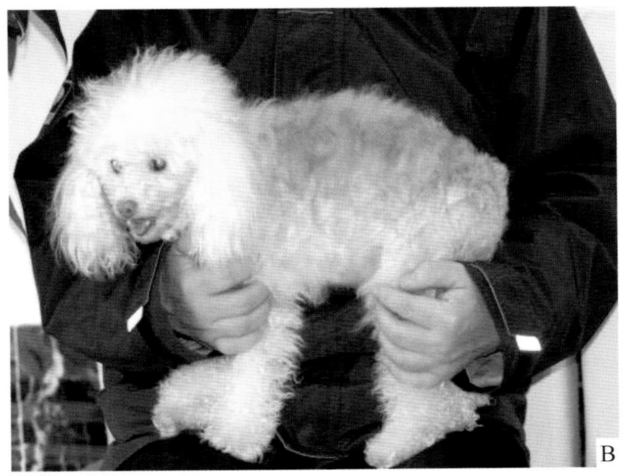

图 8-5-2　（A）和（B）贵宾犬（13 岁，雄性）治疗前后的外观对比。治疗前存在明显的躯干脱毛，治疗后毛发全部恢复正常（刘欣 供图）

（1mg/kg bid PO）。用药后复查ACTH刺激试验并据试验结果调整剂量。外科治疗为手术切除垂体肿瘤（难度大，目前国内开展得很少）和肾上腺肿瘤（肾上腺肿瘤的首选）。

## 五、预后

垂体依赖性肾上腺皮质功能亢进犬的存活时间约为30个月，多数犬死于垂体大瘤综合征或其他老年性疾病。肾上腺依赖性肾上腺皮质功能亢进犬术后（活出术后1个月）的平均存活时间为492~935d；而未手术犬内科维持治疗的存活时间为102~353d，多数死于血栓、肿瘤转移和老年性疾病。

# 第九章

# 犬泌尿与生殖系统疾病

# 第一节　泌尿系统的检查

从动物整体而言，泌尿器官与全身机能活动有着密切关系，肾脏是机体最重要的排泄器官，不仅排泄、代谢最终生理机能产物种类多、数量大，而且参与体内水、电解质和酸碱平衡的调节，维持体液的渗透压，并通过尿路排出对机体有害的物质。一方面，如果肾和尿路的机能活动发生障碍，代谢终产物的排泄将不能正常进行，酸碱平衡、水和电解质的代谢也会发生障碍，从而导致机体各器官的机能紊乱；另一方面，心脏、肺脏、胃肠、神经、内分泌等器官和系统发生机能障碍时，也会影响肾脏的排泄机能和尿液的理化性质。因此，掌握泌尿器官和尿液的检查和检验方法、掌握泌尿系统患病的症状学，不仅对泌尿器官本身，而且对其他各种器官、系统疾病的诊断和防治都具有重要的意义。泌尿系统的检查方法主要有问诊、视诊、触诊（外部或直检）、导管探诊、肾功能、试验、排尿和尿液的检查（图9-1-1、图9-1-2），其中，尿液的实验室检验甚为重要，必要时还可利用膀胱镜、X线等特殊检查法。

## 一、排尿状态检查

### （一）排尿姿势检查

检查犬排尿状态时要注意观察排尿姿势、排尿次数和排尿量的多少。排尿姿势异常，常见于尿失禁、尿淋漓和排尿带痛，可由脊髓损伤或者膀胱炎、尿道炎和尿路结石等疾病引起。

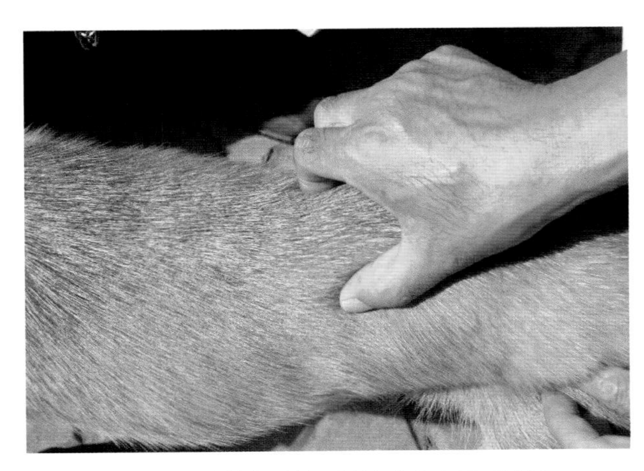

图 9-1-1　犬的肾脏按压触诊（范志刚 供图）

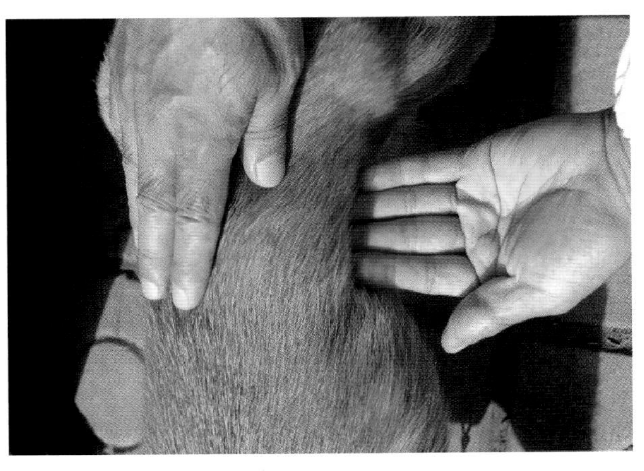

图 9-1-2　犬的肾脏切入触诊（范志刚 供图）

### （二）排尿次数和排尿量

健康成年犬一天的排尿量平均为每千克体重22mL，幼犬为每千克体重40~200mL。观察以下症状：少尿或无尿、尿淋漓、尿频、多尿、尿闭，提示犬可能有阴道炎症、尿结石、泌尿器官炎症、肾脏疾患等。注意当病犬膀胱破裂时，不见其排尿，但腹部触诊感觉不到充盈的膀胱，但其腹部却逐渐膨大。

## 二、泌尿器官的检查

主要是采用触诊方法，对肾脏和膀胱进行检查。

### （一）肾脏的检查

犬的左侧肾脏可在左腰窝的前角触到，右肾常不易触到。小犬也可于其横卧时进行肾脏触诊。犬急性肾炎、肾盂肾炎及钩端螺旋体病，触诊时肾脏敏感 。

### （二）膀胱的检查

犬的膀胱位于耻骨联合前方的腹腔底部。触诊时采取站立或者侧卧的姿势，当膀胱充满时，可在下腹壁耻骨前缘触及一个有弹性的球形光滑体。检查膀胱内有无结石时，最好用一手食指插入直肠，另一手的拇指与食指于腹壁外，将膀胱向后方挤压，使直肠内的食指容易触到膀胱 。

## 三、尿液检查

尿液检查也叫尿液分析，包括尿液物理、化学检验及显微镜检查三个方面。尿液检查可用于泌尿系统疾病的诊断与治疗效果的判断，也可用于其他系统疾病的诊断，如糖尿病、急性胰腺炎、黄疸、溶血、重金属（铅、铋、镉等）中毒等，同时可辅助临床用药监督，如庆大霉素、磺胺药、抗肿瘤药等。犬的尿液可通过自然排尿、体外适度用力压迫膀胱、导尿管导尿或体外膀胱穿刺等采集，每次采集尿液5~10mL。通常最好在早上采集尿样，因为此时是一天中尿样浓度最高的时候。采集的尿液，须在30min内检验完，不能立即检验时，最好置于冰箱内保存，一般在4℃冰箱可保存6~8h，放置时间较长时，可加适量防腐剂，常用的有甲醛、甲苯、浓盐酸、30%醛酸等。

### （一）尿量

在正常情况下，犬每日尿量为24~40mL/kg，一般无糖尿比重大于1.030，通常无多尿存在。如果尿比重小于1.030，就有可能存在生理性或病理性多尿，有时也可能存在病理性尿减少。

（1）尿量增多。多尿有正常和非正常性两种。正常多尿见于强迫饮水、输液、寒冷、低血钾、给予利尿剂等；非正常多尿见于慢性进行性肾衰竭、急性肾衰竭、糖尿病、尿崩症、肾皮质萎缩、慢性肾盂肾炎、子宫蓄脓、贫血、肾上腺皮质功能亢进等。

（2）尿量减少。生理性少尿见于饮水减少、环境温度高、交感神经兴奋等。病理性少尿分为肾前性、肾性和肾后性少尿。肾前性少尿见于各种热证、休克、严重脱水、创伤、心力衰竭、肾上腺皮质机能降低等；肾性少尿见于急性肾病、肾衰竭、慢性原发性肾衰竭、中毒、急性过敏性间质性肾炎等；肾后性少尿见于尿路阻塞、尿道损伤、膀胱破裂和膀胱性会阴疝等。

### （二）尿色

正常尿液为淡黄色、黄色到琥珀色，透明，与摄取水分的多少及尿中含的尿色素和尿胆素多少有关（图9-1-3）。

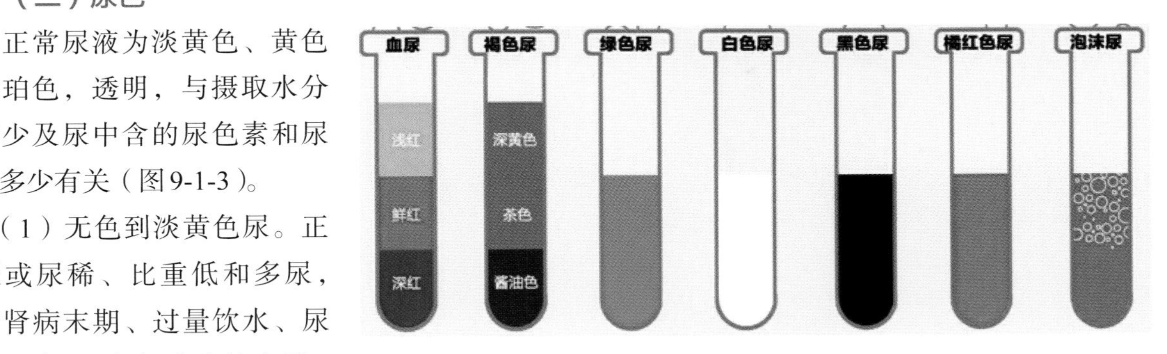

图 9-1-3　常见尿液颜色对比（范宏刚 供图）

（1）无色到淡黄色尿。正常尿或尿稀、比重低和多尿，见于肾病末期、过量饮水、尿崩症、肾上腺皮质功能亢进、糖尿病、子宫蓄脓等。

（2）暗黄色尿。正常尿或尿少、尿浓而比重高，见于急性肾炎、饮水少、脱水和热性病的浓缩尿、维生素$B_2$尿等。

（3）蓝色尿。见于新亚甲蓝尿、靛蓝色尿、假单胞菌感染等。

（4）绿色尿（蓝色与黄色混合）。见于新亚甲蓝尿、靛蓝色尿、胆绿素尿、维生素$B_2$尿等。

（5）橘黄色尿。见于浓缩尿、尿中过量尿胆素、胆红素等。

（6）红色、粉红色、棕红色或橘红色尿。见于血尿、血红蛋白尿、肌红蛋白尿、卟啉尿等。

（7）棕色尿。见于正铁血红蛋白尿、磺胺尿、铋尿、汞尿等。

（8）棕黄色或棕绿色尿。见于肝病时的胆色素尿。

（9）棕色到黑色尿。见于正铁血红蛋白尿、肌红蛋白尿、胆色素尿、亚硝酸盐尿、非那西丁尿等。

（10）乳白色尿。见于脂尿、脓尿和磷酸盐结晶尿。

### （三）透明度

正常尿液在排尿后为透明澄清，经静置后微浑。将尿液放在清洁量筒中，置透光处观察。健康犬尿透明澄清，如尿中混入黏液、白细胞、上皮细胞、坏死组织碎片或细菌等，使尿液浑浊，常见于肾脏和尿路感染。凡浑浊、极浑浊或乳糜状尿可按下述简易方法予以区分：

（1）尿液加温后变为澄清者是尿酸盐尿。

（2）过滤不能使尿液澄清者可能为细菌尿、脂肪尿或乳糜尿。

（3）加3%醋酸可使尿液澄清者为磷酸盐尿，如有气泡发生者则为碳酸盐尿。

（4）加10%盐酸可使磷酸盐、碳酸盐、草酸盐所致的浑浊澄清。

（5）加10%氢氧化钠使浑浊尿变为胶凝状者为脓尿。

（6）将尿液与乙醇、乙醚，按5:1:2容量比例混合振荡，使尿透明者为脂肪尿或乳糜尿。

### （四）气味

犬的尿正常时有强烈的臭味，呈大蒜味，病理情况下气味常常发生变化。尿路阻塞或其他原因使尿长期潴留，尿液呈氨臭味；膀胱、尿路有溃疡、坏死或化脓性炎症时，尿液呈腐败臭味。

### （五）比重

正常犬尿液比重约为1.025（1.015~1.045）。尿液比重增加见于犬饮水过少、气温过高、尿量减少等，为生理现象。在病理情况下，尿比重增高为浓缩尿，见于急性肾炎、心功能不全、高热、脱水、休克等；尿液比重降低为低渗尿，见于慢性肾炎、尿毒症、尿崩症等。

# 第二节 尿石症

犬尿石症是指尿路中的无机或有机盐类结晶的凝结物（结石、积石或多量结晶）刺激尿路黏膜而引起出血、炎症和阻塞的一种泌尿器官疾病。

犬尿石症的种类很多，按其成分可分为以下几种类型：①磷酸盐结石（约占犬尿结石的60%），该类结石中以磷酸铵镁型结石为主。②尿酸铵结石（占犬尿结石的2%~8%），多见于达尔马提亚犬。③胱氨酸结石（在美国占犬尿结石的2.4%~3.3%，在欧洲约占犬尿结石的39%），该类结石多见于青年雄犬，如英国斗牛犬。④草酸钙结石（占犬尿结石的6%~10%）。⑤硅酸盐结石（占犬尿结石的2%~8%）。⑥黄嘌呤结石、碳酸盐结石（图9-2-1至图9-2-3），此类结石在犬中很少见。犬尿石症按其尿石的所在位置可分为肾结石、输尿管结石、膀胱结石及尿道结石。

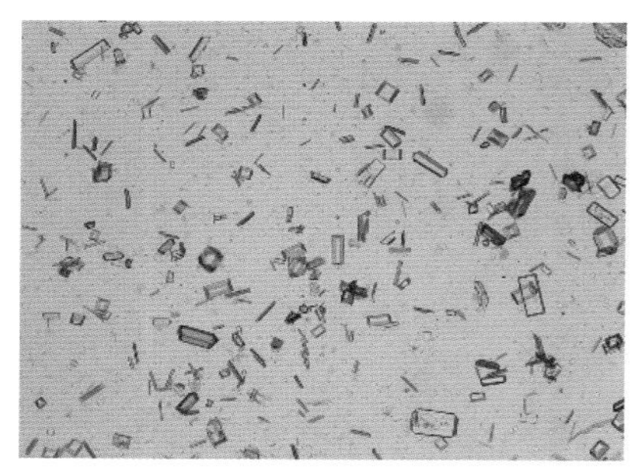
图 9-2-1 磷酸铵镁结石（范宏刚 供图）

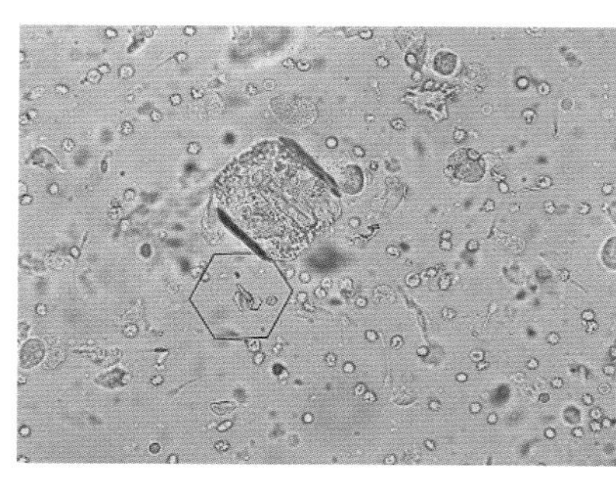
图 9-2-2 胱氨酸结石（范宏刚 供图）

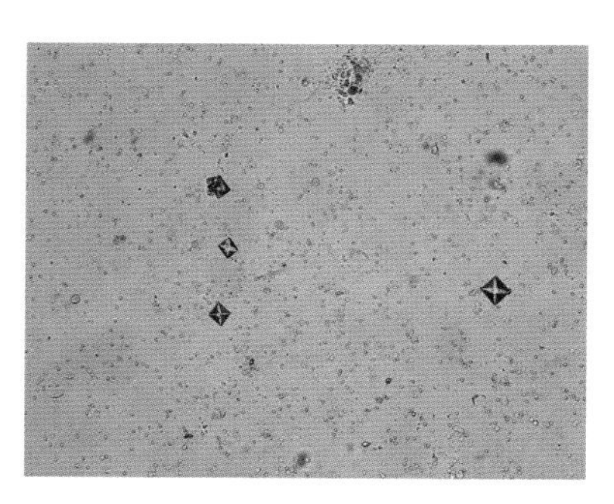
图 9-2-3 草酸钙结石（范洪刚 供图）

## 一、病因

（1）尿道的细菌感染。如葡萄球菌和变形杆菌感染，直接损伤尿路上皮，使其脱落，促使结石核心的形成（图9-2-4、图9-2-5）。

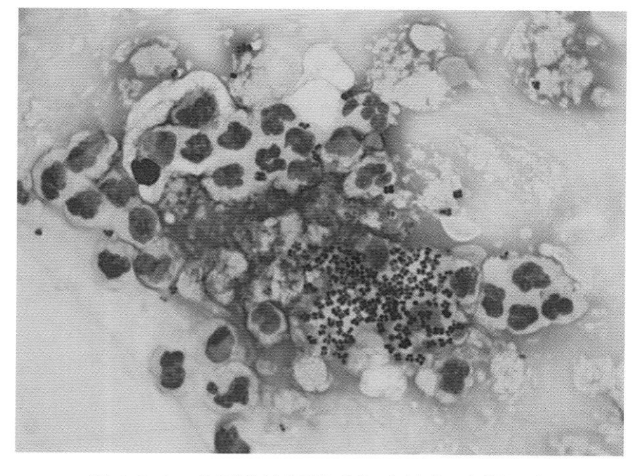
图 9-2-4 犬尿道的细菌感染（范宏刚 供图）

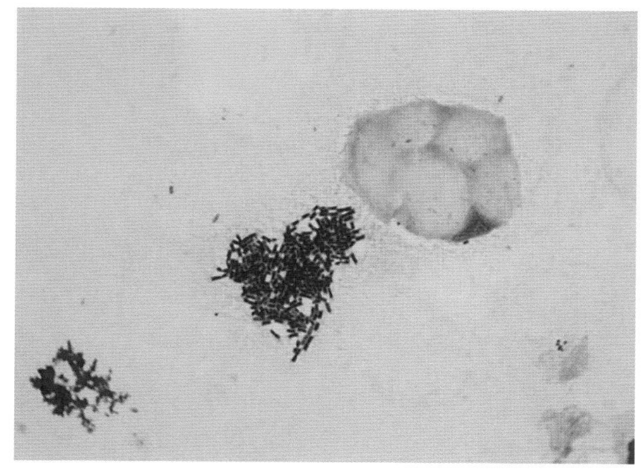
图 9-2-5 犬尿道的细菌感染（范宏刚 供图）

（2）维生素A缺乏或雌激素过剩。可促使上皮细胞脱落，进而促进尿石的形成。

（3）饮水不足。犬长期饮水不足，致使盐类浓度过高而促进尿石的形成。

（4）饲料营养的不均衡。较多给犬饲喂高蛋白、高镁离子的日粮时，易促进磷酸铵镁结石的形成。

（5）肝机能降低。某些品种犬（如达尔马提亚犬）因肝脏缺乏氨和尿酸转化酶而发生尿酸盐结石。但该犬仍有近25%尿结石是磷酸铵镁尿结石。

（6）某些代谢、遗传缺陷。如英国斗牛犬、约克夏梗等的尿酸遗传代谢缺陷易形成尿酸铵结石，或机体代谢紊乱易形成胱氨酸结石。

（7）慢性疾病。如慢性原发性高钙血症、甲状旁腺机能亢进等长时间作用下会损伤近端肾小管，影响其再吸收，增加尿液中钙和草酸等物质含量，从而促进了草酸钙尿结石的形成。

## 二、临床症状

### （一）肾结石

结石一般在肾盂部分。结石大时，往往并发肾炎、肾盂炎、膀胱炎等。精神沉郁，步态强拘，食欲减退或废绝。触摸肾区发现肾肿大并有疼痛感。常作排尿姿势，并可能出现轻度血尿、细菌尿、脓尿等。

### （二）输尿管结石

不常见。犬发病时，剧烈疼痛不安，触诊腹部有疼痛感，行走时拱背，表情痛苦。完全阻塞时，无尿进入膀胱。不全阻塞时，常见血尿、脓尿和蛋白尿。

### （三）膀胱结石

常发。结石大而多时，刺激膀胱黏膜，出现膀胱炎症状。频频做排尿姿势努责，排尿困难，有血尿。当膀胱不太充满时，可摸及内有移动感的结石块。

### （四）尿道结石

主要发生于公犬。结石常嵌留在阴茎尿道开口处的后方，有时发生于坐骨弓“S”状弯曲处。多数病例突然尿闭，频做排尿姿势，强烈努责，呻吟，起卧不安。若不完全阻塞，则尿液细小或仅有少量血尿滴出；若完全阻塞，则完全尿闭。在后腹部触摸膀胱，胀满并有剧烈疼痛感。随病程发展，可发生膀胱破裂，此时，犬转为安静。对犬进行腹腔穿刺，有大量黄色尿液流出。但病犬往往因腹膜炎和尿毒症而死亡。

## 三、诊断

根据临床症状可作出初步诊断，进行下列检查有利于该病的最后诊断。

### （一）X射线检查

对大于3mm的肾结石、输尿管结石，应用X射线检查。若注入造影剂则更易确诊。膀胱结石可进行膀胱充气造影，或采用2.5%~5%泛影酸钠溶液阳性造影剂进行造影诊断（图9-2-6）。

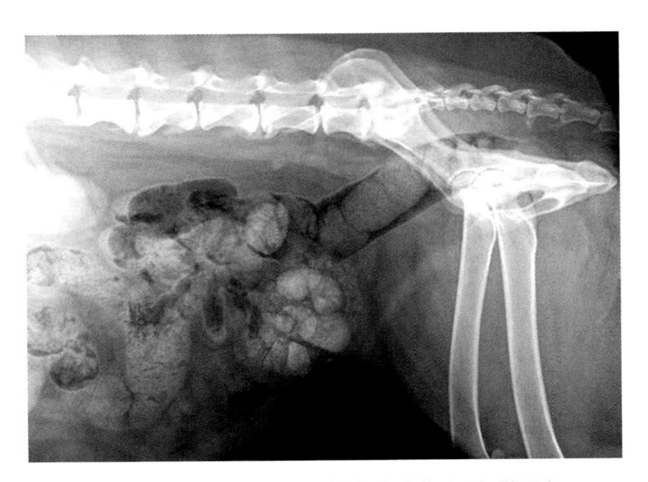

图9-2-6　犬膀胱结石X射线片（范宏刚 供图）

### （二）超声波检查

有利于泌尿道结石尤其是X射线检查阴性结石的诊断（图9-2-7）。

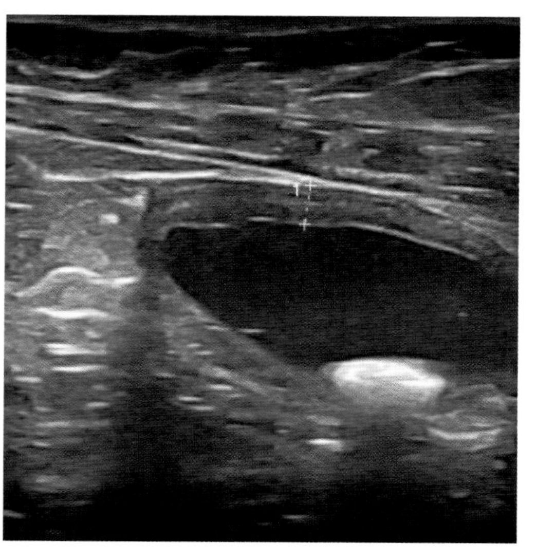
图 9-2-7　犬膀胱结石超声影像（范宏刚　供图）

## 四、治疗

### （一）非手术疗法

1.水压冲洗疗法

适用于尿道结石。将患犬镇静或麻醉后，先行膀胱穿刺排尿。助手一手指伸入直肠压迫骨盆部尿道或从体外抵压膀胱，术者经尿道口插入导尿管，用手捏紧其导管周围组织，向尿道内注入生理盐水，以扩张尿道。然后术者手松开，迅速拔出导尿管，解除尿道压力，尿石常随液体射出体外。需重复几次。如无效，可用粗的导尿管经尿道口插至结石端，用力注入生理盐水或液体润滑剂，将结石冲回至膀胱，再行膀胱切开术或其他疗法。

2.膀胱挤压排空法

适用于尿道或膀胱结石。常在犬麻醉情况下进行。如膀胱不膨胀，需经尿道插管，注入适量生理盐水，使膀胱膨胀。注射时，触摸膀胱，防止膀胱过度膨胀。将犬抱起，使其呈垂直姿势。然后轻轻挤压膀胱，使尿液和结石从尿道排出，盛入一烧杯中。可重复几次，直至尿道、膀胱无结石为止。

3.碎石技术

条件许可时，可用体外震波碎石器、超声碎石器和激光碎石器等技术将结石击碎后排出。

### （二）手术疗法

对非手术疗法不能排除及尿路感染已较严重的病犬适宜手术治疗。根据结石阻塞部位，可采用阴囊前尿道切开术、膀胱插管术、阴囊尿道造口术及会阴造口术等方法，将结石取出。

### （三）控制尿路感染

在治疗尿结石的同时必须配合局部和全身抗生素治疗，如氨苄青霉素、复方磺胺甲恶唑或呋喃类药物等。另外，用药酸化尿液，增加犬排尿量，有助于缓解感染。

# 第三节　肾脏疾病

## 一、肾小球肾病

肾小球肾病（Glomerulonephritis）是免疫复合物在肾小球毛细血管壁沉积，引起炎性变化为特征的一种免疫介导性疾病。其临床特征为血尿、蛋白尿、高血压、肾功能降低和水肿等。

### （一）病因

该病由免疫复合物引起。犬免疫复合物的生成，常与腺病毒感染、子宫蓄脓、肿瘤、全身性红斑狼疮、犬恶心丝虫病、利什曼病等有关。多伯曼犬易发生该病，可能与遗传有关。

### （二）临床症状

患病初期犬表现嗜睡、体重减轻，通常无氮血症。随着病情发展，患病犬多数发展成肾病综合征，其特点为大量尿蛋白丢失、血蛋白减少、高胆固醇血症和水肿。大多数患肾病综合征的犬经过不同时期的发展，最后都将发展成慢性肾衰竭。白蛋白不断从尿液中排出，血蛋白减少，从而导致腹水和呼吸困难，蛋白丢失还常引起凝血增强。严重的最终引起肾衰竭和氮血症。经实验室检查，血清尿素氮和肌酐浓度升高。

### （三）治疗

肾小球肾病目前尚无特效疗法，因此，及早防治引起该病的原发病是关键。

## 二、肾小管病

肾小管病是一种并发物质代谢紊乱及肾小管上皮细胞变性的非炎性疾病。其临床特征是大量蛋白尿、明显水肿及低蛋白血症，但无血尿及血压升高，最后发生尿毒症。

### （一）病因

肾小管病主要发生于犬瘟热、流行性感冒、钩端螺旋体病的经过中。其次，某些有毒物质的侵害（如汞、磷、砷、氯仿、石炭酸等中毒）、真菌毒素（如采食发霉的食物引起的中毒）、体内的有毒物质（如消化道疾病、肝脏疾病、蠕虫病和化脓性炎症等疾病时，产生的内源性毒素）均可引起肾小管病。此外，肾脏局部缺血时引起的如休克、脱水、急性出血性贫血及急性心力衰竭所引起的严重循环衰竭，常导致肾小管变性。

### （二）临床症状

犬患有急性肾小管病时，临床可见尿量减少、比重增加、尿液浓稠、颜色变黄如豆油状，严重时无尿，排尿困难。肾小管上皮变性以致重吸收障碍，尿液中出现大量蛋白质及肾上皮细胞。当尿呈酸性反应时，可见有少量颗粒和透明管型。此时，犬呈现衰弱、消瘦、营养不良及水肿体征，水肿多发生于颜面、四肢和阴囊，严重时伴发胸腔和腹腔积液（图9-3-1）。在患该病晚期犬通常有厌食、微热、沉郁、心率减慢和脉搏细弱等尿毒症的症状。犬患有慢性肾小管病时，临床上以多尿为特征。同时尿比重降低，出现广泛的水肿，尤其是眼睑、胸下、四肢和阴囊等部位更明显。尿量和比重均不见明显变化，但当肾小管上皮严重变性或坏死时，因重吸收功能降低，故尿量增多。

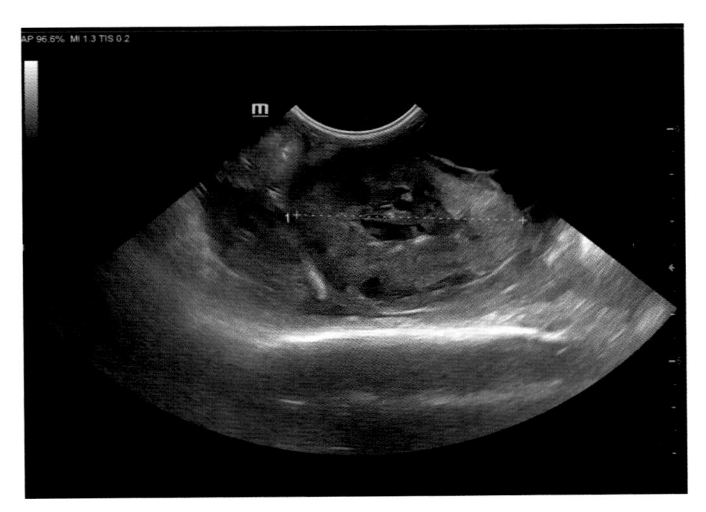

图 9-3-1 犬肾小管性肾炎超声图（范宏刚 供图）

（三）诊断

根据尿液检查、尿液分析（尿液中有大量蛋白质、肾上皮细胞和颗粒管型，但无红细胞和红细胞管型）、血检（蛋白含量降低、胆固醇含量增高、血中尿素氮含量增高）、结合病史（有传染和中毒病的病史）、临床症状（仅有水肿、无血尿，且血压不升高）等，进行综合诊断。患病犬肾区敏感、疼痛，尿量减少，出现血尿，在尿沉渣中有大量红细胞、红细胞管型及肾上皮细胞，水肿比较轻微。

（四）治疗

为防止水肿，应适当限制喂盐和饮水。在尚未出现尿毒症时，可给予富含蛋白质饲料，以补充机体丧失的蛋白质。由感染引起的，可根据药敏试验选用适宜的磺胺或抗生素类药物治疗原发病。由中毒引起者，可采用相应的治疗措施。为消除水肿，在限制食盐的前提下，促进水、钠排泄，可选用利尿剂。该病激素治疗常有良好的疗效。

# 第四节　膀胱炎

膀胱炎（Cystitis）是指膀胱黏膜及黏膜下层的炎症。临床特征为疼痛性的频尿和尿液中出现较多的膀胱上皮、脓细胞、血液以及磷酸铵镁结晶。

## 一、病因

膀胱正常时由于排尿的清洗作用，黏膜局部免疫和尿的抗菌作用等对细菌感染有自然防御机能。能破坏这些防御机能而造成感染的因素包括：由尿道结石、肿瘤、膀胱脱垂等引起的物理性排尿障碍；由脊椎骨折、椎间盘突出及脊髓炎所致的神经损伤或膀胱憩室等引起的尿潴留；由插入导尿管、膀胱内结石、肿瘤及排泄刺激性药物（环氨基磷酸）等引起膀胱黏膜的损伤；由于长期饮水不足、肾功能障碍性少尿或糖尿病等引起的尿量、排尿次数及成分的变化；由尿毒症、肾上腺皮质功能亢进以及使用肾上腺皮质激素或其他免疫抑制剂等引起的免疫功能降低；细菌（如变形杆菌、化脓杆菌、大肠杆菌）、寄生虫（蹄线螨）等感染。

## 二、临床症状

急性膀胱炎特征性症状是排尿频繁和疼痛。可见病畜频频排尿或呈排尿姿势，尿量较少或呈点滴状断续流出，疼痛不安。严重者由于膀胱（颈部）黏膜肿胀或膀胱括约肌痉挛收缩，引起尿闭。此时，表现极度疼痛不安，呻吟。公犬阴茎频频勃起，母犬摇摆后驱，阴门频频开张。

直肠触诊膀胱，病犬表现为疼痛不安，膀胱体积缩小呈空虚感。但当膀胱颈组织增厚或括约肌痉挛时，由于尿液潴留致使膀胱高度充盈。

慢性膀胱炎症状与急性膀胱炎相似，但程度较轻，无排尿困难现象，病程较长。

## 三、诊断

根据临床症状及实验室检查进行诊断（图9-4-1）。

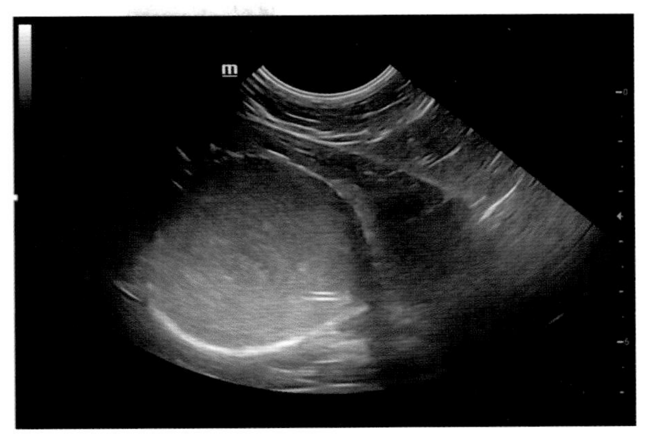

图 9-4-1　犬膀胱炎超声图（范宏刚 供图）

## 四、治疗

治疗原则为消除病因、抗菌消炎、净化尿液、促进尿液排泄等。

（1）饮食疗法。给患病犬多饮清水，或在其饮食中添加适量的食盐，造成生理性利尿，有利于膀胱得到净化和冲洗。同时给予无刺激性、易消化、营养丰富的食物。

（2）抗菌消炎。最好根据尿液做细菌培养和药敏试验，选择细菌敏感抗生素。

（3）净化尿液。口服氯化铵，使尿液酸化，起到净化作用并增强抗菌药物的效果。

（4）清洗膀胱。用2%硼酸溶液经膀胱插管进行冲洗，冲洗后向膀胱内注入庆大霉素或氯霉素。

（5）止血。肌内注射安络血或口服云南白药胶囊。

# 第五节　尿道炎

尿道炎（Urethritis）是尿道黏膜的炎症，临床上以尿频、尿痛、血尿等为主要特征。

## 一、病因

尿道炎多数系外伤引起，如导尿时，由于导尿管消毒不彻底，无菌操作不严谨或用于尿道探查的材料不合适或操作粗暴。此外，邻近器官炎症的蔓延而发病，如膀胱炎、包皮炎、阴道炎及子宫内膜炎等。

## 二、临床症状

犬患尿道炎时，频频排尿。排尿时，由于炎性疼痛致尿液呈断续状流出。此时公犬阴茎频频勃起，母犬阴唇不断开张，严重时可见到黏液—脓性分泌物不时自尿道口流出。尿液浑浊，其中含有黏液、血液或脓液，甚至含有坏死、脱落的尿道黏膜。触诊或导尿检查时，病犬表现疼痛不安，并抗拒或躲避检查。

## 三、诊断

根据临床症状，镜检尿液中存在炎性细胞但无管型和肾、膀胱上皮细胞，结合X射线检查或尿道逆行造影进行诊断。

## 四、治疗

治疗原则是消除病因、控制感染和冲洗尿道。可肌内注射庆大霉素，口服头孢羟氨苄、妇炎康片、头孢噻唑、阿莫西林或甲氧苄胺嘧啶。用0.1%高锰酸钾溶液清洗尿道及外阴，然后向尿道内推注氯霉素针剂。若为创伤所致可先修复伤口。为减少尿道负荷，可暂用膀胱插管导尿，炎症消退后除去插管。

# 第六节　尿失禁、少尿与排尿困难

排尿是尿的排泄或排出，是一种在自主神经支配下有意识的行为。尿失禁指尿液排出失去自主神经的支配。少尿是指排尿量减少。排尿困难是指排尿疼痛或困难。排尿困难的特殊症状包括排尿次数增加、尿频、尿急、欲排尿和痛性尿淋漓。

## 一、病因

尿失禁主要有神经源性紊乱、非神经源性紊乱和功能性紊乱三种。

### （一）神经源性紊乱

排尿反射的上运动神经元片断损伤时，排尿的自主控制被破坏，膀胱处于神经性痉挛状况。由于下运动神经未受影响，逼尿肌还有收缩作用。但其收缩与尿道括约肌的松弛不协调，故排尿是非自主性的，且不完全。

排尿反射的下运动神经元损伤时，逼尿肌收缩作用被抑制，膀胱处于神经性弛缓状态。膀胱的尿储量比正常多。膀胱内的压力超过尿道口的阻力时，尿液流出，它取决于尿道括约肌的张力。当尿道张力小时，膀胱内压小幅度增加，就会有尿液排出，如尿道保持原张力不变，只要膀胱内压明显增加就会有大量尿液排出。

### （二）非神经源性紊乱

下尿道解剖结构的异常会引起尿失禁。输尿管异位或其他发育异常（少见）时，尿液绕过尿道括约肌或通过异常的管道或开口排出。后天性下尿道异常也会引起尿失禁，均由膀胱或尿道炎症或侵蚀性疾病所致，如慢性膀胱炎、尿道炎、尿道肿瘤、尿结石和前列腺炎等。

### （三）功能性紊乱

膀胱和尿道结构正常，但失去其正常作用则为功能性紊乱，多见于尿道括约肌机能不全，其特征为储尿时尿道口闭合不全。如尿道口缺乏阻力，膀胱充盈期内压低于正常，其尿液就会流出；闭尿肌功能不全，有时也引起尿失禁，其特征为尿充盈期膀胱不能处于松弛状态。膀胱疾患时，刺激排尿反射，也可引起急性尿失禁。尿正常排出，但储尿期缩短。就因排尿太急而不能自主控制，表现为非主动性排尿。

许多下尿道疾病所致的尿道口阻力过大、用力排尿，导致典型的尿道阻塞症状，即排尿困难、痛性尿淋漓和尿滞留，但不是尿失禁。然而，尿路部分阻塞时，随着膀胱内压的升高，尿液可漏出。这种反常的阻塞性尿失禁可能由于膀胱腔或膀胱壁病变引起。

### （四）先天性和后天性

幼犬、猫尿失禁很可能是先天性的，与遗传有关；老年犬、猫尿失禁多为后天性。

## 二、诊断

诊断尿失禁，尿液分析特别重要。如尿比重小于或等于1.015与多尿有关。如出现血尿、蛋白尿和（或）脓尿，则表明尿道有病理性损害。如尿道感染会出现明显的菌尿，检查尿沉渣可看到细菌，尿培养对检测细菌可靠。

如神经检查发现有神经源性紊乱，还应查出其发生位置和可疑原因。因脊髓受损所致，需做脊髓影像诊断，包括脊髓X射线片、脊髓X射线造影、CT和MRI等。

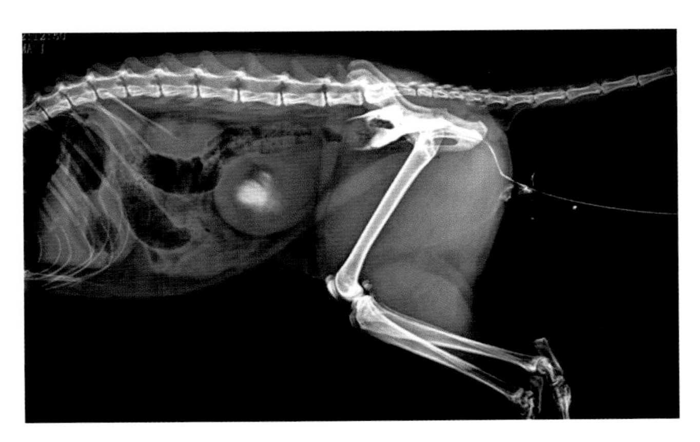

图 9-6-1　犬膀胱尿道造影检查图（范宏刚 供图）

尿道病理性损害及其形态学特征也可用影像学诊断。因X射线片对许多尿道病变的诊断不很敏感，故对尿道器官非侵蚀性病变可选择超声波诊断。动物尿失禁或排尿困难时，超声波检查特别有助于诊断膀胱和前列腺疾病。如怀疑输尿管移位，超声波可揭示其在膀胱颈和邻近尿道壁的异常直径和走向。另外，超声波也可诊断输尿管异位（有时伴有上行输尿管异常，如一侧肾发育不全）。超声波对远端膀胱颈的诊断意义不大，可通过体外检查和（或）尿道插管技术进行诊断。当怀疑下尿道发育性异常时，内镜为最好的诊断技术。下尿道异常常发生于青年母犬。内镜可精确地诊断泌尿生殖道结构，包括阴道、尿道开口及膀胱（包括输尿管和尿液流进三角区）等是否正常。

如没有超声波和内镜设施，或两者检测结果模棱两可，可用X射线对比造影术诊断。常用静脉尿路造影术（图9-6-1）。为检查尿道和膀胱，用阳性对比尿道X射线造影、阴道尿道X射线造影或双对比膀胱造影等技术，可获得更多的诊断数据。如触摸X射线片发现膀胱和尿道有浸润性病变（如肿瘤），可通过膀胱冲洗或尿道插管获取活组织，进行细胞学和组织学检验。可能的话，也可用内镜采取活组织。

## 三、治疗

尿失禁的治疗须遵循两个原则。首先，应采取紧急措施，解除尿道阻塞，纠正体液丢失、电解质紊乱、酸碱平衡和氮血症等；其次，无论何种原因，尽快恢复正常排尿，否则，将会导致严重的并发症。

结构异常性尿失禁者，常适宜用手术矫正，阻塞性尿失禁也可手术治疗。不过，功能性尿失禁（尿道口阻力过大）适宜药物治疗。药物也可治疗因尿道感染、尿道结构异常及尿道口机械性阻力引起的尿失禁。尿失禁的动物需精心治疗和护理。如不能根治可采用安乐死术。

# 第七节　急性肾功能衰竭

急性肾功能衰竭（ARF）是指各种疾病引起肾实质组织发生急性损害而出现的一种综合征。临床上主要以发病急骤、少尿或无尿、代谢紊乱及尿毒症等为特征。

## 一、病因

按照发病部位不同，该病可以分为肾前性ARF、肾性ARF和肾后性ARF三类。

### （一）肾前性 ARF

各种原因引起的有效循环血量减少。引起肾血液灌注不足的一些因素，如脱水、出血、肾上腺皮质功能减退、血清蛋白减少或不合理使用利尿剂等可导致血容量降低；长期麻醉、先天性心脏衰竭、抗高血压药的不合理使用、脓血症、各种休克等会导致有效循环血量的锐减；肾上腺素、前列腺素合成抑制剂、溶血-尿毒综合征等能使肾脏血流动力学发生改变；麻醉、药物滥用及脊髓损伤等会诱发低血压等。

### （二）肾性 ARF

肾实质的器质性病变。病因主要有以下几种：感染（如钩端螺旋体、细菌性肾盂肾炎等）、肾中毒（如某些氨基糖苷类抗生素、磺胺类药物、非甾固醇类抗炎药物阿昔洛韦、膦甲酸钠、两性霉素B、乙二醇、重金属、蛇毒、蜂毒等）、肾血液循环障碍（如肾动脉血栓、弥漫性血液内凝血等）等引起肾小球、肾小管和肾间质细胞急性变性、坏死，从而导致该病发生。

### （三）肾后性 ARF

下泌尿道的堵塞，常见于双侧性输尿管或尿道阻塞。病因主要有尿道栓塞、尿道结石、尿道狭窄及膀胱肿瘤导致的双侧性尿道闭塞；创伤或后方阻塞造成的撕裂。

## 二、临床症状

根据临床表现，犬急性肾功能衰竭病程分为少尿期、多尿期和恢复期。

### （一）少尿期

以少尿或无尿，水肿和高血压为特征。24h尿量少于7mL/kg，尿比重增高。出现代谢性酸中毒、氮血症和高钾血症，并容易并发感染。精神沉郁，体温有时偏低（伴有感染时可升高），心率接近正常，食欲废绝，常有呕吐或排黑粪。

### （二）多尿期

此期突出特点为多尿。高氮血症，同时出现低钾血症。有的出现心力衰竭，后肢瘫痪，患犬死亡率较高。

### （三）恢复期

四肢无力、消瘦。血清尿素氮和肌酸酐含量、尿量等逐渐恢复正常。恢复期的长短取决于肾实质病变的程度。若不能恢复，则转为慢性肾衰。

## 三、诊断

根据病史、临床症状和实验室检查结果进行诊断。

### （一）尿液检查

少尿期尿量少，尿呈酸性，尿比重偏低，尿中可见红细胞、白细胞、各种管型及蛋白质；多尿期尿量增多，但尿比重依然偏低，尿中白细胞增多。

### （二）血液检查

血液中肌酸酐、尿素氮、磷酸盐增高，$CO_2$结合力降低。钾含量在少尿期增高而在多尿期降低。血清钙含量初期升高，随后下降，恢复期又升高。血清钠浓度受到补充溶液或丢失体液中钠的含量、利尿剂等因素的影响。

### （三）液体补充试验

给患病犬每千克体重静脉补液20~40mL后，再静脉注射速尿，若仍无尿或尿比重低者，则认为是急性肾功能衰竭。

### （四）物理性检查

X射线和超声波可用于肾后性阻塞的检查（图9-7-1）。

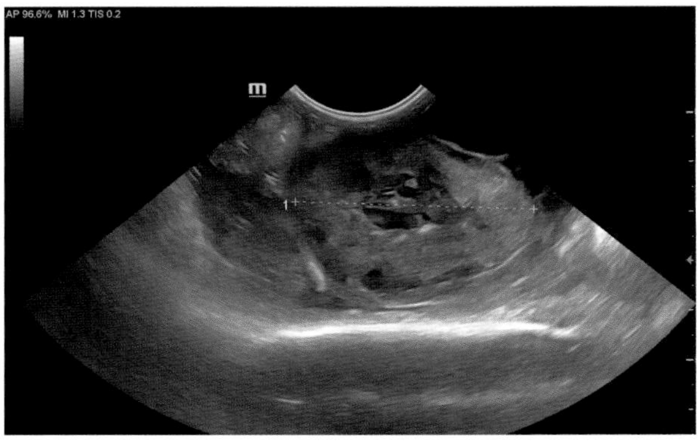

图9-7-1　犬急性肾衰竭超声图（范宏刚 供图）

## 四、治疗

急救要点：消除病因；防止休克和脱水，及时补液；纠正酸中毒和缓解氮血症。

### （一）少尿期治疗

治疗原则为纠正高血钾、酸中毒、水钠潴留等。对于轻度高血钾症（≤6.0mEq/L）可静脉注射生理盐水；对中度高钾血症（6.0~8.0mEq/L），可静脉注射碳酸氢钠（每千克体重1~2mEq）。对于重度高钾血症（≥8.0mEq/L），可使用10%葡萄糖酸钙（每千克体重0.05~0.1g）静脉缓慢注射。给予含高糖、低蛋白易消化食物，或静脉注射碳酸氢钠溶液以纠正酸中毒。为缓解氮血症，可静脉注射渗透性利尿剂，也可采用腹膜透析法。

### （二）多尿期治疗

此期仍需按少尿期部分治疗原则处理。应注意电解质尤其是钾的补充。血浆非蛋白氮下降后，食饵中蛋白质增加。

### （三）恢复期治疗

当血尿素氮水平低于20mg/dL（犬）时，犬应该增加蛋白质的摄入量，同时加强护理。

# 第八节　慢性肾功能衰竭

犬慢性肾功能衰竭（CRF）是由于功能性肾组织受损，承担肾功能的肾单位绝对数逐渐减少引起机体内环境平衡失调和代谢严重紊乱而出现的临床综合征。常呈进行性发展，多不可逆转，多见于成年犬。

## 一、病因

主要由急性肾功能衰竭转化而来。肾小球滤过率进行性下降，约有75%肾单位进行性破坏是慢性肾衰竭产生的原因。临床中常见的肾损伤包括间质性肾炎和肾小球性肾炎。

根据病因不同可将犬获得性慢性肾功能衰竭分为以下几种类型：

（1）特发性和免疫介导性，如淀粉样变病。

（2）感染性。如肾盂肾炎。

（3）中毒性/医源性。如麻醉、肾毒性药。

（4）脉管疾病。如肾梗死。

（5）外伤性。如膀胱破裂。

（6）代谢性。如高钙血症。

（7）过敏性。如过敏性休克。

（8）肿瘤性。如肾淋巴瘤。

以上各因素可单发，也可几种共同作用引起发病。

## 二、症状

根据疾病的发展过程，该病可以分为4期，即Ⅰ期、Ⅱ期、Ⅲ期、Ⅳ期。

Ⅰ期为储备能减少期，临床症状基本正常，仅表现为血中肌酸酐和尿素氮轻度升高；Ⅱ期为代偿期，表现为多尿多渴，并可见轻度脱水、贫血和心力衰竭等症状；Ⅲ期为非代偿期，表现为排尿量减少、中度或重度贫血，血钙、血钾、血钠都降低，血磷和血尿素氮皆升高等，多伴有代谢性酸中毒；Ⅳ期为尿毒症期，表现为无尿，血钠和血钙降低，血钾、血磷和血尿氮升高，并伴有代谢性酸中毒，有尿中毒症状、神经症状和骨骼明显变形等。

## 三、诊断

犬慢性肾功能衰竭可根据病史、临床症状和实验室检验等进行诊断（表9-8-1）。实验室检验有下列几种：

### （一）生化检验

慢性肾衰生化检验指标主要包括总蛋白、白蛋白、淀粉酶、尿素氮、肌酐、钙、磷、钾等。尿素氮、肌酐在血中浓度升高，磷在血中会大量滞留，淀粉酶在血中浓度也会升高。

### （二）尿液检验

患该病时通常会出现蛋白尿、尿比重下降、管型尿等。

### （三）影像学检查

可利用X射线检验辅助照影剂观察肾脏的外观有无变化，尿路有无受阻，以及是否出现结石等（图9-8-1）。

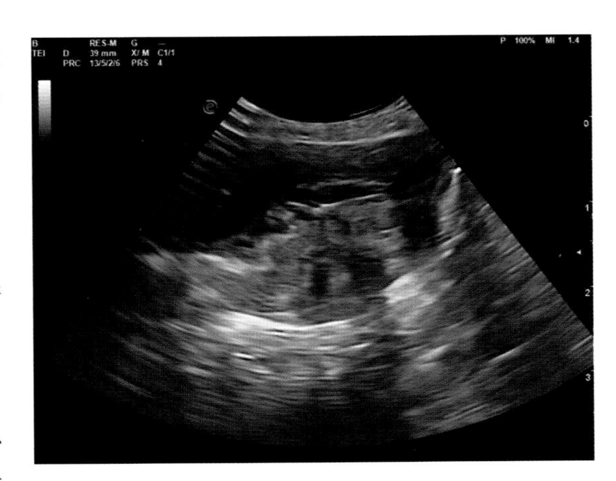

图9-8-1　犬慢性肾衰竭超声图（范宏刚 供图）

**表9-8-1　急、慢性肾功能衰竭鉴别诊断要点**

| 鉴别要点 | 急性肾功能衰竭 | 慢性肾功能衰竭 |
|---|---|---|
| 病史 | 突然发病 | 逐渐体重减轻，食欲不振，毛发枯燥，有呕吐 |
| 身体检查 | 无典型症状 | 黏膜苍白，口腔溃疡，消化道黏膜糜烂，特殊性口臭 |
| 血清钾 | 高血钾 | 低血钾 |
| 血液肌酐、尿素氮 | 降低 | 明显升高 |
| 尿沉渣 | 有活性，许多管型 | 无活性，少量管型 |
| 影像学检查 | 肾脏正常或变大 | 肾脏变小 |

## 四、治疗

主要以控制病程发展、恢复代偿、延长生命为主。治疗原则是加强护理、改善机体功能紊乱和对症治疗。可通过限制蛋白质的摄入降低血氮，同时减少磷的摄入。补钾药物可选择葡萄糖酸钾、柠檬酸钾。选用碳酸氢钠、柠檬酸钾治疗代谢性酸中毒。纠正和预防脱水可用2/3的5%葡萄糖溶液+1/3电解质平衡溶液，并补足钾离子。可通过补充骨化三醇治疗低钙血症。选用血管紧张素转换酶抑制剂如苯那普利，或钙离子拮抗剂如氨氯地平进行降压。贫血严重时考虑输血，补充促红细胞生成素等。另外，应给患犬提供充足的饮水，也可采用肾替代疗法。

# 第九节　先天性输尿管异位

先天性输尿管异位是指单侧或双侧输尿管终止于膀胱三角区以外的部位，如尿道、阴道，偶见于子宫。母犬多为单侧性，且输尿管多终止于阴道和尿道，少数终止于膀胱和子宫。公犬多终止于骨盆腔尿道的近膀胱端。先天性输尿管异位多见于拉布拉多犬、西伯利亚犬、西高地白犬、苏格兰牧羊犬、小型贵宾犬、威尔士牧羊犬、斯凯犬等。

## 一、病因

为胚胎期中肾管和后肾管分化错误导致。

## 二、临床症状

幼龄犬常有尿液间断或连续滴出，尿道口周围可见尿渍性皮炎。

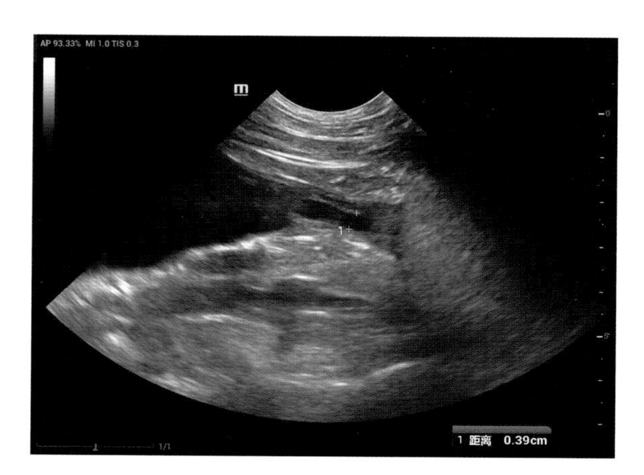


图 9-9-1　犬先天性输尿管异位。异位的输尿管直径约 0.39cm（王佳尧 供图）

## 三、诊断

根据病史、临床症状及发病品种，可初步诊断，尿路造影和阴道镜检进一步确诊。尿路造影可显示肾脏的大小、位置、形状以及输尿管的路径（图 9-9-1）。若输尿管开口于阴道，则阴道镜检可发现其开口。

## 四、治疗

主要通过手术矫正。采用壁内输尿管膀胱吻合术和壁外输尿管移植术。

### （一）壁内输尿管膀胱吻合术

用于输尿管在膀胱壁内行走，然后再终止于膀胱以外的尿生殖道的输尿管异位。多数先天性输尿管异位属于这种情况。其吻合方法是在三角区附近的膀胱腹侧壁做切口，经此切口进入膀胱内再切开膀胱黏膜层和输尿管，用可吸收性缝线对膀胱黏膜层和输尿管黏膜做间断性缝合，最后常规闭合膀胱切口。

### （二）壁外输尿管移植术

用于不经过膀胱壁行走的输尿管异位，结扎输尿管远端，并在结扎的近端切断输尿管。在膀胱腹侧壁做切口，然后再在其旁斜行膀胱壁做一穿刺小孔道，其长度与输尿管口径比约为 5:1。通过牵引线将输尿管断端经此孔道引入膀胱内，斜行修剪输尿管断端，使其与膀胱黏膜平齐。用可吸收性缝线对膀胱黏膜和输尿管口黏膜进行间断性缝合，将细导管的一端插入输尿管内，另一端经尿道穿出至体外，并将其缝合固定在外阴或包皮内，保留 3～5d。最后常规闭合膀胱壁切口。

# 第十节　膀胱破裂

犬膀胱破裂是指膀胱壁发生裂伤或全层破裂，尿液和血液流入腹腔而引起的以排尿障碍、腹膜炎、尿毒症和休克为主要特征的疾病。多见于公犬，常与尿道破裂并发，患犬多在1~4d死亡。

## 一、病因

外力冲击或物体刺入，如车压、高处坠落、摔跌、打击及冲撞、骨盆骨折时骨断端或其他尖锐物体刺入；导尿动作过于粗暴或插入过深；尿路炎症、尿道结石、肿瘤、前列腺炎等引起的尿路阻塞；尿路感染。破裂部位常发生在膀胱体。

## 二、临床症状

腹部逐渐增大，尿少或无尿，尿液中混有血液。尿路阻塞造成膀胱破裂时，原先呈现的排尿困难等症状突然消失，腹壁紧张，腹腔内有液体波动，腹腔穿刺有大量带尿味的液体流出，浑浊或带红色，尿素氮升高。随着尿液不断进入腹腔，还可见中枢神经高度抑制，呕吐，食欲减退或废绝，烦渴，体温升高，心跳加速，呼吸急促，胸式呼吸，肌肉震颤等。随着病程的发展，可出现腹膜炎，甚至尿毒症，最后昏迷并迅速死亡。

## 三、诊断

主要依据损伤或尿路阻塞病史、典型的临床症状、超声检查（图9-10-1）和腹腔中穿刺液肌酐含量检测进行诊断。膀胱破裂时，腹腔穿刺液肌酐含量高于血清。

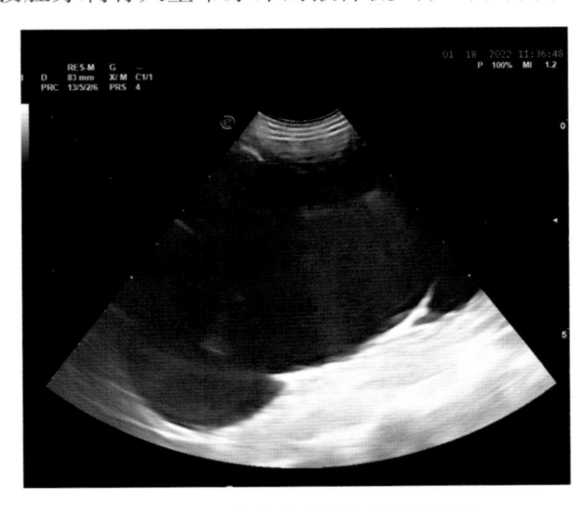

图 9-10-1　犬膀胱破裂腹部超声检查（范宏刚 供图）

## 四、治疗

宜尽早清除腹腔内积液、修补膀胱破裂口、控制腹膜炎、防止尿毒症和休克的发生，同时治疗原发病。

做膀胱修补手术时，犬仰卧保定，并注意避免妨碍呼吸，必要时在麻醉前行腹腔穿刺减压。做腹正中线切口（母）或中线旁切口（公）。腹腔打开后，缓慢排出尿液，以防腹腔突然减压引起休克。检查膀胱破口，处理内脏器官的原发性损伤，插入导尿管，进行下泌尿系统的清理，彻底清除膀胱内的污物，除去尿路结石，疏通尿道。膀胱和尿道用无刺激性防腐消毒药物冲洗后，用铬制肠线对破裂口做两层缝合，第1层作螺旋缝合，第2层作伦勃特氏缝合。若膀胱破裂的时间不长，腹膜炎通常并不严重。用灭菌生理盐水充分冲洗腹腔和内脏器官，然后向腹腔灌注青霉素或氨苄青霉素溶液，最后按常规方式缝合腹壁。留置导尿管或作膀胱插管术。

为了有利于治疗导致膀胱破裂的原发病，减少破裂口缝合的张力，保证修补部位良好愈合，减少粘连，或者在膀胱不通畅、膀胱麻痹、膀胱炎症明显时可在修补破裂口的同时，作膀胱插管术。方法是在膀胱前底壁用刀切一小口，作荷包缝合，将医用22号开花（或蕈状）留置导管放入膀胱内后，紧紧结扎缝线固定导管。在腹壁切口旁边的皮肤上作一小切口，伸入止血钳穿入腹腔，夹住留置导管的游离端，通过小切口将其引出体外斜向前方，并用结节缝合使之固定在腹壁上。导管在膀胱与腹壁之间应留有一定的距离，以防止术后病畜起卧时，腹壁与导管固定部位受到牵拉移动，导致导管从膀胱内拉出。最后以大量灭菌生理盐水冲洗腹腔，尽量清除纤维蛋白凝块、缝合腹壁各层。

要防止开花（或蕈状）留置导管滑脱和保持排尿通畅。若有阻塞，应立即用生理盐水、2%硼酸溶液等消毒液冲洗疏通，以清除血凝块、纤维蛋白凝块、脱落的坏死组织等。

患膀胱炎的犬，术后除了需全身用药外，每日应通过导管用消毒药液冲洗，随后注入抗菌药物。经过5~6d后可夹住管头，定时释放夹管放尿，待炎症减轻和尿路畅通后，每日延长夹管时间，直到拔管为止。

经过多天治疗后，若导致膀胱排尿障碍的下尿路阻塞仍未解除，可考虑会阴部尿道造口术以重建尿路。

若原发病已治愈或排尿障碍已基本解决，可将开花留置导管拔除，一般以手术后10d左右为宜。导管留置的时间过长，易继发感染化脓或形成膀胱瘘。

手术治疗时，应注意以下几点：

（1）腹腔内的尿液应冲洗干净。

（2）膀胱修补应确实，可采用通过导尿管注水的方法进行检查。

（3）术后应留置导尿管，以利于膀胱机能的恢复。

（4）对于骨折后导致的膀胱破裂，应对骨折进行矫正；肿瘤引起的膀胱破裂及神经机能障碍引起的膀胱麻痹，预后应谨慎；结石等机械阻塞的病例，应清除原发病并实施膀胱修补术，一般可康复。

## 第十一节　尿道狭窄

犬尿道狭窄是尿道内腔变窄以致尿液排出困难。常见于公犬。尿道狭窄多发生在阴茎口、前列腺沟及坐骨弓处。

## 一、病因

先天性或非特异性发育障碍，如先天性尿道外口狭窄，尿道瓣膜、尿道管腔先天性缩窄等；尿道的化脓性感染，如淋球菌感染、结核杆菌感染、金黄色葡萄球菌感染以及非特异性的炎症性疾病；外伤、骨盆骨折等。此外，异物（尿路结石）、尿道受压迫（前列腺肥大、可移性阴部肉肿及肿瘤）等均可引发该病。

## 二、临床症状

表现排尿困难或尿闭，常伴有慢性尿道炎。患尿道结石时偶尔可见尿道排出细砂粒状物或血尿。尿道进行性狭窄时膀胱内尿液慢性潴留，同时食欲减退，出现与采食无关的频繁呕吐。若不及时治疗可继发膀胱破裂、腹膜炎、肾衰竭或尿毒症。

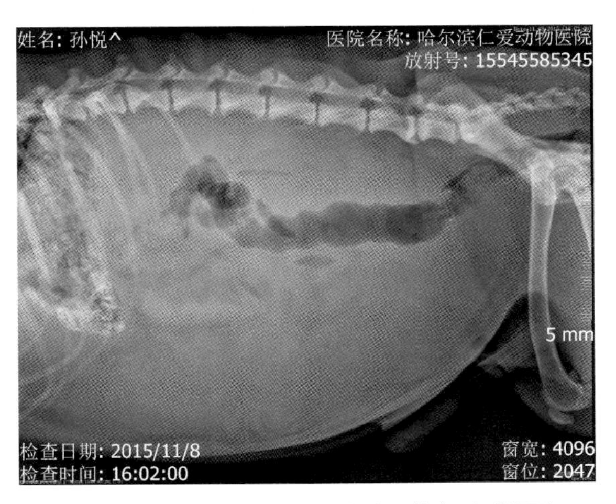


图 9-11-1　犬尿道狭窄 X 射线片（范宏刚 供图）

## 三、诊断

根据病史和临床症状可做出初步诊断。尿道插管探查、X射线检查和尿道造影有助于尿道狭窄部位的确定（图9-11-1）。还可以进行尿道内镜检查帮助诊断。

## 四、治疗

以消除病因、缓解阻塞、控制感染和对症治疗为该病的治疗原则。当尿道狭窄不易解除时，可在狭窄部的近端做尿道造口术，另建尿路。骨盆外尿道狭窄的，行耻骨前部、阴囊部或会阴部尿道瘘造置术；骨盆内尿道严重狭窄的，适于骨盆外膀胱尿道吻合术。当膀胱胀满时，应插入导尿管排尿，或经腹壁穿刺膀胱抽出尿液。

# 第十章

## 犬心脏病

心脏病为小动物临床常见疾病，据统计，其发病率约占犬门诊病例的10%，尤其影响中老年犬。犬心脏病分为先天性心脏病与获得性心脏病。本章介绍犬临床最常见的几种先天性与获得性心脏病，前者包括动脉导管未闭与肺动脉狭窄，后者包括犬黏液瘤样二尖瓣疾病、扩张型心肌病与心包积液。

# 第一节　动脉导管未闭

动脉导管未闭（PDA）是犬最常见的先天性心脏病之一，指动脉导管（维持胎儿时期肺动脉与降主动脉间的正常血流通道）在出生后未闭合（图10-1-1）。

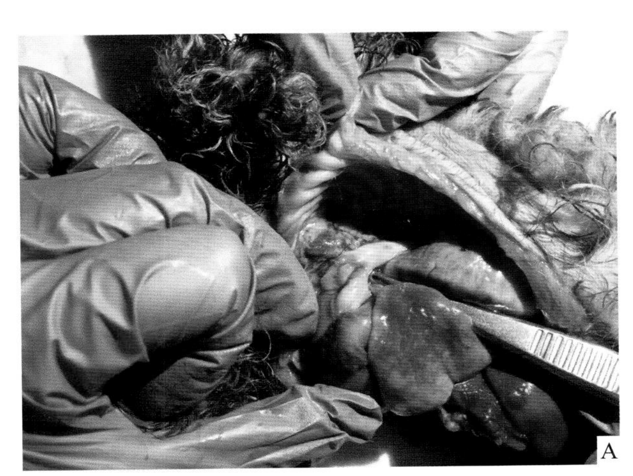

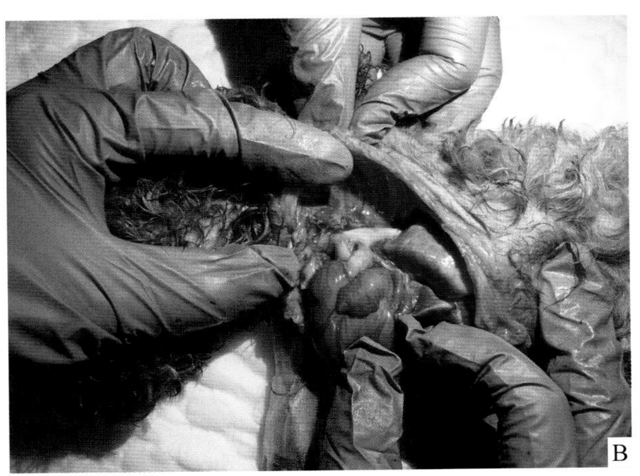

图 10-1-1　（A）和（B）PDA 犬死后剖检。B 图镊尖所指处为未闭的动脉导管，连接主动脉与肺动脉（黄奇 供图）

## 一、病因

先天性，动脉导管发育不良（弹力纤维与肌纤维比例异常）。取决于肺血管的阻力与体循环血管阻力之间的差异，可造成血液从主动脉分流到肺动脉（左→右分流）或从肺动脉分流到主动脉（右→左分流，也称反向PDA或艾森曼格综合征）。常见左→右分流，右→左分流罕见。左→右分流可造成肺循环与左心容量负荷过载。

## 二、流行病学

迷你贵宾犬已被证实存在易感多基因遗传，其他易感品种包括比熊犬、柯基犬、博美犬、吉娃娃犬、约克夏犬、可卡犬、查理王犬、喜乐蒂犬、德国牧羊犬、纽芬兰犬、拉布拉多等。雌犬发病率较高。

## 三、临床症状

取决于血液分流的严重程度与方向，可能无症状，也可能表现出运动不耐受、呼吸急促/困难、咳嗽、昏厥等症状，右→左分流可见差异性发绀。

## 四、病理变化

按分流导管的形态不同，PDA可分为Ⅰ型、ⅡA型、ⅡB型、Ⅲ型。

## 五、诊断

### （一）体格检查

左→右分流，心脏听诊通常在左心基部发现连续性机械性心杂音，多数伴心前区震颤、脉搏亢进（“水锤”脉）；右→左分流，心脏听诊无连续性心杂音，可见体后部发绀或差异性发绀、红细胞增多。

### （二）胸腔X射线片检查

取决于分流血量、犬年龄、心脏失代偿（心衰）程度，表现多样。背腹位胸片常见主动脉弓处膨出、肺动脉增粗、左心耳突出。左心房、心室增大，肺部灌注过度，充血性心衰时可见严重全心增大、肺水肿。严重肺动脉高压及右→左分流可见右心室增大、肺动脉扭曲明显。

### （三）超声心动图（图10-1-2至图10-1-4）

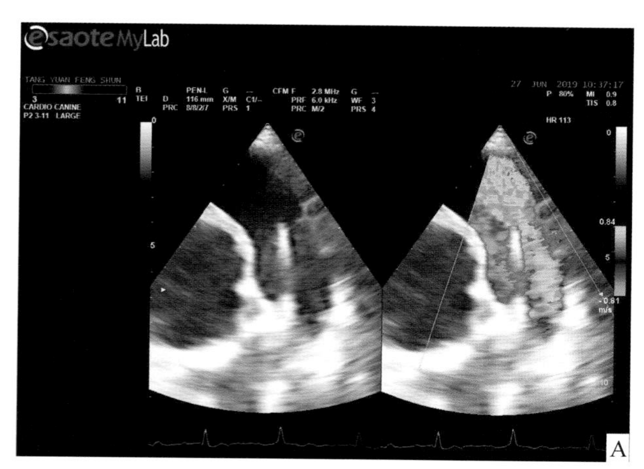


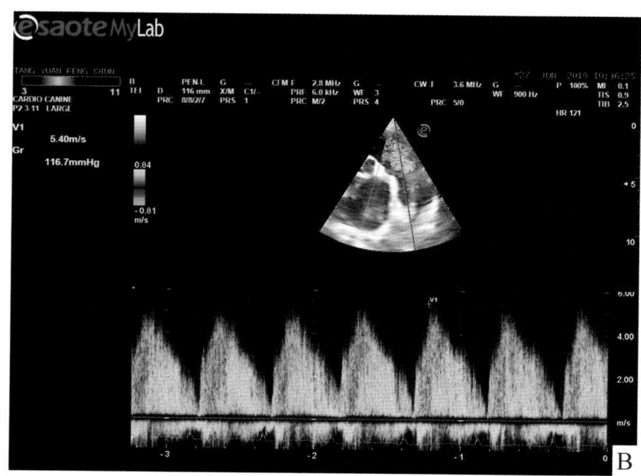


图10-1-2 （A）和（B）左胸骨旁颅侧肺动脉观，肺动脉（PA）处异常反向持续血流，反流速度约4.5m/s
（黄奇 供图）

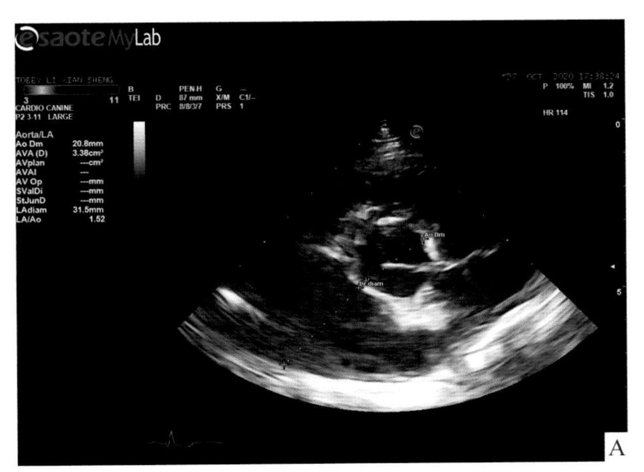


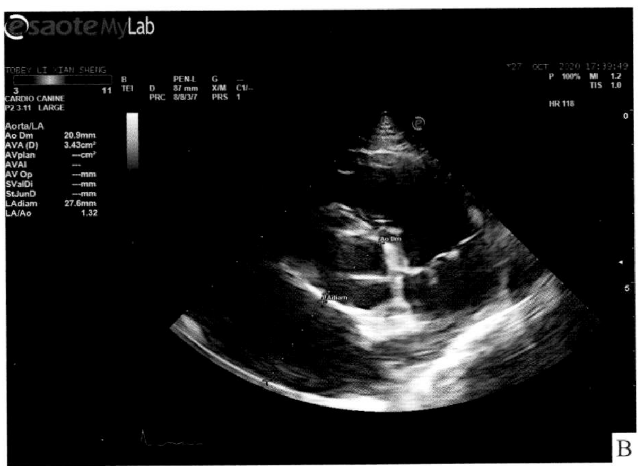


图 10-1-3 （A）和（B）右胸骨旁短轴观，左心房（LA）增大，肺动脉干（PA）扩张（黄奇 供图）

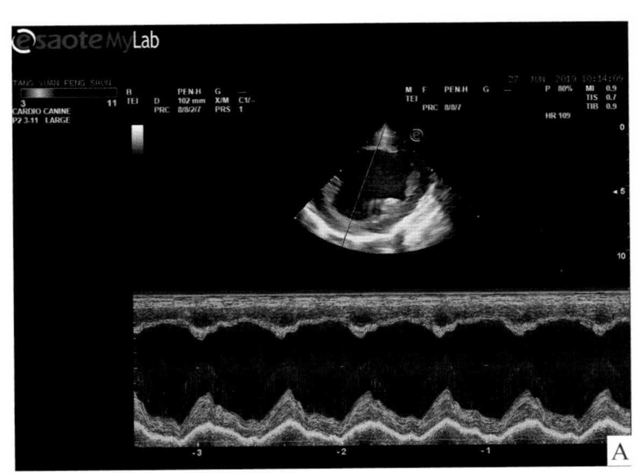


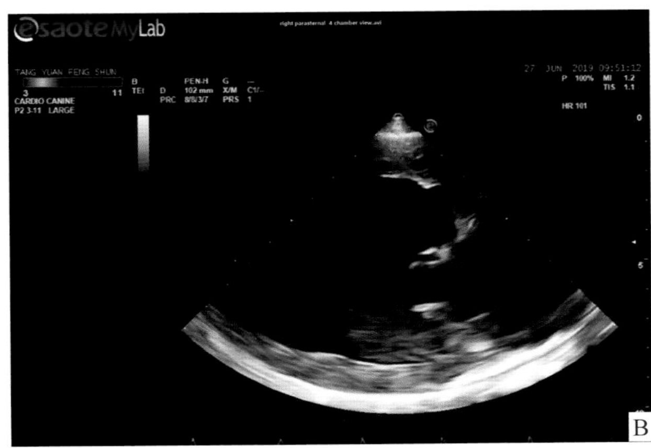


图 10-1-4 （A）和（B）右胸骨旁长轴四腔观，左心室（lv）扩张提示容量过负载（黄奇 供图）

## （四）心电图（图 10-1-5）

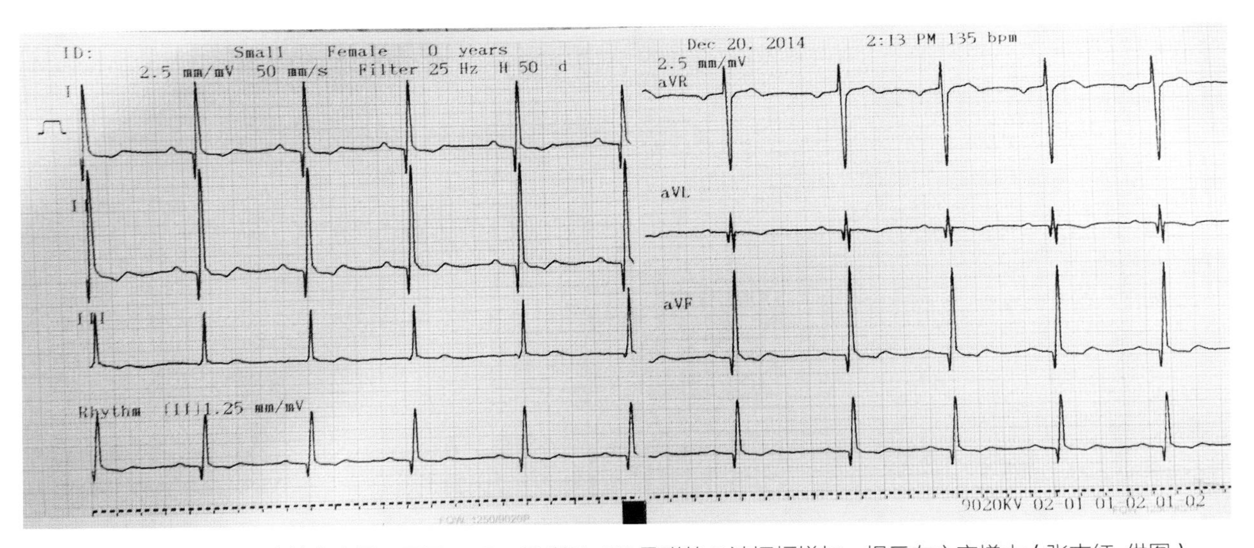


图 10-1-5 一例 PDA 犬的心电图，可见 I、II、III 以及 AVF 导联的 R 波振幅增加，提示左心室增大（张志红 供图）

## 六、治疗

### （一）手术（仅适用于左→右分流）

导管介入术：线圈、血管塞、犬用Amplatzer动脉导管封堵器（ACDO）。自2016年，ACDO成为犬PDA首选，适用于犬体重＞1.8kg，未闭导管直径≤9mm。

### （二）药物

预后：左→右分流及时手术预后通常良好，右→左或双向PDA不能直接手术，通常预后不良。

# 第二节　肺动脉狭窄

肺动脉狭窄（PS）是犬最常见的先天性心脏病之一，占犬先心病的11%~21%。通常指因肺动脉瓣、肺动脉瓣上方或下方区域组织先天发育不良，造成右心室流出到肺动脉干段出现局部狭窄，导致右心室射血时受到阻碍。

## 一、病因

涉及心脏瓣膜不同程度的增厚、瓣膜小叶部分融合以及瓣环发育不良，其中，瓣膜发育不良最常见。由于收缩期压力负荷过载，导致右心室壁肥厚，肺动脉干处存在不同程度的狭窄后扩张。继发性右心房与右心室扩张常见。三尖瓣反流及右心室压力升高可诱发心房节律不齐以及充血性心衰。

## 二、流行病学

有多个或单个基因缺失会表现不同的遗传外显率。易发品种如英国斗牛犬、法国斗牛犬、比格犬、可卡犬、萨摩耶犬、迷你雪纳瑞犬、拉布拉多犬等。

通常独立存在，也可能是法洛氏四联症的一部分，有时并发主动脉狭窄（拳师犬），也可能并发三尖瓣畸形。拳师犬与斗牛犬常因左冠状动脉起源异常，出现瓣下型肺动脉狭窄。

## 三、临床症状

取决于血液分流的严重程度与方向，可能无症状，也可能表现出运动不耐受、呼吸急促/困难、咳嗽、昏厥等症状，右→左分流可见差异性发绀。

## 四、病理与临床分级

### （一）病理分型

（1）A型。瓣环正常，瓣膜小叶融合，肺动脉瓣轻度增厚，收缩期膨出。

（2）B型。瓣环发育不良，瓣膜中度/重度增厚且有不同程度的瓣膜小叶发育不良。

### （二）临床分级（依据肺动脉压力梯度）

（1）轻度。16~50mmHg。

（2）中度。50~80mmHg。

（3）重度。＞80mmHg。

## 五、诊断

### （一）体格检查

心肺听诊（左心基部收缩期心杂音）、视诊（颈静脉扩张、搏动）、触诊（心前区杂音、股动脉正常或减弱）。

### （二）胸腔X射线检查（图10-2-1）

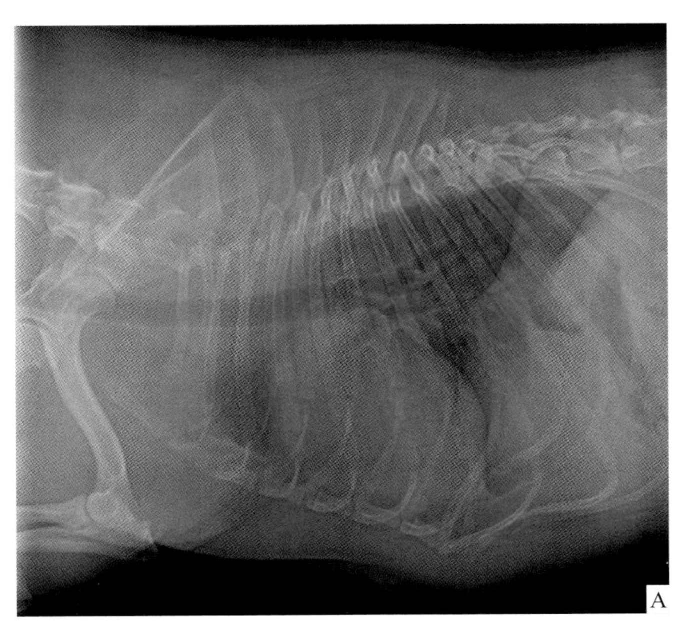


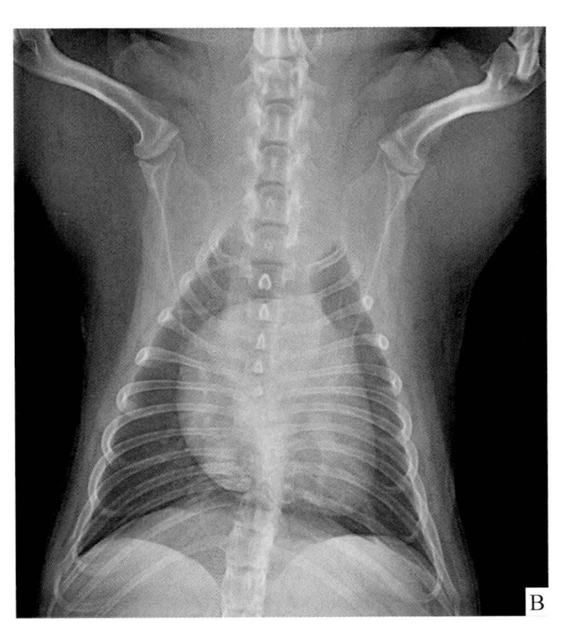


图10-2-1 （A）和（B）右心增大，侧位片上右心与胸骨接触面积增加，正位片上心影轮廓呈倒“D”形（黄奇 供图）

### （三）超声心动图（图10-2-2至图10-2-4）

### （四）心电图（图10-2-5）

## 六、治疗

### （一）药物

（1）阿替洛尔0.5mg/kg起始，口服，每日两次。

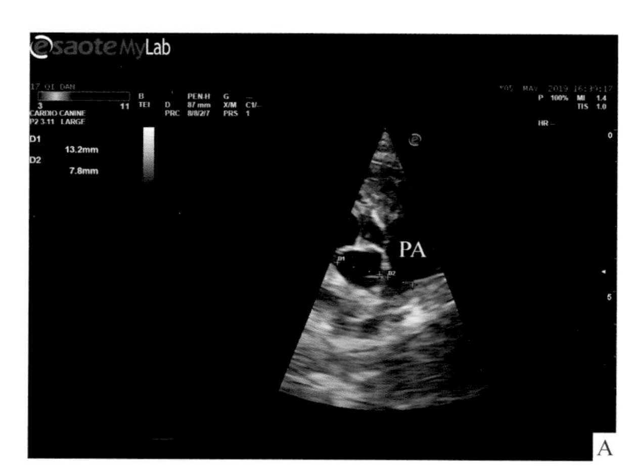


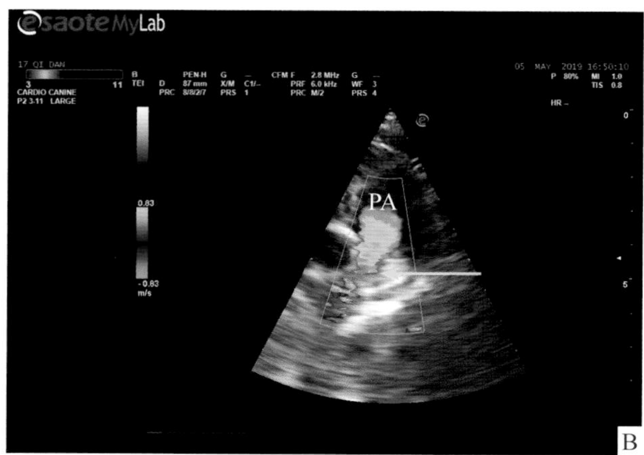


图 10-2-2　（A）和（B）右胸骨旁短轴肺动脉观，肺动脉瓣环狭窄，右室流出道血液湍流（黄色箭头所指处）（黄奇　供图）

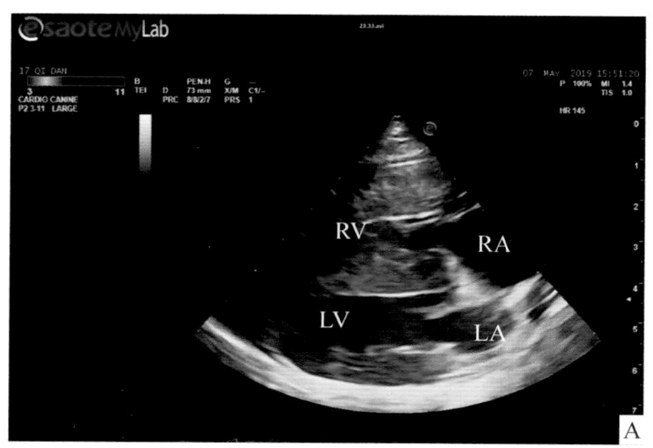


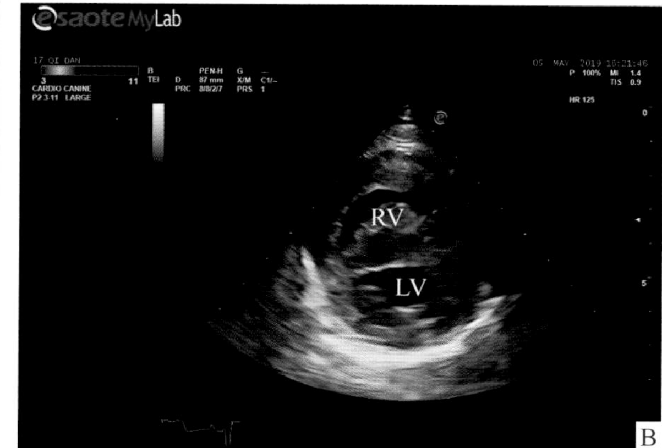


图 10-2-3　（A）和（B）右胸骨旁长轴四腔观，右心室室壁增厚、室腔增大（A）；右胸骨旁短轴观，室间隔被压向左心室（B）（黄奇　供图）

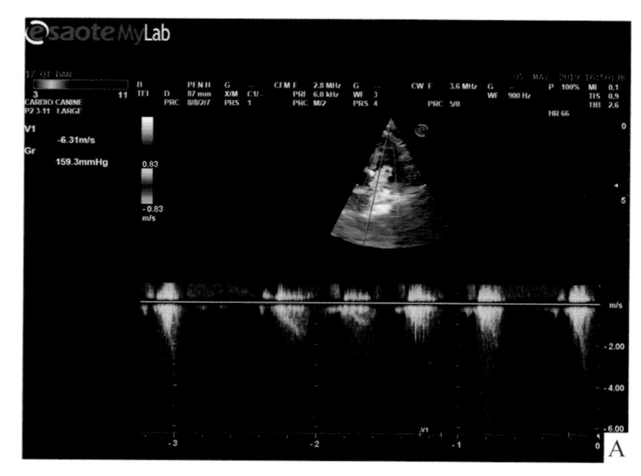


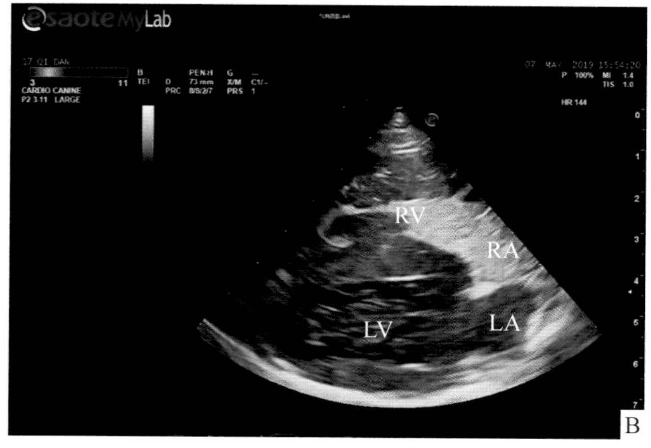


图 10-2-4　（A）和（B）右胸骨旁短轴肺动脉观，肺动脉处血流速度约 6.52m/s（A）；右心压力负荷超载致获得性卵圆孔未闭，气泡造影阳性（右→左分流）（B，左心房、左心室内出现微气泡）（黄奇　供图）

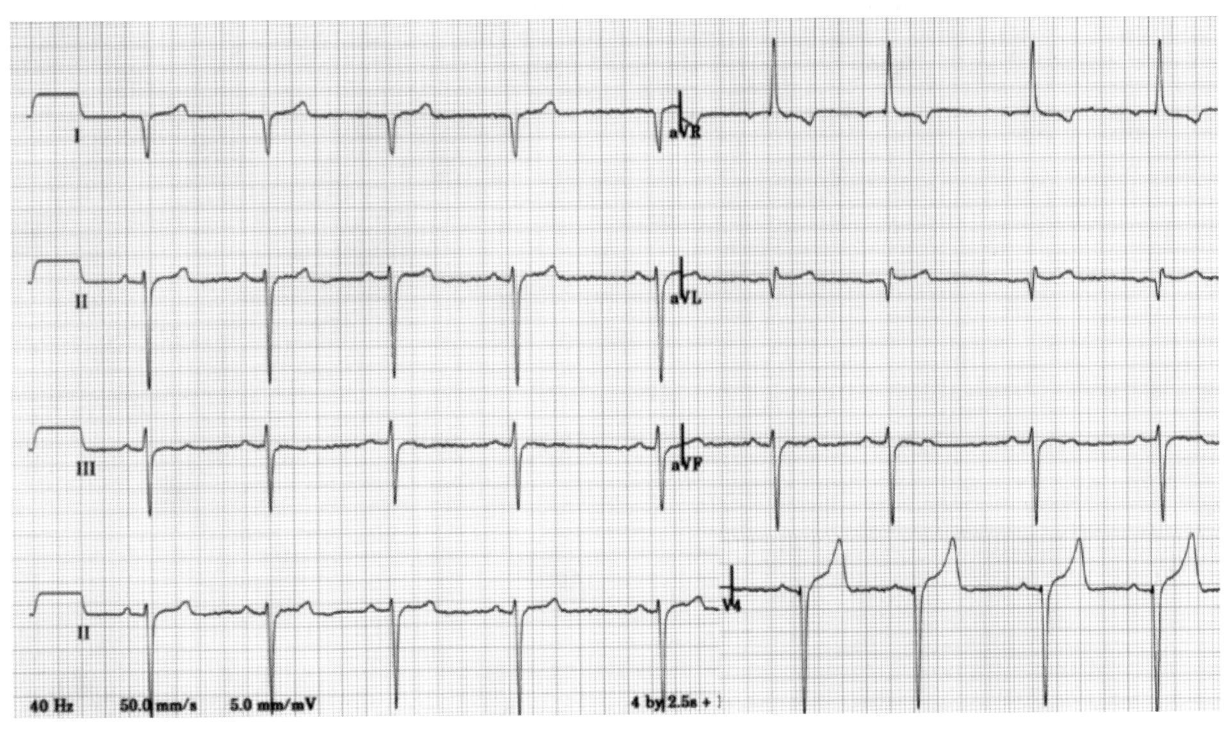


图 10-2-5　一例肺动脉狭窄犬的心电图，可见 I、II、III、aVF 和胸导联的 S 波振幅变深，提示右心变化引起的心电轴右偏（黄奇 供图）

（2）依那普利0.5mg/kg，口服，每日一至两次。

（3）并发心力衰竭时增加强心、利尿等药物。

**（二）导管介入术**

（1）球囊扩张术。适用于瓣膜病变，中度狭窄+三尖瓣反流/卵圆孔未闭，重度狭窄。存在冠状动脉异常时需谨慎。

（2）预后。压力梯度、瓣膜形态、临床症状、诊断年龄是PS的最重要的风险因素。

①轻度PS：预后良好。

②中度PS：预后通常良好，心源性死亡率较低。存在临床症状的中度PS患犬心源性死亡风险增高。球囊扩张术对存在临床症状的中度PS患犬可能有益，但尚待进一步研究。

③重度PS：预后谨慎/不良，第一年死亡率高（＞50%）。昏厥、右心衰或猝死风险增加。推荐尽快行球囊扩张术。

# 第三节　黏液瘤性二尖瓣疾病

犬黏液瘤性二尖瓣疾病（MMVD），又称为退行性或慢性瓣膜性心脏病、二尖瓣疾病，是小型犬发病率较高的获得性心脏病，也是导致犬心力衰竭的最常见病因。

## 一、病因

病因尚未明确，黏液瘤性病变的产生尚未建立一个统一的解释。瓣膜承受的张力与剪切力的诱导作用，长期血液冲刷造成的瓣膜内皮细胞损伤，间质细胞激活向成纤维细胞转化，酶和信号分子包括金属蛋白酶、5-羟色胺和转化生长因子，都可能发挥了作用。

## 二、流行病学

为渐进性疾病，随着犬年龄增大，发病率逐年增加。13岁以上的犬，约有30%在临床上诊断出患有退行性瓣膜病，超过90%尸检时发现瓣膜退行性病变。9岁以上的犬中，58%存在重度退行性瓣膜病变。

疾病引起的临床症状最常见于小型犬，迷你贵宾犬、北京犬、博美犬、腊肠犬、泰迪犬、雪纳瑞犬等常患此病。雄犬的发病率高于雌犬。查理士王小猎犬是MMVD的代表犬种，发病率尤其高，且可能在年轻时即表现出明显的临床症状。

## 三、临床症状

MMVD在最初的数月到数年内可能都不会表现出任何临床症状。常因定期体检听诊听到有心杂音而被检查出来。发展为心力衰竭的犬，临床常见表现为咳嗽，常发生于夜间、清晨及运动后。如果存在肺充血或肺水肿，通常会伴有其他症状，如运动不耐受、呼吸急促、呼吸困难。疾病晚期的犬常发生一过性的虚弱或晕厥。并发三尖瓣反流的患犬还可能出现因腹水导致的腹围增大（图10-3-1），或胸腔积液导致呼吸急促。

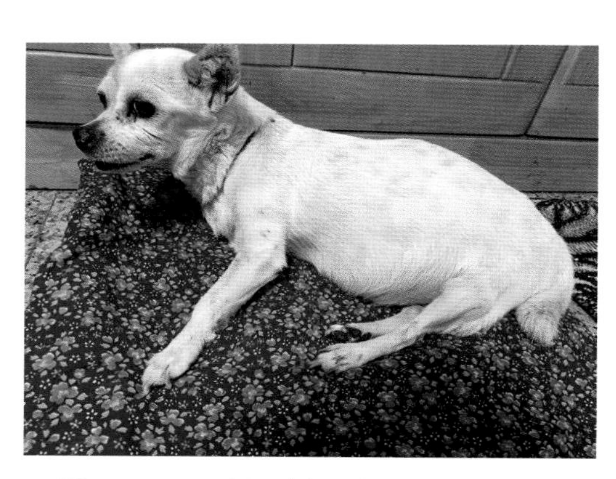

图 10-3-1　15岁混种犬，患有二尖瓣疾病和三尖瓣反流，出现因心源性腹水导致腹部膨大（张志红　供图）

## 四、病理变化（图 10-3-2）

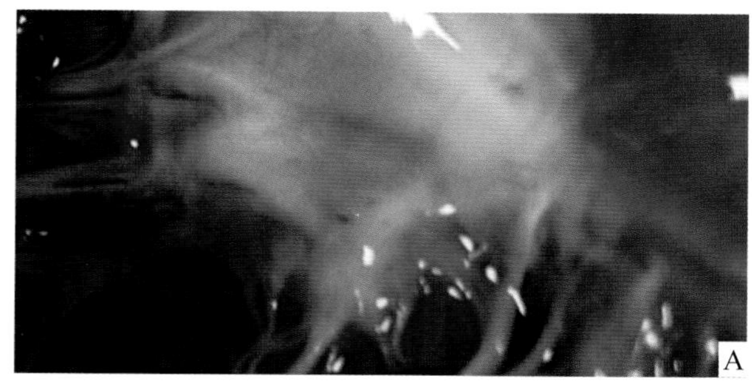

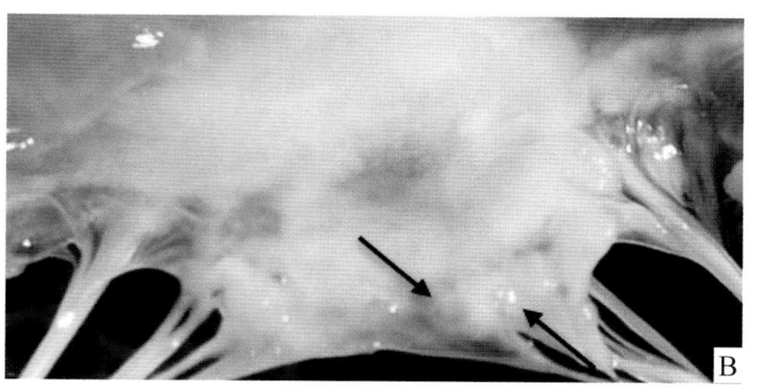

图 10-3-2　犬 MMVD 典型病理。疾病瓣膜（B）与健康瓣膜（A）相比整体增厚、透明度下降，注意二尖瓣前小叶远端边缘膨起，存在多处结节（黏液瘤）样病变（箭头指示部位），病变通常从瓣膜小叶远端开始，逐渐向近端发展。严重时可影响腱索，造成腱索断裂（刘萌萌　供图）

## 五、诊断

### （一）体格检查

MMVD患犬在左侧心尖处可听到收缩期反流性心杂音。中度或者重度二尖瓣反流的动物，触诊心前区可感觉到震颤。患犬发生肺水肿时可能听到肺部的爆裂音，伴呼吸加快、呼吸困难。多数患犬口腔黏膜色淡白到正常，股动脉触诊强度通常正常，极严重的二尖瓣反流可能伴有股动脉搏动减弱。此外，当患严重的三尖瓣疾病或二尖瓣疾病并发重度的肺动脉高压时，可能存在肝肿大甚至腹水。长期MMVD的患犬会有消瘦的表现。

### （二）胸腔X线检查

取决于疾病所处阶段，可表现为正常或不同程度的左心房与左心室的增大，当左心房明显增大时，右侧位片上左主支气管狭窄，气管走向与胸椎平行。严重的左心房增大，偶尔会出现团块样外观。在背腹位片，左心房增大可能表现在钟表3点方向的位置的左心耳处膨出，左心房位于靠近心脏轮廓的中央位置，增大时左心房会造成不同程度的主支气管分离。左侧充血性心力衰竭表现为肺静脉扩张和间质性肺水肿，甚至肺泡型、肺泡/间质混合型肺水肿征象，典型分布区域为肺门周围或（和）右肺尾叶（图10-3-3）。

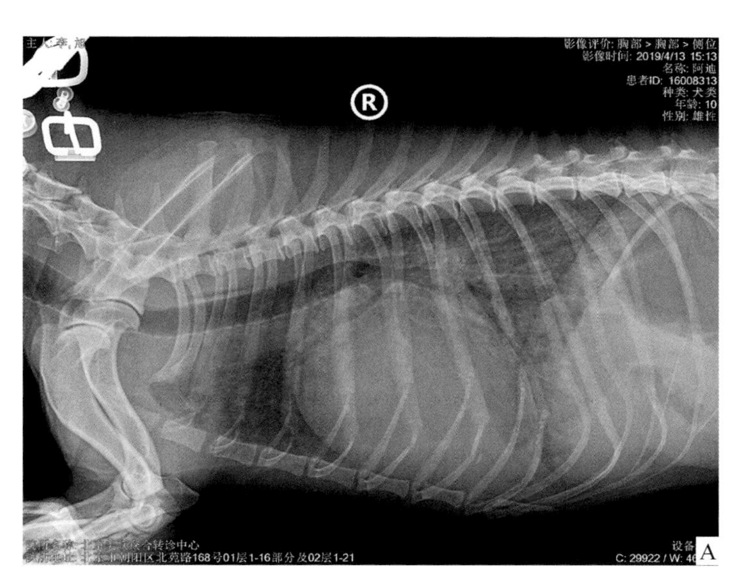


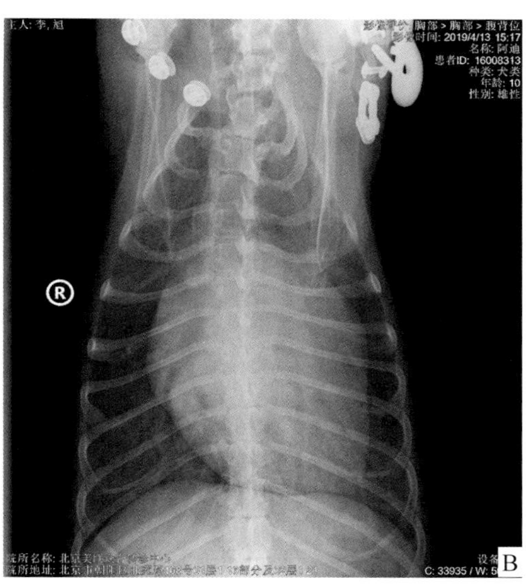


图10-3-3　（A）和（B）：一只10岁患有二尖瓣反流的泰迪犬胸部右侧位（A）和背腹位（B）X射线片，表现左心房和左心室明显增大，气管向胸椎上抬、肺门处（A）和右肺后叶（B）肺水肿（张志红 供图）

### （三）心电图检查

通常正常，有时提示存在左心房（或双心房）增大、左心室扩张。左心房增大在心电图中表现导联Ⅱ、Ⅲ、和aVF中P波增宽（图10-3-4）。病情较严重患犬可见心律失常，包括窦性心动过速、房性早搏、房颤、室性早搏等。

### （四）超声心动图检查

可见继发于二尖瓣闭锁不全的左心房、左心室不同程度的扩张。二尖瓣小叶可能会明显增厚，或有结节样变化，在收缩期常见脱垂的瓣膜小叶进入左心房（图10-3-5）。有时三尖瓣小叶也受轻度影响。中度或者重度的二尖瓣反流，因左心室的负荷状态改变，左心室心肌处于高动力状态（图

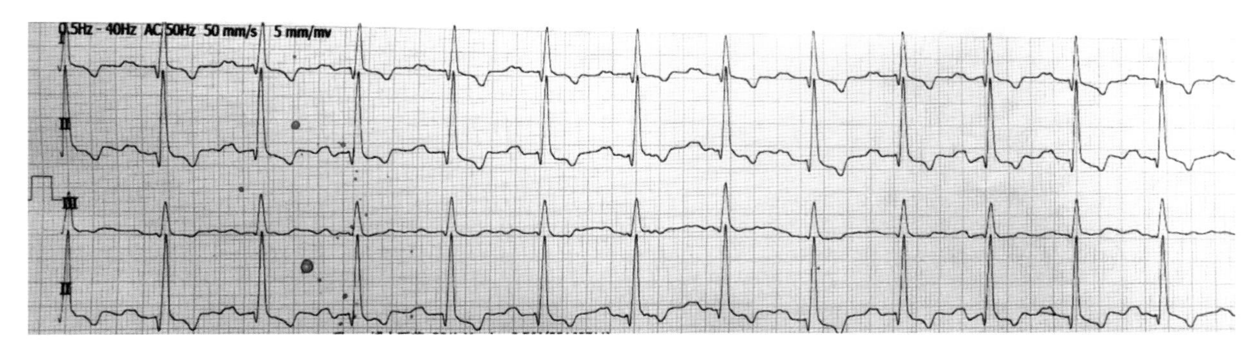


图 10-3-4 二尖瓣疾病患犬心电图，表现为窦性心动过速，II、III 导联 P 波增宽提示左心房扩张，R 波增高提示左心室扩张（张志红 供图）

10-3-6），使心输出量尽量维持正常，表现为射血期指数（如缩短分数FS）升高。二尖瓣反流最终可导致左心室扩张，当缩短分数正常或者低于正常时，表示该时期出现收缩期心肌功能不全。

右侧胸骨旁短轴二维图像评估舒张期左心房与主动脉的比值（图10-3-7），LA∶AO的比值越大则肺水肿发生的可能性也越高，预后也越差。

多普勒检查在心收缩期发现左心房内存在血液湍流，证实存在二尖瓣反流（图10-3-8）。当心输出量严重受到二尖瓣反流或收缩功能衰竭的影响时，主动脉的血流速度可能会降低。

图 10-3-5 12 岁二尖瓣病变患犬 3D 超声心动图（张志红 提供视频）

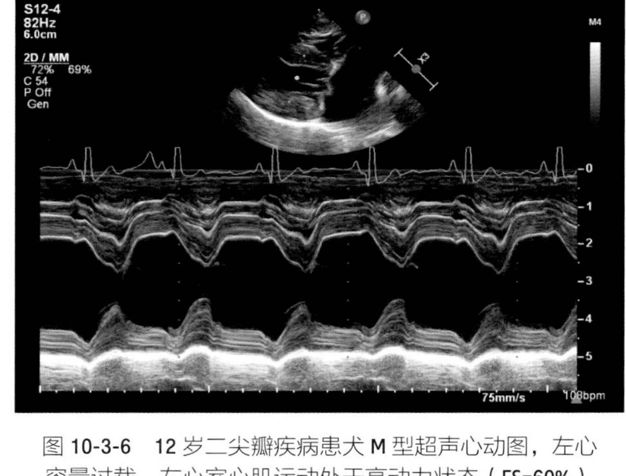


图 10-3-6 12 岁二尖瓣疾病患犬 M 型超声心动图，左心容量过载，左心室心肌运动处于高动力状态（FS=60%）（张志红 供图）

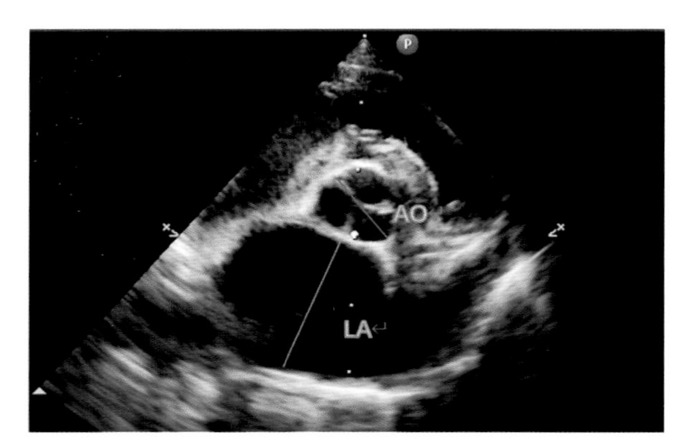


图 10-3-7 右侧胸骨旁短轴心脏短轴切面，测量 LA∶AO 的比例（正常小于 1.6）以评估左心房增大（张志红 供图）

图 10-3-8 15 岁慢性二尖瓣病变患犬（张志红 提供视频）

## 六、治疗

按照美国兽医内科学会（ACVIM）心脏病专家2019年小组发表的“ACVIM consensus guidelines for the diagnosis and treatment of myxomatous mitral valve disease in dogs”，将犬MMVD分为A期、B期、C期、D期进行相应的治疗。

A期：存在更高的心衰风险，但目前无任何明显的心脏结构性异常（即听诊无心杂音）。仅建议定期体检（每年一次）。

B期：分为B1期和B2期。

B1期：无心衰症状，存在二尖瓣反流，但尚未达到需要进行药物干预以延缓心衰发生的标准。

B2期：无心衰症状，二尖瓣反流所引起的心脏重塑（左心房和左心室增大）已满足临床试验（EPIC研究）推荐的治疗标准。建议使用匹莫苯丹，剂量为0.25~0.3mg/kg，口服，每天2次。

C期：患犬过去或现在已出现心衰的症状。治疗以强心、利尿、扩张血管、改善血液动力学和增加氧合为目标。常用药物包括：

正性肌力药：匹莫苯丹、多巴酚丁胺。

抗焦虑药：布托啡诺。

利尿剂：呋塞米、托拉塞米、螺内酯（醛固酮拮抗剂）。

血管紧张素转化酶抑制剂（ACEI）：贝那普利、依那普利、雷米普利。

血管扩张剂：氨氯地平、硝普钠。

治疗房颤药：地高辛、地尔硫卓。

D期：当患犬经过C期的治疗仍出现难治性的心衰症状的阶段。D期治疗是在C期治疗方案的基础上根据病情增加药物种类、浓度、频次，以尽量维持患犬的生存状态。

# 第四节　扩张型心肌病

犬扩张型心肌病（DCM）以心肌的收缩力降低为特征，可能伴有心律失常。

## 一、病因

该病发病机理尚不完全明确，潜在的病因包括遗传因素、营养素缺乏（如牛磺酸缺乏）、生化代谢异常、免疫学机制、药物、毒素等。

## 二、流行病学

最常见于大型成年犬，特别是杜宾犬、爱尔兰猎狼犬、苏格兰猎鹿犬、大丹犬、纽芬兰犬和

拳师犬。有些体形小些的犬种，如大麦町犬、可卡犬、斗牛犬也易发此病。某些犬品种的发病率极高，爱尔兰猎狼犬发病率大约25%，雌性杜宾犬约为33%，雄性杜宾犬约为50%。患病年龄通常在6~8岁，但是小于3岁犬和老龄犬也可见DCM。

## 三、临床症状

犬DCM的临床症状可分为：无症状隐性期和临床症状显性期。DCM发展缓慢（可能是数月至数年），无明显临床症状，大约40%的杜宾犬的第一临床症状是猝死。显性期的临床症状包括运动不耐受、晕厥、嗜睡、厌食、呼吸困难、咳嗽、腹围膨大。

## 四、病理变化

解剖常见心脏腔室（尤其是左心）明显扩张，心肌壁离心性肥厚，左心室壁厚与腔室直径比下降。组织学上心肌纤维变细，且呈波状形态（图10-4-1）。其他组织学特征包括细胞大小不一，心肌细胞退化、坏死，心肌不同程度地纤维化重塑，且有炎性细胞浸润与新生血管生成。

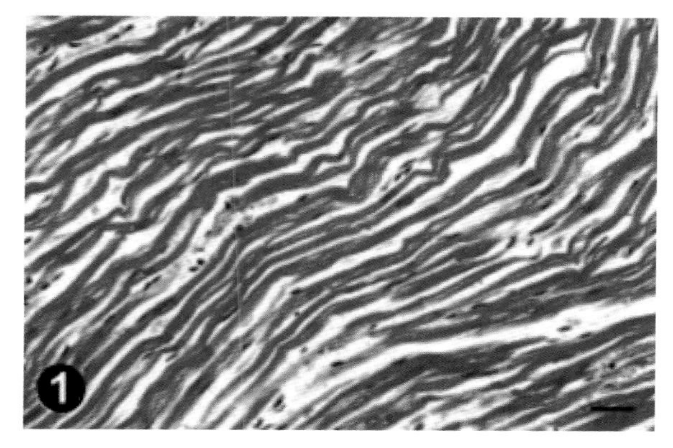

图 10-4-1　DCM 患犬左心室壁心肌组织病理。心肌纤维较变细，且呈波状形态（图片引自 Tidholm &Jonsson, 2005）

## 五、诊断

### （一）体格检查

可能存在轻柔的二尖瓣或（和）三尖瓣收缩期反流性心杂音、心律失常，可视黏膜苍白，触诊脉搏搏动缺失或细弱。DCM病情严重的患犬可出现心音沉闷（因胸腔积液）、呼吸急促、颈静脉怒张以及因腹水导致的腹围增大。

### （二）胸腔 X 射线检查

无症状隐性期杜宾犬的胸腔X射线片检查常具有误导性，因为相对于其他有类似临床症状的犬种，杜宾犬心脏增大并不明显。DCM晚期患犬可发现全心增大、肺静脉扩张、间质型或肺泡型肺水肿；伴发右心衰时可发现胸腔积液、肝脏增大、腹水（图10-4-2）。

### （三）心电图检查

DCM患犬心电图表现不一，窦性心动过速、房颤较为常见（图10-4-3），也可见阵发性或持续的室性心动过速，多形性室性早搏以及左束支传导阻滞（图10-4-4）。当患犬无临床症状而心电图检查发现以下迹象时，应高度怀疑隐性期心肌病：杜宾犬或者拳师犬出现一个或一个以上的室性早搏波（VPCs），左心室增大（QRS波时长>0.06s，R波振幅>3.0mV）或左心房增大（P波时长>0.04s）。

### （四）超声心动检查

显性期DCM犬，超声心动检查可见左心室壁和室间隔厚度减少，左心室和左心房扩张，左心室壁和室间隔的收缩运动降低（图10-4-5）。二尖瓣环扩张，继发轻度至中度的二尖瓣反流（图10-

4-6）。二尖瓣E点到室间隔距离（EPSS）增加（图10-4-7）（正常<7.7mm）。主动脉血流速度下降。

杜宾犬左心室舒张末期容积与体表面积的比率>95mL/m$^2$，或者左心室收缩末期容积与体表面积比率>55mL/m$^2$是隐性期DCM超声心动检查的标准。缩短分数对隐性期DCM的价值较低，运动型的大型犬种缩短分数通常值在20%左右，需要追踪超声心动检查或者24h心电图监测，以确定是否真的患此病。

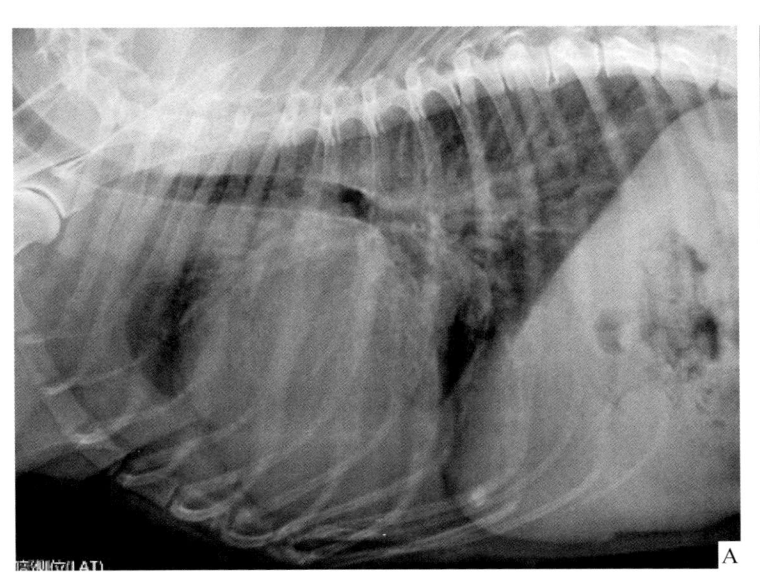

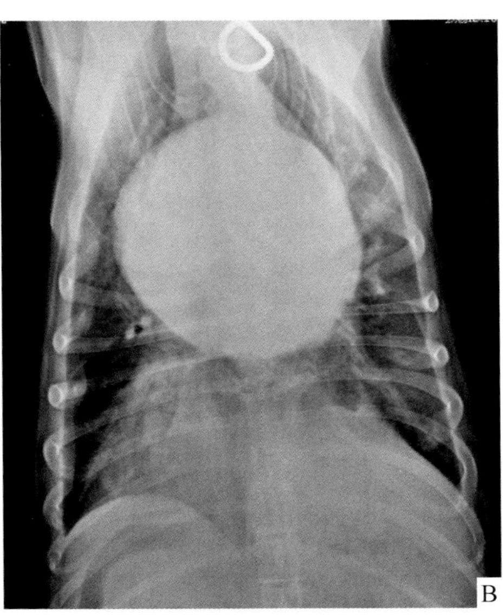


图 10-4-2　（A）和（B）患 DCM 的 7 岁杜宾犬胸部 X 射线片，左心房、左心室增大，轻度肺水肿（张志红 供图）

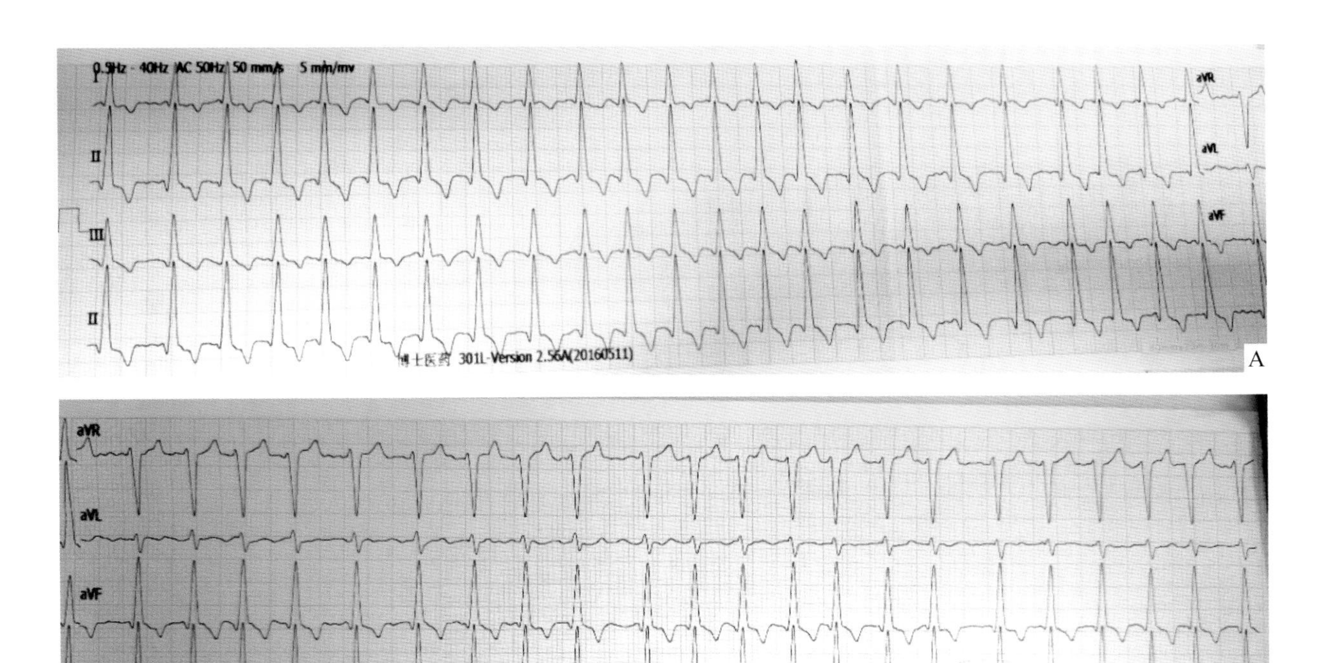


图 10-4-3　（A）和（B）DCM 患犬的心电图表现，可见节律不规律，缺乏 P 波，QRS 波形态正常，提示房颤（心率 280 次 /min）（张志红 供图）

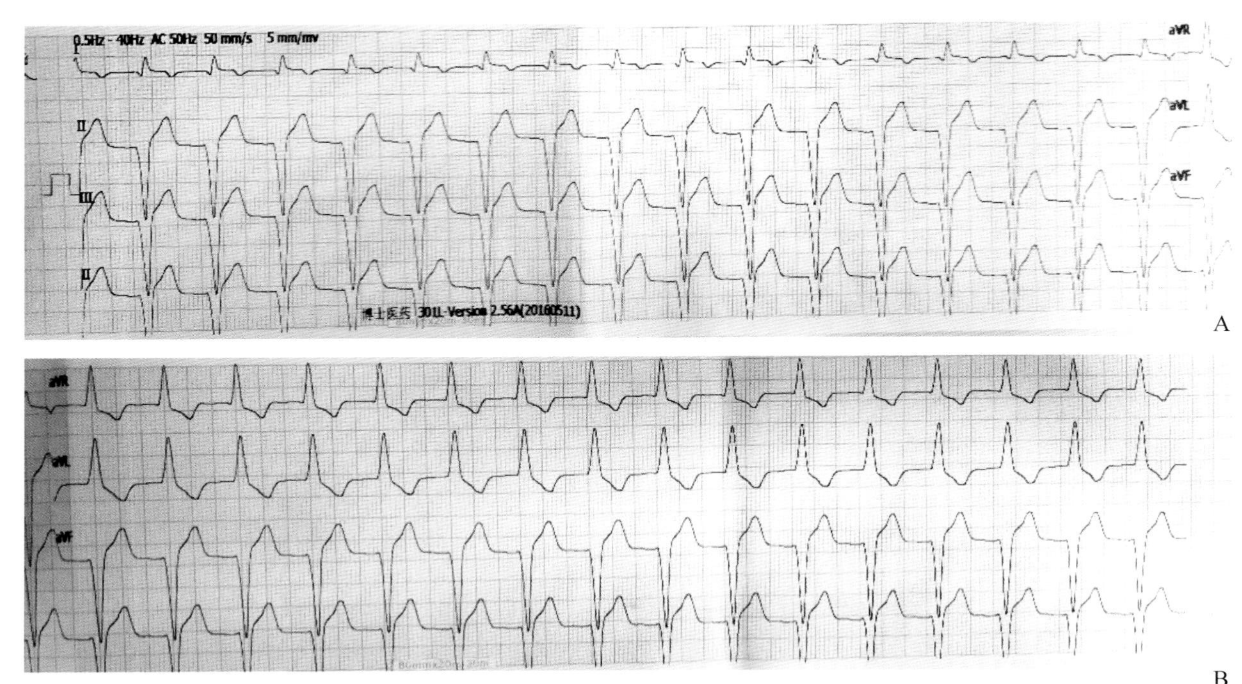


图 10-4-4 （A）和（B）严重 DCM 患犬的心电图表现，可见规律、宽大而畸形的 QRS 波，提示持续性室性心动过速（心率 200 次 /min）（张志红 供图）

图 10-4-5 患 DCM 的德国牧羊犬超声心动图，表现为左心房、左心室扩张，室间隔与左室自由壁厚度减少，心肌收缩运动降低（张志红 提供视频）

图 10-4-6 患 DCM 的德国牧羊犬超声心动图，表现为二尖瓣环扩张，二尖瓣反流，但反流流速低［因收缩力减弱］（张志红 提供视频）

图 10-4-7 患 DCM 的杜宾犬超声心动图，二尖瓣 E 点到室间隔距离（EPSS）14.4mm，提示心肌收缩力减弱（张志红 提供视频）

## 六、治疗

先前研究结果支持使用匹莫苯丹治疗杜宾犬隐性期DCM。对于显性期DCM患犬，如发现有明显胸腔积液或者腹腔积液，都应该进行液体的抽除，以迅速改善呼吸困难与缓解危险状况。当发现急性呼吸困难时，应采取药物治疗辅助氧气疗法。标准的药物治疗包括使用利尿剂、强心剂和ACE抑制剂。室性心律不齐和心房纤颤需要使用特定的抗心律失常（利多可因、地高辛等）药物。治疗取决于品种、疾病的阶段、是否存在充血性心衰或者心律失常。

# 第五节　心包积液

健康犬的心包腔内存在很少量的液体，在心动周期过程中起着润滑的作用。当心包腔内液体异常蓄积时为心包积液。

## 一、病因

引起犬心包积液的前三位原因是心脏肿瘤、原发性心脏病、特发性心包积液。也偶见心房破裂及全身性感染等原因。

## 二、流行病学

心包积液最常见于老年犬和大型犬，就诊时的平均年龄在9~10.5岁，据统计，金毛猎犬、拉布拉多犬、德国牧羊犬、圣伯纳犬、纽芬兰犬易患心包积液。

## 三、临床症状

心包积液患犬出现临床症状与心包积液聚集速度有关。多数病例会出现呼吸急促、虚弱、嗜睡、运动不耐受、活动时晕厥、食欲下降症状，也可表现因腹水而导致的腹围增大，病程较长的患犬因肌肉流失而表现很瘦弱。

## 四、病理变化

取决于原发病因，可见成分不同的心包积液：血性积液、漏出液、改性漏出液与渗出液都可能发生。

血性积液颜色深红，PCV>7%，比重>1.15，总蛋白含量>30g/L。细胞学可发现大量红细胞，偶见肿瘤细胞。在老年犬多为肿瘤性原因，最常见肿瘤为影响右心耳的血管肉瘤，心基部化学感受器瘤、心包间皮瘤也可能发生。特发性心包积液病理组织学可见伴轻微炎症的出血区域以及弥散性的心包纤维化。

漏出液或改性漏出液呈透明或淡粉色，细胞数较低，漏出液比重<1.012，蛋白量<25g/L；改性漏出液比重1.015~1.030，总蛋白25~50g/L。可见于充血性心衰、心包膈疝、低蛋白血症或血管通透性增加的毒血症。通常积液量少，很少造成心包填塞。

渗出液富含细胞，比重>1.015，总蛋白含量>30g/L，多见于感染性原因，取决于不同的病因，细胞学检查可见细菌、原虫等，钩端螺旋体、犬瘟、特发性心包积液可见无菌性渗出液。

## 五、诊断

### （一）体格检查

心包积液患犬体格检查表现呼吸急促、黏膜苍白，听诊心音低沉、心动过速，触诊股脉搏微弱或奇脉（脉搏强度呈现吸气时脉搏变弱呼气时变强的周期性变化的现象）。积液量多导致心包填塞的犬，还可发现颈静脉怒张，以及胸腔积液、肝肿大、腹水引起的腹围增大。

### （二）胸腔 X 射线检查

心包积液诊断的X射线检查特征包括心脏轮廓明显增大，病例无特定腔室增大而呈现“球形心”。由于心包积液使心脏在心动周期过程中相对没有明显的运动，造成心影边界清晰。同时，因肺部血液循环不足，呈现肺部血管变细的特征（图10-5-1）。当存在右心衰时，后腔静脉变宽、肝脏增大、腹腔积液以及胸腔积液。

### （三）心电图检查

大多数心包积液患犬心电图是正常的窦性心律，可能伴发窦性心动过速，但肢体导联QRS波振幅矮小（多数R波振幅<1mV）（图10-5-2），偶见室性异位节律。有些病例出现电交替，即QRS的形态及振幅在心跳时会发生规律性变化（图10-5-3），它的出现强烈提示存在心包积液。

### （四）超声心动检查

超声心动检查心包积液最敏感。在二维超声心动图上，心包积液表现为心肌与心包之间环绕心脏一周的无回声或低回声区域。心包积液量很多时，各腔室舒张期无法获得良好灌注，尤其是右心房处于舒张期塌陷的动态表现（图10-5-4）。心脏肿瘤导致的心包积液，其心包内或心内的团块也可以显示出来，血管肉瘤常见于右心房壁或者是右心耳，向心包腔内突出（图10-5-5），心基部肿瘤通常附着在升主动脉位置。

### （五）高级影像技术

高级断层成像技术，如：计算机断层成像（CT），也是用于证实心包积液患犬心脏肿瘤特征的高端手段。

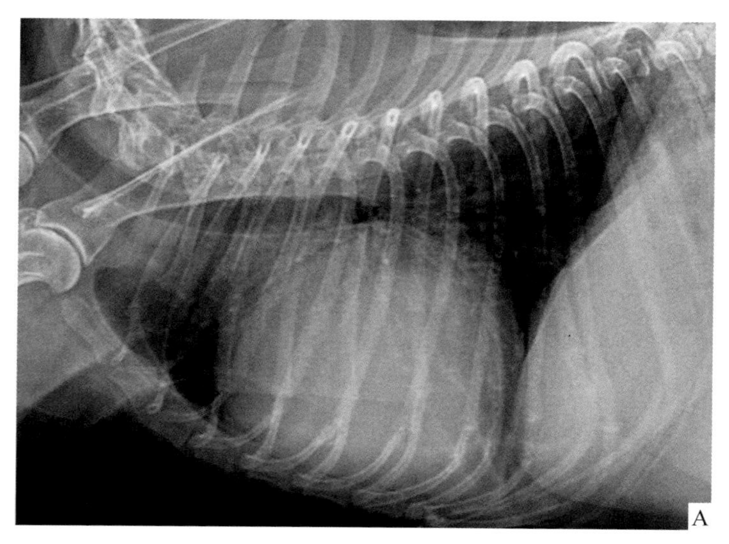


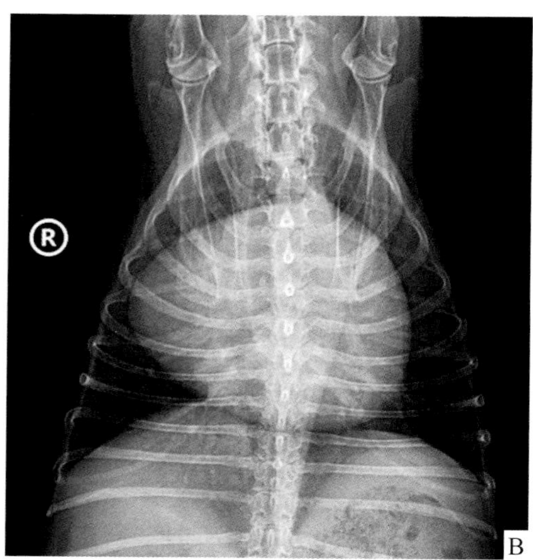


图10-5-1 （A）和（B）患心包积液12岁混种犬胸腔右侧位（A）和背腹位（B）X射线片，表现心脏轮廓增大呈球形，心影边界清晰，肺部血管细小（张志红 供图）

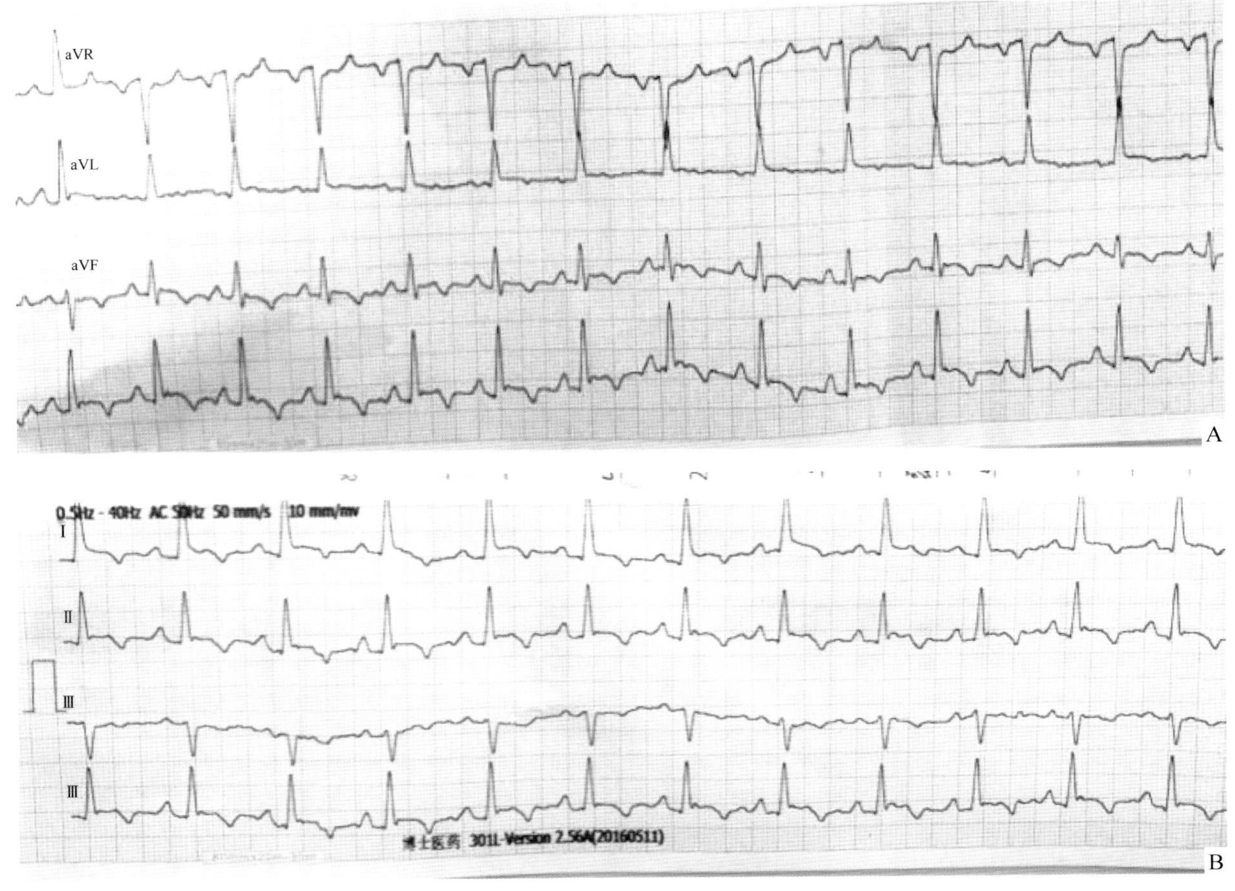


图 10-5-2　一只心包积液患犬的心电图，表现为窦性心律，所有 QRS 波的 R 波振幅 <1 mV（张志红 供图）

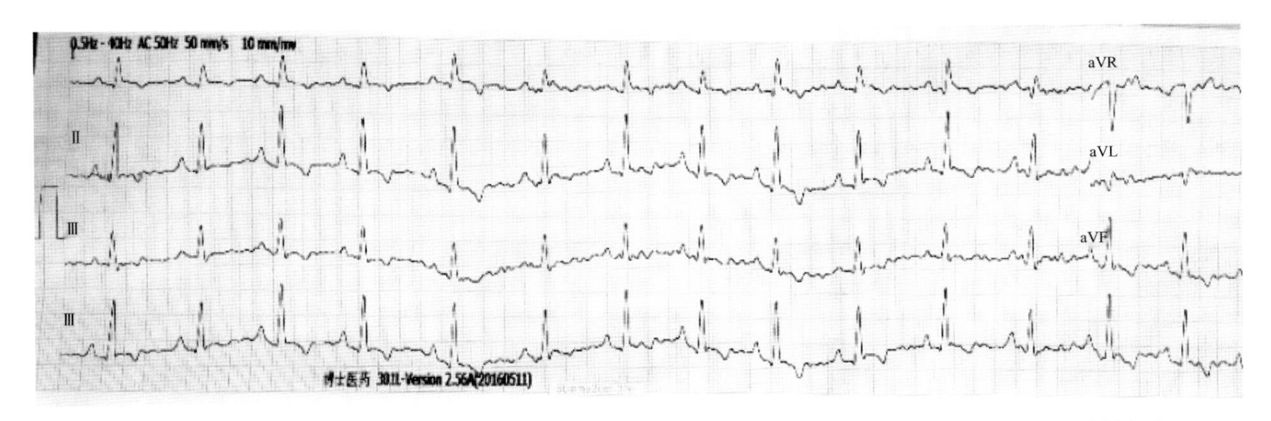


图 10-5-3　大量心包积液患犬的心电图，表现为窦性心律，R 波振幅在每次心跳时发生一高一低的规律性变化，为电交替化（张志红 供图）

## 六、治疗

治疗的首要选择是实行心包穿刺术，它可将心包腔中的液体清除（图 10-5-6），以缓解犬低灌

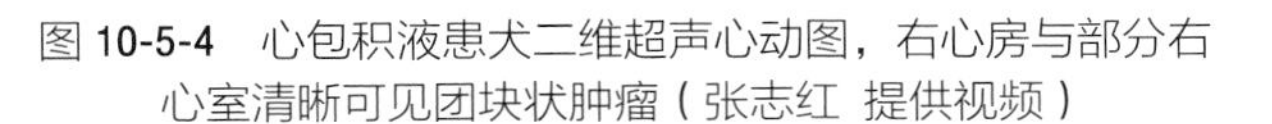

图 10-5-4　心包积液患犬二维超声心动图，右心房与部分右心室清晰可见团块状肿瘤（张志红 提供视频）

图 10-5-5　心包积液患犬二维超声心动图，心脏两侧可见无回声暗区，右心房舒张期塌陷（张志红 提供视频）

注、低氧合的状态。然而，患犬左心房破裂引起心包积液的不建议实施心包穿刺术。对于反复出现心包积液的犬，实施心包开窗术或心包切除术可提高患犬的存活率和生存时间（图10-5-7）。

图 10-5-6　一只患心包积液的金毛猎犬，实施心包穿刺术，抽出 200mL 血性心包积液（张志红 供图）

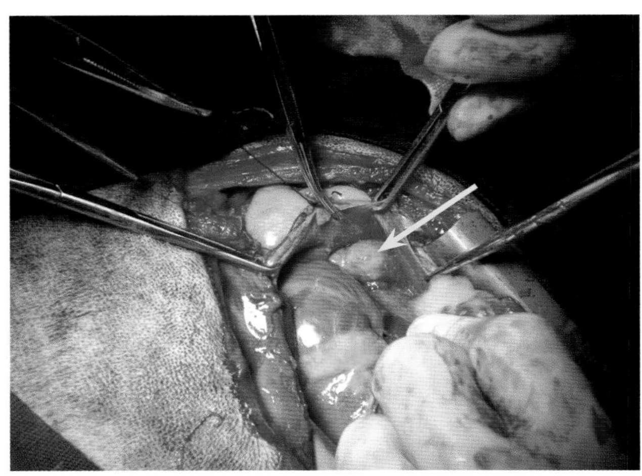

图 10-5-7　12 岁法国斗牛犬因反复心包积液实施心包摘除术，术中暴露了心基部肿瘤（箭头），手术切除了大部分心包犬术后存活 1.5 年（张志红 供图）

# 第十一章

## 犬肝胆疾病

# 第一节 肝脏疾病

## 一、传染性肝炎

犬传染性肝炎（ICH）是一种世界范围内的传染性疾病，犬传染性肝炎病毒可以感染犬科的多种动物，如狐狸、狼、浣熊等，它是由犬腺病毒Ⅰ型（CAV-Ⅰ）引起的具有高度传染性的疾病。

### （一）病原学

犬传染性肝炎病毒属于腺病毒，犬的腺病毒分为CA-Ⅰ型和CA-Ⅱ型，CA-Ⅰ型是引起犬传染性肝炎的病原，称为犬传染性肝炎病毒，CA-Ⅱ型是引起犬传染性支气管炎的病原。

### （二）流行病学

幼龄犬或未注射疫苗的成年犬为高发群体，幼龄犬感染后死亡率较高。发病犬的尿液、粪便或唾液是主要的传播途径。康复犬可以通过尿液继续传播病毒，持续时间在6个月以上。此病毒可在宿主外环境中存活数周或数月。犬传染性肝炎病毒常与犬瘟热病毒、犬细小病毒、犬副流感病毒混合感染，增加了诊断的难度和病死率。

### （三）临床症状

病犬感染后表现精神沉郁，食欲不振，流涎（图11-1-1），呕吐，发热，可视黏膜黄染，扁桃体肿大，腹泻，头颈部肿胀，触诊咽部敏感，前腹部疼痛，皮肤黏膜有出血斑或出血点（图11-1-2），眼睛（角膜）呈蓝色浑浊（图11-1-3）等。

### （四）病理变化

肝浆膜表面有瘀点和瘀血，淋巴结水肿和出血。血管内皮损伤导致胃浆膜、淋巴结、胸腺、胰腺和皮下组织“油漆刷”样出血。肝脏脆性增加，肝脾肿大（图11-1-4），典型的胆囊壁水肿增厚，胸腺水肿。脑内可见血管炎和弥漫性出血。肾皮质可见灰白色病灶。肝脏组织学上可见小叶中心坏死，伴中性粒细胞和单核细胞浸润，肝细胞核内包涵体。

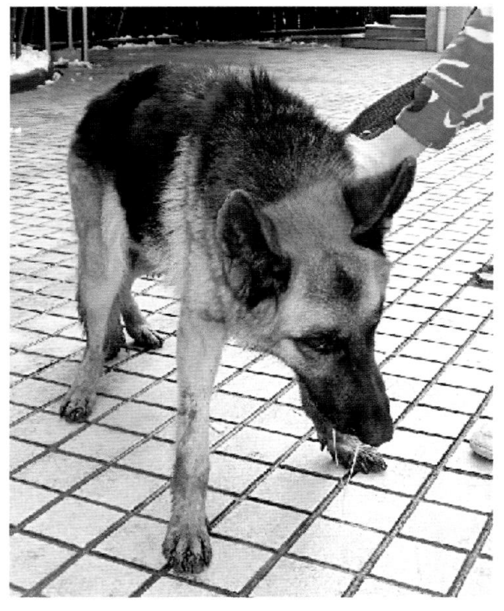

图 11-1-1　5月龄德国牧羊犬感染CAV-I型（董君艳 供图）

图 11-1-2 患犬眼鼻有出血（董君艳 供图）

图 11-1-3 患犬呈现“蓝眼病”（董君艳 供图）

### （五）诊断

1. 实验室检查

（1）血液学检查。可见白细胞数尤其在发热期降低，血小板减少，凝血障碍（PT，APTT）（图 11-1-5）。

（2）血液生化检查。血清丙氨酸氨基转移酶、天门冬氨酸氨基转移酶和碱性磷酸酶升高。

（3）尿液检查。出现蛋白尿。

（4）PCR 检测。阳性。

（5）肝组织活检或尸检。

2. 诊断

主要根据犬的免疫史、临床症状、实验室检查来确诊。但要注意与犬瘟热、细小病毒性肠炎等相鉴别。

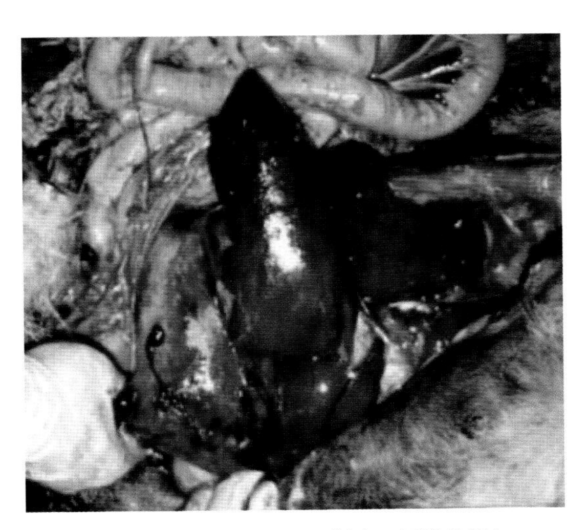
图 11-1-4 患犬肝脏明显增大，且脆性增加（董君艳 供图）

### （六）防治

以对症和支持治疗为主，防止继发细菌感染，维持体液和离子平衡，控制出血倾向。建议使用广谱抗生素和静脉给予平衡电解质溶液并补充 5% 葡萄糖，严重贫血的犬可输血浆或全血。短暂的角膜浑浊通常不需要治疗，但要避免强光照射，阿托品滴眼液可减轻睫状体痉挛引起的疼痛。该病可以考虑中西结合治疗，通过辨证选择中药方剂，有助于患犬机体的恢复。疫苗接种是最有效的预防方式，目前临床使用的疫苗免疫效果良好。

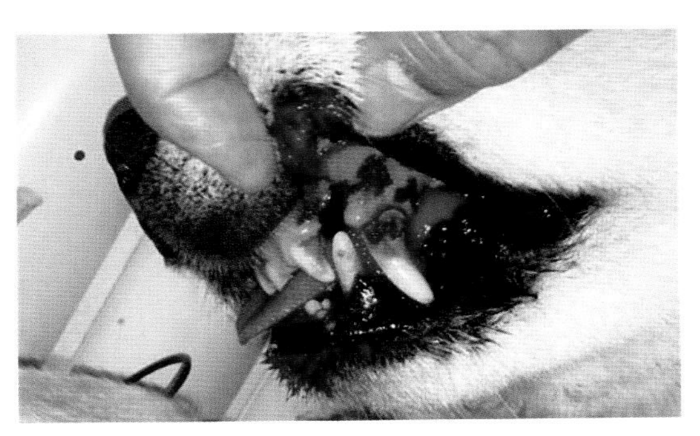
图 11-1-5 患犬口腔黏膜、齿龈出血（庞海东 供图）

## 二、急性肝炎

犬急性肝炎是指多种致病因素侵害肝脏，使肝细胞受到破坏，肝脏的功能受损，继而引起犬体出现一系列不适的症状。

### （一）病因

犬急性肝炎主要是由传染病或中毒引起。传染性因素包括犬腺病毒Ⅰ型、犬细小病毒、真菌、钩端螺旋体、犬焦虫等。中毒性因素包括药物中毒和毒物中毒。

### （二）发病特点

发病急，前期临床表现明显，以黄疸、胃肠道反应为主要特征，肝实质细胞呈现急性炎症性变化。

### （三）临床症状与病理变化

1.临床症状

与其他肝病基本相同，患犬表现精神沉郁、食欲不振或废绝、体温正常或升高、黄疸（图11-1-6）、前腹部敏感（图11-1-7）、尿色深黄（图11-1-8）、呕吐、腹泻、凝血不良、出血、肝性脑病等症状。

图 11-1-6　细小病毒感染犬并发急性肝损伤（庞海东 供图）

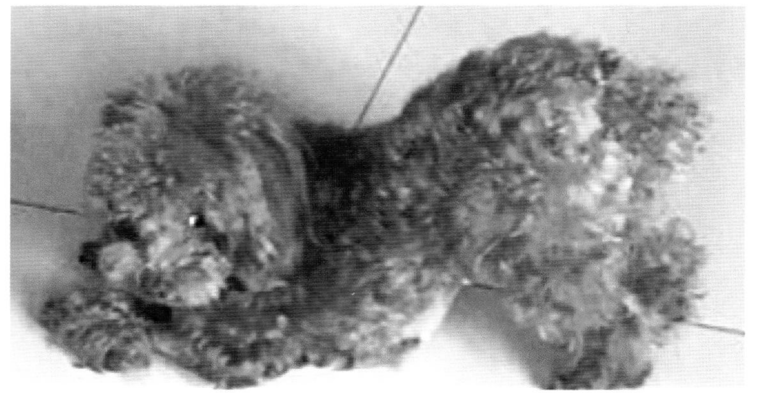

图 11-1-7　急性肝损伤犬前腹部疼痛（庞海东 供图）

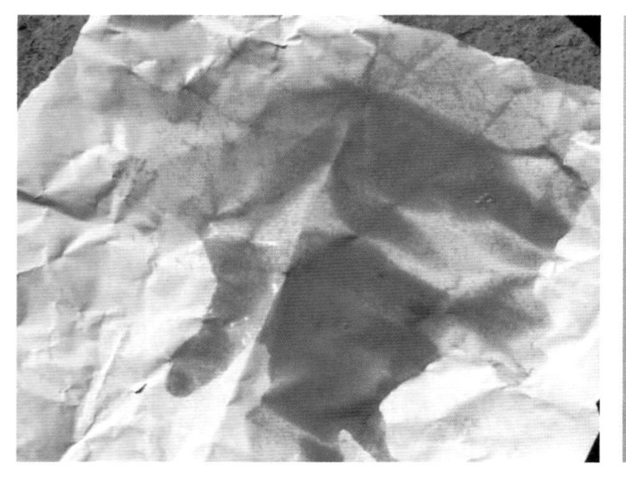

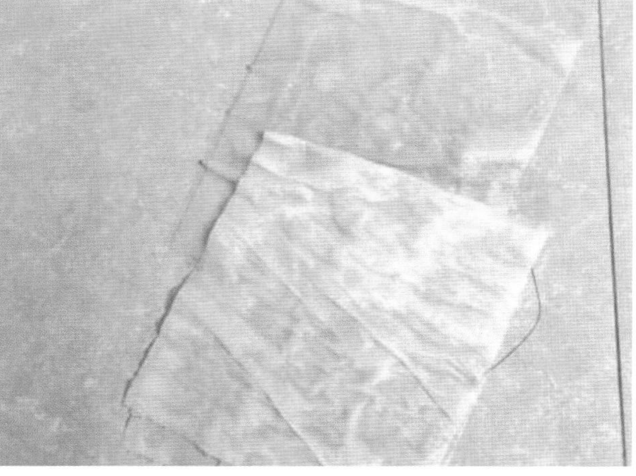

图 11-1-8　治疗前后病犬尿色的变化（庞海东 供图）

2.临床病理

与其他肝病差异性不大，血清ALT、AST、ALP、GGT、胆红素等升高，血小板减少（图11-1-9），组织病理学变化同其他肝病。

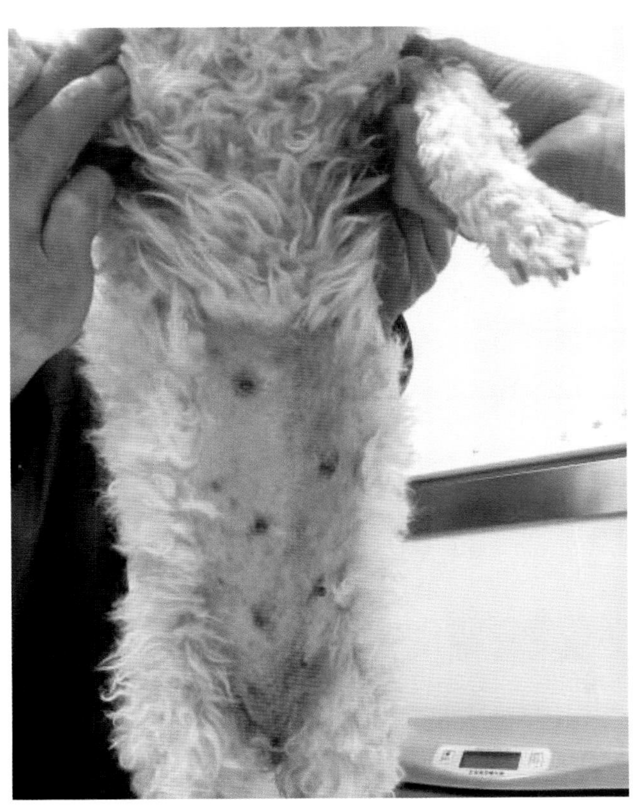
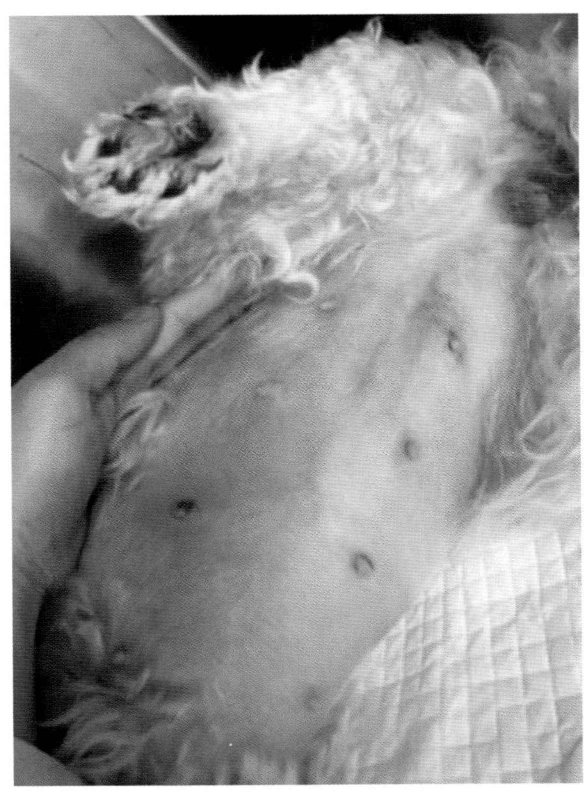

图 11-1-9　急性肝炎出现凝血障碍，中西医治疗前后对比（庞海东 供图）

**（四）诊断**

需要详细问诊犬主人，排查药物毒性或接触毒物引发的中毒性肝病。PCR排查犬焦虫病、犬腺病毒Ⅰ型、钩端螺旋体病（图11-1-10）及犬细小病毒病。根据血液生化、凝血功能及腹部超声（图11-1-11）、肝组织病理学和剖检等方法确诊。

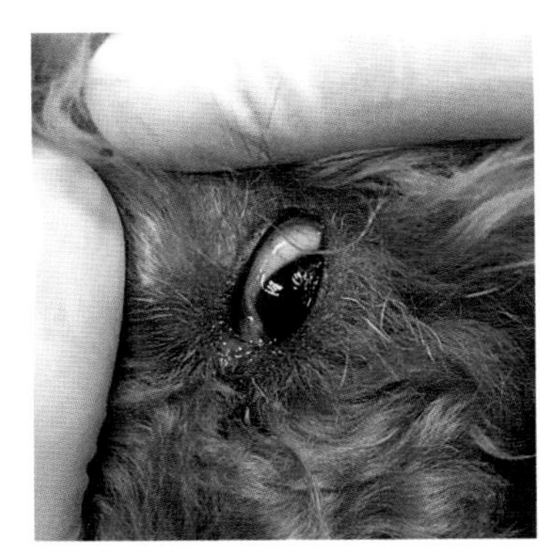

图 11-1-10　3岁泰迪犬钩端螺旋体感染出现黄疸（庞海东 供图）

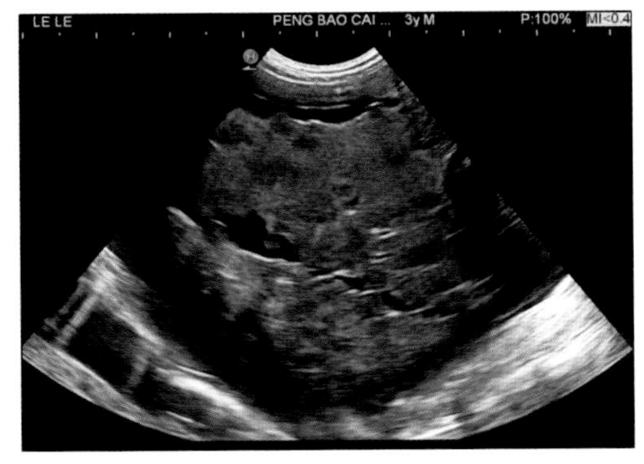


图 11-1-11　犬急性肝损伤，肝脏体积偏大，被膜膨胀，轮廓规则，回声不均、降低，伴肝脏周围软组织回声增强（庞海东 供图）

### （五）治疗

根据引发急性肝炎的原因，确定个体化治疗方案。常采用对症治疗和支持疗法。对于犬急性肝炎，中药治疗疗效显著（图11-1-12）。

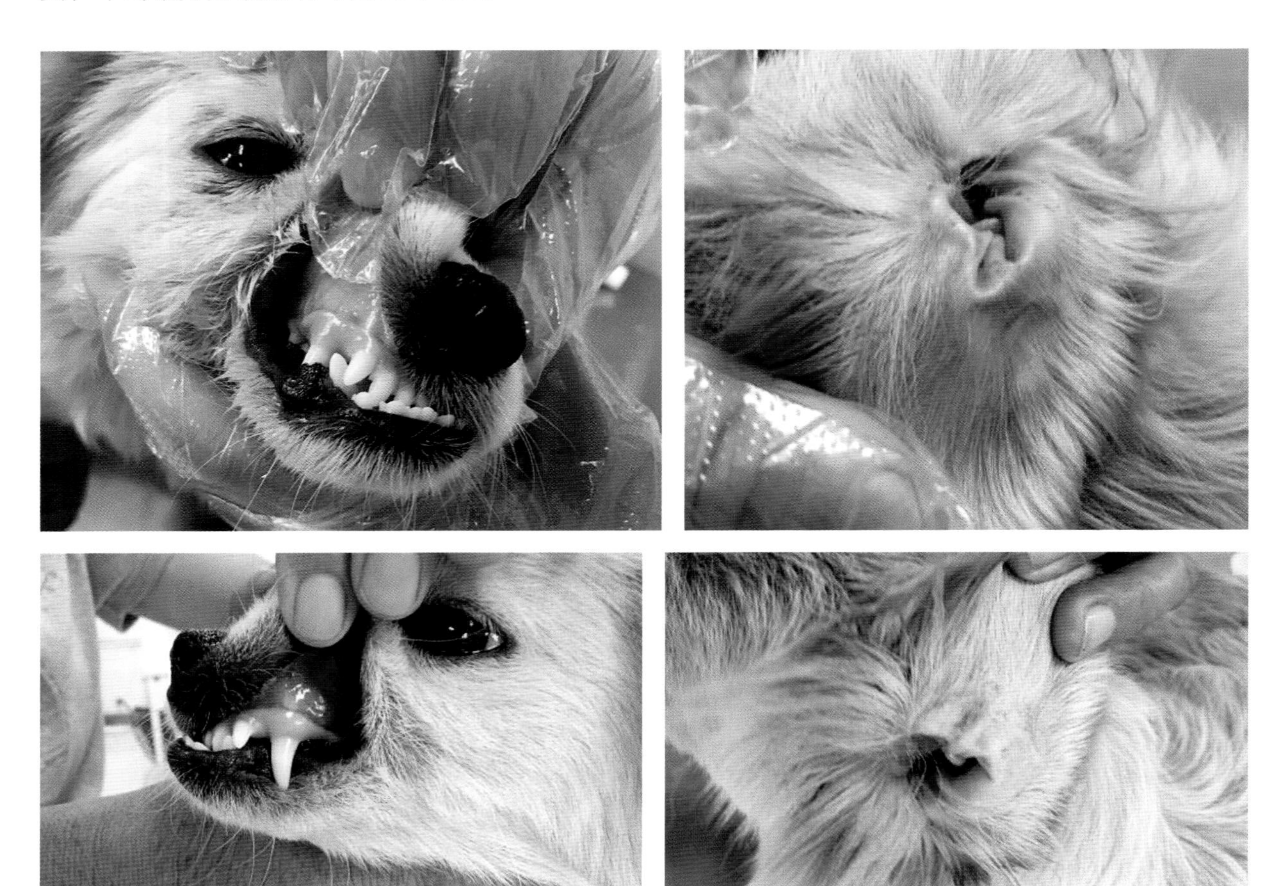

图 11-1-12　西医治疗 2 周效果不好，转中医治疗 1 周痊愈（庞海东　供图）

## 三、慢性肝炎

慢性肝炎是犬比较常见的肝病，临床病理特点以肝细胞变性、坏死、再生和纤维化为特征。

### （一）病因

多数情况病因不明，已知的病因包括药物因素（如大量使用糖皮质激素、抗真菌药）、传染病（如犬腺病毒Ⅰ型感染、钩端螺旋体感染）、其他原因（如自体免疫性疾病、寄生虫病）及品种倾向性（如贝灵顿梗、杜宾犬、可卡犬、大麦町、拉布拉多犬等易患慢性肝炎）。

### （二）临床症状

患病犬通常没有特异性体征，代偿性晚期表现消瘦，黏膜或皮肤黄染（图11-1-13），毛细血管再充盈时间延长（图11-1-14），呕吐或腹泻，嗜睡，食欲下降，腹水，腹围增大等。

### （三）诊断

1. 实验室检查

（1）红细胞。患有慢性肝炎的犬可能因为系统铁储备动员减少而引起非再生性贫血；如果伴有胃肠道出血，可出现再生性贫血。也可见脂蛋白含量改变引起的红细胞形态学异常。

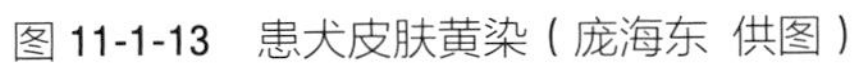

图 11-1-13　患犬皮肤黄染（庞海东 供图）

图 11-1-14　患犬巩膜黄染（庞海东 供图）

（2）凝血时间。因肝脏合成衰竭、维生素K缺乏、弥散性血管内凝血及血小板减少导致APTT、PT、BMBT、D-二聚体等凝血异常，提示肝细胞功能障碍、急性或慢性弥散性血管内凝血及肝外胆管阻塞等。

（3）血清学检查。PCR检测排除钩端螺旋体感染。

（4）生化检查。肝胆酶活性升高，血清ALT和AST与肝细胞损伤一致。不同程度的肝胆酶活性升高。评估慢性肝炎以测试空腹餐前12h血清总胆汁酸浓度、餐后2h血清总胆汁酸浓度和基础血浆氨浓度为佳。终末期慢性肝炎血清肝胆酶活性正常或轻度升高，也可提示严重的肝损伤（表11-1-1）。

**表 11-1-1　犬生化检查项目对肝功能的评估意义**

| 检测项目 | 评估意义 |
| --- | --- |
| 丙氨酸氨基转移酶、天门冬氨酸氨基转移酶 | 升高提示肝细胞病变，升高程度与肝细胞的病变数量成正比 |
| 碱性磷酸酶、γ－谷氨酰转移酶 | 升高，提示肝内或肝外胆汁淤积 |
| 血清白蛋白 | 下降，排除其他原因后，可能大于 80% 的肝脏丧失功能 |
| 血清尿素氮 | 下降，排除其他原因后，可能提示先天性门脉系统短路，严重的获得性慢性肝胆管疾病 |
| 血清总胆红素 | 升高，排除溶血并且血细胞压积正常，提示可能存在肝内或肝外胆汁淤积 |
| 血清胆固醇 | 升高，提示严重的胆汁淤积；降低，排除其他因素，提示先天性门静脉短路或严重的获得性慢性肝胆疾病 |
| 血清胆汁酸 | 禁食或刺激试验后升高提示肝细胞功能障碍、先天性门静脉短路、肝实质丧失 |
| 血氨 | 升高，提示先天性或获得性门静脉短路，或者急性干细胞功能障碍 |
| 血清葡萄糖 | 下降，排除其他原因后，提示严重的肝功能障碍、门静脉短路或原发性肝肿瘤 |

（5）胆囊穿刺。通过超声、腹腔镜引导或开腹手术进行胆囊穿刺（图11-1-15），取胆汁做细胞学检查，并进行需氧/厌氧细菌培养及药敏试验。排除细菌性胆囊炎。

2.影像学检查

慢性肝炎犬的肝脏形态变化复杂，腹部超声扫查可见肝脏回声均匀增加，门静脉边缘差异减

小，肝脏大小正常或缩小。腹水一般为漏出液或改性漏出液，外观清亮无色或清亮淡黄色（图11-1-16）。

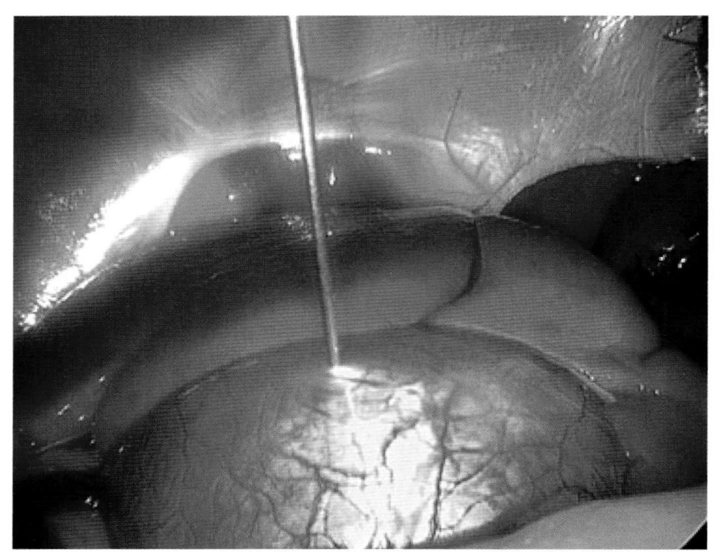

图 11-1-15 腹腔镜辅助胆囊穿刺术
（美国得克萨斯农工大学 Romy Heilmann 供图）

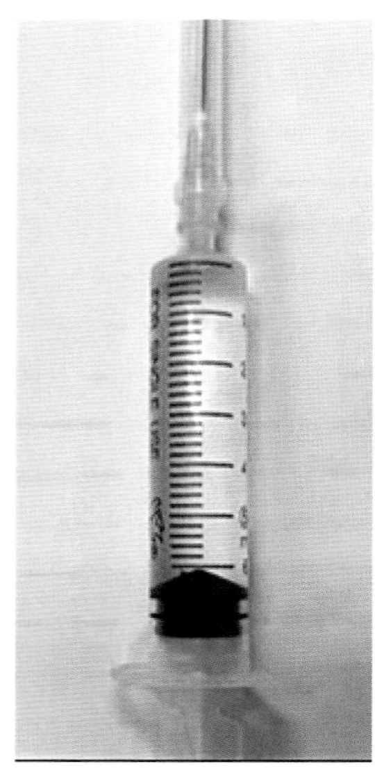

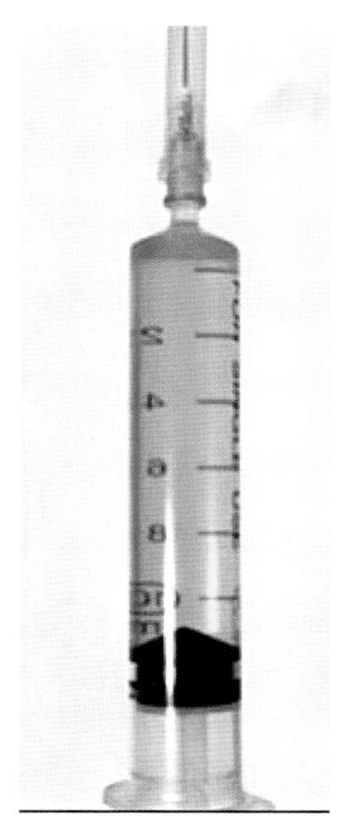

图 11-1-16 肝性腹水颜色一般为清亮无色或清亮淡黄色（董君艳 供图）

3.肝活组织检查

对犬慢性肝炎的确诊和预后判断意义重大。活检需获取多个样本，充分评估活检风险，尤其是凝血状态，如果存在严重的凝血功能障碍则禁止采集肝脏。

（1）经皮超声引导下穿刺活检。在镇静状态下使用自动、半自动或手动穿刺活检针，获得肝实质内孤立病变的肝组织，并根据犬的大小选择14~16口径的针，取3~6个组织标本。

（2）腹腔镜检查。全麻下用腹腔镜活检钳取肝组织（图11-1-17），并对相关器官结构进行大体评估，同时目测活检部位有无出血（图1-1-18）。该法能够直接用触诊探头或止血剂（如凝胶泡沫）控制出血。

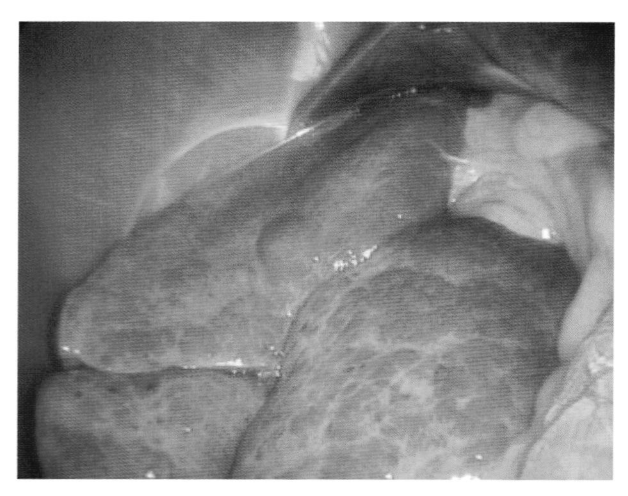

图 11-1-17 犬慢性肝炎和纤维化，肝组织结节样重塑
（美国得克萨斯农工大学 Romy Heilmann 供图）

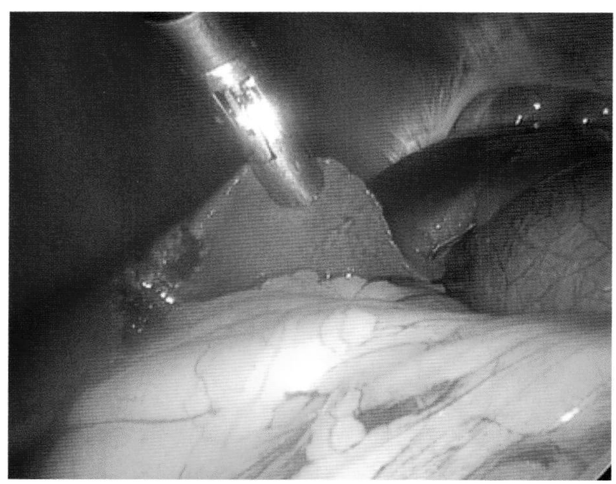

图 11-1-18 腹腔镜下肝脏活检后出血、凝血正常
（美国得克萨斯农工大学 Romy Heilmann 供图）

### （四）治疗

多数慢性肝炎的发病原因不清楚，需要根据临床症状及病理变化，采取积极的治疗方法（表11-1-2）。

（1）免疫抑制疗法。强的松或强的松龙是慢性肝炎犬最常用的免疫抑制药物。研究表明，它能延长生存期，改善肝脏组织学变化。

（2）抗氧化疗法。抗氧化制剂作为标准治疗的辅助，可以减少慢性肝炎犬的肝损伤及纤维化。

（3）抗纤维化疗法。该类药物可保护肝脏功能，缓解纤维化进程。

（4）食物控制。使用肝病处方食品或兽医营养师自制高质量蛋白质的食物，防止肝性脑病的发生。

（5）抗铜蓄积。对原发性或继发性铜蓄积症的病例，需要使用铜螯合剂；口服锌制剂可以在肠上皮细胞诱导金属硫蛋白的合成，使铜从粪便排出，使用过程要定期监测血清锌的浓度，防止锌中毒。

（6）中药。运用望、闻、问、切四诊合参的思路，坚持定期复诊，长期口服中药，可以大大提高慢性肝炎患犬的生活质量并延长生存期。

**表 11-1-2　犬慢性肝炎的相关用药**

| 药物名称 | 作用 | 使用剂量 |
| --- | --- | --- |
| 硫唑嘌呤 | 抗炎，免疫抑制 | 2mg/kg 口服 每天一次，服用 10～14d；之后每两天一次 |
| 环孢素 | 抗炎，免疫抑制 | 5～10mg/kg 口服 12h 一次 |
| 乳果糖 | 降低氨吸收 | 0.1～0.5ml/kg 口服 8～12h 一次 |
| 甲硝唑 | 抗炎，减少产氨细菌 | 8～10mg/kg 口服 12h 一次 |
| 来氟米特 | 抗纤维化，抗炎，免疫抑制 | 4～6mg/kg 口服 24h 一次 |
| 氯沙坦 | 抗纤维化 | 0.25～0.5mg/kg 口服 24h 一次 |
| 奥美拉唑 | 抑酸 | 1～2mg/kg 口服 12h 一次 |
| 硫糖铝 | 胃黏膜保护 | 0.5～1g 口服 8h 一次 |
| 青霉胺 | 抗氧化，铜螯合 | 10～15mg/kg 口服 12h 一次；餐前 30～60min 给药 |
| 强的松 / 强的松龙 | 抗纤维化，抗炎，免疫抑制 | 1～2mg/kg 口服每天一次，给药 2～3 周临床症状缓解后，逐渐减量到最低有效剂量 |
| 益生菌 | 替代产氨细菌 | 根据产品说明饲喂 |
| S- 腺苷甲硫氨酸 | 抗纤维化，抗炎 | 20mg/kg 口服每天一次 |
| 水飞蓟素 | 抗氧化 | 20～50mg/kg 口服每天一次 |
| 熊去氧胆酸 | 抗炎，抗氧化，利胆 | 10～15mg/kg 口服每天一次，或者将一天的剂量均分为一天两次 |
| 锌制剂 | 抗纤维化，抗氧化 | 10mg/kg 口服每天两次 |
| 维生素 E | 抗氧化 | 250～400IU/d 口服 |
| 维生素 K | 抗凝血 | 0.5～1.5mg/kg 皮下注射或者口服每天一次 |

### （五）预后

患慢性肝炎的犬预后各不相同，据报道，一般生存期为18~36个月，低白蛋白血症、低血糖、凝血时间延长、肝脏纤维化和腹水的患犬生存时间较短。早期诊断和干预对提高治疗效果很重要，肝功能失代偿期预后较差。

## 四、中毒性肝病

犬中毒性肝病是由于犬接触到环境内的毒素或某些治疗药物所致的急性或慢性肝损伤。

### （一）病因

引起犬肝损伤的药物包括对乙酰氨基酚、苯巴比妥、卡洛芬、酮康唑、阿司匹林、硫唑嘌呤等。环境中引起犬肝损伤的化学制品有砷化物、四氯化碳、氯化烃类、重金属、异烟肼、黄曲霉毒素等；植物中的毒素有毒蘑菇、蓝藻、苦楝树、苏铁棕榈种子等；其他还包括食物中毒、昆虫咬伤、毒蛇咬伤等。

### （二）发病特点

根据所服用药物或接触毒物的种类、剂量以及持续接触时间不同而异。急性病例发病急、呕吐为常见，临床症状及病理学特征与其他肝病相同。

### （三）临床症状和病理变化

病犬精神沉郁、嗜睡（图11-1-19）、食欲不振或废绝、黄疸、发热、肝性脑病、腹水、低血糖、呕吐、腹泻、低蛋白血症（图11-1-20至图11-1-22）等。

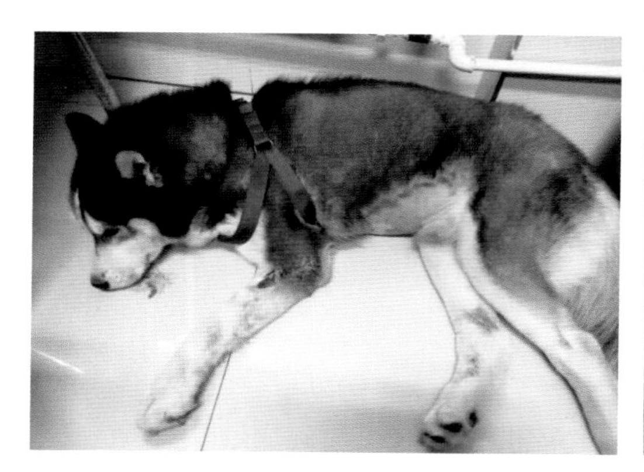

图11-1-19　6岁哈士奇犬食入过量非甾体类止疼药（庞海东　供图）

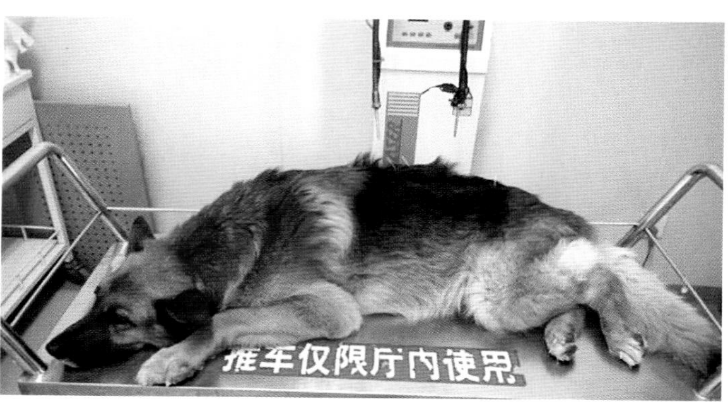


图11-1-20　腰椎病犬激素和非甾体类药止疼，出现呕吐和腹泻、消化道出血、凝血障碍、重度贫血、低蛋白、肝指标升高（庞海东　供图）

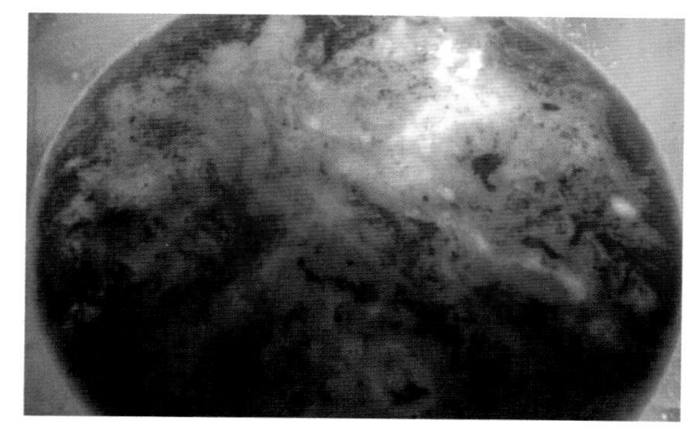

图11-1-21　犬消化道出血呕吐物（庞海东　供图）

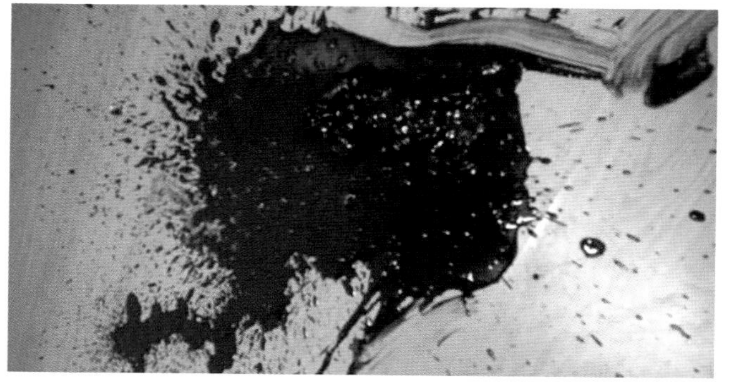

图11-1-22　犬上消化道出血呈现柏油便（庞海东　供图）

病理变化：根据接触药物或毒物的种类、剂量和接触时间不同，呈现轻度、中度至重度的肝细胞损伤。

（1）血清ALT、AST、ALP、胆红素可能升高，或出现凝血障碍、血小板减少（图11-1-23）。组织病理学显示肝小叶中心坏死或门静脉周围炎症，与其他肝病的特征相同。

（2）DR片少数病例在疾病发展后期可出现腹水（图11-1-24、图11-1-25）。

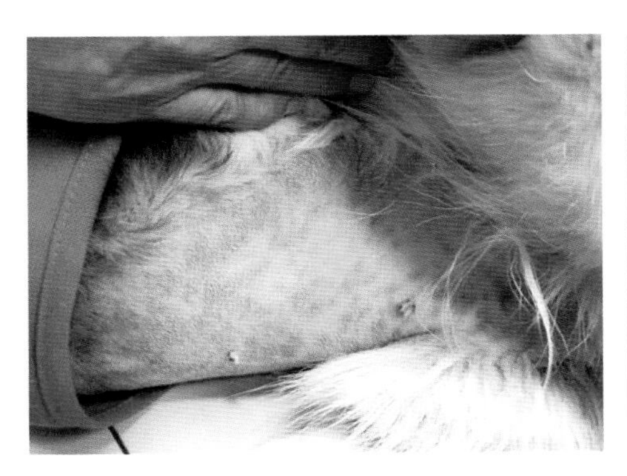

图11-1-23　患犬皮肤出血斑、血小板减少（庞海东 供图）

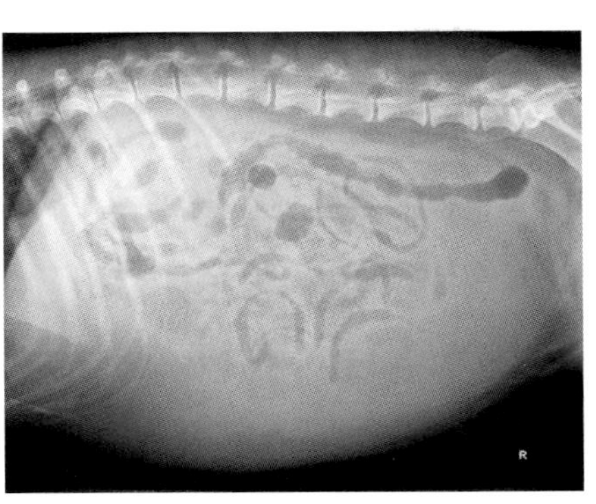

图11-1-24　患犬大量腹水（侧位）（庞海东 供图）

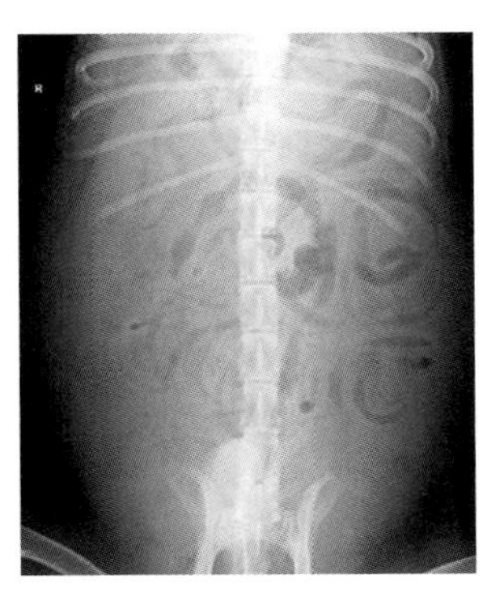

图11-1-25　患犬大量腹水（正位）（庞海东 供图）

**（四）诊断**

中毒性肝病临床症状与病理变化与其他肝病比较无明显特异性，所以详细问诊包括病史调查、生活环境、饮食情况等必不可少。根据以上情况，结合实验室检查、腹部超声等可最终确诊。

**（五）治疗**

高度怀疑中毒性肝病后，需要尽快查找中毒因素，并避免犬继续接触。少数毒物或药物有特异性的解毒剂，可以对抗中毒，其他治疗包括催吐、对症和支持疗法，所需使用药物见慢性肝炎列表。

**（六）预后**

与毒物种类、剂量和接触时间长短，以及犬个体的敏感性有关。大部分犬在停止用药或停止接触毒物后症状会有明显改善，部分犬引起严重的肝衰竭或慢性迁延性肝病则预后不良。

## 五、类固醇性肝病

犬长期接受皮质激素治疗或肾上腺皮质功能亢进等发生的特异性肝损伤，以肝细胞出现大的不规则空泡、局灶性坏死、肝内脂肪成分增多为特征，通常为良性的、可逆性的疾病。

**（一）病因**

类固醇类药物可有效缓解和治疗很多疾病，但犬对其敏感性较高。库兴氏综合征是内源性导致皮质醇水平升高的因素，其对肝脏的影响与外源性类固醇药物对肝脏的影响基本相同。

**（二）发病特点**

类固醇性肝病患犬的临床症状比较轻，停用类固醇药物或者减量后，大部分犬的症状能得到缓解。

**（三）临床症状与病理变化**

病患表现多饮多尿，腹围变大，掉毛，血管炎，食欲和体重增加（图11-1-26、图11-1-27）。

**（四）诊断**

1.实验室检查

（1）血常规。通常没有特异性改变；血清ALP、ALT、AST和GGT升高。长期使用类固醇治疗犬的血清有时出现乳糜现象（图11-1-28），胆固醇也会升高。

（2）肝脏组织活检。可见斑片状或弥漫性空泡肝细胞，特殊染色法评估时肝细胞含过量糖原。

（3）DR检查。可见腹部增大的肝脏（图11-1-29）。

（4）超声扫查。腹部可见肝脏轻至中度肿大，肝实质回声增强，后方衰减明显，脉管纹理不清，质地细腻，肝尖钝圆（图11-1-30、图11-1-31）。

2.诊断

通过病犬是否使用过或正在使用类固醇制剂以及充分的病史调查，结合生化及ACTH检测结果，排除库欣氏综合征后可以确诊。

### （五）治疗

大部分患犬停用类固醇制剂，肝病体征可以逆转。如服用类固醇剂量较高或时间较长，恢复时

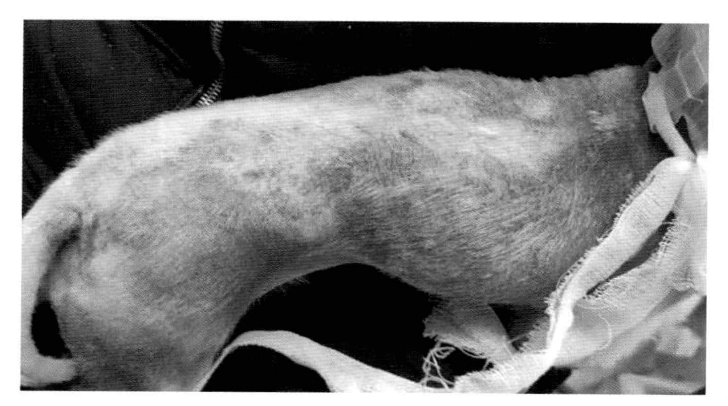

图11-1-26　长期使用类固醇药物的犬掉毛，皮肤脆性增加（庞海东　供图）

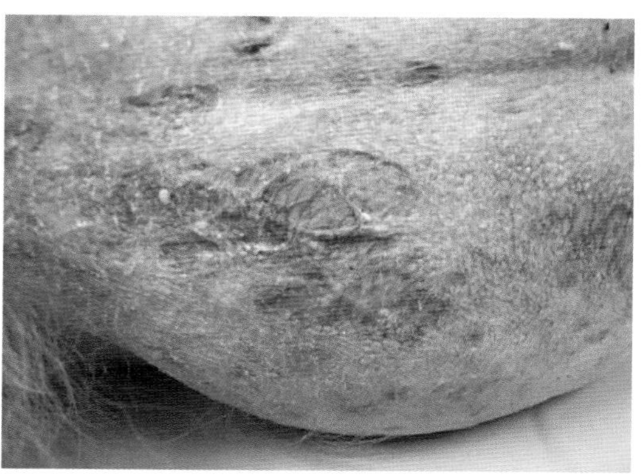

图11-1-27　犬长期使用派瑞松软膏，形成血管炎，皮肤菲薄（董君艳　供图）

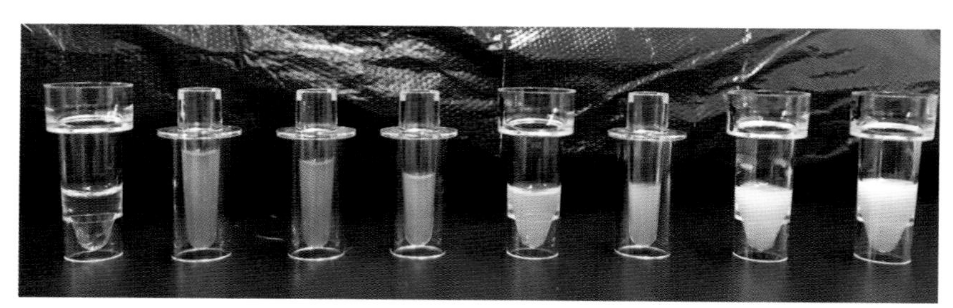

图11-1-28　犬正常血清—轻度乳糜血清—重度乳糜血清（庞海东　供图）

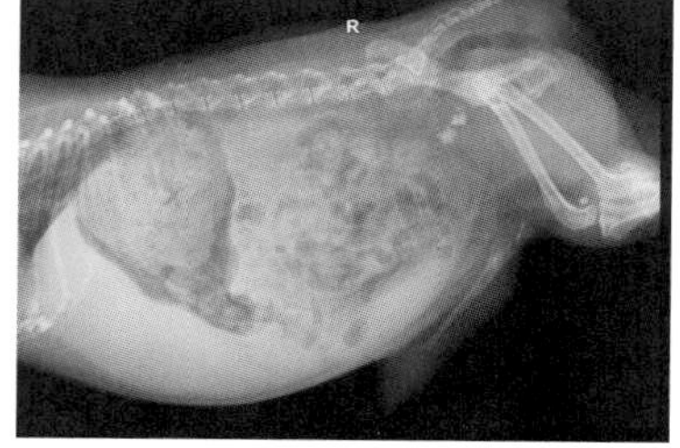


图11-1-29　犬明显增大的肝脏（此犬还有膀胱结石）（庞海东　供图）

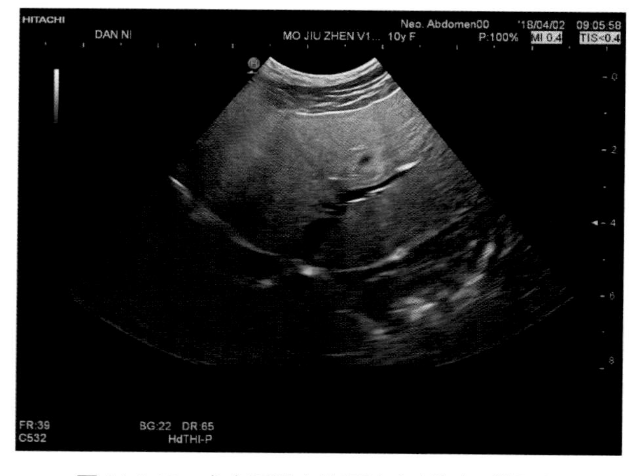


图11-1-30　犬广泛增大的肝脏（庞海东　供图）

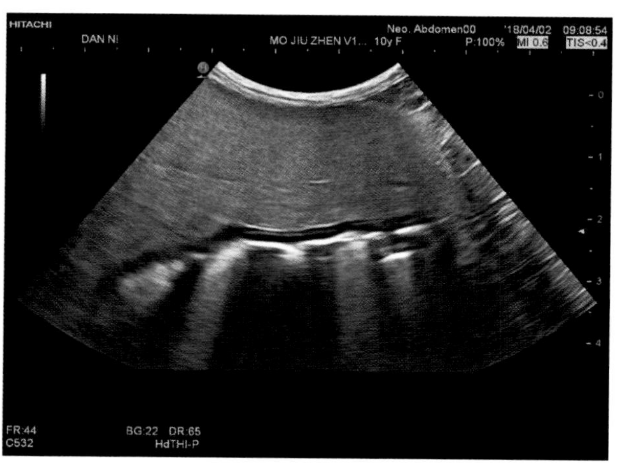


图11-1-31　犬肝尖钝圆（庞海东　供图）

间则延长。为减轻类固醇类药物对肝脏的影响可逐渐停药或降至最低有效剂量，同时使用S-腺苷甲硫氨酸、水飞蓟素、维生素E、熊去氧胆酸等，对该病有良好的治疗效果。因库兴氏综合征病犬使用曲洛斯坦能抑制内源性激素的过度合成，或某些依赖类固醇类药物治疗的疾病可以考虑使用中药制剂，能大大降低类固醇类药物的剂量。在骨关节炎、颈椎病、腰椎病治疗中，利用整合医学，采用安全有效的针灸、激光、中药、水疗和按摩等方法，缓解和治疗的效果远好于类固醇类药物，且无明显副作用。

## 六、脂肪肝

犬脂肪肝是指各种原因引起肝细胞内脂肪沉积过多，使肝被膜膨胀、肝韧带牵拉而导致肝脏的病理性改变，它并非一种独立的疾病。

### （一）病因

正常肝脏脂肪含量低，能将中性脂肪转换成磷脂，经血液进入机体其他部位，如果中性脂肪转运障碍，贮积在肝细胞内，组织内的脂肪会被动员到肝脏，使肝内脂肪蓄积过多，损伤肝细胞而发生脂肪肝。

### （二）临床症状

患犬精神沉郁，食欲不振，流涎、间歇性呕吐，可视黏膜黄染（图11-1-32、图11-1-33）。触诊右前腹疼痛，粪便恶臭、附油性黏液等。

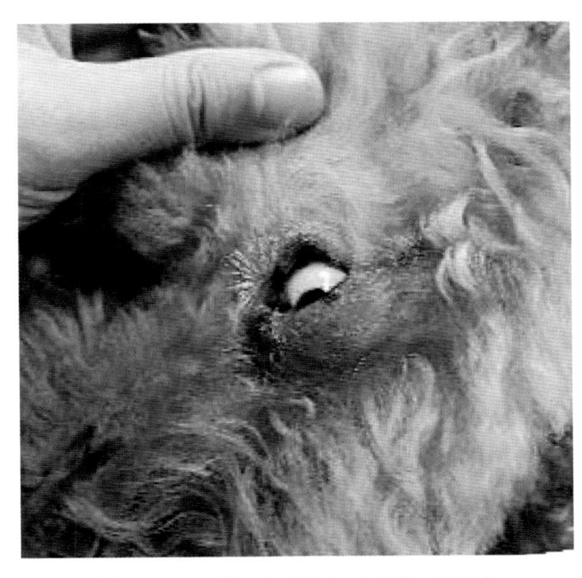

图11-1-32　患犬结膜黄染（张润　供图）

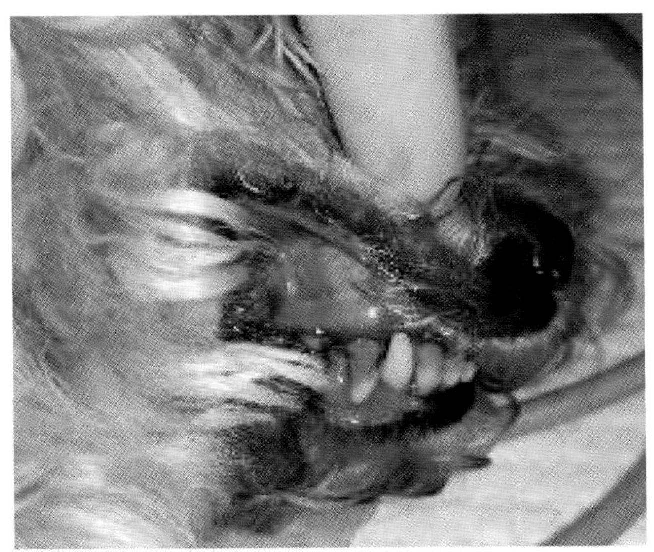

图11-1-33　患犬口腔黏膜黄染（张润　供图）

### （三）诊断

1.临床检查

（1）血液生化检查。血清胆汁酸升高，胆红素升高或正常，血清ALT和ALP可能升高。

（2）影像学检查。B超搜查显示无局灶性结构的肝弥漫性高回声，肝内血管壁回声减弱或不清（图11-1-34），胆汁郁滞（图11-1-35），肝表面凹凸不平。DR片可见肝脏肿大（图11-1-36）。

（3）剖检。可见肝组织色泽变黄，胆囊水肿（图11-1-37）。

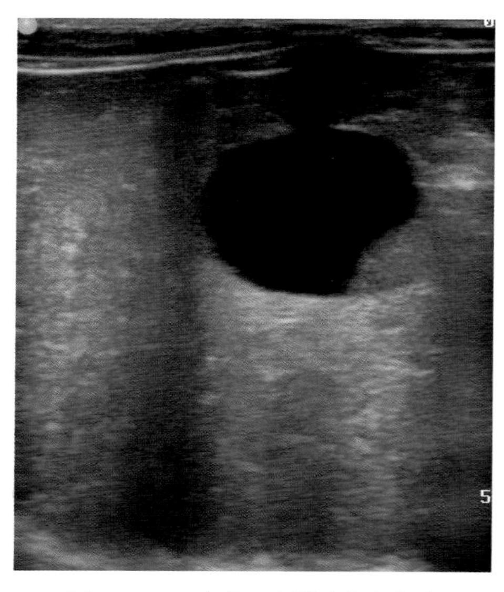


图 11-1-34　患犬肝血管清晰度衰减（张润　供图）

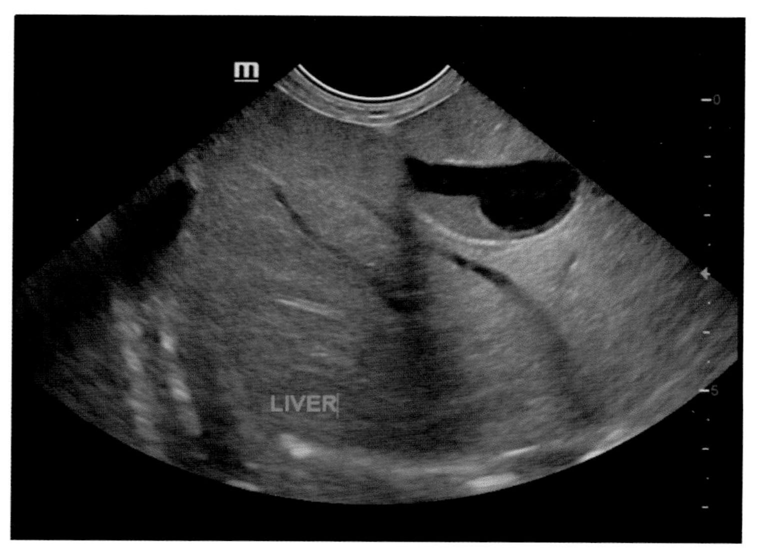


图 11-1-35　患犬胆汁郁滞（张润　供图）

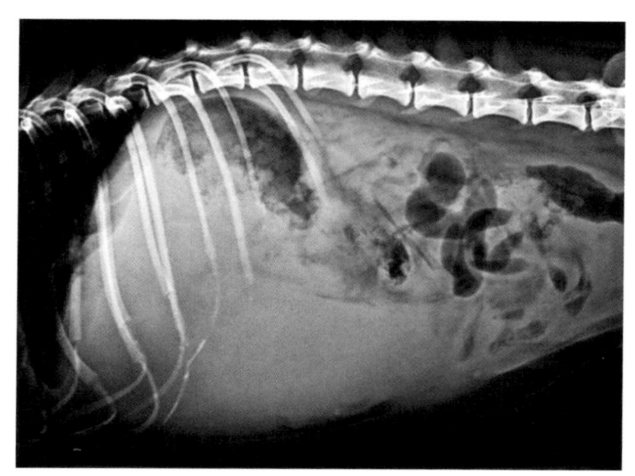

图 11-1-36　患犬肿大的肝脏边界后移（张润　供图）

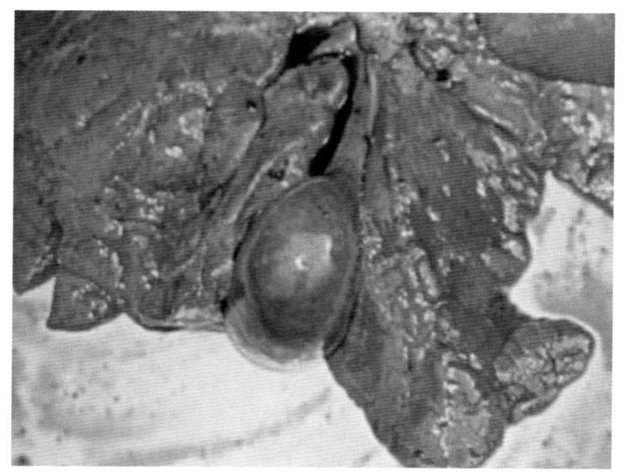

图 11-1-37　患犬肝脏色泽黄、胆囊水肿（董君艳　供图）

（4）腹腔镜检查。可见沉积的脂肪和肿大的胆囊。

（5）肝组织触片染色。可见着染的颗粒状中性脂肪。

2. 诊断

根据病史、临床病理及超声结果进行评估。也可以考虑进行细胞学检查，最终确诊需要依靠组织学检查。

### （四）治疗

以降脂、保肝及对症和支持疗法为原则。

（1）血脂康胶囊 1 粒 /10kg，2 次 / 日，餐后口服。肝泰乐 2mg/10kg，口服，2 次 / 日。

（2）止吐宁（马罗匹坦）1mg/kg/ 日，皮下；西沙必利适于食道反流、食管炎、胃肠蠕动不足的慢性便秘患犬，0.5mg/kg，口服，1 次 / 日；抑制胃酸使用奥美拉唑或兰索拉唑等。

（3）苦黄、茵栀黄有护肝、降酶、退黄作用。

## 七、肝脓肿

犬肝脓肿是犬腹部细菌感染形成败血性栓塞的结果，幼龄犬常继发于脐静脉炎，成年犬继发于胰腺或肝胆系统炎症。此外，糖尿病、肾上腺皮质机能亢进症等病犬较易发，该病常见于8岁以上老龄犬。

### （一）病因

因化脓菌感染使肝脏形成化脓性病灶，脓肿单在或散在，大小不等。经门脉侵入可导致肝内化脓；经胆道侵入则引起肝内细胆管炎。

### （二）临床症状

不具备特征性，主要取决于潜在病因。常表现发热、厌食、呕吐、腹痛、黄疸、嗜睡及血清呈黄色等（图11-1-38、图11-1-39）。

图 11-1-38　患犬皮肤黄染（张润　供图）

图 11-1-39　患犬血清黄色
（张润　供图）

### （三）诊断

呈非特异性改变。

1.血液学检查

嗜中性白细胞增加，核左移。血清ALP、ALT升高。

2.影像学检查

大型脓肿腹部X射线可见肝脏实质区域存在不规则肝肿大、肿物或气体不透明区域，小型脓肿腹部CT增强下无明显血供（图11-1-40）。B超扫查可见一个或多个低回声或无回声区，周围伴高回声边界（图11-1-41）。

3.剖检

可见脓肿及脓液（图11-1-42、图11-1-43）。

4.诊断

结合临床症状，主要依赖影像学检查作出诊断。如果肝脏实质存在多个肿物，首先行细针抽吸

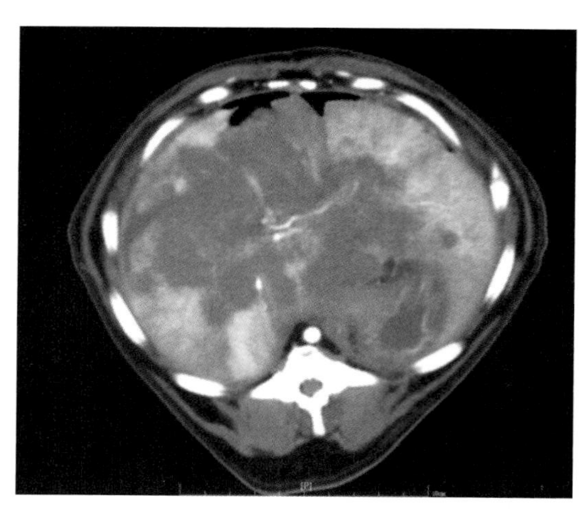

图 11-1-40　患犬肝脏多个低回声结节 CT 增强下无明显血供（张润　供图）

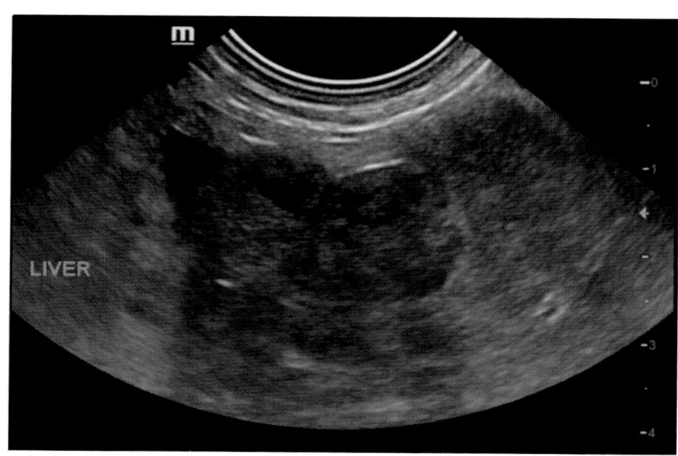


图 11-1-41　患犬肝区多个低回声或无回声结节 / 囊状结构（张润　供图）

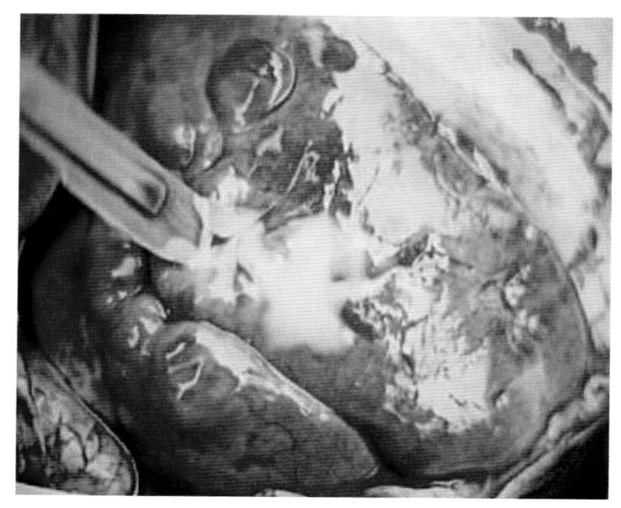

图 11-1-42　患犬肝脓肿病灶流出脓液（董君艳　供图）

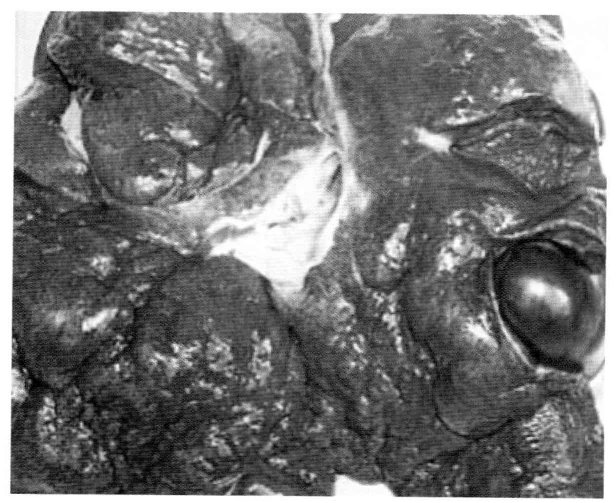

图 11-1-43　患犬肝脏实质表面灰白色区域（董君艳　供图）

进行细胞学检查，初步鉴别脓肿、结节性增生、肿瘤或肉芽肿。

### （四）治疗

保守疗法可在超声引导下穿刺排空脓液。如手术治疗或开腹探查应采集肿物进行细胞学、组织病理学以及细菌培养和药敏试验。联合用药恩诺沙星 2.5mg/kg，口服，每日 2 次；甲硝唑 10mg/kg，口服，每日 3 次。

## 八、肝血管瘤

肝血管瘤是犬较为常见的肝脏良性肿瘤，临床上多发生海绵状血管瘤，尚无恶性病变的可能。

### （一）病因

尚不清楚，主要有以下几种猜测。一是先天性肝血管发育异常引起血管内皮细胞异常增生，导致肝脏末梢血管畸形；二是性激素可能构成一种致病因素；三是毛细血管组织感染后导致毛细血管扩张，肝组织局部坏死，肝内区域性血液循环停滞，致使血管形成海绵状扩张。

**（二）临床症状**

取决于血管瘤大小和位置，3cm以上的血管瘤，偶见食欲不振、嗳气、食后胀饱等消化不良症状。如果膈面血管瘤且较大时，腹部触诊可触及囊性感、无压痛的包块，包块部位听诊偶能闻及有传导性的血管杂音。巨大血管瘤如压迫肝外胆道可见黄疸或胆囊积液。如肝血管瘤破裂出血则前腹部剧痛、出血和休克。

**（三）诊断**

1.临床检查

（1）B超扫查。可见高回声区，低回声者多呈网状结构，密度均匀，界限清晰。较大血管瘤切面呈分叶状，内部回声增强，可见网状或不规则结节状低回声区。

（2）增强CT检查。CT平扫肝实质内可见境界清晰的圆形或类圆形低密度病灶，少数为不规则形。

（3）MRI检查。MRI检查T1加权呈低信号，T2加权呈高信号，且强度均匀，边缘清晰，呈特异性“灯泡征”。

2.诊断

主要通过B超、CT、MRI等影像学检查确诊。

**（四）治疗**

血管瘤<3cm不必干预，血管瘤5～10cm可行血管瘤切除术、血管瘤缝扎术、肝动脉栓塞术或介入治疗等。对弥漫性肝血管瘤或无法切除的巨大血管瘤，有条件的可行肝移植。

## 九、犬肝门静脉短路

该病指门静脉与后腔静脉之间存在迂回肝脏的血管，使部分血液未经门静脉流入肝脏而直接流向后腔静脉的一种肝脏疾病，具有遗传性。犬的门体分流形式分为先天性和后天性两类。

**（一）病因**

先天性遗传或后天性肝慢性纤维化，使门脉系统血流阻力增大；肝内或肝外门静阻塞，使血液逆流，导致门脉高压。多发于1岁内的犬，无性别倾向。

**（二）发病特点**

先天性血管畸形，大型犬常见肝内短路，静脉导管未闭是肝内血管短路的常见类型；小型犬常见肝外血管短路，即肝外一条不正常血管连接。后天性血管短路是肝外许多条小血管分流。

**（三）临床症状**

病犬体形偏小，被毛粗乱，不能分辨方向，有攻击性，运动失调、痉挛、转圈或盲目活动、视力减退或消失，偶见呕吐、腹泻等胃肠道症状。

**（四）诊断**

1.临床病理

（1）血液检查。可见小红细胞、低白蛋白血症，血清ALP、ALT、胆汁酸、血氨等升高，低血糖、低胆固醇血症、BUN下降。

（2）B超扫查。可见迂回肝脏并流入腔静脉的短路血管，未见流入肝脏的门脉血管。因肝细胞得不到营养物质的滋养而呈现肝脏萎缩。

（3）CT检查。可见门静脉短路的血管（图11-1-44）通过3D重建更加清晰（图11-1-45）及放置窄缩环后的影像（图11-1-46至图11-1-49）。

2. 诊断

根据临床症状和影像学检查可以确诊。

## （五）治疗

先天性肝门脉短路通常采取闭锁短路的门脉血管进行矫正治疗（图11-1-50、图11-1-51），大多使用Ameroid缩环材料，使短路血管缓慢闭锁，防止门静脉压的急剧上升，术中监测门静脉压力。后天性肝门静脉短路多以保守疗法为主。

外科结扎术术前，先用药物控制肝性脑病症状，乳果糖口服或灌肠，静脉输注L-鸟氨酸和门冬氨酸鸟氨酸，改善肝性脑病。术后需要持续治疗一个月。同时一段时间内给予优质植物蛋白饮食。

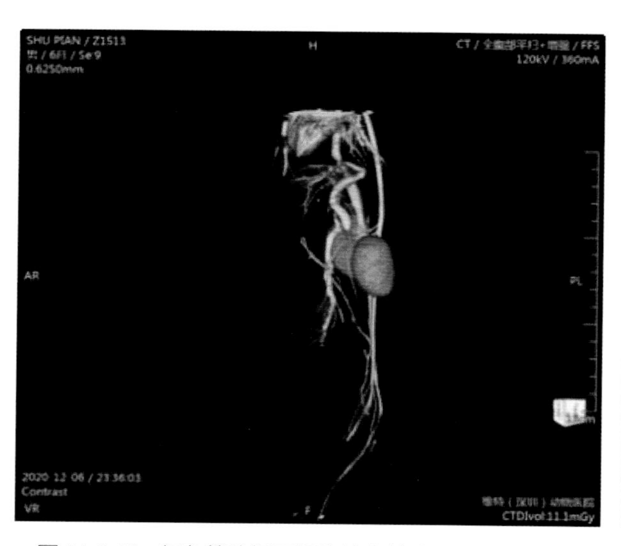


图 11-1-44　红色箭头标示短路的血管（王跃军　供图）

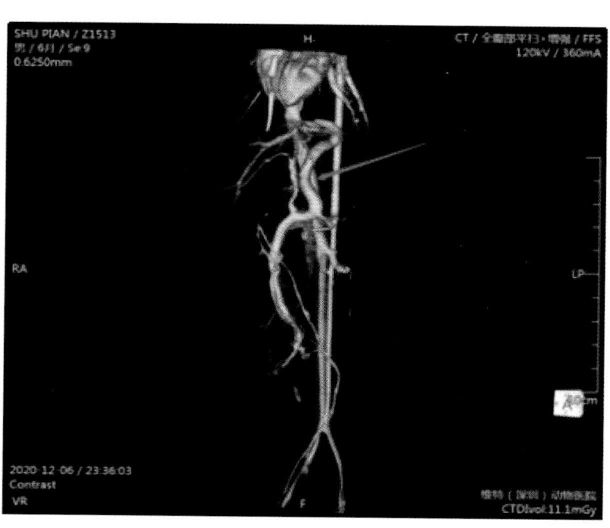


图 11-1-45　红色箭头标示短路的血管（王跃军　供图）

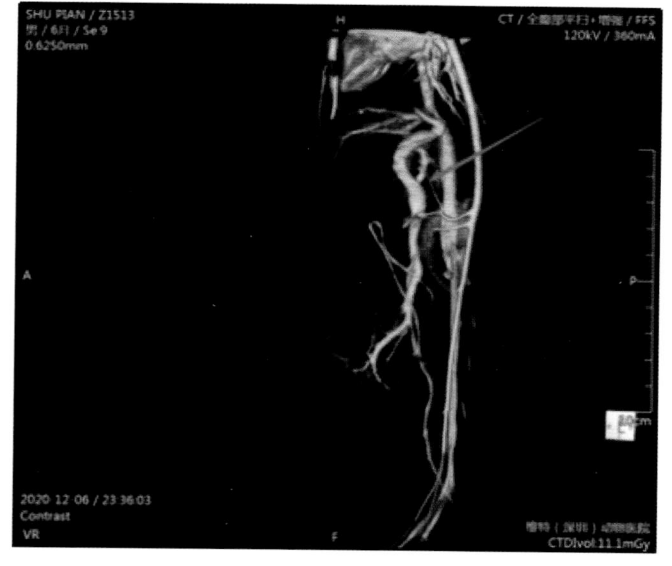


图 11-1-46　红色箭头标示短路的血管（王跃军　供图）

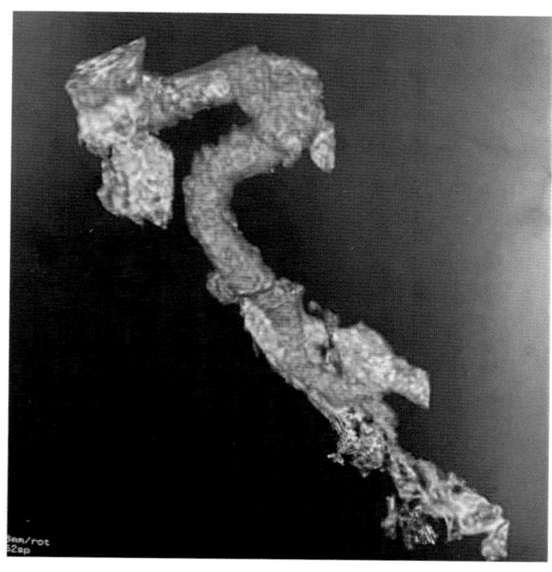

图 11-1-47　3D 重建的血管，弯曲段为分流血管（王跃军　供图）

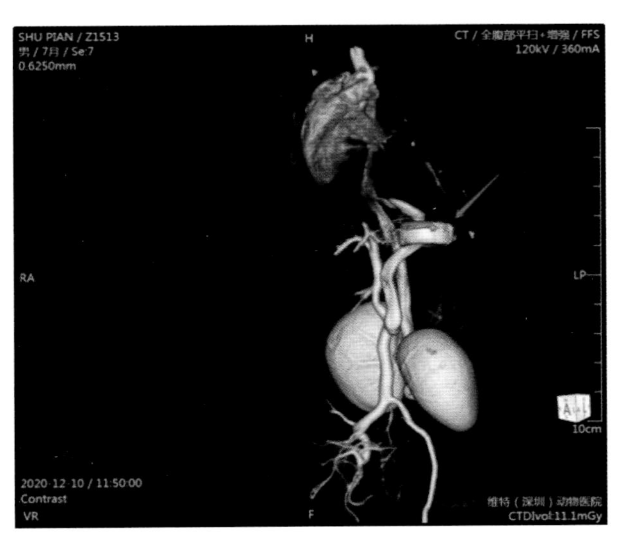


图 11-1-48　放置窄缩环术后的 CT 影像（王跃军 供图）

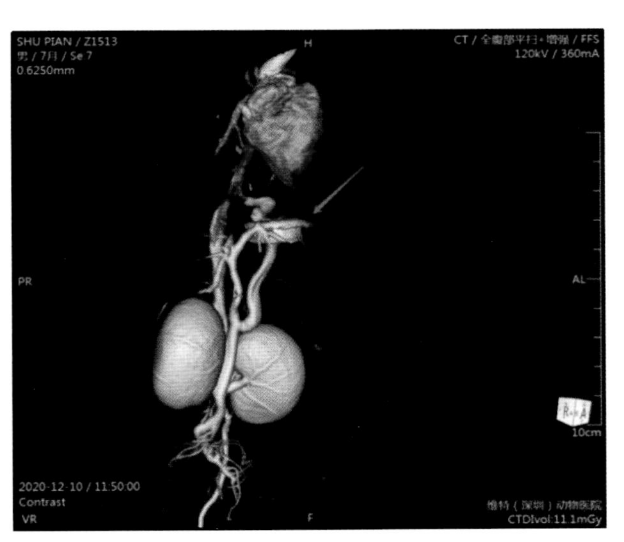


图 11-1-49　放置窄缩环术后的 CT 影像（王跃军 供图）

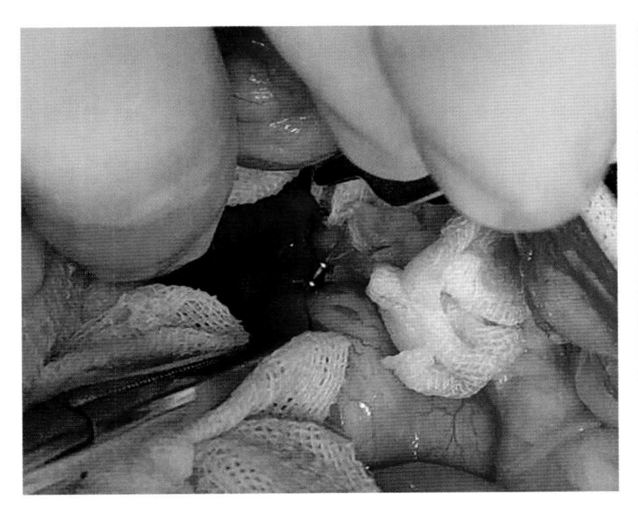

图 11-1-50　找到分流的血管（王跃军 供图）

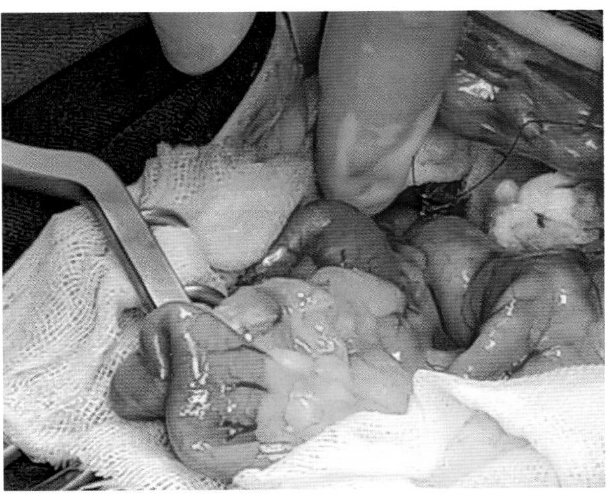

图 11-1-51　完成血管结扎（王跃军 供图）

# 第二节　肝脏疾病并发症

## 一、肝硬化

犬肝硬化是临床常见的慢性进行性肝病，早期无明显症状，后期因肝功能受损加剧、门脉高压而表现多系统受累，晚期出现上消化道出血、肝性脑病、脾功能亢进等并发症。

### （一）病因

肝硬化是由一种或多种致病因素长期或反复作用形成的弥漫性肝损害。按病因学可将其分为坏死后性肝硬化、门脉性肝硬化、胆汁性肝硬化、心源性肝硬化和非特异性肝硬化5类，临床多见坏

死后性和门脉性肝硬化。

### （二）发病特点

坏死后肝硬化是广泛性肝细胞坏死、切面多汁（图11-2-1），因结缔组织增生肝小叶的纤维支架遭到破坏，再生的肝细胞形成不规则的肝细胞团，如黄曲霉中毒（图11-2-2、图11-2-3）。门脉性肝硬化以间质的慢性炎症为特征，肝纤维鞘伸出的纤维包围肝小叶，将残存的肝小叶重新分割形成假小叶（结节性变，图11-2-4），如病毒性肝炎后肝坏死（图11-2-5）。

### （三）临床症状

病犬可视黏膜黄染，运动不耐受，腹水，肝、脾轻度肿大及黄疸（图11-2-6至图11-2-9）；失代偿期食欲减退、消瘦、腹胀、齿龈出血，腹腔积液，门脉高压，脾肿大，食管——胃底及腹壁静脉曲张。

### （四）诊断

1.临床检查

（1）血液学检查。白细胞、血小板减少，血红蛋白降低，血清AST高于ALT，胆红素升高，失代偿期血清蛋白降低，球蛋白升高，A/G倒置，血氨升高，凝血酶原时间延长。

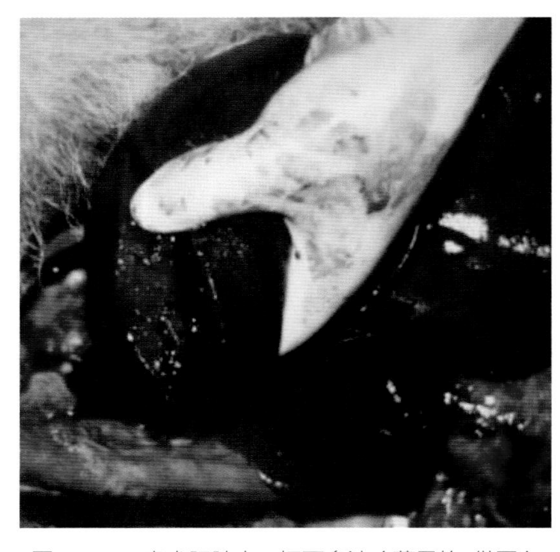

图11-2-1　患犬肝肿大，切面多汁（董君艳　供图）

图11-2-2　患犬排黑褐色血性便（董君艳　供图）

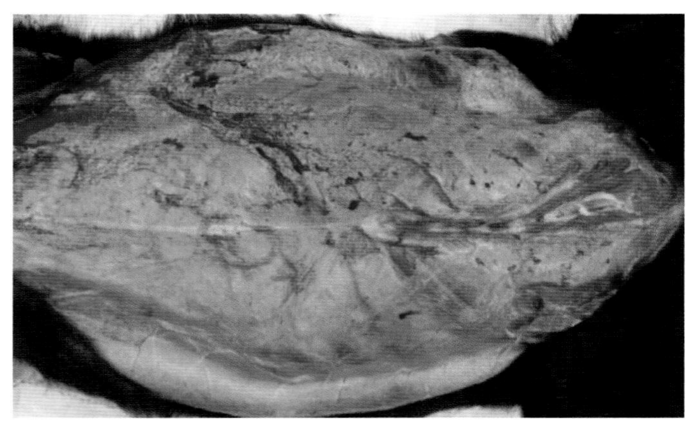

图11-2-3　患犬皮下黄染（董君艳　供图）

图11-2-4　患犬结节性肝硬化（董君艳　供图）

（2）影像学检查。

①DR检查：食管-胃底钡剂造影可见食管-胃底静脉出现虫蚀样或蚯蚓样静脉曲张。

②胃镜检查：观察食道、胃底静脉有无曲张（图11-2-10），确定食管-胃底静脉曲张程度及评估门脉高压出血的风险性，急诊胃镜尚可判明出血部位及腔镜止血（图11-2-11）。

③B超检查：肝实质回声增强，粗糙不匀（图11-2-12），门静脉直径增宽（图11-2-13），腹腔内游动性液性暗区（图11-2-14）。

（3）CT检查。肝脏各叶比例失常，密度降低，呈结节样改变，肝门增宽、腹腔积液。

2.组织学变化

弥漫性肝细胞变性、坏死、纤维组织增生，正常

图 11-2-5　患犬病毒性肝炎后肝坏死（董君艳 供图）

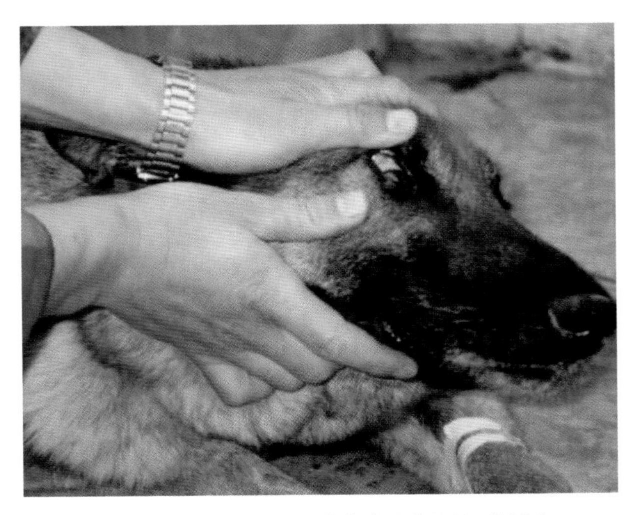

图 11-2-6　患犬可视黏膜黄染（董君艳 供图）

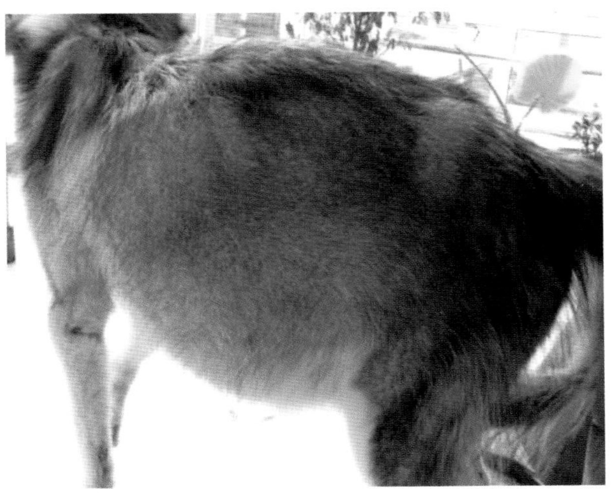

图 11-2-7　患犬腹围增大，腹腔积液（董君艳 供图）

图 11-2-8　患犬初期肝肿大（董君艳 供图）

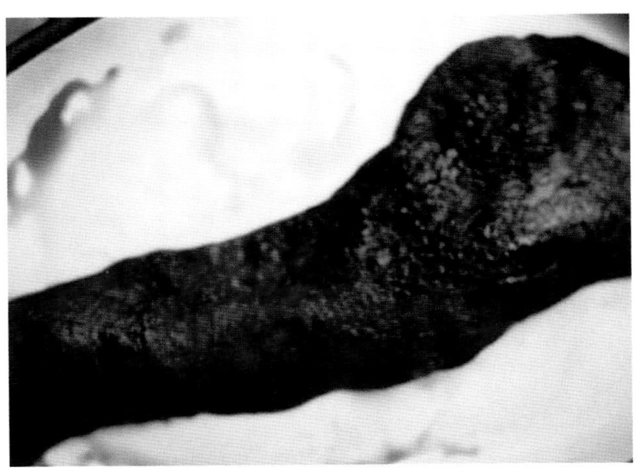

图 11-2-9　患犬脾脏肿大（董君艳 供图）

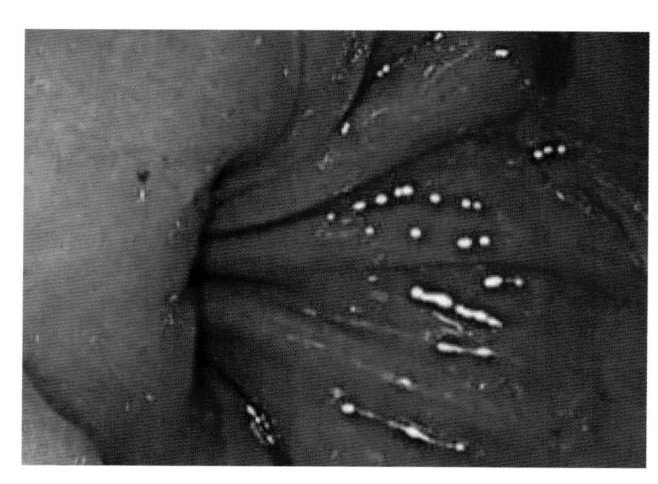

图 11-2-10　患犬胃镜下的食道黏膜

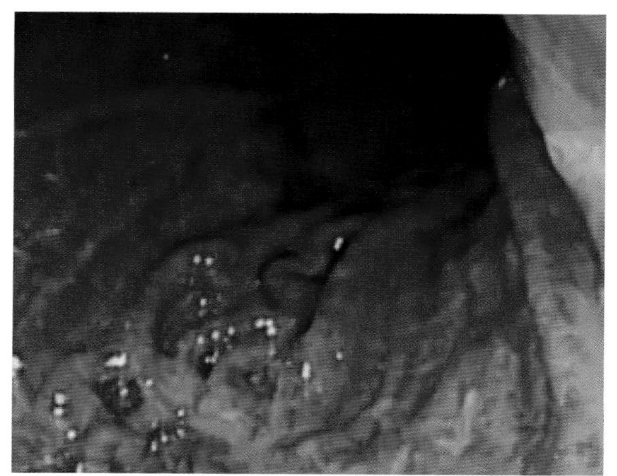

图 11-2-11　患犬胃底出现葡萄串样变

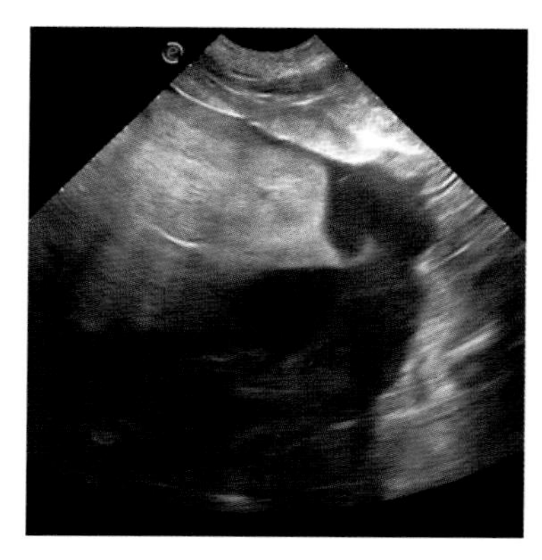

图 11-2-12　患犬肝包膜呈锯齿状，肝实质强回声光斑（董君艳 供图）

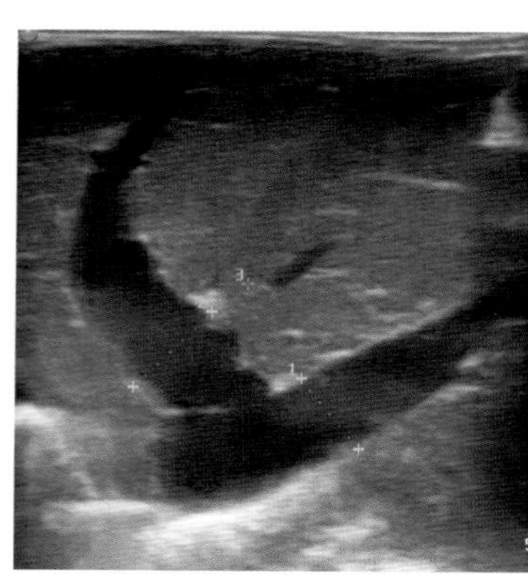

图 11-2-13　患犬门静脉扩张（董君艳 供图）

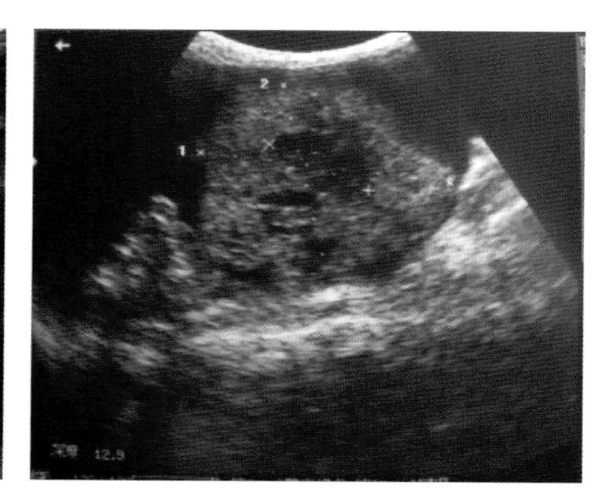

图 11-2-14　患犬腹腔积液并占位性变（董君艳 供图）

肝小叶结构被假小叶所代替，汇管区因结缔组织增生而增宽，程度不等的炎症细胞浸润，并有小胆管样结构。

3. 诊断

根据既往病史、临床示病性及检查结果予以诊断。

**（五）治疗**

治疗原则：保肝利尿，降低转氨酶，消除黄疸，双向调节机体免疫力。

（1）西药。促肝细胞生长因子0.5~1mL/kg，静脉或皮下注射，每天1次，连用3~5d。莫瑞加能增强肝细胞修复和再生能力，0.5片/4kg以下，1片/4~10kg，2片/10kg以上，口服。易善复能恢复肝酶生理活性，促进肝组织再生，1片/10kg，每日3次，随餐同服。

（2）中药。茵栀黄0.5mL/kg，10%葡萄糖稀释后滴注。救黄片1片/10kg，口服，1~2次/日，连用10~15d。肝肾康1mL/kg口服，每天2次。

（3）针灸。阳黄取至阳、太冲、胆俞、阳陵泉穴，施泻法；阴黄取脾俞、胆俞、后三里、三阴交穴，施平补平泻法。

（4）食疗。肝硬化时给予低蛋白、高碳水化合物和富含维生素的食物。民间验方有服5%香瓜蒂浸出液0.5~2mL，餐后服之，连用5d；或玉米须煮水饮汁，清热利湿。

## 二、上消化道出血

上消化道出血是肝硬化病犬死亡率较高的一种并发症，常因进食较硬的食物或应激、运动过量时损伤了食道和胃底曲张的静脉而造成出血。

### （一）病因

食管、胃底静脉曲张破裂；或因腹水食管后端括约肌功能减弱而发生反流性食管炎；或因胃酸、内毒素血症、感染等因素引发消化性溃疡；或凝血机制障碍等均可导致犬上消化道出血。

### （二）发病特点

肝小叶破坏重建时新生毛细血管导致动静脉短路，压力高的动脉血进入门静脉；肝硬化时肝内纤维组织增生，压迫门静脉分支或肝动脉-门静脉间形成异常吻合支，使动脉血流入门静脉而引起门脉高压，导致食道、胃底、直肠静脉曲张，血管壁脆性增加，凝血障碍，进而出现呕血和便血。

### （三）临床症状

上消化道出血属于急症，取决于出血的量与速度，出血量少者大便发黑，出血量较大者呕血（图 11-2-15）。如出血速度较快且量又比较多，出现血压下降、心率增快，甚至休克、诱发肝性脑病或死亡（图 11-2-16 至图 11-2-18）。

图 11-2-15　患犬呕出大量鲜血（董君艳 供图）

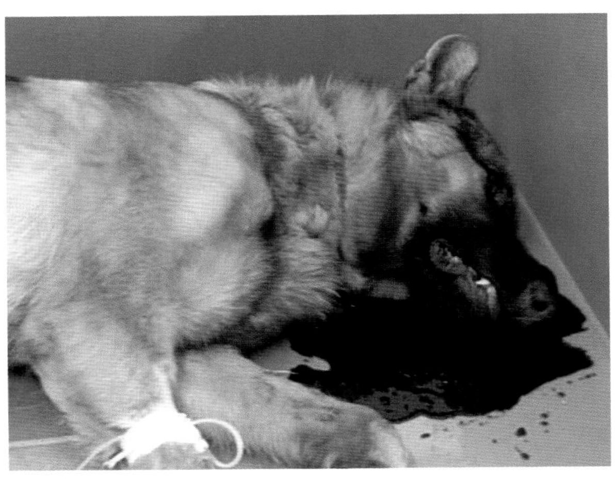

图 11-2-16　患犬呕出黑褐色血性液（董君艳 供图）

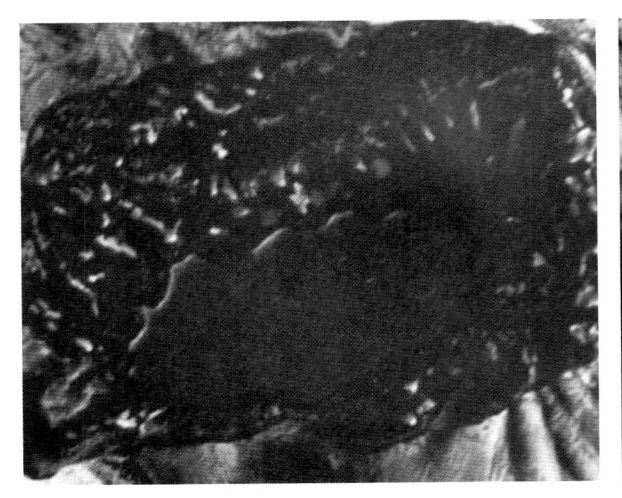

图 11-2-17　患犬胃内陈旧性血液（董君艳 供图）

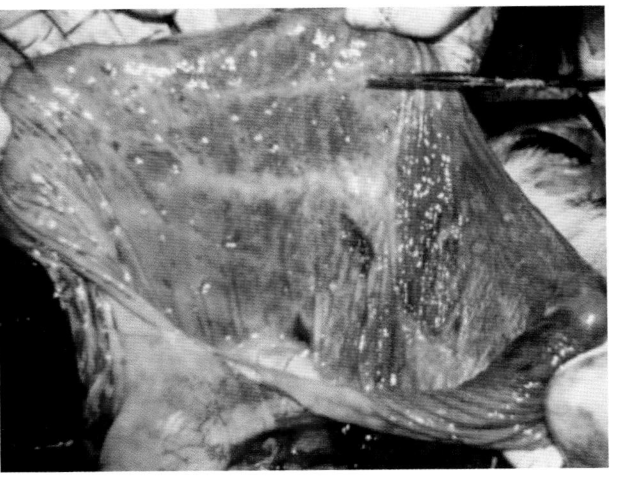

图 11-2-18　患犬胃黏膜出血、溃疡（董君艳 供图）

## （四）诊断

1.临床检查

（1）血液学检查。血常规见红细胞数、血红蛋白、红细胞压积、血小板降低，血清肝酶升高，白球比值倒置，血氨、尿素氮升高，血氧、血压降低。

（2）胃镜检查。全麻下胃镜探查出血部位，预判病性。

（3）B超检查。扫查可见腹腔积液、肝脏纤维化病变及门静脉直径增宽影像（图11-2-19、图11-2-20）。通常成年大、中型犬门静脉主干内径大于1.0cm视为门脉高压，此时门脉及其属支内径随呼吸变化的幅度减弱或消失。

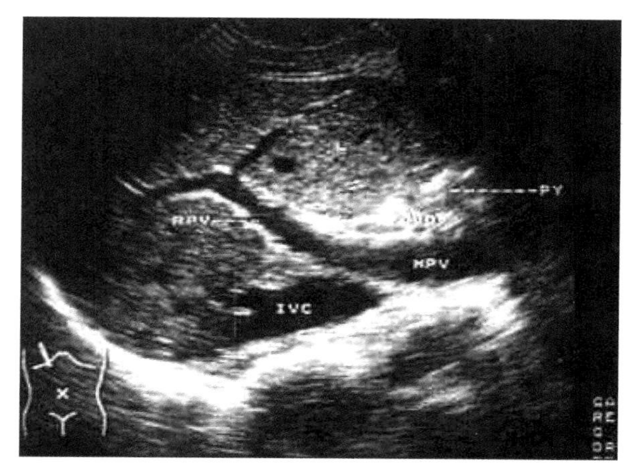


图 11-2-19　B 超可见患犬门静脉和后腔静脉分布（董君艳 供图）

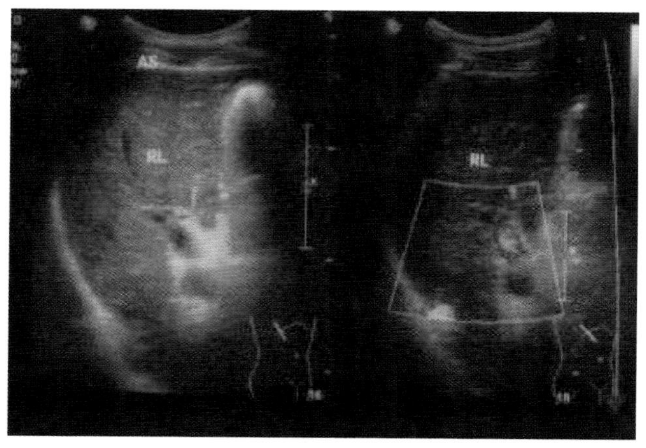


图 11-2-20　B 超可见患犬肝门静脉主干内径约 0.9cm（董君艳 供图）

2.胶囊内镜检查

令犬将一个带有密封塑胶外壳的胶囊（胶囊内镜）吞下（图11-2-21），将采集的传输图像下载到工作站进行分析。

图 11-2-21　胶囊内镜（董君艳 供图）

3.诊断

排除胃溃疡所致，根据肝硬化病史，结合临床发病特点及胃镜探查结果作出诊断。

## （五）治疗

（1）西药。肝源性消化性溃疡伴出血者用质子泵抑制剂奥美拉唑类，可靶向减少胃酸分泌。如肝硬化伴上消化道出血者，首选施他宁减少内脏血流或奥曲肽防止血管活性激素的分泌，以降低门脉压。小血管出血且限于便血，可考虑药物止血，如果呕血且出血量较多，药物止血治标不治本，此项措施难以控制，必须堵住曲张静脉的血液供应。

（2）三腔二囊管压迫术。用三腔二囊管（图11-2-22）在患犬镇静或麻醉下从鼻腔下管至幽门处即能抽出胃内容物，然后先向胃气囊充气，使之充分压于胃底部。如未能止住血再向食管囊内注入空气以压迫食管后段的曲张静脉。定时抽吸胃管判断是否继续出血。保证气囊内压力充足，并定时对两个气囊放气、充气。出血停止24h后拔出三腔二囊管。

（3）套扎术。将带有套扎器的胃镜缓慢插入食管对准曲张静脉，负压吸引静脉成小球形，顺时针转动套扎器旋柄，使硅胶圈脱出扎住静脉根部，被套扎的静脉呈紫色球状物无出血。套扎顺序自食管后端呈螺旋式自后向前逐一套扎。适于浅表血管，并发症少，但套扎后的血管偶有松脱，复发率较高。

（4）硬化剂治疗。胃镜探查出血部位，一并将硬化剂聚桂醇或鱼肝油酸钠注入。硬化剂注入分血管内、外及内外三种，反复注入易形成多处瘢痕组织，平滑肌组织弹性减弱。内镜治疗主要处理黏膜下表层血管，对食管、胃底周围静脉、肌层的穿支静脉难以完全栓塞，复发率高。

（5）支架置入术。先行门脉造影，测量门脉管径和狭窄段管径与长度，选择适合的支架，经颈静脉行肝内门体分流介入新技术，将支架放置于狭窄处（图 11-2-23）。以缓解门脉高压。在肝静脉和门静脉间放置一个支架，产生肝内分流。

（6）中药。龙胆泻肝汤可降逆止血；泄心汤有清胃泻火、化瘀止血的作用。

（7）针灸或按摩。在隐白、神门、后三里、关元、合谷、胃俞穴等穴针灸或按摩，可以使病情得到控制。

（8）食疗。急性出血禁食禁水，出血减少后可予流质或无渣食物。病情稳定后以湿粮为主，避免颗粒饲料、骨头及硬质食物，以防划伤消化道血管造成新的出血。

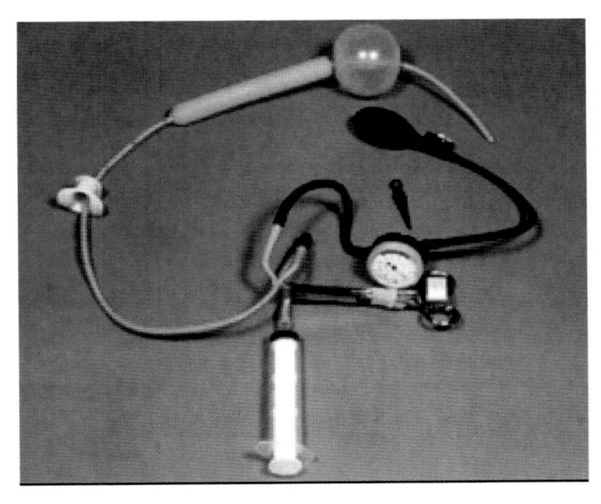

图 11-2-22　三腔二囊管（董君艳　供图）

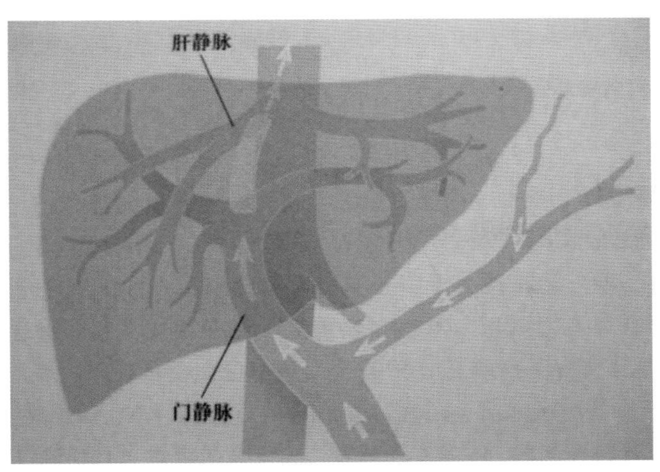


图 11-2-23　支架置入部位（董君艳　供图）

## 三、肝腹水

犬肝腹水是一种慢性肝病，因肝内血流障碍引起门脉高压、肝静脉流出障碍、肝淋巴液增加和漏出，肝脏合成蛋白质功能减弱，非活性醛固酮增加使水、钠潴留而出现腹水症。

### （一）病因

肝脏合成蛋白能力降低，导致血浆胶体渗透压降低。新理论认为血浆白蛋白浓度对腹水形成速度影响很小，门脉高压是腹水发生的主要原因，组织液生成超过淋巴管回收速度时腹水增加。水、钠潴留是腹水形成的重要原因，“血管扩张学说”认为有效血容量下降，激活醛固酮系统和交感神经系统也可导致腹水。

### （二）发病特点

腹部饱满及移动性浊音两侧对称（图 11-2-24），如腹水炎性变时（图 11-2-25），因腹腔内出现粘连，无明显移动性浊音或两侧移动性浊音不对称。

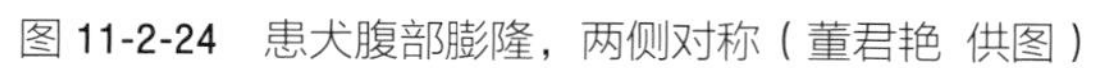
图 11-2-24　患犬腹部膨隆，两侧对称（董君艳 供图）

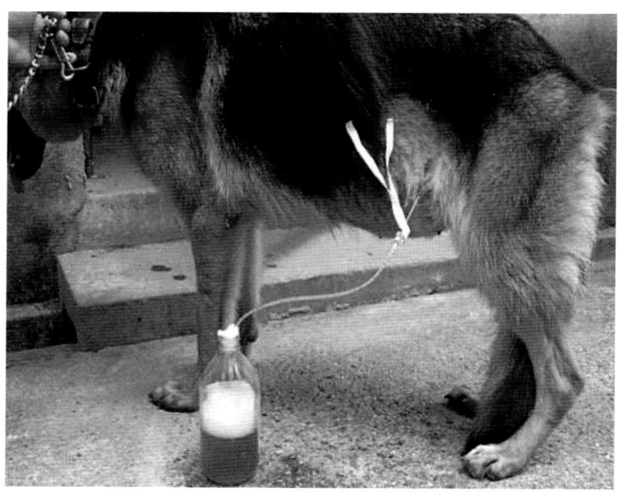
图 11-2-25　患犬放出炎性腹水（董君艳 供图）

**（三）临床症状**

突然或逐渐发生，患犬日趋消瘦，不耐运动；呼吸困难，腹部膨隆（图 11-2-26），腹壁静脉曲张，四肢水肿。腹部触诊有波动感及肿大的脾脏，叩诊呈浊音。

**（四）诊断**

1. 临床检查

（1）腹腔穿刺。李凡他试验鉴别漏出液和渗出液（图 11-2-27）。

（2）B超检查。腹腔多处液性暗区，肠管、肝脏、脾脏等器官漂移影像（图 11-2-28、图 11-2-29）。

（3）DR 检查。腹腔脏器清晰度下降，腹腔整体呈磨砂玻璃样影像（图 11-2-30），横膈前移（图 11-2-31）。但要在不同体位下腹腔内气体位置的变化来甄别腹水症。

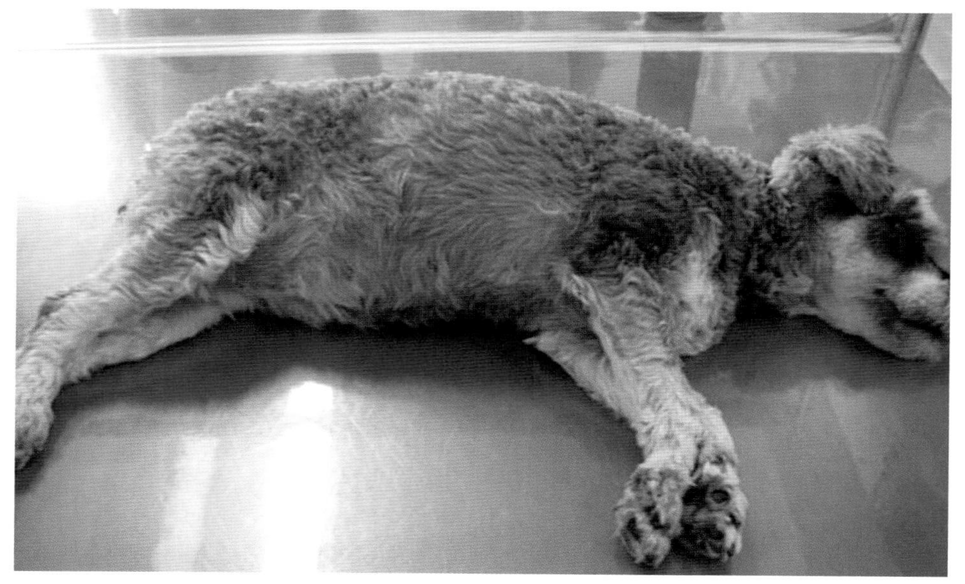
图 11-2-26　患犬腹水导致呼吸困难（董君艳 供图）

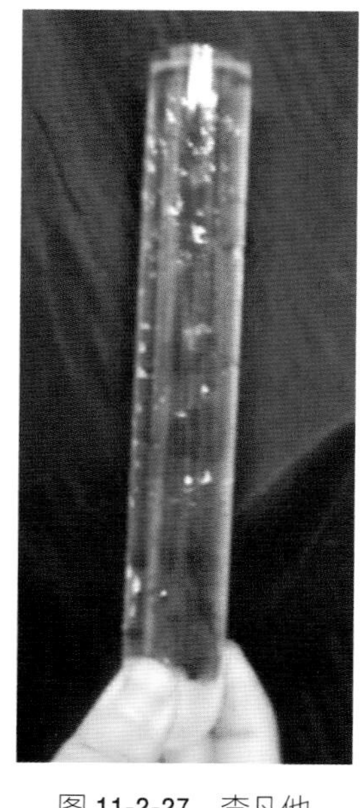
图 11-2-27　李凡他试验（董君艳 供图）

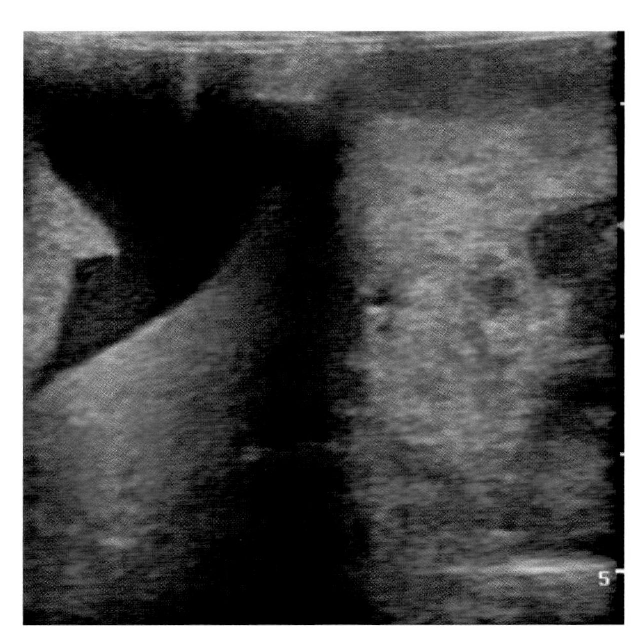


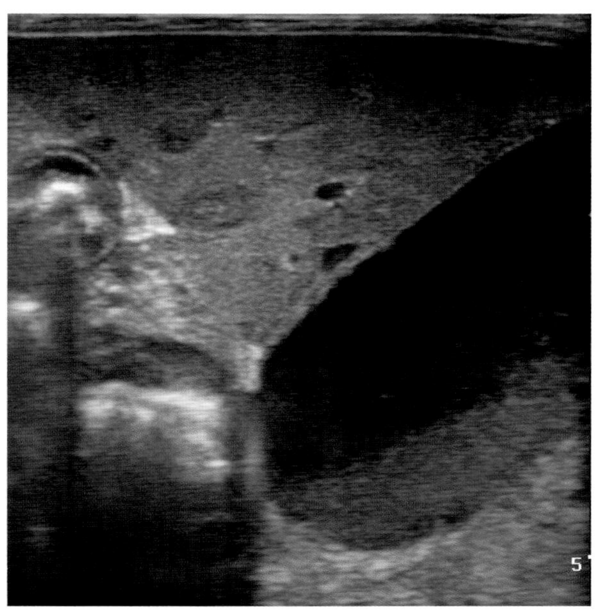


图 11-2-28、图 11-2-29　腹腔内多处液性暗区（董君艳 供图）

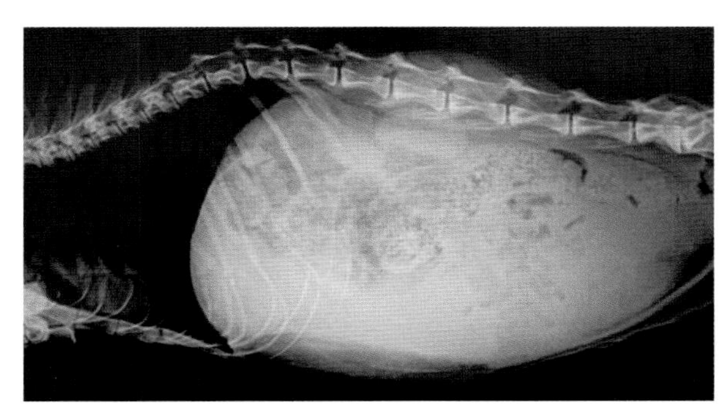

图 11-2-30　大量腹水，腹腔磨砂玻璃样影像（董君艳 供图）

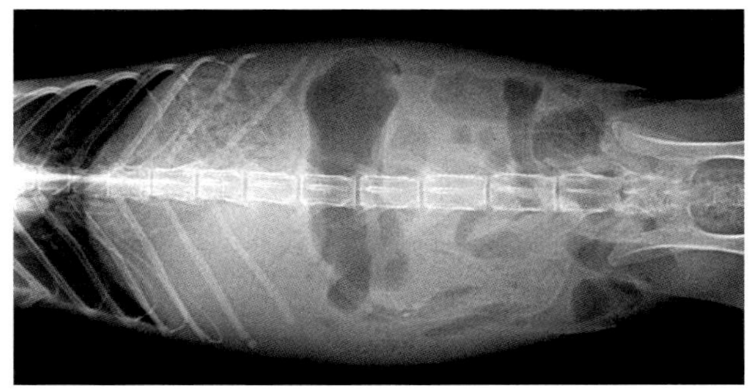

图 11-2-31　腹腔浆膜细节丢失，整体不透明度升高，横膈前移（董君艳 供图）

2. 诊断

根据肝病病史、腹围增大和腹部叩诊移动性浊音阳性，结合腹穿和腹部超声进行诊断。

**（五）治疗**

（1）治疗原则。肝硬化腹水多发生在肝硬化失代偿期，需综合治疗，保肝保肾，限制钠盐摄入，纠正低蛋白血症。

（2）缓解腹压。大量腹水需穿刺放液，减少腹压缓解症状，漏出液腹水可回收再利用。

（3）西药。丹诺士15~20mg/kg，口服，每天1次；熊去氧胆酸0.5mg/kg，口服，每天2次。使用利尿剂可快速排钠及维持血钾浓度，因螺内酯是保钾利尿剂，呋塞米是排钾利尿剂，所以螺内酯与呋塞米联合用药效果良好，同时补充白蛋白，维持血浆胶体渗透压。

（4）中药。护肝片口服，每次1~2片，每日2次，具有疏肝理气、健脾消食之功效。组方黄芪、苏子、白术、党参、甘草、车前子等煎服，具有益气健脾、化瘀利水的功效。

（5）针灸。取曲池、脾俞、肝俞、肾俞、中脘、后三里穴，施以先补后泻法。

（6）食疗。伴有腹水的肝硬化，给予高蛋白饮食，补充白蛋白，利尿的同时限制食物中钠的摄取，适时补钾。民间选择车前子煮水或玉米须2两，冬瓜籽5钱，赤豆1两，水煎服，每日1次，15日一个疗程。

## 四、肝性脑病

犬肝性脑病是指严重肝病引起的中枢神经系统功能失调综合征，诸多诱发因素通过使神经毒质产生增多或提高神经毒质的毒性效应，提高脑组织对各种毒性物质的敏感性，增加血-脑脊液屏障的通透性而发病。

### （一）病因

原发病主要是重症肝病、各型肝硬化、门-体静脉分流术后、肝癌等，以肝硬化晚期发病者居多，上消化道出血、高蛋白饮食、大量排钾利尿、放腹水，使用安眠镇静剂等均可诱发。

### （二）发病特点

血氨不能通过肝脏代谢合成无毒的尿素而直接进入血液循环，使血氨升高。氨通过血脑屏障干扰糖的氧化过程，使脑组织能量供应不足，出现抑制或亢奋型神经症状。

### （三）临床症状

患犬病初行为改变，走动不安，大小便不自主，对主人呼唤反应迟钝。随血氨升高，四肢悬空可见扑翼样震颤或视力障碍，继而出现昏睡、昏迷或躁狂、震颤强直、痉挛性截瘫等（图11-2-32、图11-2-33）。

图11-2-32　患犬痉挛性瘫软（董君艳 供图）

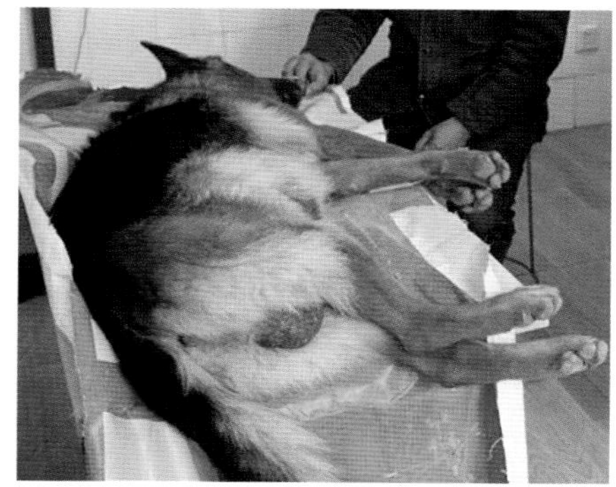

图11-2-33　患犬昏睡状态（董君艳 供图）

### （四）诊断

1.临床检查

（1）血氨。血氨升高，但急性肝性脑病血氨可以表现正常。

（2）脑电图。肝性脑病时脑电图节律变慢，但其特异性不强，尿毒症、呼吸衰竭、低血糖等亦有类似改变。

（3）CT或MRI检查。急性肝性脑病头部检查可发现脑水肿。慢性肝性脑病则有不同程度的脑萎缩。

2.诊断

主要根据病犬的病史、临床表现、肝功能及血氨检查结果可以确诊。

### （五）治疗

肝性脑病的主要原因是氨中毒，减少氨的吸收和加速氨的排泄是药物治疗的主要手段。

（1）清除肠道氨。口服、鼻饲乳果糖5~10mL或乳果糖稀释后30~60mL灌肠或白醋和生理盐水按1:10的比例10~20mL灌肠，可使肠道细菌产氨减少，酸性的肠道环境也能减少氨的吸收，并促进血液中的氨渗入肠道排出。口服抗生素能抑制肠道细菌分解蛋白质产生氨。

（2）降低血氨。门冬氨酸鸟氨酸0.3~0.5g/kg静脉滴注，能激活肝脏解毒功能，协助清除自由基，促进体内尿素循环（鸟氨酸循环）而降低血氨。也可用白醋灌肠，按30mL白醋+100mL水的比例，根据犬体重适量，每天1~2次。

（3）锌治疗。硫酸锌1mL/kg口服，硫酸锌0.1mL/kg皮下注射，可促进尿素的合成。

（4）支持疗法。按照血清电解质、血气分析等结果，纠正电解质和酸碱平衡紊乱，碱中毒可用精氨酸溶液静脉滴注。根据红细胞压积情况及时输血补充血容量。

（5）慎用安眠药。昏迷前期亢奋用东莨菪碱及异丙嗪（易进入脑组织，镇静效果明显），禁用氯丙嗪、巴比妥类镇静药，有诱发或加重肝性脑病的风险。

（6）中药。安宫牛黄丸制成绿豆大小颗粒剂，1粒/2kg，口服，每日1次，10日为一个疗程。

（7）针灸。取肝俞、脾俞、气海、水沟、大敦、丰隆穴，施以泻法。

（8）食疗。限制患犬蛋白质摄入，保证热能供给。给予低蛋白质食物，以易消化的植物蛋白或乳制品蛋白代替动物蛋白，有利于促进肠道蠕动，加速毒物排出，减少氨的吸收。

## 五、肝坏死

犬肝坏死是某种或多种因素使肝细胞膜的完整性被破坏，胞质膜破裂导致细胞溶解，细胞内细胞器死亡，胞质液中酶类释出而造成大量肝细胞损伤坏死。

### （一）病因

病因较为复杂，急慢性肝炎、病毒性肝炎、脂肪肝、肝硬化，中毒性、药物性肝损伤等，均可使肝细胞变性、坏死（图11-2-34）。

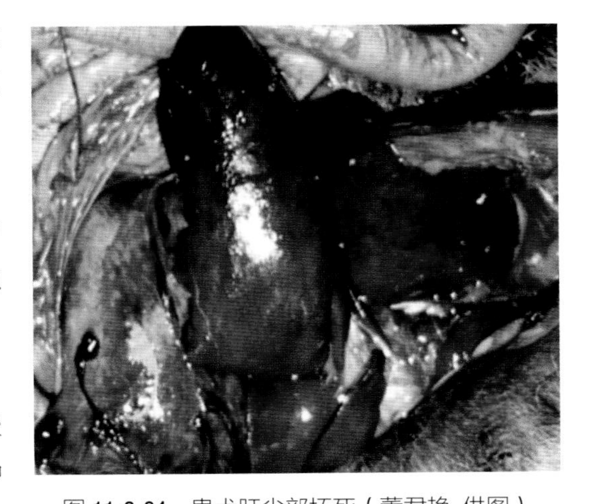

图11-2-34　患犬肝尖部坏死（董君艳 供图）

### （二）发病特点

因肝衰竭，体内含硫氨基酸代谢的中间产物，经肺呼出或经皮肤散发出一种烂苹果、大蒜或鱼腥的一种特征性气味，急性肝坏死患犬死亡率极高，且伴多脏器功能衰竭。

### （三）临床症状

患犬肝区疼痛，顽固性呕吐，短期内黄疸进行性加深，腹水、出血倾向、意识不清、脑水肿等多脏器衰竭症候群（图11-2-35、图11-2-36）。

### （四）诊断

1.临床检查

（1）血液检查。血清总胆红素、胆汁酸升高，凝血酶原时间延长，血小板减少，AST/ALT比

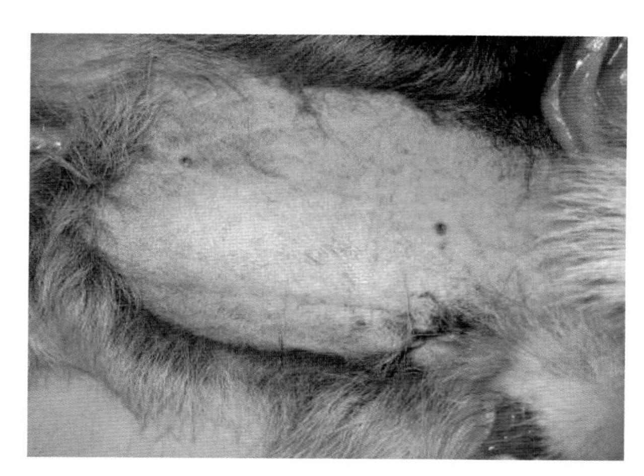

图 11-2-35 皮肤严重黄染（董君艳 供图）

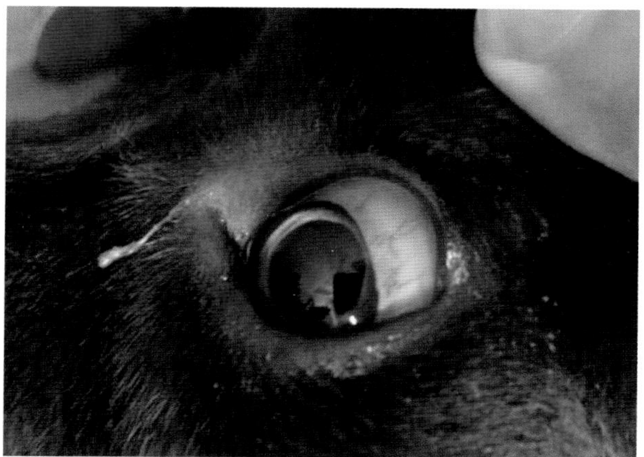

图 11-2-36 瞳孔反射减弱，角结膜血管爬行（董君艳 供图）

值大于1，胆酶分离（图11-2-37）。血氨、尿素氮、肌酐、磷均升高，血糖、白蛋白降低。

（2）B超检查。腹腔内大量积液、肝脏进行性缩小。

2.诊断

根据病史，结合腹水、消化道出血、肝性脑病及胆酶分离、胆汁酸随黄疸加深而升高来确诊。

图 11-2-37 患犬胆红素持续上升，转氨酶下降（董君艳 供图）

### （五）治疗

（1）免疫调节治疗。早期使用肾上腺皮质激素及类激素样作用的强力宁及甘利欣，抑制免疫反应，防止新的肝细胞坏死，甘利欣2mg/kg，10%葡萄糖稀释静脉滴注。胸腺肽也可以兴奋细胞免疫，有调节体液免疫的作用。

（2）抑制肝损伤。前列腺素有护肝、护肾，预防肝肾综合征的发生；促肝细胞生长因子可促进肝细胞修复与再生；葡萄糖、胰岛素、胰高血糖素能促进肝细胞再生及脱氧核糖核酸的合成，抑制肝细胞的破坏；改善肝性脑病主要选择门冬氨酸鸟氨酸、4.26%支链氨基酸、六合氨基酸静脉缓滴。

（3）中药。复方丹参具有可改善微循环，防止肝脏枯否氏细胞衰竭，抑制血小板聚集，调节免疫等功能。

（4）食疗。蜂王浆中的黄酮类物质有降低转氨酶的作用，可促进肝细胞再生。五味子是强氧化剂，可以保护肝细胞膜，具有促进蛋白质生物合成和肝糖原生成作用。

## 六、肝肿瘤

犬肝肿瘤即肝癌，可分为原发性和继发性两类，继发性（转移性）肝癌系指机体多个器官起源的恶性肿瘤的肝转移。

### （一）病因

原发性肝癌的病因及发病机制尚不完全清楚，目前认为是多因素、多环节的复杂过程，受环境和饮食双重因素影响。如食物中的黄曲霉素、肝硬化、亚硝胺类化学物质等都与肝癌发病有相关性。继发性肝癌（转移性肝癌）可通过随血液、淋巴液转移或直接侵润肝脏而引发疾病。

### （二）发病特点

肝癌破裂如包膜下出血，引发突发性肝区痛，伴随呕吐；如穿破包膜进入腹腔则引发突发性前腹剧痛，脉搏加快、腹肌紧张甚至休克。因患犬便秘腹腔压力大，瘤内压力突破肿瘤周边包膜或门脉高压使血管壁变薄，施以外力均可使肝组织破裂（图11-2-38、图11-2-39）。

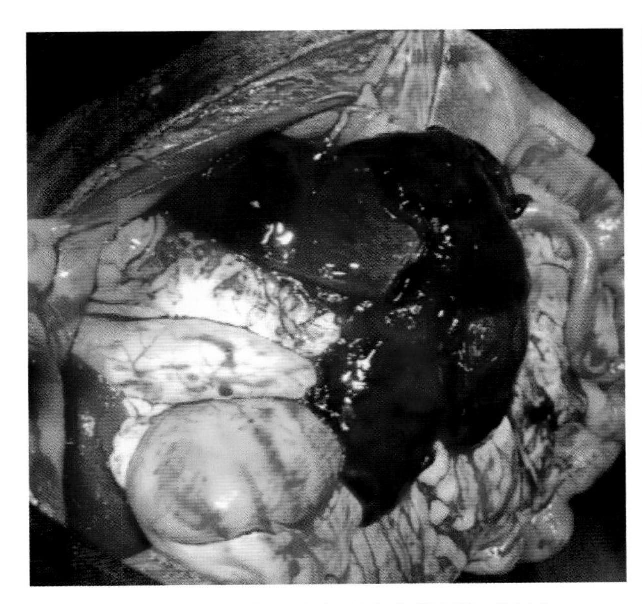

图 11-2-38　患犬肝肿瘤破裂（董君艳 供图）

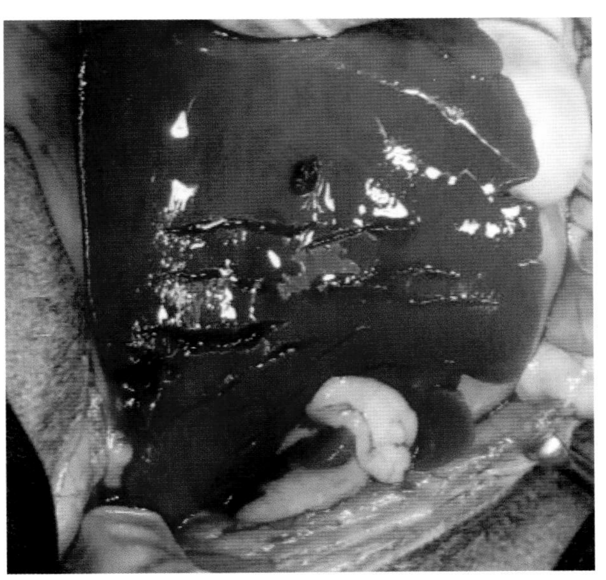

图 11-2-39　患犬肝组织破裂（董君艳 供图）

### （三）临床症状

原发性肝癌早期患犬无特异性；中晚期患犬肝区疼痛、消瘦，前腹部包块或黄疸、贫血、腹水（图11-2-40、图11-2-41），其并发症常见上消化道出血、肝癌破裂出血、肝肾衰竭等。继发性肝癌呈多灶性结节，弥散性浸润肝脏。

图 11-2-40　患犬肝肿瘤疼痛、消瘦（董君艳 供图）

图 11-2-41　患犬肝肿瘤出现黄疸贫血（董君艳 供图）

### （四）诊断

1.临床检查

（1）血清甲胎蛋白（AFP）。对诊断有相对特异性，AFP是一种胚胎肝细胞和卵黄囊细胞合成的正常血清蛋白，测得结果如大于400ng/mL，结合B超的占位性病变可以确诊。

（2）癌胚抗原。一种广谱肿瘤标志物，不是特异性指标，但在恶性肿瘤鉴别诊断、病情监测、疗效评价等方面有重要临床价值。诊断试剂盒检测结果如大于10mg/mL，提示恶性肿瘤的可能。

（3）生化检查。肝癌多伴ALP、GGT升高，胆汁酸与转氨酶和黄疸增高程度基本平行，而肝硬化时胆汁酸与转氨酶和胆红素的增高不成比例。

（4）超声扫查。可显示肿瘤大小、形态及肝、门静脉内有无癌栓（图11-2-42、图11-2-43），其诊断符合率可达90%。B超引导对肝行细针穿刺，细胞学检查有助于提高阳性率。

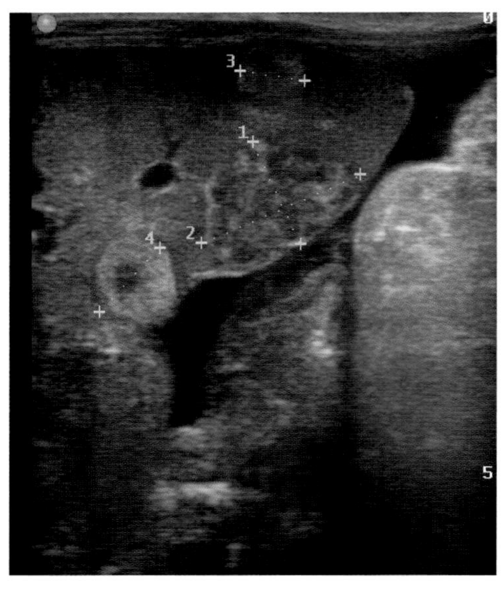

图 11-2-42　患犬肝区多处占位性病变
（董君艳　供图）

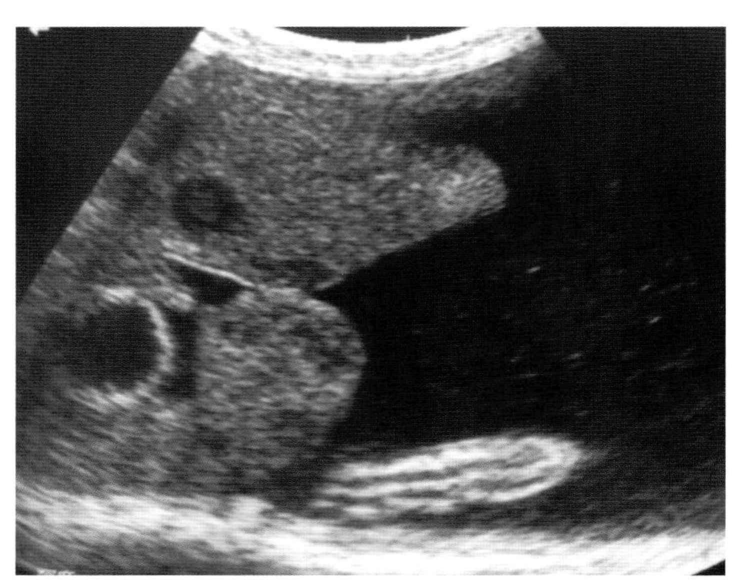

图 11-2-43　患犬肝脏游离在腹水中
（董君艳　供图）

（5）DR检查。肝脏占位性病变可见高密度影像（图11-2-44、图11-2-45）。

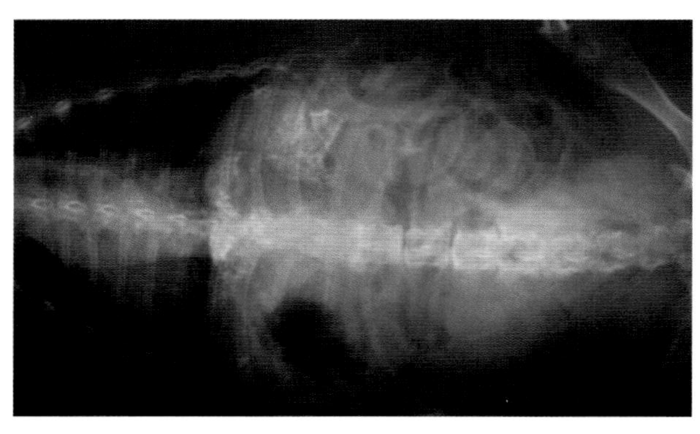

图 11-2-44　患犬肝区占位性病变（董君艳　供图）

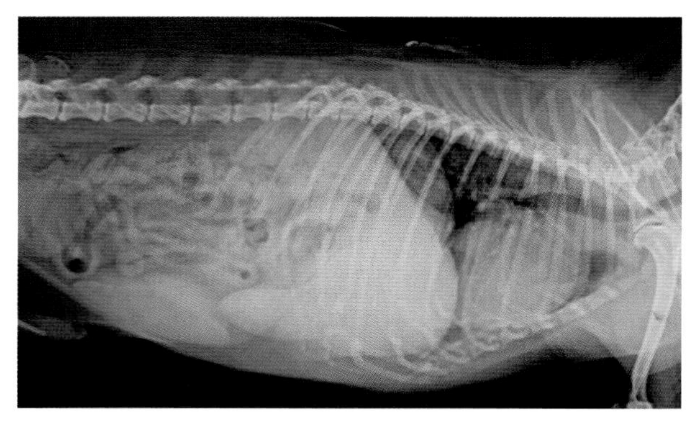

图 11-2-45　患犬肝区占位性病变，脾肿大（董君艳　供图）

（6）CT检查。具有较高的分辨率，对肝癌诊断符合率达90%以上，并能测出直径1.0cm左右的微小癌灶。CT影像为混合不匀等密度或低密度占位，典型的呈现“牛眼”征（图11-2-46、图11-2-47）。

（7）MRI检查。肝转移癌常显示信号强度均匀、边清、多发，少数有“靶”征或“亮环”征。MRI检查对良、恶性肝内占位病变，特别与血管瘤的鉴别优于CT检查。

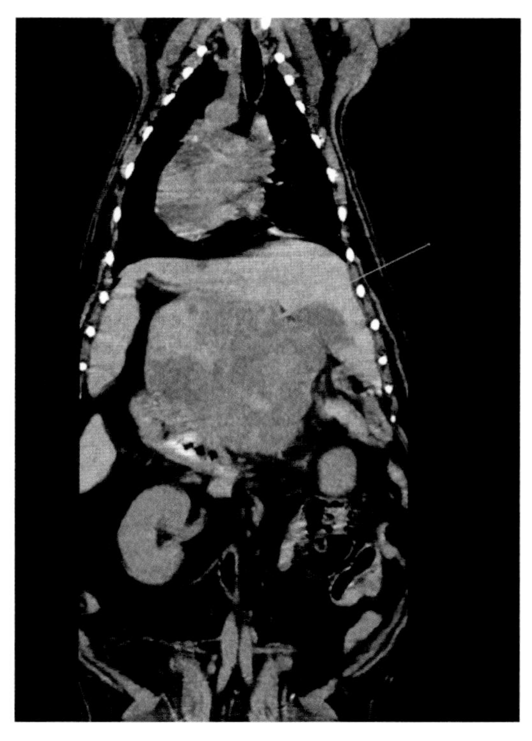

图 11-2-46　患犬 CT 平扫肝区有占位性大团块
（吴俊杰 供图）

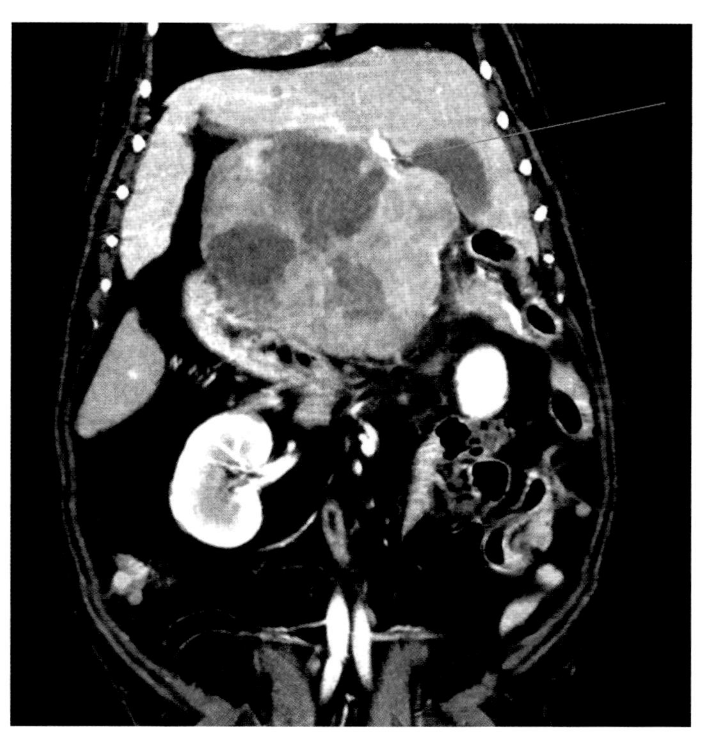

图 12-2-47　患犬其他肝叶也有病灶点
（吴俊杰 供图）

2. 诊断

根据肿瘤标记物及影像学检查结果可以确诊。

（五）治疗

根据肝癌的不同阶段采取个体化综合治疗，临床常施以化疗、手术、中药、冷冻、激光、放疗、介入等方法，原发性肝癌也是行肝移植手术的指征之一。

（1）手术切除。取样做病理组织学检查（图 11-2-48 至图 11-2-51），行切除手术。

（2）化疗。以 5- 氟尿嘧啶为基础的联合化疗方案，如 FP（5- 氟尿嘧啶 + 顺铂）或 FAM（5- 氟

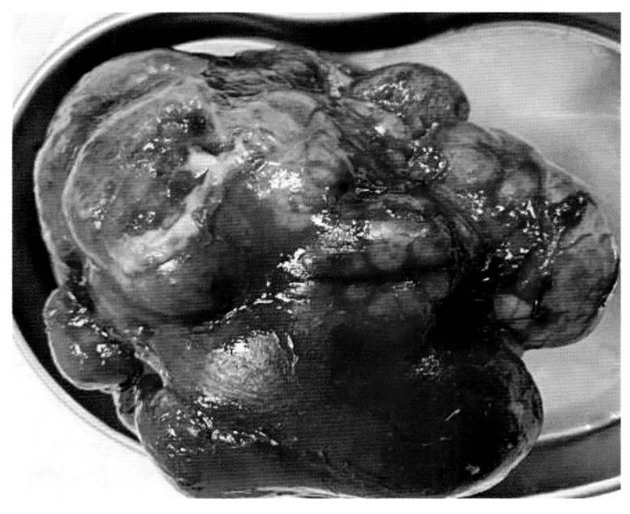

图 11-2-48　摘除的肿瘤（吴俊杰 供图）

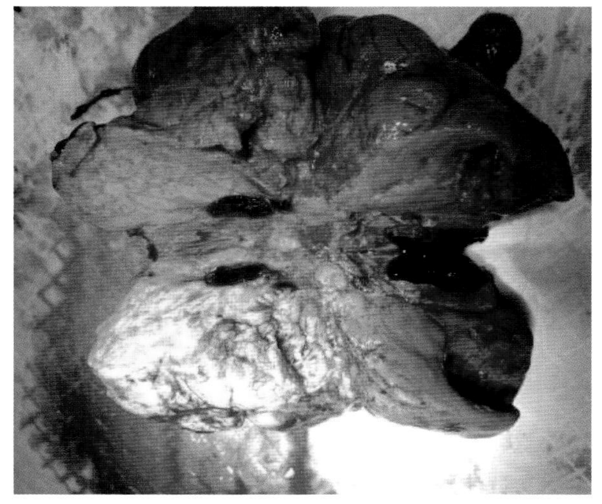

图 11-2-49　摘除肿瘤的切面（吴俊杰 供图）

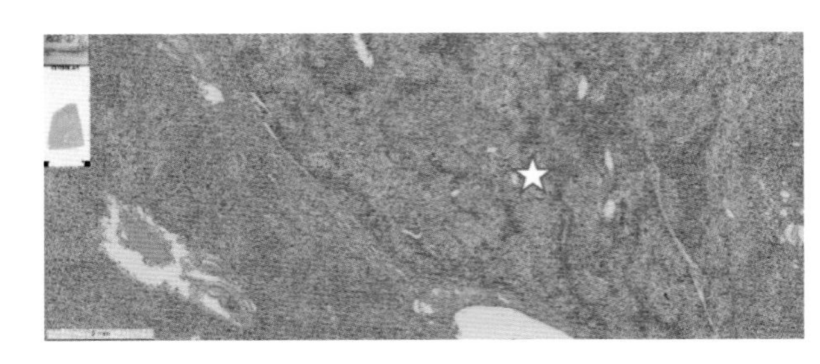

图 11-2-50 肿瘤细胞组成的团块（吴俊杰 供图）

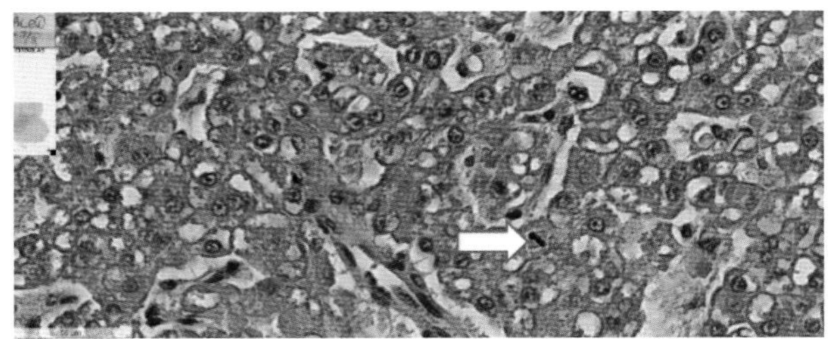

图 11-2-51 肿瘤肝细胞多形性、多核、有丝分裂（吴俊杰 供图）

尿嘧啶＋多柔比星＋丝裂霉素），但化疗副作用比较大，超过犬的耐受极限难以继续。临床可试用肝动脉栓塞联合化疗，结合肝癌的病理类型采取相应的方法，如果有条件可采取靶向药物索拉非尼口服治疗。

（3）放疗。通过一定的放射线照射肿瘤局部，是一种无创损的治疗方式，如伽马刀等。适于癌肿较局限，尚无远处转移或门静脉主干癌栓的病例。

（4）中药。需采取辨证施治、攻补兼施的方法，与其他疗法配合以提高机体抗病力，减轻放疗、化疗的不良反应。

（5）针灸。取支沟、太冲、后三里、丘墟穴，施以泻法，可理气活血、止痛。取后三里、脾俞、胃俞穴，施平补平泻，可调补脾胃，增进食欲。

（6）食疗。鲜猕猴桃根和猪肉同煮后去渣食用，具有清热解毒、利湿活血的作用；胡萝卜与肉类短时间炖食，其中的胡萝卜素体内转化后具有抗癌作用，胡萝卜中的木质素能提高患犬机体免疫功能，抑制癌细胞的增殖。

## 七、脾肿大

脾大是重要的病理体征，正常情况犬腹部难以触摸到脾脏，脾肿大分为感染性脾肿大和非感染性脾肿大两类。临床多见肝硬化门脉高压导致的脾肿大，因门静脉内没有静脉瓣，高压会使血液逆流而引起一系列症状和体征，晚期脾肿大称脾功能亢进症，是不可逆的病理变化。

### （一）病因

当肝门静脉系统阻力增加和门静脉血流量增多时，门静脉压力明显升高，当超过其生理数值时，正常的消化器官和脾脏的回心血液流经肝脏受阻，导致脾脏长期瘀血肿大或梗死（图 11-2-52 至图 11-2-55）。

### （二）发病特点

门脉血流淤滞、压力增高，引起所属器官胃、肠、脾的瘀血和水肿。脾功能亢进时食管胃—底静脉曲张，引起上消化道出血、门静脉高压性胃肠病、血小板数量减少、腹水及门体分流性脑病等系列病理变化。

### （三）临床症状

与脾肿大的程度相关，早期无明显临床症状，脾功能亢进时免疫力低下、贫血、倦怠乏力、牙龈出血或黑便及上消化道出血。触诊腹前部肋下缘，可触及肿大的脾脏，甚至横跨腹中部。

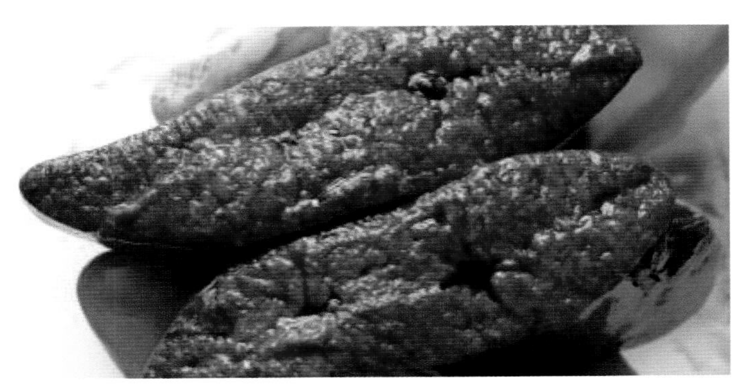
图 11-2-52　患犬充血性脾肿大（董君艳　供图）

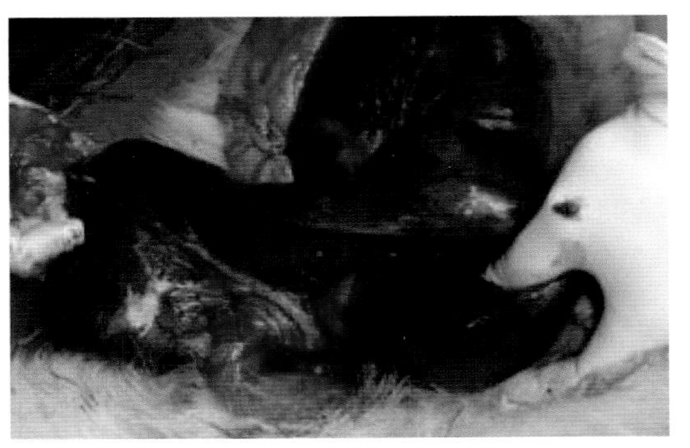
图 11-2-53　患犬脾脏瘀血（董君艳　供图）

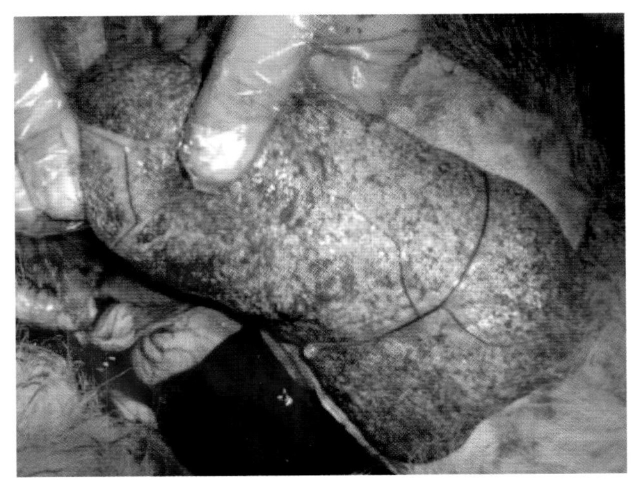
图 11-2-54　患犬脾梗死（董君艳　供图）

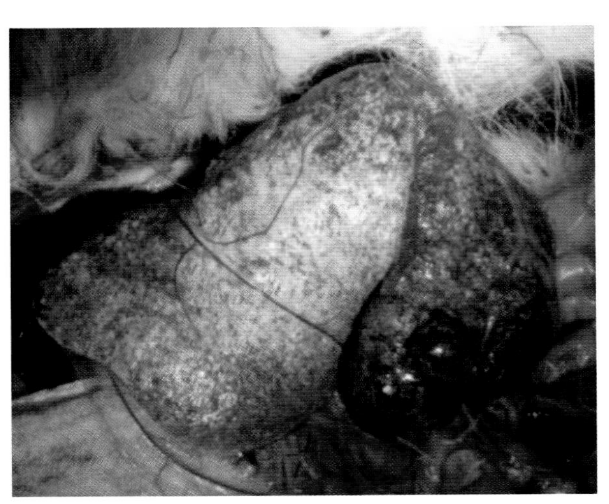
图 11-2-55　患犬脾尾梗死后坏死（董君艳　供图）

### （四）诊断

1.临床检查

（1）血常规检查。白细胞、红细胞、血小板减少，红细胞压积降低，肝功能异常。

（2）影像学检查。B超可见脾脏影像边界改变征（图11-2-56），DR腹下见增厚、边界钝圆肿大的脾脏（图11-2-57）。

2.诊断

根据病史和影像学检查结果不难诊断，但要注意与脾肿瘤相鉴别（图11-2-58至图11-2-61）。

### （五）治疗

施以分流术或断流术两种方法摘除脾脏。分流术难以减缓门脉高压，仍会发生食道和胃底静脉曲张；断流术优于分流术，但对技术要求较高，无论哪种方式，术后均会影响机体消化吸收功能，长期处于腹泻或溏便状态。

（1）断流术。首先分离切断脾周围的胃脾、脾肾、膈脾、脾结肠韧带和结扎血管，游离脾脏，纱布填塞脾床压迫止血，止血钳先夹住脾动、静脉及脾蒂分别切断并结扎（图11-2-62至图11-2-64）。

（2）分流术。斜形切断脾静脉，在相对应的部位切开肾静脉，用脾静脉近端与左肾静脉前壁行端侧吻合术（脾肾分流），使高压的门静脉血经吻合口流入低压的肾静脉，达到有效降低门脉高压的目的（图11-2-65至图11-2-67）。

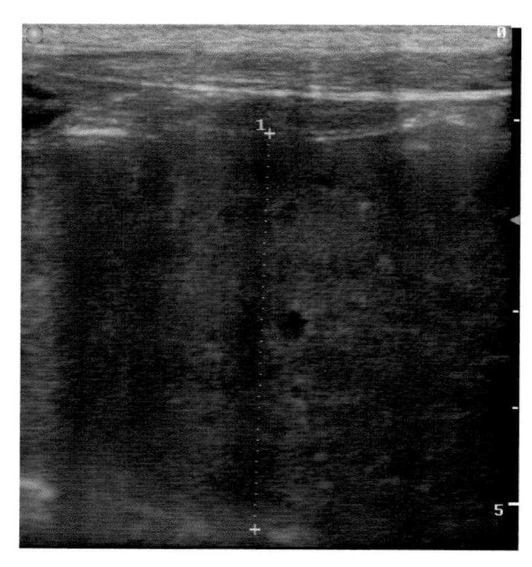

图 11-2-56　患犬 B 超检查脾脏体积变大（董君艳　供图）

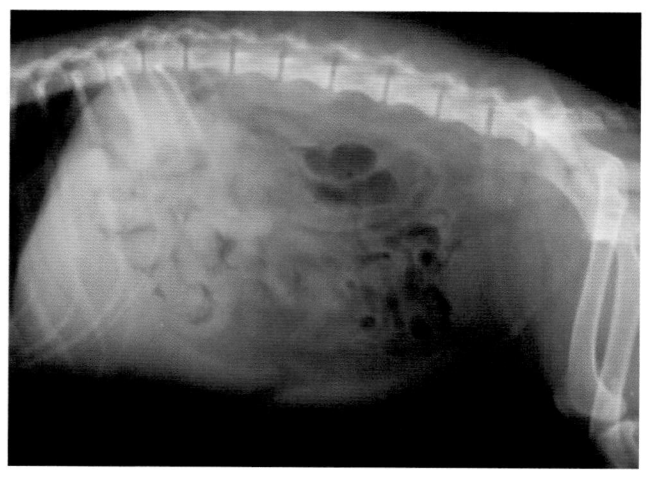

图 11-2-57　患犬 DR 检查脾脏横越腹下（董君艳　供图）

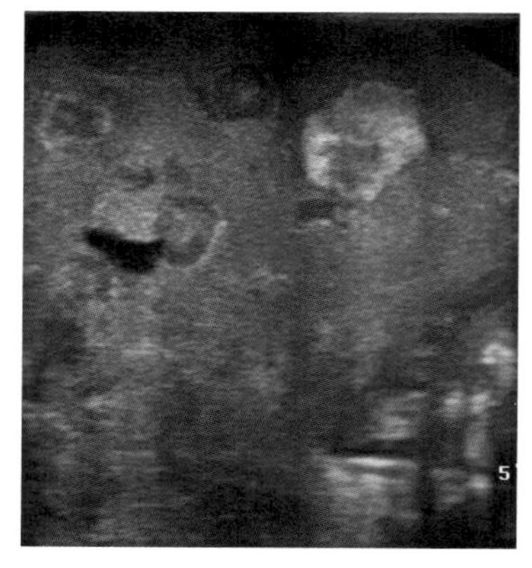

图 11-2-58　患犬 B 超检查脾脏回声密度不均（董君艳　供图）

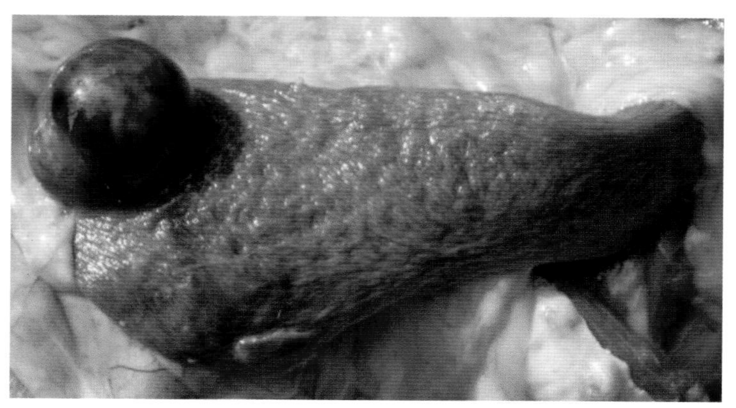

图 11-2-59　患犬脾肿瘤（董君艳　供图）

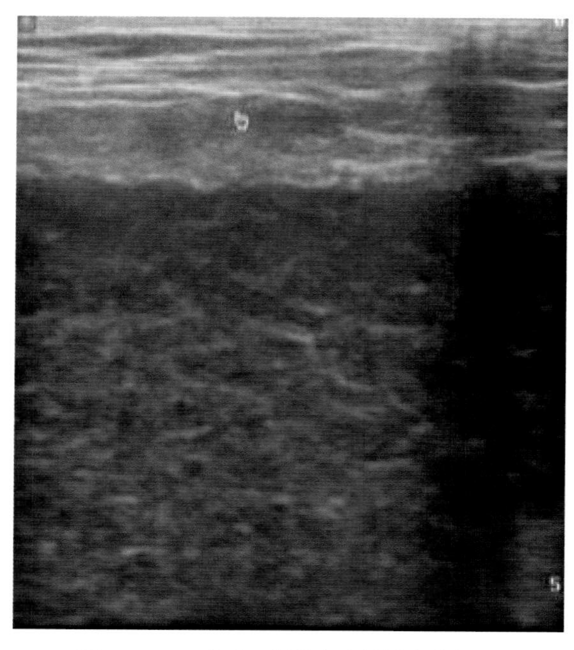

图 11-2-60　患犬 B 超检查虫蛀样改变提示多中心淋巴瘤（董君艳　供图）

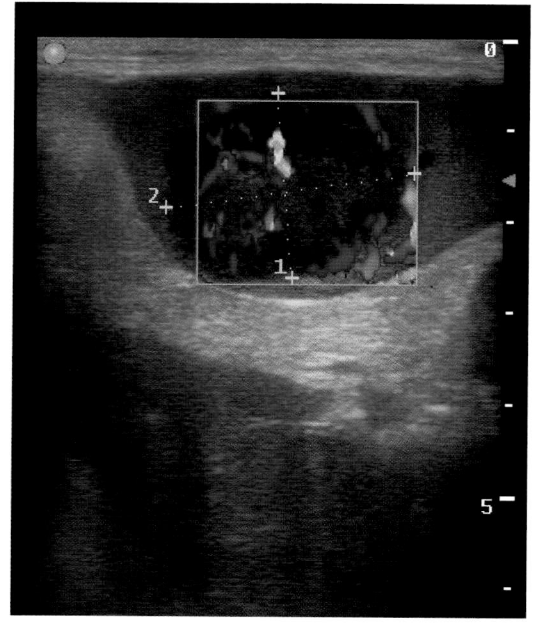

图 11-2-61　患犬 B 超检查脾肿瘤（董君艳　供图）

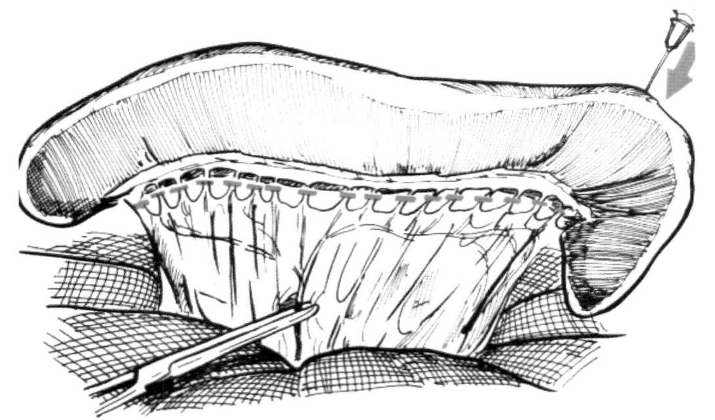

图 11-2-62　暂时夹住脾动脉保证大网膜供血
（引自任晓明主译《图解小动物外科技术》）

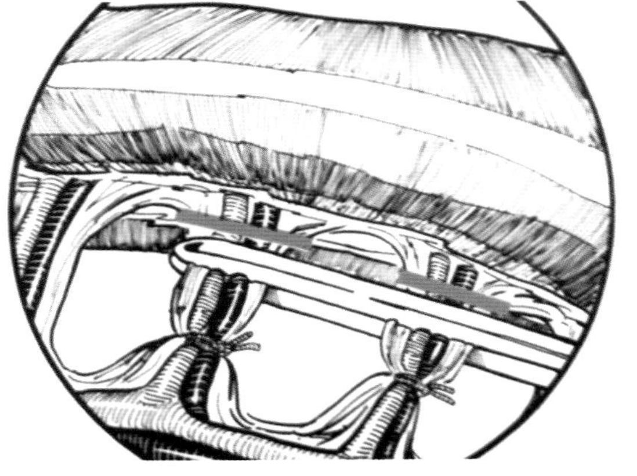

图 11-2-63　分离流入流出脾脏的血管并近端结扎
（引自任晓明主译《图解小动物外科技术》）

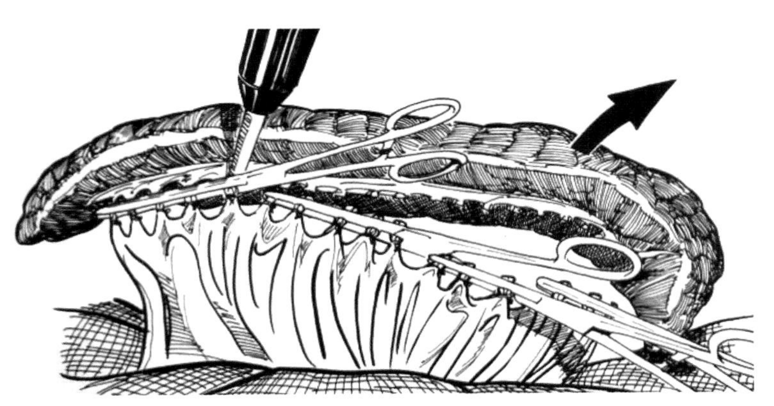

图 11-2-64　电频刀切断血管摘除脾脏
（引自任晓明主译《图解小动物外科技术》）

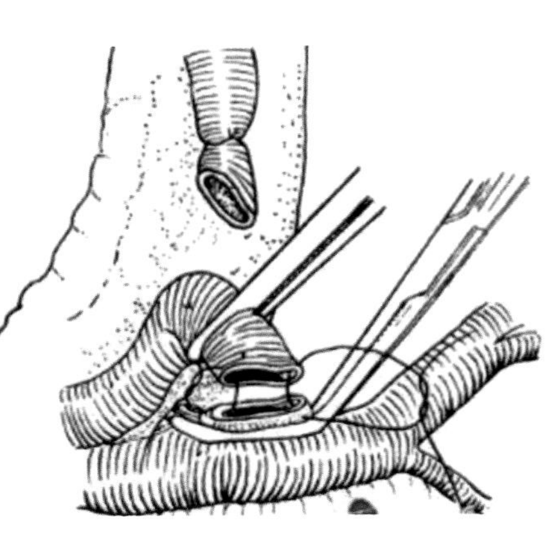

图 11-2-65　斜形切断脾静脉
（引自百姓健康网）

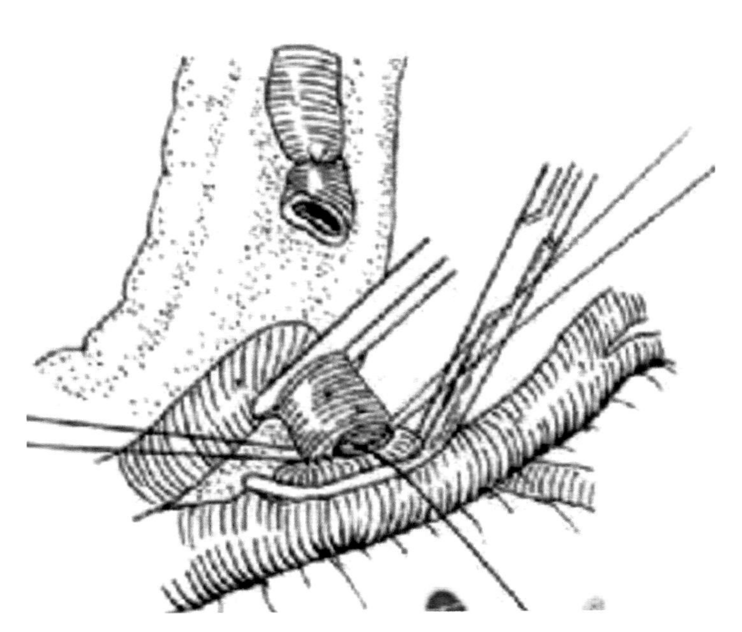

图 11-2-66　切开对应部位的肾静脉
（引自百姓健康网）

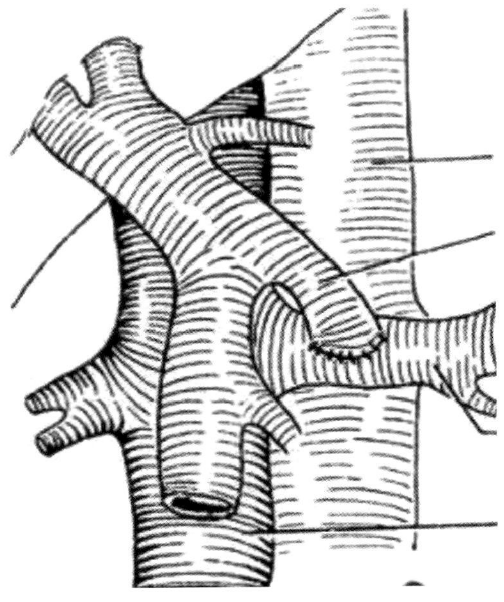

图 11-2-67　脾肾静脉端侧吻合
（引自百姓健康网）

（3）中药。健脾丸用于脾胃虚弱者；如同时伴有腹泻，可用参苓白术散。理中丸用于脾阳虚者，临床上应注意辨证应用。

（4）针灸。取中脘、曲池、丰隆、地机、后三里、脾俞、胃俞等穴，施补法；同穴位也可行灸法。

（5）食疗。以小米、莲子、大枣、山药粥为辅助食物，有较好的养胃健脾作用。脾胃虚弱者选择羊肉和大麦煮汤投服，有健脾、益气、开胃之功效。

# 第三节　胆囊、胆道疾病

## 一、急性胆囊炎

犬急性胆囊炎是发生在胆囊的炎症快速进展的疾病，常因细菌感染或胆道阻塞所致，因肝胆的解剖位置关系，该病可引起急性肝炎。急性胆囊炎没有显著的品种、性别和年龄倾向，但坏死性胆囊炎通常发生于中、老年犬。

### （一）病因

肠道细菌上行性感染是急性胆囊炎发病的主要原因，大肠杆菌和沙门氏菌是常见的病原微生物，也包括产气荚膜杆菌、葡萄球菌、链球菌、克雷伯菌、假单胞菌、弯曲杆菌和厌氧菌等，此外，胆结石、肝片吸虫、肠道蛔虫、胆囊或胆管肿瘤等造成胆道梗阻、机械刺激和外伤均可构成致病因素。

### （二）发病特点

起病急，症状进展迅速，如胆囊破裂或穿孔，则引发胆汁性腹膜炎而危及生命。

### （三）临床症状

随着胆囊壁充血、水肿、胆汁淤积、胆囊扩张（图11-3-1、图11-3-2），患犬出现精神沉郁，食

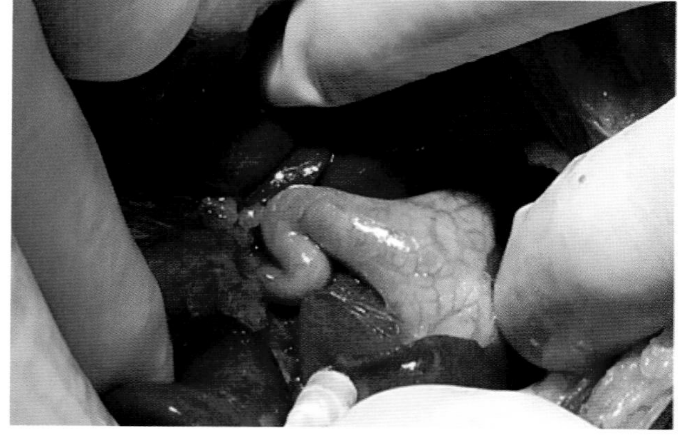

图 11-3-1　患犬胆囊管和总胆管扩张（许远靖　供图）

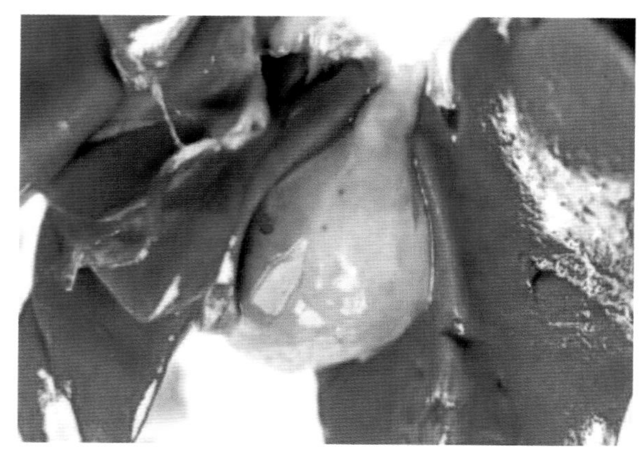

图 11-3-2　患犬胆囊水肿（董君艳　供图）

欲下降，发热、腹痛、呕吐和黄疸（图11-3-3）等症状。

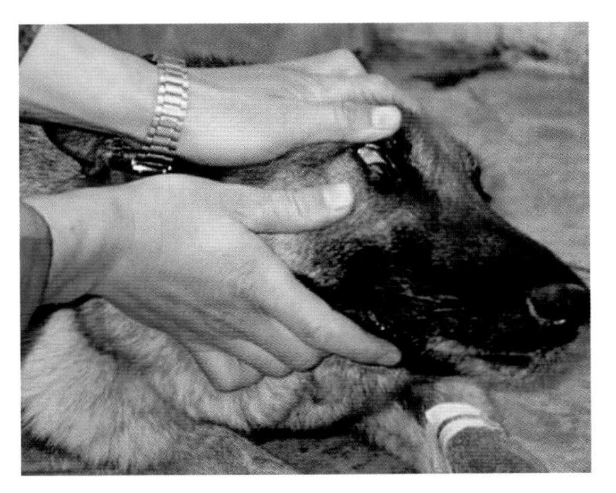

图11-3-3 可视黏膜黄染（董君艳 供图）

### （四）诊断

1.临床检查

（1）血液学检查。全血细胞计数可见白细胞升高，出现中毒性嗜中性粒细胞，可能伴有核左移。血液生化检查ALP、GGT和TBIL升高，若炎症蔓延至肝脏，还可引起ALT和AST升高。

（2）影像学检查。

①DR检查：偶见胆囊位置出现不透射线的结石。

②B超检查：B超展现胆囊扩张，胆囊壁增厚，或展现双轨征影像，若有结石可见高回声界面伴有后方声影，胆汁回声可能增强。炎症波及肝脏可见肝脏肿大，弥散性回声下降。

（3）胆汁检查。超声引导经皮胆囊穿刺术获得胆汁样本，胆汁呈半透明黏液状。胆汁涂片镜检，可见胆红素结晶；如出现细菌（图11-3-4）再做细菌培养。

（4）寄生虫检查。采集粪便行虫卵沉淀法和漂浮法，排查寄生虫感染。

（5）尸检。胆囊壁发红，常见胆汁过度黏稠。

2.诊断

根据病史（如胆结石等）、相关症状（如黄疸等）和体格检查（如发热、腹痛等），进行鉴别诊断，选择适当的临床病理学检查和影像学检查，最终予以诊断。

### （五）治疗

（1）对因治疗。如细菌感染所致，根据细菌培养和药敏试验结果，选择敏感抗生素，如不能进行细菌培养和药敏试验，可经验性选择联合氨基糖苷类和甲硝唑，阿米卡星15~30mg/kg，静脉或肌内或皮下注射，每天1次。甲硝唑15~25mg/kg，口服，每天2次；10mg/kg，静脉或者皮下注射，每天2次。莫瑞加每次0.5片/4kg以下，1片/4~10kg，2片/10kg以上，口服，每天1~2次。熊去氧胆酸10~15mg/kg，口服，每天1次。如胆道阻塞且保守治疗无效，考虑胆囊切除术（图11-3-5）。

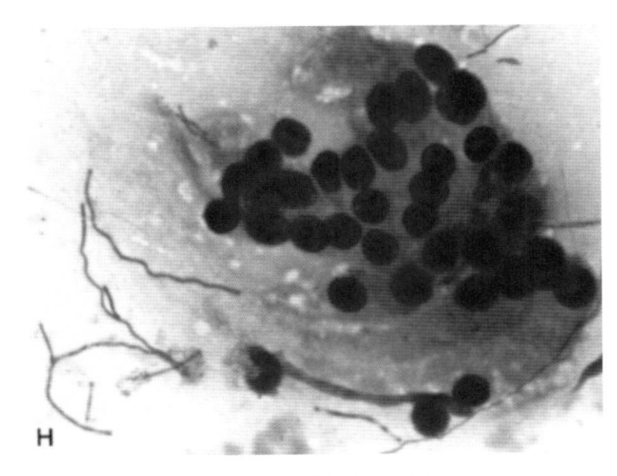


图11-3-4 患犬细菌性胆囊炎
（引自《犬猫细胞学彩色图谱》第3版）

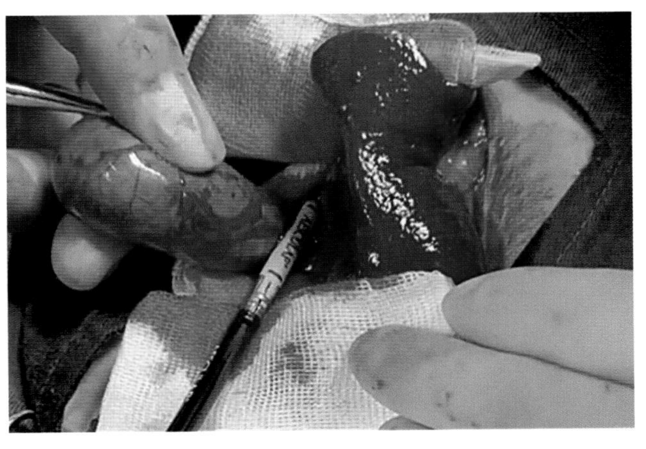

图11-3-5 患犬胆囊切除术（马祥 供图）

（2）对症治疗。镇痛，保肝利胆，输液维持水、酸碱和电解质平衡。

（3）营养支持疗法。疾病期间饲喂低脂食物为宜。

## 二、慢性胆囊炎

犬慢性胆囊炎是多种因素引起胆囊长期的炎症，多数没有明显症状，少数出现呕吐、腹泻及消化不良等症状。后期胆囊出现增生（图11-3-6）、纤维化等病理变化，可引发胆汁淤积或胆囊破裂。

### （一）病因

同急性胆囊炎，且与胆囊黏液囊肿有关，或由急性胆囊炎迁延不愈转变而来。

### （二）发病特点

多由急性胆囊炎转化，或偶然发现，进展缓慢，难以根治。尽早介入，可降低胆囊纤维化的概率。

### （三）临床症状

患犬轻度腹部不适，吃高脂食物时出现腹泻。后期腹泻和黄疸，严重病例可能出现胆囊破裂，胆汁漏入腹膜腔，发展为胆汁性腹膜炎（图11-3-7）而危及生命。

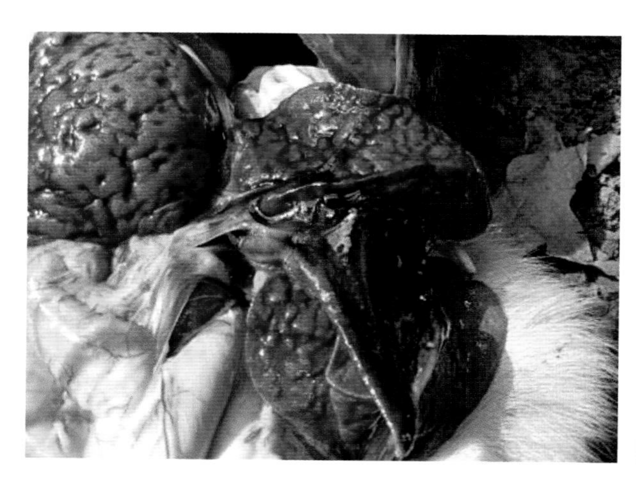

图 11-3-6　患犬胆囊壁增厚（董君艳 供图）

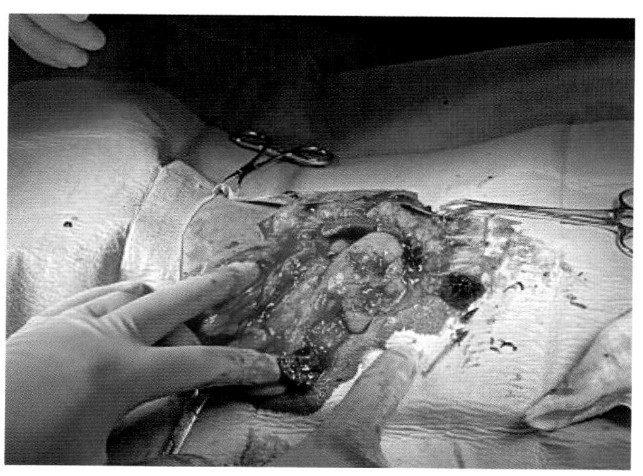

图 11-3-7　患犬胆汁性腹膜炎（卢冬霞 供图）

### （四）诊断

1.临床检查

（1）血液学检查。白细胞正常或轻度升高，可见非再生性贫血。ALKP、GGT、TBIL升高。

（2）影像学检查。

①DR检查：偶尔发现胆囊位置出现射线不透性结石（图11-3-8）。

②B超检查：胆囊壁增厚，黏膜不平滑，胆汁中出现回声物质（图11-3-9、图11-3-10）。

2.诊断

根据病史和相关症状进行鉴别诊断，结合

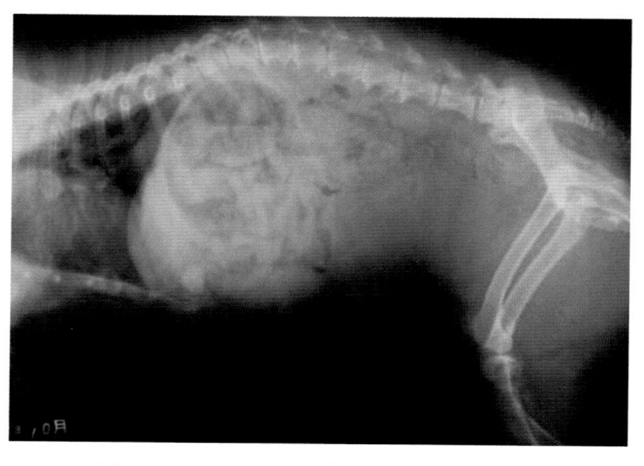

图 11-3-8　DR 检查胆结石（董君艳 供图）

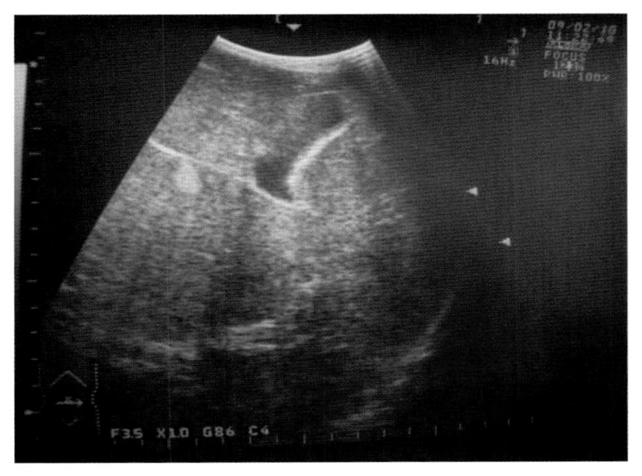


图 11-3-9 B 超检查胆囊内出现强回声光团（董君艳 供图）

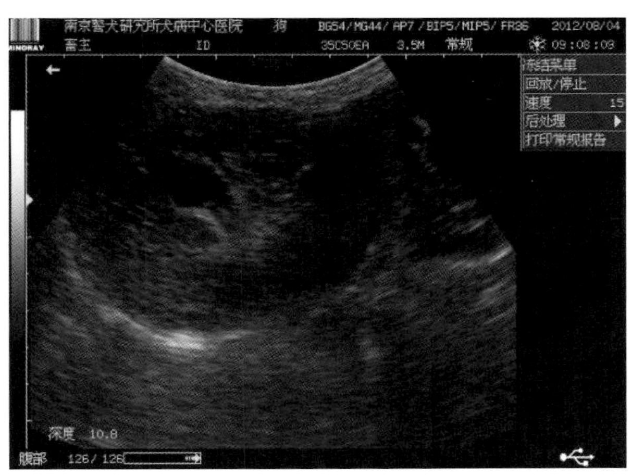


图 11-3-10 B 超检查胆囊壁增厚（董君艳 供图）

临床病理和影像学检查予以诊断。

### （五）治疗

（1）对因治疗。胆囊黏液囊肿有可能发生胆囊破裂，应考虑胆囊切除术。胆囊慢性炎症选用莫瑞加 0.5 片（4kg 以下）、1 片（4~10kg）、2 片（10kg 以上），口服，每天 1~2 次。熊去氧胆酸 10~15mg/kg，口服，每天 1 次。

（2）对症治疗。抑制炎症，促进胆汁排出，预防胆囊纤维化。

（3）营养支持疗法。以饲喂低脂食物为宜。

## 三、胆囊息肉

犬胆囊息肉又被称为胆囊囊性增生或乳头状腺瘤样增生，起源于胆囊黏膜的非肿瘤性增生物。早期一般是可逆的，晚期有癌转化倾向。

### （一）病因

胆囊息肉常因慢性胆囊炎、结石或寄生虫等慢性刺激所致。

### （二）临床症状

胆囊息肉常无明显临床症状，多于体检或其他疾病的诊断过程中偶然发现，如息肉位于胆囊口导致胆汁淤积，可出现呕吐、黄疸等症状。

### （三）诊断

1. 临床检查

（1）血液学检查。全血细胞计数和生化检查均无显著异常。

（2）影像学检查。DR 片偶见胆囊位置出现 X 射线不透性结石。B 超扫查可见胆囊黏膜增厚呈不规则回声影像（图 11-3-11）。

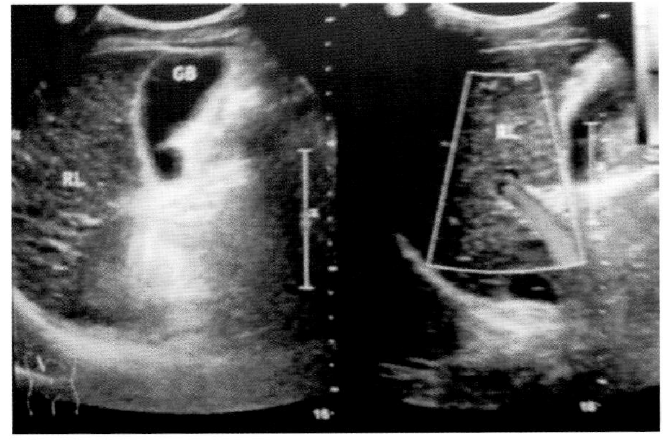


图 11-3-11 B 超检查胆囊息肉（董君艳 供图）

（3）组织学变化。胆囊息肉的重要特征是增生的黏膜上存在大小不等的囊肿，囊肿中大多含

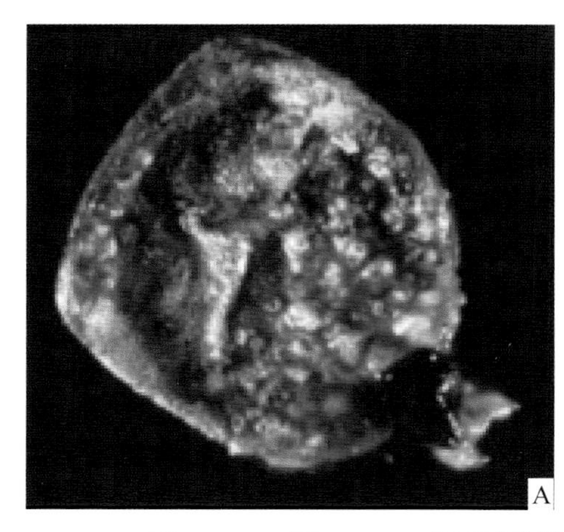


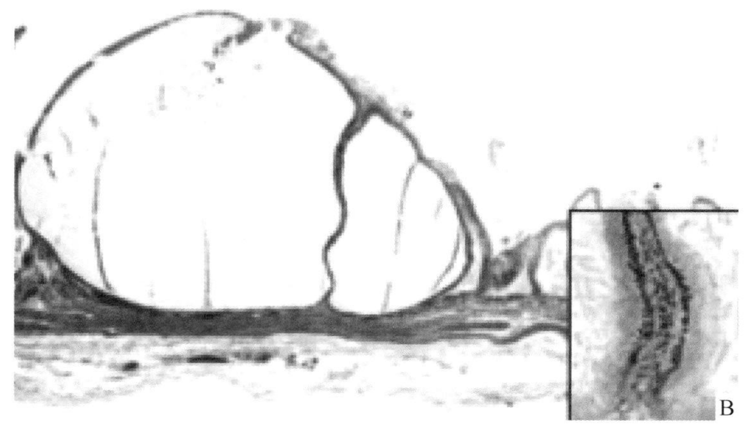


图 11-3-12、图 11-3-13　胆囊黏膜增厚且内含多个黏液囊肿（引自《兽医疾病病理学基础》第 5 版）

有丰富的黏液。多数内衬上皮细胞呈典型高柱状且游离端的细胞质中含有丰富黏液的胆囊上皮细胞（图 11-3-12、图 11-3-13）。

2. 诊断

根据腹部超声和胆囊影像学异常，以及组织病理学检查予以诊断。

### （四）治疗

针对慢性刺激的病因治疗，胆囊息肉需要手术切除。

## 四、胆汁淤积

犬胆汁淤积是多种因素导致的胆汁排泄不畅的慢性病理过程，通常无明显症状。

### （一）病因

常见于慢性胆囊炎、慢性胆管炎和胆道梗阻。

### （二）发病特点

胆汁淤积是一个缓慢的可逆的胆汁逐渐积聚的过程，如果去除病因，可恢复胆汁的正常排泄（图 11-3-14）。

图 11-3-14　患犬胆汁淤积（许远靖 供图）

### （三）临床症状

初期无明显的症状，重者表现类似于胆道梗阻的症状，精神沉郁，食欲下降，呕吐和黄疸等。

### （四）诊断

1. 临床检查

（1）血液学检查。白细胞正常或轻度升高，血清 ALT、ALP、GGT 或 TBIL 升高。

（2）B 超检查。可见胆囊扩张、胆汁回声增强（图 11-3-15、图 11-3-16）、结石、胆道肿物，以及弯曲而扩张的胆道等变化。

2. 诊断

根据既往病史、临床示病性及检查结果予以诊断。

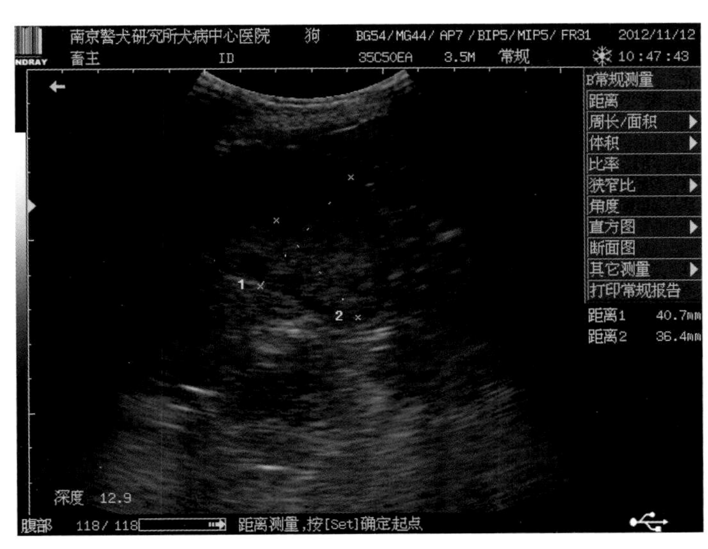

图 11-3-15 B超检查弥散性胆泥（董君艳 供图）

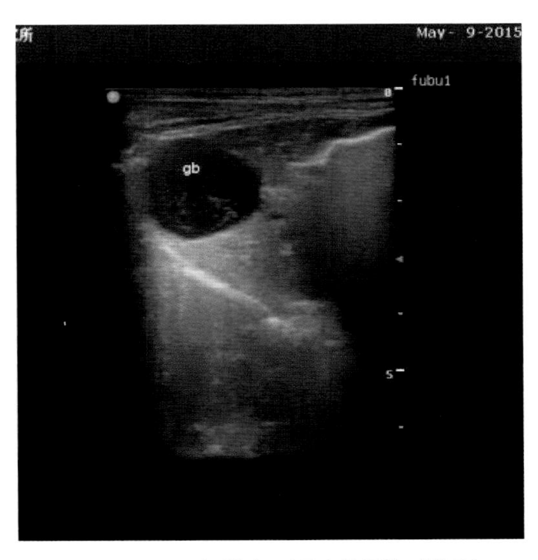


图 11-3-16 B超检查胆泥（董君艳 供图）

（五）治疗

（1）对因治疗。确定并治疗病因，必要时通过手术纠正。

（2）对症治疗。保肝利胆，促肝细胞生长因子0.5～1mL/kg，静脉或皮下注射，每天1次，连用3～5d；莫瑞加每次0.5片/4kg以下，1片/4～10kg，2片/10kg以上，口服，每天1～2次；熊去氧胆酸10～15mg/kg，口服，每天1次。

## 五、胆囊结石

胆囊内由沉淀的胆汁成分胆固醇、胆红素和钙盐形成的结石，胆管结石主要在胆管形成，也可从胆囊到达胆总管。

（一）病因

犬的胆结石多由于胆囊、胆总管及十二指肠的胆管开口处的炎症，使胆汁从胆囊向胆总管排泄不良、胆汁滞留所引起。胆汁浓缩成胆泥蓄积于胆囊内。

（二）发病特点

多发于2岁以上的犬，常因其他疾病或体检时被偶然发现。

（三）临床症状

临床症状因结石大小而异，多呈无症状经过。如有感染或结石引起胆道阻塞，胆汁不能排泄到十二指肠则会出现黄疸（图11-3-17）、精神不振、步态异常、呕吐、体重下降等。

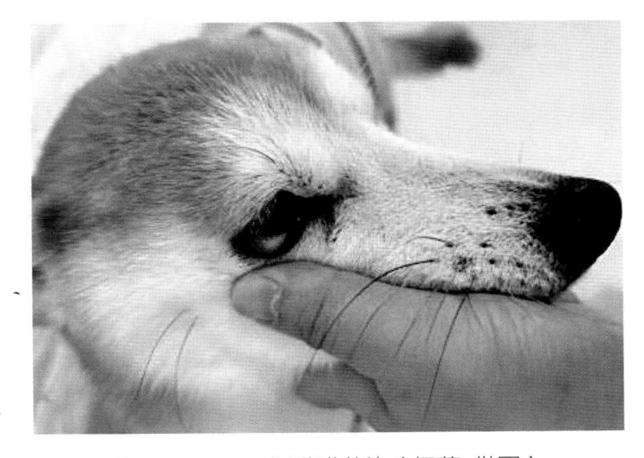
图 11-3-17 可视黏膜黄染（杨蕾 供图）

（四）诊断

1.临床检查

（1）血液学检查。该病很少出现实验室检查的异常，往往有肝外胆管阻塞时血清碱性磷酸酶升高，并伴有总胆红素升高。

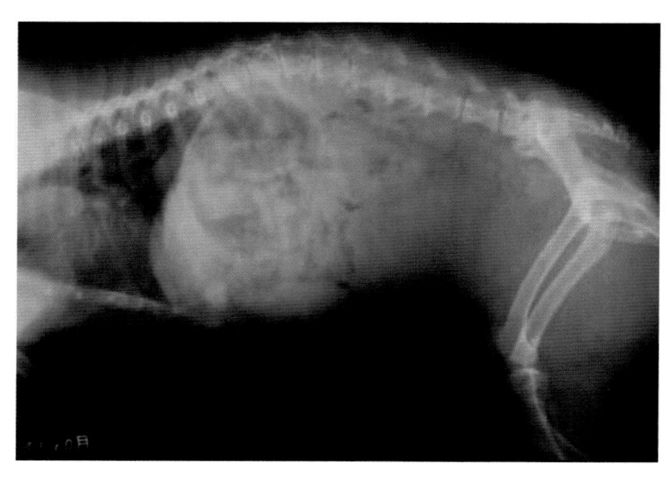

图 11-3-18　X 射线检查腹前部有高密度结石影像
（董君艳 供图）

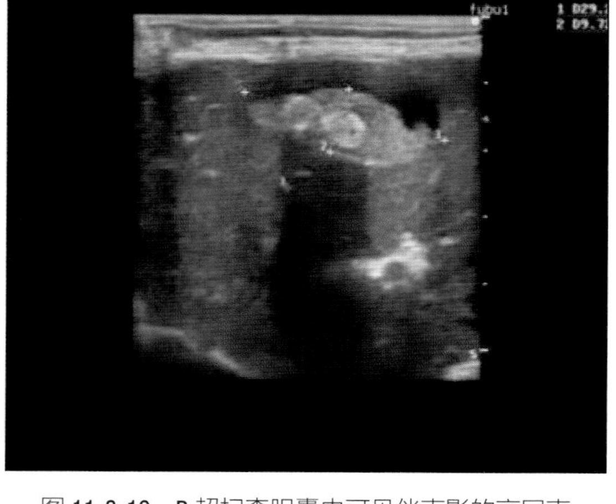

图 11-3-19　B 超扫查胆囊内可见伴声影的高回声
（董君艳 供图）

（2）影像学检查。约50%的病犬，侧位片腹前部X射线不透射性影像（图11-3-18），B超扫查可见胆囊内或胆总管内高密度回声（图11-3-19、图11-3-20）。

2. 诊断

根据临床表现及影像学检查结果予以诊断。

### （五）治疗

对于小结石，投给排石药物的同时，投喂熊去氧胆酸10mg/kg，口服，每天1次；胆囊内或胆总管内的结石，行胆囊切除术。饲喂低蛋白、低胆固醇为主的食物。

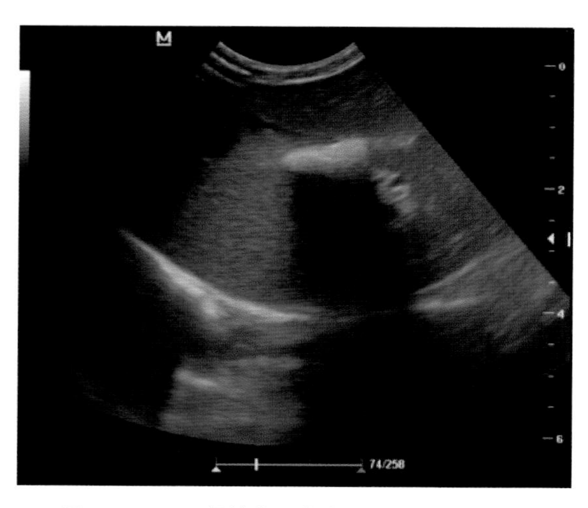

图 11-3-20　B 超检查胆囊内高回声界面伴声影
（袁雪梅 供图）

## 六、犬胆囊黏液囊肿

该病是胆囊内含有强黏着力的黏蛋白胆汁积累过多，使胆囊膨胀并扩展到胆管。浓缩的胆泥导致不同程度的胆道梗阻、胆囊缺血而继发坏死性胆囊炎。多发生于年龄较大的中、小型犬。

### （一）病因

尚不清楚，胆汁淤积、高血脂、高胆固醇血症、胆囊运动障碍，以及或可引起胆囊黏液分泌过多的库欣氏病、甲状腺功能减退、炎症性肠道疾病等均可继发该病。遗传因素表明喜乐蒂牧羊犬为易患品种。

### （二）发病特点

表现出介于急性胆囊炎和慢性坏死性胆囊炎并发胆囊破裂之间的病理变化，患有甲状腺机能减退或肾上腺皮质机能亢进的犬发病率较高，胆囊壁过度扩张最终可能出现胆囊壁压迫性坏死或胆囊破裂。

### （三）临床症状

病初无明显症状，间歇性腹痛或腹肌僵硬、食欲减退、呕吐、多饮，如发生胆汁淤积性腹膜炎则可能导致昏迷。

### （四）诊断

1.临床检查

（1）超声检查。可见胆囊呈典型的猕猴桃征（图11-3-21），胆囊壁增厚（图11-3-22至图11-3-24）。如果胆囊壁失去连续性，可见胆囊周围有游离液体，胆囊壁附近有高回声脂肪，或胆囊管腔外有条纹状回声物质，表明胆囊黏液囊肿破裂。

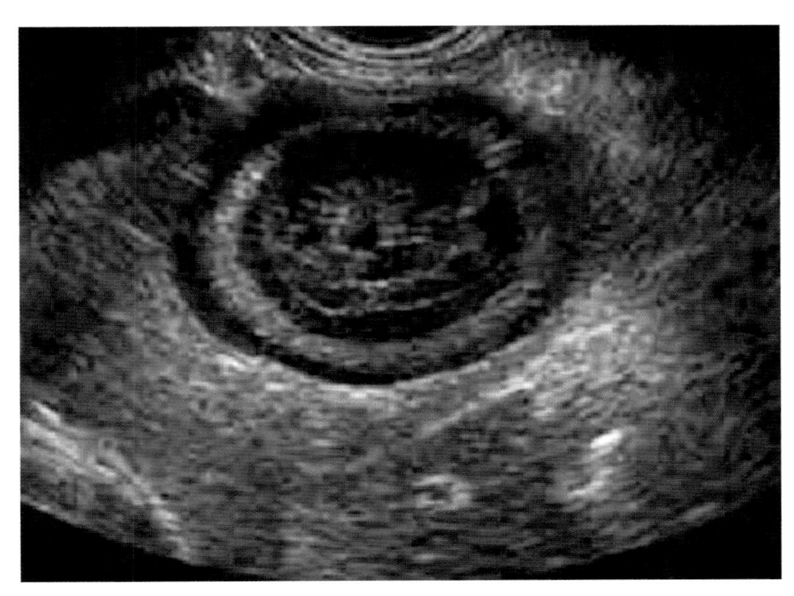

图11-3-21 B超检查胆囊呈典型猕猴桃征（董君艳 供图）

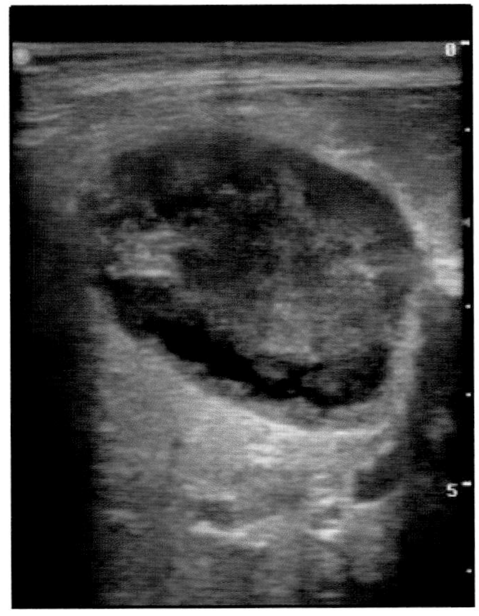

图11-3-22 B超检查胆囊腔内不规则回声（董君艳 供图）

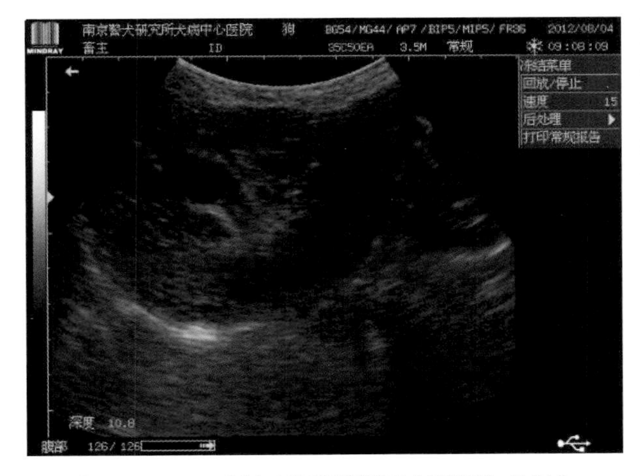


图11-3-23 B超检查胆囊壁增厚（董君艳 供图）

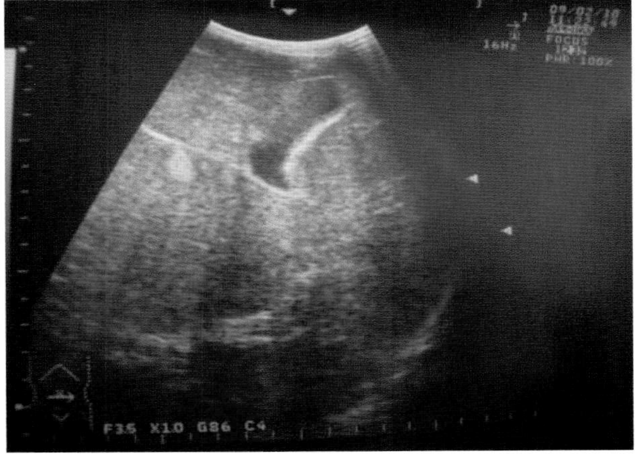


图11-3-24 B超检查胆泥伴胆囊壁增厚（董君艳 供图）

（2）生化检查。血清ALT、AST、GGT、ALP均有明显升高，血清甘油三酯和胆固醇升高。

2.诊断

结合临床症状、实验室检查，以及影像学胆囊内有不规则回声可确诊。

### （五）治疗

行胆囊切除术，术前、术后冲洗胆管确保通畅，防止凝结的胆汁阻塞胆管（图11-3-25、图11-3-26）。即便胆囊黏液囊肿破裂发生感染，因胆汁、肝脏和网膜的粘连以及腹膜炎的局限性，

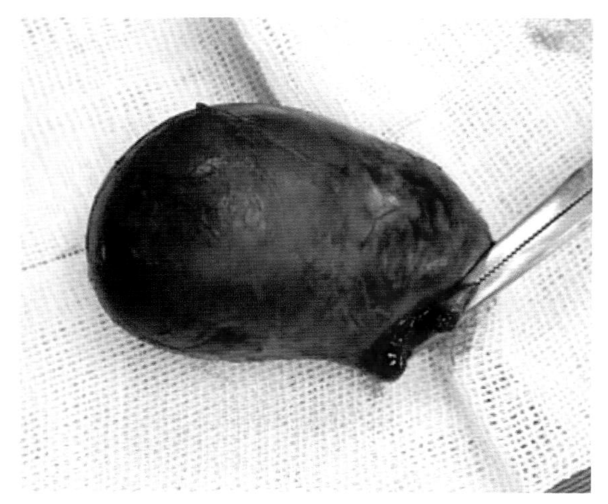

图 11-3-25　患犬切除的胆囊（顾安斌　供图）

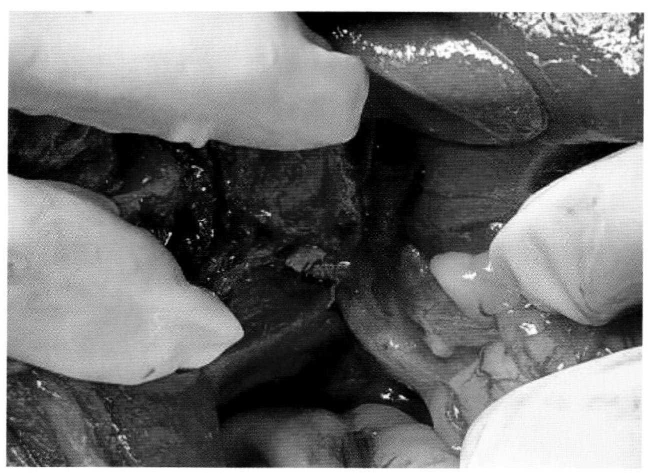

图 11-3-26　患犬结扎、缝合后的胆囊和胆总管（顾安斌　供图）

其预后仍然良好。

## 七、胆囊和胆管癌

犬胆管系统肿瘤包括胆囊和胆管肿瘤，胆囊肿瘤多为恶性肿瘤，约占胆道肿瘤的2/3，原发性胆管癌较少见。

### （一）病因

胆管癌病因尚不十分清楚，已发现与胆道慢性炎症、胆管胆囊结石、肝片吸虫的刺激有关，溃疡性结肠炎、门静脉系统慢性菌血症等均能诱发胆管癌。

### （二）发病特点

多数胆管系统肿瘤临床表现缺乏特异性，早期诊断难，确诊时肿瘤多已属晚期，且胆管癌通过淋巴管和胆道可迅速转移到整个肝脏，其致命性强，无有效治疗方法。

### （三）临床症状

病初表现胆囊炎和胆石症的症状，后期出现呕吐、黄疸、发热、右前腹肿块或腹水（图 11-3-27）。老龄犬类有似胆囊炎症状时，应考虑胆囊癌的可能。

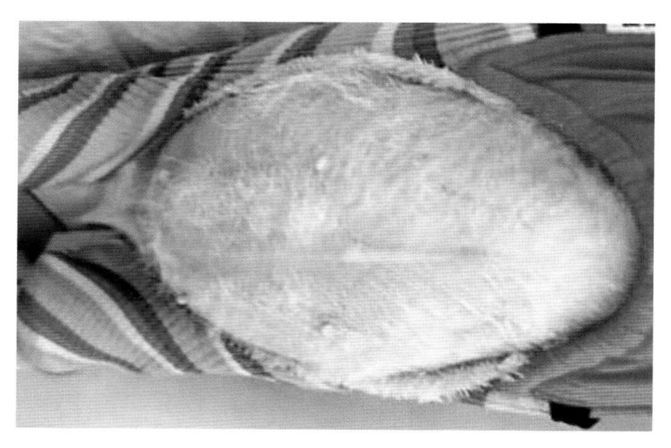

图 11-3-27　患犬腹水，皮肤黄染，腹围增大（杨蕾　供图）

### （四）诊断

1. 临床检查

肿瘤通过体检发现，并通过超声引导活检作出诊断。肝脏通常表现肿大或萎缩。

（1）影像学检查。超声可见肝内、外胆管扩张或肿块部位。直接胆道造影能显示胆管肿瘤生长部位，但均不能确定良、恶性病变，最后诊断仍依赖逆行胰胆管造影（ERCP）时活检或术后病理检查。

（2）血液生化检查。血清总胆红素（TBIL）、直接胆红素（DBIL）、碱性磷酸酶（ALP）和

γ-谷氨酰转移酶（γ-GT）均显著升高，而血清转氨酶ALT和AST轻度异常。

2.诊断

胆管癌可通过超声扫查、CT或直接的胆道造影来确定，明确诊断需行活检。

（五）治疗

（1）胆囊癌以手术为主，其预后主要取决于肿瘤的发展与分期及手术方式有关，单纯胆囊切除手术适用于早期，切除范围包括完整的胆囊切除，楔形切除胆囊床2~3cm的肝组织，并清除区域淋巴结。

（2）胆管肿瘤取决于病因和肿瘤情形，此类肿瘤不能被完全切除，需要建立胆汁引流旁路，化疗有时能缓解部分症状。

## 八、犬胆管梗阻

犬肝外胆管梗阻是由于管腔外压迫或管腔内梗阻性病变引起的胆总管梗阻。常见于胰腺或近端十二指肠肿瘤所致，犬的胆管肿瘤发生率很低。胰腺、十二指肠或胆总管严重炎症或胆石症也可引起。

（一）病因

最常见的原因之一是胰腺炎，由于胰腺肿胀、水肿、纤维化或脓肿的压迫，胆管在十二指肠入口处发生阻塞。胆囊结石、胆道肿瘤、胆管炎或胆囊炎也是致病因素。

（二）发病特点

雪纳瑞犬因胰腺炎发病率较高而被列为多发品种。

（三）临床表现

厌食、抑郁、呕吐、黄疸、腹痛，或肝脏肿大，胆管阻塞会引起脂肪吸收障碍而出现脂肪痢；因脂肪吸收障碍导致脂溶性维生素K缺乏而呈出血素质。

（四）诊断

（1）血液学检查。完全胆道梗阻血清ALKP和ALT活性升高，空腹血清胆汁酸和胆红素浓度高度上升，血清GGT活性升高提示胆汁淤积严重。

（2）影像学检查。胆囊梗阻或黏液囊肿形成时，胆囊增大（图11-3-28），出现位于肝脏尾侧软组织肿块；犬胆总管正常直径<4mm，如胆总管扩张其直径>5mm，梗阻附近的胆管膨胀和弯曲（图11-3-29、图11-3-30）为该病的征象。

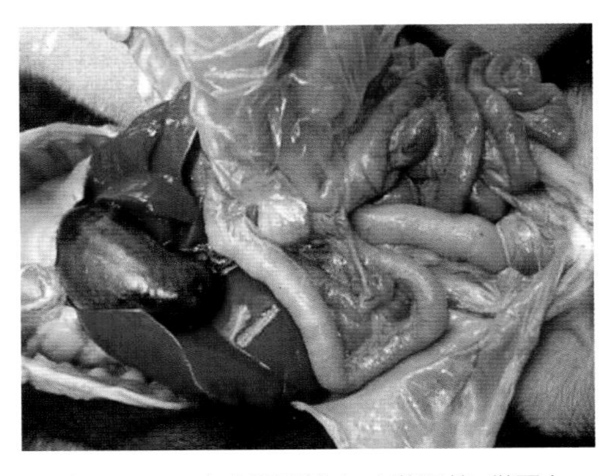

图11-3-28　患犬胆囊增大（董君艳 供图）

（五）治疗

（1）对于患有胆道梗阻的犬，需要外科和内科联合治疗。选择氨苄西林舒巴坦钠或甲硝唑和氟喹诺酮或氨基糖苷类药物。有条件的可以通过胆汁的细菌培养而选择敏感药物。

（2）因慢性梗阻胆管充分扩张，可行胆总管十二指肠端侧吻合术，尽量在靠近十二指肠入口处结扎胆管，优于胆囊造口术。

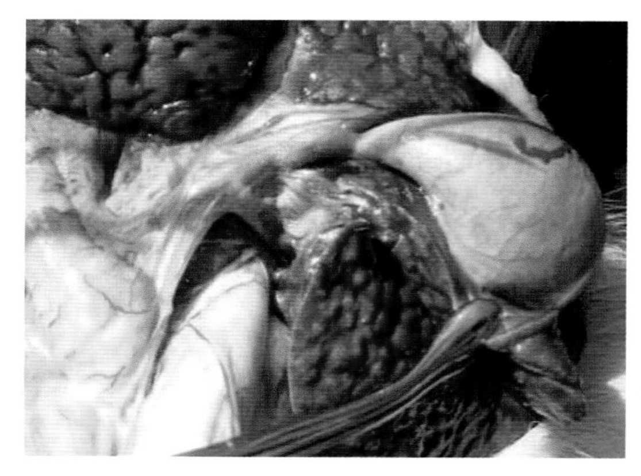

图 11-3-29　患犬胆总管扩张（董君艳 供图）

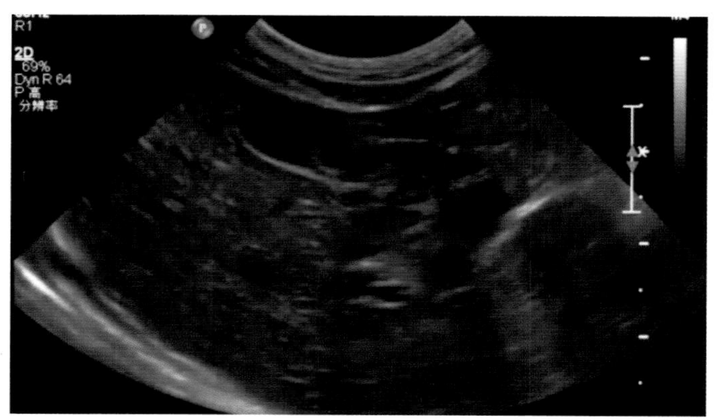


图 11-3-30　B 超检查胆管扩张影像（袁雪梅 供图）

# 第十二章

## 犬骨科疾病

# 第一节　前肢疾病

## 一、肩胛骨骨折

### （一）病因

常见于车祸、咬伤、高空坠落或其他钝性外伤。

### （二）发病特点

由于犬肩胛骨特殊的解剖构造和所在身体的位置，肩胛骨骨折并不常见。一方面，肩胛骨与胸壁有一定空间，可吸收撞击能量；另一方面，它被大量的肌肉包裹，不易骨折。即使发生骨折，肌肉组织限制了骨碎片的运动，并提供重要的血液供应。肩胛骨含大量松质骨，愈合能力强。肩胛骨骨折意味着受到了相对强烈的冲击，必须对患犬进行全面彻底的检查，检查患犬是否同时存在外伤、肋骨骨折等。邻近的臂神经丛也常受到损伤，应对周围神经系统进行深入检查。

### （三）临床症状与病理变化

按骨折部位分为三种类型：肩胛骨体骨折、肩胛颈骨折、肩胛盂骨折。患肢跛行程度根据伤情表现不一，当发生肩胛骨纵向骨折时，跛行可能不太明显，因为犬使用患肢时骨折碎片移位很少，此类骨折通常对保守治疗反应良好。但是，肩胛盂和肩胛骨颈的骨折患犬通常表现为明显的跛行，这是由于患肢负重时，会产生的巨大移位而导致疼痛。

### （四）诊断

通过两次正交位X射线检查来诊断。侧位X射线检查时，由于解剖结构重叠可能会掩盖病变，不能提供足够的诊断信息，可增加内外斜位X射线检查。后前正位X射线检查时，犬仰卧，将患肢向头部牵拉。CT检查可获得更多诊断信息。

### （五）防治

根据骨折部位和犬年龄，肩胛骨骨折的治疗方法各不相同，通常使用骨板、针和钢丝进行固定。

大多数肩胛骨体骨折的移位程度不大，可采用手术或保守治疗，这取决于外科医生基于对骨折部位、技术难度等因素的综合考虑。

肩胛骨的厚度较薄，仅存在少量致密骨，螺钉固定后容易松动。实现螺钉牢固的最佳方法是将骨板放置在肩胛骨骨体和肩峰之间的连接区域上，斜向放置螺钉。这个区域形成了一个更厚的三角形骨，骨螺钉的锚定更牢固（图12-1-1至图12-1-3）。

在某些病例，如肩胛骨较薄的区域骨折，可以用钢丝进行固定。将钢丝穿过骨折线两侧的穿孔作为缝合点，骨折碎片不会分离，同时肌肉也可保持骨折两端对齐。钢丝固定主要用于肩峰纵向骨折或部分脱离。

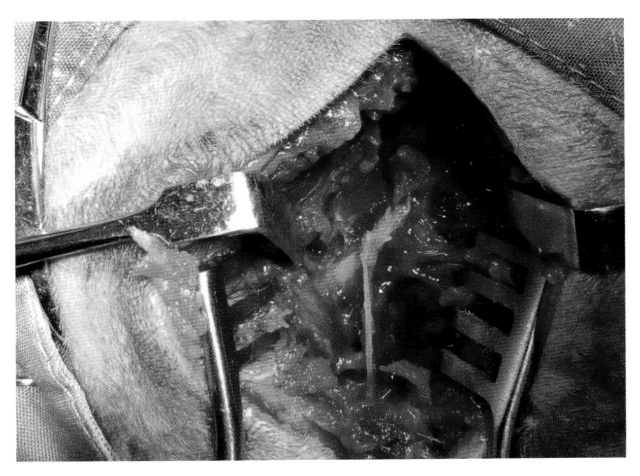

图12-1-1　一只5岁贵宾犬肩胛骨骨折内固定，分离肩胛骨周围肌肉，显露肩胛骨骨体骨折部位（徐晓林 供图）

## 二、肱骨骨折

### （一）病因

车祸、钝性创伤是犬肱骨骨折的常见原因。

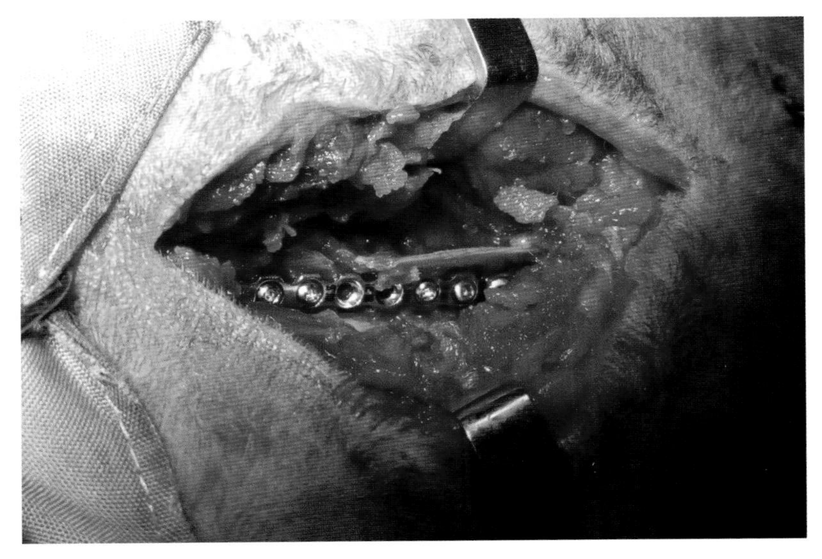

图12-1-2　一只5岁贵宾犬，使用骨板固定肩胛骨骨体骨折（徐晓林 供图）

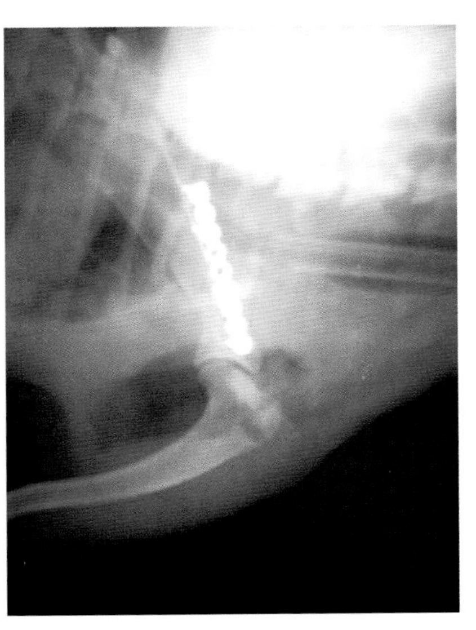

图12-1-3　肩胛骨骨体骨折采用骨板固定术后X射线检查（徐晓林 供图）

### （二）发病特点

在犬四肢长骨中，肱骨骨折的概率最小。据统计，大多数犬肱骨骨折位于中远端1/3处。在实际临床病例中，肱骨最常见的骨折部位是远端外侧髁骨折，其次是中远端1/3的斜骨折（图12-1-4至图12-1-6）。

### （三）临床症状和病理变化

肱骨骨折的患犬通常表现为患肢跛行、不负重、脚背触地、肩部下垂，这种姿势与桡神经麻痹相似（图12-1-7）。因此，在稳定骨折之前，必须先确认臂神经丛的完整性。可按压第2、第4脚趾，评估桡神经、尺神经和正中神经是否受损，检查时要防止骨折处活动引发疼痛，以免干扰判断。同时检查胸腔，排查是否存在气胸、血胸、肺挫伤等。

### （四）诊断

结合外伤病史、X射线检查综合诊断。

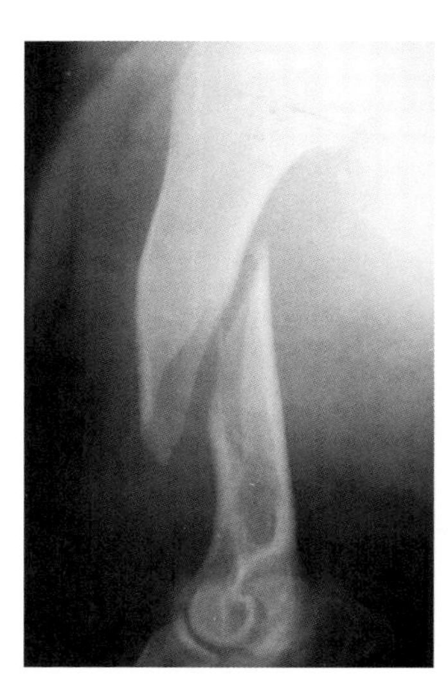

图 12-1-4 一只 4 岁松狮犬肱骨中段斜骨折（徐晓林 供图）

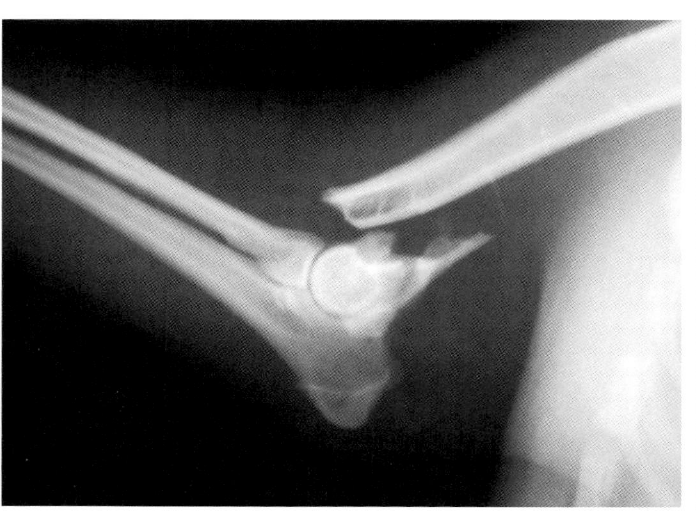

图 12-1-5 患犬肱骨干远端斜骨折（徐晓林 供图）

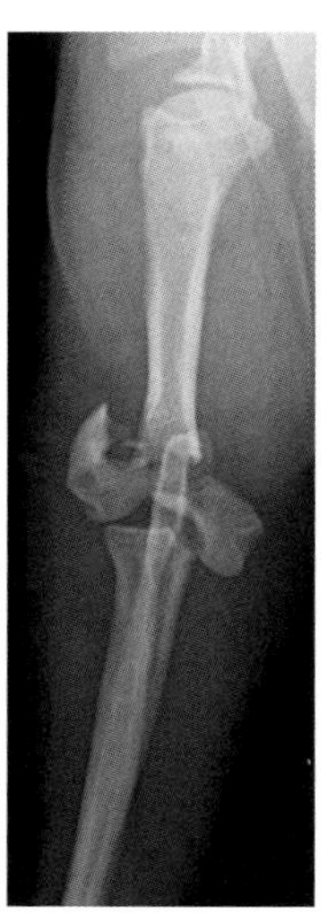

图 12-1-6 患犬肱骨远端内侧髁、外侧髁骨折（徐晓林 供图）

### （五）防治

只有充分了解犬肱骨的某些特征，才能更好地治疗肱骨骨折。首先，肱骨略弯呈“S”形，这一解剖特性意味着骨骼张力面的位置会随形状发生变化，在近端骨张力面位于头侧方向，而远端位于尾内侧；其次，肱骨髓腔呈现不均匀的宽度，在远端 1/3 处髓腔变窄；最后，臂神经丛紧贴肱骨内侧，必须考虑神经损伤风险。

图 12-1-7 一只 4 岁混种犬，肱骨骨折后，前肢脚背触地，注意检查神经损伤（徐晓林 供图）

由于解剖原因，肱骨近端被强大肌群包围，夹板或绷带外部固定通常不适用于治疗肱骨骨折，无论外包扎如何固定，都不可能阻止骨折部位的微运动，骨折处的正确固定也无法实现。当需要外包扎固定来增加额外支撑时，可以使用“人”字形绷带来固定。

肱骨干骨折占肱骨骨折的一半，大多数的肱骨骨折都需要进行手术治疗，骨板、髓内固定或外固支架都可以用于固定肱骨骨折。骨板是治疗肱骨骨折的最佳选择，除了肱骨两端骨折，几乎所有类型的肱骨骨折都可以使用骨固定骨板作为单一固定方式进行治疗。骨板应放置于骨的张力面，肱骨近端 1/3 张力面在头侧，在肱骨近端骨折时，骨板可放置于肱骨头侧面。在肱骨中段，根据骨折线延伸的方向和长度，骨板可放置于内侧，也可放置于外侧（图 12-1-8、图 12-1-9）。如果是长斜骨骨折需要放置较长骨板，可将骨板放于内侧面。所有骨板都可以放外侧面，但在外侧髁区域，骨板塑形要复杂得多（图 12-1-10）。在肱骨远端 1/3 处骨折时，可将骨板放置在内侧面，在这个区域对骨板进行塑形要容易得多。在远端骨折中，由于需要将螺钉放置在骨的最远端部分，因此，必须特别注意避免将螺钉插进髁间孔，否则将影响患犬肘关节的伸展能力。

髓内针固定只能用于幼犬的简单骨折，这种固定方式的旋转活动可以通过使用环扎钢丝来中

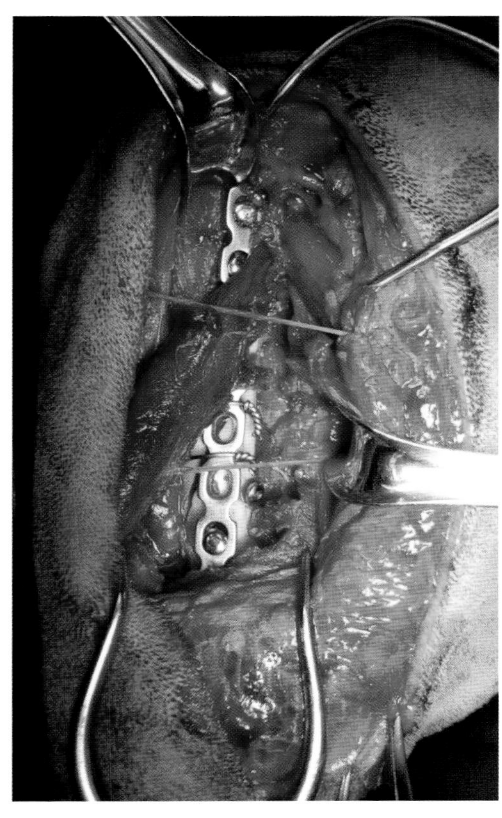
图 12-1-8 松狮犬肱骨骨折，使用骨板放置于外侧面进行内固定治疗（徐晓林 供图）

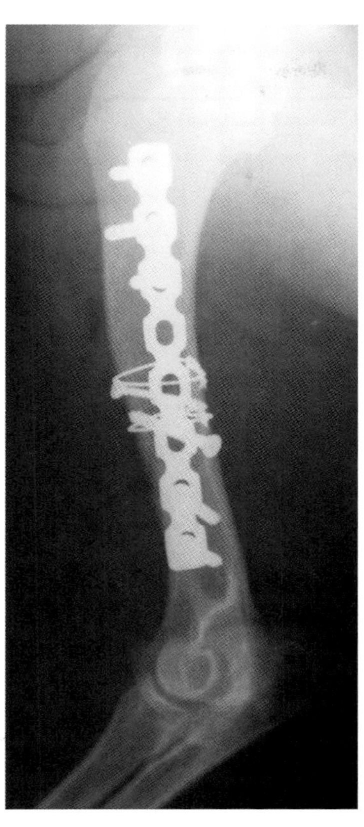
图 12-1-9 患犬肱骨骨折骨板内固定术后 X 射线检查（徐晓林 供图）

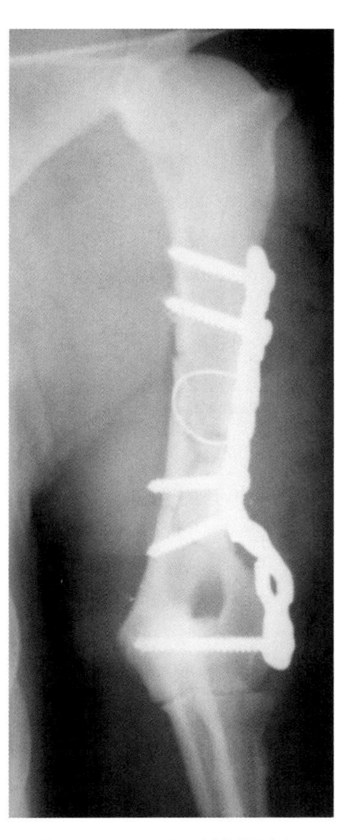
图 12-1-10 采用外侧骨板和钢丝环扎进行肱骨中段骨折内固定治疗（徐晓林 供图）

和。在粉碎性骨折中，除了旋转和弯折等不稳定性外，还必须考虑骨折部位轴向塌陷的可能性。在这些情况下，虽然理想的治疗方法是使用骨板进行固定，但如果充分利用不同固定方式的优点，并将它们充分结合，也可以起到不错的效果（图 12-1-10）。

肱骨远端骨折修复的难题是远端碎片没有足够的空间来放置足够数量的螺钉，医生必须根据每种骨折情况的具体特点来选择固定方法。成年犬肱骨远端骨折常见 Salter Ⅳ型骨折（图 12-1-11）。复位时，尽可能完美地对合，置入髁间拉力螺钉。可从髁间的骨折面钻滑动孔（图 12-1-12），关节面复位后，通过滑动孔作为引导钻螺纹孔，实现拉力螺钉的放置。骨板、髁间拉力螺钉、Rush 针、克氏针均可用于固定肱骨远端骨折（图 12-1-13、图 12-1-14）。累及关节的骨折，必须尽快治疗，关节面必须尽可能完美地重建，以减少继发性关节退变。正确恢复患犬关节功能的一个必要条件是尽快开始使用该关节，因此，必须实现最稳定的固定。

## 三、桡尺骨骨折

### （一）病因

车祸、咬伤、高空坠落等创伤是导致犬桡尺骨骨折的常见原因。

### （二）发病特点

据统计，犬桡尺骨是四肢长骨中仅次于股骨的第二常发生骨折的部位。通常桡骨和尺骨会同时骨折（图 12-1-15），因为它们的解剖位置很近。少数情况下，仅有桡骨和尺骨发生骨折（图 12-1-16、

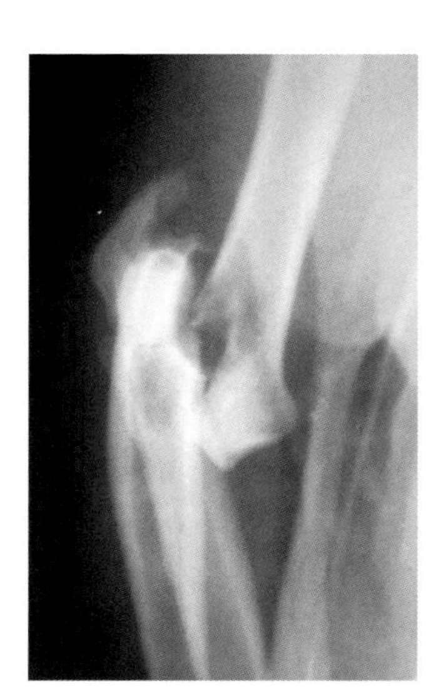
图 12-1-11　肱骨外侧髁骨折，Salter IV 型（徐晓林 供图）

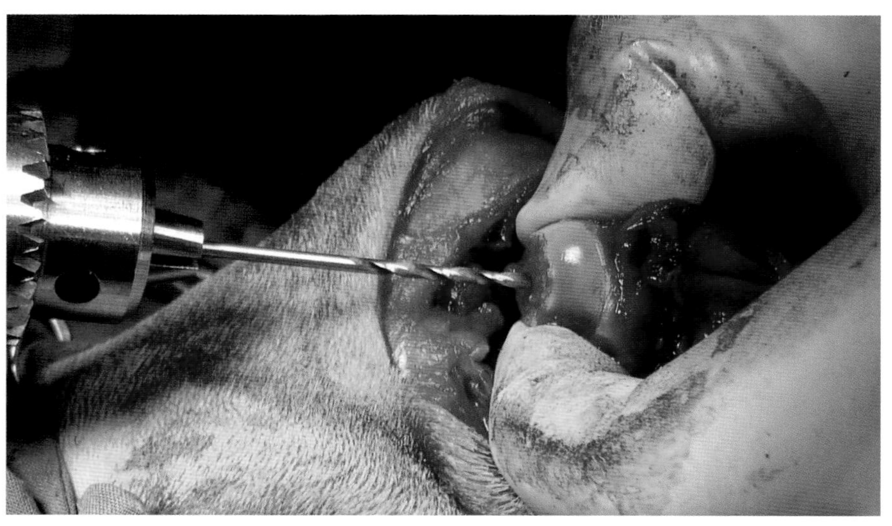
图 12-1-12　从髁间的骨折面，逆向钻滑动孔（徐晓林 供图）

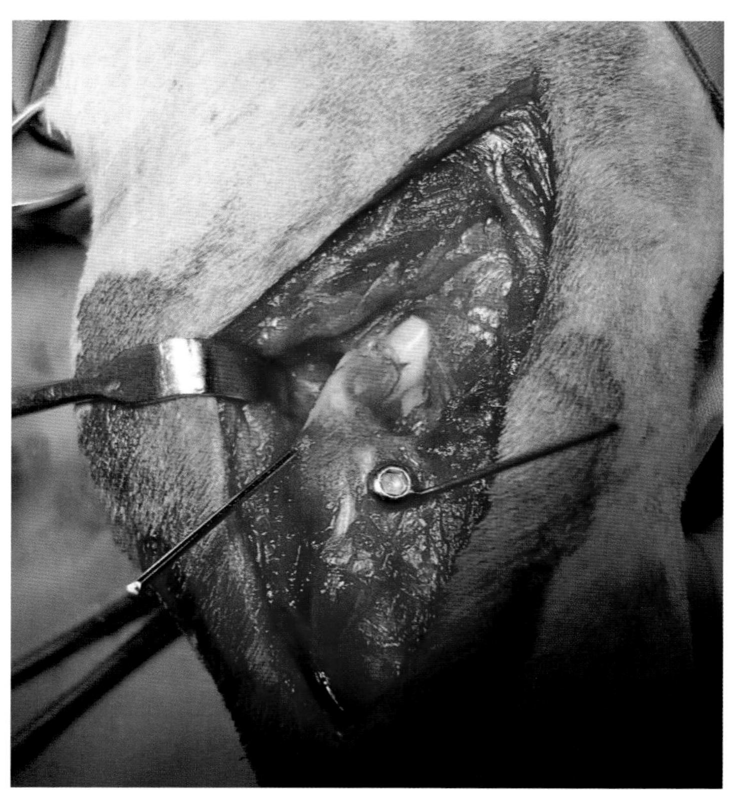
图 12-1-13　使用拉力螺钉和克氏针进行内固定（徐晓林 供图）

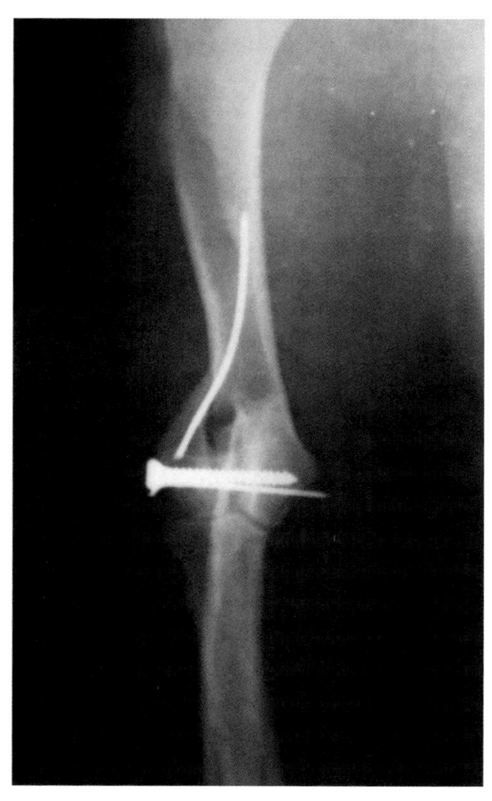
图 12-1-14　肱骨外侧髁骨折，拉力螺钉和克氏针内固定术后 X 射线检查（徐晓林 供图）

图 12-1-17）。

在解剖结构上，大多数犬的桡骨是一根直的扁平骨。个别软骨营养障碍品种，桡骨呈现轻微的弧度，选择治疗方法时，必须考虑到其临床影响（图 12-1-18、图 12-1-19）。

### （三）临床症状和病理变化

患犬患肢通常不能负重、跛行。玩具犬经常会在跳跃跌落后发生跛行、不负重而就诊。体格检

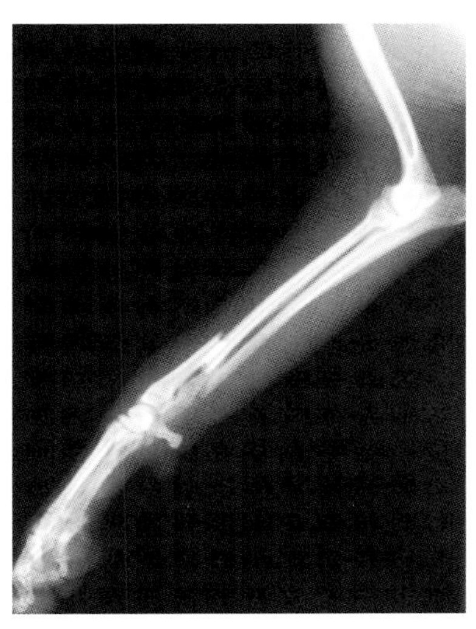

图 12-1-15 一只 3 岁贵宾犬，桡骨和尺骨在远端 1/3 处同时发生骨折（徐晓林 供图）

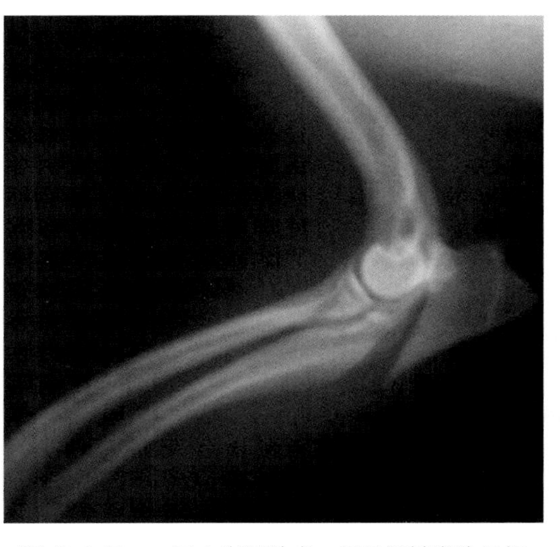

图 12-1-16 一只 1 岁混种犬，尺骨近端发生骨折（徐晓林 供图）

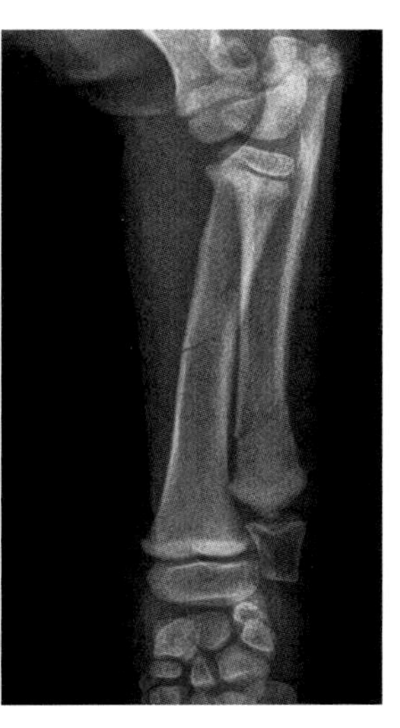

图 12-1-17 幼龄犬桡尺骨不完全骨折，骨折错位不明显（徐晓林 供图）

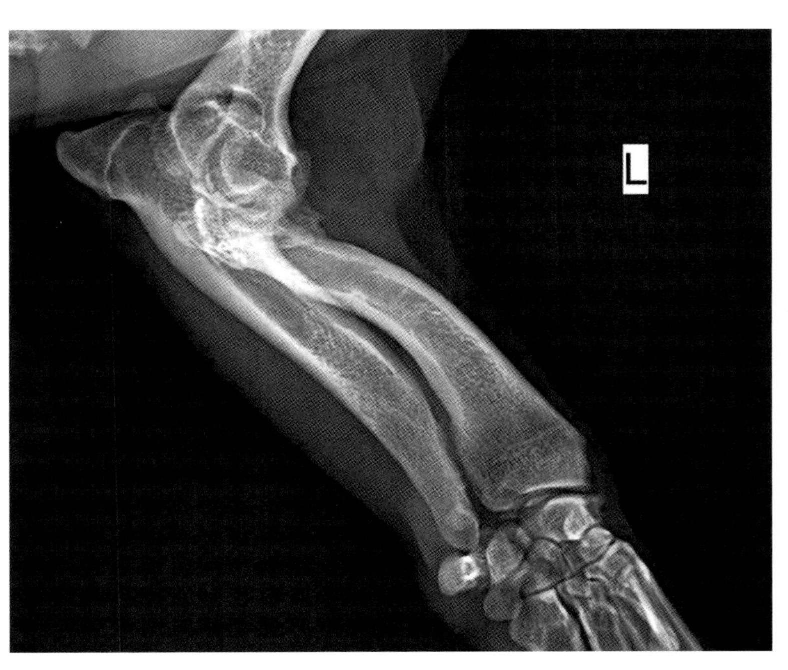


图 12-1-18 软骨营养障碍品种威尔士柯基犬，桡骨弧度较大，肘关节半脱位（徐晓林 供图）

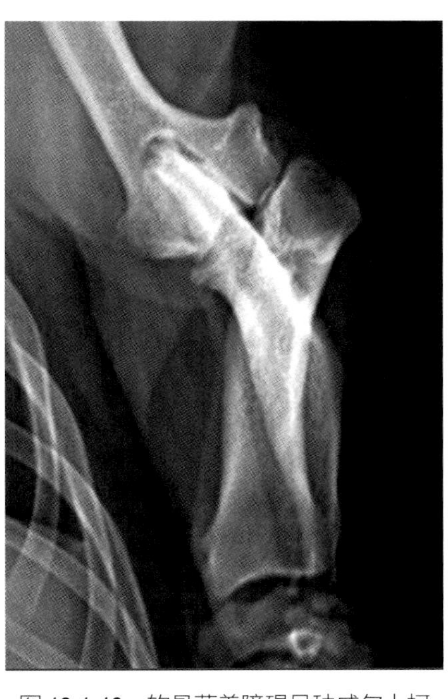

图 12-1-19 软骨营养障碍品种威尔士柯基犬，肘关节半脱位（徐晓林 供图）

查触诊患肢会发现肿胀、疼痛和骨摩擦音。骨折可能是开放性的，周围软组织可能丢失或被破坏。患犬经常会因疼痛有异常的本体感受反应，注意检查神经损伤。

### （四）诊断

在镇定或全身麻醉下进行X射线检查，拍摄患肢的前后位和侧位X射线片（包括肘关节和腕关节），以评估骨骼和软组织损伤情况。

### （五）防治

桡骨近端是肱骨关节面，远端是桡腕关节面，再加上骨髓腔直径较小，因此，髓内固定完全不适合用于桡骨骨折。桡骨的张力承受力面在头侧，而软骨营养障碍品种的张力面在远端1/3略偏向内侧。尺骨可使用髓内针固定。大多数情况下，尽管桡骨和尺骨会同时骨折，但只需稳定桡骨就足够了，因为几乎100%的轴向负重都通过桡骨传递。桡骨稳定后，尺骨几乎不会发生活动，不需要固定即可愈合。在某些情况下，仅固定桡骨骨折不能完全稳定骨折时，固定尺骨可提供更大的稳定性（图12-1-20、图12-1-21）。

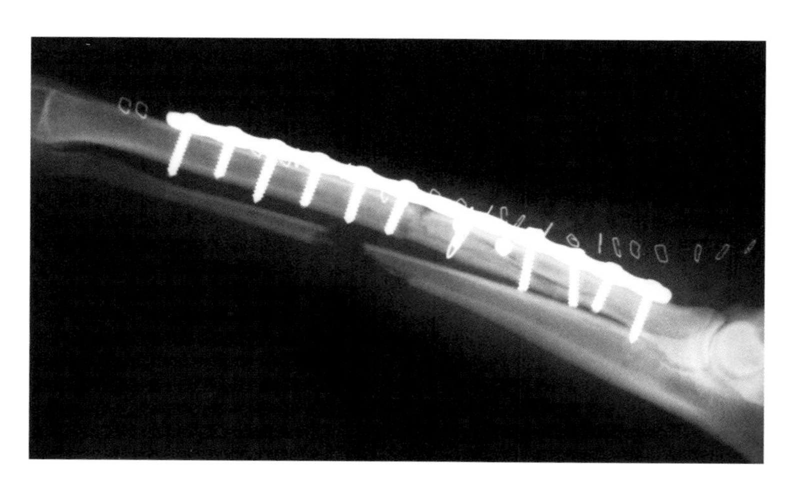

图 12-1-20　一只1岁灰猎犬，桡尺骨中段骨折，使用骨板固定桡骨，尺骨未进行固定（徐晓林 供图）

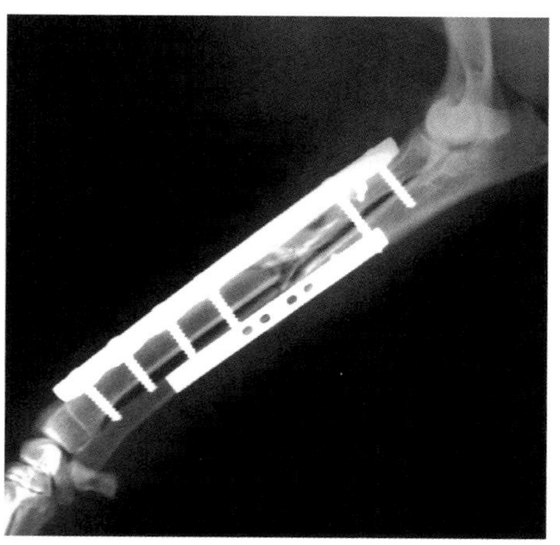

图 12-1-21　一只3岁拉布拉多犬，桡骨粉碎性骨折，桡骨和尺骨都采用骨板进行固定（徐晓林 供图）

桡骨可以接受除髓内固定的其他固定方式，而尺骨髓内固定最常用，在少数情况下会用到骨板等其他方法。此外，由于桡尺骨周围肌肉少，而且外包扎可以达到有效固定两个关节的可能性，因此，绷带夹板外固定偶尔可以用于治疗某些尺桡骨骨折。但事实上，可以保守治疗的桡骨和尺骨骨折很少，必须是年轻犬的高度稳定的骨折才适合选择保守性治疗，快速愈合的能力可弥补骨折稳定性的缺乏。尺骨干单独骨折也可以使用外固定治疗。当仅有桡骨干骨折，尺骨完整性起到了内夹板的作用，大大减少了骨折部位的活动，尤其是在轴向负重时。如果尺骨没有骨折，保守治疗的可能性会大大增加。

对于稳定性较好的桡骨和尺骨骨折，绷带或配合硬质夹板可提供足够的支撑和保护。这些包扎方式都是基于轻型罗伯特-琼斯绷带，该类型绷带需要覆盖整个前臂，从远端直到肘关节以上。先用棉垫料再用绷带进行包扎，但应避免使用过多的棉垫填充物，否则会导致骨折部位的轻微移动，对骨痂的形成产生不良影响。在绷带外再使用硬性夹板，可提供更大的稳定性。夹板有很多种，可使用玻璃纤维绷带或商品化铝制、塑料夹板，玻璃纤维绷带使用方便，可根据犬种不同进行调整。使用棉质衬垫能很好地保护边缘，以避免摩擦引起的皮肤损伤（图12-1-22、图12-1-23）。

桡尺骨周围的肌肉并不是特别发达，主要是远端1/3处的肌肉量相对缺乏，导致愈合速度慢，这也使得该区域骨折的治疗更加困难。因此，当桡骨远端1/3处的简单骨折必须稳定时，应始终选择具有很好稳定性的固定系统，尤其是成年小型犬（图12-1-24、图12-1-25）。

尺骨骨折使用髓内针固定时，可以采用顺向方式从鹰嘴进针，切开尺骨尾侧的一个小切口，骨折可以完全复位，一旦通过远端碎片的髓腔将针引入尺骨茎突，就可以继续插入针，直至将其锚定在尺骨茎突。对于迷你型犬或软骨营养障碍品种，由于尺骨细、弯曲，可以逆行方式入针（图12-1-26、图12-1-27）。

外固定支架可以用于桡尺骨骨折的治疗，与骨板固定相比，外固定支架的主要优点是可以在不开放骨折部位的情况下植入固定物，软组织损伤小，可用于开放性骨折和大量软组织损伤或丢失的骨折病例（图12-1-28）。

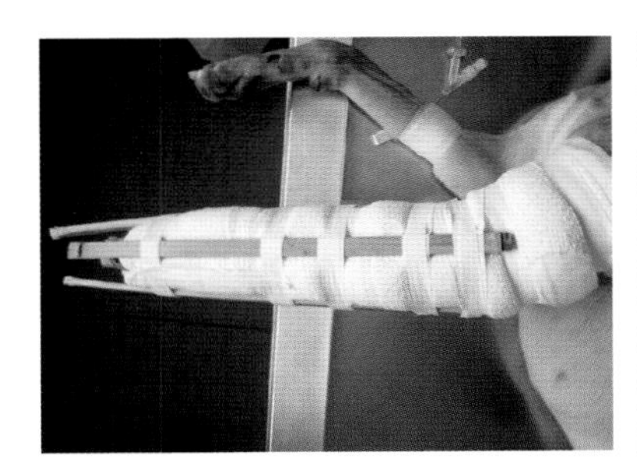

图 12-1-22 使用绷带和夹板固定患犬桡尺骨（徐晓林 供图）

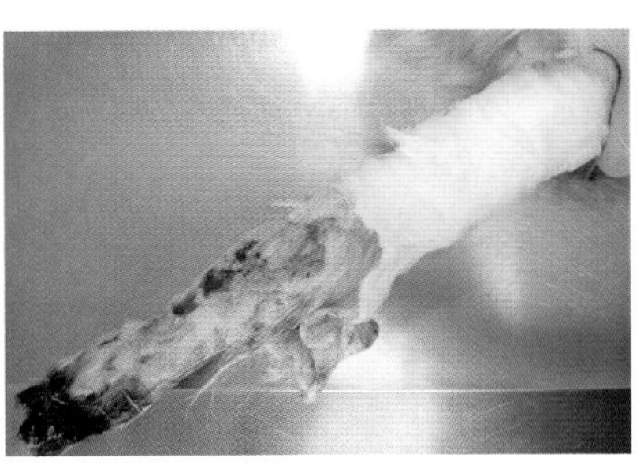

图 12-1-23 不恰当的外包扎固定导致患犬皮肤或软组织损伤、坏死（徐晓林 供图）

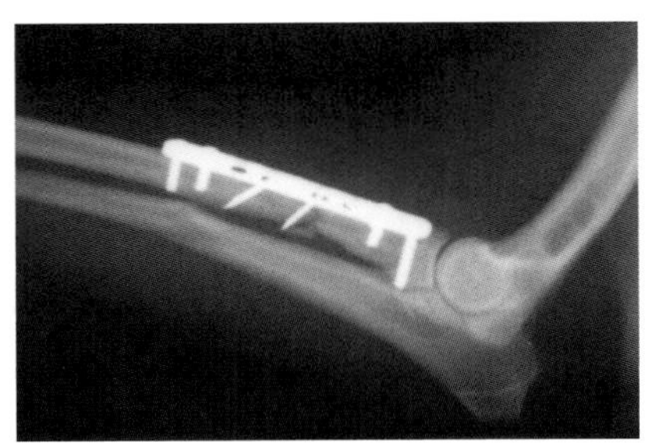

图 12-1-24 桡骨近端骨折采用骨板进行固定（徐晓林 供图）

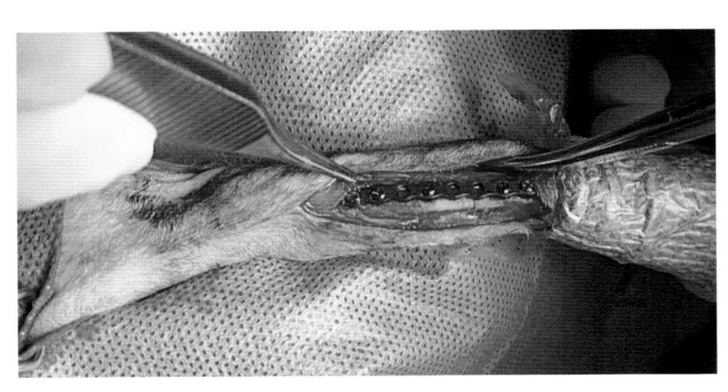

图 12-1-25 迷你贵宾犬桡尺骨远端骨折，使用骨板进行内固定治疗（徐晓林 供图）

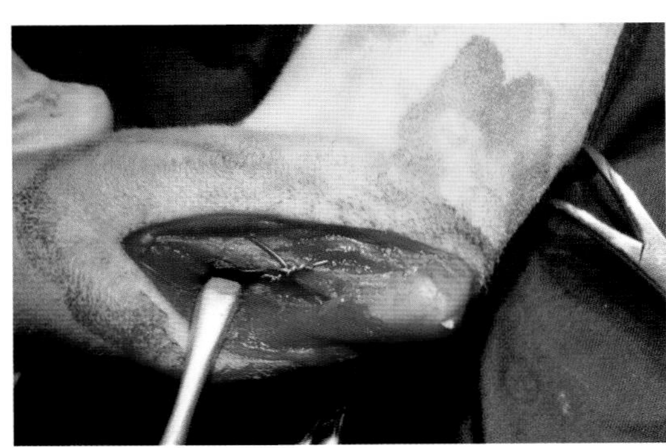

图 12-1-26 尺骨近端骨折，使用髓内针和"8"字张力带钢丝进行固定（徐晓林 供图）

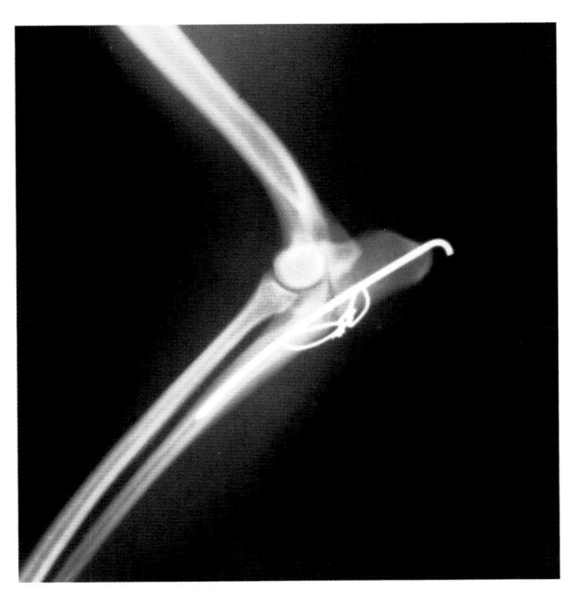

图 12-1-27 术后 X 射线检查（徐晓林 供图）

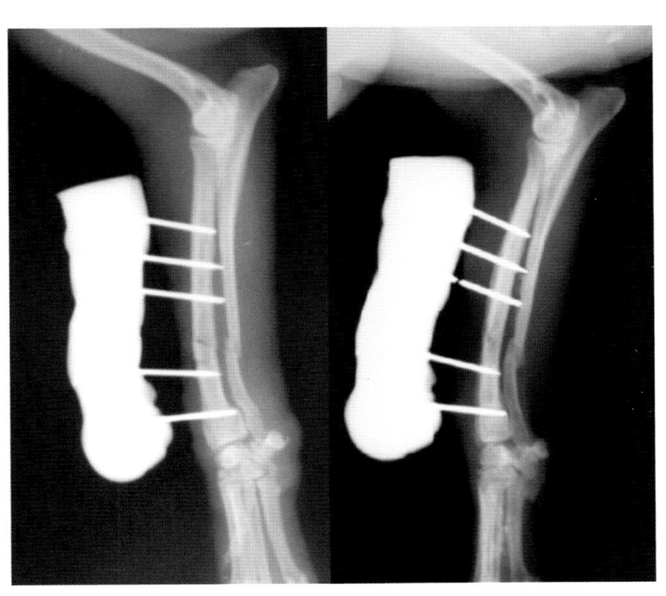

图 12-1-28 桡骨外固定支架治疗（徐晓林 供图）

## 四、掌骨、指骨疾病

### （一）病因

通常由外力直接对爪部的打击，或者爪部过度伸展性损伤所致。

### （二）发病特点

犬掌骨骨折在掌骨各骨都可能发生（图12-1-29）；基部撕裂性骨折最常见于第Ⅱ和第Ⅴ掌骨；掌指关节或指间关节脱位一般见于工作犬或赛犬。

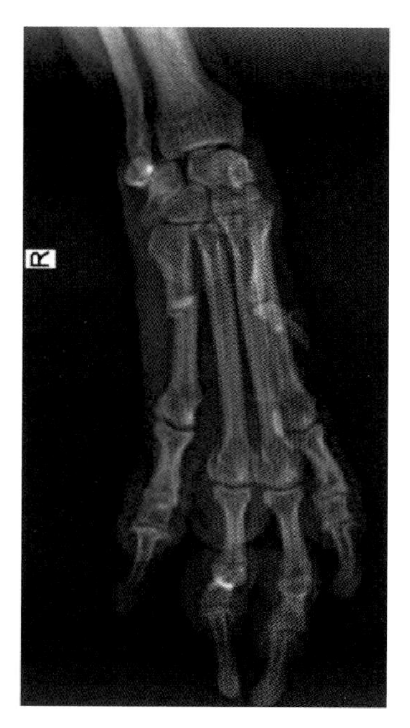

图 12-1-29　一只5岁约克夏犬第Ⅴ掌骨骨折，其他掌骨未受影响（徐晓林 供图）

### （三）临床症状和病理变化

一般会有创伤史，犬呈急性非负重性跛行病史，跛行可能会减轻，但运动后会加重。体格检查触诊会发现骨折周围的软组织肿胀，能触诊到骨摩擦音，或观察到爪部畸形。触诊时动物会表现疼痛。

### （四）诊断

结合病史、体格检查、X射线检查进行诊断。

### （五）防治

四块掌骨彼此平行，紧密接触，单独骨折时，相互都是彼此的内部夹板。骨折通常发生在远端1/3处。掌骨骨折时，外科医生须判断是否必须进行外科手术治疗，如果采用保守治疗，则需要提供足够的稳定性以实现正确的固定。掌骨骨折手术治疗可采用外固定包扎、骨板、髓内针或外固定支架（图12-1-30）。单独掌骨骨折，相对稳定，不易发生严重错位，恰当的保守性治疗，可达到令人接受的效果。对于不稳定的掌骨、指骨骨折或脱位，早期手术修复的结果好于闭合式复位和夹板固定，因为慢性不稳定会造成退行性关节疾病和不大理想的功能。指端肿物经实验室细胞学和组织病理学检查后，可进行截指手术治疗（图12-1-31、图12-1-32）。

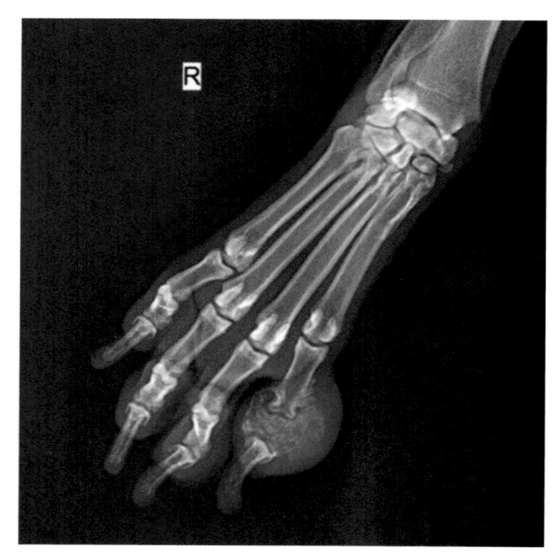

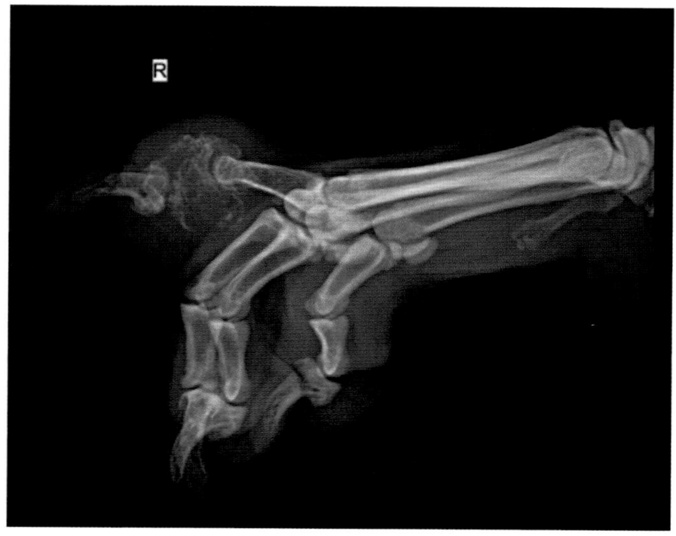

图 12-1-30　一只9岁拉布拉多犬第Ⅱ指骨骨肉瘤及术后外固定支架治疗（徐晓林 供图）

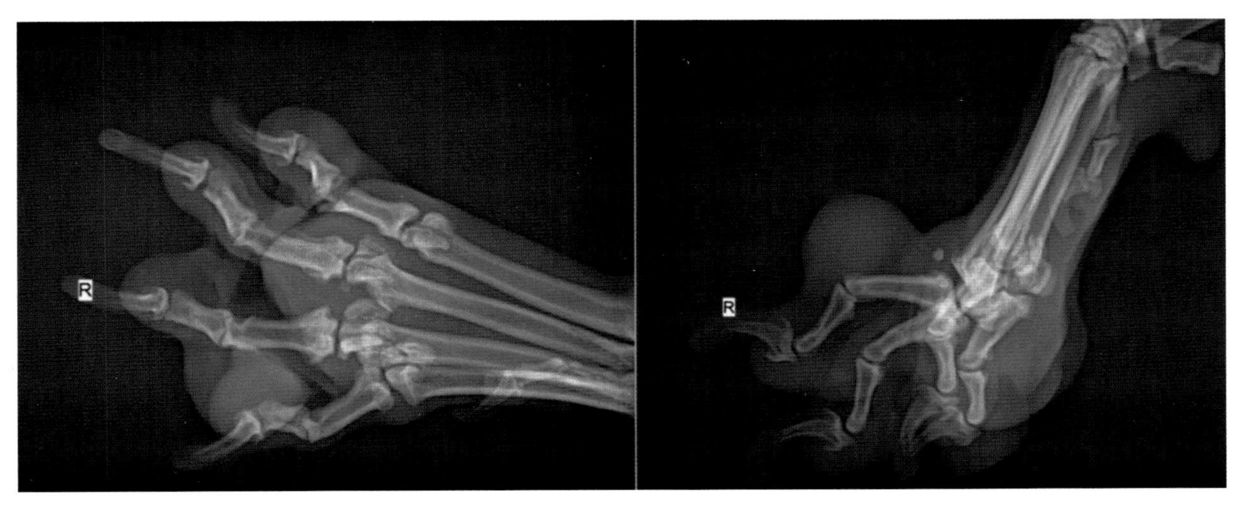

图 12-1-31　一只 7 岁金毛犬第Ⅱ指纤维瘤 X 射线检查（徐晓林 供图）

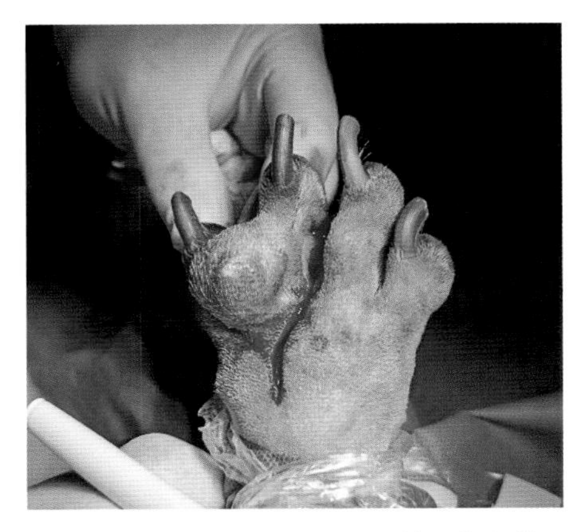

图 12-1-32　一只 7 岁金毛犬第Ⅲ指纤维瘤切除手术治疗（徐晓林 供图）

## 五、肩关节脱位

### （一）病因

常见病因是创伤，也可能是先天性因素。支持关节的关节囊、韧带、肌腱发生断裂或缺陷，即可能发生肱骨头脱位，内侧或外侧脱位均常见。关节囊和韧带的先天性发育不良也可引起脱位。

### （二）发病特点

创伤性脱位常见伴发的胸部创伤（即气胸、血胸、肺挫伤或肋骨骨折）。而先天性内侧脱位通常发生在小型犬或迷你犬，通常在年轻时就表现跛行。

### （三）临床症状与病理变化

创伤性脱位通常有外伤病史，先天性脱位在年轻时就出现慢性跛行，且无外伤史。患肢可能不负重，表现为屈曲姿势。外侧脱位时，爪部向内旋转，在正常位置的外侧可能触摸到肱骨大结节。内侧脱位时，爪部向外旋转，可在内侧触摸到大结节或肱骨头。患慢性或先天性脱位时，关节容易脱位和复位，活动肩关节不会引起疼痛。

### （四）诊断

肩关节脱位的诊断通过拍摄肩关节侧位和前后位 X 射线片来确诊，必要时可进行 CT 检查（图 12-1-33、图 12-1-34）。

### （五）防治

创伤性脱位时，如果不存在骨折，可进行全身麻醉后尝试闭合式复位。肩关节外侧脱位复位时，患肢伸展，对肱骨头施加向内的压力，对肩胛骨施加向外的压力，使关节复位（图 12-1-35）。复位后肩关节如果能保持稳定，可使用“人”字形绷带包扎 10~14d。内侧脱位闭合式复位时，对肱骨头施加向外的力，对肩胛骨施加向内的力，关节复位时，可采用 Velpeau 悬带进行固定（图 12-1-36）。

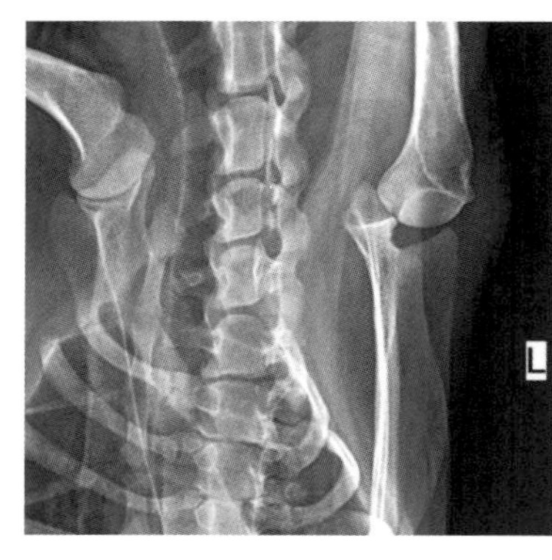


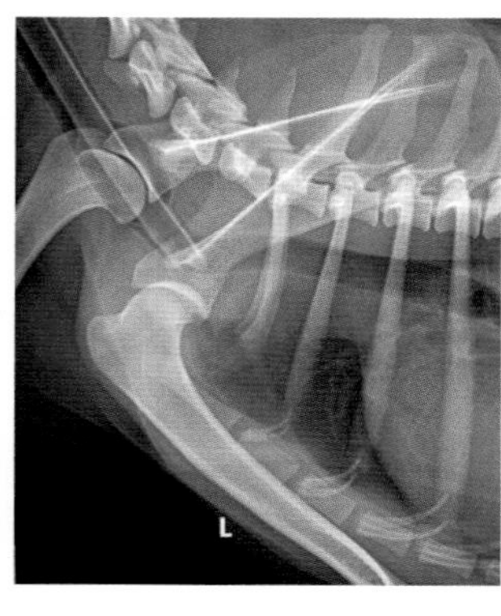


图 12-1-33　一只 5 岁泰迪犬创伤性肩关节外侧脱位前后位 X 射线检查，正位片肱骨头位于肩甲盂的外侧，侧位片，肱骨头与肩甲盂重叠（徐晓林 供图）

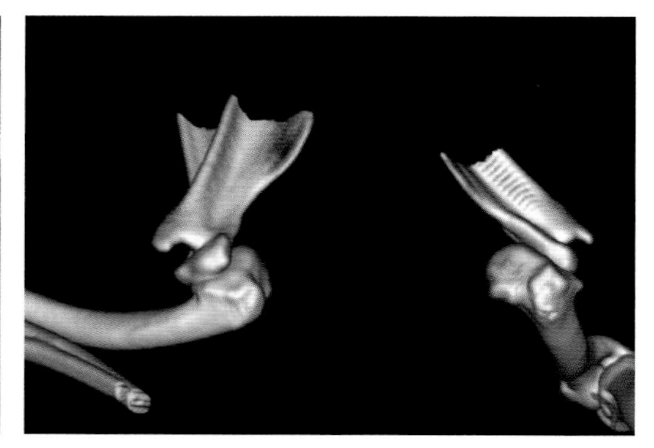

图 12-1-34　患犬双侧肩关节内侧脱位 CT 检查后三维重建图像，显示双侧肱骨头移位到肩甲盂内侧（徐晓林 供图）

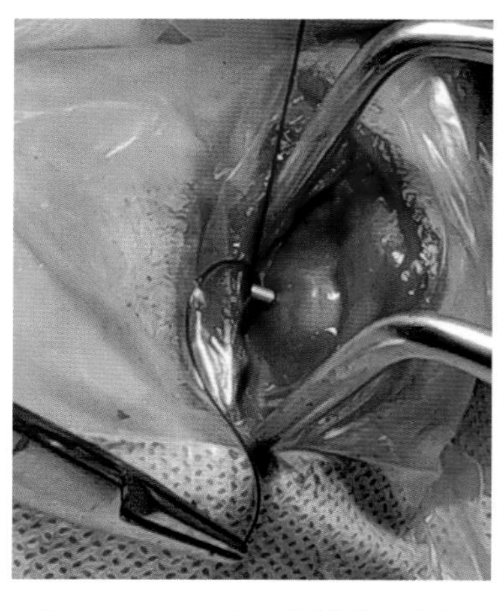

图 12-1-35　一只 5 岁博美犬肩关节内侧脱位使用开放性复位、人工韧带进行固定（徐晓林 供图）

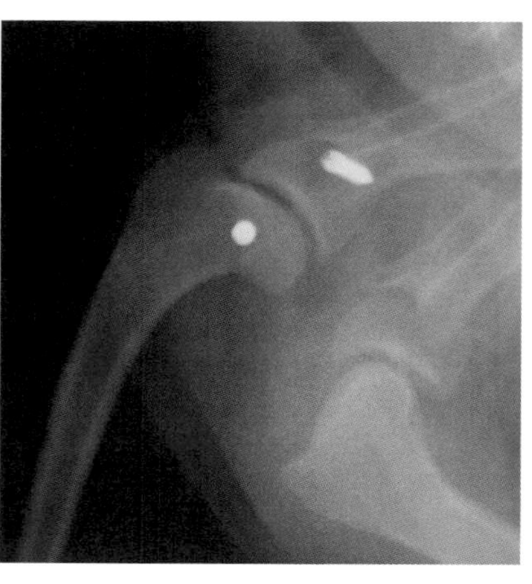

图 12-1-36　患犬肩关节脱位开放性复位，术后前后位 X 射线片检查（徐晓林 供图）

如果创伤性脱位在闭合式复位后不稳定，或者脱位为慢性，需要开放式复位、人工韧带、关节缝合术或臂二头肌肌腱移位术等手术进行治疗。

## 六、肘关节脱位

### （一）病因

通常伴有肘关节的钝性创伤，如车祸或打架，引起桡尺骨相对于肱骨向外侧移位。

### （二）发病特点

可见于任何年龄和品种的犬。

### （三）临床症状和病理变化

创伤引起一侧或双侧副韧带断裂导致关节脱位，桡骨和尺骨通常向外侧脱位，因为肱骨内侧髁较大，会阻止向内侧脱位。患犬患肢的急性跛行、不能负重，肘关节屈曲。肘关节触诊显示桡骨头明显，肱骨外侧髁不明显，鹰嘴外移。多数犬表现疼痛和抗拒肘关节伸展。慢性脱位会继发退行性关节病。

### （四）诊断

在肘关节前后位X射线影像上可见桡尺骨明显外移。侧位观显示肱骨髁和桡尺骨之间的关节间隙不均匀，或存在重叠。

### （五）防治

肘关节脱位刚发生的几天内，多数能采取闭合式复位。然而如果同时存在撕脱性骨折则需要进行开放式复位和骨折固定。闭合式复位时，可将患犬患肢悬挂，借助犬的体重牵拉开关节，帮助肌肉放松，有利于复位。肘关节屈曲为大约100°，同时内旋前臂，将肘突勾在外侧髁上后，轻度屈曲肘关节。外展和内旋前臂，同时在桡骨头上施加向内的力，使关节复位（图12-1-37）。

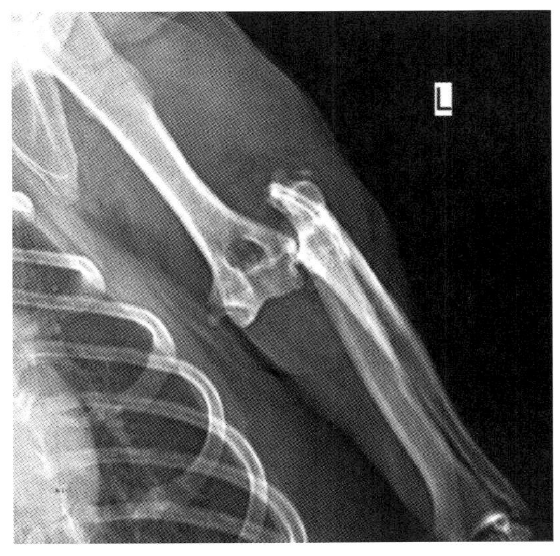


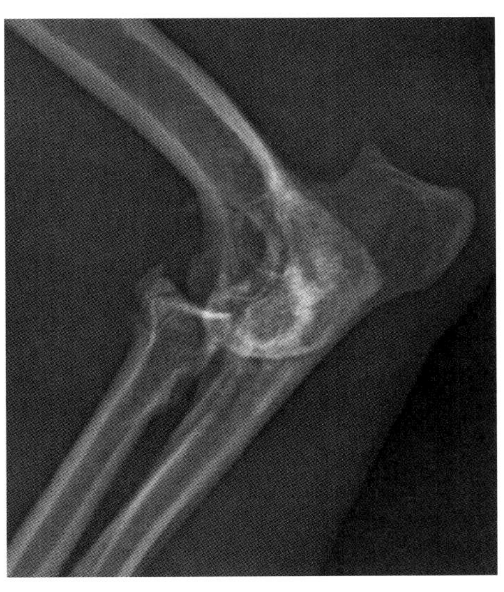

图12-1-37　一只12岁混种犬因车祸导致肘关节外侧脱位的X射线影像（徐晓林　供图）

肘关节被复位后拍摄X线影像，检查桡骨和尺骨的位置，评估关节稳定性。可使用软衬垫绷带或“人”字形绷带包扎10~14d，使肘关节保持伸展，防止屈曲。移除绷带后，应该每天进行活动，继续限制活动3~4周，有可能再次脱位和发生骨关节炎。肘关节脱位的开放式复位适用于无法闭合式复位时，最常见于慢性脱位。如果肘关节在复位后非常不稳定，或者存在撕脱性骨折需要进行固定，考虑采取开放式复位（图12-1-38、图12-1-39）。

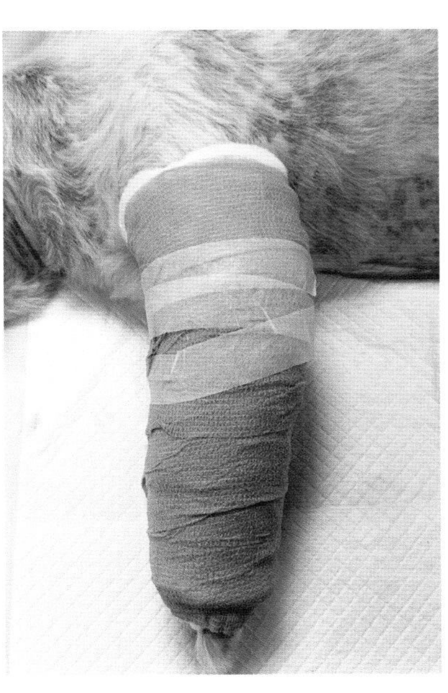

图12-1-38　患犬肘关节脱位闭合性整复后，使用玻璃纤维绷带进行包扎固定（徐晓林　供图）

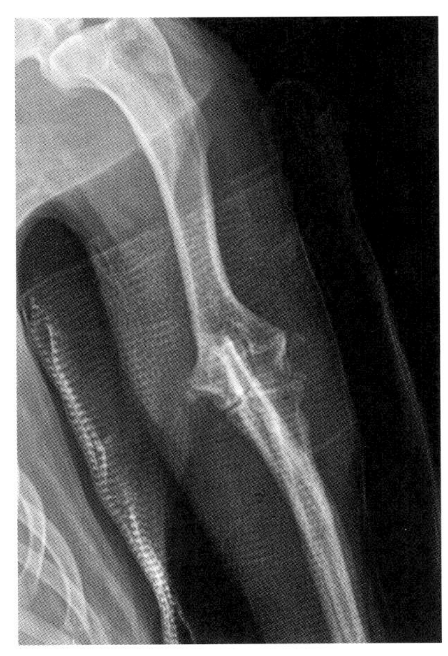

图12-1-39　患犬肘关节脱位闭合整复后进行X射线检查，显示关节复位，发生退行性骨关节病（徐晓林　供图）

# 第二节　后肢疾病

## 一、髋关节发育不良

### （一）病因

关节发育不良是一种发育疾病，常见于大型犬。该病以先天遗传的多因素疾病为主要特征，另外环境因素，特别是能量水平过高及食物中钙含量过高也可导致该病发生。

### （二）发病特点

髋关节发育不良的特征是髋关节发育不完善，初始表现为关节不同程度松弛，后期则表现为股骨头和髋臼重建和变性性关节疾病。髋关节发育异常在大型犬发生率较高，病史和临床特征随年龄的变化而变化。5~10月龄的犬和有慢性退行性关节病的犬易发。

### （三）临床症状与病理变化

出生时，患犬的髋关节发育正常，随着发育，股骨头与髋臼的合适性降低导致关节滑液量增多、股骨头的圆韧带增生，关节软骨恶化，随后发生滑膜炎，关节囊变薄。随着关节不合适性的继续，环绕关节周围的韧带发生改变，骨赘形成。疾病早期阶段的不适感与关节囊、圆韧带纤维伸展或撕裂有关，后期与关节炎有关（图12-2-1、图12-2-2）。

青少年患犬一般在5~10月龄时出现临床症状，休息后起立困难、不愿运动、间歇性或持续性跛行，患犬常呈现兔子跳姿势（跑步时两后肢同时移动）（图12-2-3）；成年后，会再表现为髋关节疼痛症状，发生进行性退行性关节病后会导致起立困难、运动后跛行更明显。患犬常呈腹卧位，后肢向后伸展，喜坐而不喜站，排便、排尿姿势异常。当关节完全伸展时有痛感，可见关节松弛。

### （四）诊断

进行体格检查与X射线检查后可诊断该病（图12-2-4）。

鉴别诊断：有些神经科疾病会引起相似的临床症状；对于年轻犬，必须和全骨炎、骨关节病、

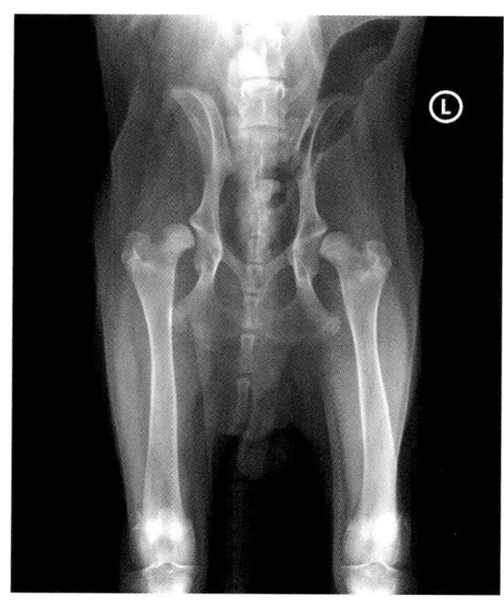


图12-2-1　1.5岁阿拉斯加，公犬，右后肢跛行，起卧困难（潘庆山 供图）

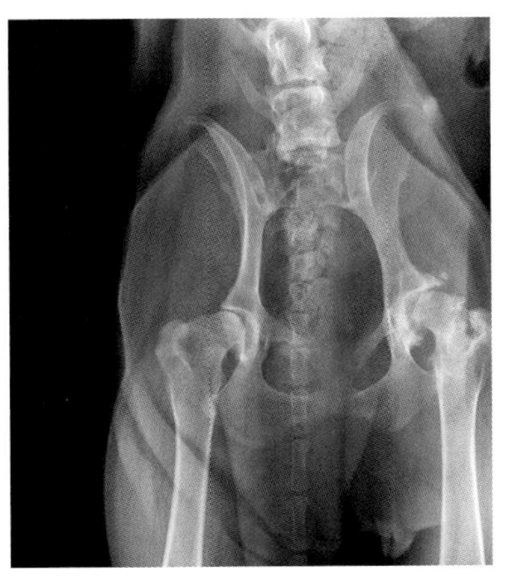

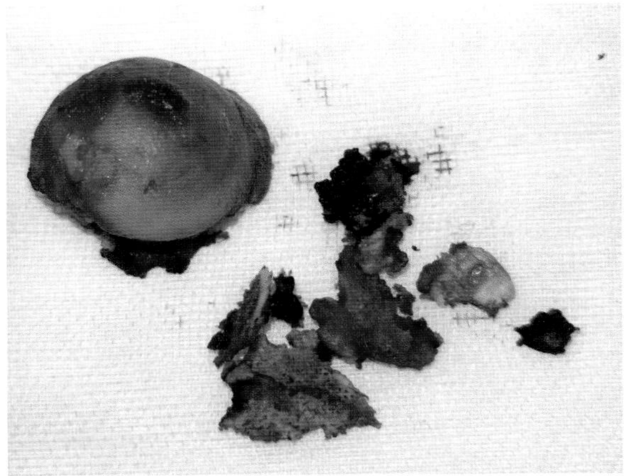

图 12-2-2　9 岁阿拉斯加，母犬，后肢跛行，疼痛敏感，X 射线检查：双侧股骨头增生变形（潘庆山 供图）

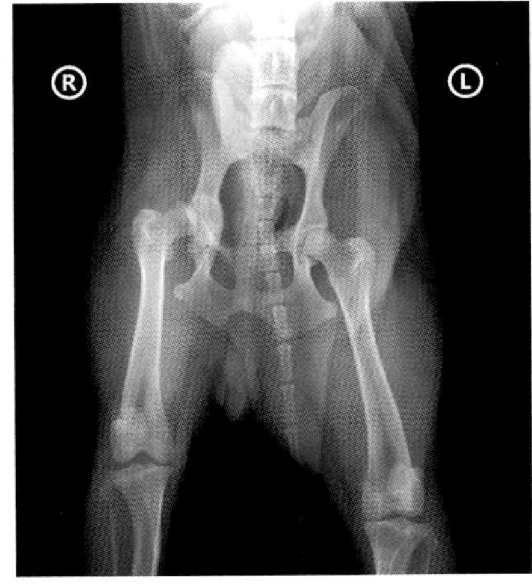


图 12-2-3　4 岁哈士奇，母犬，双后肢行走呈“兔子跳”步态，X 射线检查：右侧股骨头脱臼，髋关节增生变形（潘庆山 供图）

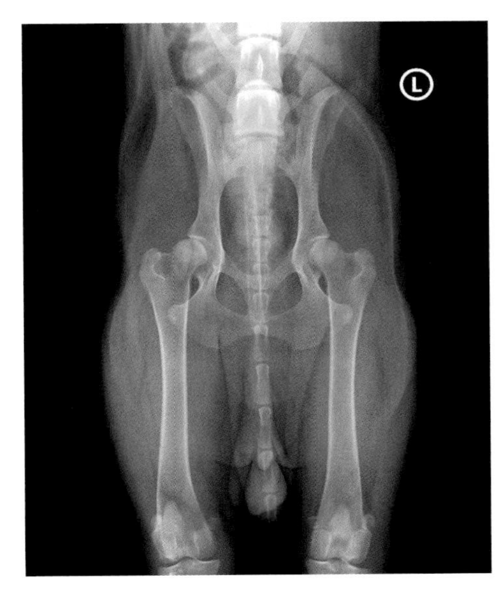


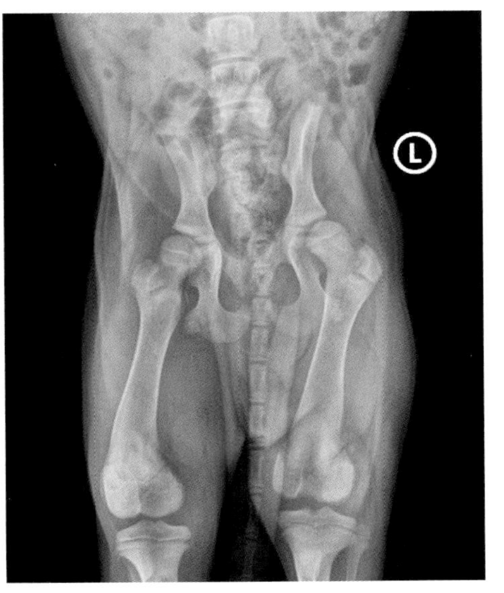


图 12-2-4　X 射线检查：髋股关节间隙增大，髋臼扁平（潘庆山 供图）

股骨头骨折或颈骨折、完全或部分前十字韧带损伤相区别；对于老年犬，要与神经症状（马尾）和矫形症状（前十字韧带断裂、多关节炎、骨肿瘤）相区别。

**（五）防治**

（1）建议给所有髋关节发育不良的犬做绝育。

（2）保守治疗。控制体重、限制运动、口服非甾体止痛药。

（3）手术治疗（图12-2-5）。

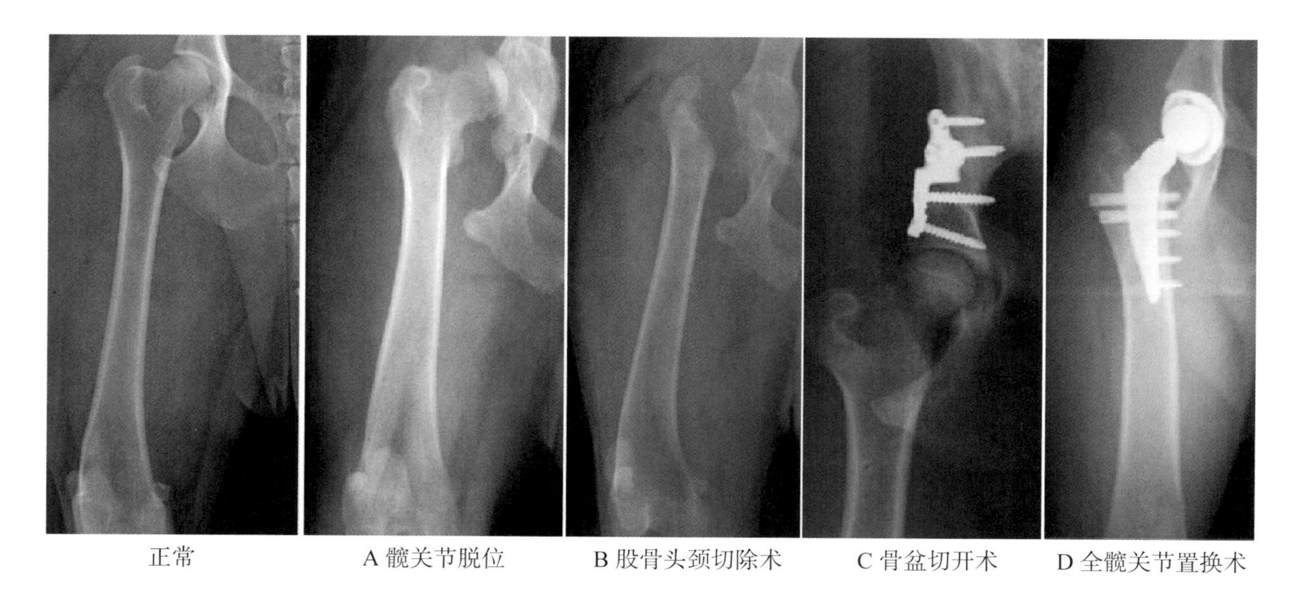


图12-2-5　髋关节发育不良常用的手术治疗方法（潘庆山　供图）

## 二、髋股关节脱位

**（一）病因**

患犬股骨头因外伤从髋臼中移位脱出（图12-2-6）。

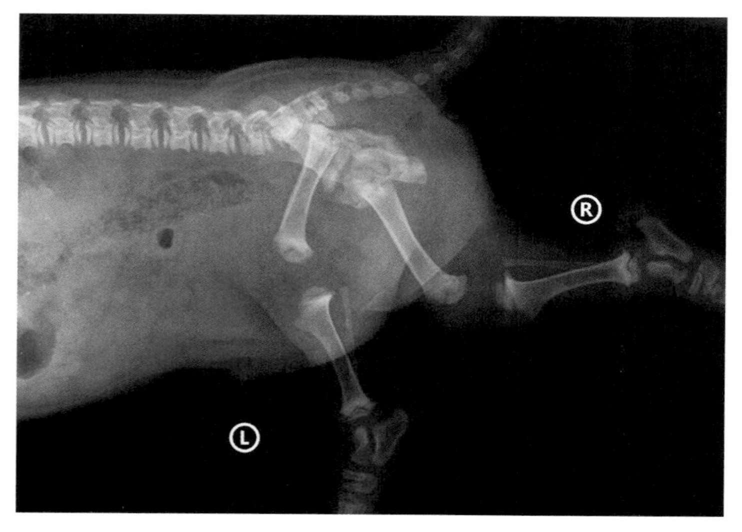


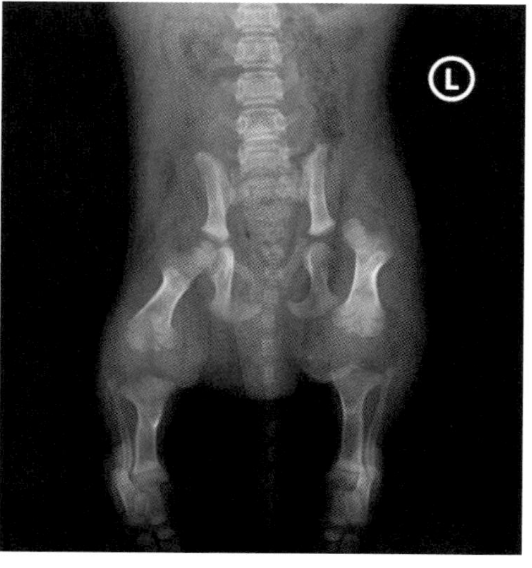


图12-2-6　蝴蝶犬，3月龄，被车轧到后躯，左后肢跛行、不能负重，股部疼痛敏感，X射线检查：左侧髋股关节脱位（潘庆山　供图）

### （二）发病特点

患犬髋股关节脱位典型症状是股骨头相对于髋臼向背侧脱位。大多数病犬曾经遭受过例如车祸之类的外伤。后下方脱位，即股骨头可能套在闭孔内，这种情况不多见，可能与大转子的骨折有关。原发性脱位通常预后较差。髋关节周围软组织损伤的大小取决于所遭受的外伤情况。股骨头圆韧带几乎都会受到损伤，可能是韧带撕裂或撕脱。关节囊完全撕裂股骨头才能移位脱出。关节囊撕裂可以是一个小的裂缝，通过裂缝股骨头离开原位，或者发生整个关节囊的撕裂。

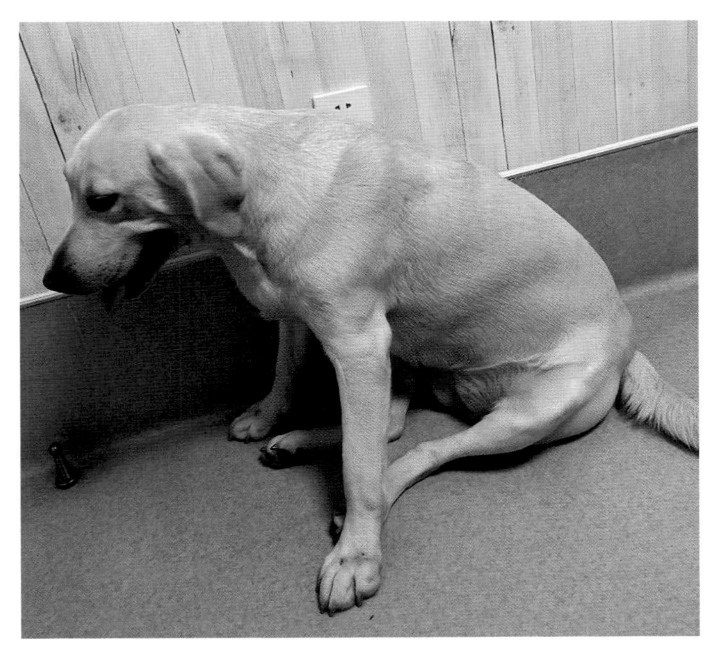

图 12-2-7　2 岁拉布拉多犬，母犬，剧烈运动后左后肢跛行，不敢负重（潘庆山 供图）

### （三）临床症状与病理变化

任何年龄、品种和性别的犬均可发生。患犬站立时通常表现为单侧性的支跛，爪部在身体下方，膝关节向外旋（图 12-2-7）。主诉有外伤病史。

发生髋关节脱位的犬常表现出与外伤相关的支跛行。当股骨向前背侧脱位时，后肢被迫外展，同时膝关节向内转。触诊和运动患肢时会发出碎裂声或犬感到很痛。与正常的腿相比，在患肢一侧的大转子和坐骨结节之间触诊会发现不对称。前背侧脱位时，大转子在从髂骨脊到坐骨结节画出的一条线的背侧，同时大转子和坐骨结节之间的距离大于正常肢。后下方脱位时，大转子向腹侧移位，坐骨结节和大转子之间的空隙变窄。

### （四）诊断

外观检查和影像学检查即可确诊此病（图 12-2-8、图 12-2-9）。

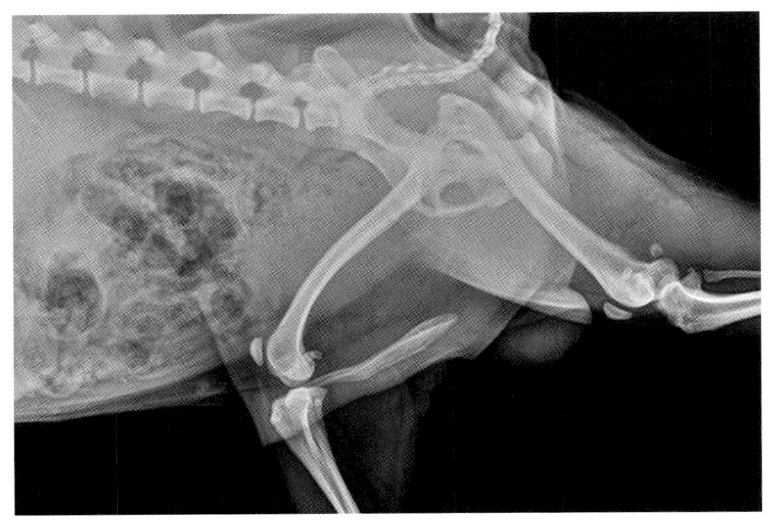

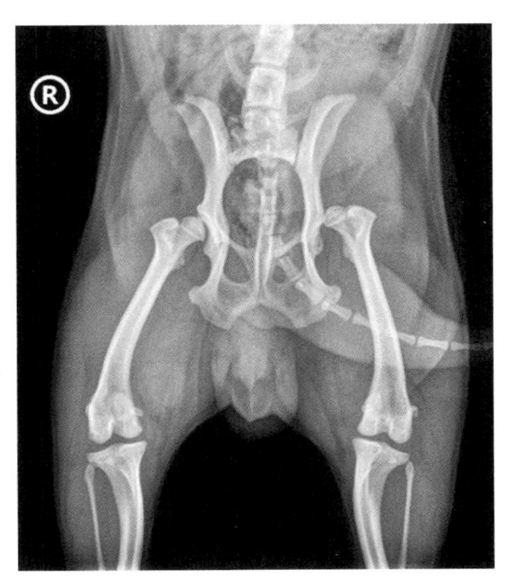



图 12-2-8　X 射线检查：左侧髋股关节明显脱位，右侧髋股关节半脱位（潘庆山 供图）

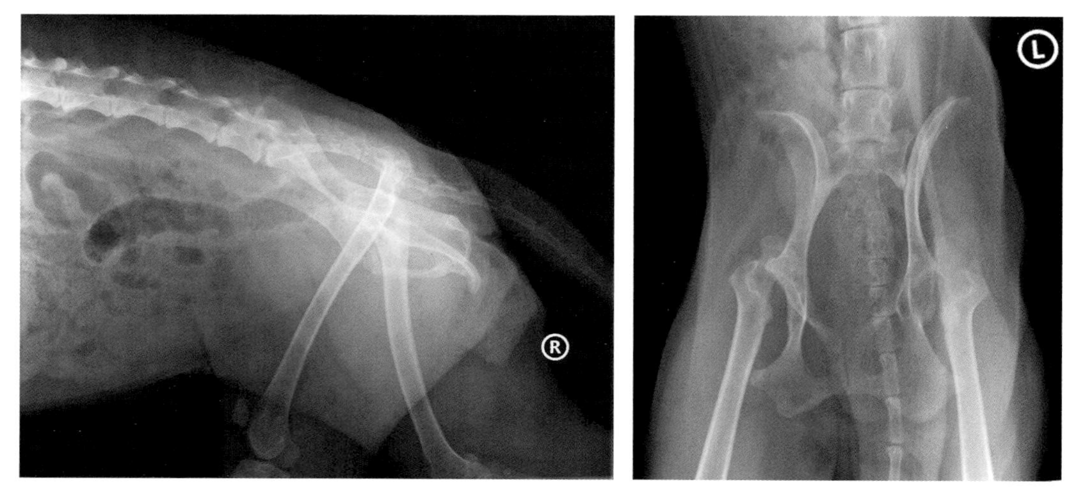


图 12-2-9　X 射线检查：双侧髋股关节脱位（潘庆山 供图）

### （五）防治

（1）闭合式复位（图 12-2-10）。

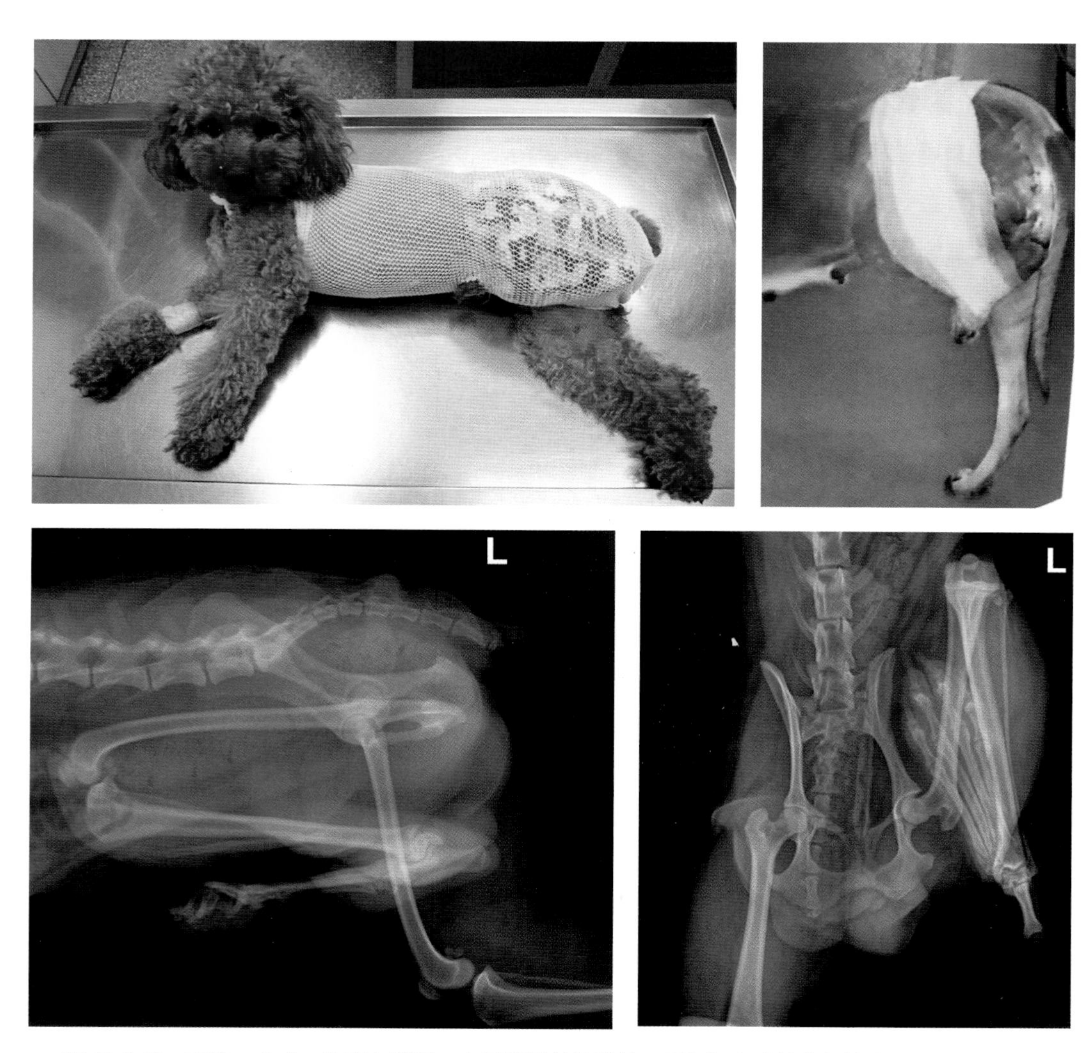


图 12-2-10　泰迪，公犬，从高台摔下，左侧髋股关节脱位，采取闭合式关节复位（潘庆山 供图）

（2）开放式复位，缝合关节囊/人工韧带固定。

（3）股骨头切除术，全髋关节置换术。

（4）开放性人工韧带固定复位。以大转子为中心前后切开，分离皮下组织；显露臀浅肌，在距附着点2cm处切断，将臀浅肌向背上方牵引，显露臀中肌。将大转子用摆锯（或骨凿）和股骨成45度角切掉，向背上方牵引，显露髋臼窝和股骨头。翻转股骨使股骨头向前上方，清除头、窝残留的圆韧带及关节腔内血凝块。在股骨头圆韧带附着点放和大转子下方放上定位器进行定位固定；选择合适的骨钻头打孔。在髋臼窝圆韧带附着点处钻孔，固定卡环穿好人工韧带，将卡环由髋臼空送入盆腔再拉人工韧带，卡环便可横向固定在盆骨内侧。将人工韧带由股骨头的孔向大转子孔引出。边拉边将股骨头推入髋臼窝内。固定韧带采用卡环法，将韧带穿入卡环中拉紧，活动关节，须有2mm的间隙，多次打结固定。在距大转子孔下方3mm处，横向打孔，所有的孔需用埋头钻埋头（防止卡断韧带）将韧带双向由横向孔传出多次打结（或用卡箍卡紧）。大转子复位固定选择合适的两个骨针与骨折线垂直打入，加“8”字张力钢丝固定。依次闭合肌肉、皮肤（图12-2-11）。

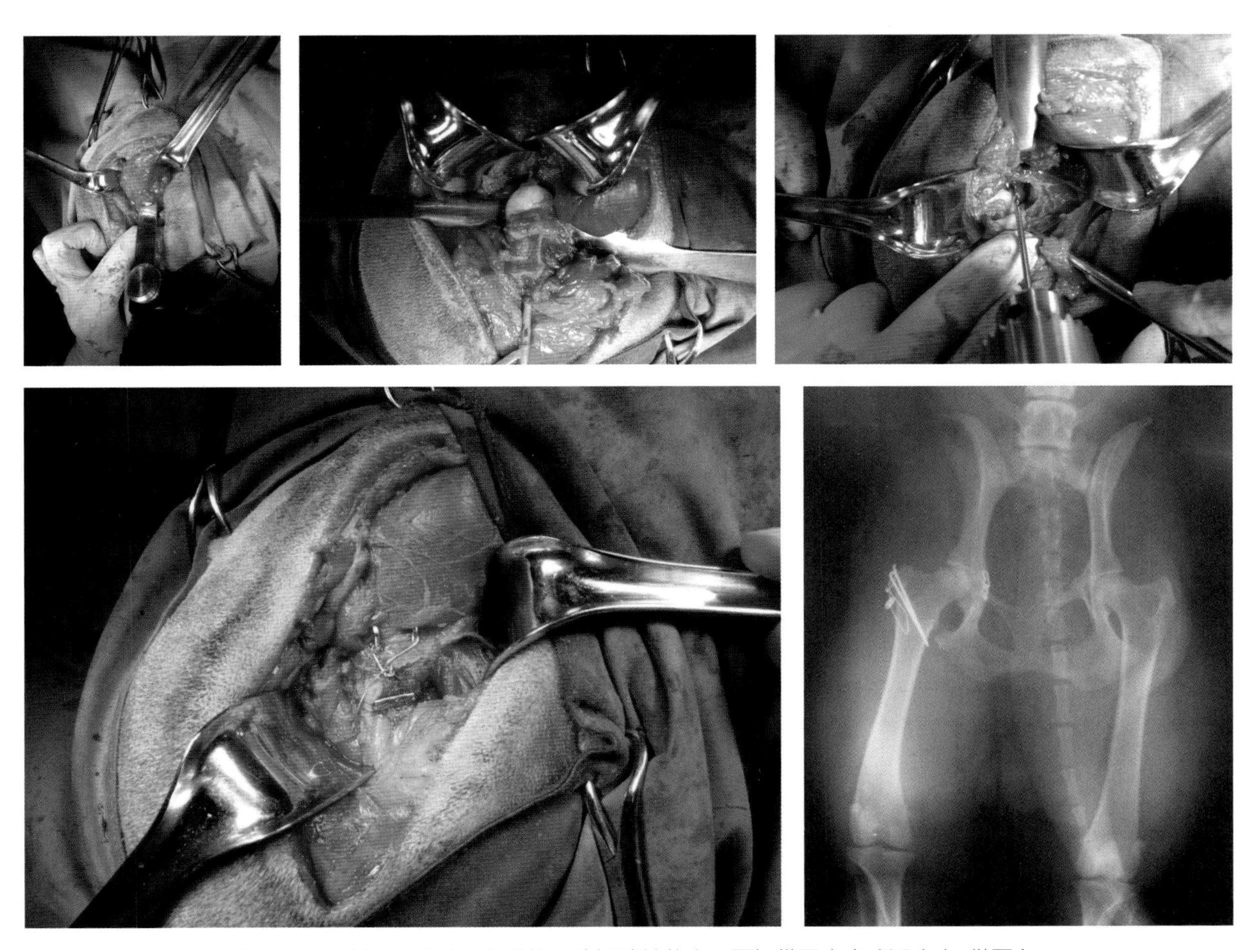

图 12-2-11　创伤导致髋关节脱位，选择髋关节人工圆韧带固定术（潘庆山 供图）

## 三、累卡佩氏病

### （一）病因

导致犬累卡佩氏病的病因不清，目前有几种理论，包括激素的影响、遗传因素、结构形态、关节囊内压力及股骨头不全骨折。

### （二）发病特点

股骨头非炎性无菌性坏死，常见于股骨头生长板闭合前的年轻小型犬，如泰迪犬、博美犬、西高地梗犬、曼彻斯特梗犬等（图12-2-12）。

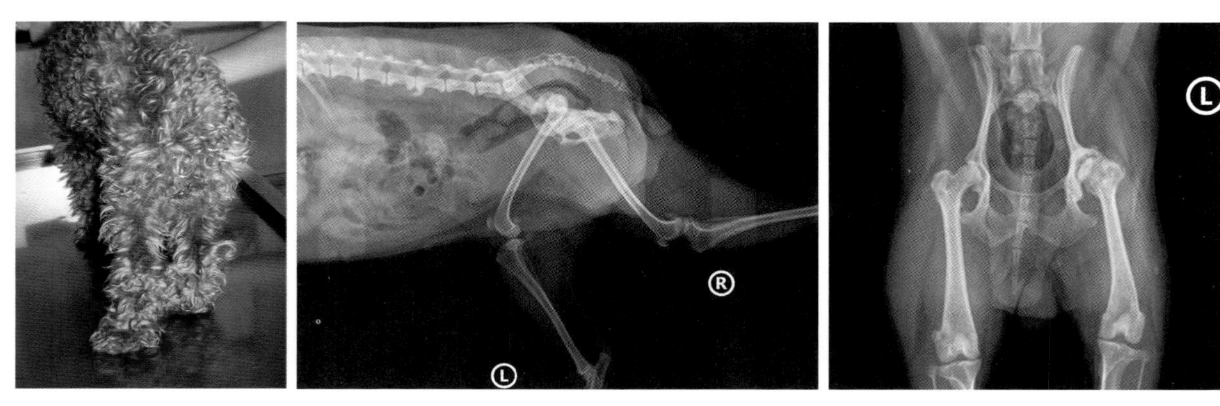


图12-2-12　2岁泰迪犬，左后肢跛行，不敢负重，左后肢肌肉明显萎缩，左侧股骨头增生变形（潘庆山 供图）

### （三）临床症状与病理变化

幼龄犬股骨头的血液供应仅来自骨骺血管，骨骺端血管穿过生长板给股骨头供血。当发生滑膜炎或长期的体位异常可能导致关节外的压力增大造成毛细血管塌陷、抑制血液循环。细胞死亡之后，代偿机制开始，在重新血管化期间，骨力学功能被削弱，正常的生理负重都可能造成股骨骨骺的塌陷萎缩和折断，这使得股骨骨骺和髋臼的不匹配，进而导致退行性关节病变，股骨头萎缩重塑变形。股骨骨骺骨折和骨关节炎会使犬感到疼痛，导致跛行。长期跛行、不负重导致患犬患肢肌肉萎缩。

### （四）诊断

1. 发病特征

小型犬，3~13月龄（高峰6~7月龄），无性别差异，此病患犬中有10%~17%为双侧发病。

2. X射线检查

股骨骨骺近端出现透射线影像（虫噬样征象），骨骺畸形（图12-2-13），股骨头颈变粗，髋关节腔隙增宽。

3. 鉴别

髌骨内脱、髋关节脱位。

### （五）防治

（1）保守治疗。症状轻微的患犬，控制体重，不负重锻炼患肢肌肉功能，口服抗炎药、关节保护剂。

（2）手术治疗。股骨头颈变形明显、跛行逐渐加重、患肢肌肉萎缩的应建议尽早做股骨头颈切除术（图12-2-14）。术后继续做康复性锻炼。

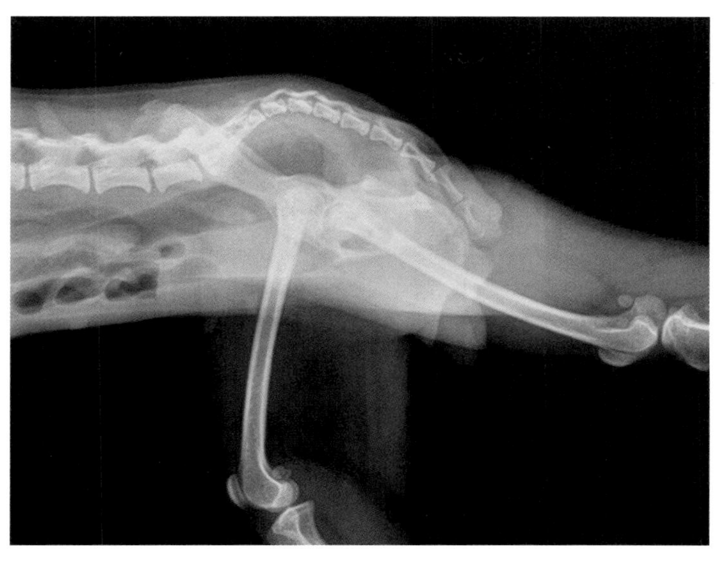
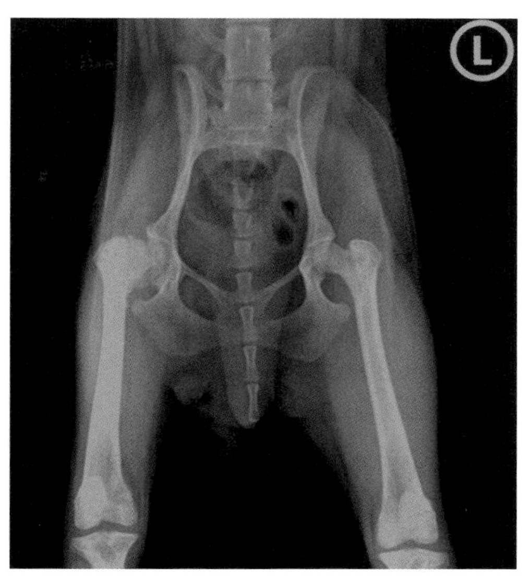


图 12-2-13　X 射线检查：右侧股骨头增生变形严重，右侧肌肉萎缩（潘庆山 供图）

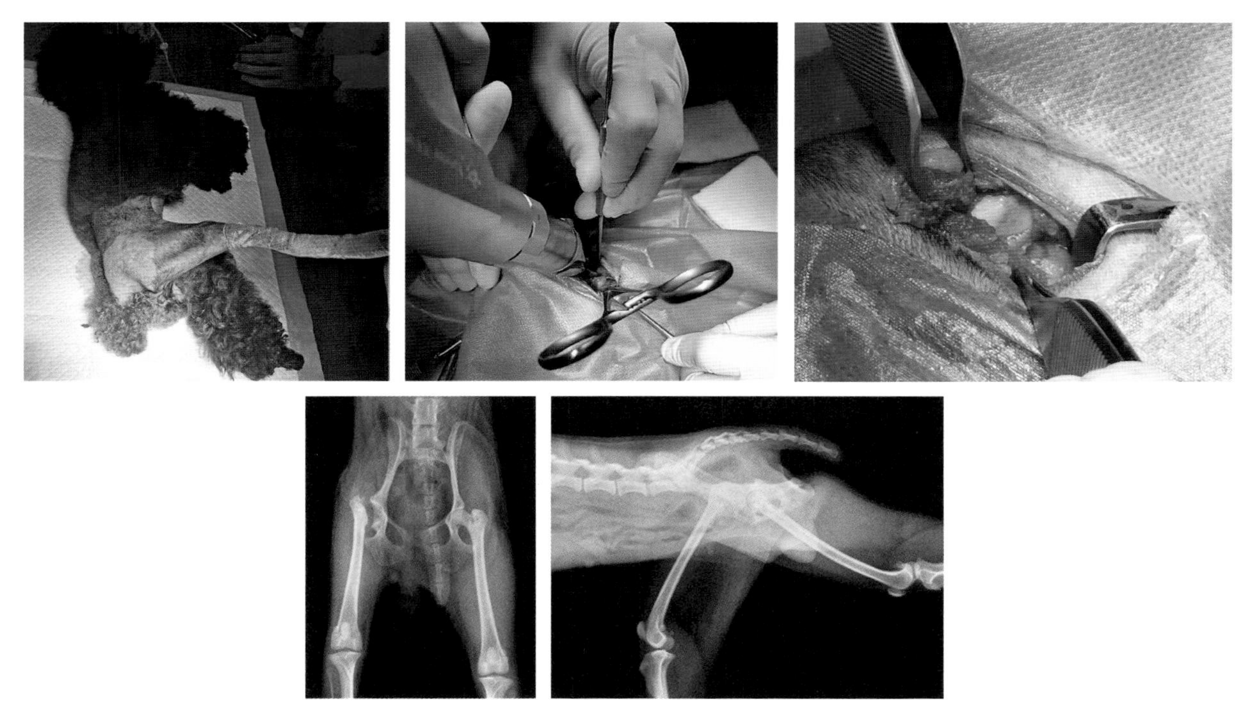

图 12-2-14　4 岁泰迪，母犬，右侧股骨头增生变形，长期跛行、右后肢肌肉萎缩，选择右侧股骨头颈切除术（潘庆山 供图）

（3）建议患犬尽早做绝育，避免繁殖。

## 四、股骨生长板骨折

### （一）病因

股骨生长板骨折通常发生在犬股骨近端和远端的软骨生长板处（图 12-2-15），通常与车祸、高空跌落等有关。

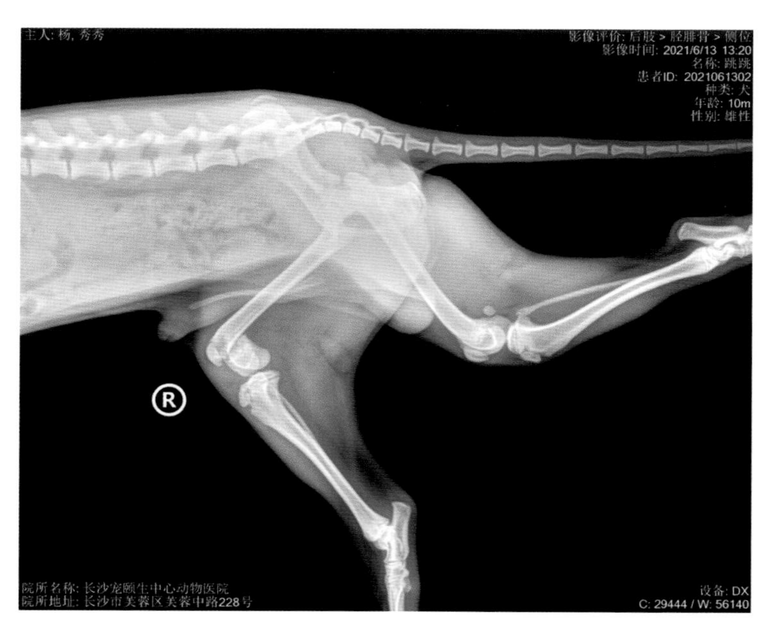

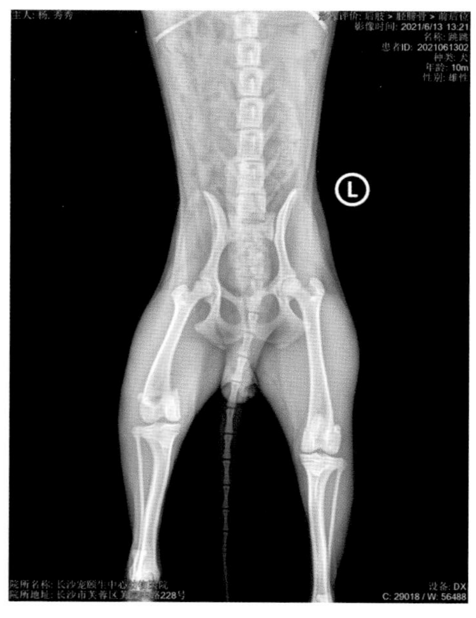


图 12-2-15　股骨生长板骨折（金艺鹏 供图）

### （二）发病特点

绝大多数患犬都不满10月龄，幼年的公犬更常见股骨生长板骨折，推测可能是幼年公犬较活泼，活动动作过大更容易受伤。

### （三）临床症状与病理变化

犬股骨生长板骨折表现的跛行症状有时不明显，可能会被主人延误病情。来就诊的患犬绝大多数都表现出一种急性的支跛。

股骨生长板骨折通常发生在股骨生长板处的软骨上，所以，股骨生长板的损伤常常没有明显的外伤。从外观看，股骨颈通常是可以旋转的，并且向前背侧移位，靠近髂骨翼。大转子的生长板也可能发生骨折，导致股骨干向背侧移位。近端生长板骨折通常是索尔特Ⅰ型和索尔特Ⅱ型。远端生长板骨折通常是索尔特Ⅱ型和索尔特Ⅳ型的混合骨折，并且伴有滑车沟和松质骨的碎裂。

### （四）诊断

问诊犬主人有无疑似外伤病史，体格检查：股骨近端、远端形态是否异常，触诊患处是否变形敏感。

1.影像学检查

股骨前后位、侧位或多角度X射线拍片检查；CT检查后三维重建影像。

2.鉴别诊断

近端的生长板骨折要与髋臼骨折、髋股关节损伤、股骨颈骨折相区别，远端生长板骨折要与股骨干骨折、膝关节韧带损伤相区别。

### （五）防治

股骨生长板骨折需要外科手术治疗，防止出现严重的退行性关节病和跛行（图12-2-16、图12-2-17）。

股骨生长板骨折的外科治疗包括解剖结构的整复以及用骨针固定，为了不影响其生长机能，骨针要用光滑型的。这种骨折能很快愈合，因为它多发生于幼犬的松质骨，所以一般光滑的埋植物已

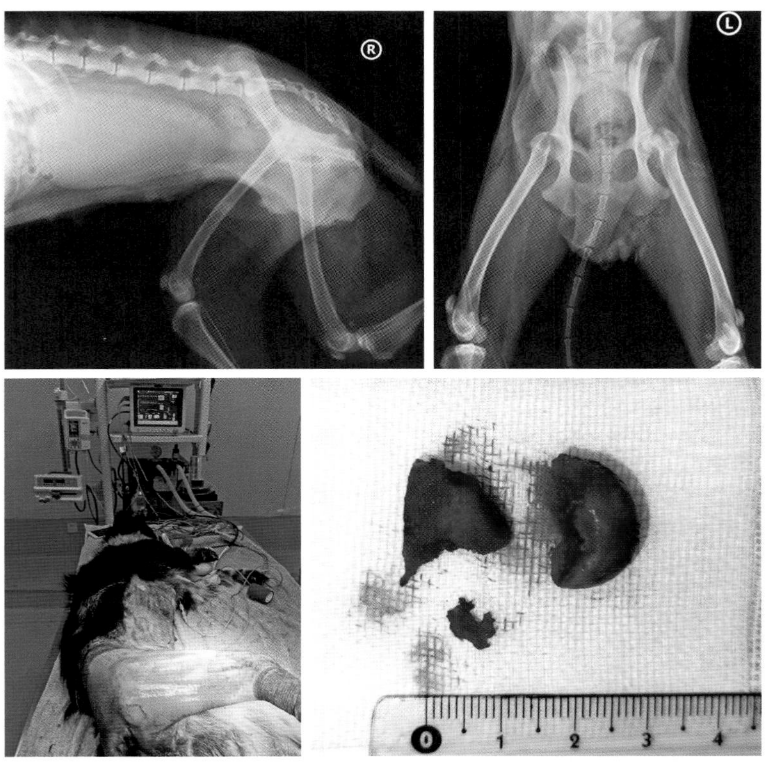

图 12-2-16　2 岁边牧，母犬，被汽车撞伤 2 周，左后肢跛行加重，X 射线检查：左侧股骨近端生长板骨折，主人选择做股骨头颈切除术（潘庆山 供图）

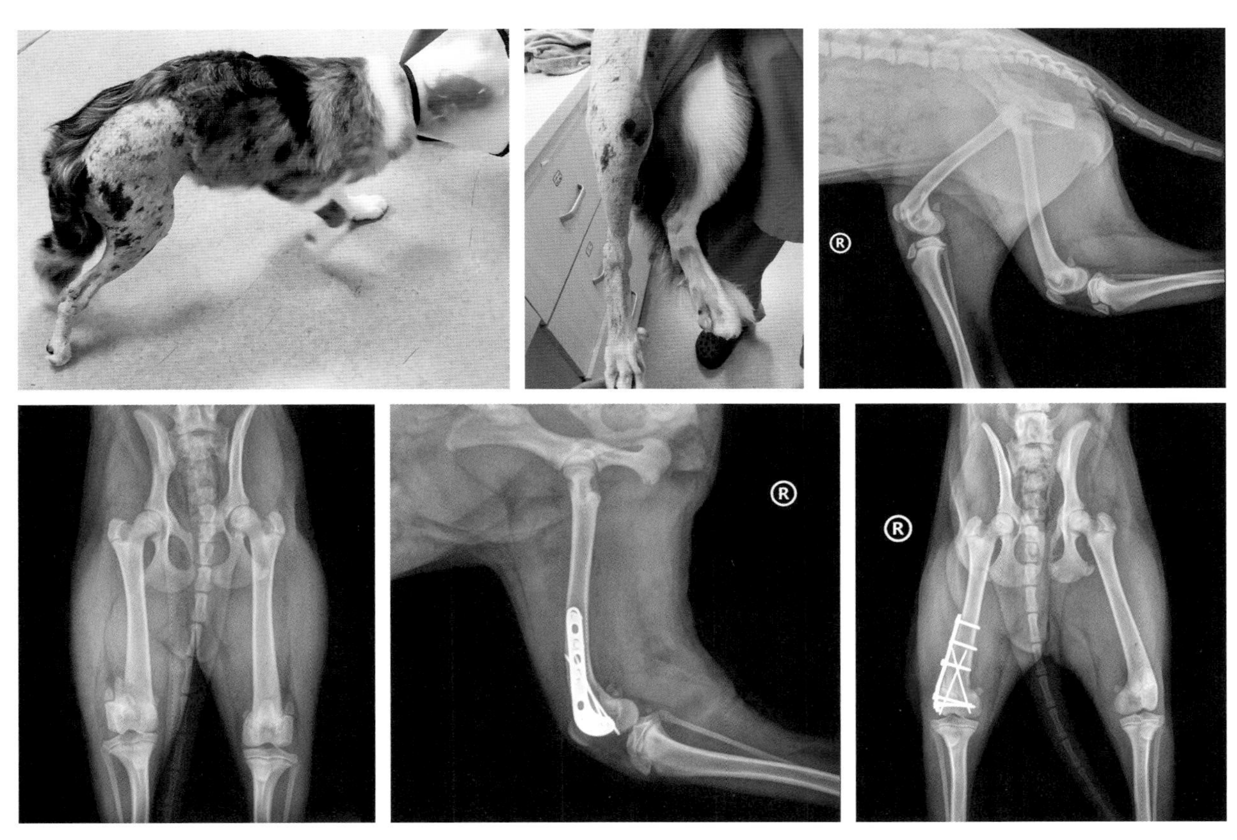

图 12-2-17　11 月龄边牧，母犬，从山坡上摔下，右后肢跛行，右侧股骨远端生长板骨折，采用骨板螺钉 + 骨针内固定术（潘庆山 供图）

足够。对于接近成年的患犬，要用带螺纹的植入物将断裂的生长部压紧。解剖结构的整复，是股骨生长板头部骨折固定手术成功的关键。从力学角度来讲，可利用折断的松质骨之间的摩擦力和骨折的生长板表面的形状，辅助性地防止近端的股骨生长板和远端的股骨生长板复位后的相对运动。大转子的生长板骨折也必须进行解剖结构的整复，并且术后用弹力绷带加压包扎固定，以对抗臀部肌肉产生的分离力。

## 五、股骨颈骨折

### （一）病因

患犬受到大的外力，如车祸、高空跌落、暴击等，通常导致股骨颈基部发生骨折。

### （二）发病特点

任何年龄、品种或者性别的犬均可能发生，股骨颈骨折常发生于骨骺在生长板闭合的成年犬。

### （三）临床症状与病理变化

绝大多数患犬骨折发生后会出现后肢支跛，不敢负重。

股骨颈骨折一般是单个的基部骨折，但粉碎性的股骨颈骨折也可能发生。从力学角度来说，这是一种高度不稳定的骨折。股骨颈骨折可能会伴随股骨近端粉碎性骨折。

### （四）诊断

触诊患犬髋关节时可感觉到明显的骨摩擦音并有疼痛反应。股骨颈骨折不需要特殊的X射线检查，但如果只做髋关节侧位拍片检查，可能会漏诊。

鉴别诊断：髋股关节脱臼、髋臼骨折、股骨近端骨折以及幼犬生长板基部的骨折。

### （五）防治

药物治疗和保守治疗不是最佳治疗方案，需要进行外科手术治疗。

中大型犬的单一骨折面的骨折，最好使用加压螺钉或者骨针固定，如果是小型犬的骨折或不可修复的粉碎性骨折，可选择进行全髋关节置换术或股骨头及颈切除术（图12-2-18、图12-2-19）。

## 六、股骨干骨折

### （一）病因

股骨干骨折通常由车祸、高空跌落、钝器伤等高动能创伤所致。偶有患犬表现出急性股骨骨折而没有任何外伤病史，可能是继发于已经出现的一些骨骼病变，原发性或转移性骨肿瘤通常是大多数病理性骨折的原因。

### （二）发病特点

任何年龄、品种或者性别的犬均可能发生，但幼年公犬更容易发生创伤性股骨干骨折。

### （三）临床症状与病理变化

股骨干骨折的犬通常表现为支跛，同时患肢有不同程度的肿胀，有时会发现伴发的多处外伤。触诊患犬患肢时，有疼痛表现并且能感觉到骨摩擦音。当患犬脚背着地时，因为无法举起爪部而出现本体反应下降。当移动其肢体时，犬会因为疼痛而躲避（图12-2-20、图12-2-21）。

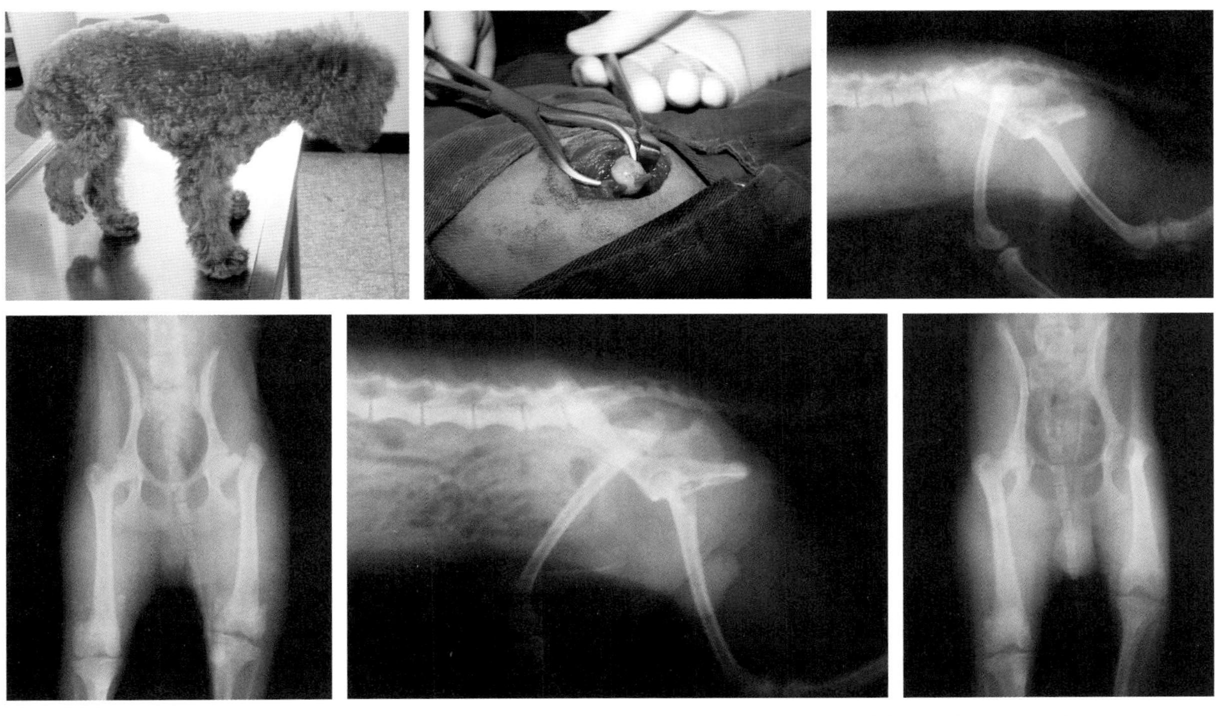

图 12-2-18　4 岁泰迪，公犬，左后腿被门夹伤，跛行不敢着地行走，X 射线检查：左侧股骨颈骨折，采取股骨头颈切除术（潘庆山 供图）

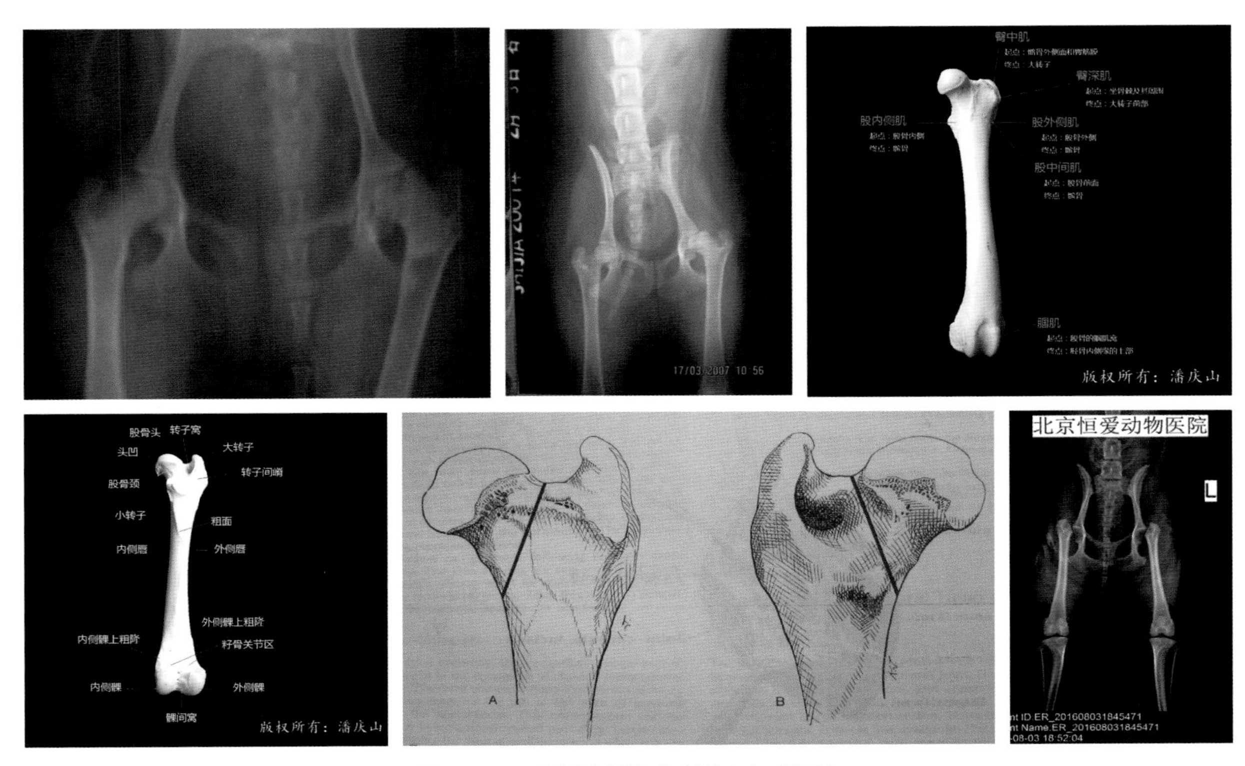


图 12-2-19　股骨头切除术（潘庆山 供图）

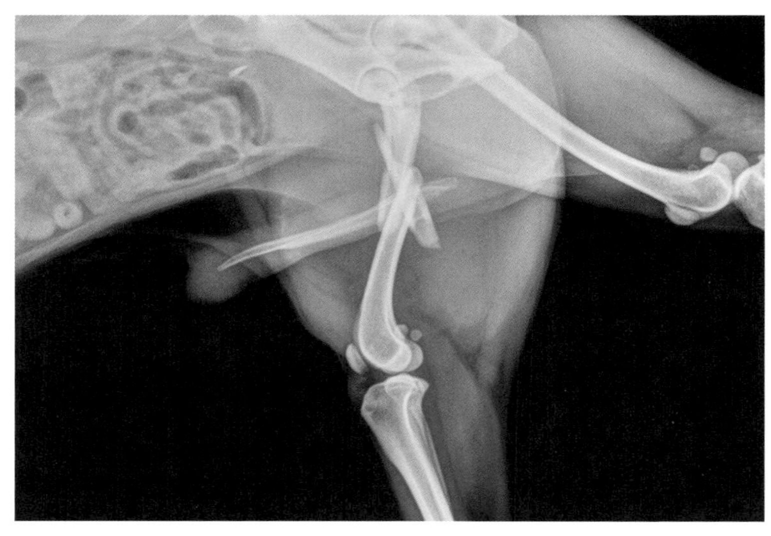

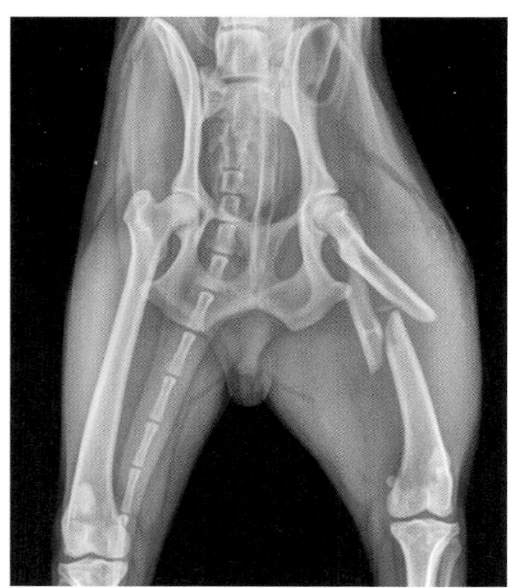

图 12-2-20　12 岁贝灵顿梗，公犬，被主人踢到左后肢，患肢跛行肿胀，不敢负重（潘庆山 供图）

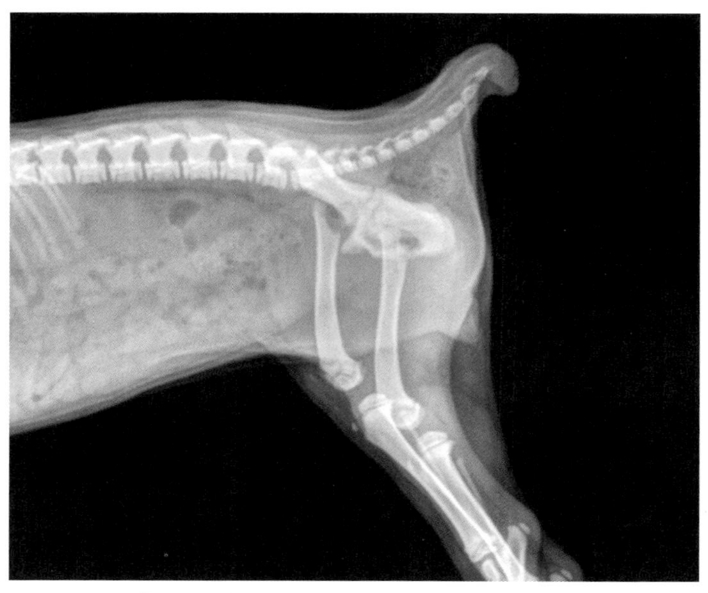

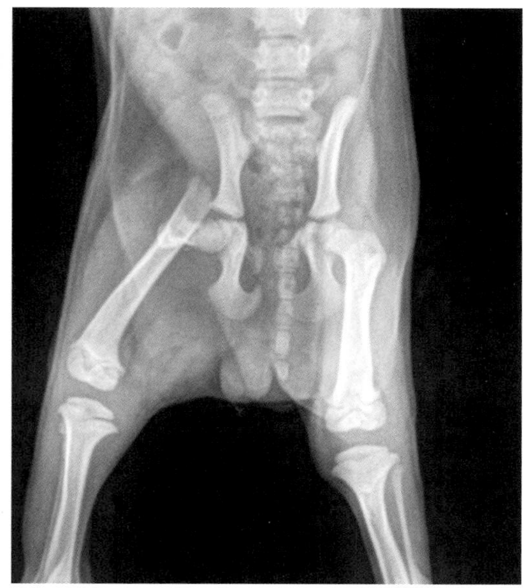

图 12-2-21　1 月龄泰迪，从 3 楼跌落到 1 楼，右后肢无力，疼痛敏感，X 射线检查：右侧股骨干近端骨折（潘庆山 供图）

### （四）诊断

体格检查：视诊、触诊患肢状况；股骨前后位、侧位X射线检查。

鉴别诊断：要与肌肉挫伤、髋股脱位、骨盆骨折以及膝关节韧带损伤相区别。

### （五）防治

股骨骨折必须要进行固定，以帮助其愈合，不推荐只做外固定治疗，因为外固定很难使股骨得到充分固定。但稳定型骨折、不完全型骨折或生物学活性评分较好的犬，即使没有坚固的固定，通常骨折也可以愈合。

根据患犬年龄、性格、骨折的类型、主人的依从性等作出综合评估，可选用一种或多种联合应用的骨折固定方法：环扎钢丝固定、拉力螺钉固定、骨针固定、带锁髓内针固定、外固定支架固定、骨板螺钉固定（图12-2-22）。

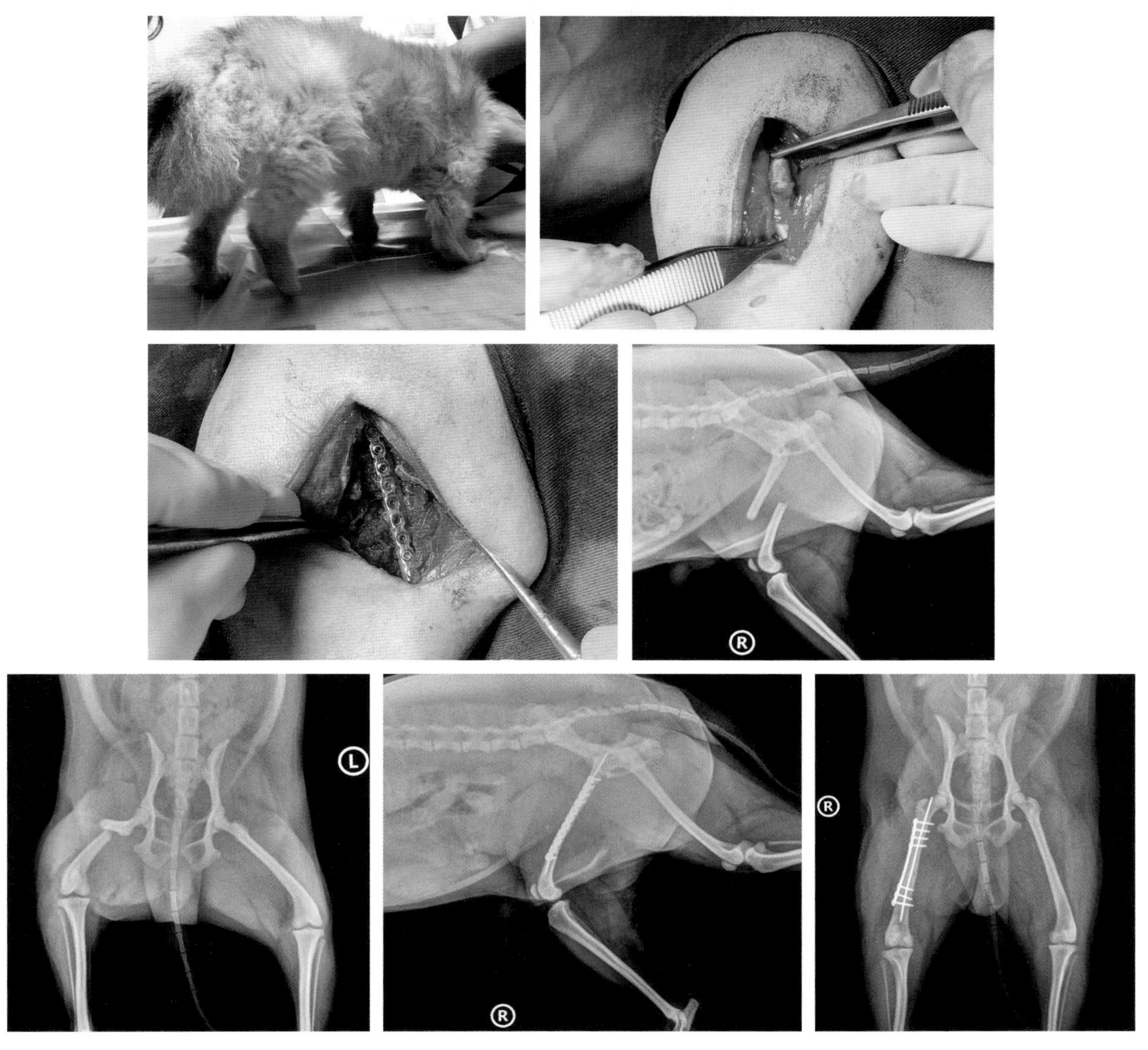


图 12-2-22　4 岁博美，公犬，右后肢疼痛不敢着地，X 射线检查：股骨中段骨折，骨板螺钉 + 骨针内固定术
（潘庆山 供图）

## 七、髌骨脱位

### （一）病因

犬髌骨脱位是指髌骨从股骨远端滑车沟中移位出来，出现外侧脱位或内侧脱位的情况。髌骨脱位主要与遗传发育有关，其次见于外伤导致的膝关节内侧或外侧关节囊损伤。

### （二）发病特点

在不同体形的犬中，髌骨内侧脱位相对于外侧脱位更常见。髌骨内侧脱位是小型年轻犬跛行的常见原因，但也可发生于大型犬，并随着年龄增大而症状加重。髌骨外侧脱位在大型犬较为常见，在小型犬则很少发生，病因多与遗传发育有关。

### （三）临床症状与病理变化

通常多见 2 个月至 10 岁的犬发生间歇性或慢性跛行，伴有可见的后肢形态缺陷。髌骨内侧脱位常见患犬后肢呈“O”形腿，髌骨外侧脱位常见后肢呈“X”形腿姿势（图 12-2-23、图 12-2-24）。

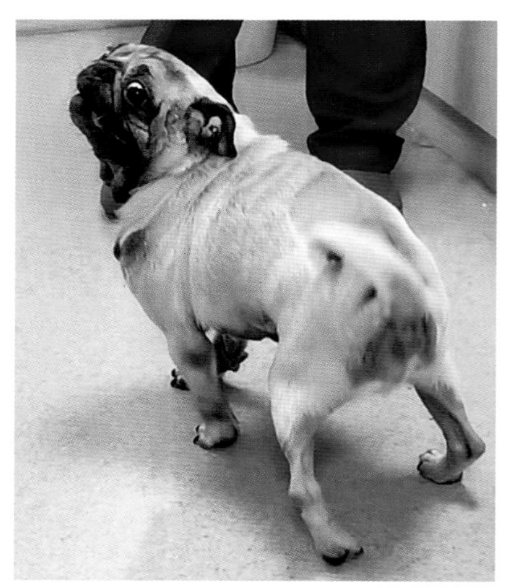
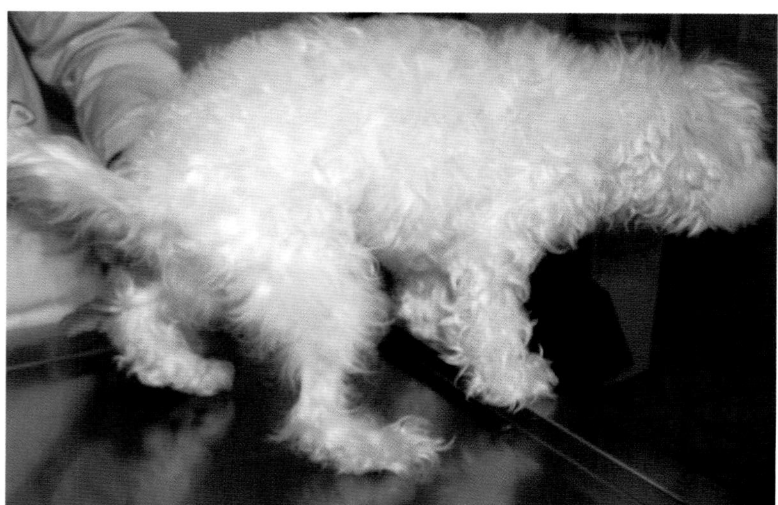

图 12-2-23　小型犬髌骨内侧脱位常见的症状，多呈“O”形腿或“罗圈腿”姿势（潘庆山 供图）

动物主人通常描述“跳”或“单腿跳”步态，走几步后暂时性恢复。严重的患犬后肢无法支撑站立行走，常见前肢支撑倒立行走步态。

大多数髌骨内侧脱位与骨骼肌异常有关，如股四头肌群内移、股骨远端外旋、股骨远端1/3处侧弯、股骨干发育不良、膝关节旋转不稳和胫骨变形。髌骨外侧脱位主要与髋股关节的前倾和髋外翻相关，前倾和外翻使得四头肌外侧头对滑车沟长轴产生的压力线发生改变。这种异常压力将髌骨推出滑车沟凹槽。异常压力作用于未成熟动物的生长板常引起骨骼形态的异常。

### （四）诊断

患犬出现慢性间断性跛行的病史，触诊膝关节无痛时应高度关注有无髌骨脱位，触诊能确定髌骨位置异常的程度，同时能确定股骨或胫骨形态缺陷。

膝关节X射线检查是否有髌骨位置的异常，膝关节继发性变性范围及形态变化（图12-2-25）。

鉴别诊断：需要与雷卡佩氏病、髋关节脱位、前十字韧带损伤、股骨远端骺骨折加以区分。

髌骨脱位分级：

1级：没有跛行，通过身体检查偶然地发现，髌骨可以人为脱位，但放开后回到原位，关节屈曲和伸展正常。

2级：跑动时偶然会支跛，髌骨在膝关节屈曲或人为使之脱位，可保持脱位状态，直到膝关节

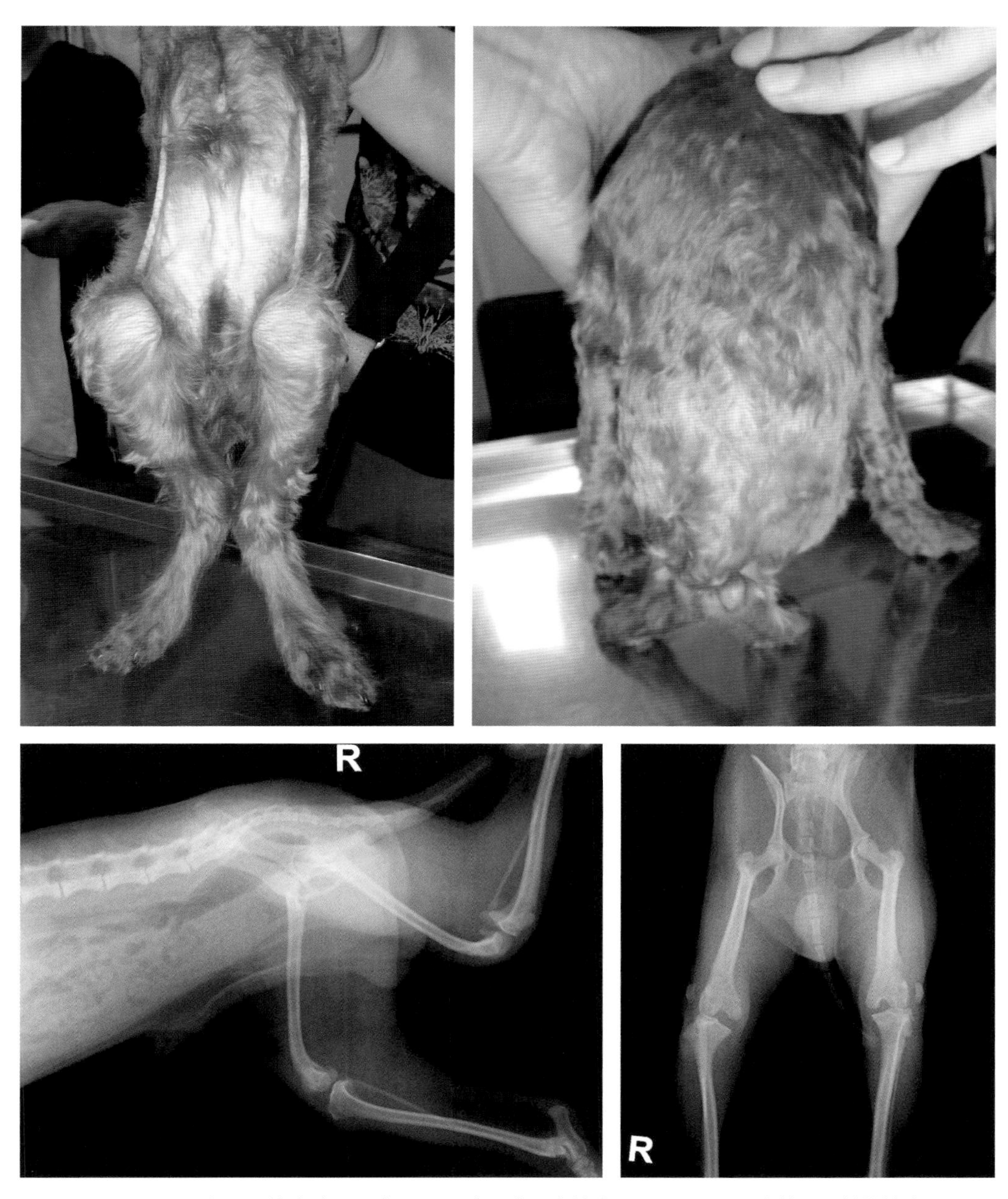


图 12-2-24　1 岁 7 月龄泰迪，公犬，双后肢无法正常站立，呈“X”形腿姿势，X 射线检查：双侧髌骨外脱（潘庆山 供图）

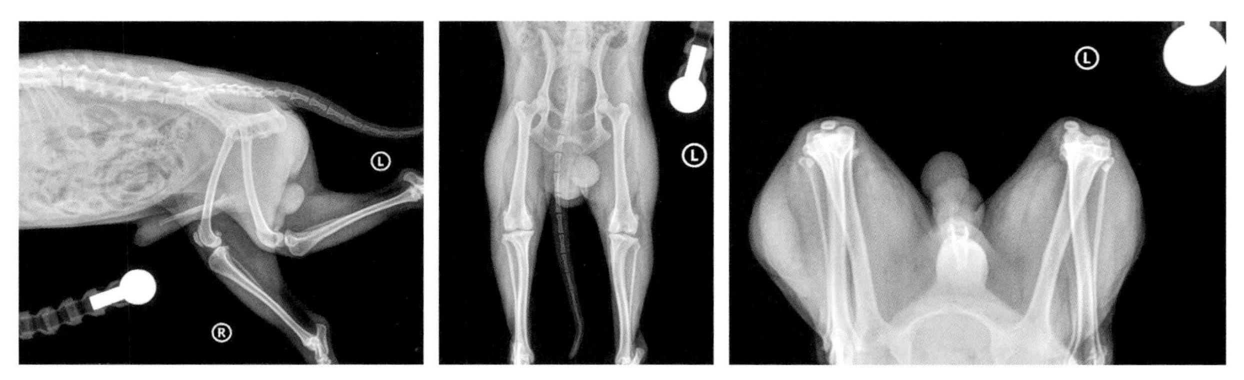


图 12-2-25　4 岁泰迪，公犬，左后肢跛行明显，X 射线检查：左侧髌骨内脱位明显（潘庆山 供图）

伸展或人为复原。

3级：常负重跛行，髌骨持续性脱位，但能人为整复，人工复位后，随着膝关节的屈曲伸展，又会再度脱位，膝关节支持软组织异常，股骨和胫骨变形。

4级：步态异常，髌骨持续性脱位，不能人为整复，股骨滑车沟变浅或消失，膝关节支持软组织异常，股骨和胫骨明显变形。

### （五）防治

保守治疗：1级脱位患犬只是暂时或偶尔跛行，一般不继发变性关节炎，不需外科矫正治疗，可控制体重，限制剧烈运动，长期口服关节保护剂。

手术治疗：2~3级脱位患犬需要使用一种手术方法或多种手术方法联合治疗，常用的手术方法包括：滑车沟再造，关节囊重叠缝合，对侧关节囊切开减张，股四头肌释放，胫骨结节移位，囊外人工韧带固定；4级脱位则需要做股骨或胫骨截骨矫正术和多重手术矫正脱位，预后谨慎，如出现严重的关节炎或肢体畸形严重的，可选择做截肢或膝关节融合固定术（图12-2-26、图12-2-27）。

上述X射线检查的同一只泰迪，左侧髌骨内侧脱位（3级），关节肿胀积液，内侧滑车嵴可见磨损，手术治疗方案：股骨滑车沟加深+外侧关节囊重叠缝合+囊外人工韧带固定术。

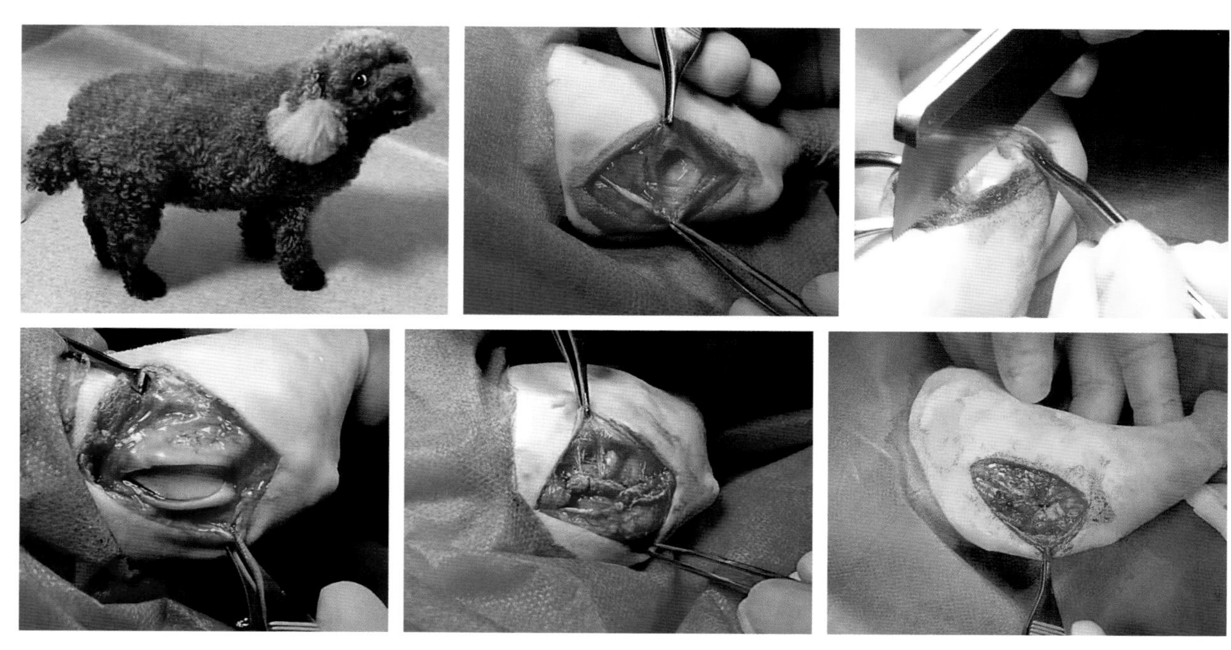

图 12-2-26　泰迪左侧髌骨内侧脱位（潘庆山 供图）

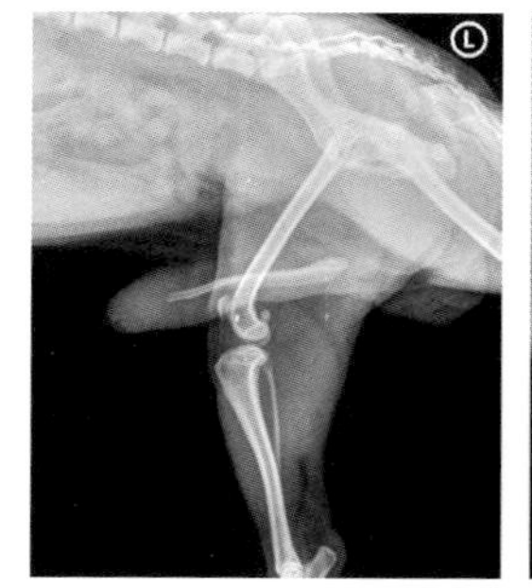


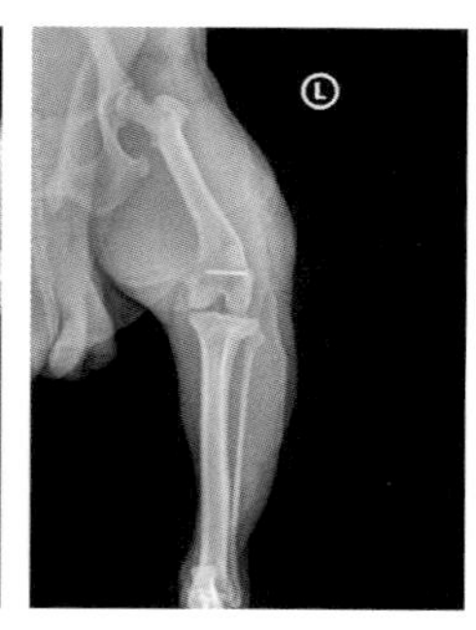


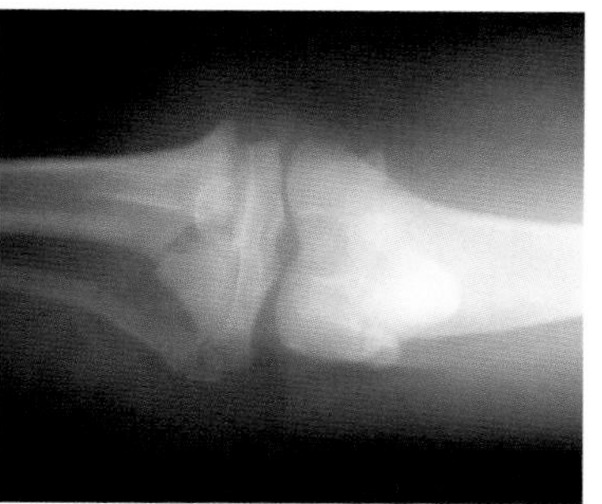

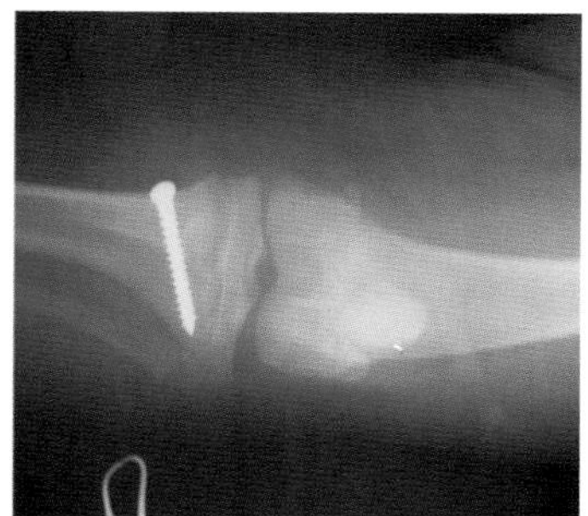

图 12-2-27　图 12-2-26 所示患犬术后 X 射线检查（潘庆山 供图）

## 八、前十字韧带断裂

### （一）病因

犬的前十字韧带正常情况下限制胫骨向前移动及向内转动。前十字韧带断裂主要与韧带的退行性病变或创伤有关。患肢受到过度前抽屉运动、内转或过度伸展等大的创伤是前十字韧带断裂的最常见原因。前十字韧带的退行性病变多与肥胖、体形、年龄、膝关节结构异常、免疫介导炎性反应有关。

### （二）发病特点

创伤性前十字韧带损伤多呈急性发病，当患犬跳跃、单侧患肢踩空或被撞伤时，会导致作用于患肢的力量超过了韧带的承受力，致使前十字韧带断裂，患肢跛行、不能负重（图12-2-28）。

前十字韧带退行性病变在韧带断裂前的病程会比较长，多见于肥胖犬、中青年犬、中大型犬，常表现为慢性跛行急性加重发作。

### （三）临床症状与病理变化

常见的临床症状是患肢急性跛行、不能负重，断裂后72h内明显跛行，静养1~2周后跛行会逐渐好转。大约6周后随变性关节炎的发展，会引发逐渐加重的跛行。膝关节触诊时有疼痛感，抽屉运动检查阳性。膝关节积液程度不一。前十字韧带慢性断裂的犬表现出继发性关节炎的症状。如膝关节肿胀，触诊疼痛，关节活动时疼痛并发出“咔嗒”声响。

前十字韧带发生断裂后，患犬关节极度不稳和功能异常会导致内侧半月板受损、膝关节积液、关节囊周围纤维化。退行性病变的患犬，两个膝关节可能同时有病变发生，并且有较高比例发生双侧的前十字韧带损伤，单侧发生前十字韧带损伤的患犬，在1~2年对侧韧带也会出现断裂。

### （四）诊断

临床体格检查，触诊：抽屉运动或胫骨前推试验阳性（大型犬需要镇静情况下检查）（图12-2-29、图12-2-30）。

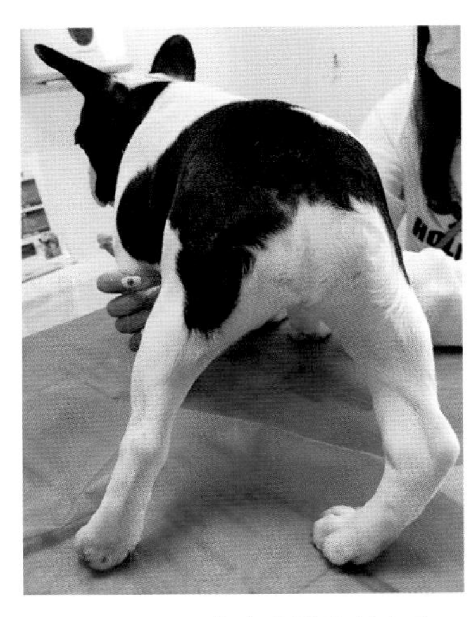

图 12-2-28　临床中发生前十字韧带损伤的患犬，表现慢性持续性跛行，患肢负重力较弱（潘庆山 供图）

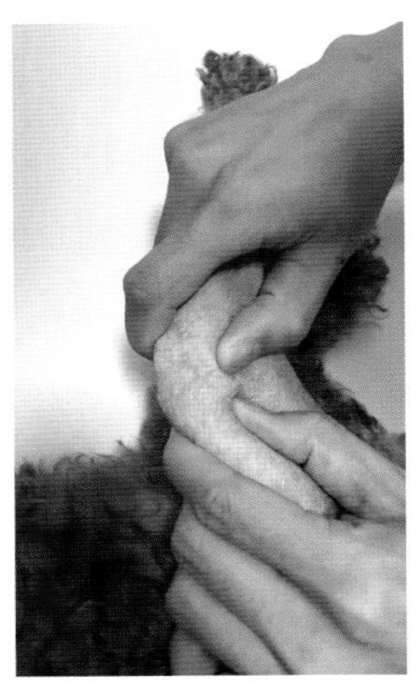

图 12-2-29　抽屉运动（潘庆山 供图）

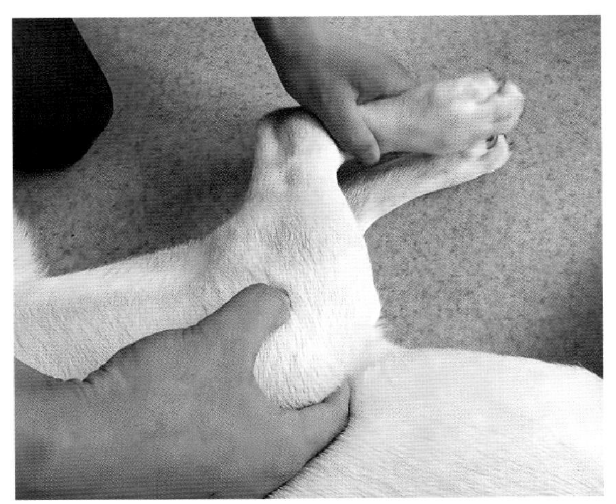

图 12-2-30　胫骨前推试验（潘庆山 供图）

膝关节X射线检查：加压拍片，胫骨平台前移（图12-2-31）；膝关节关节镜检查；膝关节MRI检查。

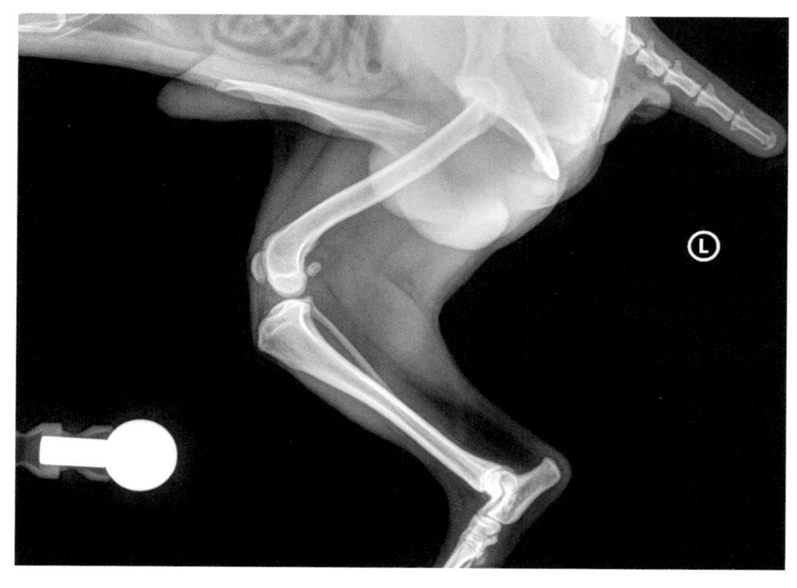

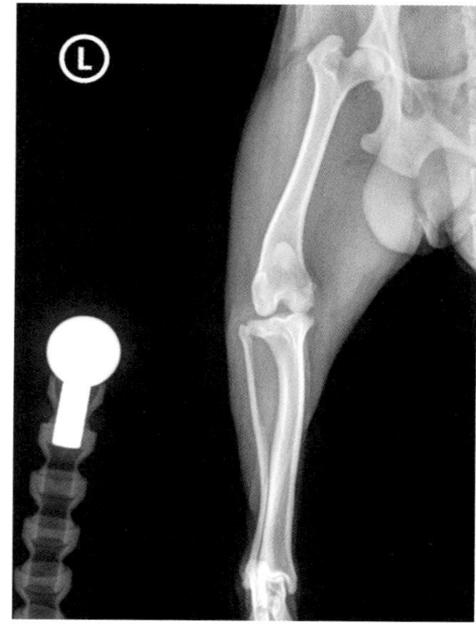


图12-2-31　X射线检查（侧位、后前位）：胫骨平台前移（潘庆山 供图）

鉴别诊断：与膝关节扭伤、髌骨脱位、股骨远端骺骨折、后十字韧带撕裂、胫骨结节骨折、半月板损伤、原发性/免疫性关节炎加以区分。

#### （五）防治

保守治疗：体重＜5kg的小型犬，限制运动、控制体重2~6周后，关节囊纤维化跛行症状会有所缓解。

手术治疗：原则上各体形的患犬，都需要做外科手术治疗，整复保持膝关节的稳定性，减轻退行性关节病变的发生，根据患犬的病情、体形、主人的经济能力，制定合理的实施方案，常用的手术方法有：关节囊内固定术、关节囊外人工韧带固定术（图12-2-32）、胫骨平台移位术、胫骨结节移位术及衍生技术。

7岁柯基，母犬，右后肢渐进性跛行大约8个月，抽屉运动阳性，X射线检查：胫骨平台前移，TPA=26°。术中切开膝关节，前十字韧带断裂、变性，关节积液，清除残存的韧带断端，做胫骨平台截骨术，TPLO骨板螺钉固定骨断端，术后测量TPA=5°（图12-2-33）。

### 九、犬副韧带损伤

#### （一）病因

犬副韧带损伤指膝关节内侧或外侧的副韧带发生全部或部分的撕裂（图12-2-34）。病因多与车祸或过度运动损伤有关。

#### （二）发病特点

任何年龄、品种、性别的犬均可发生。主人常常忽略这种损伤，主诉他们的犬之前都还正常，后来就慢慢发展成支跛。

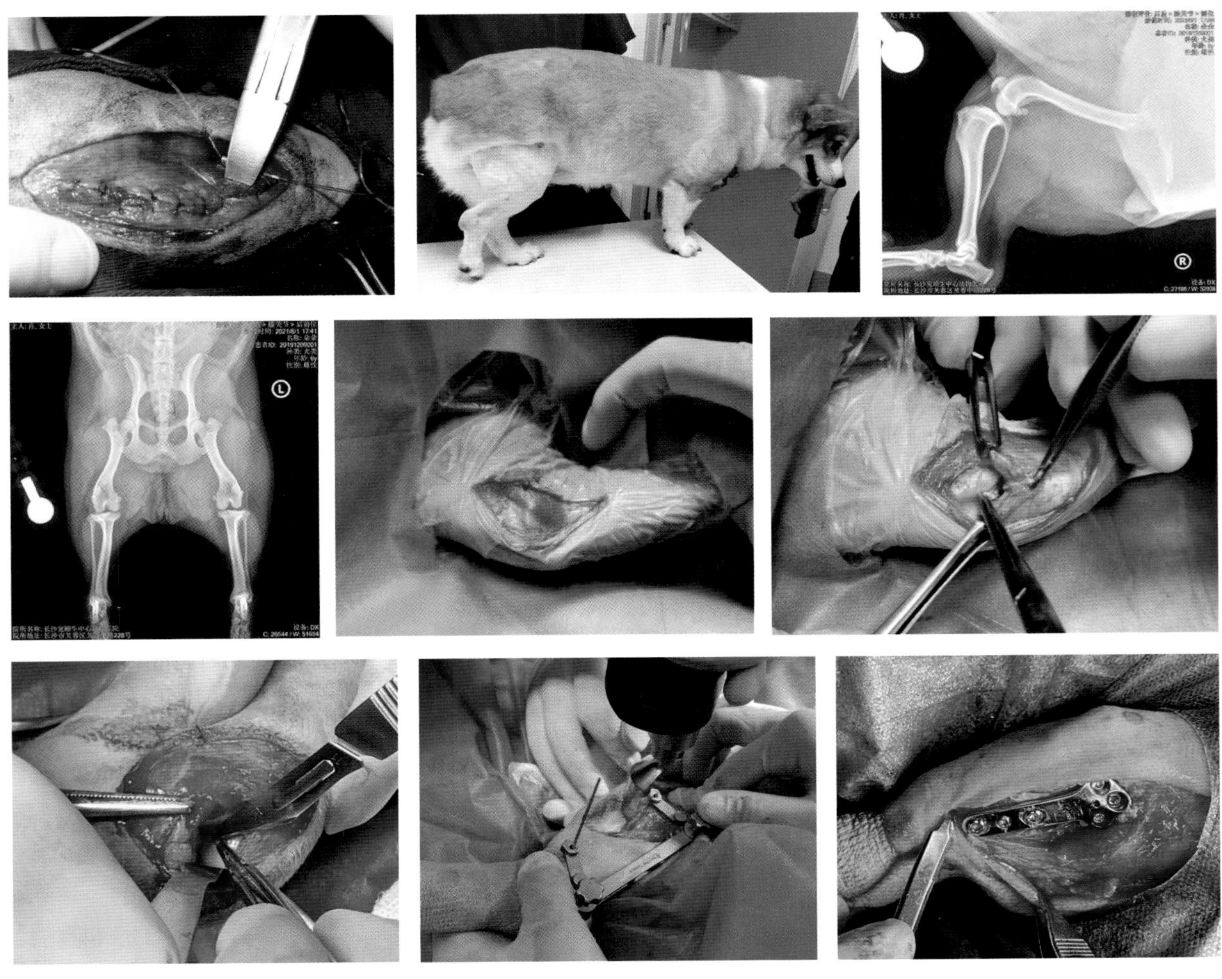

图 12-2-32 关节囊外人工韧带固定术（潘庆山 供图）

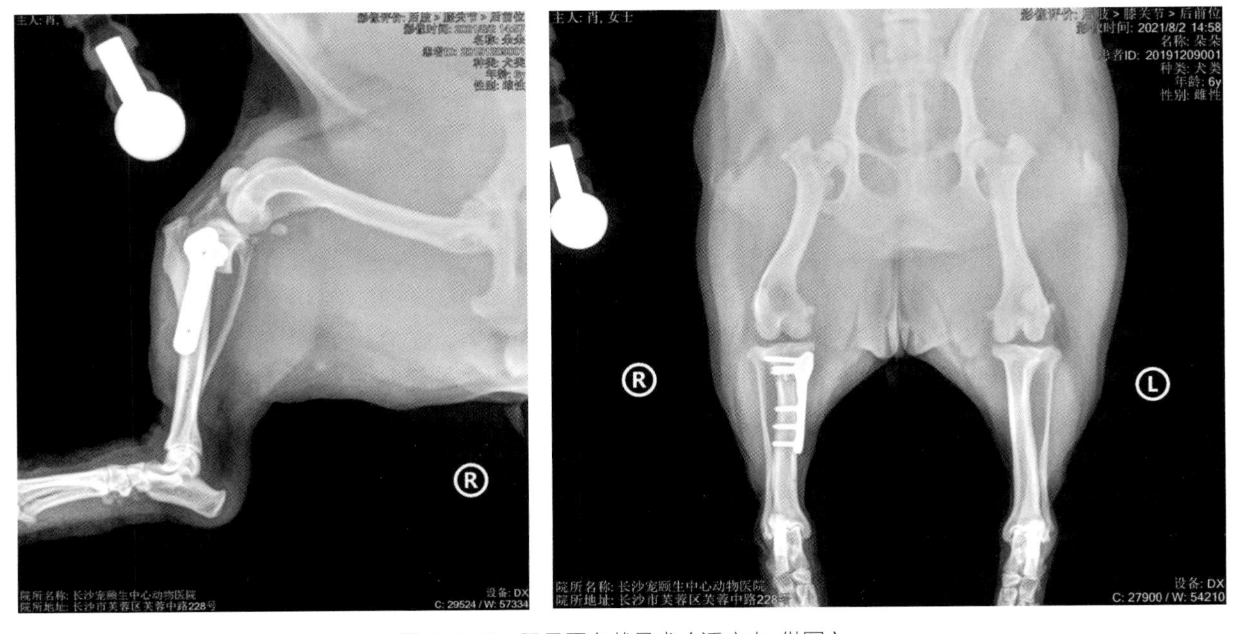


图 12-2-33 胫骨平台截骨术（潘庆山 供图）

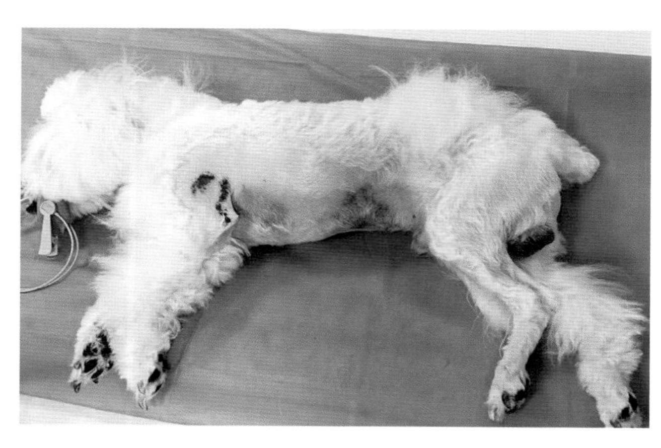
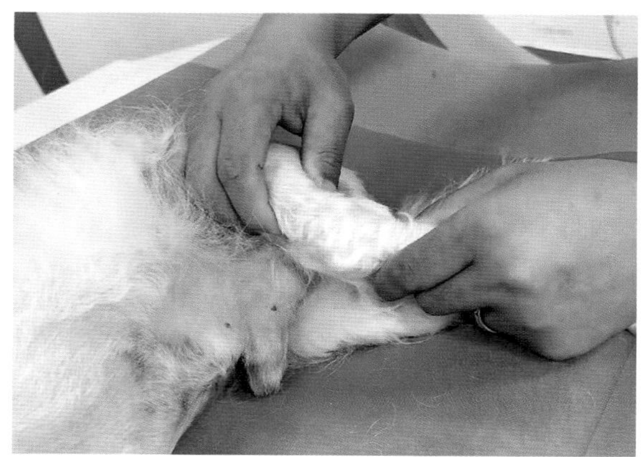

图 12-2-34　比熊犬左后肢关节损伤，前十字韧带断裂（潘庆山 供图）

### （三）临床症状与病理变化

患犬有较长病程的渐进性跛行，膝关节的过度内收或外展，关节不稳定。

单纯性的内侧或外侧副韧带撕裂在犬是很少见的。大多数涉及内侧或外侧副韧带损伤的原因与能引起膝关节原发或继发性活动受限的损伤有关。这些多重的韧带损伤常常是膝关节严重的外伤所引起的。

### （四）诊断

病史调查很重要，体检触诊患肢膝关节疼痛敏感，关节稳定性下降，加压使膝关节内收或外展可诱发膝关节外侧或内侧的关节间隙增大。

影像学检查：X射线加压拍片，评估关节间隙异常程度。

鉴别诊断：与膝关节关节炎、髌骨脱位、前十字韧带损伤、非移位性的股骨远端生长板骨折加以区分。

### （五）防治

保守治疗：根据副韧带以及次级关节限制（关节囊、半月板外周韧带）的损伤程度而定。损伤程度评定是建立在触诊和影像学检查的基础上，当关节被施以压力时可见轻微肿胀和关节间隙，提示可以采取保守治疗。

手术治疗：当膝关节一侧受力时可见中度至严重肿胀和关节间隙明显开张，表明对侧的副韧带出现严重的损伤，建议需要对这些患犬进行手术。手术治疗包括副韧带、半月板包被韧带以及关节囊的重建。如果损伤处是韧带的起始点或附着点的话，可进行副韧带的基本修复固定。

8岁比熊，公犬，被电动自行车撞伤导致肺挫伤、气胸、胸腔积血，左后肢膝关节损伤，副韧带不完全断裂，前十字韧带断裂。膝关节触诊，抽屉运动阳性，膝关节间隙增大，胫骨向损伤韧带的对侧活动范围增大（图12-2-35至图12-2-37）。

6岁田园犬，母犬，被电动三轮车撞伤，导致腰椎骨折、右后肢膝关节损伤，前十字韧带断裂，外侧副韧带完全断裂。膝关节触诊，抽屉运动阳性，膝关节间隙增大，胫骨可向内侧大范围活动（图12-2-38至图12-2-42）。

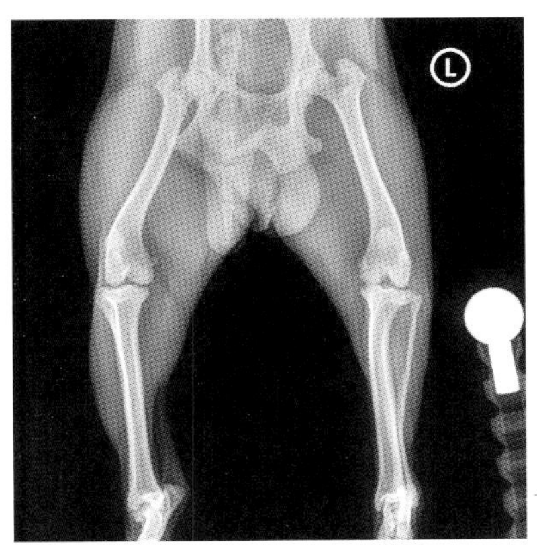

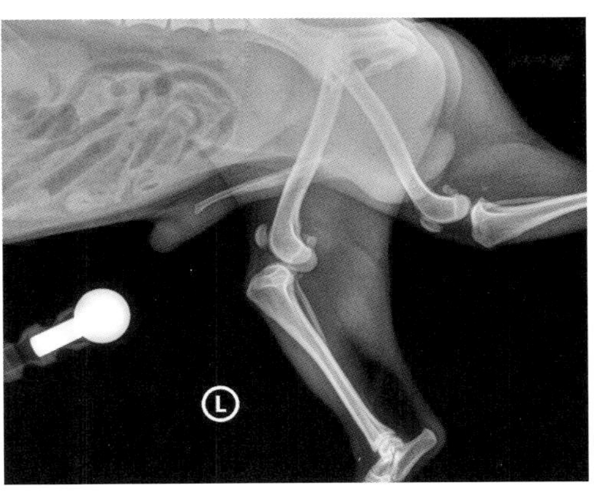

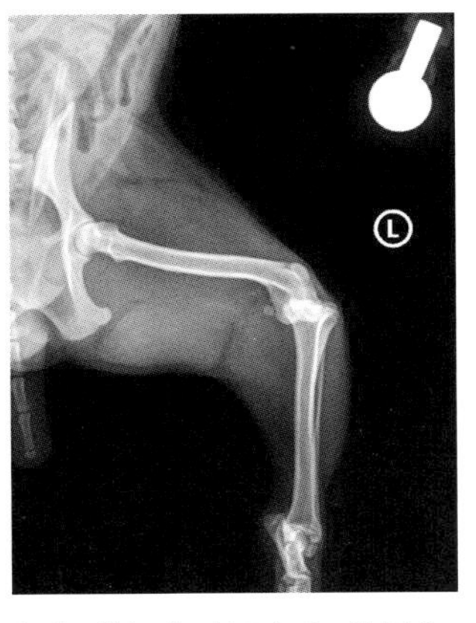


图 12-2-35　X 射线检查：左侧胫骨平台前移，膝关节外旋幅度增大，前十字韧带断裂，内侧副韧带损伤（潘庆山 供图）

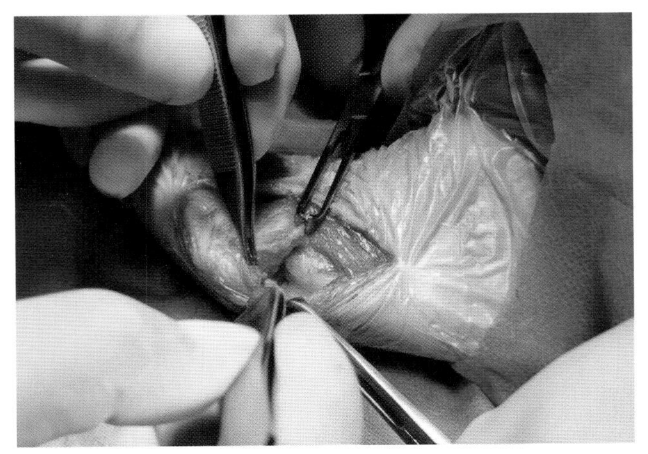
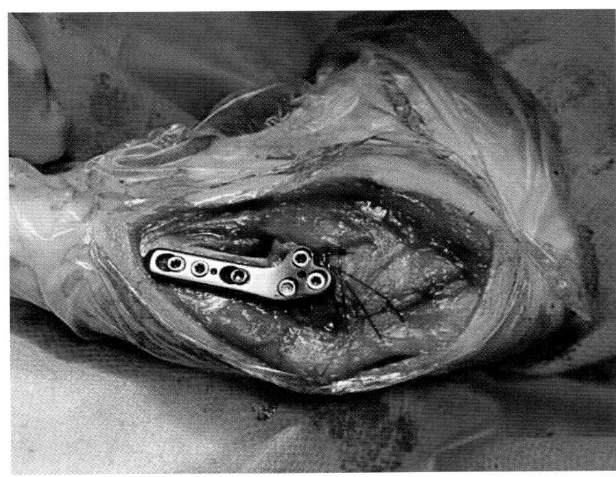

图 12-2-36　切开膝关节，清理前十字韧带的残端；胫骨平台截骨术、放置 TPLO 骨板螺钉，2-0 尼龙线做关节囊外人工韧带重建固定术（潘庆山 供图）

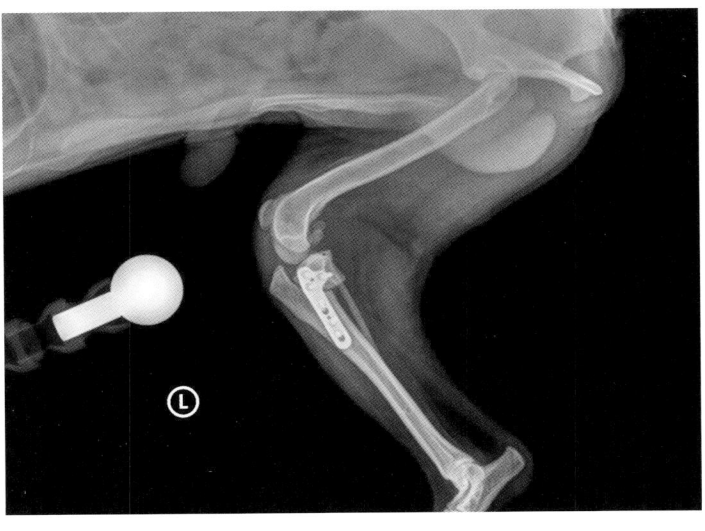

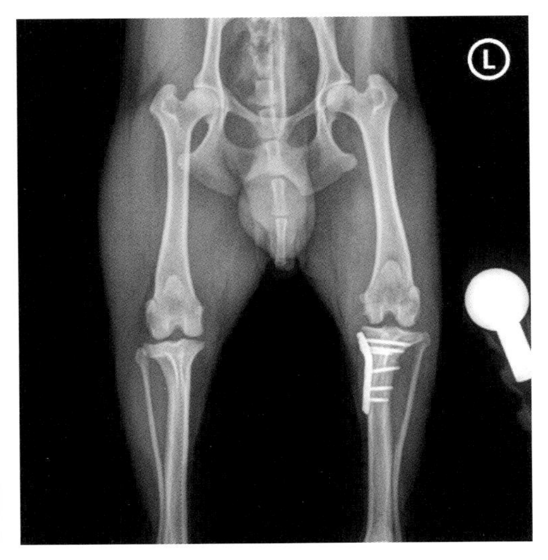


图 12-2-37　术后 X 射线检查（潘庆山 供图）

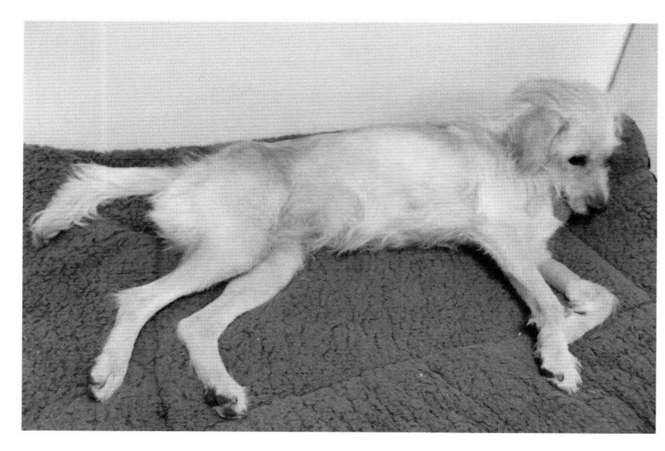

图 12-2-38　田园犬前十字韧带断裂，外侧副韧带完全断裂（潘庆山 供图）

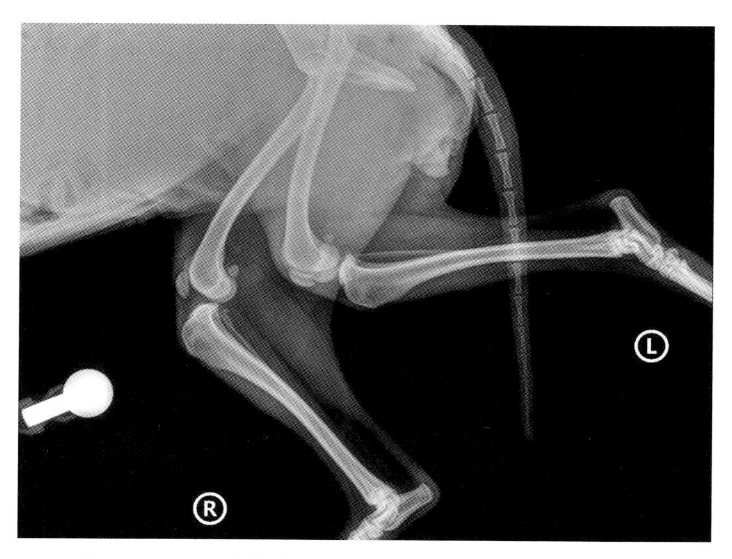


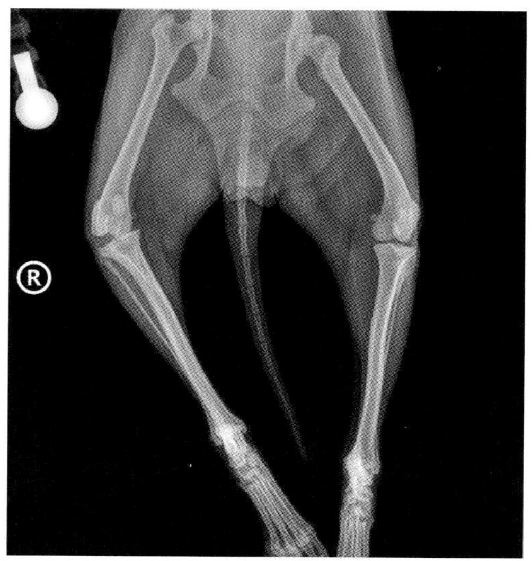


图 12-2-39　X 射线检查：右侧胫骨平台前移，膝关节内收幅度明显增大，前十字韧带断裂，外侧副韧带断裂（潘庆山 供图）

## 十、半月板损伤

### （一）病因

犬半月板是一个半月形纤维软骨垫，位于股骨髁和胫骨之间，它起到关节间负重传递和能量吸收，维持关节润滑和稳定的作用。犬极少发生单纯的半月板损伤，偶见于后肢扭曲下跌时后外侧半月板损伤；内侧半月板损伤常与前十字韧带断裂有关，过度的压力和剪切力造成半月板的剥离或碎裂。

### （二）发病特点

任何年龄、性别、品种的犬都可能发生。常发生于严重外伤后或膝关节不稳定导致长期跛行的急性加重。

### （三）临床症状与病理变化

患肢跛行，不敢负重，膝关节肿胀。

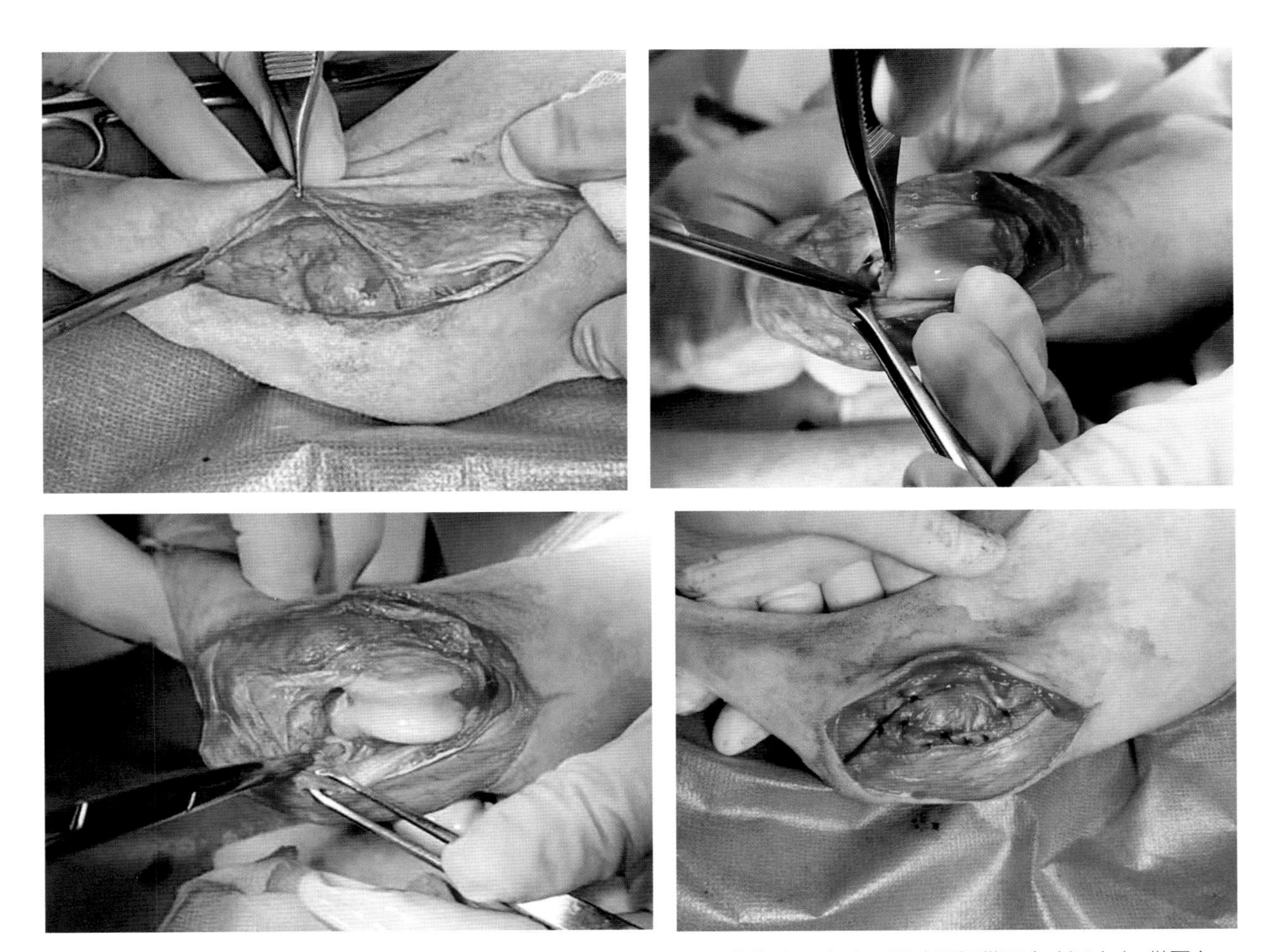

图 12-2-40 外侧切开膝关节，清理前十字韧带的残端，锚定钉 + 尼龙线（0-0）人工重建副韧带固定（潘庆山 供图）

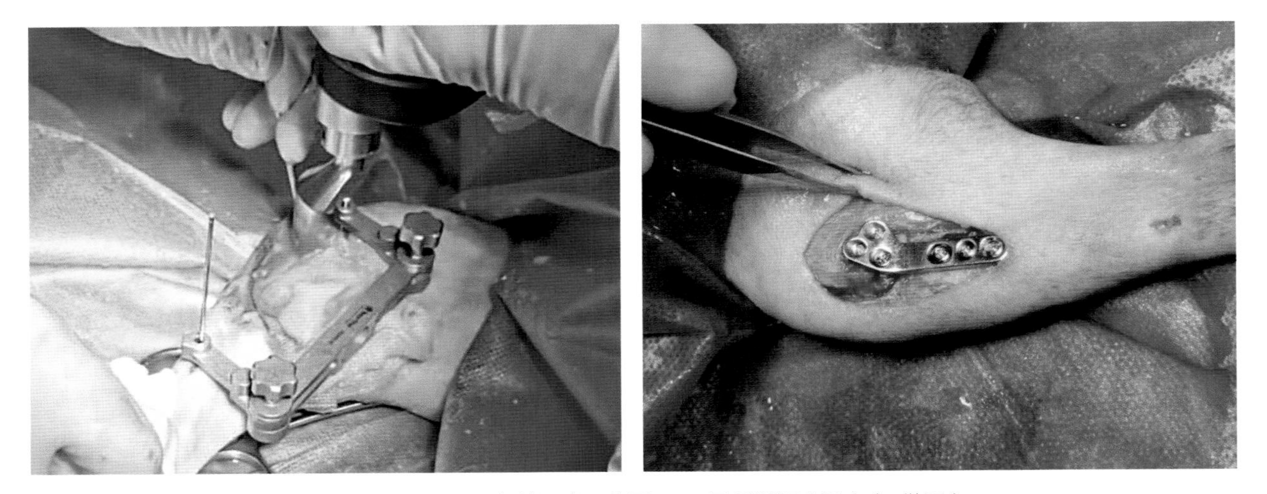

图 12-2-41 胫骨平台截骨术、放置 TPLO 骨板螺钉（潘庆山 供图）

通常前十字韧带损伤会导致胫骨平台反复的前半脱位，内侧半月板由前十字韧带紧密地固定在胫骨平台上，胫骨平台前半脱位时半月板形成了一个股骨髁与胫骨平台间的楔子，反复的压力和剪切力造成内侧半月板发生桶柄状撕裂或向前折叠。

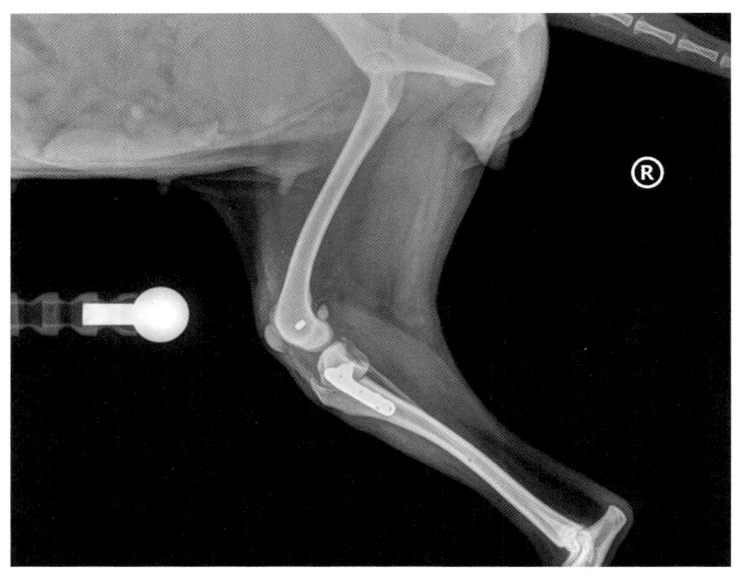


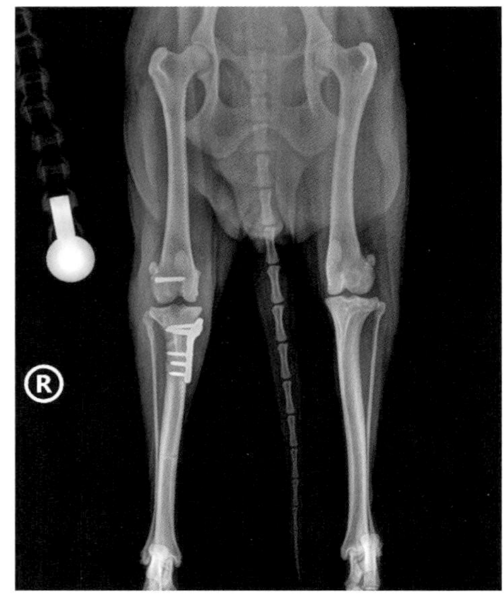


图 12-2-42 术后 X 射线检查（潘庆山 供图）

### （四）诊断

体格检查：膝关节积液或触诊有痛感，膝关节活动时可感觉到或有时能听到“咔嗒”声。半月板损伤多伴发于前十字韧带损伤，故临床中应重点检查有无前十字韧带损伤的情况。

影像学检查：X 射线检查只作为辅助检查关节是否有位置改变，是否有关节炎征象；大型犬半月板损伤检查可借助磁共振影像检查技术。关节镜直接检查半月板状况仅限于大型犬。

膝关节切开术可比较直观地检查半月板损伤的状况。

鉴别诊断：要与前十字韧带损伤、侧韧带或副韧带损伤、髌骨脱位、股骨远端骨折加以区别。

2 只不同的犬，均为左侧后肢长期跛行，可见胫骨平台前移，膝关节后方可见高密度增生物，触诊抽屉运动阳性，并伴有明显的“咔嗒”声响（图 12-2-43）。

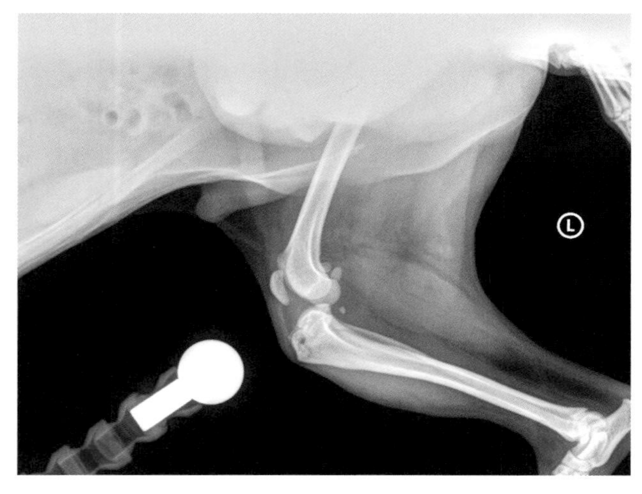


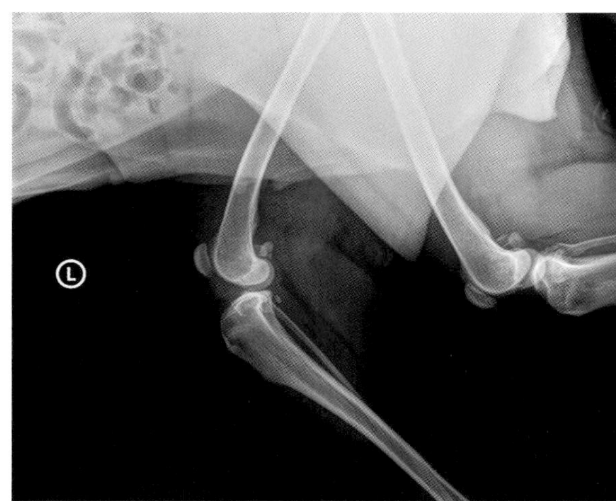


图 12-2-43 两只犬胫骨平台前移（潘庆山 供图）

### （五）防治

如果半月板损伤被确诊，不能做保守治疗，应尽快进行外科手术治疗，因为撕裂的半月板持续的前后摩擦会加剧退行性关节病变的发生。

手术治疗方法包括：部分的半月板切除术、半月板周缘损伤的基本修补术和半月板全切除术。部分半月板切除术涉及半月板撕裂部分的去除，是内侧半月板桶柄状撕裂的可选的治疗方法（图12-2-44）。半月板全切除术会导致继发性的变形性关节病变，应尽量避免使用全切除术。由于半月板缝合非常困难，故撕裂半月板修补术较少应用。局部或全身使用葡萄糖胺，可帮助半月板切除术后关节面的修复。

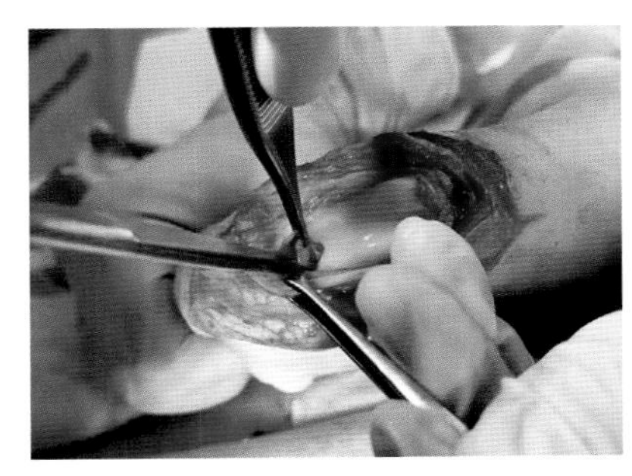
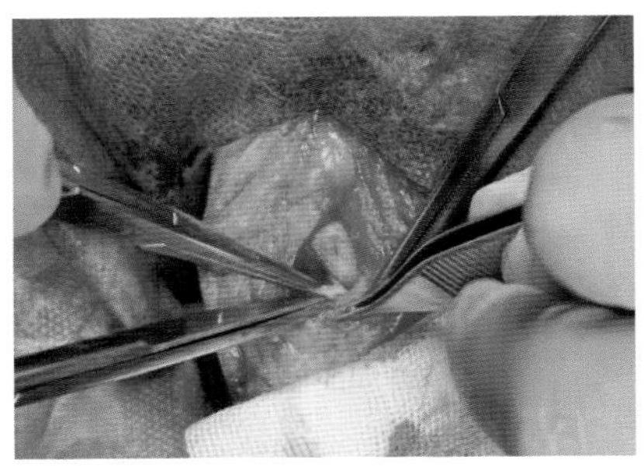
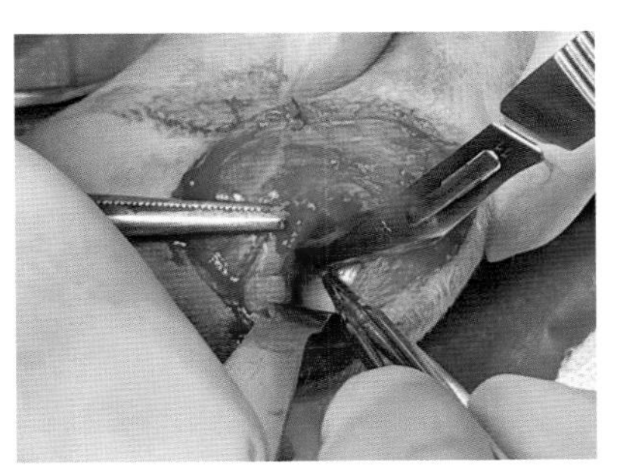

图 12-2-44　切开关节囊，检查前十字韧带及半月板损伤状况，对发生折叠或碎裂的半月板进行部分切除
（潘庆山　供图）

## 十一、胫腓骨骨干骨折

### （一）病因

犬胫腓骨骨干骨折多由于外伤导致（图12-2-45），如车祸、摔伤、咬伤、钝器击伤等。

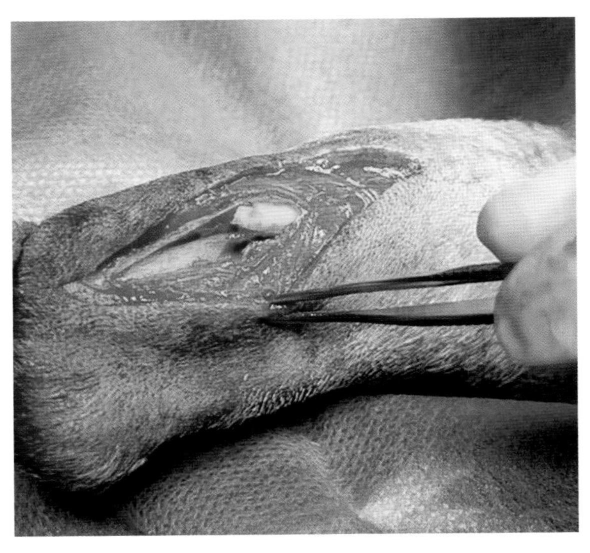
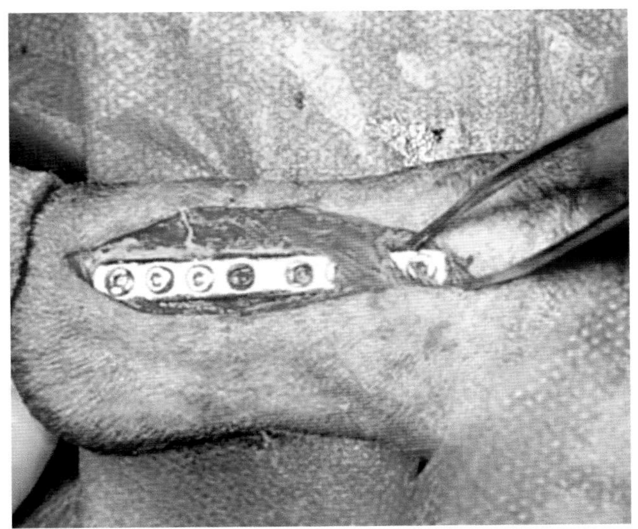

图 12-2-45　患犬胫腓骨骨干骨折（潘庆山　供图）

### （二）发病特点

任何年龄、品种、性别的犬都可能会发生胫腓骨骨干骨折，幼犬相对更容易发生。

### （三）临床症状与病理变化

患犬胫腓骨受伤后会出现支跛，不能负重，患肢肿胀变形或骨折断端暴露。

胫腓骨受到一定的机械外力，导致骨骼发生撕裂、横断、倾斜、旋转、粉碎，由于该部位的皮下组织较薄弱，常发生开放性骨折（合并皮外伤）。

（四）诊断

体格检查：患犬通常患肢不能负重且骨折部位有明显的肿胀变形，触诊有骨摩擦音，疼痛敏感。

影像学检查：患肢胫腓骨前后位、侧位X射线拍片检查（图12-2-46、图12-2-47）。

鉴别诊断：单纯由外伤导致，还是有潜在的病因（肿瘤或代谢性疾病）。

（五）防治

单纯的腓骨骨折，很少去做固定，除非合并髁的骨折。

胫骨骨干骨折的手术治疗方案的制定，是外固定包扎、环扎钢丝、骨针、外固定支架、骨板螺钉的单一选择还是联合应用与骨折的严重性、植入物的选择、患犬的年龄、活泼程度、主人的依从

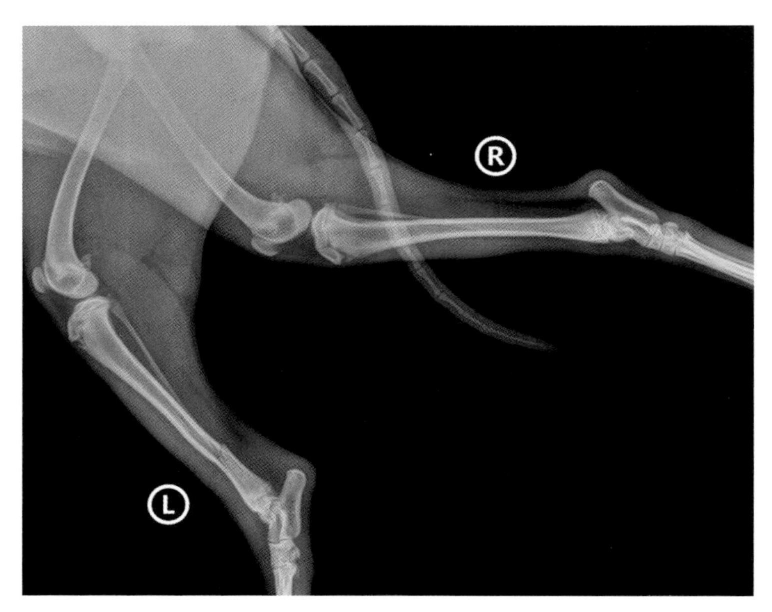


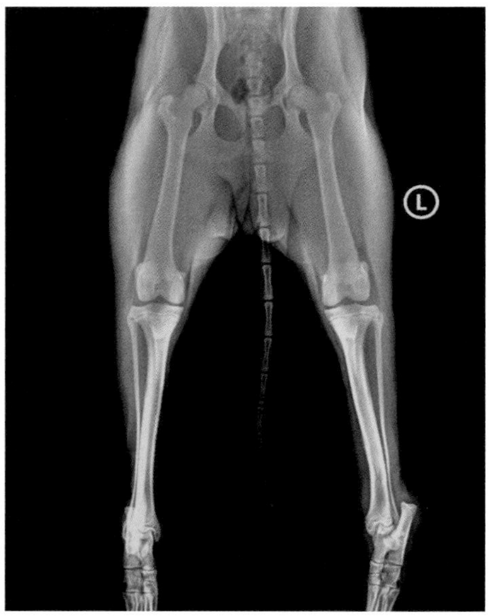


图 12-2-46　11 月龄边牧犬，撞门上，左后肢跛行，X 射线检查：左侧胫骨远端青枝骨折（潘庆山 供图）

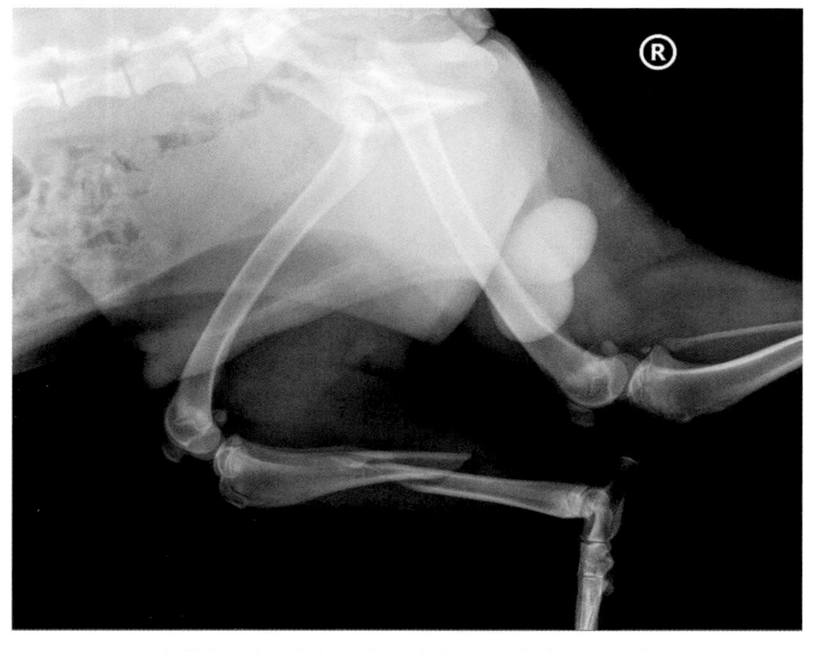


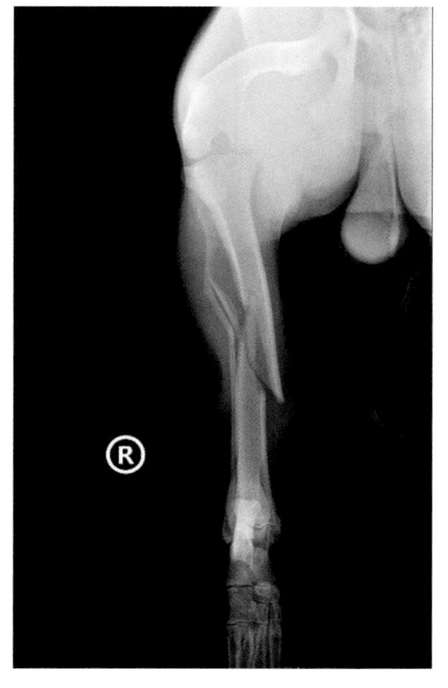


图 12-2-47　4 岁萨摩耶犬，车祸，右后肢跛行、不能负重，X 射线检查：右侧胫腓骨骨干中段粉碎性骨折（潘庆山 供图）

性、手术医生的熟练应用都密切相关。

## 十二、骨肿瘤

### （一）病因

骨肉瘤：犬的骨肿瘤绝大多数（90%）是骨肉瘤。常见部位：桡骨远端、肱骨近端、股骨远端及胫骨近端（图12-2-48）。成年大型和巨型犬多发。早期向肺转移。

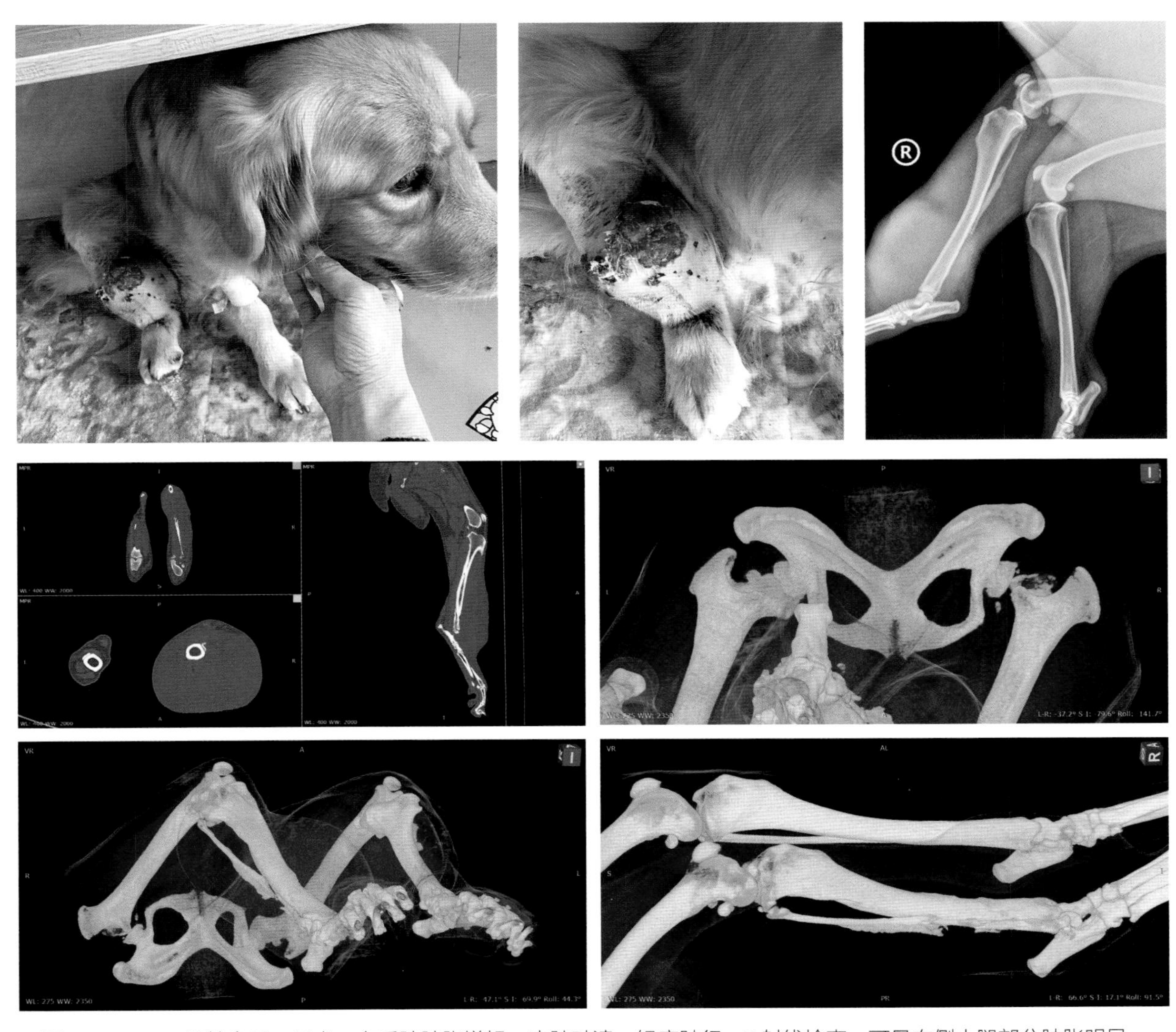

图12-2-48　16月龄金毛，母犬，右后肢肿胀增粗、皮肤破溃，轻度跛行；X射线检查：可见右侧小腿部分肿胀明显，呈中等密度影像，腓骨中远端骨溶解。CT检查：三维重建影像可见右侧胫骨中远端骨膜反应明显，不规则增生，腓骨中远端骨溶解，右侧膝关节高密度降低，右侧股骨头部分骨溶解，高度疑似骨肿瘤（潘庆山 供图）

软骨肉瘤：在犬原发性骨肿瘤中占第二位，侵害扁骨（颅骨、肋骨）。发病犬为中型至大型中年犬。

纤维肉瘤：犬不常发生，侵害长骨的干骺端或上/下颌骨的骨膜肿瘤。

血管肉瘤：最常侵害肱骨或股骨近端，多发于老年犬，德国牧羊犬尤甚。诊断时已出现早期血源性广泛扩散。

多发性骨髓瘤：犬少见多中心性肿瘤。常见侵害扁骨、椎骨和股骨或肱骨近端。

继发性骨肿瘤：比原发性骨肿瘤诊断率低。常见类型：淋巴肉瘤，来源于乳腺的腺癌、前列腺或肺肿瘤灶。

转移性骨肿瘤：口咽肿瘤侵害下面的骨骼：恶性黑色素瘤，棘皮性龈瘤，鳞状细胞癌，纤维肉瘤。源自指甲下上皮的趾部肿瘤：鳞状上皮癌。

#### （二）发病特点

骨肿瘤分为原发性、继发性（转移性）或邻近软组织局部侵入。

骨肿瘤多为恶性的，造成严重的骨损伤。特征为骨溶解和骨增生反应。

#### （三）临床症状与病理变化

患肢或患处疼痛、肿胀、跛行。很小的创伤即造成急性病理性骨折，厌食、体重减轻。由于转移而发生呼吸困难。

#### （四）诊断

病史、临床症状、体格检查。

影像学检查：X射线检查，CT检查。

细胞学检查/活组织检查。

病理切片检查。

#### （五）防治

包括化疗、放疗、手术切除、截肢术。

# 第三节　关节与畸形矫正

## 一、肩关节内侧不稳定

#### （一）病因

大多数犬肩关节脱位（约75%）位于内侧。虽然肩胛旁肌的肌腱长期以来被认为是肩关节的主要稳定部分，但试验发现，切断穿过肩关节的肌腱，关节活动变化极小，而切割关节囊和关节盂肱韧带则会引起关节活动的明显改变。这表明关节囊和相关韧带应是影响肩关节稳定的重要部分。

#### （二）发病特点

玩具贵宾犬和喜乐蒂表现出无任何重大创伤时发生内侧脱位的特殊倾向。

#### （三）临床症状与病理变化

就诊时，这些患犬中有许多具有持续数月的跛行史。触诊时，肩峰和大结节的相对位置是确定肱骨头相对于关节盂位置的关键。应在正常肢体上触诊这些点，然后与患肢进行比较（图12-3-1）。

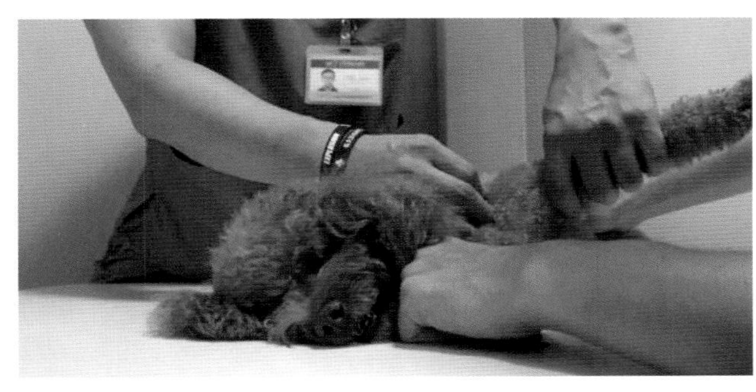
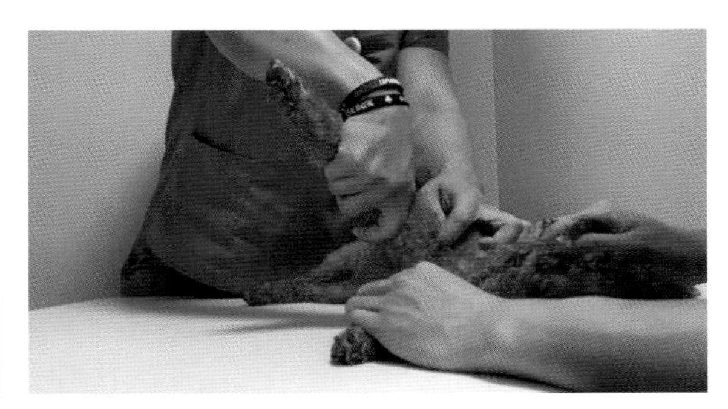

图 12-3-1　健肢与患肢的对比，左图为健侧，右图为患侧（潘庆山 供图）

临床体征和体格检查通常具有诊断价值；然而，与任何骨骼损伤一样，诊断应始终通过影像学证实，以消除骨损伤（如骨折）的可能性。

### （四）诊断

应力位X射线片被认为是测量该关节不稳定的客观方法。慢性脱位导致的关节盂严重侵蚀或存在发育不良的关节盂或肱骨头大大降低了成功复位的概率。后来发现的先天性脱位通常是不可复位的，因为关节盂和肱骨头都有严重的畸形。

在镇静状态下仔细检查肩关节对于确定不稳定的方向至关重要，因为治疗建议针对每个方向。对于内侧不稳定，评价患肩的外展角，并与其他未受累前肢进行比较。镇静犬侧卧时，前肢相对于胸部以站立角度伸展，通过将一只手的手指沿肩胛骨脊柱放置来稳定肩胛骨，然后缓慢外展肢体。外展角是肩胛骨刚开始随肢体活动的角度。如果肢体未完全伸展或向头侧牵引，外展角将被高估。外展角角度为30°或以下的犬视为正常。角度超过50°者视为异常。对于外展角落在30°～50°"灰区"的患犬，重要的是患肢与健侧肢体的不对称性。如果患肢和健侧肢体的角度测量之间存在显著的不对称性，则诊断为MSI。当观察品种和品种内的个体动物时，在正常外展角度存在很大的变异性。

### （五）防治

保守治疗：轻度肩关节内侧不稳病例可考虑保守治疗。包括外展角轻度增加（小于45°）和关节镜或MRI显示盂肱内侧韧带和肩胛下肌腱病理的轻度/中度证据的动物。保守治疗包括使用前肢制动系统（图12-3-2）3~4个月，同时进行常规物理治疗。应保持一些肌肉质量和关节运动。通过保守治疗，关节内类固醇的初始给药（20~40mg醋酸甲泼尼龙，Depo-Medrol）可能有助于减少关节炎症。

手术治疗：急性内侧脱位采取内侧放置人工韧带（图12-3-3），注意不可过紧。

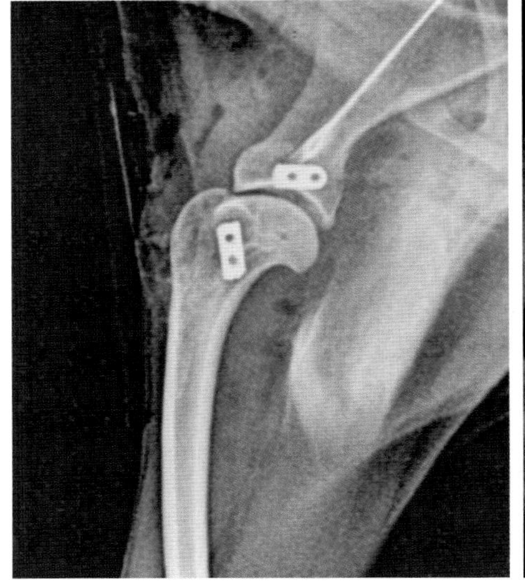
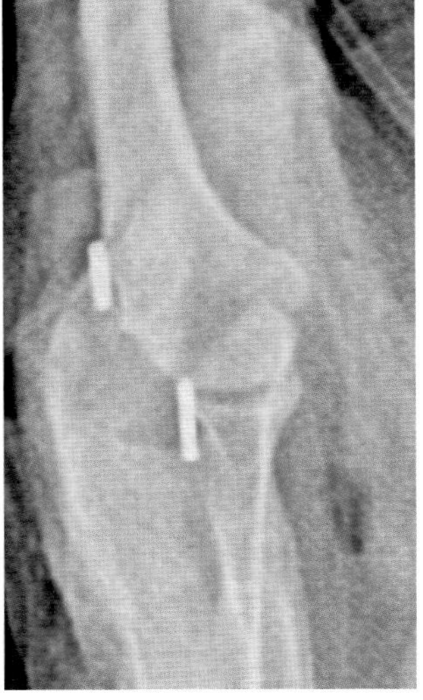

图 12-3-2　先天性脱位，行关节融合治疗（潘庆山 供图）

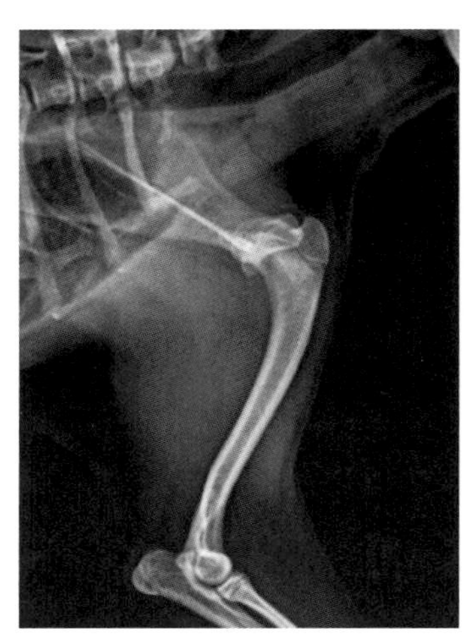

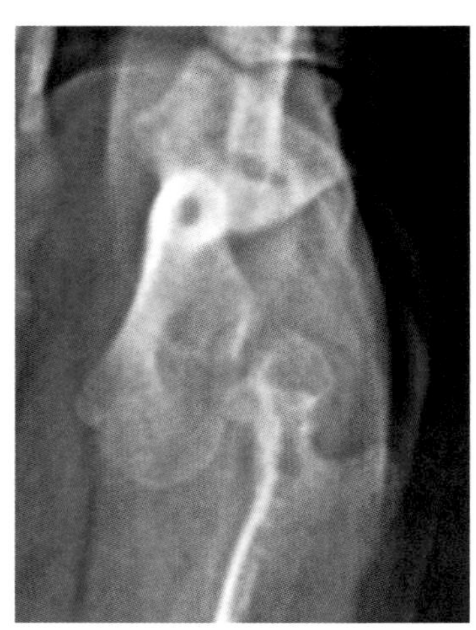

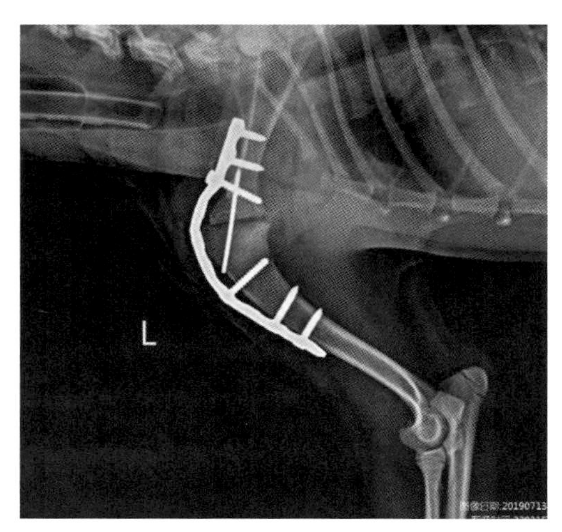


图 12-3-3　幼犬先天性脱位，注意畸形的关节盂（潘庆山 供图）

## 二、桡骨和尺骨生长畸形

### （一）病因

远端骨骺提前闭合后，导致尺骨缩短，由于骨间韧带限制骨间运动，导致“弓弦”效应，从而限制桡骨纵向生长。

### （二）发病特点

圆锥形的远端尺骨骨骺经常在前肢创伤中发生压榨性损伤，导致骨骺完全闭合。后果包括伴有前弓、外旋的尺骨缩短，以及伴有腕关节外翻成角的桡骨缩短，能发生不同程度的肘关节和腕关节不协调。

### （三）临床症状与病理变化

患远端尺骨骨骺提前闭合的犬出现不同程度的跛行、前肢前弓和缩短，以及腕关节外翻变形。

### （四）诊断

需要患犬患病桡骨和尺骨的前后位和侧位X射线影像来评估畸形，包括肘关节、腕关节。在远端尺骨骨骺提前闭合的早期病例，在有明显的骨骺闭合或前肢畸形的X射线征象前可注意到尺骨长度异常。应该从X射线影像上测量骨骼的长度和成角畸形，以确定术前标准（图12-3-4至图12-3-8）。

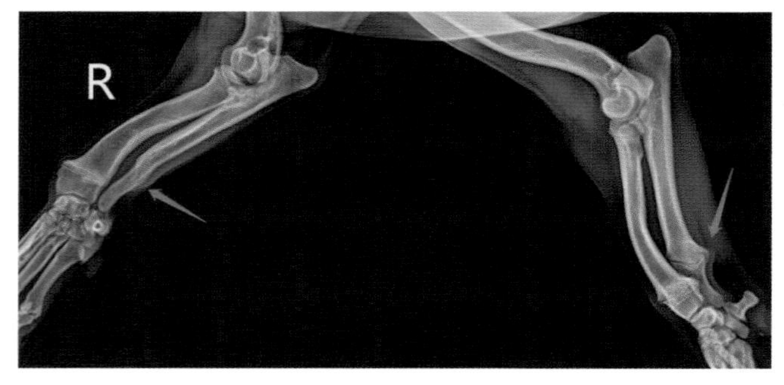


图 12-3-4　尺骨提前骨骺闭合导致的生长障碍，注意右侧尺骨骨骺提前愈合（潘庆山 供图）

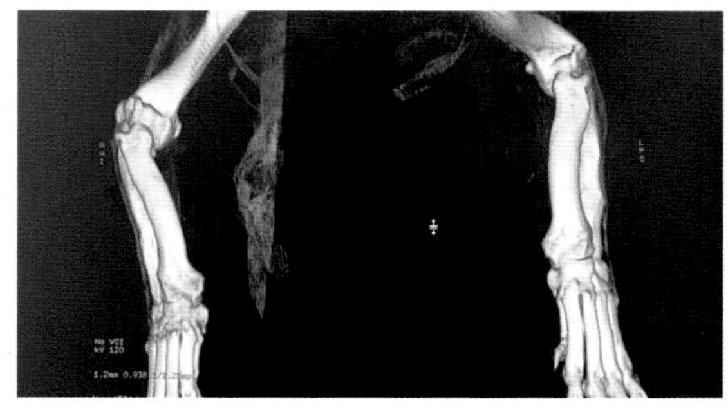

图 12-3-5　患肢（左）健肢（右）对比（潘庆山 供图）

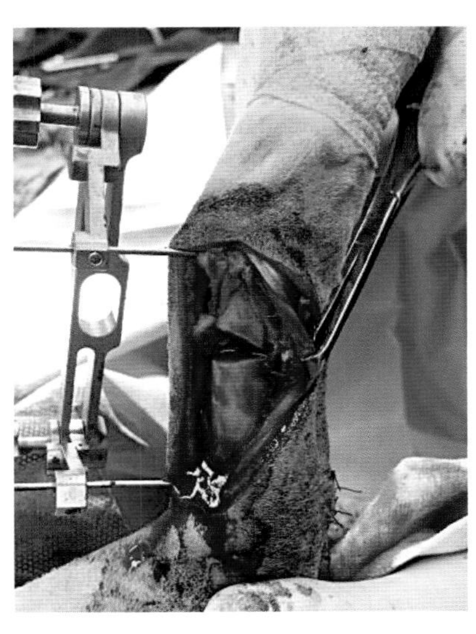
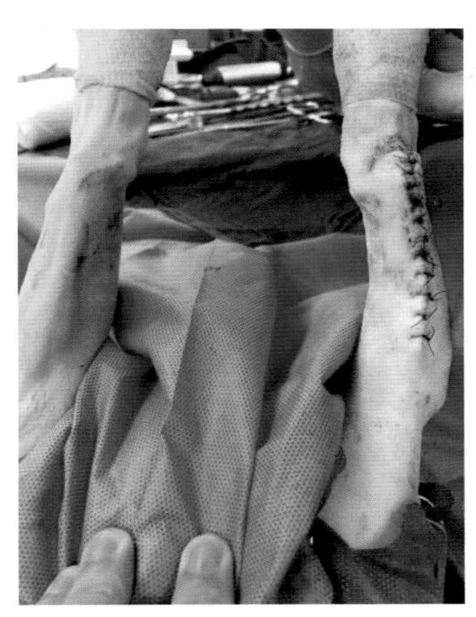
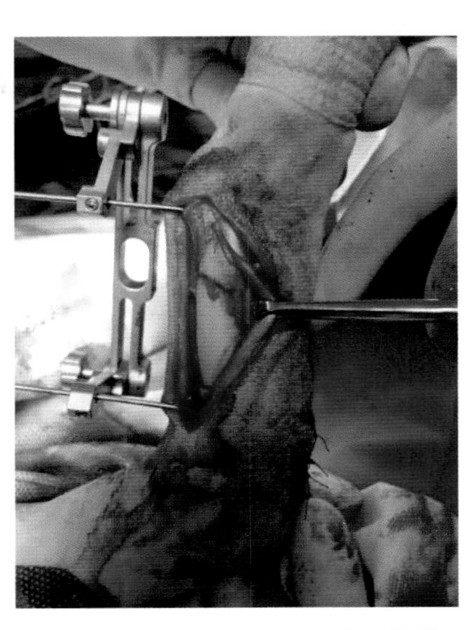

图 12-3-6 由于尺骨提前愈合的“弓弦”效应引起的桡骨的外翻畸形和前弓畸形手术矫正。注意夹具的放置是为了维持骨折的对线（潘庆山 供图）

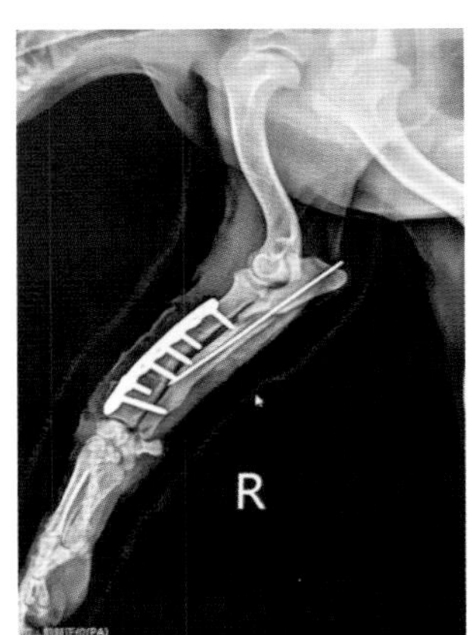

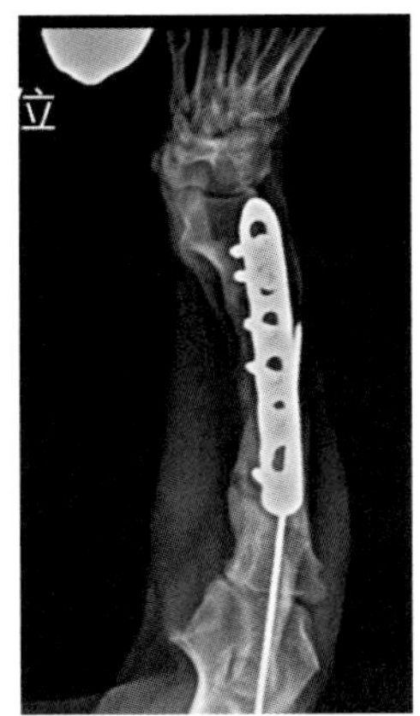

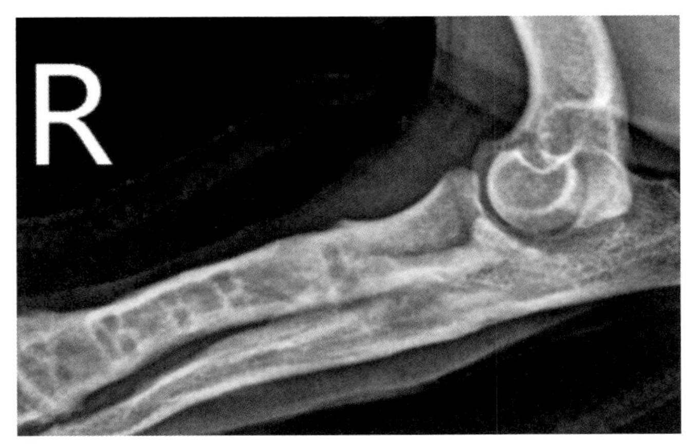


图 12-3-7 上述病例术后 X 射线片，以及愈合后移除骨板（潘庆山 供图）

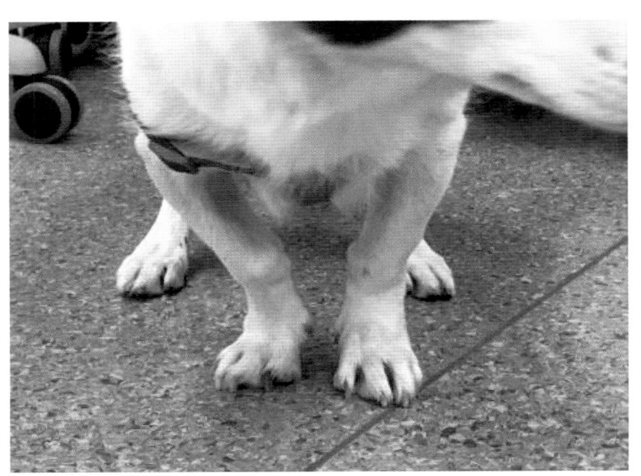
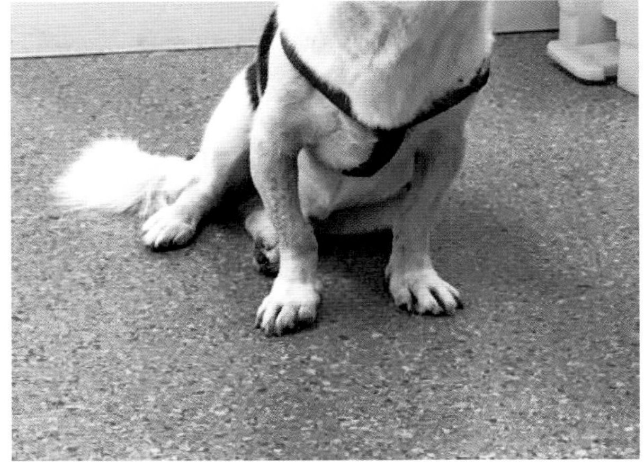

图 12-3-8 术前（左侧）术后（右侧）对比，注意腕关节对比（潘庆山 供图）

### （五）防治

对于生长畸形无药物治疗。

手术治疗：对于未成年犬，通过患病骨骼的截骨术和放置游离的自体的脂肪移植物来防止骨段的提前闭合来治疗。手术治疗远端尺骨骨骺提前闭合造成成年犬的成角畸形的目的是矫正成角和旋转畸形，同时保留肢的长度和改善关节的协调性。

## 三、陈旧性桡腕骨骨折

### （一）病因

桡腕骨与桡骨一起形成前臂腕关节——腕骨的主要关节，骨折通常表现为关节面的碎片或厚片（图12-3-9）。这些骨折最常见于跳跃或跌倒导致的损伤和进行剧烈运动的犬，如雪橇犬、田间试验犬和其他工作品种。

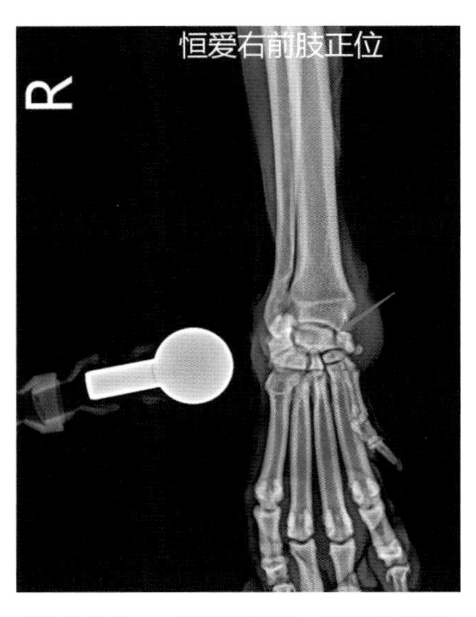


图 12-3-9　一只史宾格犬，陈旧性桡腕骨骨折，注意内侧软组织的增生（潘庆山 供图）

### （二）发病特点

骨碎片是由压缩力和剪切力共同产生的。这些骨碎片很少能自愈，骨或软骨碎片通常成为“关节小鼠”，在关节内产生急性炎症反应，导致滑膜炎和退行性关节病。患犬跛行严重，但在几周内症状有所缓解。

### （三）临床症状与病理变化

犬休息时可能是无症状的，但运动时变得跛行。由于滑膜炎和关节炎，关节周围的软组织增厚可能在几周后变得明显。多项研究认为，犬桡骨腕骨可在无创伤或过度用力的情况下发生骨折。

### （四）诊断

这些患犬多数会疼痛，需要镇静或全身麻醉来进行合理的摆位，以获得高质量影像，采用高质量的背掌位、内外位和斜位投照通常足够进行诊断。双侧腕关节X射线影像和（或）CT可能有助于诊断隐性的桡腕骨骨折。

### （五）防治

不适用进行药物治疗或保守治疗。

手术治疗：桡腕骨是主要的负重组织，理想的长期功能需要桡腕骨和远端桡骨之间关节面的完整性。不能固定的小片状骨块应该被移除；而大骨块应该解剖复位，并用拉力螺钉或拉力螺钉与钢丝配合进行固定。患慢性桡腕骨骨折、严重的粉碎性骨折、骨关节炎、脱位、骨丢失或感染的犬最好通过腕关节关节融合术进行治疗（图12-3-10）。

## 四、桡腕骨脱位

### （一）病因

在犬跳跃或跌倒后可能发生桡腕骨脱位。桡骨腕骨向内侧旋转90°，呈背掌侧方向，靠在桡骨

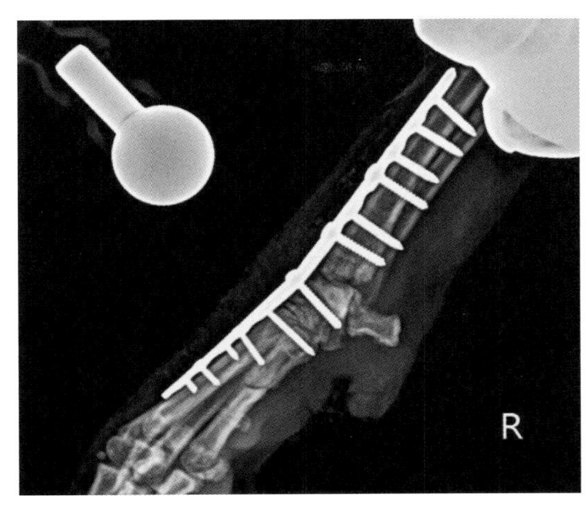

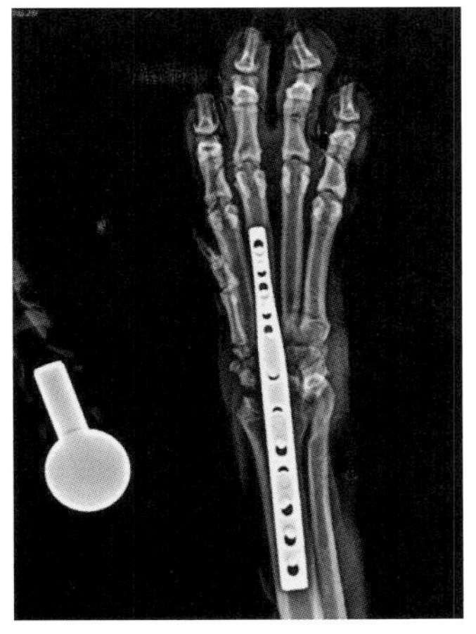

图 12-3-10　陈旧性桡腕骨骨折，进行腕关节融合术（潘庆山　供图）

远掌侧缘（图12-3-11）。

### （二）发病特点

任何年龄、品种或性别的犬均可发病。患犬通常在损伤后出现急性不负重性跛行，患桡腕骨脱位的犬可能有慢性前肢跛行。

### （三）临床症状与病理变化

严重跛行总是表现为肢体外展和肘关节屈曲。肿胀不明显，关节不易活动。疼痛和捻发音通常通过触诊引出。触诊容易揭示移位的骨及其正常区域的凹陷。

由于桡侧副韧带损伤，导致功能稳定性不好。

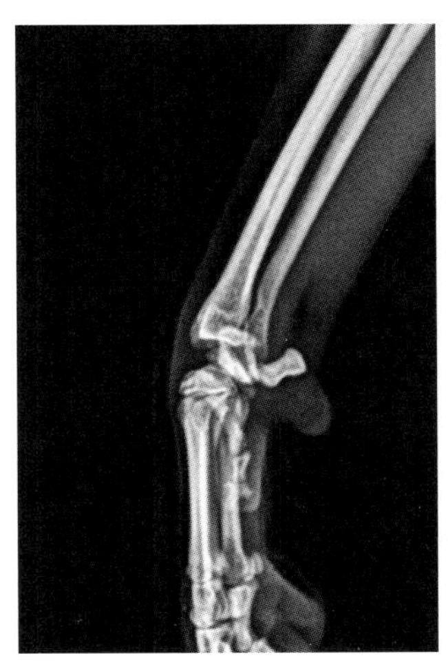
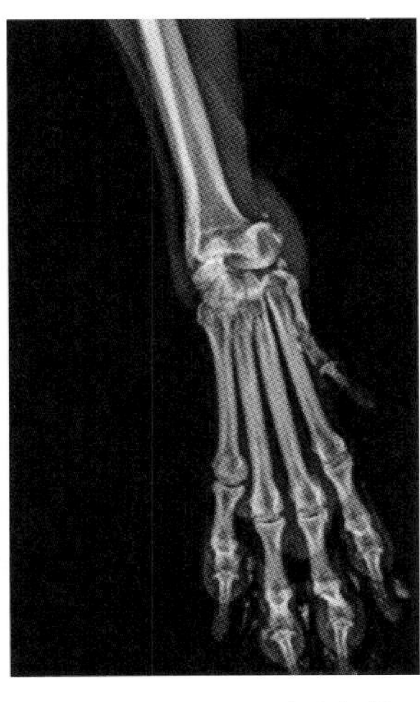

图 12-3-11　桡腕骨骨折脱位，注意内侧的微小骨碎片与桡腕骨的位置（潘庆山　供图）

### （四）诊断

患犬多数会疼痛，需要镇静或全身麻醉来进行合理的摆位，以获得高质量影像，采用高质量的背掌位、内外位和斜位投照通常足够进行诊断。

### （五）防治

尽管在玩具犬或小品种犬中夹板固定几周可能是合理的，但大多数犬者需要手术稳定。新鲜损伤可以考虑人工韧带重建。腕骨在夹板中以10° ~ 15° 屈曲制动4~6周。严格限制持续到第8周，拆除夹板后用坚固的填充绷带固定。然后允许缓慢渐进性增加运动，从牵遛开始，然后进行短时间的自由运动。强度缓慢增加，再持续4~6周，此时大多数犬者能够恢复到接近正常的活动。患慢性桡腕骨脱位、骨关节炎、脱位、骨丢失或感染的犬最好通过腕关节关节融合术进行治疗（图12-3-12）。

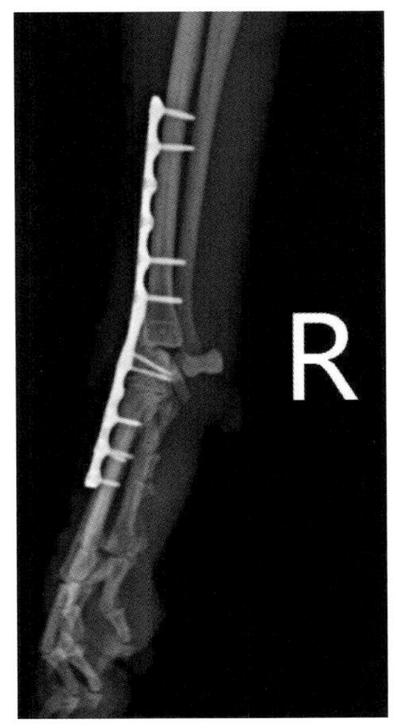

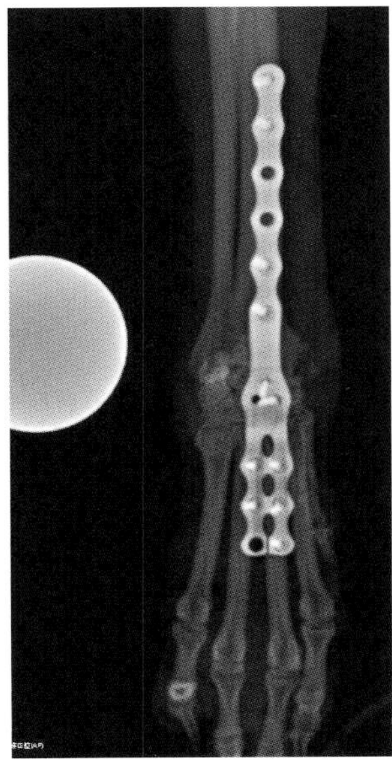

图 12-3-12　桡腕骨脱位，腕关节融合术。当韧带无法修复时的选项（潘庆山　供图）

## 五、髋关节发育不良（DJD）

### （一）病因

髋关节的异常发育，其特征是较年轻犬的股骨头半脱位和完全脱位，年龄较大犬的轻度到严重DJD。髋关节发育不良是多因素疾病，在骨骼和软组织发育异常过程中遗传和环境两方面的因素都有影响。但是，遗传性因素是决定性因素。过食引起的体重迅速增加和生长过快可使得支撑软组织发育不一致，导致髋关节发育不良。

### （二）发病特点

髋关节发育异常在大型犬的发病率较高。两个患犬群体是：髋关节松弛的年轻病例和患骨关节炎的成年犬。

### （三）临床症状与病理变化

年轻病例的症状包括休息后起立困难，运动不耐受和间歇性或持续性跛行。当犬成年后，会再表现为髋关节疼痛的症状。在这些病例中，进行性DJD导致起立困难、运动不耐受、运动后跛行、骨盆部肌肉群萎缩和（或）由于后肢异常移动而出现摇摆步态。

### （四）诊断

髋关节发育不良的标准X射线影像学检查是骨盆的腹背位片，后肢对称性伸展并内旋，使髌骨位于滑车沟的中央上方。犬必须深度镇定或全身麻醉，以便肌肉松弛和保定（图12-3-13、图12-3-14）。

### （五）防治

治疗依赖于病例的年龄和不适的程度、体格检查和X射线影像所见，以及主人的期望和经济情况。

手术治疗：小于20周的幼犬，可实施年轻犬耻骨联合融合术。5~7个月幼犬，复位角不超过30°，可实施三处骨盆截骨术或两处骨盆截骨术。髋股关节无法修复时可实施股骨头切除术或全髋

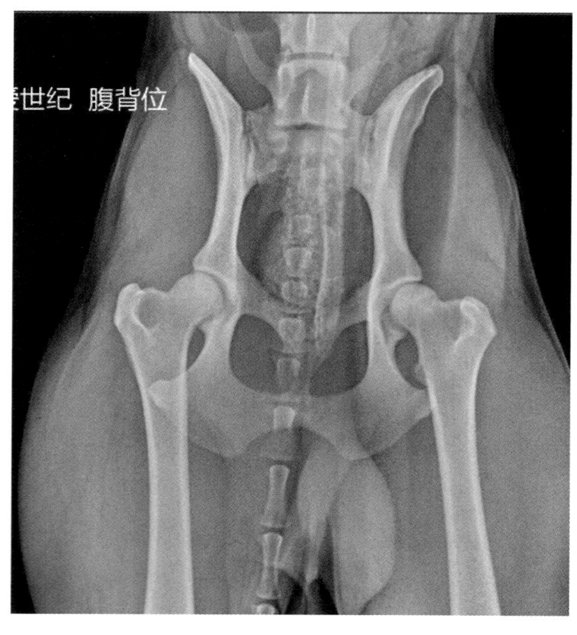


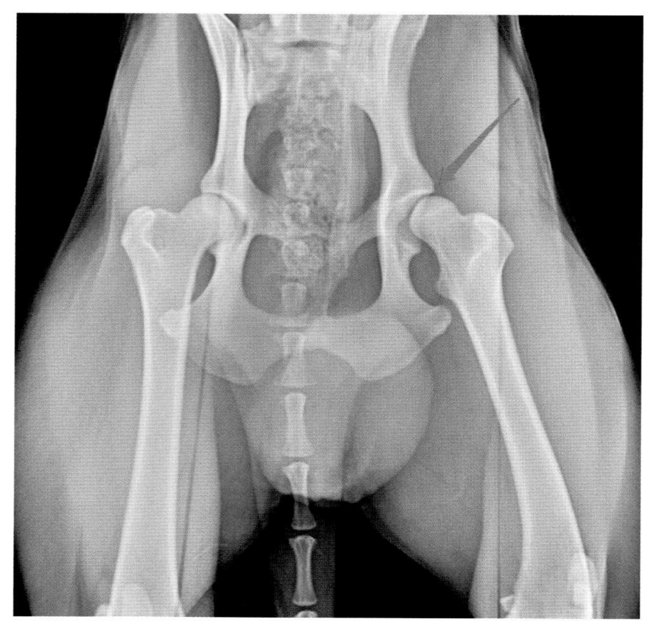

图 12-3-13　髋关节松弛，注意镇静后，左侧股骨头与髋臼窝的关系（潘庆山 供图）

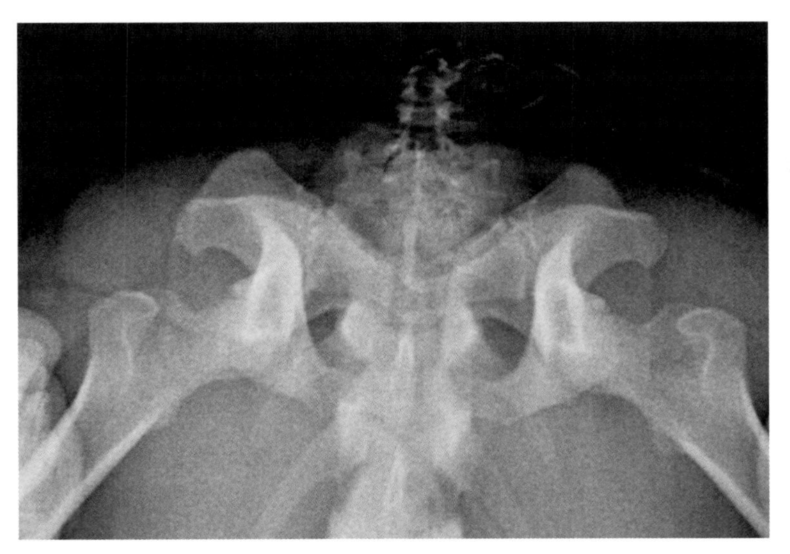

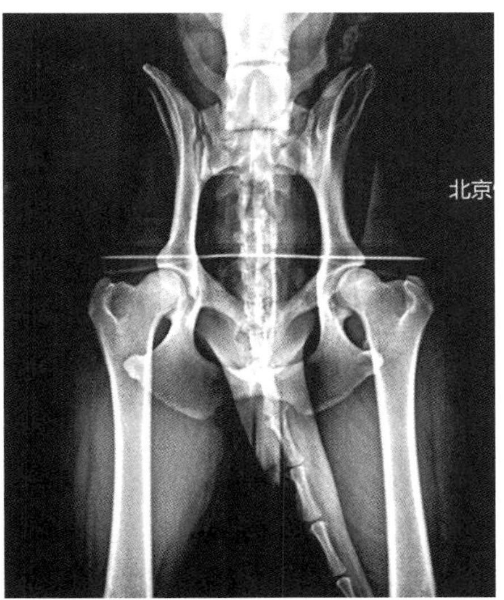


图 12-3-14 同一病例一年后的关节炎复查，该犬持续复健运动 6~7 个月。注意髋臼窝背侧无关节炎表现
（潘庆山 供图）

关节置换术。

## 六、髌骨内侧脱位

### （一）病因

髌骨内侧脱位是小型犬常见的跛行原因，但也见于大型犬。多数患髌骨脱位的犬伴有肌肉和骨骼异常，如股四头肌肌群向内侧移位、股骨远端外旋、股骨远端1/3外弓、股骨上骺发育不良、膝关节远端旋转性不稳定或者胫骨畸形。

### （二）发病特点

任何年龄、品种和性别的犬都可能患髌骨脱位，但小型和玩具型品种的犬最常发病。在大型犬中，髌骨内侧脱位比外侧脱位更常见；但是大型犬患外侧脱位的比例要高于小型犬。

### （三）临床症状与病理变化

多数患犬有间歇性不负重性跛行。犬主人可能称患犬会偶尔有1~2步屈曲患肢。患Ⅳ级髌骨脱位的犬有严重的跛行和步态异常。患髌骨内侧脱位的犬股四头肌向内对股骨远端骨骺产生足够的压力，造成生长延迟时，由于对远端股骨骨骺外侧面的压力较小，允许其加速生长，相对于外侧皮质的长度增加，内侧皮质的长度减小，导致股骨远端向外侧弓。在髌骨脱位时所见的胫骨畸形是对胫骨近端和远端骨骺异常作用力的结果，在髌骨内侧脱位中所见的胫骨畸形包括胫骨结节向内侧移位、近端胫骨向内侧弓（内翻畸形），以及远端胫骨外旋。

### （四）诊断

Ⅲ级或Ⅳ级髌骨脱位，标准前后位和内外位X射线影像会显示髌骨向内侧脱位（图12-3-15），而在Ⅰ级或Ⅱ级脱位，髌骨可能位于滑车沟内或向内侧移位（必须仔细对腿进行正确保定，以消除人为造成的脱位）。整个腿的X射线影像可能显示内翻或外翻畸形，以及胫骨和股骨的旋转。需要进行长骨截骨术和矫正的病例，特殊体位（股骨的冠状位或地平线观）或CT检查有助于确定畸形的特定类型和程度（图12-3-16）。

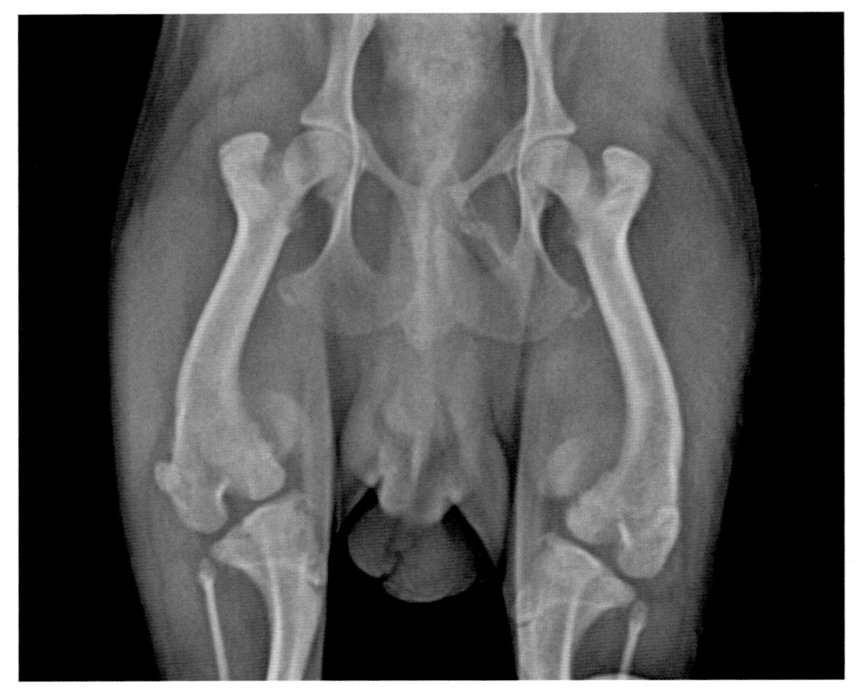

图 12-3-15　髌骨内侧脱位，引起的股骨畸形，注意股骨的内翻畸形（潘庆山 供图）

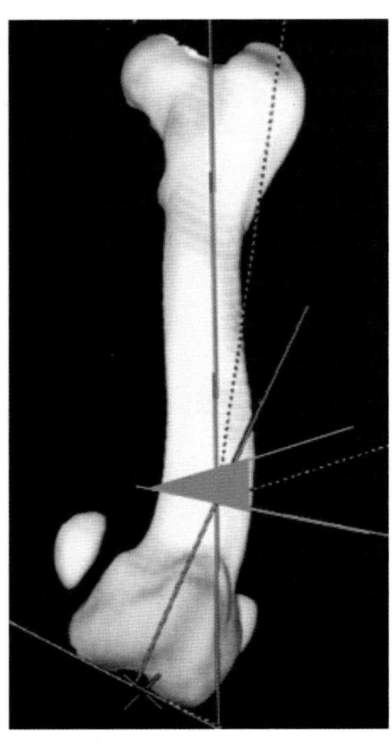

图 12-3-16　股骨头前倾角畸形，正常为 15° ~ 20°。患犬为 36.8°（潘庆山 供图）

（五）防治

治疗的选择取决于临床病史、体格检查结果、脱位的频率和病例的年龄。无症状的老年病例，很少手术。而年轻犬或跛行的病例，通常会采取手术治疗。手术治疗包括胫骨结节移位、内侧张力释放、外侧拉力强化、滑车沟加深、股骨截骨术、胫骨截骨术、抗旋转缝合等（图 12-3-17 至图 12-3-20）。

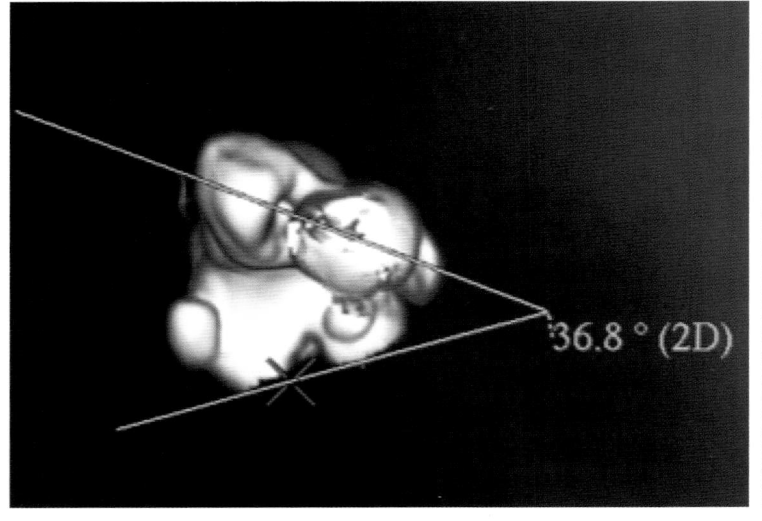


图 12-3-17　CORA 理论下的截骨术计划（潘庆山 供图）

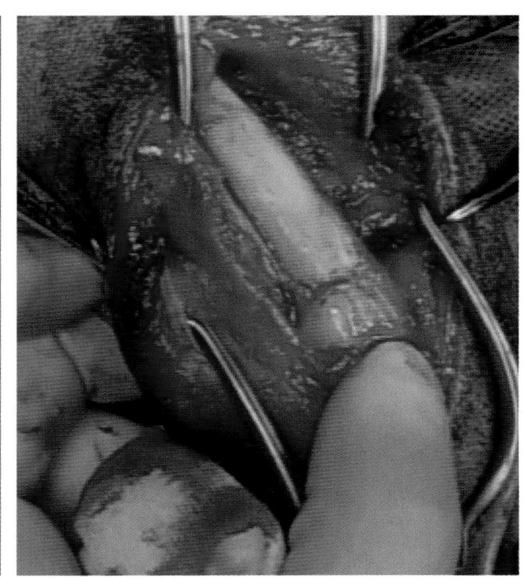

图 12-3-18　暴露股骨（潘庆山 供图）

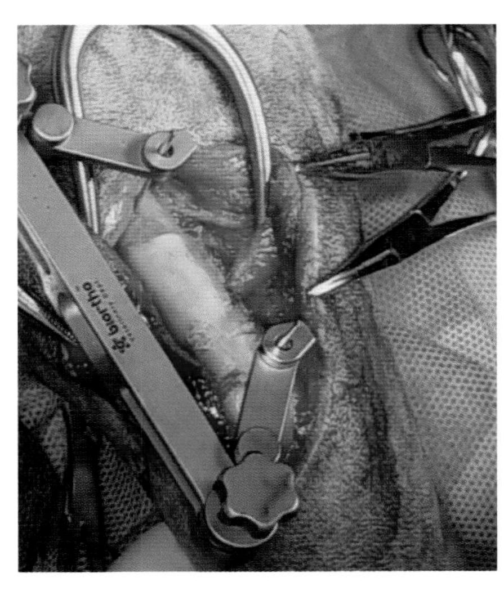
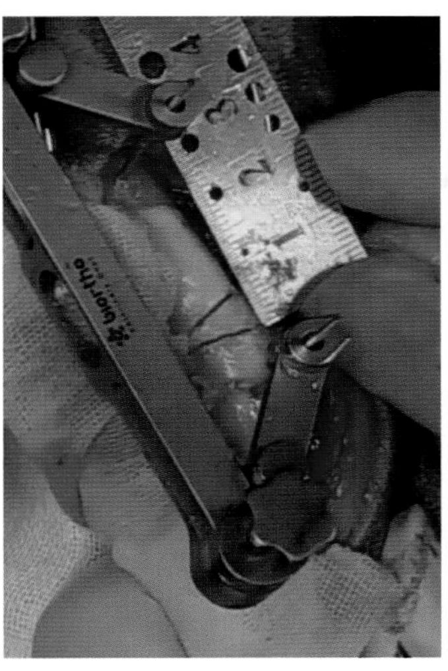
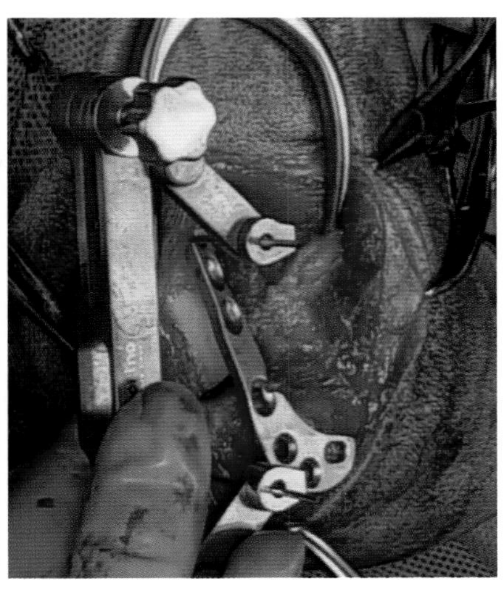

图 12-3-19　放置夹具（潘庆山 供图）

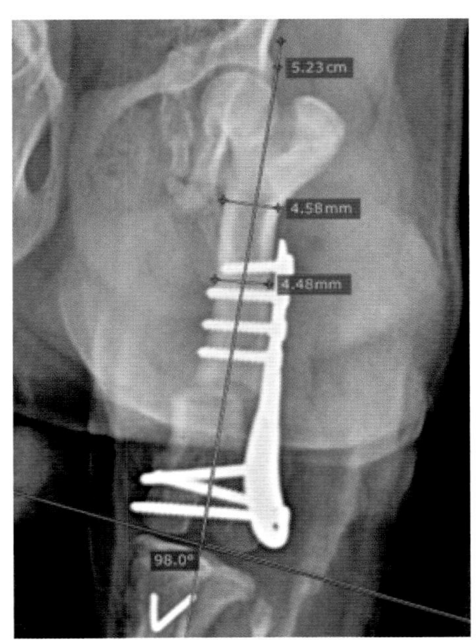

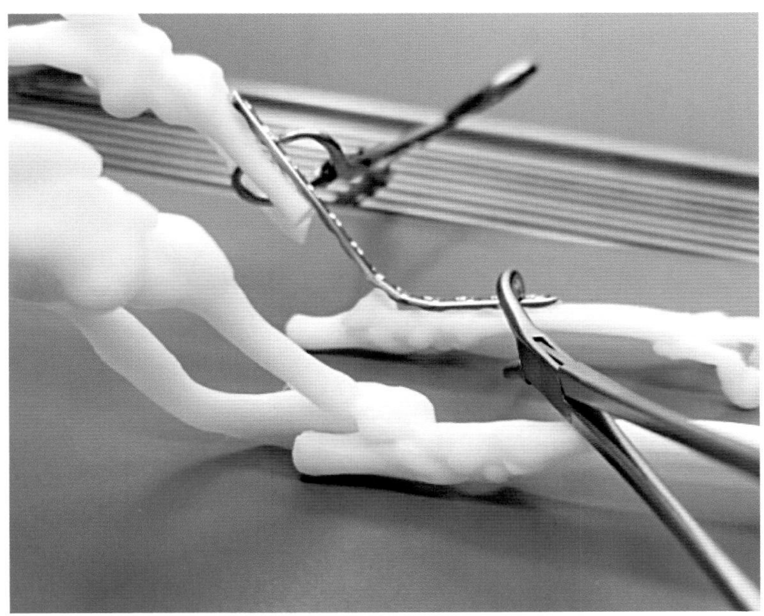

图 12-3-20　完成截骨术（潘庆山 供图）

# 第四节　骨盆疾病

## 一、骨盆骨折

骨盆骨折为较为常见的犬骨折类型，占犬外伤性骨折的20%~30%。从结构上看，骨盆大致是一个四边形（箱型结构），由髋骨（髂骨、坐骨和耻骨）、骶骨和第一尾椎组成。与常见的四肢骨折不同，大多数骨盆骨折是多发性的，涉及三块或更多的骨头。骨盆骨折通常是闭合性创伤，归因于骨盆上有大量肌肉群。丰富的肌肉群为骨盆提供良好的血液供应以及稳定性。

### （一）病因

骨盆骨折最常见的病因是与机动车辆相撞引起的创伤，是与多系统创伤相关的高能量损伤。这些损伤可能会危及生命，并且处理优先级可能优于其他骨科创伤。

### （二）发病特点

犬的盆骨骨折中位年龄为2岁，60.9%的犬为0~2岁。30.4%的犬为3~6岁，只有4.3%的犬超过10岁。

常见临床症状包括：三条腿负重、后肢无法站立、神经损伤以及极度疼痛等。

骨盆骨折通常分为影响负重轴的髂骨骨折、髋臼骨折、骶髂关节骨折或脱位以及负重轴外的坐骨骨折和耻骨骨折。因为骨盆结构可视作为闭合的四边形结构（箱形结构），所以骨盆骨折通常至少为两处。常见的骨折组合有：耻骨/坐骨骨折合并髂骨干或骶髂（SI）或髋臼骨折。

### （三）诊断

骨盆骨折的影像学诊断中，X射线是必不可少的。一般为腹背位和侧位，侧位片拍摄时，患侧向下，下髋弯曲，上髋伸展。倾斜骨盆以产生稍微倾斜的视野有助于分开两侧；正位片拍摄中腿呈蛙位足以进行初步评估。由于疼痛，完整的放射学检查可能需要深度镇静或麻醉，因此，可能不得不推迟到犬况稳定进行。此外，CT检查对于评估复杂的骨盆骨折非常有帮助。

图12-4-1至图12-4-3为骨盆骨折常见类型。

### （四）防治

当骨盆骨折发生在非负重轴（单纯坐骨骨折或耻骨骨折），骨盆直径和髋臼保持完整且未发生重要部位或神经结构变化时，可以考虑保守治疗。保守治疗包括良好的护理、限制运动和适当的药物治疗。笼养4~6周，再辅助牵引运动4~6周。在受伤后7~10d，如果犬没有开始站立，每天在其腹部下方支撑帮助犬站立运动可能会有帮助。药物治疗包括止痛药如非甾体类抗炎药（NSAIDs）、阿片类药物以及一些软化粪便的药物。

当犬出现以下一项或多项临床症状时，应考虑手术干预：

（1）骨盆腔明显变窄（大＞50%）；

（2）负重轴骨折（髂骨体、髋臼、骶髂关节脱位）；

（3）骨折导致的神经学缺陷；

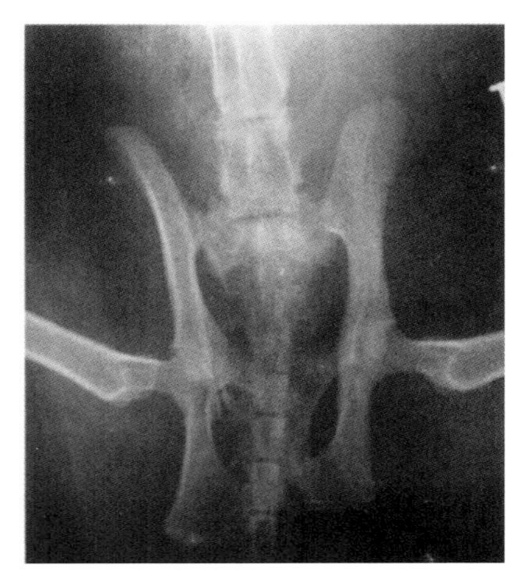

图12-4-1　犬双侧骶髂关节脱位（潘庆山 供图）

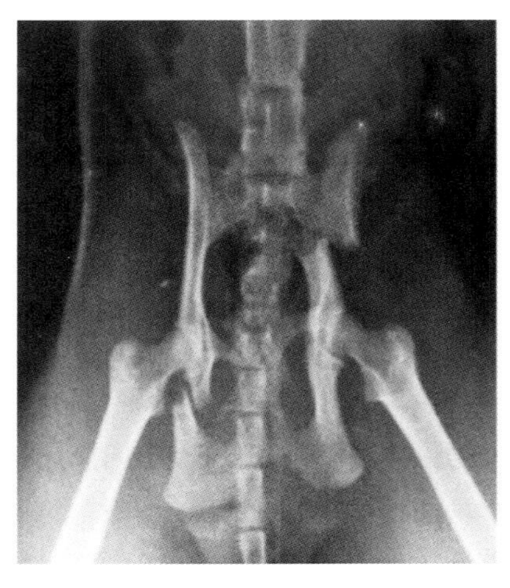

图12-4-2　犬髂骨体联合坐骨骨折（潘庆山 供图）

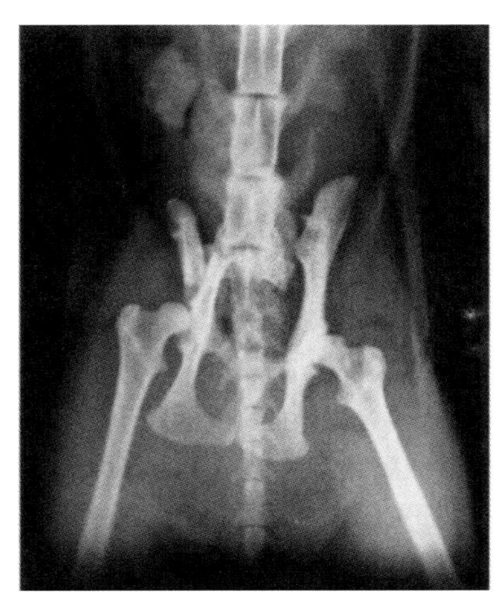

图12-4-3　犬髂骨骨折联合骶髂关节脱位（潘庆山 供图）

（4）非负重轴骨折产生不稳定碎片；

（5）顽固性疼痛。

当需要手术干预时，骨盆骨折在创伤后应当在稳定犬体况后尽快修复，大多数在4~5d。在10~14d后，随着骨痂形成以及软组织炎症变化，手术干预会变得越来越困难，可能弊大于利。如果观察到骨盆腔明显狭窄并出现便秘的临床症状，仍建议进行手术治疗。对于便秘持续时间小于6个月的犬，可以考虑仅进行骨盆腔扩大；对于便秘持续时间大于6个月的犬，还要考虑同时实施次全结肠切除术。

骨盆骨折的固定方法包括髓内针、克氏针、外固定支架、骨板与螺钉、钢丝或者这些技术的组合。临床经验表明，使用骨板和螺钉治疗成功率最高。对于骨盆手术治疗，要注意的是把重点放在骶髂关节、髂骨和髋臼。当这三个部位获得适当的固定和修复，其他非负重轴部位一般也会得到适当的复位和稳定（图12-4-4）。

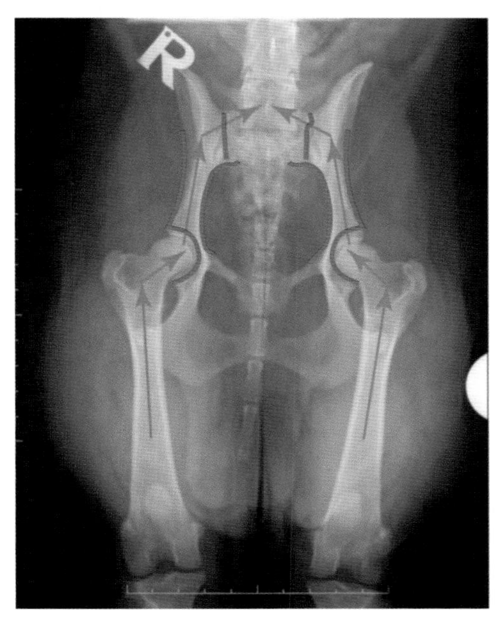


图 12-4-4　绿色箭头为负重轴方向；红色区域（包括荐髂关节）为负重轴内必须手术介入区域（潘庆山 供图）

常见的并发损伤包括：胸部损伤（肺挫伤、肋骨骨折、膈肌破裂）、腹腔脏器损伤（尿道、直肠）以及后肢神经损伤。图12-4-3为常见后肢损伤导致的。在最初几天内，多次的临床检查可能是必要的，以作出准确的评估。

与骨盆骨折相关的神经系统缺陷通常是可逆的。有调查问卷显示，犬可能的长期并发症是跛行，持续的神经系统缺陷和髋关节中的运动范围降低。

## 二、荐髂关节脱位

### （一）病因

荐髂关节脱位为犬最常见的盆骨损伤，最常见的病因是与机动车相撞引起的创伤。

### （二）发病特点

可能为单侧或双侧发病。双侧荐髂关节脱位的犬骨盆腔的四边形结构可能还是完整的，但是整体骨盆腔会向前移动。

### （三）临床症状和诊断

对患有荐髂关节脱位的犬进行体格检查时，最常发现该犬患侧没有负重。

在腹侧X射线片，骨盆“环”的平滑规则轮廓与脱位水平的台阶相中断。仔细评估遭受严重创伤的患犬的骨盆X射线片很重要，因为没有其他骨盆骨折的双侧骨盆脱位乍一看可能被误解为正常（图12-4-5）。单侧脱位时，患

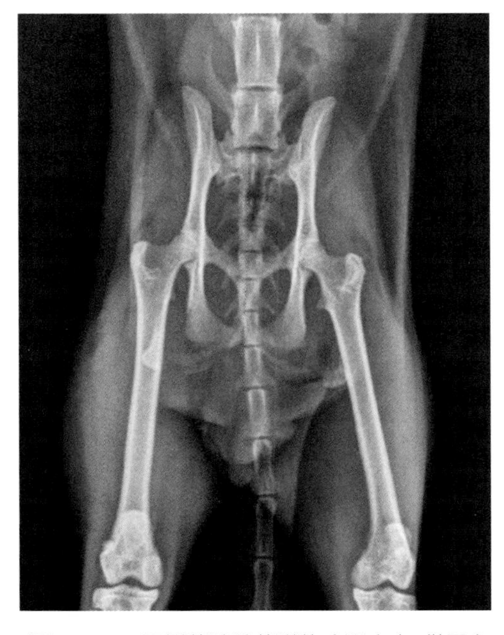

图 12-4-5　双侧荐髂关节脱位（潘庆山 供图）

侧髋臼将比对侧髋臼更近。

### （四）防治

非手术治疗适用于相对稳定且脱臼位移不大的病例，特别是一些没有明显临床症状的动物。但如果有神经损伤，手术的必要性更大。如要进行手术，经由髂骨翼穿过荐髂关节关节面进入荐椎的拉力螺钉固定方式为最有效的固定方式。

经髂骨翼及荐椎背侧入路显露骶骨背侧或荐椎腹外侧入路在腹侧显露骶髂区域的两种方法都可以使用。背侧入路可直接显示骶骨翼的解剖结构，用于螺钉放置，对于单独脱位或联合单独入路治疗同侧髋臼骨折或对侧髋骨骨折均有帮助。腹外侧入路适用于单独脱位或合并同侧髂骨骨折。

若操作正确，拉力螺钉可提供非常稳定的固定。难度在于需要精确的确定髂骨、关节面、荐椎的螺钉放置位置与角度。骶髂关节的内固定稳定是通过将拉力螺钉通过髂骨主体（图12-4-6）插入骶骨主体（图12-4-7）来实现的。两颗螺钉比一颗同样大小的螺钉要坚固；然而，大多数犬的骶体大小是有限的。两颗螺丝钉完全插入骶体，通常只适用于体形很大的犬。

大多数犬在此手术中至少有一个长拉力螺钉，长度至少为骶骨宽度的60%。

螺钉放置处一定要在骶骨主体（图12-4-8）。常见错误包括螺钉从骶骨腹侧出，螺钉放置在腰椎关节突、腰骶椎间盘间隙或第七腰椎。

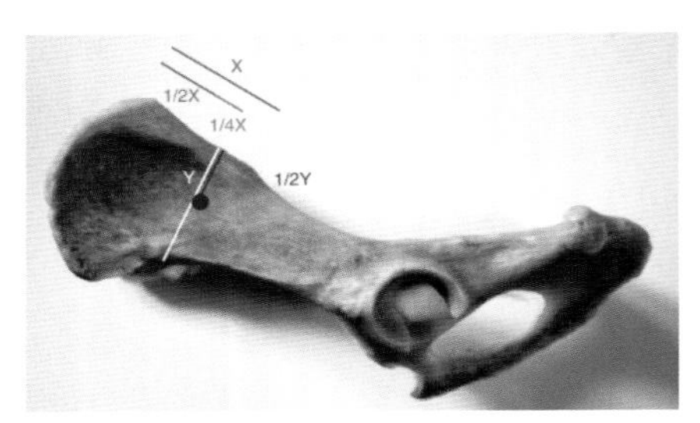


图 12-4-6　滑孔理想位置位于背侧往腹侧延伸的中点与背侧髂骨脊的头侧往尾侧延伸 3/4 处
X= 背侧髂骨脊头端至尾端的距离；Y= 髂骨背侧与腹侧边缘之间垂直与髂骨脊的距离（潘庆山 供图）

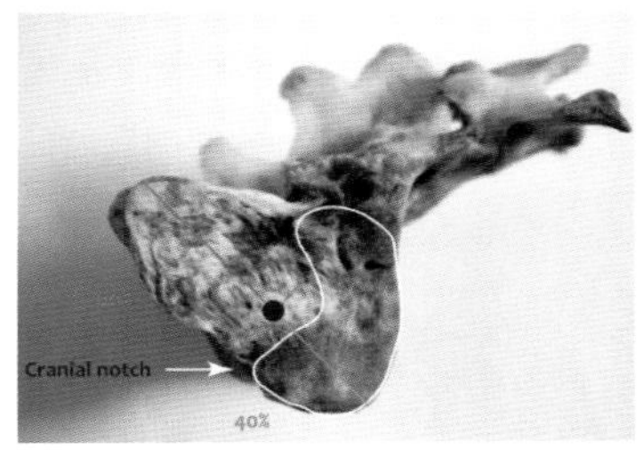


图 12-4-7　白色轮毂为关节软骨的位置，黑点表示螺钉孔放置处螺钉的放置位置为背侧向腹侧延伸 60% 和荐椎切记与关节软骨前缘中心点（潘庆山 供图）

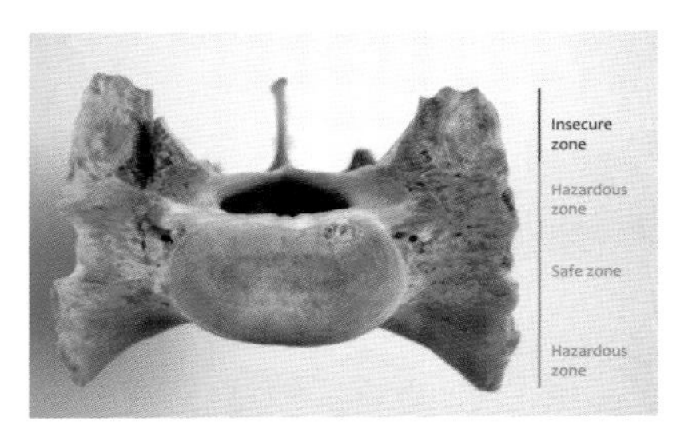


图 12-4-8　绿色区域为安全区域（潘庆山 供图）

一旦骶髂脱位/骨折减轻并稳定，疼痛通常更容易控制。术后需要大量护理，患有双侧骶髂关节脱位的患犬可能在最初几天无法独自站立，需要辅助站立，以尽快重建肌肉骨骼功能，并促进正常排便和排尿。需要定期帮助患犬翻身避免褥疮的发生。前4周限制运动，之后逐渐恢复正常。

## 三、髂骨骨折

髂骨骨折为犬猫骨折常见骨折类型，占所有犬猫骨盆骨折的约50%。髂骨体骨折会破坏骨盆的负重轴，所以通常需要外科手术治疗。髂股骨干骨折可能与神经损伤和骨盆管狭窄有关。

### （一）骨折分类

髂骨骨折与其他骨折类型类似，分为简单横骨折，短斜骨折，长斜骨折，粉碎性骨折等。临床上简单长斜骨折比较常见。

对于髂骨骨折最常使用的外科治疗方案为骨板内固定。或者在特定情况下，使用拉力螺钉固定。锁定板可能优于非锁定动态加压板，因为它们有助于防止螺钉从骨中拔出。骨盆骨折的手术修复最好交给受过训练的外科医生。

### （二）解剖和入路

通过横向切口进入髂骨，从髂骨翼的腹侧1/3斜向延伸，尾端至股骨大转子。臀深筋膜切口暴露阔筋膜张肌和臀中肌之间的肌间隔。直接剥离。随着解剖向头侧进行，可能需要在臀中肌和缝匠肌之间进行锐性分离。然后在臀部肌肉下方的腹侧边缘可触及髂骨。骨膜下剥离抬高髂骨腹侧的臀肌。臀肌的骨膜下抬高将暴露翼的侧面和髂骨体。通常必须在髂骨翼的腹侧结扎髂腰动脉和静脉。如有可能，保留臀大动脉、静脉和神经。放置骨钳进行骨折复位时必须小心，以避免损伤腰骶神经干，因为这通常与内侧移位的碎片密切相关。与这种方法相比，髂骨尾部骨折可能需要更多的髋臼背侧暴露。

### （三）手术方案

（1）通常使用的骨板可以选择动态加压骨板（DCP），或重建骨板等。如果放置外侧骨板，尽可能将螺钉穿透双侧骨皮质，但前端髂骨翼的骨皮质不如长骨的骨皮质坚硬，且与骨螺钉咬合的骨髂厚度不足，所以尽量缩短骨螺钉的工作长度。锁定骨板（LCP）能减少外侧放置骨板发生骨螺钉松脱的并发症概率，并能降低后续骨盆狭窄的风险。

（2）另外一种可以使用的放置骨板技术为背侧髂骨体放置骨板，但由于骨髂较小，所以需要更小直径的骨螺钉，但是螺钉的咬合深度会增加，因此，发生螺钉松脱的并发症概率也会更低。并且髂骨翼的张力面是在腹侧，所以背侧放置骨板更具有力学优势。

（3）对于斜骨折，尤其是长斜骨折，拉力螺钉技术（图12-4-9）对于骨折的复位，稳定性都有很大的提升，但通常需要配合骨板一起使用。

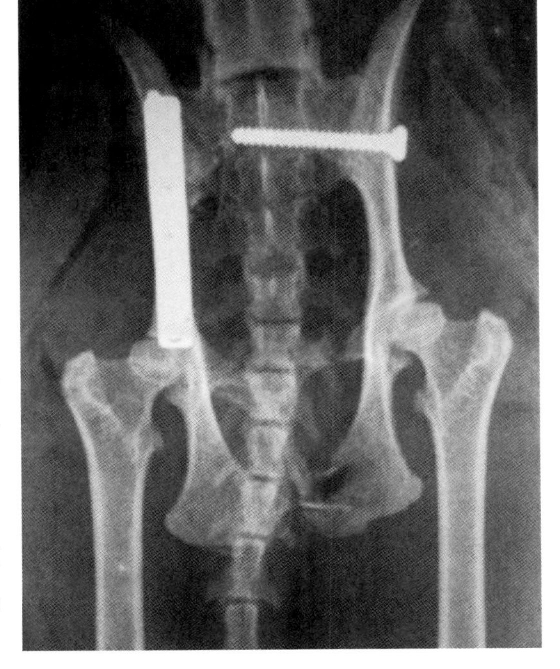

图 12-4-9　术后 X 射线片（潘庆山 供图）

### （四）术后管理

需要限制活动4周，然后逐渐恢复正常锻炼。

### （五）预后和结论

髂骨骨折修复最常见的成功方法是快速恢复并完全恢复功能。与髂骨骨折术后相关的并发症较少见，可能与固定强度不足有关。如果发生固定失败，失败模式通常是由于螺钉松动或拔出，而不是钢板断裂。（Tomlinson.，2003）固定失败与复位移位和恢复期延长有关。

与犬相比，猫的骨盆环更窄。骨盆管变窄45%或以上的猫在受伤后12个月内容易便秘或梗阻。便秘，虽然是一种可能，但并不是报道的犬的后遗症。

## 四、髋关节疾病

犬髋关节疾病最常见的类型为髋关节发育不良、髋关节脱位、髋臼骨折等。

### （一）病因

髋关节发育不良的原因尚不明确，但已知与遗传相关。除遗传因素之外可能与发育时期营养状况有关。此病多见于生长较快的大型犬与巨型犬。髋关节脱位大多数与外伤相关，如车祸、坠楼等。在外力作用下韧带断裂，股骨头从髋臼窝脱出。外伤引起的髋关节脱位同时可能会伴随髋臼骨折。

### （二）发病特点

通常大型犬髋关节发育不良发病率较高，病史和临床表现因年龄而各有差异。年轻犬通常表现为髋关节松弛，而老年犬通常表现为关节炎。髋臼骨折较荐髂关节脱位发病率较低，约占盆骨骨折的20%，部分病例可能存在单侧神经损伤导致出现单侧后肢瘫痪。严重的髋臼骨折需要全面评估直肠与尿道的完整性。

### （三）临床症状与病理变化

髋关节发育不良最常见的临床症状为后肢跛行，根据髋关节松弛以及关节炎程度的不同，导致犬出现疼痛表现也会不同。跛行可能由轻度跛行至无法行走不等。髋关节脱位与髋臼骨折则以表现严重跛行为主。髋关节发育不良通常为双侧跛行，但也会偶发单侧。对于髋关节脱位或髋臼骨折通常为单侧后肢跛行，无法负重。外伤相关的髋关节脱位或髋臼骨折，通常表现为急性跛行，并伴随严重疼痛。但髋关节发育不良随着体重的增加，活动的增多，大部分病例从4月龄至成年时逐渐出现运动减少，负重变化，从而出现逐渐跛行。

### （四）诊断

诊断方式通常是通过影像学进行诊断，X线检查通常对于髋关节疾病可以得到很好的诊断结果。检查时犬处于腹背位，后肢对称性伸展，并内旋，使髌骨位于滑车正中。对于评估髋臼骨折时侧位拍摄的X线检查可以评估髋臼的完整程度和腹背侧的错位情况（图12-4-10、图12-4-11）。

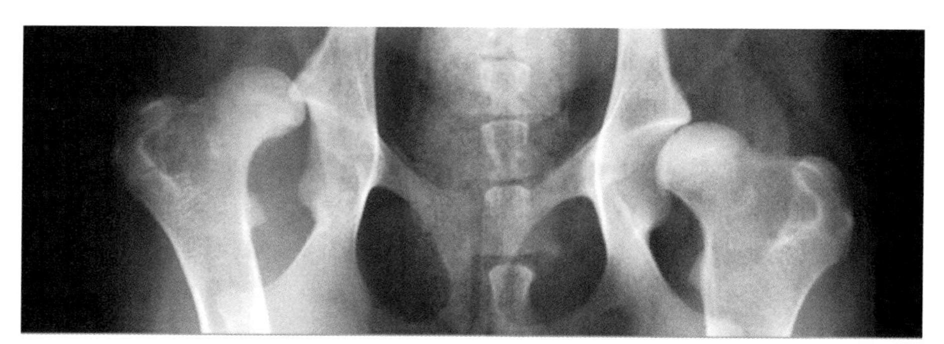

图 12-4-10　犬髋关节脱位（潘庆山 供图）

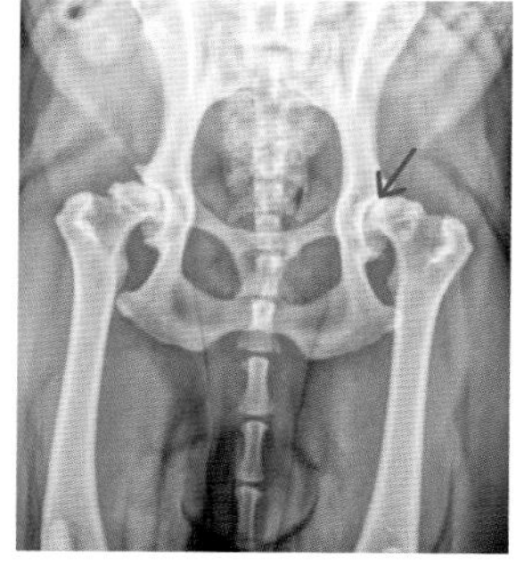

图 12-4-11　犬髋关节发育不良（潘庆山 供图）

### （五）防治

药物控制髋关节发育不良的主要的目的是疼痛管理与改善临床症状。通常选择的治疗方案为非甾体类抗炎药与物理康复治疗。积极的镇痛与理疗通常可以加强关节周围组织，减轻跛行的临床症状，减轻患犬疼痛。体重控制与必要的营养添加也是有益的。

髋关节发育不良与髋关节脱位的手术治疗方案通常包括股骨头股骨颈切除术与全髋关节置换术。

髋臼骨折通常考虑手术复位，因为非手术方案治疗无法达到关节面的完美复位，避免骨痂形成，从而最大程度减少关节炎的发生。如果为粉碎性骨折，可考虑进行股骨头股骨颈切除术，或先对骨折区域复位达到稳定后进行全髋关节置换手术。

股骨头股骨颈切除术通常选择髋关节前外侧通路，并使髋关节脱位，如果圆韧带完整，将其切切断。通过外旋腿使膝关节的关节线与手术台平行来实施截骨术。确保切除线在股骨颈和股骨干骺部结合处，与手术台垂直。切除后触摸切除面是否规则。

# 第五节　脊柱疾病

## 一、颅颈连接异常

### （一）病因

颅颈连接异常（Craniocervical Junction Anomaly, CJA）是一种广义上的定义，是指一组颅颈连接区域（枕上骨Cl、C2椎骨）的发育性疾病。

这些疾病包括Chiari样畸形、寰枢椎不稳定、第一颈椎-枕骨重叠，以及Cl~C2背侧挤压。寰枢椎不稳定是指Cl~C2关节出现过度活动，通常由发育不全或缺少齿突导致。同样可因支持齿突的韧带异常所导致，这种不稳定可导致枢椎发生背侧半脱位或脱位，导致头侧颈部脊髓受压迫（图12-5-1）。Cl~C2背侧挤压通常可见软组织侵犯下方的脊髓，这可能是因该关节不稳定所导致的反应。

### （二）发病特点

寰枢椎不稳定通常见于迷你犬和玩具犬，通常在2岁以内，但有报道可发生于老年犬和大型犬。

所报道的发生寰枢椎不稳定的常见品种包括约克夏犬、博美犬、迷你贵妇犬、玩具贵妇犬、吉娃娃犬和京巴犬。

### （三）症状及诊断

1.病史

关于犬的寰枢椎不稳定、Cl~C2背侧压迫的主诉病史通常包括颈部疼痛和四肢出现不同程度的共济失调，严重病例可出现无法行走的四肢轻瘫和四肢瘫痪。

2.体格检查

患有CJA的犬通常出现颈部疼痛的症状，并通常出现不同程度的四肢轻瘫，一些犬同样可出现除颈部区域外的脊柱旁疼痛症状，表明在这些区域存在脊髓空洞症。

3.影像学诊断

对于大部分寰枢椎不稳定病例，可在颈部侧位X线影像上发现异常加压位X线影像（图12-5-2），可用于显示寰枢椎不稳定，但拍摄时需谨慎，为显Cl~C2关节间隙不稳定而对颈部过度屈曲可导致严重的后果。MRI用于诊断该病是一种安全的方法，并且对于并发颅颈连接异常病例的诊断要优于X射线影像，如果存在脊髓空洞症，为了充分显示异常解剖特征，经常需要在对颅颈连接区域进行

CT查后再进行MRI检查。

### （四）治疗

对于因寰枢椎不稳定而出现神经学功能障碍的犬，建议进行手术固定（图12-5-3至图12-5-11）。

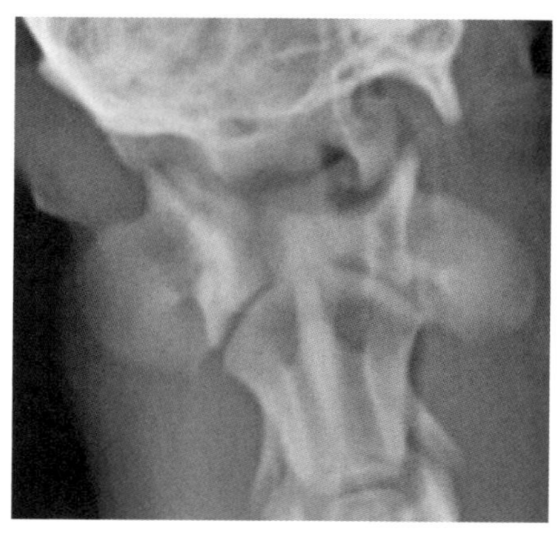

图 12-5-1　一只寰椎骨折的犬，导致寰枢椎不稳定，正位 X 射线片（潘庆山 供图）

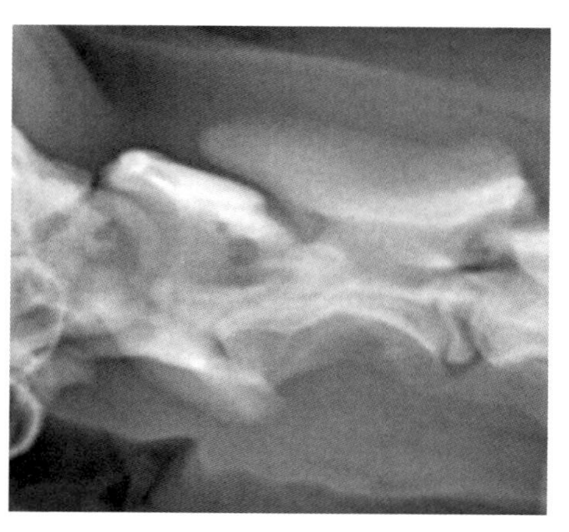

图 12-5-2　一只寰椎骨折的犬，导致寰枢椎不稳定，侧位 X 射线片（潘庆山 供图）

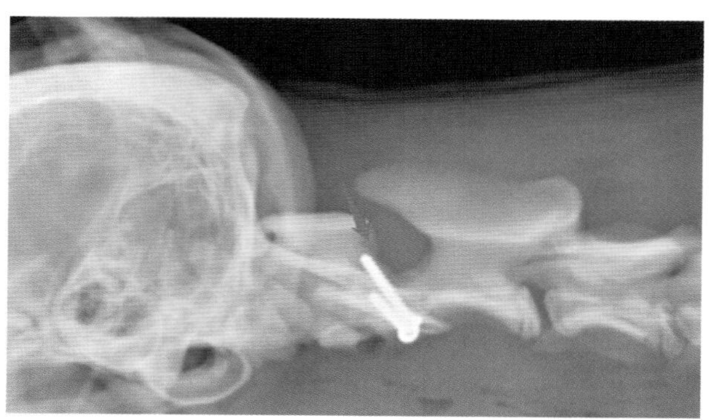

图 12-5-3　一只寰椎骨折的犬，导致寰枢椎不稳定，使用 2 根螺钉固定的侧位 X 射线片（潘庆山 供图）

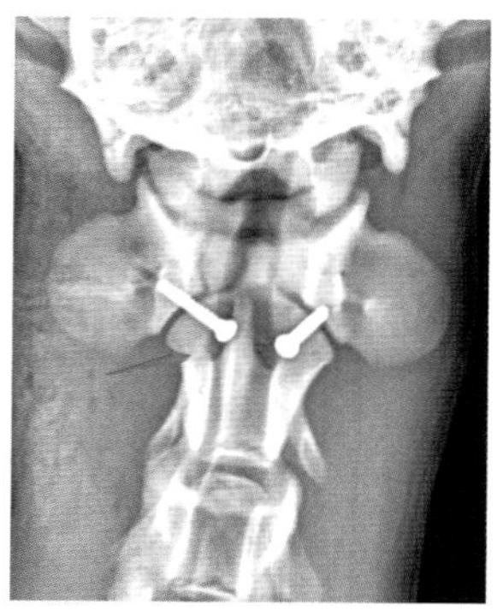

图 12-5-4　一只寰椎骨折的犬，导致寰枢椎不稳定，使用 2 根螺钉固定的正位 X 射线片（潘庆山 供图）

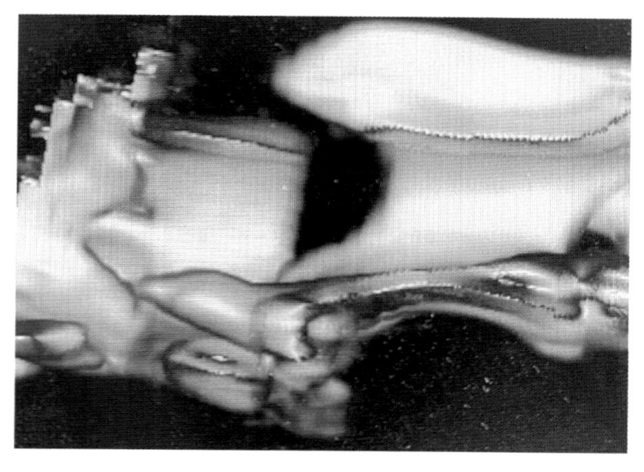

图 12-5-5　枢椎正常犬 CT 三维重建后的矢状面（潘庆山 供图）

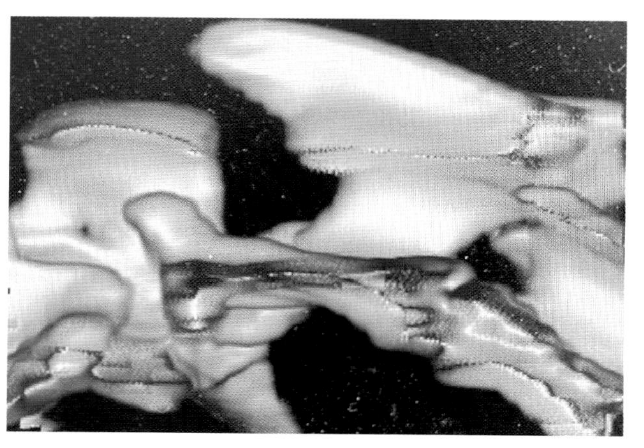

图 12-5-6　枢椎发育异常犬的 CT 三维重建后的矢状面（潘庆山 供图）

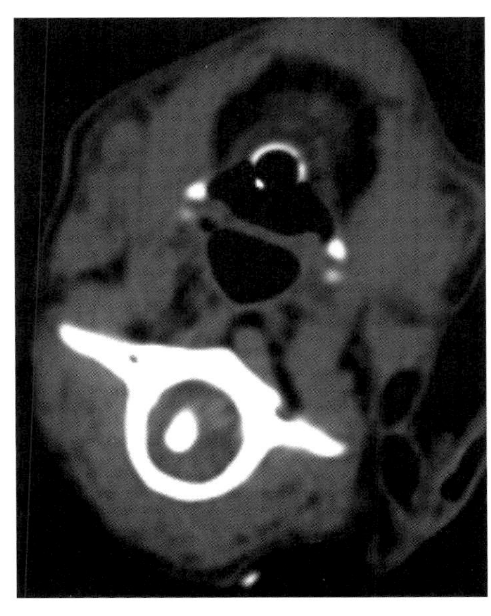
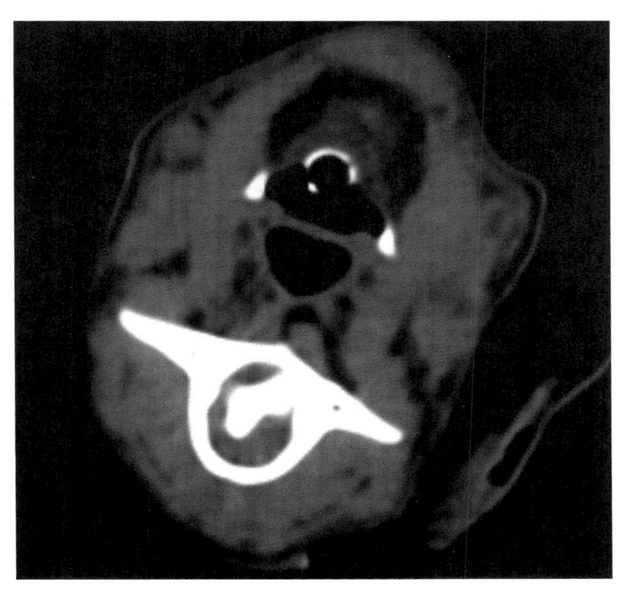

图 12-5-7 CT 影像中位于寰椎锥孔中央的齿状突（潘庆山 供图）

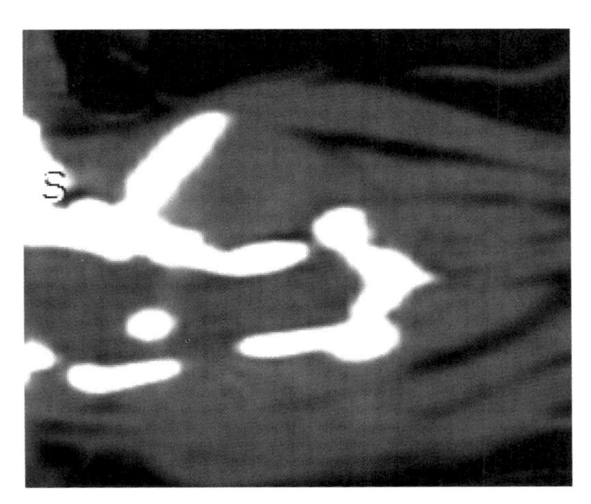

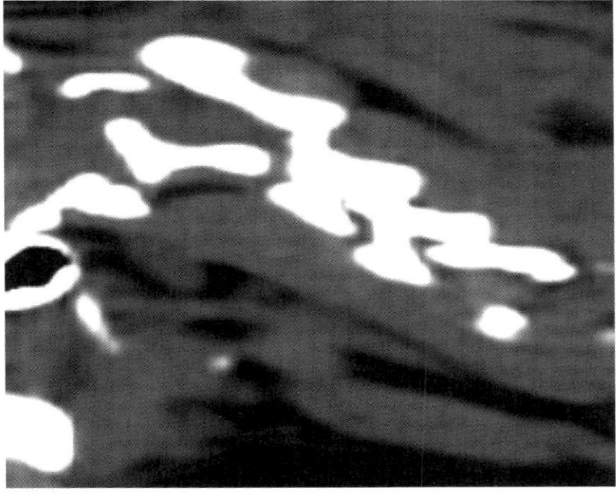

图 12-5-8 CT 影像中向背侧压迫的齿状突（潘庆山 供图）

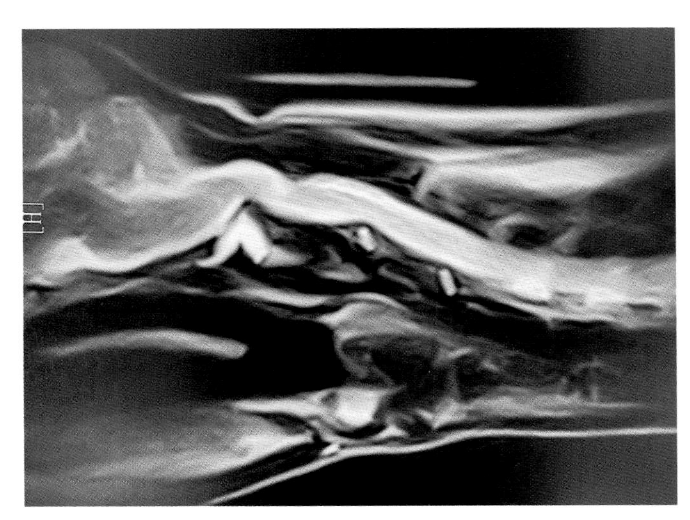

图 12-5-9 发生枢椎齿状突发育异常的犬的矢状 T2 加权 MRI 图像（潘庆山 供图）

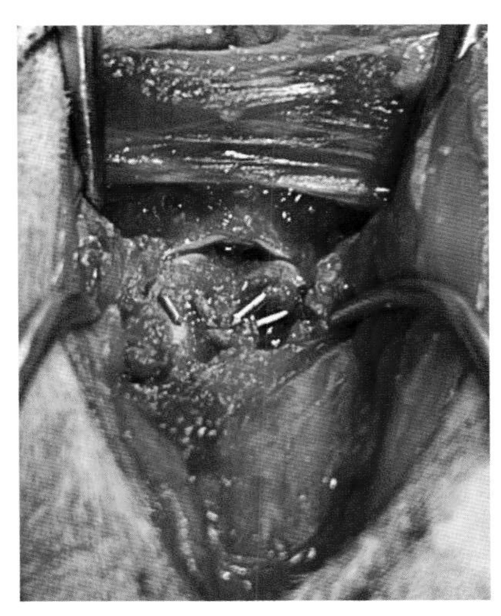

图 12-5-10 影像所显示的患犬术中照片，寰枢椎不稳定，有轻度扭转。用根克氏针固定寰枢椎（潘庆山 供图）

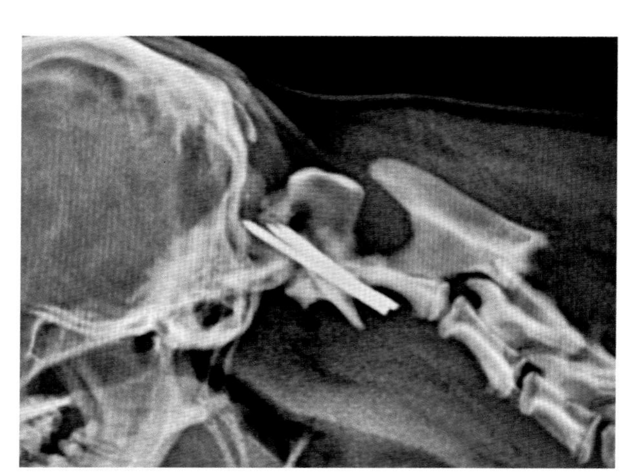
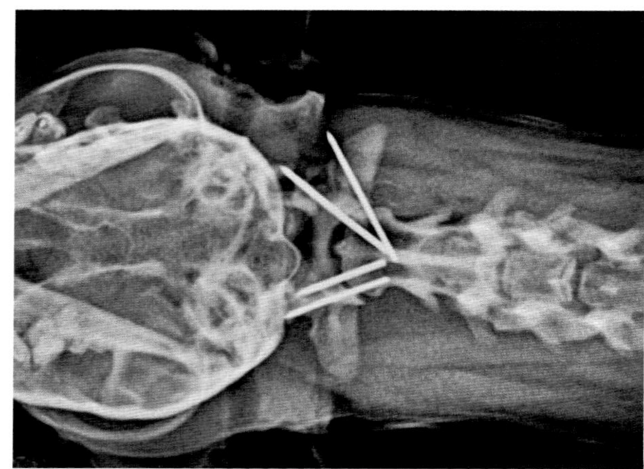

图 12-5-11　患犬术后的正、侧位 X 射线片（潘庆山 供图）

## 二、脊柱创伤

### （一）病因

犬的脊柱在被车辆撞击后最易发生骨折/脱位，其他病因包括投射伤（如枪伤）、咬伤（如大型犬与小型犬打斗），以及奔跑时撞到静止物体。

### （二）发病特点

脊柱创伤在概念上可分为原发性损伤和继发性损伤，原发性损伤（Primary Injury）是指发生于撞击后立即出现的创伤，而继发性损伤（Secondary Injury）是指继生物化学过程之后，脊髓创伤进一步加剧脊柱的支持结构被破坏时，如果脊椎被破坏，会出现真正的骨折；如果只破坏软组织而无骨折，会出现脱位（正常的脊柱对线被破坏）；或者同时发生骨折和脱位震荡性脊髓伤是指脊髓实质受到钝性力的作用，而骨性支持结构和韧带结构未发生骨折脱位。

### （三）临床症状与诊断

1. 病史调查

问诊犬主人，患犬是否曾发生车祸或坠楼，以及是否有运动缺陷。

2. 影像学检查

可采用多种方法对创伤患犬的脊椎进行影像学诊断；在急诊情况下，X 射线影像是最常用的诊断方法（图 12-5-12）。现有的 CT 设备扫描速度相当快，并且可在数分钟内对一只大型犬的整个脊柱进行扫描，无须对病患再次摆位，可在多个平面及维度上对图像进行重建。

图 12-5-12　X 射线片显示 C5~C6 椎体错位（潘庆山 供图）

### （四）治疗

手术治疗的目的是固定和减压。最紧急的目的是提供固定，如果未进行一定程度的固定，那么不可对脊柱骨折 / 脱位部位进行减压，可在背侧（针对脊髓实质）或背外侧（神经根冲击）进行减压，颈椎最常在腹侧进行固定（图 12-5-13 至图 12-5-36）。

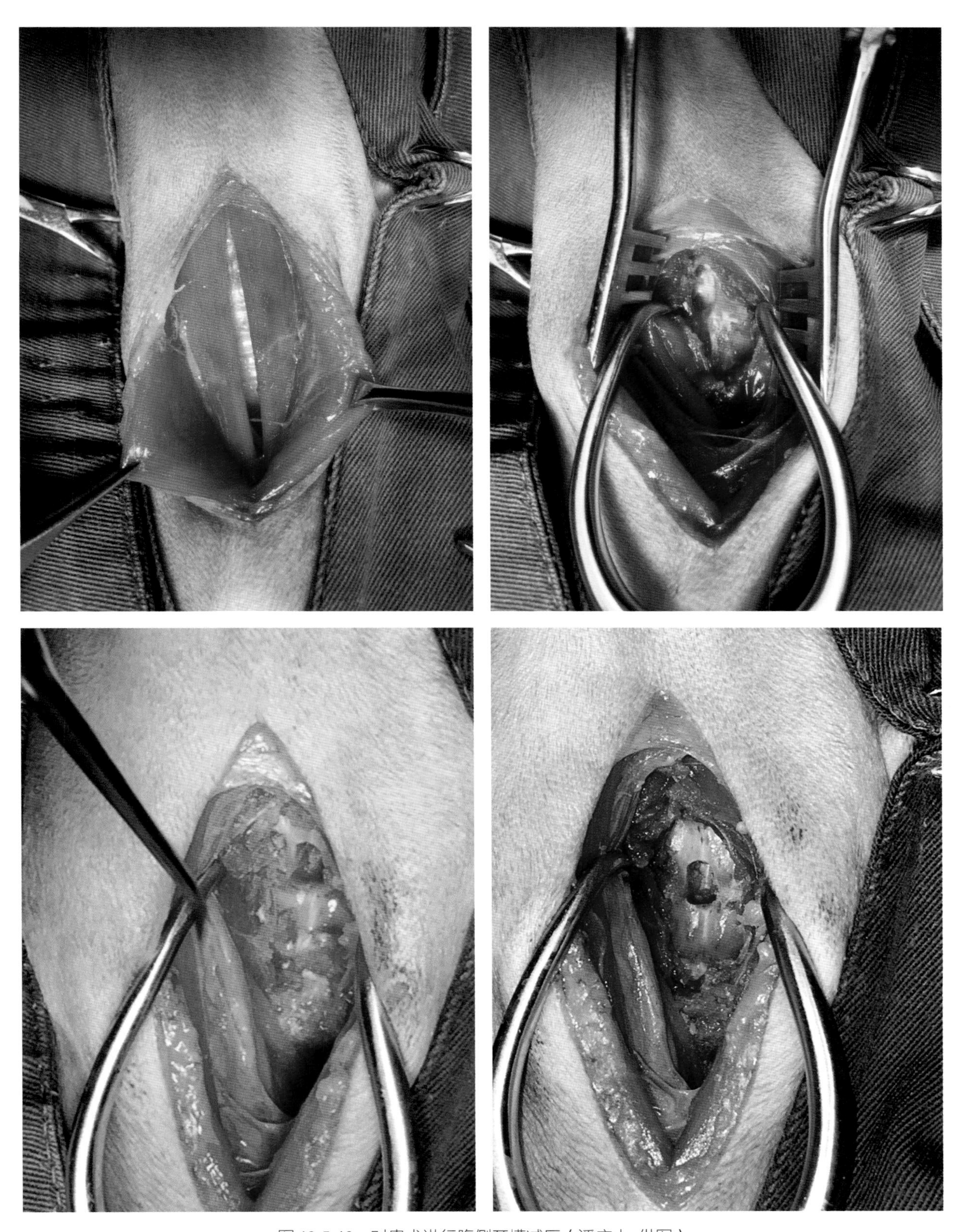

图 12-5-13　对患犬进行腹侧开槽减压（潘庆山 供图）

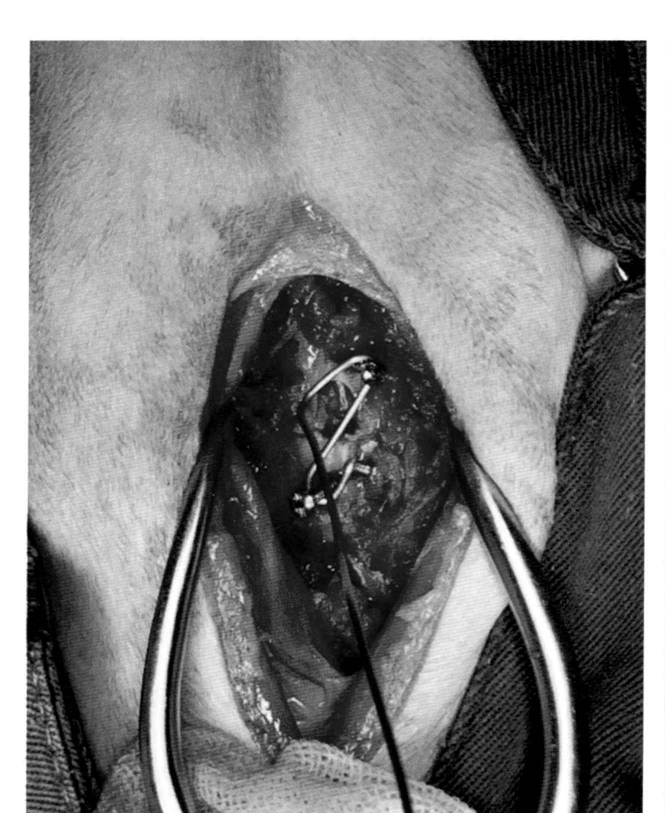

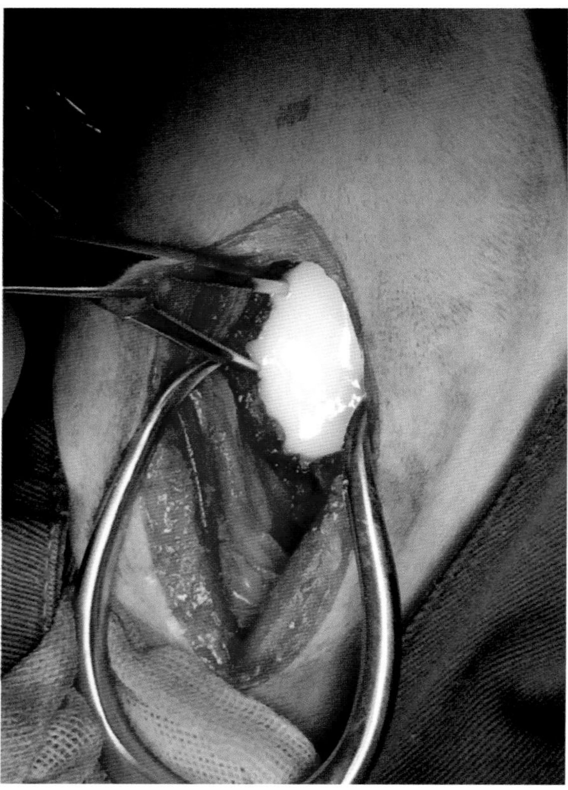

图 12-5-14　对患犬进行螺钉及聚甲基丙烯酸甲酯固定（潘庆山 供图）

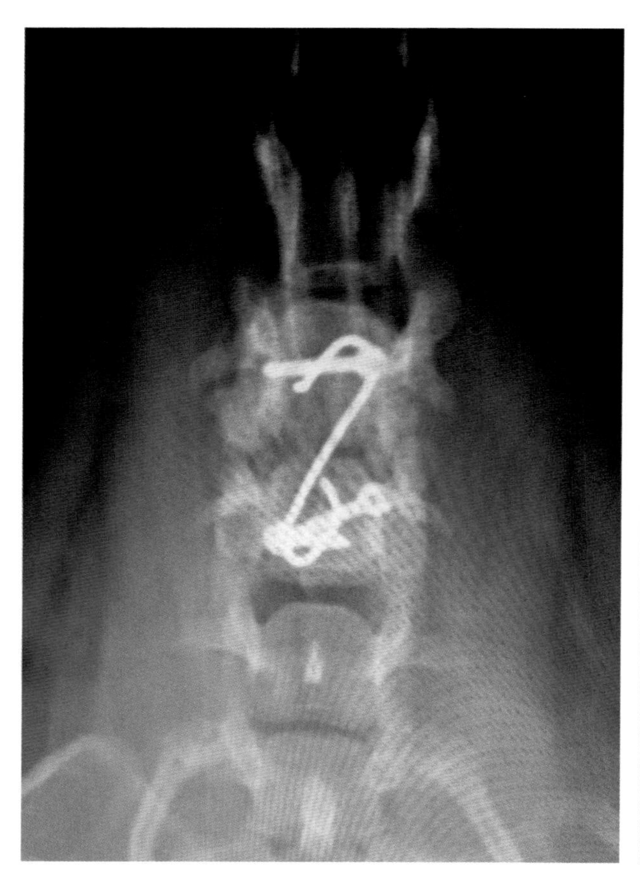

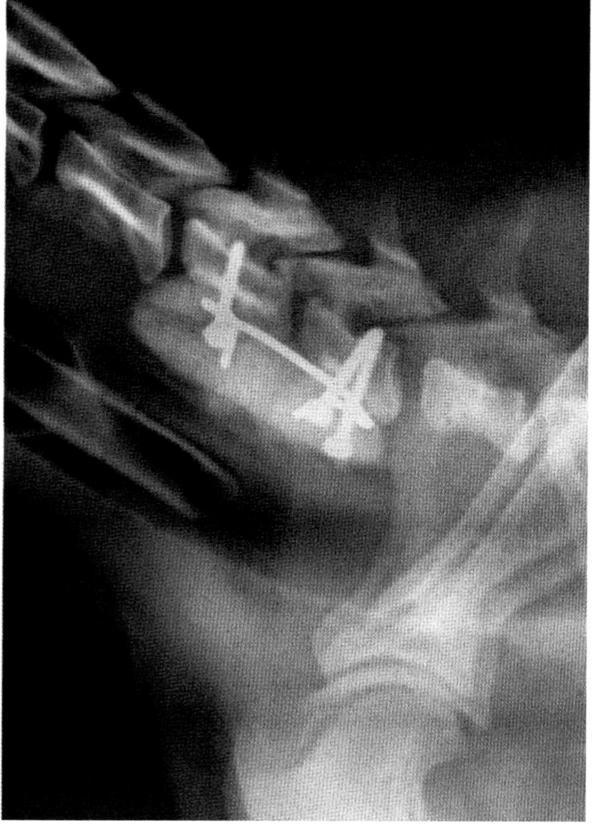

图 12-5-15　X 射线片显示术后 C5~C6 固定后的正侧位（潘庆山 供图）

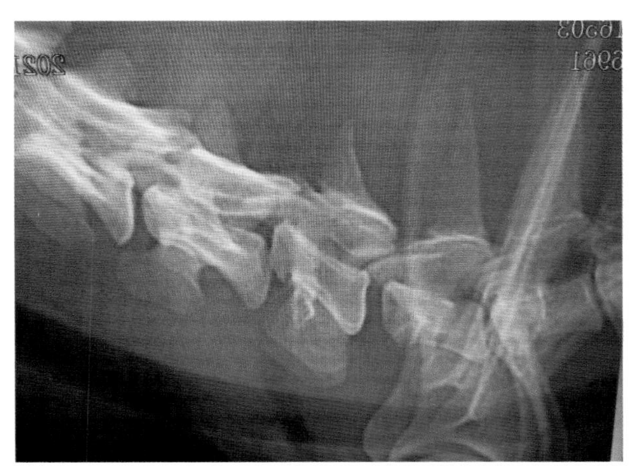
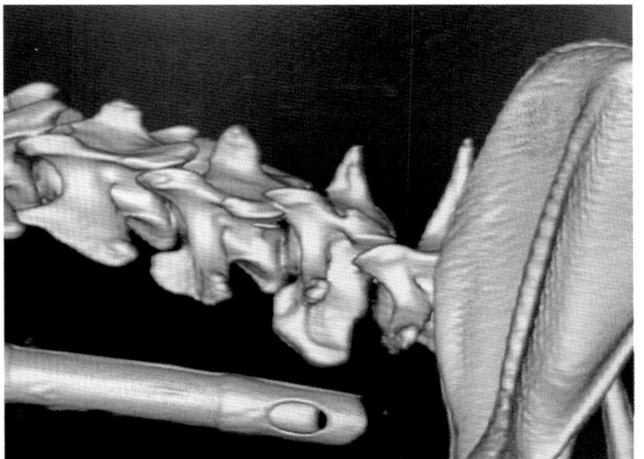

图 12-5-16　X 射线片显示 C5~C6 脱位，CT 三维重建后显示 C6 关节突由 C5 的腹侧脱位至 C5 的背侧（潘庆山 供图）

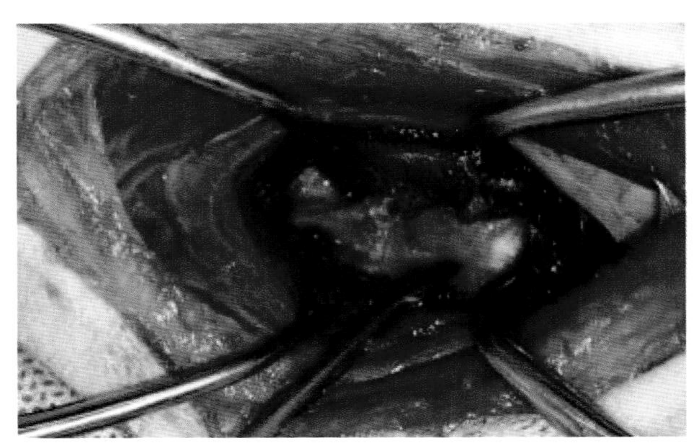

图 12-5-17　对患犬进行腹侧开槽减压术（潘庆山 供图）

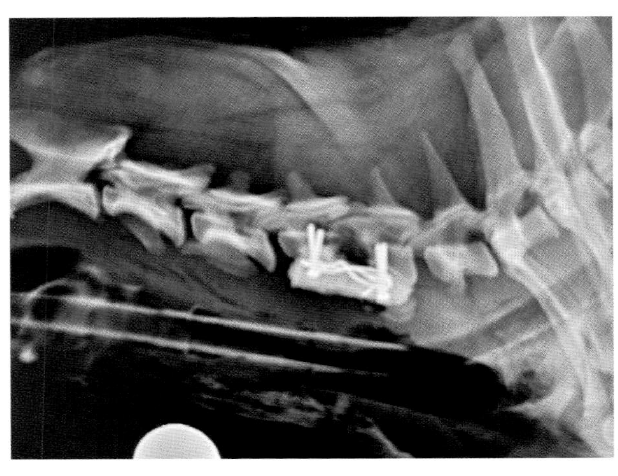
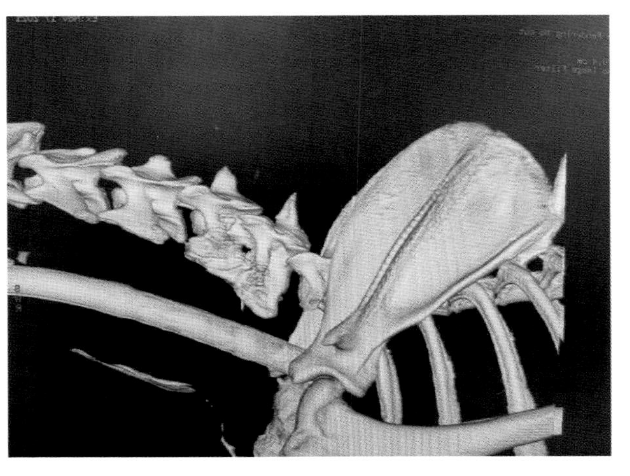

图 12-5-18　对患犬进行螺钉及聚甲基丙烯酸甲酯固定，CT 显示 C6 关节突复位（潘庆山 供图）

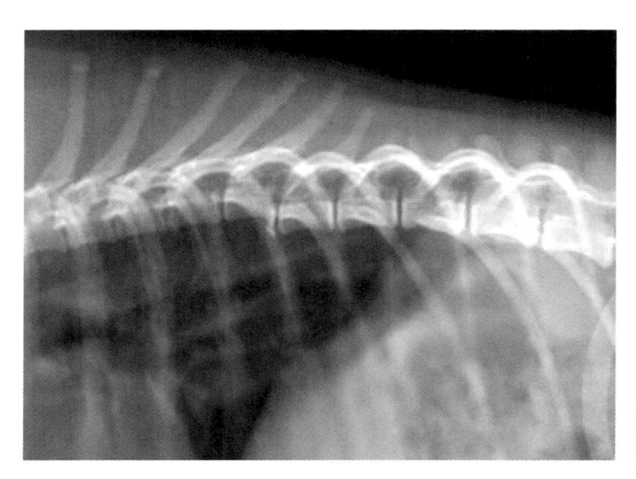
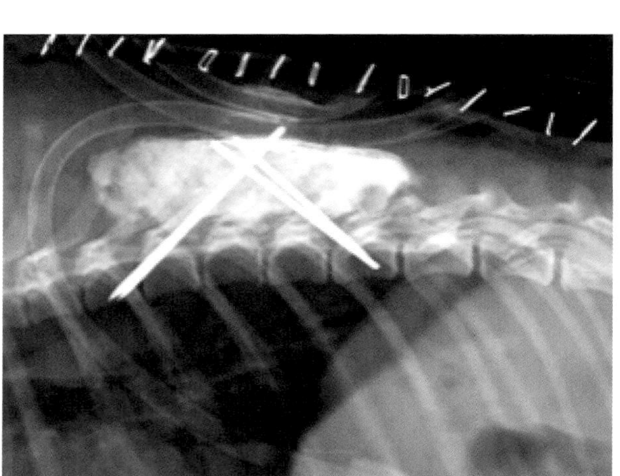

图 12-5-19　X 射线片显示 T8～T9 错位，通过多根克氏针及聚甲基丙烯酸甲酯进行固定（潘庆山 供图）

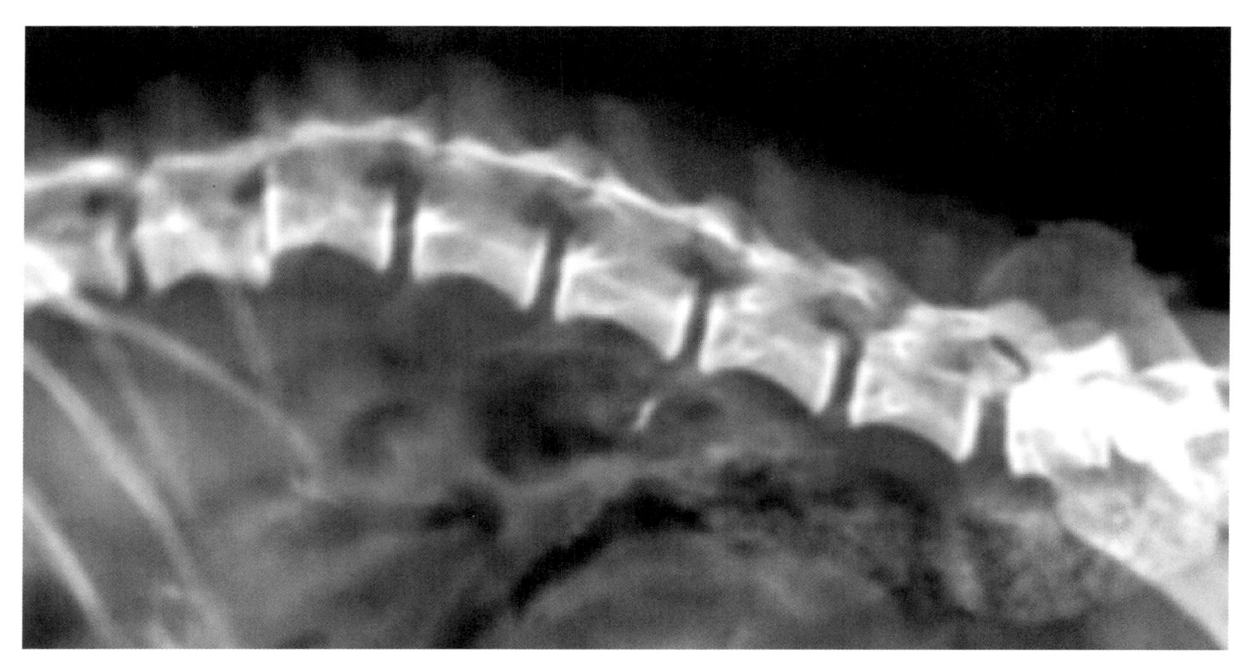

图 12-5-20　X 射线片显示 L1～L2 错位（潘庆山 供图）

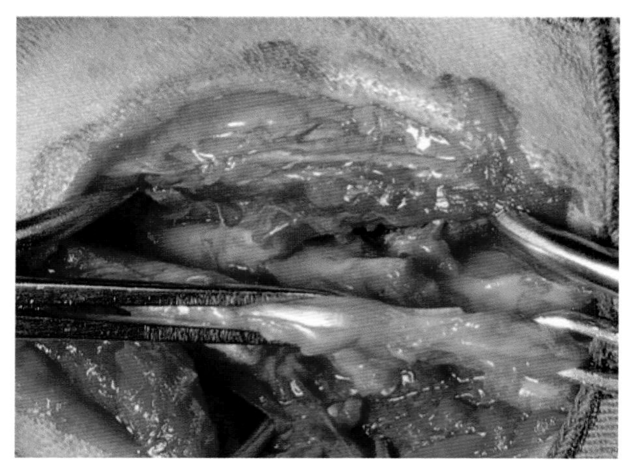
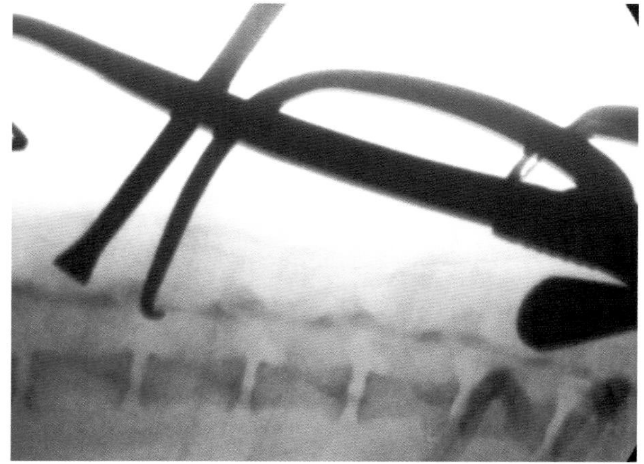

图 12-5-21　复位后通过“C”形臂进行确认（潘庆山 供图）

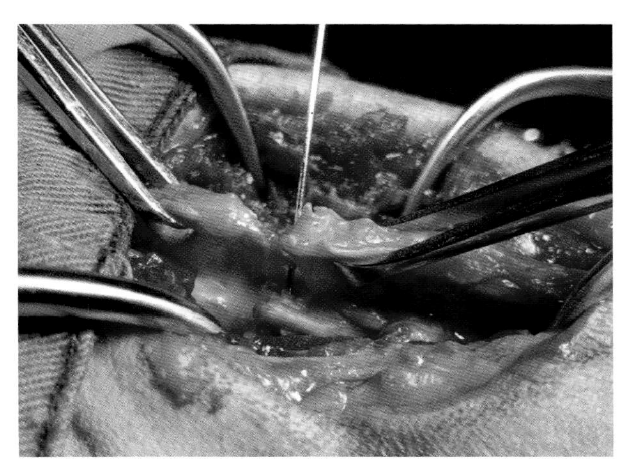
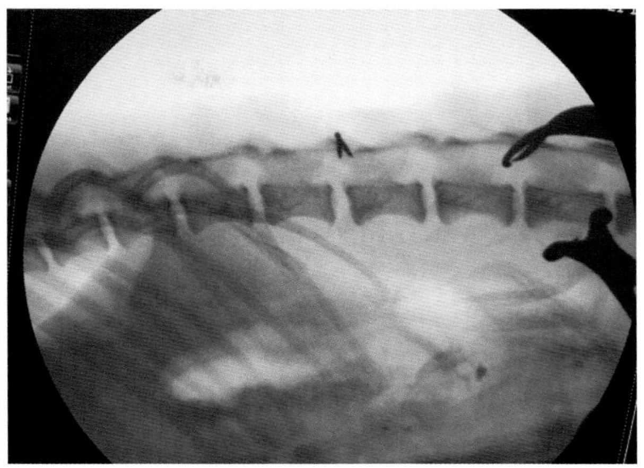

图 12-5-22 通过克氏针固定关节突，经“C”形臂确认（潘庆山 供图）

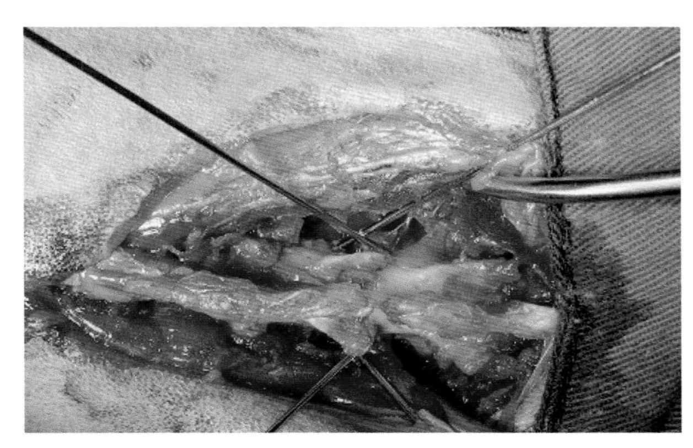
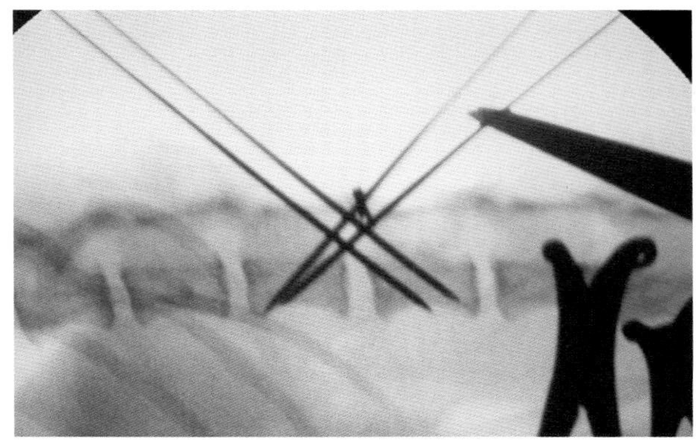

图 12-5-23 通过多根克氏针及聚甲基丙烯酸甲酯进行固定，经“C”形臂确认（潘庆山 供图）

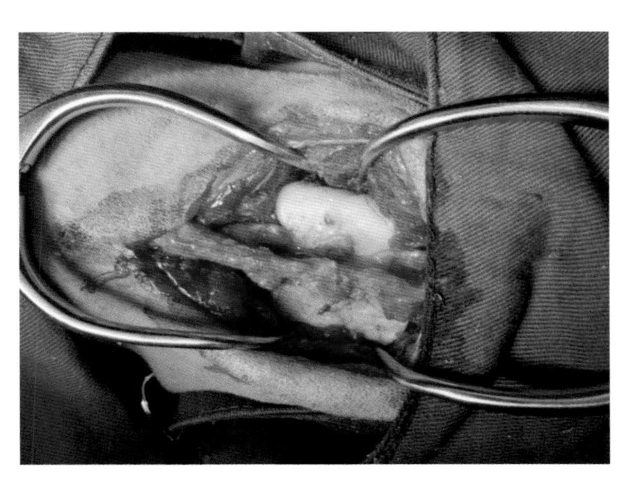
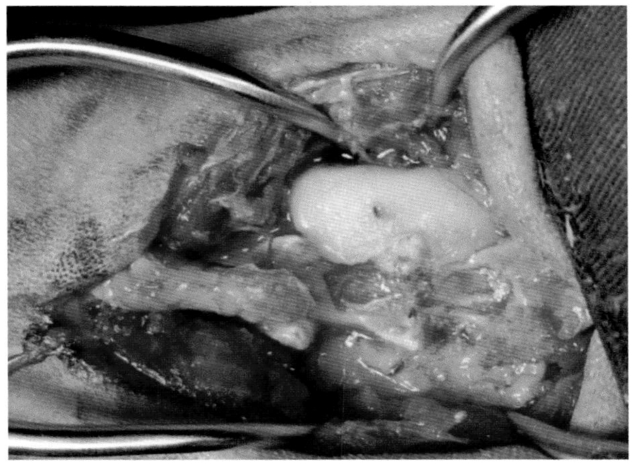

图 12-5-24 通过多根克氏针及聚甲基丙烯酸甲酯进行固定后，行背侧椎板切除术解压（潘庆山 供图）

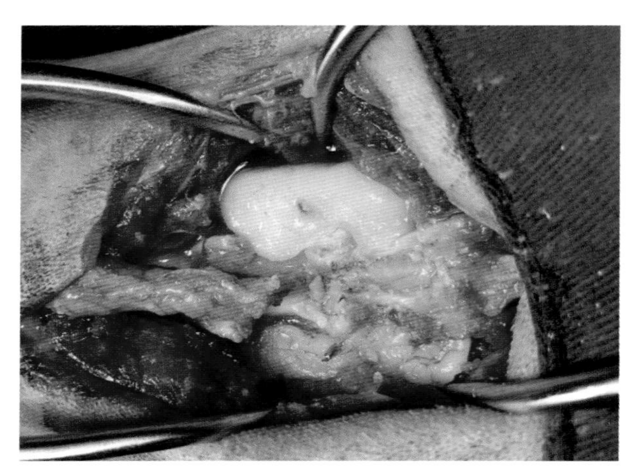

图 12-5-25　解压后，用可吸收线固定覆盖在脊髓背侧的止血海绵，防止周围组织与脊髓的粘连（潘庆山　供图）

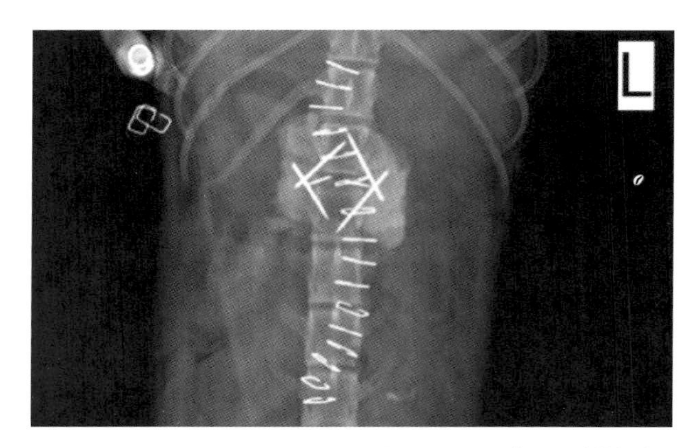


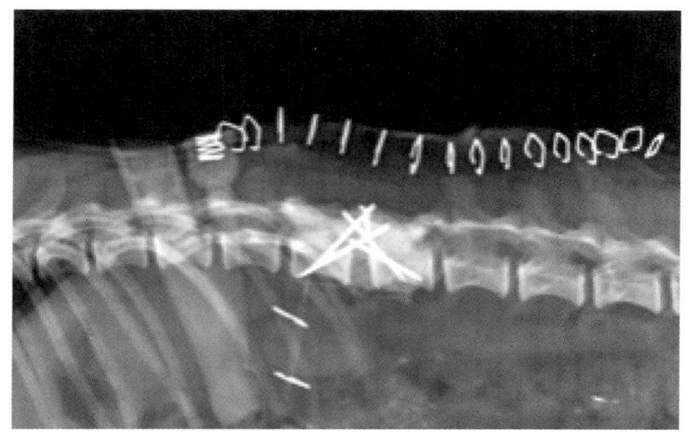

图 12-5-26　术后 X 射线片显示复位确实（潘庆山　供图）

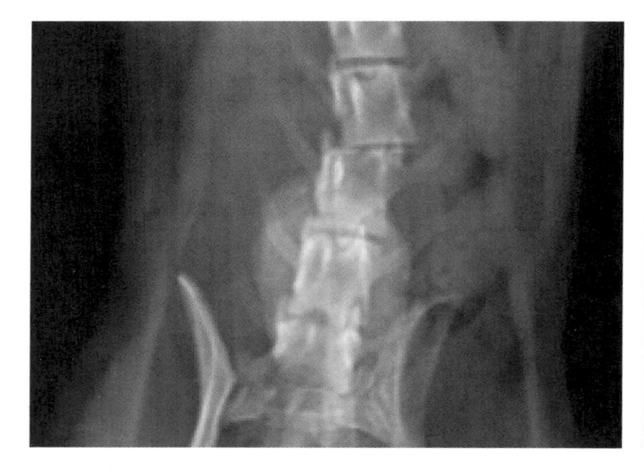

图 12-5-27　L4～L5 骨折脱位（潘庆山　供图）

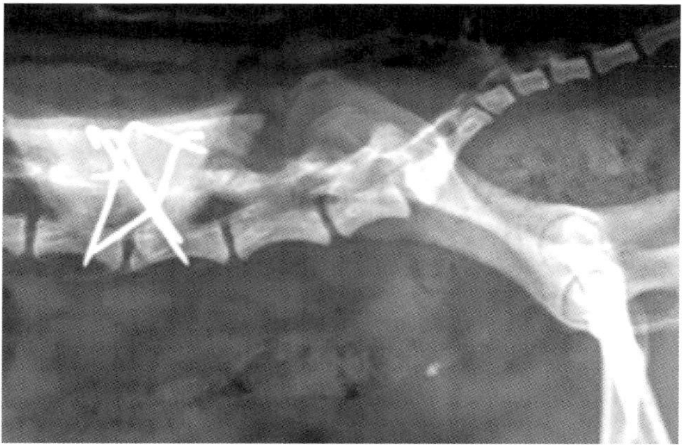

图 12-5-28　通过多根克氏针及聚甲基丙烯酸甲酯进行复位固定，并背侧椎板切除术解压（潘庆山　供图）

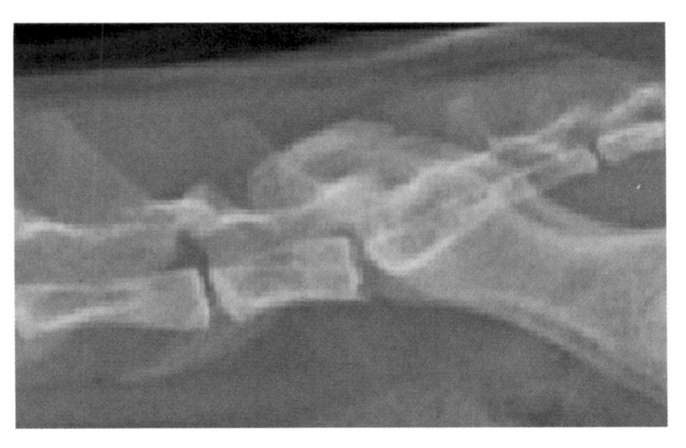
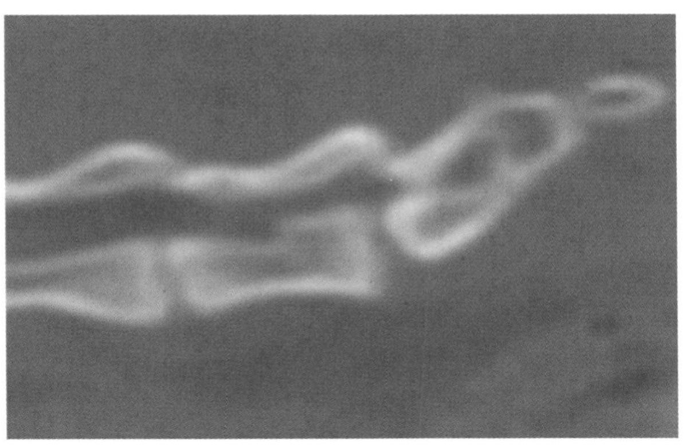

图 12-5-29 X 射线片和 CT 显示 L7 骨折（潘庆山 供图）

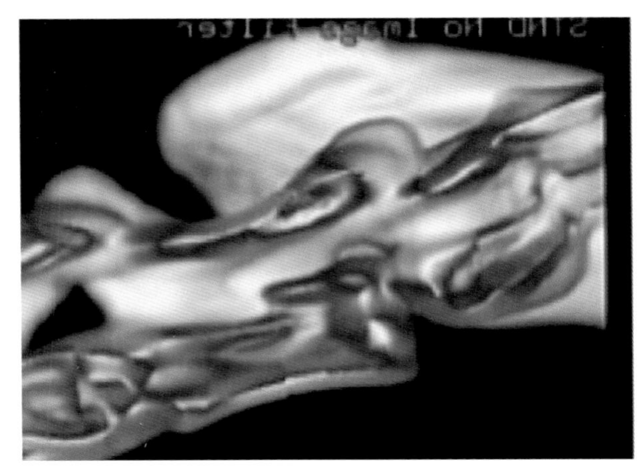

图 12-5-30 CT 三维重建显示 L7 骨折（潘庆山 供图）

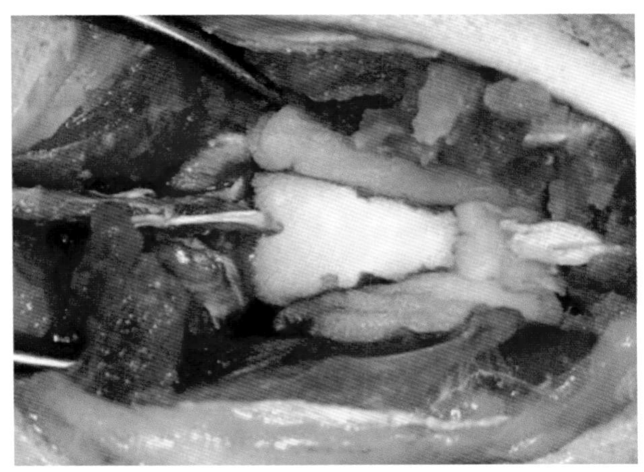

图 12-5-31 螺钉及聚甲基丙烯酸甲酯进行固定后，行背侧椎板切除术解压。用可吸收线固定覆盖在脊髓背侧的止血海绵，防止周围组织与脊髓的粘连（潘庆山 供图）

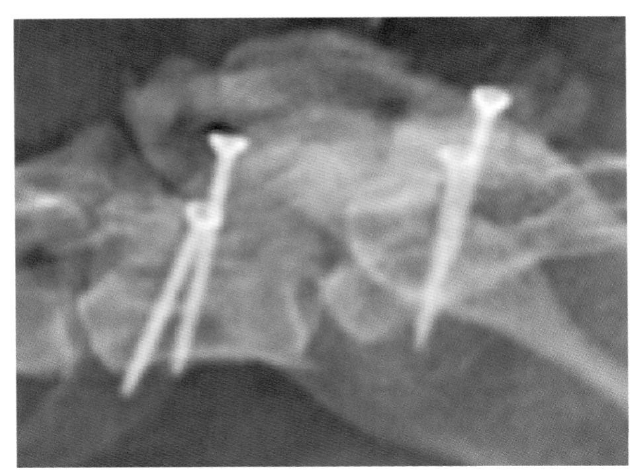
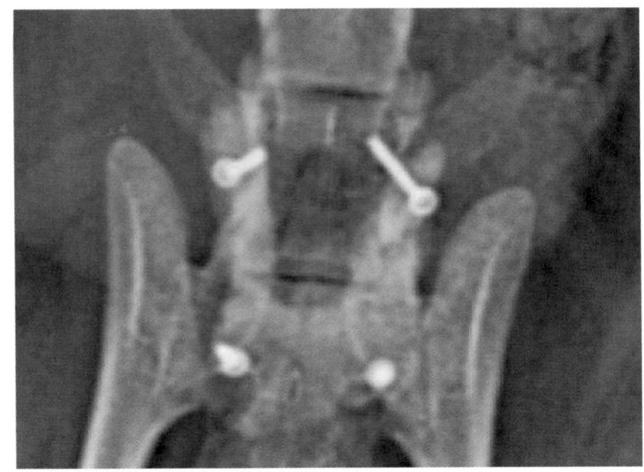

图 12-5-32 术后 X 射线片显示螺钉分布的位置（潘庆山 供图）

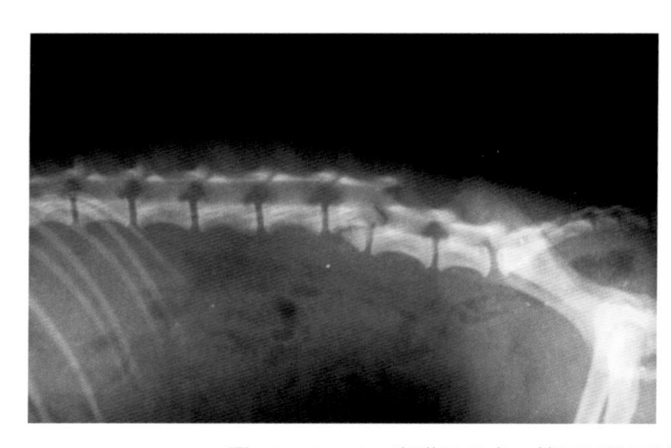
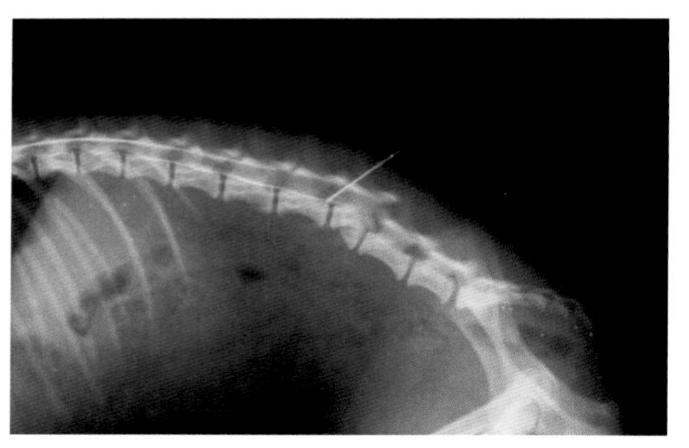

图 12-5-33　1.5 岁腊肠公犬，第五腰椎压缩性骨折平片及造影影像（潘庆山 供图）

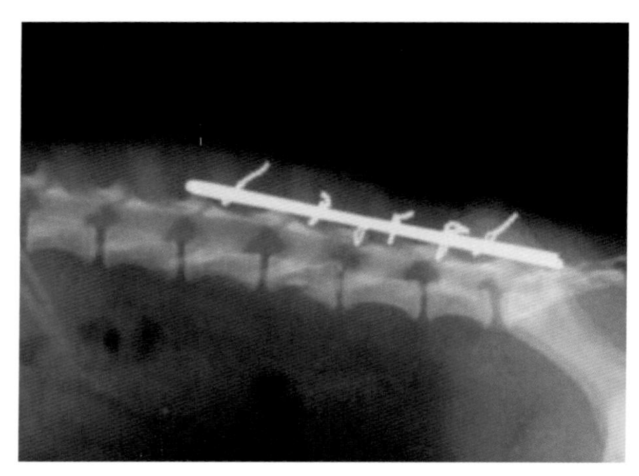
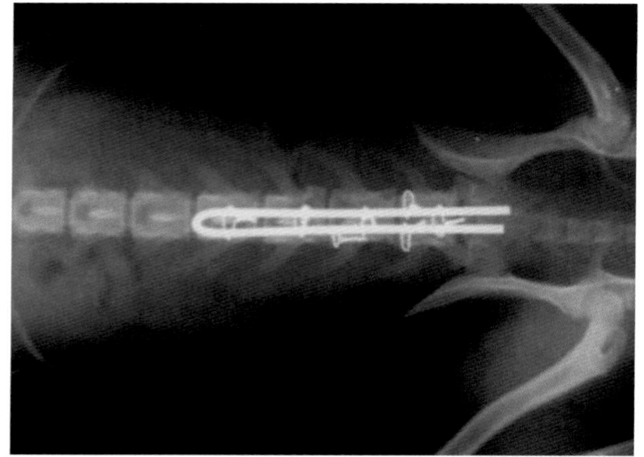

图 12-5-34　脊椎内固定术后正侧位影像（潘庆山 供图）

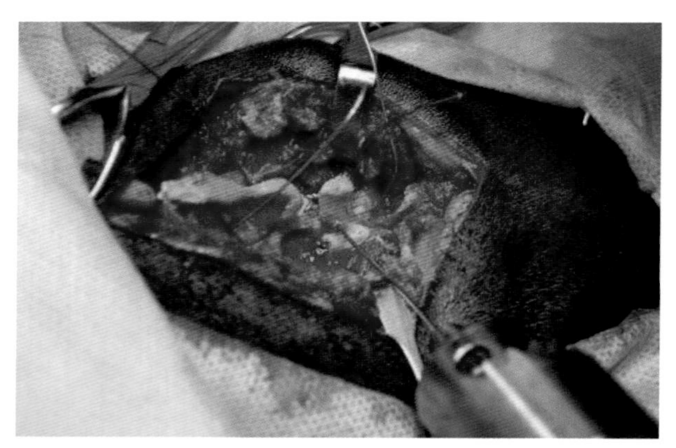
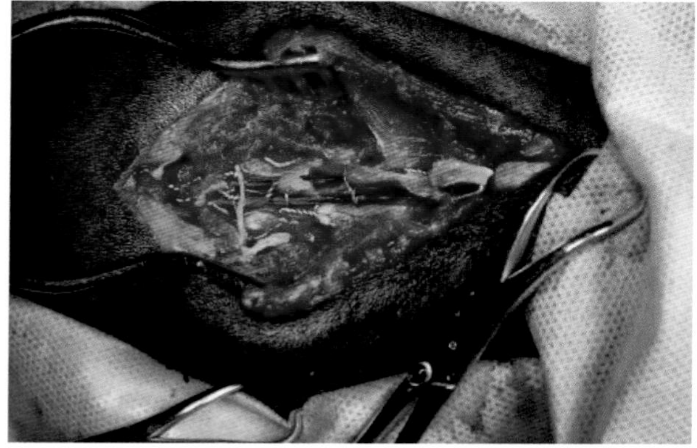

图 12-5-35　书中棘突钻孔穿入钢丝；2.0 骨针折弯 360°钢丝扎在棘突两侧固定（潘庆山 供图）

## 三、椎间盘疾病

### （一）病因

椎间盘疾病指髓核或者纤维环变性以及变性带来的临床后果。Ⅰ型变性也称软骨样变性，Ⅱ型变性也称纤维样变性。

（二）发病特点

尽管大多数发生Ⅰ型脱出的犬都是小型犬，在大型犬也偶见由于Ⅰ型椎间盘脱出而出现的疼痛。似乎最容易发生Ⅰ型椎间盘脱出的大型犬种包括德国牧羊犬、拉布拉多猎犬、杜宾犬和罗威纳犬。法国斗牛犬与腊肠犬相比有几个显著的临床特点：临床发病时的年龄较低（平均为3~5岁），雄性犬发病率更高，以及更易发展成为渐进性出血性脊髓软化症。在大型犬，L1~L2、L2~L3椎间隙是Ⅰ型椎间盘脱出常发部位。

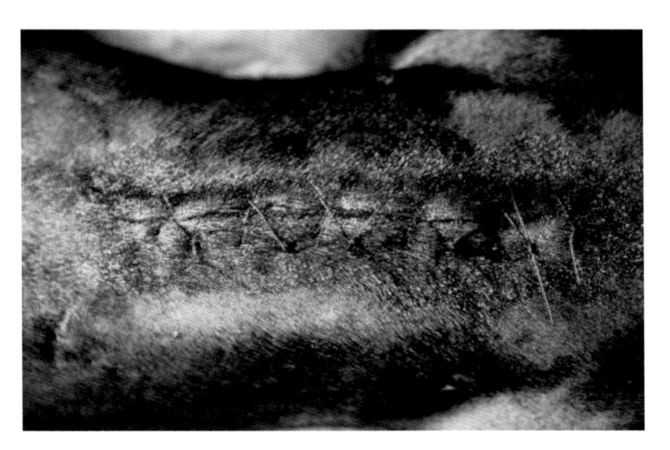

图 12-5-36 术后（潘庆山 供图）

（三）临床症状

尽管存在背部疼痛症状并伴有轻微或无神经学缺失的偶发病例，Ⅰ型胸腰椎椎间盘脱出通常会导致急性轻瘫或瘫痪。这是因为胸腰椎椎管硬膜外间隙相对于颈椎区域比较有限。这些病例常常表现椎间盘脱出区域的背部疼痛。我们偶尔会碰到后段腰椎区域Ⅰ型椎间盘脱出的病例表现脱出同侧后肢神经根症状。Ⅱ型胸腰椎椎间盘突出一般会引起轻瘫的进行性症状，通常会伴有一定程度的背部疼痛。

（四）诊断

脊髓造影（CT）仍然被用于犬急性Ⅰ型椎间盘脱出的诊断，但是磁共振成像（MRI）更常用。

（五）治疗

Ⅰ型椎间盘脱出的手术介入适应证包括：复发性或持续性背部疼痛，神经状态恶化但可以活动，以及无自主运动性轻瘫或瘫痪（图12-5-37至图12-5-42）。在这些情况下，发生的时间通常较急并且病情进展迅速。手术介入的适应证与发生Ⅱ型椎间盘突出的病患相似，虽然这些病例通常为慢性进展。

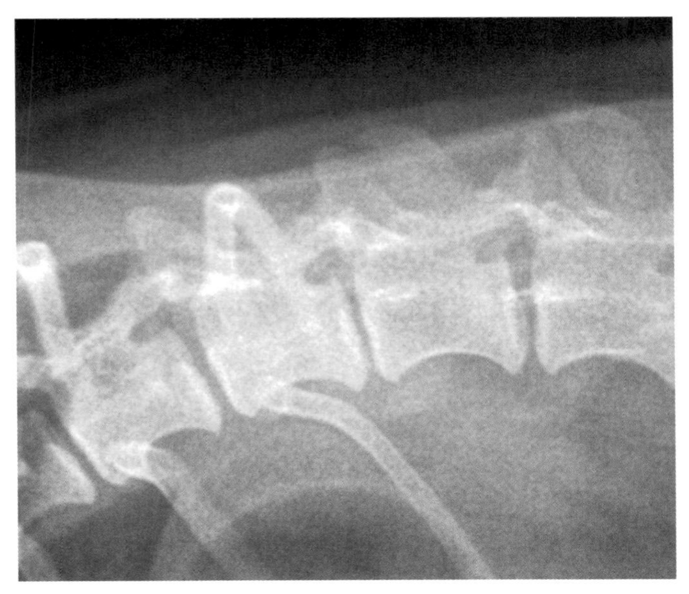

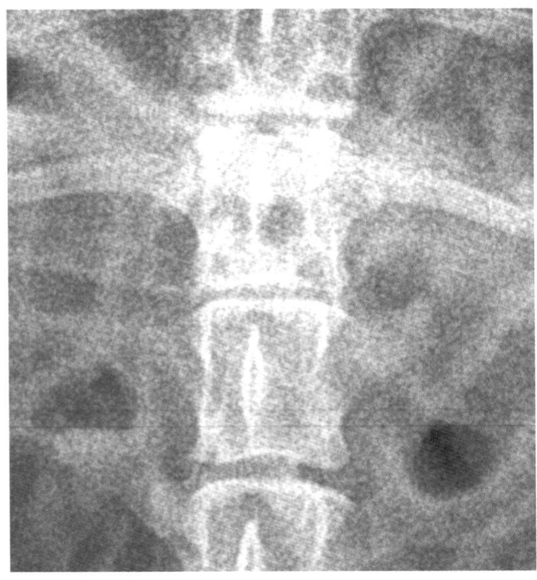

图 12-5-37 X射线片显示胸腰结合部椎间狭窄（潘庆山 供图）

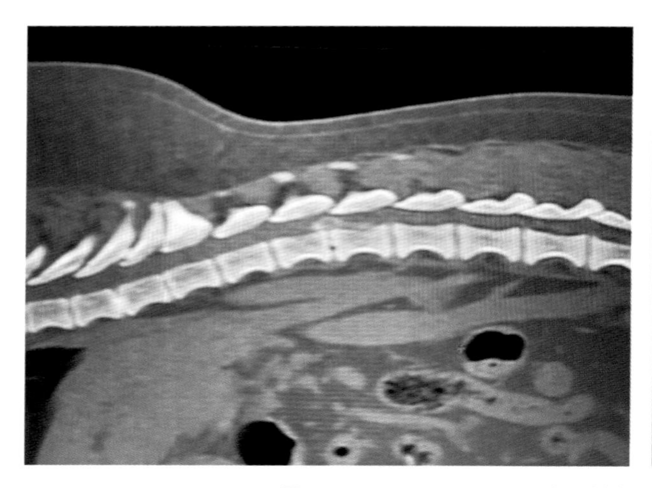
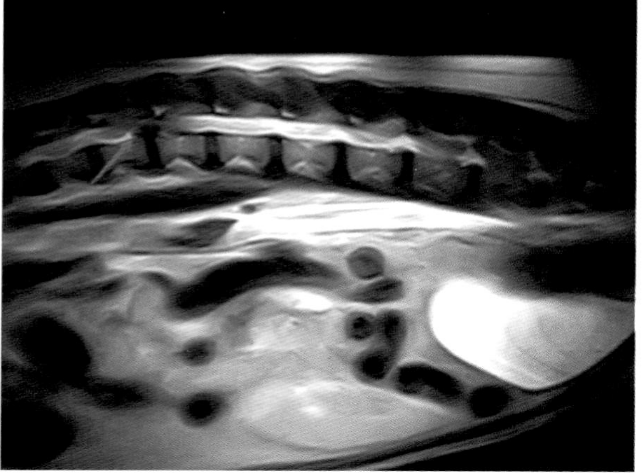

图 12-5-38　CT 和 MRI 显示胸腰结合部 I 型椎间盘脱出（潘庆山 供图）

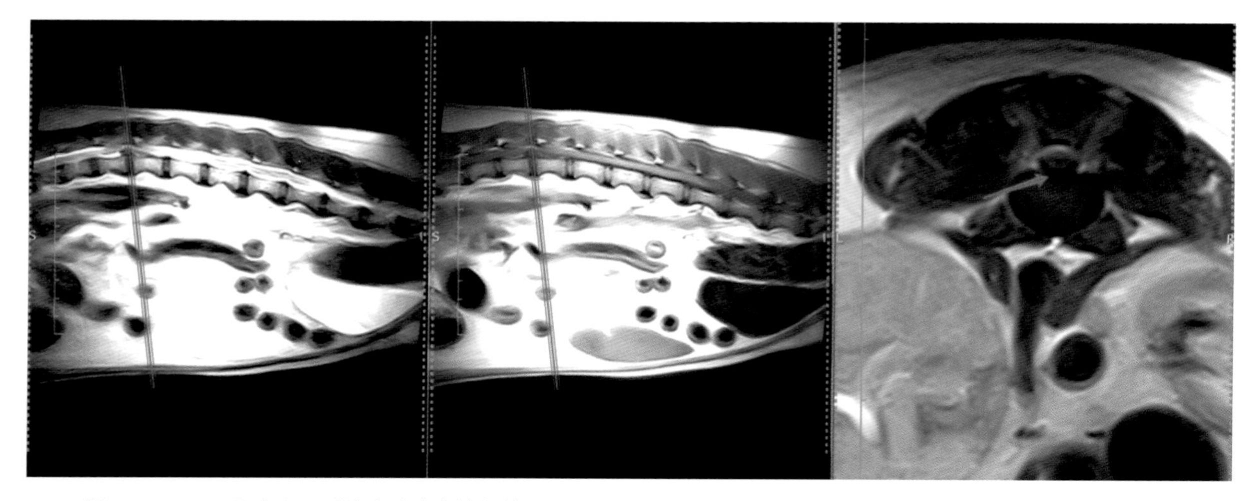

图 12-5-39　一只患有双后肢瘫痪犬脊椎矢状和轴位 T2 的加权磁共振图像，可见脊髓受到压迫（潘庆山 供图）

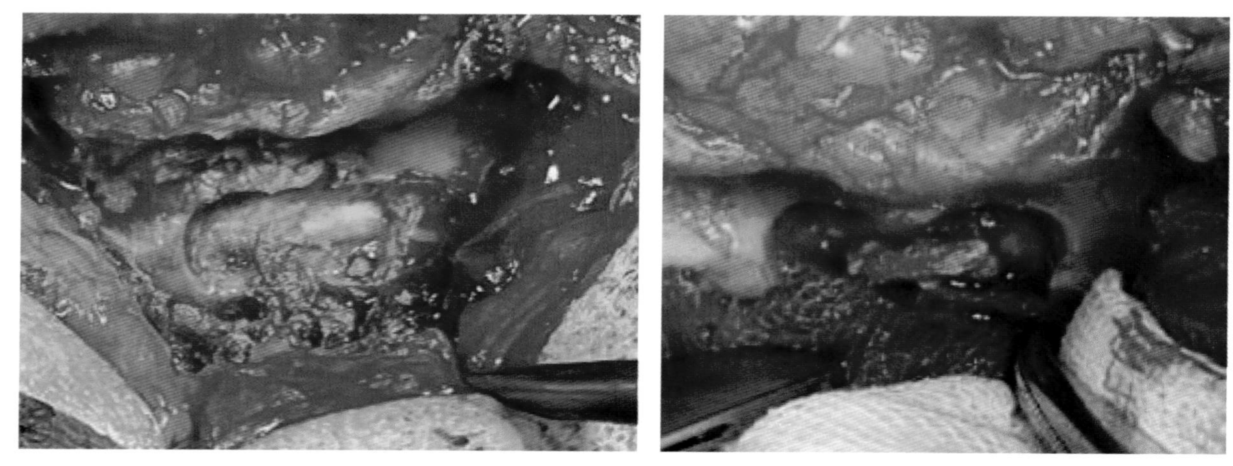

图 12-5-40　侧椎板切除显示出大量椎间盘脱出物（潘庆山 供图）

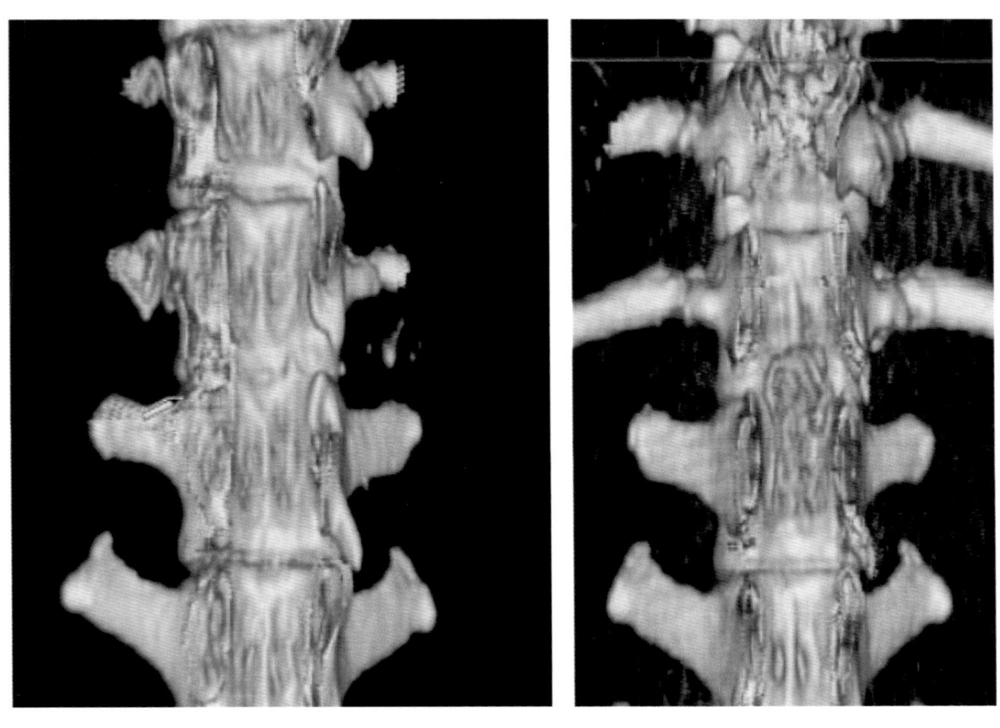

图 12-5-41　CT 三维重建显示大部分脱出物已被移出（潘庆山 供图）

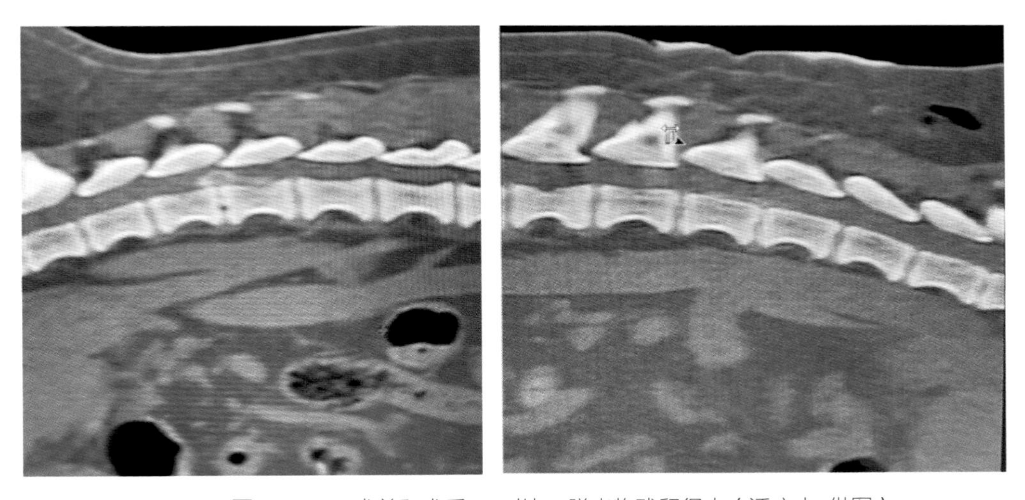

图 12-5-42　术前和术后 CT 对比，脱出物残留很少（潘庆山 供图）

# 第六节　关节融合

## 一、肘关节融合

适应于关节丧失功能。包括关节粉碎性骨折、增生性骨关节炎、陈旧性鹰嘴骨折、关节畸形等。

切口位置以鹰嘴外侧为中心点上下弧形切开至臂骨下1/3和尺骨上1/3处。切开臂三头肌筋膜，打开关节囊。将肘关节置于在肘突后方用线锯、摆锯、将尺骨成梯形切下（尽量避开内侧的尺神经、尺侧血管）。将关节近软骨切除造成新鲜创面，110° 关节复位，定位针固定，选择合适的骨板（骨直径的60%）塑形将骨板成形110° 放置臂骨、尺骨后方进行固定。将鹰嘴（臂三头肌的附着点）游离端放在骨板的内侧用克氏针或骨螺钉进行固定。将游离的鹰嘴固定在尺骨内侧或外侧。依次闭合肌肉、筋膜、皮肤（图12-6-1至图12-6-8）。

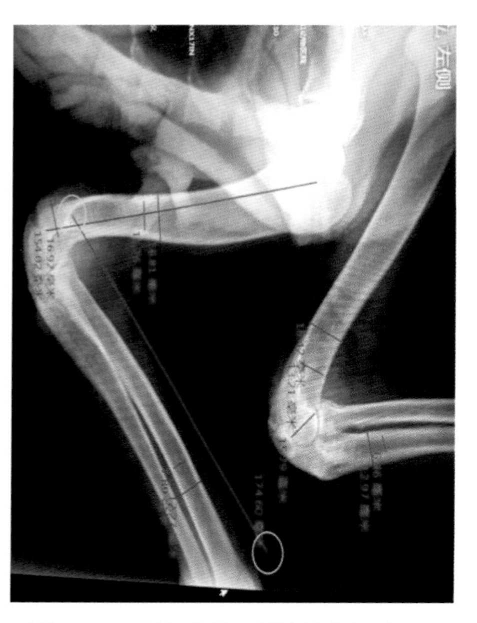

图 12-6-1　根据术前 X 射线片进行测量和手术规划（潘庆山 供图）

## 二、肱骨近端干骺分离

臂骨头外侧弧形切开皮肤，分离皮下筋膜，在岗上肌、

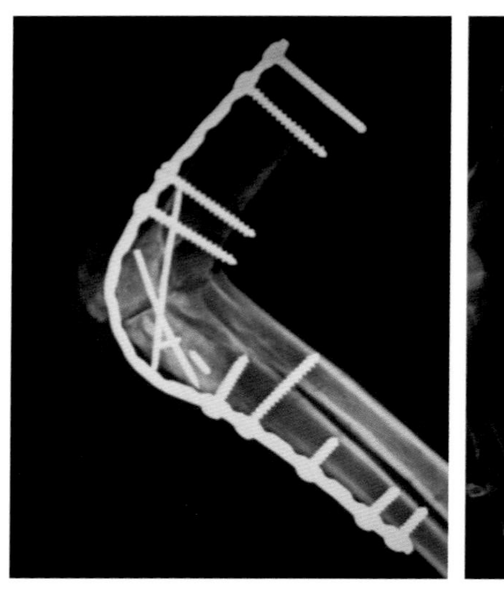

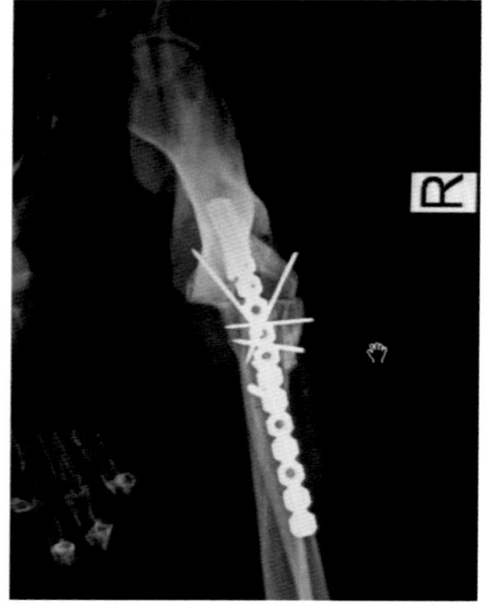


图 12-6-2　术后侧位（左图）和正位（右图）X 射线片（潘庆山 供图）

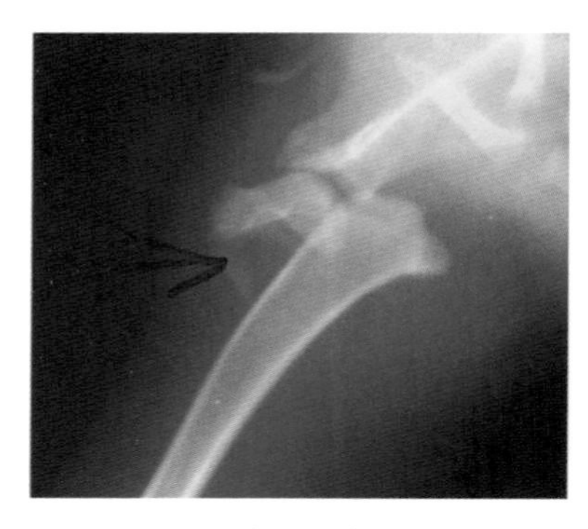

图 12-6-3　肱骨近端骨骺 SH I 型（潘庆山 供图）

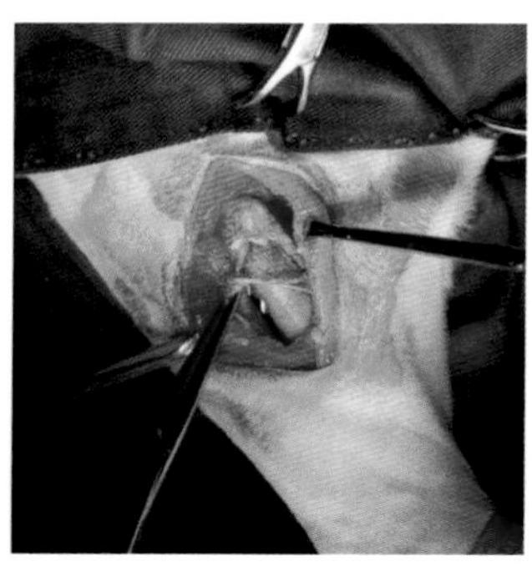

图 12-6-4　肩关节前外侧通路，可见部分骨膜撕裂（潘庆山 供图）

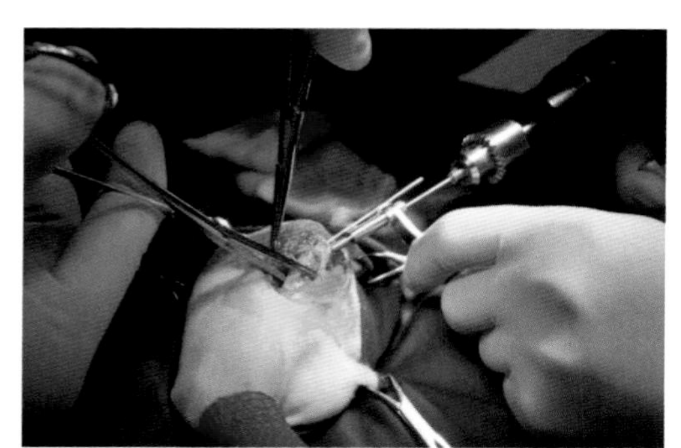

图 12-6-5　复位后用持骨钳辅助固定，从肱骨大结节朝向远端尾侧钻入克氏针进行固定（潘庆山 供图）

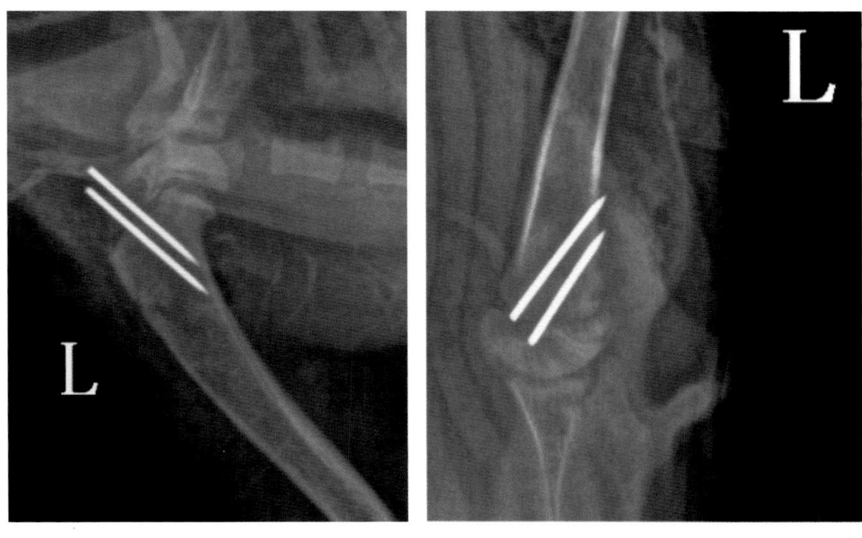


图 12-6-6　术后侧位（左图）和正位（右图）X 射线片（潘庆山　供图）

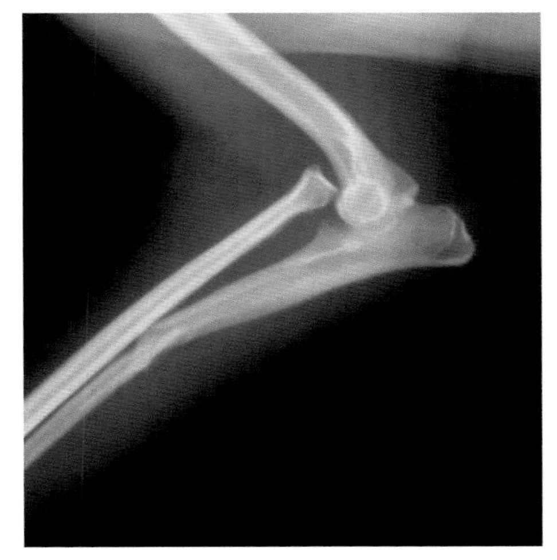

图 12-6-7　术后侧位 X 射线片。桡骨复位，在桡尺骨间放置拉力螺钉，尺骨用重建骨板进行固定（潘庆山　供图）

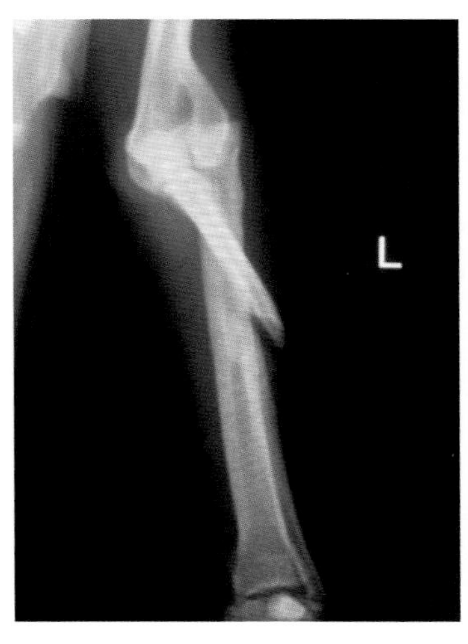


图 12-6-8　术前侧位（左图）和正位（右图）X 射线片。可见桡尺骨分离，肘关节半脱位。尺骨中段骨折（潘庆山　供图）

三角肌和臂二头肌的分界处分离组织，找到分离的骨折干骺处，对和复位铅固定，用合适的克氏针，在干骺的头前侧1/3处垂直骨折线，将克氏针打入，透过臂骨后侧皮质0.2cm，同样方法平行再打入第二个克氏针。如体型大的犬可用8字交叉钢丝加强固定。依次闭合各层组织。

# 第十三章

# 犬软组织手术

# 第一节 鼻翼成形术

## 一、病因

犬的鼻孔狭窄是由于鼻翼过度增厚或鼻翼内移引起的鼻孔腔缩小，常见于短头品种犬。鼻孔狭窄可导致气流进出鼻腔受阻、呼吸阻力增加。患犬大多数是由于先天性发育不良，也可因外伤导致获得性鼻孔狭窄。

## 二、发病特点

鼻孔狭窄常见于短头品种犬，其颅骨底部的骨骼发育畸形、骨长度短但宽度正常，如斗牛犬、波士顿梗犬、拳师犬、北京犬、沙皮犬等。颅骨缩短、鼻甲发育畸形导致鼻腔压缩和扭曲，同时存在的鼻孔狭窄和软腭过长，导致在吸气过程中气道负压增加，引起呼吸困难。鼻孔狭窄使得患犬通过口腔呼吸，导致口腔黏膜肿胀和干燥，鼻腔对气体的过滤和湿化作用被削弱。短头品种犬可能在鼻腔狭窄的同时还存在软腭延长、气管发育不良、喉小囊外翻、喉水肿、喉塌陷、咽部软腭过长等异常（图13-1-1）。

图 13-1-1 一只两岁法国斗牛犬表现为双侧鼻孔狭窄（袁李慧 供图）

## 三、临床症状

患犬常见症状有：运动不耐受、呼吸窘迫、打鼾、呕吐和吞咽困难、张口呼吸、睡眠呼吸暂停、发绀、晕厥、坐立不安等，有些短头品种犬还同时存在食管反流、吸入性肺炎等症状。

## 四、诊断

通过面部观察患犬鼻孔即可判断鼻孔狭窄程度，同时检查鼻孔对于短头综合征的诊断很有帮助。麻醉下对鼻孔、鼻腔、口腔进行细致视诊检查、支气管镜检查对于短头品种犬的上呼吸道疾病

的诊断是有必要的。实验室检查通常无特异性。头面部CT扫查可用于评估鼻腔、咽部异常形态。

## 五、治疗

手术切除部分鼻翼及其皱褶组织使鼻孔扩大开放，是常见的治疗方法，保守治疗通常对于改善鼻孔狭窄无效。手术方法有鼻翼水平切除、垂直切除、楔形切除（图13-1-2、图13-1-3）或激光消融术。

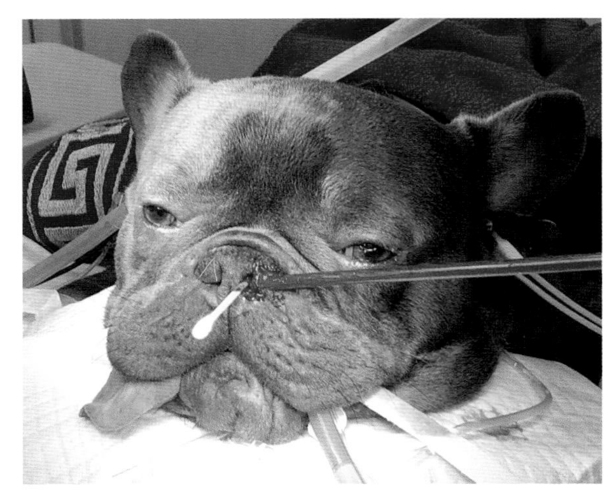

图 13-1-2　按图中亮线所示楔形切除部分鼻翼（李慧　供图）

图 13-1-3　用 4-0 单股可吸收线结节缝合切缘后的鼻孔外观（李慧　供图）

鼻翼成形术：麻醉前预吸氧5~10min，全身麻醉后，手术部位可给予利多卡因局部麻醉。用镊子夹住鼻翼，用11号刀片环绕镊子在鼻翼作楔形或倒“V”形切开，楔形的内侧缘平行于鼻翼的内侧壁，楔形外侧缘与内侧缘成40°~70°，使鼻孔保持足够开放，鼻孔的开放程度与楔形角度成正比。切口通常会发生出血影响术野，但在缝合后会很快止血。使用3-0或4-0可吸收单股缝线以简单间断方式进行缝合，第一针先缝合切口腹侧缘，可以使切口对齐，再依次按由内向外的进针方式进行缝合切口，始终保持鼻孔开放。更换手术刀片在对侧鼻翼重复操作，注意尽量使两边鼻孔对称，先进行惯用手一侧的鼻翼切除，可以帮助控制对称性。麻醉苏醒期要等患犬完全醒再拔管，术后佩戴伊丽莎白圈防止犬抓挠手术部位。术后并发症很少，如果舌头能舔到手术部位，可能会发生伤口开裂。

# 第二节　软腭切除术

## 一、病因

软腭过长是指软腭相对于犬嘴的长度来说太长，过长的软腭会盖住会厌的尖端，阻塞气管开口，影响气体进入气管。

## 二、发病特点

软腭过长常见于短头品种犬，无年龄、性别差异，有些直到2~3岁才表现出症状。软腭过长的犬在吸气时，软腭被向后拉长盖住会厌软骨，阻塞声门背侧，甚至被吸入气管内，增加了吸气力度并形成更多的湍流。症状严重时，咽喉黏膜因发炎或水肿使上呼吸道变得更狭窄。在呼气时过长的软腭还可以被吸入鼻咽。

## 三、临床症状

常见症状有打鼾、运动不耐受、发绀、虚脱、呼吸杂音、呼吸困难。吞咽时，过长的软腭也会阻塞食道引起吞咽困难，出现干呕或呕吐黏液。兴奋、应激及气温升高均会使症状恶化，睡眠时也可能会表现出不安。

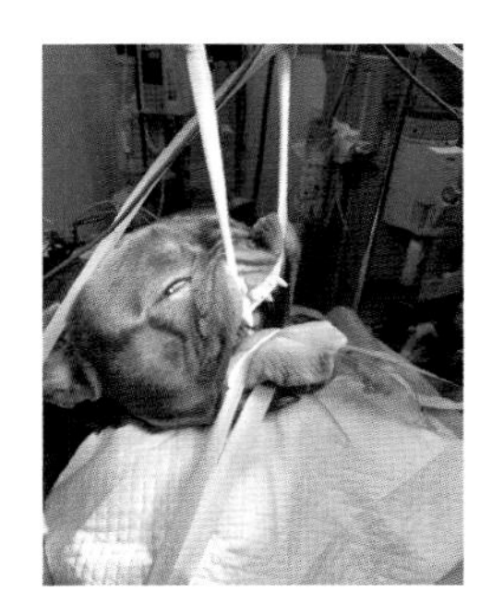
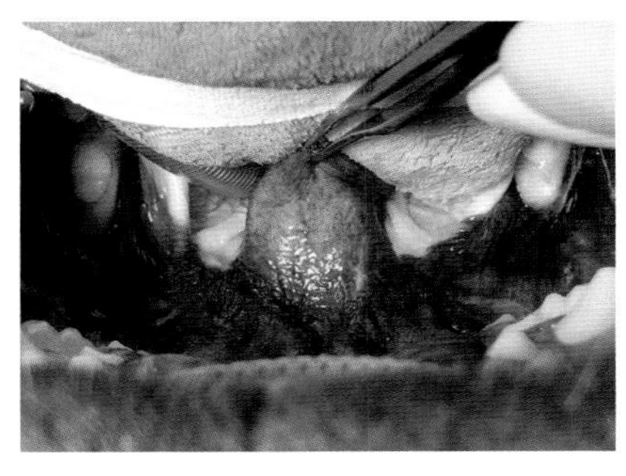

图 13-2-1　一只2岁法国斗牛犬表现软腭过长，软腭切除术中患犬的摆位（李慧　供图）

## 四、诊断

软腭过长在短头品种犬是常见的异常，还可能同时存在鼻孔狭窄、喉小囊外翻、喉塌陷、气管塌陷、气管发育不全等异常。需要鉴别其他引起上呼吸道阻塞的原因，如喉麻痹、团块阻塞声门、喉或气管外伤性破裂等。通常通过病史、临床症状即可诊断软腭过长。麻醉后进行口腔探查，可见到过长的软腭盖住会厌软骨；CT检查可提供更多的咽部影像诊断信息。

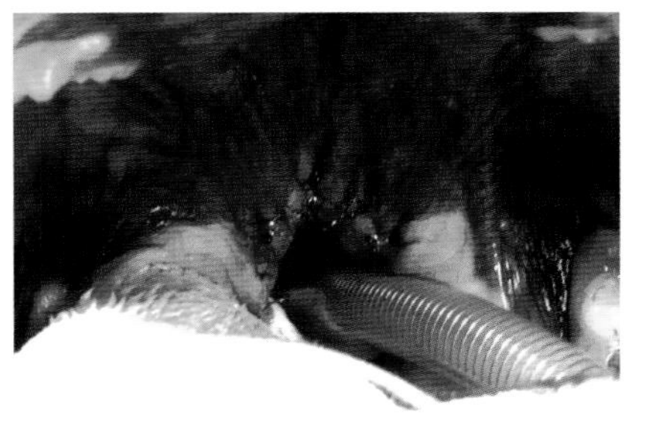
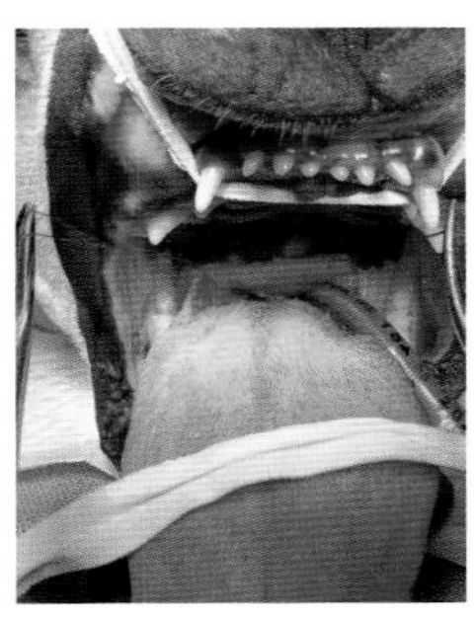

图 13-2-2　评估所需切除的软腭的长度（李慧　供图）

## 五、治疗

外科手术是解决软腭过长的唯一方法，使用不同的手术器械和方法切除过多的软腭，可部分或完全解决咽喉阻塞。手术方法有传统切除、$CO_2$激光切除。给予患犬术前用药以减少应激，通过面罩或鼻旁预吸氧。麻醉诱导必须迅速、平稳，快速进行气管插管以控制气道，检查评估是否存在喉小囊外翻、喉塌陷。传统软腭切除方法：将患犬胸卧保定，头部抬高，打开口腔，用组织钳夹住软腭尖端

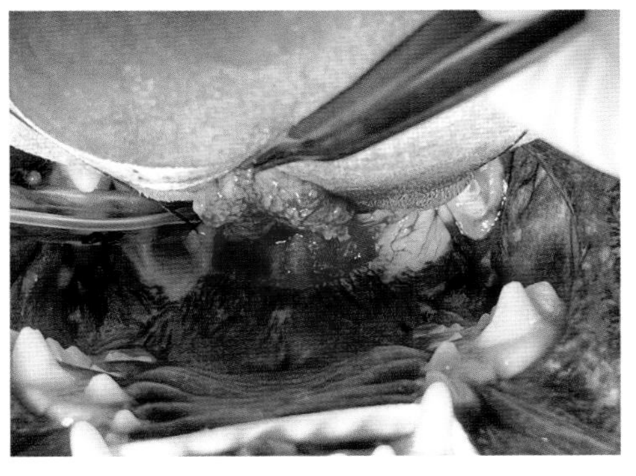

图 13-2-3　切除过长的软腭后，用4-0单股可吸收线结节缝合创缘（李慧　供图）

（图13-2-1）。在切口两边可放置牵引线，先切除一半长度的软腭组织，用简单连续缝合方式进行缝合，再切除余下的一半软腭组织，用同样方式缝合（图13-2-2、图13-2-3）。避免使用电刀，因为烧灼会导致组织肿胀。必要时，在术后24h内使用短效皮质激素减轻肿胀。尽可能长时间地保留气管插管（图13-2-4），拔管时，气管插管的套囊可留有部分气体，以帮助清除可能落入气管腔内的血凝块。在术后应立即可看到症状改善，除非发生严重肿胀。随着软腭组织的愈合，症状会继续改善。术后住院观察24~72h，要密切监护，观察是否存在呼吸困难，鼻旁吸氧。黏膜过度肿胀可引起窒息，如果发生严重呼吸困难，应麻醉后快速进行口腔气管插管或气管切开插管，术后禁食18~24h，直到完全苏醒才能进食进水，如果过早进食会损伤肿胀的组织，导致肿胀恶化、气道阻塞或误吸。一周内饲喂软性食物，避免受刺激而吠叫。术后可能发生咳嗽、恶心、切口感染、开裂、吸入性肺炎，大多数犬通过手术能改善症状和生活质量，但如果发生严重并发症或渐进性喉塌陷，预后谨慎至不良。

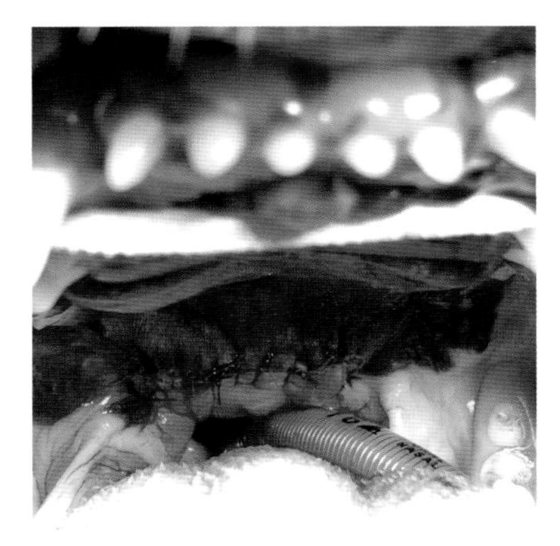

图13-2-4　术中预置牵引线牵拉并评估软腭切除的长度。患犬术中使用加强型气管插管并置于口腔左侧，以减少其对手术操作的干扰（李慧 供图）

# 第三节　垂直耳道切除术

## 一、病因

多种原因均可引发犬外耳道炎症，如真菌、细菌、寄生虫、过敏、机械刺激、异物、肿瘤等。当病变只局限在垂直耳道但水平耳道正常，且药物治疗无法改善症状时，可进行垂直耳道切除术。

## 二、发病特点

外耳炎患犬无年龄和品种特异性，但一些品种可能高发，如可卡、巴吉度、史宾格、贵宾犬等。可能同时存在其他皮肤病，如过敏性皮肤病、特异性皮炎等。由微生物引起的外耳炎占大多数，但在中老年犬，肿瘤也是常见病因。耳道微环境过度潮湿、温度升高是微生物过度繁殖的因素。耳道先天性狭窄及耳道阻塞会影响耳道绒毛的自身清洁功能。患外耳炎时，犬耳道顶浆分泌腺腺体增生、活性增加。可卡犬通常有耵聍组织反应，而其他品种主要为纤维化。慢性外耳炎可引起耳道继发性上皮增生和慢性炎症组织骨化、外耳道腔缩小，使感染长期存在，造成药物治疗困难。通常会发生溃疡和细菌、酵母菌或真菌引起的继发感染。

## 三、临床症状

通常会出现甩头和抓挠耳部或耳周的症状。患有慢性外耳炎时可能会有脓性、臭味的分泌物，患犬不时地用头摩擦物体。触诊耳软骨可发现耳道增厚或钙化，触诊时引发疼痛。

## 四、诊断

患犬镇静后使用耳镜对外耳道、鼓膜进行检查，耳道增生或渗出会影响耳镜视野，患犬因疼痛可能需要全身麻醉（图13-3-1）。对耳道分泌物进行细胞学检查，可发现球菌、杆菌、酵母菌等；血性分泌物可能提示肿瘤。根据病情进行微生物培养、药敏试验或外耳道活组织检查。CT可用于评估双侧耳道，同时对中耳进行检查，可发现耳道钙化、外耳道腔狭窄和耳道内存在软组织衰减物质等影像学变化。

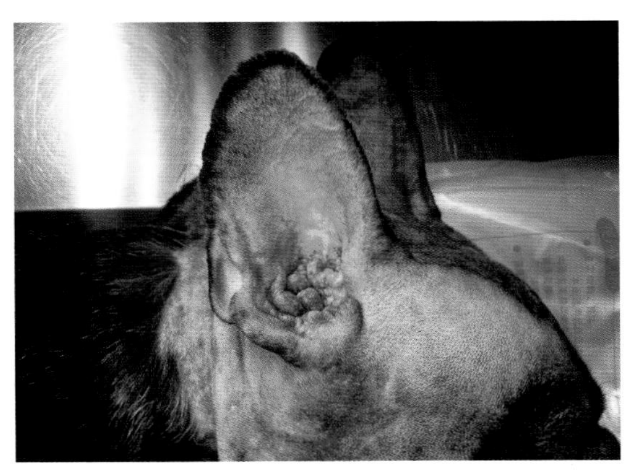

图 13-3-1　患犬全身麻醉后侧卧保定，耳部及周围大面积剃毛消毒，并要对耳部进行彻底清洗（袁占奎 供图）

## 五、治疗

当病变在垂直耳道但水平耳道正常时，可进行垂直耳道切除术。垂直耳道的肿瘤也可选择垂直耳道切除术，手术切除垂直耳道可减少耳道渗出物并缓解疼痛。患犬侧卧摆位，耳部和面部大范围剃毛，进行外科准备。围绕外耳道开口在耳廓内侧做T形或椭圆形切口，分离疏松结缔组织，尽可能多地切除耳廓内侧的病变组织，但要避免损伤耳大动脉的主要分支。环绕垂直耳道进行分离，尽量紧贴耳道软骨进行，以避免意外损伤面神经。在水平耳道1~2cm处切断垂直耳道，切除的耳道组织可做组织病理学检查。使用可吸收或不可吸收单股缝线（2-0到4-0），将水平耳道缝合至皮肤

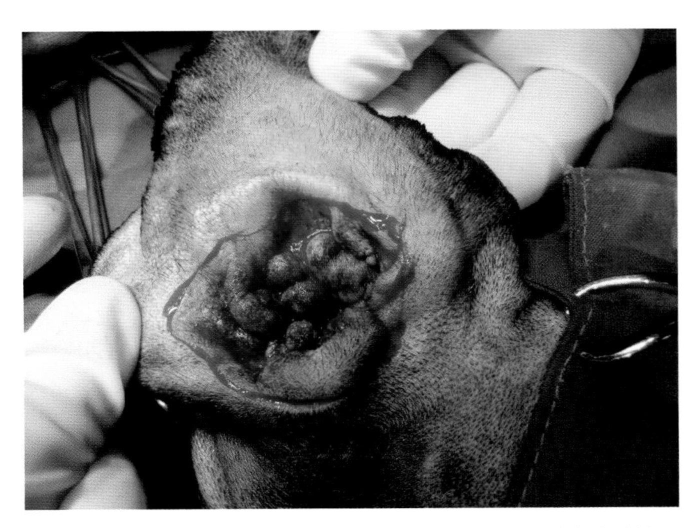

图 13-3-2　沿耳道开口环形切开，主要切口应该位于健康皮肤处，负责会大大影响愈合（袁占奎 供图）

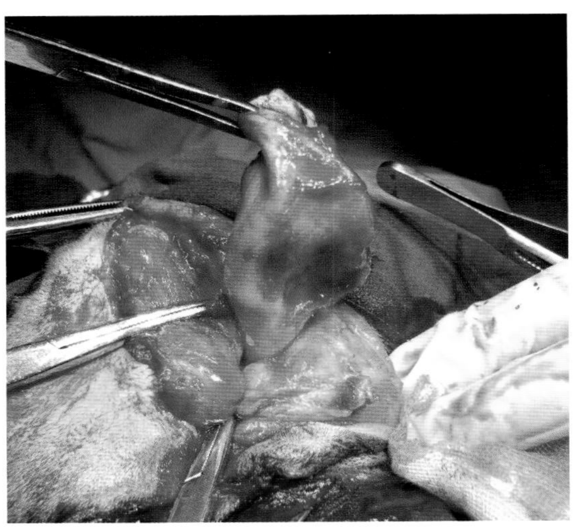

图 13-3-3　紧贴耳道将垂直耳道完全剥离出来，剥离到近耳根处时一定要注意避免损伤腮腺和面神经（袁占奎 供图）

上，再依次缝合皮肤切口。术后使用镇痛药和镇静药。佩戴伊丽莎白脖圈防止患犬抓挠手术部位。如果伤口过度肿胀，术后前24~36h可进行冷敷。根据微生物培养和药敏试验结果使用抗生素治疗3~4周，术后10~14d拆线。可能发生的并发症有手术切口感染、水平耳道引流不足、外耳炎症状持续存在或复发、耳廓缺血坏死、面神经麻痹等（图13-3-2至图13-3-7）。

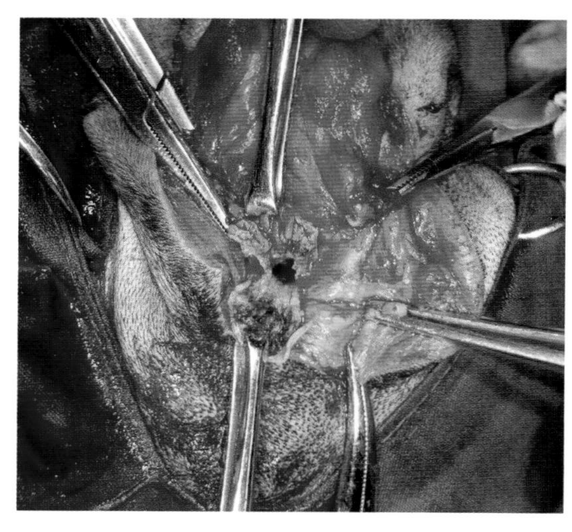

图 13-3-4　将垂直耳道剪去，并在水平耳道两侧剪开，使耳道开口可充分暴露（袁占奎 供图）

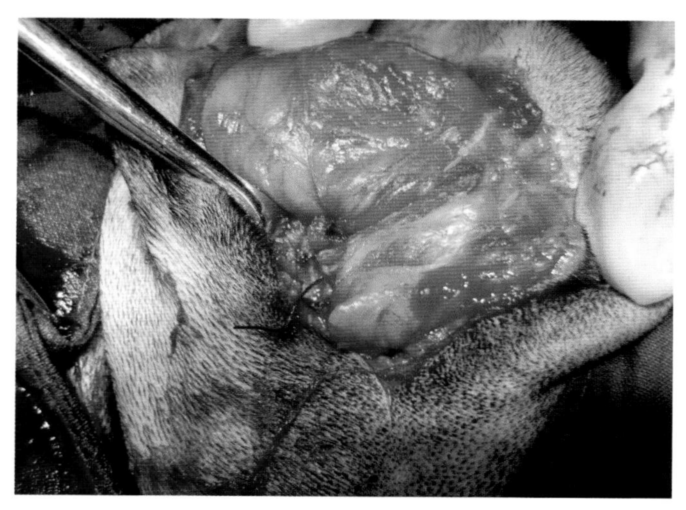

图 13-3-5　将耳道与周围皮肤结节缝合，要对合良好，并避免缝合过紧（袁占奎 供图）

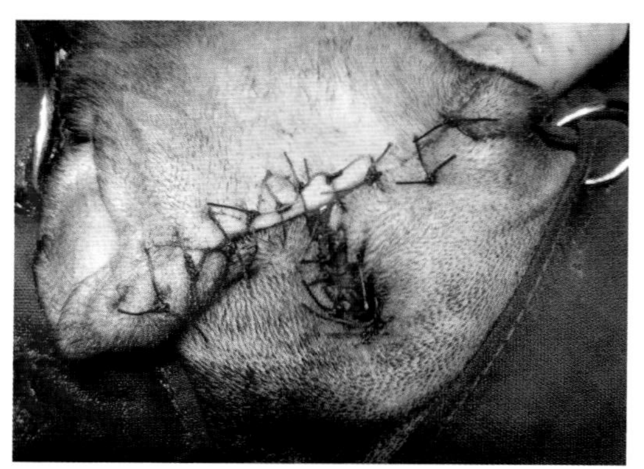

图 13-3-6　将其余皮肤结节缝合（袁占奎 供图）

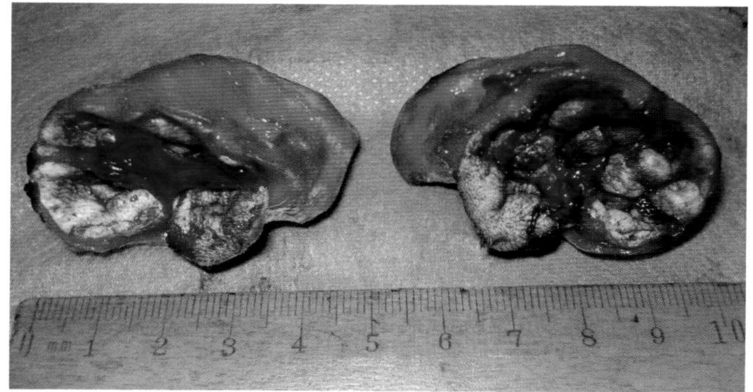


图 13-3-7　切除的双侧垂直耳道（袁占奎 供图）

# 第四节　脐疝

## 一、病因

脐孔在犬胎儿时期是脐动脉、静脉、卵黄管和尿囊管的通道。犬胎儿在出生后，脐孔开口应迅速闭合，如果未能闭合或闭合不全，会形成脐疝。脐疝内容物多为网膜、镰状韧带或小肠等。脐疝的发生主要与先天性异常有关，脐部发育缺陷、脐孔闭合不全导致腹腔脏器疝出，是脐疝的主要原因。母犬分娩时撕咬脐带造成断脐过短，或分娩后过度舔幼犬脐部，也会导致脐孔无法正常闭合而发生脐疝。胎儿出生后脐带化脓感染，影响脐孔正常闭合也会诱发脐疝。

## 二、发病特点

脐疝通常发生于刚出生的犬胎儿，通常数月后才被发现，患犬通常表现正常。脐疝的发生无性别、品种特异性。

## 三、临床症状

在脐孔处可见局限性球形凸起，可复位的脐疝或疝内容物仅为镰状韧带时，触诊脐疝柔软，无热无痛。疝孔直径一般2~3cm，小的脐疝内容物多为网膜、镰状韧带或小肠，而大的脐疝可能是肝、脾、小肠进入疝囊。将患犬直立或仰卧保定后压挤疝囊，疝内容物通常容易还纳回腹腔，此时可触诊到未闭合的脐孔。通常无其他临诊症状。少数脐疝因内容物粘连或嵌闭，无法还纳入腹腔，触诊囊壁紧张且富有弹性、不易触诊到脐孔。若肠管嵌闭在脐疝内，会很快出现肿胀、疼痛、淤血症状，患犬表现不安、食欲废绝、呕吐、体温升高、心率/脉搏加快，严重时可能发生休克甚至死亡。

## 四、诊断

体格检查患犬脐部发现局限性凸起，压挤后内容物可还纳并触诊到脐孔即可诊断脐疝。X射线检查不适合用来检测小的脐疝，对于较大的脐疝可用于检查疝内容物。B超检查对判断疝内容物性状更佳。应注意与皮下脓肿、肿瘤等鉴别。

## 五、治疗

在犬分娩时，采取正确的胎儿断脐方法，减少脐疝的发生。断脐后脐孔周围进行消毒，以免感染发炎，影响脐孔愈合，进而发展为脐疝。较小的脐疝一般无须治疗。母犬的小脐疝可在卵巢子宫摘除术时一起手术治疗。较大的脐疝因不能自愈且疝内容物会发生粘连、嵌闭，需尽快施行手术治疗，以免内脏器官嵌闭后发生休克或死亡。

患犬全身麻醉后，脐孔周围大范围剃毛、外科准备（图13-4-1）。切口周围注射利多卡因进行局部麻醉。如果脐疝很小且内容物仅为脂肪组织，可在脐疝正上方切开。如果疝内容物嵌闭或者坏死，

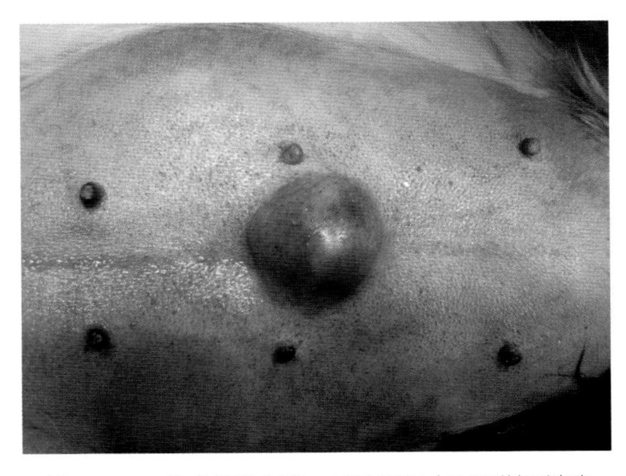

图13-4-1　将犬仰卧保定，脐孔周围大面积剃毛消毒
（袁占奎 供图）

则从脐疝尾侧沿腹中线切开皮肤，切开后提起皮肤向头侧扩大切口，以避免损伤疝入的脏器。如果脐疝的皮肤薄、存在炎症或坏死，环绕疝作皮肤切开，分离疝内容物与皮下组织。如果疝内容物健康且易于复位，则将其还纳回腹腔。如果疝内容物嵌闭且与腹外侧筋膜粘连，切除粘连后进行复位，有时需对脂肪或网膜进行结扎后切除。如果疝内容物为嵌闭或失活的肠管，或者需同时进行子宫卵巢摘除术，切开皮肤后，在脐疝的尾侧1~3cm处的腹白线上切开腹壁，插入食指确认疝环的位置，小心地向头侧扩大腹白线切口直到剪开疝环，以免损伤到脏器。仔细检查并切除失活的组织或器官。用2-0或3-0单股可吸收线简单间断或简单连续缝合外侧直肌鞘，常规缝合皮下组织和皮肤（图13-4-2至图13-4-7）。如果疝孔缝合张力过大，可使用减张缝合；如果皮肤过多，在缝合皮肤前切除过多的皮肤。术后护理根据伴发损伤或疾病的不同而异，通常仅需佩戴伊丽莎白圈、保持安静、定期检查伤口是否感染或开裂即可。如果术中进行了坏死器官切除，则术后需监测腹膜炎。脐疝术后通常良好，只要缝合技术得当，很少复发。

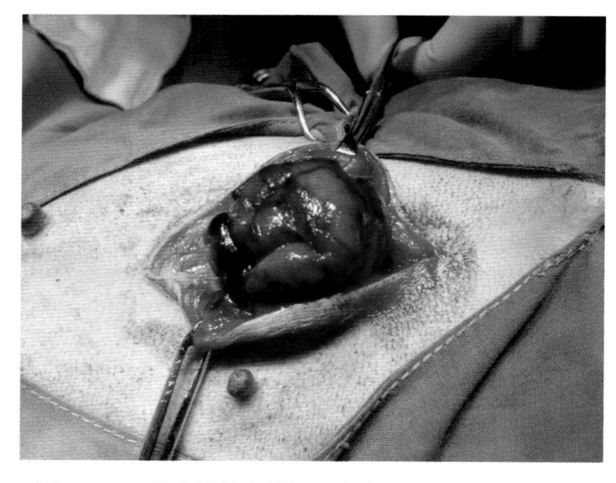

图 13-4-2　沿突起的中线切开皮肤，暴露疝内容物。疝内容物可能为镰状韧带、网膜或者肠管。这只犬的疝内容物为部分镰状韧带（袁占奎　供图）

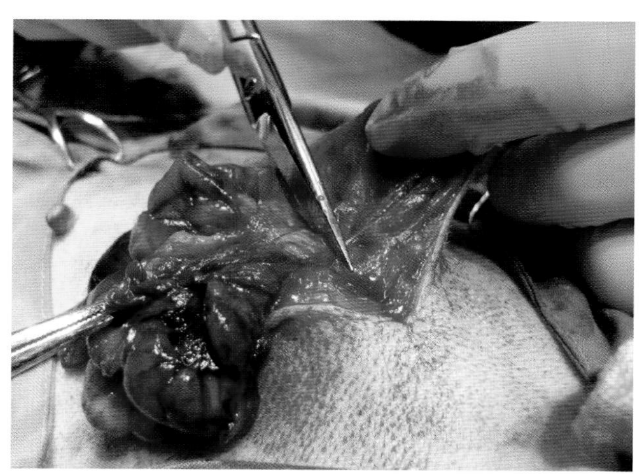

图 13-4-3　将镰状韧带与周围组织分离（袁占奎　供图）

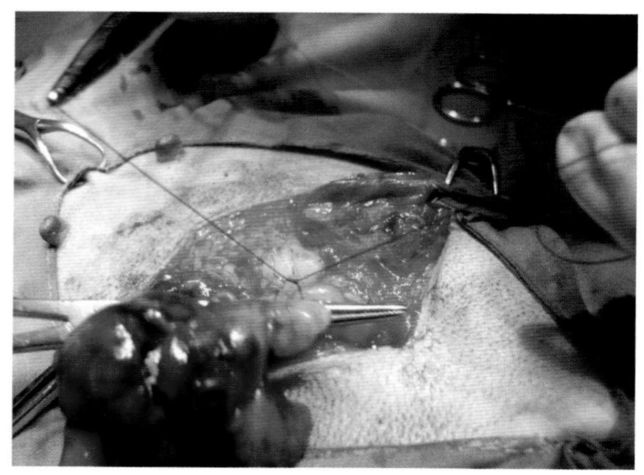

图 13-4-4　在镰状韧带的根部结扎剪掉（袁占奎　供图）

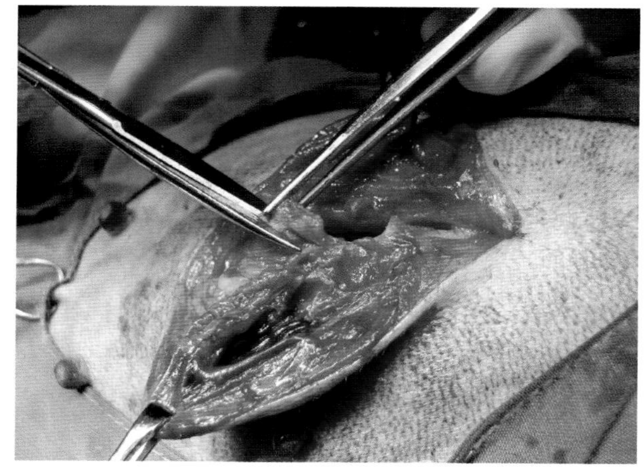

图 13-4-5　修剪腹壁的创缘以及皮肤创缘（袁占奎　供图）

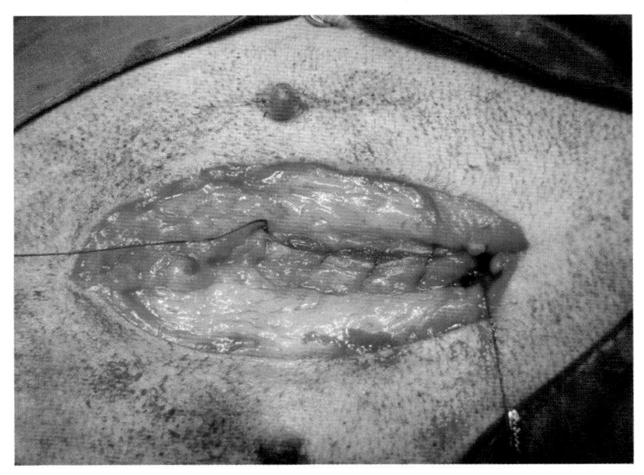

图 13-4-6　用可吸收缝线常规缝合腹壁及皮下组织
（袁占奎　供图）

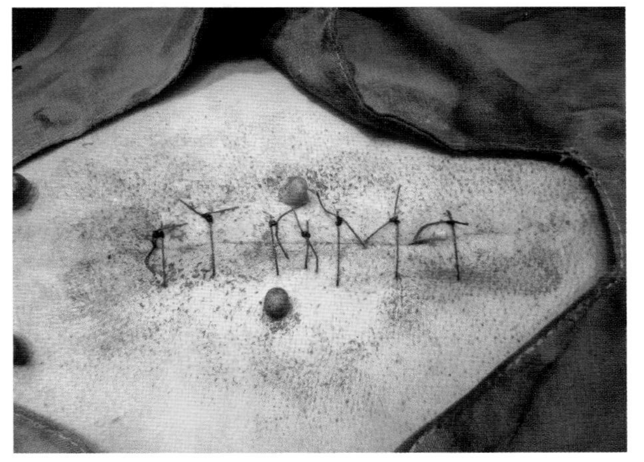

图 13-4-7　结节或者皮内缝合皮肤，然后进行包扎
（袁占奎　供图）

# 第五节　腹股沟疝

## 一、病因

腹股沟管是腹部肌肉在腹股沟处与其腱膜间的裂隙。在公犬，腹股沟管为睾丸提供了下降通道，并容纳输精管、睾丸动静脉和神经。母犬的生殖股神经、阴部外动静脉以及鞘突都通过腹股沟管。先天性或创伤性腹股沟管增大会导致腹腔内容物疝出，形成腹股沟疝。最常见的疝内容物是脂肪和网膜，膀胱或子宫也可能疝出。

## 二、发病特点

大部分腹股沟疝发生于发情期或怀孕的母犬。绝育母犬很少发生。激素水平可能会改变结缔组织的强度和特性，使腹股沟管变脆弱或变大。肥胖会增加腹内压力，促使腹部脂肪进入腹股沟管。圆韧带周围脂肪的累积可能会使鞘突与腹股沟管扩张，进而导致腹股沟疝的形成。

## 三、临床症状

根据疝内容物和嵌闭程度的不同，其临床症状各异，疝外观差异也很大。体格检查时通常在腹股沟处发现一柔软或坚硬的团块，在仰卧时，疝内容物可轻轻挤压回腹腔，肿胀消失，即为可复位的腹股沟疝。坚硬肿块也可能为器官嵌闭，即为不可复位的腹股沟疝，此时需与肿瘤、脓肿进行鉴别。临床症状还包括呕吐、腹痛和沉郁，可能与肠疝出、梗阻有关。公犬腹腔内容物经腹

股沟管疝出至阴囊内为腹股沟阴囊疝，表现为阴囊肿胀。母犬腹股沟疝内容物如果涉及子宫，可见阴道分泌物。

## 四、诊断

通过体格检查通常即可确诊腹股沟疝。实验室检查通常无特异性。腹部X射线检查、B超或CT检查可用于评估疝内容物、疝内脏器的活性、腹壁与邻近肌肉筋膜的细节。肠管疝入时，疝内容物会发现积气、扩张的肠管，需及时确诊并治疗，以防发生嵌闭、缺血/坏死。同时进行直肠检查，可能同时存在会阴疝。

## 五、治疗

根据临床症状的严重程度，对于怀疑器官嵌闭、坏死的犬，需要进一步检查是否存在败血症、弥散性血管内凝血、电解质和酸碱紊乱、低血糖以及肾功能不全等。如果存在内脏梗阻或局部缺血、坏死、疝出物为感染或死胎的子宫，则需要进行紧急手术治疗。尽可能在手术术前稳定患犬体况。肠管疝出嵌闭时，通常会在确诊前已经出现数天的呕吐症状，术中常见肠管坏死。麻醉后再次检查确认腹股沟疝为单侧还是双侧。单侧腹股沟疝可以采用腹股沟正上方切口。双侧腹股沟疝可以采用两个单独切口或者一个较大的腹中线切口。当器官出现梗阻或坏死时，或需要进行子宫卵巢摘除术时，通常需要进行腹中线开腹术。分离腹外筋膜上的皮下组织、疝囊。如果疝内容物易于复位，轻轻地将疝内容物挤回腹腔，或切开疝囊、腹外斜肌向头侧扩大腹股沟管使内容物复位。必要时可以切开腹横肌和腹内斜肌。如果疝内容物肿胀或缺血，可能需配合腹中线开腹、剪开疝囊并扩大腹股沟管，以使疝内容物复位。如果存在器官坏死，需切除失活的组织。使用2-0或3-0单股可吸收线间断缝合腹股沟疝、腹外斜肌腱膜，注意要在腹股沟疝的尾侧缘留出供血管和神经以及未去势公犬的精索通过的缝隙。用单股可吸收线分层缝合皮下组织、闭合死腔。常规缝合皮肤。术后应监测是否发生感染或形成血肿或血清肿。如果发生脓肿，要立即拆除皮肤缝线，进行伤口引流、局部治疗，以防止疝修补处开裂。限制活动数周，使用伊丽莎白脖圈来防止患犬舔咬手术部位。监测相应血管、神经是否发生损伤，必要时及时重新手术修复。腹股沟疝术后预后通常良好，除非发生肠泄漏、穿孔（图13-5-1至图13-5-9）。

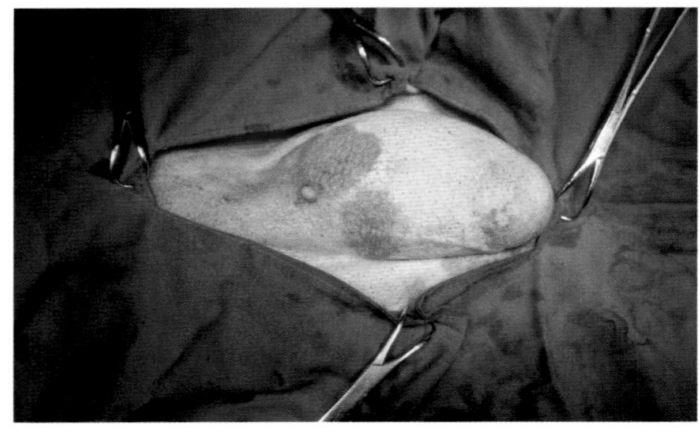

图 13-5-1　患犬全身麻醉，仰卧保定，后腹大面积剃毛消毒（袁占奎 供图）

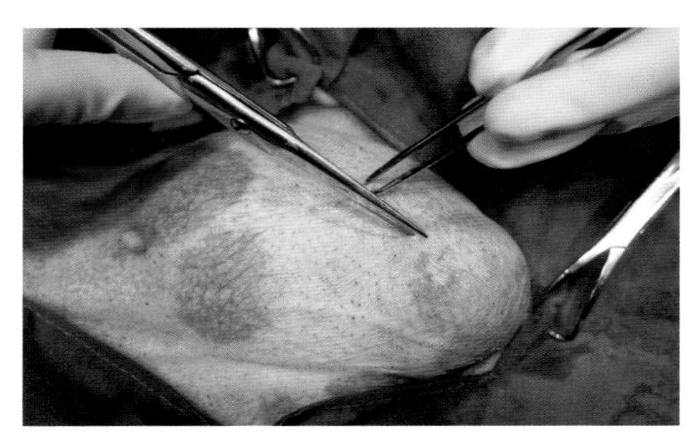

图 13-5-2　略平行于体长轴切开皮肤（袁占奎 供图）

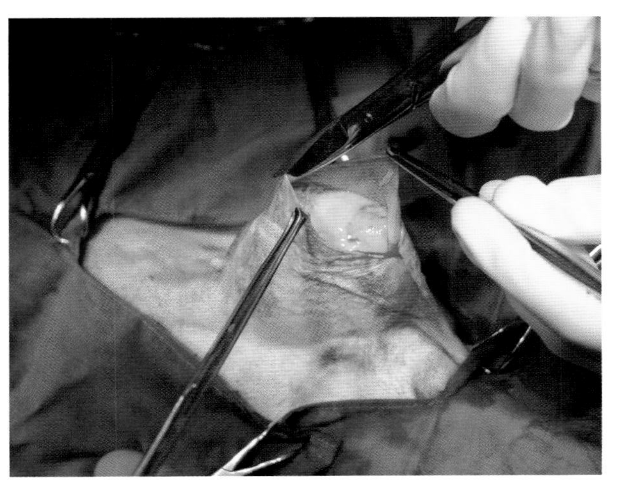

图 13-5-3 分离处鞘突直至腹壁，然后将疝囊剪开，显露疝内容物（袁占奎 供图）

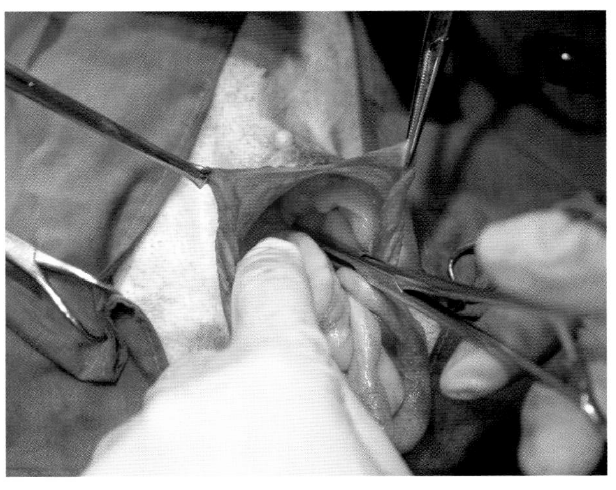

图 13-5-4 将内容物还纳腹腔。最常见的内容物为大网膜和子宫阔韧带，有时也可见空的或者怀孕的子宫角（袁占奎 供图）

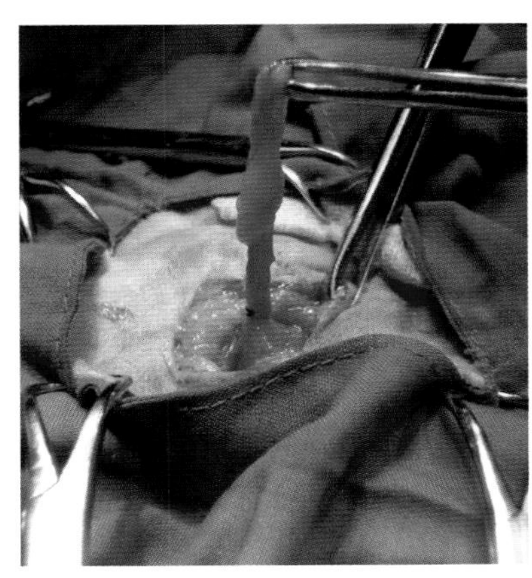

图 13-5-5 将鞘突在近腹壁处进行结扎（袁占奎 供图）

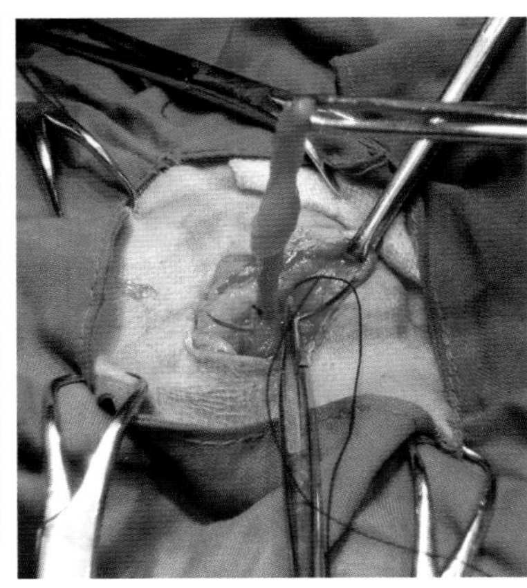

图 13-5-6 对疝环进行缝合。疝环较小时采用结节缝合即可，如果疝环较大，则可能需要采用减张缝合（袁占奎 供图）

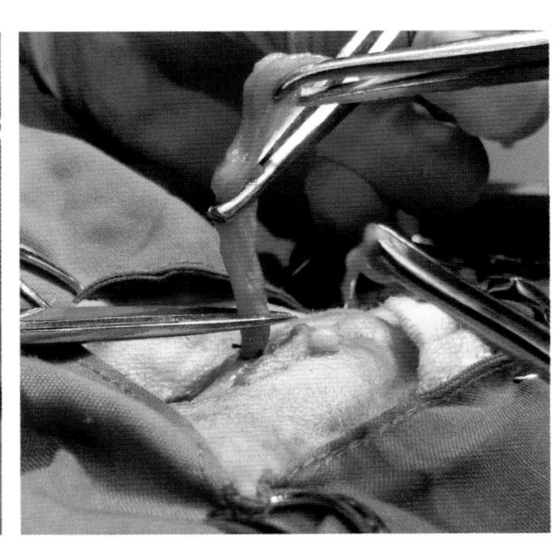

图 13-5-7 去掉多余的鞘突（袁占奎 供图）

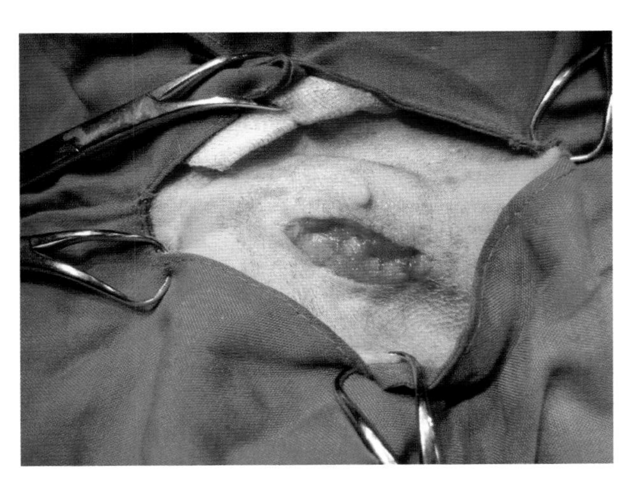

图 13-5-8 缝合皮下组织（袁占奎 供图）

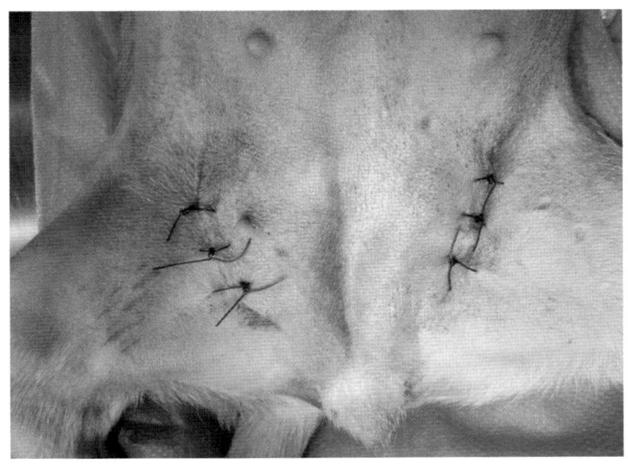

图 13-5-9 结节缝合皮肤，然后进行包扎。图为手术完的情形（袁占奎 供图）

# 第六节　会阴疝

## 一、病因

当犬会阴部的骨盆膈膜的肌肉变弱或萎缩时，直肠、骨盆或腹腔内容物移位至会阴部皮下，导致发生会阴疝。根据疝囊所在的位置分为尾侧疝、坐骨疝、背侧疝或腹侧疝，犬会阴疝多数为尾侧疝。盆膈肌无力的病因未完全确定，其风险因素包括雄性、品种、断尾手术、激素失衡、前列腺疾病以及便秘、腹泻或下泌尿系统疾病引起的持续紧张、会阴部手术病史等。

## 二、发病特点

会阴疝在公犬常见，尤其是未去势公犬，母犬会阴疝常与创伤有关。持续的尾巴运动可使尾骨肌、提肛肌变得强大，减少会阴疝的发生。许多短尾犬，如波士顿梗、古英国牧羊犬、拳师犬和柯基犬，由于缺乏尾部锻炼而相关肌肉力量不足，是会阴疝发病的部分原因。激素失衡和前列腺肿大导致里急后重，引起盆膈肌过度紧张和进行性减弱，在会阴疝的发生中也是重要因素。多数犬会阴疝发生在5岁以上，常见右侧单侧会阴疝（约占68%）。

## 三、临床症状

会阴部皮下肿胀是最常见症状，其他症状包括便秘、里急后重、排便困难、排便疼痛和大便失禁、直肠脱、痛性尿淋漓、无尿、呕吐、胃肠气胀等。

## 四、诊断

直肠检查是诊断会阴疝非常有诊断价值的体格检查，手指可以触诊到扩张的直肠憩室、疝孔、疝出的前列腺等，要仔细检查确定是单侧还是双侧会阴疝，检查盆膈膜肌肉、直肠、前列腺等。X射线检查用于诊断会阴疝内容物，如膀胱翻转、前列腺或肠道疝出等。B超检查也有助于辅助诊断会阴肿物、判断疝内容物、引导膀胱穿刺或前列腺细针抽吸、评估疝出的肠管等。CT检查可提供更多的诊断信息。

## 五、治疗

大多数会阴疝都需要手术治疗，常用的两种手术为传统解剖复位会阴疝修补术和闭孔内肌翻转或移位疝修补术，其他方法包括肌瓣翻转修补术、补片修补术，如果膀胱或结肠脱出，可同时进行输精管固定术、膀胱固定术和结肠固定术等。全身麻醉后动物俯卧，后躯抬高，可配合硬膜外麻醉，以减少术中反射性排便努责和污染。会阴部大范围剃毛、外科准备，包括尾根部、肛周、会阴部、大腿后方坐骨结节附近，若同时进行去势术，阴囊区域及腹部剃毛。手术前清除直肠粪便，并进行肛门荷包缝合，大范围外科准备。从尾根至坐骨结节作弧形切口，切开皮下组织和疝囊，分离并辨识疝内容物、阴部动静脉和神经。将疝内容物与疝囊进行仔细分离、还纳腹腔。对异常结构可进行采样活检；探查辨认尾骨肌、提肛肌、肛门外括约肌、荐结节韧带以及闭孔内肌。

传统解剖复位疝修补术：疝孔常位于肛门外括约肌与提肛肌、尾骨肌之间，使用0号或2-0缝线在其上直接缝合疝孔，在腹侧可以缝上荐结节韧带来加固腹侧疝孔的修补，但要注意避免损伤或结扎阴部动静脉和神经。缝合肛门外括约肌时，避免进针过深导致扎穿直肠引发感染。缝合完成后评估缝合张力，如果存在不足或缺损时，再次进行修补。用3-0或4-0可吸收缝线常规闭合皮下组织，并用单股不可吸收线缝合皮肤（图13-6-1至图13-6-12）。

闭孔内肌翻转修补术：在疝孔腹侧，从坐骨后缘掀起闭孔内肌，将其翻转到肛门外括约肌上，

图 13-6-1　患犬腹卧保定，将后躯垫高，尾巴向前拉，位于身体背侧，会阴部及尾部大面积剃毛（袁占奎　供图）

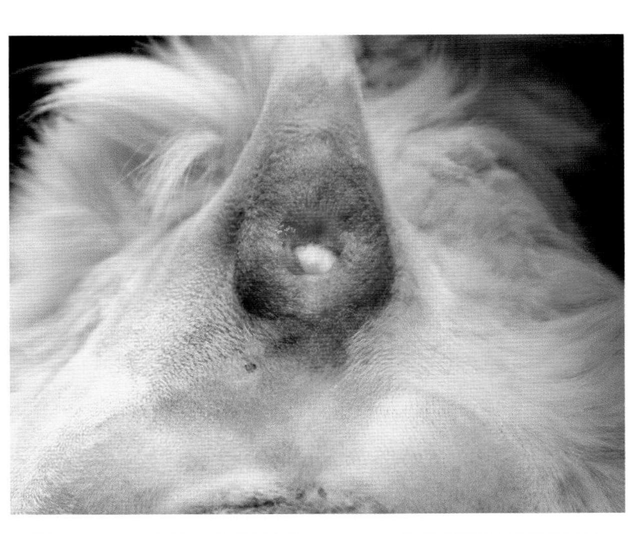

图 13-6-2　术前一般要禁食 2 ～ 4d。先要清除直肠憩室以及直肠深部积存的粪便，有必要的话可进行灌肠，清除肛囊内容物，然后将一个棉球塞入肛门内，进行肛门荷包缝合（袁占奎　供图）

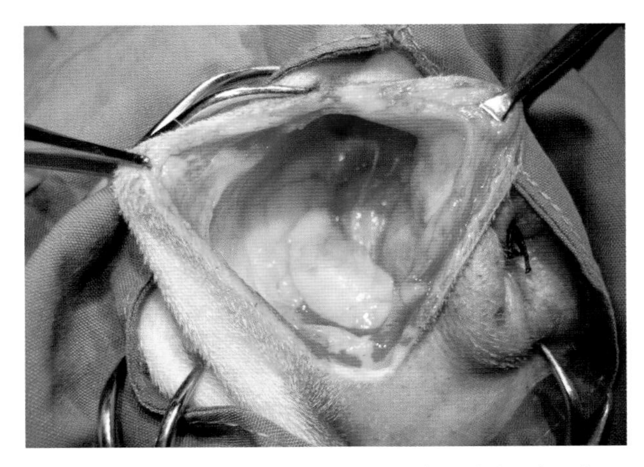

图 13-6-3　在距离肛门 2～3cm 处弧形切开疝囊。切开近端到尾根部，远端到近会阴中线。打开疝囊后辨认疝内容物，多为前列腺和膀胱，有时也会看到肠管以及前列腺的囊肿壁（袁占奎　供图）

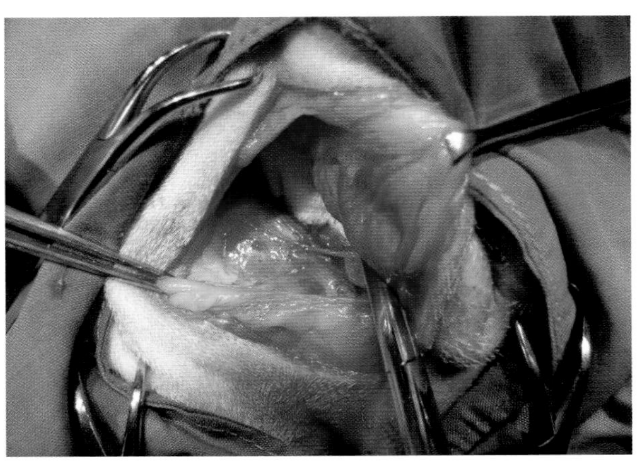

图 13-6-4　将内容物还纳入腹腔内，然后仔细辨认疝环外侧的尾肌、提肛肌和荐坐韧带，疝环内侧的肛门外括约肌以及疝环腹侧的闭孔内肌，并要辨认出内阴动静脉以及神经（袁占奎　供图）

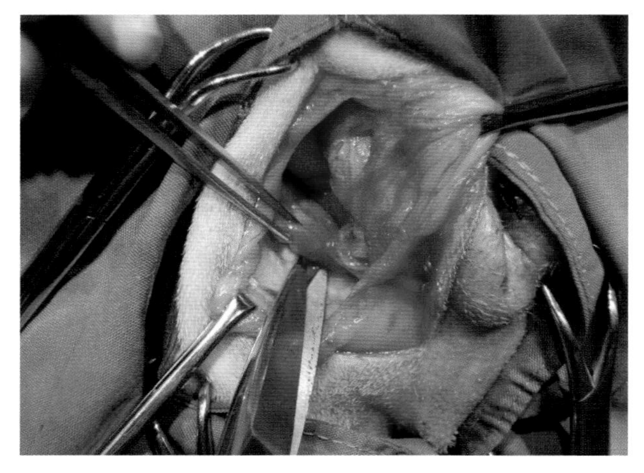

图 13-6-5 用剪刀将附着于坐骨背侧的闭孔内肌部分分离，图中所夹即为部分分离的闭孔内肌（袁占奎 供图）

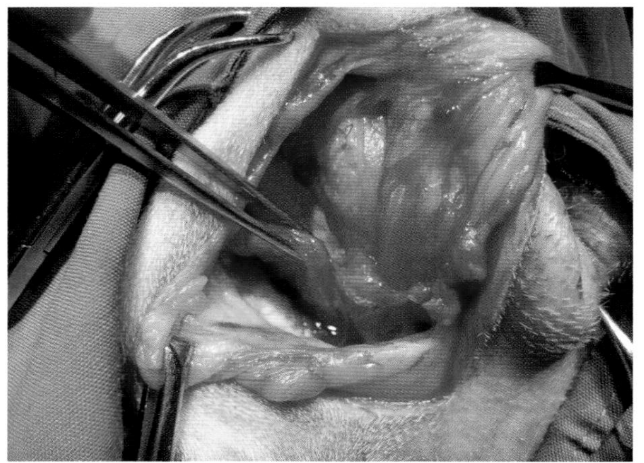

图 13-6-6 部分分离的闭孔内肌（袁占奎 供图）

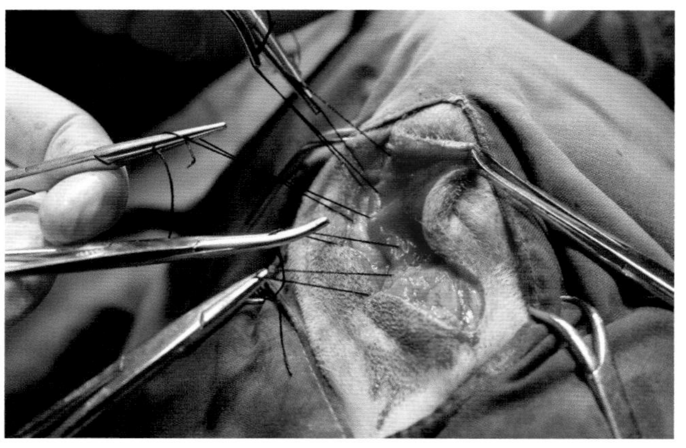

图 13-6-7 用不可吸收缝线结节缝合尾肌、提肛肌和肛门外括约肌，如果尾肌和提肛肌萎缩严重，则要缝合至荐坐韧带（袁占奎 供图）

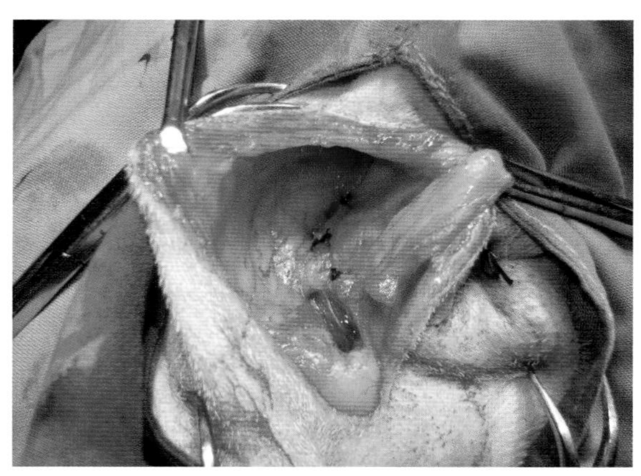

图 13-6-8 为了便于缝合，根据情况可以在所有缝合都进行完后再打结（袁占奎 供图）

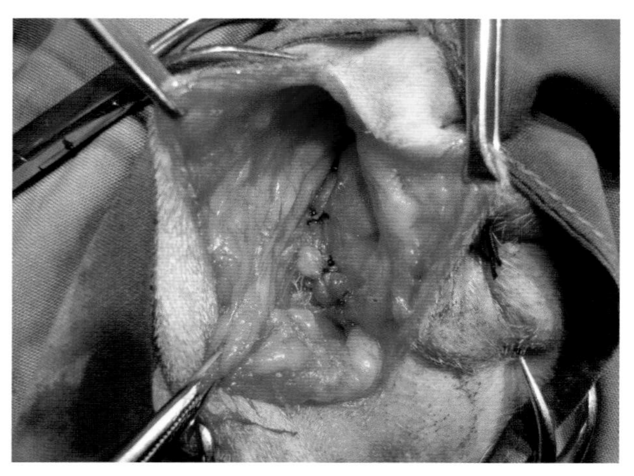

图 13-6-9 将闭孔内肌分别与尾肌、提肛肌和肛门外括约肌进行缝合（袁占奎 供图）

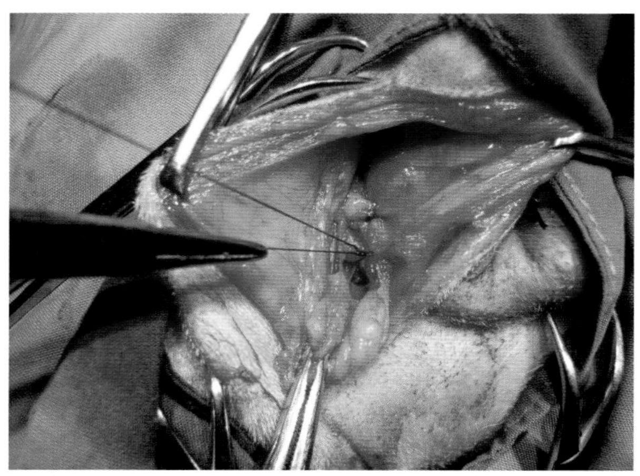

图 13-6-10 图为疝环闭合之后的情形，所有缝线打结后要再次检查疝环，对缝合不确实处加针（袁占奎 供图）

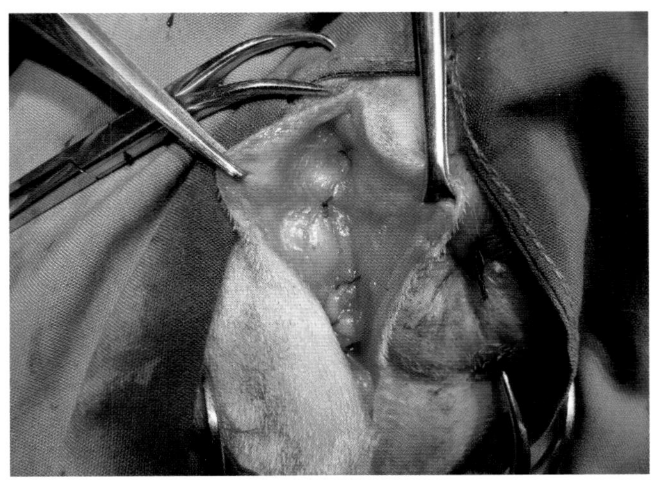

图 13-6-11 用可吸收缝线缝合皮下组织，最好与第一层缝合的组织缝合在一起，这样可以起到加固作用，也可以有效减少死腔，减少渗出（袁占奎 供图）

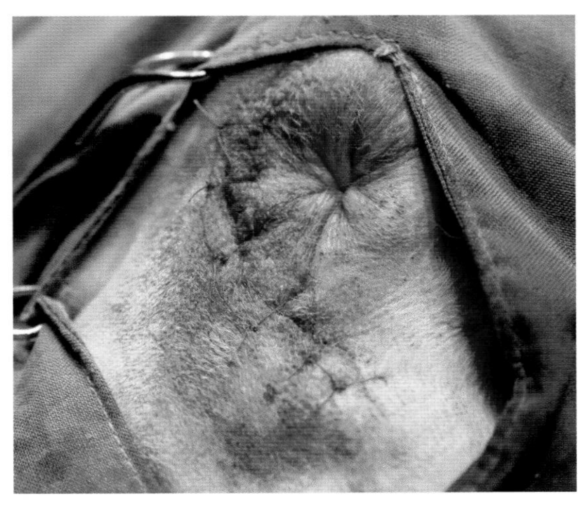

图 13-6-12 结节缝合皮肤，术后要控制饮食 3 ~ 5d，可饲喂营养膏以及其他消化率高的高能食品（袁占奎 供图）

使其能够与尾骨肌、提肛肌以及肛门外括约肌对合。先在尾背侧同传统技术一样，将提肛肌和尾骨肌与肛门外括约肌进行缝合，再将闭孔内肌与肛门外括约肌缝合再与提肛肌和尾骨肌缝合。切口闭合同传统技术。术后使用镇痛药来减轻排便奴责和直肠脱，发生直肠脱时可进行肛门荷包缝合。进行补液、抗生素治疗。监测伤口是否感染（红、肿、痛、渗出等）。持续使用粪便软化剂1~2个月，饲喂高纤维的罐装食物，改善排便。术后并发症包括疝复发、感染和开裂、疼痛，无法负重的跛行提示坐骨神经损伤，术后应立即拆除相关缝线，重新缝合。膀胱翻转的患犬、手术前存在的神经异常（如肛门括约肌机能不全或膀胱神经支配受损），手术无法纠正，预后较差。

# 第七节 膈疝

## 一、病因

膈疝分为先天性膈疝和创伤性膈疝，先天性膈疝包括腹膜心包膈疝和裂孔疝（食道裂孔疝、主动脉裂孔疝、后腔静脉裂孔疝）。创伤引起的膈疝占大多数，病因包括横膈直接创伤、医源性损伤、间接创伤，如咬伤、胃固定、高空坠落、车祸等，通常伴有骨骼和软组织损伤。肝脏是最常见的疝出器官，其次是胃肠、脾脏、大网膜和胰腺。先天性膈疝为先天性膈发育异常所致。

## 二、发病特点

创伤性膈疝无品种特异性，病程可从数小时到几年不等。膈肌损伤后，胸膜腔内气体和液体

积聚，加上创伤引起的肺挫伤、肺不张，导致通气不足；创伤性膈疝伴气胸或血胸时，应尽快进行治疗，以恢复通气。疝入胸腔的器官可能会影响静脉回流，导致心输出不足；胃肠疝入胸腔时可能发生梗阻，严重时发生缺血性坏死；肝脏疝入胸腔可能会发生肝脏静脉阻塞、充血坏死、胸腔积液等。

## 三、临床症状

急性膈疝的症状可能与创伤相关，如呼吸急促、呼吸困难、骨折或其他软组织损伤、休克（黏膜苍白或发绀、心动过速、脉搏减弱）、心律失常等。慢性膈疝常见呼吸系统（呼吸困难、呼吸浅而快、运动不耐受等）和消化系统（厌食、呕吐、腹泻、进食后疼痛等）症状，也可能无特异性临床症状。

## 四、诊断

胸腹腔X射线片可见脏器影像在正常解剖位置上缺失或向头侧移位。胸片可见膈影腹侧缺失、心脏轮廓缺失、肺野和心脏向头侧和背侧移位以及胸腔积液。胸腔内还可能存在气体影像（胃肠道疝入胸腔）；胸腔超声检查可同时评估心脏、胸腔积液、膈肌完整性、胸内腹腔脏器等，在胸腔内发现腹腔器官可确诊膈疝。胸腔听诊心肺音位置异常或心音减弱、心杂音等。消化道阳性造影、腹膜腔造影均可用于诊断。CT胸腹腔扫查对膈疝诊断更有价值。

## 五、治疗

对于创伤性膈疝，如果患犬体况稳定，可及时进行手术修复。如果胃或肠道疝入胸腔内，要尽快进行手术，以免因嵌顿发生缺血坏死，手术前尽量稳定患犬体况。如果为慢性膈疝，器官可能因粘连需要进行切除，如肝叶部分切除术、肠切除吻合术等。对于先天性膈疝，根据临床症状选择进行手术治疗或保守治疗。患犬在麻醉前预吸氧，平稳地进行麻醉诱导，但要迅速插管以管理通气。腹部及胸部大面积剃毛、外科准备（为正中胸骨切开或肋间开胸作准备）。从剑状软骨至腹中部沿腹中线开腹，暴露膈肌，探查整个腹腔排除其他损伤，将疝入胸腔的器官还纳回腹腔。若存在粘连或嵌顿，必须小心地进行剥离，必要时扩大疝孔帮助器官复位。使用单股慢吸收缝合线或不可吸收缝合线缝合疝孔，若疝孔涉及解剖裂孔，应保留适当空间，以供食物或血液通过。缝合膈疝后，抽出胸腔的气体，若存在持续气胸或积液，可放置胸腔引流管。关腹前再次检查整个膈肌和腹腔，确保所有疝孔和损伤都被修复。若膈疝修复后，腹部切口张力过高，可使用补片进行缝合，以减小腹腔压力（图13-7-1至图13-7-11）。手术修复膈疝后最常见的并发症是气胸，尤其是在慢性膈疝和存在粘连时。长期塌陷的肺可能发生肺复张肺水肿，术后应监测通气不足，必要时进行吸氧、利尿治疗。术后使用镇痛药、佩戴伊丽莎白圈防舔咬伤口。据报道，如果患犬在术后早期（即12~24h）存活，则预后良好，并且手术技术得当时，膈疝一般不会复发。创伤时间和手术时间的关系并不会影响存活，但麻醉和手术操作时长过长与死亡率增加有关。存在并发损伤的患犬存活率较低，围手术期对氧气更加依赖，与死亡率增加相关。

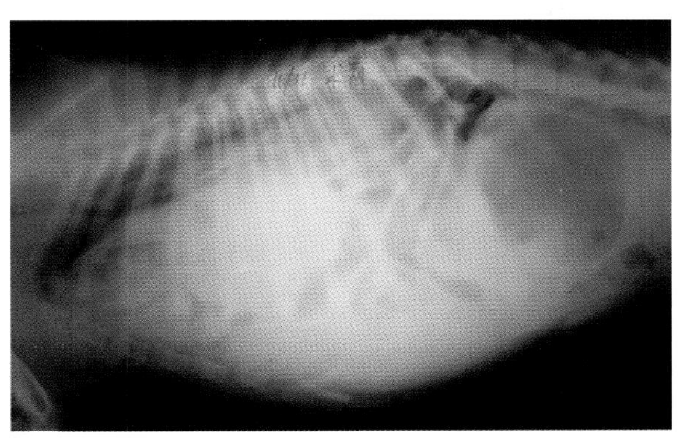

图 13-7-1　一只 3 岁雄性西施犬的侧位胸部 X 射线片，可见腹侧横膈完整性被破坏，有大量腹部器官进入胸腔，影响了心脏的轮廓以及肺的舒张（袁占奎　供图）

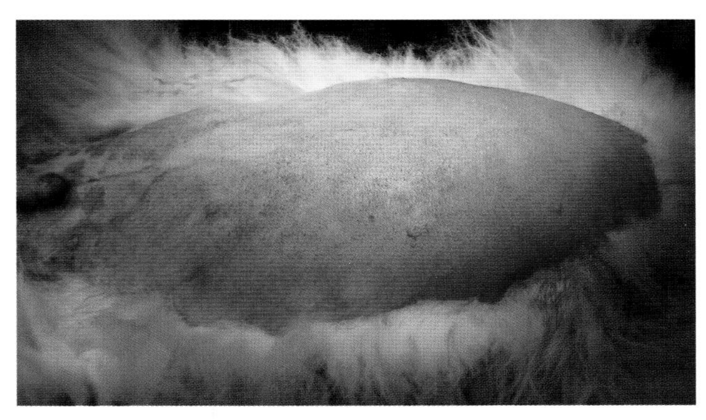

图 13-7-2　全身麻醉后仰卧保定。从剑状软骨前 5~10cm 至阴茎前大面积剃毛消毒（袁占奎　供图）

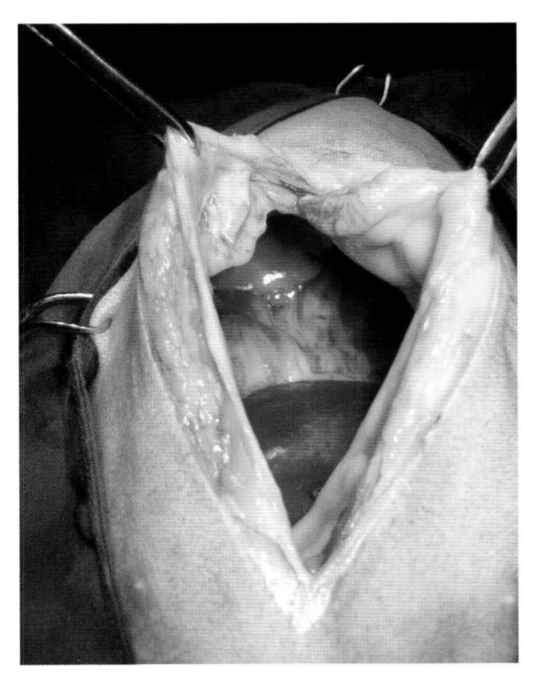

图 13-7-3　由剑状软骨至脐孔沿中线打开腹腔。可见腹侧膈膜已经破裂，有大量肠管和网膜进入胸腔（袁占奎　供图）

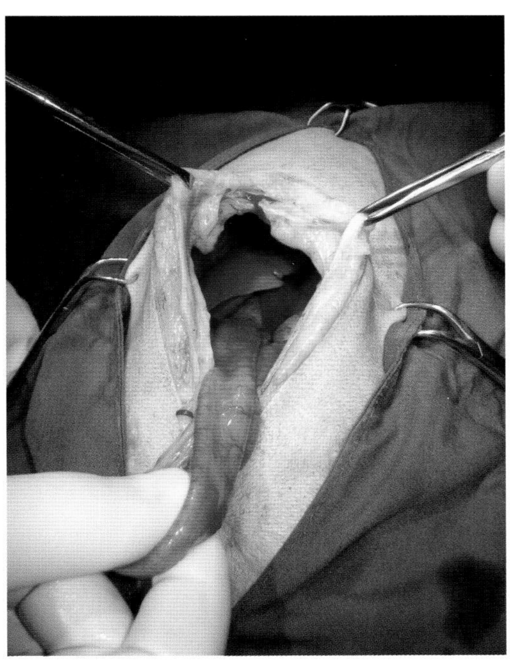

图 13-7-4　将进入胸腔的腹腔内脏器恢复原位（袁占奎　供图）

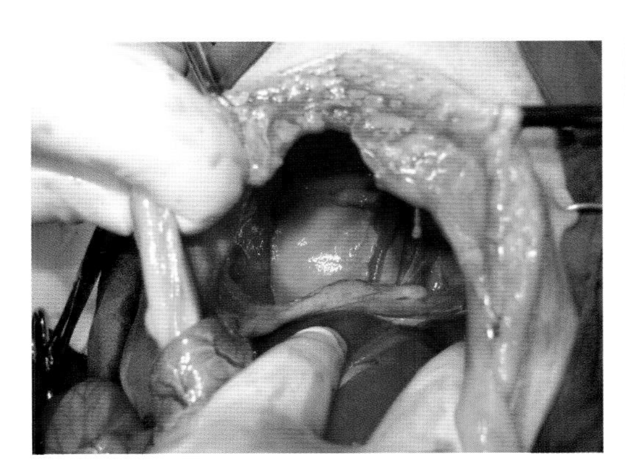

图 13-7-5　腹腔内脏器复位后，可见撕裂的横膈膜边缘以及胸腔内的肺脏（袁占奎　供图）

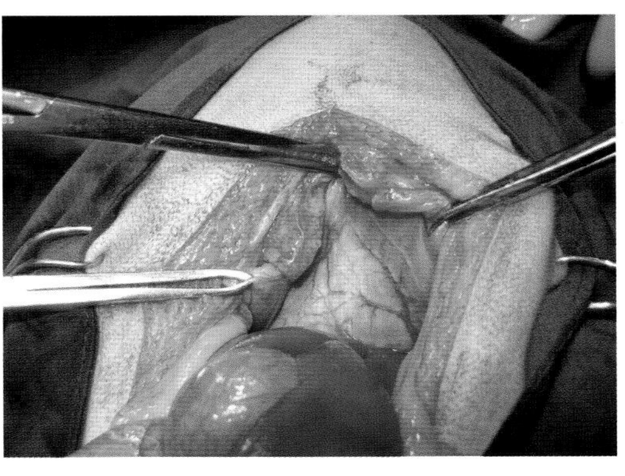

图 13-7-6　用组织钳夹住撕裂的膈膜边缘，将膈膜预复位（袁占奎　供图）

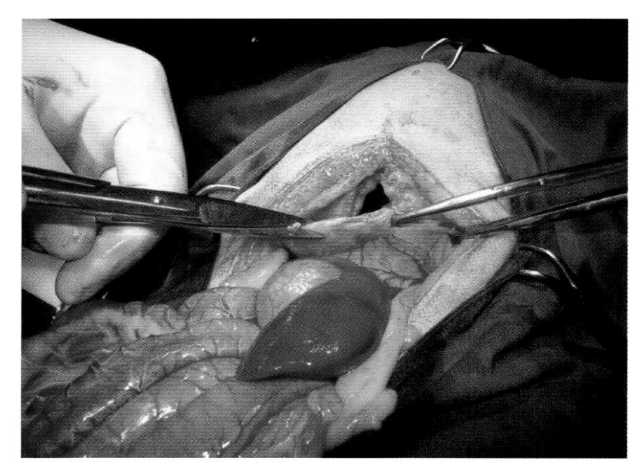

图 13-7-7　用剪刀对膈膜边缘进行修剪（袁占奎　供图）

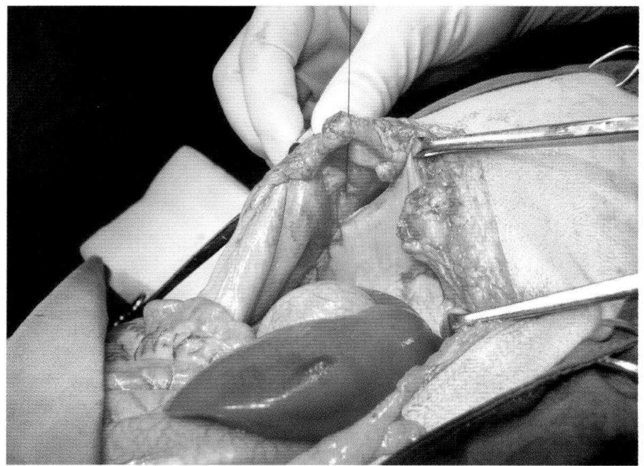

图 13-7-8　将撕裂的膈膜缝合到胸壁上的原位，并用结节缝合进行加固（袁占奎　供图）

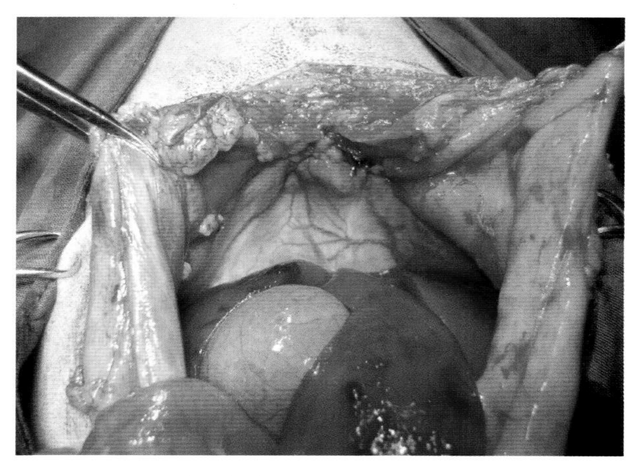

图 13-7-9　用大注射器和小号针头抽出胸腔内的空气（袁占奎　供图）

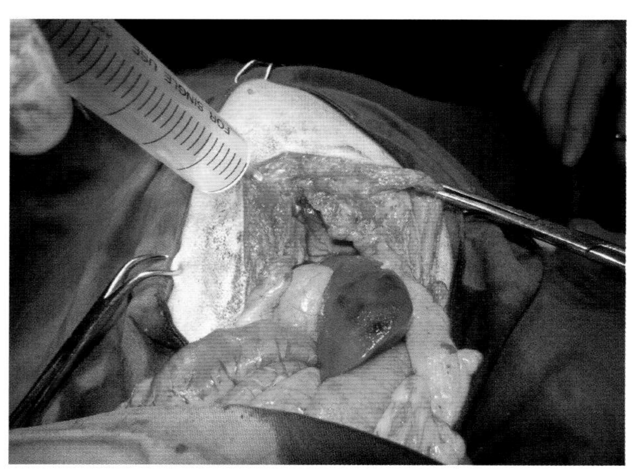

图 13-7-10　图为缝合完后的情形，然后进行常规闭合腹腔（袁占奎　供图）

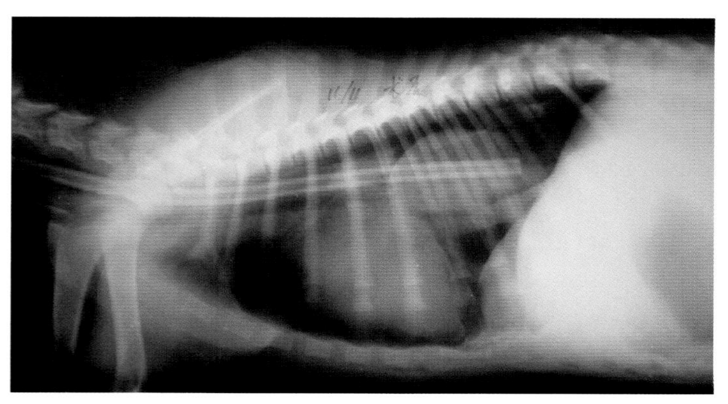

图 13-7-11　图为膈疝修复之后的侧位胸部 X 射线片，可见横膈的完整性已经恢复（袁占奎　供图）

# 第八节 唾液腺囊肿

## 一、病因

唾液腺囊肿是指唾液在其周围组织内的异常积聚，引发炎症和肉芽肿变化。其病因可能无法明确，进食硬质食物可能会引起腺体或导管撕裂，导致唾液泄漏到周围组织中；牵引颈圈过紧也会造成腺体或导管损伤；异物和唾液结石阻塞也会引起唾液腺囊肿。根据发病部位又分为颈部、舌下、咽部、颧部唾液腺囊肿。

## 二、发病特点

所有品种、年龄的犬均可发生，贵宾犬、德牧犬、腊肠犬可能好发。

## 三、临床症状

大多数患犬的下颌或颈腹侧出现一个或大或小、无痛的、有波动感的皮下液性肿胀。可能同时存在皮肤或皮下炎症和疼痛、口腔出血、咀嚼困难，如果同时存在舌下囊肿，可能会吞咽困难。咽部唾液腺囊肿严重时会压迫气管，引起呼吸困难。

## 四、诊断

仔细地进行体格检查可初步诊断为唾液腺囊肿。细胞学检查可对囊肿与脓肿进行鉴别。透明、微黄或带血丝的黏稠、低细胞计数的液体为唾液；中性粒细胞增加表明发生感染或脓肿。B超检查可见无回声液性暗区、唾液腺囊肿壁回声增强、或回声不均匀，可能是因为组织炎症或穿刺感染所致。X射线检查、唾液腺造影通常很少有帮助。CT检查可用于更好地评估病变的位置和范围，为手术计划提供非常有用的信息，如果发现腮腺异常，则其手术治疗更为复杂。CT检查还可以评估囊肿周围的血管和相邻结构，利于手术计划和手术操作。

## 五、治疗

颈部唾液腺黏液囊肿首选手术治疗，保守治疗采取持续抽吸，黏液囊肿无法治愈，大多数会复发。持续多次抽吸存在感染风险，进而导致脓肿或纤维化，增加手术难度。手术包括切除涉及的颌下腺和舌下腺、清除积液、对黏液囊肿进行引流等。手术前要确认唾液腺囊肿的起源侧。将患犬全身麻醉后进行侧卧保定，颈部垫高，下颌和颈部大范围剃毛，进行外科准备。同侧颌下腺和舌下腺的导管紧密联系在一起一并切除。术中在囊肿腔内用手指触诊，可再次确认患侧，无法确定患侧时，对双侧的腺体一起切除。切除腺体过程中应注意避免损伤血管、舌神经或舌下神经。切除后可对囊肿进行清理和引流，但因颈部神经血管丰富，应谨慎放置引流条或引流管（图13-8-1至图13-8-11）。术后并发症包括血清肿、感染或复发等，囊肿复发可能是因为舌下腺残留，因为舌下腺很难切除干净。术后预后通常良好。

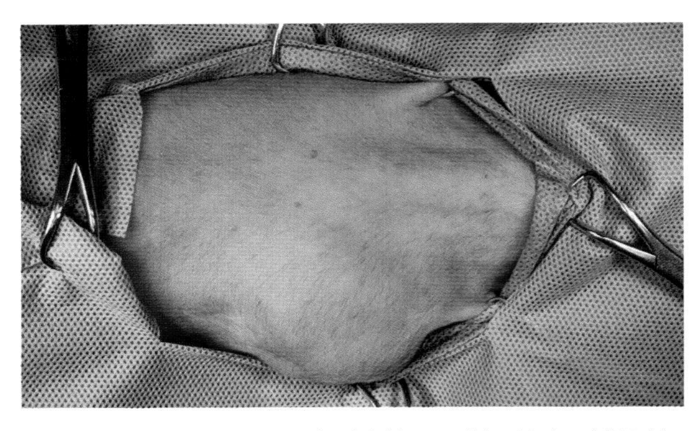

图 13-8-1　患犬仰卧，颈部腹侧大面积剃毛消毒。铺设创巾，显露囊肿，并向头侧延伸到接近下颌的吻部（袁占奎 供图）

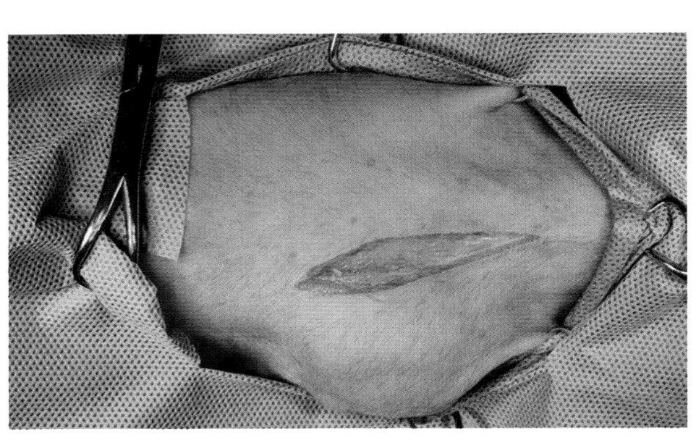

图 13-8-2　沿下颌支内侧切开颌下腺和舌下腺表面的皮肤，切口尾侧到囊肿的尾侧，头侧到下颌支中部（袁占奎 供图）

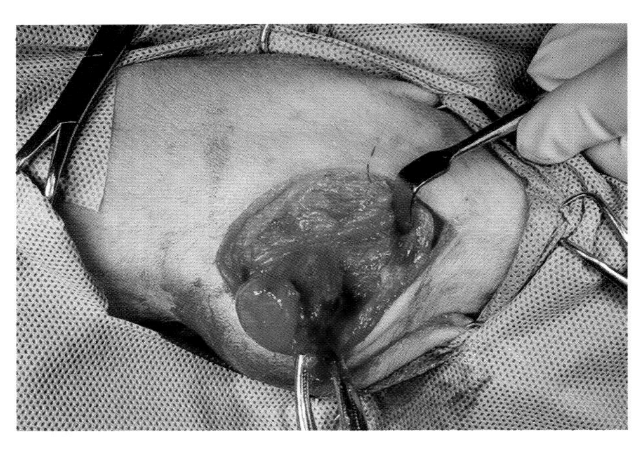

图 13-8-3　切开分离皮下组织和颈阔肌，显露黏液囊肿的囊壁和唾液腺。如果囊肿较大，可以抽出囊内的液体（袁占奎 供图）

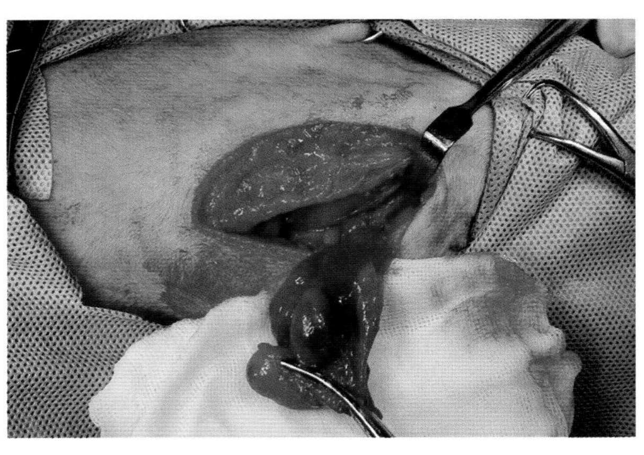

图 13-8-4　分离出舌下腺和颌下腺，并沿腺管向头侧继续分离（袁占奎 供图）

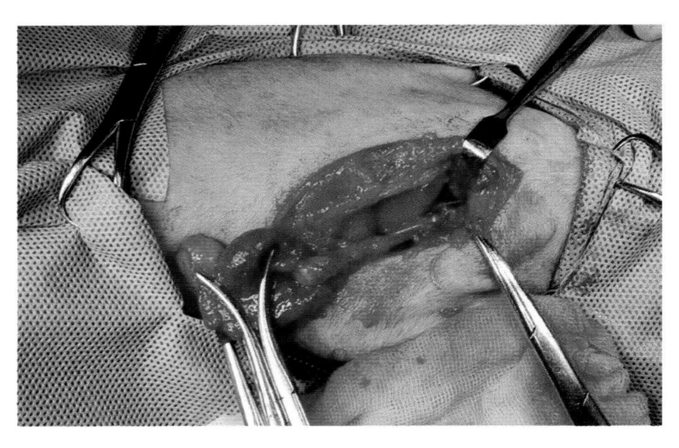

图 13-8-5　将唾液腺的腺管一直分离到二腹肌的外侧（袁占奎 供图）

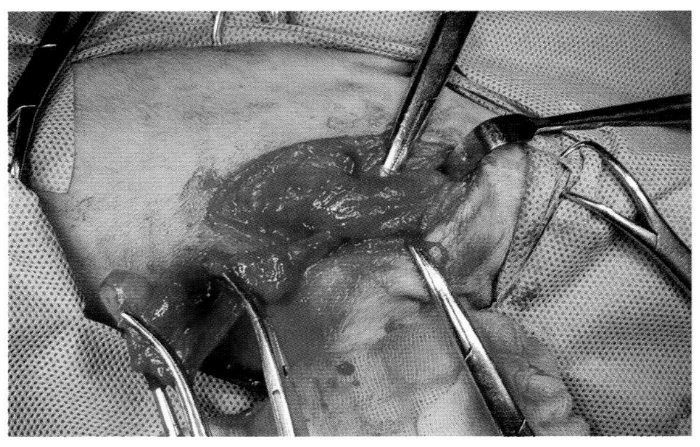

图 13-8-6　继续沿唾液腺腺管，分离出二腹肌背侧的腺管，直到腺管位于二腹肌内侧的部分也显露出来。分离时应紧贴唾液腺和腺管（袁占奎 供图）

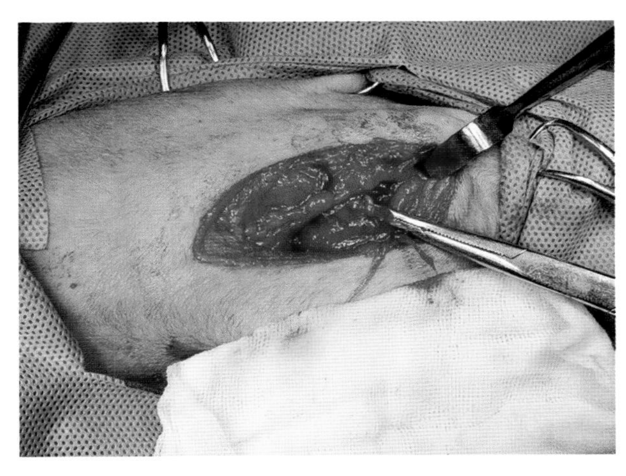

图 13-8-7　由于腺体较大，无法穿过二腹肌，可用止血钳从二腹肌的内侧向外侧、在二腹肌的背侧夹住腺管，然后将颌下腺和舌下腺的腺体摘掉，这样就可以将腺管从二腹肌的内侧拉出。图中止血钳所夹，正是腺管的断端（袁占奎　供图）

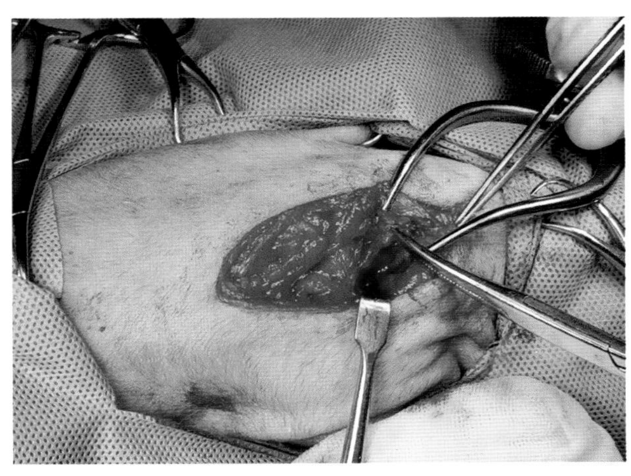

图 13-8-8　继续分离腺管尾侧以进一步将其显露。沿腺管分离至三叉神经舌分支。为了确认位置，可让助手将手指或钝头探针放入患犬口腔并顶向下颌骨尾侧的内侧面。从术部应该能触摸到手指或探针。用止血钳钳夹腺管并从最深部将其结扎切断（袁占奎　供图）

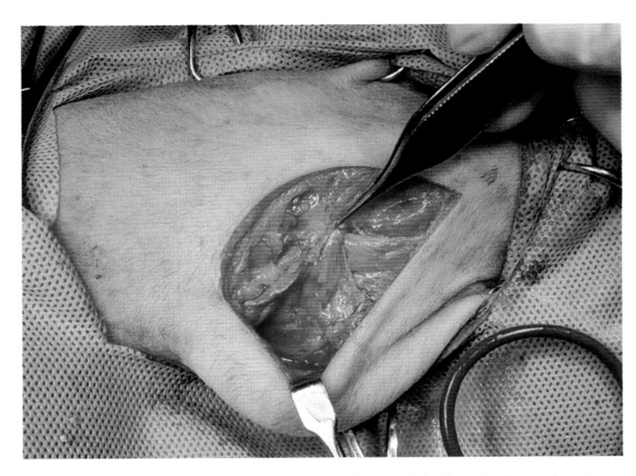

图 13-8-9　用 4-0 可吸收缝线分层对合皮下组织。如果创伤较大，或者有明显的空腔，可采取被动式或主动式引流（袁占奎　供图）

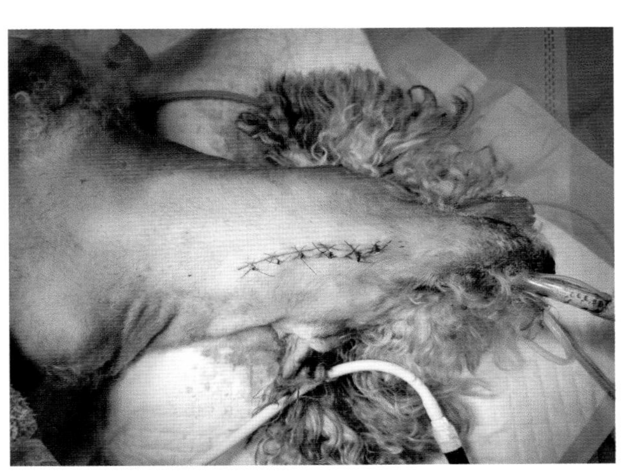

图 13-8-10　间断或连续缝合皮肤。图中所用为“十”字缝合（袁占奎　供图）

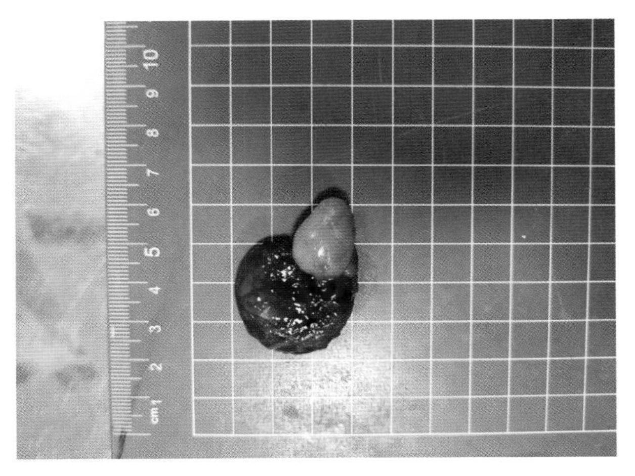

图 13-8-11　本病例摘除的颌下腺和舌下腺（袁占奎　供图）

# 第九节 舌下腺囊肿切开引流术

## 一、病因

舌下腺黏液囊肿是指因唾液腺导管损伤、炎症、阻塞等原因，导致唾液聚集在舌下组织中形成囊肿，病因同唾液腺囊肿。

## 二、临床症状

症状包括进食异常、口腔出血，可能是由于咀嚼时牙齿损伤囊肿发生创伤所致。舌下腺囊肿肿胀严重时，会发生吞咽困难。

## 三、诊断

将患犬镇静或麻醉后对口腔进行仔细检查，可发现囊肿位于舌下，靠近牙齿的黏膜可能存在溃疡。同时对咽部、颈部进行检查以确认是否存在咽部、颈部唾液腺囊肿。虽然囊肿的位置和波动性很容易辨认出是舌下囊肿，但同时要对肿瘤、脓肿等鉴别诊断，进行细胞学检查。影像学检查通常对诊断舌下囊肿帮助不大。

## 四、治疗

舌下腺囊肿通常需要外科手术进行治疗。在患侧舌下腺囊肿的囊壁上，做一椭圆形全层切除来进行引流。将肉芽组织内衬缝合在舌下黏膜上促进引流。切口会通过二期愈合的方式很快收缩并愈

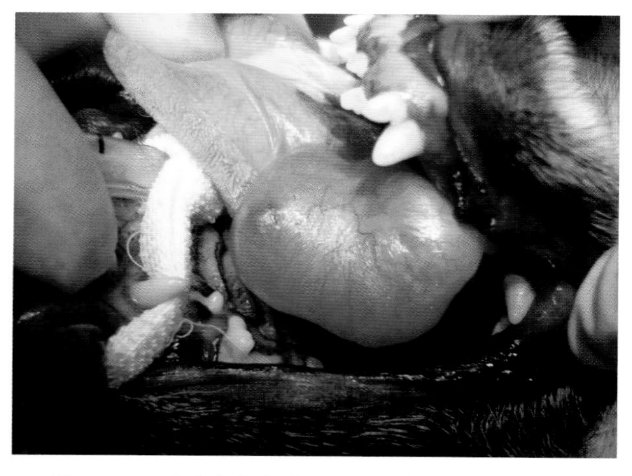

图 13-9-1 患犬全身麻醉后可见舌腹侧的舌下腺囊肿（袁占奎 供图）

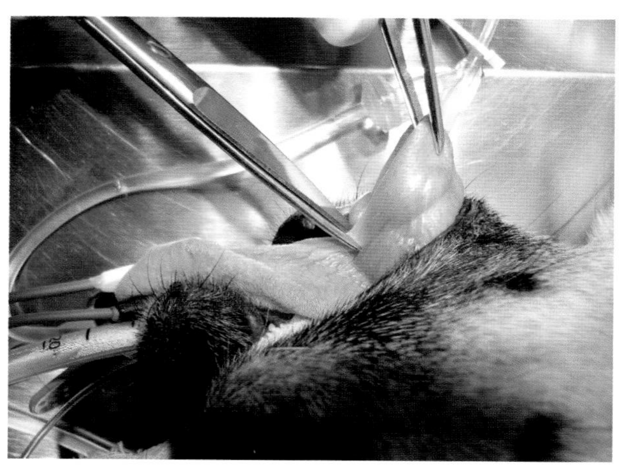

图 13-9-2 用剪刀沿囊肿的基部剪开，并去掉多余的囊壁（袁占奎 供图）

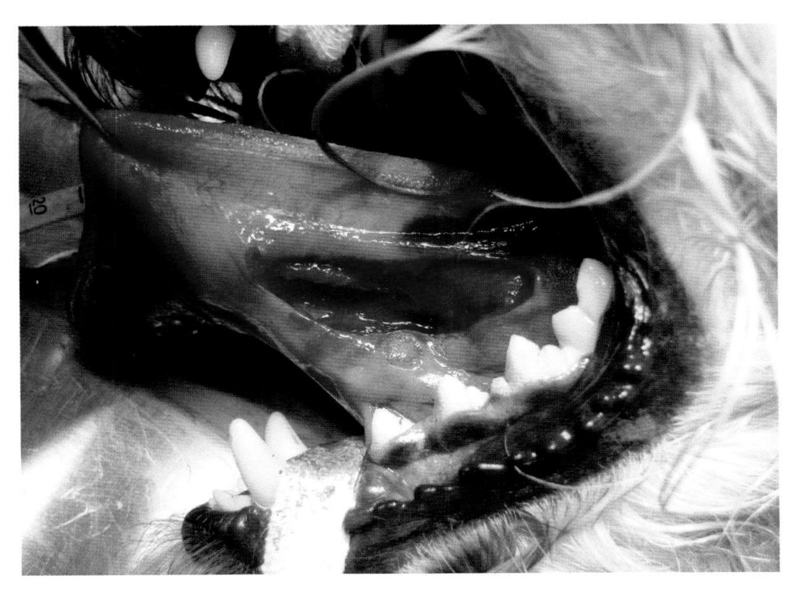

图 13-9-3　图为去除大部分囊壁后的情形（袁占奎　供图）

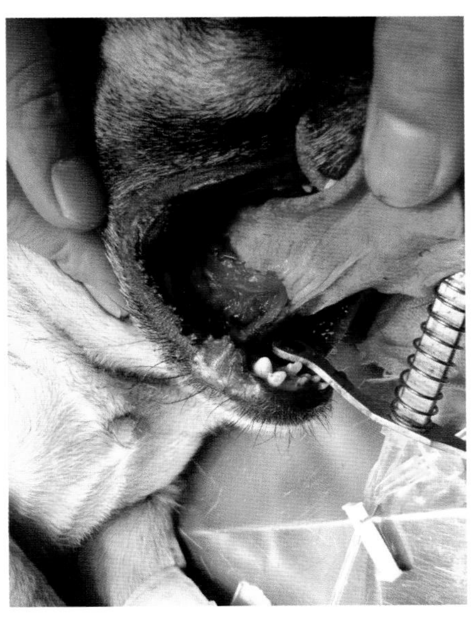

图 13-9-4　采用连续或者锁边对囊壁边缘进行缝合，采用不可吸收缝线，也可采用 PGA 或者薇乔缝线（袁占奎　供图）

合。如果同时存在颌下腺囊肿，一并进行切除颌下腺、舌下腺，减少复发。可对切除的组织进行组织学评估，以排除肿瘤（图 13-9-1 至图 13-9-4）。术后 3～5d 饲喂软质食物。并发症并不常见，包括血清肿、感染和黏液囊肿复发。预后通常良好或极佳。

# 第十节　肛囊摘除术

## 一、病因

两侧肛囊分别位于肛周 4 点和 8 点方向的位置，其内壁有肛门腺，腺体分泌物储存在肛囊内。当肛囊发炎、脓肿或肛囊导管梗阻时，会继发肛囊阻塞、分泌物异常积聚，严重时会导致脓肿。药物治疗效果不佳时，需要手术摘除肛囊。

## 二、发病特点

肛囊疾病包括阻塞、感染、脓肿和肿瘤。肛囊炎约占 10%，任何年龄、品种或性别都可发生，通常由感染或导管堵塞造成，常见于小型犬和玩具犬。炎症、感染、内分泌疾病、过敏、行为异常等均可增加腺体分泌、肛囊排空异常，促使细菌繁殖生长，最终发展为肛囊炎。肛囊炎也可能与脂溢性皮炎或其他皮肤病有关。

## 三、临床症状

肛囊炎、扩张可引起肛周红肿、疼痛。分泌物在肛囊内积聚并导致细菌感染，最终发生肛囊破裂。如果慢性感染则会形成瘘管。患犬表现为蹭屁股、舔咬尾根或肛门、追咬尾巴，肛周分泌物增加、恶臭，行为学变化等。偶见里急后重、排便困难、便秘和便血。肛囊破溃或慢性感染时会继发肛周皮炎。

## 四、诊断

肛囊脓肿或肛囊炎严重时患犬体温升高、虚弱。直肠触诊检查肛周组织可触及增大、坚实、疼痛的肛囊。用手指挤压肛囊可挤出血性、脓性分泌物，也可能无法挤出东西。当存在与肛囊相通的引流道时，可诊断为肛囊破裂。如果怀疑肛周肿瘤，可进行X射线检查、细胞学检查、CT或MRI检查。实验室血液检查可能无特异性。肛囊分泌物细胞学通常可见大量中性粒细胞和细菌。

## 五、治疗

治疗方法取决于感染的阶段。轻度肛囊炎通过挤肛囊、肛囊灌洗、使用局部抗生素和改变饮食，多数能得到有效控制。对同时存在的皮肤病进行治疗有利于肛囊炎的治疗。当肛囊发生感染时，可在盐水中加入0.5%氯己定或10%聚维酮碘进行冲洗。食物中加入纤维性食材可使粪便体积增大，促使在排便时排空肛囊，利于恢复。严重病例需要频繁进行评估、灌洗肛囊、使用有效抗生素进行治疗。肛囊脓肿时进行切开、引流、冲洗、热敷。对于药物治疗无效或怀疑肿瘤时，可进行手术摘除肛囊（图13-10-1至图13-10-5）。如果肛囊已经发生破溃、存在引流道，在手术前要控制炎症。建议对双侧肛囊都进行摘除，即使病变只涉及一侧。肛囊摘除手术包括开放式和闭合式。患犬麻醉后俯卧保定，会阴部垫高，尾巴固定到后背，肛周大范围剃毛、外科准备。肛囊破溃时，使用大量盐水或抗菌溶液进行冲洗，探查确认肛囊位置。

闭合式肛囊摘除术：使用探针指示肛囊，在肛囊上方作皮肤切口，将肛囊外壁与周围肌肉分离

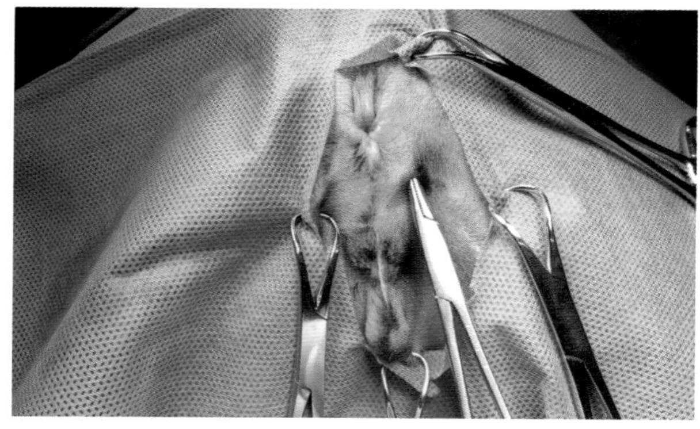

图 13-10-1　患犬会阴部大面积剃毛，俯卧保定，将尾巴向头侧牵拉固定。会阴部常规手术消毒，铺设创巾。如果肛囊之前已经破溃，先用大量生理盐水或醋酸氯己定溶液对肛囊进行冲洗，用止血钳或探针探查肛囊的位置（袁占奎 供图）

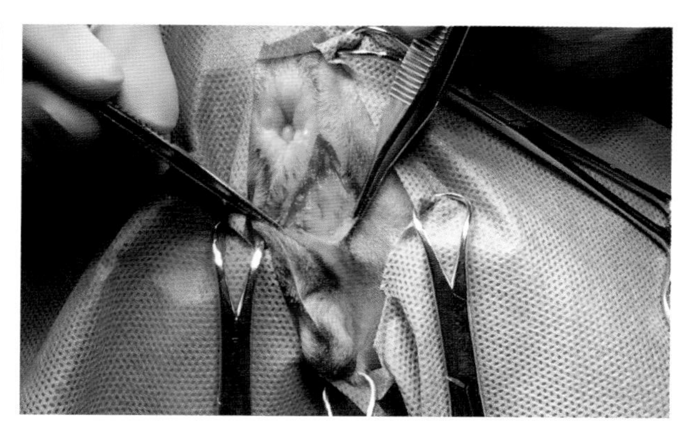

图 13-10-2　沿止血钳指示的方向切开皮肤，暴露肛囊。沿着肛囊的外壁，将肛囊摘除（袁占奎 供图）

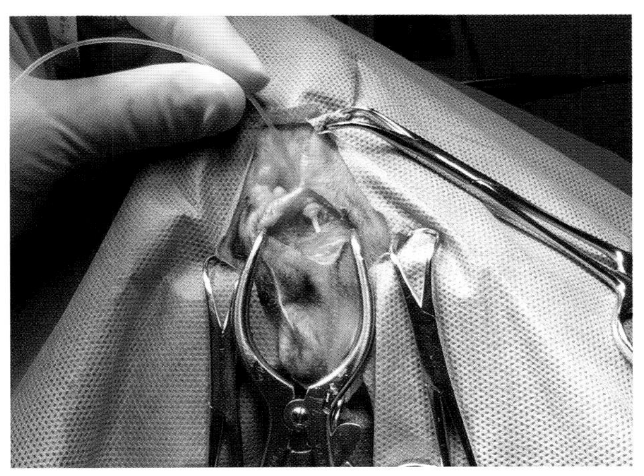

图 13-10-3　用细导管探查肛囊管
（袁占奎　供图）

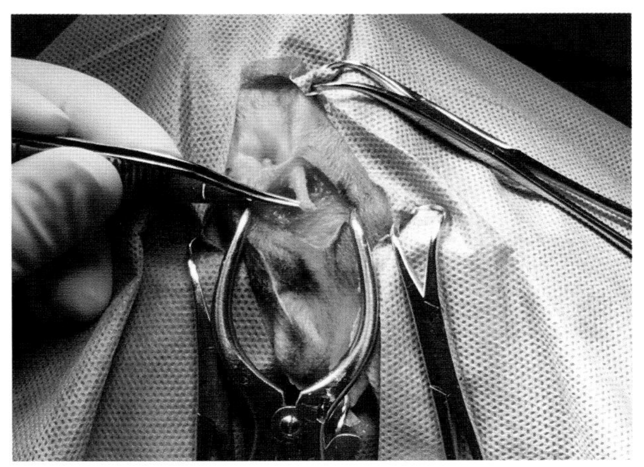

图 13-10-4　用镊子将肛囊管提起，然后用剪刀将其去除
（袁占奎　供图）

后，结扎肛囊导管，完整摘除肛囊和肛囊导管，充分止血后缝合皮下组织和皮肤。

开放式肛囊摘除术：用剪刀通过肛囊导管插入肛囊内，切开肛囊及其上的肛门外括约肌，分离肛囊与周围组织，完整摘除肛囊组织。开放式摘除技术造成患犬排便失禁和局部感染的风险比闭合式高。术后需进行镇痛、保持肛周清洁、佩戴伊丽莎白脖圈防止患犬舔咬伤口。软化粪便2~3周，监测是否感染或渗出，在7~10d拆线时触诊直肠和肛周区域来确定是否发生肛门狭窄。如果发生排便失禁，通常会在几周内恢复正常，但也可能长期存在。其他并发症包括伤口渗出、蹭屁股、炎症和血清肿、排便失禁、瘘管、肛门狭窄、感染、开裂、里急后重、直肠脱、排便困难及便血等。非肿瘤性疾病在肛囊摘除后通常预后良好。

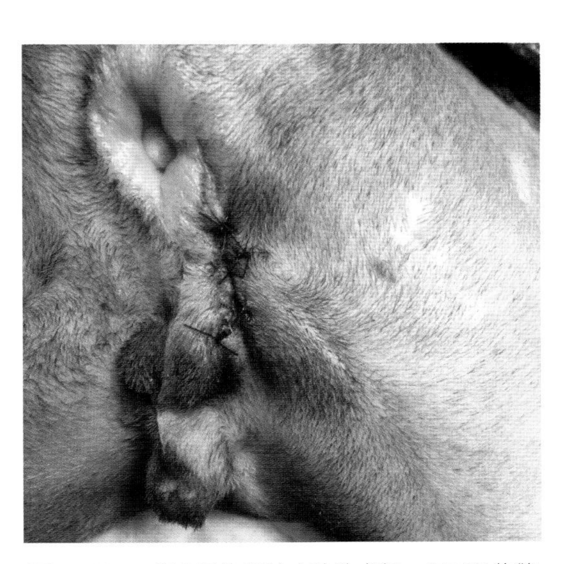

图 13-10-5　用大量生理盐水冲洗术部，用可吸收缝线常规闭合切口（袁占奎　供图）

# 第十一节　胃切开术

## 一、病因

胃内异物是犬胃切开最常见的适应证，常见胃内异物包括橡胶、塑料、织物、餐余垃圾、线性

异物以及毛球等。线性异物常因为锚定在幽门而需要进行胃切开，胃切开也用于胃的全层活检。

## 二、发病特点

犬胃内异物发病年龄通常比较年轻，平均2.5~4.5岁；无品种、性别倾向。

## 三、临床症状

由于胃流出道发生异物梗阻、异物刺激幽门窦或胃发生扩张等原因，常见呕吐症状。其他症状包括脱水、厌食、精神沉郁，偶见腹痛；若出现胃穿孔，可能表现腹膜炎相关症状；若发生胃流出道梗阻，可能表现胃内积液、黏膜水肿、出血、溃疡甚至坏死穿孔、继发败血症。

## 四、诊断

血液学检查通常非特异性，发生败血症时可见中性粒细胞增多伴或不伴核左移；生化异常常见氮质血症，电解质异常可见低氯、低钾及酸碱紊乱。腹部X射线检查可诊断不透射线的胃内异物，超声检查可辅助诊断不透射线的胃内异物、评估胃壁完整性以及是否存在腹腔积液或积气，但因胃内气体产生的高亮回声可能会影响判断。胃肠道阳性造影X射线检查也可用于识别异物，但怀疑穿孔时应避免使用钡制剂；若胃内食物不多，内窥镜检查敏感性很高，可直观检查胃壁，并有机会同时取出异物，也可对胃壁进行采样活检。

## 五、治疗

术前纠正脱水、酸碱和电解质紊乱，必要时在麻醉前给予止吐剂。若胃内积液较多，可在麻醉后经口插入胃管吸出，以免反流。腹部大面积剃毛、进行外科准备，可用利多卡因进行切口线性阻滞。从剑状软骨向后沿腹中线开腹，进行全面腹腔探查。将胃牵引出腹腔，用隔离纱布进行隔离；在胃小弯与胃大弯之间的胃腹侧的少血管区域，沿胃长轴切开胃壁，或用11号刀片戳进胃内，再用组织剪扩大切口，直至可以取出异物。切口过小容易造成胃壁撕裂，取出异物后仔细检查胃，确保所有异物均被取出。用3-0或4-0单股可吸收缝合线简单连续缝合黏膜与黏膜下层，再用伦勃特缝合浆膜肌层。视污染情况进行局部冲洗或腹腔灌洗，确保整个胃肠道无其他异常后，更换无菌器械常规关闭腹腔（图13-11-1至图13-11-11）。尽管异物已经取出、梗阻已经解除，但在患犬苏醒期间仍有可能发生呕吐或者反流，应密切监护至完全苏醒以免误吸、窒息。胃血液供应极为丰富、细菌数量少、上皮再生迅速和网膜提供的防御机制使胃切口能够迅速愈合。幼犬和严重消瘦犬从麻醉中完全苏醒后应尽快饲喂食物。如果不能饲喂，应监测血糖浓度，静脉输液中添加葡萄糖维持。并发症包括吸入性肺炎、胃切口感染、开裂及造成的脓毒性腹膜炎。如果胃内异物未引发胃穿孔、坏死，预后通常良好。

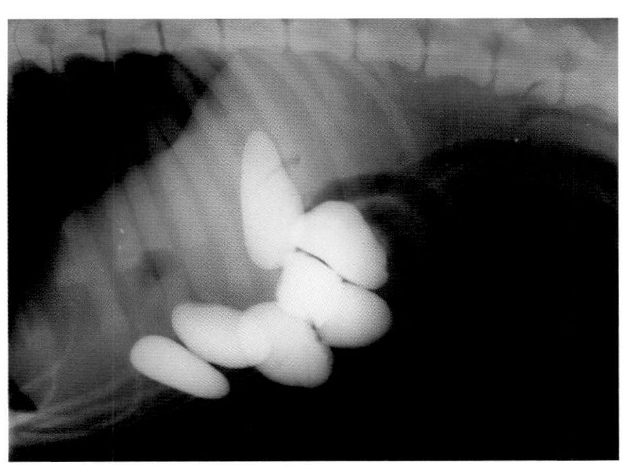

图 13-11-1　一只 3 岁杂种犬的右侧位腹部 X 射线片，可见胃内有 7 块高密度物，主人称曾看见该犬吃入了石头。决定实施胃内异物取出（袁占奎 供图）

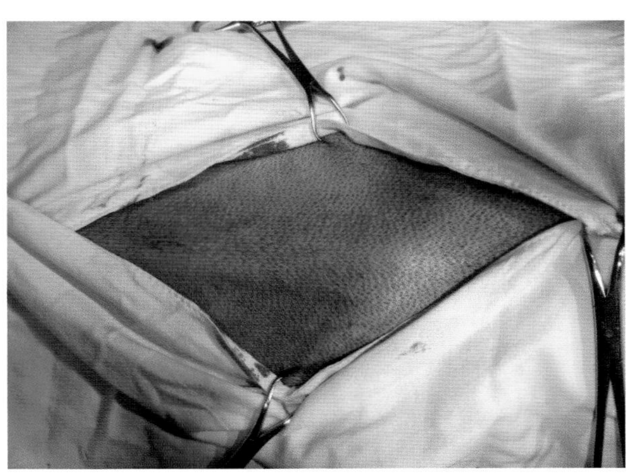

图 13-11-2　犬采用吸入麻醉，仰卧保定，手术犬腹部大面积剃毛，用洗必泰进行刷洗，最后喷洒碘伏（袁占奎 供图）

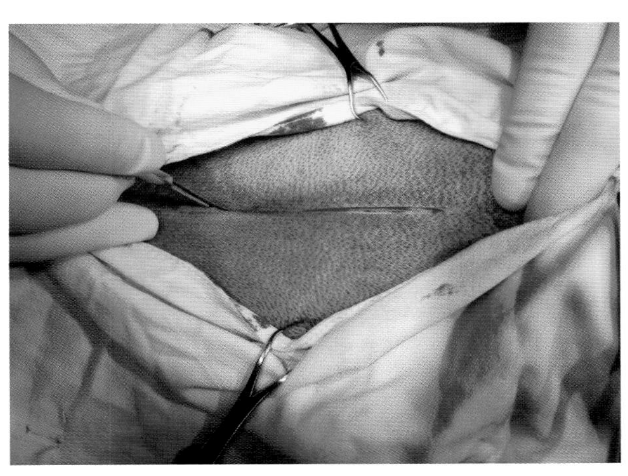

图 13-11-3　沿剑状软骨至脐孔腹中线常规开腹（袁占奎 供图）

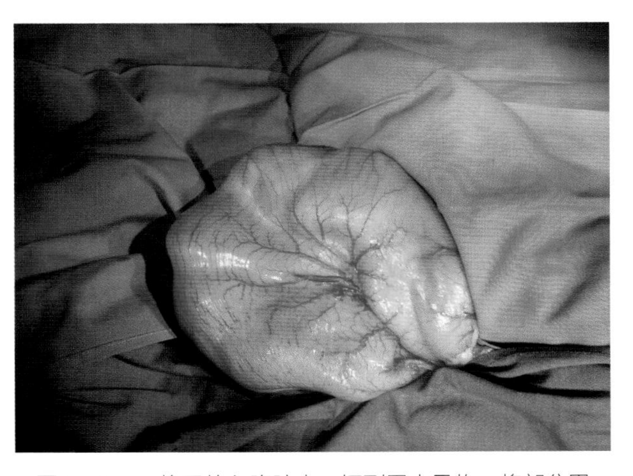

图 13-11-4　将手伸入腹腔内，探到胃内异物，将部分胃以及所有 7 块异物拉到腹腔外，此时操作要轻柔，避免过度牵拉引起的组织撕裂或血管断裂。用隔离巾将腹腔外的胃进行充分隔离（袁占奎 供图）

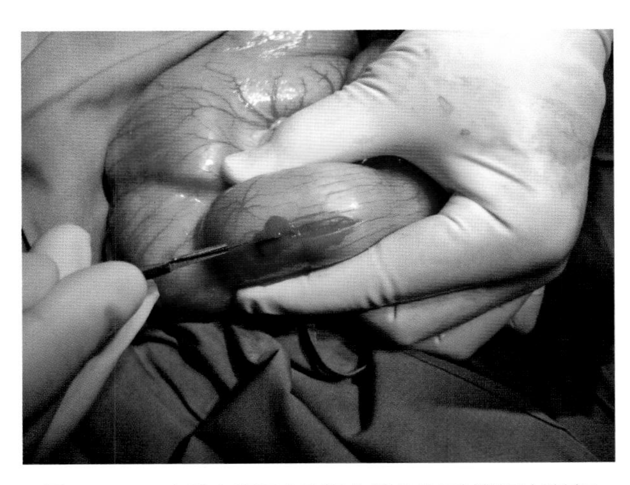

图 13-11-5　在胃大弯和小弯间血管少的区域沿胃长轴切开胃壁（袁占奎 供图）

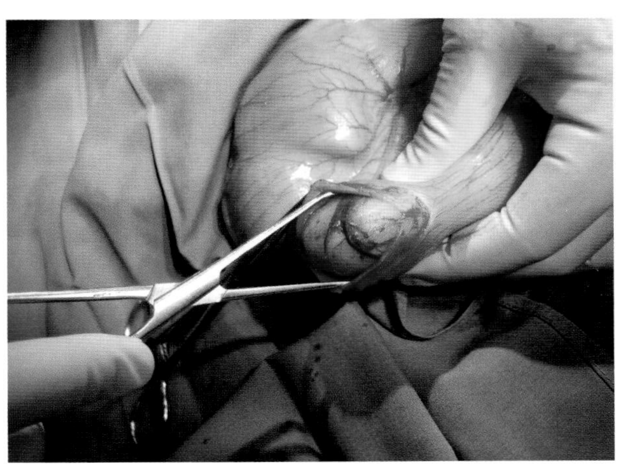

图 13-11-6　用组织钳夹出所有异物，可见异物为鹅卵石。在操作过程中始终要注意严格隔离，避免胃内容物引起污染（袁占奎 供图）

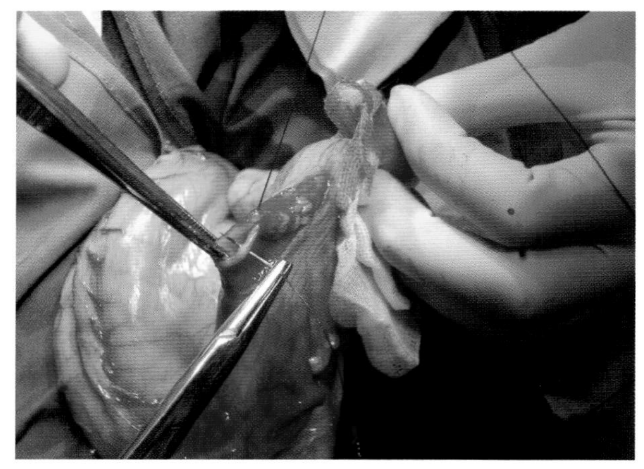

图 13-11-7　用保护薇乔 3-0 缝线简单连续缝合胃的黏膜层（袁占奎　供图）

图 13-11-8　用保护薇乔 3-0 缝线连续伦勃特缝合胃的浆膜肌层，然后用温生理盐水充分冲洗胃壁后将其还纳入腹腔，并检查腹腔内其他脏器是否有异常（袁占奎　供图）

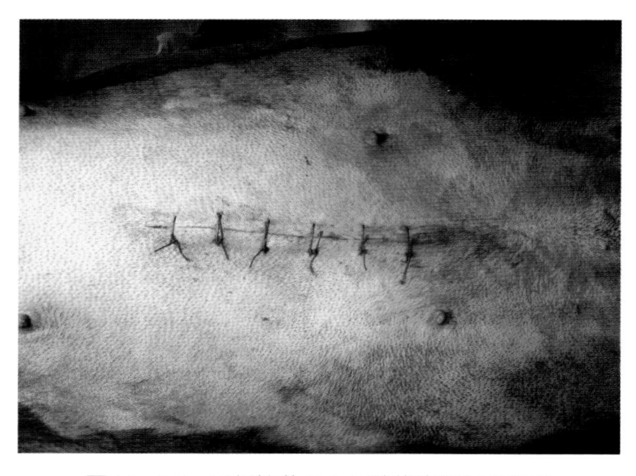

图 13-11-9　用保护薇乔 0 号缝线常规闭合腹腔（袁占奎　供图）

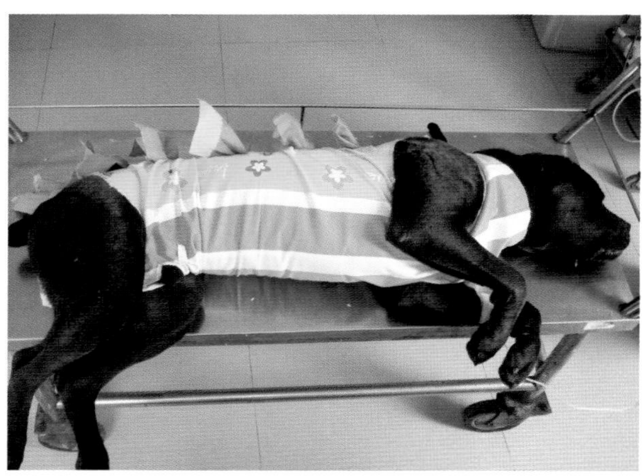

图 13-11-10　在创口涂抹聚维酮碘软膏，然后进行包扎（袁占奎　供图）

图 13-11-11　取出的 7 块鹅卵石（袁占奎　供图）

# 第十二节 胃扩张扭转整复固定术

## 一、病因

胃扩张扭转综合征是指犬胃内气体和液体积聚严重扩张、腹腔压力迅速升高，同时存在胃扭转，随后膈肌和后腔静脉严重受压、呼吸和心血管功能严重受损，引发的一系列致命性病理变化。迄今为止其致病因素并未明确，相关风险因素包括体形过大、深胸犬、遗传、血清胃泌素浓度、胃肌电功能、食道运动功能、吞气症、年龄、饮食习惯、应激、气候以及既往脾切除史等。

## 二、发病特点

常见于中大型、深胸犬，如大丹、圣伯纳、德国牧羊犬、杜宾犬等，但中型犬，如沙皮和巴吉度发病率也较高，小型犬也有发病报道。任何年龄都有可能发生，但大型犬3岁后发病风险增加，而巨型犬3岁前发病风险更大。目前尚不清楚胃扭转和扩张发生的先后顺序。胃扩张扭转与心血管、呼吸、肾脏和胃肠道继发损伤相关，如果未能正确、及时地治疗，胃扩张扭转所引发的变化会导致患犬休克，甚至死亡。胃过度的扩张和扭转不仅引起胃壁本身的缺血损伤，还由此带来腹腔压力升高、阻断门脉及后腔静脉的回血，引起肠系膜充血、肾脏损伤以及回心血量减少，继而造成心输出量下降、动脉血压降低，而外周灌注不足又会进一步加重器官损伤。胃过度扩张压迫膈肌造成肺不张，进一步加重了机体供氧不足，由此造成组织或心肌缺氧坏死。同时，因酸碱和离子紊乱，可能进一步引发心律失常、心脏骤停。

## 三、临床症状

常见患犬精神沉郁、腹部不同程度的鼓胀、流涎、干呕、腹痛弓背、呼吸急促、虚脱，严重时出现休克相关症状。

## 四、诊断

病史常见饭后剧烈运动、腹部鼓胀，体格检查时可在胃区叩诊有金属音。腹部X射线检查可见胃严重积气、扩张，占据大部分腹部，有时胃内存在大量中等密度阴影，为食物与胃液的混合物。当胃扭转时，幽门充满气体且扭转至中线左侧，呈现“双气泡”征象。胃壁内的气体征象提示胃壁坏死。在发病早期可见应激白细胞相，伴中性粒细胞升高；随着病情发展，可能表现为白细胞减少、血小板减少、血液浓缩等。生化异常常见脂肪酶升高、乳酸升高、酸碱紊乱、离子紊乱。因病情危急，B超或其他影像学检查通常仅在体况稳定时进行。

## 五、治疗

确诊后应尽快稳定体况，并在稳定后尽快进行手术治疗。胃扩张扭转的手术目的是：将胃复位到正常的解剖位置、进行胃固定让其永久与体壁粘连、探查并修复坏死器官。术前稳定包括胃穿刺放气、镇静后经口腔插管、抗休克补液、纠正离子紊乱、维持血压等。犬全身麻醉，对腹部大面积剃毛、外科准备，可用利多卡进行切口线性阻滞。沿腹中线从剑状软骨向后开腹，因胃严重扩张，切口可能需要延伸至耻骨前缘。开腹后，应尽快使胃复位到正常解剖位置，进行快速全面的腹腔探查、检查胃壁活性及功能。若开腹后胃内压力依然过高，可经口腔放胃管或使用大号针头进行胃壁穿刺释放压力。胃整复后检查胃壁、脾脏、肠道等脏器有无缺血坏死，若存在胃壁坏死则应对其进行切除或内陷，通常需要将脾脏摘除。胃复位后进行胃固定，常用的胃固定术包括导管胃固定术、环肋骨胃固定术、肌瓣（切开）胃固定术、带-环胃固定术。其他胃固定方法还有内镜辅助胃固定术、腔镜辅助胃固定术等（图13-12-1至图13-12-17）。

肌瓣（切开）胃固定术：在胃幽门窦腹侧浆膜层（胃大弯和胃小弯之间），沿长轴作一个4~6cm的浆膜肌层切口，在右侧腹壁最后一根肋骨尾侧2~3cm处，平行腹横肌作一个相同大小的切口。用2-0可吸收或不可吸收缝线连续缝合胃壁和腹壁切口，将胃固定在腹壁上。

带-环胃固定术：在胃幽门窦的腹侧，作一个“U”形浆膜肌层肌瓣，约4cm×3cm，肌瓣基部位于胃大弯，保留其血供。在右侧腹壁，靠近幽门正常位置的区域，作两平行切口（避免损伤横隔引起气胸），切口大小约3cm×5cm，钝性分离两平行切口下方的肌肉，形成一个隧道，将胃壁肌瓣穿过隧道，用2-0可吸收缝线间断缝合肌瓣与胃壁、腹壁切口，将胃固定在体壁上。

胃固定后，再次探查腹腔、检查肠道，必要时可进行肠袢固定以减少术后肠套叠发生率。发生胃肠泄漏或腹腔污染时，进行腹腔灌洗。常规关闭腹腔。术后应密切监测电解质、体液和酸碱紊乱，纠正低血钾。术后12~24h可进食少量软的低脂食物，同时观察是否呕吐。胃扩张扭转通常继发胃炎，术后可能出现胃出血或呕吐，需要使用中枢性止吐剂、质子泵抑制剂、补液等进行治疗。监测低蛋白血症、贫血、心律失常、胃穿孔、腹膜炎、败血症、DIC等。据报道，胃扩张扭转死亡率较高，约45%。诊断治疗及时、乳酸浓度低、组织未见明显坏死的犬，预后良好；胃坏死穿孔、乳酸浓度升高，预后谨慎至不良。胃扩张扭转的复发率在报道间有所不同，但多数报道的复发率低于10%，仅进行胃复位但未固定的复发率高达80%。

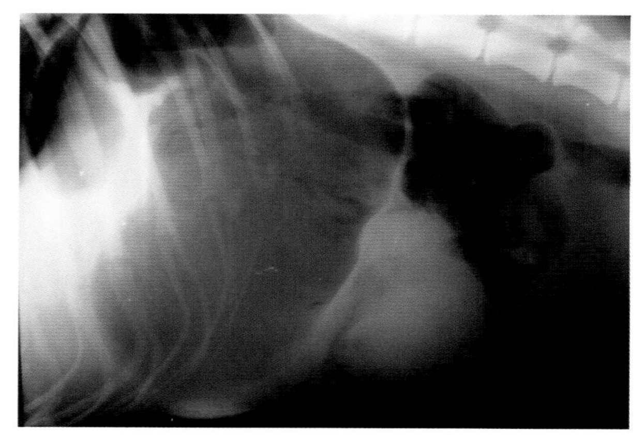

图13-12-1　一只4岁德国牧羊犬的侧位腹部X射线片，可见胃及部分肠管积气扩张，胃腔被扭转的胃壁分割为两个区域（袁占奎 供图）

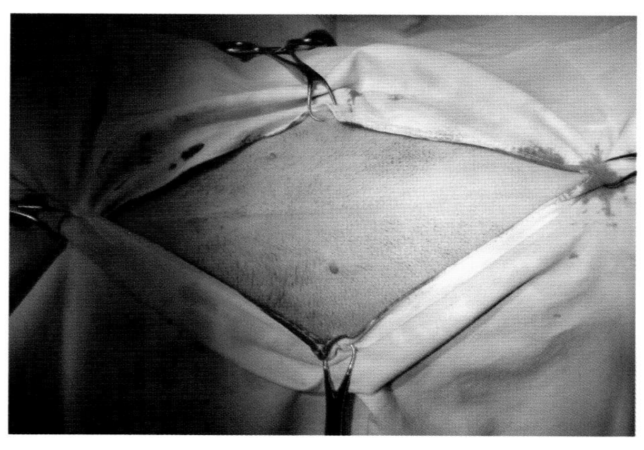

图13-12-2　将图13-12-1所示患犬全身麻醉，患犬仰卧保定，从剑状软骨前至耻骨前大面积剃毛消毒（袁占奎 供图）

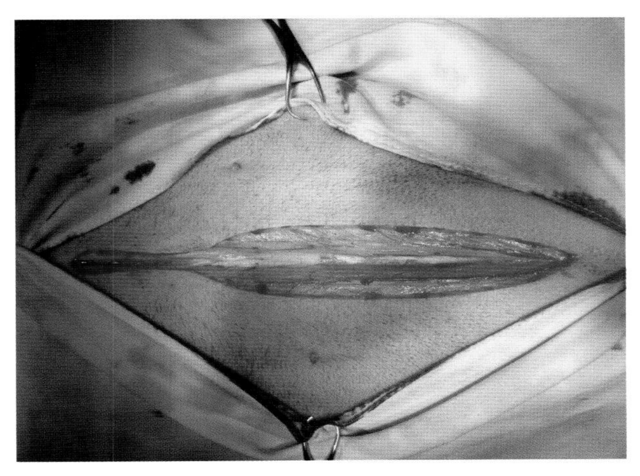

图 13-12-3 从剑状软骨前至脐孔后约 10cm 腹中线开腹（袁占奎 供图）

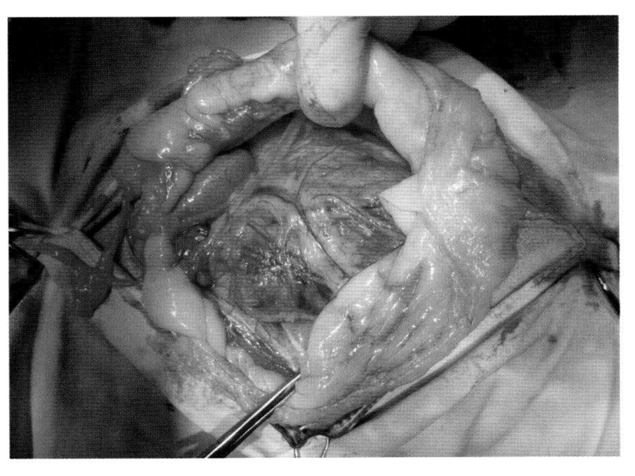

图 13-12-4 打开腹腔可见被网膜包裹扭转的胃壁（袁占奎 供图）

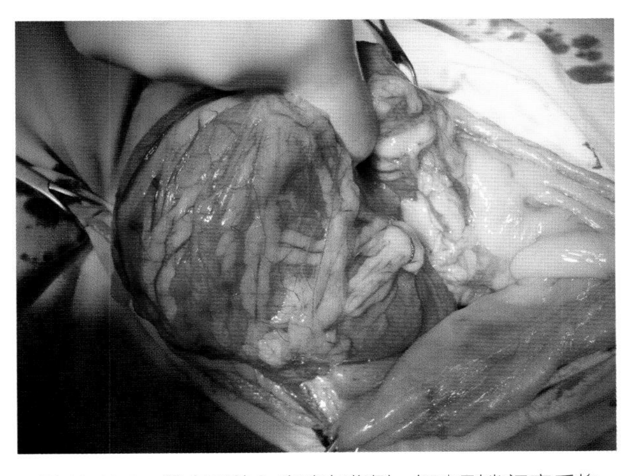

图 13-12-5 将右手伸入腹腔左背侧，探查到幽门窦后将其抓住，向上拉出，同时用左手将扩张的胃体向左侧推。如果胃扩张严重，可能需要先对胃部分放气，然后再进行整复。在对胃进行整复时，要同时通过口腔插入胃管，一旦贲门处的扭转索被打开，可将胃管插入胃中，放出胃内容物（袁占奎 供图）

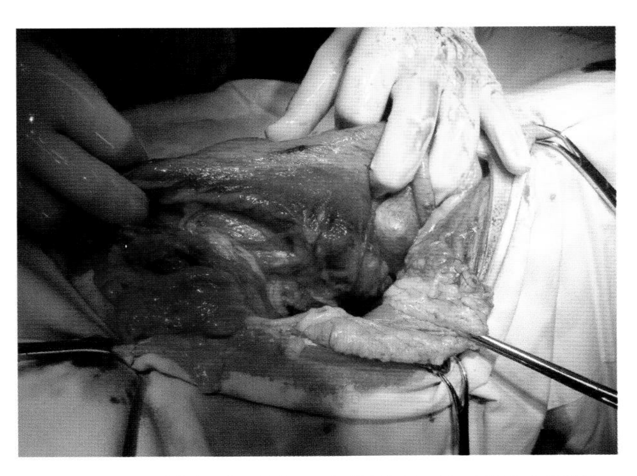

图 13-12-6 图中展示的是充血的胃底，这是发生胃扩张扭转时胃壁损伤最严重的区域，如果胃壁发生部分坏死，也会出现在该区域（袁占奎 供图）

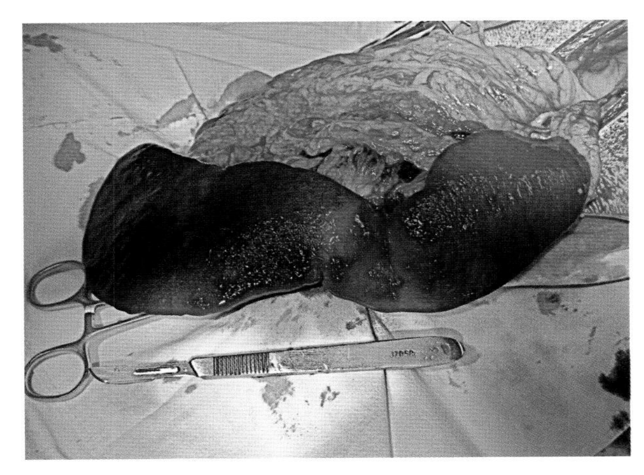

图 13-12-7 胃扭转通常会伴有脾脏淤血肿大，但并非一定存在。图中可见该犬的脾脏尚算正常。通常需要同时实施脾脏摘除术（袁占奎 供图）

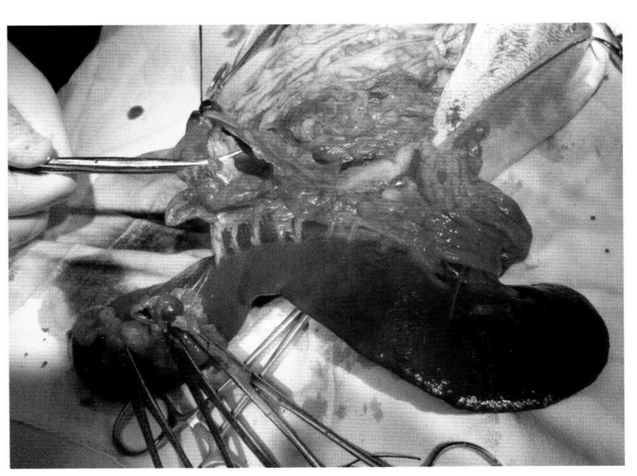

图 13-12-8 用丝线双重结扎供应脾脏的血管，进行脾摘除（袁占奎 供图）

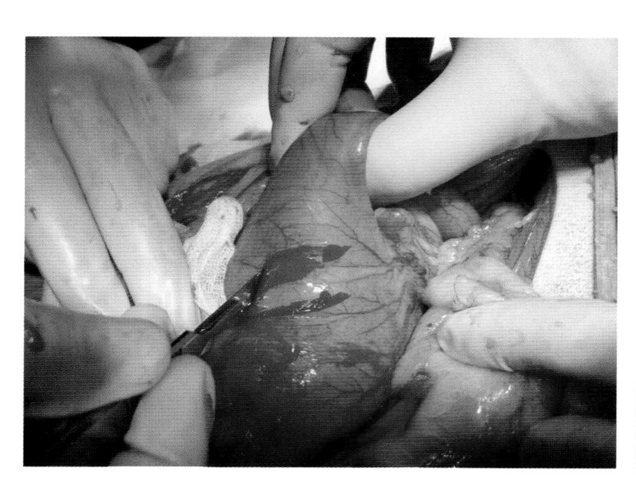

图 13-12-9 在幽门窦区制作浆膜肌层瓣。先在胃大弯和小弯之间的区域选择有血管的部分作一个“U”形切口，要避免切透胃壁（袁占奎 供图）

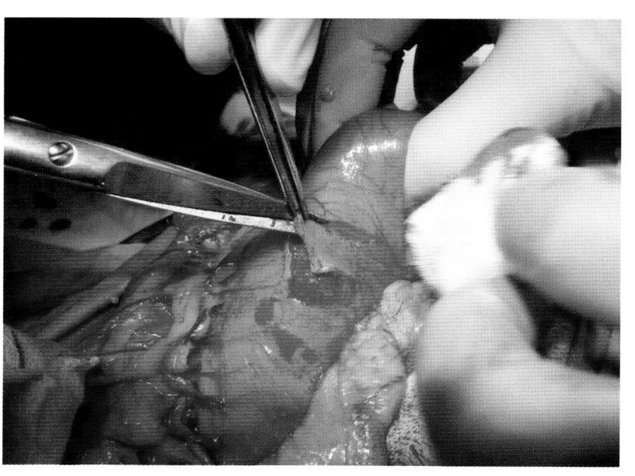

图 13-12-10 用剪刀分离出浆膜肌层瓣（袁占奎 供图）

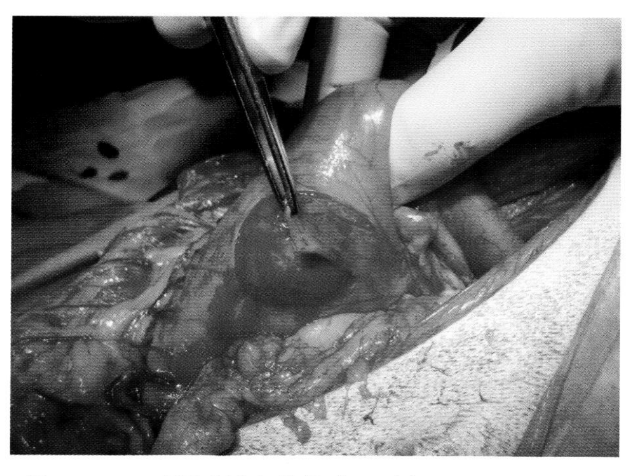

图 13-12-11 图为制作好的浆膜肌层瓣，可见胃黏膜层向外膨出（袁占奎 供图）

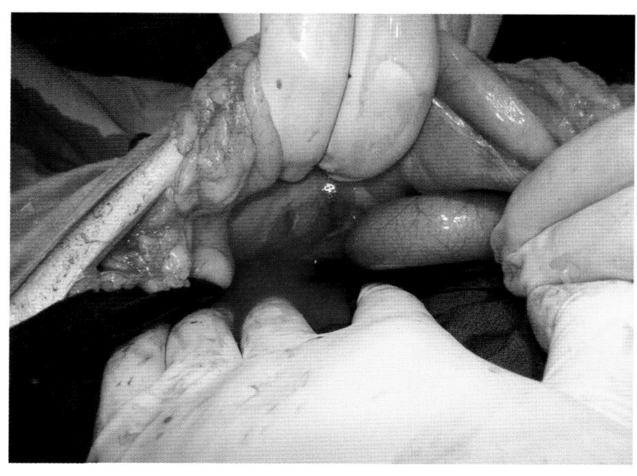

图 13-12-12 在右侧腹壁的十一肋肋软骨接合部前后作切口（袁占奎 供图）

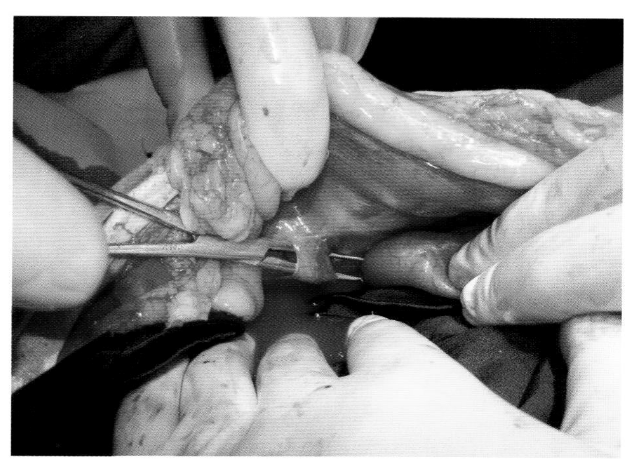

图 13-12-13 将止血钳穿过切开的肌层（袁占奎 供图）

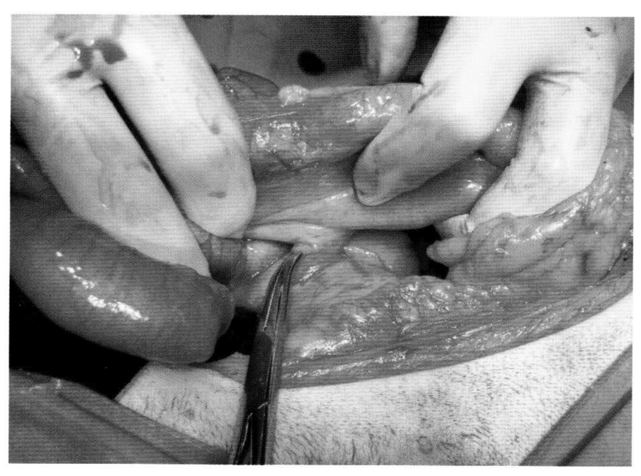

图 13-12-14 将浆膜肌层瓣拉过肌层（袁占奎 供图）

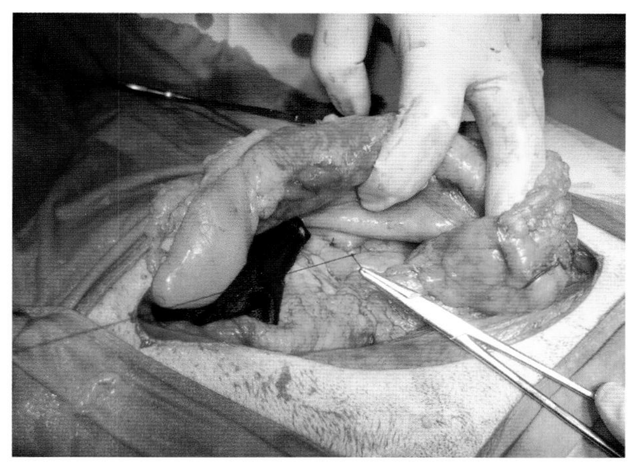
图 13-12-15　用 3-0 薇乔缝线将浆膜肌层瓣和胃壁以及胃壁与腹壁肌层进行结节缝合（袁占奎　供图）

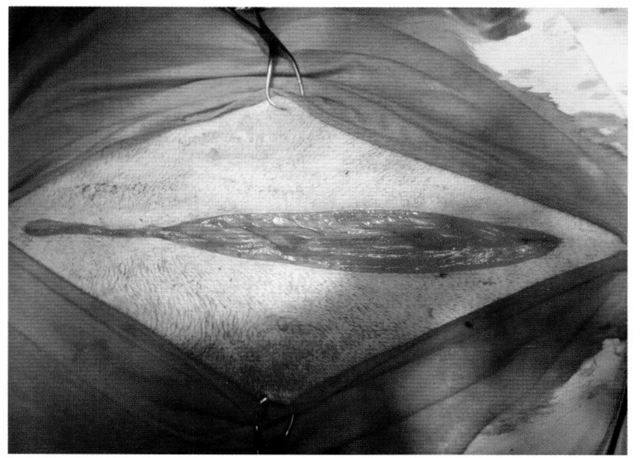
图 13-12-16　用 0 号薇乔缝线简单连续缝合腹壁肌层和皮下组织（袁占奎　供图）

# 第十三节　肠切开术

图 13-12-17　用 0 号薇乔缝线结节缝合皮肤，然后进行包扎（袁占奎　供图）

## 一、病因

肠道异物梗阻是指食入异物并引起肠道完全或部分梗阻。空肠直径相比口咽、食道都小，是异物梗阻最常见的位置。肠道部分梗阻时仅有少量液体或气体通过，而完全梗阻时液体或气体无法通过。肠异物梗阻通常需要进行肠切开术治疗。

## 二、发病特点

肠道异物无品种或性别倾向，活泼的幼犬似乎更容易食入异物。异物可能是线性结构，如绳子、纤维、牙线、尼龙袜、布料、麻布袋、缎带、塑料等。这类异物通常一部分卡在舌下或幽门，其余部分会进入肠道；随着肠道蠕动，肠管会发生皱缩，引起部分或完全梗阻。其他异物可能是单个或多个非线性异物，引起部分或完全肠梗阻，如玩具、泡沫、塑料、果核、金属、石块等。

## 三、临床症状

肠道异物梗阻的临床症状各有不同，取决于梗阻发生的位置、是否为完全梗阻、梗阻持续时间，以及相关肠段的活性等。急性呕吐和厌食是最常见的临床症状，此外还可见沉郁、腹泻、体

温升高和腹部疼痛等症状。偶尔宠主会看到吞下异物的过程。近端肠道完全梗阻时，可见剧烈呕吐，远端肠道部分梗阻时，呕吐通常为间歇性。排便可能停止或频率减少，粪便有时带血，或为黑便。当发生肠道破裂、肠套叠、腹膜炎时，表现为急腹症、败血症、休克，严重时可导致死亡。

## 四、诊断

单个异物或肠道不完全梗阻时，体格检查结果可能正常。通常患犬腹部疼痛、姿势异常、脱水甚至休克。腹部触诊可能会发现肠袢有皱缩感、成束的肠管、触诊到异常肿物，或引发腹部疼痛。有时可在舌下见到线性异物，在镇静/麻醉后仍需再次仔细检查舌下。如果线性异物引起肠道皱缩，常伴有腹痛。腹部听诊可发现因肠梗阻产生的蠕动噪声。鉴别诊断包括所有其他引起肠梗阻的原因：肠套叠、肠扭转、肠嵌闭、粘连、狭窄、脓肿、肉芽肿、血肿、肿瘤等。腹部X射线检查可见不透射线异物、周围围绕着气体，但也可能是透射线异物。梗阻前段的肠道常因气体、液体/摄入物积聚而发生扩张。肠道最大直径与第五腰椎椎体最窄处的高度相比，比值高于1.6表明扩张，而比值＞2则表明梗阻的可能性高。胃肠道B超检查可以诊断在X射线片中不显影的异物，但肠道大量气体可能会影响判断。很少使用内窥镜诊断肠道异物梗阻，因为内镜很难进入十二指肠以下。CT检查对于难以确诊的异物更加敏感、更有诊断价值。

## 五、治疗

所有肠道异物都需要及时治疗，尽快取出或排出体外。对于部分梗阻的病例，如果未能在36h内排出异物，则需要手术治疗。如果犬明显腹痛、发热、呕吐或嗜睡，则需要尽快手术治疗。大多数非线性异物都可以通过一处肠切开术取出，而不需要肠切除吻合，除非发生肠破裂或坏死。线性异物通常需要做多处肠切开。线性异物在取出异物过程中可能损伤肠壁，导致医源性撕裂，需要进行修补。麻醉前应先纠正脱水、电解质及酸碱紊乱。术中应仔细探查腹腔，检查是否存在穿孔或多个异物。用湿润纱布垫将病变的肠管隔离，以减少污染，将未污染器械留作关腹时使用。肠切开的位置应尽可能在异物后段的健康肠管上，切开后将异物轻轻挤向肠切口，用止血钳或组织钳夹住取出。如果无法取出异物，用剪刀或手术刀向前扩创至异物上方，取出异物，使用3-0或4-0圆针单股可吸收线连续或间断对接缝合法缝合肠管。用大网膜包裹肠道切口，腹腔污染时进行腹腔灌洗。关腹前，更换新的无菌手套和手术器械。导管法可以辅助取出线性异物，减少肠切开的数量。但如果线性异物粗糙、打结或严重嵌入肠壁，此技术取出异物也比较困难。受损严重的肠管则需要肠切除术（图13-13-1至图13-13-9）。

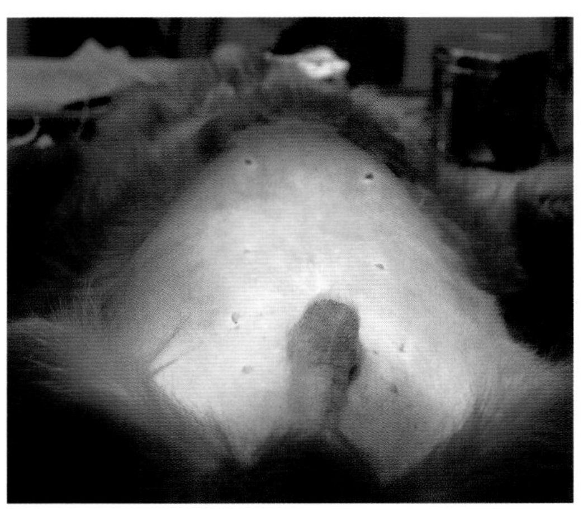

图13-13-1　患犬全身麻醉，仰卧保定，腹部大面积剃毛消毒（袁占奎 供图）

术后根据病情进行针对性治疗，苏醒过程中使用镇痛药并密切监测呕吐。监测和治疗全身性炎症、静脉补液维持水合、监测并纠正电解质及酸碱紊乱。术

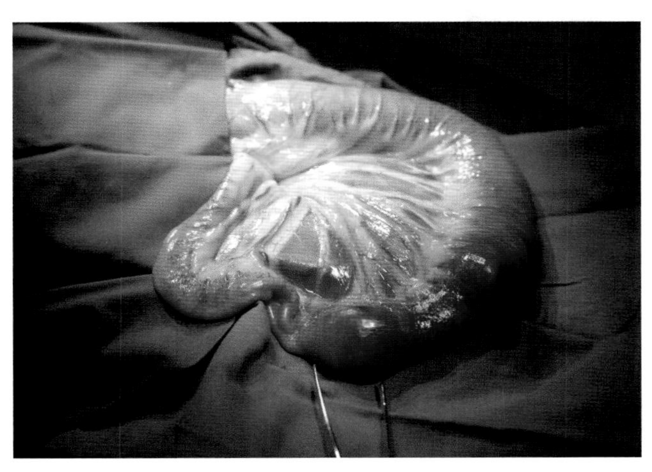

图 13-13-2　以脐孔为中心，常规开腹。将手伸入腹腔进行探查，取出梗阻的部位，并用方巾对肠管进行隔离。图中可看到梗阻之前的肠管出现扩张（袁占奎 供图）

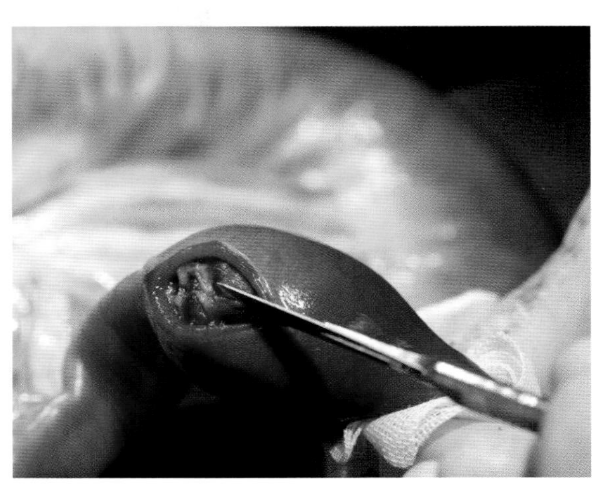

图 13-13-3　在对肠系膜侧切开肠管，可见异物为桃核。切口一般要选择在梗阻之后较为健康的肠管（袁占奎 供图）

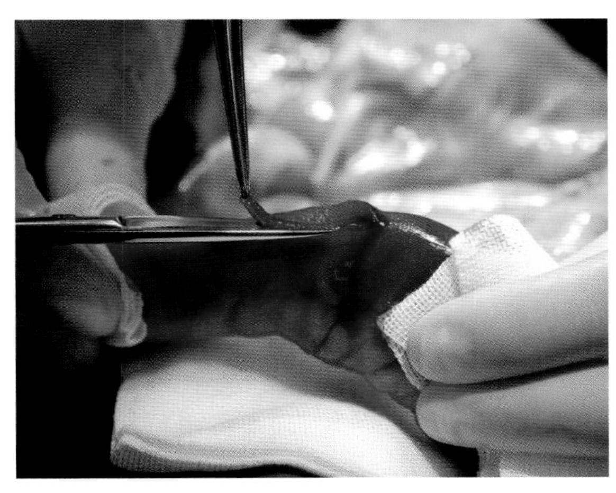

图 13-13-4　对外翻的肠黏膜进行修剪，以保证伤口对合良好（袁占奎 供图）

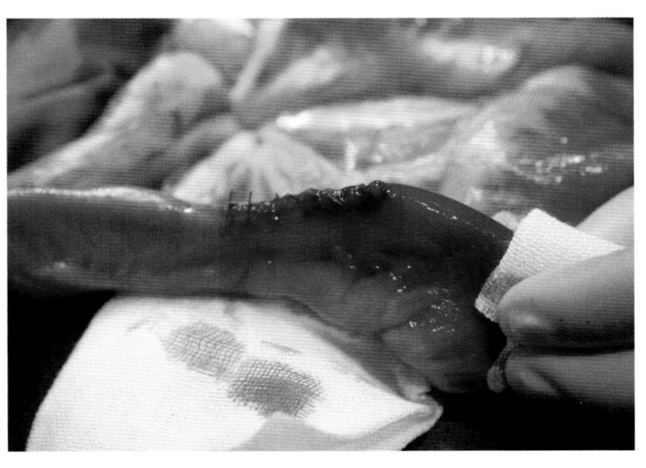

图 13-13-5　用 4-0 或 3-0 可吸收缝线全层结节缝合肠管切口（袁占奎 供图）

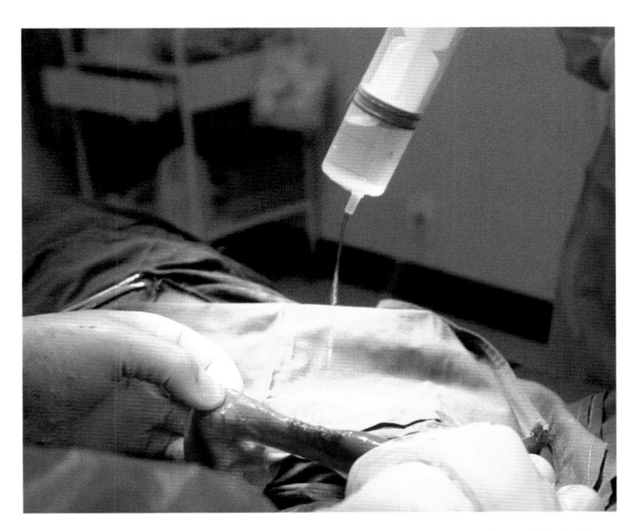

图 13-13-6　对切口处以及暴露的肠管用灭菌生理盐水进行冲洗（袁占奎 供图）

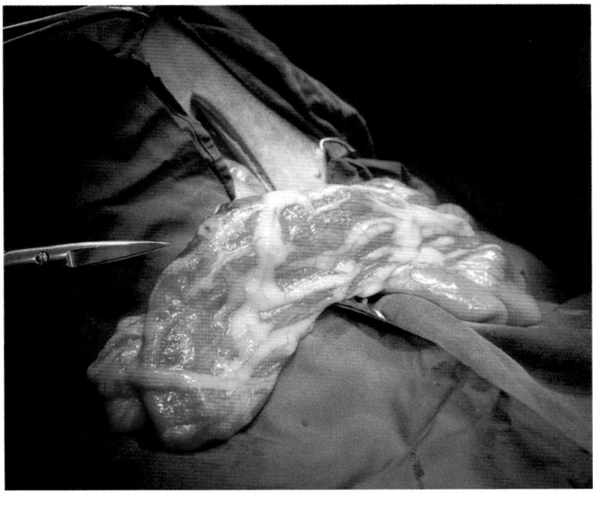

图 13-13-7　用大网膜对切口进行包裹保护，并用可吸收缝线进行适当固定。我们一般采用将大网膜与肠系膜缝合在一起的方法。之后按常规还纳入腹腔（袁占奎 供图）

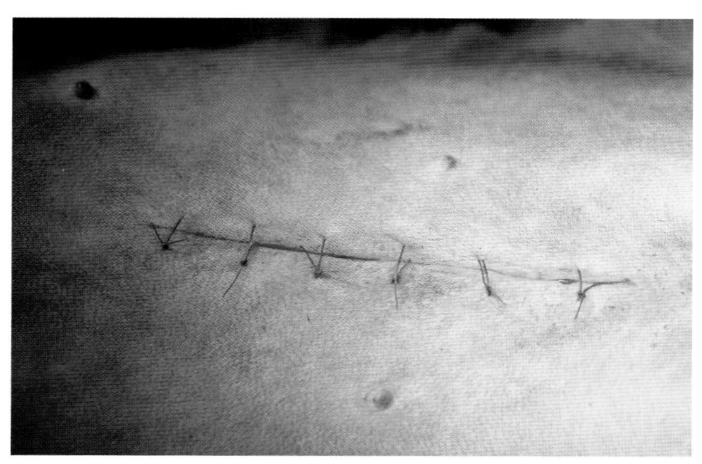

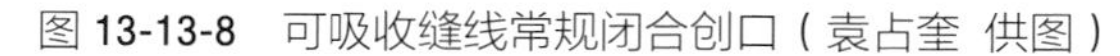

图 13-13-8　可吸收缝线常规闭合创口（袁占奎 供图）

图 13-13-9　取出的桃核（袁占奎 供图）

后8～12h可少量喂水，如果没有呕吐，术后12～24h可喂少量食物。早期饲喂可增加胃肠道血流、预防溃疡、增加IgA浓度、刺激其他免疫系统的防御性，同时促进肠道伤口修复。应饲喂温和、低脂食物。术后48～72h逐渐开始正常饮食。术后早期活动和饲喂可减少肠梗阻。肠道手术后，应监测是否发生肠泄漏、腹膜炎或脓肿。如果怀疑腹膜炎，应进行腹腔穿刺、生化检查和CBC；腹腔液进行培养和药敏试验，并使用抗生素治疗。如果腹腔液中有胞内吞噬细菌或肠道碎片的中毒性中性粒细胞，则需要探查腹腔。广泛性腹膜炎需要检查手术部位是否发生肠开裂、腹腔灌洗和引流。肠切开并发症包括肠泄漏、肠梗阻、开裂、穿孔、腹膜炎、狭窄、休克或死亡等。

# 第十四节　胆囊切除术

## 一、适应证

对抗生素治疗没有反应或使用抗生素治疗后复发的胆囊炎、胆囊黏液囊肿、自发性破裂以及引发疾病的胆结石，适用于胆囊切除术。在小动物临床中，大部分的胆结石是色素结石，其发生与胆囊炎有关，因此推荐胆囊切除术；与胆囊切开术相比，胆囊切除术可以消除胆结石形成的环境、防止结石复发以及消除胆囊炎的来源。胆囊切除术也适用于原发性肿瘤或胆囊创伤性破裂。

## 二、手术通路

胆囊切除时，经前腹部腹中线切开，从剑状软骨至脐孔后，至少能探入手掌，必要向后扩大切口，甚至辅以右侧肋旁腹壁切口。

## 三、手术过程

患犬麻醉后仰卧保定，腹部和后胸部剃毛与皮肤刷洗，公犬还要用生理盐水冲洗包皮腔。皮肤消毒后铺盖创巾，经腹中线切开显露腹腔。腹腔探查，确认胆囊病变（图13-14-1），并从外观察和触摸胆总管，排查相关病灶。胆囊周围用无菌纱布隔离，从肝脏方叶和右内叶的隐窝内分离胆囊，将胆囊轻柔地从肝脏表面分离出来，至胆囊管水平（图13-14-2）。分离过程中视情况使用血管夹、止血物或直接压迫的方法止血。切开胆囊，插入3.5或5Fr红色橡胶导管至胆囊管远端，使用生理盐水冲洗胆总管，确认胆总管通畅（胆总管正向冲洗法）；或者，切开十二指肠大乳头处的对肠系膜侧肠壁，看到大乳头后（图13-14-3）插入3.5或5Fr红色橡胶导管，直至进入胆囊管，然后退出导管至胆总管远端，将所有胆泥冲出胆总管，确认胆总管通畅（胆总管逆向冲洗法，图13-14-4）。

如果是顺向冲洗胆总管，拔除导管后摘除胆囊。用2-0或3-0不可吸收线双重结扎胆囊管和胆囊动脉，切断后摘除胆囊（图13-14-5）。如果导管是通过切开十二指肠插入胆总管的，可以轻柔地冲洗导管，看胆囊管是否完全闭塞。拔出胆总管内的插管，用4-0或3-0可吸收线全层简单间断或连续缝合十二指肠切口（图13-14-6）。用生理盐水冲洗十二指肠和隔离的腹腔，常规缝合腹直肌外腱鞘、皮下脂肪、皮下组织和皮肤。伤口包扎。

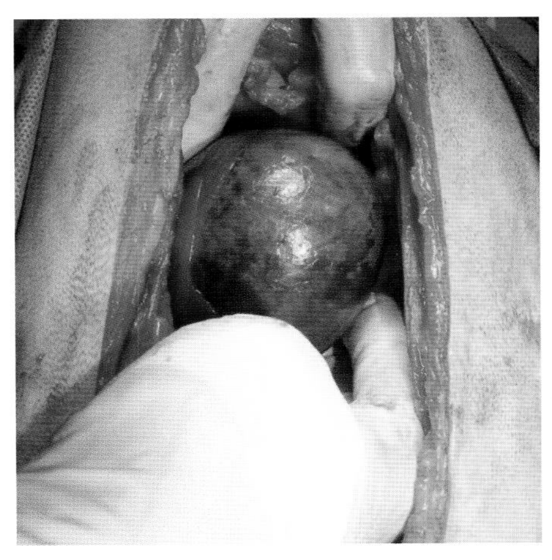

图 13-14-1 胆囊黏液囊肿术中胆囊外观，胆囊极度扩张，胆囊壁呈灰白色（袁占奎 供图）

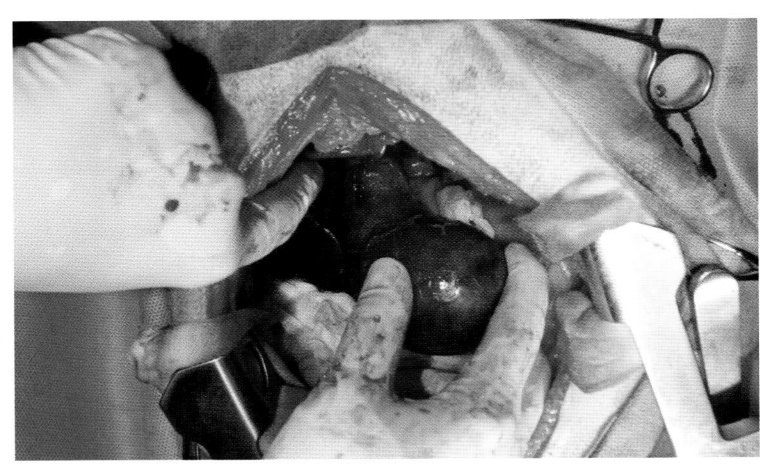

图 13-14-2 将胆囊与方叶和右内叶分离，直至胆囊管水平（袁占奎 供图）

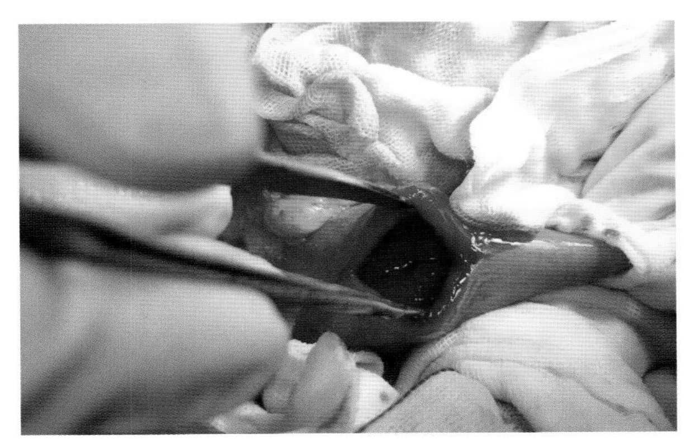

图 13-14-3 切开十二指肠对肠系膜侧后，可见十二指肠大乳头（袁占奎 供图）

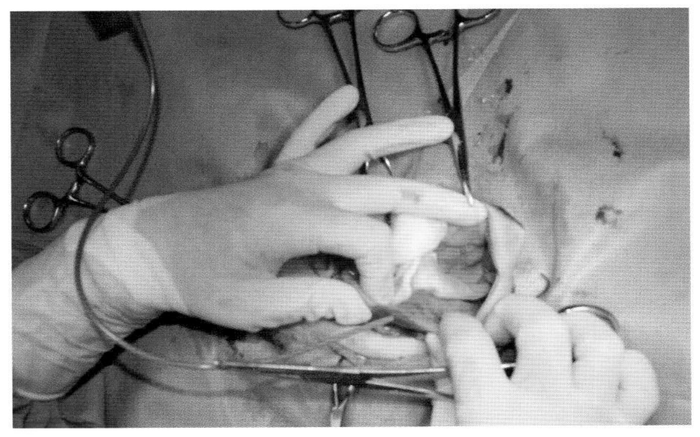

图 13-14-4 逆向冲洗胆总管，确认胆总管通畅（袁占奎 供图）

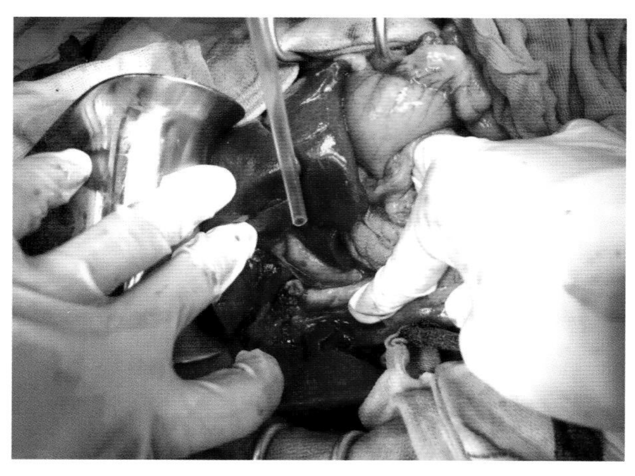
图 13-14-5 用 2-0 聚丙烯线结扎胆囊管并摘除胆囊（袁占奎 供图）

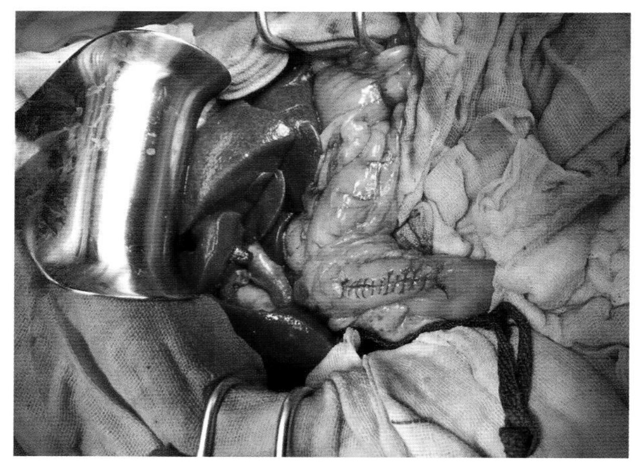
图 13-14-6 用 4-0 单股可吸收线连续缝合十二指肠切口（袁占奎 供图）

## 四、术后护理和并发症

术后持续进行输液治疗，根据术前状态积极进行内科治疗，监测贫血、血压、腹膜炎、休克、败血症等。未发生胆汁性腹膜炎的胆囊摘除术预后良好。术后给患犬佩戴伊丽莎白圈，保护伤口，术后10～12d拆线。

# 第十五节　肝外门体分流

## 一、病因

肝外门体分流也称为门脉血管异常（PSS），是指能够使胃、小肠、胰腺和脾脏的正常门脉血液不经过肝脏直接进入体循环的异常血管。当门脉血液绕过肝脏时，很多在肝脏中正常代谢或排泄的物质进入体循环；同样，来自胰腺和小肠的重要肝营养成分无法到达肝脏，导致肝脏萎缩或肝脏无法达到正常大小，从而导致出现肝功能不全或肝性脑病。

PSS可分为先天性或后天性，以及肝内分流或肝外分流。先天性PSS通常只有1根大的分流血管，约占犬PSS的80%；而获得性PSS继发于肝病和门脉高压因门脉血流阻力增加发展而来，常为多条小的分流血管，约占犬PSS的20%。肝内分流多是先天性的单一分流血管，与出生后肝内静脉导管未闭有关；肝内分流血管的位置在第13胸椎前，占先天性分流的25%～33%。肝内门体分流主要见于大型犬，肝外门体分流主要见于小型犬和猫。本节主要介绍最常见的先天性肝外PSS。

## 二、临床症状

先天性肝内和肝外PSS通常在犬年轻时（2~3岁）诊断出来，无性别倾向。相关的临床症状各异。患犬一般会因生长速度慢、体重达不到预期或同窝其他动物水平而就诊。其他常见的异常包括厌食、呕吐、腹泻、烦渴、流涎、嗜睡和沉郁、行为改变、失明、癫痫等，有些患犬还表现血尿、排尿困难、尿频、痛性尿淋漓、尿道阻塞等。这些症状可能持续或间歇性出现，有时在进食后（尤其是进食高蛋白食物）症状加重。

## 三、诊断

怀疑肝外PSS时，首先进行实验室检查，包括血常规、血清生化、尿液分析、血氨和餐前后胆汁酸；当出现小红细胞症，BUN、TP、ALB、葡萄糖和胆固醇降低，尿酸铵结晶，餐前后胆汁酸升高时，即可判断存在PSS。注意，血氨的敏感性不高。然后通过影像学检查进一步判断PSS的类型。在术前的影像学检查中，腹部超声检查应用最广泛，可见肝脏主观感觉变小、肝静脉和门静脉数量减少，有时可以扫查到肝外或肝内分流血管（肝内分流更容易确定）；CT造影检查是PSS检查的金标准，可以直接显示分流血管。也可以通过开腹手术经空肠肠系膜静脉进行门静脉X射线造影，既可以诊断PSS，也可以在肝外PSS时确认分流血管。

## 四、治疗

肝外PSS推荐手术治疗，但在手术治疗前需要先进行至少2周的内科治疗，纠正水合、电解质和葡萄糖平衡，管理肝性脑病，降低肝细胞的氧化损伤，改善患犬的生活质量，为手术选择合适的时机。对已经出现肝性脑病诱发癫痫的病例，术前要使用抗癫痫药，如左乙拉西坦（20mg/kg，PO，q8h）。

经腹中线切开进行开腹探查，切开足够大，从剑状软骨到脐孔后。术中根据术前影像学检查的结果定位门体分流血管的位置（图13-15-1），可通过闭塞分流血管评估门静脉压力变化来确认，必要时对疑似分流的血管做标记，然后经空肠肠系膜静脉的门静脉造影确认分流血管。确认分流血管后，选用慢性缩紧环（Ameroid，图13-15-2）、玻璃纸（Cellophane Bands，图13-15-3）和液压封堵器来缓慢闭塞分流血管，避免分流血管急性阻塞引发明显的门静脉高压。门静脉高压表现为小肠苍白或发绀、肠蠕动增加、胰腺发绀或水肿、肠系膜血管搏动增加以及腹水。使用慢性缩紧环时，选用的锁紧环的内环直径要略大于分流血管直径；在分流血管预缩紧的位置（尽可能靠近体静脉端），使用直角钳最小程度地分离（能放入缩紧环即可，3~5mm），防止缩紧环术后移位。玻璃纸为非医疗级材料，将其剪成

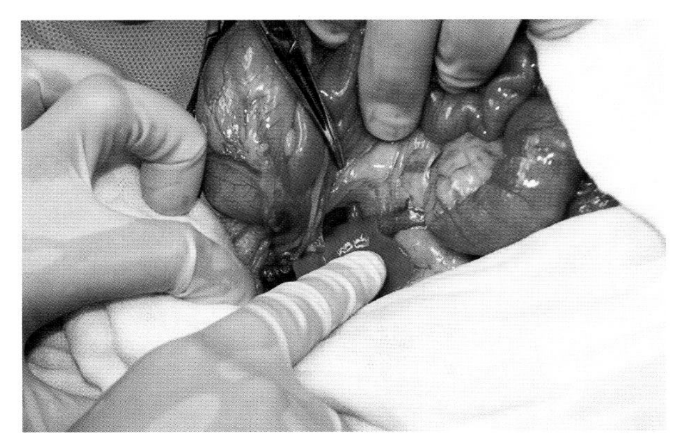

图 13-15-1　开腹探查中，可见短路支自网膜孔水平汇入后腔静脉（李慧 供图）

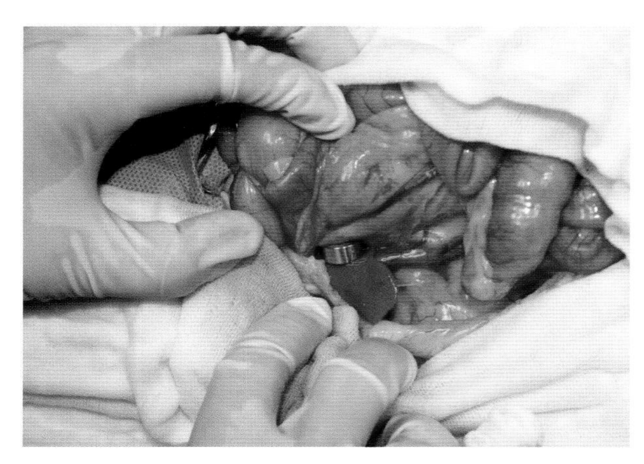
图 13-15-2 在短路支汇入处放置慢性缩紧环血管收缩环（李慧 供图）

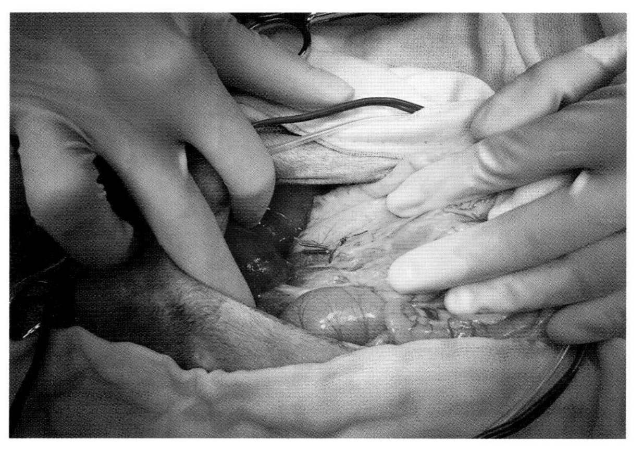
图 13-15-3 图中所示为环绕短路血管放置玻璃纸并用钛夹将其固定后的外观（另注：留置尾侧聚丙烯线作为闭锁位置标识）（李慧 供图）

1cm×10cm条带，环氧乙烷灭菌后使用；使用时，叠3折，成一定厚度的可折弯条带，然后穿过分流血管，末端留1~2cm，用2~3个钛夹固定，依靠纤维组织形成逐渐封堵分流血管。使用液压封堵器时，将其缝合在分流血管周围，末端放置在皮下，每2周注入少量液体，经6~8周完全封闭。

术后严密监测患犬，尤其是低血糖、低体温、麻醉苏醒延迟和门静脉高压，并采取支持治疗，继续使用低蛋白饮食和口服乳果糖，直至肝功能恢复正常。术后佩戴伊丽莎白圈，保护伤口，术后10~12d拆线。

# 第十六节 肝脏肿瘤

## 一、病因

犬猫的原发性肝肿瘤不常见，但良性和偶然发现的结节型肝病在犬中很常见。据报道，70%的6岁以上的犬和全部的14岁以上的犬都存在局灶性增生性结节，有时术前影像学没有发现，但术中会发现。从形态上分类，肝脏肿瘤分为巨大型、结节型（多灶性）和弥散型三类，其中巨大型肝脏肿瘤最常见。从组织病理学分类，原发性肝肿瘤主要有肝细胞癌、胆管癌和胆管腺瘤、肝类癌、肉瘤和血管瘤等。其中，肝细胞癌是犬最常见的原发性肝肿瘤，左侧肝区更常见，转移性多变，巨大型的肝肿瘤相对转移性更低；第二常见的是胆管癌，转移性更高。

## 二、临床症状

原发性肝肿瘤的患犬可能嗜睡、虚弱、厌食、体重减轻或呕吐，也可能存在多尿或多饮、黄疸和腹水等。有些犬可能体检发现肝酶异常，进一步检查后诊断为肝肿瘤；也有动物因为血腹和（或）休克急诊，从而诊断为肝肿瘤破裂出血。

## 三、诊断

大的肝脏肿瘤可以通过腹部X射线检查进行初步诊断；通过判断肝脏后腹侧缘的突出程度与锐利度、肝脏边缘以及胃轴变化来判断是否存在肝脏增大和增大的类型，从而推断存在肝脏肿瘤的可能性。腹部超声检查是目前发现和描述肝脏肿瘤的首选方法。通过超声检查可以鉴别肿瘤的良、恶性变化，并描述肿瘤大小和位置以及与邻近结构的关系。但进一步检查和制订手术方案则需要CT和CT造影检查。对肝脏肿瘤类型的确定则需要临床病理学检查，包括FNA、Tru-Cut组织芯活检和手术活检。

## 四、治疗

肝脏肿瘤推荐手术治疗。肝内病灶的大小和位置决定了应进行部分肝叶切除还是全部肝叶切除。一般来说，与左侧肝区相关的病灶通常可以在肝门水平进行全部肝叶切除术；而大多数右侧肝区或中央肝区的病灶由于肝门分离和肝叶血管结扎困难，往往只能采取部分肝叶切除术。另外，位于肝叶边缘的病灶往往只需要部分肝叶切除术。

手术治疗时，行腹中线切开，从剑状软骨到耻骨前缘；必要时结合肋旁切开或后部正中开胸术扩大切口。全腹探查，确认肝肿瘤病灶的位置和特点，排查相关的转移灶。如果进行部分肝叶切除术，则使用大型号带直弯针的可吸收线在病灶近端通过重叠环绕结扎技术压碎肝实质结扎肝胆管和血管后去除肿瘤；如果进行全部肝叶切除术，首先分离病变肝脏与周围脏器的粘连，横断相连的三角韧带，增加病变肝叶的游离性和肝叶基部的显露，必要时切开膈的肌质部使胸腔负压消失，便于向后牵拉肝脏，增加肝脏膈面的暴露。在到达肝门之前，切除肝叶与周围脏器、膈和网膜之间的粘连，对于安全分离非常重要。显露肝门后，使用缝线、胸腹吻合器（图13-16-1）或双极血管封闭装置（LigaSure）在肝门处整体结扎进行全部肝叶切除术，也可以在肝门处使用直角钳分离肝叶血管，然后使用缝线双重结扎血管和肝胆管进行全部肺叶切除术。检查确认结扎切断处没有出血（图13-16-2），常规关腹。切除的肝脏肿瘤（图13-16-3）送检。

肝叶切除术最常见的并发症是出血，包括术中出血和术后出血。术后应立即评估PCV，为后续评估提供基础值。兽医需要具备极佳的手术解剖知识和一丝不苟的手术技术，做好预防性止血，这是最好的止血方法。其他并发症包括胆汁泄漏和（或）意外结扎门静脉、胆总管或邻近肝叶的血管。

术后严密监测患犬，佩戴伊丽莎白圈，保护伤口，术后10~12d拆线。

图 13-16-1　肝脏左外叶和左内叶肿瘤，用胸腹（TA）吻合器抓持左内叶基部，将肿瘤切除（李慧 供图）

图 13-16-2　切除左内叶和左外叶肿瘤后的外观（李慧　供图）

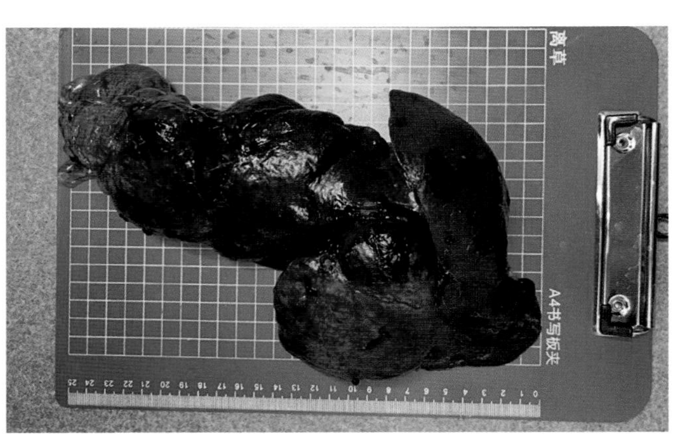


图 13-16-3　上述手术切除的肝脏左外叶和左内叶肿瘤（李慧　供图）

# 第十七节　脾切除术

## 一、适应证

需要脾切除术的患犬一般有弥散性或局灶性脾肿大。脾肿大的原因可能是充血（如脾扭转、右心衰竭、胃扩张扭转、药物）、脾血肿、脾创伤、感染（如真菌、细菌、立克次体）引起的浸润、脾异物、免疫介导性疾病（如免疫介导性血小板减少症、免疫介导性溶血性贫血）或者肿瘤（如淋巴肉瘤、组织细胞肉瘤、血管肉瘤等）。

## 二、手术通路

脾切除时，经前腹部腹中线切开，从剑状软骨至脐孔后，至少能探入手掌，必要向后扩大切口。如果怀疑肿瘤，一定要扩大切口进行全腹探查。

## 三、手术过程

患犬麻醉后仰卧保定，腹部和后胸部剃毛与皮肤刷洗（图 13-17-1），公犬还要用生理盐水冲洗包皮腔。皮肤消毒后铺盖创巾，经腹中线切开显露腹腔（图 13-17-2）。腹腔探查后，将病变的脾脏拉出腹外（图 13-17-3）。使用湿润的大纱布块隔离腹腔和脾脏。使用可吸收线分束结扎并剪断供应脾脏的血管（图 13-17-4）；大的脾门动静脉需要双重结扎，必要时用一个结贯穿结扎。脾脏出血时，可以先打开网膜囊，分离脾动脉，双重结扎脾动脉后制止脾脏出血。脾摘除后整体送检（图 13-17-5）。再次腹腔探查，确认每个结扎束结扎确实不出血。常规缝合腹直肌外腱鞘（图 13-17-6）、皮下脂肪、皮下组织和皮肤进行关腹。伤口涂布聚维酮碘软膏（图 13-17-7），包扎。

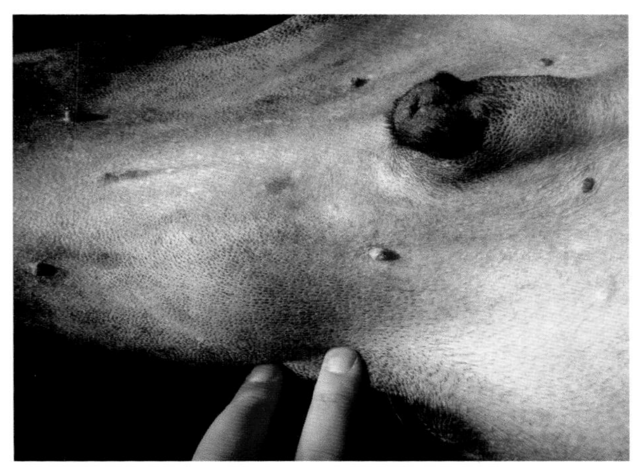

图 13-17-1　一只 7 岁罗威纳犬最近消瘦，触诊腹部有肿块，B 超检查见脾脏肿物。开腹进行脾切除。患犬全身麻醉，腹部大面积剃毛消毒（袁占奎　供图）

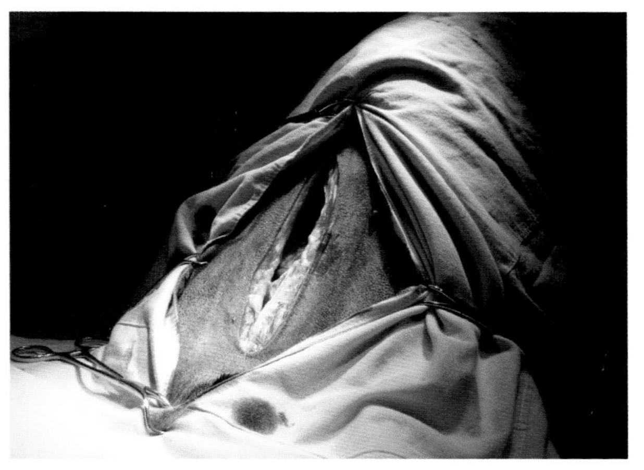

图 13-17-2　经脐孔上下约 8cm 腹中线开腹（袁占奎　供图）

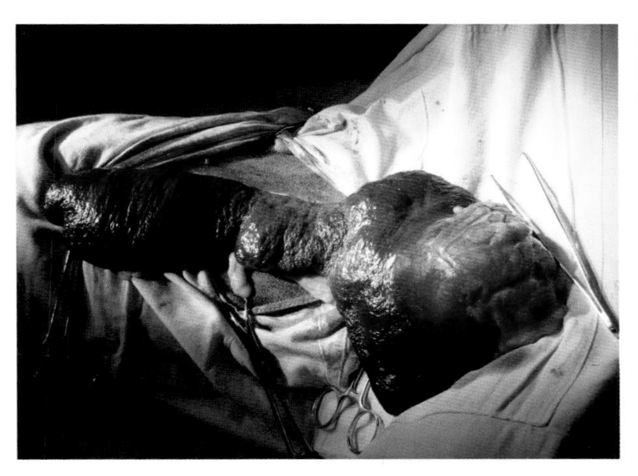

图 13-17-3　将脾脏拉出腹腔，可见脾脏一端有个大的肿物（袁占奎　供图）

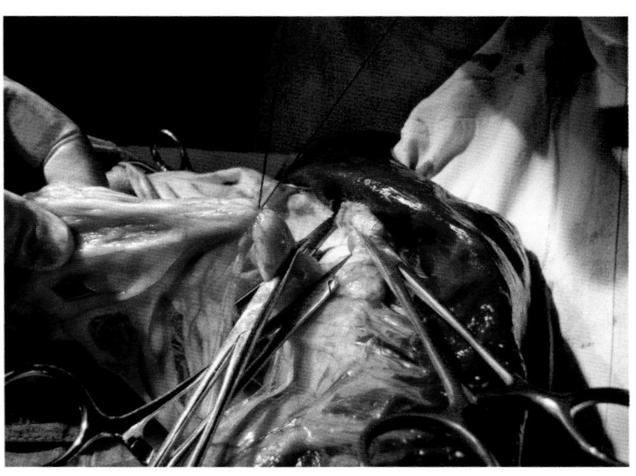

图 13-17-4　将供应脾脏的血管分束进行结扎，为了节省时间，近脾端用止血钳夹住，进行脾摘除。也有资料建议在靠近脾脏的地方每根血管分别结扎，以避免动静脉瘘（袁占奎　供图）

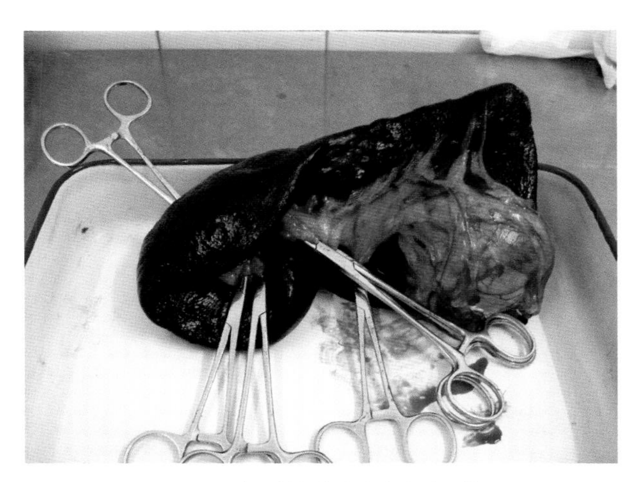

图 13-17-5　切除的脾脏（袁占奎　供图）

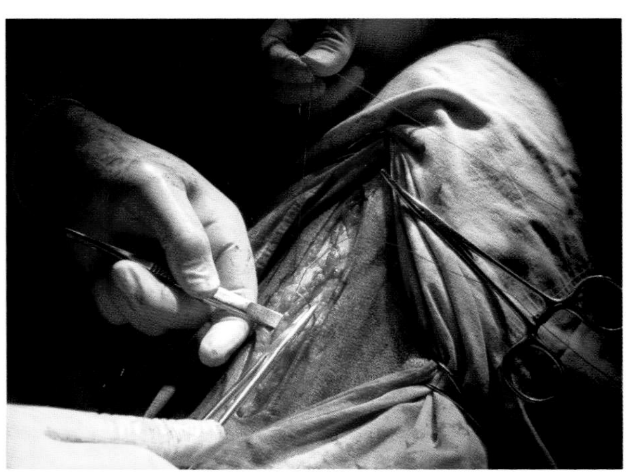

图 13-17-6　将网膜复位，用薇乔 0 号常规闭合腹腔（袁占奎　供图）

## 四、术后护理和并发症

脾切除后24h内，严密监测患犬，观察有无术后出血。根据患犬状态积极采取内科治疗，持续进行输液治疗；贫血患犬输氧，必要时输血。术后佩戴伊丽莎白圈，保护伤口，术后10~12d拆线。

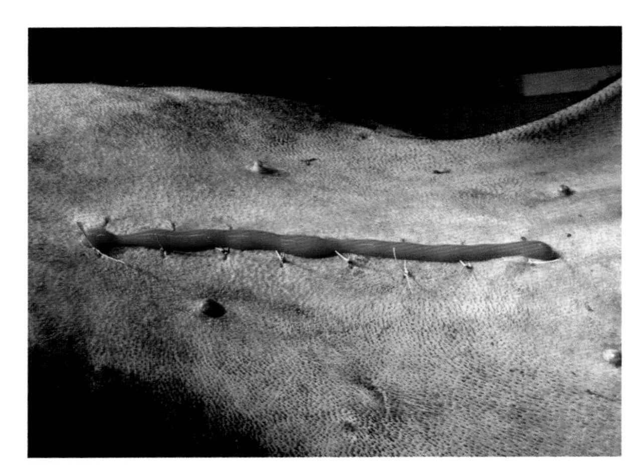

图13-17-7　创口涂抹聚维酮碘软膏，常规包扎（袁占奎 供图）

# 第十八节　公犬膀胱切开术

## 一、适应证

膀胱切开术适用于取出膀胱结石和可冲回膀胱的尿道结石（图13-18-1）、修补膀胱创伤、对膀胱肿物进行切除或活检，或纠正某些先天性畸形（如输尿管异位和膀胱脐尿管憩室）以及评估治疗无效的尿道感染等。临床最常用于取出膀胱和尿道结石，下面以膀胱尿道结石为例演示公犬膀胱切开术。

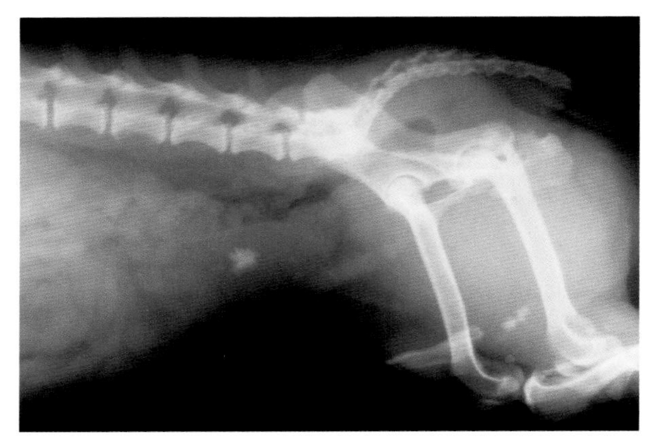

图13-18-1　一只4岁雄性吉娃娃犬的右侧位腹部X射线片。可见膀胱和阴茎部尿道有高密度结石，膀胱内有少量尿液（袁占奎 供图）

## 二、手术通路

公犬膀胱切开术施行阴茎旁皮肤和腹白线切开术；切开皮肤时，阴茎旁左侧或右侧均可，最常用右侧切开。必要时，需要向前至脐孔或向后至耻骨前缘扩大切口。

## 三、手术过程

患犬麻醉后仰卧保定，腹部剃毛和皮肤刷洗，并用生理盐水冲洗包皮腔（图13-18-2）。如果存在尿道结石，则行逆行性导尿（图13-18-3、图13-18-4），将尿道结石冲回膀胱；如果尿道结石不能冲回膀胱，视情况选择尿道切开术或尿道造口术。导尿成功后，用生理盐水冲洗膀胱，至冲洗液清亮，排空膀胱，随少量冲水拔出导尿管。再次刷洗和消毒术部皮肤，铺盖创巾；在阴茎旁右侧切开皮肤，可见腹壁后浅动、静脉，视情况结扎或牵拉一侧；分离皮下脂肪，显露腹白线，然后切开（图13-18-5）。

暴露腹腔后，使用组织钳钳夹膀胱顶或直接用手取出膀胱，检查膀胱颈背侧的输尿管末端后，使用无菌纱布进行隔离，助手同时经尿道口插入灭菌的红色橡胶导尿管（图13-18-6），导尿管尖端至膀胱颈口。在靠近膀胱顶的膀胱腹侧少血管处通过压切的方式切开膀胱壁（图13-18-7）；如果膀胱结石很大，也可以抓握结石通过滑切的方式切开膀胱；视情况使用手术剪扩大膀胱切口。经膀胱切口夹出大部分结石（图13-18-8），然后经导尿管冲洗膀胱；大部分结石冲出后，将导尿管退至尿道远端，继续冲洗，然后再进入近端冲洗，至结石冲洗干净（图13-18-9）。拔出橡胶导尿管，留置双腔导尿管（图13-18-10、图13-18-11）。用3-0或4-0可吸收线简单间断或简单连续缝合膀胱浆膜、肌层和黏膜下层闭合膀胱切口（图13-18-12），缝线避免穿透膀胱黏膜，以免促进结石复发。膀胱表面使用生理盐水冲洗后，去除隔离纱布（图13-18-13），将膀胱还纳腹腔。依次缝合腹直肌外腱鞘、皮下脂肪、皮下组织和皮肤后闭合腹壁切口，穿戴手术衣包扎伤口，连接引流袋，固定双腔导尿管（图13-18-14）；收集结石送检（图13-18-15）。

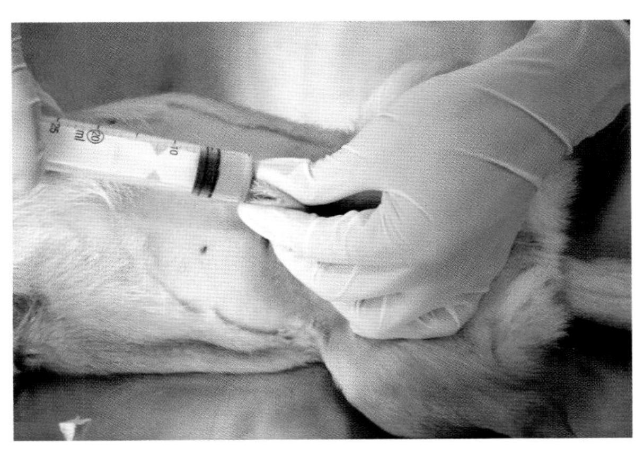

图 13-18-2　将犬麻醉后对脐孔至阴囊后大面积剃毛，并用生理盐水冲洗包皮腔（袁占奎 供图）

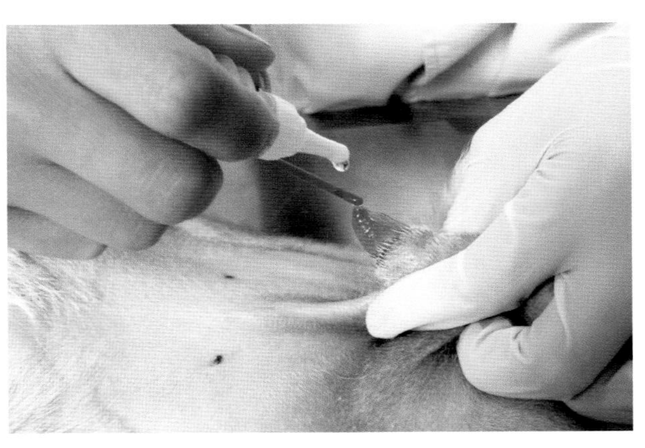

图 13-18-3　由于尿道内有结石，要先用红色橡胶导尿管进行导尿，插入导尿管前要先在导尿管上涂抹少量的利多卡因凝胶。要避免使用过粗或过硬的导尿管，否则对尿道黏膜的损伤会很严重（袁占奎 供图）

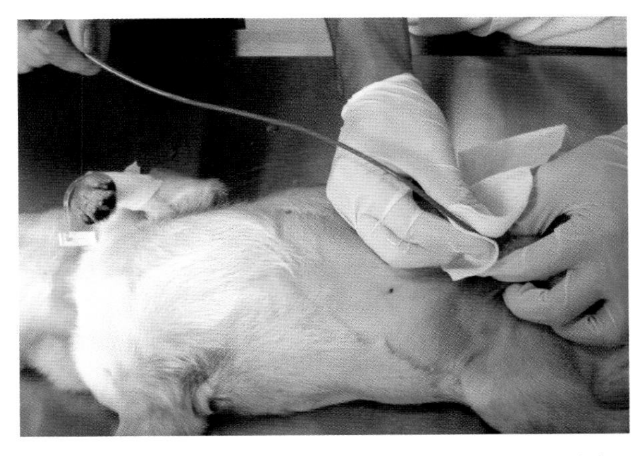

图 13-18-4　将导尿管插到梗阻处时，操作者垫无菌纱布块把阴茎头和导尿管捏在一起，助手配合冲水。如果能顺利将尿道内的结石冲入膀胱，则可仅实施膀胱切开术。冲走尿道内的结石后，要抽走膀胱内的尿液（袁占奎 供图）

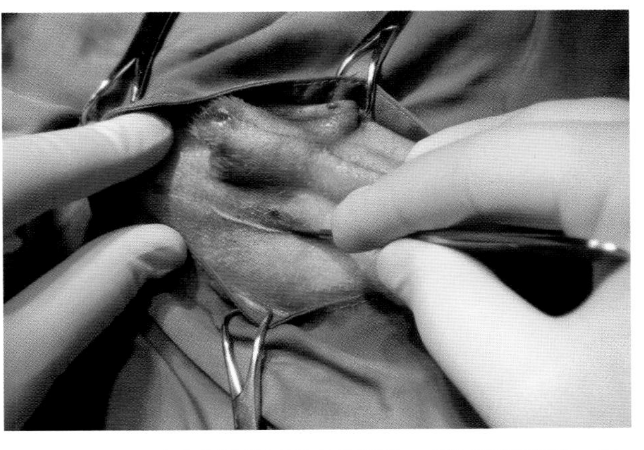

图 13-18-5　对手术部位用洗必泰刷洗，然后喷洒碘伏。手术的皮肤切口位于阴茎旁 1 ~ 2cm，分离皮下脂肪，找到腹中线并切开（袁占奎 供图）

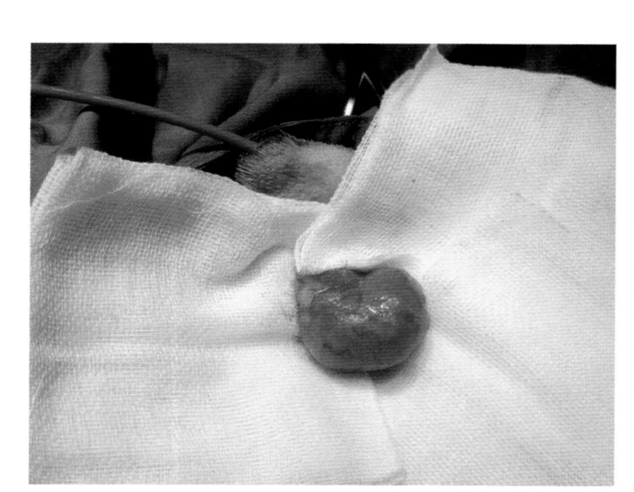

图 13-18-6　取出膀胱，用无菌纱布块进行隔离，同时插入灭菌的橡胶导尿管（袁占奎 供图）

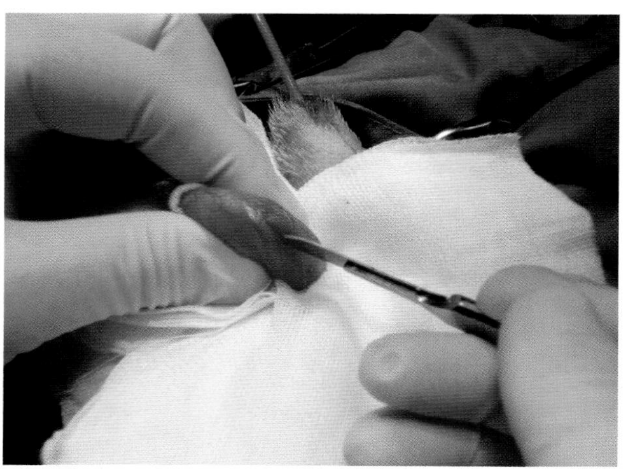

图 13-18-7　由于结石不大，只需在膀胱腹侧切个小口。膀胱的切口也可选在膀胱背侧或者膀胱顶，但在腹侧与网膜粘连的概率更小（袁占奎 供图）

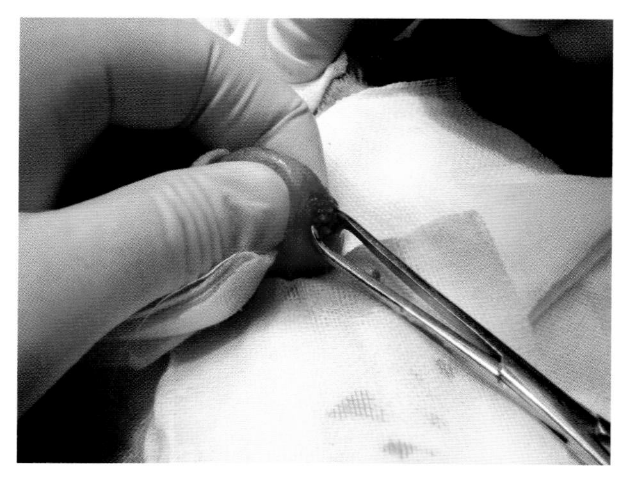

图 13-18-8　夹出膀胱内稍大块的结石（袁占奎 供图）

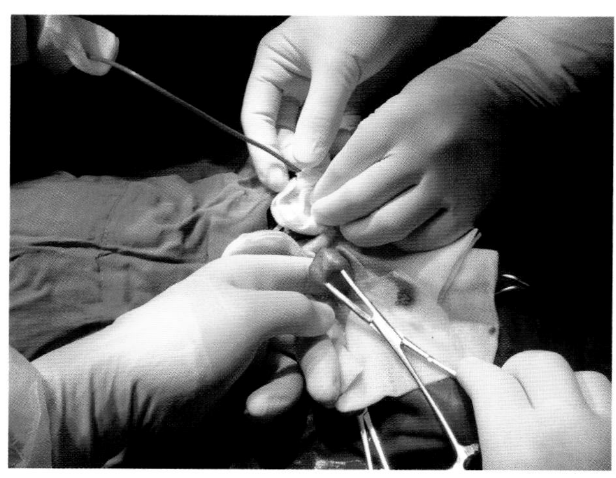

图 13-18-9　在助手的配合下用温生理盐水通过导尿管逆向冲洗，将尿道和膀胱内的结石冲出。冲洗要使用大量的生理盐水，并且至少要保证将 X 射线片上的结石完全冲出（袁占奎 供图）

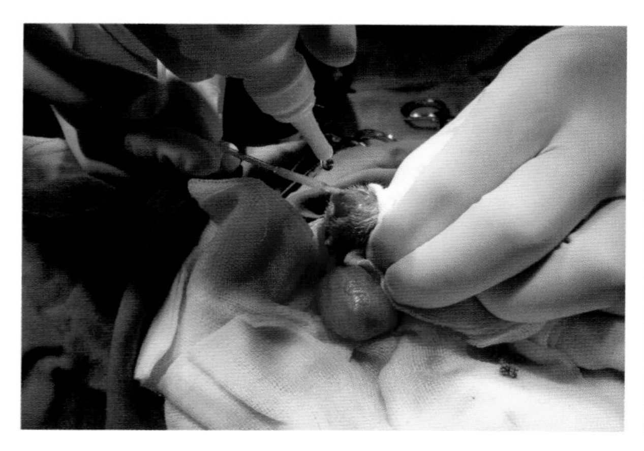

图 13-18-10　插入无菌双腔导尿管（袁占奎 供图）

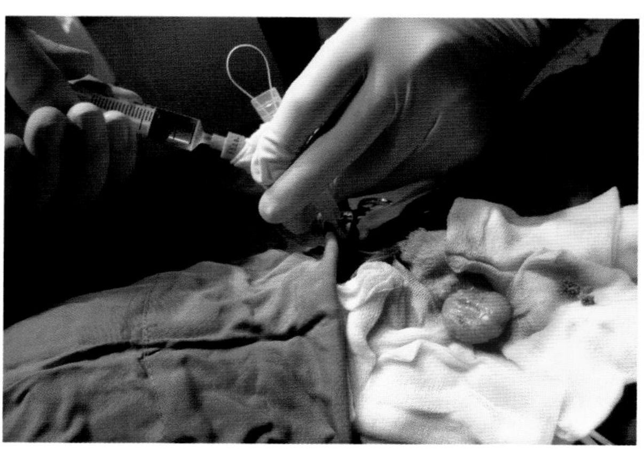

图 13-18-11　根据不同导尿管的规格用适量生理盐水冲起导尿管头的囊（袁占奎 供图）

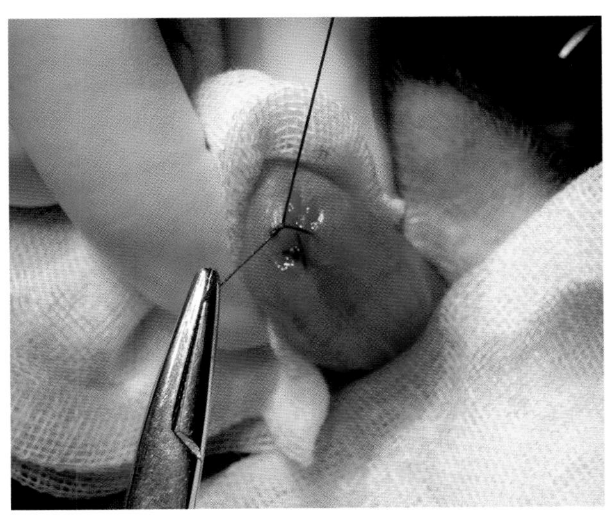

图 13-18-12　用保护薇乔 4-0 或 3-0 缝线结节对合缝合膀胱。为了防止结石的复发，要尽量避免将缝线穿透膀胱内黏膜，更要避免用丝线缝合（袁占奎 供图）

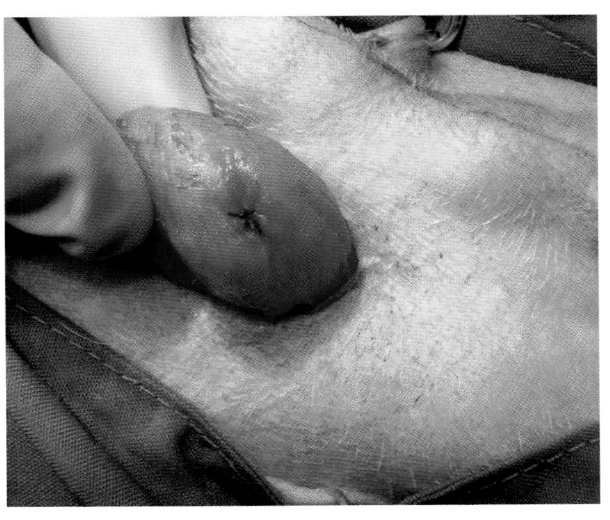

图 13-18-13　图为缝合好的膀胱。将膀胱用生理盐水冲洗后还纳入腹腔，并用保护薇乔 3-0 缝线常规闭合腹腔（袁占奎 供图）

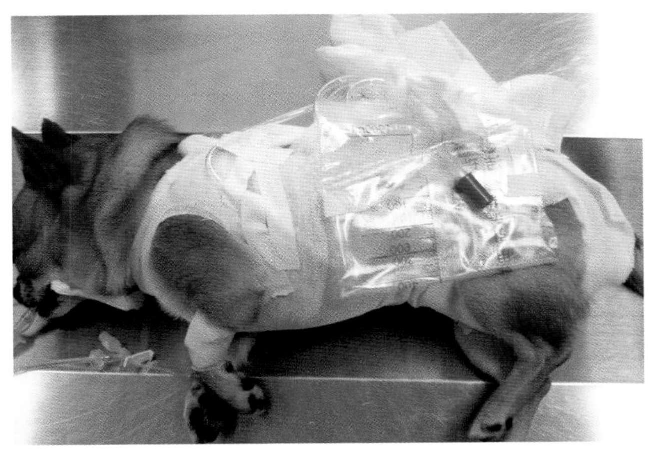

图 13-18-14　对创口进行包扎，并在双腔导尿管上连接闭合的引流袋。一般导尿管只需要留置 3~5d。在欧美等国家进行膀胱切开术后并不留置导尿管，主要是由于导尿管的留置会刺激尿道，并易引发上行性膀胱尿道感染（袁占奎 供图）

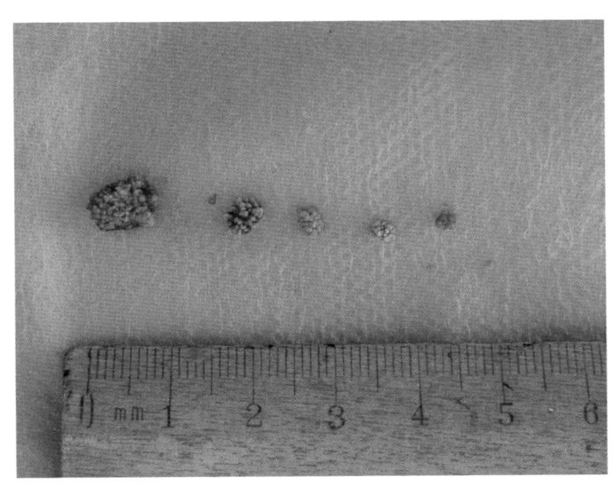


图 13-18-15　图为取出的结石（袁占奎 供图）

## 四、术后护理和并发症

膀胱切开术很少有严重的并发症，部分患犬可能出现暂时性血尿和排尿困难。术后输液利尿，双腔导尿管一般留置3~5d，其间注意观察引流袋中是否有尿。如果膀胱壁正常，膀胱尿道结石术后可以不留置双腔导尿管，以免刺激尿道，继发上行性膀胱尿道感染。术后给犬佩戴伊丽莎白圈，保护导尿管和伤口，术后10~12d拆线。

# 第十九节　母犬膀胱切开术

## 一、适应证

与公犬膀胱切开术的适应证相同，也用于取出膀胱结石和可冲回膀胱的尿道结石（图 13-19-1）、修补膀胱创伤、对膀胱肿物进行切除或活检，或纠正某些先天性畸形（如输尿管异位和膀胱脐尿管憩室）以及评估治疗无效的尿道感染等。临床最常用于取出膀胱和尿道结石，下面以膀胱尿道结石为例演示母犬膀胱切开术。

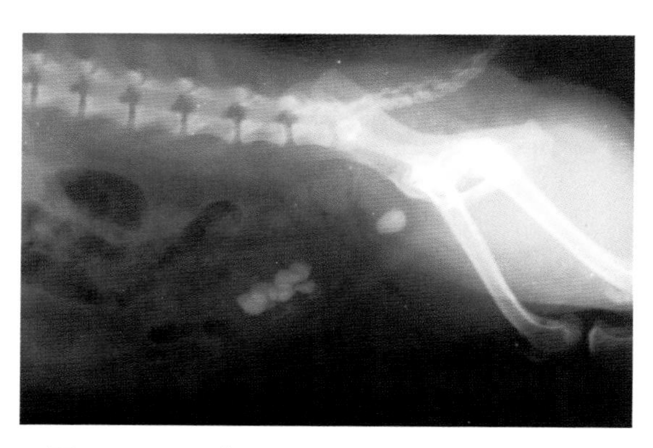

图 13-19-1　图为一只 7 岁雌性北京犬的侧位 X 射线片。可见膀胱内有大量高密度结石，尿道中也有一块结石（袁占奎 供图）

## 二、手术通路

母犬膀胱切开术选择后腹部腹中线切开术，必要时，需要向前至脐孔或向后至耻骨前缘扩大切口。

## 三、手术过程

患犬麻醉后仰卧保定，腹部剃毛（图 13-19-2），并用生理盐水冲洗阴道前庭。使用红色橡胶导尿管逆行性导尿，将尿道结石冲回膀胱；并生理盐水冲洗膀胱，至冲洗液清亮。母犬的膀胱结石大部分与感染有关，而且存在很多泥沙状结石或结晶，术前的膀胱冲洗对于减轻膀胱内感染以及去除泥沙状结石或结晶非常重要，可以极大降低术中膀胱冲洗的工作量，并减少感染的机会。术中暂时留置红色橡胶导尿管。刷洗和消毒术部皮肤，铺盖创巾；沿后腹部腹中线切开（图 13-19-3），显露腹腔。

暴露腹腔后，使用组织钳钳夹膀胱顶或直接用手取出膀胱，检查膀胱颈背侧的输尿管末端后，使用无菌纱布进行隔离（图 13-19-4）。在靠近膀胱顶的膀胱腹侧少血管处通过压切的方式切开膀胱壁（图 13-19-5）；如果膀胱结石很大，也可以抓握结石通过滑切的方式切开膀胱；视情况使用手术剪扩大膀胱切口。经膀胱切口挤出或夹出大部分结石（图 13-19-6），然后经导尿管冲洗膀胱（图 13-19-7）；大部分结石冲出后，然后换用无菌橡胶导尿管正向冲洗膀胱（图 13-19-8），至结石冲洗干净。经膀胱切口插入末端开口的导管，至外阴处引导留置双腔导尿管（图 13-19-9）。用 3-0 或 4-0 可吸收线简单间断或简单连续缝合膀胱浆膜、肌层和黏膜下层闭合膀胱切口（图 13-19-10），缝线避免穿透膀胱黏膜，以免结石复发。膀胱表面使用生理盐水冲洗后，去除隔离纱布，将膀胱还纳腹腔（图 13-19-11）。依次缝合腹直肌外腱鞘、皮下脂肪、皮下组织和皮肤后闭合腹壁切口（图 13-19-12），穿戴手术衣包扎伤口，连接引流袋，固定双腔导尿管（图 13-19-13、图 13-19-14）；收集结石送检（图 13-19-15）。

## 四、术后护理和并发症

膀胱切开术很少有严重的并发症，部分患犬可能出现暂时性血尿和排尿困难。术后输液利尿，积极治疗膀胱感染。双腔导尿管一般留置3~5d，其间注意观察引流袋中是否有尿。如果膀胱壁正

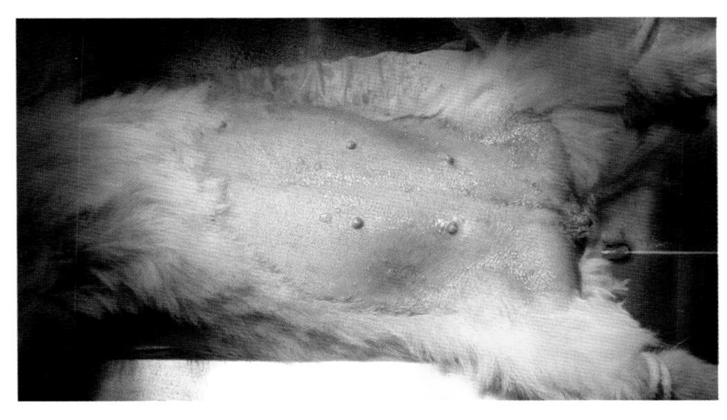

图 13-19-2　将患犬全身麻醉后仰卧保定。剑状软骨至阴门部大面积剃毛消毒（袁占奎　供图）

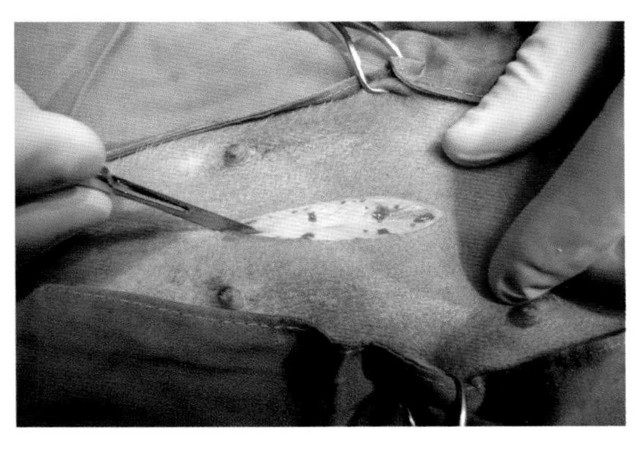

图 13-19-3　经耻骨前 3~5cm 腹中线，打开腹腔（袁占奎　供图）

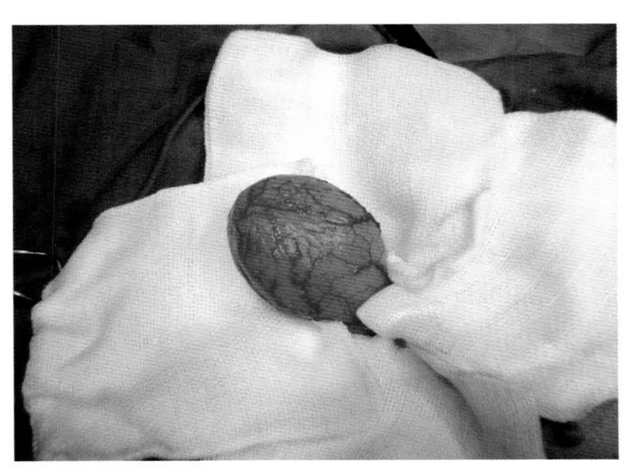

图 13-19-4　将膀胱用组织钳或者手指拉出腹腔，并用小方巾或者纱布块进行充分隔离（袁占奎　供图）

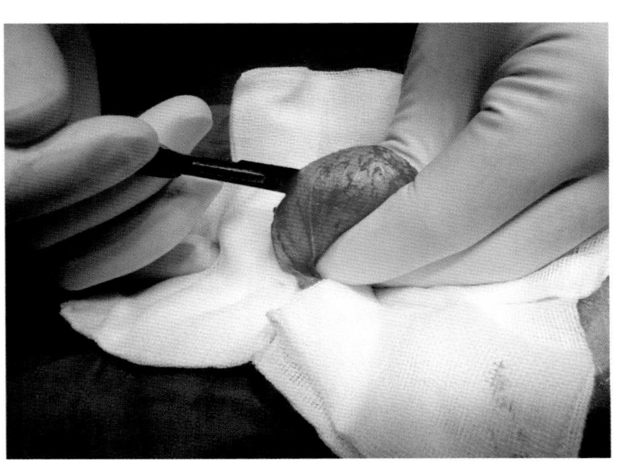

图 13-19-5　在膀胱腹侧的无血管区切开，切口大小视最大的结石而定（袁占奎　供图）

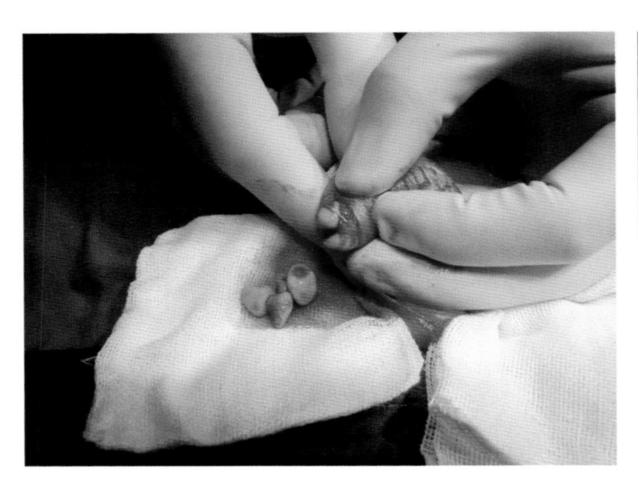

图 13-19-6　通过压挤，或用组织钳、止血钳或者锐匙取出尽可能多的结石（袁占奎　供图）

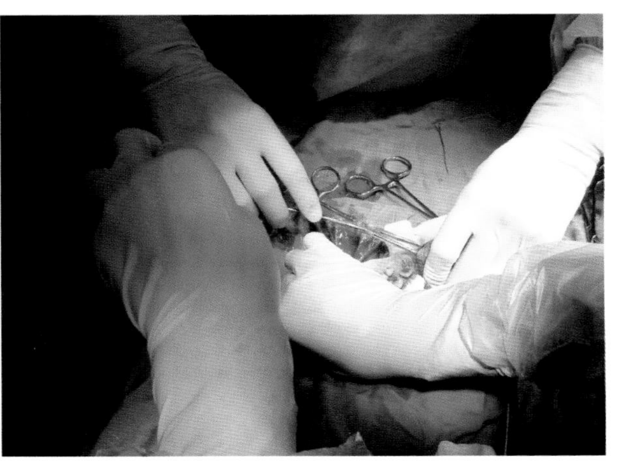

图 13-19-7　先通过导尿管从尿道用大量温热生理盐水对膀胱和尿道进行逆向冲洗，要尽可能保证冲出所有的结石（袁占奎　供图）

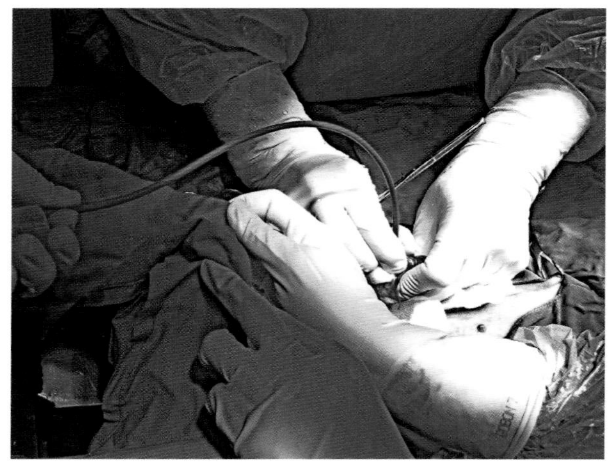

图 13-19-8　用红色橡胶导尿管用温热生理盐水顺向对膀胱和尿道进行冲洗，以冲出膀胱和尿道以及阴道末端残留的小颗粒结石（袁占奎　供图）

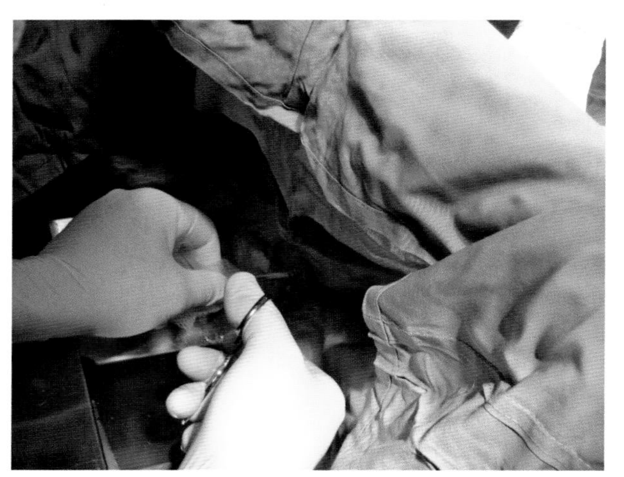

图 13-19-9　放置双腔导尿管（袁占奎　供图）

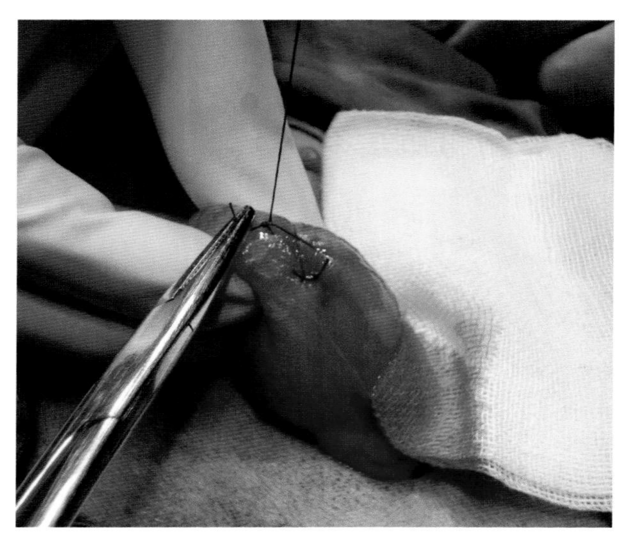

图 13-19-10　用保护薇乔 4-0 或 3-0 缝线间断伦勃特缝合膀胱（袁占奎　供图）

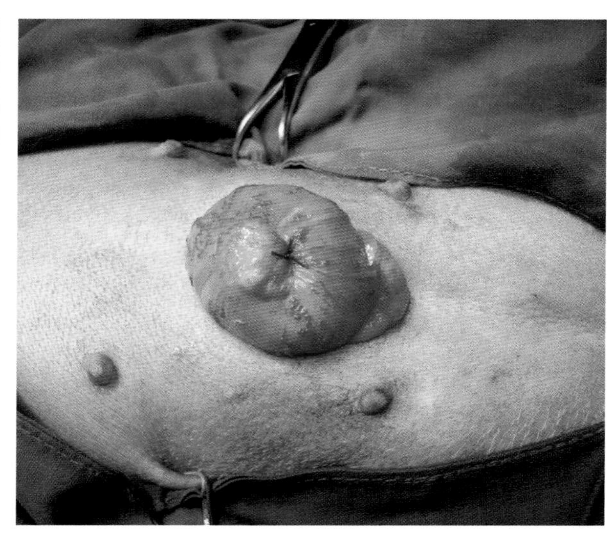

图 13-19-11　缝合好后的膀胱。进行冲洗后将其还纳腹腔，一定要避免结石残留在创口（袁占奎　供图）

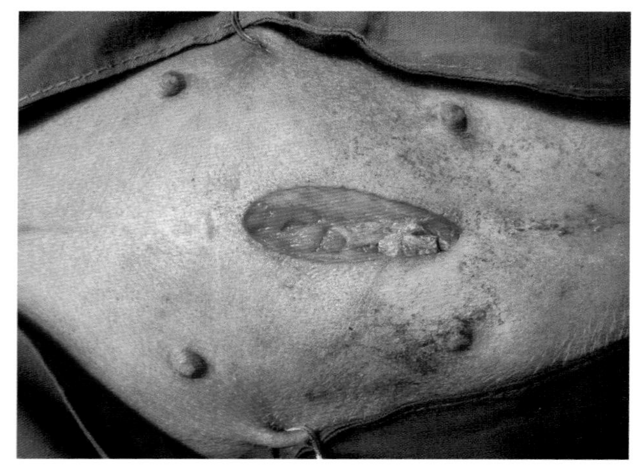

图 13-19-12　用保护薇乔 3-0 缝线常规闭合腹腔（袁占奎　供图）

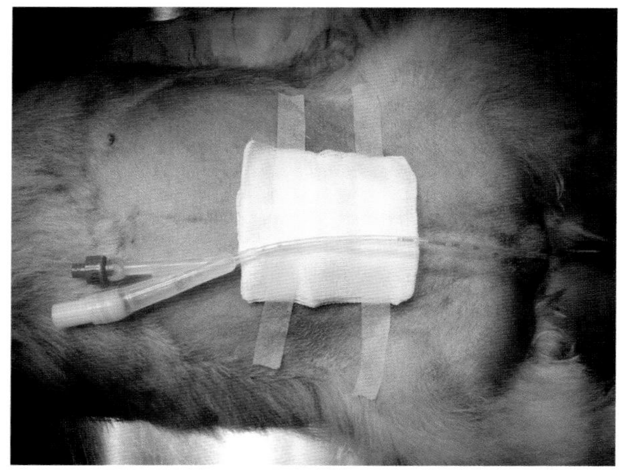

图 13-19-13　在创口涂抹抗生素软膏，进行包扎，并将导尿管连接在密闭的引流袋上（袁占奎　供图）

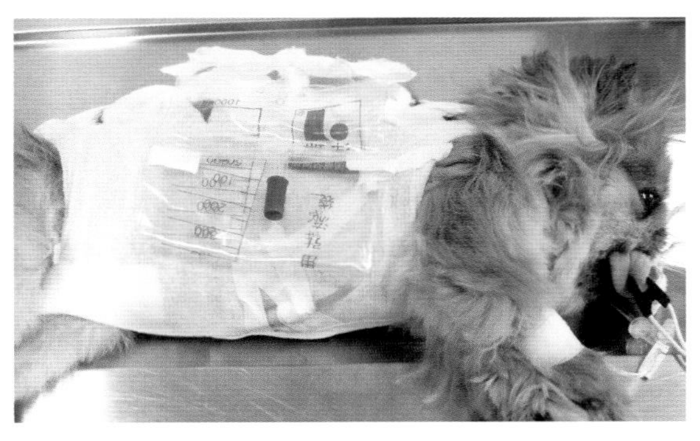

图 13-19-14　包扎好后的犬（袁占奎 供图）

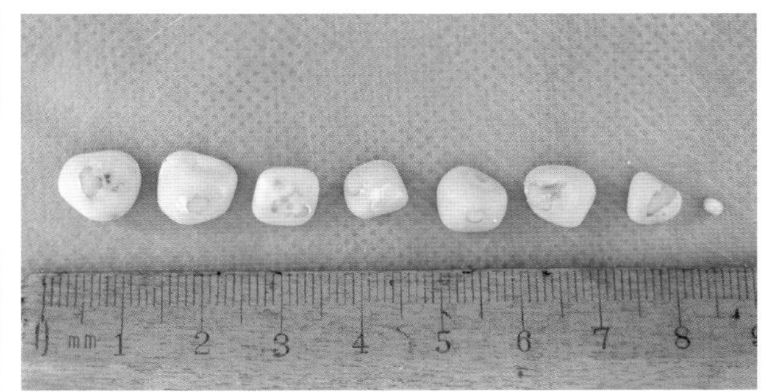


图 13-19-15　取出的结石（袁占奎 供图）

常，膀胱尿道结石术后可以不留置双腔导尿管，以免刺激尿道，继发上行性膀胱尿道感染。术后给犬佩戴伊丽莎白圈，保护导尿管和伤口，术后10～12d拆线。

# 第二十节　尿道切开术

## 一、适应证

尿道切开术适用于取出公犬的尿道结石，当结石不能被逆向冲回膀胱时采用；还可用于协助将导尿管放入膀胱。偶尔可应用尿道切开术对梗阻的病灶（如狭窄、瘢痕组织和肿瘤）进行活检。

## 二、手术通路

根据尿道结石阻塞的位置，可施行阴囊前或会阴部尿道切开术。相对而言，会阴部尿道更粗，大部分的尿道结石可以逆行冲回膀胱，临床更常见阴囊前尿道切开术。

## 三、手术过程

患犬麻醉后仰卧保定，后腹部剃毛，使用生理盐水冲洗包皮腔，刷洗和消毒皮肤，铺盖创巾（图13-20-1）。用食指和拇指于阻塞处阴茎腹侧捏住阴茎，使皮肤保持紧张，用刀片沿皮肤腹侧中线切开（图13-20-2）。借助创巾钳提起阴茎（图13-20-3）。分离覆盖尿道腹侧的筋膜，并将阴茎退缩肌部分游离（图13-20-4）。将阴茎退缩肌拉到一侧，显露尿道腹侧，用手术刀片在结石堵塞处的正中切开尿道（图13-20-5），取出结石（图13-20-6）。经尿道口插入小型号双腔导尿管（图13-20-7），使用4-0至5-0可吸收线简单间断或简单连续缝合尿道黏膜和纤维膜（图13-20-8），既加强对合，又减少尿道海绵体出血。然后再缝合皮肤组织和皮肤（图13-20-9至图13-20-11）。收集结石

（图13-20-12），包扎伤口，连接和固定引流袋（图13-20-13）。

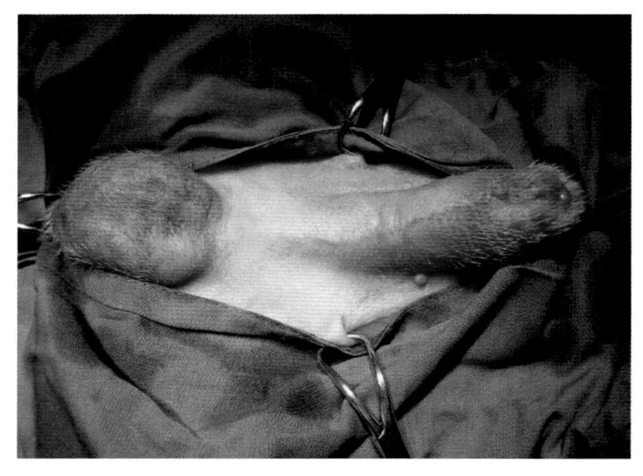

图 13-20-1　患犬全身麻醉，仰卧保定，后腹大面积剃毛消毒（袁占奎 供图）

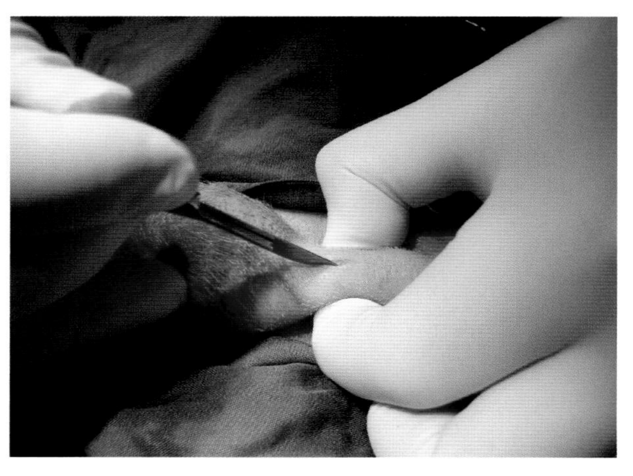

图 13-20-2　用食指和拇指于阴茎腹侧捏住阴茎，使皮肤保持紧张，并要尽量避免皮肤的移位。用刀片沿皮肤腹侧中线切开（袁占奎 供图）

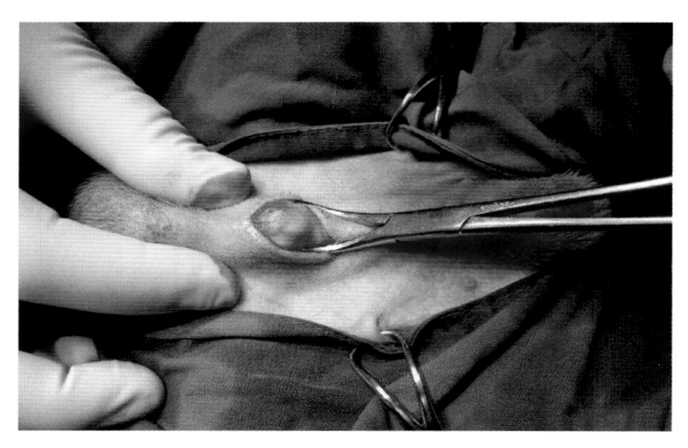

图 13-20-3　借助创巾钳提起阴茎（袁占奎 供图）

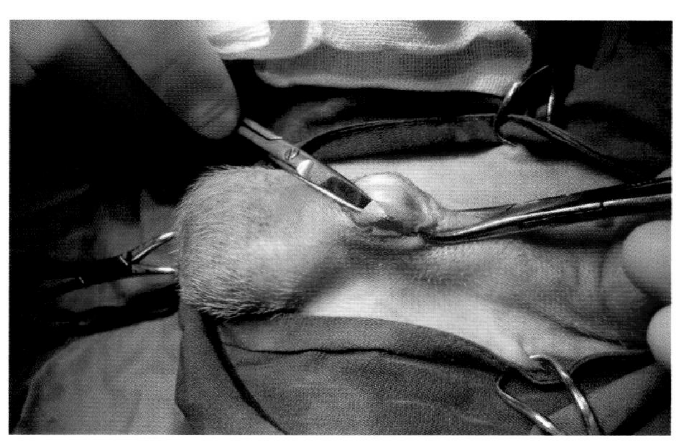

图 13-20-4　分离覆盖于尿道腹侧的筋膜，并将阴茎退缩肌部分游离（袁占奎 供图）

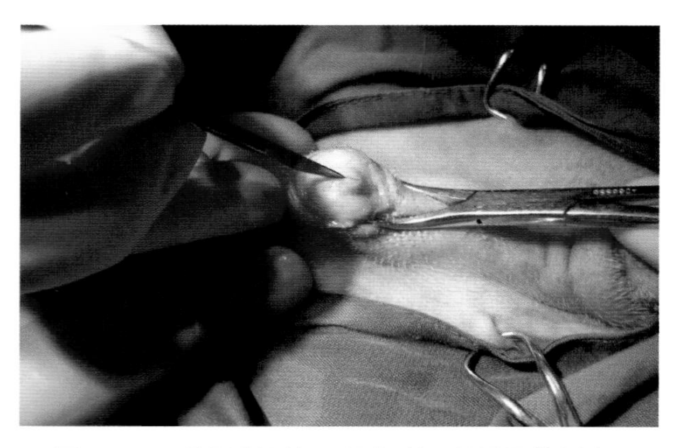

图 13-20-5　将阴茎退缩肌移到一边，显露尿道腹侧，用刀片在结石堵塞处的正中切开尿道（袁占奎 供图）

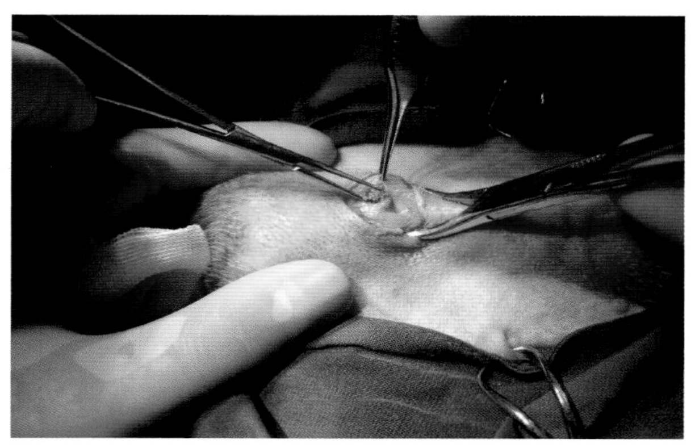

图 13-20-6　用小止血钳取走结石（袁占奎 供图）

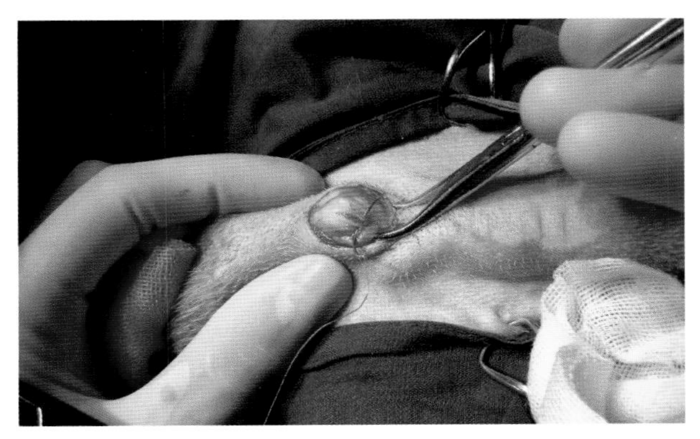

图 13-20-7　经尿道口插入双腔导尿管，可留置 3 ～ 5d（袁占奎　供图）

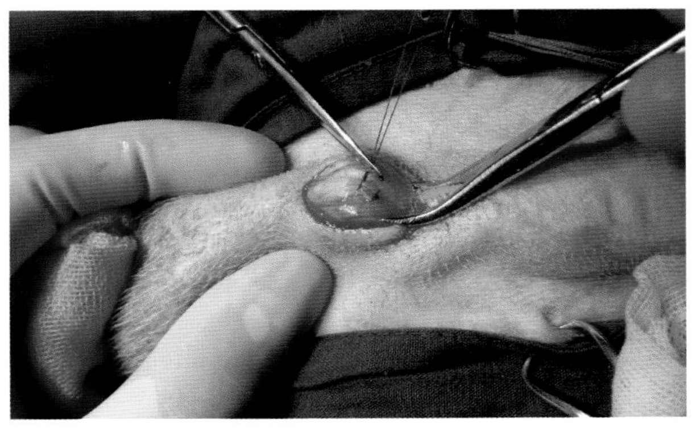

图 13-20-8　用 5-0 或 4-0 无损伤可吸收缝线结节缝合尿道黏膜下组织。切开要对合良好，也要避免缝合过紧。可不穿透尿道黏膜，以免尿道过度狭窄（袁占奎　供图）

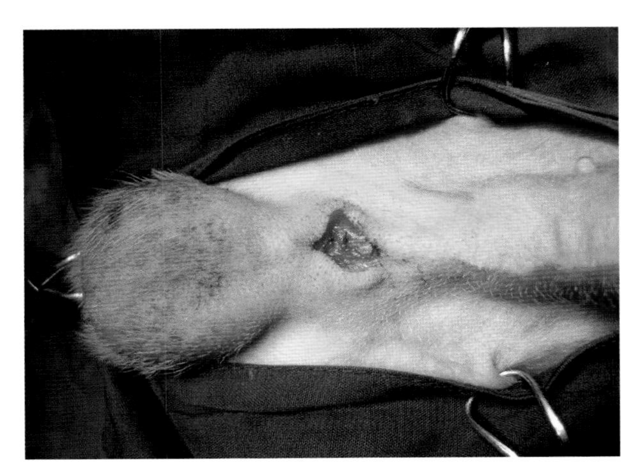

图 13-20-9　缝合皮下组织（袁占奎　供图）

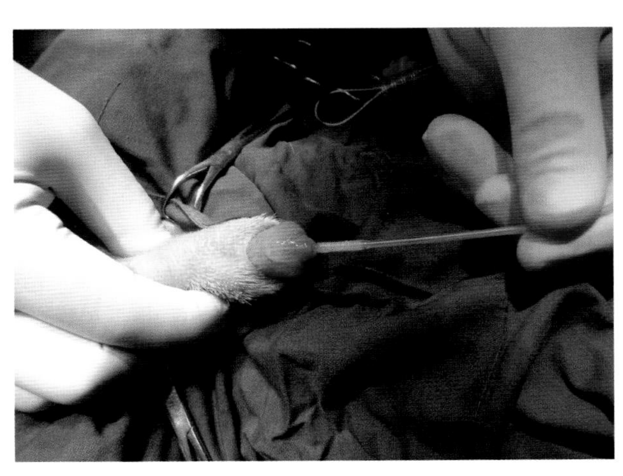

图 13-20-10　缝合皮肤（袁占奎　供图）

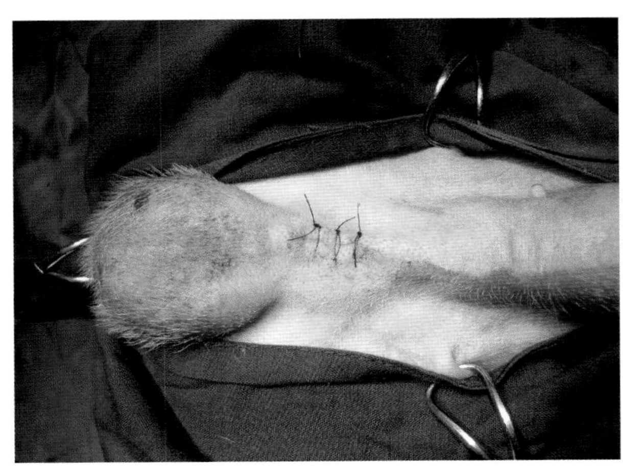

图 13-20-11　缝合好后的效果（袁占奎　供图）

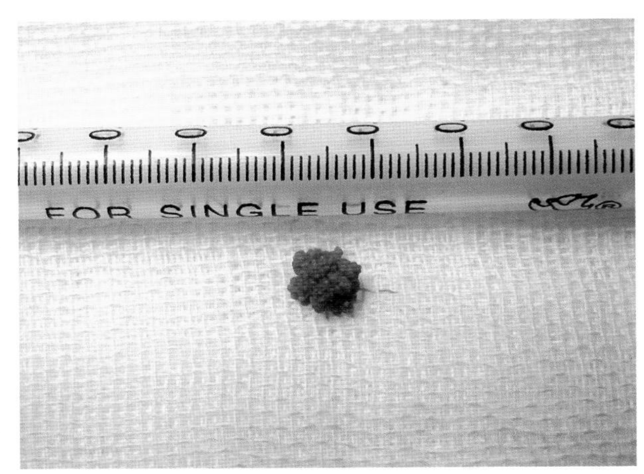


图 13-20-12　取出的结石（袁占奎　供图）

## 四、术后护理和并发症

尿道切开术后可能会短时间内立即出血或排尿后出血，也可能发生尿道狭窄。双腔导尿管一般留置3~5d，其间注意观察引流袋中是否有尿。拆除导尿管后，如果不能排尿，确认为尿道狭窄所致，需要行尿道造口补救。术后给犬佩戴伊丽莎白圈，保护导尿管和伤口，术后10~12d拆线。

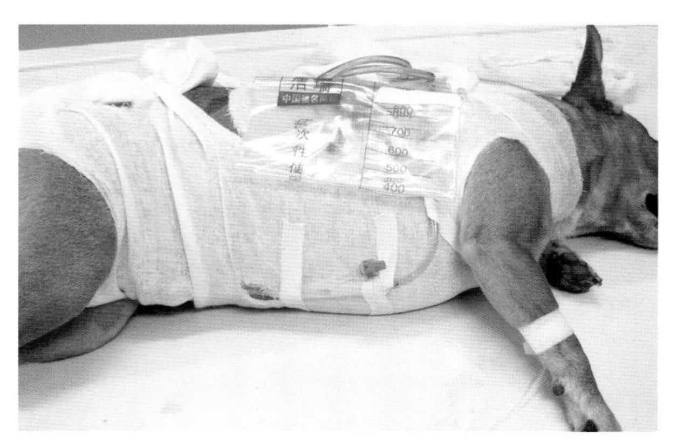

图 13-20-13 包扎好后的状况（袁占奎 供图）

# 第二十一节 公犬阴囊部尿道造口术

## 一、适应证

尿道造口术适用于药物治疗无效的复发性阻塞性结石，不能通过逆向冲水或尿道切开术取出的结石，尿道狭窄、尿道或阴茎肿瘤或严重创伤以及需要进行阴茎截除术等。

## 二、手术通路

根据病灶的不同部位，对犬可采取阴囊前、阴囊基部、会阴部或耻骨前尿道造口术。造口的位置都在病灶的近端。如果要实施去势术，且病灶位于阴囊远端，那么阴囊基部尿道造口术是首选。因为公犬阴茎骨部尿道的结构特点，临床上最常见阴囊基部尿道远端尿道阻塞或狭窄，因此，阴囊基部尿道造口术最常用。与会阴部尿道造口术相比，阴囊基部的尿道直径足够且海绵体更薄，术中和术后的并发症更少。耻骨前造口相对而言，术后发生尿失禁和造口处尿灼伤的比例更高，除非是骨盆部尿道损伤，否则不作为常规操作进行。

## 三、手术过程

患犬麻醉后仰卧保定，后腹部剃毛，使用生理盐水冲洗包皮腔，刷洗和消毒皮肤，铺盖创巾（图13-21-1）。阴囊基部环形切开皮肤（图13-21-2）；初学者可在阴囊基部先画预订切开线，这样有助于对称切开。去除阴囊皮肤（图13-21-3），切开总鞘膜实施常规公犬去势术（图13-21-4），精索残端退回腹腔，结扎多余的总鞘膜后去除。分离覆盖于阴茎上方的筋膜，清晰显露阴茎退缩肌（图13-21-5）。将阴茎退缩肌与尿道腹侧分离（图13-21-6），显露尿道预切开位置。尿道切开的长度一般为2~4cm，后界是球海绵体肌。紧张阴茎，从尿道预切开位置的远端腹正中侧切开尿道（图13-

21-7）。尿道最开始切开时不易操作，可能不在腹正中侧，也可能伤及尿道背侧的黏膜和海绵体，从预切开位置的远端先切开不会影响造口处。切开尿道后，插入红色橡胶导尿管，然后再紧张尿道，向近端沿腹正中侧使用手术刀用滑切的方式切开至球海绵体肌，尿道纤维膜的切开范围略大于尿道黏膜（图13-21-8）。使用4-0或5-0可吸收线先将尿道近端造口处的黏膜与皮肤简单间断缝合，再将尿道切开范围中点的黏膜分别与左侧和右侧皮肤缝合（图13-21-9），然后缝合远端尿道切开起点的黏膜与皮肤；最后两侧分别简单连续或间断缝合尿道黏膜与周围皮肤，阴囊环形切口的前部皮肤简单间断缝合（图13-21-10）。视尿道海绵体出血情况，看是否一起带着尿道黏膜、纤维膜和皮肤一起缝合止血。拔出红色橡胶导尿管，留置小型号双腔导尿管，并包扎固定引流袋。

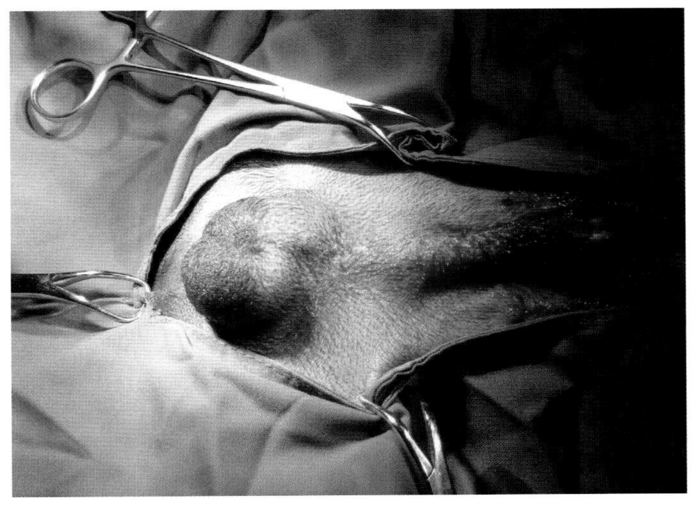

图13-21-1　一只8月龄的雪纳瑞犬全身麻醉，仰卧保定，后腹大面积剃毛消毒（袁占奎 供图）

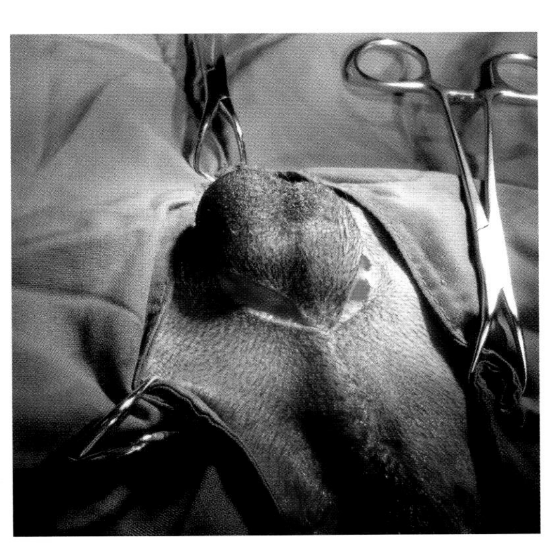

图13-21-2　围绕阴囊基部环形切开皮肤（袁占奎 供图）

图13-21-3　去除阴囊皮肤（袁占奎 供图）

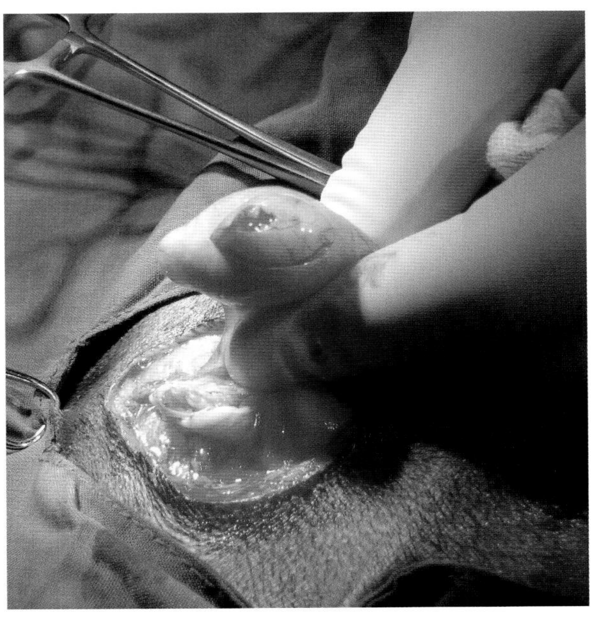

图13-21-4　实施常规去势术，并把多余的鞘膜结扎去除（袁占奎 供图）

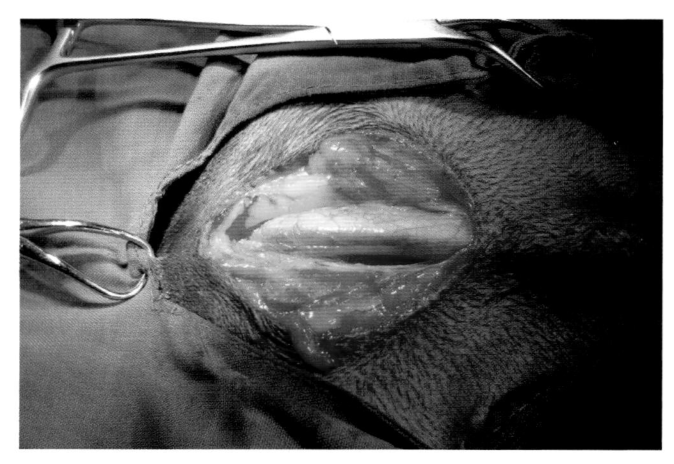

图 13-21-5　分离覆盖于阴茎上方的筋膜，直至看到阴茎退缩肌（袁占奎 供图）

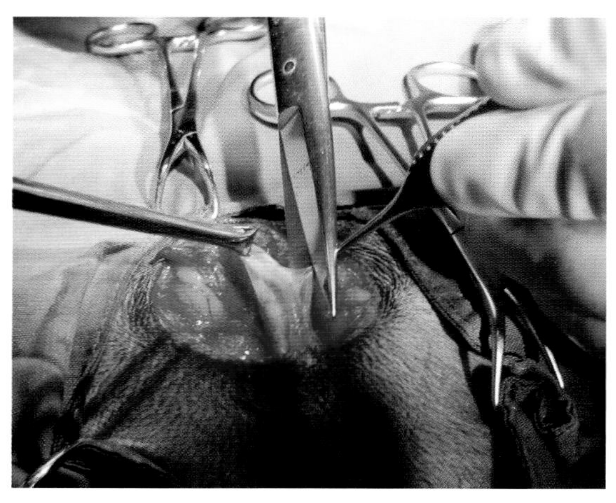

图 13-21-6　将阴茎退缩肌与尿道腹侧分离，显露要造口的区域（袁占奎 供图）

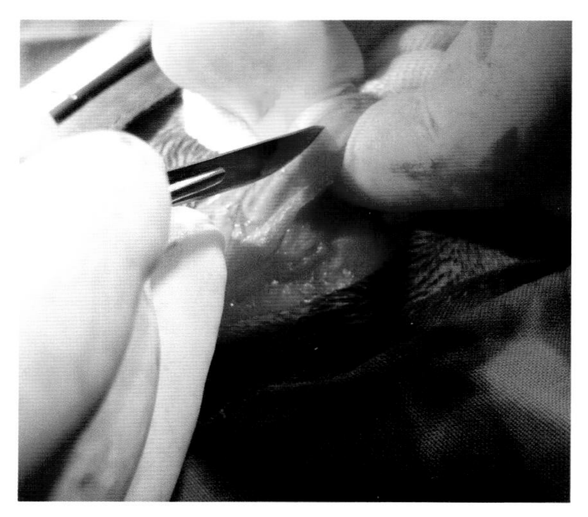

图 13-21-7　在尿道预切开位置的远端腹正中切开尿道（袁占奎 供图）

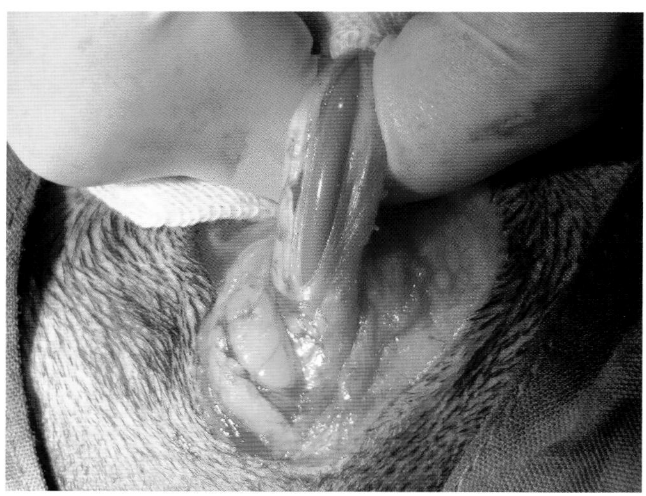

图 13-21-8　用刀片或者剪刀前后扩大尿道开口，后端开口要到与皮肤相当的位置。根据动物的体形大小，控制开口大小在 1.5 ~ 2.5cm（袁占奎 供图）

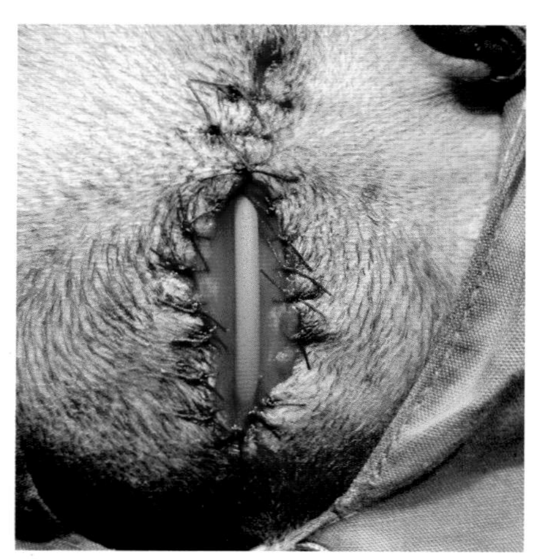

图 13-21-9　将尿道黏膜与皮肤结节缝合，使用 4-0 或 3-0 可吸收缝线。缝合不能过紧过密，但要对合良好（袁占奎 供图）

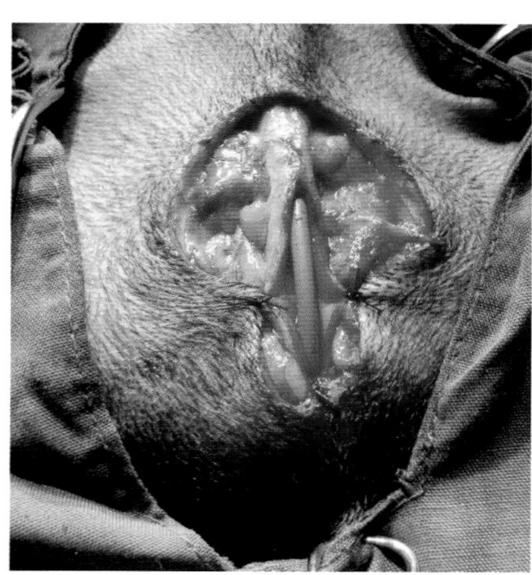

图 13-21-10　图为缝合以后的效果（袁占奎 供图）

## 四、术后护理和并发症

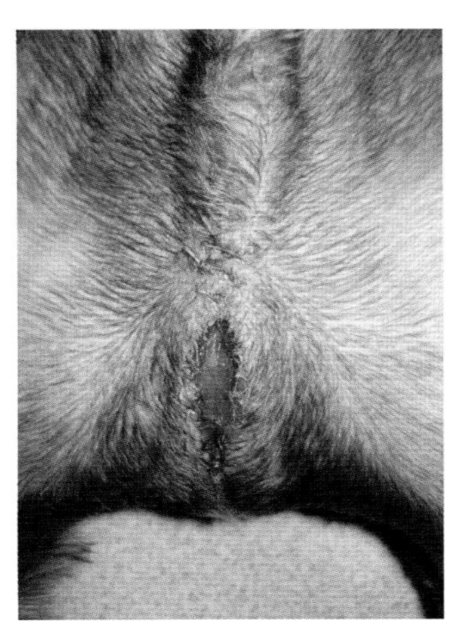

图 13-21-11 图为术后一周的效果（袁占奎 供图）

尿道造口术后可能会短时间内立即出血或排尿后出血，也可能发生造口处尿道狭窄。出血原因与缝合尿道海绵体或未将尿道黏膜、纤维膜和皮肤缝合一起止血有关。双腔导尿管一般留置3~5d，其间注意观察引流袋中是否有尿。如果黏膜与皮肤对合良好，且尿道海绵体制止出血有效，也可以不留置双腔导尿管。图13-21-11为阴囊基部术后1周的外观照片，可见少量脓性黏膜分泌物，没有明显的肿胀和结痂。术后给犬佩戴伊丽莎白圈，保护导尿管和伤口，术后10~12d拆线。

# 第二十二节 公犬去势术

## 一、适应证

公犬去势术是指公犬睾丸摘除术。去势术能够通过抑制公犬生育力来减少过度繁殖，并可能够降低公犬的攻击性、巡视行为以及不受欢迎的排尿行为。去势也有助于预防雄性激素相关性疾病，如睾丸肿瘤、前列腺疾病、肛周腺瘤和会阴疝等，也是某些手术或疾病的要求，如尿道造口术、前列腺部分切除、肛周腺瘤切除术、腹股沟阴囊、会阴疝、阴囊肿瘤、包皮肿瘤等。去势术的其他适应证包括先天性畸形、睾丸或附睾畸形以及控制内分泌异常等。

## 二、手术通路

去势术可采用阴囊基部前通路或会阴部阴囊基部后通路。阴囊基部前通路最常用且更容易操作，会阴部通路一般在仅在会阴部进行其他手术操作时进行。公犬阴囊皮肤非常敏感，一般不采用阴囊切口进行去势术。

## 三、手术过程

患犬麻醉后仰卧保定，后腹部剃毛，使用生理盐水冲洗包皮腔，刷洗和消毒皮肤，铺盖创巾（图13-22-1）。对阴囊部进行剃毛时要小心，避免造成阴囊皮肤的损伤，引起术后阴囊皮炎。术者站在患犬左侧，左手向阴囊基部前中线推挤睾丸，使皮肤紧张，右手持手术刀准备切开（图13-22-2）。切开皮肤和总鞘膜，整个过程中一直保持皮肤和睾丸紧张（图13-22-3），便于挤出睾丸。抓持睾丸，暴露由睾丸和附睾、总鞘膜、精索组成的三角区，用止血钳分离睾丸系膜（图13-22-4）。靠

近附睾用钳夹总鞘膜（图13-22-5），撕开附睾尾韧带，游离精索。精索自身打结（图13-22-6），或使用3-0或4-0可吸收线结扎，然后剪断精索去除睾丸（图13-22-7）。也可以使用超声刀或凯门刀切断精索去除睾丸。确认总鞘膜切口没有明显出血，将总鞘膜还纳阴囊。对侧同法切除睾丸（图13-22-8）。用3-0或4-0可吸收线简单间断缝合皮下组织和皮肤（图13-22-9）。

## 四、术后护理和并发症

与去势术相关的并发症可以通过良好的手术技术来预防，相关的严重并发症很罕见，可能出现阴囊肿胀、阴囊血肿、阴囊皮炎等，尤其是在大型犬和发情犬去势时，要格外注意。发生阴囊血肿和阴囊皮炎时，推荐阴囊切除术补救。相关高风险患犬去势时，建议行阴囊全切去势术。术后给犬佩戴伊丽莎白圈，保护伤口和阴囊，术后10~12d拆线。

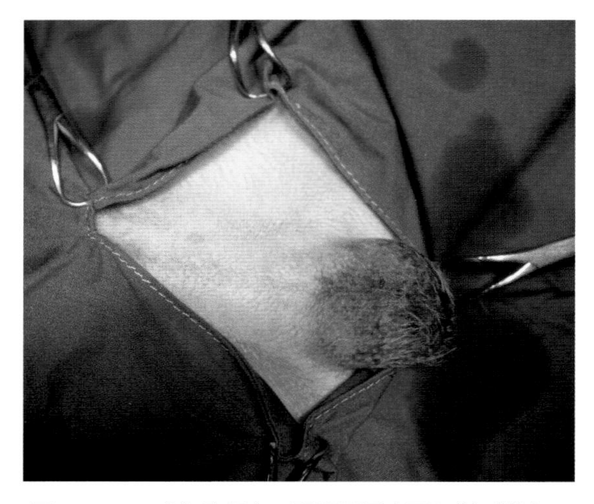

图 13-22-1　犬仰卧保定，阴囊周围大面积剃毛消毒。对阴囊部进行剃毛时要小心，避免造成阴囊皮肤的损伤，引起术后阴囊皮炎（袁占奎　供图）

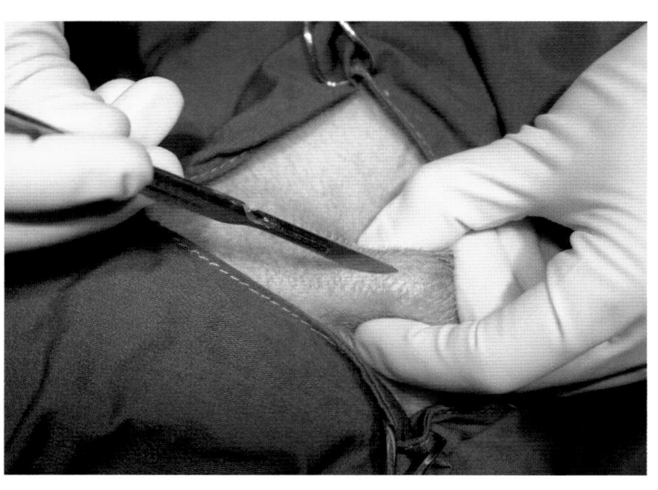

图 13-22-2　左手拇指和食指分布位于睾丸侧下方，中指位于睾丸后下方，将睾丸挤向阴囊前，并保持睾丸上的皮肤紧张，且位于中线。用刀片在中线切开皮肤以及鞘膜（袁占奎　供图）

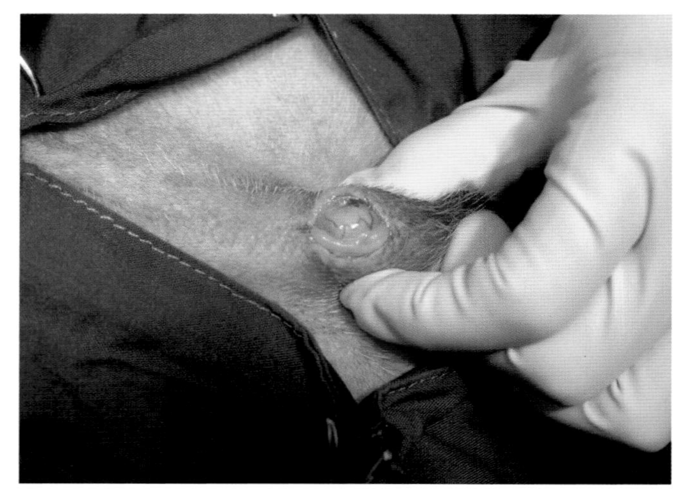

图 13-22-3　切开过程中要始终保持切开处皮肤的紧张性，这有助于取出睾丸（袁占奎　供图）

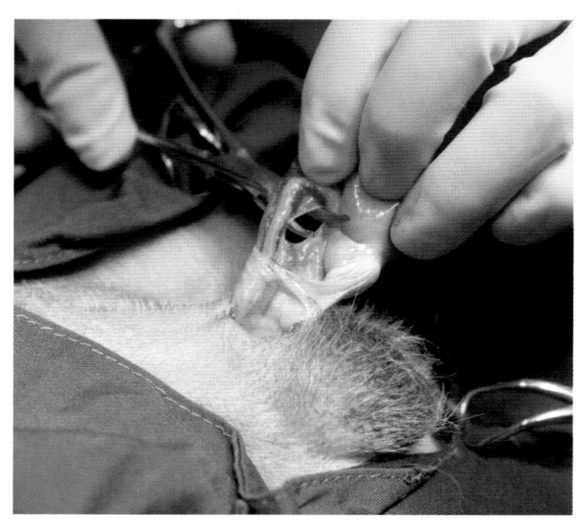

图 13-22-4　用止血钳分离精索（袁占奎　供图）

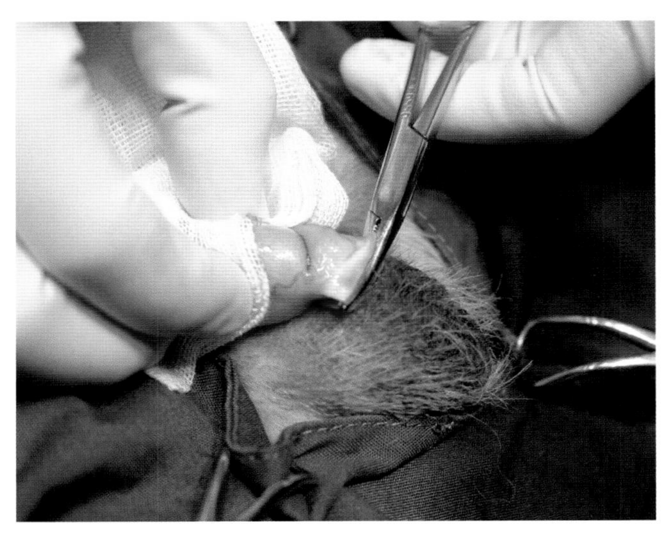
图 13-22-5　在睾丸尾部钝性撕开阴囊固有韧带（袁占奎　供图）

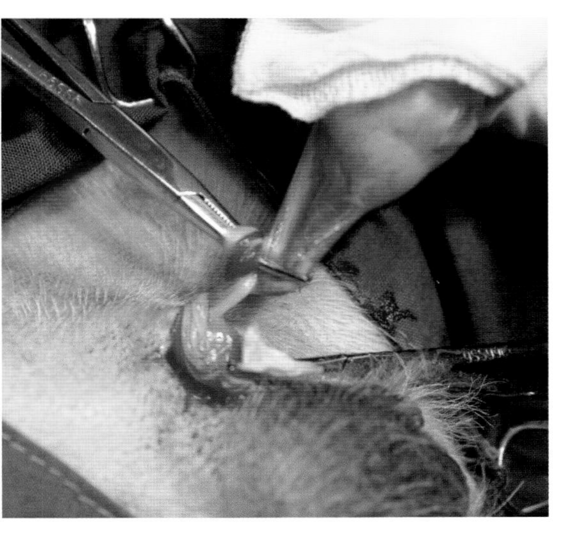
图 13-22-6　用止血钳将精索自身打结（袁占奎　供图）

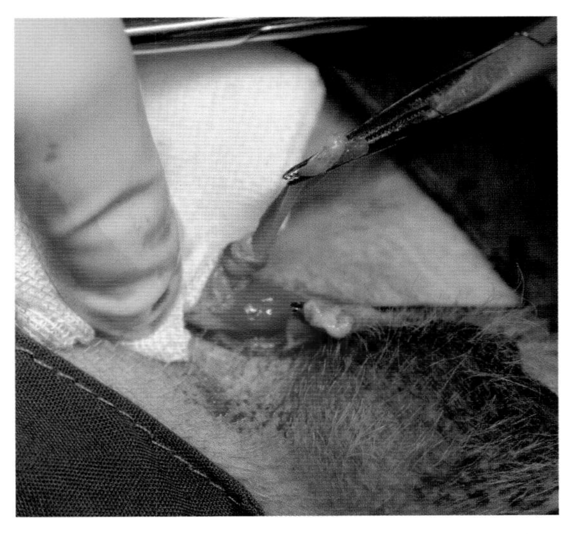
图 13-22-7　去掉睾丸，然后将结从止血钳推下，进行打结。打结过程中要避免过度牵拉精索，同时要打结确实（袁占奎　供图）

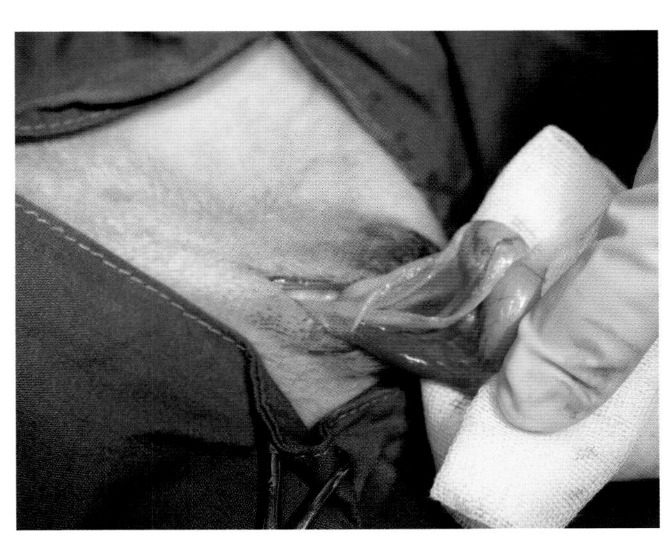
图 13-22-8　在同一皮肤切口通过阴囊中隔取出另一侧睾丸，以同样的方法进行切除（袁占奎　供图）

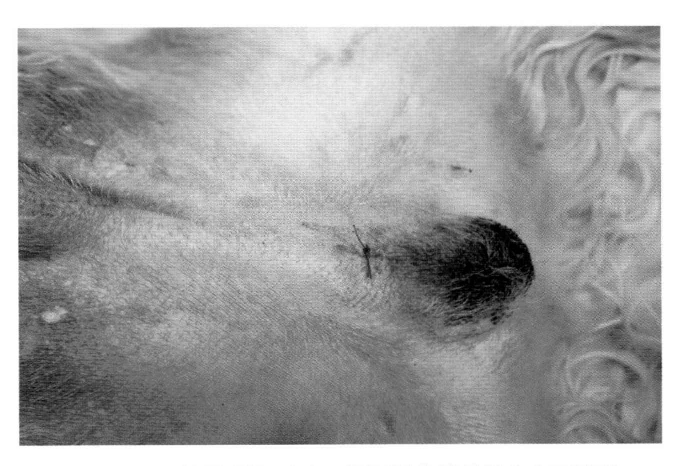
图 13-22-9　对创缘进行止血，用可吸收缝线缝合皮下筋膜，然后结节缝合皮肤或进行皮内缝合（袁占奎　供图）

# 第十四章

## 犬神经系统疾病

# 第一节　脑积水

脑积水这一术语通常用于描述颅内脑室系统的异常扩大。

## 一、病因

犬先天性脑内脑积水是最常见的脑部畸形，是由脑脊液（CSF）循环障碍引起的。除了胎儿的有害因素，如病毒感染外，遗传性原因也起作用。后者包括脑部畸形（斗牛犬）和与品种有关的头型，在短头型的品种中（如拳师犬或贵宾犬），由于颅内空间变窄，出现颅骨狭窄，导致CSF排泄问题。

脑积水可以是先天的，也可以是后天的。梗阻性脑积水的发生是由于CSF流出的位移或CSF吸收的障碍。引流管狭窄是最常见的先天性畸形。获得性狭窄可由炎症、肿瘤、肉芽肿或出血引起。

## 二、发病特点

犬先天性脑积水通常是对称的；相反，获得性脑积水通常是不对称的。先天性脑积水最常发生在玩具品种（吉娃娃犬、贵宾犬、斯皮茨犬、约克夏犬）和短头型品种（波士顿猎犬、英国斗牛犬、拉萨狮子犬、北京犬）。先天性脑积水的原因还没有完全阐明。有些犬种已知会出现无症状的脑室扩张。

## 三、临床症状

犬脑内脑积水可以在胎儿期或出生后表现出来临床症状。新生儿脑积水通常预期寿命较短且有神经功能缺陷，因为靠近脑室脑区的原因，如透明隔、海马、丘脑和下丘脑等都受到压力萎缩的影响。在该病的晚期表现中，犬最初发育正常，然后突然出现共济失调、行为改变或癫痫发作。

虽然脑积水的临床症状的严重程度与脑室扩张的程度没有必然联系，但是，它们反映了这一过程的突然发生、相关的ICP增加和可能的潜在疾病。当幼犬的颅腔呈穹窿状时，可以推测其有脑积水。这些犬通常表现出学习困难、行为改变（如强制绕圈和刻板印象、痴呆）和视觉障碍。随着病程进展，可能会出现癫痫发作。在患有脑积水的人和动物中已经到观察腹侧或外侧斜视，被称为“日落凝视”或下垂眼凝视，这是伴随脑积水的异常头骨构型所导致的。在先天性脑积水中，其病程通常是缓慢进行的，有些病患甚至在一段时间内保持稳定。然而，在一小部分病例中，由于脑室内出血，会出现急性、急剧恶化的症状。继发性脑积水伴有急性进行性症状。在这类病患中，很难区分原发疾病的症状和脑积水的症状。

## 四、诊断

### （一）实验室检查

实验室检查不能提供有关脑积水的明确诊断信息。

### （二）影像学检查

CT和MRI扫描是确认脑积水的首选方法。这两种方法都可以最佳地观察到脑室和脑实质，在继发性脑积水中可以提供关于潜在致病疾病的指示。在CT上，扩张的脑室与脑实质相比是低密度的（图14-1-1）。必须再次强调的是，临床症状的严重程度与脑室的大小并不相关，不能通过脑室扩张的程度来预测临床意义。

在有囟门未闭的幼犬中，超声可以通过这个“声学窗口”聚焦射束，以确定脑室的大小并诊断脑积水。

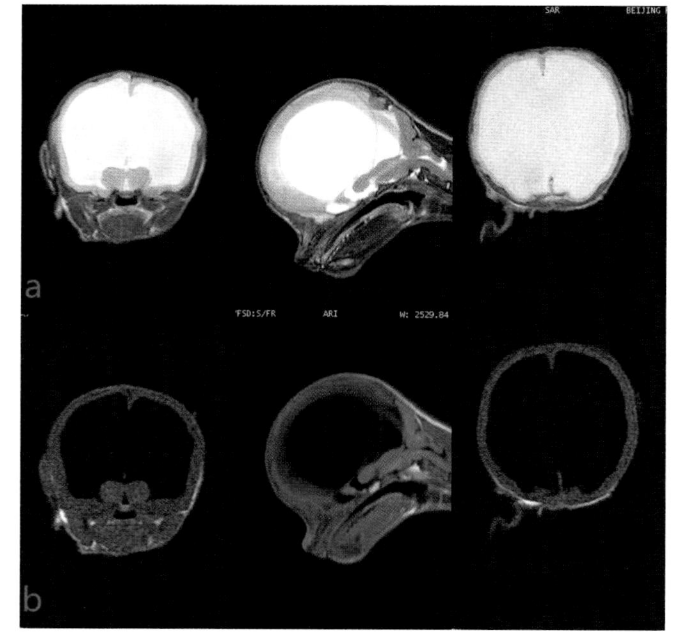

图 14-1-1　犬脑积水 CT 影像（姚海峰 供图）

## 五、防治

### （一）治疗

先天性脑积水的药物治疗目的在于减少CSF的产生。口服泼尼松，初始剂量为0.25~0.50 mg/kg，每12h一次，可减少CSF的产生。泼尼松应在数周内减至控制临床症状所需的最低剂量。呋塞米，一种利尿剂，通过抑制钠/钾共同转运系统减少CSF的产生。推荐的剂量范围是0.5~4.0mg/kg，PO，12~24h一次。乙酰唑胺是一种碳酸酐酶抑制剂，通常剂量为10mg/kg，PO，每6~8h一次。奥美拉唑是一种质子泵抑制剂，已被证明可以使犬的CSF分泌减少26%。犬的口服剂量为10mg（犬体重小于20kg）每24h一次，20mg（犬体重大于20kg）每24h一次。对于所有这些药物，建议将剂量递减到控制疾病临床症状所需的最低剂量，以避免产生严重的副作用。如果患病犬有癫痫发作活动，则应使用抗惊厥药物。先天性脑积水的药物治疗在轻度病例中可提供某种程度的疾病缓解，但从长期来看往往是失败的。在作出治疗决定时，应考虑长期皮质激素和/或利尿剂治疗的潜在副作用，以及药物治疗的疗效问题。当长期使用利尿剂时，特别是与皮质类固醇合用时，电解质耗竭（特别是钾）和脱水是令人担忧的问题。

脑积水手术治疗的目的是不断地将过多的CSF从脑室转移到腹腔或心脏的右心房。脑室-心房和脑室-腹膜分流术都已经成功地应用在先天性脑积水的犬上。脑室腹腔分流术在技术上比脑室心房分流术更可行，特别是对体形非常小的患病犬。

（二）预后

先天性脑积水的犬预后不定。药物治疗对一些患犬可能是有效的，而其他患犬则需要通过手术分流程序来长期控制临床症状。在文献中，外科分流手术后神经系统状况的持续临床改善的预后从50%到90%不等。根据笔者的经验，成功率为75%~80%。犬的手术分流术后潜在的并发症包括分流阻塞、分流移位、分流的机械损伤和分流感染。

# 第二节 脑白质发育不良与小脑皮层营养性衰竭

## 一、病因

这组疾病特指出生后小脑皮层内正常的神经元细胞群的退化。病因尚不清楚。此外，小脑深部核团和小脑投射的末端区域也可能受到影响。这些疾病中有许多是遗传性的，大多数被怀疑是染色体隐性特征。这些非遗传性疾病可能代表小脑神经元不适当的程序性细胞死亡（凋亡）。

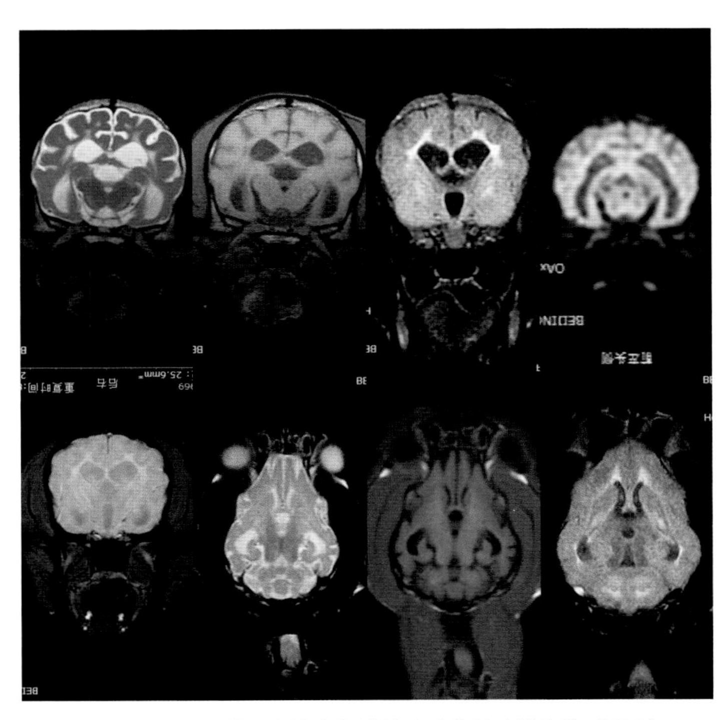

图 14-2-1　8 月龄西高地犬渐进性瘫痪就诊（姚海峰 供图）

## 二、发病特点

浦肯野神经元是小脑萎缩病例中最常受影响的细胞群。不过，颗粒细胞、髓核细胞（如楔形核、砾形核、橄榄形核）和脊髓中的运动神经元也会受到影响（图14-2-1）。

在几窝伯恩山犬的幼犬中报告了一种并发的小脑（浦肯野细胞）和肝细胞变性的情况。临床症状的发生和发展速度因受影响的品种而异。大多数品种的犬在开始活动时出现临床症状。该病的病程可以是快速的（几周）或缓慢进行的（几年）。在某些情况下，临床症状会趋于平稳，犬会保持稳定。

## 三、临床症状与病理变化

在一些犬品种中，小脑功能障碍的临床表现发生在接近成年或成年期间。在戈登赛特犬的小脑萎缩症中，临床症状通常在6~10个月大时开始，并在9~18个月内稳步发展。这些犬通常在7~13岁受到影响。美国斯塔福郡猎犬的小脑皮层变性的发病形式已有报道。有60只小脑退化的犬被检测出来。在18个月到9岁，有6只幼犬的大脑皮质退化。观察到临床症状缓慢发展到不能行走和反复跌倒。在一份关于8只布列塔尼猎犬的报告中，从出现小脑功能障碍到安乐死的时间为6个月或4年。这些狗主要表现出步态异常（在6~40个月大时开始），症状轻微且进展缓慢。在苏格兰梗犬中也描述了一种遗传性小脑变性，其组织病理学特征是普金杰细胞的丧失和主要在分子层的聚葡萄糖体的积累。临床症状的发生与戈登赛特犬和英国老牧羊犬相似。临床症状通常在6~40个月观察到，并且是缓慢进行的。

小脑萎缩的临床症状主要为小脑综合征，可能包括共济失调、意向性震颤、眼球震颤、视力正常时威胁反应差、行为异常和抑郁症（图14-2-2）。许多小脑变性/萎缩的病例还注意到有对侧或同侧的自觉本体感觉异常，据认为纯小脑疾病不会出现这种情况。

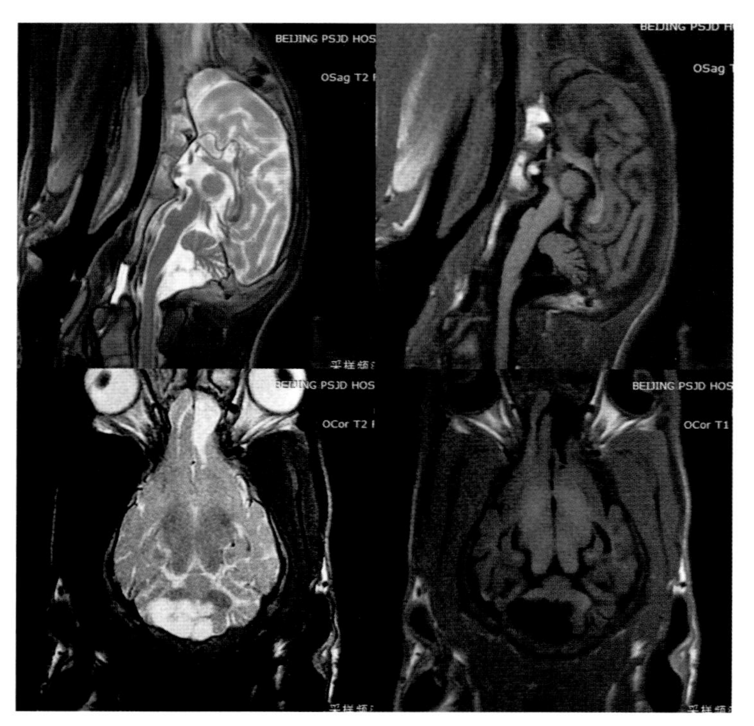

图 14-2-2　3月龄德国牧羊犬走路平衡不好，向左偏（姚海峰 供图）

## 四、诊断

### （一）实验室检查

实验室检查不能提供有该组疾病的明确诊断信息。

### （二）影像学检查

小脑有严重的结构异常（发育不良和局灶性信号变化）可以通过磁共振成像来检测。最近，计算机辅助的MR图像测量已被证明在诊断美国斯塔福郡梗犬的小脑萎缩方面非常敏感和特异。

## 五、防治

### （一）治疗

目前尚无明确的特异性治疗报道。治疗主要以支持性治疗为主。

### （二）预后

预后谨慎。有的犬会因为严重的神经学问题而被安乐死，有的犬则可以保持相对较正常的生活。

# 第三节　查理氏样畸形

犬查理氏样畸形是一种涉及小脑尾部和脑干的复杂小脑畸形，此病的名字取自最早在儿童身上发现该病的科学家。

## 一、病因

在犬查理氏样畸形中，环圈枕骨大孔增宽，枕下骨发育不良，平坦的小脑尾部疝入椎管，延髓在脊髓头侧上呈“Z”形弯曲。

## 二、临床症状与病理变化

与小脑畸形相关的临床症状是该器官的双侧弥漫性病变。一般来说，小脑畸形的临床症状是在幼犬时期观察到的，不是渐进式的，并且可以影响一窝中的一只或多只犬。患犬可能会同时患有颅内压升高（来自脑积水），在一些患犬中，小脑症状可能在几月龄或几岁后才出现（图 14-3-1），甚至根本就没有临床症状。理论上，查理氏样畸形可以引起小脑、脑干和脊髓的混合症状。

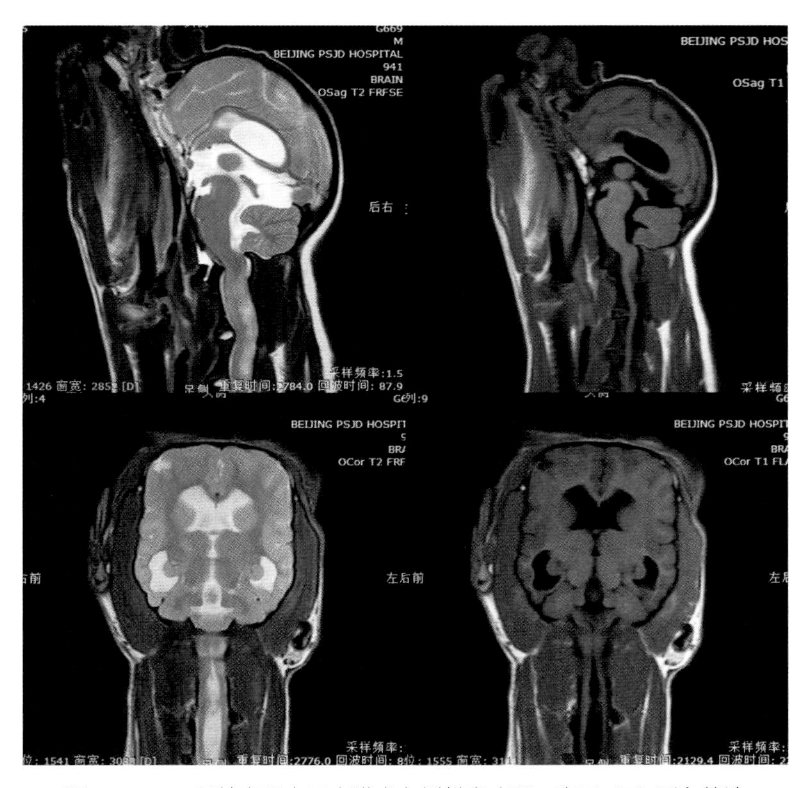


图 14-3-1　4 月龄查理士王小猎犬左侧斜肩（颈、胸呈“S”形）就诊
（姚海峰 供图）

## 三、诊断

如果不使用CT或MRI，很难作出明确的诊断。在没有这些方式检测的情况下，脑池造影术与X射线片相结合，也可以帮助观察小脑缺陷。在这种方法中，在患犬麻醉的情况下，将0.2mL/kg的水溶性碘对比剂注射到小脑延髓池中。注射后，将放射台倾斜30°，持续5min（患犬头部朝下），然后拍摄头部的VD和侧位视图。这种技术不仅可以看到尾窝（脑干、小脑）的结构，还可以看到垂体和视丘。这种方法有在中枢神经系统周围注射造影剂的风险，因此，在实施时应特别小心，而且只有在有充分理由的情况下才能进行。

## 四、防治

### （一）治疗

对于小脑畸形，如发育不全、缺失或发育不良，没有专门的疗法。对于受到与查理氏样畸形有关的神经结构压迫的患犬，可以进行减压手术。

### （二）预后

预后谨慎。有的犬会因为严重的神经学问题而被安乐死，有的犬则可以保持相对较正常的生活。

# 第四节　溶酶体贮积性疾病

## 一、病因

大多数犬溶酶体贮积性疾病是遗传性疾病，其中携带特定酶遗传信息的基因存在缺陷。随着时间的推移，代谢故障的最终产物或中间产物被贮积在受影响的细胞中，直到这些细胞的功能最终改变。通常整个中枢神经系统都会受到溶酶体贮积性疾病的影响；不过，出现的临床症状非常不同。

## 二、临床症状

神经节苷脂沉积症是一种神经节苷脂（寡糖）降解酶缺陷的贮积性疾病。已知神经节苷脂有两类：GM1（缺陷型半乳糖苷酶）和GM2（缺陷型半乳糖苷酶）。GM1和GM2神经节苷脂增多症在不同品种的犬中都有报道。弥漫性小脑症状是在疾病早期观察到的，出现在3~6月龄的幼犬身上。脑部症状（抑郁、行为改变、全身震颤）和脑干/脊髓症状（昏迷、四肢瘫痪）出现较晚。

球状细胞白质营养不良症是一种由于半乳糖神经酰胺酶缺乏而引起的贮积性疾病，在西部高地白犬和凯恩犬中具有常染色体-隐性遗传。这种遗传方式在其他犬种中是未知的。这种疾病的临床症状发生在3~5月龄，包括瘫痪、全身性共济失调、意向性震颤和/或前肢痉挛过速。随着疾病的发展，症状的多灶性会变得明显，表现为截瘫、脊柱反射减弱和失明。

## 三、诊断

当在白细胞或肝细胞中发现胞浆内包涵体时，可以推定诊断。测定白细胞匀浆或培养的皮肤成纤维细胞中的酶活性可提供明确的诊断。

## 四、治疗

目前尚无明确的特异性治疗报道。治疗主要以支持性治疗为主。

# 第五节　肝性脑病

肝脏的正常功能对于维持犬正常的大脑代谢至关重要，因为它间接地提供葡萄糖并清除对中枢神经系统有毒的物质。肝功能不足可导致其对于危险物质的解毒功能发挥不足，并导致大脑能量供应不足。肝性脑病是由肝功能异常引起的代谢紊乱的神经系统综合征。

## 一、病因及发病特点

肝性脑病可以是先天性的，也可以是获得性的。由于不同类型的先天性血管缺陷导致的门静脉分流，是肝性脑病最常见的原因。该病的好发犬种包括澳大利亚牧牛犬、爱尔兰猎犬、马耳他猎犬、迷你雪纳瑞犬和约克郡猎犬。肝外分流经常发生在小型犬种中，而肝内分流多发生在中型和大型犬种中。异常的血管可以用超声检查或空肠造影门诊来显示。

目前关于肝性脑病发病机制的理论基于以下四个因素：（1）氨被认为是导致肝性脑病实际的神经毒素，无论是否有其他的协同毒素；（2）芳香族氨基酸的异常代谢可导致大脑单胺类神经递质的紊乱；（3）大脑中的单胺类神经递质浓度（G-氨基丁酸和/或谷氨酸）明显改变；（4）大脑中的内源性苯二氮卓类物质浓度增加。

氨在肠道中由产生尿素酶的细菌产生，健康的肝脏将其转化为尿酸。在肝功能不全的情况下，氨过量地到达全身血液循环，可以很容易地通过血脑屏障，扰乱大脑的代谢。这似乎在调节G-氨基丁酸和谷氨酸代谢之间的关系方面发挥了重要作用。潜在的协同毒素包括硫醇类、短链脂肪酸、酚类和胆汁酸。

## 二、临床症状与病理变化

患有门静脉分流和高血压的犬体形通常偏小，而且看起来营养不良。最常见的神经系统异常包括长期的、间歇性的意识减退（从抑郁到昏迷），行为改变（迷失方向、强迫性踱步、焦虑、攻击性）和本体感觉缺陷。癫痫发作往往相当罕见，但也可能发生。肝功能障碍的症状还包括呕吐、体重减轻、多尿/多脂和腹泻。

## 三、诊断

CT血管造影有助于评估肝脏体积、肝门体静脉分流类型，并可提供有关胆管结构的评估。超

声有助于评估肝脏回声质地，评估是否存在炎性疾病等。MRI 检查中可能会见到大脑发育不良，在核磁波谱学中可见到谷氨酸复合物的浓度明显升高，肌醇的浓度明显降低。

## 四、治疗

治疗方法包括药物和/或手术治疗。结扎异常的血管是简单门静脉分流的首选方法。在麻醉期间和手术后的第一个阶段必须特别注意，术后癫痫状态是一种常见的致命的并发症。非手术治疗包括饮食管理，应该使用容易消化的食物和少量的高质量蛋白质。口服乳果糖使结肠内的环境更加酸性，从而减少产氨细菌的数量，并将氨转化为不易吸收的铵离子。并可使用口服抗生素（新霉素、多西环素、甲硝唑），用于抑制结肠中的细菌繁殖。

病例：2 岁泰迪犬，从小体弱多病，最近突发癫痫就诊（图 14-5-1、图 14-5-2）。

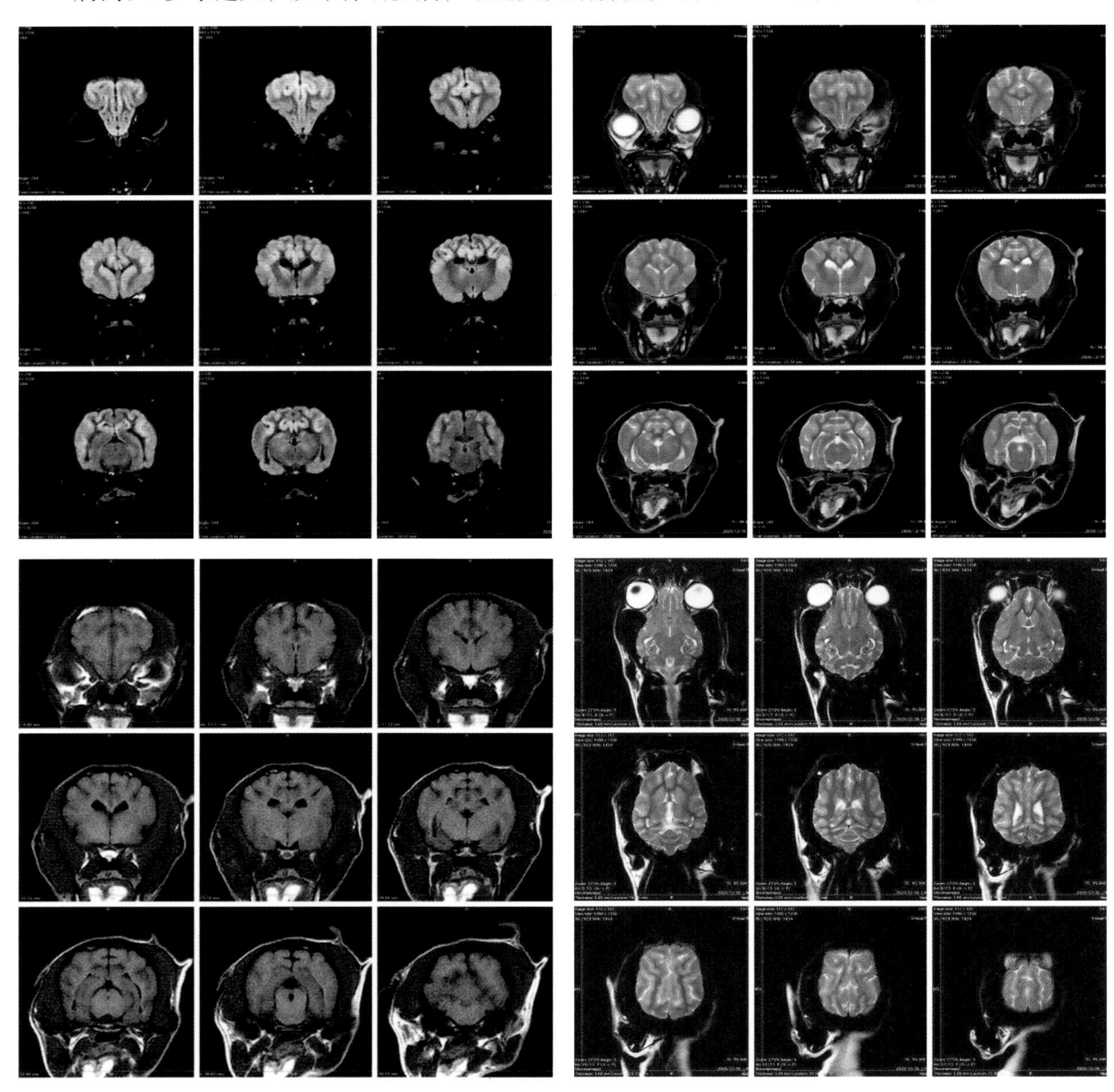

图 14-5-1　磁共振影像 T2WI 和 T2 FLAIR 见双侧半球皮质区和基底节呈不同程度信号增高，T2 FLAIR 信号明显增高，T1WI 显示豆状核轻度高信号（姚海峰　供图）

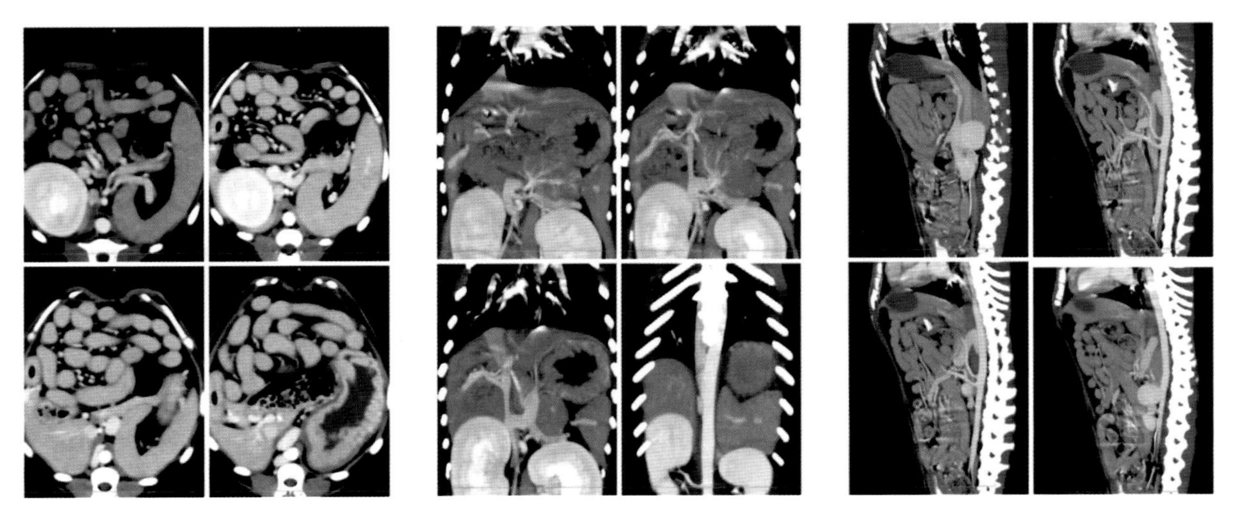

图 14-5-2 CT 断层扫描可见门静脉在右肾头侧分流，分流血管直径明显大于入肝门脉，分流与脾静脉汇合后向主动脉和后腔静脉方向延伸并入奇静脉；黑色箭头为门静脉，红色箭头为分流血管和奇静脉，蓝色箭头为主动脉，白色箭头为后腔静脉（姚海峰 供图）

# 第六节　肉芽肿性脑膜脑炎

肉芽肿性脑膜脑炎（GME）是犬中枢神经系统的特发性炎性疾病，易继发于感染性、免疫性和肿瘤性病因。GME主要发生于小型年轻成年犬，最常见于贵宾犬和梗犬，大型犬偶见。多数患病犬的年龄集中于2~6岁，也可能发生于年龄较大或较年轻的犬。

## 一、病因

该病分为局灶型和弥散型两种。局灶型的临床症状与脑或脊髓肿大的单一占位性肿物有关。临床症状不明显，发展缓慢。局灶型GME常发生于脑干、大脑皮质、小脑或颈部脊髓。弥散型GME最常发生于脑干下部，颈部脊髓和脑膜。弥散型GME多急性发作，病情发展迅速。两种类型均可以发生神经功能障碍和严重的疼痛。另外，还有一种眼睛型GME，可以单发或多发，通常与局部或泛发型GME有关。

GME的特征性微观病变为中枢神经系统的血管周围存在炎性细胞聚集和/或增殖。大量细胞在血管周围密集形成血管套，其中含有组织细胞、淋巴细胞、浆细胞以及少量的中性粒细胞和多核巨细胞。有时在病变部位出现大量不同于组织细胞的上皮，导致血管套内形成不连续的细胞巢。在弥散型GME中，病变广泛分布于整个中枢神经系统。局灶型病例中，肉芽肿结节形成占位性病变，压迫和侵袭中枢神经系统实质，导致坏疽、胶质细胞反应和水肿。

## 二、临床症状与病理变化

该病的主要临床症状包括颈部疼痛，提示累及脑膜或者脑干神经，导致如眼球震颤、透倾斜、失明或者面神经和三叉神经麻痹。也常见共济失调、抽搐、转圈和行为改变。多数弥散型GME的患犬出现发热和外周性中性粒细胞增多，但是没有其他系统性疾病。弥散型GME常急性发作或亚急性发作，发展迅速，病程1~8周，最终大约25%的病例发病1周内死亡。局灶型GME多隐性发作，病程3~6个月。

## 三、诊断

脑脊液（CSF）分析显示蛋白浓度增加，淋巴细胞轻微至明显增多，其中以淋巴细胞和单核细胞为主，偶见浆细胞。CSF内有时还可以见到网状细胞，具有花边状细胞质的退化单核细胞。大约2/3病例的CSF中可以见到中性粒细胞，但是很少以中性粒细胞为主，它们通常占不足20%，有时个别病例的CSF正常。CSF电泳检查提示血脑屏障破坏，慢性病例鞘内出现严重的γ-球蛋白增多。通过CSF细菌培养和血清分析对脑膜脑炎的感染性病因进行评价，应该疑似为GME。CT和MRI可能显示脑部或脊髓有一个或多个对比度增强的肿物。确诊需要活组织检查或剖检进行组织学检查。

## 四、防治

类固醇有时可以控制或者缓解临床症状的发展。有些病例经过泼尼松治疗1~2mg/（kg·d），症状得到明显改善，尤其在临床症状发展缓慢的病例。临床症状稳定后，可以考虑逐渐减少泼尼松的用量。使用环磷酰胺2.2mg/kg，PO，q48 h，或阿糖胞苷50mg/m$^2$，1天2次，SC或IV，然后100mg/m$^2$，一周一次。来氟米特，一种嘧啶合成抑制剂，已经被成功用于GME患犬的治疗。该药物最初的使用剂量为4mg/（kg·d），然后维持血药浓度在20μg/mL[通常维持剂量为0.5mg/（kg·d）]。对于一些由于GME引起的颅内局部肿物的病例，放疗可能有效。多数病例经过治疗后好转，但很快复发，并且长期的预后较差。

病例：2岁雄性法国斗牛犬，以左侧转圈、四肢发软、精神沉郁和暴走就诊。之前有过该病症，在其他医院对症治疗后好转，停药后又再次严重犯病。体征检查良好，神经学检查为精神沉郁、四肢本体感受减弱、左侧面部麻痹（图14-6-1）。

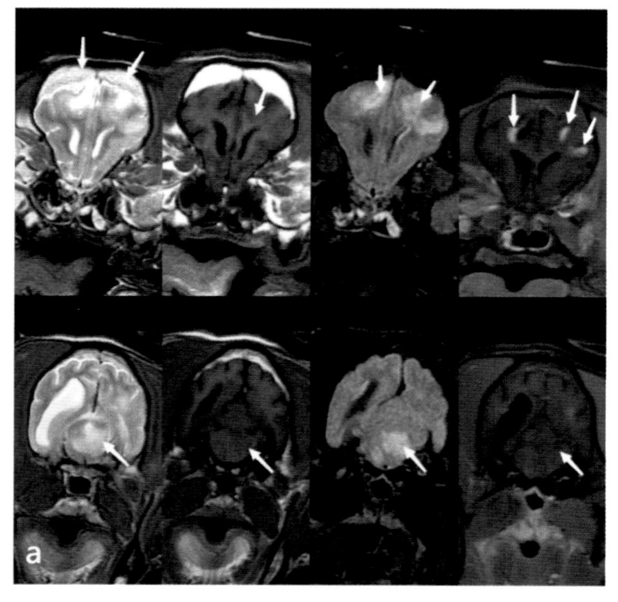


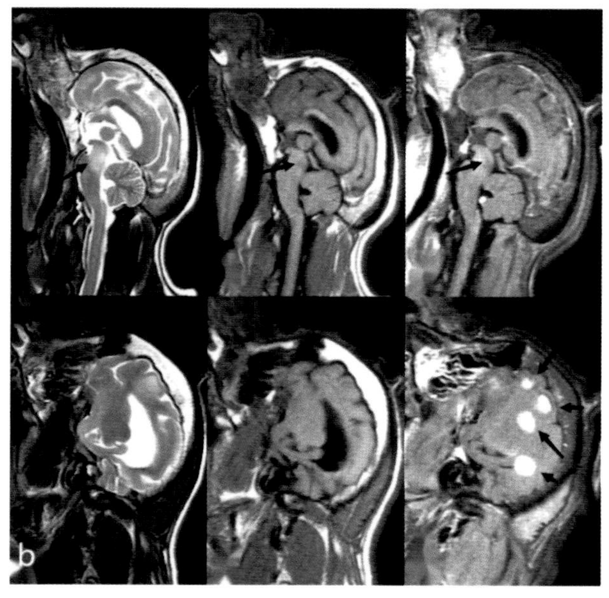


图14-6-1　可见皮质额叶、顶叶、枕叶及脑干T2 FRFSE、T2 FS FLAIR高信号，T1 FLAIR等至低信号，T1 SLAIR+C呈部分高信号，脑干部位高信号主要集中在左侧，与临床症状相符（姚海峰 供图）

病例：6岁雄性巨型贵宾犬，突发四肢瘫软，半昏迷状态就诊（图14-6-2）。

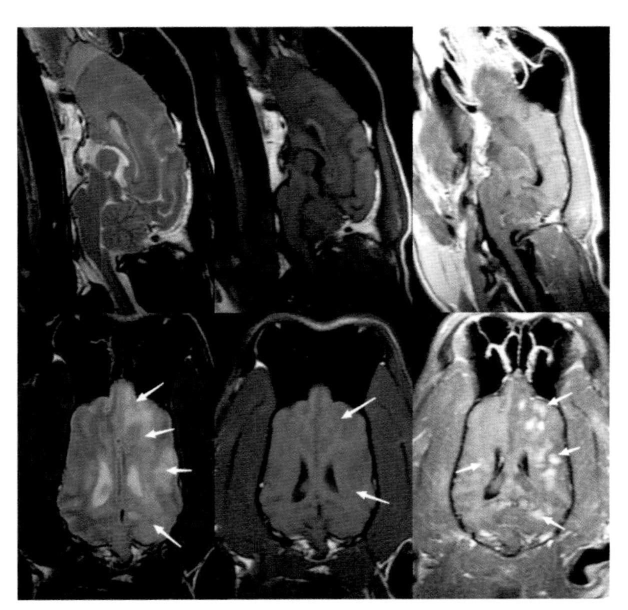
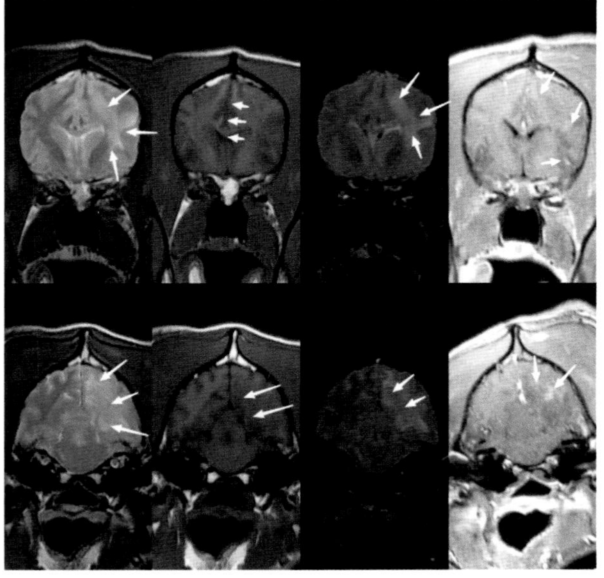

图 14-6-2　磁共振头部扫查可见脑中线轻度右移，未见明显占位效应；左侧脑实质大面积在 T2、T2 FLAIR 高信号，T1 等至低信号病变，左侧侧脑室可见受压减小，其他脑室形态大小良好；增强扫描可见左侧脑实质成斑点状明显增强，右侧脑增强较少（姚海峰　供图）

# 第七节　不明原因性脑膜脑炎

## 一、病因

犬脑膜脑炎并不像人类，在大部分脑膜脑炎犬病例身上一般很难找到感染源，但是却常常引起中枢神经严重受损，甚至引起犬死亡。非感染性炎性脑膜脑炎在组织病理上描述的有肉芽肿性脑膜脑炎（GME），坏死性脑膜脑炎（NME），坏死性脑白质炎（NLE），嗜酸性粒细胞性脑膜脑炎（EME），还有一些其他的形式。病因尚未十分明确，国际上这些都归类为非感染性炎性疾病。由于缺少组织病理学检查和没有感染的证据，常使用不明原因性脑膜脑炎（MUO）这个名称。

## 二、临床症状与病理变化

MUO的临床表现可能是急性或者慢性，颅神经的神经学检查是局部或者弥散性的。临床症状可以反映相应的病灶位置。如，犬前脑疾病会表现强制性转圈、癫痫、行为改变或者失明。犬脑干疾病通常表现前庭症状，但是其他颅神经也有可能受影响。很多文献表明小型品种犬受此病侵袭比较常见，表明基因携带倾向。在巴哥犬和马尔济斯犬上发现了基因标记，由此表明这些品种携带MUO的基因。但是相对来说少见。通常的MRI检查发现包括T2-W和FLAIR多局灶性高信号，并伴有不同程度的造影增强。

## 三、发病特点

犬MUO属于散发的、特发的CNS炎性疾病，任何年龄、任何品种可发生，有一些文献表明雌性纯种犬更容易发生这样的情况。有的文献描述了一些临床分类，如弥散性、局灶性和眼球性。MUO的组织病理学特性都包括血管周围的混合性炎性细胞聚集浸润模式，侵袭CNS实质，引起神经组织的发炎、坏死、神经胶质细胞反应和水肿等。最常见的MUO是弥散性和局灶性的，弥散性MUO通常表现为急性侵袭性模式，局灶性则通常表现渐进性的模式。

## 四、诊断

眼性MUO是一个比较特殊的分类，通常可以定位病灶的位置，但是需要医生具备熟练的检查手段和丰富的知识储备。眼性MUO通常表现为视网膜或视网膜后神经受到侵袭，通常表现为急性的视力不同程度受损，瞳孔扩张无反应，不一定在MRI影像上观察到球后视神经的病变。犬75%的视神经纤维在视交叉处通过，并输入对侧枕叶，另外25%起源于颞侧视网膜并通向同侧枕叶，因此，判断病灶的位置也不是100%能够确定的，需要结合影像来确定。

## 五、防治

### （一）治疗

一般使用免疫抑制剂量的糖皮质激素治疗，糖皮质激素能够很好地穿透血脑屏障。根据病情好转程度逐渐降低糖皮质激素的使用，一般需要数月甚至终身服药。同时糖皮质激素的副作用对于一些主人来说是不能忍受的，医生需要提前说明长期糖皮质激素的副作用；同时，一些免疫抑制药物的使用结合糖皮质激素治疗是应该建议的。如阿糖胞苷，是一种有效的并且稳定透过BBB的抗炎药物，而且相对于皮质激素类药物，可以有效地避免激素的副作用（食欲亢进、多饮多尿、肝脏胰腺异常等），而且也不需每天用药，但是也有缺点，如骨髓抑制，治疗5~7d后需要进行CBC检查，避免此种情况发生。

### （二）预后

很多研究尝试鉴别出炎性脑病的预后指征。局灶性的炎性脑病会有比较好的近期的预后效果，但是长期的治疗效果显示病情会反复、加重甚至死亡。由于没有明确的病因，通常需要跟犬主人说明情况。其他的影像特征，比如病灶的位置、是否表现脑疝、病灶的影像特征等等，都是帮助判断预后比较重要的指征，但是这些指征并不能判断存活时间的长短。定期检查MRI和CSF，对于病情的预后和发展会比较有把握。文献报道的存活时间从26d至超过1800d不等，但是这些都是基于不同的病情和不同的治疗而得出的结论，并不能作为参考。

# 第八节　颅内蛛网膜下憩室

## 一、病因

犬颅内蛛网膜下憩室为上皮层充满液体的典型病变，可通过压迫脑组织直接引发临床症状，或通过引发阻塞性脑积水间接引发临床症状。颅内囊肿可通过分泌脑脊液进入囊肿，经由渗透梯度（取决于囊肿内容物）、囊肿内衬或其他物质脱落进入囊腔而变大。

颅内蛛网膜内囊样病变可表现为因蛛网膜开裂或重叠导致的脑脊液积聚。由于在某些病例中，没有证据表明存在由正常组织包裹脑脊液的完整囊膜，因此，该病变被称为憩室更恰当。犬MRI脑扫描影像广泛性评估表明该病发生率较低，在脑病患犬中仅占有0.7%的比例。

## 二、临床症状与病理变化

据报道，小型短头公犬似乎较易发生蛛网膜内囊肿，其中最常见的犬种为西施犬。5只非短头大型犬的蛛网膜下憩室位于第四脑室内，这表明短头型犬易感性仅发生在犬的蛛网膜内憩室。表现症状的犬年龄差异很大，很可能与蛛网膜内憩室是否为偶然发生或是否会促发临床症状，以及其他颅内疾病有关。在老龄患犬中，临床症状的出现与外伤后囊内出血有关。据报道，蛛网膜内憩室在人类和犬中具有很多种不同的临床意义，既可能是在影像检查或剖检时偶然发现，也可能会导致严重的神经功能障碍。有1/2的犬的蛛网膜内憩室为偶然发现。因囊肿引发的临床症状包括：局灶性或全身性癫痫，以及小脑/小脑前庭症状，局部麻痹、意识水平降低、面神经麻痹和颈部疼痛等。总的来看，临床症状可反映囊肿部位，且最有可能是因压迫神经组织造成的。

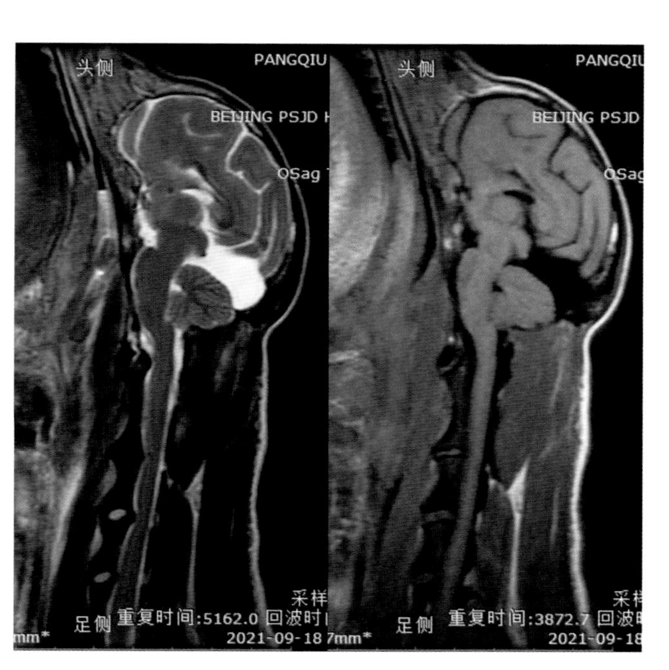


图 14-8-1　四叠体囊肿 H168 胖球（姚海峰 供图）

## 三、诊断

CT/MRI及超声波均被用作辅助蛛网膜内憩室诊断的成像方法（图14-8-1）。

## 四、治疗

对于无临床神经症状的可不治疗，对于有颅内高压相关症状或占位性病变所引起的神经症状的患犬，可考虑通过内科降颅压治疗或外科减压手术进行治疗。

病例：患犬斜颈，走路歪就诊。

# 第九节 脑梗

梗死和中风是同义词，都是用于表示CNS某区域局部血供中断。在脑部，梗死通常是指塌陷性（小，来源于小血管支流中断）或区域性（大，来源于主要的血管中断），也都用于描述出血性或非出血性，根据血管中断区域是否有相关出血。在脊髓，多数梗死是出于纤维软骨栓塞性脊髓病变（FCE），是由髓核纤维环纤维软骨物质引起的。

## 一、病因

在人的中风中，40%的病例潜在病因尚不明确，这些梗死称原因不明性中风。原因不明性中风犬的百分比被认为跟人类似。跟人相比，动脉粥样硬化似乎很少跟犬脑梗死相关；但也在犬上有发生，很有可能跟甲减相关。犬脑梗死一般为非出血性，多数发生在小脑、大脑和丘脑/中脑区域。小脑和大脑梗死倾向于是区域性的，包括大动脉的区域如嘴侧小脑动脉和中部脑动脉。这些梗死一般主要涉及灰质和不同程度的白质。

## 二、临床症状与病理变化

犬比猫更可能表现脑和脊髓的缺血性/血管性病变。脑部梗死有宽泛的年龄分布。多数表现脑梗死的犬都是中年或老年，平均年龄为8~9岁。小脑梗死在小型犬最普遍，最明显的是骑士查理王小猎犬。

对于脑梗死和FCE，神经学功能失常的临床症状在病发24h后一般为超急性或者急性突发非进行性的。神经学检查中脑梗死可以反映脑部的病变位置。反常的前庭综合征跟小脑梗死似乎是常见的现象。尽管多数犬区域性小脑梗死的MRI表明梗死单纯的涉及小脑，但是大多数病例会有脊髓功能失常的症状（如不可活动性状态）。

## 三、诊断

### （一）实验室检查

脑梗病例的实验室结果变化较大，根据犬是否有导致中风的潜在性异常决定。一些病例可能有实验室证据表明慢性肾功能不全或者内分泌疾病（如肾上腺皮质机能亢进、甲减），但是很多指标都是在正常范围内。

对于脑梗死，CSF结果一般正常或者表现轻微的非特异性异常（细胞计数轻度升高、蛋白质浓度轻度升高、皮肤黄染）。

### （二）影像学检查

脑部和脊髓梗死只有在MRI检查上才能看到。CT检查在初期出血性中风检测急性出血更加敏感，但是相对于MRI检查没有其他优势。多数犬脑梗死是非出血性的。相对于CT检查，MRI检查可以提供更细节的影像（包括详细的多平面影像）和更少的人为误差（如后侧窝成像的线束硬化）。

一些功能性MRI技术（弥散加权、灌注影像、核磁共振血管造影）可以用于提高中风诊断的准确性，特别是梗死的超急性期（特别是在最初几个小时）。

总体来说，非出血性的脑梗死倾向于在T2加权成像和FLAIR成像均为高信号，T1加权成像低信号，造影增强很弱或者不增强（图14-9-1）。

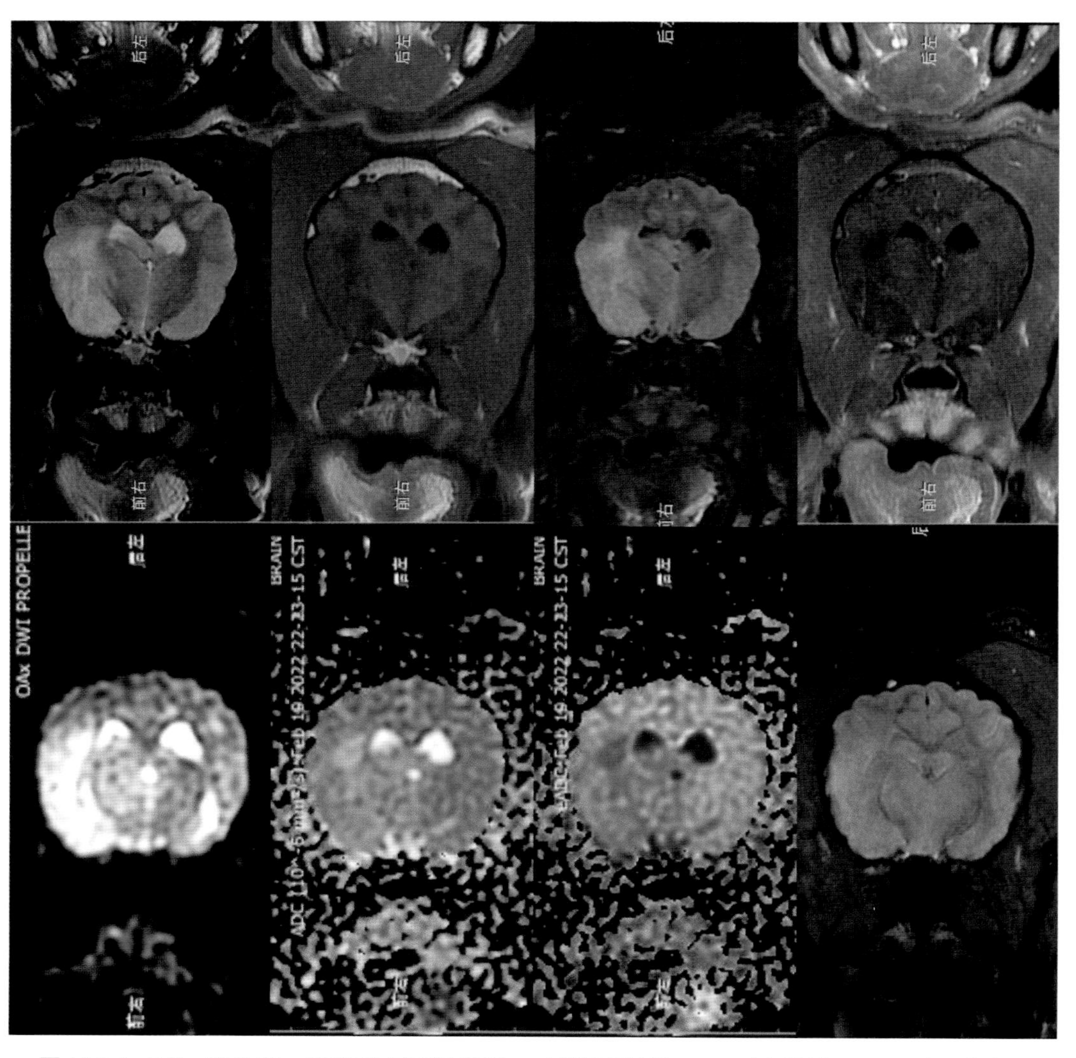


图 14-9-1　TT2、T2 FLAIR、DWI 可见右侧高信号，T1 等至低信号，T1+C 未见强化；SWAN 未见出血，DWI 中的 ADC 高信号，eADC 低信号（姚海峰 供图）

造影增强，通常会出现在梗死区域外周，一般在缺血事件1~8周后增强明显，可能跟血脑屏障被破坏有关。

出血性梗死的CT和MRI影像表现也会随着缺血性事件后的时间变化，跟血红蛋白的氧合状态有关。

病例：6岁法国斗牛犬，突发癫痫和右侧转圈就诊（图14-9-2）。

## 四、防治

### （一）治疗

脑梗或脊髓梗死无特异性内科管理。对于脑梗，内科管理应针对确定的潜在疾病。对于FCE，静脉注射聚乙二醇（PEG）是一个未经证实但是可能有效的疗法。

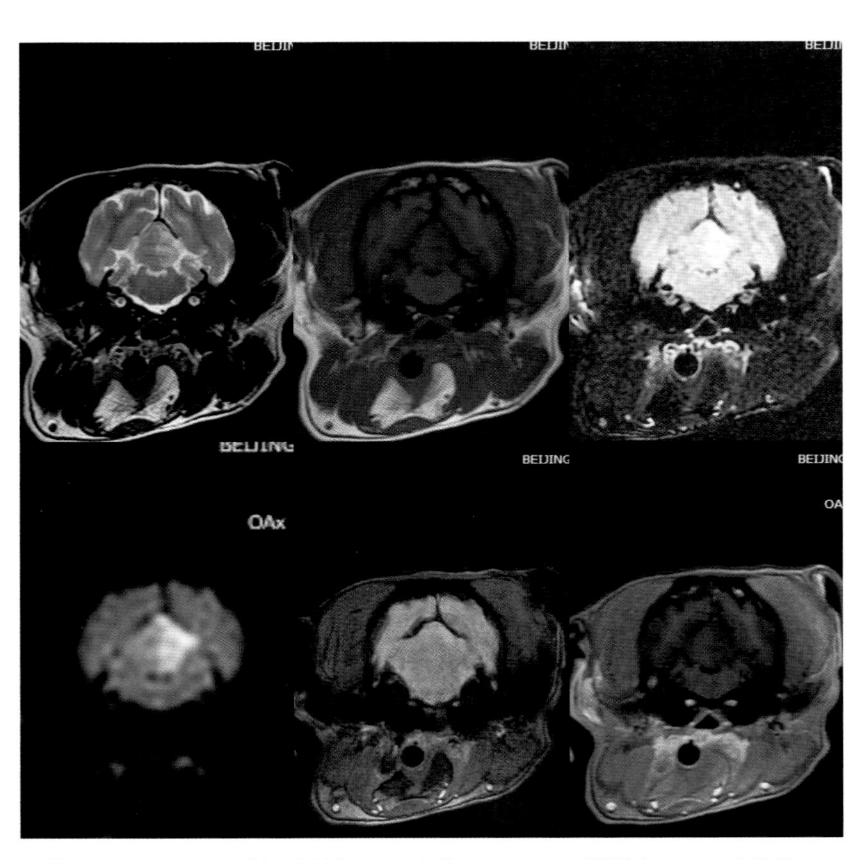


图14-9-2　MRI见右侧小脑前部T2WI高信号、T1WI中低信号，FLAIR高信号，DWI高信号，SWAN无低信号区；提示右侧小脑前动脉梗塞（姚海峰 供图）

### （二）预后

局部脑梗的犬的预后是多变的，但是对于恢复部分或者全部功能，多数预后保守或一般。

一项研究表明：33只脑梗的犬，10只被安乐死；半数被安乐死的原因是潜在疾病的严重程度，而不是神经状态改善的失败。另一项研究也发现了小脑梗死存活率跟潜在系统性疾病的表现呈负相关。潜在或者并发的身体病况表现也跟脑梗在10个月内复发的概率升高有关。此外，研究中这些犬的恢复速率变化也大。对于不可活动的犬，特别是大型和巨型犬，恢复的预后通常保守。报道的不良预后指征包括深部疼痛的感受丢失（伤害感受）、严重的LMN损伤和主人不愿意延长理疗。

# 第十节 激素反应性脑脊膜炎-动脉炎

## 一、病因及发病特点

该病是兽医临床常见的脑膜炎疾病。该病可能是免疫性病因引起的脉管炎/动脉炎，从而影响整个脊髓和脑干的脑膜血管。该病也称为无菌性脑膜炎，激素反应性化脓性脑膜炎，坏死性脉管炎，幼龄多发性动脉炎和比格疼痛综合征。患病犬通常为幼龄或青年阶段（6~18月龄），在中年和老年犬偶遇发现。大型犬种最常发病。激素反应性脑膜炎-动脉炎可能还有品种倾向，如比格犬、伯恩山、拳师犬、德国短毛波音达犬多发。

## 二、临床症状与病理变化

患犬有高热，不愿运动，颈部疼痛，脊柱疼痛且在疾病早期时好时坏。患犬警觉性和机体状态正常。主人常抱怨患犬不爱喝水，不吃饭，除非将食物抬高到头的高度。神经症状（如轻瘫、麻痹、共济失调）不常见。但在慢性损伤或治疗不彻底而并发脊髓炎、脊髓出血或栓塞时可发生。炎症扩散到颅内的症状较为罕见。大多数患犬表现为颈部疼痛和高热，但神经系统检查结果正常。

## 三、诊断

实验室检查的典型特征是嗜中性粒细胞增多，伴或不伴有核左移，脑脊液分析显示蛋白质浓度升高和嗜中性粒细胞性脑脊髓细胞异常增多。当疾病早期颈部疼痛还是间歇性时，脑脊液分析结果为正常或轻度炎症，大多数（>90%）患犬的脑脊液和血清中常出现高浓度的免疫球蛋白（IgA），可用于辅助诊断，但该指标缺乏指标特异性。有些患犬还并发免疫介导性多发性关节炎（图14-10-1）。目前，该病致病因素仍不清楚。

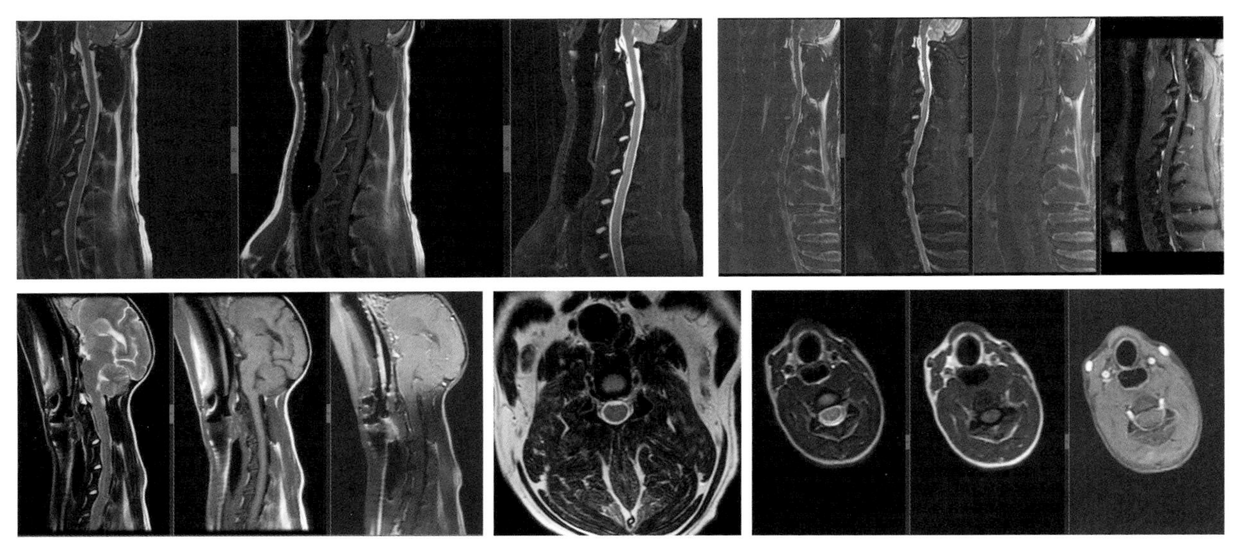

图14-10-1 关节炎（姚海峰 供图）

## 四、防治

糖皮质激素治疗总是能快速地缓解高热和颈部疼痛。患犬如被延误治疗，偶见发生神经性缺陷，并伴有脊髓栓塞和脑脊膜纤维化病变，治疗可能对于这些神经症状无效。糖皮质激素类药物的初始计量为免疫介导剂量，然后在4~6个月的时间逐渐缩减剂量并隔天给药。糖皮质激素治疗无效或在逐渐减量期间的患犬，可增加口服硫唑嘌呤，连续给药8~16周。

# 第十一节　脊髓空洞

## 一、病因及发病特点

脊髓空洞症是因脊髓内出现了含CSF的空腔，CSF在扩张的中央管内过度聚积可引起脊髓积水空洞。这些疾病由椎管内CSF压力改变、脊髓实质缺失，或继发于因先天性畸形、炎症或肿瘤引起的CSF流动阻塞。犬脊髓空洞症相对常见的病因是头骨畸形导致尾凹容量降低，小脑和脑干位移至枕骨大孔，使CSF流动阻塞。这种疾病对查理士小猎犬具有遗传性。

## 二、临床症状与病理变化

大多数犬于4岁前出现临床症状。最常出现的表现是颈部持续性或间歇性疼痛。部分患犬会任意发声或触碰患侧的耳部、四肢、面部或颈部。其他患犬反复抓挠颈部或肩部，但通常并未真的接触到皮肤（假性抓挠）。还可见到肌肉萎缩、患侧前肢LMN性虚弱、共济失调及后肢UMN性神经功能障碍。患犬若出现脊髓内LMN性损伤，则可能因脊柱旁肌肉的不对称性去神经化，从而导致脊柱偏位，即脊椎侧弯凸。

## 三、诊断

MRI是对该病最可靠的诊断手段（图14-11-1），可出现因枕骨发育不全而形成一个小的尾侧孔、小脑拥挤、小脑蚯部和延髓压迫和/或疝出枕骨大孔。对于脊髓空洞症患犬，可在脊髓实质中发现充满液体的腔隙（脊髓空洞），空洞的最大直径与患犬的预后密切相关。

## 四、防治

该病的治疗目的是通过药物或手术缓解疼痛及其他神经症状。推荐的镇痛药包括NSAIDS，曲马多或加巴喷丁。另外，抑制CSF产生的药物（奥美拉唑、乙酰唑胺、泼尼松）也可改善临床症状。

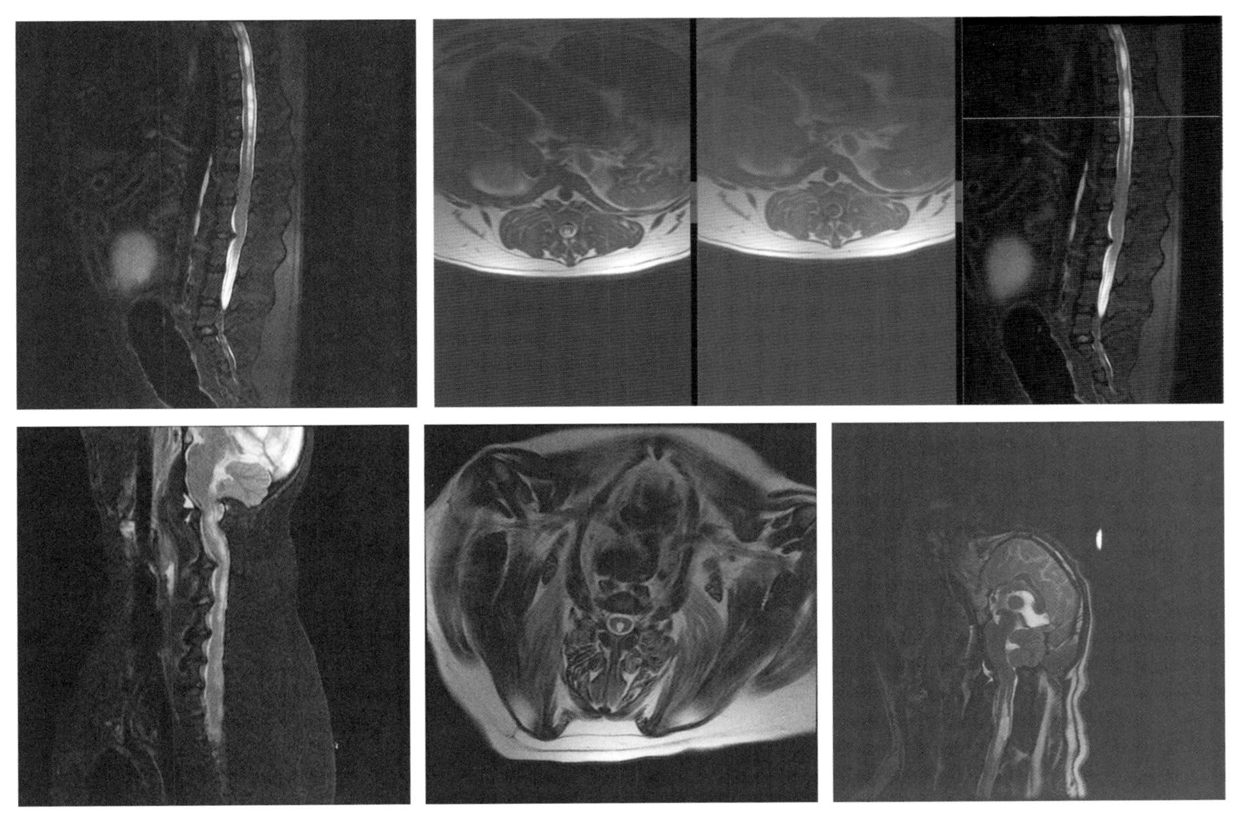

图 14-11-1 脊髓空洞 MRI 检查（姚海峰 供图）

# 第十二节 纤维软骨性栓塞

当纤维软骨阻塞供应脊髓实质和软脑脊膜的微小动静脉时可引起脊髓实质急性梗死和缺血性坏死。这种急性进行性现象能累及脊髓的任何区段，引起轻瘫或瘫痪。

## 一、病因

纤维软骨性栓塞的原因未知。构成栓塞的纤维软骨性物质来自于椎间盘髓核，纤维软骨物质如何进入脊髓血管仍然未知，但同时发生临床显著的椎间盘变性并不常见。

这种疾病常见于中型和大型犬，在小型犬（特别是迷你雪纳瑞）和猫中也有过报道。多数为中年犬，大多数病例年龄在3~7岁。一些小于1岁的犬也可发生纤维软骨性栓塞。不存在性别偏好。

## 二、临床症状与病理变化

神经症状的发作非常突然，通常症状在2~6h内逐渐变坏。有近一半的纤维软骨性栓塞病例发生在小外伤后的即刻或运动期间。

神经学检查表现为局部脊髓病变。可以观察到的缺陷取决于受累脊髓的区段和严重程度。胸

腰脊髓和腰荐膨大部发生的概率相同。颈段脊髓发生的概率低，但却是小型犬的常发部位。神经功能障碍轻微或严重，且常不对称，左侧和右侧受累的程度不同。在疾病发作时，犬常由于疼痛而大叫，在发作后2~6h检查，犬有时会表现出局部脊柱疼痛，但这将很快缓解，以至于在送到兽医处时多数患犬并没有疼痛表现，即使触压脊柱时也是如此。没有疼痛和非对称性非常有助于将纤维软骨性栓塞与其他造成急性非进行性神经功能障碍的疾病区分开，如急性椎间盘突出，外伤和椎间盘性脊椎炎。

## 三、诊断

基于症状、病史和发现急性、非进行性、非疼痛性脊髓功能障碍可以怀疑为纤维软骨性栓塞。受累脊髓段X射线检查可以排除椎间盘性脊椎炎、骨折、溶解性脊椎肿瘤和椎间盘疾病。患纤维软骨性栓塞犬和猫的X射线影像表现正常。在出现临床症状后的24h内，一些犬的CSF内中性粒细胞轻度增加。尽管在一些患犬表现为轻微的脊髓局部肿胀，但脊髓造影常表现正常。脊髓造影有助于排除需要考虑手术治疗额脊髓压迫性病变，如骨折、椎间盘脱出和肿瘤。

CT检查有助于诊断纤维软骨性栓塞，但也有助于排除压迫性脊髓病。MRI可显示严重受累犬的局部脊髓密度改变（图14-12-1），但不能显示轻度病变。纤维软骨性栓塞只有在排除压迫性和炎性急性脊髓疾病后才能做出诊断。

## 四、防治

### （一）治疗

纤维软骨性栓塞的治疗包括非特异性支持治疗和对瘫痪犬的护理。多数为大型犬，使得管理很困难。尽管推荐使用皮质类固醇药物，但对最后结果的影响并无文献记录。在瘫痪后6h内就诊的患犬，用治疗急性脊髓病变时最初推荐剂量的皮质类固醇药物进行积极治疗是合理的。尽管功能完全恢复需要6~8周，多数临床改善发生在神经症状发作后的7~10d。如果在21d内未见改善，则患犬将不可能再好转。

### （二）预后

约50%患纤维软骨性栓塞的犬能充分恢复，作为可接受的宠物回到主人身边。深部痛觉良好

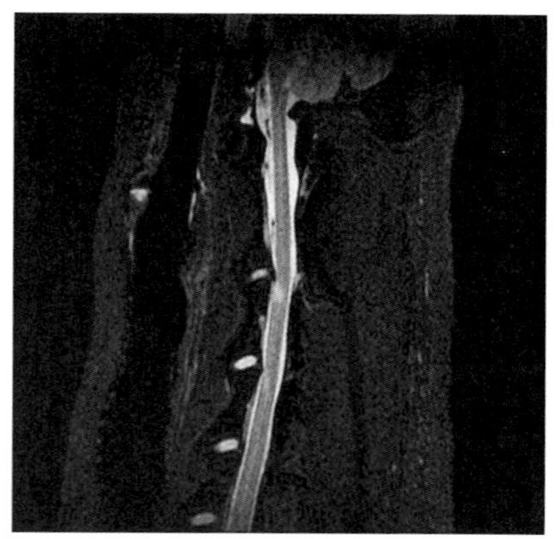
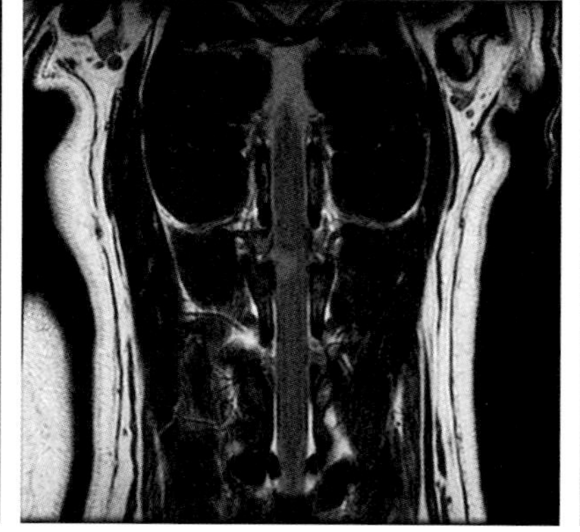
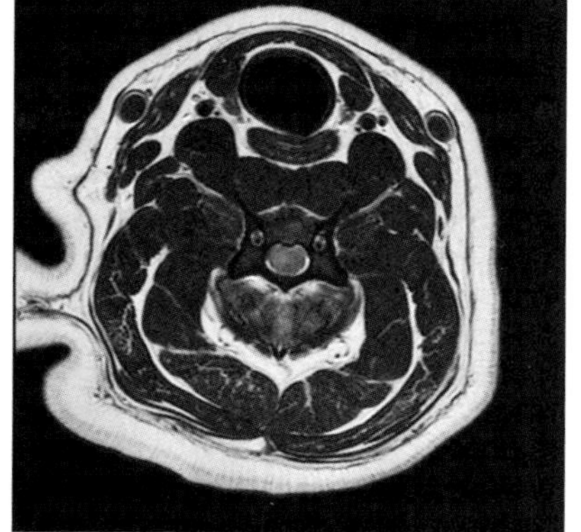

图14-12-1　软骨栓塞（姚海峰 供图）

和严格表现出UMN症状的犬，包括肌张力增加和反射亢进，恢复预后良好。累及臂部或腰荐脊髓膨大部（C6-T2或L4-S3）的犬表现为LMN症状，如肌肉快速萎缩，肌张力丧失和受累肢反射消失。如果累及腰荐脊髓，可能出现排尿和排便失禁。有严重LMN症状或深部痛觉缺失的患犬，纤维软骨性栓塞恢复的预后不良。

# 第十五章

## 犬寄生虫疾病

# 第一节　钩口线虫病

犬钩虫病是由钩口科的钩口线虫、狭头弯口线虫、巴西钩口线虫、锡兰钩口线虫和美洲板口线虫寄生于犬的小肠（主要在十二指肠）所引起的寄生虫病。

## 一、病原学

以犬钩口线虫及狭头弯口线虫为常见种。

犬钩口线虫（简称犬钩虫），可寄生于犬、猫、狐等动物，偶尔寄生于人。雄虫长 10~12mm，雌虫长 14~16mm。虫卵为浅褐色，椭圆形，大小为（55~76）μm ×（34~45）μm（图 15-1-1 至图 15-1-4）。

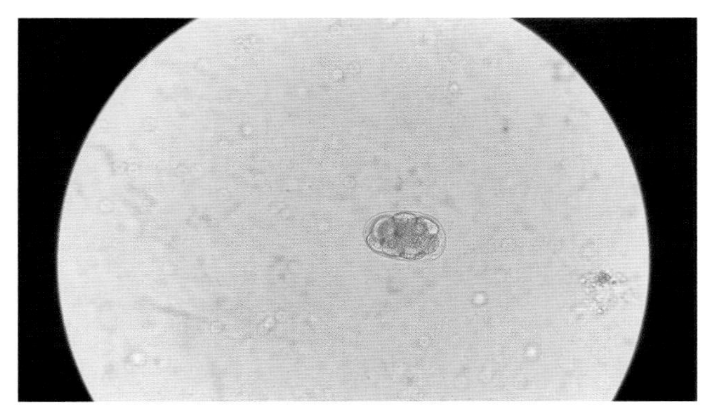

图 15-1-1　钩虫卵（10×40 倍镜）（任航　供图）

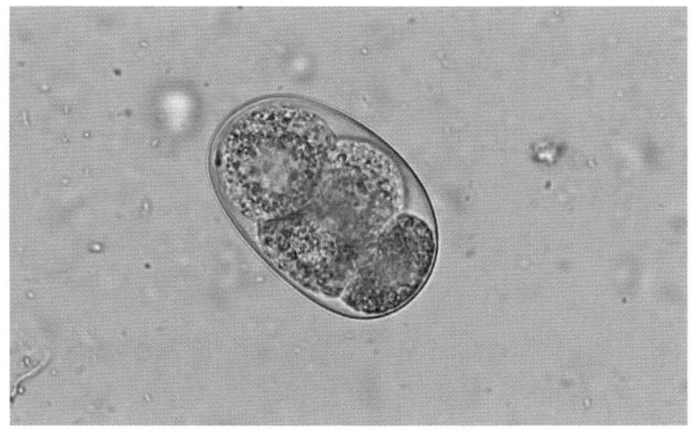

图 15-1-2　钩虫卵（10×40 倍镜）（林梓杰　供图）

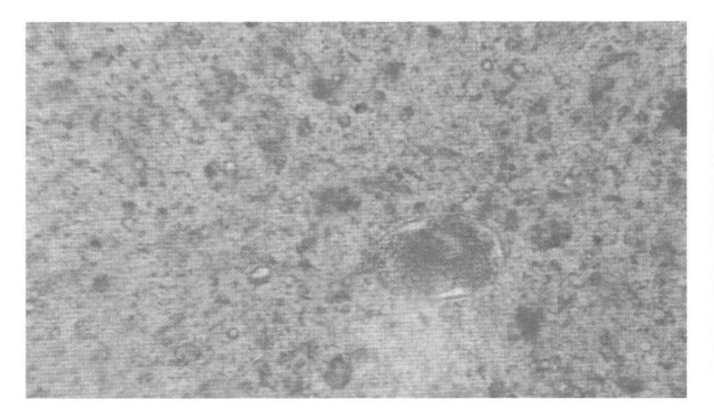

图 15-1-3　孵化的钩虫卵（10×40 倍镜）（刘乐乐　供图）

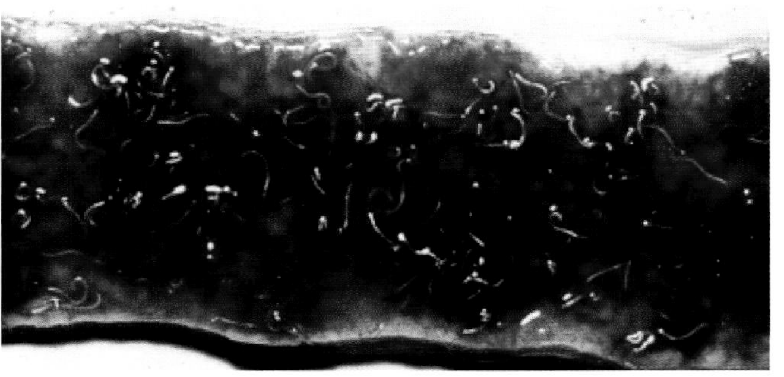

图 15-1-4　钩虫成虫（图片来源：犬心保宣传课件）

狭头弯口线虫，主要寄生于犬的小肠内。较犬钩虫小。雄虫长5~8.5mm，雌虫长7~10mm。虫卵较大，椭圆形，大小为（65~80）μm×（40~50）μm。

## 二、生活史

以钩虫为例：虫卵随粪便排出体外，在外界适宜条件下（温度25~30℃、相对湿度60%~80%、荫蔽、含氧充足的疏松土壤为其发育的最佳场所）经12~30h，第一期幼虫杆状蚴即可破壳孵出，在48h内进行第一次蜕皮，发育为第二期杆状蚴。此后，虫体继续增长，并可将摄取的食物贮存于肠内。经5~6d后，虫体口腔封闭，停止摄食，咽管变长，进行第二次蜕皮后发育为丝状蚴，即感染期幼虫。

经犬皮肤感染时，感染性幼虫通过毛囊或薄嫩的皮肤侵入宿主体内，随血流经右心至肺，穿出毛细血管进入肺泡。此后，幼虫沿肺泡、小支气管、支气管移行至咽，随吞咽活动经食管、胃到达小肠。幼虫在小肠内迅速发育，并在感染后3~4d进行第3次蜕皮发育为第4期幼虫，再经10d左右，进行第4次蜕皮，逐渐发育为成虫。自丝状蚴钻入皮肤至成虫交配产卵，需5~7周。经口感染时，幼虫可能经肺移行，但多系钻进消化道壁，经一段时间的发育重返肠腔发育为成虫。

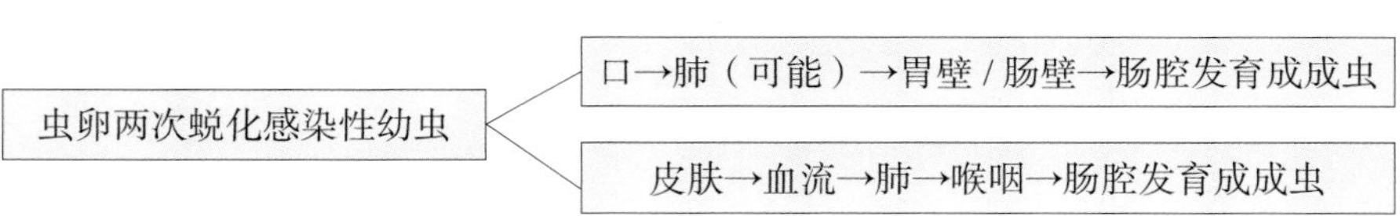


## 三、流行病学

犬钩虫是最常见的寄生虫之一，呈全球性分布。该病多发于夏季，尤其是狭小、潮湿和阴暗的犬舍更易发生。感染途径有3种：一是经皮肤感染，丝状蚴具有明显的喜温性，当其与皮肤接触并受到体温的刺激后，虫体活力显著增强，经毛囊、汗腺或皮肤破损处主动钻入犬体内；二是经口感染，犬食入感染性幼虫后，幼虫侵入食道等处黏膜而进入血液循环；三是经胎盘感染，幼虫移行经血液循环进入胎盘，从而使胎犬感染，此途径少见。狭头钩虫主要是经口感染，幼虫移行不经过肺。

## 四、致病作用和临床症状

钩虫性皮炎：幼虫侵入皮肤时会引起皮炎。

肺炎：幼虫移行时可导致肺组织损伤而引起肺炎。

肠炎：成虫吸附在肠黏膜吸血，造成黏膜出血、溃疡；同时分泌抗凝素，延长凝血时间，便于吸血。稀血便（暗红/黑色）并造成缺铁性贫血，严重的会导致患犬死亡。

## 五、诊断

采取粪便直接湿涂法、粪便漂浮法或贝尔曼分离法检出钩虫卵或分离出幼虫即可确诊。

## 六、治疗

芬苯达唑、甲苯咪唑、噻嘧啶、伊维菌素等治疗线虫的药均有效。

# 第二节　复孔绦虫病

复孔绦虫寄生于犬的小肠内，偶见于人。中间宿主是犬、猫蚤和犬毛虱。

## 一、病原学

犬复孔绦虫长15~70cm，宽2~3mm。感染犬复孔绦虫的犬通常会在肛门周围排泄出大约半厘米长的白色米粒样物质（图15-2-1至图15-2-3）。这些通常是犬复孔绦虫孕节片，里面充满卵的囊（产卵囊）（图15-2-4、图15-2-5）。

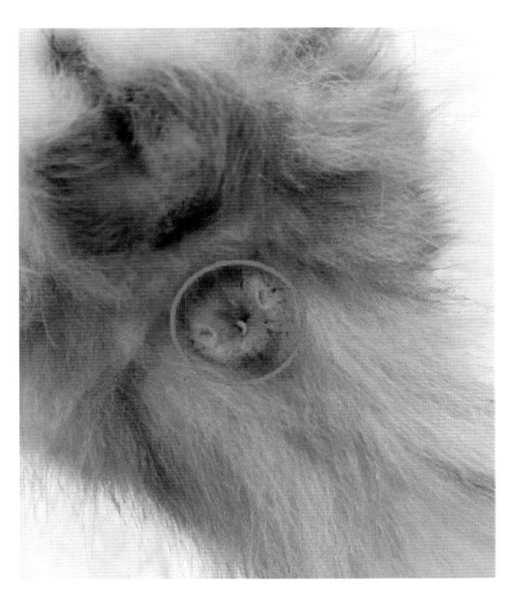

图15-2-1　犬肛周的孕节片（林梓杰 供图）

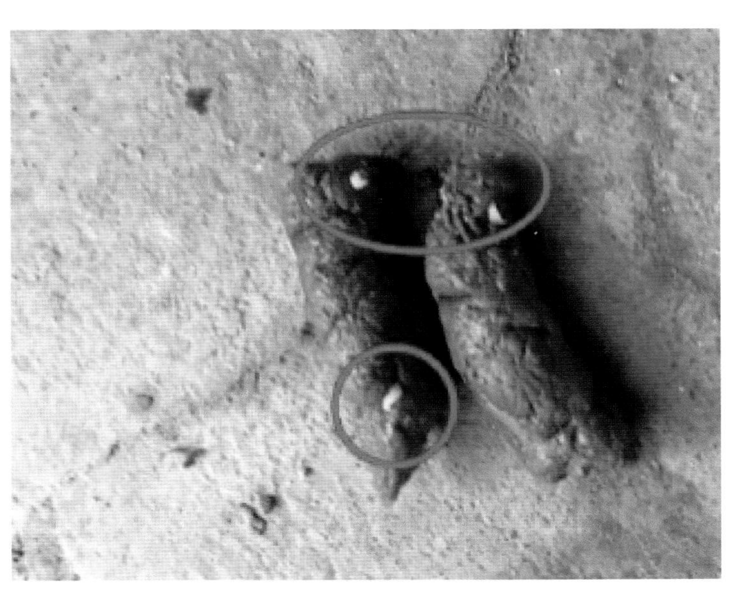

图15-2-2　犬大便上的孕节片（林梓杰 供图）

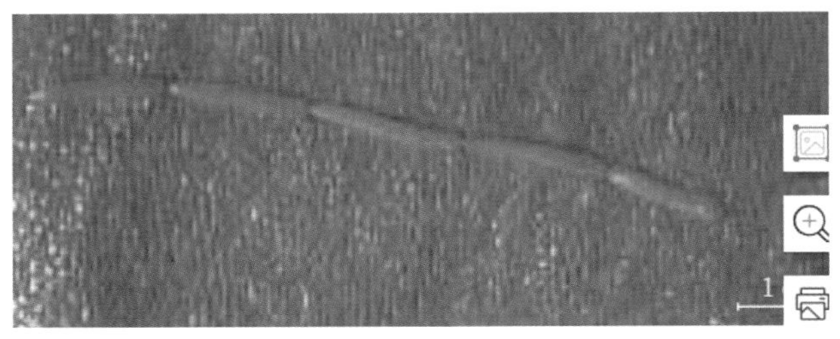

图15-2-3　犬复孔绦虫节片
图片来源：*Clinical Parasitology in Dogs and Cats*

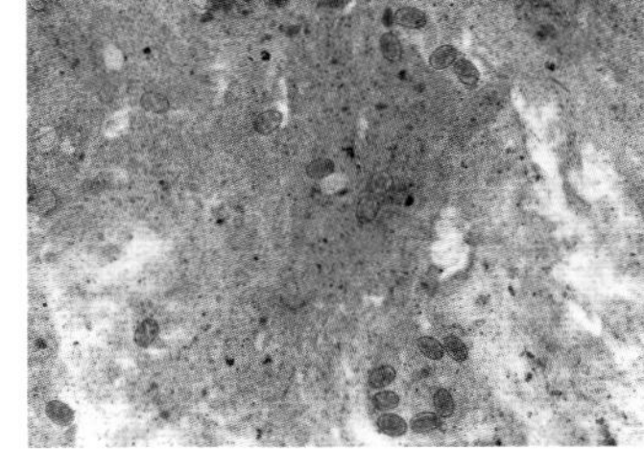

图15-2-4　卵（10×10倍镜）（刘乐乐 供图）

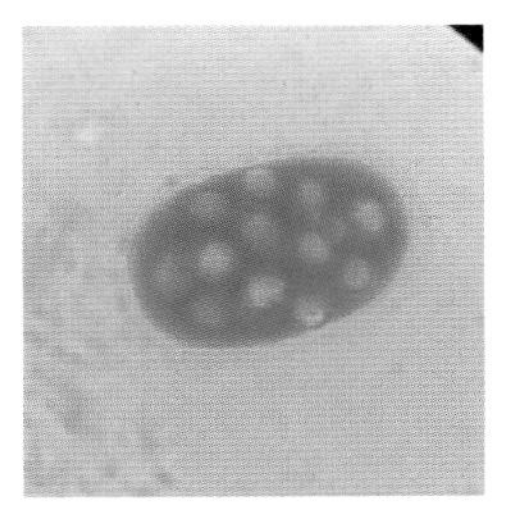

图15-2-5　卵（10×40倍镜）（肖苗薇 供图）

## 二、生活史

犬复孔绦虫有两种宿主：最常见的中间宿主是跳蚤，另一种中间宿主是虱子。跳蚤幼虫在其环境中积极摄取几种类型的碎片，包括毛发、皮肤碎片、粪便或犬复孔绦虫孕节片，因此，跳蚤幼虫可以摄取含卵囊的孕节片。犬复孔绦虫卵在干燥的节片或卵囊中可以存活1~3.5个月。

孕卵自犬的肛门逸出或随粪便排出体外，破裂后，虫卵散出，被蚤类幼虫食入，六钩蚴在其肠内孵出，移行至血腔发育，待蚤幼虫经蛹蜕化为成虫时，发育为似囊尾蚴。一个蚤体内可有多达56个似囊尾蚴，犬咬食蚤而感染犬绦虫，约三周后发育为成虫。

## 三、流行病学

犬复孔绦虫呈全球性分布。

年龄不影响易感性，终宿主不会获得终生免疫力。因此，在犬的整个生命中都有可能发生再感染。某些生活方式会促进感染：郊区或农村的犬经常感染跳蚤，因此，增加感染犬复孔绦虫的风险。

## 四、致病作用和临床症状

患犬临床体征往往不明显。症状将取决于感染的程度和犬自身的易感性。

成年绦虫会导致维生素、矿物质微量元素和碳水化合物的适度损失，因此，可以在喂养不足或严重感染的犬或生长中的犬中看到消瘦。可能出现由B族维生素缺乏（维生素$B_1$、维生素$B_6$和维生素$B_{12}$）和低血糖引起的神经系统症状，但罕见。表现为癫痫样的惊厥和癫痫发作，很少出现失明。这些症状也可能与内脏神经系统自主神经丛的显著刺激有关，或与葡萄糖缺乏有关。

食欲，有时甚至会增加。

大便可能是正常、糊状或腹泻。

孕节片通常很容易看到，尺寸为（10~12）mm×（5~8）mm。犬复孔绦虫孕节片可以自己在肛周区域周围移动。它们干燥并枯萎，像白色的、未煮熟的米粒，长3~5mm。这些节段可以在肛周区域或在粪便中发现。

常见肛门周围区域瘙痒，其特征是舔舐和啃咬尾巴的基部。最典型的标志动作是在地上摩擦或拖动尾部。瘙痒与机械刺激和肛腺充血有关。舔肛周区域也会导致卵沉积在患犬的皮毛上。

## 五、诊断

临床诊断是不可能的，除非孕节片可见。当犬出现中度肠道疾病（可变的食欲、腹泻、肛周瘙痒的迹象）时，需要实验室诊断。

采取粪便直接湿涂法、饱和盐水漂浮法，检测出虫卵即可确诊。

## 六、治疗

氯硝柳胺、吡喹酮、丙硫咪唑、氢溴酸槟榔碱等药均有效。

# 第三节　棘球蚴病

棘球蚴病又名包虫病，是由寄生于犬、狼、狐狸等动物小肠的细粒棘球绦虫中绦期——棘球蚴感染中间宿主而引起的一种严重的人畜共患病。棘球蚴寄生于牛、羊、猪、马、骆驼等家畜及多种野生动物和人的肝、肺及其他器官内。由于棘球蚴生长快，体积大，不仅压迫周边组织使之萎缩、出现功能障碍，还易造成继发感染。若包囊破裂，可引起过敏反应，往往给人畜造成严重的病症，甚至死亡。

## 一、病原学

### （一）棘球蚴

棘球蚴的形态因其寄生的部位的不同而有不少变化，一般近似球形，直径5~10mm，小的仅有黄豆大小，大的虫体直径可达50mm（图15-3-1、图15-3-2）。棘球蚴的囊壁分为两层，外为乳白色的角质层，内为生发层或胚层，生发层含有丰富的细胞结构，并有成群的细胞向囊腔内芽生出有囊腔的子囊和原头节，有小蒂与母囊的生发层相连接或脱落后游离于囊液中成为棘球沙。子囊壁的构造与母囊相同，其生发层同样可以芽生出不同数目的孙囊和原头节。

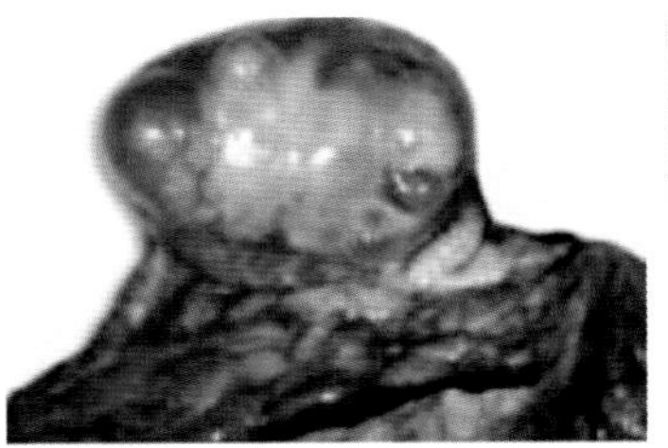

图 15-3-1　牛肺中的棘球蚴
图片来源：*Clinical Parasitology in Dogs and Cat*

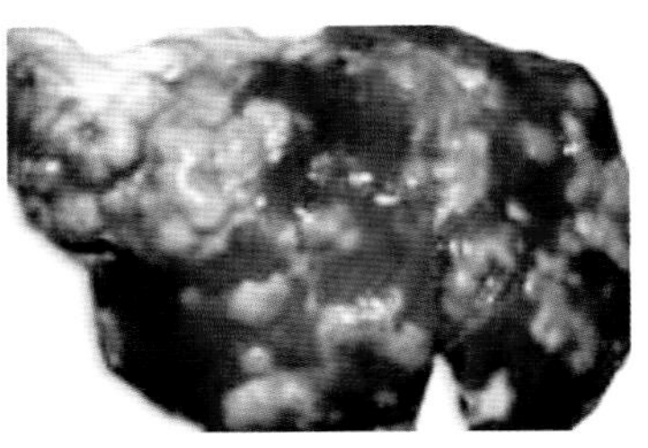

图 15-3-2　肝脏中的棘球蚴
图片来源：*Clinical Parasitology in Dogs and Cat*

### （二）细粒棘球绦虫（图15-3-3至图15-3-5）

成虫很小，全长2~6mm，由一个头节和3~4个节片构成。头节有吸盘、顶突和钩，顶突上还有若干顶突腺。成虫含雌雄生殖器官各一套，生殖孔不规则地交替开口于节片侧缘的中线后方，睾丸有35~55个，雄茎囊呈梨状；卵巢分左、右两瓣，孕节子宫膨大为盲囊状，内充满着500~800个虫卵，直径为30~36μm，外被一层辐射状的胚膜。

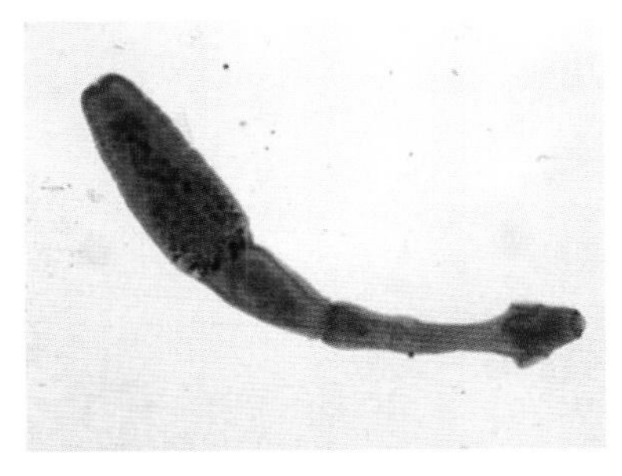

图 15-3-3　细粒棘球绦虫
图片来源：*Clinical Parasitology in Dogs and Cat*

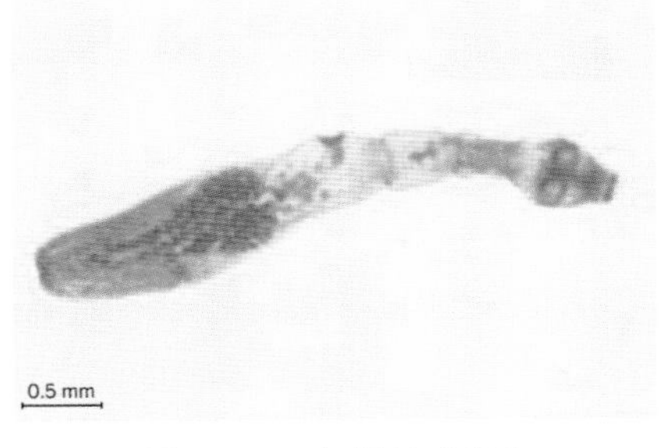


图 15-3-4　细粒棘球绦虫
图片来源：*Clinical Parasitology in Dogs and Cat*

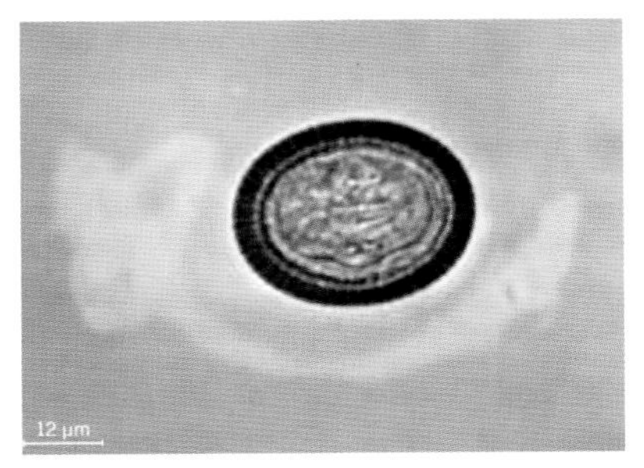


图 15-3-5　细粒棘球绦虫虫卵
图片来源：*Clinical Parasitology in Dogs and Cat*

## 二、生活史

在国内分布的主要有细粒棘球蚴绦虫和多房棘球绦虫。

细粒棘球蚴绦虫寄生于犬、狼、狐狸的小肠，虫卵和孕节随犬等终末宿主的粪便排出体外，中间宿主牛羊等随污染的草料和饮水吞食虫卵后而受到感染。虫卵内的六钩蚴在消化道孵出。钻入肠壁，随血流或淋巴散布到体内各处，以肝（25%）、肺（70%）最常见。经6~12个月的生长可成为具有感染性的棘球蚴。犬等终末宿主吞食了含有棘球蚴的脏器而感染，经40~50d发育为细粒棘球绦虫。成虫在犬体内的寿命为5~6个月。

## 三、流行病学

棘球蚴呈世界分布，尤以放牧地区多见。我国有23个省（市）区有报道。内蒙古、西藏和四川等地流行严重，其中以新疆最为严重。绵羊感染率最高，受威胁最大。其他动物如山羊、牛、马、猪、骆驼、野生反刍兽亦可感染。犬、狼、狐狸是散布虫卵的主要宿主，尤其是牧区的牧羊犬。

人的感染多因直接接触犬、狐狸、致使虫卵粘在手上而经口感染，或因吞食被虫卵污染的水、蔬菜等而感染，猎人在处理和加工狐狸、狼等皮毛过程中，易遭受感染。

棘球绦虫虫卵对外界环境的抵抗力较强，可以耐高温和低温，对化学物质也有一定的抵抗力，但直射阳光可致死。

## 四、致病作用和临床症状

棘球蚴对人和动物的致病作用为机械性压迫、毒素作用及过敏反应。症状的轻重取决棘球蚴的大小、寄生的部位及数量。棘球蚴多寄生于动物的肝脏，其次为肺脏，机械性压迫可使寄生部位周围组织发生萎缩和功能障碍，代谢产物被吸收后，使周围组织发生炎症和全身过敏反应，严重者可致死。对人的危害尤为明显，多房棘球蚴比细粒棘球蚴对人的危害更大。

## 五、诊断

犬生前诊断比较困难。根据流行病学资料和临床症状，采用皮内变态反应、IHA和ELISA等方法对动物和人的棘球蚴有较高的检出率。犬尸检时，在肝、肺等处发现棘球蚴可以确诊。对人和动物亦可用X射线和超声诊断该病。

## 六、防治

### （一）治疗

要在早期诊断的基础上尽早用药，方可取得较好的效果。对绵羊棘球蚴病可用阿苯达唑治疗，剂量为90mg/kg体重，连服2次，对原头蚴的杀虫率为82%~100%。吡喹酮也有较好的疗效，剂量为25~30mg/kg体重，每天服1次，连用5d。对人的棘球蚴可用外科手术摘除，也可用吡喹酮和阿苯达唑等治疗。

（二）预防

禁止用感染棘球蚴的动物肝、肺等组织器官喂犬；消灭牧场上的野犬、狼、狐狸；对犬定期驱虫，可用吡喹酮，5mg/kg体重、甲苯达唑，8mg/kg体重或氢溴酸槟榔碱，2mg/kg体重，一次口服，驱虫后的粪便需进行无害化处理，杀灭其中的虫卵；保持畜舍、饲草料和饮水卫生，防止犬粪污染；人与犬等动物接触或加工狼、狐狸等毛皮时，应注意个人卫生，严防感染。

# 第四节 蛔虫病

犬蛔虫病是由弓首科的犬弓首蛔虫寄生于犬的小肠所引起的寄生虫病，广泛分布于世界各地。犬弓首蛔虫不仅可造成幼犬生长缓慢、发育不良，严重感染时会引起幼犬死亡。它的幼虫也可感染人，引起人体内脏幼虫移行症及眼部幼虫移行症。

## 一、病原学

以犬弓首蛔虫为例，头端有三片唇，虫体前端两侧有向后延伸的颈翼。食道和肠管连接处有小胃。

雄虫长5~17cm，尾端弯曲，有小锥突，有尾翼。雌虫长9~18cm，尾端直，阴门开口于虫体前半部（图15-4-1、图15-4-2）。虫卵呈亚球状，大小为68~85μm，表面厚，表面有很多点状凹陷（图15-4-3、图15-4-4）。

## 二、生活史

犬弓首蛔虫雌虫在宿主体内产卵，在粪便中脱落，在外部环境中发育3~4周。它们具有特别的

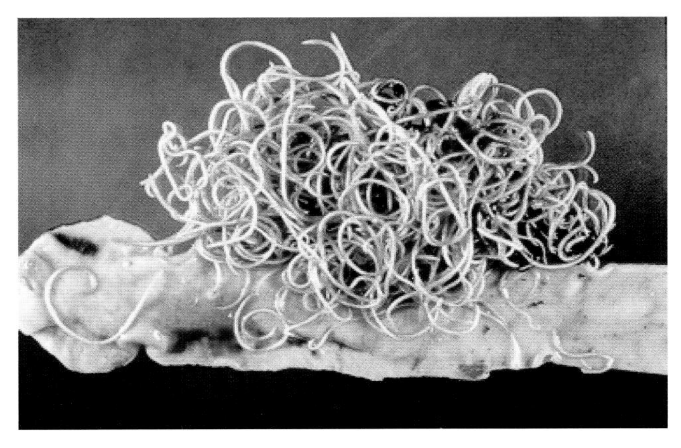

图15-4-1 犬弓首蛔虫成虫
图片来源：犬心保宣传片

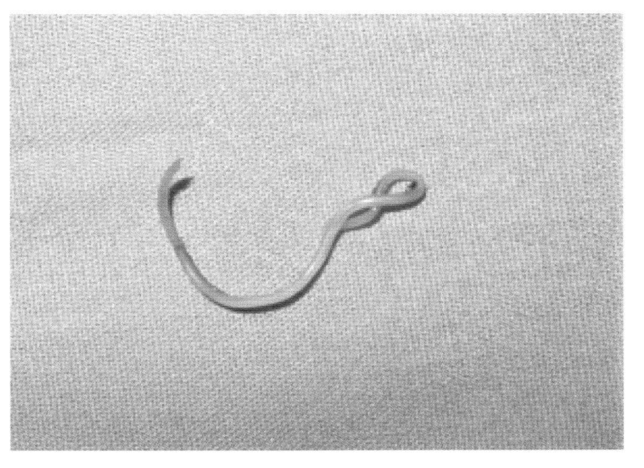

图15-4-2 犬弓首蛔虫成虫（周天红 供图）

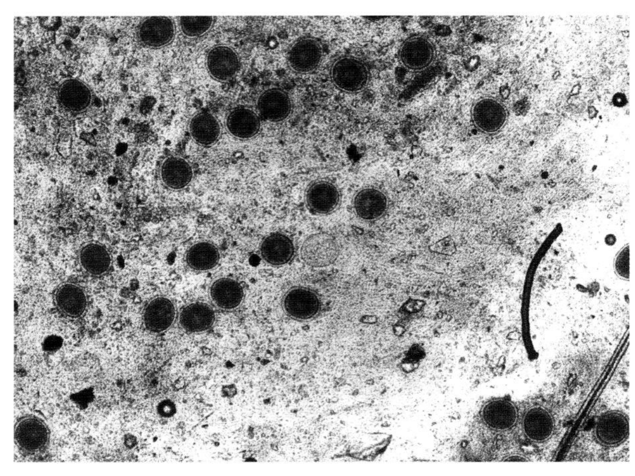

图 15-4-3 犬弓首蛔虫卵（10×10 倍镜）（周天红 供图）

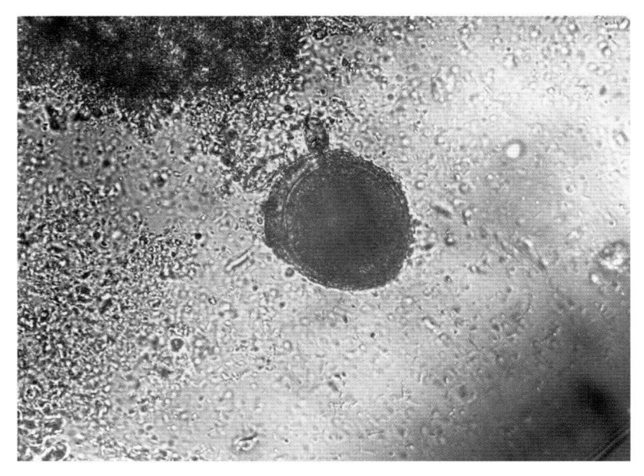

图 15-4-4 犬弓首蛔虫卵（10×40 倍镜）（周天红 供图）

抗性，可以在–10~45℃下存活，可以保持对犬的感染性2~5d。

摄食感染性虫卵后，需在宿主体内经过复杂的移行过程，经过4~5周发育为成虫。年龄较大的犬感染犬弓首蛔虫后，幼虫可随血流到达各种组织器官（包括肝脏、肺、脑、心、骨骼肌、消化管壁）中，形成包囊，但不进一步发育。如被其他肉食兽摄食后，包囊中的幼虫可发育为成虫。此外，幼虫还可以经胎盘感染胎儿或产后经母乳感染幼犬。

## 三、流行病学

蛔虫的来源包括环境，环境中存在非常抗病的卵。在母犬的身体中潜伏着休眠的幼虫，可以感染它们的幼崽。然而，蛔虫是非常多产的寄生虫，这就是为什么净化环境是如此重要的原因。

犬蛔虫病主要发生于6月龄以下幼犬，感染率在5%~80%，蛔虫的寿命相对较短，它们会在4~6个月自然消失。其主要原因有三个方面：一是雌虫繁殖率强，每条雌虫每天在每克粪便中可排卵约700个；二是虫卵对外界抵抗力非常强，可在土壤中存活数年；三是妊娠母犬的组织中藏匿着一些幼虫的包囊，可抵抗药物的作用，而成为幼犬感染的一个重要来源。

## 四、致病作用和临床症状

犬轻度、中度感染犬弓首蛔虫时，幼虫移行不表现任何临床症状。寄生于小肠的成虫可引起发育迟缓、被毛粗乱、精神沉郁、消瘦，并偶见腹泻。有时可见幼犬呕吐出或在粪便中排出虫体。严重感染时，幼虫移行导致肺损伤，引起咳嗽、呼吸加快和泡沫状鼻漏。患犬大部分死亡病例发生于肺部感染期，经胎盘严重感染的幼犬在分娩后几天内即死亡。

## 五、诊断

根据临床症状和病原检查作出诊断。确诊需在粪便中发现特征性虫卵或虫体，尸检时在小肠或胆道发现虫体。

## 六、防治

### （一）治疗

在生殖期和妊娠开始时除虫。雌性应在发情期驱虫；这将摧毁成虫，并部分破坏休眠的幼虫，这些幼虫在犬发情和妊娠开始时重新激活。标准的驱虫剂、杀线虫剂可用于消灭成虫，但只有扩散到组织中的驱虫剂（如芬苯达唑、氟苯达唑、恶芬达唑、左旋咪唑、莫地苷、米贝霉素、莫西地汀、硒菌素、异丙菌素等）才能消灭重新激活或迁移的幼虫。每种驱虫药都应按特定的方案使用。

### （二）预防

由于环境中的虫卵及母犬体内的幼虫是感染的主要来源，因此，预防需做到环境、食具及食物的清洁卫生，及时清除粪便并进行生物热处理。犬要定期驱虫：所有幼犬在驱虫2～3周后再驱虫一次，母犬和幼犬同时给药效果更好；新购进的幼犬间隔14d驱虫2次；成年犬每隔3～6个月驱虫一次。

# 第五节　眼线虫病

犬眼线虫归属于线虫属。这些线虫寄生在眼睛被称为眼线虫，会导致溢泪、结膜炎、角膜炎，甚至角膜溃疡。

眼线虫经常出现在牛和马中，但也可以在食肉动物中发现，特别是犬和狐狸，猫不常见。

## 一、病原学

犬眼线虫的特征是有锯齿状的角质层和冠状的口腔前庭。雌性虫的特征是外阴的位置，位于食管-肠交界处的前面。

它是一种白色的丝状线虫，身长7～17mm，直径0.2～0.3mm（图15-5-1、图15-5-2）。

## 二、生活史

雌虫在犬泪液中释放L1幼虫。犬眼线虫中间媒介是果蝇。果蝇吞食犬泪液，L1幼虫在果蝇中蜕皮3次（需要14～21d），发育成具有感染性的L3幼虫，可传播给新宿主，在新宿主眼腔内1个月内发育成成虫。成虫可在犬的结膜囊中存活几个月。

图15-5-1　眼线虫成虫（周天红　供图）

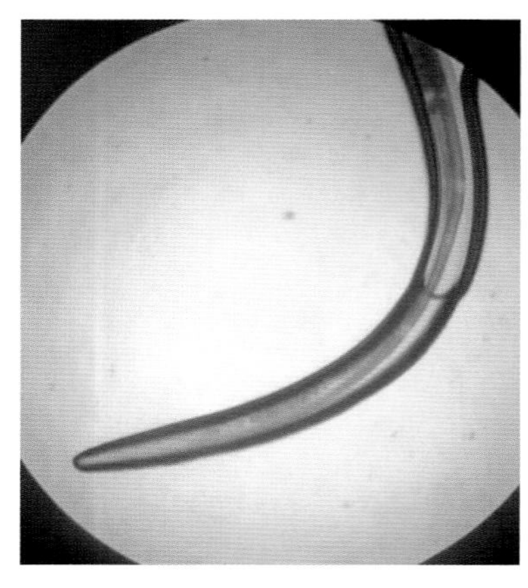
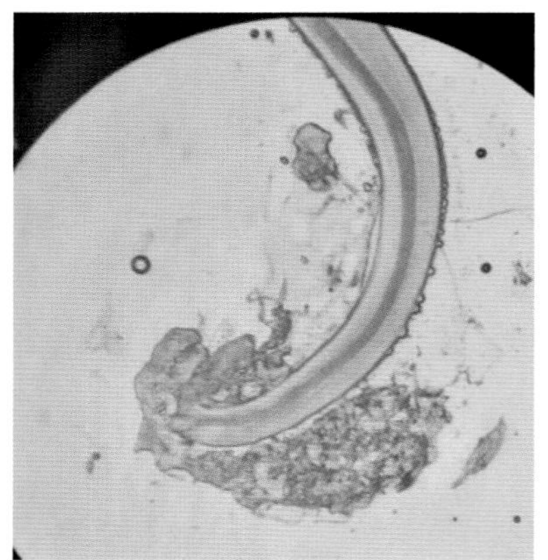
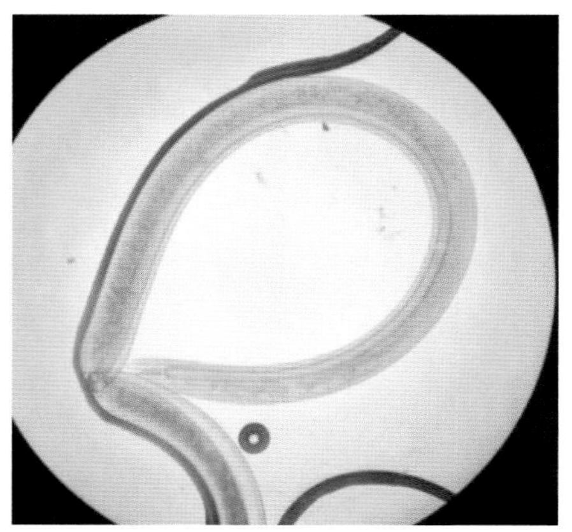

图 15-5-2　眼线虫成虫（10×5 倍镜）（周天红　供图）

## 三、流行病学

眼线虫病是一种季节性的线虫病，与果蝇媒介的存在和密度有关，在流浪犬和媒介之间存在一个记忆周围循环。犬在夏天被果蝇感染，它们将 L3 幼虫沉积在结膜或眼睛周围。临床症状通常发生在秋、冬季。

## 四、致病作用和临床症状

眼线虫病可能是无症状的，由于眼线虫刺激，导致的眼部（单眼或双眼）临床症状有：眼睑痉挛、泪溢、角膜炎、结膜炎，可能继发细菌感染，角膜、结膜炎可迅速变得严重、化脓。

## 五、诊断

使用无菌棉签在患犬眼结膜和结膜囊上发现白色虫体最终诊断。

## 六、防治

莫西菌素、米贝霉素肟、伊维菌素等治疗线虫病的药均已被证明有效。如果继发细菌感染，建议使用抗生素药膏或滴眼液。预防措施为在传染季节预防性给药。

# 第六节　心丝虫病

犬心丝虫病是一种由库蚊科叮咬传播的蠕虫疾病，心丝虫是一种寄生在犬肺动脉和右心室的丝状线虫。其特征是进行性心功能不全和心肺问题的进行性表现，有时与其他临床体征相关。这种进行性和不可逆的心功能不全在临床上很重要，在严重感染中进展更快。

## 一、病原学

雄虫长12~18cm，直径1mm，雌性长可达30cm，直径相同，两者均为白色（图15-6-1）。雌性产微丝蚴（长约300μm，直径约6μm）释放到血液中（图15-6-2、图15-6-3）。

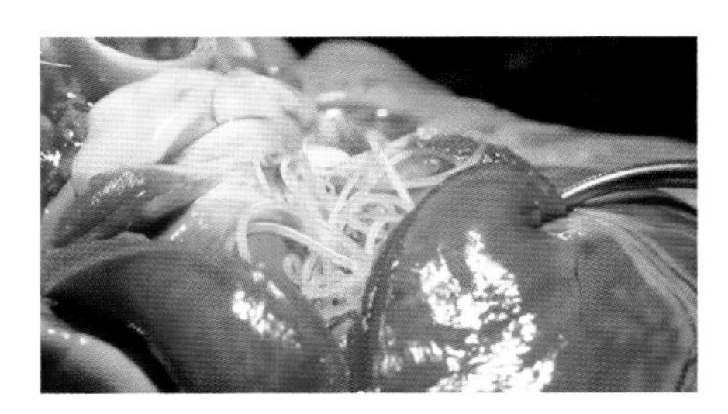

图15-6-1 心丝虫成虫
图片来源：超可信宣传片

图15-6-2 直接镜检下的微丝蚴
图片来源：*Clinical Parasitology in Dogs and Cat*

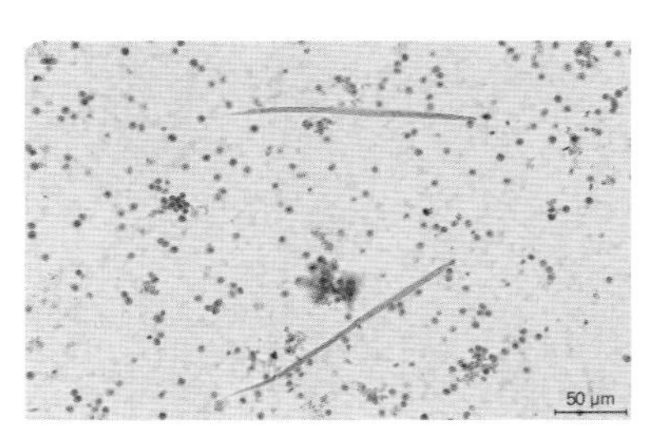


图15-6-3 使用Knott方法在浓缩MGG染色后观察到的微丝蚴
图片来源：*Clinical Parasitology in Dogs and Cat*

## 二、生活史

成虫生活在终宿主的右心室和肺动脉中，而前成虫则生活在肺动脉中。感染严重时，可在后腔静脉发现蠕虫，引起急性溶血，称为后腔静脉综合征。

微丝虫被中间宿主——一种雌蚊（伊蚊、库蚊、按蚊）通过吸血摄取。它们在马氏小管中变成L1幼虫，发育4d左右变成L2幼虫。大约在第10d，它们变成L3幼虫，进入蚊子的体腔，进入阴唇（或口腔）。如果有10多只幼虫的入侵，通常会杀死宿主昆虫。当蚊子叮咬最终宿主时，阴唇和喙会折叠起来，L3幼虫被转移到叮咬部位并穿透伤口。

然后，它们前往皮下结缔组织，在那里停留大约2.5个月（60~80d），在第10d蜕皮成L4幼虫，在第60d成熟为前成虫。这些前成虫有2~5cm长，通过血液循环进入右心室，发育为成虫，然后交配。在严重感染的情况下，有些仍留在肺动脉中。潜伏期5~6个月，有时更长。

成年心丝虫存活时间较长，4~5年，但雌虫病在3年后数量大大减少。感染会在接下来的几个月甚至数年中积累，这解释了有时可以看到非常严重的感染，但也解释了由于寄生虫在心脏中积累而出现的临床症状。

## 三、流行病学

心丝虫病是一种虫媒传播的寄生虫病，可能是季节性的，取决于纬度。

微丝蚴病犬是蚊子媒介的微丝蚴病的来源（10%~20%的犬是微丝蚴携带者）。流浪犬和野生犬科动物（狐狸、郊狼）也是微丝蚴的携带者，在心丝虫的传播中重要性不能被低估。

直接来源：包括雌蚊媒介（库蚊、伊蚊、按蚊）在内，有近70个物种对这种寄生虫敏感，因

此被认为是潜在的媒介。

## 四、致病作用和临床症状

感染仅通过雌蚊叮咬接种L3幼虫而发生。

所有增加蚊子叮咬概率的因素都增加了感染的风险。例如，在室外生活和睡觉的犬。根据纬度的不同，侵扰的风险可能全年持续（如热带）或有季节性特点（如温带，传播主要发生在春季和秋季之间）。

### （一）一般临床体征

感染较轻的犬通常没有临床症状，症状与严重的感染或有寄生虫积累的重复感染有关。潜伏期可能较长（几年）。

以下症状与成年丝虫病有关，是刺激机械作用和抗原反应的结果。它们会引起慢性肺动脉高压，从而导致心脏持续高负荷工作，以维持足够的肺灌注。犬可以分为四个临床类别。

第一阶段：过度疲劳，食欲减退。在此阶段，心脏补偿肺动脉高压，临床体征仍很微妙，但由于失代偿引起的心功能不全逐渐发展。这个阶段患犬是不发热的。

第二阶段：此阶段对应于中度心丝虫病。患犬表现为用力时咳嗽和呼吸困难，休息时呼吸不足，并经常伴有贫血。

第三阶段：此阶段对应于严重的心丝虫病。患犬表现为心动过速、呼吸困难、休息时咳嗽、腹水、慢性肾功能不全，常表现为黏膜发绀。临床症状恶化，患犬体重减轻，身体基本功能受到影响。这一阶段由呼吸窘迫或由线虫碎片引起严重的肺栓塞，易导致患犬死亡。

第四阶段：与严重感染相关的并发症有下腔静脉综合征，与心丝虫寄生在下腔静脉相对应。该阶段患犬表现为贫血和血红蛋白尿，血液循环突然中断及重度的溶血，导致患犬易突发休克。

在所有阶段的听诊中都能听到心杂音。

### （二）其他临床体征

以下临床体征可能与微丝蚴有关，微丝蚴会导致血栓栓塞和相关的局部免疫和炎症反应。这些栓塞也可能是成虫碎裂的结果。

皮肤症状：瘙痒、脱发、四肢（耳朵、尾巴）坏死。

神经症状：最常见的症状是麻痹、运动不协调、偶尔的惊厥、暂时性的意识丧失。

出血症状：黑便、鼻出血、咯血。

眼部体征：眼葡萄膜炎。

肾功能损害：慢性肾功能不全。

## 五、诊断

### （一）临床症状

通过临床症状初判：犬运动后，可能会出现呼吸急促和咳嗽，临床症状会随着运动而加重（如在散步后）。

血液检查显示有再生性贫血、嗜酸性粒细胞增多，但没有症状。听诊和心电图（ECG）不能识别特征性因素，但可以确认右侧心功能不全的诊断。

**（二）影像学检查**

X线片显示心脏肿大和肺血管有明显的分支。与X线片不同，超声心动图可以通过观察寄生虫来诊断心丝虫病。

**（三）实验室检查**

通过确认血液微丝蚴或通过筛选丝虫抗原确认感染。

微丝蚴检测：通过血涂片、观察一滴新鲜血液，或先富集（运用Knott技术在Millipore膜上进行血液过滤，或采用厚涂片法）再MGG染色发现微丝蚴。

**（四）循环抗原检测**

目前可用的快速心丝虫抗原检测主要是检测雌性犬心丝虫（D.immitis）成虫分泌的循环蛋白。这些试剂盒使用灵敏度很高的不同血清学技术（ELISA或凝集），并且可以对单个雌性寄生虫筛查。这种特定检测针对犬心丝虫，因为使用了物种特异性单克隆抗体。试剂盒可用于犬，但不能用于猫，因为检测的抗原是由雌性犬心丝虫成虫分泌，而寄生虫在猫科动物中通常保持未成熟状态。

## 六、防治

**（一）预防**

1.媒介预防

蚊虫预防措施能减少犬心丝虫的传播。

2.药物预防

阿维菌素/米尔贝肟。阿维菌素按6μg/kg剂量每月服用一次，莫昔克丁按2μg/kg口服，米尔贝肟按0.5mg/kg口服。

塞拉菌素（6mg/kg）、莫昔克丁（2.5mg/kg）或米尔贝肟的滴剂（0.5mg/kg），这些也是每月使用一次，它们能杀灭所有不到6周龄的通过蚊子叮咬传播的幼虫。

**（二）治疗**

不建议对无症状的感染犬进行治疗。每月使用预防性杀幼虫剂量的阿维菌素/米尔贝肟（莫昔克丁、塞拉菌素或伊维菌素）可使雌性心丝虫绝育并缩短其寿命。

1.杀成虫药治疗

这种疗法基于砷衍生物包括美拉索明。

方案（用于第一阶段和第二阶段）是按2.5mg/kg剂量进行两次肌内注射，两次注射的时间间隔为24h。

如果犬出现严重临床症状（第三阶段），给予一次单次注射，然后在下个月再注射两次，两次注射的时间间隔为24h。死亡的心丝虫会引发肺栓塞风险，因此，患犬必须完全保持静息状态。

由于循环寄生抗原持续存在，治疗效果仅能在4~6个月后通过ELISA进行确认。

2.微丝蚴治疗

杀成虫药物治疗后1个月必须再次进行该治疗，因为微丝蚴可以在毛细血管中存活长达18个月。治疗药物对微丝蚴同样有效，治疗后3~4周微丝蚴消失。在这种病例中，给予糖皮质激素具有很好的效果。

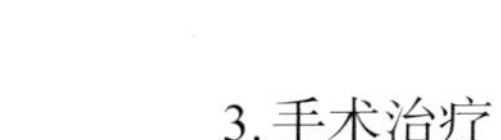

3.手术治疗

严重感染（第三阶段或第四阶段时的犬）时，可以手术取出心丝虫。通过使用一双经特殊改装的名为鳄鱼钳的镊子将导管插入颈静脉。该技术可以减少体内寄生虫数量，终止与血液动力学紊乱有关的溶血。一般在紧急情况下或在极晚期的患犬中进行该疗法。

# 第七节　肝吸虫病

华支睾吸虫病又称为肝吸虫病，是寄生于猪、犬、猫等动物或人的胆囊及胆管内所引起的一种人畜共患寄生虫病。

## 一、病原学

华支睾吸虫雌雄同体。虫体背腹扁平，呈树叶状，前端稍尖，后端较钝（图15-7-1）。大小为（10~25）mm×（3~5）mm。口吸盘略大于腹吸盘，腹吸盘位于体前端1/5处。

虫卵较小，平均为29μm×17μm，形似电灯泡（图15-7-2至图15-7-4）。

## 二、生活史

肝吸虫的发育过程，需要两个中间宿主，第一中间宿主是淡水螺，第二中间宿主是淡水鱼、虾，在我国主要有草鱼、青鱼、麦穗鱼以及细足米虾、巨掌沼虾等。

肝吸虫成虫寄生于终末宿主的肝脏胆管内，所产的虫卵随胆汁进入消化道并混在粪便中排出体外。每条成虫每天平均产卵量可超过2400个。虫卵落入水中，被第一中间宿主淡水螺吞食后，约经1h即可在螺的消化道内孵化出毛蚴。毛蚴进入螺的淋巴系统和肝脏，发育为胞蚴、雷蚴和尾蚴。

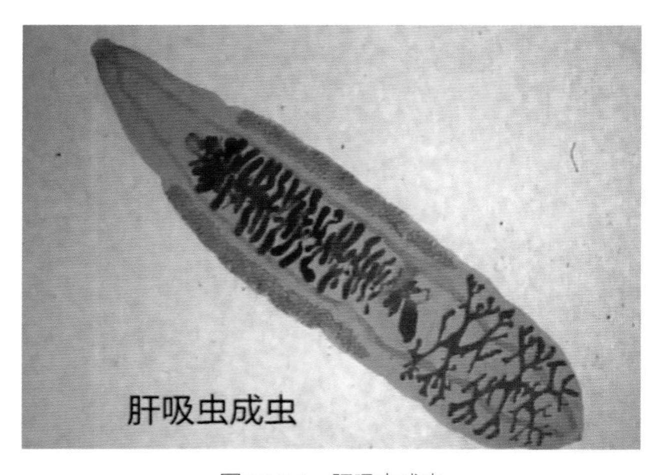


图15-7-1　肝吸虫成虫
图片来源：www.baidu.com

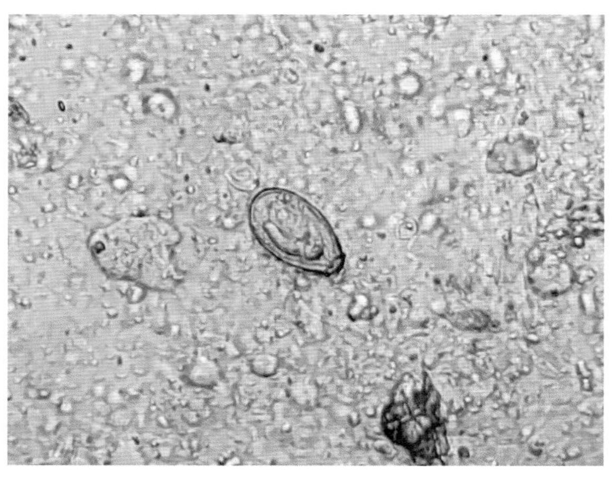

图15-7-2　卵（10×40倍镜）（林梓杰 供图）

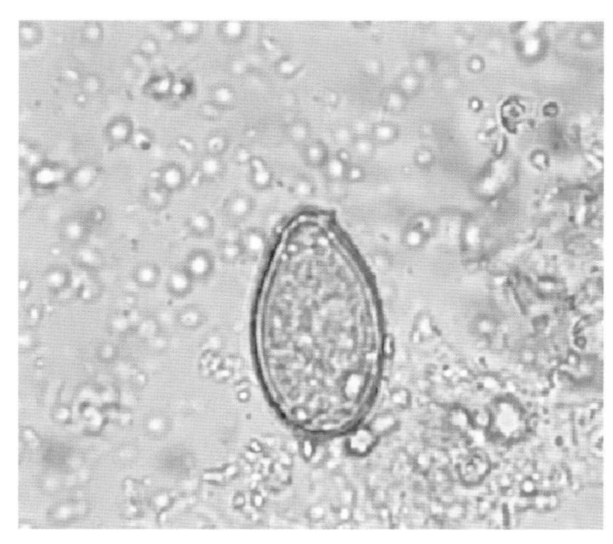

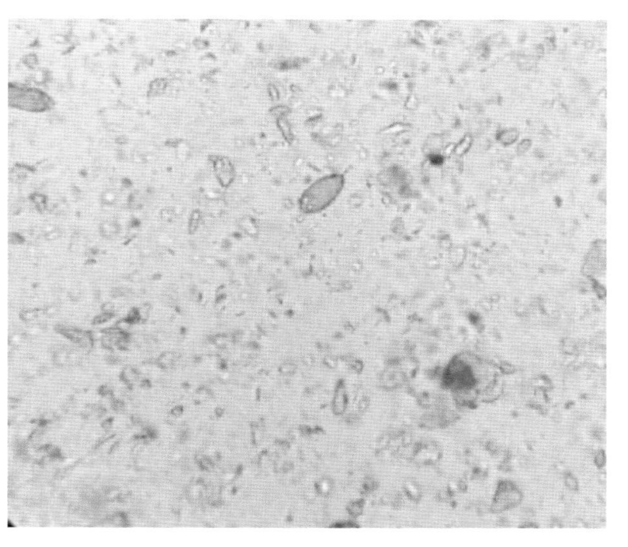

图 15-7-3　卵（10×40 倍镜）（方开慧　供图）

图 15-7-4　卵（10×10 倍镜）（方开慧　供图）

成熟的尾蚴离开螺体游于水中，当遇到适宜的第二中间宿主——某些淡水鱼和虾时，即钻入某肌肉内，形成囊蚴。人、猪、犬和猫等由于食入含有囊蚴的生鱼、虾或未煮熟的鱼或虾而遭受感染。囊蚴在十二指肠脱囊，童虫沿着胆汁流动逆向移行，经总胆管到达胆管发育为成虫。也有一些童虫可通过血流或穿过肠壁经腹腔到达肝脏，于胆管内发育为成虫。从淡水螺吞食虫卵至尾蚴逸出，共需100d左右。童虫在终末宿主体内经1个月后发育为成虫。成虫在猫、犬体内可分别存活12年和3年以上，在人体内可存活20年以上。

## 三、流行病学

该病的流行与地理环境、自然条件、流行区第一、二中间宿主的分布和养殖以及当地居民的生活习惯有密切关系。主要流行于东南亚及东亚国家，尤其是中国、韩国、朝鲜和日本。

## 四、致病作用和临床症状

虫体寄生于动物的胆管和胆囊内，因机械性刺激，引起胆管和胆囊发炎，管壁增厚，进而累及肝实质，消化机能受到影响。虫体分泌毒素，引起贫血、消瘦和水肿。大量寄生时，虫体阻塞胆管，使胆汁分泌障碍，并出现黄疸现象。寄生时间长久之后，肝脏结缔组织增生，肝细胞变性、萎缩。毛细胆管栓塞，引起肝硬化，有少数病例会在胆管上皮腺瘤样增生的基础上发生癌变。继发感染时，可引起胆囊炎，甚至肝脓肿。

多数为隐性感染，临床症状不明显。严重感染时表现为消化不良、食欲减退和下痢等症状，最后出现贫血、消瘦或者水肿和腹水等。病程多系慢性经过，往往因并发其他疾病而死亡。

## 五、诊断

若在流行区有给犬喂食生鱼虾的习惯，或是犬有偷食生鱼虾的病史，当临床上出现消化不良和

下痢等症状时，就应当怀疑为该病，如粪便中查到虫卵即可确诊。检查方法有直接粪便涂片法、离心漂浮法（检出率较高）。

## 六、防治

### （一）预防

可采取以下综合性预防措施：流行区域的猪、犬、猫均须进行定期检查和驱虫；在疫区禁止以生的或未煮熟的鱼、虾喂养犬、猫等动物；加强粪便管理，防止粪便污染水塘，禁止在鱼塘边盖厕所或猪舍。

### （二）治疗

可用下列药物：丙酸哌嗪，按50~60mg/kg体重，混入饲料喂服，每天一次，5d一个疗程；阿苯达唑，按30~50mg/kg体重，一次口服或混饲；吡喹酮，按10~35mg/kg体重，一次口服。

# 第八节　球虫病

## 一、病原学

球虫属为球虫寄生原虫，多年来被认为是一种潜在的犬病原体。繁殖是通过在犬胃肠道内交配并在粪便中排出卵囊。犬是等孢子球虫（*Isospora canis*）、俄亥俄等孢菌（*Isospora ohioensis*）、新沃尔特等孢菌（*Isospora neorivolta*）和洞穴等孢菌（*Isospora burrowsi*）的宿主。

## 二、流行病学

球虫属具有宿主特异性，并在全球范围内分布，多地普遍感染，尤其是幼犬，幼犬比成年犬更可能排出卵囊。

## 三、临床症状

球虫感染是犬通过摄取环境中的孢子化卵囊或通过摄取脊髓动物的感染组织后转化给宿主，胃肠期的球虫感染发生在小肠中，最终在粪便中排出未孢子化的卵囊。研究报告显示，犬感染*I. canis*的潜伏期一般为9.8d（范围在9～11d，n为22），明显期为8.9d（范围在7~18d，n为20），并且所有的幼犬都会发展成腹泻。相比之下，感染*I. ohioensis*的潜伏期为6~7d，有可能发生腹泻。感染动物排出的卵囊量变化非常大。球虫感染通常只与幼犬疾病有关，临床症状包括呕吐、腹部不适、食欲不振和水样腹泻（有时带血），甚至会发生严重脱水和死亡。感染的幼犬大多消瘦，其他寄生虫类似这种情况的有蛔虫和钩虫，犬可能会出现小肠增厚。感染动物易发生细微的损伤，包括绒毛脱落、乳糜管扩张和淋巴结肿大。

## 四、诊断

感染球虫的犬一般极少有系统性的实验室异常，腹部影像学诊断异常在感染球虫的幼犬不常见，且非特异性；球虫病的最终诊断以易感动物的粪便样本中出现卵囊为准。无腹泻症状的犬也可以排出球虫卵囊，因此，球虫卵囊阳性与腹泻症状并不直接相关；有时临床症状会先于卵囊的排出，因而这些病例的确诊需要重新取样。犬的等孢子球虫感染可以通过粪便漂浮法检查来确诊。等孢子球虫的卵囊为（38~51）μm×（27~39）μm，里沃他囊等孢子球虫的卵囊为（18~28）μm×（16~23）μm（图15-8-1至图15-8-3）。

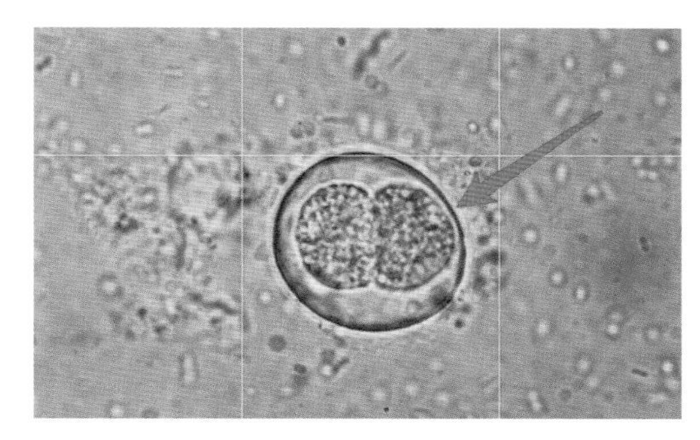

图 15-8-1　犬粪便中漂浮法获得的等孢子球虫卵囊，箭头所示（1000 倍镜）（胡丽霞　供图）

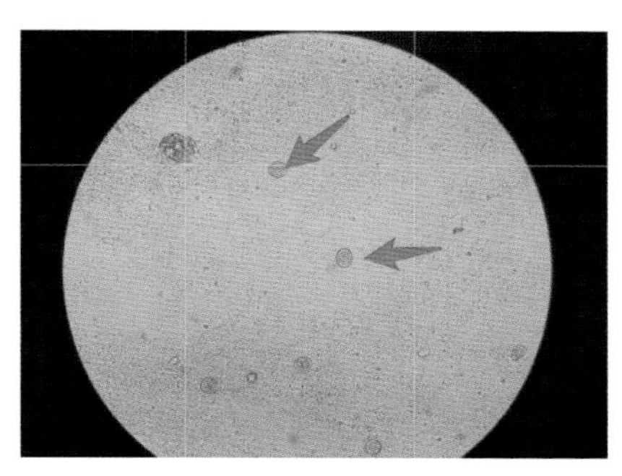

图 15-8-2　犬粪便中漂浮法获得的等孢子球虫卵囊，箭头所示（400 倍镜）（胡丽霞　供图）

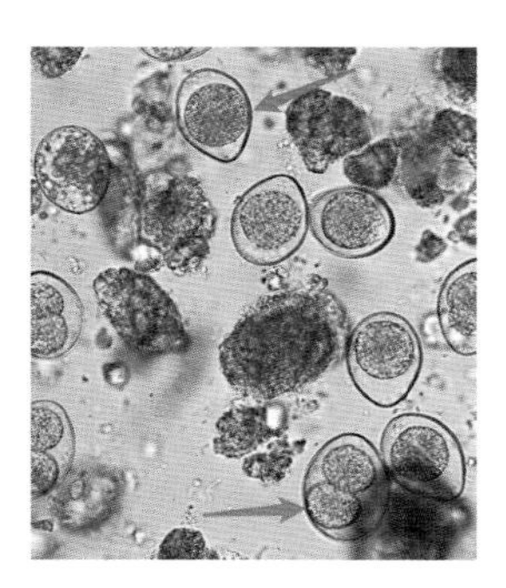

图 15-8-3　急性腹泻患犬粪便湿检，可见球虫卵，箭头所示（1000 倍镜）（胡丽霞　供图）

## 五、治疗

球虫病通常是自限性的，并且大多数健康的幼犬在没有治疗的情况下都可以自愈。但实施治疗可以加速临床疾病的消退，并可以减少环境污染和感染其他动物的可能性。犬球虫病和隐孢子虫病的常用抗原虫剂包括：磺胺甲氧氨苄嘧啶，15mg/kg，BID PO，连用7日；克林霉素，10mg/kg，连用7日；帕托珠利，20mg/kg，BID或50mg/kg/d，连用3日。

## 六、防治

犬的球虫感染不传染人。但是一些感染动物可能会联合感染其他的寄生虫，诱发一些能传染给人的动物传染病，如隐孢子虫和贾第鞭毛虫。因此，要给发生腹泻的犬制定一个完整的诊断流程。建议保持良好的卫生习惯，定期清洗犬舍，并在卵囊孢子形成前及时清除粪便。

# 第九节　巴贝斯虫病

## 一、病原学

巴贝斯（*Babesia* spp.）是红细胞内顶复体门寄生原虫。大巴贝斯长3~7μm，小巴贝斯长1~3μm。大巴贝斯是最常见的犬巴贝斯，包括3个亚型，传播媒介是棕色牛蜱、血红扇头蜱。

## 二、流行病学

大巴贝斯在全世界温暖、潮湿的区域最常发生。

吉氏巴贝斯在全世界均有发生，亚洲是其疫源区，感染的潜伏性/隐匿性导致病犬可能被运输至世界各地，吉氏巴贝斯存在两种截然不同的传播方式：经蜱传播和犬之间直接传播，以经蜱传播为主。在缺乏蜱媒时，犬与犬之间可通过咬伤直接传播或母犬通过胎盘垂直传播给胎儿。

## 三、临床症状

具体的发病机理主要取决于所感染的巴贝斯种属。宿主因素，如年龄、对寄生虫的免疫应答等都很重要；最常见亚临床感染，但感染也可能出现严重的临床症状：如发热、血小板减少、溶血、贫血、脾肿大等。犬非特异性症状包括沉郁、厌食、虚弱，偶尔可见黄疸（图15-9-1）、黏膜苍白、尿液变色（胆红素尿或血红蛋白尿）（图15-9-2）。

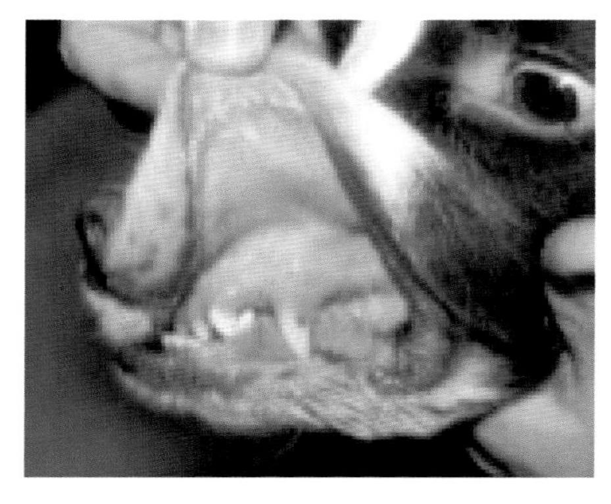

图15-9-1　巴贝斯患犬严重黏膜黄染（方开慧 供图）

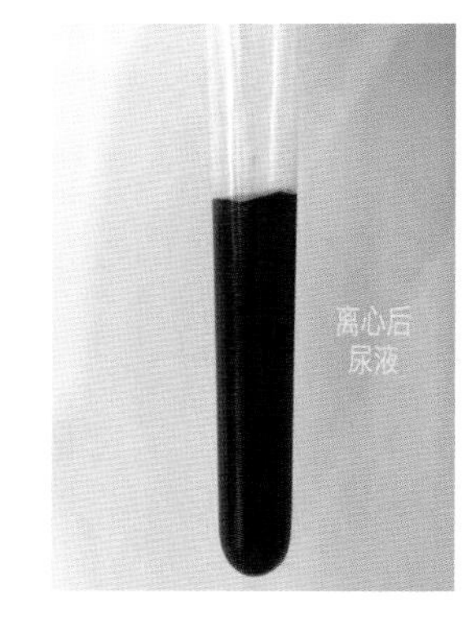


图15-9-2　犬巴贝斯感染造成的血红蛋白尿（方开慧 供图）

## 四、诊断

患犬主要的血液学异常是贫血和血小板（PLT）减少，血小板减少最常见，甚至没有贫血而只是血小板减少。感染最初几天，一般呈轻度正细胞正色素性贫血，之后发展为大细胞低色素性再生性贫血。白细胞变化不定，但较常见白细胞增多（有/无左移），白细胞减少，中性粒细胞增多，中性粒细胞减少，淋巴细胞增多，嗜酸性粒细胞增多；生化检查一般出现ALT和TBIL升高。尿检结果不定，常见胆红素尿、血红蛋白尿、蛋白尿。诊断巴贝斯有三个基本工具：显微镜检查、血清学检测和PCR。显微镜检查特异性高，敏感性相对较低；采集末梢血液检出率高，如耳缘、指甲区域（图15-9-3）。

免疫荧光抗体染色（IFA）是最常用于检测巴贝斯抗体的方式，PCR检测是目前判断巴贝斯活性感染敏感性和特异性最佳的手段，部分下限较低的PCR方法比光学显微镜敏感性高1300倍。

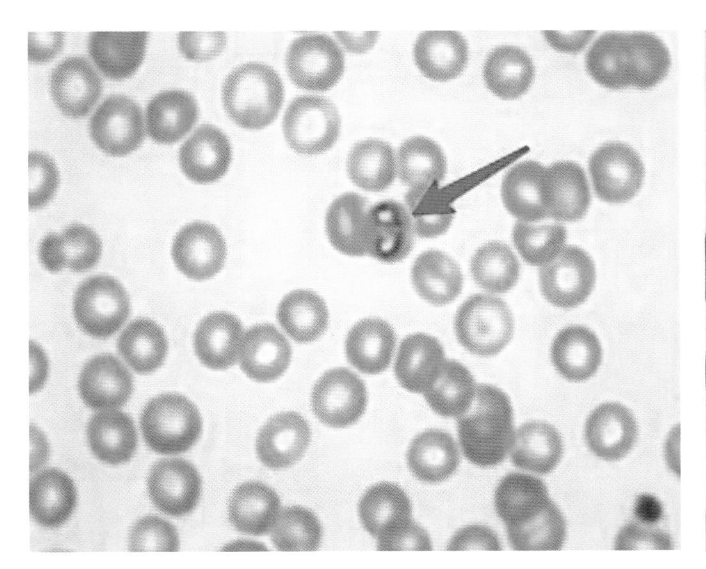
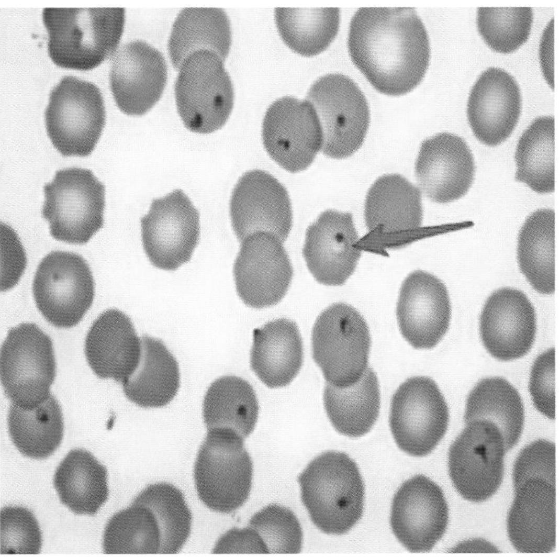

图15-9-3　左图为大巴贝斯虫患犬血涂片（箭头所示），右图为吉氏巴贝斯患犬血涂片（100倍镜，方开慧 供图）

## 五、防治

### （一）预防

最主要的预防途径是对蜱虫进行控制。早期发现蜱虫并进行移除很关键，防止犬与其他犬打斗也是预防感染的方法之一。所有供血犬都需要进行巴贝斯虫抗体检测和抗原PCR检测，任何检测出现阳性的犬不能再用于供血。犬巴贝斯虫对免疫力健全的人来说并不具有人畜共患风险。

### （二）治疗

抗原虫治疗24~72h临床症状有改善，有些犬需要7d，咪多卡可清除巴贝斯，单次注射后，蜱虫保护力4周，预防6周。单次给予咪多卡7.5mg/kg，或单次给予三氮脒3.5mg/kg后第2d给予一次咪多卡6mg/kg，可以清除感染，注射咪多卡之前30min皮下注射阿托品0.5mg/kg。阿托伐醌和阿奇霉素是治疗巴贝斯最有效的药物，联用10d阿托伐醌需要与脂肪食物同服，以最大化吸收率，阿托伐醌和阿奇霉素治疗无效的替代疗法：四环素+甲硝唑+多西环素，最少用药3个月。支持治疗包括输血+输注晶体液。

# 第十节　利什曼病

## 一、病因学

犬所患犬利什曼病是由婴儿利什曼原虫（*Leishmania infantum*，又名*Leishmania chagasi*）引起的。

利什曼病是由多种利什曼原虫感染造成的一组媒介传播性人畜共患病，主要经白蛉传播，其中最重要的一种病原体就是婴儿利什曼原虫（也有人叫恰氏利什曼原虫）。该病的临床表现很复杂，当犬只被感染时，病程通常受多种因素影响，尤其是个体的基因背景和免疫应答能力；鉴别亚临床感染和临床感染十分重要。

## 二、流行病学

犬易感因素：小于2岁、长期户外活动、未定期驱虫、环境卫生不佳、垃圾清理不及时、环境周围流浪犬较多等。犬母子之间通过胎盘传播，罕见血液传播。

## 三、临床症状

对于易感动物，感染可以蔓延至身体的很多部位（如皮肤、淋巴器官、造血器官等）。皮肤病灶最常见表现包括脱毛、皮屑、结节或丘疹伴或不伴溃疡（图15-10-1）。皮肤病灶一般在系统性症状之前出现，但其实皮肤病变是寄生虫转移后形成的。很多犬都会出现指甲弯曲症（爪过长或变脆

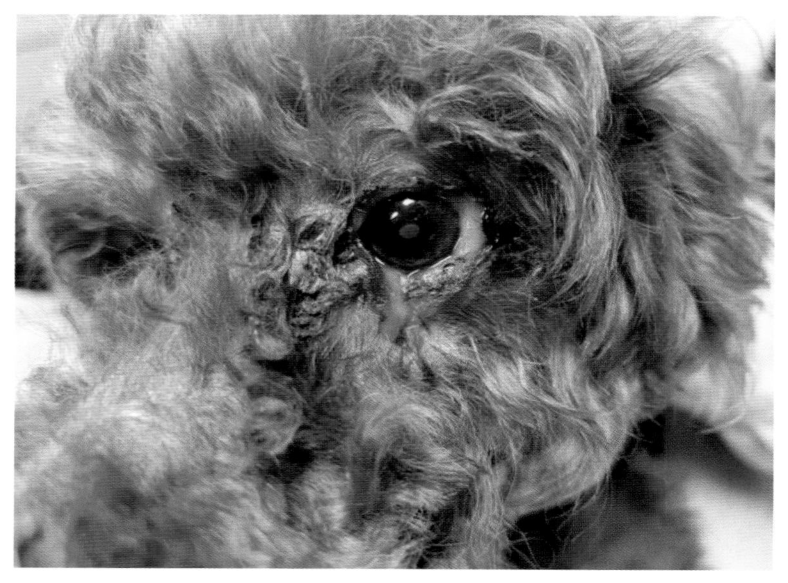
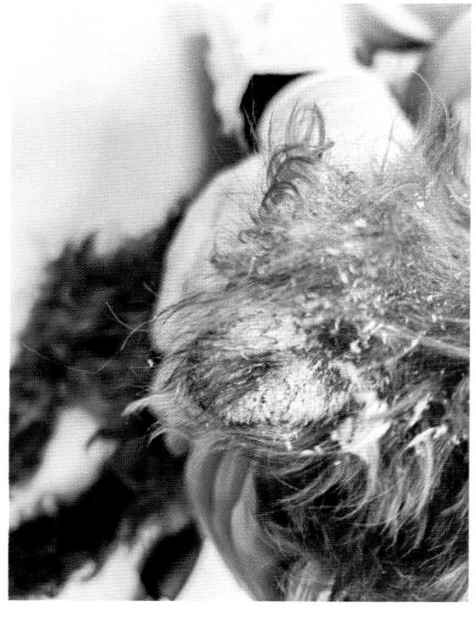

图15-10-1　泰迪犬，眼周秃毛、结痂，耳缘结痂，高球蛋白血症，蛋白尿；利什曼原虫PCR阳性（薛双全 供图）

弱）。疾病晚期，可能累及多个器官和系统（如双侧肾脏、肝脏、双眼、关节、胃肠道等）。多系统病变的复杂性会给诊断和治疗带来很大挑战。

## 四、诊断

在疾病流行区，生活方式（户外活动）对于诊断很重要。在非疾病流行区，要着重调查犬去过什么地区、交配记录以及血统起源。大量利什曼原虫病例都有慢性淋巴细胞增多的病史。体格检查应重点检查疑似患犬的淋巴器官、皮肤和黏膜以及眼睛（建议进行眼科学检查）。患犬通常会同时出现包括全身症状、皮肤疾病、眼科疾病或其他常见临床表现在内的部分症状。可能出现精神沉郁、食欲改变、体重下降（疾病晚期可出现恶病质和肌肉萎缩）、全身体表淋巴结肿大、脾肿大、烦渴多尿、呕吐和腹泻，皮肤症状包括无瘙痒的剥脱性皮炎伴有脱毛或无脱毛，主要出现在皮肤黏膜交界处的糜烂性溃疡性皮炎、结节性或丘疹性皮炎、脓包性皮炎、爪甲弯曲增厚；眼科疾病包括一般性或干燥性角膜结膜炎、睑缘炎、前葡萄膜炎/眼内炎；其他疾病包括跛行（侵蚀性或非侵蚀性多发关节炎、骨髓炎）、鼻出血、黏膜损伤（口腔、生殖道）、肌炎和多发性肌炎、萎缩性咀嚼肌炎、皮肤和全身性脉管炎等。犬利什曼原虫病的确诊主要基于特征性的临床表现、临床病理学检查以及明确的血清学检测阳性（IFA检测，ELISA）、PCR检查阳性等诸多因素，送检样本包括：脾脏、肝脏、淋巴结、骨髓、全血、皮肤活检样、结膜拭子、口腔拭子等。其中，脾脏、淋巴结、骨髓、皮肤活检样的诊断率最高。病灶细胞学检查发现利什曼原虫无鞭毛体即可确诊利什曼病（图15-10-2）。

## 五、病理变化

内脏型利什曼病常见：恶病质，淋巴结、脾脏、肝脏广泛性增大，多个器官出现局灶性白色结节，骨关节损伤，胃肠道溃疡。利什曼病患犬多个受累组织病理通常呈现肉芽肿或化脓性肉芽肿及

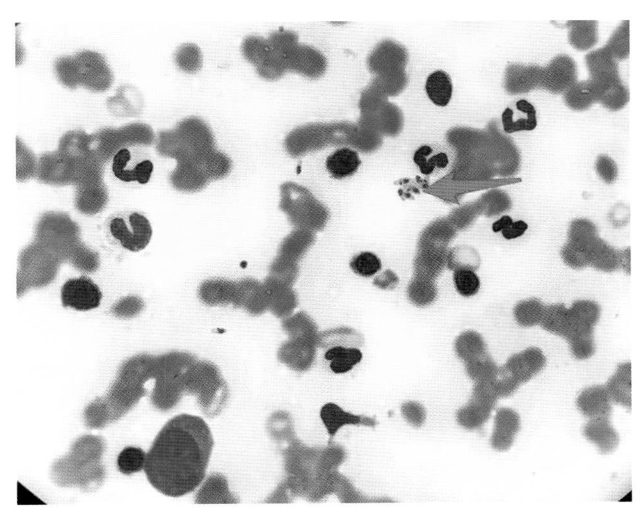

图15-10-2 利什曼原虫病患犬皮肤病灶，可见游离的原虫无鞭毛体（红色箭头所示）（1000倍镜，薛双全 供图）

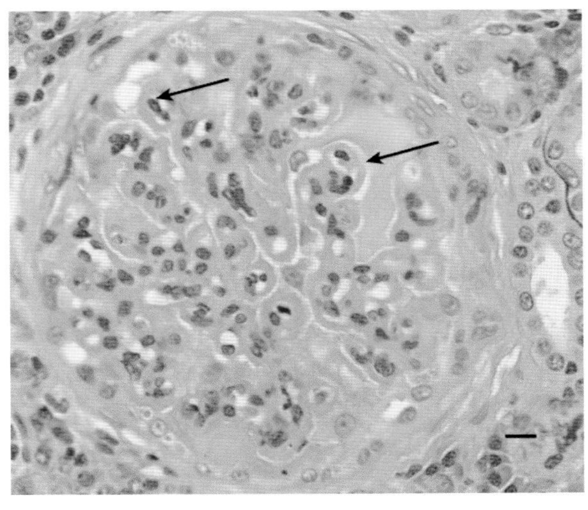

图15-10-3 内脏型利什曼原虫患犬的肾脏组织病理切片。肾小球血管壁显著增厚，提示肾小球肾炎（标尺=50μm）图片来源：Canine Leishmaniosis

淋巴浆细胞炎症反应，同时组织细胞内可见无鞭毛体，数量不等（图15-10-3）。

## 六、防治

### （一）预防

使用外用抗寄生虫药物，如溴氰菊酯脖圈或含有苄氯菊酯的驱虫药可有效预防利什曼病。在夜间白蛉活动地区，建议人和犬保持室内活动或使用细网格防护网。由于利什曼病可通过胎盘传播，及时节育有助于预防该病。献血犬必须通过PCR和血清学筛查利什曼病。

### （二）治疗

具有抗利什曼原虫活性的药物包括：甲基葡胺五价锑盐和葡萄糖酸锑钠、别嘌呤醇、两性霉素B、米替福新；酮康唑也有人使用。犬利什曼病继发肾衰后，可能需要输液治疗；针对氮质血症或PLE等并发症进行对症治疗，如抗酸、止吐、磷结合剂、低蛋白饮食、抗高血压等。

### （三）公共卫生

全球估计大约有1.2亿人曾感染利什曼病，至少35亿人具有感染风险。每年有20万~40万VL和70万~120万CL新增病例，2万~4万人死于利什曼病。VL又名黑热病，*L. donovani*和*L. infantum*是主要病原，犬是*L. infantum*的主要储存宿主，控制疾病在犬间的流行可降低人类病例数量。

# 第十一节　贾第鞭毛虫病

## 一、病原学

贾第鞭毛虫是具鞭毛的肠道原生动物，可以感染包括犬在内的多种野生动物和家畜。一些遗传组合（A型和B型）是人畜共患的。犬是几种不同亚型的贾第鞭毛虫的终末宿主，贾第鞭毛虫通过粪便中的滋养体（导致腹泻）或囊孢（导致腹泻）传播。感染犬（C型和D型）猫（F型）的贾第鞭毛虫种属通常与人类临床疾病无关，感染人的贾第鞭毛虫（A型和B型）可在犬、猫粪便中发现，但人通过犬、猫粪便被感染的可能性较低。

## 二、流行病学

贾第鞭毛虫的传播途径为直接摄取粪便中的囊孢或间接食用污染的水、食物、贮存宿主、感染的猎物或者污染物，犬的潜伏期为4~12d（平均8d），主要寄生在小肠，幼犬每克粪便中平均有2000个囊孢脱落；在所有感染犬中，每克粪便中平均有706个囊孢脱落。犬猫感染27~35d后囊孢脱落停止，因此，大部分贾第鞭毛虫感染为自限性。但部分感染动物的囊孢脱落会持续数月。贾第鞭毛虫全球均有分布。

## 三、临床症状

犬的贾第鞭毛虫感染最常见的临床症状是腹泻。有些犬可能会呕吐、体重减轻，幼犬可能无法增重。粪便通常松软，颜色苍白（图15-11-1）。成年患犬通常无症状。

## 四、诊断

要确诊犬的贾第鞭毛虫感染，可使用硫酸锌溶液的离心浮聚法来检测卵囊（约7.4μm×10.5μm）（图15-11-2）。对腹泻犬进行直接湿润新鲜粪便涂片检查可发现活动的“翻滚”或“落叶”

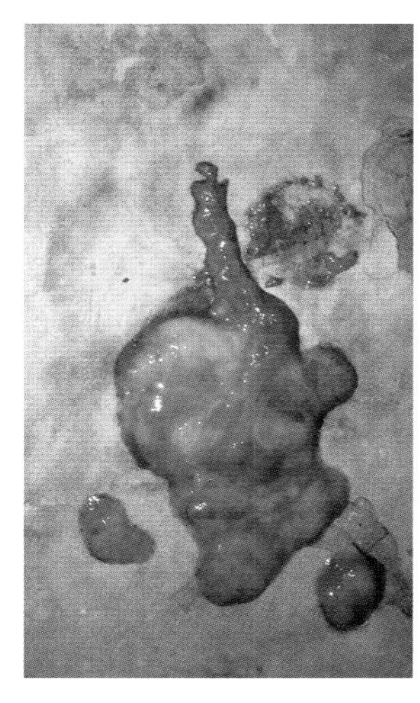

图15-11-1　5月龄金毛，持续腹泻5日，诊断为球虫感染（徐璐璐 供图）

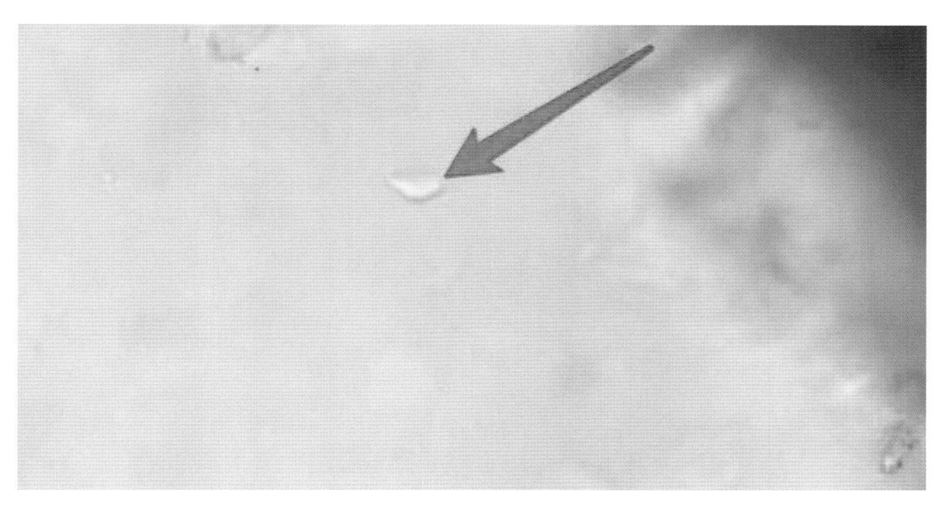

图15-11-2　慢性小肠性腹泻患犬，漂浮未染色，可发现活动的“翻滚”或“落叶”状滋养体（箭头所示）（李大刚 供图）

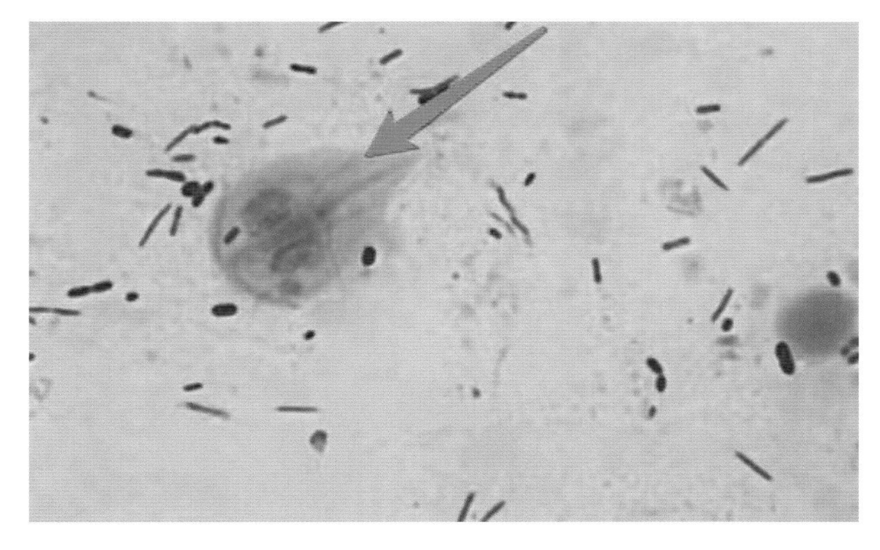

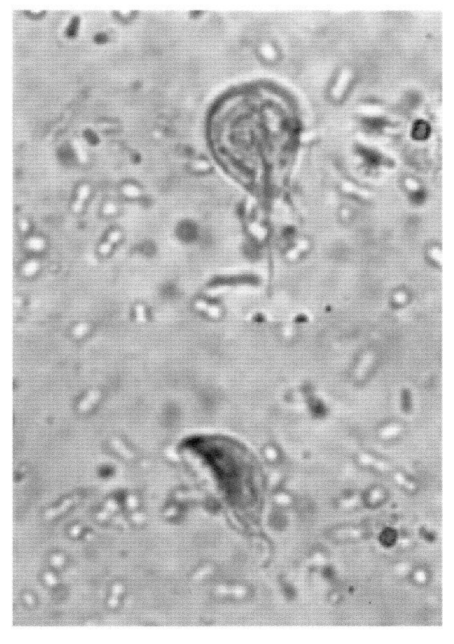

图15-11-3　慢性小肠性腹泻患犬漂浮色染色，可见贾第鞭毛虫滋养体，左侧箭头所示，右侧为未染色（1000倍镜）（李大刚 供图）

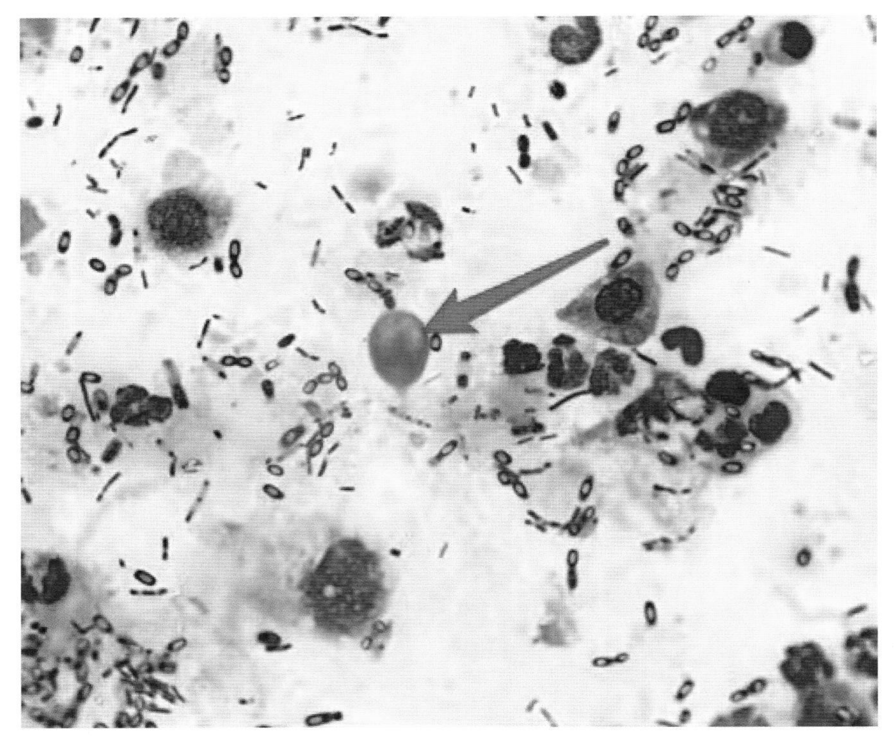

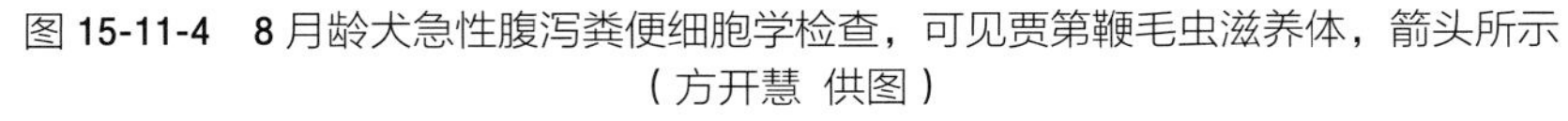

图 15-11-4　8 月龄犬急性腹泻粪便细胞学检查，可见贾第鞭毛虫滋养体，箭头所示（方开慧 供图）

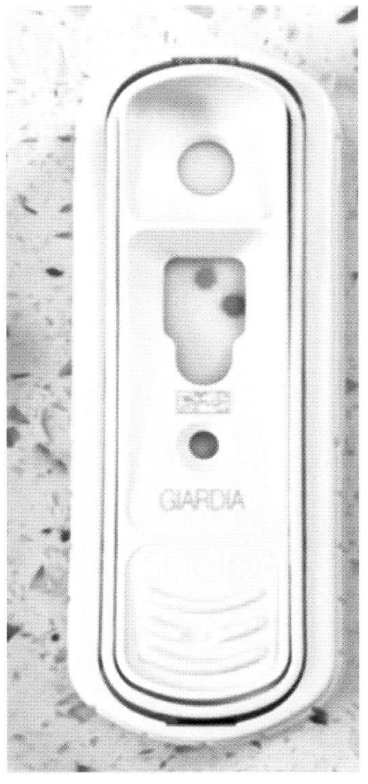


图 15-11-5　8 月龄犬急性腹泻，酶联免疫吸附测定（ELISA）检测结果呈阳性（方开慧 供图）

状滋养体（10.5~17.5）μm×（5.25~8.75）μm（图 15-11-3、图 15-11-4），但要注意与毛滴虫进行区分。直接免疫荧光试验检测隐孢子虫卵囊和粪便中的贾第鞭毛虫孢囊；商业酶联免疫吸附测定（ELISA）（图 15-11-5）也可广泛用于检测贾第鞭毛虫粪便抗原，包括即时检验（如SNAP 爱德士）；PCR检测和定量贾第鞭毛虫DNA的方法也极其敏感。

## 五、防治

### （一）预防

防止感染贾第鞭毛虫的措施包括：对于环境中的水，饮用前需煮沸或者过滤；对于之前被感染粪便污染的物品，需蒸汽清洁或用季铵盐化合物消毒1min。控制传播宿主，若动物出现间歇性腹泻，则需治疗并清洗所有犬。感染动物的粪便需迅速清除。

### （二）治疗

贾第鞭毛虫有其特殊的耐药机制，所以，目前无法预测哪种抗贾第鞭毛虫的药物对犬个体有效。目前，用于治疗确诊或疑似感染贾第鞭毛虫犬的经验性治疗药物包括：阿苯达唑、非班太尔/噻嘧啶、芬苯达唑、呋喃唑酮、异丙硝唑、甲硝唑、阿的平和替硝唑。甲硝唑25mg/kg/12h PO，连用7日；吡喹酮20mg/kg/d，连用3日。

# 第十六章

## 犬传染病

# 第一节 狂犬病

狂犬病（Rabies）是由狂犬病毒侵犯中枢神经系统引起的急性传染病，是一种人兽共患疾病。狂犬病毒通常由病犬通过唾液以咬伤方式传给人，因常有恐水的临床表现，故又称恐水症。

## 一、病原学

狂犬病病毒（*Rabies Virus*）为弹状病毒，其头部为半球形，末端常为平端，形态呈典型的子弹状，长130~240nm，直径65~80nm。狂犬病病毒属于弹状病毒科（Rhabdoviridae）狂犬病病毒属（*Lyssavirus*）。病毒颗粒由外壳和核心两部分组成，外壳为一紧密完整的脂蛋白双层包膜，其外面镶嵌糖蛋白（Glycoprotein, G），内侧主要是膜蛋白，即基质蛋白（Matrixprotein，MP）。病毒内部为螺旋形的核衣壳，核衣壳由单股RNA及蛋白质组成。

狂犬病病毒易被日光、紫外线、甲醛、新洁尔灭、50%~70%酒精等灭活，病毒悬液经56℃ 30~60min或100℃ 2min即可灭活，病毒于-70℃或冻干后置0~4℃中可保持活力数年。被感染的组织可保存于50%甘油中送检（图16-1-1）。

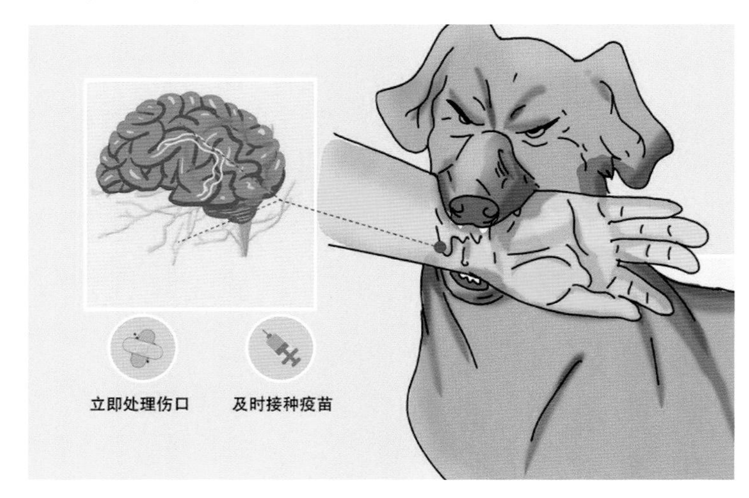


图 16-1-1 狂犬病的感染及预防
图片来源：https://www.youlai.cn/baike/disease/gtBuFT1yQA.htm

## 二、流行病学

据统计，狂犬病在全球150余个国家发生过病例，其中东南亚国家的发病率较高。我国的发病率有明显增高趋势，死亡人数在法定传染病中的地位已跃居前两位。我国的狂犬病病例主要由犬传播，人狂犬病患者由病犬传播者占80%~90%，但部分地区检测“健康犬”带毒率可达17%以上。

目前，对于狂犬病尚缺乏有效的治疗手段，人患狂犬病后的病死率接近100%，患者一般于3~6

日内死于呼吸或循环衰竭，故应加强预防措施。

该病也可通过感染性物质（通常为唾液）直接接触人体黏膜或新近皮肤破损处传染。因咬伤而出现人传人的情况虽有理论上的可能性，但从未得到证实。

通过吸入含有病毒颗粒的气溶胶或通过移植已感染病毒的器官感染狂犬病的现象很罕见。人类因摄入动物生肉或其他组织而感染狂犬病的病例从未得到证实。

## 三、临床症状

狂犬病潜伏期通常为2~3个月，短则不到一周，长则一年，这取决于狂犬病毒入口位置和狂犬病毒载量等因素。狂犬病最初症状是发热，伤口部位常有疼痛或有原因不明的颤痛、刺痛或灼痛感（感觉异常）。随着病毒在中枢神经系统的扩散，发展为致命的进行性脑和脊髓炎症。

可能出现以下两种情况：狂躁性狂犬病和麻痹性狂犬病。狂躁性狂犬病患者的症状是机能亢进、躁动、恐水，有时还怕风（图16-1-2）。数日后患者因心肺衰竭而死亡；麻痹性狂犬病患者约占死亡病例总数的20%。与狂躁性狂犬病相比，其病程不那么剧烈，且通常较长。从咬伤或抓伤部位开始，肌肉逐渐麻痹，然后患者渐渐陷入昏迷，最后死亡。麻痹性狂犬病因病程相对平稳往往会有误诊，造成狂犬病病例的漏报现象。

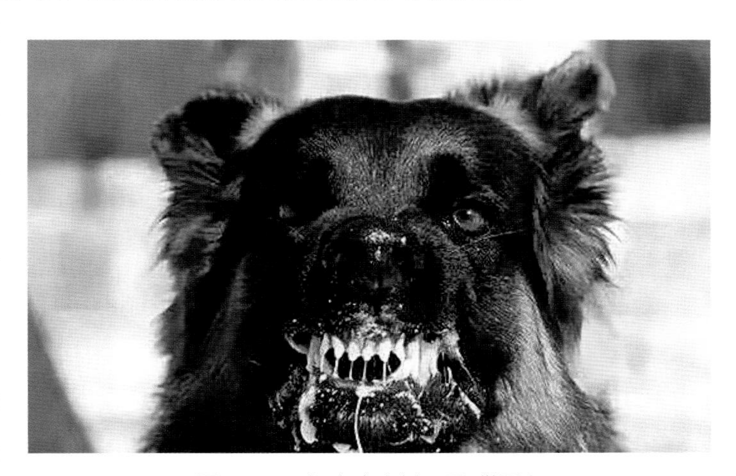

图 16-1-2　狂犬病（刘玉秀 供图）

狂犬病的并发症有：

（1）尿崩症。下丘脑受累，可以引起抗利尿激素分泌过多或者是过少，可以引起尿崩症的发生。

（2）急性呼吸衰竭。自主神经功能紊乱可以引起高血压、低血压，甚至恶性的心律失常。可以出现呼吸功能紊乱，导致急性呼吸衰竭。

（3）急性肾衰竭。可以出现急性的肾衰竭、突发性的肾功能完全丧失，因为肾脏无法排出身体的代谢废物，在体内毒素容易堆积。

## 四、诊断

依据《狂犬病暴露预防处置工作规范（2009 年版）》将狂犬病暴露分为三级。Ⅰ级：接触或喂养动物，或者完好的皮肤被舔。Ⅱ级：裸露的皮肤被轻咬，或者无出血的轻微抓伤、擦伤。Ⅲ级：单处或多处贯穿性皮肤咬伤或抓伤，或者破损皮肤被舔，或者开放性伤口、黏膜被污染。

目前尚无检测手段可在出现临床症状前诊断人是否感染狂犬病，而且若不出现恐水、怕风等特异性的狂犬病体征，可能难以作出临床诊断。人类狂犬病可通过各类诊断技术对活体和尸体作出确认，这些技术旨在检测受到感染组织（大脑、皮肤、尿液或唾液）的全病毒、病毒抗原或氨基酸。

## 五、防治

及时处理伤口和免疫接种，是防止发生狂犬病最有效的方法。伤口处理得越及时，对侵入伤口的病毒的清除和杀灭效果就会越好，因此，不管伤者是否准备去医院或疾控中心进行处理，在伤后的第一时间自己首先处理伤口都是非常重要的。

在暴露后立即全程接种人用狂犬病疫苗，是预防狂犬病最重要和最有效的措施。据有关国际组织估计，在狂犬病感染国，只要犬的免疫密度能够达到70%，犬狂犬病即可消灭，且人间病例可快速下降到0。早在1884年病毒被发现之前，法国科学家巴斯德就发明了狂犬疫苗。到2030年，WHO倡导由犬感染到人的狂犬病病例降为0。门诊使用5针法和“2-1-1”两种狂犬疫苗，病人须严格按照免疫程序完成全程接种。对确认为Ⅲ级暴露者或Ⅱ级暴露位于头面部且致伤动物不能确定健康时，均建议注射人狂犬病免疫球蛋白。

由于狂犬病毒产生的危害较为严重，因此应当做好防范工作。对犬、猫等宠物应严加管理，定期进行疫苗注射；人被狂犬咬伤后，应立即用20%肥皂水、去垢剂、含胺化合物或清水充分清洗伤口，清洗后，尽快注射狂犬病毒免疫血清。

# 第二节　犬瘟热

## 一、流行病学

犬瘟热（Canine Distemper）是由犬瘟热病毒引起的一种高度接触性传播疾病。该病可感染所有年龄的犬，但多发于3~6月龄的幼犬，这可能与断奶后幼犬母体源性抗体（MDAs）降低有关。犬瘟热病毒主要通过呼吸道排出，但在其他体液、分泌物和尿液中也可检测到病毒，此外病毒还可通过胎盘传播。通常排毒期很短，但有些患犬的排毒期可达60~90d。目前认为犬瘟热感染康复后会获得终身免疫，但接种疫苗并不会获得终生免疫。所以未定期接种疫苗、应激、免疫力低下和接触感染动物都可能增加感染风险。许多易感犬可能会感染病毒而不表现出临床症状。

## 二、临床症状

### （一）全身症状

犬瘟热的临床症状因病毒株的毒力、环境条件、宿主年龄和免疫状况而异。超过50%的犬瘟热病毒感染可能是亚临床的。轻度的临床疾病也很常见，症状包括无精打采、食欲减退、发热和上呼吸道感染。双侧浆液性眼鼻分泌物可变为黏液脓性，伴有咳嗽和呼吸困难，这些症状与犬窝咳相似。严重的全身性犬瘟热是常见的疾病形式，多见于12~16周龄（失去母源抗体保护的幼犬）或所有年龄的未接种过疫苗的犬。感染初期的发热常被忽略，首先被发现的症状是轻微的、浆液性到黏液脓性结膜炎，随后几天内会出现干咳，随后变成湿咳，听诊可发现下呼吸道呼吸音加重。犬随后会出现沉郁和厌食，之后会出现呕吐，呕吐通常与进食无关。随后出现腹泻，从液体到血液和黏液的稠度各不相同。因饮食不足和呕吐腹泻，动物可能会出现脱水（图16-2-1至图16-2-6）。

### （二）皮肤损伤

犬的鼻腔和爪垫可出现角化过度，这通常与发生神经症状相关。

### （三）神经症状

神经系统症状通常在全身疾病恢复后1~3周出现；一些以前接种过疫苗，没有全身疾病史，也可以突然出现神经症状。神经症状无论是急性还是慢性，都是典型的进行性的。神经症状多样，可为肌肉僵直、痉挛至癫痫。

### （四）合并感染

由系统性犬瘟热病毒感染引起或导致的免疫抑制可增加继发感染的风险，犬可能出现继发性细菌感染，沙门氏菌病是一种常见的并发症，在受感染的犬中引起长期或致命的出血性腹泻或败血症。

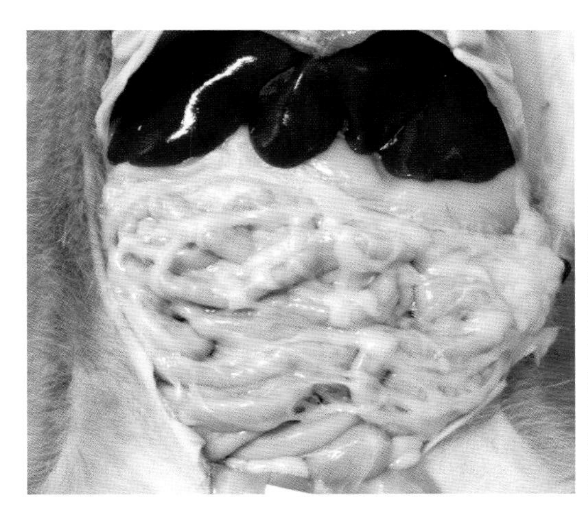

图16-2-1　CDV攻毒-肠（刘玉秀 供图）

图16-2-2　CDV攻毒-鼻黏性分泌物（刘玉秀 供图）

图16-2-3　CDV攻毒-鼻黏性分泌物（刘玉秀 供图）

图16-2-4　CDV攻毒-眼黏性分泌物（刘玉秀 供图）

图16-2-5　CDV攻毒-眼黏性分泌物（刘玉秀 供图）

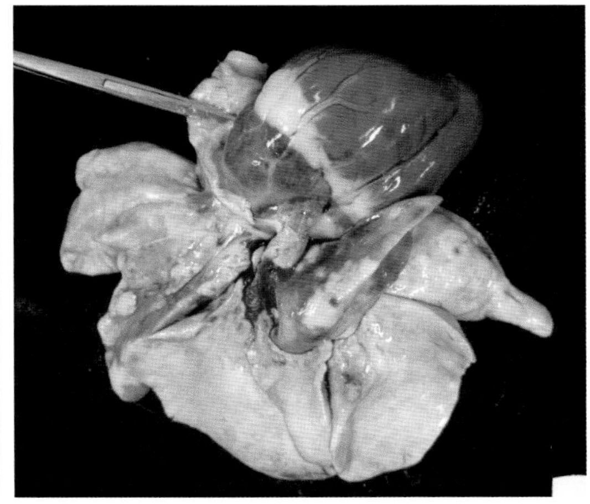

图16-2-6　CDV攻毒-肺脏（刘玉秀 供图）

### 三、诊断

犬瘟热的诊断主要基于病史调查和临床表现，对于高风险的患犬口鼻分泌物进行胶体金试纸检测。通常3~6月龄的犬，有呼吸道症状或全身症状的都要排查犬瘟热感染。但在老年犬，犬瘟热可能会被误诊为传染性气管、支气管炎。一些神经症状的患犬，可能无法从口鼻分泌物中检测到病毒，需要采集脑脊液才可检测到病毒。

### 四、防治

治疗主要是支持性的和非特异性的。对于无神经症状的犬，积极地支持治疗和预防继发感染以及广谱抗病毒治疗可降低死亡率。对于出现神经症状的犬，建议放弃治疗。该病主要靠接种疫苗防治。

## 第三节　细小病毒病（CPV）

### 一、病原学

CPV是公认引起犬传染性病毒性腹泻最常见的原因，也是全世界范围内最常见的犬传染病。病原为细胞病毒科的CPV-2型病毒。CPV-2的发现是20世纪70年代早中期，并造成全世界犬病大流行。在大约6个月时间里，病毒传播至世界各地。CPV-2可能源自猫细胞病毒（FPV）或与细小病毒野毒株同源。1979年发现CPV-2a变种，1984年发现CPV-2b变种，意大利于2000年首次发现CPV-2c变种，之后全世界范围内均有CPV-2c病例报道。不同毒株具有不同的地理位置分布特性。病毒通过转铁蛋白受体进入宿主细胞。CPV-2a具备在猫细胞内复制的能力，且CPV-2a、CPV-2b和CPV-2c可能与猫病毒性肠炎有关。必须区分CPV-1和CPV-2，CPV-1又名“canine minute virus”，属于博卡病毒属。

### 二、流行病学

#### （一）病毒特性

犬细小病毒是一种小的无囊膜单链DNA 病毒（图16-3-1），在环境中可长期存活（超过一年）。CPV对多种理化因素和常用消毒剂具有较强的抵抗力，在4~10℃存活6个月，37℃存活2周，56℃存活24h，80℃存活15min，在室温下保存3个月感染性仅轻度下降，在粪便中可存活数月至数年。因此，接触环境中存在的病毒是引起病毒传播的重要途径。昆虫和老鼠也可能是病毒的机械性媒介。CPV需要在具备有丝分裂活性的细胞内进行复制。青年犬（6周龄至6月龄，尤其是小于12周龄犬）较易发展为严重疾病，但未免疫或免疫失败成年犬也可能发病。罗威那犬、美国斗牛梗、杜宾犬、英国可卡犬、德国牧羊犬有较高发病率。部分地区该病呈季节性发作，可能反映了犬只外出接触环境病毒的时间。例如，加拿大萨斯卡通，7~9月龄较其他时间的CPV发病率高了三倍。6月龄以上未去势公犬发病率是母犬的两倍。

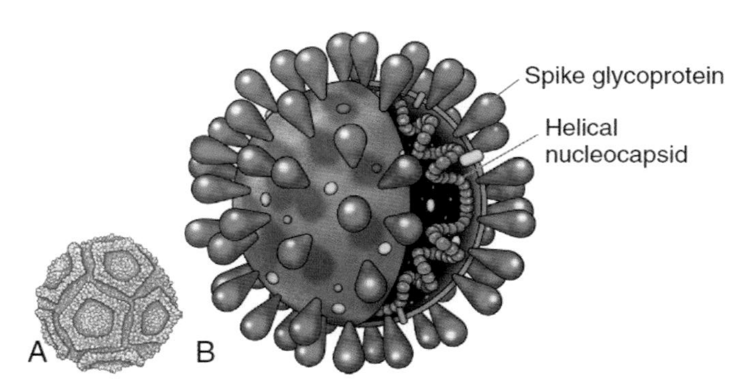

图 16-3-1　CPV 一般结构。A. 病毒直径 25nm，无囊膜，为二十面体对称体。B. 冠状病毒结构，有囊膜，CPV 大约只有冠状病毒的 1/4 大小（方开慧 供图）

### （二）传染源

病犬经粪便、尿液、唾液和呕吐物向外界排毒；出现临床症状之前即已开始排毒，且7d后排毒量急剧下降。康复带毒犬可能从粪尿中长期排毒，污染饲料、饮水、食具及周边环境。

### （三）传播途径

CPV的传播途径主要是消化道，易感动物主要由直接或间接接触而感染。

### （四）易感动物

犬是主要的自然宿主，不同年龄、性别、品种的犬均可感染。其他犬科动物，如郊狼、丛林犬、食蟹狐和鬣狗等也可以感染。随着病毒抗原漂移，病毒已经可以感染猫、小熊、貉等动物。

## 三、发病机理

CPV和其他引起胃肠炎的病毒都是通过粪—口途径传播，如接触带毒粪便或呕吐物，很重要的一点就是污染物体长期带毒。CPV野毒株潜伏期7~14d，实验室感染潜伏期较短（4d）。在经历病毒血症后，病毒于口咽淋巴结内复制。病毒破坏胃肠道、胸腺、淋巴结、骨髓等组织内快速分裂的细胞。受侵袭的胃肠道包括：舌上皮、口腔、食道、肠道（尤其是肠隐窝的胚芽上皮细胞）。除了骨髓感染可造成中性粒细胞减少症外，还有胃肠道组织受损引起的中性粒细胞扣留。主要为吸收不良和肠道通透性增加所致。细菌移位、菌血症、内毒血症造成的继发性胃肠道细菌感染在发病机理方面起着重要作用。

与CPV-2相比，只有少数几种肠道致病性病毒仅限于肠内复制，而不侵袭肠隐窝上皮（图16-3-2）。

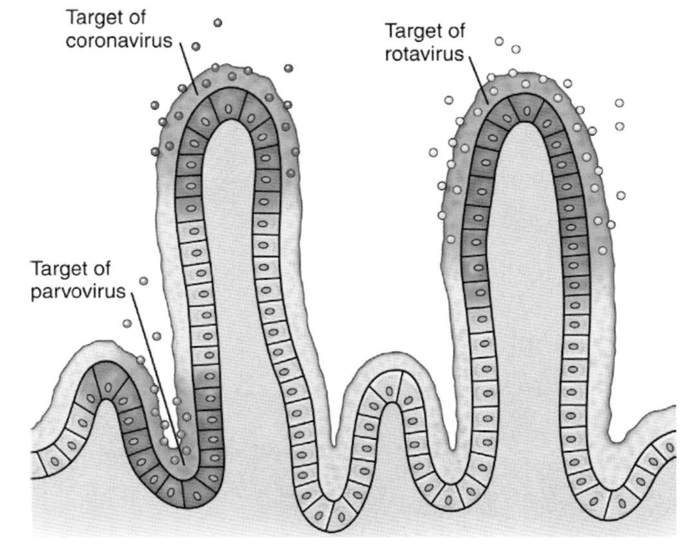

图 16-3-2　几个肠病毒的复制靶位。如 CPV 等大部分肠病毒，在肠隐窝处复制，并破坏隐窝细胞（方开慧 供图）

# 四、临床症状

临床症状包括：发热、嗜睡、厌食、呕吐、腹泻、快速脱水、腹痛。病犬迅速脱水、消瘦、眼窝深陷、被毛凌乱、皮肤无弹性、耳鼻、四肢发凉、精神高度沉郁、休克、死亡（图16-3-3）。一般腹泻呈水样、恶臭，可能伴有出血痕迹或明显鲜血（图16-3-4）。部分呕吐患犬可能存在蛔虫感染（图16-3-5）。继发性菌血症可能造成患犬多器官衰竭和死亡。

妊娠母犬怀孕早期感染CPV-2可造成不孕、胎儿再吸收、流产。子宫内胎儿或小于两周幼犬感染后可发展为心肌炎，造成犬猝死或突发充血性心衰。一般最初两周内即造成心肌损伤，但相应症状可能需要两月龄才会出现。罕见子宫内胎儿感染后出现小脑发育不良的相关报道，其更常见于幼猫CPV感染。曾发现新生幼犬全身性感染病例，大脑、肝脏、肺脏、肾脏、淋巴组织、胃肠道多部位出血和坏死。随着全世界广泛接种疫苗及成年犬普遍接触过CPV，同时由于母源抗体的保护，新生儿CPV感染并发症和心肌炎的严重程度较首次爆发CPV大大降低。幼犬感染CPV的神经症状是由心肌炎、低血糖、颅内血栓或出血等继发低血氧造成的。此时，必须要考虑合并CDV感染。

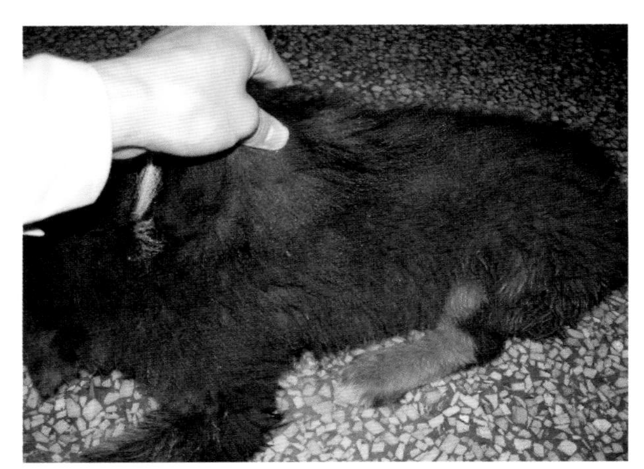

图16-3-3　4月龄CPV患犬，雄性，皮肤弹性极差，处于休克状态（方开慧 供图）

图16-3-4　CPV患犬腹泻，血便（方开慧 供图）

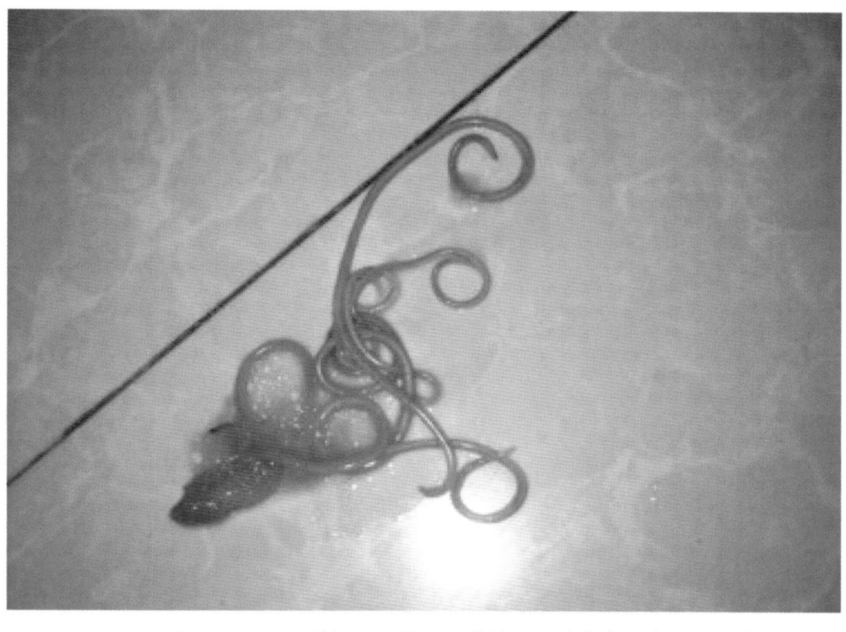
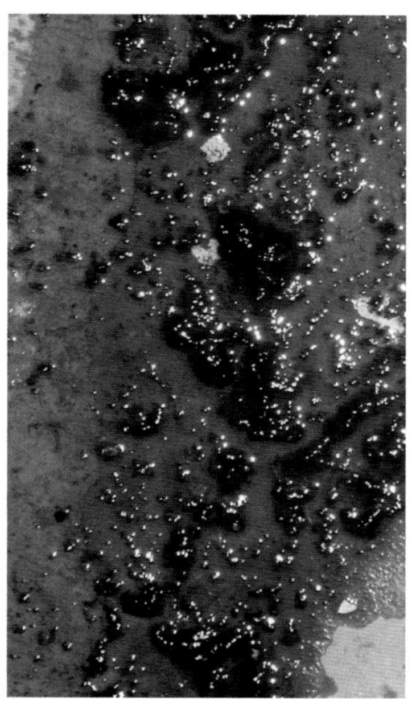

图 16-3-5　3 月龄 CPV 患犬，雄性，呕吐物有蛔虫，腹泻带血和肠黏膜（方开慧 供图）

## 五、病理变化

### （一）宏观病理变化

患犬肠壁增厚变色、浆膜层出血肿大（图16-3-6）、腹部淋巴结水肿。小肠内出现血样液体，可判断黏膜出血，小肠浆膜下充血和出血，呈暗红色，肠内充有多量的臭而呈高粱米色内容物（图16-3-7）。胃底黏膜充血出血（图16-3-8），肠淋巴结肿大。肝肿大、质硬（图16-3-9）。脾肿大，质硬（图16-3-10）。肾肿大，皮质和髓质界线不清（图16-3-11）。心肌炎患犬出现黏膜苍白。

### （二）组织病理学变化

主要变化：小肠上皮隐窝坏死，全身性淋巴损耗坏死。肠隐窝因细胞碎裂和黏液积聚而膨胀扩张（图16-3-12）。隐窝内肠细胞增生代表机体修复反应。肠绒毛萎缩、变短、溶解，肠上皮细

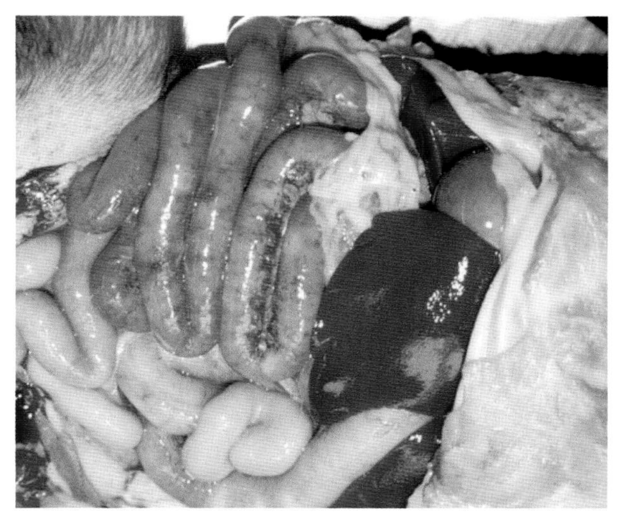
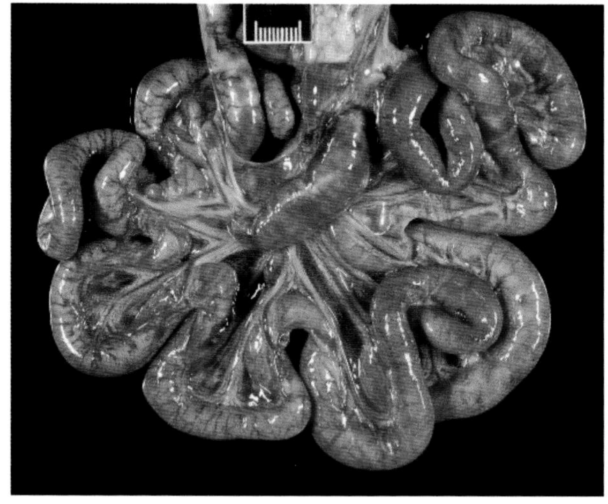

图 16-3-6　患犬小肠变色，浆膜出血（方开慧 供图）

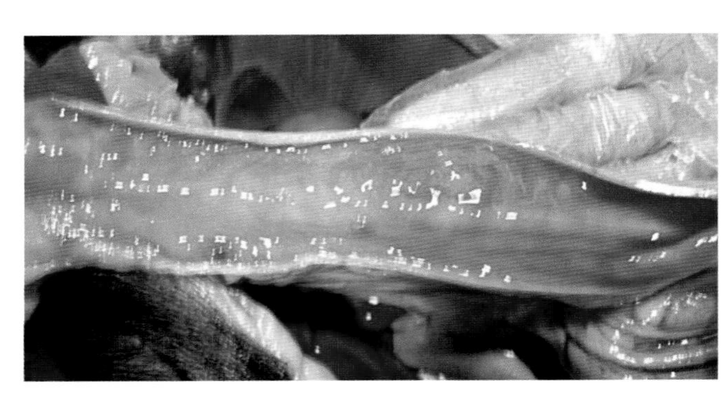

图 16-3-7　患犬肠内容物呈暗红色，
肠内充有多量的臭而呈高粱米色内容物（方开慧　供图）

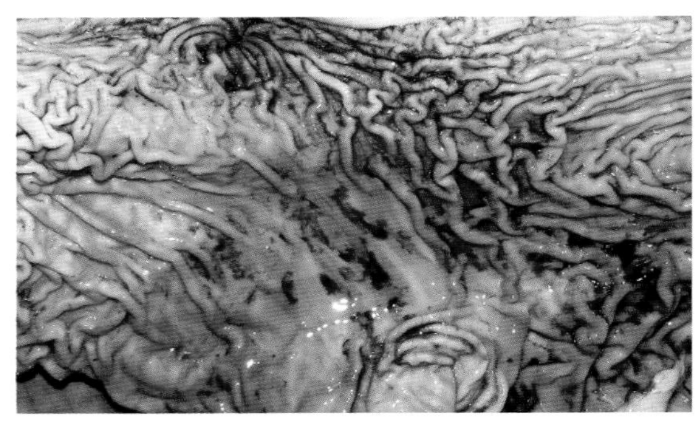

图 16-3-8　患犬胃底黏膜出血充血（方开慧　供图）

图 16-3-9　患犬肝肿大，质地硬（方开慧　供图）

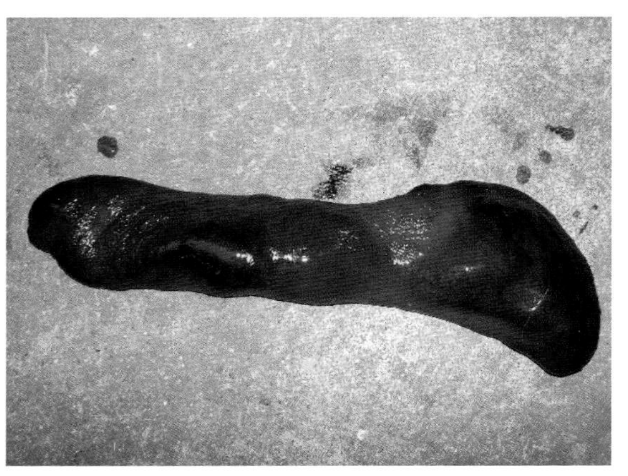

图 16-3-10　患犬脾脏肿大，质硬（方开慧　供图）

胞层变薄，伴轻度至严重纤维素性炎症和出血。骨髓发生髓细胞衰竭（Myeloid Depletion）。细小病毒性心肌炎以淋巴细胞浸润性心肌细胞变性坏死（Degeneration and Necrosis）为特征，还可见心肌纤维化。CNS病变为白细胞性脑软化，但罕见。一些细胞内可见核内包涵体，尤其是肠隐窝上皮细胞。免疫组化可检测GI、骨髓、淋巴组织、心肌等组织内的病毒抗原。ISH可检测病理组织切片的病毒，且敏感性高于免疫组化。

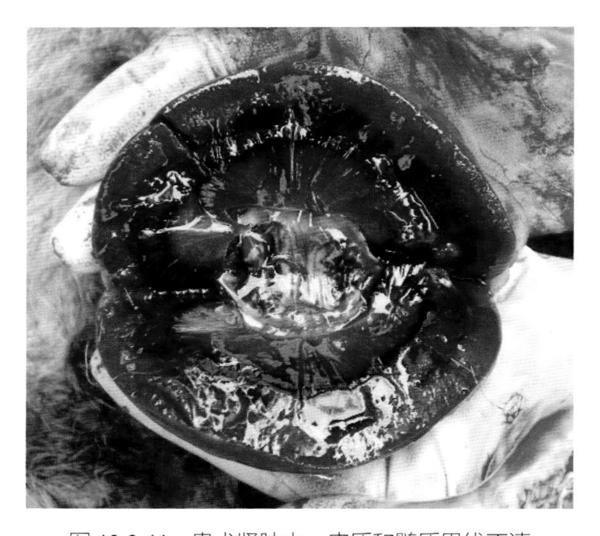

图 16-3-11　患犬肾肿大，皮质和髓质界线不清
（方开慧　供图）

## 六. 诊断

### （一）实验室诊断

CPV最常见白细胞减少、中性粒细胞减少、淋巴细胞减少（表16-3-1），还可见中毒性白细胞和单核细胞减少症。患犬首次就诊时，一般白细胞减少于胃肠道症状出现之后。有些患犬中性粒细胞增多和淋巴细胞增多而呈白细胞增多症。尽管白细胞减少症支持CPV诊断，但其他严重胃肠道疾病，如沙门氏菌感染也会引起低白细胞和腹泻，因此，白细胞减少症并不是CPV的特异性诊断。血

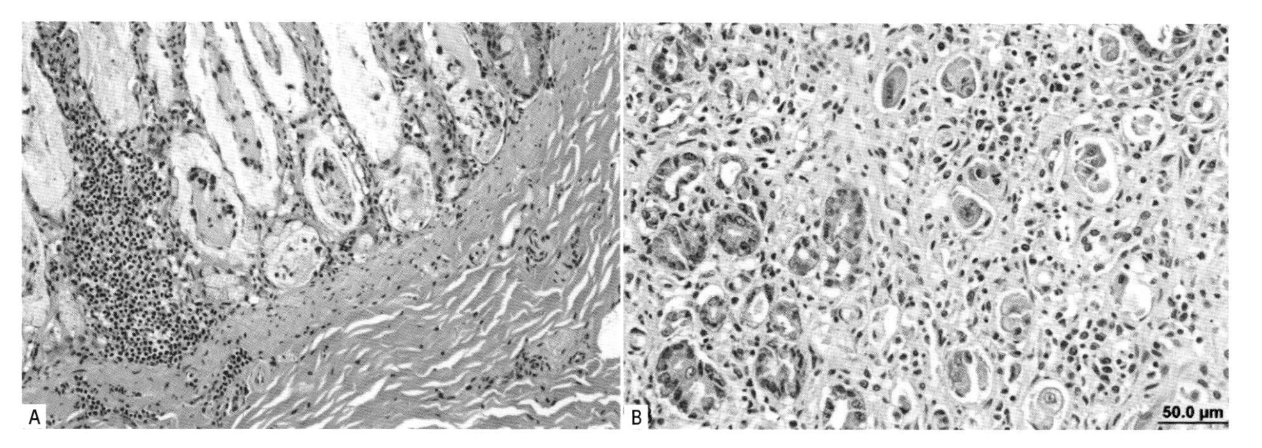


图 16-3-12 A. CPV-2 患犬的回肠部分肠隐窝坏死。隐窝上皮细胞大量缺失。B. CPV-2 患犬空肠上皮细胞再生反应，细胞嵌入炎性空肠肠腔内，同时可见巨大且形状古怪的细胞，类似腺癌细胞。因此，称之为“腺瘤病（Adenomatosis）”。该阶段进行免疫组化检测显示无细小病毒抗原存在。图片左下角有一个正常的隐窝（方开慧 供图）

**表 16-3-1 UC Davis VMTH 对 45 只 CPV 患犬的研究**

| 项目 | 参考值 | 低于参考值 % | 参考值范围 % | 高于参考值 % | CPV 患犬值 | 犬数量 |
|---|---|---|---|---|---|---|
| HCT | 40~45 | 71 | 29 | 0 | 21~53 | 45 |
| PLT | 150 000 | | | | | |
| 400 000 | 5 | 60 | 35 | 103 000 | | |
| 639 000 | 45 | | | | | |
| 中性粒细胞 | 3000~10 500 | 56 | 31 | 13 | 8~22 453 | 45 |
| 杆状粒细胞 | 0~ 少量 | 0 | 31 | 69 | 0~1582 | 45 |
| 单核细胞 | 150~1200 | 20 | 60 | 20 | 11~2475 | 45 |
| 淋巴细胞 | 1000~4000 | 49 | 22 | 0 | 165~3698 | 45 |
| 嗜酸粒细胞 | 0~1500 | 0 | 100 | 0 | 0~1236 | 45 |

小板增多较不常见，血小板减少症倒是可能发生。

### （二）血清生化

血清生化常见低蛋白、低白蛋白、低血糖，但也有报道过高血糖。电解质紊乱，如低血钠、低血钾偶尔因严重脱水造成氮质血症。发生细菌性败血症时，可能出现肝酶升高和高胆红素血症。

### （三）凝血功能检查

少数CPV患犬出现凝血功能紊乱，包括部分凝血酶原激酶活化时间延长、抗凝血酶活性降低、纤维蛋白原浓度增加、血栓弹性描记法极值增大。

### （四）影像诊断

1. 平片

腹部浆膜细节显示不清（大部分因为幼犬腹腔内缺少脂肪），胃肠道积液积气。腹部X射线对于评估胃肠道异物非常有帮助。

2. 超声影像

CPV患犬腹部超声检查不具特异性，但可排除胃肠道黏膜增厚、少量腹水、胃肠道积液、胃肠蠕动性降低。可见轻度肠系膜淋巴结病。腹部超声检查对诊断继发性肠套叠帮助非常大（图16-3-13）。

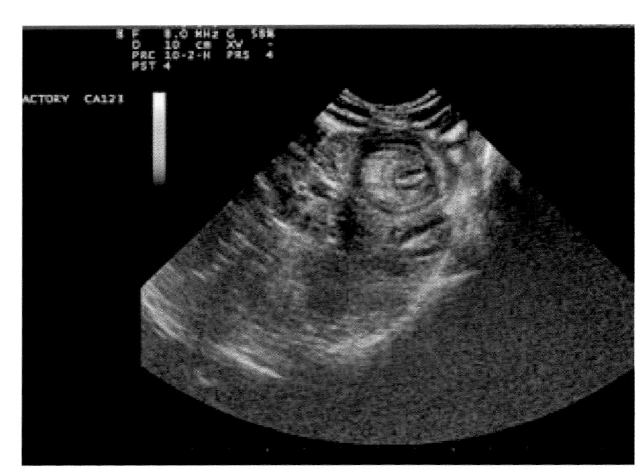
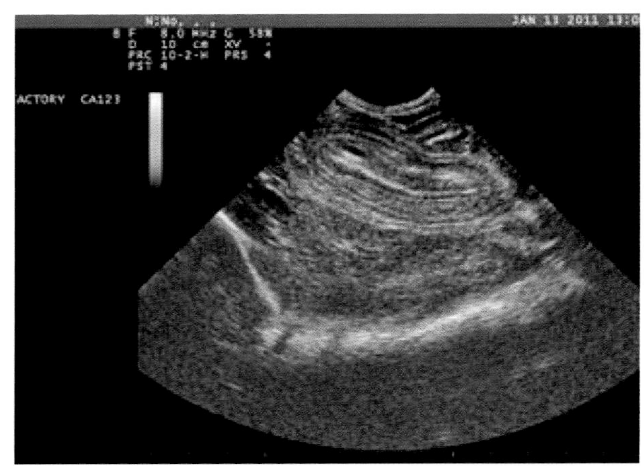

图 16-3-13 细小病毒患犬病发肠套叠（方开慧 供图）

## （五）粪便病毒抗原 ELISA 检测

目前诊断CPV最广为使用的检测手段是内部粪便抗原ELISA法（图16-3-14）。该检测试剂盒种类较多，能检测CPV-2所有亚型，但敏感性和特异性各异。敏感性问题尤其突出，因CPV是一过性排毒，而且抗体可能与病毒抗原结合，使检测试剂盒失效。由于无胃肠道症状犬也出现PCR阳性结果，所以免疫电子显微镜较适合作为诊断金标准。另一项研究显示，样本高病毒DNA载量时，粪便CPV-2a、CPV-2b、CPV-2c抗原检测敏感性分别是80%、78%、77%。

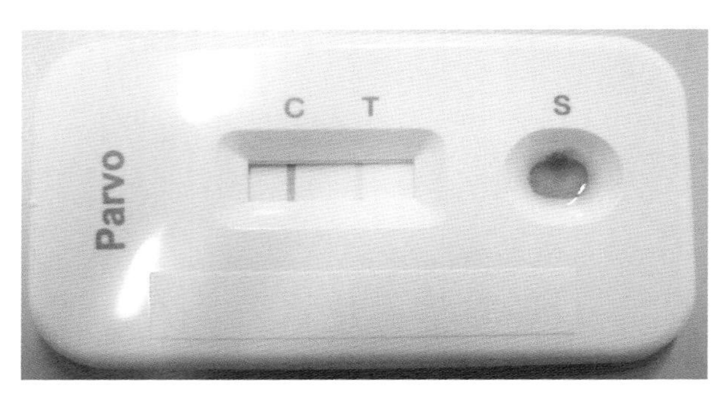


图 16-3-14 患犬细小病毒粪便抗原 ELISA 检测阳性（方开慧 供图）

## （六）血清学检测

CPV血清学检测的金标准是血凝抑制试验或血清中和试验，CPV的血清学诊断相当复杂，一般检测CPV抗体用于评估是否需要免疫接种，而非临床诊断。CPV抗体滴度设计的点样系统特异性较高，阳性结果表示动物具良好保护力，敏感性很低（49%）。

## （七）粪便电镜

现在有些机构仍提供病毒性肠炎的粪便电镜诊断服务（图16-3-15），一般作为科研用途，尤其是抗原检测和PCR均无法确诊时（表16-3-2）。一般而言，需要病毒量较大时才可能出现阳性结果，而且需要熟练的操作人员。

## （八）病毒分离

从犬细胞内可分离出CPV，但较困难，而且病毒细胞致病作用非常弱。因此，很少进行病毒分离诊断。

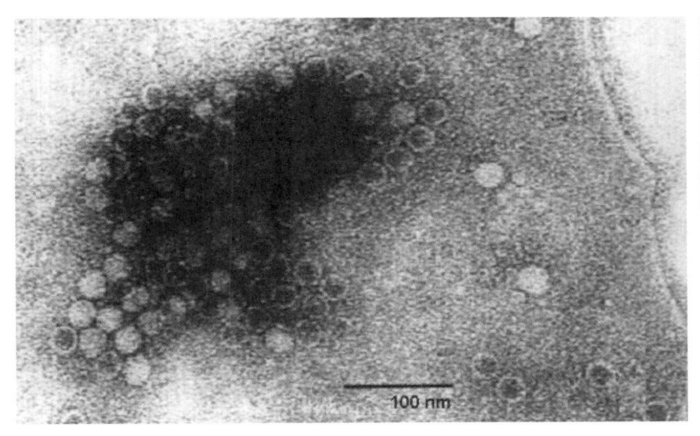


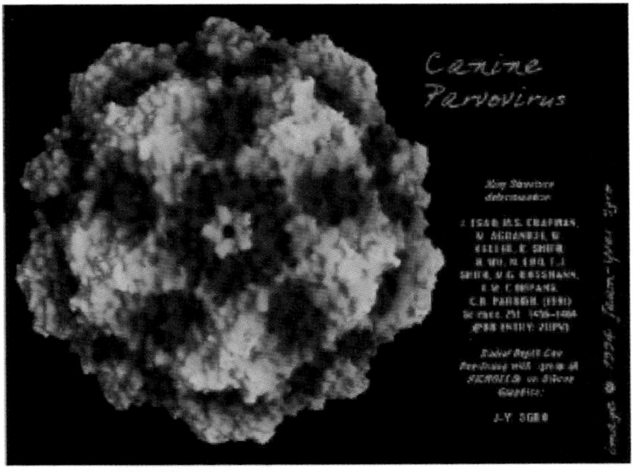


图 16-3-15　电镜下的细小病毒（方开慧 供图）

**表 16-3-2　细小病毒诊断方法**

| CPV 检测方法 | 样本类型 | 对象 | 备注 |
| --- | --- | --- | --- |
| 犬粪便抗原 ELISA | 粪便 | 细小病毒抗原 | 敏感性依不同检测板和样本保存时间而异，常见阴性结果，阳性结果一般提示感染。 |
| 组织病理学 | 尸检样本，尤其是 GI 组织 | 肠隐窝核内包涵体，IHC 或 IFA 检测 CPV 抗原 | 尸检诊断 |
| PCR | 粪便、组织 | CPV、DNA | 敏感性和特异性因不同检测方式差异非常大，弱毒苗免疫对检测干扰程度未知，高敏感性使阳性结果判读困难，粪便成分干扰出现假阴性结果 |
| 粪便电镜 | 粪便 | 病毒粒子 | 应用受限、周期长、费用高，需要样本病毒量大 |

## 七、治疗

支持治疗原则：

（1）输液治疗。平衡等张液体，钾离子补充，根据需要补充葡萄糖，检测血糖浓度。

（2）肠外抗生素的使用。广谱抗生素（阿莫西林/克拉维酸钾+恩诺沙星 5mg/kg/24h），阿莫西林/克拉维酸钾+三代头孢。

（3）止吐药。马洛皮坦、昂丹司琼。

（4）疼痛管理。布托啡诺、芬太尼（利多卡因）。

（5）抗病毒治疗。干扰素（可提高抗体水平和降低急性炎症反应）、特异性抗体。

（6）早期肠内营养。控制呕吐，需非常小心预防吸入性肺炎。

## 八．预防

### （一）CPV-2 肠炎的预防措施

遵循免疫、适当检疫、隔离、清洁、消毒等程序。

（1）合理的免疫是最有效的方式。自然感染 CPV-2 可能产生终身免疫；弱毒苗免疫所产生的无菌免疫也可形成终身免疫。

（2）目前有效的疫苗包括肠外灭活苗和弱毒苗，弱毒苗诱导的抗体滴度较灭活苗高（图16-3-16）。

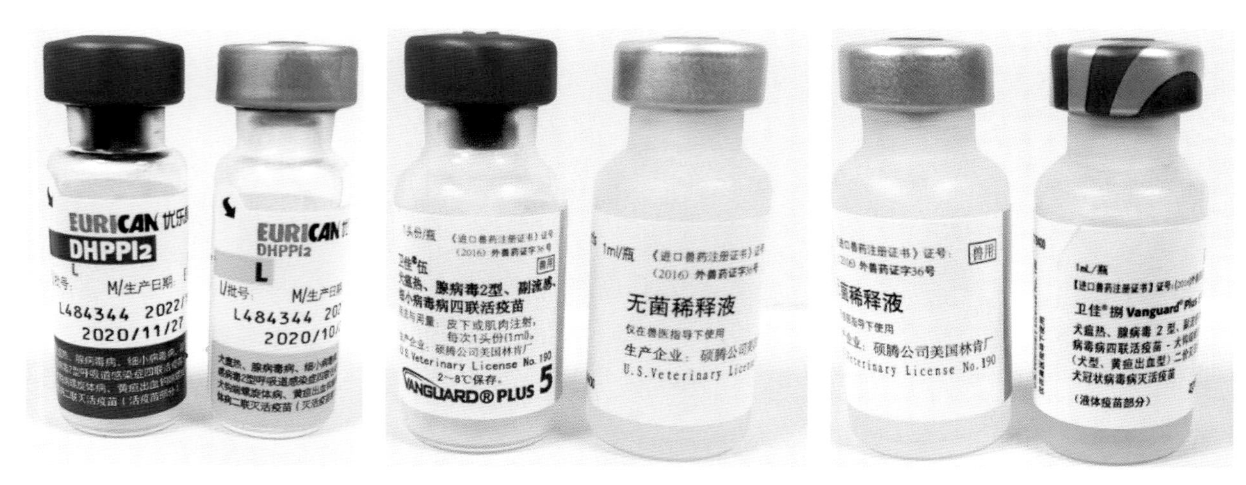


图 16-3-16　CPV 临床常用疫苗（方开慧 供图）

（3）灭活苗。通常需要免疫两次，并且第2次免疫1周后才能产生最大免疫力；灭活苗应该在以下情况使用：免疫抑制犬、4周龄以下缺乏初乳幼犬、妊娠母犬。

（4）弱毒苗。接种后1周内产生免疫力，并维持3年，但仍建议隔3~4周接种第2次；救助站、具有感染风险的环境犬一般建议接种弱毒苗。

### （二）免疫程序

（1）初始免疫程序为6~8周龄开始，每3~4周一次，直至14~16周龄（舍犬直至16~20周龄）。一岁时强化免疫一次，之后每三年免疫一次。

（2）家庭环境饲养的幼犬进行隔离饲养，直至强化免疫后7~10d。

（3）免疫失败。避免母源抗体的干扰，母源抗体可维持至少12周；母源抗体病毒中和滴度大于1:10时，可能干扰疫苗免疫，幼犬病毒滴度小于1:40时，一般认为可能易感CPV。

### （三）预防

未免疫完全幼犬不能进入被细小病毒性肠炎污染且消毒不彻底的环境；救助站在接受可能排毒的幼犬之前，建议至少将幼犬隔离2周。细小病毒康复幼犬进行洗浴有助于清除被毛中的病毒；加强啮齿类动物和昆虫管理，有助于预防环境病毒传播。定期清理粪便污物，延长污物表面干燥暴晒时间，避免过度拥挤、营养不良、并发寄生虫等均可降低细小病毒的流行。

## 第四节　传染性肝炎

犬传染性肝炎是由犬腺病毒1型（*Canine adenovirus*-1，CAV-1）引起的一种急性败血性传染病。主要发生在犬，其他犬科动物也可感染。CAV-1可导致患犬出现发热、厌食、腹痛、急慢性感染、间质性肾炎、呕吐和腹泻等临床表现，同时还可见眼部病变（角膜水肿和葡萄膜炎等），表现为“蓝眼”。犬腺病毒2型（CAV-2）主要引起犬的呼吸道疾病和幼犬肠炎。

## 一、病原学

犬传染性肝炎病毒，又称犬腺病毒1型，属腺病毒科乳腺病毒属，具有典型的腺病毒特征，可以传染许多哺乳动物，世界范围分布，为腺病毒科哺乳动物腺病毒属的无囊膜的双链DNA病毒（图16-4-1、图16-4-2）。

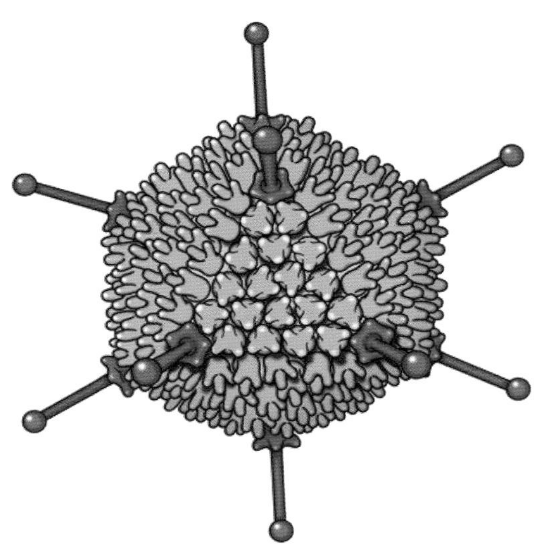

图16-4-1　腺病毒模式图（孙春艳 供图）

病毒的生命力较强，对热和酸有一定的抵抗力，对乙醚、氯仿有耐受性，在0.2%甲醛液中经24h方能灭活，经紫外线照射2h后虽失去毒力但仍保有免疫原性，病毒在土壤中10~14d后仍有感染性，在狗窝中存在的时间也长，这在病的传播上起重要作用。病毒在37℃环境能存活26~29d，60℃ 3~5min灭活，在室温环境下经10~13周，冻存9个月后仍有活力，在50%甘油中在4℃环境下能存活数年。

## 二、流行病学

自然条件下犬和狐最易感，特别是出生后45d至1岁的犬易感性更强。此外，也曾发现狼、猫、浣熊、黑熊和山狗等自然病例，雪貂、水貂、郊狼和豚鼠也能实验性感染。

病犬和带毒犬是主要传染源，病毒在病原初期呈病毒血症，此后所有的分泌物和排泄物均带毒，从而污染扩散。康复犬自尿排毒可达6~9个月之久，主要通过消化道传染，黏膜和皮肤损伤则是病毒侵入的门户。外寄生虫可能是该病的传播媒介。

母源初乳抗体及常乳抗体至少能使哺乳仔犬获得数周不同程度的抵抗力。因此，未吃过初乳的2~15d龄仔犬仍然是最适宜的实验感染动物。

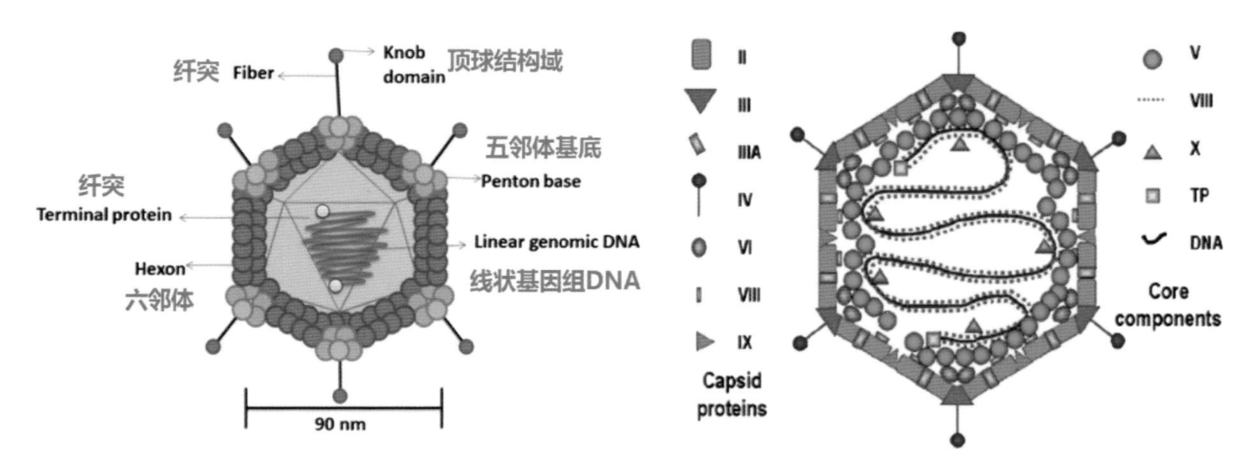


图16-4-2　腺病毒结构及结构蛋白位置示意（孙春艳 供图）

## 三、发病机理

根据病毒在体内繁殖及致病的处所表明，犬传染性肝炎病毒乃是一种亲肝细胞，亲内皮和亲网状组织性病毒。病毒通过口腔等入侵后，首先进入扁桃体和肠黏膜上皮，继而经淋巴、血液扩散呈现病毒血症。病毒在网状-巨噬细胞系统、血管内皮中增强，在病理组织学上发生增生性与退行性变化，以及出现核内包涵体等特征。与血管内皮受损害相伴随而导致严重的渗透性增强和循环紊乱。在肝脏继窦状隙的先驱变化之后，继而发生干细胞变性、坏死。这些变化由病毒直接作用引起。

## 四、临床症状

肝炎型，主要由CAV-1引起。初生犬和小于1岁的幼犬通常呈急性发病，且容易发生死亡。发病初期，病犬表现出精神萎靡，食欲减退，黏膜苍白或者轻度黄染，齿龈出血。眼结膜发炎存在大量分泌物，往往伴有一侧或者双侧角膜暂时性出现浑浊，形成蓝白色或者白色的角膜翳，经过几天就会消失，也将其叫作“肝炎性蓝眼”（图16-4-3）。病犬渴欲明显增强，遇水会呈现狂饮状态。体温曲线呈“马鞍状”，高时能够达到40~41℃。存在腹泻及呕吐现象，如果粪便或者呕吐物中含有血液，则通常表明预后不良，往往经过2~3d发生死亡。如果没有继发感染，一般趋向于康复。大多数病犬触诊剑状软骨会伴有疼痛。慢性发病时，病犬表现出轻度发热，食欲不振，略微腹泻和便秘，能够长时间排毒。

图 16-4-3　肝炎性蓝眼（孙春艳 供图）

呼吸型，主要由CAV-2引起。该型病毒先侵害犬的呼吸道，导致呼吸加速，咳嗽，并流出浆液性鼻液，体温升高。随着病程的进展，会进一步导致心率加快，心律不齐，淋巴结和扁桃体肿大。

## 五、诊断

### （一）临床诊断

病犬体温升高至41℃左右，畏寒，精神沉郁，食欲不振或废绝，出现呕吐、腹泻、牙龈出血、“蓝眼”等症状。

### （二）病理剖检诊断

病犬病理变化可以表现肝脏肿大发黄、质脆、切面外翻（图16-4-4），肝细胞及内皮细胞可见嗜碱性包涵体，胆囊壁水肿增厚（图16-4-5），肠系膜淋巴结充血和肿胀，腹腔内可能出现大量血样腹水。

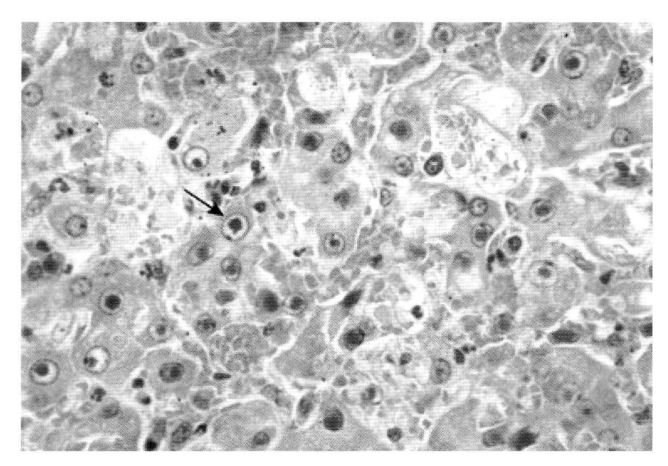

图 16-4-4　肝脏病理切片（孙春艳　供图）

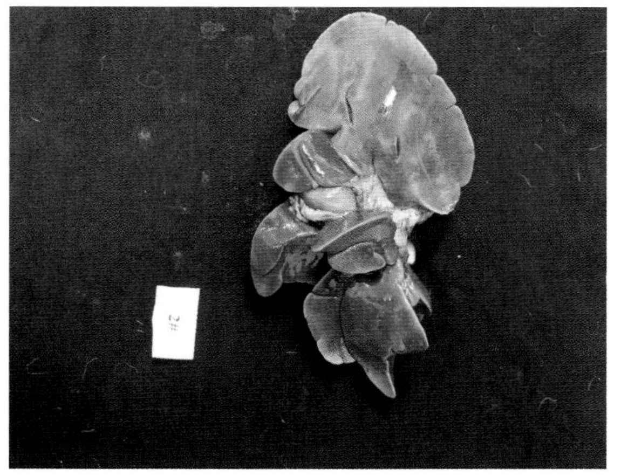

图 16-4-5　肝脏肿大发黄，胆囊壁增厚（孙春艳　供图）

（三）实验室诊断

1.病理组织学诊断

肝组织切片经碱性复红染色后，显微镜下可观察到肝细胞出现核内包涵体，核膜浓染，两者间出现透明间隙。

2.病毒分离

用发病初期犬的血液或死亡犬的肝、脾乳剂接种犬肾原代细胞进行细胞培养，待出现明显细胞病变后检测其中的IHC抗原。

3.血清学检验

利用IHC能凝集鸡红细胞的特性从而进行血凝抑制试验，同时可采用间隔14d的双份血清，以IHC抗体效价提高1倍以上者作为IHC感染的重要指标。

## 六、治疗

治疗原则：对症治疗、补液、强心、抗体注射，阻止病毒进一步增殖，预防继发感染，调节酸碱平衡防止酸中毒。早期病例一般采取止吐止泻、特异性治疗、阻止病毒增殖、保护肝脏、防止继发感染的治疗方法。有眼睛症状要配合使用眼药水。

## 七、预防措施

加强饲养管理和环境卫生消毒，防止病毒传入。坚持自繁自养，如需从外地购入宠物，必须隔离检疫，一旦发病，需立刻控制疫情发展。应该特别注意，康复期病犬仍可能向外排毒，不能与健康犬合群。建议定期接种疫苗。

# 第五节　副流感病

## 一、病原学

犬副流感病毒（*Canine parainfluenza virus*，CPIV）是一种能在犬中迅速传播、暴发性的传染性呼吸道疾病病毒，症状与犬流感相似，但病原完全不同，犬副流感病毒属于副黏病毒科茹布拉病毒属。

CPIV的名称多样易被混淆，因为CPIV最初在猴细胞中发现，但主要与犬的呼吸道疾病有关，所以被称为SV-5（CPIV-5）。研究发现SV-5与副流感病毒2型（PIV-2）有密切的抗原相关性，因而又被称为CPIV-2，一般认为SV-5与PIV-2属于同一血清型。

### （一）形态与构成

在电镜下观察到犬副流感病毒一般呈球状，有的呈长丝状（图16-5-1），直径50~300nm，是单股负链RNA病毒。

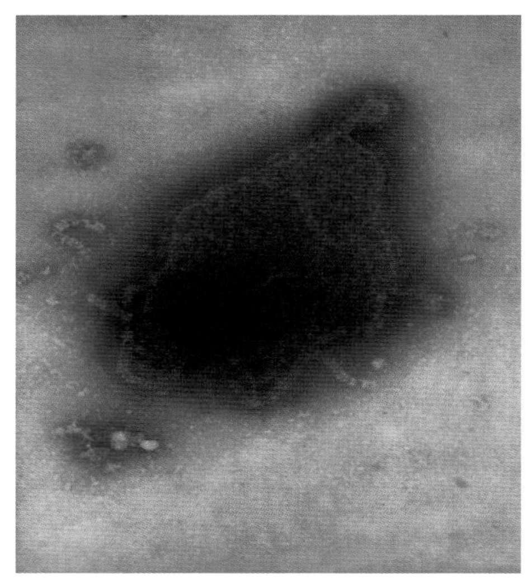

图16-5-1　犬副流感病毒
（Microchem Laboratory 供图）

### （二）敏感性

犬副流感病毒不耐热，4℃在无血清培养基中放置2~4h，病毒感染力丧失约90%；37℃放置24h，病毒活性丧失99%以上；50℃放置15min，几乎100%病毒丧失感染力；–70℃冻存病毒活力数月不变。该病毒不耐酸碱，病毒在pH值7.4~8.0的环境中较稳定，在pH值3.0的环境中放置1h会完全失活。pH值3.0和37℃环境下可迅速灭活病毒。病毒对氯仿和乙醚敏感，季铵盐类是有效的消毒剂。

### （三）血凝性

犬副流感病毒具有血凝和血凝抑制特性。在4℃或室温下能凝集豚鼠、绵羊、猪、犬、鸡、狐和人O型红细胞。

## 二、流行病学

该病的发生没有明显的地区性，春、秋两季易发，好发于犬只密集处，表现为群发性、暴发性。犬副流感病毒的宿主较多，包括人、猴、犬、牛、羊、马、家兔、豚鼠、仓鼠、小鼠、禽类以及某些野生动物等，犬是犬副流感病毒的自然宿主。

犬副流感病毒的自然传播途径是呼吸道，患犬的鼻液、气管和肺的分泌物中含有大量的副流感病毒，可通过喷嚏、咳嗽排出，易感动物吸入带毒的飞沫后会感染发病。与患犬的直接接触也是感染的一种途径。

犬副流感病毒可感染各种年龄、品种和性别的犬。一般来说，幼犬、体质虚弱的犬和长途运输处于应激状态的狗易受侵袭，病情也会更严重。感染后的患犬抵抗力降低，常常发生细菌（如支气管博代氏菌）、病毒（如犬腺病毒-Ⅱ型）、霉形体等继发感染。

## 三、临床症状

犬副流感病毒会引起犬发生传染性气管支气管炎，是“犬窝咳”（Kennel cough）的主要病原，易发生继发感染。感染犬副流感病毒后，4~6d即会出现症状，主要表现为发热、咳嗽、流涕。

图 16-5-2　感染犬副流感病毒的患犬出现流脓鼻液（Dr. Cynda Crawford 供图）

犬副流感病毒的感染主要限制在上呼吸道，患犬表现鼻内流出大量浆液性、黏液性甚至脓性的不透明鼻液（图16-5-2）、咳嗽、扁桃体炎、咽炎、结膜潮红、食欲下降、精神萎靡、眼分泌物增多、鼻镜干燥等症状。病程前期体温正常，后期体温升高，可达40~41℃。呼吸急促，呼吸音变粗，引发气管、支气管炎。心跳加快，严重时出现呼吸性心律不齐。混合感染甚至会出现消化道症状。单纯感染病毒的幼犬病程约1周至数周，成年犬感染后症状较轻，3~7d即可自然康复。部分犬感染后会出现神经症状，可能会出现后躯麻痹和运动失调，患犬后肢可支撑躯体，但不能行走，膝关节和腓肠肌腱反射及自体感觉不敏感。有些犬感染后会引起急性脑脊髓炎和脑内积水。

若发生继发感染，则病情加重，病程延长，咳嗽可持续数周，甚至导致死亡。当出现支原体或支气管败血博代氏菌继发感染时，病情加重，体温升高至40℃以上，发生剧烈干咳，继发肺炎，眼鼻有大量分泌物。

## 四、病理变化

犬感染犬副流感病毒后的病理变化主要集中在呼吸道，以卡他性鼻炎和支气管炎为特征。剖检可见鼻孔周围有黏性或浆性鼻漏，鼻腔内很少出现炎症，呼吸道内有分泌物，扁桃体、气管、支气管有炎性病变，局部淋巴结肿大，肺部可见出血点。上述部位黏膜下有大量单核细胞和中性粒细胞浸润，而细支气管和肺间隙无明显病变。若为混合感染则剖检可见肠炎。若犬患有神经性症状，则表现为急性脑膜脑脊髓炎和脑内积水，镜检可见大脑皮层坏死，有炎症细胞弥漫性浸润（图16-5-3），呈现非化脓性脑炎的变化，整个中枢神经系统和脊髓均有病变，前叶灰质最为严重。

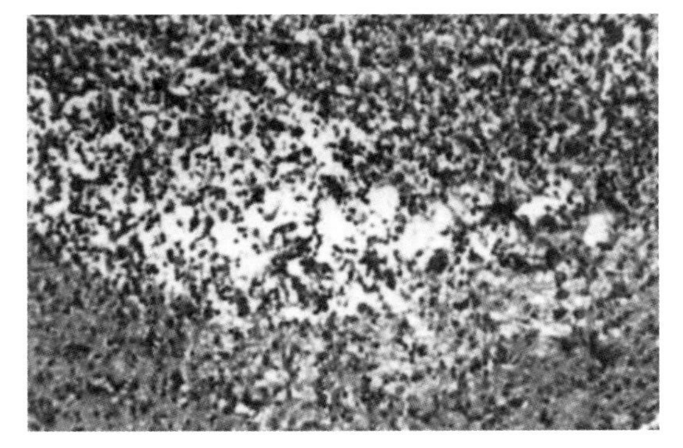

图 16-5-3　感染犬副流感病毒后的患犬大脑镜检（Baumgärtner WK 供图）

## 五、诊断

### （一）流行病学史调查

询问犬主人犬的活动区域、环境特征及特异性表现等。

### （二）观察临床症状

感染犬副流感病毒的患犬主要表现为发热、咳嗽、流涕等。该疾病与犬的其他呼吸道传染病的临床症状极为相似，因此，在进行初步诊断时要与犬瘟热、腺病毒等加以区分。同时需要注意是否发生了继发感染。

### （三）CPIV 检测

疾病的确诊需要取样进行实验室病毒分离、免疫学和分子生物学等检验。在患犬的鼻腔内、咽喉部、气管和肺部可分离出病毒，食道、唾液腺、脾、肝、肾等器官不含病毒。

1. 免疫学诊断

发病早期，取患犬的呼吸道分泌物，接种到犬肾或鸡胚成纤维细胞，如果出现了多核巨细胞合胞体，并能吸附豚鼠红细胞或凝集绵羊或人红细胞，且可被特异性抗体抑制，即可确诊。

处于发病早期和恢复期时，取双份血清，进行血清中和试验和血凝抑制试验，血清滴度增高2倍以上者，即可判为副流感病毒感染。

若患犬死亡，则可取呼吸道组织进行切片和荧光染色，用荧光标记抗体来进行检测，在气管、支气管上皮细胞中检出荧光信号即可确诊（图16-5-4）。

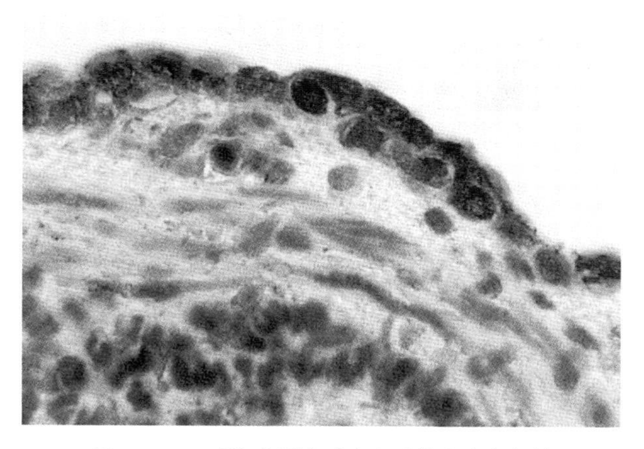

图 16-5-4　感染犬副流感病毒后的患犬支气管上皮细胞免疫组化检测（王华楠　供图）

2. 分子生物学诊断

PCR（如RT-PCR、RT-nestPCR）能更灵敏地检测出CPIV的感染情况，但是易出现假阳性。常规免疫接种的健康犬可能会被检测出阴性。

## 六、防治

犬副流感以预防为主，国内外多使用六联弱毒疫苗和五联弱毒疫苗进行预防接种。经犬副流感疫苗2次免疫后，患犬抗体滴度可提高4倍，持续48个月。但即使进行过免疫的犬，在其呼吸道和肺脏中依然可以检测到CPIV的存在。此外，在饲养过程中，应加强管理，注意防寒保暖，提高动物免疫力，避免环境突然改变等应激因素刺激，对幼犬饲养尤为注意。对于已经发病的犬，应及时隔离治疗，并严格消毒。剩余犬群应及时注射疫苗，防止疾病暴发。

对于该疾病的治疗尚无特异性疗法，主要通过提高免疫能力、抗病毒、抗继发感染、补充体液等方法进行对症治疗。

1. 提高免疫能力

可通过给予胸腺肽、转移因子、黄芪多糖、葡萄糖、升白能等，同时配合高免血清、犬免疫球蛋白来提高犬的免疫能力。

2.抗病毒

抗病毒药物包括利巴韦林等。

3.抗菌消炎

患有犬副流感病毒的患犬常易发生继发感染，因此，应使用抗生素来防止继发感染，避免病情进一步加重。抗生素药物包括头孢唑林钠、地塞米松磷酸钠、丁胺卡那霉素、氨苄西林钠、头孢曲松钠、庆大霉素等。氨苄西林钠属于广谱青霉素类药，在既有呼吸道感染，又有消化道感染的临床疾病上，氨苄西林钠是首选药。对于单一的呼吸道炎症，头孢唑啉钠或头孢拉定的治疗效果更好。

4.补充体液

对长期高热、厌食的病犬应及时补液，并适当补充维生素C等。

5.清热解毒

可使用双黄连、维生素C注射液、鱼腥草注射液等中药，用于清热解毒镇痛。

6.对症治疗

若体温升高，则可使用退烧药，如阿尼利定注射液；咳嗽严重，可使用磷酸可待因、氨茶碱、必咳平、咳特灵或复方甘草片等；呼吸困难，可用氨茶碱、地塞米松等；心力衰竭，可用西地兰等；呕吐，可用甲氧氯普胺注射液；腹泻，可用三七二注射液。

7.超声雾化

雾化药物通过雾化媒介直达病灶，比静脉给药或皮下注射给药的效果更好。针对此病可用清开灵混生理盐水雾化，或用硫酸庆大霉素，清开灵注射液，利巴韦林注射液等中成药或氨基苷类的西药做超声雾化。

# 第六节　流感

## 一、病原学

犬流感病毒（*Canine influenza virus*，CIV）是一种在犬中传播能力极强的传染性呼吸道疾病病毒，属于正黏病毒科。

### （一）形态与构成

犬流感病毒呈球状或丝状，直径80~120nm，大多存在囊膜（图16-6-1）。

犬流感病毒囊膜表面存在许多呈反射状纤突的糖蛋白，如HA、NA和M2等，囊膜内侧含有基质蛋白（M1）。囊膜内有核衣壳，核衣壳由核蛋白NP、三种聚合酶蛋白（PB1、PB2、PA）和单股负链RNA构成（图16-6-2）。

### （二）病毒分型

根据病毒的核蛋白NP和基质蛋白M1的不同可以将犬流感病毒分为：A（甲）型流感病毒属，

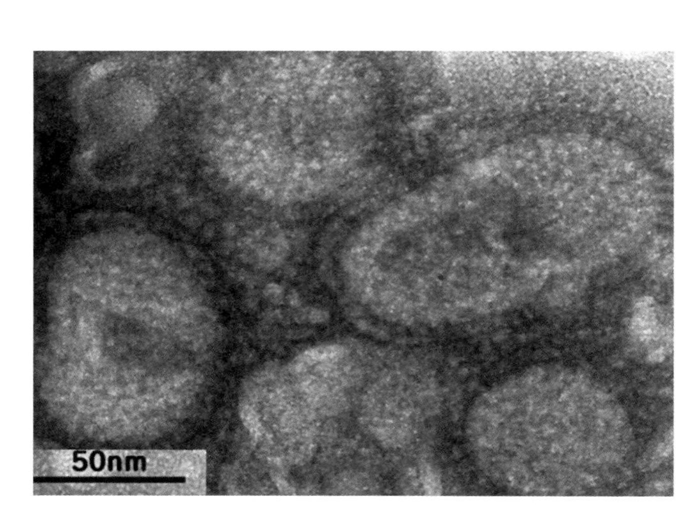

图 16-6-1　犬流感病毒的形态（Kang Young 供图）

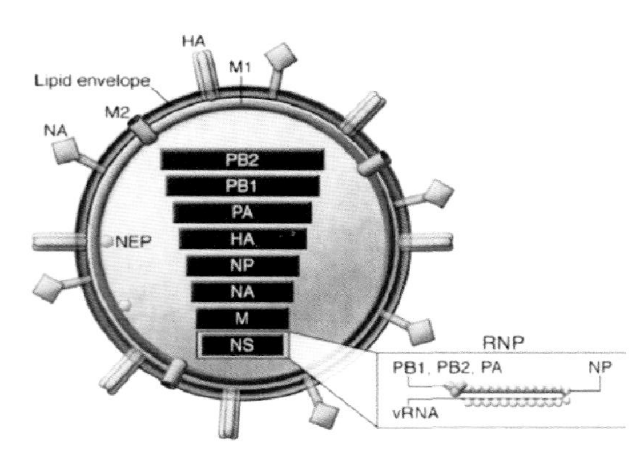


图 16-6-2　犬流感病毒结构示意（莫彦宁 供图）

B（乙）型流感病毒属和C（丙）型流感病毒属，其中较为流行的是A（甲）型流感病毒属。在A（甲）型流感病毒中，根据病毒表面的抗原血凝素HA的不同可以分为18种亚型（H1~H18），根据神经氨酸酶NA的不同可以分为11种亚型（N1~N11）。其中H1、H3、H5和H9亚型均可感染犬，目前在犬中最为流行的病毒亚型为H3N8和H3N2，均属于H3亚型。研究表明，H3N2亚型病毒不仅可以在犬中传播，还可以在猪、鼠等其他哺乳动物中传播。

## 二、流行病学

犬流感病毒通过呼吸道传播，该病的发生尚无明显季节性。患犬的分泌物（如唾液、痰、鼻液等）均含有病毒。接触过患犬的物体或人也会携带病毒并感染其他健康犬，研究表明病毒在人体上可存活长达30min。因此，许多患犬都有曾去往犬只密集处的病史，或者它们的主人曾接触过患犬。

不同年龄、不同品种的犬对该病毒的易感性是不同的。英国斗牛犬和巴哥犬较为易感，成年犬（>1岁）比未成年犬（<1岁）更加易感。

## 三、临床症状

感染犬流感病毒后主要会出现一些呼吸道症状。一般来说单纯的病毒感染对犬不会有太大的危害，但感染该病毒后常常会出现细菌的继发感染，加重病情。一般来说，感染H3亚型的犬流感病毒后，2~3d即会出现临床症状，主要表现为持续性的咳嗽，病程可达2~4周。

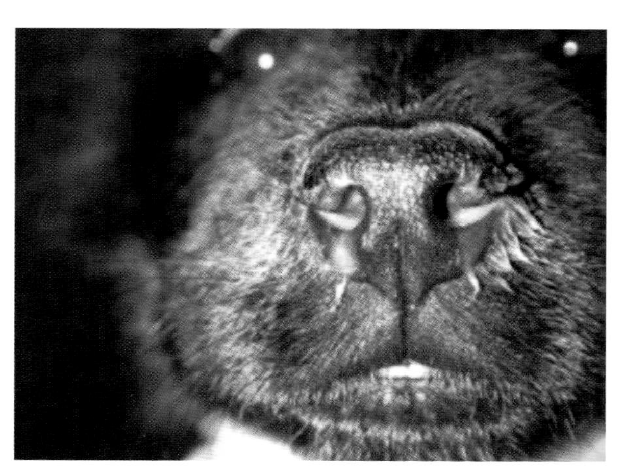
图 16-6-3　感染犬流感病毒后患犬出现脓性鼻分泌物（St. Charles Animal Hospital 供图）

病情轻微的患犬会发生持续性咳嗽，通常是湿咳，可以持续三周或更久，偶尔伴随着黄色的带脓鼻分泌物（图16-6-3）。带脓的分泌物意味着继发感染了细菌，如包特氏菌（*Bordetella*）和犬咬$CO_2$嗜纤维菌（*C. cynodegmi*）等。此外，患犬还会出现打喷嚏、咳痰、精神沉郁、食欲减退、虚弱、流鼻涕、眼鼻有分泌物、流口水、低烧、嗜睡等症状。部分患犬会继发肺炎或支气管肺炎并出现异常肺音。约1/4的犬感染病毒后不会表现出临床症状，但依然会排毒。

病情严重的患犬会发热达40℃，呼吸困难，呼吸频率加快并伴有咯血，以及其他类似肺炎的症状，这主要是因为犬流感病毒或继发感染的细菌会影响肺部毛细血管。少部分患犬会出现胸膜炎和血管炎。如病情进一步恶化，可发展为肺炎，甚至导致死亡。

犬感染H3N2亚型病毒后，除了诱发呼吸系统疾病，还会诱发肺外组织的感染，如肝脏、脾脏、脑和十二指肠等。

## 四、病理变化

H3亚型中的H3N8和H3N2是犬中最流行的病毒亚型，感染该病毒后，剖检可见肺部呈暗红色乃至黑色，触感坚硬（图16-6-4），胸腔纵隔常有出血，胸膜腔内有浆液性渗出。切片镜检可见肺泡壁变薄，细胞碎片聚集、嗜中性粒细胞和巨噬细胞浸润，少数呈现出血性肺炎（图16-6-5）。气管和支气管炎可见表面和腺体上皮坏死和增生，且免疫组化检测可见病毒抗原阳性（图16-6-6）。

图16-6-4　感染犬流感病毒的患犬肺部剖检（Crawford Pattiv 供图）

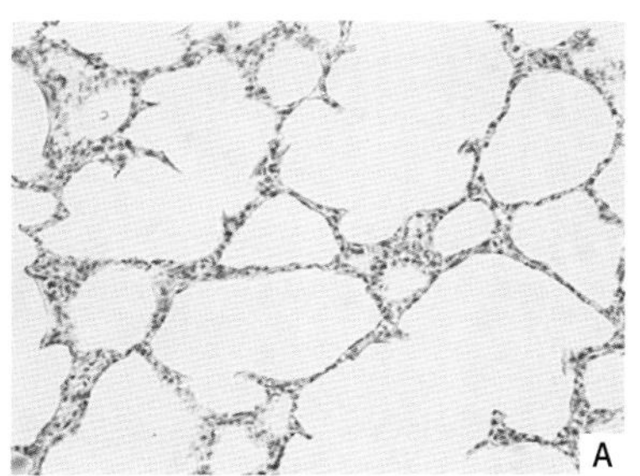


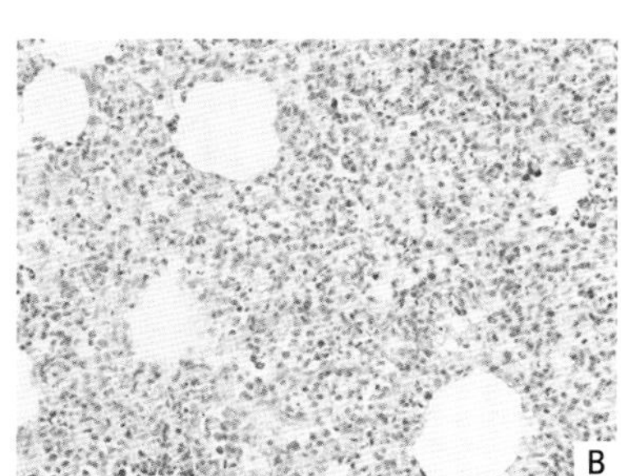


A. 对照组　B. 感染组

图16-6-5　感染H3N2亚型后患犬肺部切片的HE染色结果（Kang Young 供图）

## 五、诊断

### （一）流行病学史调查

感染犬流感病毒需要有传染源，许多患病犬都曾在犬只密集的场所停留过，如收容所、寄养处等，它们有很大可能会在那里接触到其他携带有犬流感病毒的犬。有些时候可能犬本身没有去过犬密集场所，但是它们的主人曾经去过，主人可能接触到了其他病犬，携带上了病毒并将病毒传染给自家的犬。

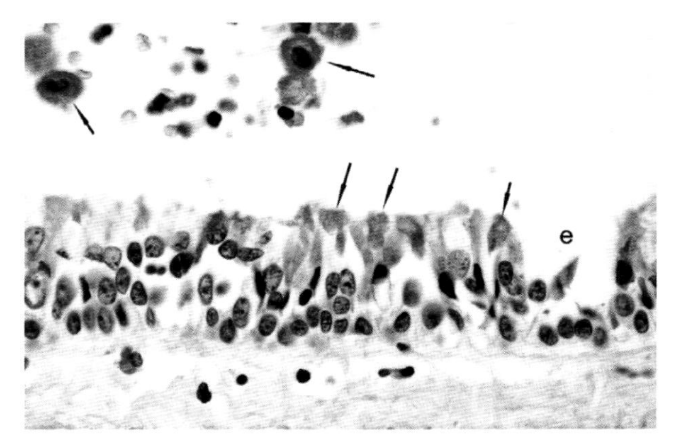


图16-6-6　感染犬流感病毒患犬的气管上皮细胞免疫组化检测结果（Crawford Patti 供图）

### （二）观察临床症状

感染该病毒最明显的临床特征是持续性的咳嗽及其他呼吸道症状，包括咳痰、精神沉郁、食欲减退、虚弱、低烧、嗜睡等。注意在根据临床症状诊断时，需要排除其他具有相似症状的疾病如犬

瘟、犬副流感等。

（三）血液检测

感染该病毒后，CRP升高。

（四）X射线检查

犬流感病毒的感染常常会出现支气管型肺型，可用X射线片检测出来（图16-6-7）。

（五）CIV检测

流行病学调查、临床症状的表现、血液检测和X射线检测都只能对疾病进行初步诊断，病毒的分离培养和检测才是诊断犬流感的金标准。病毒的检测方法有血清学诊断和分子生物学诊断。

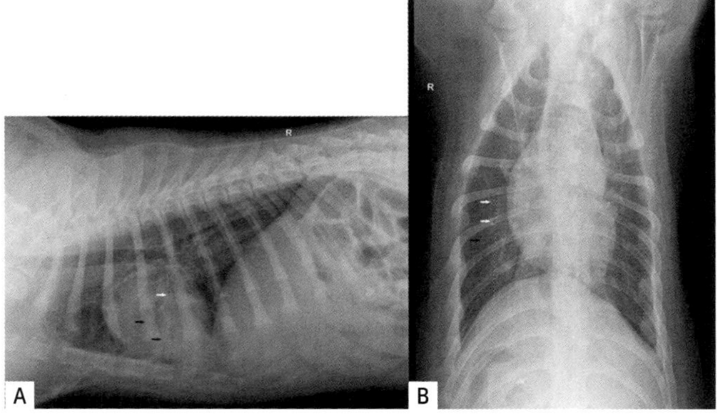

A. 胸部侧位片　　B. 胸部腹背位片

（黑色箭头指示线性阴影，白色箭头指示环形阴影）

图16-6-7　感染犬流感病毒后患犬的支气管肺型

（Liwei Zhou 供图）

1. 血清学诊断

血清学诊断可以在感染CIV病毒7d内的病犬中检测到特异性抗体。血凝实验可以检测样品中是否有病毒但特异性较低，血凝抑制实验则具有较高的特异性。此外还有酶联免疫吸附试验、补体结合实验等。最经典的血清学诊断为血凝抑制实验，该实验可以判断出是否感染CIV病毒，有助于诊断疾病、检测疾病流行情况，但过程繁琐，在某些情况下检测结果不准确且无法进一步区分病毒亚型。

2. 分子生物学诊断

分子生物学诊断是直接取病犬分泌物，利用PCR来检测病毒。

反转录-聚合酶链反应（RT-PCR）以单链RNA为模板，在逆转录酶（依赖RNA的DNA聚合酶）、脱氧核苷酸引物、依赖DNA的DNA聚合酶的作用下，扩增出大量DNA。该技术可以鉴定出目前已知的所有A（甲）型流感病毒并检测出其他亚型。

逆转录环介导等温核酸扩增技术（RT-LAMP）特异性高，不会检测出犬副流感病毒、犬瘟热病毒、犬细小病毒，并且反应迅速，只需45min即可，适用于犬流感病毒的临床检测和基层检疫。

分子生物学诊断可以精确地判断感染的病毒亚型，但如果在患犬的非病毒排毒期时采集了分泌物进行检测，则会出现假阴性的结果。

较为稳妥的诊断方式是首先用血清学检测法初步筛选是否病毒感染，再用较为保守的M基因和NP基因序列进行检测判断是否感染了流感病毒，接着再用针对不同病毒基因型的引物进行实时荧光定量PCR来判断流感病毒的确切亚型。

## 六、防治

犬流感病毒疫苗不能完全预防犬流感，但是可以降低病犬的恶化程度，降低犬群的整体发病率，因此，对于该疾病的预防就显得尤为重要。首先主人与犬都应避免去往犬只密集地区，不去曾暴发过犬流感的场所，减少与其他未知犬的接触，从而降低感染病毒的可能。犬应均衡饮食，适量运动，提高自身免疫能力。发病早期的犬或暴露在感染环境中的高危犬应及时接受治疗，在此时给予抗病毒药物会有较好的效果。

对于已经处于发病期的犬，治疗以抗病毒药物和抗生素为主，以止咳药、支气管扩张药、雾化和退烧药等为辅。抗病毒药物可用α-干扰素、奥司他韦、金刚烷胺、金刚乙胺和达菲等。抗生素指的是广谱的抗菌药物，如可在发病期使用阿奇霉素和头孢哌酮一周，好转后服用口服药（速诺等），这主要是用来防止感染流感病毒后再次出现细菌的继发感染。由于感染该病毒后，机体还会出现相应的症状，因此，对于这些症状可以进行针对性治疗。若咳嗽可使用止咳药，咳痰可用咳丁，干咳可用布托啡诺，脓涕、湿咳、痰多可用沐舒坦、庆大、糜蛋白酶等雾化给药。若高热则可使用退烧药。该疾病的基本治疗周期为2~3周。在治疗过程中，应注意监测CRP值，当CRP值降低到正常范围后即可停药。

# 第七节　布鲁氏菌病

布鲁氏菌病（Brucellosis）（简称布病）是《中华人民共和国传染病防治法》与《中华人民共和国动物防疫法》中的乙类传染病，也是世界普遍公认的危害较为严重的人兽共患病之一。世界上有170多个国家和地区存在布鲁氏菌病的发生和流行。犬布鲁氏菌病是由犬布鲁氏菌引起的一种人兽共患传染病。也有报道在布鲁氏菌的7个种中，感染犬的主要是犬型、牛型、猪型、羊型布鲁氏菌。

## 一、病原学

1887年，布鲁斯（Bruce），从马耳他岛死于“马耳他热”的英国士兵脾脏中分离到布鲁氏菌（图16-7-1）。布鲁氏菌为革兰氏阴性杆菌，主要通过消化道传播，经口腔黏膜、生殖道、眼结膜甚至皮肤感染。

犬间布鲁氏菌病传染的主要途径是公母犬之间的交配，次要途径是食用了布鲁氏菌污染的食物（尤其是动物源性食物）。

布鲁氏菌在粪、尿、皮毛等污染物中能存活3个月左右，在低温冷冻脏器中的存活时间能达

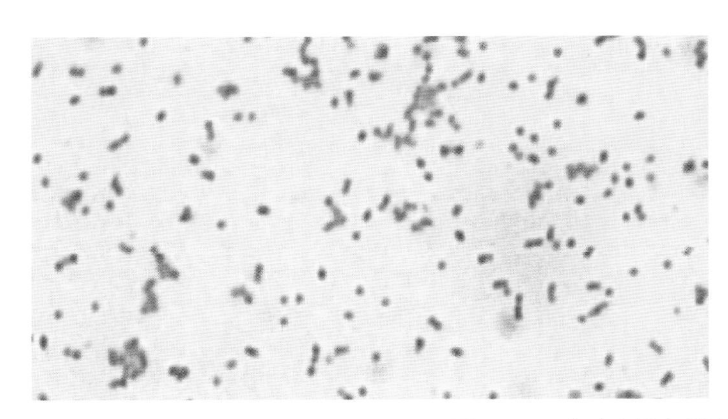
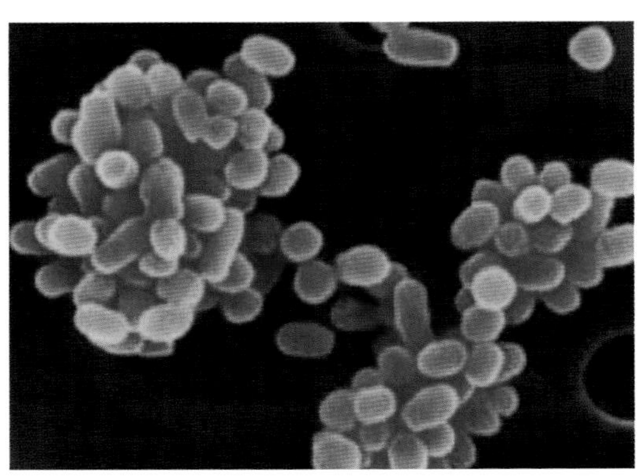

图16-7-1　布病病原（毛开荣 供图）

1年。布鲁氏菌对热敏感，加热60℃以上或日光下暴晒能被杀死，对常用化学消毒药敏感。如75%酒精、0.1%新洁尔灭、过氧乙酸和84消毒液都是常用、理想的消毒药。

## 二、流行病学

病犬和带菌犬为主要传染源。布鲁氏菌病可以通过消化道、生殖道、皮肤和黏膜进行传播，吸血昆虫也可以传播该病，但主要的传播途径是消化道。通过羊水、阴道分泌物、饮水或污染的饲料、乳汁或公犬的精液（交配中）也可传播该病。布鲁氏菌的易感动物较为广泛，雌性动物较雄性动物易感。幼龄动物对布鲁氏菌病具有一定的抵抗力，易感性随动物年龄增高而增高，性成熟后的动物对该病非常易感。

## 三、临床症状

成年母犬感染该病后的主要症状是流产。大多数情况下，母犬常常在妊娠45~60d发生流产，而无其他临床症状。在死亡幼犬中发现皮下水肿、充血和出血。流产后6周内阴道可能有褐色或灰绿色的分泌物流出。成活的幼犬表现出全身的淋巴腺瘤，直到4~6个月，还可见高球蛋白血症。

感染犬布鲁氏菌的成年公犬通常无明显的临床症状。仔细检查可发现有无疼痛的附睾炎（图16-7-2）。睾丸肿大与睾丸炎不常见。慢性感染的公犬可见睾丸萎缩。

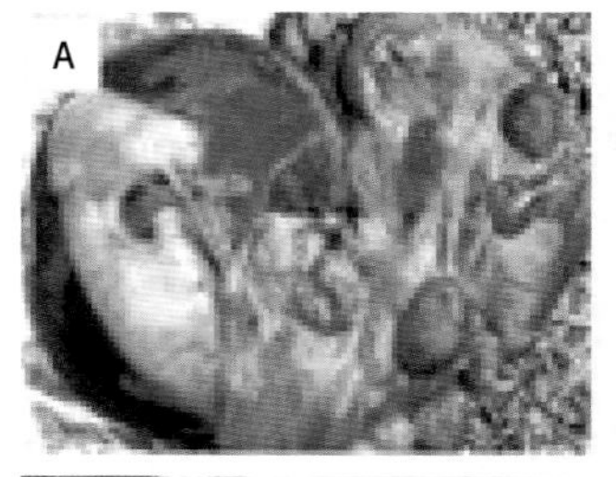

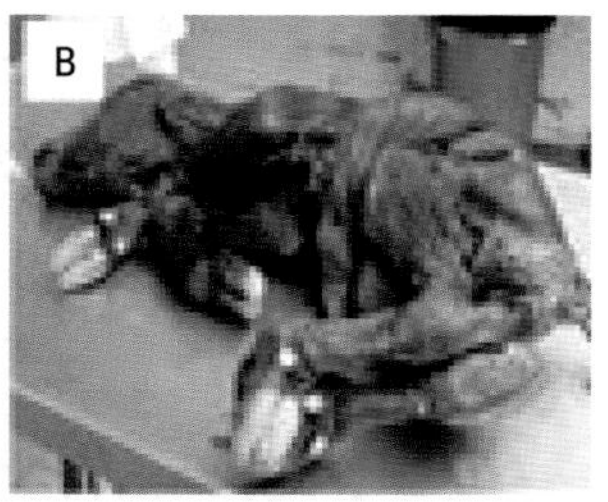

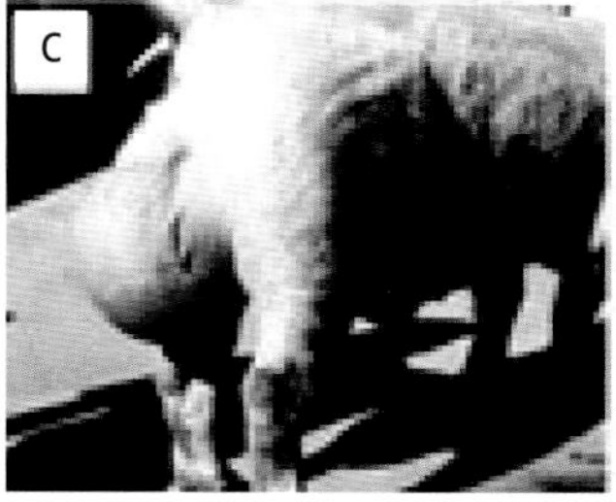

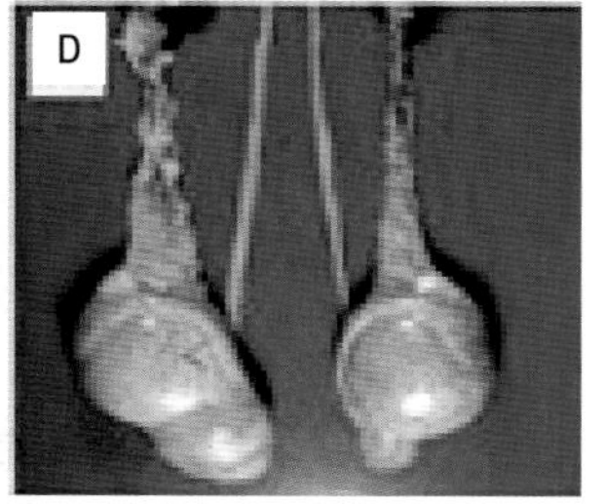


A. 母畜流产；B. 死胎；C. 睾丸肿大；D. 附睾肿大

图 16-7-2　布鲁氏菌病主要的临床症状（项夫 供图）

去势或绝育犬很少感染布鲁氏菌，但常有临床症状。患有椎间盘脊柱炎的病犬会出现脊髓疼痛、局部麻痹甚至共济失调。有报道称患犬四肢骨骼可发生脊髓炎且可引起跛行。眼角素层炎和角膜水肿有可能单独出现或与其他症状同时出现。

## 四、病理变化

导致犬布鲁氏菌病的犬布鲁氏菌集中于椎间盘这样的非生殖组织中。

## 五、诊断

诊断分为病原学诊断和血清学诊断。

### （一）病原学诊断

细菌的涂片检查可从流产的胎儿、胎衣、阴道分泌物、精液或乳汁中采取病料，直接涂片，用改良抗酸法染色，镜检可见红色球杆菌（布鲁氏菌染成红色，背景和其他菌染成蓝色）。用血清甘油琼脂或肝汤琼脂培养基作分泌物、排泄物中细菌的分离培养，36~37℃培养72h观察菌落形态，布鲁氏菌落呈乳白色、油状小菌落。菌落生长时间过长可形成不规则的片状，覆盖在培养基的表层。

### （二）血清学诊断

对成年公犬和母犬来说，布鲁氏菌感染的实验室诊断以血清学检查为基础。各种各样的血清学测试可以判断诊断是否正确，凝集试验、补体结合试验（CFT）、酶联免疫吸附试验（ELISA）、荧光偏振分析技术（FPA）、胶体金免疫层析技术都可以诊断。

巯基乙醇快速载玻片凝集试验（M-ERSAT）是首选检测抗体的方法。虽然常见假阳性结果，但是阴性结果可表明动物未受感染。因此，ME-RSAT是目前用于鉴别动物未受布鲁氏菌感染的最好方法。

试管凝聚试验（TAT）常用来确认ME-RSAT呈阴性的犬是否被感染。然而可行性的缺乏和诊断的特殊性限制了该方法的诊断价值。

琼脂凝胶免疫扩散实验（AGID）可用于ME-RSAT和TAT试验呈阴性的犬的确诊。由于有能力实施该实验的实验室还较少，这种方法的使用受到限制。

间接荧光抗体实验（FA）和ELISA可作为布鲁氏菌感染的诊断方法，目前正在临床研究与应用阶段。

## 六、防治

犬布鲁氏菌病与大多数人兽共患病一样，预防是最好的方法。疫区犬需要定期进行免疫和血清学检查；犬舍和犬接触的器具需要定期消毒，不得给犬饲喂流产羊胎儿、胎盘等任何可能携带布鲁氏菌的食物。犬流产污染的场地和接触过的器具必须彻底消毒。根据《中华人民共和国动物防疫法》规定，一般一经确诊，建议将患犬安乐死后按规定处置。

### （一）治疗

（1）公犬和母犬绝育。

（2）口服利福平，20mg/kg/d，一天一次，连服3周，然后口服盐酸多西环素，4.4mg/kg/d，一天一次，连服3周。前2周口服用药的同时注射广谱抗菌素，按千克体重用药量计算。口服用药后，每半年复检一次，连续3次抗体转阴、菌培养无菌生长，同时其临床表现健康，可判定为康复。

（3）及时隔离治疗，定期检查抗体滴度，抗原检测3次皆为阴性方可解除隔离。

（4）对隔离治疗犬的排泄物及其污染环境及时消毒。

### （二）预防措施

（1）避免犬直接接触患病动物。禁止犬生食牛、羊等布病易感动物源性食物，尤其是流产物。

（2）布病流行区域内的犬只，应定期进行布病专项检查。

（3）发现布病犬，应及时隔离治疗或对布病犬进行无害化处理。对隔离治疗犬的排泄物及其污染环境及时消毒。环境消毒：用0.1%~0.3%有效杀菌成分的次氯酸钠或过氧乙酸溶液或84消毒液喷洒覆盖；用具消毒：用0.1%新洁尔灭或3%来苏尔消毒液浸泡4h以上；煮沸消毒3min以上。

（4）人员防护。从事饲养、加工、医治患病犬或疑似患病犬的工作人员，要注意个人防护。避免人与此类犬的直接接触。

# 第八节　波氏杆菌病

## 一、病原学

波氏杆菌属于波氏杆菌属，是一种细小的、多形状的、革兰氏阴性球杆菌。拥有菌毛，并且通过鞭毛进行运动。

## 二、流行病学

支气管败血性波氏杆菌是导致犬呼吸道疾病的重要病原。支气管败血性波氏杆菌有许多不同的菌株，在毒力和宿主特异性方面有所差异（图16-8-1）。犬和猫的菌株可以相互传染，支气管败血性波氏杆菌整个基因组的序列已被测出。

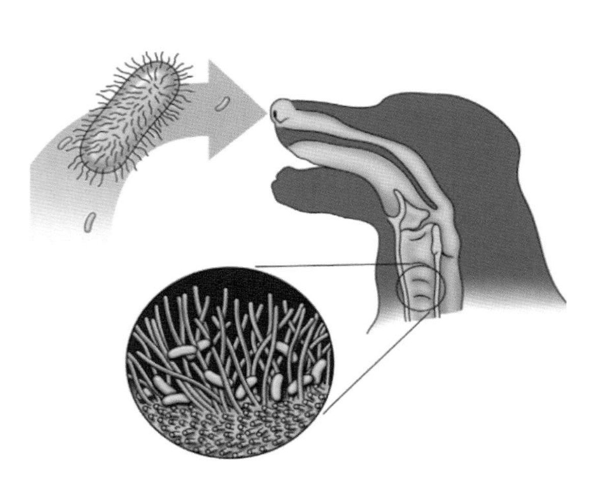
图 16-8-1　波氏杆菌示意（方开慧 供图）

像病毒性呼吸道感染一样，波氏杆菌病特别容易在犬猫收容所、宠物商店、寄养中心和其他动物数量较多的场所流行。支气管败血性波氏杆菌经常与呼吸道病毒、支原体属一同感染；与百日咳波氏杆菌和副百日咳波氏杆菌不同，支气管败血性波氏杆菌至少可以在自然环境中存活10d，并且可以在水中生长，但它对大多数消毒剂敏感。

## 三、发病机理

支气管败血性波氏杆菌主要通过空气传播，而与污染物接触也是比较重要的传播途径。该病原具有高度传染性。其发病机制是吸入、黏附呼吸道黏膜、逃避免疫系统攻击、分泌损伤呼吸道上皮细胞的毒素（图16-8-2）。病原在呼吸道黏膜的黏附主要依靠菌毛黏附素、丝状血凝素、百日咳黏附素和细胞壁脂多糖。波氏杆菌定植因子A（BcfA）是一种外膜蛋白，对病原在呼吸道的定植有重要作用。

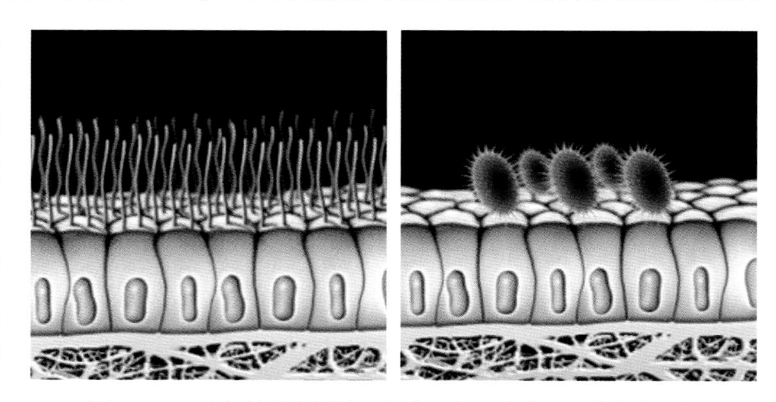
图 16-8-2　支气管败血性波氏杆菌吸入、黏附呼吸道黏膜示意（方开慧 供图）

## 四、临床症状

支气管败血性波氏杆菌感染引起患犬机体炎症和细胞功能的改变，导致黏液分泌增多和损伤宿主固有的免疫防御机制，从而引起机会感染。临床症状因感染的程度而有较大差异，主要取决于菌株毒力、宿主免疫情况和有无混合感染等。

潜伏期2~10d。鼻炎和气管支气管炎可能导致浆液性至黏脓性鼻分泌物、打喷嚏、鼾声和阵发性严重咳嗽（特别是犬）。有些犬会发展为支气管肺炎，出现发热、湿咳、嗜睡和食欲减退等症状。支气管肺炎可能是由支气管败血性波氏杆菌本身导致的，或者是由混合感染的呼吸道病原导致的。

犬感染支气管败血性波氏杆菌后，会断断续续排毒至少一个月，有时能持续几个月。犬轻度感染时通常是有精神的、反射良好的，在临床检查中可能出现阵发性咳嗽。触诊气管和喉头时很容易诱发咳嗽。犬严重感染时，可能出现发热、嗜睡、呼吸急促、用力呼吸、鼻分泌黏脓性分泌物（图16-8-3）。听诊时可能发现肺音粗、上呼吸道嘈杂音。

图 16-8-3 感染支气管败血波氏杆菌患犬表现为鼻分泌黏脓性分泌物（方开慧 供图）

## 五、诊断

### （一）血常规检查（CBC）

患犬轻度感染时没有特异的血常规检查异常，支气管肺炎患犬的CBC也可能正常，或轻度至中度中性粒细胞增多、核左移，或中性粒细胞出现中毒性变化。

### （二）气管灌洗（TTL）或支气管肺泡灌洗（BAL）

气管灌洗或支气管肺泡灌洗（图16-8-4）然后进行细胞学检查可能会发现脓性或混合性渗出液，有时可在细胞内或细胞外发现球杆菌（图16-8-5）。

### （三）影像学诊断

轻度感染时，X射线片上的变化可能不明显，或表现为轻度弥漫性间质型或支气管间质型。

患支气管肺炎时，X射线片表现为支气管周和肺泡浸润，甚至肺叶融合（图16-8-6）。

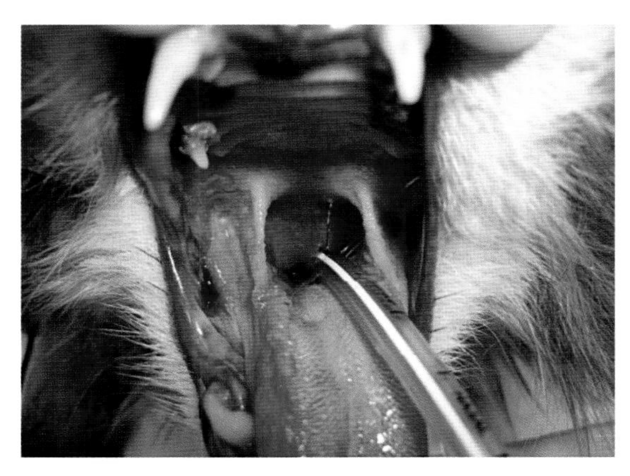

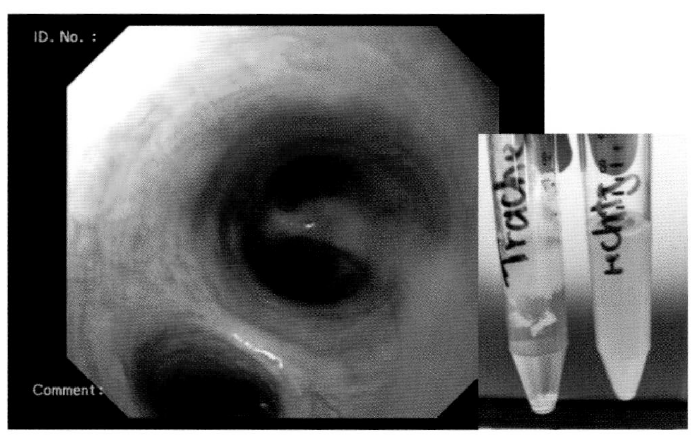


图 16-8-4 犬气管灌洗（TTL）或支气管肺泡灌洗（BAL）（方开慧 供图）

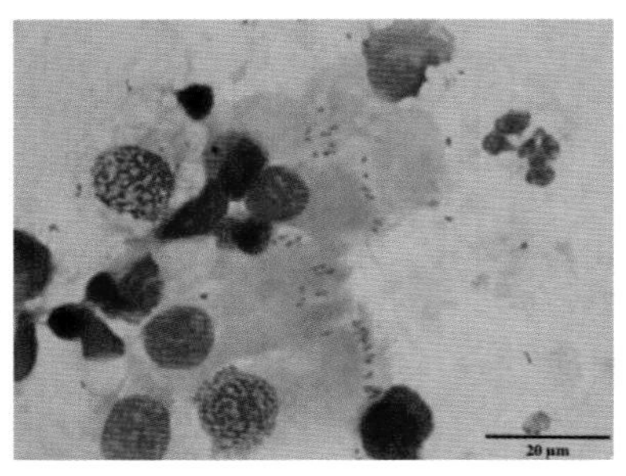

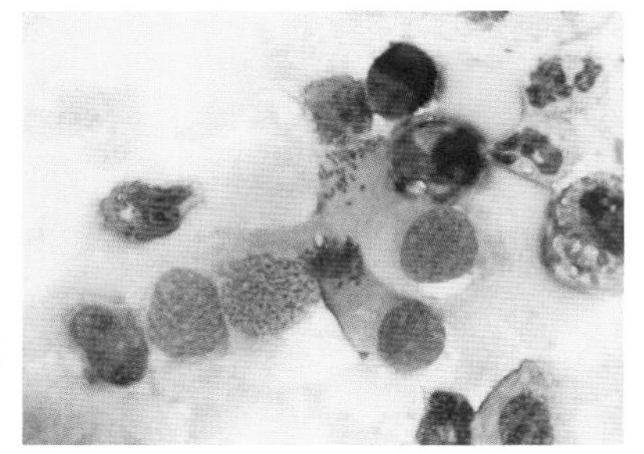

图 16-8-5　感染支气管败血性波氏杆菌犬的支气管肺泡灌洗细胞学检查：柱状上皮细胞的纤毛上附着大量的球杆菌（方开慧 供图）

### （四）微生物学检测

用于诊断犬波氏杆菌病的检查主要是细菌培养和PCR分子诊断技术，可以使用鼻拭子或口咽拭子、TTL或BAL样本进行检测。在病原分泌较少时可能出现假阴性的结果，取决于PCR的敏感性和样本中病原的生存能力，PCR阴性时可能出现阳性的培养结果；反之亦然。在TTL或BAL样本中检测出支气管败血性波氏杆菌时可诊断该疾病，但在鼻拭子或口咽拭子样本中出现阳性的检查结果则比较难判读其意义，尤其是群居的动物有较高的感染率。当检测出支气管败血性波氏杆菌时，需要考虑是否存在病毒性呼吸道病原混合感染。

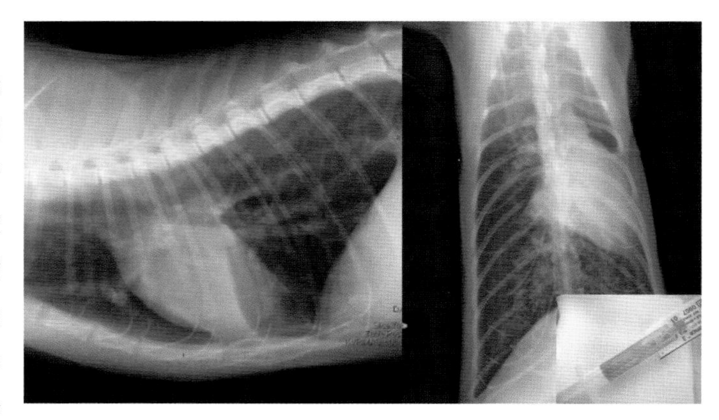

图 16-8-6　感染败血性波氏杆菌的 X 射线影像（方开慧 供图）

### （五）细菌培养

支气管败血性波氏杆菌通常可在常规好氧菌培养基中培养分离出来，如麦康凯琼脂培养基和血琼脂培养基（图 16-8-7）。使用甲氧西林或苯唑西林选择性培养基可以阻止污染菌的生长。与PCR不同，使用细菌培养方法检测出病原后还能进行药敏试验，帮助对症选择抗菌药物。

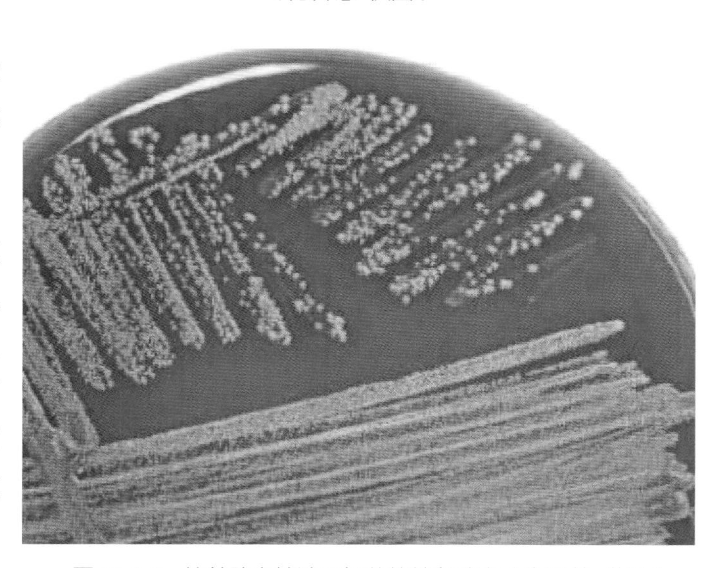

图 16-8-7　培养败血性波氏杆菌的特色琼脂（方开慧 供图）

### （六）PCR 分子诊断技术

PCR检测具有敏感性和特异性。有些实验室提供呼吸道病原检测套组，有助于诊断混合感染。正如细菌培养一样，当样本中病原的数量较少或最近使用过抗生素时，PCR检测可能出现阴性的结果。然而，对于这些情况PCR比细菌培养更有可能出现阳性结果。

## 六、防治

### （一）治疗

1.抗生素治疗

从犬分离出来的支气管败血性波氏杆菌具有多重耐药倾向，通常对阿莫西林和磺胺甲恶唑耐药。大多数感染都是轻微的或具有自限性，因此，在确诊波氏杆菌感染时，出现持续的症状（>7d）或具有严重临床症状和X线检查提示支气管肺炎时才需要使用抗生素。幼犬（<6周龄）感染时应尽快采取治疗，因为疾病可能发展得非常迅速，否则可能导致肺炎甚至死亡。治疗应基于细菌培养和药敏试验的结果。当无法进行药敏试验，或结果尚未出来但强烈怀疑波氏杆菌病时，首选多西环素。较罕见的情况是，全身性抗生素治疗也没办法缓解临床症状，药敏试验中的敏感药物也无法杀灭病原。在这种情况下，可以考虑短期使用氨基糖苷类进行雾化治疗（此方法仅在顽固性支气管肺炎或严重、持续性支气管炎时使用）。

2.支持治疗

轻度感染时预后良好。患支气管肺炎的犬通常需要支持治疗，如静脉输液、足够的营养支持、供氧和雾化治疗。支气管败血性波氏杆菌引起的支气管肺炎比其他细菌引起的要严重得多，更可能需要供氧治疗，住院时间可能较长。

### （二）预防

支气管败血性波氏杆菌外膜分子的抗体，尤其是黏膜分泌的IgA免疫球蛋白，是清除细菌的重要物质。有数种弱毒、黏膜接种的疫苗用于犬，有些还包含犬副流感病毒和腺病毒2型。这些疫苗刺激黏膜局部免疫，在单次接种的3d内即产生保护作用。在母源抗体存在时接种也能产生免疫力，并至少能维持一年。灭活的注射用疫苗同样可用于犬，但需要接种2次，间隔3~4周，并且在一年后需再加强一次，以达到最佳免疫效果。

# 第九节　结核病

犬结核病是由结核分枝杆菌引起的一种人、畜、禽类共患的慢性传染病。犬主要对人型及牛型结核杆菌敏感，在机体多种组织内形成肉芽肿和干酪样钙化灶为特征。

## 一、病原学

结核分枝杆菌对外界环境的抵抗力很强，对于干燥和湿冷的抵抗力较强，但对高温的抵抗力差，60℃ 30min即可将其杀死。常用消毒药经4h可将其杀死，70%酒精、10%漂白粉溶液、次氯酸钠等均有可靠的消毒效果。犬对结核分枝杆菌也比较易感。结核分枝杆菌有牛型、犬型和禽型3种类型。犬的结核病主要是由犬型和牛型结核菌所致，极少数由禽型结核菌所引起。

## 二、流行病学

虽然目前尚无犬将结核病传染给人类的报道，但犬可经消化道、呼吸道感染结核分枝杆菌、牛分枝杆菌和鸟分枝杆菌复合体（Mycobacterium Avium Complex，MAC）这些病例往往是由人类传播所致。犬结核病多为亚临床表现，患病的犬能在整个病期随着痰、粪尿、皮肤病灶分泌物排出细菌。隐性感染的犬的病症易与其他呼吸道疾病混淆，从而使患犬成了其亲密朋友——人类最隐蔽，也是最危险的传染源。结核分枝杆菌对外界环境的抵抗力很强。因此，该菌对人类健康造成的威胁比其他动物还要严重。

带菌犬和病人均为传染源，尤其是开放性结核排出的分泌物（如痰液、乳汁等）中，含有大量结核分枝杆菌。犬可经消化道、呼吸道感染。病犬能在整个病期随着痰、粪尿、皮肤病灶分泌物排出病原，对其他健康犬有很大威胁。

## 三、临床症状

犬结核病潜伏期长短不一，短者十几日，长者数月乃至数年，感染后呈慢性经过。由于该病是慢性病，故病犬在相当长一段时间内不表现症状，随后出现低热、食欲不振、容易疲劳、虚弱、进行性消瘦、精神不振等症状。肺结核临床症状表现为咳嗽（干咳）、贫血、呕吐并伴有腹泻的症状。后期转为湿咳，并有黏液脓性的痰；消化道结核临床症状表现为消化道功能紊乱、顽固性下痢、消瘦、虚弱、贫血、常有腹水；皮肤结核多发于颈部，有边缘不整的溃疡，溃疡底部表现为肉芽肿（图16-9-1）。骨结核临床症状表现为运动障碍、跛行，并易出现骨折。

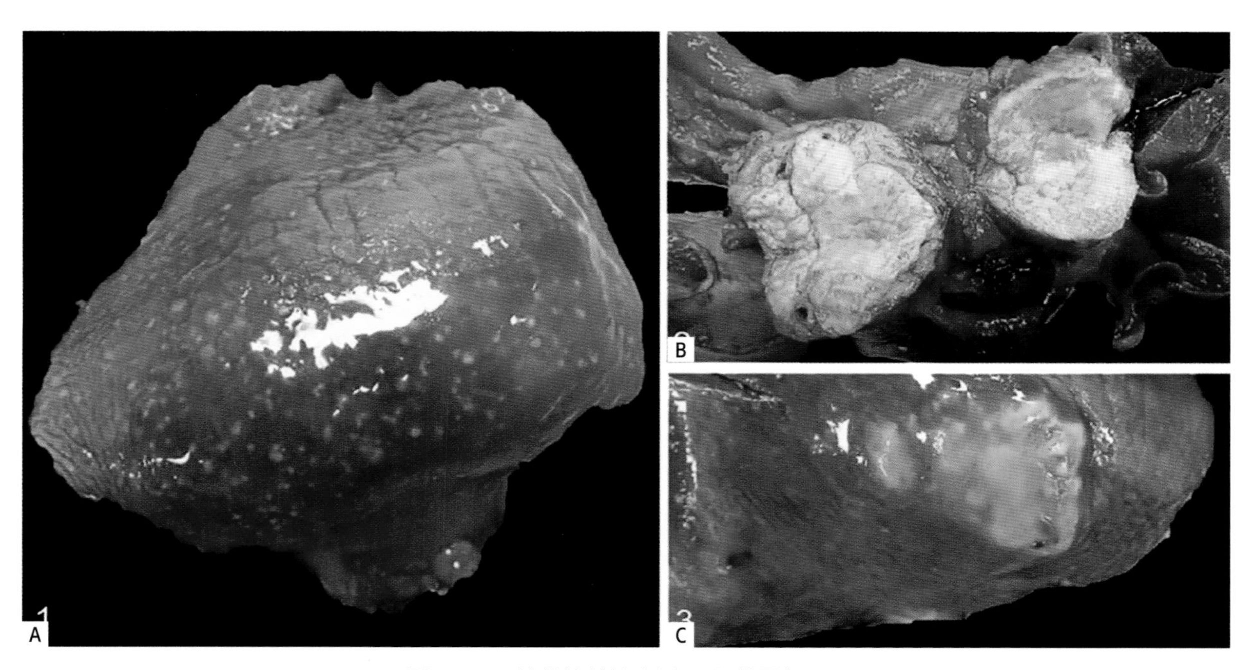


图16-9-1　狗传染结核（刘玉秀 供图）

## 四、病理变化

犬的结核病以胸部型最常见，也就是肺结核，慢性干咳，咯血，呼吸困难。病变部听诊有支气管肺泡呼吸音和湿啰音。出现肺空洞时，可听到拍水音。病犬呼出的气体有臭味。结核病蔓延到心包和胸膜时，呼吸困难，发绀和右心衰竭。患腹部型时出现呕吐腹泻、肠系膜淋巴结肿大，皮肤结核多发于喉头和颈部，病灶边缘呈不规则的肉芽组织溃疡。其病理特点是在多种组织器官形成肉芽肿和干酪样、钙化结节病变。

## 五、诊断

对结核病的诊断方法主要有临床症状观察、结核菌素实验、分泌物的抗酸染色镜检及外周血IFN-γ检测等，样品采集方式是：采集痰液、尿液或脑脊液。但这些样品很难培养获得成功，因此对于犬结核的普查工作而言，上述方法并不完全适用。

近年来，出现的荧光定量PCR（Real-time Quantitative PCR）技术实现了PCR从定性到定量的飞跃（图16-9-2）。它以特异性强、灵敏度高、重复性好、定量准确、速度快、全封闭反应等优点，在实际中应用非常普遍。

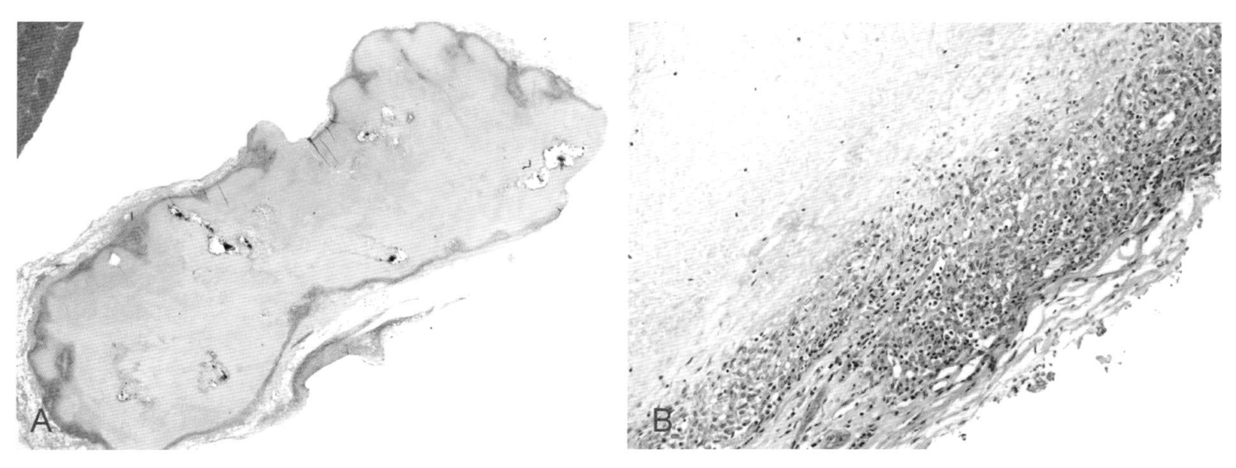


图16-9-2　PCR检测（刘玉秀 供图）

## 六、防治

犬结核病的防治原则以预防为主。对于种犬繁殖场以及家养的玩赏犬，应该定期进行结核病监测，发现开放性结核病犬和结核菌素阳性犬，应立即淘汰。对于犬舍、犬的用具和犬经常活动的地方要进行严格的消毒。用10%漂白粉溶液或者0.5%过氧乙酸等消毒液对犬舍内外的环境以及用具进行常规喷洒消毒。严禁结核病人饲养犬只。人一旦明确诊断为开放性结核，饲养的犬只应立即隔离或及早淘汰处理，并对犬舍环境及器具进行彻底地大消毒。结核病人必须彻底痊愈，否则不能养犬。

治疗可选用以下药物：异烟肼，4~8mg/kg体重，每天2~3次；利福平，10~20mg/kg体重，分2~3次内服；链霉素，10mg/kg体重，肌内注射每8h一次。另外，中药秦艽鳖甲散、百合固金丸、月华丸等，也有一定的辅助疗效。

# 第十节　幽门螺杆菌

幽门螺杆菌（*Helicobacter pylori*, H.pylori）感染可诱导犬产生急慢性胃炎、胃十二指肠溃疡以及与胃癌、胃黏膜相关性淋巴瘤等疾病。犬和人类接触密切，是人类幽门螺杆菌感染源之一。犬胃中主要的螺杆菌种类为*H.felis*、*H.bizzozeronii*、*H.heilmannii sensu stricto*（s.s）和幽门螺杆菌。混合感染经常发生。迄今为止，被分离报道的螺杆菌至少有40种。螺旋形细菌在犬胃中较常见，具有慢性呕吐症状的犬感染率为61%~100%。

## 一、病原学

幽门螺杆菌是一种革兰氏阴性杆菌，长2~5μm，宽0.5~1.0μm，具有5~6个带鞘单极鞭毛，分裂时两端均可见鞭毛，为菌体长的1~1.5倍（图16-10-1）。鞭毛在运动过程中起推进作用，在定植时起抛锚作用。菌体呈螺旋形弯曲，末端钝圆，用以进行特殊运动，有黏附性，有动力，在胃黏液中和胃黏膜上进行钻探式螺旋形运动。这种微生物的鞭毛和螺旋形形态及其能动性，对其能够渗透并定植在胃黏膜环境中至关重要。幽门螺杆菌脲酶量极其丰富，约占菌体总蛋白的15%，其活力相当于变形杆菌所含脲酶活性的400倍，脲酶主要作用是分解尿素产生$CO_2$并形成“氨云”，氨云能够缓冲幽门螺杆菌周围的酸，保护细菌在高酸环境下正常生存。幽门螺杆菌是一种微需氧杆菌，正常生存状态下呈典型的“S”形、弧形、梭形、海鸥飞翔形、“U”形等状态。在固体培养基上，除了典型形态外，可能会因培养时间延长、培养基陈旧而出现杆状或者圆球状细菌。生化检测中表现出脲酶、氧化酶、过氧化氢酶阳性，羟基吲哚乙酸和马尿酸盐阴性。

## 二、流行病学

幽门螺杆菌的传播途径至今仍不十分清楚。兽医人员和动物屠宰工作者体内幽门螺杆菌抗体水平比其他人更高，这表明幽门螺杆菌可能由动物传播到人。牛、羊、骆驼、猪以及犬中可分离出幽门螺杆菌，因此，这些动物可能是重要的传染源。收容犬猫或者流浪犬猫比其他犬猫感染率更高，表明环境因素在幽门螺杆菌感染中的作用不容忽视。幽门螺杆菌的首次感染通常发生在幼年时期，在一些感染者当中会持续数十年。一项关于幽门螺杆菌家庭内部传播的报道表明，父母，尤其是母亲在感染传播的过程中起到重要作用。

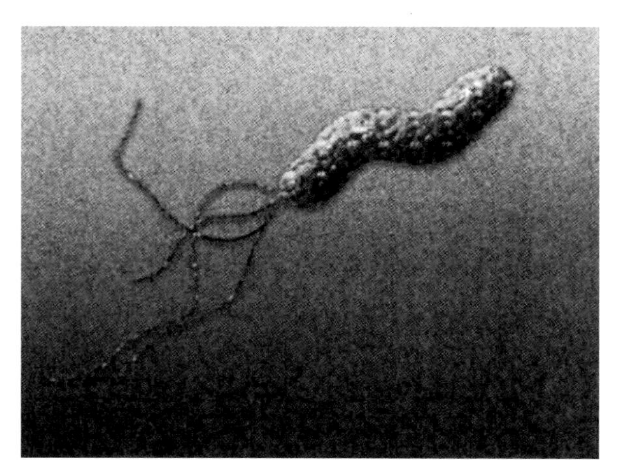

图16-10-1　幽门螺杆菌（孙春艳 供图）

恶劣的卫生状况是感染发生的诱因，口-口和粪-口传播是两个最可能的传播模式。粪-口传播在犬中经常发生，人可能通过直接接触污染的水或食物感染。口-口传播路线已经通过提取口腔中的唾液和牙菌斑中的DNA进行PCR检测得到证明。

## 三、发病机理

大量的研究结果证明，幽门螺杆菌感染的发病机理是细菌因素和宿主免疫应答的共同结果。另外一个与感染相关的是环境因素。不同的因素决定了感染所致的结果。幽门螺杆菌在毒力因子的表达方面有所差异，且该差异影响宿主免疫应答的强度。幽门螺杆菌慢性感染较常见。幽门螺杆菌逃避宿主应答，宿主应答失败，使细菌不能有效根除。患者感染幽门螺杆菌发展成的诱导的疾病主要有两种表现，当胃内有高酸分泌和可见慢性炎症时，可导致胃或十二指肠溃疡；有胃炎且胃酸分泌减少的情况下，更多可能发展成为胃萎缩、胃癌。这两种类型的另一个不同点是细菌定植的密度。在溃疡患者中，可见大量的细菌定植，而胃酸分泌不足的情况下，细菌密度显著偏低。

## 四、诊断

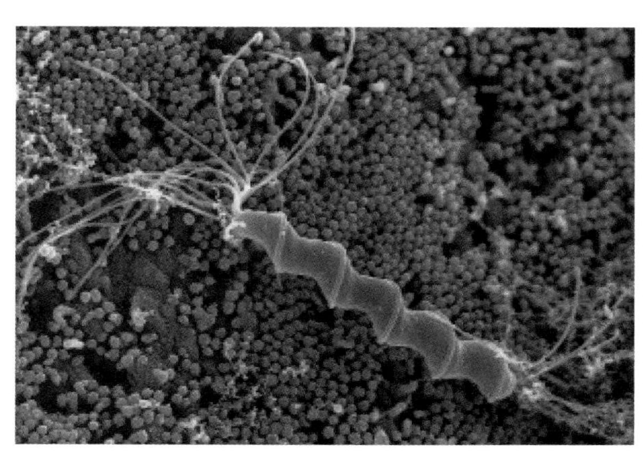

图16-10-2　电镜下的犬幽门螺杆菌，两级可见鞭毛（孙春艳 供图）

用于螺杆菌的诊断总体可分为侵入性和非侵入性两种方法。侵入性检测方法，如组织病理切片染色法、快速脲酶试验（RUT）、细菌分离培养、免疫组织化学法、电子显微镜观察或者PCR等需要采集胃组织样本（图16-10-2）。非侵入性方法需要采集的样本有：血液、呼气、粪便、尿液或者唾液等。这些样本可以进行血清学或者尿素呼吸试验（uBT）以及粪便抗原检测等。典型的螺旋形微生物用HE染色很难观察到，所以，通过运用特殊的染色方法，如改良吉姆萨（Modified Giemsa．MG）染色，可以更加直观地观察。

## 五、临床症状

临床表现的严重程度取决于宿主基因、免疫系统、细菌载量和毒力因子等因素。幽门螺杆菌是人类胃中的常驻菌，能够在宿主胃中很好的生存并终生存在。幽门螺杆菌感染通常无症状，大多数感染者短时间内不会发展成临床疾病。少数患者可表现出一些非特异性症状，如食欲不振、口臭、早饱、恶心、腹部不适等。在犬上表现较明显的感染症状是口臭（幽门螺杆菌定植在口腔中的牙菌斑内）、食欲不振、弓背状腹痛、腹泻等。在动物的肝脏等部位也可检测到幽门螺杆菌的存在，因此，还可能导致厌食、呕吐、腹泻等较为严重的临床症状。

## 六、防治

### （一）治疗

通过根除幽门螺杆菌治疗可以使消化性溃疡和其他幽门螺杆菌相关疾病得到康复甚至完全治

愈。在体外，幽门螺杆菌对大多数抗生素都敏感，但在体内抗生素治疗效果会受到多种因素影响，例如，药物在胃黏膜层不能达到合适的水平，低pH值条件下某些药物失活等。甲硝唑、克拉霉素、阿莫西林、四环素和铋是治疗幽门螺杆菌应用最广泛的药物。环丙沙星、莫西沙星、左氧氟沙星、呋喃唑酮、利福平次之。与其他许多胃肠道细菌治疗不同，以上药物单独使用效果欠佳，通常幽门螺杆菌感染治疗需要一种或多种抗生素与一种酸抑制药物（PPIs或者H2受体拮抗剂）或者铋组合使用。抗生素耐药性增加导致的治疗失败使一些研究者开始考虑选择类似植物药、益生菌和抗氧化剂等来治疗幽门螺杆菌的感染。而且，这些药物在体外实验和动物模型中都表现出令人满意的效果。

依从性差和幽门螺杆菌抗生素耐药性的出现是导致治疗失败的主要因素。标准三联疗法现在主要应用于克拉霉素耐药率低于20%。在克拉霉素耐药率高于20%的地区，推荐使用包括PPI、铋、四环素和甲硝唑的含铋四联疗法。非铋四联疗法即序贯疗法（5d PPI和阿莫西林；5d NPPI、克拉霉素和甲硝唑）也是常用的治疗方法。

**（二）预防**

保持环境卫生，及时清除犬大、小便，定期体检。

# 第十七章

## 犬中兽医技术

# 第一节　中兽医检查项目

中兽医的检查方法被总结为望、闻、问、切，是靠兽医的感官检查动物体所表现出来的体征。通过体征分析疾病的机理，并对症提出治疗方案。

保定方面，在不造成犬紧张不适、保障安全的前提下，尽量避免过度保定，也不宜使用化学保定剂，以避免掩盖患犬的自然表现、误导诊断。检查时宜有犬主在场，帮助安抚患犬。

诊室内的采光应充足，以自然光为主。环境应保持安静，避免噪声对兽医听觉的干扰。

环境空气流通速度不宜过高，防止诊所气味散失。

防止环境异味干扰嗅觉，不宜在空气清新剂、香水等异味环境下闻诊。

## 一、望诊

应该先望整体，后望局部；先在比较远的距离观察，再靠近观察；既观察静态，也观察患犬运动中的表现。

望整体主要包括患犬体格大小、胖瘦，体态姿势、皮毛疏密及光泽等，总体判断机体的虚实情况；通过动物的神志、动态情况判断是否存在危象；同时判断患犬是否易于接近。

望局部主要包括望眼目、望耳鼻、望口唇、望齿龈和舌，望肢体局部，望二便，望痰涕、粪便等分泌物、排泄物。

## 二、闻诊

包括听声音和嗅气味。

听声音方面，一方面是兽医用裸耳听取患犬叫声、呼吸音、咳嗽声、咀嚼声等；另一方面，也要结合听诊器听诊肠音、呼吸音、心音等。

在嗅气味方面，包括嗅口腔气味、鼻息气味；体味；嗅痰涕、呕吐物、粪便、尿液、脓汁、带下产物等分泌物和排出物的气味。这些气味，结合望诊，对诊断有比较重要的意义。口鼻气息重浊，臭味明显的，主要是体内有害物聚积；体味腥的多指向湿热证；排出物秽臭气味明显，质地黏稠、颜色深的，多数情况下指向实证、湿热证；排出物无明显气味，且质地稀薄的，往往指向虚证或寒证。

## 三、问诊

兽医与犬主人或者相关的饲养人员交谈，获得患犬病情资料，是四诊中相当重要的环节。中兽医问诊，宜先请犬主或相关饲养人员自发描述，兽医尽量先不打断，饲主充分、完整表达后，兽医再针对疑点进行询问。中兽医关注的症状，相对细致，很多症状是处在连续变化中的，不宜采用预设症状选项表格的方法问诊。只有当犬主无法细致表述的情况下，兽医才可提供症状类型和程度的选项，供饲主确认。

问诊的主要目的，是了解患犬在兽医院之外的情况，而这些可能才是患犬未受兽医院环境干扰的更真实、自然的表现。

除一般性背景资料之外，中兽医问诊主要问患犬的既往病史和现病史。

既往病史与患犬体质的偏态和伏邪有关。现病史主要是本次发病的详细过程，包括疾病的起病过程、发病的突然程度、初期的主要症状、各种症状发生的时间关系、来诊前的前期诊疗情况等。问诊现病史最重要的价值之一，在于沿时间线索找出各种现象之间的因果关系，从而有效分析发病机理。

## 四、切诊

包括切脉和触诊两部分。中兽医的触诊与现代兽医学的内容相同。切脉是中兽医特色的检查手段，主要用来判断患犬机体气血的盛衰和运行情况。

对患犬体征资料收集的全面、系统、真实性是正确诊断的保障。在对四诊的运用上，首先要注意四诊合参。望、闻、问、切四诊所收集的临床资料既有不同又有交叉，形成互相关联、互相检验、比较全面的系统。四诊的运用也要注意操作的顺序。望、闻、问诊的多数项目是非接触式检查，宜放在先导位置；切诊作为接触式检查，易对患犬的情绪产生干扰，宜放在其后。当然，实际上四诊的使用存在交叉，如望口色，有时候需要强制开口的接触操作。总之，中兽医临床检查的主要原则是把容易造成患犬情绪波动、可能妨碍自然病态展现的检查项目放在最后一步，以保证之前检查结果的真实性。

# 第二节　中兽医检查操作的注意事项

## 一、察口舌

广义上来讲，包括观察口腔内各部位的情况，以察舌为主。主要观察舌体的色泽和形态、舌苔的情况、口津的情况等。通过察舌，可以判断疾病的性质、病势的浅深、气血的盛衰，以及津液的盈亏等。

开口方法：对性情温顺的患犬，可由兽医徒手温和掀开口唇，观察齿间暴露出的舌侧面色泽（图17-2-1）；以一手捏持上颌，另一手牵拉下颌皮肤或下压下门齿，使犬开口，观察舌的整体（图17-2-2）。对不甚温顺的患犬，可使犬主协助进行上述操作。操作中不宜造成剧烈对抗，防止影响舌色、舌形等的观察。察舌底时，可使犬主温和揉搓患犬鼻镜，稍后患犬舔舐鼻镜时观察舌底（图17-2-3）。动物开口后，应同时嗅口腔气味，分辨气味类型。

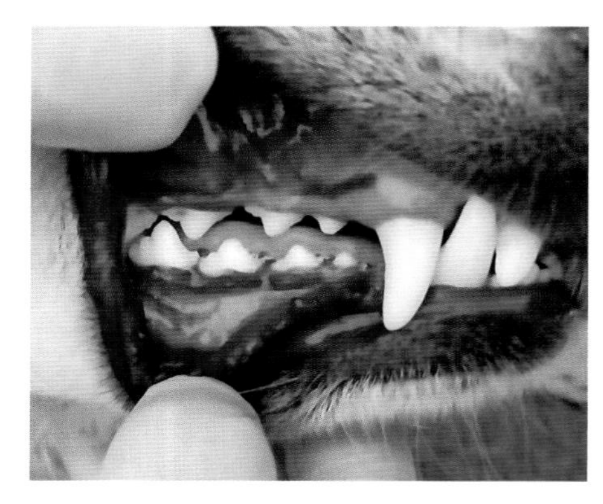

图17-2-1　察舌开口法1：温和掀开口唇侧面，暴露上下颌齿间的舌侧面（赵学思 供图）

图17-2-2　察舌开口法2：以一手捏持上颌，另一手牵拉下颌皮肤或下压下门齿，使犬开口，可暴露舌体大部（赵学思 供图）

图17-2-3　察舌开口法3：使犬舌舔舐鼻镜时，可暴露舌底。舌底由于无苔，对舌色的反映更真实（赵学思 供图）

## 二、察眼轮

望眼操作方法：应先在一定距离观察患犬的肉轮、风轮、水轮，然后保定动物头部，分别向上下拨动患犬的上下眼睑，暴露结膜（图17-2-4），观察血轮、气轮。望眼时，患犬保定应切实，对眼部的操作应温和。

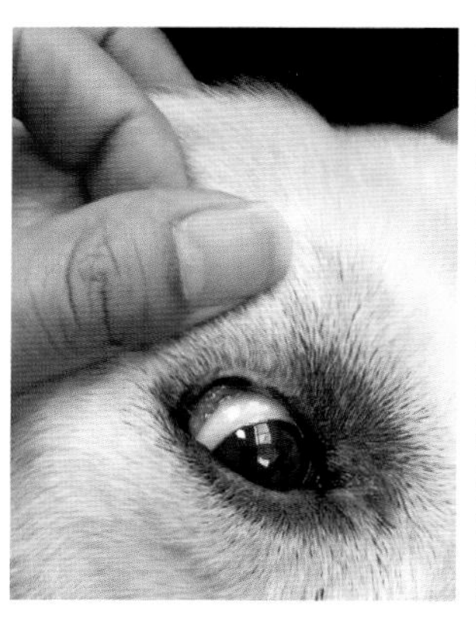

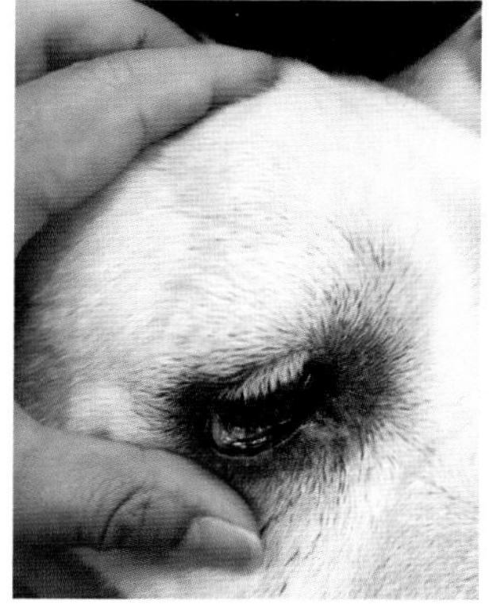

图17-2-4　分别向上下拨动患犬的上下眼睑，暴露结膜，操作应温和（赵学思 供图）

## 三、察脉

犬的切脉位置，在后肢内侧，股骨中点位置附近的股内动脉上（图17-2-5）。对犬的双侧股内动脉均应切诊。切脉时，可使患犬保持站姿或侧卧姿，取侧卧姿时被检肢应自然伸展（图17-2-6）。站姿切脉时，脉管紧张程度较侧卧姿势时稍高。

切脉一般宜用食指、中指、无名指，共3指。对于部分体形较小的患犬，其股内侧难以同时排布兽医的3指时，则可以2指或1指切脉。原则上应尽量排布多指，以探知更多的信息。

兽医宜以手指的指纹中心至指尖之间的部位按压于患犬股动脉上切诊，在有需要时可配合采用手指指纹中心处切诊。

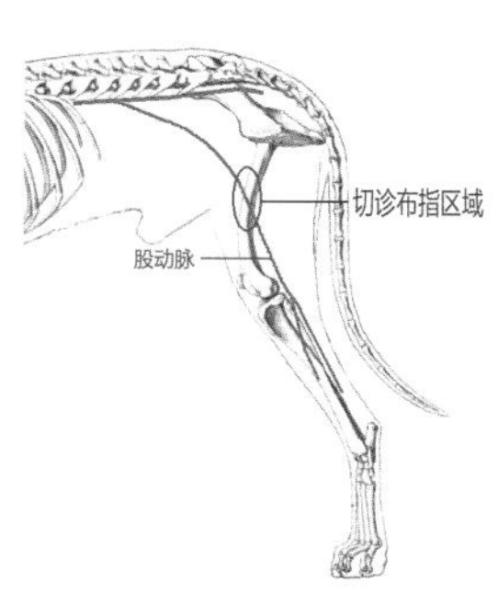


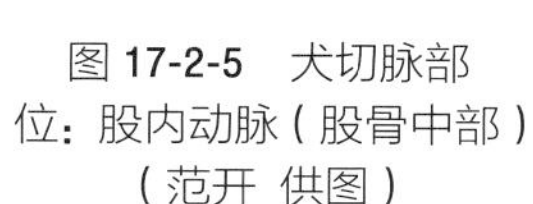

图 17-2-5　犬切脉部位：股内动脉（股骨中部）（范开 供图）

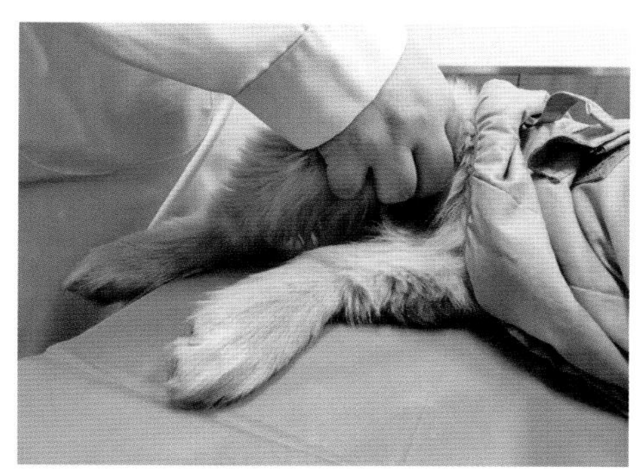

图 17-2-6　犬切脉体位：站姿或侧卧切诊（赵学思 供图）

切脉指力传统上分为浮、中、沉（轻、中、重）三种主要指力。宠物临床实际操作中，可以脉管受压变形的程度来界定三种指力。切诊手指轻压皮肤，触到脉管，能感觉到脉管搏动，而不将脉管明显压迫变形为浮（轻）取；根据手感，估计将脉管压迫变形至原直径的1/3～1/2为中取；将脉管压迫变形至原直径的1/2~2/3为沉（重）取。应在三种指力下，分别感受脉搏的特点（图17-2-7）。

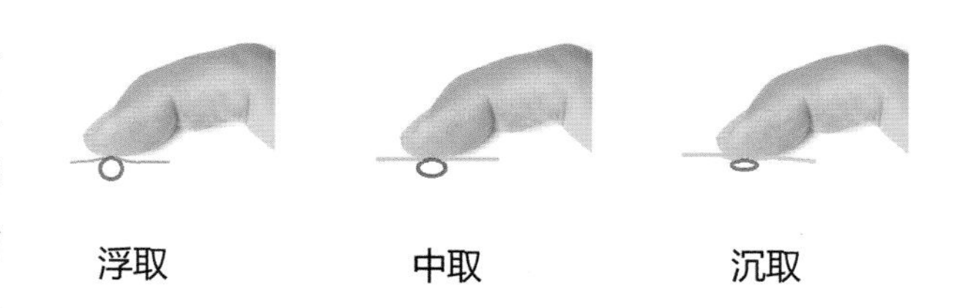


图 17-2-7　切诊指力（本图所模拟之脉管与皮肤关系，以股动脉位置较浅表的运动型犬为标准）（范开 供图）

注意，切诊应作为所有中兽医接触性检查中的第一项；切诊前，应使患犬充分平静；伏卧而后肢蜷缩姿势不宜作为切脉体位；可根据传统脉象描述，综合不同指力下感觉到的脉搏特点及其对比关系，定义出脉象；宠物临床实际操作中，也可对不同指力下脉的搏动力量、节律、宽窄、脉管的紧张度和充盈程度、血流的流利程度等作分别描述和记录。

## 四、察排出物

包括观察痰涕、呕吐物、二便、带下、脓汁等。既观察其形态、颜色、质地，也须嗅其气味，分辨气味类型。

患犬有排尿动作时，宜以洁净容器接取未落地的尿液，置白色搪瓷容器中观察其颜色、浑浊度等，并结合闻诊掌握其气味。对尿色的观察，可采信饲主提供的落在近白色地面的新鲜尿液照片。

对患犬排出的新鲜粪便，应观察其颜色、质地稀稠程度、有无粗糙未消化颗粒、有无黏液和血液、血便的颜色等，并结合闻诊掌握其气味。应尽量在排便地点观察未被移动过的粪便。可采信饲主提供的新鲜粪便照片。

## 五、察姿势、动态

中兽医临床诊察患犬姿势和动态时，宜先仔细观察患犬的自然表现，不宜先进行人工刺激的互动式检查，并避免由于强制操纵其体位而对患犬造成损伤。

# 第三节　中兽医证候表现

## 一、舌诊表现

正常犬气血运行平和状态下，舌色淡红；舌苔薄白，稀疏均匀，透过舌苔能基本看清舌色；舌面干湿得中，口津不滑不燥，可见一定的津液反光；舌形不胖不瘦，组织紧致，结实有力，舌体运动灵活自如（图17-3-1、图17-3-2）。

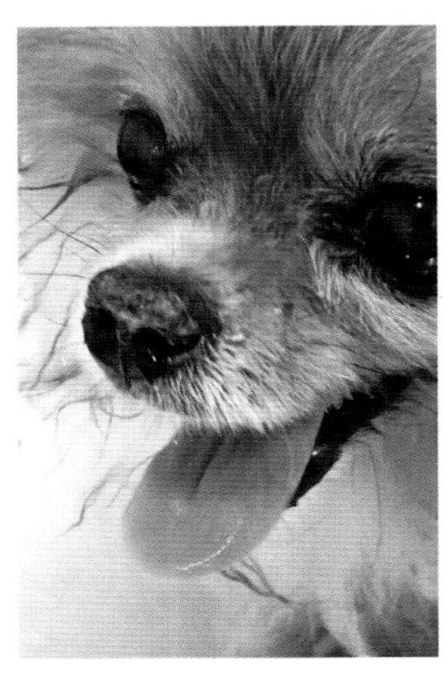

图17-3-1　健康犬舌色淡红；舌苔薄白，舌面干湿得中，舌形不胖不瘦，组织紧致，运动灵活自如（赵学思 供图）

图17-3-2　正常情况下，部分犬舌存在色素沉着（左图）；松狮、沙皮犬正常舌色即为蓝紫色（右图）（贺常亮 供图）

### （一）舌色异常

1.白色

主虚证。主气血不足，贫血、供血压力不足，或有寒邪闭表，均可造成舌的微循环供血不足而出现舌色淡，归为白色。按程度的不同，分成淡白和苍白。

淡白：为一般性的供血不足（图17-3-3），多见于脾胃虚弱、贫血、虫积、内伤杂病等。

苍白：为供血极度不足，气血极度虚弱（图17-3-4）。常见于严重的虫积和大失血等。

2.红色

主热证。舌红即是充血，微循环血流亢进，也分为不同的等级或类型。

偏红：舌色较正常稍红，且常先见到舌边、舌尖偏红。多见于发热初起、热势不盛，或阴虚发热。一般认为，舌边、尖红对应心肺有热，热在上焦。

红赤：舌色鲜红，为全身热象明显，微循环血流亢进（图17-3-5）。常见于阳明证、气分证。

红绛：绛指红而发暗，红而偏棕色（图17-3-6）。多见于前期热势太盛、持续时间较长，高热消耗阴液，血中津亏而变得黏稠，携氧开始变差，虽微循环血流仍亢进，但血液整体颜色变深，多为热入营分的表现。

另有一种与绛有相似性的舌色，并不红赤而单纯偏棕，类似铁锈色。为失水而血液偏黏稠，常见于较长时间喘息而未饮水的犬。

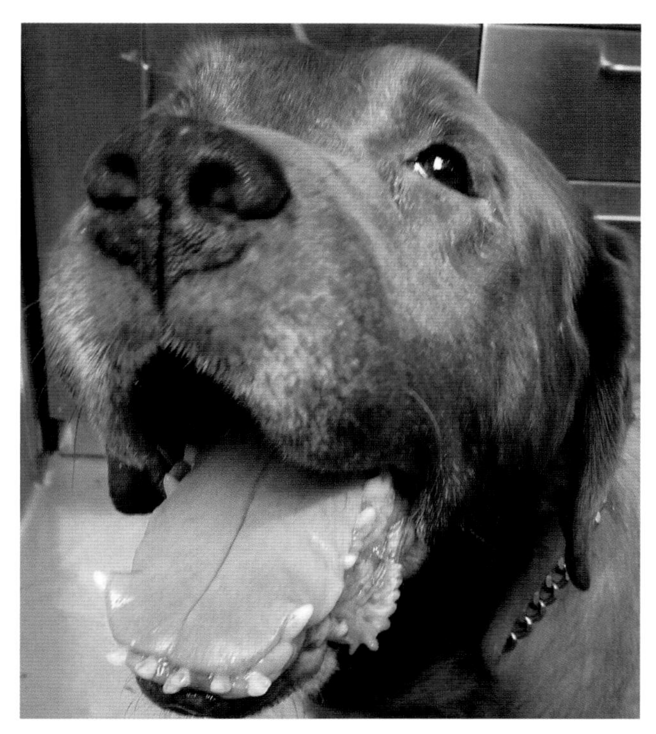

图 17-3-3　舌色偏淡，舌体稍胖嫩（赵学思 供图）

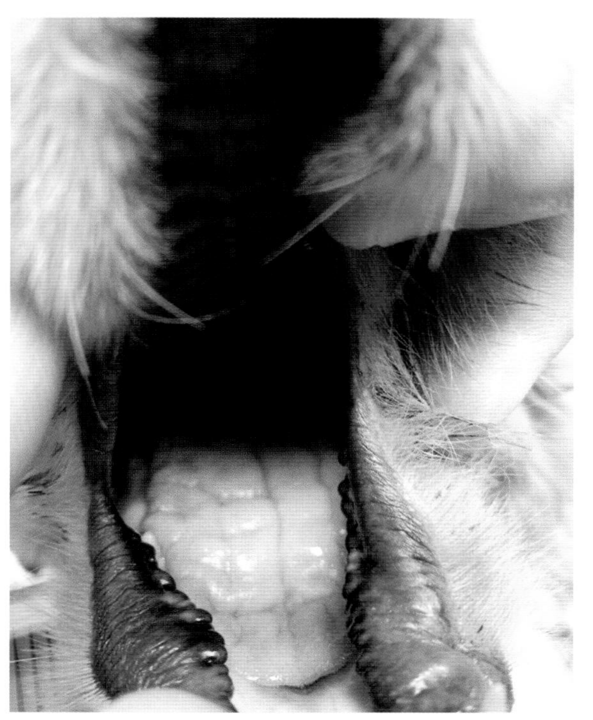

图 17-3-4　舌色苍白，舌质淡嫩，舌体绵软无力（赵学思 供图）

图 17-3-5　舌色红赤（赵学思 供图）

图 17-3-6　舌色红偏绛（小林夕香利 供图）

3.青色

主寒。青色为红色偏淡而蓝色、灰色成分偏重的颜色，是微循环供血并不充沛且血液运行缓慢、携氧明显降低的表现。寒闭、疼痛、湿阻、肝气郁滞均可以引起青色，可按程度分为青白、青灰（图 17-3-7）。青色是病情危重的舌色。

4.黑色

实际指紫黑、灰黑色（图 17-3-8），主寒，深、热极。微循环血色不淡，但血流凝滞严重，微循环极度阻滞，携氧极度降低，也是病情危重的舌色。黑而有津主寒深；黑而无津主热极。

青色和黑色，都是危重表现，蓝色、灰色倾向越重，危险程度越高。

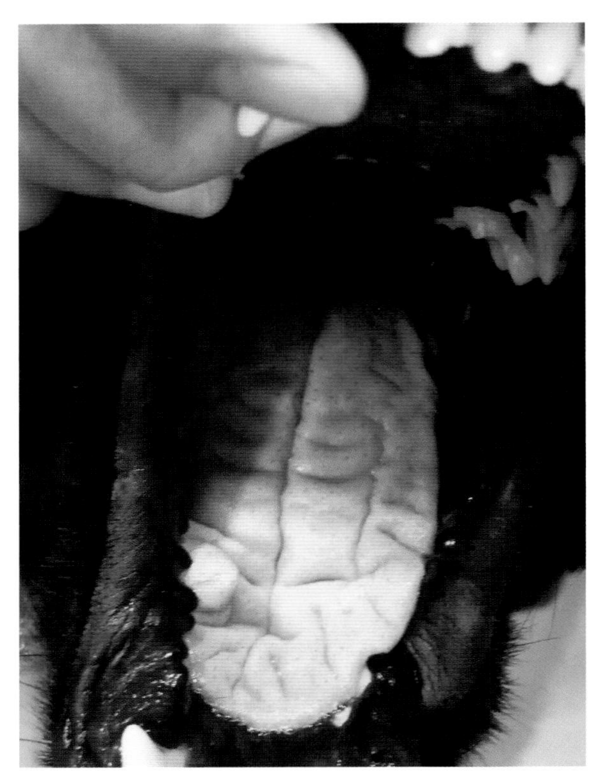
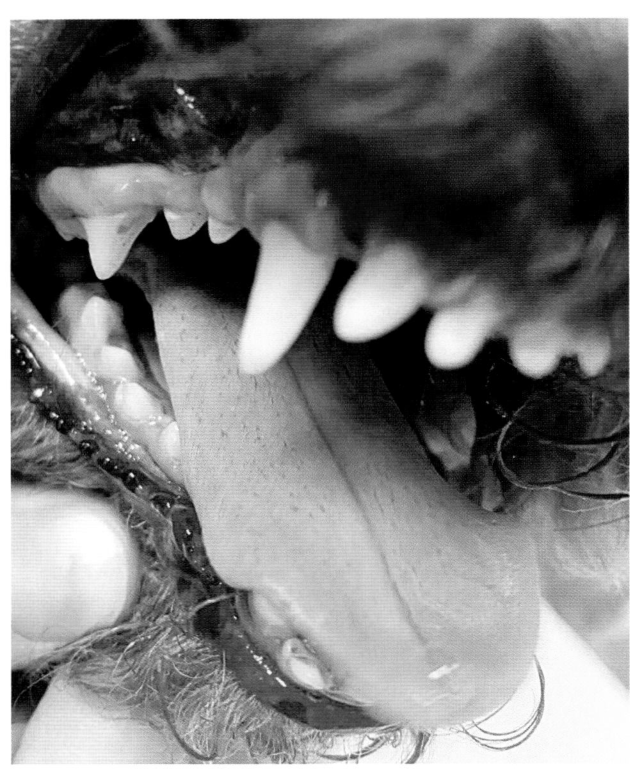

图 17-3-7　舌色青
左图为青白舌，苔白腻，舌体肥嫩，绵软无力；右图为青灰舌（赵学思供图）

5. 黄色

黄色主湿。口色赤、白、青、黑，均与微循环血流关系密切，而舌黄色与胆红素的运化不利有关，而运化不利导致的异常代谢统称湿，均从脾治。

舌色黄，可以分为阳黄和阴黄两类。阴证指代谢不活跃、低迷的病态；阳证指代谢并不低迷或相对亢奋的病态。阳黄较鲜艳如橘皮，黄色之外的底色为正常舌色或偏红，同时津液不亏，口舌黏膜有光泽（图 17-3-9），一般见于湿热；阴黄晦暗如烟熏，黄色之外的底色为淡白或青灰，常因津液输布不利而黏膜面缺乏光泽（图 17-3-10），一般见于寒湿。

图 17-3-8　舌色灰黑（小林夕香利 供图）

**（二）舌面异常**

正常犬舌面有一定的津液，舌面干湿得中，舌乳头的缝隙中存有一定的津液，舌面隐隐反光；苔厚薄适中，以透过舌苔能明显看到真实舌色。

口津：舌面干燥（图 17-3-11）为津液亏虚；如水液过多，泛溢于舌面，称水滑舌（图 17-3-12），为水饮聚积。

舌苔的厚薄：舌苔越厚，说明机体的病邪越深入；舌苔比较薄，接近正常的薄白苔，那说明病

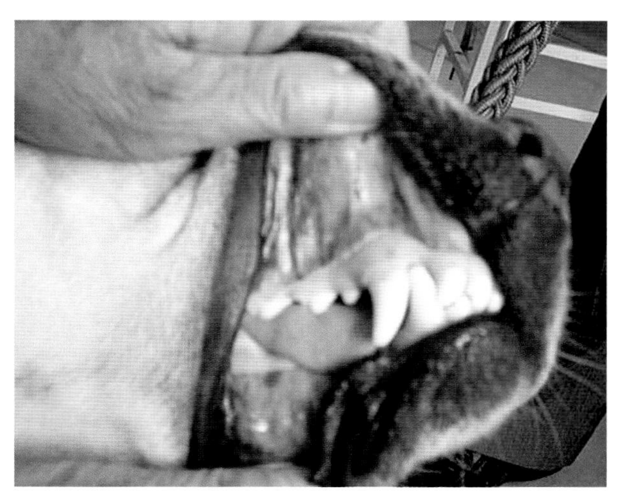
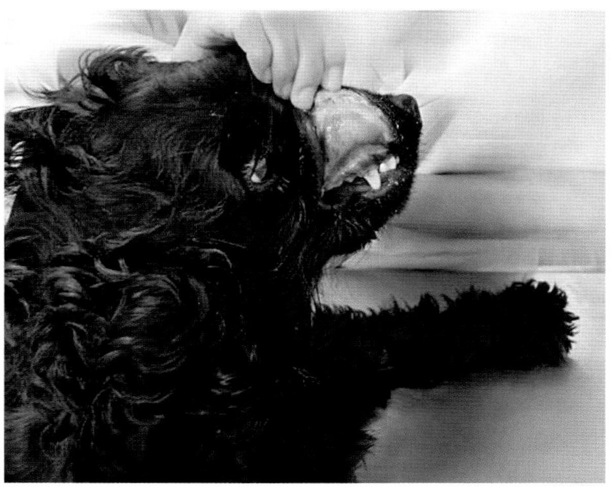

图 17-3-9　舌色阳黄，色泽较鲜明，底色偏红（何敬荣　供图）

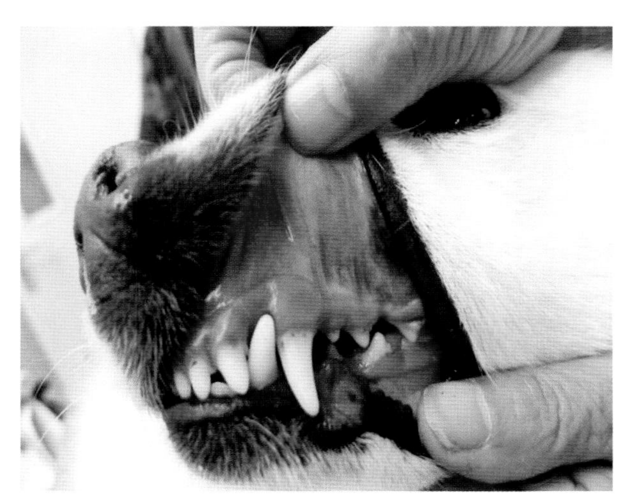
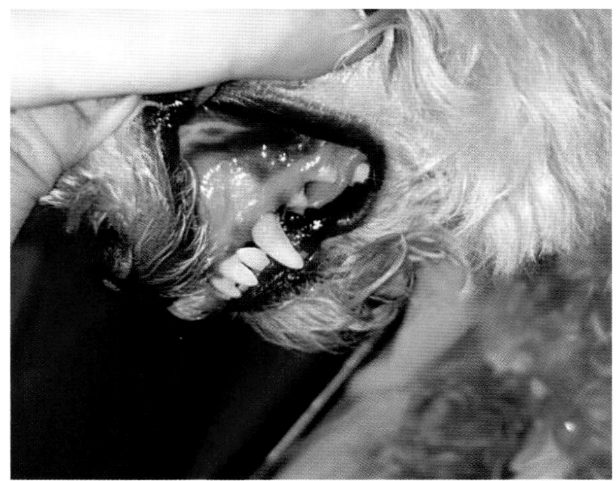

图 17-3-10　舌色阴黄，色泽较晦暗，底色淡白、青白（何敬荣　供图）

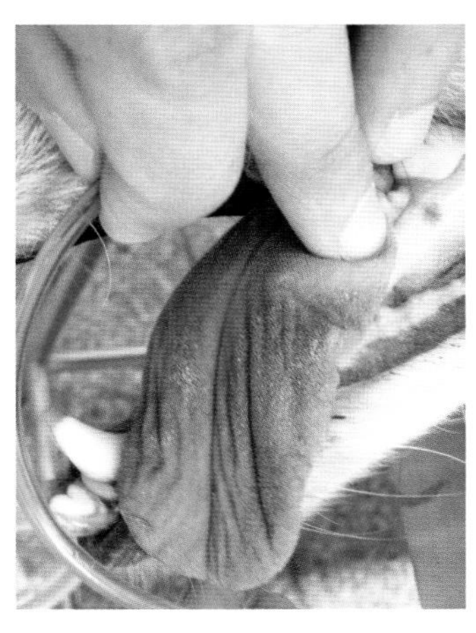

图 17-3-11　津枯，舌面、舌底干燥，苔黄燥（范开　供图）

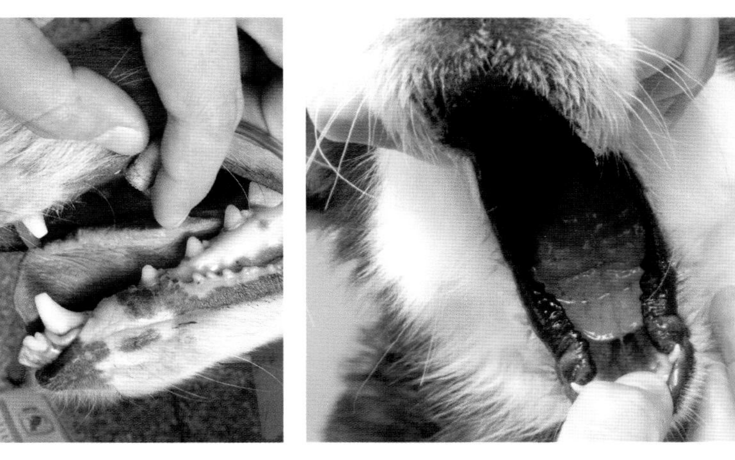

图 17-3-12　口津水滑（赵学思　供图）

邪相对较浅。正常犬的舌苔较薄。

舌苔的有无：主要与胃气和津液有关系。胃气（即消化道功能）衰败，或者津液严重亏虚，均可造成无苔。

舌苔的颜色：舌苔的颜色与胆红素代谢有关，受机体代谢强度的影响。机体代谢平和，或者代谢偏低，苔色均为白色；代谢亢进则舌苔逐渐变黄；热邪内盛、代谢极度亢奋，则舌苔逐步向焦黄（图17-3-13）、棕褐、焦黑色发展。舌苔颜色越深，说明热邪越盛。临证时当注意，部分犬经口摄取有颜色的食物或药物后，可发生染苔。

舌苔的质地：主要分为腐、腻两个方面。腻苔相对较正常舌苔厚，刮擦后舌苔倒伏但不脱落，稍倾复原（图17-3-14），主有湿邪，此类犬的粪便常较黏腻或稀溏；腐苔较腻苔更厚，一般可完全遮挡舌色观察，受刮擦可脱落，多与消化道积食有关；如舌苔相对较厚，但部分区域完全无苔，形成较明显的斑驳反差，为剥苔，一般若非外伤所致，多为胃气衰败。

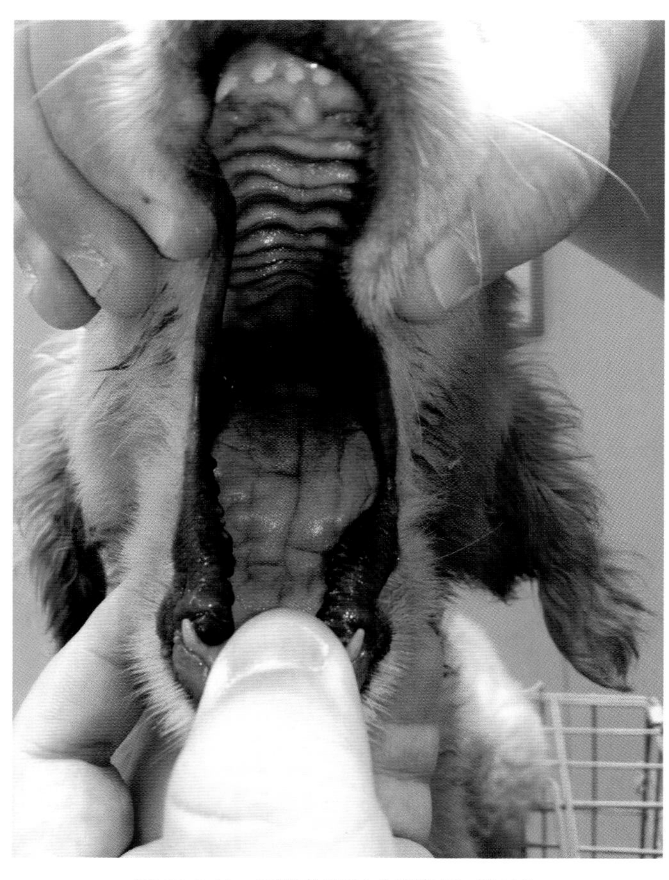

图 17-3-13　舌苔焦黄腻（赵学思　供图）

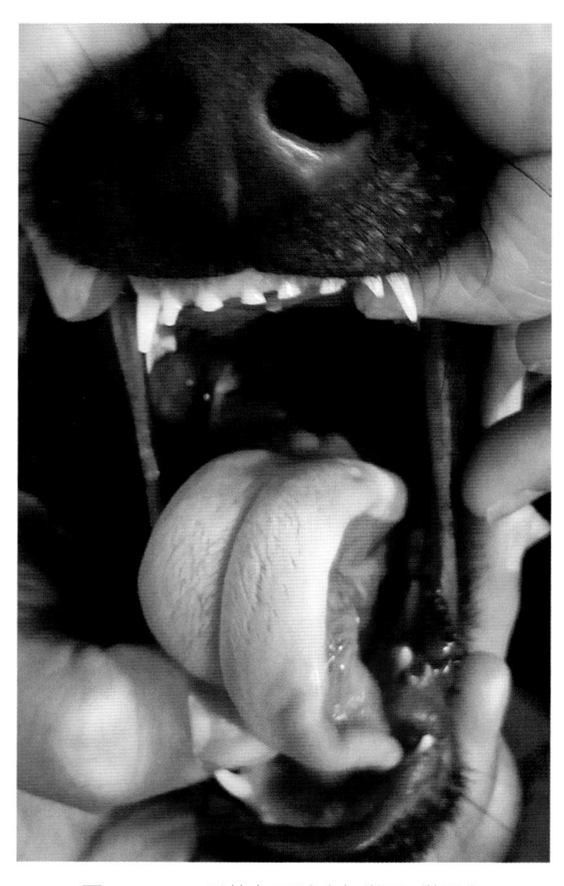

图 17-3-14　舌苔白厚腻（赵学思　供图）

### （三）舌体异常

舌形，指舌组织的质地。苍老舌纹理粗糙，形色坚敛，如老人皮肤（图17-3-15），一般有热，有一定的津液不足，舌面也往往比较干燥；胖嫩舌胖大、虚浮，舌肌松弛无力，不能很好地约束舌形，常有齿痕（图17-3-16），多与脾虚、水液代谢不利的湿证有关。舌形异常，舌体运动一般不甚灵活。

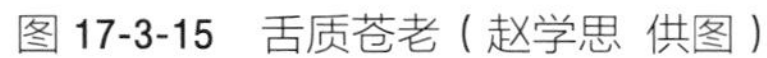

图 17-3-15　舌质苍老（赵学思　供图）

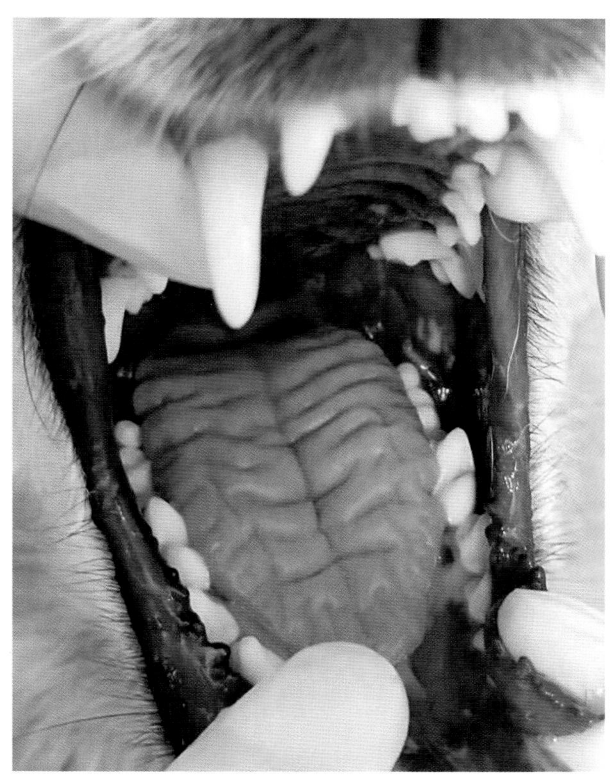

图 17-3-16　舌质胖嫩（赵学思　供图）

## 二、眼轮表现

眼的各部可分为五轮，分别对应不同的脏腑。上下眼睑为肉轮，应于脾胃；内外两眼角部的血络为血轮，应于心和小肠；白睛，即球结膜为气轮，应于肺和大肠；黑睛，即角膜与虹膜为风轮，应于肝和胆；瞳孔为水轮，应于肾与膀胱（图 17-3-17）。

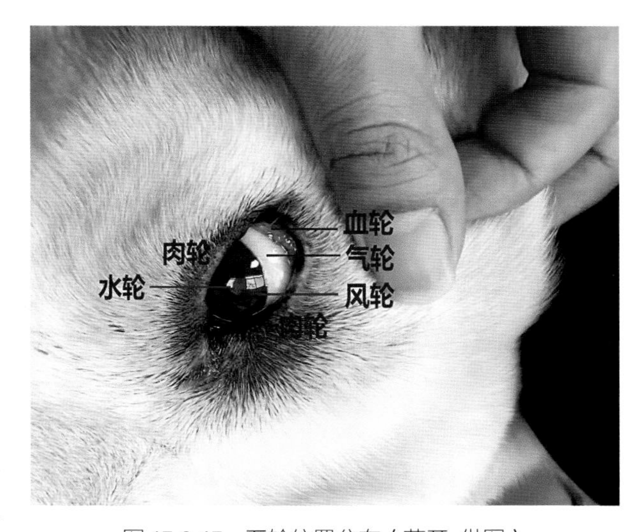


图 17-3-17　五轮位置分布（范开　供图）

## 三、痰涕

正常情况下，呼吸道表面有水液润泽，但不应有痰饮水湿聚集。痰、涕是肺系器官的病理性分泌物。不同状态的分泌物，指征着不同类型的病理变化。

一般清稀、气味淡的痰涕（图 17-3-18）多主寒证、水饮聚集；色偏黄、绿、棕，浑浊，质地黏稠，气味腥臭、腐臭者（图 17-3-19）多主实热、湿热证；痰涕呈米泔水样，稀薄浊涕，多为前期经过实证消耗后的正气虚衰状态；痰涕中有鲜血，为络脉损伤。

图 17-3-18 涕清稀：无色透明、气味淡，质地稀薄，主虚寒（赵学思 供图）

图 17-3-19 脓浊涕：色黄白或黄绿，气腥或腥臭，质地脓浊，主实热（赵学思 供图）

## 四、呕吐物

犬类的呕吐反应较发达。进食过度、食入异物或刺激性强的食物后易发生自我保护性的呕吐。但如有持续的、剧烈的呕吐，或吐出物有异常时，应引起注意。

对于呕吐，中兽医检查需要注意呕吐物的形态（内容、质地稀黏、颜色、气味）、呕吐发生的时机（时辰、与饮食、腹泻的时间关系）、并发症状（咳嗽、疼痛、腹泻）等。

色淡、质地清稀、气味淡者（图 17-3-20）偏虚寒证；色深、质地黏腻、气味酸腐或恶臭者（图 17-3-21）偏实证、热证；吐出物较干燥，伴随吐出的水液少，为胃阴不足；隔夜或进食较长时间后吐出物仍为原形未消化食物者，为气虚、阳虚、寒凝；进食后不久即吐为胃气不降，与黏膜损伤严重或异物有关；吐出鲜血为血络损伤。

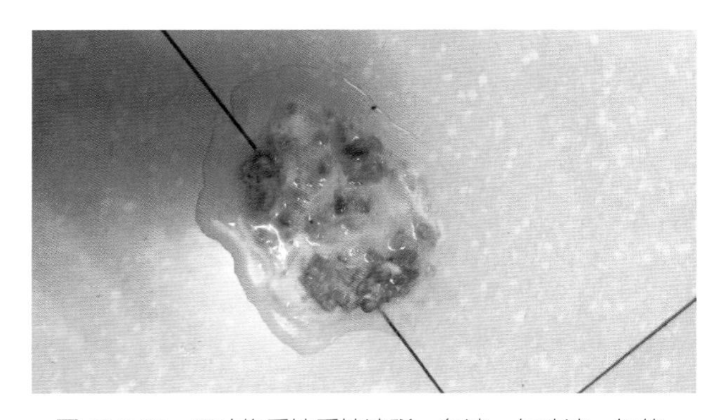

图 17-3-20 呕吐物质地质地清稀、色淡、气味淡，如伴有食物吐出，多为未消化状，多主脾胃虚寒（范开 供图）

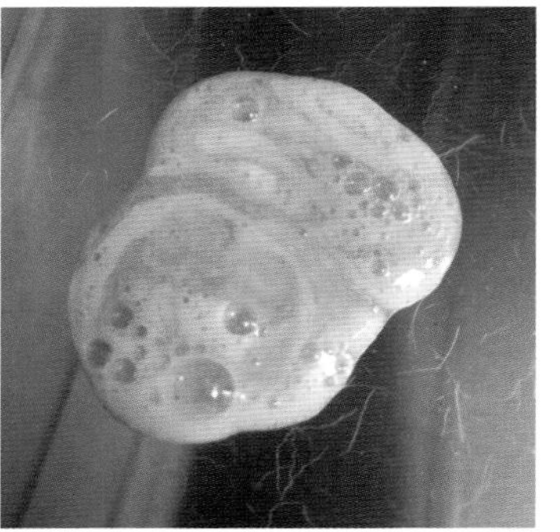

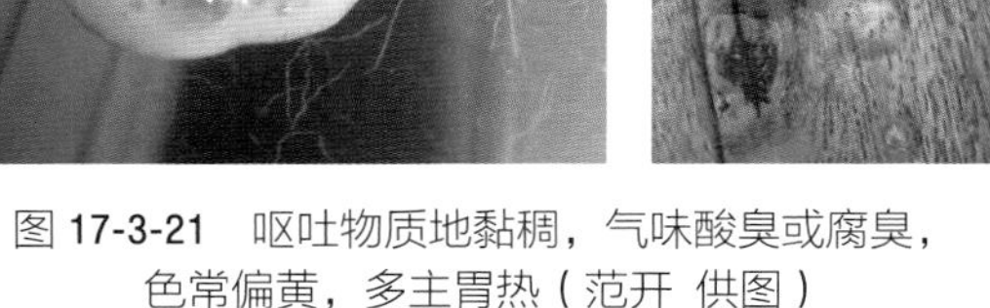

图 17-3-21 呕吐物质地黏稠，气味酸臭或腐臭，色常偏黄，多主胃热（范开 供图）

## 五、粪便

犬的正常粪便成形良好，表面有些许稍有黏性的水液附着，粪便颜色为棕黄色，随进食内容不同有深浅差异（图 17-3-22），进食蔬菜后，粪便常混有未消化的蔬菜残渣。

对异常排便，中兽医检查应注意粪便的形态（内容、质地、颜色、气味）、时机（时辰、与饮

图 17-3-22　犬的正常粪便：干湿得中，成形良好，表面有些许稍有黏性的水液附着，粪便颜色为棕黄色（石达友 供图）

食的时间关系）、排便动作（困难、里急后重）、并发症状（呕吐、疼痛）等。

粪便成形，表面干燥、水液缺乏，排便有一定困难者，多由胃肠气虚或津亏引起。

稀便质地黏腻，混有胶冻样物，甚至有伪膜脱落，气味恶臭者（图 17-3-23）为热证，常在排便后仍有里急后重，继续排出点滴黏腻稀便，带有脓血者为热伤血络。

稀便为血样，色深绛，比血液黏稠，量大，气味恶臭者（图 17-3-24）为血热动血，常见于细小病毒性肠炎，但稍后气味即变为腥臭，或臭味淡，进入虚证状态。

稀便水分含量高，不黏腻，水冲易散，中兽医称“便溏”，多气味较淡（图 17-3-25），为湿阻中焦，湿重于热。

稀便质地清稀如水，气味淡，甚至见完谷不化者（图 17-3-26）为脾胃虚寒，遇寒加重。

泻痢不止，甚至脱垂：多见于暴泻、久泻之后，一般稀便清稀如水，气味淡；常见饮食即泻，有时里急后重，为中气下陷。

泄泻日久，质地稀薄，味淡，带血，为脾气虚不摄血。

每日排便多次，最初粪便成形，后段便软，带有胶冻状黏液，随排便次数增加，粪便逐渐变稀，黏液逐渐增加，并带鲜血，常由粪便中的尖锐异物损伤直肠或后段结肠造成，中兽医可判断为大肠湿热。

## 六、尿

犬类的尿液清澈，色淡黄（图 17-3-27），冬季稍淡，夏季及运动量大的犬尿色稍深，排出顺畅。中兽医对犬类排尿的观察，应注意尿色、尿量、质地、气味、排尿动作等。

尿色淡，尿量大，浓度低、颜色浅、气味淡，中兽医称尿清长（图 17-3-28），主虚寒证。

尿色深，尿量少，浓度高、颜色深、气味重，中兽医称尿短赤（图 17-3-29），主热证。

尿液浑浊（图 17-3-30），排尿困难，断断续续，淋漓涩痛，中兽医称淋证，多由膀胱湿热引起。淋证尿中带血者为血淋，尿中有砂石颗粒者为石淋。

尿液黏滑，呈透明胶冻样，为脾肾阳虚，清浊不分。

图 17-3-23　粪便黏腻恶臭，带有黏液、伪膜，为湿热痢疾（石达友　供图）

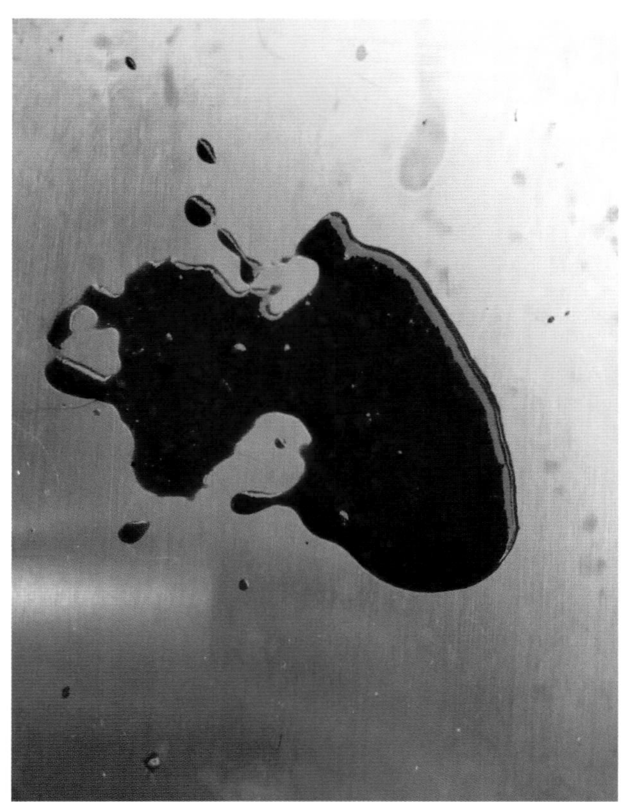

图 17-3-24　血便量大，色较鲜艳，气味恶臭，为血热妄行，常见于犬细小病毒病中期（石达友　供图）

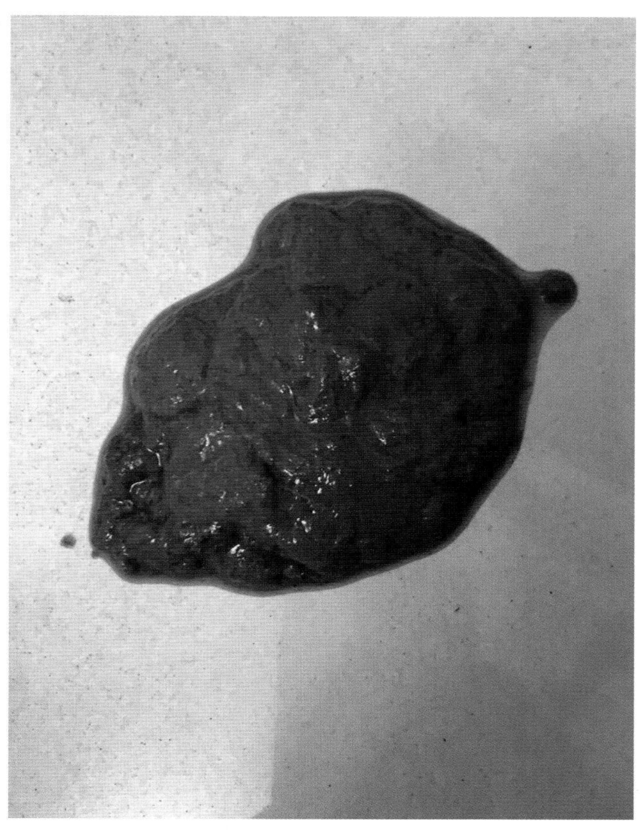

图 17-3-25　便稀溏：粪便不同程度的水分增加，成形不良，粪渣颗粒相对粗糙，为脾湿（范开 供图）

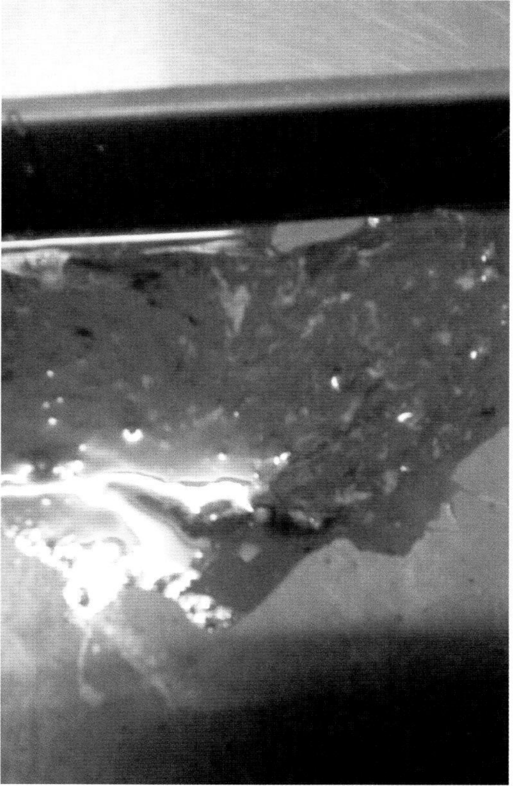

图 17-3-26　粪便稀薄、气味淡，并有完谷不化，主虚、寒（范开 供图）

图 17-3-27　犬的正常尿液，清澈，色淡黄（范开 供图）

图 17-3-28　尿清长，清澈、色淡、量大，主虚寒（范开 供图）

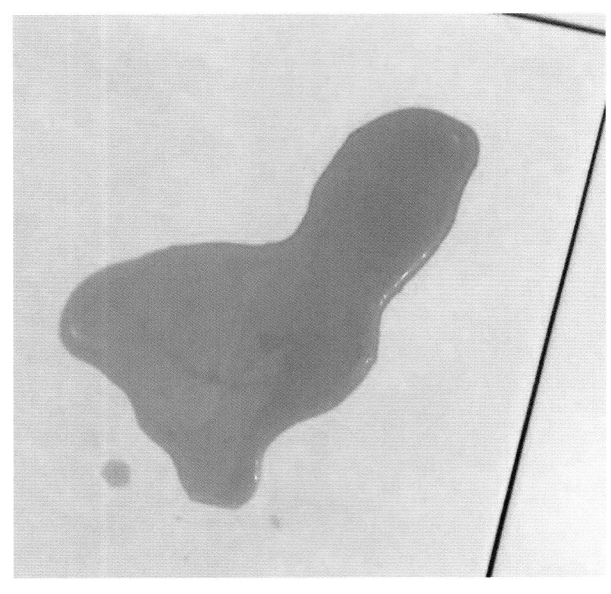

图 17-3-29　尿短赤，尿色黄，量少，主热证（范开 供图）

图 17-3-30　尿液浑浊，多有排尿不畅，淋漓涩痛，为淋证（赵学思 供图）

## 七、斑疹

斑疹主要注意斑色、松紧、疏密等；疮疡主要注意形态、颜色、温度等；脓汁主要注意黏度、浊度、气味等。

斑色鲜红，甚至有高肿者（图 17-3-31）为阳斑，由血热动血引起；

斑色暗，散漫出血不高肿者（图 17-3-32）为阴斑，多由气不摄血引起。

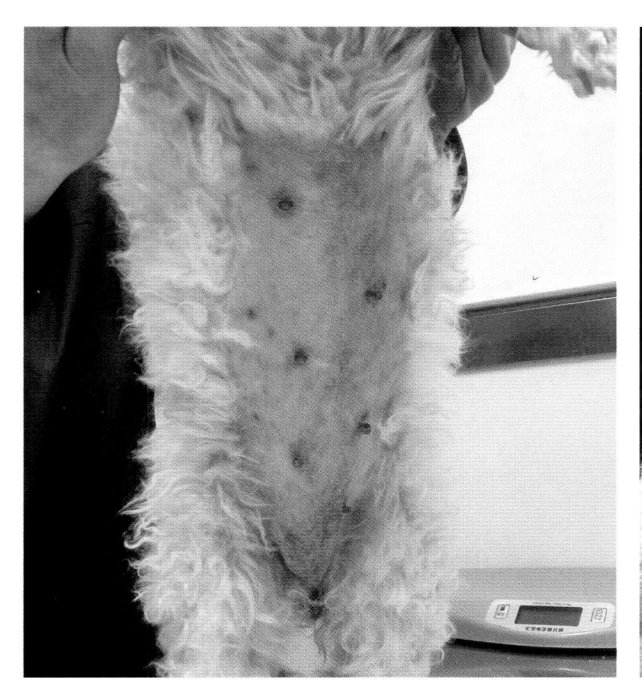
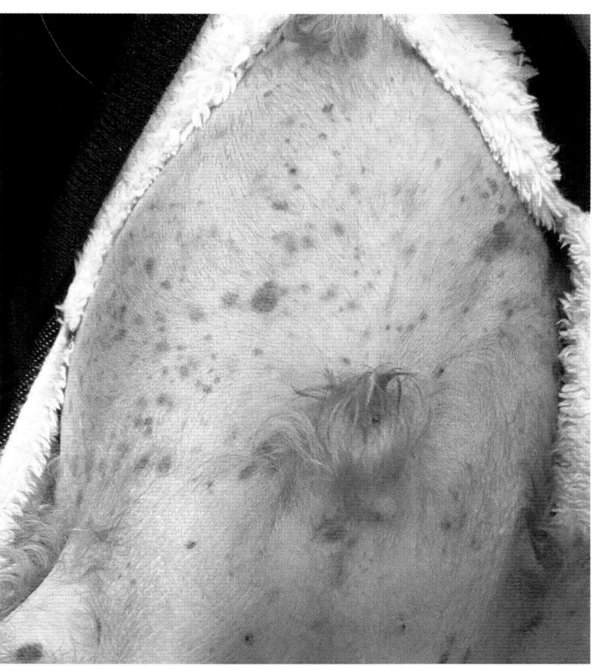

图 17-3-31　阳斑：斑色鲜红，甚至有高肿，常见于血热动血（林珈好　供图）

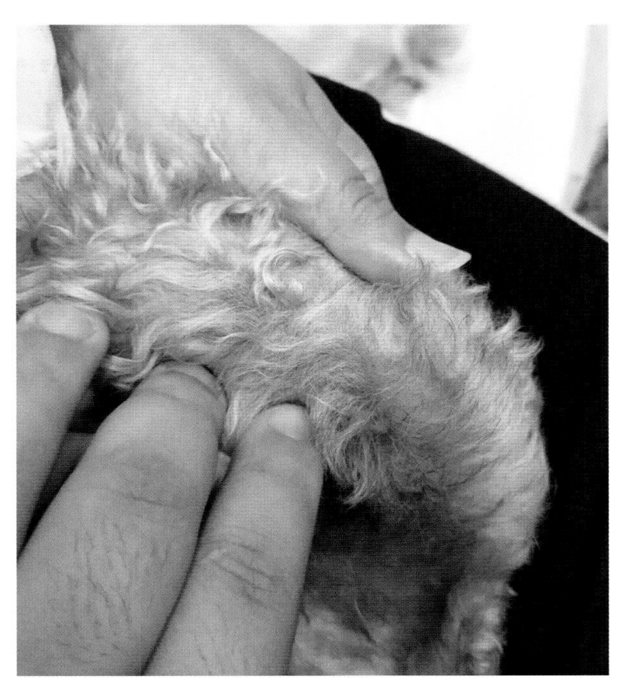
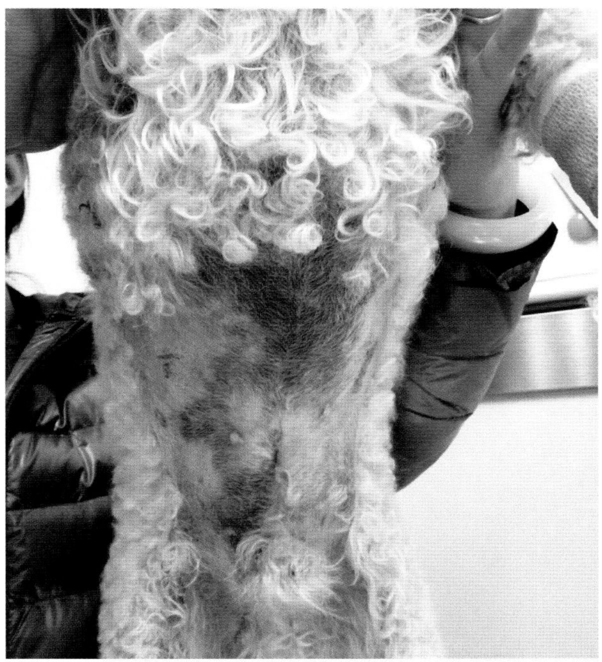

图 17-3-32　阴斑：皮下散漫出血，血色相对较暗，常见于气不摄血（林珈好　供图）

## 八、产道排出物

主要见于发情期及子宫炎病程中。

发情期，母犬产道有正常排出物，前期为少量清稀分泌物；中期排出血液，色鲜红，无异味；后期血色逐渐变淡。

发生子宫炎时，部分犬产道有排出物。

排出物污浊带血，呈红砖色至棕褐色，气味腥臭或恶臭（图17-3-33），为湿热、血瘀。

排出物黏腻，血色极淡或白浊无血色，气味以脓汁腥味为主（图17-3-34），为湿重于热或以湿为主。

排出物色淡、质稀，如血入于水，无明显异味，或仅有轻度血腥气味，排出量较大（图17-3-35），多为子宫炎日久，经过前期湿热、血瘀过程的消耗，已至气血亏虚、气不摄血的程度。

在机体的排出物方面，总的来说，可按《黄帝内经》病机十九条的归纳，即水液浑浊，皆属于热；澄澈清冷，皆属于寒。凡排出物质地黏腻、颜色深、气味秽臭者偏实热；排出物清稀、色淡、气味淡者偏虚寒；气味不重，颜色不深，但白浊黏腻者，多属以湿为主，湿重于热。

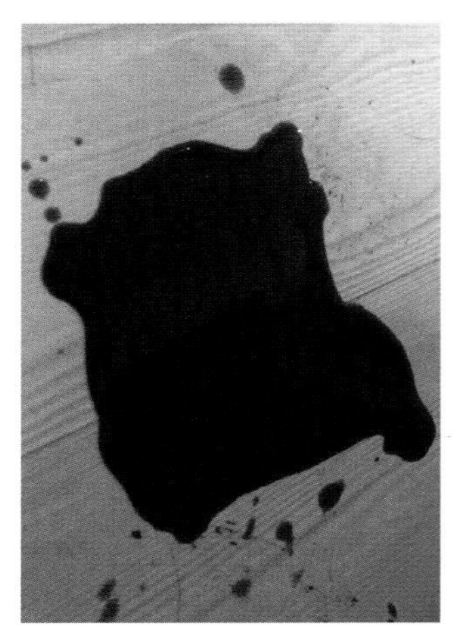

图17-3-33　带下脓血：污浊，色如红砖，气味腥臭或恶臭，为湿热血瘀（范开 供图）

图17-3-34　带下白浊：色白浊，质黏如痰，气腥为主，主湿重于热（范开 供图）

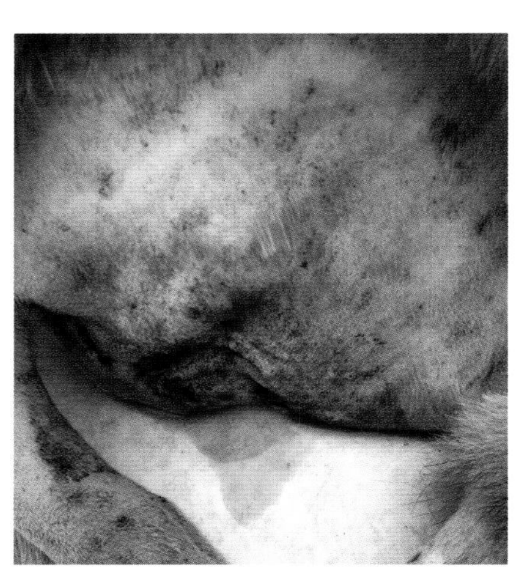

图17-3-35　带下稀薄血水：排出物稀薄如水，无明显异味，为气血大亏，气不摄血（范开 供图）

# 第四节　中兽医方药治疗技术

## 一、中药剂型

目前犬病临床所用之中药，既有传统剂型，也有现代剂型。传统剂型包括汤剂、散剂、丹剂、丸剂、酒剂、膏剂等。现代剂型有口服液、颗粒剂、注射剂、浸膏剂等。

### （一）汤剂

是最常见的中药传统剂型，又称煎剂（图17-4-1）。既可内服，又可外用。空腹服药比较适合急病、脾胃病；饭后服药，药物吸收速度减慢，适用于慢性病或补养药及刺激性较大的药物。服药次数一般每日2次，但在新感病、急病，需要

图17-4-1　中药汤剂（林珈好 供图）

急治时，可增至每日3~4次或频服。

汤剂一般由药材饮片煎煮而成，临时加工，现用现制。

制备汤剂的常规方法如下：

浸泡：取方剂所含中药饮片，置加热容器内（宜用陶瓷、搪瓷、玻璃等容器，不宜用铜、铁、铝等金属容器），加入适量净水，浸泡约半小时至半天。药物质地坚硬、致密、不易吸水的，或方剂组成以补养药为主者，浸泡宜稍久。药物质地疏松、轻扬的，浸泡时间可稍短，以基本浸透为度。

一煎：将浸泡好的药物武火加热，煮沸后改用文火，保持沸腾25 ~ 30min后，关火，候温，滤出药液。方剂中标有先煎、后下、包煎、打碎等字样的药物，应按要求操作。如：辛香解表药为主的方剂，煎煮时间宜短，应后下。补益类方剂或质地坚硬、有毒中药，煎煮时间宜长，应先煎。

二煎：一煎完成后，即刻在药锅中再次加水，可较第一煎水量稍少，不需浸泡，重复第一煎的加热过程。完成后再次滤出。

收汁：合并两煎所得药液，为一剂。一般每日一剂，分2次服用。对于体形较小的犬，口服煎剂每日的药量过小，煎煮不便，则可一次合并煎煮几日量的药液，分装后冰冻保存，分日取用。

### （二）散剂

由一种或数种中药经粉碎、混合而成的粉状制剂（图17-4-2）。根据医疗需要及药物性质不同，其粉碎细度应有所区别。除另有规定外，一般内服散剂应通过80~100目筛。用于消化道溃疡病应通过120目筛，以充分发挥其治疗和保护溃疡面的作用。外用散剂应通过120目筛。眼用散剂则应通过200目筛。以重元素化合物（尤其是汞、铅化合物）为主要成分的散剂，称丹剂。犬病临床上，散剂多用于撒敷湿润的创面。

图17-4-2　中药散剂（范开 供图）

### （三）丸剂

以蜜或水、药汁、蜂蜡、糊等作黏合剂，将中药细粉或提取物制成的圆球形大小不等的药丸（图17-4-3）。根据黏合剂的类型可分为蜜丸、水丸、水蜜丸、糊丸、蜡丸等。大部分丸剂吸收较缓慢，药力较持久，多用于慢性病的调治。

### （四）酒剂

又称药酒，是以酒为溶媒，浸制中药而得的液体制剂（图17-4-4）。临床多外用于无开放性损伤的皮肤病或骨关节疾病等。

### （五）膏剂

以水或植物油为介质将药物煎熬浓缩，或与药物细粉混合而成的膏状制剂。根据给药途径，膏剂分为内服和外用两类，前者包括流浸膏、浸膏、煎膏等，后者包括硬膏剂、软膏剂等。中药硬膏剂包含铅硬膏、橡胶硬膏等，一般不适用于犬的临床治疗。软膏剂根据基质种类，分为水溶性基质软膏、油脂性基质软膏、乳剂型基质软膏。其中内服煎膏功效以滋补为主，兼有缓慢的治疗作用，适于久病体虚者服用。外用软膏剂可使药物在局部被缓慢吸收而持久发挥疗效，或起保护、滑润皮肤的作用（图17-4-5）。

图 17-4-3　中药丸剂
（范开　供图）

图 17-4-4　中药药酒
（林珈好　供图）

图 17-4-5　中药软膏剂
（林珈好　供图）

### （六）口服液、颗粒剂、浸膏剂

口服液、颗粒剂、浸膏剂均为现代的口服剂型。对加工设备的要求较高，不能在临床自行加工。

口服液是以中药汤剂为基础，浓缩后加入矫味剂、抑菌剂等附加剂，并按注射剂安瓿灌封处理，制成无菌或半无菌的口服液体制剂（图 17-4-6）。

颗粒剂是将原料药和适宜的辅料混合制成具有一定粒度的干燥颗粒状制剂（图 17-4-7），可直接吞服，也可水溶后灌服。中药颗粒剂也是由汤剂发展而来，始见于 20 世纪 70 年代，既保持了汤剂吸收快、显效迅速的优点，又免除了汤药的加工和易霉败变的问题。

图 17-4-6　中药口服液（林珈好　供图）

图 17-4-7　中药颗粒剂（林珈好　供图）

浸膏剂系指用适宜的溶媒浸出药材的有效成分后，蒸去全部溶媒，浓缩成稠膏状或块、粉状的浸出制剂。除另有规定外，每 1g 浸膏剂相当于原药材 2 ~ 5g。按干燥程度浸膏可分为稠浸膏和干浸膏。前者为半固体状制品，多供制片剂或丸剂用，后者为干燥粉状制品，可直接冲服或装入胶囊服用。市售中药干浸膏在中医医院称为“免煎剂”，我国台湾地区称“科学中药”。单味药的浸膏，可作为兽医院内自配方剂的原料。

### （七）注射剂

中药注射剂为现代剂型，是把药物经提取、配制、灌封、灭菌等步骤制成的液体或粉末状制剂，供注射用。工艺复杂，要求严格，不能在临床自行配制。

中药千百年的传统用药经验，均为经口给药为主，而药物经口和经注射进入体内，代谢过程和代谢途径可能有所不同，药效也可能因此存在一定差异。另外，单方中药成分复杂，配伍后更甚，这一特点使得中药注射剂临床不良反应风险大大增加。但是，注射剂起效较快，在患犬昏迷、口噤不开时可强制给药，方便急救。故可筛选、保留部分用于急救的中药注射剂备用。

## 二、中药给药方法

依据用药目的、病患性质和部位，以及制剂作用特点，方剂的用法和给药途径多种多样，大致可分为经口给药和非经口给药两大类。

### （一）经口给药

向犬经口投喂中药时，有两种基本做法：灌服液体和投服固体。部分犬的性情温和，与主人配合较好，能接受各种液体或固体中成药，且部分中成药口服液经矫味，适口性较好，部分犬可主动口服。

但大多数中药具有特殊气味，而犬的嗅觉又较灵敏，部分犬对中药气味有所抵触。此类情况，可选用固体剂型，如蜜丸，其掩味效果好，且便于分剂量投喂。可将蜜丸分割后搓成黄豆或绿豆大的小丸后直接投喂（图17-4-8），也可在丸剂外涂抹包覆蜂蜜、黄油等以进一步掩盖味道和气味；对食欲较旺盛的犬，可将药丸夹在火腿肠等诱食作用较强的食物中混饲（图17-4-9）。如成药是颗粒剂，也可以与蜜、黄油或湿粮类混合后涂抹于舌面，强制饲喂。

疾病为新感病，需要快速发挥中药药效时，宜采用液体剂型。此时可选用汤剂、口服液等。对患犬适当保定后，用注射器配软管从口角处探入口腔，缓慢推注。注意推注速度，勿使药呛入气管。

消化道疾病尤其适合口服中药。但对有呕吐症状者，宜给予液体剂型，以糖、蜜、盐等调整口味，并用塑料吸管滴至舌面（图17-4-10），每次0.05mL左右，间隔1～2min给药一次，整个给药过

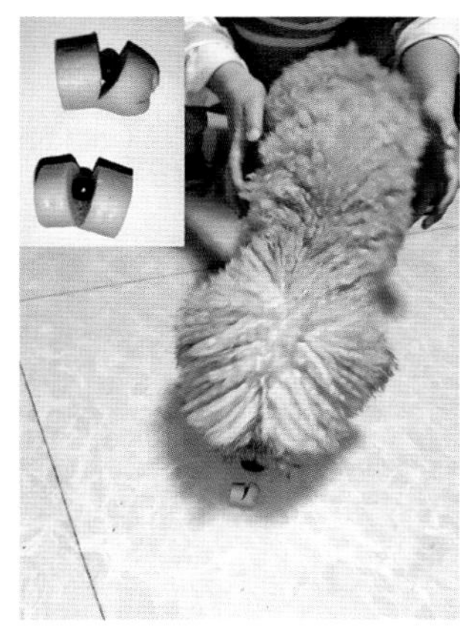

图 17-4-8　中药丸剂口服给药（投喂）（庞海东 供图）

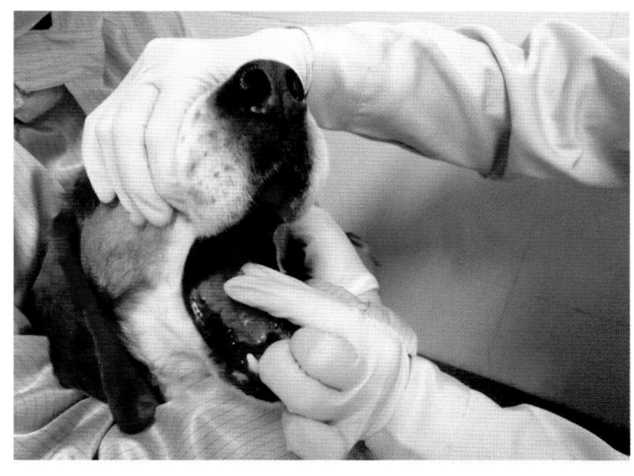

图 17-4-9　中药丸剂口服给药（混饲）（庞海东 供图）

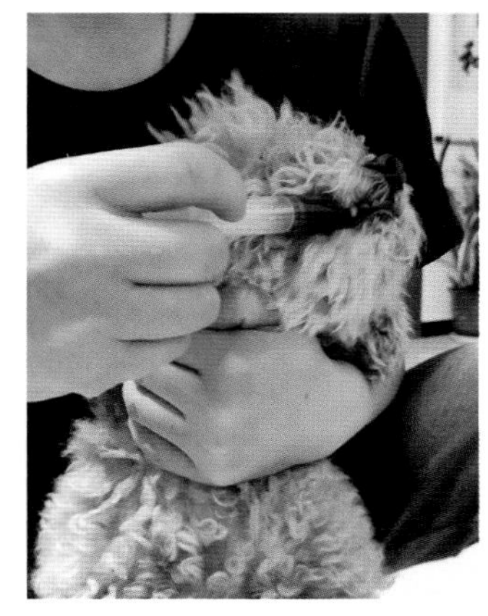

图 17-4-10　中药液体剂型口服给药（滴灌）（庞海东 供图）

程可持续0.5～2h。滴服速度，以不引起动物反感，不因投药引起呕吐为度。

口服投药，最宜由犬主负责操作。兽医应根据病情，讲明操作注意事项。

如患犬完全不配合口服中药，或投药少量即引起呕吐，则不宜再行投喂中药。

### （二）直肠给药

直肠给药（图17-4-11）是口服之外的经消化道给药途径。药物可通过直肠黏膜吸收，直接进入体循环，起全身性作用，同时也可在直肠、结肠处起局部治疗作用。

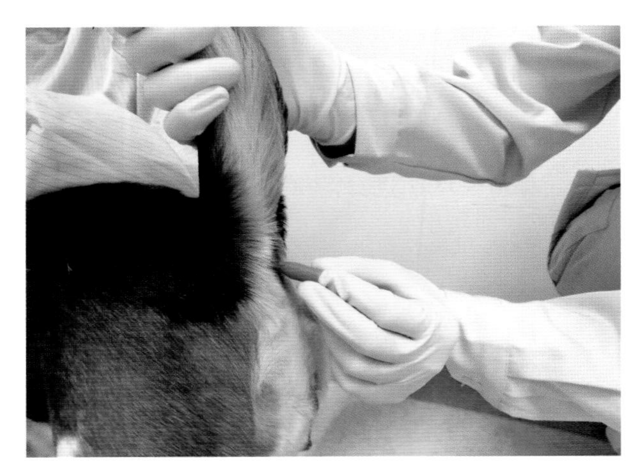

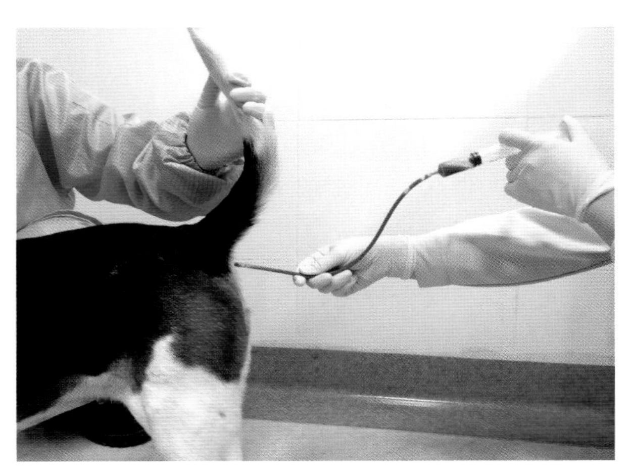

图 17-4-11　中药制剂直肠给药：左图为栓剂纳入直肠；右图为液体制剂灌肠（庞海东　供图）

以合适容量的注射器吸取药液后，视患犬体形大小，配合10～20cm长度的软管，在软管末端及动物肛门涂少量植物油，将动物后躯抬高保定，软管部分完全没入肛门后，试缓慢推注药液，如无较大阻力或药液从肛门反流，则继续推注至药液用尽。缓慢抽出软管，保持动物后躯抬高保定状态一分钟至数分钟以保留药液，灌肠操作即完成。

直肠给药有独特的优势，可避免口服给药时中药气味和味道引起的动物不适和抵抗，药物吸收速度也较快，甚至快于口服给药。在患犬发生神昏等无法口服投药或需急救情况下，可考虑直肠给药。另外，直肠内可以直接注入普通汤剂，而不像注射给药一样对药物的澄明度、等渗、pH值、热原等有严格要求。

但直肠给药需注意药物的温度、刺激性和注入速度。药物使用前宜加热至动物体温，10kg左右体重的犬，每次灌注量在5mL以下时，药液多可较好地保留在肠道。如果所用药物刺激性过大，或一次性灌入的容量太大，容易导致药液喷出，降低药效。如灌注药液量大，可采用直肠滴注方法，同静脉滴注。

### （三）中药外用

（1）散剂撒敷。外用中药散剂，以湿润创面为主（图17-4-12）。丹剂须控制用量。

（2）汤剂药浴。中药汤剂药浴，常用清热燥湿、芳香行气、收敛、杀虫等药物，通过外洗作用于体表，以治疗较大面积的皮肤疾患。药浴时须保证汤药浸润患犬的皮肤和毛发，如皮肤病严重，可在剃毛后作浸泡药浴；如需保留完整毛发，则宜用猪鬃类刷子蘸汤药刷洗。药浴后一般直接擦干后用吹风机吹干。药浴时避免患犬外感风寒。

（3）酒剂。适宜用于较小面积的皮肤疾病，直接以滴嘴滴于患部后涂匀（图17-4-13），或可用棉签蘸取药酒涂擦患处。

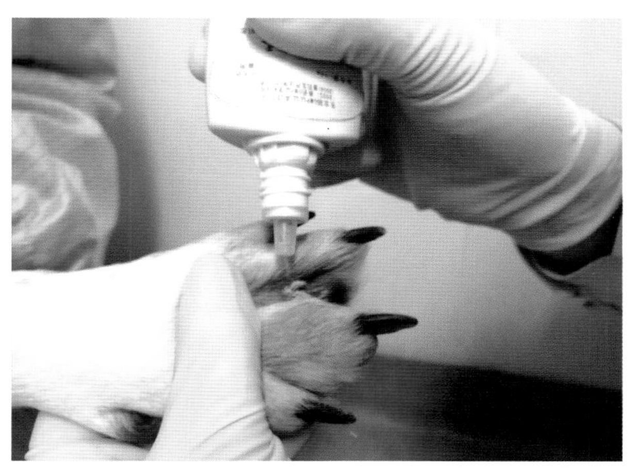

图 17-4-12 散剂撒敷（庞海东 供图）

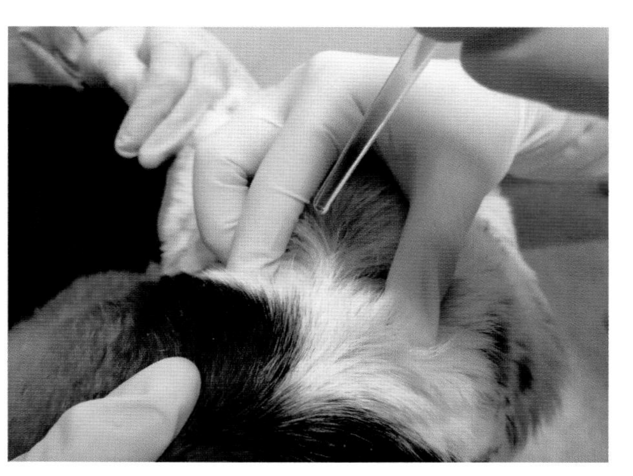

图 17-4-13 酒剂经皮给药（庞海东 供图）

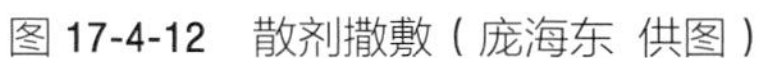

# 第五节 中兽医针灸治疗技术

针灸是中兽医非药物治疗的统称，也是中兽医学特有的治疗手段。

针灸疗法的工具有两类：一类是针、艾等器具，用以在机体特定部位施加特定的刺激；另一类是机体本身的特定部位，即穴位，接受刺激后局部气血运行发生变化，影响周边的功能，或通过机体的内在联系影响相关的深部或远行部位的功能变化，从而达到治疗作用。

目前在犬的针灸治疗中，多采用人医的针灸器具。

进行各类针灸治疗时，均宜切实保定患犬，并使犬主安抚患犬，分散其注意力。根据选定的穴位，调整患犬体位，充分暴露穴区。术前应使患犬排空大小便。

## 一、毫针疗法

以不同型号的毫针刺入犬机体的特定部位，可起到疏通、调和气血，扶正祛邪、防病治病的作用，适用于各种急、慢性疾病。

毫针由针尖、针身、针根、针柄、针尾 5 个部分构成（图 17-5-1），针体细长，按针体直径和长度的不同，分为各种规格（图 17-5-2）。

另有无尾毫针，无膨大的针尾，其余结构同有尾毫针，无尾毫针可采用套管法辅助进针。

### （一）刺手和押手

刺手是兽医直接持针操作所用之手，负责进针、行针、出针等操作，掌握进针时的力量和针刺角度、深度。一般，刺手拇、食、中三指挟持针柄近针根处；对短针，可仅用刺

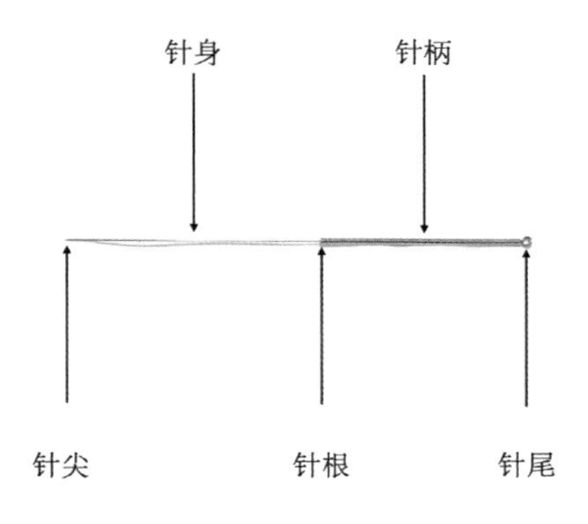


图 17-5-1 毫针各部名称（麻武仁 供图）

| 0.16 × 7（面针） | 0.18 × 25（1寸） | 0.20 × 40（1.5寸） | 0.30 × 50（2寸） |
|---|---|---|---|
| 0.18 × 13（半寸） | 0.22 × 25（1寸） | 0.25 × 40（1.5寸） | 0.35 × 50（2寸） |
| 0.22 × 13（半寸） | 0.25 × 25（1寸） | 0.30 × 40（1.5寸） | 0.30 × 60（2.5寸） |
| 0.25 × 13（半寸） | 0.30 × 25（1寸） | 0.35 × 40（1.5寸） | 0.30 × 75（3寸） |

图 17-5-2　中医毫针的规格：直径 × 针体长度（单位：mm）（麻武仁 供图）

手拇指、食指挟持针柄（图17-5-3）。押手是兽医刺手之外的辅助进针手，负责在穴区推寻、点按以探穴，对穴区敏感程度差者适当按摩以催气，并在进针时固定穴区皮肤。

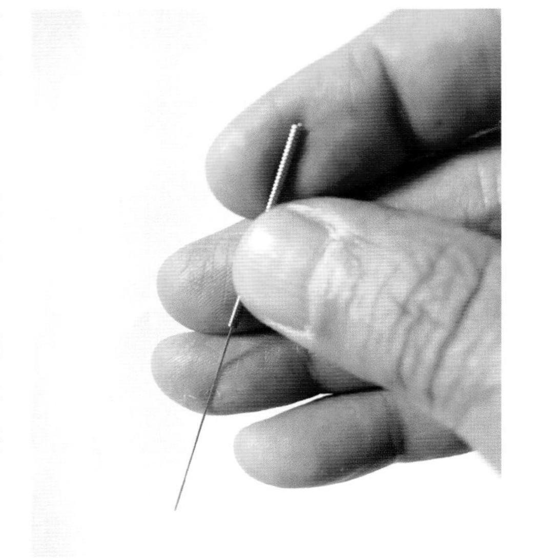

图 17-5-3　刺手持针法（本图显示的是一枚无尾毫针）（麻武仁 供图）

### （二）针刺角度深度

进针角度指针体与刺入点当地的皮肤之间所成的角度（图17-5-4），分为直刺（90°）、斜刺（30°～45°）、平刺（15°及以下）。直刺多用于犬体肌肉丰满处；斜刺用于肌肉较浅薄处，或内有重要脏器处，或其他不宜于直刺、深刺的部位；平刺用于皮薄肉少的部位，或宜用于一针透刺多穴时。临床可根据患犬的体质、年龄等情况而调整进针深度。幼年、年老、体质瘦弱者，宜浅刺；体质强壮、肌肉丰满者，可深刺。

### （三）针刺操作流程

1. 验针

针刺前应检查毫针消毒情况，检查针柄与针体的固定是否牢靠、针体有否弯折或缺损、针尖是否弯曲或带钩。对新开封的一次性针灸针，可不验针。

2. 刺入

消毒拟进针部位的患犬皮肤，并消毒兽医手指后，根据针刺部位，选择相应进针方法，正确进针。

（1）指切进针法。押手拇指或食指按在穴位刺入点旁；刺手持针，使针尖紧靠押手指甲面刺入，宜用于一寸以内短针的进针（图17-5-5）。

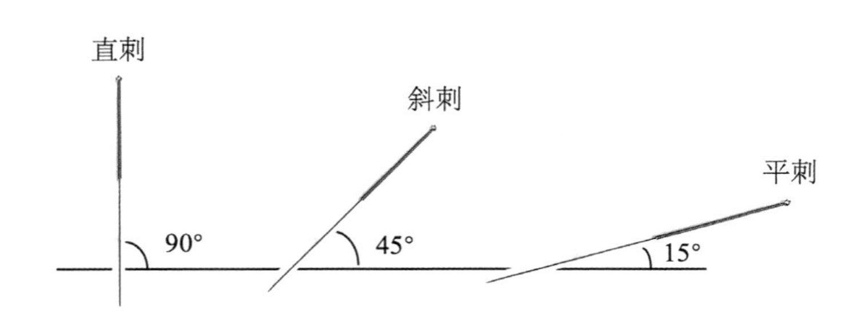


图 17-5-4　针刺角度：直刺、斜刺、平刺（麻武仁 供图）

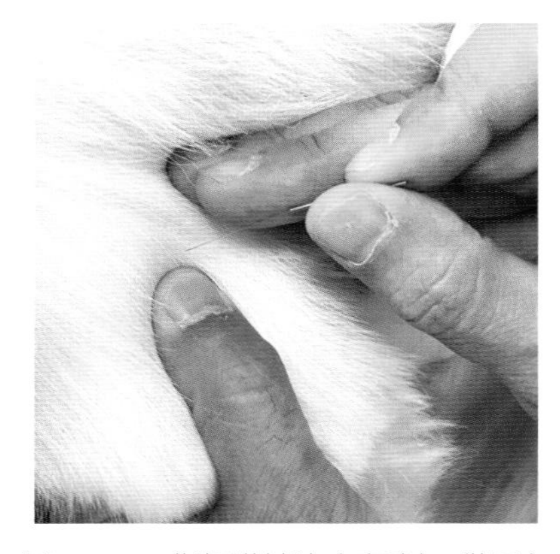

图 17-5-5　指切进针法（麻武仁 供图）

（2）夹持进针法。押手拇、食指夹持针身靠针尖处，将针尖固定在所选穴位的皮肤表面，刺手持针柄捻转进针，也称骈指进针法，宜用于1.5寸及以上长度的长针及皮肤致密处的进针（图17-5-6）。

（3）舒张进针法。押手拇、食指压住所选穴位局部的皮肤，稍分开二指使皮肤绷紧，刺手持针从押手拇、食二指间刺入。宜用于皮肤松弛或有褶皱部位的进针（17-5-7）。

（4）提捏进针法。押手拇、食指将穴区的皮肤捏起，刺手持针从捏起的皮褶部刺入，宜用于平刺，常用于皮下组织浅薄部位的进针（图17-5-8）。

（5）套管针进针法。押手持套管，将管口一端抵于拟进针处；刺手将无尾毫针装入管口，以食指迅速拍击针尾，使针尖刺入皮肤；然后押手去除套管；刺手行针刺入预定的深度。该法进针速度快，动物疼痛反应轻（图17-5-9）。

3.留针

进针后可将针体留在患犬体内。留针时间以15 ~ 30min为宜。

4.行针

留针期间，可施行行针手法，达到补、泻、平补平泻等治疗目的。

5.出针

押手以进针时相同的手法压住刺入部位的皮肤，刺手以与进针时反向的操作方法，持针柄边捻

图17-5-6　夹持进针法（麻武仁　供图）

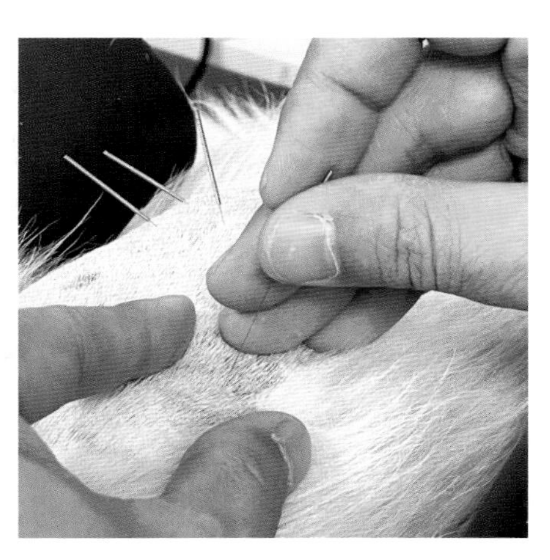

图17-5-7　舒张进针法（麻武仁　供图）

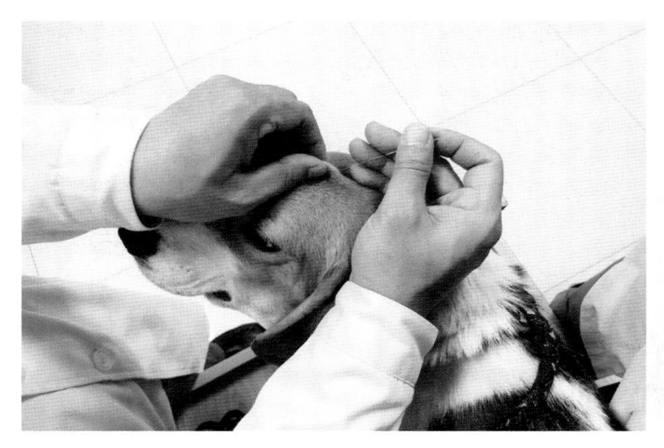

图17-5-8　提捏进针法（麻武仁　供图）

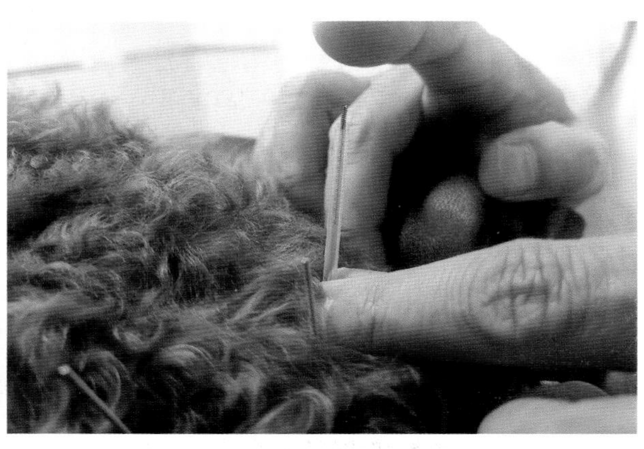

图17-5-9　套管针进针法（无尾毫针）（麻武仁　供图）

转边将针尖退至皮下，然后迅速出针。随即用无菌干棉球轻压针孔片刻，防止出血。

6.结束操作

操作完毕，应比对针灸处方，检查针数，以防遗漏。将用过的一次性针具置于专用的利器盒中，待无害化处理。对非一次性针具，应收纳于针盒，待消毒后再次使用。

### （四）注意事项

（1）无论取何种进针法，均以快为要。应使针尖快速刺透皮肤，减轻患犬的不适感，降低挣扎反抗的可能性。

（2）患犬过度消瘦时不宜针刺，或针刺手法不宜过强。

（3）患犬精神过度紧张、有剧烈挣扎反抗倾向的，不宜强行针刺，防止发生事故。

（4）皮肤有感染、溃疡、瘢痕或肿瘤的部位，不宜针刺。

（5）穴区位于重要器官附近者，应严格掌握针刺方向、角度、深度等，留针全程应有兽医或兽医助理看护，防止因患犬移动、针体移位导致的损伤。

（6）针刺前应使患犬处于舒适体位，避免留针过程中因患犬移动而导致针体移位。

（7）押手按压、接触患犬皮肤，不宜力度过大，防止进针前过度移动皮肤位置，押手离开后皮肤回弹而导致针体移位。

（8）留针过程中，针体因患犬动作而发生移位时，可通过行针使其恢复到正确位置。

（9）发生弯针时，应以押手按住刺入点周边皮肤，刺手按针体折弯的弧度出针，出针时不可捻转。若弯曲严重，则应轻按、慢出，防止组织损伤过大。

（10）发生滞针时，应轻度移动肢体，恢复刺入时体位，即可出针。

（11）发生断针时，应以押手迅速紧压断针周围皮肤肌肉，刺手持镊子或止血钳夹住折断的针身拔出，若针断在肌层内，则行外科手术切开取出。

（12）起针后出血者，宜以干棉球按压针孔数分钟。

（13）如针孔发生感染，应清洁针孔，排尽脓汁，再涂2%~2.5%碘酒。必要时，切开排脓。

## 二、电针疗法

在刺入患犬体的毫针上用电针机通以微量脉冲电流，适用于各种痛证、痹证、痿证的治疗，脏器功能失调，以及针麻等。除毫针疗法相同的设备外，电针疗法的特殊工具为电针机。

### （一）电针操作

1.毫针刺入连接电极

将电针机的电极连接在毫针上。电极连接应牢靠。按电针机操作说明书，接通电源，经由毫针针体对患犬施加电刺激（图17-5-10）。

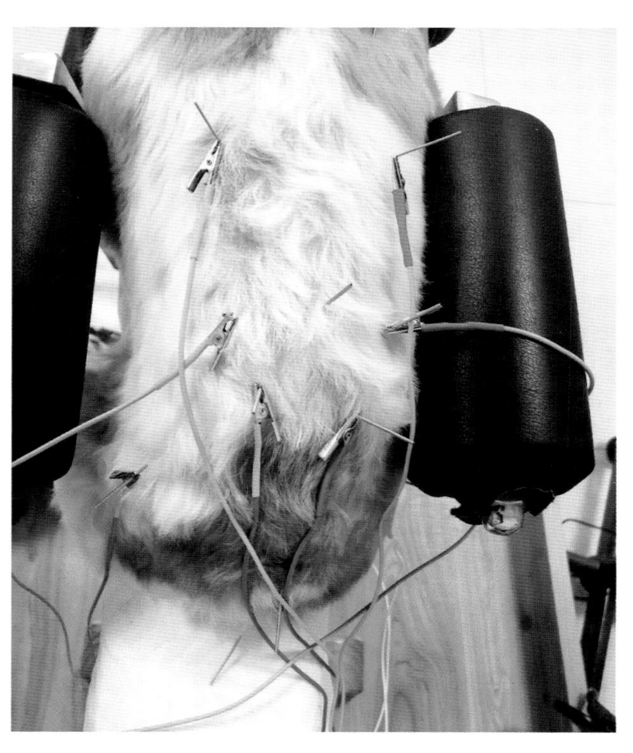

图 17-5-10　电针疗法（麻武仁 供图）

2. 电极连接

将电针机成对的两根输出电极分别连接在预定构成回路的两根毫针的针体或针柄上。放置电极夹时，动作应温和、轻柔。如因放置电极的操作而改变了针的深度，应使其复位。

3. 开机

先调节电针机的电流和频率调节旋钮调至“零位”（无输出），再开启电针机的电源开关。

4. 选择波型

密波宜用于浅表组织的镇痛；疏波、断续波宜用于瘫痪、萎缩等疾病，或针麻的诱导期；疏密波宜用于软组织损伤及针麻。

5. 调节电流强度和频率

逐渐旋转电针机电流和频率调节旋钮，应由小到大地调整电针机的输出电流强度和频率，至患犬受刺区域肌肉出现抽动，但患犬能耐受而无明显不适感为宜。

6. 通电时间控制

视患犬病情及体质而异，宜在10~30min为宜。

7. 关机

电针完毕，将电流调节旋钮拨回至“零位”，关闭电源，撤除电极。

8. 出针

出针操作及结束操作如毫针。

### （二）注意事项

（1）电针选穴宜在1~3对，不宜过多。

（2）行电针疗法的同时可在其他穴位行毫针疗法。

（3）对首次使用的电针机型号，使用前应仔细阅读使用说明，掌握其性能、用法、注意事项、禁忌等内容。

（4）每次使用前，应检查电针机的各项功能是否完好。对使用电池的电针机，应确保电池电量充足。

（5）调节电流旋钮时，应逐渐从小到大，不可突然增强，防止造成患犬惊吓、反抗等意外。

（6）电针操作中，应避免处于同一电流回路的电极、毫针互相接触，防止电流短路。两电极相距过近时，可用干棉球置于其间，以确保隔离。

（7）通电过程中应仔细观察患犬的耐受程度，随时调节波形和电流，随时检查导线有否脱落等情况。

（8)动物发生惊恐以及剧烈挣扎、反抗时，应及时关闭电针机电源，撤除电极，停止电针治疗，或待患犬恢复平静后再行电针。

（9）电针过程中，毫针或电极发生脱落时，应先将电流和频率调至零位，再重新刺入、重新接通电源，并缓慢调整输出频率和电流至适合刺激量。

（10）应避免电流回路通过心脏、延髓等重要生命器官，以防意外。

（11）有必要在靠近脊髓部位使用电针时，电流输出量宜小，以免发生意外。

（12）对患有严重心脏病的动物，应慎用或不用电针治疗，以免加重心脏病的发作。

## 三、水针疗法

在机体特定部位，如穴位或皮下反应物等处，注射适宜种类及剂量的药液，以起到针刺和药物相结合作用，也称穴位注射疗法。

### （一）水针疗法操作

同现代医学的肌内注射（图17-5-11）。

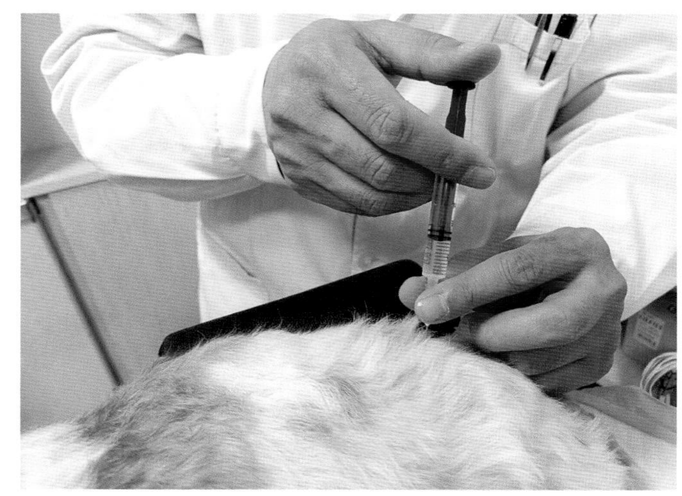

图 17-5-11　水针疗法（麻武仁 供图）

### （二）注意事项

（1）水针操作应严格遵守无菌操作原则，防止感染；同时注意环境清洁卫生，避免污染。

（2）多种药物同时注射时应注意药物配伍禁忌。

（3）每个穴位一次注入的药液量应根据穴位肌肉厚薄以及药液性质和浓度而定。水针注射药物的剂量，宜小于同样药物的常规治疗用量。

（4）针刺部位避开大的神经、血管以及疤痕等处。背脊上的穴位不宜刺注过深，以防压迫损伤神经；注射前回抽活塞如有血则应调整注射位置；一般药液均不宜向关节腔和颅腔内注射。

（5）在脊硬膜外、脊神经根等处行水针疗法时，不应选择刺激性强的药物，且药液量应尽量小，避免造成神经压迫。

（6）皮肤感染溃烂、皮下脓肿处，不可行水针操作。

（7）水针位点选取宜精宜少。尤其对较为紧张、敏感的患犬，注射位点不宜过多。

（8）在切实消毒的前提下，可用同一注射器注射多个位置。对每个注射部位，分别抽取单穴所用剂量药物，不宜将一次抽取的药液分多次注射，防止注射剂量不准确。

（9）不可将注射器针头像毫针行针一样在组织内反复提插、捻转。

（10）根据药液量、黏稠度和刺激性的强弱选择合适的注射器和针头。在一次性注射器针头长度可达到所需深度的前提下，尽量采用细针头。

## 四、艾灸疗法

艾灸是以点燃艾条或药艾条后在机体表面熏烤的一种疗法，用以加热施灸部位，并带有艾叶温通的药效，主要用于治疗各种疮疡及内科疾病，尤其是虚寒性疾病，以及疮疡久不愈合等。

主要器具包括艾条、灸架等。艾条是以艾绒为主要成分卷成的圆柱形长条。内含其他中药成分的艾条称作药艾条；灸架主要包括底座、可调摇臂，以及具有顶孔、可插入艾条的热反射罩。

### （一）艾灸操作方法

1.点燃艾条

手持艾条，点燃艾条一端，将艾条燃着端朝向施灸部位加热，或以灸架施灸，以艾条燃着端与施灸部位的距离及在施灸部位的停留时间控制艾灸火力。

2.调整艾条

施灸过程中，随时观察患犬有无不适反应，及时调整艾条燃着端与施灸部位的距离，防止灼伤患犬组织。

3.手持灸法

温和灸法为将艾条点燃的一端距离施灸穴位皮肤3~5cm处进行熏灸，兽医以手掌、手背、手指在施灸部位感觉，并根据施灸者对放在施灸部位附近的手温随时调整艾条与施灸部位的距离和灸的时间，局部有温热感而无灼痛为宜（图17-5-12）；雀啄灸法为将艾条点燃的一端在施灸部位作远近移动，反复熏灸，热力较温和灸强；回旋灸法为将艾条点燃的一端距施灸部位3cm左右作回旋转移动，用于扩大灸疗面积。施灸过程中，应及时将艾条燃着端产生的艾灰弹入瓷碗，防止艾灰洒落患犬体表，防止火星溅落周围环境。

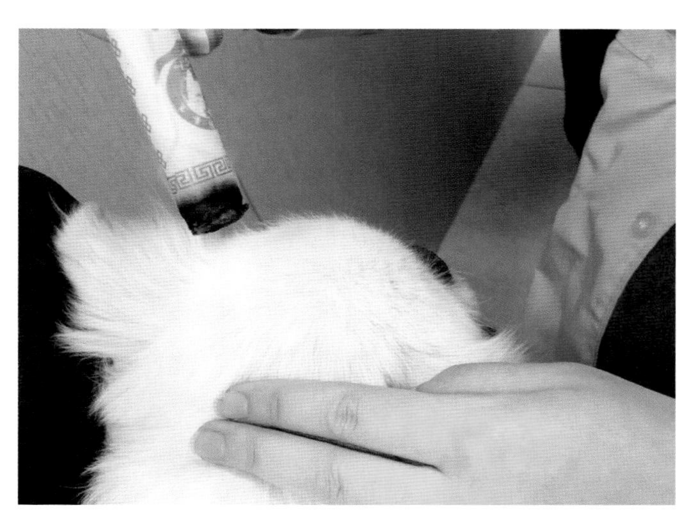

图17-5-12 艾灸疗法：手持灸（麻武仁 供图）

4.灸架灸法

将艾条点燃后插入灸架顶孔，对准施灸部位，固定好灸架。通过调节灸架热反射罩与施灸部位的距离调整艾灸强度。

5.施灸完毕

应立即将艾条燃着端按压于瓷碗底，使艾火熄灭；或在瓷碗内盛少量水，用剪刀将燃着段剪于落水中熄灭。剩余未燃之艾条可继续保存备用。清洁患犬皮毛，以舒适体位作适当保暖，休息片刻后再行移动或离院。施灸后，室内宜酌情通风换气。

6.温热刺激

对虚、寒性疾病及疮疡久不收口者，宜用温和而持久的温热刺激；对疮疡脓成不溃者宜短暂而强烈的温热刺激。

7.联合使用

艾灸疗法可与毫针、电针、激光针灸等疗法配合使用。

**（二）注意事项**

（1）畏惧火源、精神过度紧张、有剧烈挣扎反抗倾向的患犬，不宜强行施灸，防止发生事故。

（2）在患犬头面部施灸时，艾条燃着端与施灸部位的距离不宜过近，防止患犬头部突然活动时触及艾条燃着端而发生烫伤。

（3）艾灸火力应先小后大，使患犬逐渐适应。

（4）对麻痹等自我感受能力差的患犬及部位施灸，必须严格注意温度。兽医可用手感受施灸部位的温度，及时调节，以防灼伤患犬组织。

（5）通常情况下，着肤灸、隔物灸等不宜用于伴侣动物。

（6）给伴侣动物艾灸，宜选用艾绒纯度较高的艾条。

（7）艾灸操作室的空间不宜过小，宜有适当的通风条件，防止室内艾烟浓度过高。

（8）艾条熄灭后，应反复检查是否仍有火星，以防复燃，防止发生火灾。

（9）注意室内温度，冬季注意保暖。

## 五、特定电磁波频谱治疗

简称TDP治疗。TDP仪主要由电阻加热设备外覆含有30多种特定元素的电磁波发射板，以及底座、摇臂等构成。接通TDP治疗仪的电源后，电阻加热设备加热电磁波发射板，使发射出特定波长的电磁波照射施术部位。可改善血液循环、缓解肌肉痉挛、促进浅表性炎症消散，常用于关节炎疼痛、软组织损伤，以及寒湿性疾病等，无须术部消毒，可用于溃疡组织等处。

### （一）操作方法

（1）接通TDP治疗仪电源，打开电源开关，工作指示灯亮，待发射板有发热感，即可根据治疗部位调整发射板的角度，并初步调节照射距离，以发射板盘面中心的垂线对准患部或穴位进行照射治疗（图17-5-13）。

（2）照射过程中，根据动物反应及其体位变化，随时调节发射板与受照部位的方向及距离关系，保持受照部位体表温度的稳定，以受照局部温和发热、被毛表面温度保持40~45℃为宜。

（3）照射完毕，关闭TDP治疗仪的电源开关，移开灯头。以舒适体位作适当保暖，休息片刻后再行移动或离院。

图17-5-13　特定电磁波频谱治疗（TDP）
（麻武仁　供图）

### （二）注意事项

（1）对肢体麻痹等自我感受能力差的患犬实施TDP照射，兽医必须严格注意温度，可用手感受被照射部位的温度，及时调节，以防患犬烫伤。

（2）每天第一次开机时，应预热5~10min；连续治疗则无须预热。

（3）对体形过小的动物使用TDP治疗仪照射时，应注意对非照射部位作隔热防护。

（4）开、关机严格按照操作规程，防止漏电、短路或意外事故发生。注意用电安全。

（5）按设备使用说明定期更换电磁波发射板。

（6）TDP疗法可配合毫针、电针、激光针灸等疗法使用。

## 六、激光针灸

激光针灸是利用低功率激光束照射刺激机体特定部位以治疗疾病的方法。具有无痛、无感染、无滞针、折针等优点，无术部消毒需求，可用于黏膜、溃疡组织等处。与传统针刺、灸熨相比，不易引起患犬惊恐。激光治疗仪多采用氦氖（He-Ne）激光器、半导体激光器，波长宜在600~1500nm，分为光束和散斑两种照射类型。

**（一）操作方法**

（1）操作人员与犬主均戴好防激光防护眼镜。

（2）接通激光针灸治疗仪电源，按设备说明书打开电源开关，工作指示灯亮。

（3）将激光发射探头大致对向被照部位（图17-5-14）。

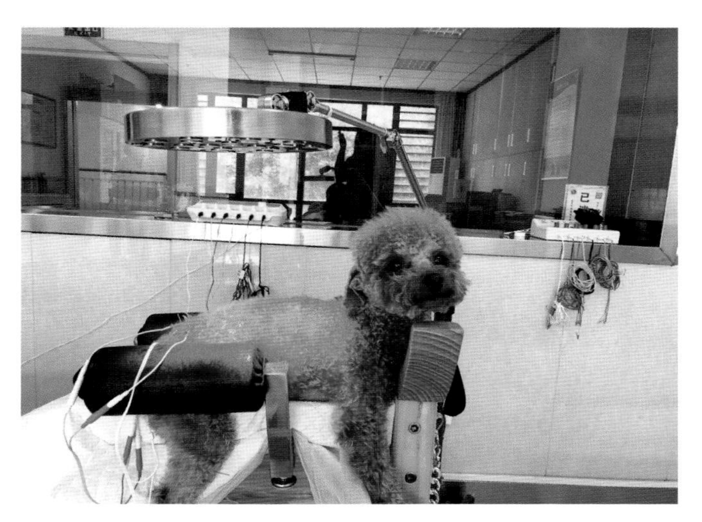

图17-5-14　激光灸疗法（麻武仁 供图）

（4）按动发射键，待有激光输出后应精确调整光点或光斑照射位置，进行照射治疗。

（5）照射中，如患犬体位变化，应随时调节激光探头位置，保持光点或光斑对准被照部位。激光探头距被照区域宜保持0~30cm，据病情及设备性能而异。通常每区域每次宜照射5~30min，据病情及设备性能而异。宜每日或隔日照射1次，5~10次为一疗程，疗程之间应有适当的间隔时间。病情及部位宜用毫针疗法者，按传统针刺角度方向以激光束连续照射。病情及部位宜用灸法者，应以散焦光斑连续照射患部及其周围组织。照射范围应大于病变组织面积，应充分照射腔道和瘘管深部组织。

（6）照射完毕，关闭激光针灸治疗仪电源开关，移开激光发射探头。

（7）以舒适体位作适当保暖，休息片刻后再行移动或离院。

**（二）注意事项**

（1）对每型激光针灸治疗仪，使用前均应仔细阅读使用说明书，掌握其性能、用法、注意事项、禁忌等内容。

（2）不可用激光照射患犬或人的眼部。

（3）对激光针灸治疗操作场所宜作适当遮蔽，防止反射激光对人员造成影响。

（4）在治疗过程中，激光针灸治疗仪可连续使用，但应根据设备说明，不超过连续使用的时间上限。

（5）开、关机严格按照操作规程，防止漏电、短路或意外事故发生。应注意用电安全。

（6）激光照射具有累积效应，应掌握好照射时间和疗程。

# 第十八章

## 犬急诊和住院护理

# 第一节 急诊

## 一、初步检查与处理

### （一）急诊的处理的原则

（1）最危及生命的问题先处理（处理最先发现的危及生命的问题）。

（2）密切监视评估患犬体况。

（3）需要做检查，应当在患犬状况稳定后再进行。

（4）治疗要考虑后期并发症，做相应的准备。

（5）优先处理急诊病例，不可拖延。

（6）危险期在72h内，在此期间密切关注患犬体况变化。

### （二）临床检查顺序

患病部位、全身、头部、颈部、胸部、腹部、四肢、神经系统。

### （三）初步检查后决定的事项

是否需要立即进行处理或手术；术前是否需要支持治疗；是否需要额外的检查；麻醉的风险因素。

### （四）实验室检查

血气、血常规、生化、尿检、PCR等。

## 二、紧急情况分级

### （一）最紧急（即刻处理，不允许拖延）

（1）呼吸困难或衰竭。

（2）心跳停止需要进行心肺复苏（图18-1-1）。

（3）循环衰竭，需要输血输液，治疗休克。

### （二）紧急

过敏、昏迷、中毒。

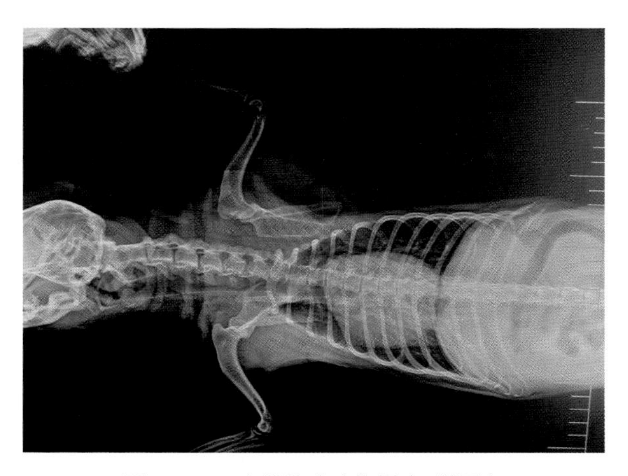

图18-1-1　心跳停止（施振声 供图）

（三）一般紧急

创伤、开放型骨折（图18-1-2）、败血症。

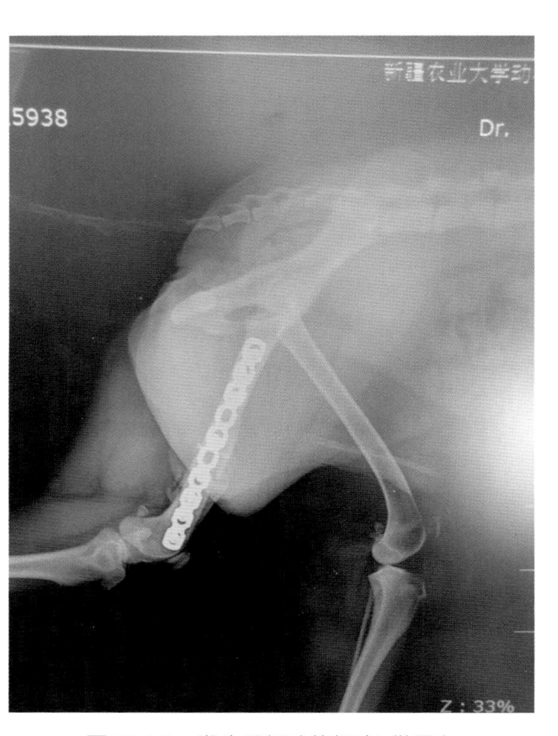


图 18-1-2　发生骨折（施振声　供图）

## 三、呼吸困难或衰竭急救

（一）需要进行急救情况

（1）呼吸停止。

（2）呼吸及心跳停止。

（二）心肺复苏

（1）保持呼吸道的畅通。

（2）将颈部拉伸，舌头拉出。

（3）清除口腔和鼻腔中的分泌物或者呕吐物。

（4）气管插管（图18-1-3）。

（5）气管切开术。

（三）恢复呼吸状态

（1）建立呼吸通道后观察呼吸症状。

（2）自然吸气者，密切观察病犬情况。

（3）无自然吸气者，进行人工呼吸。

（四）人工呼吸

辅助工具（自动呼吸机）、刺激、建立循环、胸外按摩、胸内按摩。

（五）心律不齐

心电停止、心室震颤、电击除颤。

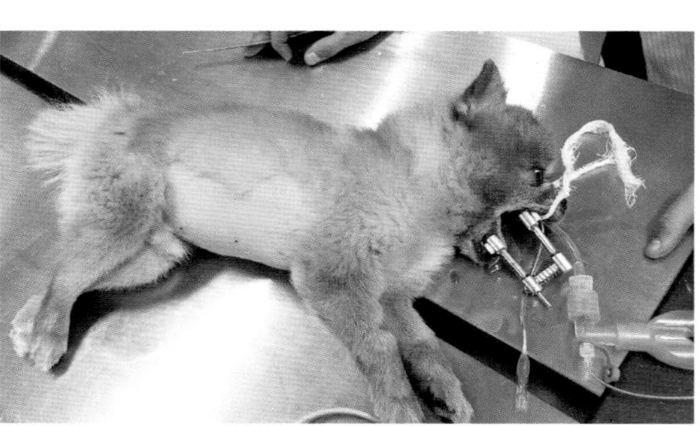

图 18-1-3　一例肺水肿，进行气管插管吸氧（施振声　供图）

## 四、休克急诊

（一）休克类型

（1）心因性休克。心功能衰竭，心脏收缩力减少，心肌缺血，瓣膜异常，心律不齐或心包疾病。

（2）非心因性休克。循环血量减少，静脉回流减少，创伤致大量出血或贫血。

（二）诊断

（1）既往史。有心肺功能衰竭既往史，或有早晚咳嗽、精神不佳、呼吸困难、运动不耐受、晕厥等情况。

（2）临床症状。呼吸困难、咳嗽、皮肤发绀、腹水或休克。

（3）实验室诊断。血清学、生化、血常规、血气、心电图等检查。

（4）影像学检查。X射线检查、心脏超声、CT断层扫描、核磁共振等。

（三）病犬的监测

（1）生命体征变化。体温、脉搏、呼吸速率、黏膜颜色以及CRT等。

（2）输液治疗的情况。听诊肺部监测肺水肿的变化，注意心跳频率以及心跳强度等。

（3）血压监测。收缩压低于80mmHg或平均血压低于60mmHg则随时可能导致休克发生。

（4）心电图监测。

（5）尿量监测。正常代谢尿量应该维持在1~2ml/kg/h。

（6）并发症。发生再次休克。

## 五、心律不齐急诊

### （一）造成心律不齐的原因

（1）心血管疾病。

（2）缺氧。全身性缺氧或局部缺氧。

（3）感染。

（4）代谢性疾病。酸碱不平衡，电解质异常。

（5）药物或者毒素。

### （二）心室自律性的异常

窦性心搏徐缓、窦性心搏过速、心室心搏过速、心律不齐。

### （三）异位性心室节律

心室早期收缩、心室心搏过速。

### （四）传导系统障碍

心房停歇、房室阻滞。

## 六、呼吸系统急诊

### （一）一般临床症状

呼吸速率异常；精神焦急不安；用力呼吸；张口呼吸；颈部伸长，肘外展；对外界刺激反应变小；黏膜颜色发绀；吸气时前腹部凹陷。

### （二）初步处理

（1）减少压迫，稳定病犬，再做诊断所需要的检查。

（2）尽量以平稳的方式或刺激性较小的方式进行检查。

（3）必要时对患犬进行镇静处理。

（4）增加周围氧流量。

（5）可采用高浓度氧气含量供氧。

（6）进行气管插管。

（7）进行气管切开插管。

### （三）呼吸模式的鉴别诊断（表18-1-1）

表 18-1-1 呼吸模式及原因

| 症状 | 可能原因 |
| --- | --- |
| 吸气困难 | 上呼吸道部分阻塞、气胸、血胸及胸膜腔积液 |
| 呼气困难 | 下呼吸道阻塞性疾病 |
| 呼吸均困难 | 肺实质疾病 |

### （四）呼吸异常各论

1.肋骨骨折

肋骨骨折会有局部疼痛的呼吸动作（快而浅）；小心地触诊可以发现骨摩擦音及断裂处；确诊要使用影像学检查。

2.肺水肿

听诊；严重的病例可以在口鼻部见到粉红色泡沫液体；X射线检查或超声检查；实验室检查。

3.急性支气管收缩

（1）病因。过敏、细菌或寄生虫感染、吸入刺激物，造成急性支气管炎、慢性支气管炎、慢性气喘性支气管炎、肺气肿、支气管气喘等。急诊病例大多数因可逆性支气管收缩或发炎，导致下呼吸道阻塞，严重呼吸困难而就诊。

（2）临床症状。典型特征是呼气困难及时间延长，听诊可听到肺部呼气鸣音。稳定后再进行X射线进行检查，进行气管或支气管的冲洗，采集冲洗液进行细胞学、微生物学检查、心丝虫检查，以及粪检寄生虫卵。

## 七、输液与输血治疗

### （一）输液的目的

补充因脱水造成的体液减少；维持身体适当的水合状态；供应必需的电解质及营养；调节自身的酸碱平衡；确保急救给药的通道。

### （二）脱水程度评估（表 18-1-2）

表 18-1-2 脱水程度评估

| 程度 | 症状 |
| --- | --- |
| 轻微（3%） | 无明显临床症状 |
| 中度（6%） | 眼窝凹陷，尿液浓缩，颈部皮肤拉起后停留 1~2s |
| 重度（7%~12%） | 脉搏快而弱，黏膜苍白，颈部皮肤可拉起旋转，数十秒不回弹 |
| 极度（13% 以上） | 休克濒临死亡 |

### （三）输液方法及途径

静脉、腹腔、口服、皮下等方式输液。

### （四）输血时机

急性失血（PCV<20%）；贫血（PCV<10%）；凝血机能障碍及血小板减少造成致敏性失血或必须给予外科手术时；低蛋白血症：ALB<1.5g/dL 或 TP<3.5g/dL，或需要进行外科手术时。

## 八、内分泌系统

### （一）内分泌急诊的辨别

（1）临床症状。内分泌影响全身代谢功能（图18-1-4），因此可能发生各种急诊症状，包括休克、消化道症状（急性呕吐、腹泻），神经症状（昏迷、抽筋），循环衰竭，体温丢失等。

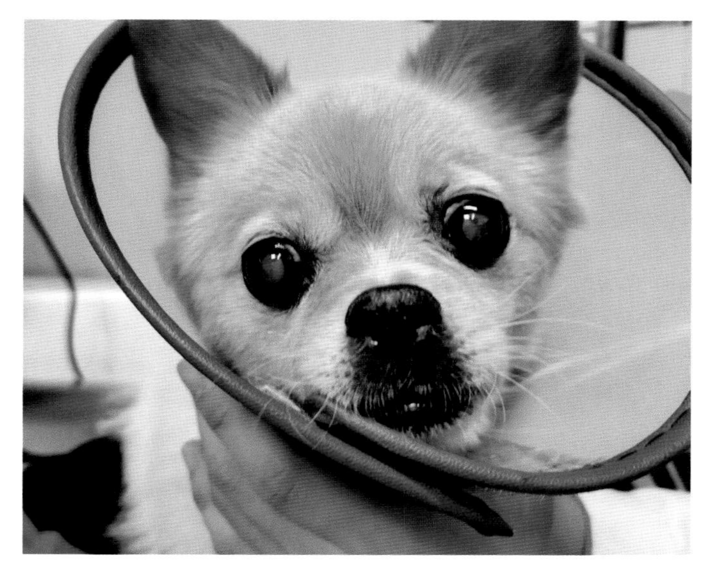

图 18-1-4　糖尿病并发症引起的白内障（施振声 供图）

（2）既往病史。了解病犬有无得过内分泌疾病或相应症状对快速诊断有着重要意义。

### （二）糖尿病（无酮血症糖尿病、酮血症糖尿病、控制失常的糖尿病）

1.无酮血症糖尿病

临床症状：多渴、多尿、消瘦，严重的会发生呕吐，脱水，低体温，意识不清，甚至昏迷。

2.酮血症糖尿病

临床症状：呕吐、脱水、低体温、呼吸急促、发生休克。

3.控制失常的糖尿病

临床症状：虚弱、嗜睡、反应失常、低体温、颤抖、抽搐、心跳加速、昏迷。

### （三）急性肾上腺皮质机能减退

临床症状：身体颤抖、四肢无力、意识不清、厌食、嗜睡，甚至休克。

## 九、神经系统

### （一）癫痫

癫痫是指再发的抽搐，表示前脑功能障碍。导致癫痫的原因可分为颅外及颅内疾病。

（1）颅外疾病。

代谢性疾病：低血糖、低血钙、尿毒性脑病、肝脑病、低血氧、红细胞增多症。

中毒：铅、有机磷等。

营养性：重度缺乏维生素$B_1$末期。

（2）颅内疾病。

原发性癫痫，先天性畸形：水脑症、平脑畸形；退行性疾病，肿瘤：原发性肿瘤或转移性肿瘤。

传染病：犬瘟热、狂犬病、细菌性、真菌性、原发性、立克次体性及寄生虫性。

炎症：肉芽肿性脑脊髓脑膜炎、类固醇反应性脑膜炎、坏死性脑炎等。

创伤：任何头部创伤。

### （二）癫痫连发状态

癫痫连发状态为真正急症状况，定义为连续抽搐超过5min，或5min内连续发生两次及以上，其间动物没有完全恢复正常，若不及时治疗可能会导致脑部缺氧、缺糖、脑水肿、神经细胞死亡，严重者可因心律不齐、呼吸规律不齐、体温过高、酸血症而死亡。

### （三）脊髓创伤

脊髓创伤最重要的一步是先进行固定再进行运送，以免病患进一步受创，应做全身的健康检查以诊断其他威胁生命的情况，如心律不齐、内出血、气胸等，若确定只有脊髓创伤，则需做完整的神经学检查以确定损害部位。

### （四）过敏

过敏性休克：严重的过敏是一种全身性的反应，会造成呼吸系统循环衰竭，甚至导致死亡，会造成全身的过敏反应的因素有很多，大部分是由于过敏原注入到敏感体的体内所发生的过敏反应（图18-1-5）。

图 18-1-5　一例比熊犬发生过敏，面部发生紫癜（施振声 供图）

临床症状：通常在接触过敏原后几秒钟到几分钟会有明显的症状。不同的个体产生的临床差异就很大，人和大部分动物主要出现的都是呼吸道和消化道症状。

胃肠道症状：包括腹痛、反胃、大量呕吐及下痢等。

呼吸道症状：分为上呼吸道症状和下呼吸道症状，相比而言下呼吸道更为严重些，但是都会发生患犬死亡的情况。

心血管方面：循环衰竭、低血压、低血量性休克、昏迷、癫痫发作等。

犬是最特殊的动物，其主要休克的器官不是肺而是肝脏，尤其是肝脏的静脉，因此，出现过敏反应时，犬比较会出现呕吐、下痢排尿等症状，而且有肝脏肿大的影像。

其他类型过敏：消化道过敏、皮肤过敏等。

### （五）荨麻疹及血管神经的水肿

症状十分明显，但一般不会出现危急状况，多注意呼吸道狭窄和呼吸困难的症状。

## 十、中毒

### （一）治疗中毒的基本原则

稳定生命迹象；确定中毒类型；减少毒物的吸收。

### （二）治疗方法

催吐、洗胃、洗肠、泻剂、吸附剂、其他药剂。

### （三）有机磷中毒

临床症状：过度流涎、呕吐、瞳孔缩小、下痢、呼吸困难、肌肉震颤、肛门松弛，严重到呼吸困难发生死亡。

### （四）抗凝血的老鼠药物

临床症状：衰弱、苍白、黑便、流鼻血、血尿、牙龈出血、伤口出血、呼吸困难（图18-1-6）。

### （五）巧克力中毒

临床症状：轻微症状口渴、呕吐、下痢（图18-1-7）、尿失禁、中枢神经兴奋；严重时可能会造成阵发性抽搐，癫痫发作、昏迷甚至死亡。

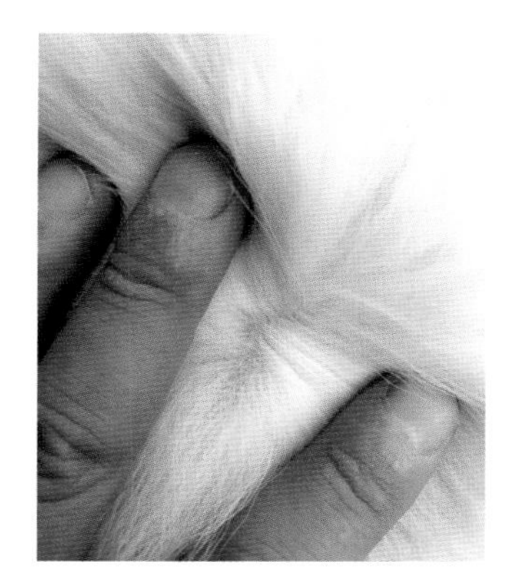
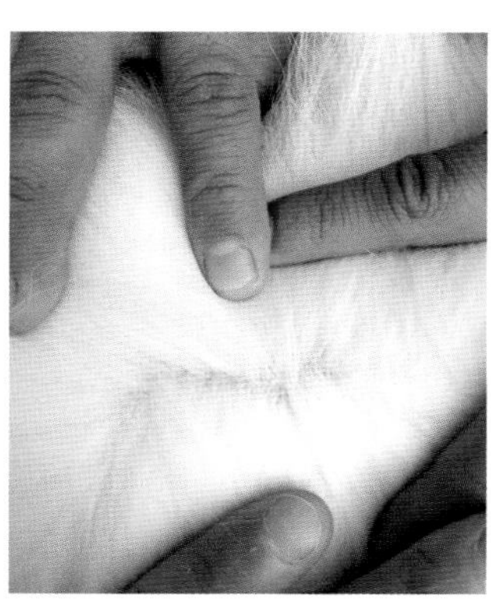
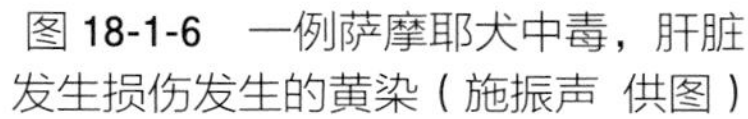

图 18-1-6　一例萨摩耶犬中毒，肝脏发生损伤发生的黄染（施振声　供图）

图 18-1-7　一例犬中毒发生下痢（施振声　供图）

### （六）蛇咬伤

临床症状：有一处以上的咬痕，伤口可能出血，瘀血，水肿；疼痛异常、身上有红斑、生命体征微弱、呕吐、肌肉震颤、低血压、血红素尿、肌红素尿，严重时会有心律不齐、神经症状，甚至休克。

## 十一、泌尿系统

### （一）急性肾衰

临床症状：急性呕吐，下痢，精神抑制。

尿量：通常为少尿，但也可能正常或无尿、多尿。

### （二）下泌尿道阻塞

临床症状：常呈排尿姿势，精神状况较差，疼痛、血尿、少尿或无尿（图18-1-8）。

根据阻塞时间的长短会有不同症状，可能会有尿毒、高血钾、代谢性酸血症。

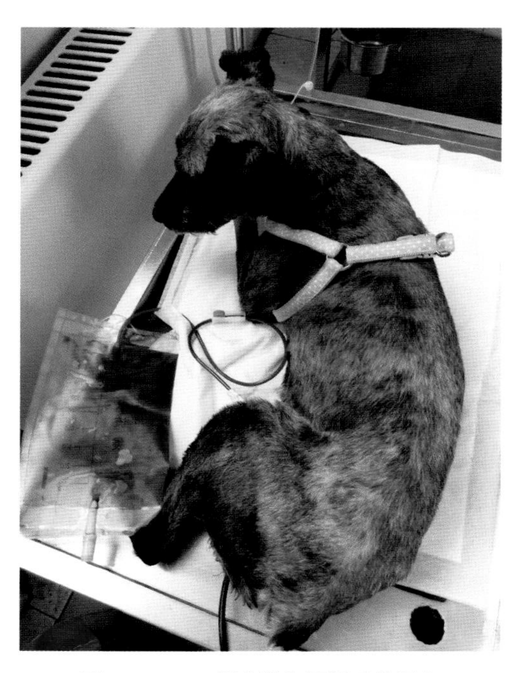

图 18-1-8　一例犬发生尿闭后的尿血（施振声　供图）

### （三）泌尿道破裂

临床症状：腹痛、少尿或无尿、血尿。

高血钾、代谢性酸中毒、尿液漏出导致腹膜炎、休克等。

## 十二、生殖系统

### （一）难产

检查：阴道触诊、影像学检查、超声检查。

### （二）产后急性子宫炎

临床症状：通常发生在产后的7~14d。母畜发热，无食欲，呕吐，奶量下降，腹部膨大，阴道有血样或带有恶臭分泌物流出。

### （三）产后癫痫（产后低血钙）

多见于中小型体形犬，产仔数量较多时。

发生在泌乳前期或怀孕末期。

患犬紧张不安、哀号、喘气、流涎、瞳孔散大、肌肉僵直或痉挛（图18-1-9）。

### （四）子宫蓄脓

临床症状：精神状况较差、无食欲、呕吐、下痢、血样或脓样的分泌物从阴道流出，多饮多尿，腹部膨大。

### （五）子宫破裂

多发生在怀孕中期，分娩或子宫蓄脓时。可能有精神状况较差，发热、呕吐、口渴或腹膜炎。

### （六）子宫扭转

多见于怀孕末期，偶见未怀孕母畜发病。多以急性腹痛为主。

### （七）睾丸扭转

多发生于腹腔内隐睾或肿大的睾丸肿瘤（图18-1-10），偶见正常睾丸。外观明显肿大、疼痛。急性腹痛、厌食、呕吐。

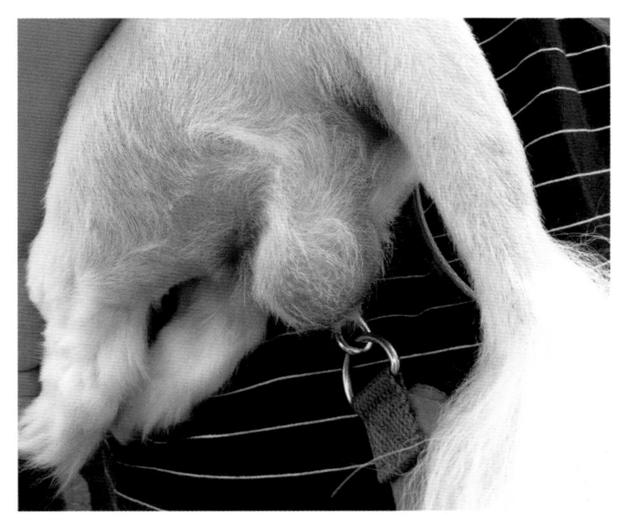

图 18-1-9　一例犬产后低血钙（施振声 供图）

图 18-1-10　公犬的睾丸肿瘤（施振声 供图）

# 第二节　住院护理

## 一、临床护理的重要性

在进行手术后对患犬的护理尤为重要，如护理不好，可导致术后恢复不良、术后感染、内固定发生脱落、折断、骨钉脱落、不牢固、二次骨折、患肢肿胀、坏死等情况的发生。

护理工作贯穿在整个诊疗的过程当中，护理的水平可能决定了术后恢复的结果。

## 二、术后护理要点

在手术完成后不能算是一个病例治疗的全部完成，国内现阶段患犬术后住院管理在一半以上，因此，在这么多的病例当中应该要注意在完成手术后的一切管理。

患犬苏醒过程会出现体温过低、神志不清、过度兴奋、无自主呼吸、苏醒缓慢等状况。

### （一）监护要点

根据手术不同，监护要点也有差异，例如，在骨折手术当中应该多注意手术部位是否肿胀严重，缠绷带后多注意四肢的血液循环，绝育术多注意伤口是否有血渗出情况。

### （二）并发症

一般术后有手术部位出血、腔内出血，血肿、渗血、缝合线开线，患犬自己舔伤口、刀口，发生感染等并发症。

### （三）手术后护理的要点

包括创伤处理的要点、伤口的分类、清创的要点、创口的闭合技术等。

### （四）气管插管拔出流程

（1）关闭麻醉机，维持吸氧5min。

（2）用注射器抽出气囊当中的气体或液体。

（3）防止气管插管对患犬气管造成伤害（未抽出气体，未对插管进行固定，气管黏膜撕裂等）。

（4）注意是否有呕吐动作，防止吸入异物。

（5）松开结扎气管的绷带或纱布条。

（6）检查患犬的吞咽反射。

（7）防止患犬跳下手术台。

（8）解除保定绳，断开监护仪。

（9）输液速度调至维持速度。

（10）将患犬侧卧保定。

（11）监测TPR间隔5min一次直到苏醒。

（12）停止麻醉剂后5min，断开麻醉剂与插管的连接，保证可以随时吸氧。

（13）查看患犬的眼睑反射，掌握苏醒程度。未苏醒的患犬可以刺激反射、按压胸壁、轻轻拍打颈部、牵拉舌头或耳朵等。

（14）一旦患犬开始吞咽动作（2~3次），轻轻拔出插管（多注意短头颅犬种）。

（15）检查插管上是否有血渍以及呕吐物等。

### （五）手术后的苏醒过程

苏醒阶段需要严密监测患犬体况的变化过程，关闭麻醉后要监测患犬的血氧、血压、心律、心跳、心音、呼吸等，同时将输液速度减缓到正常的输液速度进行补液，如果对患犬进行轻抚会有一定的安抚作用。

### （六）术后苏醒阶段

术后苏醒阶段的监护和生命体征的监护记录在拔除气管插管后可以停止。这时患犬可以放到恢复区域或笼子里，一般患犬从麻醉状态到恢复清醒，大约需要1h。在这个阶段可能发生的并发症包括：气道阻塞、低血压、体温低、低血糖及心血管系统异常。这个时期的监护记录不需要像苏醒前那么频繁，但是定期监测重要指标还是要做的，而且最好要记录下来，可以做一个与麻醉记录表类似的简要表格（表18-2-1）。

**表18-2-1 重要体征监测记录**

| 监测项目 | 时间 | | | | | | | | |
|---|---|---|---|---|---|---|---|---|---|
| | 11：00 | 12：00 | 13：00 | 14：00 | 15：00 | 16：00 | 17：00 | 18：00 | 19：00 |
| 体温 | | | | | | | | | |
| 呼吸 | | | | | | | | | |
| 脉搏 | | | | | | | | | |
| 血压 | | | | | | | | | |
| 心律 | | | | | | | | | |

苏醒区域应该设置在医院的安静处，最好是单独设立的空间。护士或助理要定期巡视。该区域还应该预备一定数量的急救药品，以备急需之用。有些医院人手少，不能做到经常有人看护时，可以考虑将苏醒期患犬放在有人工作的区域，以便有人不时照看。苏醒期患犬不可以没人照看。

### （七）与麻醉有关的常见并发症

1. 低体温

大多数麻醉病例会出现体温降低。体温轻度降低，一般不低于36℃的情况是动物机体可以耐受的。如果低于36℃而且有继续下降的趋势是值得注意的，因为体温的降低，会降低机体代谢率，影响细胞活动，进而影响到重要脏器的功能，特别是心脏和大脑对体温很敏感，持续的低体温会影响麻醉的恢复。

体温降低的原因是机体产热低于散热。麻醉状态和手术都会使体温下降。另外，前期麻醉、诱导麻醉及镇痛药物等会影响热调节中枢的功能。而且，由于患犬处于麻醉下，机体对体温的自动调节功能受到抑制，也不能通过肌肉运动产生热量。

提高机体温度非常重要，临床上有多种方法。热水装、温热毯、加温手术台、橡胶手套热水袋、热水瓶、红外加热器、保温毯等都是有效的。在加热的过程中要频繁检查加热的温度，避免出现烫伤！有些过热的处理，烫伤的表现可能过后才会出现。有人建议不要用电热加热毯，因为有过出现烫伤的病例，用热水袋或热水瓶的时候注意垫层物品，以防直接接触导致烫伤。

2.苏醒期躁动

偶尔会有个别患犬在苏醒期出现躁动，表现为跳动、挣扎、叫或四肢呈游泳状。处于这种状态的患犬需要认真关注，往往轻轻地拍打患犬的身体就会使其安静下来，有时可能需要注射少量镇静剂。

3.苏醒期过长

有些患犬的苏醒期特别长。大多数患犬在拔管后2h之内苏醒。苏醒的表现为患犬开始抬头，之后企图站立起来。苏醒期过长的原因有：麻醉深度过深、品种因素、血压过低、肝肾功能不全、神经系统机能障碍、低血糖、体温过低等。对于苏醒期过长的患犬要耐心护理，细心观察，采取相应的措施。一般通过输液、保暖、抚摸及解药等措施帮助患犬度过苏醒期。

### （八）与手术有关的术后并发症

1.出血

在术后的监护过程中，定期检查手术创口，如果有渗血、出血等情况发生，及时用消毒纱布按压止血，通常按压5~10min可以明显控制出血。如护士发现有出血的现象应该及时通知手术医生。手术部位持续出血表明可能有内出血。

有内出血的临床症状是：黏膜苍白、毛细血管再充盈时间延长（>3s）、呼吸加快、腹胀、手术创口周围肿胀、血压持续下降等，最后会导致低血容量性休克。怀疑腹腔内有出血者可以用2mL注射器穿刺腹腔，抽出鲜血时可确认腹腔出血。胸腔手术后怀疑胸腔出血可用同样方法穿刺胸腔。术后出血的原因多种，可能由于患犬本身凝血机能障碍，也可能是由于血管结扎不牢或脱线，还有的是因为术后血压恢复及麻醉药作用消失导致。如果出血严重，可能需要再对患犬进行麻醉，重新手术找到出血点进行结扎止血。

2.血肿

血肿是由于血清渗出，蓄积于皮下造成的皮下肿胀。少量血肿可以通过压迫、热敷等加以制止，多量渗出可以考虑用2mL注射器抽出，然后压迫、热敷以防止复发。

3.开线

手术伤口在愈合前缝合线脱落即为开线。创口由于裂开可发生创口污染。胸腔手术创口开线是非常危险甚至是致命的。开线的原因可能是由于患犬啃咬、过多活动、患犬间打闹、创口感染、打结不牢靠等。对于术后开线可根据情况采取相应的措施，比如开线不多，可以用压迫、弹力舞带加固等，开线较多，影响愈合的情况下，有必要考虑重新缝合。

4.自残

自残行为有时会影响术后愈合。啃咬、舔伤口、抓挠等可影响愈合，甚至导致开线，而且有引起伤口感染的可能。防止自残行为的方法有多种，目的是禁止啃咬，或抑制啃咬行为。方法有：伊丽莎白圈，防止啃咬脖圈（套在脖子上使患犬不能回头），包扎创口，嘴套，后肢绊带（用胶布缠绕后肢附关节以下），在创口周边皮肤涂抹清凉油、辣椒油等。另外现在还有皮肤钉合器（金属钉）等可以选用。

5.感染

当创口发生感染时，愈合就会受到影响。患犬会感觉到疼痛，或发热。创口表现为红、肿、热、痛。缝合线随时有脱落的危险。对术后创口感染的病例，应该及时、彻底、完整地加以处理，可以用冲洗、清创、祛除污染物、抗菌消炎等方法处理。有时可能需要重新缝合。

### （九）术后创口护理

创口包括手术创口、外伤伤口等皮肤的连续性受到破坏的伤口，伤口愈合过程在伤口出现时即开始，整个过程是一个动态过程。要经历几个阶段。影响伤口愈合的因素很多，伤口的良好愈合需要对伤口性质的深入了解和认真地处理。

1. 清创

不论哪种性质的创口，都需要适当的处理以促进伤口的愈合。

2. 创口处理要点

（1）无菌纱布覆盖创面以防止进一步的创伤或污染。

（2）对患犬进行整体检查并采取措施稳定病情。

（3）对伤口取样进行细菌分离培养和药敏试验。

（4）伤口周围局部剪毛，消毒灭菌。

（5）去除组织上的污物和杂质。

（6）彻底冲洗创口。

（7）离要引流的创口要进行引流处理。

（8）保护创面，固定患部以促进愈合。

（9）适当闭合创口。

（10）创面包扎。

3. 注意事项

创口或创面的清洗可以根据情况选用清创液体，包括流水、生理盐水、林格氏液、0.1%的碘伏溶液。抗菌素外用、抗菌素软青外用等都可以考虑。同时根据情况口服或注射抗菌素5~7d。

引流管每天至少冲洗一次，可以沿着引流管冲洗腔内，特别要注意的是创口周围的消毒、清洗。临床上往往容易忽略创口周边的清洗消毒，或是清洗面积太小，影响愈合。

### （十）影响伤口愈合的因素

老年动物、虚弱的体质愈合缓慢，营养不良、肝脏疾病、凝血因子缺乏影响伤口愈合。

其他原发疾病：肾上腺皮质机能亢进或糖尿病。

异物：引流管、骨折内固定植入物、缝合线、土灰、渣尘及木刺等。

手术切口性质：电刀切口比常规切口更容易感染。

药物：类固醇制剂影响创口愈合，同时也会增加感染的机会，化疗及放射疗法也会增加感染概率。

无菌创：在无菌状态下所做的切口属于无菌创，绝育手术的创口也被归类为无菌创。

无菌污染创：创口接触到胃肠道内容物、肺脏或泌尿系物可认定为无菌污染创。

污染创：创口受到严重的污染，创口组织含有异物杂质。

感染创：创口已经发生感染、炎症，有大量细菌的存在，或是有脓液、坏死组织等。外伤创口或手术创口处理不当可发展成感染创（图18-2-1）。

## 三、传染病患犬住院管理

如果可能，所有怀疑患有沙门氏菌、弯曲杆菌、细小病毒感染、窝咳综合征、急性犬上呼吸道疾病综合征、狂犬病或鼠疫等传染病的患犬，都应饲养在医院的隔离区内。

应尽量减少进入隔离区工作人员的数量。进入隔离区时，应把外衣脱在外面，穿外科靴或其他一次性鞋套，并在出口处设置盛有消毒剂的足浴池，供离开隔离区时消毒用。

隔离区的门应向里开，进入隔离区应穿上一次性大褂(或用于护理病例的罩衫)，戴一次性橡胶手套，护理患鼠疫的犬时应戴手术口罩，避免被咬。在隔离区内，应使用单独的医疗设备和消毒剂。

所有取自怀疑或确诊患传染病的患犬的病料，在送往临床病理实验室或诊断实验室时，都应按如下所述明确标记。用压舌板或戴手套取粪便类病料，将其放入带螺旋盖的塑料杯中，将杯子放在洁净的地方，用戴手套的洁净手将盖子拧紧。摘掉手套，将杯子放入另一个袋子中，在袋子上清楚标明所怀疑的传染病病名。对袋子的外表面消毒后将其移出隔离区。隔离区内用过的一次性材料应装入塑料袋中，在用消毒剂对袋子的外表面进行喷雾消毒处理后再移出隔离区。

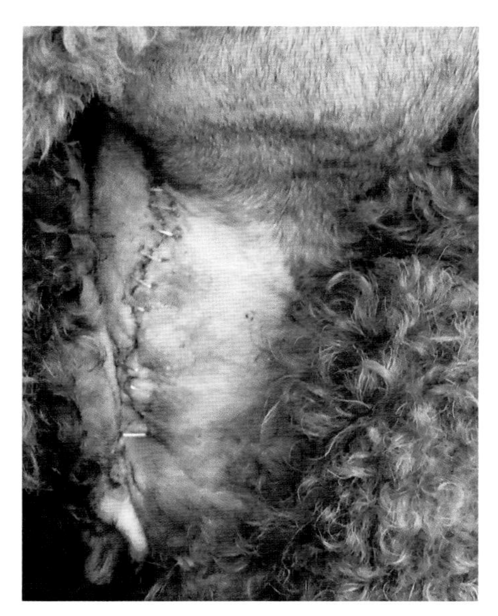

图 18-2-1　术后并发症引起的伤口淤血（施振声 供图）

护理完患犬后，及时清洗和消毒受污染的设备和各种台面，同时弃掉污染的外衣和鞋套，之后清洗双手。砂盆和盘子用清洁剂彻底清洗后，再送回供应中心。最佳做法是，先把需要送还供应中心的外衣和设备放入塑料袋中，在袋子表面喷洒消毒剂，然后将其送往供应中心。

如果可能，尽量将患有传染病的犬使用外科设备和X线检查设备等常规医疗设备的时间安排在当日最后，污染区域消毒处理后方可让其他患犬使用。患犬出院时，应尽可能通过最短的路线到达停车场。

要对笼具进行适当标记，装传染病犬的笼具，不能放在血清阴性犬的笼具旁边或上边。另外，感染犬和未感染犬不能直接接触，也不能共用犬餐具。

## 四、住院部护理级别标准

### （一）四级护理（基础护理）

1.适用对象

无明显异常，生理手术或1级体况术前检查并预约手术的患犬能自主活动，自主进食、进水，自主大小便，无须夜间护理。

2.护理内容

（1）每天监测基本体征（体温、心率和呼吸频率等）。

（2）每日牵溜两次。

（3）按主治医生要求治疗。

### （二）三级护理

1.适用对象

病情无危险性，各种疾病或术后恢复期，术前入院需要输液治疗，无须夜间护理和治疗，患犬

能自主活动、自主饮食饮水、自主大小便。

2.护理内容

（1）每天监测基本体征（体温、心率和呼吸频率等）。

（2）每日牵遛两次。

（3）按主治医生要求治疗。

（4）检查输液装置。

**（三）二级护理**

1.适用对象

重病稳定期（含术后），需长时间输液治疗，需夜间护理和治疗。患犬能自主活动，无饮食欲，呕吐腹泻，排尿频繁。

2.护理内容

（1）每天监测基本体征（体温、心率和呼吸频率等）。

（2）根据患犬情况牵遛（需多次排便、排尿的患犬）。

（3）保持笼具和患犬清洁。

（4）按主治医生要求治疗。

（5）检查输液装置。

（6）夜间巡视频率（大于3h/次）。

**（四）一级护理**

1.适用对象

病情趋向稳定的重症患犬，病情可能随时发生变化的患犬，患犬不能自主活动，无饮食欲，呕吐腹泻，排尿频繁。

2.护理内容

（1）每天监测基本体征（体温、心率和呼吸频率等）。

（2）根据患犬情况辅助大、小便。

（3）保持笼具和患犬清洁。

（4）按主治医生要求治疗。

（5）检查输液装置。

（6）夜间巡视频率（小于3h/次）。

**（五）重症监护**

1.适用对象

病情危重，病情可能随时发生变化，需要进行抢救的患犬。

2.护理内容

（1）根据持续监测动物状况（体温、心率、呼吸频率、血压和脉搏等）。

（2）根据患犬情况辅助大小便。

（3）需要多次清理笼具和患犬。

（4）按主治医生要求治疗。

（5）检查输液装置。

（6）24h看护。

# 第十九章

## 犬疫苗免疫

# 第一节　犬免疫程序

## 一、免疫前体检

犬免疫注射前，应问诊了解年龄、绝育情况、来源、饲养时间和饲养环境。最近2周饮食、健康状况、是否更改饲养环境或出游、是否使用药物和常规驱虫。母犬是否有怀孕。近期的既往病史，如疾病的种类、发病时间、痊愈时间。免疫史，包括免疫的时间、疫苗的种类及免疫的次数。既往免疫不良反应发生的时间、具体表现、持续的时间、采取的措施。免疫前应对犬进行全面细致的体格检查，将犬置于安静、室温环境中10min后开展健康检查。基础的健康检查主要包括体温、心率、呼吸次数、黏膜颜色、毛细血管再充盈时间、皮肤和口腔，以判断犬当前健康状况是否符合免疫接种条件，有针对性地做好免疫反应的预防措施，以降低免疫医疗风险。

## 二、免疫接种条件

6周龄以上或成年的健康犬可进行免疫。当犬处于疾病/亚健康状态，如发热、呕吐、咳嗽等患病期、感染期或患有免疫抑制疾病时不宜接种疫苗。患病犬停药后2周，临床检查健康方可接种疫苗。新养或更换饲养环境的犬，应观察2周确定临床健康后，再接种疫苗，其间避免与免疫史不详的动物接触。怀孕犬一般不建议接种疫苗，建议在备孕前加强免疫。注射疫苗前1周避免旅行、寄养等，减少动物应激，降低疫苗不良反应风险。如有体内寄生虫感染，需先进行驱虫再免疫，建议犬进行体内驱虫7d后再进行免疫或根据临床情况推迟免疫，否则可能影响免疫效果。当母源抗体水平较高时，不建议进行免疫，此时母源抗体会大量甚至完全中和掉弱毒疫苗中的病毒，从而会影响疫苗的免疫效果。

## 三、免疫程序

多联疫苗可以预防狂犬病、犬瘟热、犬细小病毒病、犬传染性肝炎和犬副流感等对犬产生严重威胁的传染病。免疫结束后4周应查抗体确保免疫成功。

### （一）幼犬基础免疫

（1）犬联苗。首次疫苗接种在6~8周龄注射，之后每隔2～4周注射一次，至16周龄及以上，即在幼犬16周龄及以上给予基础免疫的最后一针。

（2）狂犬疫苗。应在3月龄（12周龄）以上，注射狂犬疫苗一次，可与最后一针犬联苗一起免疫。

**（二）成犬加强免疫**

（1）犬联苗。间隔2～4周连续免疫两次。

（2）狂犬疫苗。注射一次，可与第二针犬联苗一起免疫。

**（三）成犬再次免疫**

（1）犬联苗。在6月龄或12月龄加强免疫一次，然后间隔1年再免疫一次。

（2）狂犬疫苗。每间隔1年，注射一次狂犬疫苗，可与犬联苗一起免疫。

## 四、免疫注射流程

（1）详细检查疫苗包装是否完好，标签是否完整，核对疫苗名称，查看有效期、色泽、浑浊度，并将疫苗放置至室温（15～25℃）后方可使用。

（2）摇匀疫苗，用注射器（建议使用5号针头）按无菌操作原则抽取疫苗，并排空注射器内空气；如为冻干疫苗，需先抽取水剂，然后注入到冻干疫苗瓶中，摇匀后再抽出，并排空注射器内空气。

（3）采取站立、坐式或俯卧保定，用酒精棉球对犬腰背部皮肤注射部位进行消毒，待酒精挥发完全或用干棉球擦干（避免酒精影响疫苗免疫效果）后进行疫苗注射。注意将针穿透皮肤进入皮下组织而防止将疫苗注射到皮下间质层，以免产生吸收不良问题。

（4）注射前可轻轻挤压或拍打注射部位可使犬感觉迟钝而便于注射，然用拇指、食指和中指捏起注射部位皮肤，以形成皱褶，并显露皮肤表面。

（5）在消毒部位用已抽取疫苗的注射器穿刺皮肤，注射器针头斜面朝上刺入皮褶进入皮下组织，直至感觉到落空感，确认注射器没有穿透两侧皮肤。

（6）保持注射器不动，回抽注射器内筒形成负压，确认没有血液回流后方可注射；若有血液回流，则更换注射位点；注射时可分散犬的注意力，如给食物、移动或提起前肢、抚摸耳朵或轻拍鼻子、与其说话，以利于注射操作。

（7）注射结束后拔出针头，轻轻按摩注射部位，使液体分散；注射完成后，在安全条件下去除保定措施。注射后需观察30min，如出现过敏反应，应及时进行处理。

# 第二节　犬场免疫程序

犬场饲养密度大，犬运动少，体质较差，抗病能力弱，因此，要注重“预防为主、防治结合”的方针，做好卫生防疫工作，减少疾病的发生。

## 一、加强饲养管理，增强犬机体抵抗力

加强饲养管理，做到科学养犬，提高犬的抵抗力。饲养犬应按个体大小、体质强弱、年龄、性情等分群饲养。仔犬要及时补食，成犬要定时、定量喂饲。防止偏食、饲料单一和突然改变饲料，及时供给足量的清洁饮水，让犬吃好、吃饱，既可防止消化道疾病，又可使其体质健壮，提高机体抗病能力。

## 二、犬场卫生防疫

（1）养殖场大门口应建有消毒池，池内应装满消毒液，并定期更换。严格控制或禁止外人参观。犬饲养区应与生产人员生活区隔离。非工作人员不能入内，工作人员入场时必须严格消毒。场内各种犬舍应严格隔开，杜绝相互串通，以防病原体传播和感染。加强灭鼠、灭蚊、灭蝇以控制传染病传播。

（2）建立严格的卫生消毒制度，搞好环境卫生。新犬舍启用前应进行彻底消毒。及时清除粪尿，保持犬舍清洁、干燥、温暖、通风良好、光线充足，定期对犬舍、用具及活动场地等进行清扫和预防性消毒。病犬或可疑病犬用过的垫料、污染的用具、粪便、犬舍、运动场地都要严格全面消毒。死亡犬应在指定地点解剖，污染用具和用品必须全面严格消毒或灭菌后方能再次使用，剖检后尸体必须专柜保存并进行无害化处理。垃圾、粪便应集中堆放，喷洒消毒药物或用生物热发酵法处理，杀灭病原体，使其无害化。要根据不同的消毒对象，尽量选择高效、低毒、价廉、安全、使用方便、刺激性小的消毒药物，并且现配现用。为确保消毒效果，经常需将物理性、化学性和生物性消毒方法结合使用，以切断传播途径，防止疫病发生和蔓延。

（3）明确专人进行免疫计划的制订、实施，做好免疫记录、统计和上报工作。为预防传染病的发生，犬场应采取自繁自养的方式，避免从外地购犬而传入传染病。必须从外地引进种犬或幼犬时，必须先隔离观察和检疫，检疫时间不得少于30d。检疫合格，免疫预防后方可进入饲养区。对疫区或相邻地区的假定健康犬和健康犬，立即采用相应的疫苗、血清等生物制品或其他药品进行紧急免疫预防。仔犬于20~25日龄时进行常规驱虫，以后每月驱虫1次。至6月龄开始每季度驱虫1次。成年犬每年春、秋季各驱虫1次。

## 三、犬场预防接种

### （一）免疫程序

免疫接种前必须进行健康检查。初生仔犬5~6周龄首次免疫接种，间隔2周再次接种，一般可接种2~3次。3月龄接种狂犬疫苗。成年犬每年接种1次疫苗。免疫程序要根据疫苗生产商提供的说明书和犬场及其周围地区的疫情来制订。免疫结束后4周检测抗体，根据检测结果调整免疫程序。

### （二）预防接种注意事项

（1）疫苗接种最好是在晴朗天气进行。夏季注射疫苗最好在早晨进行，冬季在中午进行。

（2）犬患病、腹泻、体温异常时，应暂缓进行接种，怀孕母犬禁止接种弱毒疫苗。

（3）接种过程中，必须注意皮肤消毒剂不要和弱毒苗接触。针头及注射器应随时更换，如重新使用，应进行冲洗、消毒、干燥。

（4）幼犬接种时应严格按合理的免疫程序进行，以防母源抗体对免疫效果的影响而造成免疫失败。

# 第三节　免疫不良反应及应对措施

## 一、免疫常见不良反应

### （一）局部反应

注射部位疼痛、肿胀、肿块（脓肿、血肿、肉芽肿），局部缺血性血管炎引起的脱毛或毛色改变（图19-3-1）。

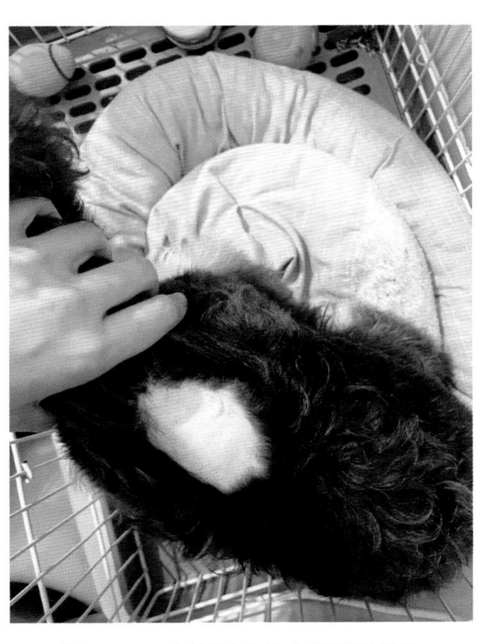

图19-3-1　局部缺血性血管炎引起的脱毛（钟雪　供图）

### （二）全身性反应

1.轻微反应

免疫犬出现发热、精神沉郁、食欲不振、局部淋巴结肿大等。

2.中度反应

免疫犬出现荨麻疹、嘴唇红肿、眼周红肿、关节疼痛、软便等（图19-3-2至图19-3-4）。

3.严重反应

Ⅰ型急性过敏反应，如头面部及颈部肿胀，咽喉部肿胀，免疫犬出现呼吸困难，过敏性休克。严重者呕吐、严重腹泻、站立不稳、癫痫和心功能衰竭甚至死亡。Ⅱ型过敏反应，免疫犬出现免疫介导性溶血性贫血。

## 二、免疫不良反应的处理

### （一）局部疼痛与肿胀

发生初期需密切观察，可在注射后24h内局部冷敷，24h后热敷，促进肿胀的消散。局部缺血性血管炎引起的脱毛或毛色变异现象，无须处理。持久不消退的局部肿块，可穿刺进行鉴别诊断和针对性治疗。肉芽肿，需持续观察肿块变化，如迅速长大或影响生活，可手术切除。血肿，可进行无菌穿刺排出积液，结合热敷进行治疗，可局部或全身使用抗生素。脓肿，小脓肿可口服广谱抗生素进行治疗；大脓肿需切开、清创、引流，按照化脓疮进行处理。同时加强护理，避免患犬自我损伤。

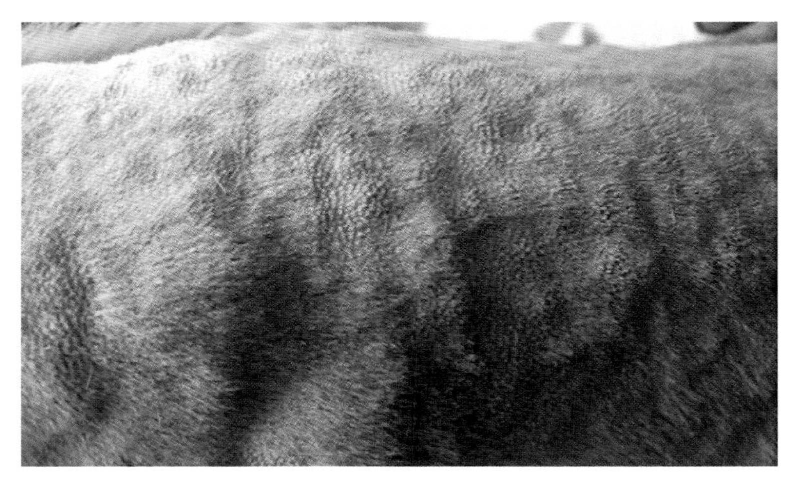

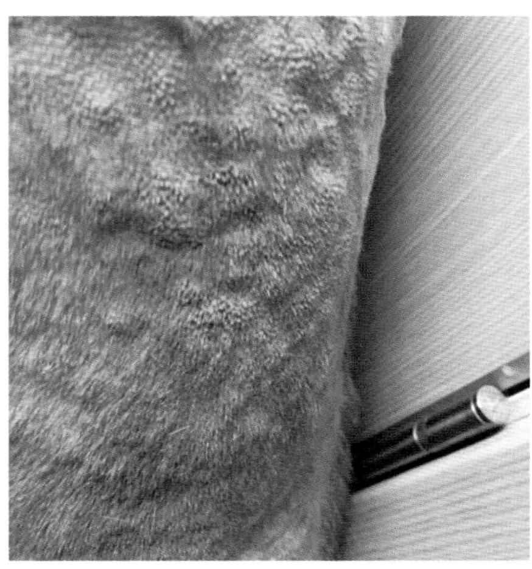

图 19-3-2　中度全身过敏反应：荨麻疹（钟雪 供图）

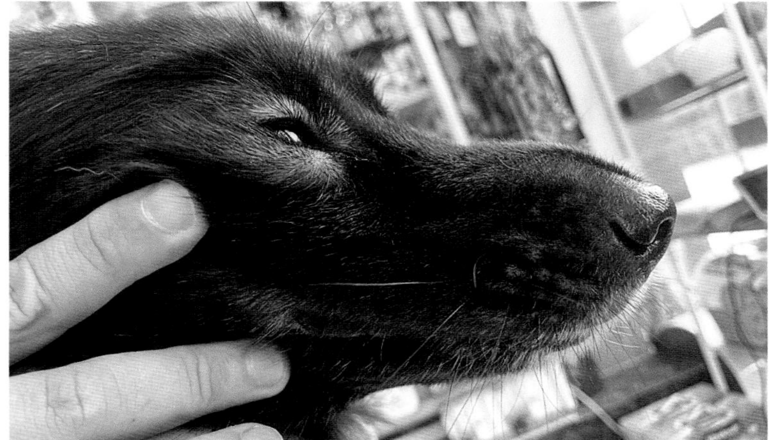

图 19-3-3　中度全身过敏反应：嘴唇红肿（钟雪 供图）

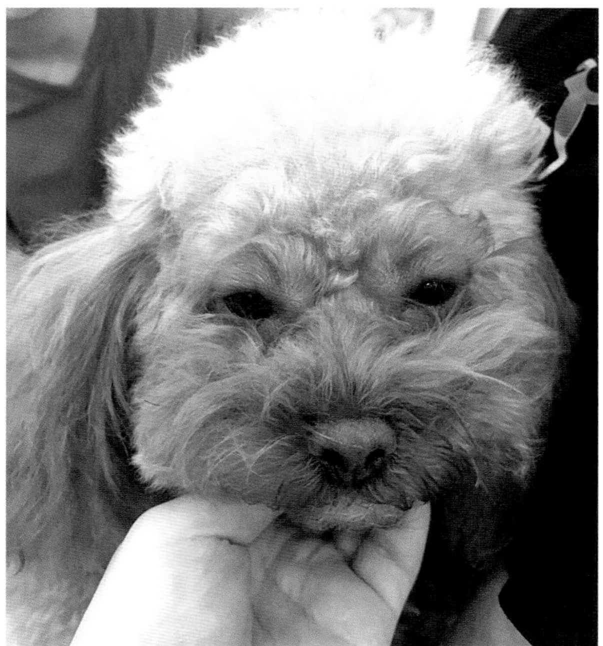

图 19-3-4　中度全身过敏反应：眼周红肿（钟雪 供图）

### （二）全身性反应的处理

1.轻微反应

通常在24~48h后消失，症状超过2d或有加重趋势，须及时就诊。如出现轻度体温升高（高于正常范围0.5℃以下）或者中度体温升高（高于正常范围2℃以下），需加强观察和体温监测，通常无须处理。重度体温升高（高于正常范围2℃以上），可用温湿毛巾反复擦拭少毛处皮肤帮助散热，持续监测体温及其他生命体征，如继续上升可使用退烧药。

2.中度反应

（1）皮肤过敏反应，可使用抗组胺药苯海拉明，每千克体重2mg，皮下或肌内注射。

（2）关节疼痛，不影响活动的轻度疼痛，无须治疗，通常24~48h后消失。显著的关节疼痛，需限制活动，给予非甾体类抗炎镇痛药。

（3）软便，4~6级软便，且24h内少于3次，可用益生菌调理。6/6级水样便，且24h内多于3次，需及时止泻，使用硫糖铝、次碳酸铋防止胃肠道黏膜损伤，并进行输液疗法，维持电解质和酸碱平衡。

3.重度过敏反应

Ⅰ型急性过敏反应：抗组胺药苯海拉明，每千克体重2mg，皮下或肌内注射；抗炎药地塞米松，每千克体重0.2~0.4mg，皮下或肌内注射。过敏性休克患者，如无自主呼吸或心跳，行心肺复苏术；吸氧或气管插管进行人工通气，并同时使用肾上腺素。取1mg/mL规格的肾上腺素，用生理盐水稀释10倍，达到0.1mg/mL，按每千克体重0.01~0.02mg，静脉注射。生理盐水快速静推，后续多巴胺按每分钟每千克体重5μg，持续静脉输液，以维持血压。Ⅱ型过敏反应：严重免疫介导性溶血性贫血，需进行输血治疗。

# 参考文献

常丽影，周丽娜，张晓微，等，2017．一例犬副流感病的诊断治疗[J]．吉林畜牧兽医，38（2）：50.

陈北亨，王建辰．2001．兽医产科学[M]．北京：中国农业出版社.

何燕，2013．犬甲状腺、甲状旁腺机能紊乱症的诊疗[J]．养殖技术顾问（10）：131-132.

何昭坚，2000．小动物内科学[M]．台北：艺轩图书出版社.

何宗耀，周志雄，李文杰，2021．动物布鲁氏菌病的防治[J]．畜禽业，384（5）：85-86.

侯加法，2002．小动物疾病学[M]．北京：中国农业出版社.

黄群山，张家骅，1995．狗、猫的几种甲状旁腺疾病[J]．黑龙江畜牧兽医（9）：37-40.

金艺鹏，林德贵，孙艳争，2013．犬布鲁氏杆菌病[C]．全国养犬学术研讨会暨第七次全国小动物医学学术研讨会论文集．206-207.

孔春华，盖苗苗，金清洙，等，2015．犬出血性胃肠炎的诊断及治疗[J]．民营科技（7）：20.

李纪联，申丽，贺辉，等，2015．3146例狂犬病暴露病例的流行病学特征分析[J]．疾病监测与控制杂志，9（1）：39-40.

李娟，2017．犬布鲁氏杆菌病的防治[J]．湖北畜牧兽医，38（9）：14-15.

李卫东，2015．宠物犬出血性胃肠炎的中西医治疗[J]．甘肃畜牧兽医，45（8）：42-43.

李雪云，陈永坤，范颖，等，2021．犬流感病毒起源进化和宿主适应性机制研究进展[J]．病毒学报，37（1）：226-233.

李佑民，1985．家畜传染病学[M]．长春：吉林科学技术出版社.

刘建林，罗士仙，2015．中西医结合治疗犬出血性胃肠炎综合症[J]．中兽医学杂志（2）：57.

马玉海，莫卓寿，华班，等，1998．华南军警犬结核病调查[J]．中国兽医科技，28（1）：12.

莫彦宁，2014．广西H3N2亚型和H1N1亚型宠物犬流感病毒的分子流行病学调查及其遗传进化分析[D]．南宁：广西大学.

沈志勇，2017．犬出血性胃肠炎的病因及对策[J]．河南农业（9）：53，57.

施旭光，凌锋，2014．布鲁氏菌病研究进展[J]．浙江预防医学，26（6）：576-580.

宋彩玲，2015．犬副流感病毒单克隆抗体的制备及竞争ELISA检测方法的建立[D]．沈阳：东北农业大学.

王凤雪，温永俊，2007．犬副流感病的诊治[J]．吉林畜牧兽医（5）：38-39，41.

王伟，陈鸿军，刘佩红，等，2009．犬结核SYBRGreen荧光定量PCR检测方法的建立[J]．中国动物传染病学报，17（2）：55-59.

温彪，刘成功，孙林，2012．犬副流感的诊治[J]．畜牧兽医杂志，31（1）：108-109.

夏咸柱，1993．养犬大全[M]．长春：吉林人民出版社.

夏兆飞，陈艳云，王姜维，等译，2019．小动物内科学[M]．5版．北京：中国农业大学出版社.

肖士勇，2017．犬甲状旁腺亢进的诊断和治疗[J]．饲料博览（7）：65.

谢松松，崔步云，郑嵘灵，等. 2019. 丝绸之路沿线国家布鲁氏菌病的流行特点及防控策略[J]. 中国人兽共患病学报，35（5）：416-420.

杨晓琳，2014. 犬甲状旁腺机能亢进症与减退症的诊治[J]. 现代畜牧科技（3）：133.

杨秩，2016. 幼犬副流感的综合治疗[J]. 中国畜牧兽医文摘，32（4）：198-199.

殷震，刘景华，1997. 动物病毒学[M]. 2版. 北京：科学出版社.

于恩庶，林继煌，陈观今，等，1996. 中国人兽共患病学[M]. 2版. 福州：福建科学技术出版社.

于志君，张醒海，张坤，等，2015. 犬流感研究新进展[J]. 中国病原生物学杂志，10（8）：768-771.

余春，刘慧芬，刘国华，等，2001. 犬副流感的诊治[J]. 中国兽医科技（8）：34-35.

张博，2018. 一例犬布鲁氏杆菌病的诊治与体会[J]. 黑龙江畜牧兽医（16）：213-214.

张建波，博永刚，2018. 中西医诊治犬出血性胃肠炎[J]. 兽医导刊（13）：69-70.

章孝荣，2011. 兽医产科学[M]. 北京：中国农业大学出版社.

赵德明，2005. 兽医病理学[M]. 2版. 北京：中国农业大学出版社.

赵兴绪，2009. 兽医产科学[M]. 4版. 北京：中国农业出版社.

赵兴绪，2002. 兽医产科学[M]. 3版. 北京：中国农业出版社.

钟志军，彭广能，白永平，等. 2007. 噬菌体生物扩增法检测犬结核病[J]. 中国动物检疫，24（3）：35-36.

仲晓丽，2015. 犬副流感病毒单克隆抗体的制备及单链抗体蛋白的表达和活性鉴定[D]. 武汉：华中农业大学.

周德忠，刘凯，林泽坤，等. 2017. 犬肺结核病的诊治[J]. 中兽医学杂志，196（3）：73.

朱璐宇，2018. 犬副流感弱毒疫苗株全基因组序列分析及基因组全长cDNA克隆质粒、辅助质粒的构建[D]. 呼和浩特：内蒙古农业大学.

朱士恩，2006. 动物生殖生理学[M]. 北京：中国农业出版社.

AGUIRRE G D, ACLAND G M, 1988. Variation in retinal degenera- tion phenotype inherited at the prcd locus[J]. Experimental Eye Research, 46: 663-687.

ALLEN P, PAU L, 2014. A topical review: Gastropexy for prevention of gastric dilatation-volvulus in dogs: History and techniques[J]. Top Companion Anim Med, 29:77-80.

AYVAZ M, CAĞ LAR O, YILMAZ G, et al., 2011. Long-term outcome and quality of life of patients with unstable pelvic fractures treated by closed reduction and percutaneous fixation. Ulus Travma Acil Cerrahi Derg. 2011 May;17(3):261-6. PMID: 21935806.Vassalo, F.G., Rahal, S.C., Agostinho, F.S. et al. (2015). Gait analysis in dogs with pelvic fractures treated

AYVAZ M, CAĞ LAR O, YILMAZ G, et al., 2011. Long-term outcome and quality of life of patients with unstable pelvic fractures treated by closed reduction and percutaneous fixation. Ulus Travma Acil Cerrahi Derg, 17(3):261-266.

Azad R, 1989. Medical therapy of cataracts, yet again? [J]. Indian Journal of Ophthalmology, 37:119.

Babizhayev M A, Deyev A I, et al., 2004. Lipid peroxidation and cataracts: N-acetylcarnosine as a therapeutic tool to manage age- related cataracts in human and in canine eyes[J]. Drugs in R&D, 5 ( 3 ) :125-139.

BAKER G J, FORMSTON C, 1968. An evaluation of transplantation of the parotid duct in the treatment of kerato-conjunctivitis sicca in the dog[J]. Journal of Small Animal Practice, 9: 261-268.

BARASH N R, LASHNITS E, KERN Z T, et al., 2022. Outcomes of esophageal and gastric bone foreign bodies in dogs[J]. J Vet Intern Med, 36(2):500-507.

BARNETT K C, 1965. Canine retinopathies: I. History and review of the literature[J]. Small Animal Practice, 6:41-55.

BARNETT K C, 1969. Primary retinal dystrophies in the dog[J]. the American Veterinary Medical Association, 154:804-808.

BARROS P, GARCIA J, LAUS J, et al., 1998. The use of xenologous amniotic membrane to repair canine corneal perforation created by penetrating keratectomy[J]. Veterinary Ophthalmology, 1: 119-123.

BAS S, BAS A, LÓPEZ I, et al., 2005. Nutritional secondary hyperparathyroidism in rabbits[J]. Domestic Animal Endocrinology, 28(4):380-390.

BAUMGÄRTNER W K, KRAKOWKA S, KOESTNER A, et al., 1982. Acute Encephalitis and Hydrocephalus in Dogs Caused by Canine Parainfluenza Virus[J]. Veterinary Pathology, 19(1):79-92.

BELL J, 2014. Topical review: Inherited and predisposing factors in the development of gastric dilatation volvulus in dogs[J]. Top Companion Anim Med, 29:60-3.

BENTLEY E, ABRAMS G A, COVITZ D, et al., 2001. Morphology and immunohistochemistry of spontaneous chronic corneal epithelial defects ( SCCED ) in dogs[J]. Investigative Ophthalmology and Visual Science, 42: 2262-2269.

BENTLEY E, MILLER P E, DIEHL KA, 2003. Use of high-resolution ultrasound as a diagnostic tool in veterinary ophthalmology[J]. the American Veterinary Medical Association, 223:1617-1622.

BERDOULAY A, ENGLISH R V, NADELSTEIN B, 2005. Effect of topical 0.02% tacrolimus aqueous suspension on tear production in dogs with keratoconjunctivitis sicca[J]. Veterinary Ophthalmology, 8 ( 4 ): 225-232.

Bernard Vallat, 2014. No more Deaths from Rabies [J]. OIE， Bulletin (3):1-2.

BERSON E L, ROSNER B, SANDBERG M A, et al., 2004. Clinical trial of docosahexaenoic acid in patients with retinitis pigmentosa receiving vitamin A treatment[J]. Archives of Ophthalmology, 122:1297-1305.

BESALTI O, ERGIN I, 2012. Cystocele and rectal prolapse in a female dog[J]. Can Vet J, 53(12):1314-1316. PMID: 23729830; PMCID: PMC3500125.

BINDER D R, HERRING I, et al., 2007. Outcomes of nonsurgical management and efficacy of demecarium bromide treatment for primary lens instability in dogs: 34 cases（1990-2004）[J]. the American Veterinary Medical Association, 231（1）:89-93.

BINVEL M, POUJOL L, PEYRON C, et al., 2018. Endoscopic and surgical removal of oesophageal and gastric fishhook foreign bodies in 33 animals[J]. J Small Anim Pract. 59(1):45-49. doi: 10.1111/jsap.12794. Epub 2017 Nov 30. PMID: 29194670.

BLOGG J R, Philadelphia: WB Saunders. 1980. Diseases of the 3rd eyelids[J]. The Eye in Veterinary Practice（Extraocular Disease）, 295-346.

BREITKOPF M, HOFFMAN B, BOSTEDT H, 1997. Treatment of pyometra (cystic endometrial hyperplasia in bitches with antiprogestin[J]. J Reprod Fertil (suppl 51):327.

BRON A, BROWN A, et al., 1987. Medical treatment of cataract[J]. Eye, 1:542-550.

BUSSADORI C, DEMADRON E, SANTILLI R, et al., 2001. Balloon valvuloplasty in 30 dogs with pulmonic stenosis: Effect of valve morphology and annular size on initial and 1-year outcome[J]. J Vet Intern Med, 15:553-558.

BONAGURA J, ETTINGER S, et al., 2009. Guideline for diagnosis and treatment of canine chronic valvular heart disease[J]. J Vet Intern Med, 23:1142-1150.

BUSSIERES M, KROHNE S G, STILES J. et al., 2004. The use of porcine small intestinal submucosa for the repair of full-thickness corneal defects in dogs, cats and horses[J]. Veterinary Ophthalmology, 7: 352-359.

CARASTRO S M, DUGAN S J, PAUL A J. 1992. Intraocular dirofilariasis in dogs[J]. Compend Contin Educ Pract Vet, 14（2）:209-215.

CARMEL T. MOONE Y, MARK E, PETERSON, 2014. BSAVA manual of canine and feline endocrinology. The third edition[M]. Gloucester: British small animal veterinary association.

CARRINGTON S D, BEDFORD P G C, GUILLON J P, et al., 1987. Polarized light biomicroscopic observations on the precorneal tear film: 2. Keratoconjunctivitis sicca in the dog[J]. Journal of Small Animal Practice, 28(8):671-680.

CASTLEMAN W, POWE J, CRAWFORD PATTI, et al., 2010. Canine H3N8 Influenza Virus Infection in Dogs and Mice[J]. Veterinary pathology, 47(3): 507-517.

CHANDLER H L, GEMENSKY-METZLER A J, BRAS I D, et al., 2010. In vivo effects of adjunctive tetracycline treatment on refractory corneal ulcers in dogs[J].the American Veterinary Medical Association, 237:378-386.

COLOPY-POULSEN S A, DANOVA N A, HARDIE R J et al., 2005. Managmg feline obstipation secondary to pelvic fracture. Compendium of Continuing Education for the Small Animal Practitioner 42, 662-669.

CORNELL K. STOMACH. IN: TOBIAS K, JOHNSTON S, eds. Veterinary Surgery:Small Animal. 1st ed.

St. Louis: Saunders; 2012:1484-1412.

CORRIGAN V K, LEGENDRE A M, WHEAT L J, et al., 2016. Treatment of disseminated aspergillosis with posaconazole in 10 dogs[J]. Journal of Veterinary Internal Medicine, 30:167-173.

COSTA D, LEIVA M, SANZ F, et al., 2019. A multicenter retrospective study on cryopreserved amniotic membrane transplantation for the treatment of complicated corneal ulcers in the dog[J]. Veterinary Ophthalmology, 22: 695-702.

CURTIS R, BARNETT K C, 1980. Primary lens luxation in the dog[J]. The Small Animal Practice, 21（12）: 657-668.

CURTIS R, 1990. Lens luxation in the dog and cat[J]. The Veterinary Clinics of North America: Small Animal Practice, 20（3）:755-773.

DA SILVA E G, POWELL C C, GIONFRIDDO J R, et al., 2011. Histologic evaluation of the immediate effects of diamond burr debridement in experimental super cial corneal wounds in dogs[J]. Veterinary Ophthalmology, 14:285-291.

DAVIDSON A P, FELDMAN E C, NELSON R W, 1992. Treatment of pyometra in cats, using prostaglandin F2 α : 21 cases(1982-1990)[J]. J Am Vet Med Assoc, 200: 825.

DAVIDSON H J, et al., 2002. Effect of topical ophthalmic latanoprost on intraocular pressure in normal horses[J]. Vet Ther, 3:72.

DAVIDSON M G, et al., 1991. Phacoemulsification and intraocular lens implantation: a study of surgical results in 182 dogs[J]. Vet Comp Ophthalmol, 1:233.

DAVIDSON W R, APPEL M J, DOSTER G L, et al., 1992. Diseases and parasites of red foxes, gray foxes, and coyotes from commercial sources selling to fox-chasing enclosures[J]. J Wildl Dis, 28(4):581-589.

DEEHR A J, DUBIELZIG R R, 1998. A histopathological study of iridociliary cysts and glaucoma in golden retrievers[J]. Vet Ophthalmol, 1:153.

DEROY C, CORCUFF J B, BILLEN F, et al., 2015. Removal of oesophageal foreign bodies: comparison between oesophagoscopy and oesophagotomy in 39 dogs[J]. J Small Anim Pract, 56(10):613-617.

DI PALMA C, PASOLINI M P, NAVAS L, et al., 2022. Endoscopic and Surgical Removal of Gastrointestinal Foreign Bodies in Dogs: An Analysis of 72 Cases[J]. Animals (Basel). 27;12(11):1376.

DUGAN S J, SEVERIN G A, HUNGERFORD L L, et al., 1992. Clinical and histologic evaluation of the prolapsed third eyelid gland in dogs [J]. the American Veterinary Medical Association, 201（12）:1861-1867.

DYE T L, TEAGUE H D, OSTWALD D A, et al., 2002. Evaluation of a technique using the carbon dioxide laser for the treatment of aural hematomas[J]. J Am Anim Hosp Assoc, 38:385-390.

EKESTEN B, NARSTROM K, 1991. Correlation of morphologic features of the iridocorneal angle to intraocular pressure in Samoyeds[J]. Am J Vet Res, 52:1875.

EKESTEN B, TORRANG I, 1995. Age-related changes in ocular distances in normal eyes of Samoyeds[J]. Am J Vet Res, 56:127.

EKESTEN B, TORRANG I, 1995. Heritability of the depth of the opening of the ciliary cleft in Samoyeds[J]. Am J Vet Res, 56:1138.

FAURON A H C, DÉJARDIN L M. 2018. Sacroiliac luxation in small animals: treatment options[J]. Companion Animal, 23(6): 322-332.

FELDMAN E C , BRUCE H , RACHEL P , et al., 2005. Pretreatment clinical and laboratory findings in dogs with primary hyperparathyroidism: 210 cases (1987-2004)[J]. Journal of the American Veterinary Medical Association, 227(5):756-761.

FELDMAN E C, 2015. Chapter 16-Hypocalcemia and Primary Hypoparathyroidism[M]//Feldman E C, Nelson R W, Reusch C E, et al. Canine and Feline Endocrinology (Fourth Edition). St. Louis: W.B. Saunders, 625-648.

FOSSUM T W, HEDLUND C S, JOHNSON A L, et al., 2007. Small Animal Surgery[M]. 3rd ed. St. Louis, Missouri: Elsevier.

FRITSCHE J, SPIESS B M, RÜHLI M B, et al., 1996. Prolapsus bulbi in small animals: a retrospective study of 36 cases[J]. Tierarztliche Praxis, 24（1）: 55-61.

GASPARINI S, FONFARA S, KITZ S, et al., 2020. Canine dilated cardiomyopathy: diffuse, remodeling, focal lesions, and the involvement of macrophages and new vessel formation[J]. Vet Pathol, 57（3）:397-408.

GAY G, BURBIDGE H M, BENNETT P, 2000. Pulmonary Mycobacterium bovis infection in a dog[J]. N Z Vet J, 48(3):78-81.

GELATT K N, BROOKS D E, 1999. The canine glaucomas, in Gelatt KN（editor）[J]: Veterinary Ophthalmology, 3rd ed. Lippincott Williams & Wilkins, Philadelphia.

GELATT K N, MACKAY E O, 2001. Changes in intraocular pressure associated with topical dorzolamide and oral methazolamide in glaucomatous dogs[J]. Vet Ophthalmol, 4:61.

GELATT K N, MACKAY E O, 2004. Prevalence of the breed-related glaucomas in pure-bred dogs in North America[J]. Vet Ophthalmol, 7:97.

GELATT K N, MACKAY E O, 2004. Secondary glaucomas in the dog in North America[J]. Vet Ophthalmol, 7:245.

GEMMILL T J, CLEMENTS D N, 2016. BSAVA manual of canine and feline fracture repair and management[M]. British Small Animal Veterinary Association.

GERDING P A, MCLAUGHLIN S A, TROOP M W, 1988. Pathogenic bacteria and fungi associated with external ocular diseases in dogs: 131 cases（1981-1986）[J]. the American Veterinary Medical Association, 193（2）:242-244.

GILGER B C, HAMILTON H L, WILKIE D A, et al., 1995. Traumatic ocular proptoses in dogs and cats: 84 cases（1980-1993）[J]. the American Veterinary Medical Association, 206（8）:1186-1190.

GILLEY R S, CAYWOOD D D, LULICH J P, et al., 2003. Treatment with a combined cystopexy-colopexy for dysuria and rectal prolapse after bilateral perineal herniorrhaphy in a dog[J]. J Am Vet Med Assoc. 15;222(12):1717-21, 1706. doi: 10.2460/javma.2003.222.1717. PMID: 12830864.

GLAZE M B, 1991. Ocular allergy. Seminars in Veterinary Medicine and Surgery (Small Animal), 6(4):296-302.

GOTTHELF L, 2004. Small Animal Ear Diseases: An Illustrated Guide[M]. 2nd ed. St. Louis, Missouri: Elsevier.

GYORFFY A, SZIJARTO A, 2014. A new operative technique for aural haematoma in dogs: A retrospective clinical study[J]. Acta Veterinaria Hungarica. 62:340-347. [PubMed] [Google Scholar]

HAFFNER J C, FECTEAU K A, AND EILER H, 2003. Inhibition of collagenase breakdown of equine corneas by tetanus antitoxin, equine serum and acetylcysteine[J]. Veterinary Ophthalmology, 6: 67-72.

HAKANSON N E, LORIMER D, MERIDETH R E, 1988. Further comments on conjunctival pedicle grafting in the treatment of corneal ulcers in the dog and cat[J]. the American Animal Hospital Association, 24: 602-605.

HAKANSON N, FORRESTER S, 1990. Uveitis in the dog and cat[J]. Vet Clin North Am Small Anim Pract, 20（3）:715-735.

HAMILTON M H, EVANS D A, LANGLEY-HOBBS S J, 2009. Feline ilial fractures: assessment of screw loosening and pelvic canal narrowing after lateral plating[J]. Vet Surg, 38: 326-333.

HAN R I, CLARK C H, BLACK A, et al., 2013. Morphological changes to endothelial and interstitial cells and to the extra-cellular matrix in canine myxomatous mitral valve disease（endocardiosis）[J]. The Veterinary Journal, 197:388-394.

HAYES G, 2009. Gastrointestinal foreign bodies in dogs and cats: a retrospective study of 208 cases[J]. J Small Anim Pract, 50(11):576-83. doi: 10.1111/j.1748-5827.2009.00783.x. Epub 2009 Oct 8. PMID: 19814770.

HELPER LC, 1996. The tear film in the dog. Causes and treatment of diseases associated with overproduction and underproduction of tears[J]. Animal Eye Research, 15: 5-11.

HENDRIX D V H, BONAGURA J D, et al., 2000. Differential diagnosis of the red eye[J]. Kirk’s Current Veterinary Therapy: 1042-1045.

HNILICA K, 2010. Small Animal Dermatology: A Color Atlas and Therapeutic Guide[M]. 3rd ed. St. Louis, Missouri: Elsevier.

HOWES EL J R, 1985. Basic mechanisms of pathology[J]. Ophthalmic Pathology,Vol. 1:1-108.

JOHNSON A L, HOULTON J E F, VANNINI R, 2005. AO principles of fracture management in the dog and cat[M]. Georg Thieme Verlag.

JOHNSON M S, MARTIN M, BINNS S, et al., 2004. A retrospective study of clinical findings, treatment and outcome in 143 dogs with pericardial effusion[J]. Journal of Small Animal Practice, 45:546-552.

JOHNSON B W, GERDING P A, MCLAUGHLIN S A, et al., 1988. Nonsurgical correction of entropion in Shar Pei puppies[J]. Veterinary Medicine, 83:482-483.

JOYCE J A. 1994. Treatment of canina aural haematoma using an indwelling drain and corticosteroids[J]. J Small Anim Pract, 35:341-344.

KADOR P F, BETTS D, et al., 2006. Effects of topical administration of an aldose reductase inhibitor on cataract formation in dogs fed a diet high in galactose[J]. American Journal of Veterinary Research, 67（11）: 1783-1787.

KANG YOUNG, KIM HEUI, KU KEUN, et al., 2013. H3N2 canine influenza virus causes severe morbidity in dogs with induction of genes related to inflammation and apoptosis[J]. Veterinary research, 44(1): 92.

KASWAN R L, SALISBURY M A, 1990. A new perspective on canine keratoconjunctivitis sicca: treatment with ophthalmic cyclosporine[J]. Veterinary Clinics of North America: Small Animal Practice, 20:583-613.

KEENE B, ATKINS C, BONAGURA J, et al., 2019. ACVIM consensus guidelines for the diagnosis and treatment of myxomatous mitral valve disease in dog[J]. J Vet Intern Med, 33（3）:1-14.

KERN T J, 2004. Antibacterial agents for ocular therapeutics[J]. Veterinary Clinics of North America: Small Animal Practice, 34:655-668.

KLAUSS G, GIULIANO E A, MOORE C P, et al., 2007. Keratoconjunctivitis sicca associated with administration of etodolac in dogs[J]: 211 cases（1992-2002）. JAVMA;230（4）:541-547.

LACERDA R P, PEÑA GIMENEZ M T, LAGUNA F, et al., 2017. Corneal grafting for the treatment of full-thickness corneal defects in dogs: a review of 50 cases[J]. Vet Ophthalmol, 20: 222-231.

LANDON B P, ABRAHAM L A, CHARLES J A, et al., 2007. Recurrent rectal prolapse caused by colonic duplication in a dog[J]. Aust Vet J. 85(9):381-5. doi: 10.1111/j.1751-0813.2007.00173.x. PMID: 17760944.

LARRY PATRICK TILLEY, FRANCIS W K, SMITH J R, 2004. The 5-minute veterinary consult: canine and feline. The third edition. Philadelphia: Lippincott Williams & Wilkins.

LASSALINE-UTTER M, CUTLER T J, MICHAU T M, et al., 2014. Treatment of nonhealing corneal ulcers in 60 horses with diamond burr debridement（2010-2013）[J]. Vet Ophthalmol, 17: 76-81.

LAVACH J D, THRALL M A, BENJAMIN M M, et al., 1977. Cytology of normal and inflamed conjunctivas in dogs and cats[J]. Journal of the American Veterinary Medical Association, 170(7):722-727.

LENARDUZZI R F, 1983. Management of eyelid problems in Chinese Shar-Pei puppies[J]. Veterinary Medicine, Small Animal Clinician, 78:548-550.

LEVIN L, NILSSON S, VER HOEVE J, et al., 2011. Formation and function of the tear film. In: Adler's Physiology of the Eye (eds Kaufman, P. & Alm, A.), 11th ed.

LIPPINCOTT WILLIAMS & WILKINS, 2000. Diseases and surgery of the canine anterior uvea[J]. Essentials of Veterinary Ophthalmology, 197-225.

LIU S, WEITZMAN I, JOHNSON G G, 1980. Canine tuberculosis[J]. J Am Vet Med Assoc, 177(2):164-167.

MACE S, SHELTON G D, EDDLESTONE S, 2013. Megaösophagus bei Hund und Katze [Megaesophagus in the dog and cat]. Tierarztl Prax Ausg K Kleintiere Heimtiere, 41(2):123-31; quiz 132. German. PMID: 23608968.

MACPHAIL C, 2016. Current treatment options for auricular hematomas[J]. Vet Clin Small Anim Pract, 46:635-641.

MAERTENS J A, RAHAV G, LEE DG, et al., 2021. Posaconazole versus voriconazole for primary treatment of invasive aspergillosis: a phase 3, randomised, controlled, non-inferiority trial[J]. Lancet, 397:499-509.

MATTHEW W MILLER, et al., 2006. Angiographic classification of patent ductus arteriosus morphology in the dog[J]. J Vet Cardiol. 8（2）:109-114.

MAYER M N, J O DEWALT N SIDHU, G N MAULDIN, et al., 2019. Outcomes and adverse effects associated with stereotactic body radiation therapy in dogs with nasal tumors: 28 cases (2011-2016)[J]. Javma-Journal of the American Veterinary Medical Association, 254(5): 602-612.

MEHAIN S O, HAINES J M, GUESS S C, 2022. A randomized crossover study of compounded liquid sildenafil for treatment of generalized megaesophagus in dogs[J]. Am J Vet Res, 83(4):317-323. doi: 10.2460/ajvr.21.02.0030. PMID: 35066488.

MICHAEL J D, 2009. Canine sino-nasal aspergillosis: parallels with human disease[J]. Medical Mycology, 47, 315-323.

MILLER M W, GORDON S G, SAUNDERS A B, et al., 2006. Angiographic classification of patent ductus arteriosus morphology in the dog[J]. Journal of Veterinary Cardiology, 8:109-114.

Miller W, Griffin C, Campbell K, 2012. Muller and Kirk's Small Animal Dermatology. 7th ed. St. Louis, Missouri: Elsevier.

MILLICHAMP N J, DZIEZYC J, 1991. tors of ocular inflammation[J]. Prog Vet Comp Ophthalmol, 1（1）:41-58.

MINAMI S et al, Successful laparoscopic assisted ovariohysterectomy in two dogs with pyometra[J], Vet Med Sci, 59:845, 1997.

MOENS N, DECAMP C E, 2016. Fractures of the Pelvis. In: Johnston SA, Tobias KM, editors. Veterinary Surgery Small Animal. 2nd edition. St Louis, MO: Elsevier Saunders, 938-956.

MOORE C P, COLLIER L L, 1990. Ocular surface disease associated with the loss of conjunctival goblet cells in dogs[J]. Journal of the American Animal Hospital Association, 26:458-465.

MOORE C P, 2004. Immunomodulating agents[J]. Veterinary Clinics of North America: Small Animal Practice, 34, 725-737.

MOORE C P, WILSMAN N J, NORDHEIM EV, et al., 1987. Density and distribution of canine conjunctival goblet cells[J]. Investigative Ophthalmology and Visual Science, 28:1925-1932.

MORGAN R, ABRAMS K, 1994. A comparison of six different therapies for persistent corneal erosions in dogs and cats[J]. Veterinary and Comparative Ophthalmology, 4:38-43.

MORGAN R V, DUDDY J M, MCCLURG K, 1993. Prolapse of the gland of the third eyelid in dogs: a retrospective study of 89 cases（1980-1990）[J]. the American Animal Hospital Association, 29（1）:56-60.

MORTIER J R, AND L, BLACKWOOD, 2020. “Treatment of nasal tumours in dogs: a review[J].” Journal of Small Animal Practice, 61(7): 404-415.

MOUZIN D E, LORENZEN M J, HAWORTH J D, et al., 2004. Duration of serologic response to five viral antigens in dogs[J]. J Am Vet Med Assoc, 224(1):55-60.

MURPHY C J, POLLOCK R V S, 1993. The eye. In: Miller’s Anatomy of the Dog (ed. Evans, H.E.), 3rd ed., pp.1009-1057.

MURPHY C J, MARFURT C F, MCDERMOTT A, et al., 2001. Spontane-ous chronic corneal epithelial defects（SCCED）in dogs: clinical features, innervation, and effect of topical SP, with or without IGF-1[J]. Investigative Ophthalmology and Visual Science, 42:2252-2261.

MURPHY J M, 1988. Exfoliative cytologic examination as an aid in diagnosing ocular diseases in the dog and cat[J]. Seminars in Veterinary Medicine and Surgery（Small Animal）, 3(1):10-14.

Nafe L A, Carter J D, 1981. Canine optic neuritis[J]. Compendium on Continuing Education for the Practicing Veterinarian 3:978-981.

NAKAGAWA T, DOI A, OHNO K, et al., Clinical features and prognosis of canine megaesophagus in Japan[J]. J Vet Med Sci. 2019 Mar 14;81(3):348-352. doi: 10.1292/jvms.18-0493. Epub 2019 Jan 10. PMID: 30626762; PMCID: PMC6451904.

NELL B, 2008. Optic neuritis in dogs and cats[J]. Veterinary Clinics of North America: Small Animal Practice, 38, 403-415.

NEPP J, DERBOLAV A, WEDRICH A, 2001. The clinical use of viscoelastic artificial tears and sodium chloride in dry-eye syndrome[J]. Biomaterials, 22:3305-3310.

NISKANEN M.Thrusfield M V: Associations between age, parity, hormonal therapy and breed, and pyometra in Finnish dogs[J]. Vet Rec 143:193,1998.

O'BRIEN P J, 1997. Deficiencies of myocardial troponin-T and creatine kinase MB isoenzyme in dogs with idiopathic dilated cardiomyopathy[J]. Am J Vet Res, 58:11-16.

OLIVEIRA P, DOMENECH O, SILVA J, et al., 2011. Retrospective Review of Congenital Heart Disease in

976 Dogs[J]. J Vet Intern Med, 25（3）:477-483.

OLLIVIER F J, BROOKS D E, VAN SETTEN GB, et al., 2004. Profiles of matrix metalloproteinase activity in equine tear fluid during corneal healing in 10 horses with ulcerative keratitis[J]. Veterinary Ophthalmology, 7: 397-405.

PARK J, MOON C, KIM DH, et al., 2022. Laparoscopic colopexy for recurrent rectal prolapse in a Maltese dog[J]. Can Vet J, 63(6):593-596. PMID: 35656522; PMCID: PMC9112369.

PEIFFER R L JR, GELATT K N, GWIN R M, 1977. Tarsoconjunctival pedicle grafts for deep corneal ulceration in the dog and cat[J]. the American Animal Hospital Association, 13: 387-391.

PEIFFER R L J R, WILCOCK B P, YIN H, 1990. The pathogenesis and significance of pre-iridal fibrovascular membrane in domestic animals[J]. Vet Pathol; 27（1）:41-45.

PIERMATTEI D L, JOHNSON K A, 2004. Approach to the ilium through a lateral incision. An Atlas of Surgical Approaches to the Bones of the Dog and Cat. 4th ed. Philadelphia: WB Saunders.

PLUMMER C E, KALLBERG M E, GELATT K N, et al., 2008. Intranictitans tacking for replacement of prolapsed gland of the third eyelid in dogs [J]. Veterinary Ophthalmology, 11（4）: 228-233.

POWELL C C, LAPPIN M R, 2001. sis and treatment of feline uveitis[J]. Compend Contin Educ Pract Vet, 23（3）:258-266.

QUINTAVALLA F, MENOZZI A, POZZOLI C, et al., 2017. Sildenafil improves clinical signs and radiographic features in dogs with congenital idiopathic megaoesophagus: a randomised controlled trial[J]. Vet Rec, 180(16):404. doi: 10.1136/vr.103832. Epub 2017 Feb 10. PMID: 28188161.

RADLINSKY M. 2013. Surgery of the digestive system gastric dilatation volvulus.In: Fossum T, ed. Small Animal Surgery. 4th ed. St. Louis: Elsevier; 482-487.

RAMPAZZO A, EULE C, SPEIER S, et al., 2006. Scleral rupture in dogs, cats, and horses[J].Veterinary Ophthalmology, 9（3）: 149-155.

READ R A, BROUN H C, 2007. Entropion correction in dogs and cats using a combination Hotz-Celsus and lateral eyelid wedge resection: results in 311 eyes[J]. Vet Ophthalmol, 10:6.

ROMKES G, 2014. Evaluation of one- vs. two-layered closure after wedge excision of 43 eyelid tumors in dogs[J]. Vet Ophthalmol, 17:32.

RUBIN M R, 2018. Skeletal Manifestations of Hypoparathyroidism[J]. Endocrinology and Metabolism Clinics of North America, 47(4):825-837.

SALISBURY M A, KASWAN R L, BROWN J, 1995. Microorganisms isolated from the corneal surface before and during topical cyclosporine treatment in dogs with keratoconjunctivitis sicca[J]. American Journal of Veterinary Research, 56:880-884.

SALISBURY M A, KASWAN R L, BROWN J, 1995. Microorganisms isolated from the corneal surface before and during topical cyclosporine treatment in dogs with keratoconjunctivitis sicca[J]. American

Journal of Veterinary Research, 56, 880-884.

SCHMIERER P A, KIRCHEN P R, HARTBACK S, et al., 2015. Screw loosening and pelvic canal narrowing after lateral plating of feline ilial fractures with locking and nonlocking plates[J]. Vet. Surg. 44: 900-904.

SEVERIN G A, FORT COLLINS CO, 1996. Third eyelid. Veterinary Ophthalmology Notes, 3rd ed., pp. 207-221.

SHALES C, MOORES A, KULENDRA E, et al., 2010. Stabiliza-tion of sacroiliac luxation in 40 cats using screws inserted in lag fashion[J]. Vet Surg, 39(6):696-700.

SMITH F W K, TILLEY P L, OYAMA M A, et al., 2016. Manual of Canine and Feline Cardiology. Fifth Edition. Elsevier. pp111-129, 141-160, 198-206, 221-226, 229-232.

SOUTHERN J A, YOUNG D F, HEANEY F, et al., 1991. Identification of an epitope on the P and V proteins of simian virus 5 that dis-tinguishes between two isolates with different biological characteristics [J]. J Genvirol,72:1551-1557.

SRINIVASAN B D, JAKOBIEC F A, IWAMOTO T, 1992. Conjunctiva[J]. In: Duane's Foundations of Clinical Ophthalmology ( eds Tasman, W. & Jaeger, E.A. ) , Vol. 1, pp. 1-28.

STANLEY R G, KASWAN R L, 1994. Modification of the orbital rim anchorage method for surgical replacement of the gland of the third eyelid in dogs[J]. the American Veterinary Medical Association, 205 ( 10 ) : 1412-1414.

STILES J, CARMICHAEL P, KASWAN R, et al., 1995. Keratectomy for corneal pigmentation in dogs with cyclosporine responsive chronic keratoconjunctivitis sicca[J]. Veterinary and Comparative Ophthalmology, 5:25-34.

STREETER, ELIZABETH M, ROZANSKI, ELIZABETH A, et al., 2009. Evaluation of vehicular trauma in dogs: 239 cases (January-December 2001)[J]. Journal of the American Veterinary Medical Association, 235(4):405-408.

THOMAS J B AND EGER C, 1989. Granulomatous meningoencephalomyelitis in 21 dogs[J]. Small Animal Practice, 30, 287-293.

TIDHOLM A, JONSSON L, 2005. Histological characterization of canine dilated cardiomyopathy[J]. Vet Pathol, 42:1-8.

TOMLINSON J L, 2003. Fractures of the pelvis. Slatter D (ed), Textbook of Small Animal Surgery. 3rd ed. Phi.

UNTERER S, BUSCH K, LEIPIG M, et al., 2014. Endoscopically visualized lesions, histologic findings, and bacterial invasion in the gastrointestinal mucosa of dogs with acute hemorrhagic diarrhea syndrome[J]. J Vet Intern Med, 28(1):52-58. doi: 10.1111/jvim.12236. Epub 2013 Nov 7. PMID: 24205886; PMCID: PMC4895553.

VANGRINSVEN E, GIROD M, GOOSSENS D, et al., 2018. Comparison of two minimally invasive

enilconazole perendoscopic infusion protocols for the treatment of canine sinonasal aspergillosis[J]. Journal of Small Animal Practice, 59:777-782.

WEEDEN A M, AND D A, DEGNER, 2016. Surgical Approaches to the Nasal Cavity and Sinuses[J]. Veterinary Clinics of North America-Small Animal Practice 46(4): 719.

WESS G, DOMENECH O, DUKES-MCEWAN J, et al., 2017. European Society of Veterinary Cardiology screening guidelines for dilated cardiomyopathy in Doberman Pinschers[J], Journal of Veterinary Cardiology, 19: 405-415.

WILKIE, AND WILLIS, 1999. Viscoelastic materials in veterinary ophthalmology[J]. Veterinary Ophthalmology, 2: 147-153.

WOOD A N, GALLAGHER A E, 2021. Survey of Instruments and Techniques for Endoscopic Retrieval of Esophageal and Gastric Foreign Bodies in Cats and Dogs[J]. Top Companion Anim Med. 45:100555. doi: 10.1016/j.tcam.2021.100555. Epub 2021 Jun 29. PMID: 34214651.

WYATT S R, BARRON P M, 2019. Complications following removal of oesophageal foreign bodies: a retrospective review of 349 cases[J]. Aust Vet J, 97(4):116-121.

WYMAN M, GILGER B, Mueller P, et al., 1995. Clinical evaluation of a new Schirmer tear test in the dog[J]. Veterinary and Comparative Ophthalmology, 5(4):211-214.

YUAN P, LESER G P, DEMELER B, et al., 2008. Domain architecture and oligomeirzaiton properties of the paramyxovirus PIV 5 hemagglutinin-neuraminidase (HN) protein[J]. Virology, 378: 282-291.

ZHOU LIWEI, SUN HAORAN, SONG SHIKAI, et al., 2019. H3N2 canine influenza virus and Enterococcus faecalis coinfection in dogs in China[J]. BMC Veterinary Research, 04(15): 1-12

ZONDERLAND J L, STÖRK C K, SAUNDERS J H, et al., 2002. Intranasal infusion of enilconazole for treatment of sinonasal aspergillosis in dogs[J]. Journal of the American Veterinary Medical Association, 221:1421-1425.

# 索 引

## H



## J



## K



## L



## M



## N



## P

## Q



## R



## S



## T



## W



## X



## Y



## Z